# CHEMISCHES ZENTRALBLATT

1830 gegründet
1897—1945 von der Deutschen Chemischen Gesellschaft fortgeführt

Herausgegeben im Auftrage
der Deutschen Akademie der Wissenschaften zu Berlin,
der Chemischen Gesellschaft in der DDR,
der Akademie der Wissenschaften zu Göttingen
und der Gesellschaft Deutscher Chemiker
von Prof. Dr. HEINRICH BERTSCH und Prof. Dr. Dr. h. c. WILHELM KLEMM

Chefredakteure
Dr. HELGA VÖLZ und Dr.-Ing. CHRISTIAN WEISKE

REFERAT 0001—2252
SEITE 1—224
140. JAHRGANG

**11/1969**

12. MÄRZ 1969

AKADEMIE-VERLAG GMBH · BERLIN · VERLAG CHEMIE GMBH · WEINHEIM/BERGSTRASSE

# Inhalt

# CHEMISCHES ZENTRALBLATT

BIBLIOGRAPHIEN
Nr. 3 · 1969

**Neue Bücher**

A. Allgemeine, physikalisch-anorganische und anorganische Chemie

**—,** Reagent chemicals; American Chemical Society specifications. 4th edit. Washington: Amer. Chem. Soc. 1968. (XVIII + 651 S.) $ 14.—.

**—,** Research in solid-state sciences. Opportunities and relevance to National Needs. Washington: National Academy of Sciences. 1968. (103 S.)

**R. J. Bayly** und **E. A. Evans,** Storage and stability of compounds labelled with radioisotopes. Amersham: The Radiochemical Centre. 1968. (79 S. m. Tab.) = RCC Review 7.

**Frank Albert Cotton** und **Geoffrey Wilkinson,** Chimica inorganica. Milano: CEA. 1968. (XII + 1143 S. m. Abb.) L. 15000.—.

**Joseph B. Dence,** Chemical dynamics. New York: W. A. Benjamin. 1968. (XII + 186 S. m. Abb.) $ 2.95.

**Russell S. Drago,** Acids and bases. Lexington (Massachusetts): Heath. 1968. (121 S. m. Abb.) $ 1.95.

**Guy Emschwiller,** La chimie physique. 2e édit. Paris: Presses Universitaires de France. 1968. (128 S.) 3,30 F.

**K. A. Jensen,** Almen kemi. Bd. 1. 4. opl. København: Gjellerup. 1968. (6 + 272 S. m. Abb.) dkr 53,45.

**A. A. Kudrjavcev,** Aufstellen chemischer Gleichungen. 4. überarb. u. vervollst. Aufl. Moskva: Vysš škola. 1968. (359 S.) 77 Kop. [russ.]

**Emil J. Margolis,** Bonding and structure; a review of fundamental chemistry. New York: Appleton. 1968. (VII + 175 S. m. Abb.) $ 3.50.

**G. R. Newbery** u. a., Standards of activity. Revised edit. Amersham: The Radiochemical Centre. 1968. (28 S. m. Tab.) = R. C. C. Review 4.

**Lars Gunnar Sillén, Paul W. Lange** und **Carl O. Gabrielson,** Problemi di chimica fisica. Padova: Piccin. 1967. (XIII + 370 S. m. Abb.).

**Ralph A. Zingaro,** Nonaqueous solvents. Lexington (Massachusetts): Heath. 1968. (VI + 106 S. m. Abb.) $ 1.95.

A–1. Physik der Atomkerne

**I. P. Birjukov, M. G. Voronkov** und **I. A. Safin,** Tabelle der Frequenzen der Kernquadrupolresonanz. Leningrad: Chimija. 1968. (139 S.) 61 Kop. [russ.]

A–3. Physik der Festkörper und Flüssigkeiten

**Tibor Erdey-Grúz,** Grundlagen der Struktur der Materie. Aus dem Ungarischen übers. v. Éva Gyarmati u. Károly Wittmann. Braunschweig: Vieweg. 1967. (495 S. m. 117 Abb.) DM 36,—.

**Alan Holden** und **Phylis Singer,** La coltivazione dei cristalli. Bologna: Zanichelli. 1968. (128 S. m. Abb. u. Tab.) L. 900.—.

**John Wilfred Orton,** Electron paramagnetic resonance: an introduction to transition group ions in crystals. London: Iliffe. 1968. (240 S. m. Abb.) 65 s.

**D. E. Ovsienko,** Hrsg., Growth and imperfections of metallic crystals. New York: Consultants. 1968. (IX + 268 S. m. Abb.) $ 30.—.

A–4. Thermodynamik, Mechanik der Gase und Flüssigkeiten, Gleichgewichte

**—,** Physikalische Gasdynamik ionisierter und chemisch reagierender Gase. (Mitteilungssammlung). Moskva: Nauka. 1968. (129 S. m. Abb.) 69 Kop. [russ.]

**—,** Thermodynamik des Ionenaustauschs. (Mitteilungssammlung). Minsk: Nauka i Technika. 1968. (275 S.) 1 Rbl. 80 Kop. [russ.]

**Clement John Adkins,** Equilibrium thermodynamics. Maidenhead: McGraw-Hill. 1968. (XIII + 283 S. m. Abb.) 48 S.

**William Craig Reynolds,** Thermodynamics. 2nd edit. New York: McGraw-Hill. 1968. (XIV + 496 S. m. Abb.) $ 11.50.

A–7. Kinetik, Katalyse

**—,** Katalyse und Katalysatoren. Lfg. 4. Kiev: Naukova Dumka. 1968. (167 S.) 1 Rbl. 4 Kop. [russ.]

**Robert Bernard Anderson,** Experimental methods in catalytic research. New York: Academic P. 1968. (XII + 498 S. m. Abb.) $ 22.50.

**Philip George Ashmore,** Principles of reaction kinetics. 2nd edit. London: Royal Institute of Chemistry. 1967. (78 S. m. Abb.) 8 s.

**Sidney William Benson,** Thermochemical kinetics: methods for the estimation of thermochemical data and rate parameters. New York, Chichester: Wiley. 1968. (XII + 232 S. m. Abb.) 94 s.

**Edward King,** Introduction à la cinétique chimique. Vitesses et mécanismes de réaction. Paris: Ediscience. 1968. (168 S.) 19 F.

**Josef Kubal,** Grundlagen der Photochemie. (Základy fotochemie). Praha: Academia. 1968. (212 S. m. 30 Abb.) Kčs. 10,—.

**D. V. Sokol'skij** und **V. A. Druz',** Theorie der heterogenen Katalyse. (Einführung). Alma-Ata: Nauka. 1968. (390 S.) 2 Rbl. 85 Kop. [russ.]

A–8. Darstellung und Reaktionen von Elementen und anorganischen Verbindungen

**—,** Gmelins Handbuch der anorganischen Chemie. 8., völlig neu bearb. Aufl. System-Nr. 14. Kohlenstoff. Teil B. Lfg. 3. Chemisches Verhalten v. Graphit. Graphitverbindungen. Kolloider Kohlenstoff. (XV + 262 S. m. 53 Abb.) DM 308,—. System-Nr. 48: Vanadium. Teil A. Lfg. 2. Das Element. (XXII + 408 S. m. 81 Abb.) DM 470,— Weinheim/Bergstr.: Verl. Chemie. 1968.

**Louis Hackspill, Jean Besson** und **Albert Hérold,** Chimie minérale. Tome II: Famille du bore. Métaux alcalino-terreux et alcalins — Éléments de transition. 2e édit. Paris: Presses Universitaires de France. 1968. (844 S. m. 97 Abb.) 51 F.

**Frederick Richard Jensen,** Electrophilic substitution of organomercurials. New York: McGraw-Hill. 1968. (VII + 203 S. m. Abb.) $ 12.50.

**Howward Nechamkin,** The chemistry of the elements. New York: McGraw-Hill. 1968. (IX + 270 S.) $ 3.50.

A–9. Geochemie

**—,** Geochemie des sedimentären Prozesses der Manganerze. Moskva: Nauka. 1968. (495 S. m. Abb.) 3 Rbl. 70 Kop. [russ.]

B. Physikalische organische Chemie

**V. Gold,** Hrsg., Advances in physical organic chemistry. Vol. 6. London: Academic P. 1968. (LX + 349 S. m. Abb.) 5 £.

B–1. Optische, elektrische und magnetische Eigenschaften, Spektren

**A. I. Kol'cov** und **B. A. Eršov,** Kernmagnetische Resonanz in der organischen Chemie. Leningrad: Izd-vo Leningr. un-ta. 1968. (128 S.) 37 Kop. [russ.]

B–2. Strukturforschung

**José Luis Amorós,** Molecular crystals: their transforms and diffuse scattering. New York, Chichester: Wiley. 1968. (XXIII + 479 S. m. Abb.) 10 £. 10 s.

**Galina Viktorovna Gurskaia,** The molecular structure of amino acids; determination by X-ray diffraction analysis. New York: Consultants. 1968. (VI + 121 S. m. Abb.) $ 12.50.

B–4. Phasengleichgewichte, chemische Gleichgewichte und ihre Energetik

**B. B. Damaskin, O. A. Petrij** und **V. V. Batrakov,** Adsorption organischer Verbindungen an Elektroden. Moskva: Nauka. 1968. (333 S.) 1 Rbl. 46 Kop. [russ.]

B–5. Elektrochemie

**L. I. Boguslavskij** und **A. V. Vannikov,** Organische Halbleiter und Biopolymere. Elektrische Leitfähigkeit und physikalisch-chemische Eigenschaften. Moskva: Nauka. 1968. (153 S.) 89 Kop. [russ.]

C. Präparative organische Chemie, Naturstoffe

**—,** Einige Aspekte der Stereochemie organischer Arsenderivate (Mitteilungssammlung). Sammlung 2. Kazan': Izd. Kazan. un-ta. 1968. (69 S.) 40 Kop. [russ.]

**R. J. Bayly** und **John R. Catch,** The stability of labelled organic compounds. Amersham (England): The Radiochemical Centre. 1968. (22 S. m. Abb.) = RCC Review 3.

**B. Capon, M. J. Perkins** und **C. W. Rees,** Organic reaction mechanism: an annual survey. 1967: covering the literature dated December 1966 through November 1967. Chichester: Interscience. 1968. (IX + 513 S. m. Abb.) 6 £. 10 s.

**Antonio Capone,** Chimica organica e industriale. Palermo: Palumbo; Firenze: Officine grafiche Firenze. 1968. (511 S. m. Abb.) L. 3500.—.

**John D. Roberts** und **Marjorie Caserio,** Chimie organique moderne. Paris: Ediscience. 1968. (880 S.) 66 F.

**E. H. Rodd,** Hrsg., Chemistry of carbon compounds; a modern comprehensive treatise. Vol. 2, part B. New York: Amer. Elsevier. 1968. $ 27.—.

**Silvano Stolfa** und **Franco Mecca,** Chimica organica e industriale. Torino: S. Lattes. 1968. (528 S. m. Abb. u. Tab.) L. 3500.—.

**René Tiollais,** La chimie organique. 6e édit. Paris: Presses Universitaires de France. 1968. (128 S.) = Que sais-je? n° 485. 3,30 F.

**Arthur I. Vogel,** Chimica organica pratica. Milano: CEA. 1967. (XXVII + 1191 S. m. Abb.) L. 12000.—.

C–1. Acyclische Verbindungen

**John A. Monick,** Alcohols: their chemistry, properties, and manufacture. New York: Reinhold. 1968. (XIV + 594 S. m. Abb.) $ 30.—.

C–2. Isocyclische Verbindungen

**Carl David Gutsche,** Carbocyclic ring expansion reactions. New York, London: Academic P. 1968. (IX + 243 S. m. Abb.) 6 £. 6 s.

C–3. Heterocyclische Verbindungen

**A. R. Katritzky** und **A. J. Boulton,** Hrsg., Advances in heterocyclic chemistry. Vol. 9. New York, London: Academic P. 1968. (XVII + 491 S. m. Abb.) 10 £. 10 s.

E. Biologische, physiologische und medizinische Chemie

**—,** Bio-organic chemistry. San Francisco: Freeman. 1968. (317 S. m. Abb.) $ 4.95.

**Marcel Florkin,** Comprehensive biochemistry. Vol. 26, part 1A. New York: Amer. Elsevier. 1968. $ 17.—.

**Avram Goldstein,** Principles of drug action; the basis of pharmacology. New York: Harper. 1968. (XII + 884 S. m. Abb.) $ 18.50.

**Eberhard Harbers,** Introduction to nucleic acids: chemistry, biochemistry, and functions. New York: Reinhold. 1968. (XI + 403 S. m. Abb.) $ 18.—.

**Hiroshi Iizuka,** Microbial transformation of steroids and alkaloids. Tokyo: University of Tokyo Press; State College (Panama): University Park Press. 1967. (XI + 294 S.) $ 16.50.

**Paul Manil,** L'utilisation des microbes. Paris: Presses Universitaires de France. 1968. (128 S.) 3,30 F.

**Herbert S. Rhinesmith,** Macromolecules of living systems; structure and chemistry. New York: Reinhold. 1968. (XI + 164 S. m. Abb.) $ 4,75.

**Edward O'Farrell Walsh,** An introduction to biochemistry. 2nd edit. London: English Universities P. 1968. (XI + 482 S. m. Abb.) 63 s.

F. Pharmazeutische Chemie

**—,** British pharmaceutical codex, 1968. London: Pharmaceutical P. 1968. (XXXVII + 1513 S.) 7 £.

**—,** British pharmacopoeia, 1968. London: Pharmaceutical P. 1968. (XXXI + 1423 S.) 8 £.

**—,** Elsevier's dictionary of pharmaceutical science and techniques in five languages: English, French, Italian, Spanish, German. Vol. 1: Pharmaceutical technology. Amsterdam, London, New York: Elsevier. 1968. $ 30.—.

**David Ganderton,** Unit processes in pharmacy. London: Heinemann Medical. 1968. (VII + 244 S. m. Abb. u. 5 Taf.) 40 s.

G. Analytische Chemie, Laboratoriumspraxis

G–1. Allgemeine Verfahren und Apparate

**—,** Aktivierungsanalyse reiner Stoffe. Taškent: Fan. 1968. (95 S.) 56 Kop. [russ.]

**A. K. Babko** und **I. V. Pjatnickij,** Quantitative Analyse. 3., überarb. u. vervollst. Aufl. Moskva: Vysš škola. 1968. (495 S.) 1 Rbl. 31 Kop. [russ.]

**E. G. Brame,** Hrsg., Applied spectroscopy reviews. New York: M. Dekker. 1968. $ 16.50.

**V. R. Brudz', V. A. Rakovskaja** und **L. E. Uskova,** Handbuch der Eigenschaftskennwerte chemischer Reagenzien. Buch 1: (528 S.) 1 Rbl. 79 Kop. Buch 2: (464 S.) 1 Rbl. 84 Kop. Moskva: Chimija. 1968. [russ.]

**J. R. Catch,** Purity and analysis of labelled compounds. Amersham: The Radiochemical Centre. 1968. (24 S. m. Abb.) = RCC Review 8.

**Jean Dieudonné,** Éléments d'analyse. Übers. aus dem Englischen v. D. Huet. 1. Fondements de l'analyse moderne. Nouvelle édit. Paris: Gauthier-Villars. 1968. (XXII + 395 S.) 64 F.

**T. T. Gorsuch,** Radioactive isotope dilution analysis. Revised edit. Amersham: The Radiochemical Centre. 1968. (12 S. m. Abb. )= RCC Review No. 2.

**William B. Guenther,** Quantitative chemistry; measurements and equilibrium. Reading (Massachusetts): Addison. 1968. (XV + 400 S. m. Abb.) $ 9.75.

**Dietrich Jentzsch,** Gas-Chromatographie. Grundlagen, Anwendung, Methoden. Stuttgart: Franckh. 1968. (103 S. m. 8 Tab.) 8° = Chemie-Monographien. Bd. 2. DM 12,80.

**Lamberto Malatesta** und **Antonio Aràneo,** Chimica analitica quantitativa. 2a ediz. ampliata e rinnovata con aggiunta di esercizi e problemi. Milano: F. Vallardi. 1968. (270 S. m. Abb.)

**Guido Minosso** und **Giorgio Volpago,** Analisi tecniche e metodi chimico- fisici di analisi. Venezia: Bocchi. 1968. (509 S. m. Abb.) L. 4400.—.

**E. J. Shellard,** Hrsg., Quantitative paper and thin-layer chromatography. London: Academic P. 1968. (IX + 140 S. m. Abb.) 42 s. 6 d.

**Sidney Siggia,** Survey of analytical chemistry. New York: McGraw-Hill. 1968. (XIII + 304 S. m. Abb.) $ 9.95.

**Frederick Andrew White,** Mass spectrometry in science and technology. New York: Wiley. 1968. (XVI + 352 S. m. Abb.) $ 14.95.

G–2. Analyse der Elemente und anorganischen Verbindungen

**V. I. Kuznecov** und **T. G. Akimov,** Konzentrierung der Actinide durch gemeinsame Fällung mit organischen Fällungsmitteln. Moskva: Atomizdat. 1968. (232 S.) 1 Rbl. 13 Kop. [russ.]

**Aleksandra Vasil'evna Novoselova,** Analytical chemistry of beryllium. Jerusalem: Israel Program for Scientific Trs. 1968. (VI + 220 S. m. Abb.) $ 12.75.

G–3. Analyse organischer Verbindungen

**Peter H. Berthold, Hedwig Rösner** und **Gisela Wilde,** Strukturgruppenanalyse natürlicher und technischer Kohlenwasserstoffgemische. 2 Bde. Bd. 2: Die spektrometrische Strukturgruppenanalyse. Leipzig: Deutscher Verl. f. Grundstoffindustrie. 1968. (174 S. m. 39 Abb. u. 25 Tab.) 8°. M 12,80.

H. Angewandte Chemie

H–3. Anorganische Industrie

**Robert Powell,** Titanium dioxide and titanium tetrachloride. 1968. Park Ridge (New Jersey): Noyes. 1968. (306 S. m. Abb.) = Chem. process rev., no. 18. $ 35.–.

**Marshall Sittig,** Inorganic chemical and metallurgical process encyclopedia. Park Ridge (New Jersey): Noyes. 1968. (883 S. m. Abb.) $ 35.–.

H–6. Organische Industrie

**Konrad Bournot,** Die Rohstoffe des Pflanzenreichs. 5. Aufl. Lfg. 7: Ätherische Oele. Lehre: Cramer. 1968. (VIII + 175 S. m. 7 Abb.) DM 60,–.

**M. A. Dalin, I. K. Kolčin** und **B. R. Serebrjakov,** Acrylsäurenitril. Baku: Izd. AN AzSSR. 1968. (227 S.) 1 Rbl. 50 Kop. [russ.]

**I. I. Jukel'son,** Technologie der grundlegenden organischen Synthese. Moskva: Chimija. 1968. (848 S.) 1 Rbl. 94 Kop. [russ.]

**Thomas F. Rutledge,** Acetylenic compounds; preparation and substitution reactions. New York: Reinhold. 1968. (XVII + 342 S. m. Abb.) $ 20.–.

**Marshall Sittig,** Aromatics manufacture and derivatives, 1968. Park Ridge (New Jersey): Noyes. 1968. (232 S. m. Abb.) = Chem. process review, no. 17. $ 35.–.

H–8. Farbstoffe

**Ja. A. Gurvič** und **S. T. Kumok,** Chemie und Technologie der Zwischenprodukte und organischen Farbstoffe. Moskva: Vysš. škola. 1968. (360 S.) 65 Kop. [russ.].

Anmerkung!

Die Bibliographienbeilagen erscheinen zwanglos und sind fortlaufend numeriert. Die Seiten der Beilagen sind mit B gekennzeichnet und werden durchpaginiert. Die Bibliographien werden für das Autorenregister und Sach- bzw. Formelregister ausgewertet.
–, Kein(e) Autor(en) genannt.

---

**Ausgewertete Bibliographie-Fachzeitschriften**

| | |
|---|---|
| Belgien | Bibliographie de Belgique |
| BRD | Deutsche Bibliographie. Wöchentliches Verzeichnis. Ausgabe II. [Frankfurt/Main] |
| ČSSR | Bulletin – Wissenschaft und Buch [Praha] Nové knihy |
| Dänemark | Danske Bogmarked |
| DDR | Deutsche Nationalbibliographie. Reihe A: Neuerscheinungen des Buchhandels [Leipzig] |
| England | British National Bibliography |
| Frankreich | Bibliographie de la France |
| Griechenland | Greek Bibliography [Athen] |
| Italien | Bibliografia Nazionale Italiana |
| Niederlande | Nieuwsblad voor de Boekhandel |
| Österreich | Österreichische Bibliographie |
| Polen | Quarterly Review of Scientific Publications |
| Rumänien | Bibliografia Republicii Socialiste România |
| Schweiz | Schweizer Buch. Serie A und Serie B |
| UdSSR | Knižnaja Letopis' Knižnoe Obozrenie |
| Ungarn | Magyar Nemzeti Bibliográfia |
| USA | Publishers' Weekly |

# Namenregister Nr. 11

Ein vollständiger oder gekürzter Abdruck der Referate ist ohne Genehmigung der Redaktion und des Verlages verboten!

# Patentregister

### Australische Patente — Aust.P.

| Nr. | Ref.-Nr. | Bezugspatent |
|---|---|---|
| 270 180 | 2232 | |

### Belgische Auslegeschriften — Belg.A.S.

| Nr. | Ref.-Nr. | Bezugspatent |
|---|---|---|
| 647 171 | 2182 | |
| 648 144 | 1944 | |

### Britische Patente — Brit.P.

| Nr. | Ref.-Nr. | Bezugspatent |
|---|---|---|
| 939 240 | 1972 | (Oe.P. 225 155) |
| 945 966 | 1973 | (F.P. 1 302 041) |
| 984 802 | 2180 | |
| 1 028 160 | 2112 | (D.A.S. 1 200 318) |
| 1 030 876 | 2093 | |
| 1 031 365 | 1487 | |
| 1 036 297 | 1490 | |
| 1 040 737 | 1482 | |
| 1 041 862 | 1486 | |
| 1 048 316 | 2183 | |
| 1 050 726 | 1446 | |
| 1 053 415 | 1509 | |
| 730 | 1520 | |
| 1 054 593 | 2080 | |
| 1 055 108 | 1944 | |
| 616 | 1513 | |
| 1 056 098 | 1463 | |
| 1 057 029 | 1507 | |
| 035 | 1942 | |
| 229 | 1510 | |
| 349 | 1452 | |
| 710 | 1518 | |
| 931 | 1498 | |
| 1 058 002 | 1425 | |
| 169 | 1429 | |
| 170 | 1430 | |
| 294 | 1445 | |
| 356 | 1459 | |
| 672 | 1459 | |
| 950 | 2025 | |
| 1 059 562 | 1516 | |
| 701 | 2082 | |
| 702 | 2082 | |
| 703 | 2082 | |
| 747 | 1447 | |
| 1 060 073 | 1415 | |
| 721 | 1454 | |
| 741 | 2225 | |
| 951 | 1433 | |
| 1 061 306 | 1438 | |
| 1 062 257 | 2072 | |
| 357 | 1475 | |
| 460 | 1414 | |
| 1 063 019 | 1461 | |
| 323 | 1448 | |
| 801 | 1948 | |
| 828 | 1936 | |
| 893 | 1924 | |
| 1 064 196 | 1935 | |
| 900 | 1444 | |
| 928 | 1437 | |
| 1 065 567 | 1517 | |
| 947 | 2084 | |
| 995 | 2074 | |
| 1 066 116 | 2223 | |
| 613 | 1440 | |
| 746 | 1495 | |
| 766 | 1950 | |
| 795 | 1519 | |
| 1 067 288 | 1943 | |
| 471 | 1456 | |
| 472 | 1456 | |
| 644 | 1515 | |
| 817 | 1466 | |
| 986 | 1453 | |
| 1 068 649 | 2024 | |
| 650 | 1420 | |
| 942 | 1927 | |
| 973 | 2058 | |
| 1 069 392 | 2075 | |
| 603 | 1441 | |
| 1 070 013 | 1934 | |
| 413 | 1489 | |
| 520 | 1423 | |
| 643 | 2088 | |
| 911 | 1919 | |
| 992 | 1920 | |
| 1 071 120 | 1428 | |
| 471 | 1458 | |
| 472 | 1925 | |
| 1 072 673 | 1417 | |
| 725 | 1435 | |
| 1 073 290 | 2089 | |
| 768 | 1450 | |
| 770 | 1469 | |
| 1 074 450 | 1426 | |
| 1 075 454 | 2056 | |
| 1 076 515 | 1413 | |
| 828 | 1464 | |
| 871 | 1418 | |
| 1 077 066 | 1455 | |
| 1 077 086 | 2063 | |
| 152 | 2055 | |
| 272 | 1485 | |
| 598 | 1512 | |
| 964 | 2059 | |
| 973 | 1940 | |
| 1 078 186 | 1427 | |
| 312 | 1524 | |
| 511 | 2235 | |
| 536 | 1941 | |
| 852 | 1424 | |
| 1 080 397 | 2076 | |
| 462 | 2057 | |
| 470 | 1443 | |
| 576 | 2065 | |
| 950 | 2091 | |
| 1 081 348 | 1476 | |
| 725 | 1494 | |
| 876 | 2073 | |
| 1 082 184 | 1493 | |
| 1 083 250 | 1471 | |
| 1 084 150 | 1478 | |
| 235 | 2097 | |
| 440 | 1436 | |
| 451 | 2083 | |
| 1 086 183 | 2077 | |
| 375 | 2064 | |
| 799 | 1523 | |
| 890 | 1932 | |
| 1 087 029 | 2233 | |
| 259 | 2061 | |
| 279 | 2078 | |
| 1 102 789 | 2181 | |

### Auslegeschriften der Patentanmeldungen des Deutschen Patentamtes München — D.A.S.

| Nr. | Ref.-Nr. | Bezugspatent |
|---|---|---|
| 1 225 322 | 2180 | |
| 1 237 567 | 1496 | |
| 1 243 687 | 2060 | |
| 1 257 316 | 2185 | |
| 764 | 2115 | (Brit.P. 1 012 011) |
| 767 | 2164 | (F.P. 1 301 832) |
| 770 | 2106 | (Brit.P. 966 555) |
| 1 258 403 | 2108 | (Oe.P. 222 630) |
| 527 | 2178 | (Brit.P. 1 008 432) |
| 848 | 1968 | (Brit.P. 878 739) |
| 864 | 2113 | (Brit.P. 1 001 283) |
| 1 259 309 | 1955 | (F.P. 1 340 901) |
| 320 | 2110 | (Brit.P. 1 006 047) |
| 351 | 2170 | (Brit.P. 1 000 685) |
| 877 | 2124 | (U.S.P. 3 221 045) |
| 878 | 2127 | (U.S.P. 3 114 765) |
| 900 | 1581 | (Schwz.P. 408 891) |
| 1 260 447 | 1962 | (F.P. 1 350 880) |
| 463 | 2128 | (U.S.P. 3 109 025) |
| 472 | 2167 | (Schwz.P. 395 110) |
| 473 | 1566 | (Schwz.P. 401 989) |
| 656 | 2212 | (F.P. 1 410 259) |
| 1 261 122 | 2101 | (Brit.P. 937 985) |
| 124 | 2166 | (U.S.P. 3 254 093) |
| 494 | 2102 | (Brit.P. 1 022 980) |
| 495 | 2163 | (Oe.P. 225 171) |
| 513 | 2169 | (F.P. 1 315 280) |
| 514 | 2140 | (Brit.P. 982 487) |
| 519 | 2146 | (U.S.P. 3 132 180) |
| 610 | 2214 | (F.P. 1 372 343) |
| 833 | 1961 | (Brit.P. 941 676) |
| 846 | 2104 | (F.P. 1 264 505) |
| 852 | 2168 | (Brit.P. 951 885) |
| 853 | 2177 | (Oe.P. 211 808) |
| 860 | 2133 | (Brit.P. 960 301) |
| 1 262 253 | 2136 | (Brit.P. 1 004 375) |
| 269 | 2160 | (Oe.P. 237 609) |
| 278 | 2162 | (Brit.P. 978 956) |
| 994 | 2109 | (F.P. 1 297 622) |
| 1 263 202 | 2200 | (Schwz.P. 402 231) |
| 734 | 2137 | (D.P.[DDR] 37 274) |
| 738 | 2126 | (Brit.P. 981 123) |
| 740 | 2121 | (Brit.P. 971 100) |
| 753 | 1591 | (Brit.P. 923 765) (U.S.P. 3 064 010) |
| 771 | 1623 | (U.S.P. 3 144 448) |
| 774 | 1582 | (Brit.P. 961 106) |
| 949 | 2221 | (Brit.P. 952 123) |
| 1 264 415 | 2114 | (Brit.P. 928 905) |
| 430 | 2130 | (Brit.P. 1 015 409) |
| 434 | 2105 | (Brit.P. 902 952) |
| 446 | 2147 | (Brit.P. 955 743) |
| 647 | 2209 | (F.P. 1 334 122) |
| 1 265 026 | 1964 | (Brit.P. 901 847) |
| 159 | 2176 | (U.S.P. 3 000 880) |
| 160 | 2139 | (Brit.P. 999 447) |
| 723 | 1958 | (F.P. 1 332 463) |
| 724 | 1954 | (Brit.P. 955 894) |
| 740 | 2153 | (F.P. 1 243 592) |
| 751 | 1561 | (Brit.P. 1 045 927) |
| 754 | 1625 | (Brit.P. 1 022 660) |
| 756 | 2141 | (Brit.P. 1 028 433) |
| 894 | 2201 | (F.P. 1 293 698) |
| 1 266 284 | 1967 | (Can.P. 700 084) |
| 296 | 2143 | (Can.P. 634 587) |
| 1 266 755 | 1558 | (Ung.P. 150 786) |
| 898 | 2218 | (F.P. 1 323 153) |
| 902 | 2182 | |
| 1 267 207 | 2131 | (Brit.P. 1 012 483) |
| 687 | 1543 | (Oe.P. 229 293) |
| 767 | 2205 | (Brit.P. 952 061) |
| 1 268 102 | 2202 | (F.P. 1 281 595) (Schwz. P. 371 201) (U.S.P. 3 071 571) |
| 146 | 1570 | (Brit.P. 1 029 220) |
| 147 | 2171 | (Brit.P. 799 558) |
| 148 | 1536 | (Brit.P. 1 029 740) |
| 152 | 2158 | (Brit.P. 1 028 156) |
| 292 | 2208 | (U.S.P. 3 157 631) |
| 605 | 2107 | (F.P. 1 355 343) |
| 623 | 2132 | (Brit.P. 1 005 493) |
| 758 | 2195 | (Brit.P. 1 001 741) |
| 755 | 2184 | |
| 1 269 113 | 1971 | (F.P. 1 383 076) |
| 265 | 2197 | (Oe.P. 240 489) |
| 267 | 2215 | (D.P.[DDR] 44 259) |
| 612 | 2251 | (Brit.P. 957 405) |
| 997 | 2219 | (F.P. 1 374 077) |
| 1 270 555 | 1598 | (Brit.P. 1 049 015) |
| 711 | 2198 | (Oe.P. 247 998) |
| 1 271 668 | 2220 | (F.P. 1 374 078) |
| 669 | 2207 | (Brit.P. 966 952) |
| 858 | 2192 | (Brit.P. 960 994) (U.S.P. 3 132 183) |
| 1 272 290 | 1599 | (F.P. 1 349 191) |
| 295 | 2100 | (Brit.P. 1 008 175) |
| 1 273 091 | 2193 | (Brit.P. 967 776) (Oe.P. 236 550) |
| 096 | 2199 | (U.S.P. 3 260 713) |
| 518 | 2116 | (Brit.P. 1 045 679) |
| 538 | 2148 | (Brit.P. 1 040 736) |
| 726 | 2194 | (Brit.P. 959 260) |
| 1 274 125 | 1595 | (Brit.P. 1 017 431) |
| 765 | 2210 | (Oe.P. 245 700) |
| 849 | 2244 | (F.P. 1 383 053) |

### Deutsche Patente — D.P.[DDR]

| Nr. | Ref.-Nr. | Bezugspatent |
|---|---|---|
| 55 665 | 2095 | |

### Französische Patente — F.P.

| Nr. | Ref.-Nr. | Bezugspatent | |
|---|---|---|---|
| 1 451 | 1580 | (D.A.S. 1 159 458) | [Méd.] |
| 1 731 | 1564 | (Oe.P. 230 884) | [Méd.] |
| 1 856 | 1564 | (Oe.P. 230 884) | [Méd.] |
| 3 944 | 1624 | (D.A.S. 1 221 231) | [Méd.] |
| 88 301 | 1945 | | |
| 89 813 | 2069 | | |
| 89 911 | 2094 | | |
| 1 334 957 | 1564 | (Oe.P. 230 884) | |
| 1 382 419 | 1536 | (Brit.P. 1 029 740) | |
| 1 418 506 | 1922 | | |
| 1 419 684 | 2094 | | |
| 1 425 219 | 2071 | | |
| 1 432 109 | 2173 | (D.A.S. 1 212 545) | |
| 1 434 194 | 1624 | (D.A.S. 1 221 231) | |
| 1 450 102 | 2189 | | |
| 1 458 185 | 1953 | | |
| 1 461 168 | 2181 | | |
| 1 462 553 | 2190 | | |
| 1 465 106 | 1923 | | |
| 1 466 274 | 1946 | | |
| 698 | 1926 | | |
| 1 471 238 | 1929 | | |
| 300 | 1938 | | |
| 462 | 1921 | | |
| 1 480 301 | 1930 | | |
| 302 | 1931 | | |

### Niederländische Patente — Niederl.P.

| Nr. | Ref.-Nr. | Bezugspatent |
|---|---|---|
| 121 828 | 1504 | |
| 957 | 1505 | |
| 958 | 1503 | |
| 122 145 | 1479 | |
| 149 | 1506 | |
| 150 | 1500 | |
| 306 | 1514 | |
| 313 | 1457 | |
| 318 | 1522 | |
| 361 | 1951 | |
| 635 | 2079 | |
| 806 | 2229 | |
| 123 256 | 1970 | (D.A.S. 1 157 128) |
| 290 | 2085 | |
| 535 | 2243 | (D.A.S. 1 155 871) |
| 538 | 2241 | (D.A.S. 1 200 061) |
| 605 | 1602 | (U.S.P. 3 176 014) |
| 684 | 2245 | (D.A.S. 1 149 859) |
| 685 | 2238 | (U.S.P. 3 179 685) |
| 687 | 2239 | (Ung.P. 151 448) |
| 738 | 2154 | (Can.P. 686 581) |
| 746 | 1583 | (Brit.P. 1 040 548) |
| 753 | 2248 | (Brit.P. 956 343) |

| Nr. | Ref.-Nr. | Bezugspatent |
|---|---|---|
| 123 807 | 2216 | (D.A.S. 1 123 065) |
| 854 | 2240 | (D.A.S. 1 104 254) |

### Österreichische Patente — Oe.P.

| Nr. | Ref.-Nr. | Bezugspatent |
|---|---|---|
| 240 863 | 1580 | (D.A.S. 1 159 458) |
| 246 129 | 1624 | (D.A.S. 1 221 231) |
| 248 457 | 2247 | (Brit.P. 1 019 570) |
| 249 891 | 1499 | |
| 251 760 | 1508 | |
| 774 | 1497 | |
| 253 133 | 1492 | |
| 513 | 1481 | |
| 521 | 1422 | |
| 256 136 | 1922 | |
| 260 555 | 1960 | (D.A.S. 1 243 165) |

### Portugiesische Patente — Port.P.

| Nr. | Ref.-Nr. | Bezugspatent |
|---|---|---|
| 45 026 | 2070 | |
| 942 | 2086 | |
| 952 | 2067 | |
| 46 439 | 2081 | |
| 907 | 2087 | |
| 914 | 2068 | |

### Schweizer Patente — Schwz.P.

| Nr. | Ref.-Nr. | Bezugspatent |
|---|---|---|
| 405 276 | 2128 | (U.S.P. 3 109 025) |
| 408 240 | 2205 | (Brit.P. 952 061) |
| 415 658 | 1486 | |
| 416 585 | 1987 | |
| 417 579 | 1499 | |
| 593 | 1525 | |
| 602 | 2093 | |
| 603 | 1472 | |
| 420 076 | 1933 | |
| 424 768 | 1502 | |
| 788 | 1474 | |
| 799 | 1432 | |
| 425 777 | 1501 | |
| 782 | 1495 | |
| 426 812 | 1460 | |
| 837 | 1442 | |
| 838 | 1442 | |
| 427 762 | 1952 | |
| 797 | 1462 | |
| 802 | 1446 | |
| 818 | 2236 | |
| 837 | 1490 | |
| 429 735 | 1482 | |
| 736 | 1468 | |
| 744 | 2090 | |
| 748 | 1488 | |
| 430 712 | 1491 | |
| 733 | 1477 | |
| 740 | 1487 | |
| 431 540 | 1448 | |
| 433 303 | 1441 | |
| 333 | 1442 | |
| 348 | 1478 | |
| 375 | 1431 | |
| 384 | 1451 | |
| 386 | 1449 | |
| 388 | 1434 | |
| 434 240 | 1511 | |
| 435 220 | 1928 | |
| 295 | 1465 | |
| 853 | 2224 | |
| 336 255 | 1421 | |
| 300 | 1480 | |
| 332 | 1416 | |
| 837 | 2226 | |
| 437 297 | 1521 | |
| 310 | 1470 | |
| 351 | 1439 | |
| 438 302 | 1419 | |
| 303 | 1419 | |
| 311 | 2066 | |
| 330 | 2071 | |
| 439 234 | 1957 | (D.A.S. 1 243 652) |
| 324 | 2062 | |
| 553 | 1966 | (D.A.S. 1 185 161) |
| 858 | 2228 | |
| 441 259 | 2152 | (D.A.S. 1 122 075) |
| 264 | 1556 | (Brit.P. 970 958) |
| 289 | 2111 | (D.A.S. 1 252 666) |
| 305 | 2151 | (D.A.S. 1 191 812) |
| | | (D.A.S. 1 193 942) |
| | | (D.A.S. 1 198 819) |
| | | (D.A.S. 1 198 820) |
| 307 | 2134 | (D.A.S. 1 194 852) |
| 311 | 1571 | (Brit.P. 1 031 268) |
| 312 | 1567 | (Brit.P. 927 666) |
| 314 | 2165 | (Brit.P. 1 009 797) |
| 318 | 1565 | (Brit.P. 875 458) |
| 332 | 1535 | (D.A.S. 1 191 826) |
| 336 | 1576 | (Oe.P. 222 123) |
| 338 | 1614 | (D.P.[DDR] 29 773) |
| 339 | 1575 | (U.S.P. 3 185 689) |
| 342 | 1584 | (Oe.P. 237 623) |
| 356 | 1619 | (D.A.S. 1 210 867) |
| 357 | 1618 | (D.A.S. 1 221 237) |
| 441 369 | 1528 | (Brit.P. 994 611) |
| 377 | 2159 | (Oe.P. 211 299) |
| 563 | 2189 | |
| 577 | 2213 | (F.P. 1 356 563) |
| 582 | 2183 | |
| 442 242 | 1969 | (Brit.P. 901 269) |
| 251 | 1963 | (D.A.S. 1 180 350) |
| 270 | 2123 | (D.A.S. 1 229 062) |
| 273 | 2144 | (D.A.S. 1 168 413) |
| | | (D.A.S. 1 187 602) |
| 287 | 1539 | (Port.P. 39 678) |
| 302 | 1562 | (D.P.[DDR] 48 615) |
| 316 | 1574 | (Brit.P. 1 042 205) |
| 326 | 1585 | (Brit.P. 1 013 900) |
| 336 | 2149 | (D.A.S. 1 231 709) |
| 358 | 1547 | (D.A.S. 1 196 212) |
| 566 | 2192 | (Brit.P. 960 994) |
| | | (U.S.P. 3 132 133) |
| 571 | 2190 | |
| 443 230 | 2118 | (D.A.S. 1 219 917) |
| 250 | 2122 | (D.A.S. 1 173 887) |
| 253 | 2142 | (D.A.S. 1 236 493) |
| 257 | 1530 | (F.P. 1 349 867) |
| 277 | 1540 | (Brit.P. 1 004 659) |
| 282 | 1597 | (F.P. 1 360 402) |
| 293 | 2179 | (D.A.S. 1 240 081) |
| 299 | 1622 | (Brit.P. 1 011 850) |
| 306 | 2172 | (D.A.S. 1 160 443) |
| 314 | 1563 | (Brit.P. 982 612) |
| 335 | 1588 | (D.P.[DDR] 48 621) |
| 340 | 2138 | (Brit.P. 1 002 083) |
| 350 | 1532 | (Brit.P. 966 479) |
| 570 | 1615 | (Port.P. 40 514) |
| 444 129 | 1965 | (D.A.S. 1 237 548) |
| 134 | 2157 | (U.S.P. 3 092 663) |
| 136 | 2129 | (Brit.P. 1 002 150) |
| 141 | 2125 | (U.S.P. 3 177 243) |
| 147 | 2155 | (Brit.P. 1 028 490) |
| 149 | 1594 | (Niederl.P. 104 298) |
| 162 | 1611 | (D.A.S. 1 126 564) |
| 166 | 1577 | (Brit.P. 983 723) |
| 167 | 2174 | (D.A.S. 1 230 027) |
| 170 | 2175 | (D.A.S. 1 198 371) |
| | | (D.A.S. 1 200 312) |
| 183 | 1596 | (D.A.S. 1 227 898) |
| 830 | 1959 | (D.A.S. 1 245 922) |
| 833 | 2103 | (Can.P. 695 864) |
| 838 | 1538 | (D.A.S. 1 150 090) |
| 841 | 1553 | (Belg.A.S. 623 394) |
| | | (Brit.P. 956 616) |
| | | (D.A.S. 1 203 247) |
| 858 | 1601 | (U.S.P. 3 178 409) |
| 878 | 1550 | (D.A.S. 1 230 429) |
| 445 474 | 2150 | (D.A.S. 1 204 663) |
| 479 | 2156 | (Port.P. 44 042) |
| 515 | 1544 | (D.A.S. 1 226 115) |
| 516 | 1544 | (D.A.S. 1 226 115) |
| 519 | 1621 | (Oe.P. 241 451) |
| 446 284 | 2135 | (D.A.S. 1 248 632) |
| 297 | 2145 | (D.A.S. 1 121 625) |
| 298 | 2119 | (D.A.S. 1 203 248) |
| 317 | 2592 | (D.A.S. 1 179 935) |
| 331 | 2249 | (Brit.P. 985 006) |
| 336 | 1608 | (Brit.P 959 853) |
| 344 | 1541 | (Port.P. 40 090) |
| 351 | 1541 | (Port.P. 40 090) |
| 364 | 2173 | (D.A.S. 1 212 545) |
| 374 | 1552 | (D.A.S. 1 181 232) |
| 381 | 1559 | (D.A.S. 1 196 656) |
| 382 | 1533 | (Brit.P. 1 031 916) |
| 388 | 1533 | (Brit.P. 1 031 916) |
| 392 | 1554 | (Brit.P. 956 615) |
| 568 | 2181 | |
| 619 | 1616 | (D.A.S. 1 173 614) |
| 447 148 | 2252 | (Brit.P. 993 909) |
| 160 | 1527 | (D.A.S. 1 179 204) |
| 176 | 1579 | (D.P.[DDR] 50 610) |
| 180 | 1578 | (Brit.P. 956 269) |
| 190 | 1526 | (Brit.P. 956 241) |
| 448 043 | 2120 | (D.A.S. 1 218 448) |
| 087 | 1534 | (Brit.P. 979 679) |
| 104 | 1564 | (Oe.P. 230 884) |
| 106 | 1564 | (Oe.P. 230 884) |
| 112 | 2247 | (Brit.P. 1 019 570) |
| 113 | 1580 | (D.A.S. 1 159 458) |
| 129 | 1560 | (D.P.[DDR] 44 443) |
| 449 005 | 1695 | (D.A.S. 1 147 222) |
| 013 | 1573 | (Brit.P. 1 021 525) |
| | | (Brit.P. 1 021 526) |
| 040 | 1542 | (D.A.S. 1 181 233) |
| 041 | 1542 | (D.A.S. 1 181 233) |
| 048 | 1529 | (D.A.S. 1 238 482) |
| 571 | 1617 | (D.A.S. 1 231 393) |
| 594 | 1956 | (D.A.S. 1 199 245) |
| 615 | 1569 | (Brit.P. 1 029 220) |
| 617 | 1613 | (Brit.P. 1 007 590) |
| 647 | 1546 | (D.P.[DDR] 40 931) |
| 850 | 1606 | (D.A.S. 1 161 658) |
| 450 391 | 2246 | (Brit.P. 1 024 395) |
| 417 | 2250 | (D.P.[DDR] 48 204) |
| 430 | 1609 | (Port.P. 42 571) |
| 443 | 1586 | (Can.P. 695 728) |
| 445 | 2242 | (U.S.P. 3 154 578) |
| 448 | 1620 | (D.A.S. 1 213 850) |
| 451 121 | 2161 | (D.A.S. 1 213 399) |
| 124 | 1557 | (Brit.P. 1 037 014) |
| 451 131 | 1593 | (Brit.P. 1 003 949) |
| 136 | 1590 | (D.A.S. 1 229 533) |
| 148 | 1545 | (U.S.P. 3 239 520) |
| 164 | 1587 | (Brit.P. 451 164) |
| 178 | 1568 | (U.S.P. 3 202 672) |
| 200 | 1548 | (Brit.P. 1 048 199) |
| 201 | 1549 | (Brit.P. 1 008 659) |
| 365 | 2204 | (Belg.A.S. 651 648) |
| 367 | 2203 | (Oe.P. 249 205) |
| 370 | 2211 | (D.A.S. 1 215 283) |
| 952 | 1555 | (D.A.S. 1 195 762) |
| 452 082 | 2206 | (D.A.S. 1 154 891) |
| 501 | 1589 | (F.P. 1 291 131) |
| 504 | 1537 | (D.A.S. 1 211 166) |
| 516 | 1604 | (D.A.S. 1 215 700) |
| 539 | 1555 | (D.A.S. 1 195 762) |
| 545 | 1610 | (U.S.P. 3 128 286) |
| 547 | 1551 | (Brit.P. 1 046 001) |
| 758 | 2217 | (F.P. 1 285 717) |
| 453 326 | 2117 | (D.A.S. 1 181 194) |
| 353 | 1603 | (U.S.P. 3 253 472) |
| 360 | 1572 | (F.P. 82 307) |
| | | (F.P. 82 308) |
| | | (Ung.P. 150 912) |
| 377 | 1612 | (D.A.S. 1 212 103) |
| | | (D.A.S. 1 212 104) |
| 381 | 2191 | (D.A.S. 1 232 591) |
| 387 | 1607 | (D.A.S. 1 226 597) |
| 529 | 2196 | (F.P. 1 379 349) |
| 445 113 | 1531 | (D.P.[DDR] 43 963) |
| 134 | 1600 | (D.A.S. 1 199 767) |

### USA-Patente — U.S.P.

| Nr. | Ref.-Nr. | Bezugspatent |
|---|---|---|
| 3 218 323 | 1486 | |
| 3 232 995 | 2050 | |
| 3 235 599 | 2039 | |
| 3 236 851 | 1487 | |
| 3 238 245 | 2004 | |
| 3 240 797 | 1998 | |
| 3 247 255 | 2016 | |
| 256 | 2015 | |
| 3 249 560 | 2044 | |
| 3 250 799 | 2053 | |
| 827 | 2023 | |
| 3 251 883 | 2022 | |
| 3 253 009 | 2040 | |
| 3 254 050 | 2054 | |
| 094 | 1447 | |
| 115 | 2003 | |
| 3 255 230 | 2035 | |
| 3 256 317 | 2029 | |
| 318 | 2031 | |
| 3 257 460 | 2020 | |
| 3 258 461 | 1516 | |
| 478 | 2010 | |
| 3 260 724 | 2018 | |
| 3 262 944 | 2188 | |
| 3 264 274 | 2005 | |
| 3 265 661 | 2051 | |
| 675 | 1995 | |
| 692 | 1448 | |
| 746 | 2048 | |
| 3 268 559 | 2096 | |
| 595 | 2027 | |
| 3 269 991 | 2001 | |
| 3 270 047 | 2017 | |
| 052 | 2021 | |
| 063 | 1996 | |
| 091 | 2045 | |
| 092 | 2092 | |
| 3 271 360 | 2019 | |
| 384 | 2038 | |
| 453 | 2036 | |
| 454 | 2009 | |
| 3 274 181 | 2098 | |
| 3 275 674 | 2052 | |
| 683 | 2030 | |
| 708 | 2026 | |
| 3 277 170 | 2041 | |
| 3 278 594 | 2032 | |
| 604 | 2037 | |
| 653 | 2047 | |
| 3 281 452 | 2014 | |
| 473 | 2028 | |
| 3 282 875 | 1997 | |
| 3 283 004 | 2234 | |
| 3 284 503 | 1483 | |
| 3 287 420 | 1992 | |
| 3 288 829 | 2099 | |
| 832 | 2231 | |
| 835 | 1538 | (D.A.S. 1 150 090) |
| 839 | 2230 | |
| 890 | 2043 | |
| 3 290 292 | 1484 | |
| 300 | 1467 | |
| 365 | 2049 | |
| 3 298 778 | 1947 | |
| 3 300 277 | 1939 | |
| 3 301 634 | 1949 | |
| 3 341 568 | 2227 | |
| 3 345 391 | 2237 | |
| 3 352 897 | 2222 | |

| Nr. | Ref.-Nr. | Bezugspatent |
|---|---|---|
| **Sowjetische Patente – UdSSR.P.** | | |
| 176 304 | 2011 | |
| 177 886 | 2042 | |
| 888 | 2046 | |
| 178 365 | 2013 | |
| 386 | 2012 | |
| 179 775 | 2033 | |
| 776 | 2034 | |
| 180 184 | 2006 | |
| 185 | 2007 | |
| 186 | 2008 | |
| 581 | 2002 | |
| 181 088 | 1990 | |
| 181 089 | 1991 | |
| 090 | 1993 | |
| 091 | 1994 | |
| 093 | 1999 | |
| 094 | 2000 | |
| 184 379 | 2186 | |
| 380 | 2187 | |

CHEMISCHES ZENTRALBLATT
Nr. 11 · 12. März 1969
Referat 0001–2192
Seite 1–224

# A. Allgemeine, physikalisch-anorganische und anorganische Chemie

## A–2. Physik der Atome und Moleküle

*0001* **Vereinfachung der Störungstheorie von Atomen und Molekülen durch Verwendung separabler Potentiale.** K. Hausmann. (Ann. Physik [7] 21 (1968) 1/2, 106–12; Dresden, Inst. für Theoret. Phys., TU; dt.) — Ein einfacher Modellhamiltonoperator wird aus den im Grundzustand besetzten Hartree-Fock-Einelektronwellenfunktionen konstruiert. Dieser Einelektronoperator enthält außer der kinet. Energie eine Überlagerung von Projektionsoperatoren u. besitzt als gebundene Zustände nur die besetzten Hartree-Fock-Zustände. Die Berechnung der unbesetzten Zustände u. damit der Störungsterme ist wesentlich einfacher als beim Hartree-Fock-Operator. Für das He-Atom konvergiert die zum Modelloperator gehörende Störungsreihe fast ebenso schnell wie die vom Hartree-Fock-Operator ausgehende Störungstheorie. M. Frenzel 22

*0002* **In Wechselbeziehung stehende Atom- und Molekülwellenfunktionen durch Verwendung begrenzter Gauß-Funktionen.** J. P. Chesick, S. J. Fraser und J. W. Linnett. (Trans. Faraday Soc. **64** (1968) 542, 257–68; Dep. of Phys. Chem., Cambridge, Univ., England; engl.) — Berechnung einfacher Atom- u. Mol.-Syst. bez. der Schwingungsfrequenzen, Dissoziationsenergien u. Ionisationspotentiale von $He$, $Li^+$, $Be^{2+}$, $Li$, $Be^+$, $Be$, $H_2$, $Li_2^+$, $Li_2$ u. $LiH$. R. Blank 22

*0003* **Mittlere Energie von Zuständen gegebener Multiplizitäten in Atomen.** J. C. Slater. (Physic. Rev. [2] **165** (1968) 2, 655–58; Univ. of Fla., Gainesville, Fla.; engl.) — Ableitung von Formeln für die gewichtete mittlere Energie der Multipletts mit gegebenem S in einer teilweise gefüllten Schale äquivalenter Elektronen mit einer gegebenen azimutalen Quantenzahl $l$. H. Liepack 22

*0004* **Methode unterscheidbarer Elektronen für Elektronenstruktur-Berechnungen.** Bernard Kirtman. (Chem. Physics Letters [Amsterdam] **1**, (1968) 13, 631–34; Dep. of Chem., Univ. of Calif., Santa Barbara, Calif.; engl.) — Entw. einer Störungsmethode. H. Liepack 22

*0005* **He–He-Wechselwirkung in der SCF–MO-Approximation.** Neil R. Kestner. (J. chem. Physics **48** (1968) 1, 252–57; Dep. of Chem., La. State Univ., Baton Rouge, La.; engl.) — Die Wechselwrkg. zwischen zwei He-Atomen im Kernabstands-Bereich von 1–6 $a_0$ wurde mit Hilfe des vom Laboratory of Molecular Structure and Spectra an der Universität von Chicago entwickelten SCF-Programms für zweiatomige Mol. aus gleichen Atomen berechnet. Gute Ergebnisse werden erhalten, wenn der Basissatz für jedes Zentrum drei Atomfunktionen vom s-Typ u. eine Funktion vom p-Typ umfaßt. Die Hartree-Fock-Energie des $He_2$-Mol. ist in allen Fällen größer als die von zwei He-Atomen. A. Blaschette 22

*0006* **He-Li⁺-Wechselwirkungsenergie bei kleinen Kernabständen.** C. R. Fischer. (J. chem. Physics **48** (1968) 1, 215–17; BNL, Upton, N.Y.; engl.) — Eine Einzel-Konfig.-MO-SCF-Rechnung für die $He$-$Li^+$-Wechselwrkg.-Energie in der Born-Oppenheimer-Näherung u. für Kernabstände zwischen 0,1 u. 0,7 Å liefert Ergebnisse, die nicht mit den von Zehr u. Berry (Physic. Rev. **159** (1967), **13**) aus Atomstreuvers. abgeleiteten übereinstimmen. Das Verhältnis zwischen ber. u. experimenteller Energie beträgt etwa 1,4 für 0,21 Å $< r <$ 0,74 Å. Das MO-SCF-Potential kann mit weniger als 10% Abweichung durch die Born-Mayer-Gleichung $V(r) = 580 \exp(-5{,}4\,r)$ eV beschrieben werden (mit r in Å). Die Diskrepanz beruht eindeutig nicht auf der Vernachlässigung der Korrelationsenergie im Rahmen der Einzel-Konfig.-MO-Rechnung. A. Blaschette 22

*0007* **Über eine Näherung zur Lösung des „Self-consistent-field"-Verfahrens für Systeme mit ungepaarten Elektronen.** 1. Mitt. **Die Methode.** G. Diercksen. (Int. J. Quantum Chem. 2 (1968) 1, 55–67; MPI für Phys. u. Astrophys., München; dt.) — Eine Näherung zur Lsg. des SCF-Verf. für Syst. mit räumlich ungepaarten Elektronen wird vorgeschlagen. Die Gleichungen werden hergeleitet u. die Ergebnisse diskutiert. H. Liepack 22

*0008* **Verallgemeinertes Brillouin-Theorem für Multikonfigurations-SCF-Theorien.** Bernard Levy und Gaston Berthier. (Int. J. Quantum Chem. 2 (1968) 2, 307–19; Labor. de Chim. de l'Ecole Normale Supérieure, Paris; engl.) H. Liepack 22

*0009* **Variationsprinzip für die Phase der Wellenfunktion von Molekülsystemen.** J. Riess und H. Primas. (Chem. Physics Letters [Amsterdam] 1 (1968) 11, 545–48; Labor. of Phys. Chem., Swiss Federal Inst. of Technol., Zürich, Switzerland; engl.) H. Liepack 22

*0010* **Verbesserung von Molekülfunktionen vom Gauß-Typ.** David M. Bishop. (J. chem. Physics **48** (1968) 1, 291–300; Dep. of Chem., Univ. of Ottawa, Ottawa, Canada; engl.) — Es werden Elektronen-Wellenfunktionen vom Gauß-Typ für $H$, $H_2^+$ u. $H_2$ mitgeteilt. Sie können verbessert werden, wenn man in jedem Fall zum Basissatz eine Funktion der Form $\chi = (\varrho - r)^l$ für $r \leqq \varrho$ bzw. $\chi = 0$ für $r > \varrho$ hinzu addiert; dabei ist für jeden Kern eine auf diesen zentrierte Funktion der vorst. Form zu benutzen (r ist der Abstand vom Kern; $\varrho$ u. l sind Parameter, durch deren Wahl ein Minimum der Elektronenenergie erreicht wird). Die auf diese Weise erzielte Verbesserung ist größer als die durch Addition einer weiteren Gauß-Funktion zum Basissatz erreichte. A. Blaschette 22

*0011* **Das Problem der Definition der Ladung auf einem Atom in einem Molekül.** L. Ch. Cusachs und P. Politzer. (Chem. Physics Letters [Amsterdam] 1 (1968) 11, 529–31; Richardson Chem. Labor., Tulane Univ., New Orleans, La.; engl.) — Es wird gezeigt, daß die Mulliken- u. Löwdin-Definitionen der Atomladungen zu wesentlich verschiedenen Wellenfunktionen u. physikal. Deutungen führen, wenn sie als Kriterien der Selbstkonsistenz bei der Berechnung der Wellenfunktionen benutzt werden. H. Liepack 22

*0012* **Näherungsberechnungen unter Berücksichtigung aller Elektronen. Das Formaldehyd-Molekül.** D. C. Cook und R. McWeeny. (Chem. Physics Letters [Amsterdam] 1 (1968) 12, 588–90; Chem. Dep., Univ. of Sheffield, England; engl.) H. Liepack 22

*0013* **Strukturuntersuchungen von Schwefelverbindungen durch ESCA.** K. Hamrin, G. Johansson, A. Fahlman, C. Nordling, K. Siegbahn und B. Lindberg. (Chem. Physics Letters [Amsterdam] 1 (1968) 11, 557–59; Inst. of Phys., Univ. of Uppsala, Sweden; engl.) — Auf Grund von Ergebnissen elektronenspektroskop. Unters. an S-Verb. mit Na u. K wird gezeigt, daß eine Beziehung zwischen der Bindungsenergie der inneren Elektronen des S u. dem chem. Zustand u. der Umgebung existiert, wobei bes. S–O-Bindungen betrachtet werden. Es wird eine Beziehung zwischen Ladung u. Bindungsenergie aufgestellt, aus der die Ladung des S in Verb. mit unsicherer Struktur oder Zus. abgeschätzt werden kann. H. Liepack 22

*0014* **Konformation von Äthylendiaminringen in Koordinationsverbindungen von Übergangsmetallen.** M. A. Poraj-Košic. (Ž. neorg. Chim. **13** (1968) 5, 1233–38; Inst. obšč. i neorg. chim. im. Kurnakova AN SSSR; russ.) — Die Konformation in Komplexen mit gauche-Ringen wird durch drei Faktoren bestimmt: durch eine Nichtvalenz-Wechselwrkg. der Atome der benachbarten

Liganden, durch die Asymmetrie des Ligandenfeldes u. hauptsächlich durch das Entstehen zentrosymm. Mol. bei der Kristallisation. J. J. Pohl 22

*0015* **Probleme der Verwendung abhängiger Koordinaten in der Schwingungstheorie mehratomiger Moleküle.** L. A. Gribov. (Optika i Spektroskopija **24** (1968) 1, 67–71; russ.) — Das Auftreten u. der physikal. Sinn linearer Glieder in den Ausdrücken für die Potentialfunktion mehratomiger Mol. sowie die Schwierigkeiten bei der Verw. des Urey-Bradley-Feldes in der üblichen Formulierung werden behandelt, ferner die Matrizen der kinemat. Koeff. bei Verw. abgeleiteter Koordinaten. M. Wiedemann 22

*0016* **Erste Näherung des Kraftfelds mehratomiger Moleküle.** G. V. Grišin und L. M. Sverdlov. (Optika i Spektroskopija **24** (1968) 1, 78–81; russ.) — Die Ermittlung der Matrix der Kraftkonst. auf halbempir. Wege mittels sukzessiver Näherungen wird behandelt. M. Wiedemann 22

*0017* **Bestimmung der Potentialenergiematrix mit Hilfe der Konsistenzmethode.** G. S. Koptev, N. F. Stepanov und V. M. Tatevskij. (Vestnik Moskovskogo Univ., Ser. II **23** (1968) 2, 9–14; Kaf. fiz. chim.; russ., Auszug engl.) — Beschreibung eines Verf. zur Best. der Potentialenergiematrix auf der Grundlage der experimentell bestimmten Schwingungsfrequenzen zweier isotop. substituierter Moleküle. H. Roschkowski 22

*0018* **Vorzeichen der Wechselwirkungen in der Theorie der mittleren Amplitudenquadrate von Schwingungen.** K. Venkateswarlu und K. Babu Joseph. (Acta chim. Acad. Sci. hung. **55** (1968) 4, 351–56; Dep. of Phys., Kerala Univ., India; engl.) — Bei der theoret. Interpretation der Wechselwrkg.-Terme zeigen Vf. an Hand der Literaturwerte folgender Verb., daß zwischen der Kraftkonst. u. den mittleren Amplitudenquadratwechselwrkg. „Vorzeichenbeziehungen" bestehen: $H_2Se$, $D_2Se$, $F_2O$, $Cl_2O$, $CCl_2$, $CBr_2$, $CJ_2$, $SOBr_2$, $NH_2Cl$, $NHCl_2$, $NH_2D$, $NHD_2$, $SiCl_4$, $SiBr_4$, $SnCl_4$, $C_2H_4O$ u. $C_2D_4O$ (*Äthylenoxid*), $C_2H_4S$ (*Äthylensulfid*), $CH_3C{\equiv}CH$, $CH_3C{\equiv}CCl$, $CD_3C{\equiv}CCl$, $CH_3C{\equiv}CBr$ u. $CH_3C{\equiv}CJ$. R. Blank 22

*0019* **Gleichzeitige Betrachtung von Prozessen der Schwingungsrelaxation und der thermischen Dissoziation zweiatomiger Moleküle.** N. A. Generalov, B. V. Kuksenko, S. A. Losev und A. I. Osipov. (Teoret. èksper. Chim. **4** (1968) 3, 311–15; NII mechan. Mosk. gos. univ.; russ.) — Numer. Berechnung für $O_2$-Mol. mit 26 Niveaus. H. Roschkowski 22

*0020* **Einfache Formeln für die Schwingungs- und Rotationseigenwerte des Lennard-Jones-(12-6)-Potentials.** J. K. Cashion. (J. chem. Physics **48** (1968) 1, 94–103; IBM Watson Res. Center, Yorktown Heights, New York; engl.) — Ableitung ausgehend von der Dunham-Reihe. Anwendung auf $He_2$, $(H_2)_2$, $Ne_2$, $(O_2)_2$, $Ar_2$, $Kr_2$, $Xe_2$, $(Br_2)_2$, $(J_2)_2$. A. Blaschette 22

*0021* **Intramolekularer Austausch in Phosphorpentahalogenidmolekülen.** Robert R. Holmes und Rose Mary Deiters. (J. Amer. chem. Soc. **90** (1968) 18, 5021–23; Dep. of Chem., Univ. of Mass., Amherst, Mass.; engl.) — Potentialbetrachtungen des Substituentenaustauschs über trigonal-bipyramidale Zwischenstufen für $PF_5$, $PClF_4$, $PCl_5$, $SbCl_5$, $CH_3PF_4$. Angabe der Kraftkonst., Energiebarrieren u. Geschw.-Konstanten. H. Jehne 22

*0022* **Wechselwirkungsoperatoren verschiedener Bewegungen im Molekül.** A. A. Kiselev. (Optika i Spektroskopija **24** (1968) 2, 283–84; russ.) — Die Operatoren der Wechselwirkungen werden abgeleitet, die einzelnen Bewegungen, z. B. die der Elektronen, Rotation, Schwingung, können unabhängig beschrieben werden. M. Wiedemann 22

*0023* **Einfluß intermolekularer Wechselwirkungen auf die Spektren von Molekülen.** N. G. Bachšiev und O. P. Girin. (Optika i Spektroskopija **24** (1968) 5, 691–94; russ.) — Theoret. Untersuchung. H. Roschkowski 22

*0024* **Trägheitseffekte im Modell diskreter Plätze der Rotationsfreiheit, Autokorrelationsfunktion und Dipol-Absorption.** B. Lassier und C. Brot. (Chem. Physics Letters [Amsterdam] **1** (1968) 12, 581–84; Labor. de Chim. Phys., Fac. des Sci., Orsay, France; engl.) — Unter Berücksichtigung des endlichen Charakters des mol. Trägheitsmoments wird ein Modell für die Rotation von Mol. entwickelt, die therm. Stößen in einem Potential mit vielen Mulden unterliegen. Es wird eine Korrelationsfunktion ber., die folgende spektrale Konsequenzen hat: Eine Absorption in Folge der Libration der Mol. in den Mulden ist einer Debye-Kauzmann-Absorption überlagert. Im Gegensatz zum Debye-Verh. nimmt die Transparenz bei höheren Frequenzen zu. H. Liepack 22

*0025* **Näherungsmethode zur Bestimmung der Rotationskonstanten $B_e$ für normale Elektronenzustände zweiatomiger Moleküle.** G. V. Kovalenok. (Izvest. vysšich učebnych Zavedenij [Tomsk], Fiz. **11** (1968) 4, (71), 154–57; Tomskij politechn. inst. im. Kirova; russ.) — Beschreibung des Verf. u. Berechnung der Rotationskonst. $B_e$ für die Mol. *AlF*, *AlJ*, *BaBr*, *BaCl*, *BaF*, *BaJ*, *BJ*, *BeBr*, *BeJ*, *BeF*, *BeC*, *BeCl*, *BrCl*, *BrF*, *CaBr*, *CaJ*, *CdBr*, *CdCl*, *CdF*, *CdJ*, *CuF*, *CuBr*, *CuJ*, *CuO*, *GaF*, *GaBr*, *GaCl*, *GaJ*, *GaO*, *GeS*, *GeSn*, *GeTe*, *HgBr*, *HgCl*, *HgF*, *HgJ*, *JBr*, *InBr*, *InO*, *InF*, *LiRb*, *LiCs*, *LiK*, *MgBr*, *MgC*, *MgJ*, *MgO*, *NaCs*, *NaRb*, *NaK*, $Na_2$, *SiS*, *SiTe*, *SnSe*, *SrBr*, *SrCl*, *SrF*, *TiO*, *ZnCl*, *ZnJ*, *ZnF* u. *ZnBr*. H. Roschkowski 22

*0026* **Optische Aktivität und absolute Konfiguration von Metallkomplexen mit sechsgliedrigen Chelatringen.** P. G. Beddoe und S. F. Mason. (Inorg. nuclear Chem. Letters **4** (1968) 7, 433–37; Suppl. zu: J. inorg. nuclear Chem., School of Chem. Sci., Univ. of East Anglia, Norwich; engl.) — Aus CD-Messungen an (—)-$[Co(tn)_3]^{3+}$ u. (—)-$[Cr(tn)_3]^{3+}$ (*tn* = *Trimethylendiamin*) wird geschlossen, daß die opt. Aktivität von Metallkomplexen nicht prim. auf einer Verzerrung der oktaedr. Anordnung der Ligandatome beruht, sondern daß eine direkte Beziehung zwischen der Rotationsstärke des (d→d)-Übergangs u. der stereochem. Konfig. des Komplexes besteht. A. Blaschette 22

*0027* **Strahlungsvermögen einiger Gase im Bereich hoher Temperaturen: 6000(2000)–12000°K.** Ju. V. Moskvin. (Teplofiz. vysokich Temperatur **6** (1968) 1, 1–9; russ.) — Das Strahlungsvermögen von Wasserstoff, $H_2O$, $NH_3$, *Ar* u. *He* bei Temp. bis zu 12000°K wird für Stärken der Gasschicht von 1–100 cm untersucht. Bei Wasserstoff werden Drücke von 1–1000 ata, für die restlichen Gase Drücke von 0,1–100 ata untersucht. Die Berechnungsergebnisse werden tabellar., für Wasserstoff auch in Gleichungen mitgeteilt. H Roschkowski 26

*0028* **Rotationsanalyse der (2,3)-Bande eines neuen Übergangs $^2\Pi \rightarrow {}^2\Pi$ des $P_2^+$-Radikals.** Jean Brion, Jacques Malicet und Henri Guenerbaut. (C. R. hebd. Séances Acad. Sci., Sér. A et B **266** (1968) 2, B 82–83; Reims, Fac. des Sci., Labor. de Chim. Phys.; franz.) — Vf. analysieren den Übergang (2,3) des $P_2^+$ u. ordnen auf Grund der beobachteten Auswahlregeln diesen dem Übergang $^2\Pi \rightarrow {}^2\Pi$ zu. Folgende Rotationskonst. werden berechnet: Oberer Zustand $B_1$ 0,275, $B_2$ 0,302, $B_v$ 0,288 u. $D_v$ $0{,}7 \cdot 10^{-6}$; unterer Zustand $B_1$ 0,200, $B_2$ 0,206, $B_v$ 0,203 u. $D_v$ $2 \cdot 10^{-5}$ cm$^{-1}$. Hans Bürger 26

*0029* **Untersuchung der Feinstruktur des Überganges (0,2) der Systeme ($^2\Sigma^+$–$^2\Pi_{1/2}$) und ($^2\Sigma^+$–$^2\Pi_{3/2}$) des $HBr^+$-Moleküls. Bestimmung der beiden Schwingungskonstanten des Grundzustandes ($^2\Pi_i$).** Louis Marsigny, Joseph Lebreton, Jacques Ferran und René Lagrange. (C. R. hebd. Séances Acad. Sci., Sér. C **266** (1968) 3, 176–78, 1 Tafel; Tours-Grandmont, Indre-et-Loire, Fac. des Sci. d'Orléans, Labor. de Chim. gén. et min. du Coll. Sci. Univ. de Tours; franz.) — Aus $CH_2Br_2$ erzeugtes $HBr^+$ wird im Bereich des Überganges (0,2) der Syst. ($^2\Sigma^+$–$^2\Pi_{1/2}$) (Ursprung 4547,6 Å) u. ($^2\Sigma^+$–$^2\Pi_{3/2}$) (4062,5 Å) analysiert. Folgende Rotationskonst. werden bestimmt: $B''_{1/2}$ 7,47 ± 0,03 u. $B''_{3/2}$ 7,44 ± 0,03 cm$^{-1}$; $\nu_0$ = 23305,3 cm$^{-1}$; $\omega_e''$ 2445,6 cm$^{-1}$ u. $\omega_e''x_e''$ 48,6 cm$^{-1}$.

Mit den abgeschätzten Werten von Barrow u. Caunt (1953) stimmen die Meßergebnisse gut überein.
Hans Bürger 26

*0030* **Absorptionsspektrum von Phosphor(III)-jodid.** Vincent C. Anselmo, Florence M. Wolters und Chi-Tsang Sun. (Analytica chim. Acta [Amsterdam] **40** (1968) **3**, 531–34; Dep. of Chem., N.Mex. Highlands Univ., Las Vegas, N.Mex.; engl.) — Das Spektrum von $PJ_3$ wurde im Bereich von 350–650 nm an Lsg. in $C_6H_{14}$, $C_6H_{12}$ u. $CCl_4$ gemessen. In allen Lsgm. liegt das Absorptionsmax. des $PJ_3$ bei 374 nm, die entsprechenden Extinktionskoeff. betragen $(1{,}28 \pm 0{,}07) \cdot 10^3$, $(1{,}25 \pm 0{,}04) \cdot 10^3$ bzw. $(1{,}39 \pm 0{,}05) \cdot 10^3$ $(l \cdot Mol^{-1} \cdot cm^{-1})$. Die Absorptionsmax. von $J_2$-Verunreinigungen liegen bei 520, 524 bzw. 518 nm, die Extinktionskoeff. betragen $(8{,}898 \pm 0{,}078) \cdot 10^2$, $(9{,}237 \pm 0{,}029) \cdot 10^2$ bzw. $(8{,}858 \pm 0{,}010) \cdot 10^2$ $(l \cdot Mol^{-1} \cdot cm^{-1})$. Läßt man die Lsg. durch eine Säule mit Aktivkohle laufen u. eluiert mit dem gleichen Lsgm., so erscheint zuerst $PJ_3$, gefolgt von $J_2$. Alles durch Zers. enthaltene $P_4$ wird zurückgehalten.
D. Gerlatzek 26

*0031* **Impulsradiolyse von Gasen: Direkte Beobachtung von $^1S$-Kohlenstoffatomen in Kohlendioxid, Kohlenmonoxid und Methan.** G. M. Meaburn und D. Perner. (Nature [London] **212**, 1042, 1966; Centre d'Études Nucl. de Saclay; engl.) — Bei Impulsradiolyse (250 kV-Elektronen, Impulsdauer 0,2 μsec) von $CO_2$, $CO$ u. $CH_4$ wurde nur eine scharfe Absorption bei 2478 Å beobachtet, die dem $(^1P \leftarrow {}^1S)$-Übergang des C-Atoms zugeordnet wurde; ihre Intensität ist in CO doppelt so groß wie in $CO_2$. Kleine Mengen $C_3H_6$, $CH_4$ oder $H_2$ verringern die Halbwertszeit des $C(^1S)$ beträchtlich.
Maria Schenk 26

*0032* **Kernhyperfeinwechselwirkungen in zweiatomigen Molekülen und der Grundzustand von VO.** D. Richards und R. F. Barrow. (Nature [London] **217** (1968) 5131, 842; Phys. Chem. Labor., Univ., Oxford; engl.) — Vorläufige Ergebnisse einer Rotationsbandenanalyse des grünen ($\nu_{00} = 17{,}419$ cm$^{-1}$) u. roten ($\nu_{00}$, $F_4 = 12{,}707$ cm$^{-1}$ Syst. von VO. Danach kann die Aufspaltung der Terme durch eine magnet. Hyperfeinwechselwrkg. des σ-Elektrons mit dem $^{51}V$-Kern (Spin $^7/_2$) gedeutet werden u. bestätigt den $\sigma\delta^2\,{}^4\Sigma^-$-Zustand als den VO-Grundzustand.
R. Blank 26

*0033* **Spektren und Struktur der Aquoionen von Neodym, Europium und Erbium.** N. K. Davidenko und L. N. Lugina. (Ž. neorg. Chim. **13** (1968) 4, 980–87; Inst. obšč. i neorg. chim. AN Ukr.SSR; russ.) — Die Spektren von $Nd(BrO_3)_3 \cdot 9H_2O$ u. $NdCl_3 \cdot 6H_2O$ wurden im Bereich der Übergänge $^4I_{9/2} \rightarrow {}^2P_{1/2}$ (430 nm) u. $^4I_{9/2} \rightarrow {}^4G_{7/2}$ (520 nm), von $Er(BrO_3)_3 \cdot 9H_2O$ u. $ErCl_3 \cdot 6H_2O$ im Bereich von $^4I_{15/2} \rightarrow {}^4S_{3/2}$ (540 nm) u. $^4I_{15/2} \rightarrow {}^4F_{5/2}$ (540 nm) bei Zimmertemp. aufgenommen. Die Lage der Banden in den Absorptionsspektren der wss. Nd- u. Er-Chlorid-, -Bromid-, -Bromat-, u. -Perchlorat-Lsg. ist von der Konz. der Lsg. u. der Art des Anions unabhängig, sie wird nur durch die Hydrathülle des Seltenerdmetallions beeinflußt. Die Absorptionsspektren von Nd- u. Er-Mono- u. -Dichlorokomplexen, die in konz. Chloridlsg. dieser Elemente entstehen, sind mit denen der entsprechenden Aquoionen identisch. Wie Spektren von wss. Lsg. u. Hydratkrist. zeigen, ist die Struktur der in Lsg. überwiegenden Nd-, Eu- u. Er-Aquoionen von der der Ionen im krist. Zustand verschieden. Die Unterschiede verursachen Gesetzmäßigkeiten in den Bandenverschiebungen bei der Komplexbldg. von Seltenerdmetallen in wss. Lösungen. Neben der dominierenden Aquoionenform dürften noch andere Nd-Aquaionen in Lsg. vorliegen.
J. J. Pohl 26

*0034* **Verschiebung der Banden in den Spektren der Neodymbenzoylacetonate in wäßrig-methanolischen Lösungen.** N. K. Davidenko, K. B. Jacimirskij und L. N. Lugina. (Ž. neorg. Chim. **13** (1968) 1, 138–42; Inst. obšč. i neorg. chim. AN UkrainSSR; russ.) — Die Absorptionsspektren wss.-methanol. (80 Vol-% Methanol) Lsg. von $Nd^{3+}$ u. Benzoylaceton (HB) wurden im Bereich des Überganges $^4I_{9/2} \rightarrow {}^2P_{1/2}$ aufgenommen. Die entsprechende Bande ist im Vgl. zu der im Spektrum des Nd-Aquoions gegen längere Wellen hin verschoben. In Lsg. liegen $Nd^{3+}$, $NdB^{2+}$, $NdB_2^+$ u. $NdB_3$ vor. Die Größe der Verschiebung hängt von der Zus. des Komplexes ab u. stellt eine additive Größe dar. Das Inkrement der langwelligen Verschiebung ändert sich in Abhängigkeit der Substitution von W.-Mol. in der inneren Koordinationssphäre des Nd-Aquoions.
J. J. Pohl 26

*0035* **Absorptionsspektren von Erbiumgluconatkomplexen in wäßrigen Lösungen.** N. A. Kostromina und T. V. Ternovaja. (Ž. neorg. Chim. **13** (1968) 1, 148–52; Inst. obšč. i neorg. chim. AN UkrainSSR; russ.) — Die Absorptionsspektren der Umsetzungsprod. von $ErCl_3$ mit Gluconsäure ($HGH_4$) im Bereich 5350–5450 Å werden diskutiert, in diesem Bereich liegt die Bande des $^4I_{15/2} \rightarrow {}^4S_{3/2}$-Überganges. Die Verschiebung gegen kürzere Wellen, die in den Spektren von Er-Gluconaten zu beobachten ist, ist durch die Anwesenheit eines einfach positiv geladenen Komplexes (möglicherweise $[Er(GH_4)]^{2+}$ bedingt, in dem die Carboxylsauerstoffatome mit nichtdissoziierten Alkoholgruppen eine Chelatbindung ausbilden. Die Banden im Syst. $Er^{3+}$-Gluconsäure deuten auf die Ggw. von isomeren Formen von Komplexen mit der gleichen empir. Formel hin, die sich im Gleichgew. befinden.
J. J. Pohl 26

*0036* **Elektronenstruktur und Elektronenspektrum von Dichlorodipyridinkobalt(II). Durch Wechselwirkung zwischen dem Halogenidion und dem Kobalt(II)-Kation hervorgerufene Charge-transfer-Bande.** Yukako Bando und Saburo Nagakura. (Inorg. Chem. [Washington] **7** (1968) 5, 893–97; Inst. for Solid State Phys., Univ. of Tokyo, Tokyo; engl.) — Das UV-Absorptionsspektrum von $[CoCl_2py_2]$ (I) wurde an krist. Proben (α-Form) u. an einer Chlf.-Lsg. (β-Form) gemessen. Im Lsg.-Spektrum erscheint eine starke Bande bei 256 nm neben einer Schulter bei größeren Wellenlängen. Erstere wird als lokale Anregungsbande des Py.-Mol. angesehen. Die Schulter wird in nachst. Reihenfolge intensiver bei gleichzeitiger Verschiebung zu längeren Wellen: **I** < $[CoBr_2py_2]$ < $[CoJ_2py_2]$ (**II**). Außerdem ist die Bande bei **II** in zwei Peaks aufgespalten. Der Peakabstand von 5200 cm$^{-1}$ dürfte dabei der Energiedifferenz zwischen dem $^2P_{3/2}$- u. dem $^2P_{1/2}$-Zustand des freien J-Atoms entsprechen. Aus den experimentellen Ergebnissen u. einer theoret. Analyse ergibt sich, daß die Schulter als Charge-transfer-Absorption auf Grund einer π-Elektronenverschiebung vom koordinierten Halogenid-Ion zum Metallkation anzusehen ist. Der an einem Einkrist. von **I** beobachtete Dichroismus stützt diese Auffassung. Ferner wurde die Davydov-Aufspaltung der lokalen Anregungsbande der koordinierten Py.-Mol. nachgewiesen
A. Blaschette 26

*0037* **Absorptionsspektren von Azopyrazolonderivaten. 6. Mitt. Absorptionsspektren von 1:1-Komplexen von Phenylazopyrazolonderivaten.** Hitoshi Kamada, Shozo Toda, Hiroshi Kobayashi und Motonobu Ito. (J. chem. Soc. Japan, pure Chem. Sect. [Nippon Kagaku Zasshi] **89** (1968) 1, 25–28; Dep. of Chem. Engineering, Univ. of Tokyo, Japan; jap., Auszug: engl.) — 5. vgl. C. **1969**, 5-0833. — Die Absorptionsspektren der 1:1-Komplexe von Ca, Ni(II) u. Cu(II) mit 4-(X-2-hydroxyphenylazo)-1-phenyl-3-methylpyrazolonen (X=H, 4-Methyl-, 5-Methyl-, 5-Chlor-, 4-Nitro-, 5-Nitro-, 4-Chlor-5-methyl-, 3-Chlor-5-methyl-,3. 5-Dichlor-, 3-Chlor-5-nitrosubstituiertes Phenylazopyrazolon) wurden in wss. A. aufgenommen. Die Spektren der Ni- u. Cu-Komplexe sowie der Dianionen entsprechender Liganden sind hinsichtlich ihrer Gestalt u. der Lage der Absorptionsmax. voneinander verschieden. Jedoch sind die Spektren der Calciumkomplexe u. der Dianionen in dieser Hinsicht miteinander sehr ähnlich. Ähnliche Tendenzen wie bei den Spektren zeigen sich auch in der Korrelation von $\nu_{max}$ u. den Hammettschen σ-Werten der Phenylsubstituenten. Es wird deshalb angenommen, daß sowohl die $\nu_{max}$-Werte u. die Gestalt der Spektren als auch die Korrelation zwischen $\nu_{max}$ u. σ der Komplexe mit steigender Elektronegativität des Metallions denen der Monoanionen ähnlicher werden.
G. Stolze 26

*0038* **Berechnung individueller Absorptionsspektren von Cu-Komplexen mit Glycylleucin unter Verwendung der Simplex-Planierungsmethode.** A. P. Borisova, Ju. V.

Granovskij, P. F. Andrukovič und I. A. Savič. (Ž. fiz. Chim. 42 (1968) 6, 1513–15; Mosk. gos. univ. im. Lomonosova, chim. fak.; russ.) – Ein Vgl. der ber. Absorptionsspektren mit den Spektren der Cu-Komplexe mit Glycylglycin zeigt, daß der Ersatz von Glycin im Dipeptidmol. gegen Leucin zur Verstärkung der Absorption des Komplexes führt. J. J. Pohl 26

*0039* **Spektren der optischen Rotationsdispersion von Bis- und Mono-(α-substituierten, Glycinato)-Cu(II)-Komplexen.** Keith M. Wellman, T. G. Mecca, W. Mungall und Curtis R. Hare. (J. Amer. chem. Soc. **89** (1967) 14, 3646–47; Buffalo, N.Y., State Univ of N.Y., Dep. of Chem.; engl.) – Vf. vergleichen die ORD-Spektren von *Cu(II)-Chelaten*, die eine opt. aktive Aminosäure (*L-α-Alanin, L-α-Aminobuttersäure, L-Norvalin, L-Leucin, L-Valin, L-Isoleucin, L-Phenylglycin*) u. einen opt. inakt. Liganden (*Glycin, α.α-Dimethylglycin, DL-Alanin, Äthylendiamin, DL-Propylendiamin* u. *Oxalsäure*) besitzen, mit denen der entsprechenden *Bis-[aminosäureanion]-Komplexe* mit opt. akt. Aminosäuren. Daraus folgt, daß ster. u. elektron. Wechselwrkg. zwischen den Liganden ebenso wie Änderungen der Ligandenfeldstärke nur einen kleinen bis vernachlässigbaren Einfl. auf die Amplitude des Cotton-Effektes eines d–d-Überganges in einem Aminosäure-Cu(II)-Chelat haben. E. Daltrozzo 26

*0040* **Beziehungen zwischen Ringkonformation und Rotationsstärke von d–d-Übergängen in Aminosäure–Cu(II)-Komplexen.** Keith M. Wellman, W. Mungall, T. G. Mecca und Curtis R. Hare. (J. Amer. chem. Soc. **89** (1967) 14, 3647–49; engl.) – Vgl. vorst. Referat. – Die ORD-Spektren von Cu(II)–Aminosäure-Komplexen, bes. mit solchen Aminosäuren (*L-Histidin, L-2.4-Diaminobuttersäure, L-2.4-Diaminohexansäure*), die wegen der zusätzlichen Aminogruppe als 3zähnige Liganden fungieren können, werden untersucht. Da in den Aminosäure–Cu(II)-Komplexen die einzelnen Chelatringe die beiden Konformationen A, B (vgl. Abb.) annehmen können,

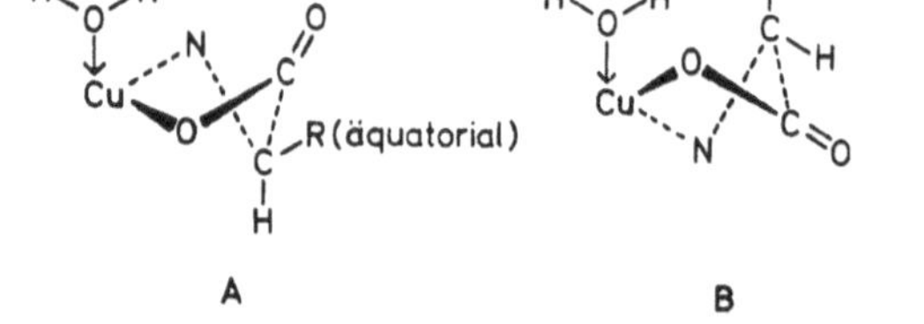


A B

hängen Lage des Konformerengleichgew. A ⇌ B u. damit Größe u. Vorzeichen des Cotton-Effektes aus ster. Gründen stark von dem Aminosäurerest ab; bei den 3zähnigen Liganden wird Konfig. B erzwungen. E. Daltrozzo 26

*0041* **Absorptionsspektren von Pt(IV)-Äthylendiamindinitroverbindungen.** I. I. Černjaev, N. N. Želigovskaja und N. P. Vasil'eva. (Ž. enorg. Chim. **13** (1968) 4, 1048–50; Mosk. gos. univ. im. Lomonosova, chim. fak.; russ.) – Die Absorptionsspektren von Lsg. der Pt(IV)-Verb. $[Pt(en)(NO_2)_2(OH)_2]$, $[Pt(en)(NO_2)_2Cl_2]$, $[Pt(en)\cdot(NO_2)_2BrCl]$, $[Pt(en)(NO_2)_2Br_2]$, $[Pt(en)(NO_2)_2(NO_3)_2]$, $[Pt(en)(NO_2)_2OH(NO_2)]$, $[Pt(en)(NO_2)_2ClNO_2]$, $[Pt(en)\cdot(NO_2)_2Br(NO_2)]$, $[Pt(en)(NO_2)_2(NO_3)NO_2]$ wurden im Bereich 220–350 nm aufgenommen. Die Hydrolyse der Verb. verläuft nach Gesetzmäßigkeiten der trans-Wirkung J. J. Pohl 26

*0042* **Zirkulardichroismus von Tris-[propylendiamin]-kobalt(III)-Ionen.** Kazuko Ogino, Kanji Murano und Junnosuke Fujita. (Inorg. nuclear Chem. Letters **4** (1968) 6, 351–54; Suppl. zu: J. inorg. nuclear Chem., Dep. of Chem., Fac. of Sci., Tohoku Univ., Katahira-cho, Sendai, Japan; engl.) – Die CD-Spektren wss. Lsg. von *(d)Δ-* u. *(l)Λ-*$[Co(d\text{-}pn)_3](ClO_4)_3$ u. von $[Co(NH_3)_4(l\text{-}pn)]\cdot(ClO_4)_3$ werden mitgeteilt u. diskutiert. Demnach gilt bei diesen Komplexen Additivität des Konfig.- u. des vicinalen Effekts auch für den Zirkulardichroismus im CT-Bereich. A. Blaschette 26

*0043* **Zirkulardichroismus von einigen otpisch-aktiven Rhodium–Aminosäure-Komplexen.** Stephen K. Hall und Bodie E. Douglas. (Inorg. Chem. [Washington] **7** (1968) 3, 530–32; Dep. of Chem., Univ. of Pittsburgh, Pa.; engl.) – CD u. Elektronenabsorptionsspektren von Rh-Komplexen mit Aminosäuren (HL) der allg. Formel $[Rh(en)_2L]^{2+}$ werden untersucht. Spezif. Rotationen werden angegeben, die Banden werden zugeordnet. Alle (–)-D-Isomeren von $[Rh(en)_2L]^{2+}$ besitzen Λ-Konfig., die mit der abs. Konfig. von (+)-D-$[Co(en)_3]^{3+}$ in Beziehung steht.

Versuche: $[Rh(en)_2L]J_2$, durch Umsetzung einer Mischung von trans-$[RhCl_2(en)_2]NO_3$ u. HL mit einer wss.-alkohol. NaOH-Lsg., nach Erwärmen Filtrieren u. Zugabe von NaJ, Spaltung des Racemats durch Ag-Antimonyltartrat, HL = *Glycin, (S)-Alanin, (S)-Valin, (S)-Leucin, (S)-Serin, (S)-Methionin, (2S, 3R)-Threonin.* D. Hoene 26

*0044* **Zirkulardichroismus von einigen optisch-aktiven Rhodium–Diamin-Komplexen.** Stephen K. Hall und Bodie E. Douglas. (Inorg. Chem. [Washington] **7** (1968) 3, 533–36; engl.) – Vgl. vorst. Referat. – CD u. Elektronenabsorptionsspektren für Rh-Komplexe mit opt.-akt. Aminen (A) werden untersucht. Die abs. Konfig. der Tris-[A]-Komplexe wird über die CD-Kurven ermittelt. Für Komplexe der Formel trans-$[RhCl_2A_2]^+$ u. $[RhCl_4A]^-$ ergibt sich die opt. Aktivität aus einer am Zentrum des Metallions induzierten Asymmetrie infolge des Konform.-Einfl. des opt.-akt. Liganden. Zuordnungen der CD-Banden werden auf der Basis einer pseudotetragonalen Symmetrie (Punktgruppe $D_{4h}$) vorgenommen. Die tetragonale Aufspaltung der trans-Bis-[A]-Komplexe ist doppelt so groß wie die der Mono-A-Komplexe.

Versuche: $Na[RhCl_4A]\cdot H_2O$ [A = *(R)-1.2-Diaminopropan* (**I**)], durch Erhitzen von $RhCl_3\cdot 3H_2O$ u. **I** in W. am Rückfluß bis zur Orangefärbung der Lsg., Konzentrieren, Ionenaustausch an Dowex 50W-X8, fraktionierte Kristallisation, $[\alpha]_D$ +188°. – *trans*-$[RhCl_2A_2]Cl$ (A = **I**), durch Erhitzen einer $RhCl_3\cdot 3H_2O$-Lsg. mit **I** in W. am Rückfluß bis zur Gelbfärbung, Konzentrieren, Eintropfen in eisgekühltes $HNO_3$, Umsetzen des Nitrats zum Chlorid an Dowex 1-X8, $[\alpha]_D$ +158°. – $[RhA_3]J_3\cdot H_2O$ (A = **I**), durch Erhitzen von $RhCl_3\cdot 3H_2O$ u. **I** in W. auf dem W.-Bad bis zur schwachen Gelbfärbung, Fällung durch Zugabe von NaJ, fraktionierte Kristallisation, $[\alpha]_D$ +162°. – *(R,R)-2.3-Diaminobutan* (**II**), durch Erhitzen einer Lsg. von Dimethylglyoxim u. NaOH auf 50–55° unter stufenweiser Zugabe von Raney-Ni, Eindampfen des Filtrats nach Zugabe von konz. HCl, Zers. mit $NaOCH_3$, Aufarbeitung, $Kp._{60}$ 58°, Aufspaltung des Racemats unter Anwendung von Weinsäure, $[\alpha]_D$ des Tartrats des weniger löslichen Diastereomeren +0,89°. – $Na[RhCl_4A]\cdot H_2O$ (A = **II**), durch Erhitzen von $Na[RhCl_6]\cdot 12H_2O$ in W. zum Sieden, langsame Zugabe von **II** in W., Aufarbeiten, rote Krist., $[\alpha]_D$ +198°. – Analog den **I**-Komplexen werden dargestellt: *trans*-$[RhCl_2A_2]Cl$, $[\alpha]_D$ +170°, $[RhA_3]J_3\cdot H_2O$, $[\alpha]_D$ +175° (A = **II**). D. Hoene 26

*0045* **Theorie der Polarisierbarkeit von Molekülen.** N. S. Andreev. (Optika i Spektroskopija **24** (1968) 4, 498–505; russ.) – Die Abhängigkeit der Polarisierbarkeit von der Kernkoordinate wird in klassischer u. Quantentheorie behandelt. Formeln für die Intensität der Linien der Kombinationsstreuung (Raman-Streuung) werden gegeben u. die anomale Temp.-Abhängigkeit erörtert. M. Wiedemann 28

*0046* **Dielektrizitätskonstante von Edelgasmischungen.** David M. Rosenthal und Robert J. Swenson. (Physic. Rev. [2] **165** (1968) 1, 178–86; Temple Univ., Philadelphia, Pa.; engl.) – Diskussion der Berechnung der frequenzabhängigen DK einer bin. Mischung von Edelgasatomen. H. Liepack 28

*0047* **Molrefraktion elementorganischer Verbindungen. 2. Mitt. Refraktion der Sn–H-Bindung.** Jan J. Pohl. (Allg. prakt. Chem. [Wien] **19** (1968) 3, 84; ÖMV AG, Labor. für Verarbeit., Schwechat/Wien; dt.) – Die Berechnung der Sn–H-Bindungsrefraktionskonst. auf Grund der Daten von 26 Sn-organ. Verb. (nach Literaturangaben) ergab die Werte: Lorenz-Lorentz-Konst. $BR_L$ = 4,832 ± 0,655, Eisenlohrsche Konst. $BR_L$ = 45,39 ± 1,72. J. J. Pohl 28

*0048* **Einfluß der anharmonischen Resonanz auf die relativen Intensitäten und Konturen von Infrarotbanden.** D. Papoušek. (Collect. czechoslov. chem. Commun. **33** (1968) 1, 148–59; Prague, Czechoslov. Acad. of Sci., Inst. of Phys. Chem.; engl.) — Vf. betrachtet den Intensitätsaustausch zweier IR-Banden in Abhängigkeit von dem Verhältnis der ungestörten Intensität des Prod. der zugehörigen Übergangsmomente u. des Matrix-Elementes des Störoperators. Je nach Größe dieser Faktoren kann es zu einem Intensitätsausgleich oder der vollständigen Übernahme der Intensität durch eine Bande kommen; die entsprechenden Bedingungen sind graph. dargestellt. Die ber. Zusammenhänge werden auch auf den Fall von Schwingungs-Rotations-Übergängen entarteter Schwingungen unter Berücksichtigung der Coriolis-Aufspaltung übertragen. Hans Bürger 30

*0049* **Einige Anwendungen der Logikalgebra in spektrochemischen Untersuchungen.** 2. Mitt. M. E. Eljašberg. (Ž. prikl. Spektroskopii **8** (1968) 4, 648–52; russ.) — Die Anwendung log.-algebraischer Gleichungen zur Best. von Mol.-Strukturen aus IR-Spektren wird erläutert. H. Roschkowski 30

*0050* **Theorie der Veränderung der Intensitäten von Rotationslinien in Gasgemischen durch Dichteeffekte.** Daniel Robert, Merle Atwood und Louis Galatry. (C. R. hebd. Séances Acad. Sci., Sér. A et B **266** (1968) 3, B 182; Besançon, Fac. des Sci., Labor. de Spectroscop. hertzienne; franz.) — Theoret. Berechnung der Veränderung von Intensitäten von Rotationslinien eines Gasgemisches, das aus einem polaren zweiatomigen Mol. u. einem unpolaren Gas besteht, in Abhängigkeit von der Dichte. Die theoret. Ergebnisse stehen im Einklang mit den experimentellen Befunden am Syst. *HCl/Ar* im Bereich des Schwingungs-Rotations-Überganges. Hans Bürger 30

*0051* **Berechnung der Kopplung von Oszillatoren in der Flüssigkeit. Nachweis dieses Phänomens mit Hilfe der Breite von Infrarot-Absorptionsbanden.** J. Vincent-Geisse. (Spectrochim. Acta [Oxford], Part A **24** (1968) 1, 1–8; Paris, Fac. des Sci., Labor. de Rech. Phys.; franz.) — Die Verbreiterung von IR-Banden in der Fl. gegenüber verd. Lsg. wird auf Kopplungen der Schwingungen benachbarter Oszillatoren zurückgeführt. Die Erhöhung der Halbwertsbreite wird als Funktion der Größen: Kopplungskonst. der Oszillatoren, D., Molgew., Absorptionskoeff. der IR-Bande, Entartungsgrad u. Normalfrequenz ausgedrückt u. die Kopplungskonst. K für die Mol. $CS_2$, $CCl_4$, $HCCl_3$, $C_6H_6$, $CH_3NO_2$, $CH_2Cl_2$, $CH_2Br_2$, $H_2O$ u. $D_2O$ berechnet. Prinzipiell gilt die Näherung nur für ramanverbotene IR-Banden; anderenfalls lassen sich die Werte durch Einführung eines der Raman-Intensität proportionalen Korrekturgliedes verbessern. Hans Bürger 30

*0052* **Schwingungen von Molekülen und Ionen des Typs $XY_4$ mit $D_{4h}$-Symmetrie und Massenabhängigkeit der Coriolis-Kopplungskonstanten.** S. J. Cyvin, B. N. Cyvin, A. Müller und B. Krebs. (Z. Naturforsch. **23a** (1968) 4, 479–81; Inst. für Theoret. Chem., Norweg. TH, Trondheim; dt.) — Kraftkonst. von $[PdCl_4]^{2-}$, $[PdBr_4]^{2-}$ u. $[PtBr_4]^{2-}$ sowie mittlere Schwingungsamplituden u. Coriolis-Kopplungskonst. der vorst. Ionen u. von $XeF_4$, $[PtCl_4]^{2-}$, $[AuCl_4]^-$, $[AuBr_4]^-$ u. $[Pt(NH_3)_4]^{2+}$ werden berechnet. Die Coriolis-Kopplungskonst. zeigen eine eindeutige Massenabhängigkeit. M. Frenzel 30

*0053* **Masseneinfluß auf Coriolis-Kopplungskonstanten bei Molekülen des Typs $XY_6$.** A. Müller, B. Krebs und S. J. Cyvin. (Naturwissenschaften **55** (1968) 1, 34; Göttingen, Univ., Anorg.-Chem. Inst.; dt.) — An Hand der bekannten Coriolis-Kopplungskonst. (CKK) von $SF_6$, $SeF_6$, $TeF_6$, $WF_6$, $PtF_6$, $IrF_6$, $RhF_6$, $UF_6$, $NpF_6$ u. $PuF_6$ wird graph. gezeigt, daß zwischen den CKK u. dem Massenverhältnis $m_x/m_y$ auch bei Verb. des Typs $XY_6$ ein Zusammenhang besteht. G. Gattow 30

*0054* **Untersuchung von Xenonhexafluorid im FIR- und Millimeterwellen-Bereich.** Hyunyong Kim, Howard H. Claassen und Edwin Pearson. (Inorg. Chem. [Washington] **7** (1968) 3, 616–17; Chem. Div., ANL, Argonne, Ill.; engl.) — Für die noch unbekannte Struktur von $XeF_6$ (**I**) wurden bisher nur Rechnungen unter Annahme gestörter $O_h$-Symmetrie durchgeführt. Vf. untersuchten nun das IR-Spektrum von gasf. **I** bei Zimmertemp. im Valenzschwingungsbereich zwischen 1400 u. 400 $cm^{-1}$ sowie im Deformationsschwingungsbereich 400–50 $cm^{-1}$. Danach treten im Valenzschwingungsbereich zwischen 1036 u. 1238 vier deutliche Banden auf, d. h. mehr, als bei $O_h$-Symmetrie zu erwarten wären. Im Deformationsschwingungsbereich treten gar keine definierten Banden auf, sondern nur eine kontinuierliche, mit der Frequenz steigende Absorption. Ebenfalls konnte keine Mikrowellenabsorption zwischen 3,7 bis 8,6 $cm^{-1}$ beobachtet werden. Diese Ergebnisse weisen auf ein bez. der Bindungswinkel nichtstarres Modell oder ein bes. starres Modell mit ungewöhnlich großen Anharmonizitäten in der Deformationspotentialfunktion hin. Eine Abschätzung der Boltzmann-Verteilung zeigt, daß bei Zimmertemp. nur 1% der Mol. sich im Grundzustand befinden, d. h. das Deformations-Spektrum ist wegen der Anharmonizitäten stark verbreitert. R. Blank 30

*0055* **Absorptionsspektren im fernen Infrarot von Molekülkristallen tetraedrischer oder pyramidenförmiger Moleküle.** Armand Hadni, Edmond Decamps und Jean-Pierre Herbeuval. (J. Chim. physique Physico Chim. biol. **65** (1968) 5, 959–61; Nancy, Fac. des Sci., Labor. infrarouge; franz.) — Aus den IR-Spektren im Bereich von 15–500 $cm^{-1}$ folgender Mol. (vermessen als Einkrist.) lassen sich die bisher teilweise unbekannten Grundschwingungen bestimmen: $SnJ_4$: $\nu_4$ 60,5 u. 64,5 $cm^{-1}$, $\nu_3$ 208 $cm^{-1}$; $TeBr_4$: $\nu_4$ 115, $\nu_3$ 244 $cm^{-1}$; $TeCl_4$: $\nu_4$ 154 $cm^{-1}$; $BiJ_3$: $\nu_4$ 77, $\nu_2$ 111 u. $\nu_3$ 174 $cm^{-1}$; $AsJ_3$: $\nu_1$ 208, $\nu_3$ 173, $\nu_2$ 75 u. $\nu_4$ 44 $cm^{-1}$. Hans Bürger 30

*0056* **Molekülspektroskopische Untersuchungen an den festen Additionsverbindungen $PCl_5 \cdot SnCl_4$ und $2\,PCl_5 \cdot SnCl_4$.** P. Reich und W. Wieker. (Z. Narurforsch. **23b** (1968) 5, 739; Berlin, DAW, Inst. für phys. Chem.; dt.) — Vf. geben die IR- u. Raman-Spektren der Verb. $PCl_5 \cdot SnCl_4$ u. $2PCl_5 \cdot SnCl_4$ tabellar. an u. ordnen sie für die Strukturmodelle $PCl_4^+$ $SnCl_5^-$ (Kation $T_d$, Anion $D_{3h}$) u. $(PCl_4^+)_2SnCl_6$ (Kation $T_d$, Anion $O_h$) zu. Hans Bürger 30

*0057* **Infrarotspektren der Berylliumhalogenide.** Alan Snelson. (J. physic. Chem. **72** (1968) 1, 250–252; IIT Res. Inst,, Chicago, Ill.; engl.) — Messung der IR-Spektren (4000–200 $cm^{-1}$) von $BeCl_2$ (**I**), $BeBr_2$ (**II**) u. $BeJ_2$ (**III**) nach der Matrixmeth. (*Ar*, *Ne*) u. Vgl. mit den entsprechenden Literaturwerten von $BeF_2$. Unter Annahme linearer Geometrie dieser Mol. wurden folgende Frequenzen zugeordnet: **I** $\nu_3$ = 1135 u. $\nu_2$ = 250 $cm^{-1}$, **II** $\nu_3$ = 1010 u. $\nu_2$ = 220 $cm^{-1}$, **III** $\nu_3$ = 873 $cm^{-1}$. Aus den ber. Kraftkonst. werden die nicht beobachtete $\nu_2$-Schwingung von **III** u. die infrarotinaktiven $\nu_1$-Schwingungen abgeschätzt. R. Blank 30

*0058* **IR-spektroskopische Strukturuntersuchungen an Germylisocyanat.** James E. Griffiths. (J. chem. Physics **48** (1968) 1, 278–84; Bell Telephone Labor., Inc., Murray Hill, N.J.; engl.) — Das IR-Spektrum der aus $GeH_3Br$ u. AgOCN gebildeten Substanz wurde im Bereich 4000–33 $cm^{-1}$ untersucht; es weist diese Verb. als Isocyanat $H_3GeNCO$ (**I**) aus. Daneben scheinen auch geringe Mengen des Cyanats $H_3GeOCN$ vorzuliegen. Im Gegensatz zum $H_3SiNCO$-Mol. ist das Gerüst des **I**-Mol. nicht exakt linear, die Abweichung beträgt ca. 10°. Die Schwingungsspektren von **I** u. $D_3GeNCO$ werden für das Modell eines speudosymm. Kreisels der Symmetrie $C_{3v} \simeq C_s$ zugeordnet. Die Nichtlinearität des Gerüsts wurde aus der Rotationsfeinstruktur abgeleitet. A. Blaschette 30

*0059* **Infrarot - Absorptionsspektren von Aluminathydraten bei tiefen Temperaturen.** Otto Henning, Waldemar Danowski und Bernd Käßner. (Wiss. Z. Hochschule Architektur Bauwes. Weimar **14** (1967) 6, 639–44; Abt. Anorg. u. Phys. Chem. im Inst. für Chem. u. Miner.; dt.) — Nach einer Übersicht über die IR-Spektroskopie von Krist. bei normalen u. tiefen Temp.

wurden die Spektren ($\tilde{\nu} > 400$ cm$^{-1}$) einer Reihe von Mg-, Ca-, Sr- u. Ba-Aluminathydraten sowie von Tricalcium-aluminat-Doppelsalzen mit $CaSO_4$, $CaCO_3$ u. $Na(NO_3)_2$ diskutiert. Mit sinkender Temp. werden die Banden schmaler u. intensiver, wodurch bei Zimmertemp. breite Banden manchmal bei tieferen Temp. aufgespalten oder zumindest strukturiert werden. Auch treten bei tiefen Temp. manchmal zusätzliche Banden auf. Die Tieftemp.-IR-Spektroskopie ist daher geeignet, Detailfragen der Zuordnung besser zu klären. Dagegen sind enantiotrope Modifikationsänderungen röntgenograph. mit geringerem Aufwand zu verfolgen. A. Günther 30

*0060* **Schwingungsspektrum des Permanganat-Ions.** P. J. Hendra. (Spectrochim. Acta [Oxford], Part A **24** (1968) 2, 125—29; Southampton, Univ., Dep. of Chem.; engl.) — Vf. berichtet über die Raman-Spektren von wss. $KMnO_4$ sowie krist. Proben von $CsMnO_4$ u. $AgMnO_4$. Abgesehen von stets beigemischtem $MnO_2$ liegen die Grundschwingungen bei 838 ($A_1$), 355 (E), 921 ($F_2$) u. 429 cm$^{-1}$ (im Orig. irrtümliche Bezeichnung!). Die MnO-Kraftkonst., ber. ohne Berücksichtigung von Nebendiagonalgliedern, beträgt 5,91 mdyn/Å. Hans Bürger 30

*0061* **Kraftkonstanten des $[Co(H_2O)_6]^{2+}$-Ions.** V. Ananthanarayanan. (Z. physik. Chem. [Leipzig] **237** (1968) 1/2, 124—27; Savannah, Ga., Savannah State Coll., Dep. of Math. and Phys.; engl.) — Unter Verw. der bekannten IR- u. Raman-Spektren von $K_2Co(SO_4)_2 \cdot 6H_2O$ (I) sowie der Kristallstruktur von I wurden die Kraftkonst. des $[Co(H_2O)_6]^{2+}$-Ions nach der F. G.-Matrix-Meth. (Wilson; 1939, 1941) berechnet; die Werte sind tabelliert. G. Gattow 30

*0062* **Schwingungsspektren des Hexachloroplatinat(IV) Anions.** D. W. James und M. J. Nolan. (Inorg. nuclear Chem. Letters **4**, (1968) 2, 97—99; Chem. Dep., Univ. of Queensland, Brisbane; engl.) — Während für oktaedr. Spezies vom Typ $MX_6$ die Intensitätsabfolge $A_{1g} > E_g > F_{2g}$ (A) der ramanakt. Schwingungen erwartet wird, fanden Woodward u. Creighton (Spectrochim. Acta [London] **17** (1961), 594) an Lsg. von $Na_2PtCl_6$, $Na_2PtBr_6$ u. $Na_2PdCl_6$ die Abfolge $E_g > A_{1g} > F_{2g}$ (B). Dieser Effekt wurde auf M–Cl–$\pi$-Bindungen zurückgeführt. Erneute ramanspektroskop. Unters. ergaben für festes $Na_2PtCl_6 \cdot 2H_2O$ die Abfolge B, während bei gelöstem $Na_2PtCl_6$ die normale Folge A erhalten bleibt. Die Erhöhung der $E_g$-Intensität von festem $Na_2PtCl_6$ wird auf Erniedrigung der Raumgruppensymmetrie zurückgeführt, wodurch ein Beitrag der an sich ramanverbotenen $F_{1u}$-Schwingung zu $E_g$ möglich wird. Hierfür spricht auch der Befund, daß $Na_2PtCl_6$ nicht isomorph mit den kub. Verb. $K_2PtCl_6$, $Rb_2PtCl_6$ u. $Cs_2PtCl_6$ ist. Für festes $Na_2PtCl_6$ wird außerdem $E_g$ im Raman-Spektrum bei 319 cm$^{-1}$, $F_{1u}$ im IR-Spektrum bei 321 cm$^{-1}$ gefunden. A. Blaschette 30

*0063* **IR-spektroskopischer Beweis für Einzelwasserstoffbrücken in Borverbindungen.** Y. Matsui und R. C. Taylor. (J. Amer. chem. Soc. **90** (1968) 5, 1363—64; Dep. of Chem., Univ. of Mich., Ann. Arbor., Mich.; engl.) — $NaBH_4 \cdot BH_3$, $LiH \cdot 2B(CH_3)_3$ u. $LiH \cdot 2B(C_2H_5)_3$ liefern nach Unters. in Mono- u. Diglyme-Lsg. unter Luftausschluß bei —30° IR-Banden mittlerer Intensität bei 2050, 2100 u. 1915 cm$^{-1}$, die für B–H–B-Brücken u. damit für die Strukturen $[R_3B–H–BR_3]^-$ (R = H, $CH_3$ oder $C_2H_5$) sprechen. Diese Banden verschieben sich beim Ersatz der nichtmethyl. H-Atome durch D um einen Faktor von ca. 0,7. G. Heller 30

*0064* **Frequenz und Intensität von BH-Valenzschwingungen in einigen Additionsverbindungen vom Typ $X_3P \cdot BH_3$.** Gérard Jugie, Robert Wolf und Jean-Pierre Laurent. (C. R. hebd. Séances Acad. Sci., Sér. A et B **266** (1968) 3, B 168—171; Toulouse, Fac. des Sci., Dép. de Chim. inorg.; franz.) — Vf. geben Lage u. Intensität der BH-Valenzschwingungen folgender Verb. an: $(C_2H_5)_3 \cdot PBH_3$, $(n\text{-}C_4H_9)_3PBH_3$, $[(CH_3)_2N]_3PBH_3$, $[(n\text{-}C_3H_7)_2N]_3 \cdot PBH_3$, $(C_2H_5O)_3PBH_3$, $(n\text{-}C_4H_9O)_3PBH_3$ u. $(C_2H_5)_3NBH_3$. Mit zunehmender Donatorstärke sinkt die Lage von $\nu$ BH, während die Intensität ansteigt. Hans Bürger 30

*0065* **Infrarotspektroskopische Untersuchung der Selbstassoziation des Ammoniaks und seiner Komplexbildung mit Protonenakzeptor-Lösungsmitteln.** Jaques Corset und Jean Lascombe. (J. Chim. physicque Physico-Chim. biol. **64** (1967) 4, 665—74; Talence, Gironde, Fac. des Sci. de Bordeaux, Dép. de Chim. Phys.; franz.) — Vf. untersuchen IR-spektroskop. im NH- u. ND-Valenzschwingungsbereich sowie um 1600 cm$^{-1}$ fl. $NH_3$, $NHD_2$ u. $NH_2D$ sowie deren Lsg. in $C_4HF_8$ (?), $FCl_2C\text{-}CClF_2$, $CCl_4$, $C_2Cl_4$, $CHCl_3$, $CHBrCl_2$, $(CH_3)_2O$, $(C_4H_9)_2O$, $C_5H_5N$ u. $(CH_3)_3N$. Bei der Ausbldg. von 1:1- u. 1:2-Komplexen wird die Entartung von $\nu_3$ aufgehoben. Um 3200 cm$^{-1}$ treten die beiden Komponenten des 1. Obertons von $\nu_4$, verstärkt durch Fermi-Resonanz, u. keine Grundschwingung, auf. Die Unters. werden durch Spektren von $NH_3$ in $CCl_4$ im Festzustand sowie in einer $N_2$-Matrix ergänzt. Hans Bürger 30

*0066* **Schwingungszuordnung und Normalschwingungen von Trimethylaluminium.** Teiichiro Ogawa. (Spectrochim. Acta [Oxford], Part A **24** (1968) 1, 15—20; Dep. of Chem., Fac. of Sci., Osaka Univ., Toyonaka, Osaka, Japan; engl.) — Mit der Wilson-GF-Matrixmeth. u. durch Einbeziehung der Bewegung der Wasserstoff-Atome werden die Kraftkonst. u. daraus die Normalschwingungen des $Al_2(CH_3)_6$ bzw. $Al_2(CD_3)_6$ ber. u. damit die aus der Lit. entnommenen Raman- u. infrarotakt. Daten zwischen 3000 u. 150 cm$^{-1}$ zugeordnet. R. Blank 30

*0067* **Spektroskopische, kristallographische und Halogenaustausch-Untersuchungen an Halogenotrimolybdaten (II).** W. van Bronswyk und J. C. Sheldon. (Austral. J. Chem. **20** (1967) 11, 2323—29; Adelaide, Univ., Dep. of Phys. and Inorg. Chem.; engl.) — IR-spektroskop. Unters. an $Me_7Mo_3Cl_{13}$ (Me = $NH_4$, $Rb$, $Cs$, $[(enH_2)_2(H_3O)]$), $Cs_7Mo_3Br_{13}$, $[Co(en)_3]Mo_3Cl_{15}$, $Rb_5Mo_3Br_{11}$, $(bisenH_3)_3Mo_3 \cdot Cl_{15}$ u. $(trisenH_4)_2Mo_3Cl_{14}$ (bisen = *Diäthylentriamin*, trisen = *Triäthylentetramin*) im festen Zustand u. in HCl-Lsg. zeigen, daß die Halogenotrimolybdate in beiden Medien einen gemeinsamen Strukturtyp besitzen, daß aber mindestens zwei Arten von Chloro- oder Bromomolybdaten (II) vorliegen. Aus der Abhängigkeit der Absorptionsintensitäten von der HCl-Konz. schließen Vf. auf das Gleichgew. $(Mo_3Cl_{12})^{6-} + Cl^- \rightleftharpoons (Mo_3Cl_{13})^{7-}$; ähnliche Intensitätsänderungen treten bei $K_6Mo_3Cl_{12}$/KCl-Mischungen auf. Röntgenograph. Unters. von $K_6Mo_3Cl_{12}$ u. von $Me_7Mo_3 \cdot Cl_{13} \cdot H_2O$ (Me = $NH_4$, Rb) ergeben eine pseudo-tetragonale Einheitszelle u. 15 bzw. 18 Mo-Atome pro Einheitszelle. Halogenaustausch-Unters. stützen die $(Mo_3 \cdot X_{13})^{7-}$-Struktur mit 4 Halogenbrücken u. 9 endständigen, labilen Halogeno-Gruppen. $(NH_4)_7Mo_3Cl_{13} \cdot H_2O$ tauscht in 1 m HCl lediglich 9 Cl-Atome rasch aus. D. Ertel 30

*0068* **Infrarot- und Raman-Spektren einiger Acetylacetonatokomplexe von Zirkonium(IV) und Hafnium(IV) mit der Koordinationszahl sechs, sieben und acht.** Robert C. Fay und Thomas J. Pinnavaia. (Inorg. Chem. [Washington] **7** (1968) 3, 508—14; Dep. of Chem., Cornell Univ., Ithaca, N.Y.; engl.) — Die IR-(4000 bis 70 cm$^{-1}$) u. Raman-Spektren folgender Komplexe sind tabelliert u. zugeordnet: $M(ac)_2X_2$ (*ac* = *Acetylacetonat*, *X* = *Cl*, *Br*), $M(ac)_3X$ (*X* = *Cl*, *Br* u. *J*) mit *M* = *Zr*, *Hf* sowie $M(ac)_4$ mit *M* = *Zr*, *Hf*, *Ce* u. *Th*. Die CO-Valenzschwingung, Metall-Halogen-Valenzschwingung, u. gewisse Metall-Sauerstoff-Schwingungen ändern sich mit der KZ. Für die Komplexe $M(ac)_2X_2$ weisen die Spektren auf cis-Konfig. hin. R. Blank 30

*0069* **FIR-Spektren von Verbindungen mit $M_6X_{12}$-Metallatom-Clustern.** R. A. Mackay und Robert F. Schneider. (Inorg. Chem. [Washington] **7** (1968) 3, 455—59; State Univ. of New York at Stony Brook, Stony Brook, N.Y.; engl.) — In Fortsetzung früherer Unters. von Clusterverb. mit $M_6X_{12}$-Einheiten (*M* = *Nb*, *Ta*) u. $Mo_6X_8$-Einheiten diskutieren Vf. die IR-Spektren zwischen 50 u. 4000 cm$^{-1}$ von folgenden $(Nb_6Cl_{12})^{n+}$-Clustern (I) in den drei Ox.-Stufen n = 2, 3 u. 4 sowie die entsprechenden Zuordnungen sowohl von I als auch der Ligandenschwingungen: $(Nb_6Cl_{12})X_2 \cdot nH_2O$ mit *X* = *Cl*, *Br*, *J* u. *OH*; $[(C_2H_5)_4N]_2[(Nb_6Cl_{12})X_4(C_2H_5OH)_2]$ mit *X* = *Cl* u. *Br*; $[(C_2H_5)_4N]_n[(Nb_6Cl_{12})Cl_6]$ mit n = 2, 3 u.

4; $Ta_6Cl_{14} \cdot 7H_2O$; $[(C_2H_5)_4N]_3[(Ta_6Cl_{12})Cl_6]$; $[(Nb_6Cl_{12}) \cdot ((CH_3)_2SO)_6]$ $(ClO_4)_2$; $(Nb_6Cl_{12})Cl_2((CH_3)_2SO)_4$, $[(C_2H_5)_4 \cdot N]_4[(Nb_6Cl_{12})Br_6]$ u. $[C_5H_5NCH_3)]_4[(Nb_6Cl_{12})J_6]$. R. Blank 30

*0070* **Metall-Stickstoff-Valenzschwingungen im Infrarot von Dialkylamidoübergangsmetall-Verbindungen.** D. C. Bradley und M. H. Gitlitz. (Nature [London] **218** (1968) 5139, 353–54; London, Univ., Queen Mary Coll., Dep. of Chem.; engl.) — Vf. beobachteten die IR-akt. Metall-Stickstoff-Valenzschwingung (in Klammern; $cm^{-1}$) folgender Übergangsmetalldialkylamide: *Tetrakis-[dialkylamido]-titan-Verb.*: *Alkyl* = *Methyl* (592), *Äthyl* (610), *n-Propyl* (667), *n-Butyl* (667); *Tetrakis-[dialkylamido]-zirkonium-Verb.*: *Alkyl* = *Methyl* (537), *Äthyl* (577), *n-Propyl* (637), *n-Butyl* (637), *Tetrakis-[dialkylamido]-hafnium-Verb.*: *Alkyl* = *Methyl* (533), *Äthyl* (577), *n-Propyl* (637); *Tetrakis-[dialkylamido]-vanadin(IV)-Verb.*: *Alkyl* = *Methyl* (595), *Äthyl* (613); *Pentakis-[dimethylamido]-niob* (540), *Pentakis-[dimethylamido]-tantal* (528); *Tetrakis-[diäthylamido]-niob* (587). Hans Bürger 30

*0071* **Struktur von Tetrakis-[organomercaptotricarbonylmangan] und verwandten Verbindungen.** P. S. Braterman. (Chem. Commun. **1968**, 2, 91; Chem. Dep., Univ., Glasgow; engl.) — Auf Grund schwingungsspektroskop. Unters. wird den Verb. $[Mn(CO)_3SR]_x$ mit $R = C_2H_5$, $p\text{-}CH_3C_6H_4$ u. $C_6H_5$ in Cyclohexan- u. $CCl_4$-Lsg. eine symm. tetramere Struktur zugeordnet, in der die Metallatome ein reguläres Tetraeder bilden u. über jeder Seite dieses Tetraeders ein S-Atom symm. angeordnet ist. A. Blaschette 30

*0072* **Infrarotspektren von Metall-Thioharnstoff-Komplexen.** K. C. Dash, M. Ali, R. N. Patel und D. V. Ramana Rao. (J. Indian chem. Soc. **44** (1967) 3, 246 bis 248; Dep. of Chem., Regional Engng. Coll., Rourkela, Indien; engl.) — Es werden IR-Absorptionsbanden der Komplexe (th = Thioharnstoff) $Mnth_4Cl_2$, $Coth_4Cl_2$, $Nith_4Cl_2$, $Feth_4Cl_2$, $Mnth_4Br_2$, $Coth_4Br_2$, $Coth_4J_2$, $Coth_3Cl_2$, $Coth_3Br_2$, $Coth_2Cl_2$, $Coth_2Br_2$, $Coth_2J_2$, $Hgth_2Cl_2$ u. $Hg_2th_2 \cdot Cl_4$ mitgeteilt (tabellar. Angabe). Aus dem vorliegenden Material schließen Vf., daß in allen Fällen Metall-Schwefelbindungen vorliegen. G. Olbrich 30

*0073* **Infrarotspektren von cis- und trans-Dinitrotetraamminkobalt(III)-Komplexen.** Minoru Kamada. (Sci. Rep. Tôhoku Univ., Ser. I **50** (1967) 4, 218–27; Dep. of Chem., Fac. of Sci., Tohoku Univ., Sendai; engl.) — Ausführliche Angabe u. Diskussion der IR-Absorptionsspektren von festem cis- u. trans-$[Co(NO_2)_2(NH_3)_4]Cl$ im Bereich 5000–400 $cm^{-1}$. Außerdem Angabe der Elektronenspektren (20000–50000 $cm^{-1}$) von trans-$[Co \cdot (NO_2)_2(NH_3)_4]Cl$ unterschiedlicher Konz. in wss. Lösung. Zuordnung der Banden. H. J. Schönherr 30

*0074* **FIR-spektroskopische Untersuchung der Stereochemie von Nickel(II)-halogenid–Phosphin-Komplexen.** P. M. Boorman und A. J. Carty. (Inorg. nuclear Chem. Letters **4**, (1968) 2, 101–05; Dep. of Inorg. Chem., Univ., Newcastle-on-Tyne; engl.) — Die $\nu$(Ni–X)- u. $\nu$(Ni–P)-Frequenzen nachst. Komplexe (als Nujolverreibungen) werden tabellar. mitgeteilt (me = $CH_3$, et = $C_2H_5$, ph = $C_6H_5$, p-tol = p-Tolyl, p-anis = p-Anisyl, DPM = Bis-[diphenylphosphino]-methan, DPE = Bis-[diphenylphosphino]-äthan): a) tetraedr. Komplexe: $NiCl_2(Pph_3)_2$, $NiCl_2(P\text{-}p\text{-}tol_3)_2$, $NiCl_2(P\text{-}p\text{-}anis_3)_2$, $NiBr_2(Pph_3)_2$, $NiBr_2 \cdot (P\text{-}p\text{-}tol_3)_2$, $NiBr_2(Petph_2)_2$, $NiJ_2(Pph_3)_2$, $NiJ_2(P\text{-}p\text{-}tol_3)_2$, $NiJ_2(Petph_2)_2$; b) trans-planare Komplexe: $NiCl_2(Pme_3)_2$, $NiCl_2(Pet_3)_2$, $NiCl_2(Pphme_2)_2$, $NiCl_2(Pph_2et)_2$, $NiCl_2 \cdot [P(n\text{-}C_4H_9)_3]_2$, $NiBr_2(Pme_3)_2$, $NiBr_2(Pet_3)_2$, $NiBr_2(Pph \cdot me_2)_2$, $NiJ_2(Pme_3)_2$, $NiJ_2(Pphme_2)_2$; c) cis-planare Komplexe: $NiCl_2(DPM)_2$, $NiCl_2(DPE)$, $NiBr_2(DPM)_2$, $NiBr_2 \cdot (DPE)$, $NiJ_2(DPM)_2$, $NiJ_2(DPE)$. Diskussion u. Korrelation der Frequenzen mit den stereochem. Verhältnissen. A. Blaschette 30

*0075* **IR-Spektren von Kupferthiocyanat-Komplexen.** R. H. Toeniskoetter und Stanley Solomon. (Inorg. Chem. [Washington] **7** (1968) 3, 617–20; Union Carbide Res. Inst., Tarrytown, N.Y.; engl.) — Vf. untersuchen im IR-Spektrum zwischen 5000 u. 300 $cm^{-1}$ an Hand der Frequenzen von $\nu$(CN), $\nu$(CS) u. $\delta$(NCS) Kriterien zur Unterscheidung zwischen folgenden N- u. S-gebundenen Kupferthiocyanat-Komplexen mit zusätzlichen Liganden von Pyridin-Deriv. sowie zur Unterscheidung zwischen ein- u. zweiwertigem Kupfer: $CuSCNL_1$ ($L_1$ = *Py.*, α- u. *γ-Picolin*, *3.5-Lutidin*, *Chinolin*), $(CuSCN)_4(L_2)_3$ ($L_2$ = *Piperidin*, *Pyrazin*), $(CuSCN)_2$-*Piperazin*, $(Cu \cdot SCN)_6$-$(2.2'\text{-}Bipyridyl)_5$, $Cu(SCN)_2(L_3)_2$ ($L_3$ = *Py.*, *β-* u. *γ-Picolin*, *Pyrazin*, *2.2'-Bipyridyl*) sowie *CuSCN* u. $Cu(SCN)_2$. R. Blank 30

*0076* **Gerüst-Valenz-Frequenzen von einigen Platin- und Palladium-Systemen $[MLCl_3]^-$.** R. J. Goodfellow, P. L. Goggin und D. A. Duddell. (J. chem. Soc. [London], Sect. A **1968**, **3**, 504–06; Dep. of Inorg. Chem., Univ. of Bristol, Bristol; engl.) — Lsg. von Verb. $[(R)_4N][MCl_3L]$ ($L = SR_2'$, $PR_3'$, $AsR_3'$, $C_2H_4$ oder CO; M = Pt oder Pd) in cis-1.2-Dichloräthylen wurden hergestellt u. ihre IR-Spektren im Bereich von 400–250 $cm^{-1}$ aufgenommen. Zuordnung der Gerüst-Valenz-Frequenzen. Drei (M–Cl)-Valenzbanden wurden für die Pd-Syst., aber nur zwei für die Pt-Syst. wegen Koinzidenz beobachtet. Das Verhältnis zwischen (M–Cl)-Valenz-Frequenzen u. dem trans-Einfl. des Liganden wird diskutiert. IR-Absorptionsfrequenzen von $[(n\text{-}Propyl)_4N][MCl_3L]$ mit M = *Pt* oder *Pd* u. folgenden Liganden L sind angegeben: L = $P \cdot (CH_3)_3$, $P(C_2H_5)_3$, $P(n\text{-}C_3H_7)_3$, $P(C_6H_5)_3$, $As(CH_3)_3$, $As \cdot (C_2H_5)_3$, $S(CH_3)_2$, $S(C_2H_5)_2$, $C_2H_4$, *CO*. E. Otto 30

*0077* **Raman-Spektroskopie gefärbter Lösungen anorganischer Verbindungen mit Laseranregung.** W. Krasser und H. W. Nürnberg. (Naturwissenschaften **54** (1967) 6, 134–36; Zentrallabor für Chem. Analyse, Kernforschungsanlage Jülich; dt.) — Mit Hilfe eines He/Ne-Gaslasers ($\nu_0$ = 15802 $cm^{-1}$) wurden die Raman-Spektren folgender Verb. in wss. Lsg. bzw. in $CH_3CN$, $CH_3OH$ u. $(CH_3)_2SO$ untersucht: $K_3[Fe(CN)_6]$, $K_4[Fe \cdot (CN)_6]$, $Na_2[Fe(CN)_5NO]$; *Uranylacetat*, *-nitrat*, *-perchlorat*; *Nitrate* von *Cr*, *Ni*, *Co* u. $NH_4$; *Thiocyanate* von *Fe*, *Co*, *Cu* u. *Ba* sowie $KMnO_4$. Dabei wurde in einigen Fällen ein Resonanz-Raman-Effekt nachgewiesen u. die Bedingungen für sein Zustandekommen näher studiert. F. Langenbucher 30

*0078* **Besetzungsinversion in doppelt ionisiertem Sauerstoff durch optisches Pumpen mit der Resonanzstrahlung von ionisiertem He.** N. A. Razmadze, Z. D. Čkuaseli, I. Ja. Butov, Ju. S. Gvaladze und G. V. Šolin. (Optika i Spektroskopija **24** (1968) 4, 616–19; russ.) — In einer starken Gasentladung wurden gleichzeitig $He^+$ u. $O^{2+}$ gebildet. Die Resonanzstrahlung von $He^+$ mit 303,8 Å konnte eine Inversion des Niveaus 3d $^3P_2^0$ von $O^{2+}$ bewirken, wurde aber nicht vollkommen absorbiert. Die Intensität der Linien 3133 u. 3444 Å von OIII war verstärkt. Das Niveauschema von $O^{2+}$ u. die opt. Übergänge sind angegeben. M. Wiedemann 34

*0079* **NMR-Linienformen und Wegmittel.** Marshall Fixman. (J. chem. Physics **48** (1968) 1, 223–26; Dep. of Chem., Yale Univ., New Haven, Conn.; engl.) — Es wird gezeigt, daß die Relaxationsfunktion von Anderson mit Hilfe des Integrationsverf. von Kac („Probability and Related Topics in Physical Sciences", New York 1959) ermittelt werden kann. Die Rechnung wird für das Rotationsdiffusions-Modell durchgeführt; sie bestätigt im wesentlichen die Ergebnisse der Monte Carlo-Rechnung von Saunders u. Johnson (J. chem. Physics **48** (1968), 534). A. Blaschette 36

*0080* **Untersuchung wäßriger Lösungen von Ammoniumfluorozirkonaten und -hafnaten mit Hilfe der kernmagnetischen Resonanz an $^{19}F$-Kernen.** Ju. A. Buslaev, V. P. Tarasov und S. P. Petrosjanc. (Ž. strukturnoj Chim. **9** (1968) 2, 198–201; Inst. obščej i neorg. chim. im. Kurnakova AN SSSR; russ.) — Die NMR-Sp ktren wss. Lsg. von $NH_4MeF_5$, $(NH_4)_2MeF_6$ u. $(NH_4)_3MeF_7$ (Me = Zr, Hf) werden aufgenommen u. die chem. Verschiebungen bestimmt. Für die untersuchten Lsg. ist ein schneller Austausch von $F^-$-Ionen charakterist., neben dem intermol. Austausch verläuft eine rasche Umorientierung der $F^-$-Ionen in der Koordinationssphäre. H. Roschkowski 36

*0081* **Pentafluorphenyl-Verbindungen der V. Hauptgruppe. 9. Mitt. Kernresonanzspektren von Pentafluorphenylphosphorpseudohalogeniden.** Manfred Fild. (Z. Naturforsch. **23b** (1968) 5, 604—05; Göttingen, Univ., Anorg.-Chem. Inst.; dt.) — 8. vgl. Z. anorg. allg. Chem. **358** (1968) 5/6, 257; 7. vgl. C. **1968**, 27-0834. — Es werden die $^{31}$P-Kernresonanzsignale (Werte in Klammern in ppm gegen 10%ig. wss. $H_3PO_4$) folgender Pentafluorphenylphosphor-Verb. vermessen: $(C_6F_5)_3P$, (+75,5), $(C_6F_5)_2PCN$ (+100,2), $(C_6F_5)_2PNCO$ (−17,0), $(C_6F_5)_2 \cdot PNCS$ (+12,4), $C_6F_5P(CN)_2$ (+121,3), $C_6F_5P(NCO)_2$ (−70,5), $C_6F_5P(NCS)_2$ (−62,2), $(C_6F_5)_3PS$ (+8,6), $(C_6F_5)_2PS(NCS)$ (+4,2), $C_6F_5PS(NCS)_2$ (−6,8). Eine Wiedergabe der chem. Verschiebungen nach der Fluckschen Inkrementen-Meth. gelingt wegen besonderer Bindungsverhältnisse nicht. Hans Bürger 36

*0082* **NMR-Untersuchung bei verschiedenen Temperaturen an Komplexen von Boran und Bortrihalogeniden mit Aceton, Diäthyläther, Dimethyläther, N.N-Dimethylformamid, Methanol und Tetrahydrofuran.** Anthony Fratiello, Thomas P. Onak und Ronald E. Schuster. (J. Amer. chem. Soc. **90** (1968) 5, 1194—98; Dep. of Chem., Calif. State Coll., Los Angeles, Calif.; engl.) — $^1$H- u. $^{11}$B-NMR-Unters. der chem. Verschiebung u. Koordinationszahl an Komplexen von $BX_3$ (X = H, F, Cl u. Br) mit organ. sauerstoffhaltigen Basen zeigen bei niedrigen Temp. (−20 bis −95°) Komplexbldg.; die Koordinationszahlen werden durch direkte Integrierung der einzelnen Signale gemessen. Die chem. Verschiebungen für die Komplexsignale nehmen in der Reihenfolge $BBr_3 > BCl_3 > BF_3 > BH_3$ ab. Es wurde versucht, diese Werte zu den Koordinationseig. der Borhalogenide in Beziehung zu bringen. Die Ergebnisse chem. $^1$H-Verschiebungen der Basen wurden mit einigen $^{11}$B- u. $^1$H-NMR-Ergebnissen von Diboran verglichen, um über die in äther. $B_2H_6$-Lsg. vorliegende Spezies Information zu erhalten. G. Heller 36

*0083* **Kernresonanzspektrum und Struktur des Trisilylphosphin.** Hans Siebert, Jürgen Eints und Ekkehard Fluck. (Z. Naturforsch. **23b** (1968) 7, 1006; Heidelberg, Univ., Anorg. Chem. Inst.; dt.) — Vf. bestimmen folgende kernmagnet. Parameter des $(H_3Si)_3P$: $\delta^{31}$P 378,0 ± 2 ppm, J $^1$H$^{31}$P 17,0 u. J $^1$H$^{29}$Si 212,3 Hz. Auf Grund der NMR-Spektren wird im Einklang mit Elektronenbeugungsunters. eine pyramidale Struktur mit weitgehender $p^3$-Hybridisierung am P-Atom angenommen. Hans Bürger 36

*0084* **Magnetische Protonenresonanzspektren von Triäthylsilylhydrogensulfid und verwandten Verbindungen.** A. N. Egoročkin, N. S. Vjazankin, M. N. Bočkarev, V. T. Byčkov und A. I. Burov. (Ž. obšč. Chim. **38(100)** (1968) 2, 396—400; Labor. stabilizacii polimerov AN SSSR, Gor'kij; russ.) — PMR-Unters. der Ausbldg. von H-Bindungen zwischen Verb. des Typs $(C_2H_5)_3MXH$, M = *Si*, *Ge*, X = *S*, *Se* u. von $C_4H_9SeH$ einerseits u. Protonen-Akzeptor-Lsgm. wie *Bzl.*, *Dioxan*, *Nitromethan*, *Py.*, *DMF* u. *Triäthylamin* andererseits zeigen, daß die Stabilität der H-Bindungen mit diesen Lsgm. in der Reihenfolge $(C_2H_5)_3SiSH > (C_2H_5)_3GeSH > (C_2H_5)_3Si \cdot SeH > (C_2H_5)_3GeSeH > C_4H_9SeH$ abnimmt. Die größere Elektronegativität der Triäthylsilylgruppe in bezug auf die Triäthylgermylgruppe in $(C_2H_5)_3MXH$ wird durch die stärkere d$\pi$-p$\pi$-Wechselwrkg. im Fall der Si-Verb. erklärt. J. J. Pohl 36

*0085* **Spektroskopische Untersuchungen an organometallischen Verbindungen.** 51. Mitt. **Spektroskopische Untersuchungen an Komplexverbindungen.** 11. Mitt. **„Anomale" $^1$H-Kontaktverschiebungen paramagnetischer Bis-[$\pi$-cyclopentadienyl]-metall-Komplexe.** H. P. Fritz, H. J. Keller und K. E. Schwarzhans. (Z. Naturforsch. **23b** (1968) 3, 298—302; Anorgan.-chem. Labor., TH, München; dt.) — 50. vgl. C. **1968**, 49/50-0081. — Die „anomalen" $^1$H-Kontaktverschiebungen paramagnet. Bis-[$\pi$-cyclopentadienyl]-metall-Komplexe wurden durch einen Delokalisierungsmechanismus zu deuten versucht. Vf. zeigen, daß daneben eine direkte Wechselwrkg. zwischen Metall- u. H-Bahnfunktionen der Ringliganden wirksam sein muß. Tabellierte Angaben der $^1$H-KMR-Daten folgender paramagnet. Substanzen: $V(\pi\text{-}C_5H_5)_2$, $V(\pi\text{-}C_5H_4 \cdot CH_3)_2$, $Cr(\pi\text{-}C_5H_5)_2$, $Cr(\pi\text{-}C_5H_4 \cdot CH_3)_2$, $Co(\pi\text{-}C_5H_5)_2$, $Co(\pi\text{-}C_5H_4 \cdot CH_3)_2$, $Ni(\pi\text{-}C_5H_5)_2$, $Ni(\pi\text{-}CH_3C_5H_4)_2$, $[Fe(\pi\text{-}C_5H_5)_2]^+$, $[Fe(\pi\text{-}CH_3C_5H_4)_2]^+$, $[Fe(\pi\text{-}CH_3CH_2C_5H_4) \cdot (\pi\text{-}C_5H_5)]^+$, $[Fe(\pi\text{-}CH_3CH_2C_5H_4)_2]^+$, $[Fe(\pi\text{-}CH_3CH_2CH_2 \cdot C_5H_4)_2]^+$, $[Fe(\pi\text{-}CH_3CO\text{–}C_5H_4)(\pi\text{-}C_5H_5)]^+$, $[Fe(\pi\text{-}CH_3CO\text{–}C_5H_4)_2]^+$, $[Fe(\pi\text{-}C_3H_7CO\text{–}C_5H_4)_2]^+$, $[Fe(\pi\text{-}C_4H_9\text{–}C_5H_4)_2]^+$. I. Zoll 36

*0086* **PMR-Spektren von Quecksilber-$\beta$-chlorvinyl-Derivaten und Eigenschaften des cis-$\beta$-Chlorvinylquecksilberchlorids.** A. N. Nesmejanov, A. E. Borisov, É. I. Fedin, V. S. Petrosjan und O. A. Reutov. (Doklady Akad. Nauk SSSR **178** (1968) 5, 1094—96; Inst. élementoorgan. soed. AN SSSR; russ.) — Die PMR-Spektren von cis- u. trans-$\beta$-Chlorvinylquecksilberchlorid, F. 55—56° bzw. F. 124°, in Bzl., Dioxan, Methanol, Aceton u. DMSO werden verglichen, die $\beta$-Protonen sind in den beiden Formen verschieden abgeschirmt. Die chem. Verschiebung der $\alpha$-Protonen ist etwa gleich groß. Das PMR-Spektrum von Bis-[trans-$\beta$-chlorvinyl]-quecksilber wurde in Bzl., $CCl_4$, Aceton u. Dioxan aufgenommen. J. J. Pohl 36

*0087* **Aluminiumorganische Verbindungen.** 13. Mitt. **Assoziation über Aryl- und Phenyläthinyl-Brücken.** E. A. Jeffery, T. Mole und J. K. Saunders. (Austral. J. Chem. **21** (1968) 1, 137—44; Melbourne, CSIRO Chem. Res. Labor., Div. of Appl. Chem.; engl.) — 12. vgl. ibid. **20** (1967) 2641; 11. vgl. C. **1967**, 34-0731. — $^1$H-NMR-Unters. zeigen, daß die Dimeren von *Dimethylphenylaluminium* u. *Dimethyl-p-tolylaluminium* über Aryl-Brücken zusammengehalten werden. Phenyläthinyl-Gruppen dienen als Brücken in dem Dimeren von *Dimethyl-[phenyläthinyl]-aluminium*. Es wird weiter gezeigt, daß gemischte Aryl-Methyl-, Phenyläthinyl-Methyl- u. Phenyl-Phenyläthinyl-Brücken existieren können. Die Ergebnisse der NMR-Spektroskopie werden hinsichtlich der Brückenbldg. diskutiert. E. Schulte 36△

*0088* **Aluminiumorganische Verbindungen.** 14. Mitt. **Beweis der Assoziation über ungleiche Brückengruppen.** E. A. Jeffery, T. Mole und J. K. Saunders. (Austral. J. Chem. **21** (1968) 3, 649—57; Div. of Appl. Chem., CSIRO, Chem. Res. Labor., Melbourne, Vic.; engl.) — 13. vgl. vorst. Referat. — Die Bldg. von $(CH_3)_2AlXYAl \cdot (CH_3)_2$ aus $(CH_3)_2AlX_2Al(CH_3)_2$ u. $(CH_3)_2AlY_2Al(CH_3)_2$ wurde im Falle von X = Cl, Y = $CH_3$, Br oder $C_6H_5CC$, X = Br, Y = $C_6H_5$, $C_6H_5CC$ oder O-iso-$C_3H_7$ u. X = $C_6H_5CC$, Y = O-iso-$C_3H_7$ NMR-spektroskop. untersucht. Die Lage des Gleichgew. ändert sich stark von Fall zu Fall. Die Bldg. von $(CH_3)_2AlXYAl(CH_3)_2$ verläuft nur in den Fällen nicht rasch, wenn $(CH_3)_2AlO$-iso-$C_3H_7$ eines der Reagenzien ist. Die Temp.-Abhängigkeit der NMR-Spektren von Methylaluminiumsesquibromid u. -chlorid sowie von Gemischen der beiden Verb. mit $[(CH_3)AlCl]_2$ wurde untersucht, die doppelte Halogenbrücke dissoziiert leicht, die erneute Assoziation über Methylbrücken ist wenig wahrscheinlich. Die Brückenbldg.-Fähigkeit sinkt in der Reihenfolge der Gruppen: iso-$C_3H_7O$ > Cl > Br > $C_6H_5CC$ > $C_6H_5$ > $CH_3$. J. J. Pohl 36

*0089* **Aluminiumorganische Verbindungen.** 15. Mitt. **Mechanismus der Austauschreaktion zwischen Lewis-Basen nach Komplexierung mit $(CH_3)_2AlX$ und $(CH_3)_2AlY$.** N. S. Ham, E. A. Jeffery, T. Mole und J. K. Saunders. (Austral. J. Chem. **21** (1968) 3, 659—70; engl.) — 14. vgl. vorst. Referat. — Die Austauschrk. von $(CH_3)_3Al$ u. $(CH_3)_2AlBr$, $(CH_3)_3Al$ u. $(CH_3)_2AlCl$, $(CH_3)_3Al$ u. $(CH_3)_2AlC_6H_5$ sowie $(CH_3)_2AlBr$ u. $(CH_3)_2AlCl$ wurde in Ggw. eines *Anisol*-Überschusses NMR-spektroskop. untersucht. Die Geschw. der ersten drei Rk. ist vom Anisol-Überschuß stark, die der vierten Rk. schwach abhängig. Die letzte Rk. wurde auch in einem *Ae.*-Überschuß verfolgt, sie zeigt keine Geschw.-Abhängigkeit vom Ae.-Überschuß. Die Vers. zeigen, daß die Austauschrk. in den ersten drei Fällen durch Abgabe der Base vom Mol. des einen Rk.-Partners eingeleitet wird. Wenn die vierte Rk. in Ggw. von Ae. erfolgt, tritt keine Basenabgabe ein; in Anisol findet auch hier teils Basenabgabe statt. Die Rk. mit Abgabe eines Basenmol. verlaufen mit relativ hohen Geschw., die von der Basenüberschußkonz. stark abhängig sind. Die Aktivierungsentropie dieser Rk. hat kleine negative Werte, schwache Donator-Akzeptor-Bindungen überwiegen. Rk. ohne Basenabgabe verlaufen mit relativ niedrigen Geschw., die von der Basenüberschußkonz. unabhängig sind. Die Aktivierungsentropie hat hohe negative Werte, starke Donator-Akzeptor-Bindungen überwiegen. J. J. Pohl 36

*0090* **Kernmagnetische Resonanz von Aluminium-27 in Trialkylaluminiumkomplexen.** L. Petrakis und H. E. Swift. (J. physic. Chem. **72** (1968) 2, 546–49; Phys. Sci. and Process Res. Div., Gulf Res. and Dev. Co., Pittsburgh, Pa.; engl.) — Die $^{27}$Al-NMR-Spektren von Komplexen der allg. Zus. $DAlR_3$ (*D = Py., 3.5-Dimethylpyridin, 2.6-Dimethylpyridin, Chinolin, Isochinolin, 6-Methylchinolin, Acridin,* $R = C_2H_5$, $n$-$C_3H_7$, $n$-$C_4H_9$, *iso*-$C_4H_9$, $n$-$C_6H_{13}$) in Hexan oder Bzl. werden aufgenommen. Die beobachtete Linienverbreiterung wird auf die Wechselwrkg. zwischen dem kernelektr. Quadrupolmoment der Al-Kerne u. dem Feldgradienten um die Kerne herum zurückgeführt. Der Einfl. der Temp. u. der Viskosität auf die Linienverbreiterung wird durch das Arbeiten bei unendlicher Verd. u. konst. Temp. ausgeschaltet. Neben dem Molvol. der Komplexe spielen die ster. Faktoren bei der Best. der Linienbreite eine wesentliche Rolle. Die beobachtete Linienverbreiterung entspricht den Kern-Quadrupol-Kopplungskonstanten. M. Steidinger 36

*0091* **NMR-Untersuchung von Aluminiumhalogenid-4-Alkylpyridin-Komplexen.** T. N. Huckerby, J. W. Wilson und I. J. Worrall. (Inorg. nuclear Chem. Letters **4** (1968) 6, 343–46; Suppl. zu: J. inorg. nuclear Chem., Dep. of Chem., Univ., Lancaster; engl.) — Die $^1$H-NMR-Spektren aller Verb. des Typs $AlX_3 \cdot 4$-*Alkylpyridin* mit $X = Cl, Br, J$ u. *Alkyl* $= CH_3, C_2H_5$ u. $n$-$C_3H_7$ wurden im geschmolzenen Zustand bei 40–200° u. an Bzl.-Lsg. bei 60° untersucht. Diskussion der beobachteten breiten α-Ringproton-Signale. A. Blaschette 36

*0092* **$^1$H-NMR-Spektren von Seltenerdmetallkomplexen.** P. K. Burkert, H. P. Fritz, W. Gretner, H. J. Keller und K. E. Schwarzhans. (Inorg. nuclear Chem. Letters **4**, (1968) 1, 31–32; Anorg.-chem. Labor., TH, München; dt.) — Die $^1$H-NMR-Spektren (chem. Verschiebungen, Linienbreiten) von $Pip[Pr(dibm)_4]$, $Pip \cdot [Dy(dibm)_4]$ u. $Pip[Pr(benzac)_4]$ (I) werden mitgeteilt (Pip = Piperidinium, Hdibm = Dibenzoylmethan, Hbenzac = Benzoylaceton). Das Spektrum von **I** wird als repräsentativ näher diskutiert. Es handelt sich demnach um eine weitgehend salzartige Verb., doch ist ein dominierender Dipol–Dipol-Wechselwrkg.-Anteil (Pseudokontakt-Wechselwrkg.) an den Verschiebungen der $NH_2$-Protonen des $Pip^+$ bemerkenswert. A. Blaschette 36

*0093* **Sterische Einflüsse bei organometallischen Konformationsgleichgewichten. 1. Mitt. Allylkomplexe von Molybdän.** J. W. Faller und M. J. Incorvia. (Inorg. Chem. [Washington] **7** (1968) 4, 840–42; Dep. of Chem., Yale Univ., New Haven, Conn.; engl.) — Das $^1$H-NMR-Spektrum von $\pi$-$C_5H_5Mo(CO)_2$-$\pi$-$C_3H_4R$ (R = *H*, **I**) beweist bei tiefen Temp. (5°) das Vorliegen von zwei syn-anti-Konform.; bei höheren Temp. verschiebt sich dieses Gleichgewicht. Ein Vgl. der $^1$H-Resonanzen bei tiefen Temp. zwischen **I** u. der Verb. mit $R = CH_3$ (**II**) zeigt, daß die Struktur, die dem Nebenbestandteil von **I** entspricht, der Hauptbestandteil von **II** geworden ist. Daraus wird geschlossen, daß zwei gegensätzliche ster. Faktoren die Größe der Gleichgew.-Konst. bestimmen: die Ring-H-anti-H-Wechselwrkg. u. die Ring-H-R-Wechselwrkg.; das beweisen auch die Aktivierungsparameter: für **I** beträgt ($E_a$ =) 12,3 ± 1,2 (kcal/Mol) u. (log A =) 10,6 ± 1,0 u. für **II** 16,8 ± 0,4 u. 14,5 ± 0,3. G. Heller 36

*0094* **Wolfram–Phosphor–Spin–Spin-Kopplung bei Wolframcarbonyl-Derivaten.** Samuel O. Grim und David A. Wheatland. (Inorg. nuclear Chem. Letters **1**, (1968) 4, 187–89; Dep. of Chem., Univ. of Md., College Park, Md.; engl.) — Die Kopplungskonst. $J_{W-P}$ [± 10 Hz] nachst. Verb. wurden aus den $^{31}$P-NMR-Spektren bestimmt (bu = n-$C_4H_9$, ph = $C_6H_5$): *cis-* (225) u. *trans-*$(bu_3P)_2W(CO)_4$ (265), *cis-* (220) u. *trans-*$(bu_2phP)_2W \cdot (CO)_4$ (270), *cis-* (230) u. *trans-*$(buph_2P)_2W(CO)_4$ (275). Die höheren J-Werte der trans-Verb. werden darauf zurückgeführt, daß die zueinander trans-ständigen P-Atome stärkere π-Bindungen ausbilden als die bez. CO trans-ständigen P-Atome in den cis-Verbindungen. A. Blaschette 36

*0095* **PMR-Spektren einiger Alkylferrocene.** A. N. Nesmejanov, N. S. Kočetkova, Ė. I. Fedin, E. V. Leonova und P. V. Petrovskij. (Doklady Akad. Nauk SSSR **178** (1968) 2, 362–64; Inst. ėlementorgan. soed. AN SSSR; russ.) — Die PMR-Spektren von Methyl- u. tert. Butylferrocen wurden aufgenommen u. die Ergebnisse durch Vgl. mit Literaturdaten zu den PMR-Spektren von substituierten Ferrocenen diskutiert. J. J. Pohl 36

*0096* **$^1$H-NMR-spektroskopischer Beweis für einen delokalisierten Grundzustand bei Tris-[α-diimin]-eisen(II)-Komplexen.** Nobuyuki Tanaka und Tasuku Ito. (Inorg. nuclear Chem. Letters **4**, (1968) 1, 25–28; Dep. of Chem., Fac. of Sci., Tohoku Univ., Katahira-cho, Sendai; engl.) — Die $^1$H-NMR-Spektren von *Tris-[glyoxal-bis-(N-methylimin)]-eisen(II)-tetrafluoroborat* $[Fe \cdot (GMI)_3](BF_4)_2$, *Tris-[biacetyl-bis-(N-n-butylimin)]-eisen-(II)-tetrafluoroborat* $[Fe(BBI)_3](BF_4)_2$, freiem *BBI* u. $[Pd(BBI)Cl_2]$ wurden in $CD_3OD$-Lsg. aufgenommen. Es treten auffallende chem. Verschiebungen einiger Protonensignale auf, die auf einen Ringstrom in den Chelatringen zurückgeführt werden. A. Blaschette 36

*0097* **Kernmagnetische Resonanzuntersuchungen an Kobaltkomplexen.** 1. Mitt. **Kernmagnetische Resonanzspektren von Kobalt-59 in Kobalt(III)-Komplexen.** A. Yamasaki, F. Yajima und S. Fujiwara. (Inorg. chim. Acta [Padova] **2** (1968) 1, 39–42; Tokyo, Japan, Univ. of Tokyo, Dep. of Chem.; engl.) — Die $^{59}$Co-NMR-Spektren einer Vielzahl diamagnet. Co(III)-Komplexe werden untersucht u. die chem. Verschiebungen δ u. Linienbreiten mit Hilfe der Ramsey-Gleichung sowie Quadrupolwechselwrkg. diskutiert. Korrelationen der δ mit den Elektronegativitäten u. Radialfaktoren aller Liganden werden durchgeführt. Untersuchte Verbindungen: $K_3[Co(CN)_6]$, $K_3[Co(CN)_5NO_2]$, $[Co(C_2H_5CSS)_3]$, $[Co(iso\text{-}C_3H_7CSS)_3]$, $[Co\{(C_2H_5)_2NCSS\}_3]$, $[Co(NH_2OH)_6] \cdot Cl_3$, $Li[Co(NH_3)_2(NO_2)_4]$, $[Co(phen)_3]Cl_3$, *trans- und cis-*$[Co(NH_3)_4(NO_2)_2]Cl$, $[Co(NH_3)_3(NO_2)_3]$, *cis-*$[Co(en)_2 \cdot (NH_3)_2]J_3$, $[Co(en)_3]Cl_3$, $Na_3[Co(NO_2)_6]$, $[Co(NH_3)_5NO_2] \cdot Cl_2$, *trans-*$[Co(en)_2(NH_3)_2]J_3$, $[Co(NH_3)_6]Cl_3$, $[Co(en)_2 \cdot C_2O_4]Cl$, $[Co(NH_3)_5(N_3)](N_3)_2$, $[Co(NH_3)_5(H_2O)]Cl_3$, *trans-*$[Co(NH_3)_4(N_3)_2]N_3$, $[Co(en)_2CO_3]Cl$, *cis-*$[Co(NH_3)_4(N_3)_2] \cdot N_3$, $[Co(NH_3)_4CO_3]_2SO_4$, *cis-*$[Co(NH_3)_4(H_2O)_2]Cl_3$, $K \cdot [CoY]$ ($H_4Y$ = *AeDTE*) $[Co(NH_3)_3(H_2O)_3](NO_3)_3$, $K[Co \cdot (NH_3)_2(CO_3)_2]$, $[CoA_3]$ (HA = *Benzoylaceton, Dibenzoylmethan, Acetylaceton, Trifluoracetylaceton* oder *3-Bromacetylaceton*, $K_3[Co(C_2O_4)_3]$ u. $K_3[Co(CO_3)_3]$. B. I. 36△

*0098* **NMR-Spektren von Kobalt- und Nickel-Diaminoacetylacetonaten.** Klaus Fricke und Harald Suhr. (Ber. Bunsenges. physik. Chem. **72** (1968) 3, 434–36; Chem. Inst., Univ., Tübingen; dt.) — Die Resonanzverschiebung (RV) im Ni-Acetylacetonat-Amin-Komplex (n-Propyl-, n-Butyl-, n-Pentyl- u. n-Hexylamin) kann durch die Kontaktverschiebung, im Co-Acetylacetonat-Amin-Komplex durch die Überlagerung von Kontakt- u. Pseudokontaktverschiebung (PV) erklärt werden. Durch die PV in den Co-Komplexen konnte eine Trennung der Signale der einzelnen Methylengruppen in längeren aliphat. Resten bis zum Hexylamin erreicht werden. Die chem. Verschiebung der einzelnen Methylengruppen des reinen Liganden kann durch Extrapolation der Geraden, die man für die Konz.-Abhängigkeit der RV erhält, mit einer Genauigkeit von ±2 Hz bestimmt werden. D. Hoene 36

*0099* **Magnetische Resonanzuntersuchung von Kupfer-(II)-triglycylglycin-Komplexen.** K.-E. Falk, H. C. Freeman, T. Jansson, B. G. Malmström und T. Vänngard. (J. Amer. chem. Soc. **89** (1967) 24, 6071–77; Dep. of Phys. Chem. and Biochem., Univ. of Göteborg, Sweden; engl.) — 5 · $10^{-3}$ m Cu(II)–Triglycylglycin (1:1) wurde in Lsg. bei pH 2,5–11 durch potentiometr. Titrationsvers., EPR-spektroskop. u. durch Protonenrelaxationsmessungen sowie auch als polykrist. Pulver (mit dem entsprechenden diamagnet. Ni(II)-Salz verd.), untersucht. Die Relaxations- u. EPR-Daten zeigen, daß der Komplex bei niedrigen pH-Werten neutrales Peptid enthält. Dieser u. der bei höheren pH-Werten entstehende Komplex weisen keine Stickstoff-Hyperfeinstruktur auf. Drei weitere Komplexformen haben Hyperfeinstrukturen entsprechend zwei, drei u. vier Stickstoffatomen. Die bei hohen pH-Werten in Lsg. u. im Pulver entstehenden Komplexe zeigen die gleiche Koordination des Stickstoffs, der Komplex in der Lsg. enthält ein an Cu gebundenes $H_2O$-Mol., das nicht eliminiert werden kann. J. J. Pohl 36

*0100* **Kopplung und „virtuelle" Kopplung in den NMR-Spektren von Phosphinkomplexen.** A. Pidcock. (Chem. Commun. **1968**, 2, 92; Chem. Labor., Univ. of Sussex, Brighton; engl.) — Unter Benutzung des $^{31}P$-Spektrums bei 24,29 MHz u. $P_2O_3$ als Vgl.-Substanz werden die NMR-Verschiebungen von *trans*-$PdJ_2[C_6H_5P(CH_3)_2]\cdot(C_6H_5O)_3P$ (**I**), *trans*-$[PdJ_2(Bu_3P)(C_6H_5O)_3P]$ u. *trans*-$\{PdJ_2[C_6H_5P(CH_3)_2](Bu_3P)\}$ gemessen (Bu = n-$C_4H_9$). Das $^1H$-Spektrum von **I** erscheint im Bereich der Methylgruppe als Quartett; die daraus errechneten P–H-Kopplungskonst. sind $^2J(PCH)$ = 10,2, $^4J(PMPCH)$ = 4,5 Hz. L. Leonhardt 36

*0101* **$^{14}N$-NMR-Untersuchung der Assoziation zwischen paramagnetischen und diamagnetischen Ionen in Lösung.** P. K. Burkert, H. P. Fritz, W. Gretner, H. J. Keller und K. E. Schwarzhans. (Inorg. nuclear Chem. Letters **4**, (1968) 4, 237—39; Anorg.-chem. Labor., TH, München; engl.) — Die Best. von Dichten ungepaarter Spins an magnet. akt. Kernen in Metallkomplexen aus der $^1H$-NMR-Kontaktverschiebung wird an Hand von Literaturangaben diskutiert; kritisiert wird dabei die Annahme von Pseudokontaktanteilen u. die darauf beruhende Berechnung des Abstandes zwischen den „gepaarten" Ionen in der Lösung. $^{14}N$-NMR-Unters. an $[(n\text{-}C_4H_9)_4N]_3[Fe(CN)_6]$, $[(n\text{-}C_4H_9)_4N][(C_6H_5)_3PCoJ_3]$ u. $[(n\text{-}C_4H_9)_4N][(C_6H_5)_3PNiJ_3]$ stützen dagegen die Auffassung, daß direkter Spintransfer vom zentralen Metallatom zum N-Atom stattfindet. In allen Fällen sind die $^{14}N$-NMR-Signale nach Niedrigfeld verschoben, u. nicht wie das Pseudokontaktmodell voraussagt, nach höherem Feld. — 12 Literaturangaben. A. Blaschette 36

*0102* **NMR-Untersuchung der paramagnetischen Relaxation in viskosen Lösungen.** Lawrence S. Frankel. (J. physic. Chem. **72** (1968) 2, 736—38; Dep. of Chem., Univ. of Mass., Amherst, Mass.; engl.) — Der Einfl. der Viskosität $\eta$ auf die dipolare Korrelationszeit $\tau_c$ u. damit auf die Relaxationszeit $T_{2M}$ wird am Beispiel des $[Cu\cdot(H_2O)_6]^{2+}$ untersucht. Die Viskosität der wss. Cu(II)-Lsg. wird durch Zugabe wechselnder Mengen Glycerin verändert. Die Unters. zeigen, daß zwischen $\eta$ u. $\tau_c$ eine lineare Abhängigkeit besteht. M. Steidinger 36

*0103* **Mössbauer-Versuche an Eisen(II)-phthalocyanin.** Thomas H. Moss und Arthur B. Robinson. (Inorg. Chem. [Washington] **7** (1968) 8, 1692—94; La Jolla, Calif., Univ. of Calif. at San Diego, Dep. of Chem.; engl.) — Das Mössbauer-Spektrum obiger Verb. u. von *Fe(II)-Phthalocyanin · 2Py* wird bei 4,6, 77 u. 295°K untersucht, u. die Quadrupolaufspaltungen u. Isomerenverschiebungen werden diskutiert. I. Berthold 37△

*0104* **Mössbauer-Effekt-Untersuchungen an Bis-[α-diimin]-eisen(II)-Komplexen.** E. König, S. Hüfner, E. Steichele und K. Madeja. (Z. Naturforsch. **23a** (1968) 4, 632; dt.) — Erratum zu ibid. **22a** (1967) 1543. — Werte der Isomerieverschiebung $\delta$ von $[FeBr_2phen_2]$, $[Fe(N_3)_2phen_2]$, $[Fe(OCN)_2\cdot phen_2]$, $[Fe(HCOO)_2phen_2]$ u. $[FeCl_2dip_2]$ bei 77°K werden korr.; der $\delta$-Wert für $[Fe(CH_3COO)_2phen_2]$ bei 77°K muß als zu niedrig angesehen werden. M. Frenzel 37

*0105* **Isomerieverschiebung in den Mössbauer-Spektren von Eisenkomplexen und das Elektroneutralitätspostulat von Pauling.** L. Korecz und K. Burger. (J. inorg. nuclear Chem. **30** (1968) 3, 781—86; Dep. of Atomic Phys., Eötvös Univ., Budapest; engl.) — Messung von Isomerieverschiebungen (IS) u. Quadrupolaufspaltungen (Tabelle) in den Mössbauer-Spektren von *Dimethylglyoximato-Fe (II)* (**I**) u. *-Fe(III)* (**II**), *Salicylaldoximato-Fe(II)* (**III**) u. *-Fe(III)* (**IV**), *5-Nitrosalicylaldoximato-Fe(II)* (**V**) u. *-Fe(III)* (**VI**), *5-Chlorsalicylaldoximato-Fe(II)* (**VII**) u. *-Fe(III)* (**VIII**), *5-Methylsalicylaldoximato-Fe(II)* (**IX**) u. *-Fe(III)* (**X**), *Thionalidato-Fe(II)* (**XI**), $Co_2FeS(CO)_9$ (**XII**), $Co_2FeS(CO)_8\cdot P(C_6H_5)_3$ (**XIII**), $Co_2FeS(CO)_7\cdot[P(C_6H_5)_3]_2$ (**XIV**), $Fe(CO)_3X$ (**XV**), $Fe(CO)_2\cdot P(C_6H_5)_3X$ (**XVI**) (X = Allylbromid), $K_4[Fe(CN)_6]\cdot 3H_2O$ (Strahlungsquelle $2mC^{57}Co$ in Pd bei Raumtemp., Absorber bei 77,2°K) sowie der magnet. Momente $\mu_{eff}$ (Tabelle). Die weitgehende Konstanz der IS-Werte innerhalb der Verb.-Gruppen **I—XI**, **XII—XIV** u. **XV—XVI** wird im Zusammenhang mit dem Paulingschen Elektroneutralitätspostulat diskutiert. H.-U. Chun 37

*0106* **Theorie der Quadrupolaufspaltung der Mössbauer-Linien in Eisen(III)-Verbindungen.** Š. Š. Baškirov und É. K. Sadykov. (Doklady Akad. Nauk SSSR **180** (1968) 1, 137—39; Kaz. gos. univ. im. Ul'janova-Lenina; russ.) — Im Rahmen der MO-Meth. wird der Beitrag der sich an kovalenten Bindungen beteiligenden Elektronen in oktaedr. high-spin-Komplexen von Fe(III) zum Feldgradienten am Kern u. damit zur Quadrupolaufspaltung behandelt. J. J. Pohl 37

*0107* **Derivate des Cyclotetrazenoborans.** 4. Mitt. **Massenspektren substituierter Cyclotetrazenoborane.** E. F. H. Brittain, J. B. Leach und J. H. Morris. (J. chem. Soc. [London], Sect. A **1968**, 2, 340—46; Dep. of Chem., Kingston Coll. of Technol., Kingston upon Thames. Surrey; engl.) — 3. vgl. C. **1969**, 4-0066. — Die Massenspektren der disubstituierten Cyclotetrazenoborane $(CH_3)_2N_4BH$, $(C_2H_5)_2N_4BH$, $(C_6H_5)_2N_4BH$ u. $CH_3\cdot(C_6H_5)N_4BH$ wurden aufgenommen. In allen Fällen werden deutliche Max. für Mol.-Ionen erhalten. Die meisten auftretenden Bruchstücke sind aus den Ausgangssubstanzen durch Abspaltung von $N_2$ oder von $N_2$ u. H entstanden, so daß angenommen wird, daß die Ringsubstituenten in 2- u. 5-Stellung stehen. Die anderen festgestellten Bruchstücke sind durch Spaltung der Äthyl- oder Phenylsubstituenten oder durch Abspaltung von HCN aus den Tochterionen entstanden. M. Steidinger 42

*0108* **Fragmentierungs- und Neubildungsprozesse in Massenspektren von Fluoralkylphosphorverbindungen.** 1. Mitt. **Trifluormethylphosphine und Trifluormethylhalogenphosphine.** R. C. Cavell und R. C. Dobbie. (Inorg. Chem. [Washington] **7** (1968) 1, 101—04; Dep. of Chem., Univ. of Alberta, Edmonton; engl.) — Die Massenspektren der Verb. $CF_3PX_2$ (**A**), $(CF_3)_2PX$ (**B**) u. $(CF_3)_3P$ (X = H, F, Cl, Br, J) werden mitgeteilt u. interpretiert. Neben der normalen Spaltung, die bei den Verb. **A** u. **B** in der Trennung der C–P-Bindung besteht, existiert eine weitere, die einen Wechsel des F-Atoms vom C- zum P-Atom ermöglicht, da die Spektren aller untersuchten Verb. Peaks der Ionen $PF_2^+$, $PFX^+$ u. $PF^+$ zeigen. Es wird ein Mechanismus für die Fluorübertragung vorgeschlagen. D. Gerlatzek 42

*0109* **Fragmentierungs- und Neubildungsprozesse in Massenspektren von Fluoralkylphosphorverbindungen.** 2. Mitt. **Verbindungen mit zwei oder mehr Phosphoratomen.** R. G. Cavell und R. C. Dobbie. (Inorg. Chem. [Washington] **7** (1968) 4, 690—94; engl.) — 1. vgl. vorst. Referat. — Die Massenspektren der Verb. $(CF_3)_2PP\cdot(CF_3)_2$, $(CF_3)_2P(O)P(CF_3)_2$, $(CF_3)_2P(S)P(CF_3)_2$, $(CF_3P)_4$ u. $(CF_3P)_4S$ sowie einige beobachtete metastabile Ionen werden mitgeteilt u. für jede Verb. wird ein Fragmentierungsschema aufgestellt. Bei allen Spektren wurde die Neubldg. von Ionen mit P–F-Bindungen festgestellt. D. Gerlatzek 42

*0110* **Elektronenstoß-Fragmentierung von Tetraphenylsilan.** P. N. Preston und N. A. Weir. (Inorg. nuclear Chem. Letters **4** (1968) 5, 279—81; Dep. of Chem., Heriot-Watt Univ., Edinburgh; engl.) — Qual. Vgl. der Massenspektren von $(C_6H_5)_4M$ mit *M* = *C*, *Si*, *Ge*. Ausschließlich im Spektrum der Si-Verb. treten neben den Peaks von $(C_6H_5)_nM^+$ (n = 1—4) solche der ungesätt. Fragmente $C_{20}H_{18}Si^+$, $C_{14}H_{12}Si^+$, $C_9H_{11}Si^+$ u. $C_8H_6Si^+$ auf.

Ihre Bldg. wird auf (p–d)$\pi$-Bindungseffekte zurückgeführt. A. Blaschette 42

*0111* **Massenspektren von Silazanen.** J. Silbiger, C. Lifshitz, J. Fuchs und A. Mandelbaum. (J. Amer. chem. Soc. **89** (1967) 17, 4308–12; Jerusalem, Hebrew Univ., Dep. of Inorg. and Analyt. Chem.; engl.) – Es werden die mit 70 eV angeregten Massenspektren einschließlich der hauptsächlichen Fragmentierungsschemata folgender Silazane mitgeteilt: *Hexamethylcyclotrisilazan, Oktamethylcyclotetrasilazan, Pentamethylchlordisilazan, Tetramethyl-1.3-dichlordisilazan, Tetramethyl-1.3-dimethoxydisilazan, N.N'-Bis-[dimethylchlorsilyl]-tetramethylcyclodisilazan.* Die Fragmentierungen sind gewöhnlich vom Auftreten metastabiler Ionen begleitet. Hans Bürger 42

*0112* **Geometrische Erfordernisse für die Abgabe von Aldehydmolekülen in Massenspektren von Ferrocenylestern.** Durward T. Roberts jun., William F. Little und Maurice M. Bursey. (J. Amer. chem. Soc. **89** (1967) 24, 6156–64; Venable Chem. Labor., Univ. of N.C., Chapel Hill, N.C.; engl.) – Detaillierte Unters. der Massenspektren von $\omega$-Ferrocenylalkanoaten des Typs $C_5H_5FeC_5H_4(CH_2)_n COOR$ (R = $CH_3$, $CD_3$, $C_2H_5$, n = 0–5) im Hinblick auf den Verlust von $CH_2O$ aus der Estergruppierung. Für n = 0, 2, 3 wird der Aldehydverlust als Sekundärprozeß nach Abgabe von $C_5H_5$ angesehen. In vollständigen Schemata werden andere beobachtete Zers.-Mechanismen (prim. Übergang der Methoxygruppe an die $C_5H_5Fe$-Einheit oder Zers. unter Bldg. von $C_6H_6$- bzw. $C_7H_7$-Einheiten) gegeben. J. Oguntke 42

*0113* **Zusammensetzung von aus verschiedenen Quellen verdampfendem Antimon.** F. Baumann, J. Kessler und W. Roessler. (J. appl. Physics **38** (1967) 8, 3398; Karlsruhe, TH, Phys. Inst.; engl.) – Ergebnisse der massenspektroskop. Unters. von aus elementarem *Sb* u. *SbAu*-Leg. verdampftem *Sb* werden mitgeteilt. Bei 550° verdampfen aus reinem Sb nur $Sb_4$-Mol.; bei einer Elektronenenergie von 15 eV werden ca. 77% der $Sb_4$-Mol. ohne vorherige Dissoziation ionisiert. Aus SbAu-Leg. verdampfen neben $Sb_4$- auch $Sb_2$- u. $Sb_1$-Einheiten, bei 950° liegen ca. 10% $Sb_1$ u. ca. 25% $Sb_2$ vor. Zwischen 800 u. 1000° wird eine Zunahme des Anteils an $Sb_1$ u. $Sb_2$ mit steigender Temp. beobachtet. Die Zus. des Sb-Dampfes ist von der Zus. der SbAu-Leg. unabhängig. E. Schulte 42△

*0114* **Stoßrohruntersuchungen der Schwingungsrelaxation von Stickstoff durch Lichtabsorption im Vakuum-Ultraviolett.** J. P. Appleton. (J. chem. Physics **47** (1967) 9, 3231–40; Aerospace Operations Dep., AC Electron.-Defense Res. Labor., Santa Barbara, Calif.; engl.) – Messungen im Temp.-Bereich 3000–9000°K bei 1176 Å durch Best. des Besetzungsverhältnisses im Schwingsterm $v'' \simeq 10$. Die Messungen stimmen mit früheren interferometr. Daten ausgezeichnet überein. Die erstmals gewonnenen Werte oberhalb 5500 °K zeigen, daß die charakterist. Schwingungsrelaxationszeit in steigendem Maße von der Schwingungsanregung abhängt, so daß sie innerhalb des Relaxationsbereichs abnimmt, wenn Gleichgew. erreicht wird. R. Blank 44

*0115* **Rotationsrelaxation in polaren Gasen.** Frank J. Zeleznik. (J. chem. Physics **47** (1967) 9, 3410–24; National Aeronautics and Space Administration, Lewis Res. Center, Cleveland, O.; engl.) – Klass. mechan. Berechnung der Rotationsstoßzahlen (R) reiner polarer Gase in Abhängigkeit von der Temp. mittels einer durch Störungsrechnung dritter Ordnung gewonnenen Formel für *HCl, DCl, HF, DF,* $H_2O$, $D_2O$, $NH_3$, $ND_3$, $^{15}NH_3$, $SO_2$, $CHF_3$, $CH_2F_2$, $CH_3F$, $H_2S$. Danach steigt R mit steigender Temp. u. abnehmendem Dipolmoment u. Trägheitsmoment in qual. Übereinstimmung mit experimentellen Daten. R. Blank 44

*0116* **Theorie der Elektronenstoßanregung und Ionisation von Atomen und Ionen.** Ik-Ju Kang und William D. Foland. (Physic. Rev. [2] **164** (1967) 1, 122–30; Univ. of Massachusetts, Amherst, Mass.; engl.) – Theorie unelast. Prozesse von Elektron-Wasserstoff- u. Elektron-Ionen-Stößen. Der Formalismus läßt sich leicht auf die Elektronenstreuung an positiven u. negativen Ionen anwenden. R. Blank 44

*0117* **Absolute Messungen der $2^1P$- und $2^3P$-Elektronen-Anregungswirkungsquerschnitte von Heliumatomen.** John D. Jobe und Robert M. St. John. (Physic. Rev. [2] **164** (1967) 1, 117–21; Dep. of Phys., Univ. of Oklahoma, Norman, Okla.; engl.) – Best. der scheinbaren Wrkg.-Querschnitte für die Elektronenanregung der $2^1P$- u. $2^3P$-Zustände von He durch Besetzung dieser Terme aus höheren Zuständen. Mit Anregungsfunktionen der $^1S$, $^1D$, $^3S$ u. $^3D$-Zustände von n = 3 bis n = 7 oder 8 lassen sich die korrigierten Wrkg.-Querschnitte für die direkte Elektronenanregung zu den $2^1P$- ($9{,}2 \cdot 10^{-18}$ cm²) u. $2^3P$-Zuständen ($2{,}2 \cdot 10^{-18}$ cm²) bestimmen. R. Blank 44

*0118* **Bildung von angeregten Zuständen in einem Heliumtarget durch Stoß von 0,15 bis 1,0 MeV-Protonen und Deuteronen. 1. Mitt. Experimentelles.** E. W. Thomas und G. D. Bent. (Phys. Rev. [2] **164** (1967) 1, 143–50; Georgia Inst. of Technol., Atlanta, Ga.; engl.) – Mit einer opt. Meth. wurden die abs. Wrkg.-Querschnitte für die Anregung verschiedener $n^1S$, $n^1P$ u. $n^1D$-Zustände von neutralem He durch Protonenstoß zwischen 0,15 u. 1 MeV an einem Niederdrucktarget von gasf. He bestimmt. Dazu wird die aus dem Strahlungszerfall stoßangeregter Atome resultierende Emission mit einem opt. Spektrometer analysiert. R. Blank 44

*0119* **Wirkungsquerschnitte der Bildung angeregter Zustände in einem Heliumtarget bei 0,15 bis 1,0 MeV-Protonen- und Deuteronenstoß. 2. Mitt. Vergleich mit der Theorie.** E. W. Thomas. (Physic. Rev. [2] **164** (1967) 1, 151–55; engl.) – 1. vgl. vorst. Referat. R. Blank 44

*0120* **Durch Protonen- und Wasserstoffatomstoß an Stickstoff erzeugte optische Emission.** Duane A. Dahlberg, D. Kent Anderson und Irving E. Dayton. (Physic. Rev. [2] **164** (1967) 1, 20–31; Montana State Univ., Bozeman, Mont.; engl.) – Unters. der opt. Emission im Spektralbereich zwischen 1200 u. 6000 Å sowie Messung der Emissionswrkg.-Querschnitte im Energiebereich 10–130 keV. Das Hauptmerkmal des $N_2$-Spektrums unterhalb 2000 Å ist die Lyman-$\alpha$-Linie u. Linien von atomarem Stickstoff. Bei größeren Wellenlängen dominieren das erste negative $N_2^+$-($B^2\Sigma_u^+ - X^2\Sigma_g^+$) u. das zweite positive $N_2$-Syst. ($C^3\Pi_u - B^3\Pi_g$). Die Wrkg.-Querschnitte in den verschiedenen Energiebereichen werden bez. der Übertragungsmechanismen beim Stoß diskutiert. R. Blank 44

*0121* **Stickstoffanregung durch $\alpha$-Teilchen: Absolutmessung der Anzahl angeregter Zustände, die Lumineszenz im Sichtbaren und nahen UV hervorrufen.** I. Tatischeff. (J. Physique **28** (1967) 3/4, 297–300; Inst. de Radium, Paris; franz.) – Vf. untersucht die Rk. $N_2 \xrightarrow{\alpha} N_2^*$ u. erhält aus Fluoreszenzkurven eine Beziehung zwischen der am Anfang der $\alpha$-Teilchenwege gemessenen u. der durch völliges Aufhalten eines $\alpha$-Teilchens im Gas induzierten Lumineszenz. Sie erlaubt die direkte Absolutmessung der Lumineszenz als Funktion des Drucks. A. Meixner 44

*0122* **Anregung von Stickstoffgas durch Spaltbruchstücke entlang der ganzen Bahn.** John T. Sears und Robert Rodgers. (J. chem. Physics **47** (1967) 9, 3174 bis 3179; Brookhaven National Labor., Upton, N.Y.; engl.) – Zur Best. des Energieverlustes von Spaltprod. entlang ihrer Bahn durch Wechselwrkg mit Materie untersuchen Vf. die Lumineszenzausb. des $C^3\Pi_u$-Zustands von *Stickstoff* (**I**) in kleineren Flugbahnabschnitten als Funktion der Weglänge der Spaltprod. ($\alpha$-Teilchen einer $^{257}Cf$ Quelle) bei variierendem Druck von **I** zwischen 40 u. 350 Torr. Danach wird **I** auch noch am Ende der Bahn angeregt trotz einer Änderung der prim. Art von Energieverlust. Die Lsg. dieses Problems kann nach Ansicht der Vf. nur durch eine vollständigere Theorie der Teilchenwechselwrkg. bei Energieverlusten durch elast. Kernstöße erbracht werden. R. Blank 44

*0123* **Kinetisches Verhalten von $N_2(A^3\Sigma_u^+)$ in aktivem Stickstoff.** B. A. Thrush. (J. chem. Physics **47** (1967) 9,

3691; Univ. of Cambridge, Dep. of Phys. Chem., Lensfield, Cambridge, England; engl.) — Kinet. Unters. der Rk. $N(^4S) + N_2(A^3\Sigma_u^+) = N_2(X^1\Sigma_g^+) + N$, wonach folgende Zwischenstufen eine Rolle spielen: $N + N + N_2 \rightarrow N_2$ (A, niedere Terme) $+ N_2$ u. $N_2(A) \rightarrow N_2(X) + h\nu$.
R. Blank 44

*0124* **Übertragung von Anregungsenergie von Stickstoffmolekülen auf Natriumatome.** J. E. Mentall, H. F. Krause und W. L. Fite. (Discuss. Faraday Soc. **1967,** **44,** 157—62; Dep. of Phys. and Space Res. Coordination Center, Univ. of Pittsburgh, Pittsburgh, Pa.; engl.) — An gekreuzten Strahlen von Na-Atomen u. $N_2$-Mol., deren $N_2$-Mol. einer Quelle mit Temp. von 2000°K bis 3000°K entstammen, wird infolge des Zusammentreffens beider Strahlen die Strahlung der Na-D-Linie beobachtet. Die Strahlung scheint hauptsächlich durch Übertragung innerer Energie des $N_2$-Mol. in Elektronenenergie im Na zu entstehen, u. zwar vielleicht durch die Bldg. eines Übertragungskomplexes $NaN_2$*. Unter der Annahme, daß nur innere Energieübertragung stattfindet, werden RGK von $\approx 10^{-10}$ cm³/s für solche Mol. ermittelt, die genügend innere Energie zur Anregung des Na besitzen. Eine schwache Temp.-Abhängigkeit der beobachteten RGK wird diskutiert. W. Pusch 44△

*0125* **Stöße in Gasen und Flammen unter Beteiligung angeregter Teilchen.** A. von Engel. (Brit. J. appl. Physics **18** (1967) 12, 1661—77; Dep. of Engng. Sci., Univ., Oxford; engl.) — Wirken angeregte Atome oder Mol. auf ein Gas ein, so können sie ihre potentielle Energie durch Stöße auf die Gasmol. übertragen, sie ionisieren, anregen, chem. verändern oder dissoziieren. Experimentelle u. theoret. Ergebnisse für Stoßprozesse 2. Art (z. B. Stöße von *He** mit *Ar*, *Kr*, *Xe*, $H_2$, $O_2$, $N_2$, *CO*) werden zusammengefaßt. Danach wird der Einfl. der Stöße 2. Art auf Verbrennungsrk. ($C_2H_2$–$O_2$) u. die überhöhte Elektronentemp. in Flammenplasmen diskutiert. In einem 3. Teil wird gezeigt, daß durch Erhöhung der Konz. angeregter Mol. eines Gases seine elektr. Durchschlagsfeldstärke merklich gesenkt wird. Die Meth. zur Messung der Energie-Konz. u. Art angeregter Mol. werden zusammenfassend dargestellt. — 70 Literaturzitate.
W. Pusch 44△

*0126* **Einfluß elastischer Stöße auf die Verbreiterung von Ionenlinien.** J. Davis und D. E. Roberts. (Proc. physic. Soc. **92** (1967) 578, 889—94; Phys. Dep., Imper. Coll., London; engl.) — Es wird der Einfl. elast. Stöße auf die Verbreiterungsparameter verschiedener *S* II-Linien untersucht. Es werden ferner Näherungswerte für den unelast. Beitrag zu den Breiten dieser Linien mitgeteilt. Die ber. Gesamtbreiten sind in befriedigender Übereinstimmung mit experimentellen Ergebnissen. Nach den Unters. liefern die elast. Stöße einen wesentlichen Beitrag zur Verbreiterung dieser Linien.
H. Liepack 44

*0127* **Analyse der kinetischen Energie der Photoelektronen in Gasen mittels eines sphärischen Analysators.** D. C. Frost, C. A. McDowell und D. A. Vroom. (Proc. Roy. Soc. [London], Ser. A **296** (1967) 1447, 566—579; Vancouver, Canada, Univ. Brit. Columbia, Dept. of Chem.; engl.) — Ein bereits beschriebener (Phys. Rev. Lett., **15** (1965), 612) sphär. Gitteranalysator wurde zur Messung der Verteilung der kinet. Energie von Photoelektronen verwendet, die durch Einw. einer monochromat. 584 Å-Strahlung auf *Ar*, *Kr*, *Xe*, $H_2$, *HD*, $D_2$, $O_2$ u. $N_2$ entstanden. Die relativen Übergangswahrscheinlichkeiten in die $^2P_{3/2}$ u. $^2P_{1/2}$ Niveaus der Edelgasionen u. in verschiedene Vibronenzustände der anderen Gase werden bestimmt. Aus der Form der erhaltenen Phoelektronenverzögerungskurven kann unter günstigen Bedingungen die Bindungs-, oder Antibindungsart eines ionisierten Orbitals bestimmt werden. Die gemessenen Ionenenergieniveaus stimmen ausgezeichnet mit jenen durch opt. Spektroskopie bestimmten überein. A. F. Ledich 44

*0128* **Photoionisation von Kaliumdampf.** Ross A. Williams. (J. chem. Physics **47** (1967) 10, 4281—82; Unified Sci. Ass., Pasadena, Calif.; engl.) — Vf. beschreibt ein Gerät mit besserer Auflsg. zur genauen Messung des Photoionisationsspektrums von *K*-Dampf bei 149° zwischen 3500 u. 2400 Å. Danach findet er für das Ionisationspotential (I. P.) des $K_2$-Mol. 3,58 eV < I. P. < 4,11 eV u. für das $K_2^+$-Ion 0,74 eV < $D_0^+$ < 1,27 eV.
R. Blank 44

*0129* **Photoelektronenspektren der Halogene und Halogenwasserstoffe.** D. C. Frost, C. A. McDowell und D. A. Vroom. (J. chem. Physics **46** (1967) 11, 4255—59; Chem. Dep., Univ. of British Columbia, Vancouver, Canada; engl.) — Mit einem Photolektronen-Spektrometer mit einer 21,21 eV Photonenquelle u. einem Satz von sphär. Gittern zur Messung der Verteilung der kinet. Energie werden die Ionisationspotentiale (IP) von *HF*, *HCl*, *HJ*, $F_2$, $Cl_2$, $Br_2$ u. $J_2$ gemessen. Die erhaltenen IP werden mit den nach der Elektronenstoß-, der spektroskop.- u. Photoionisationsmeth. erhaltenen Werten verglichen. Folgende Werte werden erhalten (Molekül/Ionisationszustand/IP): *HF*: $^2\Pi_1$/16,06; $^2\Sigma^+$/16,48; *HCl*: $^2\Pi_{3/2}$/12,75; $^2\Pi_{1/2}$/12,85; $^2\Sigma^+$/16,28; *HBr*: $^2\Pi_{3/2}$/11,71; $^2\Pi_{1/2}$/12,03; $^2\Sigma^+$/15,31; *HJ*: $^2\Pi_{3/2}$/10,42; $^2\Pi_{1/2}$/11,08; $^2\Pi^+$/14,03. $F_2^+$: $^2\Pi_9$/15,63; $^2\Sigma^+_g$/17,35; $^2\Pi_u$/18,46; $Cl_2^+$: $^2\Pi_9$/11,50; $^2\Pi_u$/14,11; $^2\Sigma_g^+$/15,94; $Br_2^+$: $^2\Pi_{3/2g}$/10,51; $^2\Pi_{1/2}$/10,90; $^2\Pi_u$12,52; $^2\Sigma^+_g$/14,44; $J_2^+$: $^2\Pi_{3/2g}$/9,33; $^2\Pi_{1/2g}$-/9,96; $^2\Pi_{3/2u}$/10,87; $^2\Pi_{1/2u}$/1,68; $^2\Sigma_g^+$/12,79. Außerdem werden die relativen Übergangswahrscheinlichkeiten für mehrere ionisierte Zustände angegeben sowie die Dissoziationsenergien für $F_2$, $F_2^+$, $Cl_2$ u. $Cl_2^+$. G. Buttgereit 44

*0130* **Anwendung der Coulomb-Wellen-Näherung auf die Elektronenstoßanregung und -ionisation von Atomen** I.-J. Kang und W. D. Foland. (Proc. physic. Soc. **92** (1967) 575, 263—65; Univ. of Mass., Amherst, Mass.; engl.) — Vf. benutzen ein Streumatrix-Verf. u. leiten Ausdrücke für die Wrkg.-Querschnitte für den Fall ab, daß die Energie des stoßenden Elektrons gerade zur Anregung bzw. Ionisation ausreicht. P. Weiland 44

*0131* **Struktur der Atomschalen bei unelastischen Stößen.** J. D. Garcia. (J. chem. Physics **47** (1967) 9, 3679—80; Dep. of Phys., Univ. of Pittsburgh, Pittsburgh, Pa.; engl.) — Vf. leitet für *Li*, *Na*, *K*, *Rb*, *Cs* eine Beziehung ab, die eine Aussage über das Auftreten eines zweiten Max. bei Elektronenstoßionisation in Abhängigkeit von der Atomschalenstruktur liefert. Danach sollte auch bei *Au*, *Ag*, *Sr*, *Ba* u. a., aber nicht bei den *Edelgasen* ein zweites Max. in deren Ionisationsquerschnitten auftreten. Bei der Protonenionisation kann nur ein Max. auftreten. R. Blank 44

*0132* **Drei-Körper-Rekombination positiver und negativer Ionen.** 2. Mitt. **Allgemeiner dritter Körper.** D. R. Bates und M. R. Flannery. (Proc. Roy. Soc. [London], Ser. A **302** (1968) 1470, 367—83; School of Phys. and Appl. Math., Queen's Univ., Belfast; engl.) — 1. vgl. C. **1967,** 49/50-0183. — Mit einer statist. Quasi-Gleichgew.-Theorie wird untersucht, wo die die Grenze bei kleinen Dichten für den Drei-Körper-Rekombinationsprozeß $X^+ + Y^- + Z \rightarrow XY + Z$ liegt. Dabei wird die Wechselwrkg. zwischen einem Ion u. dem dritten Körper in der Langevin-Form angesetzt. Der Rekombinationskoeff. $\alpha$ ist in guter Näherung gleich der Summe zweier partieller Rekombinationskoeff. $\alpha_{13}$ u. $\alpha_{23}$. Dabei beschreibt $\alpha_{13}$ die Rekombination allein auf Grund von Zusammenstößen zwischen $X^+$ u. Z u. $\alpha_{23}$ die bei Stößen zwischen $Y^-$ u. Z. G. Ertl 44

*0133* **Theorie der reversiblen dreimolekularen Reaktionen im Multitermsystem.** W. G. Valance und E. W. Schlag. (J. chem. Physics **47** (1967) 9, 3292—96; Dep. of Chem., Northwestern Univ., Evanston, Ill.; engl.) — Allg. Theorie für die Dreikörper-Rekombinationsgeschw.-Konst. für Atome bei Anwesenheit eines Entaktivierungsgases. R. Blank 44

*0134* **Austauschreaktionen von Alkalimetallatomen mit Alkalimetallhalogeniden: Ein Stoßkomplex-Mechanismus.** W. B. Miller, S. A. Safron und D. R. Herschbach. (Discuss. Faraday Soc. **1967,** **44,** 108—22; Dep. of Chem., Harvard Univ., Cambridge, Mass.; engl.) — Bei der Rk. von *Cs* u. *K* mit *RbCl* u. der Rückrk. in Mol.-Strahlen bilden sich Stoßkomplexe, deren Lebensdauer im Vgl. zu einer Rotationsperiode groß ist. Im Schwerpunktsyst. ist die Winkelverteilung der Prod. symm. zu $\Theta = 90°$ u.

zeigt Peaks sehr nahe bei $\Theta = 0°$ u. 180°. Bei großen Winkeln weist die chem. elast. Streuung eine „Haft-Stoßerhöhung" auf, die durch das Aufbrechen des Komplexes entsteht, wobei eher die Reaktanten als die Prod. gebildet werden. Sowohl die Prod. als auch die wiedergebildeten Rk.-Partner verlassenden Komplex mit einer Translationstemp., die wesentlich höher ist als die der Ausgangsstrahlen (z. B. $T_{out} \approx 1600$ °K, $T_{in} \approx 800$ °K für Cs + RbCl). Die Form der Winkelverteilung wird statist. interpretiert. Der starke Peak in der Streuintensität zeigt, daß der Komplex mit einem Bahndrehimpuls gebildet wird u. dissoziiert, der wesentlich größer ist als der Drehimpuls der reagierenden u. gebildeten Mol. des Salzes. Der Komplex muß sich daher bei Stößen mit Stoßparametern von 8—9 Å bilden. Mittlere Lebensdauer des Komplexes $> 5 \cdot 10^{-12}$ s. W. Pusch 44△

*0135* **Optisches Potential für ein chemisch reaktionsfähiges System.** B. C. Eu und John Ross. (Discuss. Faraday Soc. **1967,** 44, 39—45; Dep. of Chem., Harvard Univ., Cambridge, Mass.; engl.) — Für das chem. reaktionsfähige Syst. $K + CH_3J$ wird das opt. Potential untersucht, wobei ein Wechselwrkg.-Potential unter den drei Partnern K, J, $CH_3$ vorgegeben wird. Das komplexe opt. Potential genügt einer Integralgleichung mit einem Kern, der mit der Lsg. des Dreikörperproblems von Faddeev in Beziehung steht. Zur Erlangung einiger Kenntnisse über die Form des opt. Potentials ohne numer. Analyse werden eine Anzahl Näherungen eingeführt. Der Imaginärteil des opt. Potentials, der die Absorption beschreibt, wird in dieser Näherung eine Deltafunktion des Abstandes zwischen K u. $CH_3J$. Der Realteil ähnelt der Form nach dem Abstoßungspotential, das man aus Streuexperimenten an diesem Syst. berechnet. W. Pusch 44△

*0136* **Erzeugung von angeregten $OH(A^2\Sigma^+)$-Molekülen durch Assoziation von Sauerstoff- und Wasserstoffatomen im Grundzustand.** S. Ticktin, G. Spindler und H. I. Schiff. (Discuss. Faraday Soc. **1967,** 44, 218—25; Centre for Res. in Experimental Space Sci., York Univ., Toronto 12, Canada; engl.) — Die Assoziation von *O*- u. H-Atomen im Grundzustand bei 0,4—4 Torr u. 300°K führt zu Chemilumineszenz. Die Emission entspricht dem Übergang $OH(A^2\Sigma^+) \rightarrow OH(X^2\Pi)$. Die (0,0)-Bande ist am intensivsten, obgleich auch die (0,1)-, (1,0)- u. (1,1)-Banden beobachtet werden. Die Intensität der (0,0)-Bande befolgt die kinet. Beziehung I = K[O][H], wobei K mit dem Druck abnimmt. Die Kinetik ist mit einer Zweikörper-Anregung, der ein Löschen durch Stoß folgt, konsistent. Da der $(A^2\Sigma^+)$-Zustand nicht mit Atomen im Grundzustand korreliert, muß er durch Prä-Assoziation angeregt werden. Eine Bestätigung für eine derartige Kurvenüberschneidung in der Nähe der Assoziationshöhe ergibt sich aus dem Intensitätsverhältnis der Schwingungen u. der Verteilung der Rotationsenergie. W. Pusch 44△

*0137* **Ionenkollektor für ionisierte Gase geringer Strömungsgeschwindigkeit.** Norman G. Kulgein. (AIAA Journal **6** (1968) 1, 151—53; Lockheed Palo Alto Res. Labor., Palo Alto, Calif.; engl.) — Für den Einfang positiver Ionen durch einen Zylinder, der in eine Unterschallströmung von schwach ionisiertem Gas eintaucht, werden einfache theoret. Beziehungen für den Ionenstrom abgeleitet. Mit der Anordnung werden die Einfl. des Zylinderquerschnitts u. der Turbulenz sowie von chem. Zusätzen in *Ar*-, $N_2$-, $CO_2$- u. $O_2$-Gasströmungen auf die Strom-Spannungs-Charakteristik experimentell bestimmt. W. Pusch 46△

*0138* **Analyse für das zeitliche Anwachsen der Ionisierung in Neon.** R. D. Davies und C. J. Evans. (J. Physics, D (Brit. J. appl. Physics) [2] **1** (1968) 3, 319—25; Dep. of Phys. Univ. Coll., Swansea; engl.) — Bei der Berechnung der sek. Photoelektronenausb. in einer Gasentladung ist es nicht immer möglich, die relativ langlebenden Resonanz- bzw. metastabilen Zustände separat zu betrachten wegen der natürlichen oder stoß-induzierten Übergänge zwischen ihnen. Es wird eine Theorie für irgendeine Ansammlung von angeregten Zuständen entwickelt, in der Formeln für die sek. Elektronenausb. u. für das zeitliche Anwachsen der Ionisierung abgeleitet werden. Experimentelle Daten für Ne werden analysiert u. relative Beiträge zu den verschiedenen sek. Ionisierungsprozessen berechnet. J. M. Spaeth 46

*0139* **Untersuchungen der Mikrowellenanregung elektrodenloser Gasentladungen für spektroskopische Zwecke bei höheren Sendeleistungen.** P. Burkert, H. P. Fritz und H. Moser. (Z. Naturforsch. **23a** (1968) 2, 271—74; anorg.-chem. Labor. der TH München; dt.) — Vf. untersuchen verschiedene Mikrowellenübertragungssyst. bei Sendeleistungen im 1 kW-Bereich u. 2,4 GHz bez. der Auskopplungsmöglichkeiten der HF-Energie u. ihres Mikrowellenreflexionsverh. sowie eine Reihe von Eig. der elektrodenlosen Gasentladung (*He*), wie Anregungsbedingungen, Lichtintensität, Stabilität, spektrale Verteilung u. spektroskop. Anwendung. Auf diese Weise gelang es, Raman-Messungen an schwer zugänglichen farbigen Substanzen durchzuführen, z. B. die $NO_2$-Valenzschwingung von *Nitrobenzol*, *m*- u. *p-Dinitrobenzol* sowie Raman-Messungen an *β-Carotin* u. *Azobenzol* ohne photochem. Zersetzung. R. Blank 46

*0140* **Rasche Impuls-Lichtquelle mit hoher Intensität für die Blitzlichtphotolyse.** Ernst G. Niemann und Max Klenert. (Appl. Optics **7** (1968) 2, 295—99; Inst. für Strahlenbiol., T.H., Hannover; engl.) — Vf. beschreiben Aufbau u. Betrieb einer Impulslichtquelle für den Wellenlängenbereich 3000—6000 Å. In *Luft*, *Ar*, *He*, *Kr* bzw. *Xe* als Füllgase, die unter Drücken von $10^{-3}$—100 Torr stehen, wird mit einer gesteuerten Entladung einer Kondensatorbatterie (33 kV, 4,85 kJ) ein z-Pinch gezündet, der $2 \cdot 10^{-7}$ s lange Impulse einer Kontinuumsstrahlung mit Strahlungsdichten von 100 W/Å cm²sr liefert. Die entsprechende Schwarzkörpertemp. einer Ar-Entladung beträgt 60000°K. Die Anwendung in der Blitzlichtphotolyse wird diskutiert. Herbert Müller 46

*0141* **Einfluß der Streifungen auf die Elektronenenergieverteilung in einem Quecksilber-Krypton-Gemisch.** E. P. Ostapčenko, O. N. Orešak und V. A. Stepanov. (Ž. techn. Fiz. **38** (1968) 4, 661—62; russ.) — Unters. der Elektronenenergieverteilung in Hg-Kr-Gemischen in einer Entladungsröhre in Abhängigkeit von Kr-Druck ($3 \cdot 10^{-3}$-4 Torr) bei einem Hg-Druck von $1,3 \cdot 10^{-3}$ Torr. H. Roschkowski 46

*0142* **Ionisation im Kathodenfall-Gebiet von bewegten Bogenentladungen.** D. J. Hamilton und A. E. Guile. (J. Physics, D (Brit. J. appl. Physics) [2] **1** (1968) 3, 335 bis 342; Dep. of Electrical and Electronic Engng. Univ. of Leeds; engl.) — In einem Strombereich von 40—700 A u. bei Geschw. bis zu 470 $ms^{-1}$ wurden Messungen der Summe der Kathodenfall- u. Anodenfallspannungen in einer bewegten Bogenentladung gemessen. Der Bogen brannte zwischen Cu- u. Messing-Elektroden in *Luft*, *Ar* u. *He* in Ggw. eines Quermagnetfeldes. Es wurde gezeigt, daß selbst bei Geschw. von 500 $ms^{-1}$ im Kathodenfallgebiet die Ionisierung des Elektrodendampfes stärker auftrat als die der Gase. G. Richard 46

*0143* **Säulen-Erholzeit in wandstabilisierten Gleichstrombögen in Luft.** K. R. Hearne und M. Rasul. (J. Physics, D (Brit. J. appl. Physics) [2] **1** (1968) 3, 343—49; Dep. Electric. Engng. and Electronics, Univ. of Liverpool; engl.) — Für einen wandstabilisierten Kaskadenlichtbogen (5 mm Kanaldurchmesser) werden die Charakteristiken für kontinuierlichen Betrieb im Strombereich 4—40 A aufgenommen. Das Abklingen der Leitfähigkeit nach plötzlichem Abschalten ($\simeq 1$ μs) wird im Bereich von 300 μs untersucht. Sowohl der Dauerbetrieb als auch die Erholzeit hängen von der Feuchtigkeit des Füllgases (Luft) ab. Außerdem ist die Erholzeit vom radialen Gasfluß, der nach der Unterbrechung entsteht, abhängig. G. Richard 46

*0144* **Zerstörung von Elektrodenoberflächen beim Durchschlag im Vakuum.** I. L. Gufel'd. (Ž. techn. Fiz. **38** (1968) 2, 304—08; russ.) — Die Zerstörung der Oberflächen polykrist. *Cu*-, *Al*- u. *Zn*-Elektroden sowie von Cu- u. *Si*-Einkrist.-Elektroden beim Vakuumdurchschlag wird verglichen u. mit der Stromverteilung in Beziehung gesetzt. H. Roschkowski 46

*0145* **Niederschlag von in einer anomalen Glimmentladung zerstäubten Atomen.** H. Mase, S. Nakaya und Y. Hatta. (J. appl. Physics **38** (1967) 7, 2960—62; Dep. of Electron. Engng., Tohoku Univ., Sendai, Japan; engl.) — Mittels der opt. Transmission wurde der Nd. zerstäubter *Ni*-Atome auf einem Glaskollektor in einer anomalen Glimmentladung in *Ar* u. *Ar*-$H_2$ bei 5 Torr untersucht. Die Verteilung der Atome auf dem Glaskollektor ist durch den Diffusionsprozeß der zerstäubten Atome in den Gasen bestimmt. Die Zerstäubungsrate ist proportional dem Quadrat des Stroms, sie ist für 100% Ar ca. zweimal so groß wie für 70% Ar-30%$H_2$. H. Liepack 46

## A-3. Physik der Festkörper und Flüssigkeiten

### Struktur

*0146* **Integrale Charakteristiken der Potentialverteilung in Atomen mit Z = 1—18.** V. F. Dvorjankin und G. G. Dvorjankina. (Kristallografija **13** (1968) 3, 508—11; Inst. radiotechn. i ėlektron. AN SSSR; russ.) — Ableitung von Potentialverteilungen in Zusammenhang mit der Berechnung von Atomformfaktoren für die Elektronenbeugung. H. Roschkowski 51

*0147* **Spezielle Lagen in Raumgruppen.** E. Sándor. (Z. Kristallogr., Kristallgeometr., Kristallphysik, Kristallchem. **126** (1968) 4, 277—81; Dep. of Phys., Queen Mary Coll., London; engl.) — Zur Erleichterung der Strukturanalyse wird empfohlen, in Tabellenwerken neben den speziellen Lagen auch solche Lagen anzugeben, die sich in der allg. Lage einer Raumgruppe durch höhere Translationssymmetrie unterscheiden. Für das rhomb. Syst. werden alle allseitig-flächenzentrierten Lagen in primitiven u. einfach-zentrierten Raumgruppen abgeleitet u. mit ihren speziellen Lagekoordinaten in einer Tabelle zusammengestellt. I. Zoll 51

*0148* **Bemerkungen zu reduzierten Zellen.** Rudolf Allmann. (Z. Kristallogr., Kristallgeometr., Kristallphysik, Kristallchem. **126** (1968) 4, 272—76; Cristallographic Labor., John Hopkins Univ., Baltimore; engl.) — Buergers Algorithmus kann auch benutzt werden, um die nach Delaunay red. Zelle zu erhalten. Es werden die Fälle genannt, in denen die red. Zelle nicht eindeutig angegeben werden kann. I. Zoll 51

*0149* **Verallgemeinerung der Symmetriegruppen von Zwillingen.** V. A. Mokievskij. (Kristallografija **13** (1968) 3, 379—82; Leningradskij gornyj inst.; russ.) H. Roschkowski 51

*0150* **Bestimmung der besten Patterson-Funktion zur Lagebestimmung schwerer Atome aus isomorphen Daten.** A. R. Kalyanaraman und R. Srinivasan. (Z. Kristallogr., Kristallgeometr., Kristallphysik, Kristallchem. **126** (1968) 4, 262—67; Centre of Advanc. Study in Phys., Univ. of Madras; engl.) — Verbesserte Meth. zur Lokalisierung der schweren Atome mit Hilfe der Intensitäten eines Paares isomorpher Kristalle. Die Meth. beruht auf statist. Überlegungen. Sie kann für ein *Protein* u. sein Schweratomderiv. angewendet werden. I. Zoll 51

*0151* **Neue Synthesen zur Lösung einer teilweise bekannten Struktur.** R. Ramachandra Ayyar. (Z. Kristallogr., Kristallgeometr., Kristallphysik, Kristallchem. **126** (1968) 4, 282—98; Centre of Advanc. Study in Phys., Univ. of Madras, India; engl.) — Die in früheren Mitt. (Srinivasan et al., Acta Crist. **14** (1961), 612) vorgeschlagenen $\beta$- u. $\gamma'$-Synth. zur Ermittlung der Elektronenverteilung aus Patterson-Funktionen werden an nicht-zentrosymm. Projektionen einer bekannten Struktur geprüft. Besonders betrachtet wird die Auswirkung von Fehlern der Atomlagen, die für eine Atomgruppe als bekannt angenommen werden kann, u. von Intensitätsfehlern auf die Schärfe der Max. von $\beta$- u. $\gamma'$-Synthesen. I. Zoll 51

*0152* **Komplexes Programm für kristallchemische Berechnungen am Elektronenrechner „Setun“.** P. M. Zorkij und N. N. Česnokova. (Ž. strukturnoj Chim. **9** (1968) 2, 334—35; Mosk. gos. univ. im. Lomonosova; russ.) — Kurze Beschreibung eines Programms zur Berechnung intramol. Atomabstände, von Valenzwinkeln, mittlerer Mol.-Ebenen u. von intermol. Wechselwrkg.-Energien. H. Roschkowski 51

*0153* **Einfluß einiger Versuchsfehler auf die Radialverteilungskurve von Atomen.** G. S. Jur'ev und F. A. Brusencev. (Ž. strukturnoj Chim. **9** (1968) 2, 336—38; Inst. teplofiz. SO AN SSSR; russ.) — Am Beispiel von Röntgenbeugungsunters. an glasigem $BeF_2$ wird der Einfl. von Fehlern der vorgegebenen Wärmeschwingungs- u. Ionisationsparameter der Atome sowie zufälliger u. systemat. Abweichungen (Abbrucheffekte) auf die Ebene des 1. Max. der Radialverteilungskurve untersucht. Die Berechnungen erfolgen elektron. mit einem Algol-Programm. H. Roschkowski 51

*0154* **Besonderheiten der Energieverteilung langsamer, nicht elastisch an Kristallen mit ausgedehnten Defekten gestreuter Neutronen.** Ja. A. Iosilevskij. (Fiz. tverdogo Tela **10** (1968) 5, 1567—70; Inst. fiz. tverdogo tela AN SSSR, Černogolovka; russ.) — Theorie der Einphononen-Kernstreuung langsamer Neutronen in Krist. mit größeren linearen oder ebenen Defekten. Diskussion möglicher Messungen. K. Jaeger 51

*0155* **Einfluß dynamischer Effekte auf Moiré-Muster.** D. L. Allinson. (Philos. Mag. [8] **17** (1968) 146, 339—52; Dep. of Phys., Univ. of the Witwatersrand, Johannesburg, South Africa; engl.) — Bei der elektronenmkr. Unters. epitakt. *Ag*-Filme auf $MoS_2$-Substraten wurden auf dynam. Elektronenbeugungseffekte zurückzuführende Veränderungen der Moiré-Muster beobachtet; sie treten in Bereichen auf, in denen der Film gekrümmt ist, d. h. in der Nähe von Biegungskonturen. Die gemessenen Parameter der Verschiebung der Moiré-Linien stimmen mit theoret. Erwartungen überein. W. Laqua 51

*0156* **Bildungsmechanismus von Kohlenstoff-Verunreinigungen auf von Elektronen bestrahlten Objekten.** Gl. S. Ždanov und V. N. Vercner. (Izvest. Akad. Nauk SSSR, Ser. fiz. **32** (1968) 6, 1091—94; russ.) — Die von Vf. früher (Doklady Akad. Nauk SSSR **176** (1967) 1040) unter Berücksichtigung der Oberflächendiffusion abgeleitete Beziehung für die Wachstumsrate der Kontaminationsschichten wird experimentell geprüft. Dabei wird eine Kohlenstoffolie von 15 nm Dicke mit 80 kV-Elektronen bei Stromdichten von $10^{-3}$ bis 2 A/cm² beschossen, wobei der Querschnittsdurchmesser des Elektronenbündels 2 bzw. 4,5 bzw. 13 $\mu$m beträgt. Die Temp.-Abhängigkeit der Verweilzeit der KW-Stoffmol. auf der Objektfolie wird diskutiert, die entscheidend in die Theorie eingeht. Die Abnahme der Verweilzeit mit zunehmender Temp. bewirkt, daß die Wachstumsrate der Kontamination mit zunehmender Stromdichte nach einer anfänglich linearen Zunahme schließlich wieder abnimmt. Aus Messungen der Abhängigkeit der Wachstumsrate u. der Objekttemp. von der Stromdichte bei großem Bündelquerschnitt wird geschlossen, daß der Logarithmus der Verweilzeit näherungsweise linear von der Temp. abhängt. Aus der Steilheit dieser linearen Abhängigkeit wird die Absorptionswärme der KW-Stoffmol. auf der Kohlefolie zu (24 $\pm$ 3) kJ/Mol bestimmt. F. Lenz 51

*0157* **Übereinstimmung der röntgenographisch und elektronenmikroskopisch bestimmten Teilchengröße von Thoriumdioxid-Gelen.** M. J. Bannister. (J. Amer. ceram. Soc. **51** (1968) 4, 228—29; Australian Atomic Energy Commission Res. Establ., Lucas Heights, New South Wales; engl.) — Die Kristallitgröße von $ThO_2$-Gelen wurde nach Wärmebehandlung bei 600—900° elektronenmkr. bestimmt. Aus den erhaltenen Kristallitgrößenverteilungen wurden die Profile der (220)- u. (311)-Röntgenbeugungsreflexe berechnet. Für den vorliegenden Kristallitgrößenbereich von 64—400 Å stimmen ber. u. experimentell erhaltene Röntgenbeugungsreflexe quant. überein. W. Laqua 51

*0158* **Röntgenographische Bestimmung von Suzuki-Atmosphären.** A. S. Kagan und Ju. V. Baurova. (Kristallografija **13** (1968) 3, 427—30; russ.) — Gründe

für die mangelnde Übereinstimmung von Literaturdaten zur röntgenograph. Best. von Suzuki-Atmosphären werden diskutiert. Eine Gleichung für die Intensitätsverteilung der Röntgenreflexe bei Ggw. von Suzuki-Atmosphären u. einer geringen Wahrscheinlichkeit von Verformungsfehlern wird abgeleitet.
H. Roschkowski 51

*0159* **Berücksichtigung der Röntgenabsorption in mechanisch bis zur Kugel- oder Zylinderform bearbeiteten Kristallen.** Ju. I. Smolin und Ju. F. Šepelev. (Kristallografija 13 (1968) 3, 384–89; Inst. chim. silikatov AN SSSR; russ.) — Der Einfl. von bei der Abrasivbehandlung von Krist. an der Oberfläche entstehenden Dichtegradienten auf die Röntgenabsorption wird untersucht. Die Behandlung kann die Absorption sehr stark beeinflussen, genaue Berechnungen der Absorption sind nur bei der Verw. sehr fein geschliffener oder polierter Krist. möglich. Eine App. zur Herst. kleiner polierter Krist.-Kugeln wird beschrieben. H. Roschkowski 51

*0160* **Messung von Massenschwächungskoeffizienten mit Hilfe des Zählrohrgoniometers.** W. Bayh und H. P. Koch. (Neues Jb. Mineralog, Mh. **1968**, 6, 166–74; Miner. Inst., Univ., Tübingen; dt.) — Beschreibung des Verf. am Beispiel von Unters. an Pulverproben oder Einkrist. aus *Quarz*, *Calcit* oder *Flußspat*.
H. Roschkowski 51

*0161* **Bestimmung von Legierungsschichtdicken durch Röntgenfluoreszenzspektroskopie.** Kichinosuke Hirokawa und Hidehiro Gotô. (Bull. chem. Soc. Japan **41** (1968) 3, 747–48; Res. Inst. for Iron, Steel and Other Metals, Tohoku Univ., Sendai; engl.) — Vf. zeigen theoret., daß die Dicke von Schichten aus bin. Leg. durch Röntgenfluoreszenzspektroskopie bestimmt werden kann, wenn die Röntgenabsorptionskoeff. der Komponenten u. die Schichtzus. bekannt sind. Bei Anwendung der Meth. auf Schichten aus *Ni-Fe-Leg.* sind für Fe Zwischenelementeffekte zu berücksichtigen.
Herbert Müller 51

*0162* **Bestimmung der absoluten röntgenographischen Strukturfaktoren und Schwingungsparameter von Natriumchlorid bei 300, 80 und 4°K.** Matti Linkoaho. (Suomalaisen Tiedeakatemian Toimituksia [Ann. Acad. Sci. fenn.], Ser. A, VI **1968**, 284, 1–31; Otaniemi, Finnland, Techn. Univ. of Helsinki, Labor. of Phys.; engl.) — Unter Verw. monochromatisierter Cu–Kα- u. Mo–Kα-Strahlung wurde NaCl (**I**) nach der Pulvermeth. bei 300, 80 u. 4°K röntgenograph. untersucht. Die unter Berücksichtigung der Dispersion u. diffusen Streuung aus den Intensitäten ber. abs. Strukturfaktoren von **I** sind für die einzelnen hkl-Werte tabelliert. Die Temp.-Faktoren nach Debye-Waller betragen $B_{Na}$ = 1,81 u. $B_{Cl}$ = 1,49 Å² (± 0,03) bei 300°K, 0,58 u. 0,51 (± 0,05) bei 80°K bzw. 0,45 u. 0,37 (± 0,05) bei 4°K.
G. Gattow 51

*0163* **Deutung von Feldionenmikrographien: Auf ideale Versetzungsschleifen zurückzuführende Kontraste.** M. A. Fortes, D. A. Smith und B. Ralph. (Philos. Mag. [8] **17** (1968) 145, 169–76; Dep. of Metallurg., Univ. of Cambridge; engl.) — Die Theorie für die durch Einzelversetzungen in Feldionenmikrographien erzeugten Kontraste wird für den Fall idealer Versetzungsschleifen u. -Dipole erweitert. Die theoret. entwickelten Kontrastformen werden mit experimentellen Ergebnissen verglichen, die bei der feldionenmkr. Unters. von *Ir* erhalten wurden. Daraus folgt, daß das Feldionenmikroskop bei der Identifizierung kleiner Versetzungsschleifen (≈ 20 Å ⌀) bessere Dienste als das Elektronenmikroskop zu leisten vermag. W. Laqua 51

*0164* **Methodik zur Orientierung von $A^{III}B^{V}$-Kristallen mit Hilfe der Lichtreflexionsfiguren von geschliffenen Oberflächen.** Ju. M. Burdukov und V. E. Sedov. (Kristallografija **13** (1968) 3, 556–59; Fiz.-techn. inst. AN SSSR; russ.) — Beschreibung des Verf. an Hand von Orientierungsbest. an *InSb*- u. *AlSb*-Kristallen.
H. Roschkowski 51

*0165* **Elektrisches Dekorieren der Oberfläche von Feststoffen mit hohem Auflösungsvermögen.** G. I. Distler, M. A. Lunina, Ju. A. Novožilov und N. M. Borisova. (Kristallografija **13** (1968) 3, 554–56; Inst. kristallogr. AN SSSR; russ.) — Beschreibung einer Meth. zur Dekorierung elektr. akt. Oberflächenstellen mit koll. geladenen Teilchen u. nachfolgender elektronenmkr. Untersuchung. Anwendung auf *Si*-Oberflächen, wobei ein Pt-Sol in Aceton oder Cyclohexanon verwendet wird.
H. Roschkowski 51

*0166* **Topotaktische Umwandlungen.** Alfred Deschanvers und Bernard Raveau. (Rev. Chim. minérale **5** (1968) 1, 201–51; Caen, Fac. des Sci., Labor. de chim. minérale II; franz.) — An Hand der vorliegenden Literatur beschreiben Vf. eine größere Anzahl verschiedener topotakt. Umwandlungen u. ihre Mechanismen. — 58 Literaturzitate. C. Gottfried 52△

*0167* **Einfluß von Ionenradien und Elektronegativitäten auf die Kristallisation von Verbindungen des $AB_2X_4$-Typs.** K. Kugimiya und H. Steinfink. (Inorg. Chem. [Washington] **7** (1968) 9, 1762–70; Austin, Tex., Univ. of Tex., Dep. of Chem. Engng., Materials Sci. Labor.; engl.) — In Fortführung der Arbeit von Glasser et al. (vgl. C. **1964**, 15-0461) wurden die Morphotropiebeziehungen nachst. Strukturtypen (ST) der Zus. $AB_2X_4$ als Funktion der Ionenradien u. Elektronegativitäten untersucht: normaler u. inverser Spinell, Phenakit, Olivin, $Mn_3O_4$, $CaFe_2O_4$, $BaAl_2O_4$, $K_2SO_4$, $K_2MgF_4$, $Ag_2HgJ_4$, $Th_3P_4$. Die Existenzbereiche der einzelnen ST sind graph. wiedergegeben. G. Gattow 52

*0168* **Struktur von Kohlenstoff.** Sabri Ergun. (Carbon [Oxford] **6** (1968) 2, 141–59; Solid State Phys., Bur. of Mines, U.S. Dep. of the Interior, Pittsburgh, Pa.; engl.) — Es wird ein Überblick über neuere Unters., die sich mit der Existenz von hexagonalem Diamant bzw. rhomb., chinoidem Graphit befassen, gegeben. Bei der Unters. von parakrist. C erhaltene Ergebnisse anderer Autoren werden krit. analysiert. Aus den radialen Verteilungsfunktionen der Atome folgt, daß in einigen parakrist. C-Arten graphitähnliche Schichten existieren, die viel größer sind als aus der Analyse der (hk)-Reflex-Profile geschlossen werden kann. Die Analyse der (001)-Reflexe von C-Ruß P 33 ergibt, daß eine Schichtdomäne wenigstens eine angrenzende Domäne in paralleler Orientierung besitzt u. daß der Bruchteil des C, der aus Anordnungen von n Schichten besteht, exponentiell mit n abnimmt. Weiter wird geschlossen, daß graphitisierbare C-Arten große Schichten in ausgedehnter Folge enthalten. Durch Temp.-Erhöhung erzeugtes Schichtwachstum bei gleichzeitiger Zunahme der Stapelhöhe wird auf Ausheilen von Verzerrungen u. Zwischengitteratomen zurückgeführt. Offensichtlich wird die Graphitisierung durch kettenförmige Verknüpfung kleiner Schichtgruppen verhindert. 50 Literaturangaben. W. Laqua 52

*0169* **Quantenmechanische Ermittlung der Umwandlungsdrücke von kristallinem NaF und NaCl.** Kauko Mansikka. (Turun Yliopiston Julkaisuja [Ann. Univ. Turkuensis], Sarja A, I Nr. **121** (1968) 1–11; Turku, Finnland, Univ. of Turku, Wihuri Phys. Labor.; engl.) — Mit quantenmechan. Meth. wurden die Umwandlungsdrücke (UD) von krist. NaF (**I**) u. NaCl (**II**) für die Transformation vom NaCl- in den CsCl-Typ zu 280 u. 285 kbar berechnet. Während für **I** der UD mit dem experimentellen Meßwert übereinstimmt, treten bei **II** beträchtliche Abweichungen auf. G. Gattow 52

*0170* **Phasenumwandlung von $KNO_3$ bei tiefen Temperaturen.** J. H. Fermor und A. Kjekshus. (Acta chem. scand. **22** (1968) 3, 836–42; Blindern, Norwegen, Univ. i Oslo, Kjem. Inst.; engl.) — $KNO_3$ (**I**) wurde zwischen −180 u. +20° röntgenograph. u. durch Best. der DK sowie der elektr. Leitfähigkeiten untersucht; die experimentellen Werte sind graph. wiedergegeben. Aus den Ergebnissen folgt, daß **I** einen Umwandlungspunkt bei etwa −60° besitzt. G. Gattow 52

*0171* **β→α-Umwandlung des Lanthans.** M. J. Marcinkowski und E. N. Hopkins. (Trans. metallurg. Soc. AIME **242** (1968) 4, 579–87; Ames, Ia., Ia. State Univ., Dep. of Metallurgy, Inst. for Atomic Res.; engl.) — Zwischen 100 u. 900°K wurde der elektr. Widerstand ϱ von kub. α-La u. hexagonalem β-La bestimmt; die Proben wurden elektronenmkr. u. mittels Elektronenbeugung untersucht. Für β-La gilt die Temp.-Funktion (ϱ in Mikroohm · cm; T in °K) $\varrho = T(0{,}54165 - 0{,}062408 \cdot \ln T)$. β-La kann durch schnelles Abschrecken bei Zimmertemp. in metastabiler Form erhalten werden; es wandelt sich langsam in α-La um. Die Debye-Temp. von α- u. β-La sind $\Theta_D = 135 \pm 5$ u. 147 °K. Über die Umwandlung (UW) β-La → α-La wird diskutiert. Die Freie Energie der UW ΔF u. die Stapelfehlerenergie bei der UW γ lassen sich durch die Beziehung $\Delta F(\beta \to \alpha) = 3{,}59 \cdot 10^{-17} (T_c - T)$ u. $\gamma(\beta \to \alpha) = 0{,}118 (T_c - T)$ beschreiben (ΔF in erg/g-Atom, γ in erg/cm; $T_c$ = UW-Temp. in °K). G. Gattow 52

*0172* **Kristallographische Winkelbeziehungen in hexagonalem Titan.** I. L. Caplan, H. von E. Doering und O. P. Arora. (Trans. metallurg. Soc. AIME **242** (1968) 4, 724–25; Annapolis, Md., Naval Ship Res. and Development Center, Annapolis Div.; engl.) — Vf. ber. die Winkel zwischen den Ebenen, zwischen den Normalebenen u. rationalen kristallograph. Richtungen (RKR) sowie zwischen den RKR in hexagonalem α-Ti; die Werte sind tabelliert. G. Gattow 52

*0173* **Modifikationen von $Bi_2MoO_6$.** L. Ja. Erman und E. L. Gal'perin. (Ž. neorg. Chim. **13** (1968) 4, 927–31; russ.) — $Bi_2MoO_6$ wurde röntgenograph. u. thermograph. untersucht. Die röntgenograph. Daten zeigen, daß Proben mit γ-Struktur oberhalb von 600° eine γ → γ'-Umwandlung erleiden, die sich als irreversibel erweist. Die Umwandlungsgeschw. wächst mit steigender Temperatur. Wie eingehende Unters. ergaben, erleidet die γ-Phase zunächst bei 320–520° einen Übergang in die γ''-Form. Dieser Übergang ist reversibel, der Wärmeeffekt ist sehr klein. Der γ'' → γ'-Übergang beginnt bei 550° u. ist bei 640° beendet. Die Gitterparameter der einzelnen Modifikationen sind γ (a, Å) 5,50 ± 0,005, (b, Å) 16,215 ± 0,015, (c, Å) 5,485 ± 0,005, (Z =) 4, ($D_{R}$, g/cm³) 8,25, ($D_{exp}$, ± 0,05, g/cm³), 8,0; γ'' 11,90 ± 0,01, 11,90 ± 0,01, 5,45 ± 0,005, 6, 7,85, 7,8; γ' 15,91 ± 0,02, 15,80 ± 0,02, 17,19 ± 0,03, 32, 7,45, 7,3. J. J. Pohl 52

*0174* **Einfluß von hohem Druck auf die Kinetik der polymorphen Umwandlung von legiertem Eisen.** A. V. Omel'čenko und È. I. Èstrin. (Fiz. Metallov Metallovedenie **25** (1968) 5, 821–30; Inst. fiziki metallov i metallovedenija CNIICM im. Bardina; russ.) — Hoher Druck führt zu einer Geschw.-Verringerung der polymorphen γ → α-Umwandlung in den Leg. Fe + 8,2% Cr u. Fe + 8,85% Cr + 1% Ni (um das 5- bis 15fache in Abhängigkeit vom Druck bei 12 k at) u. zur Verengung des Umwandlungstemperaturbereichs. Die Aktivierungsenergie (95 kcal/Mol) u. das Aktivierungsvol. (7,2 cm³/Mol) des Prozesses des Wachstums der α-Phase-Kristalle bei der γ → α-Umwandlung befinden sich in der Leg. Fe + 8,2% Cr in Übereinstimmung mit den entsprechenden Werten für die Selbstdiffusion des Eisens in der γ-Phase. Die Veränderung der Kinetik der polymorphen Umwandlung (für den Fall, bei dem die Umwandlungsgeschw. durch die Umbaugeschw. des Gitters begrenzt wird) unter Druckeinfl. kann unter Verw. von Angaben über das T-p-Diagramm u. von Werten der Aktivierungsenergie der Selbstdiffusion geschätzt werden. H. Hochstein 52

*0175* **Polymorphe Umwandlung in Eisenwhiskern.** T. P. Kuragina, I. P. Kušnir und È. I. Èstrin. (Doklady Akad. Nauk SSSR **178** (1968) 4, 829–31; russ.) — Vgl. vorst. Referat. — Die polymorphe α → γ-Umwandlung in den untersuchten Eisen-Mikrokrist. verläuft unter Bldg. eines Makroreliefs auf der Krist.-Oberfläche. Die Umwandlung tritt in demselben Temp.-Gebiet ein wie auch die normale Umwandlung im gewöhnlichen polykrist. Eisen. H. Hochstein 52

*0176* **Phasenumwandlungen im Nickelselenid $Ni_3Se_2$ und in verwandten Phasen.** A. L. N. Stevels, J. Bouwma, G. A. Wiegers und F. Jellinek. (Recueil Trav. chim. Pays-Bas **87** (1968) 7, 705–08; Groningen, Rijksuniv., Labor. voor anorg. chem.; engl.) — In Fortführung früherer Unters. (vgl. C. **1967**, 3-0303) wurde das therm. Verh. von $Ni_3Se_2$ (**I**) mittels DTA u. röntgenograph. Meth. untersucht. r-I krist. bei Zimmertemp. rhomboedr. mit $a_{rh}$ = 4,241 Å u. $\alpha_{rh}$ = 90,39° bzw. $a_{hex}$ = 6,023 u. $c_{hex}$ = 7,261 Å in hexagonaler Aufstellung. Beim Erwärmen geht r-I bei etwa 600° in die kub.-flächenzentrierte Modifikation (KFM) k-I (a = 5,423 Å bei 620°) über; die Umwandlung ist mit einer starken therm. Hysteresis verbunden. Wird k-I abgekühlt, so bildet sich bei Temp. ≦ 560° die metastabile, tetragonal (innenzentriert) krist. Form t-I (a = 7,289, c = 11,568 Å bei 540°), die ihrerseits zwischen 550 u. 510° in r-I übergeht. Metastabiles t-I kann durch partielle Substitution von Ni durch Fe oder Co u. von Se durch Te stabilisiert werden. Nachst. tetragonale Gitterdimensionen werden für 20° angegeben: $(Ni_{0,75}Fe_{0,50})Se$ mit a = 7,212 u. c = 11,414 Å; $(Ni_{0,78}C^{o}_{0,52})Se$ mit 7,156 u. 11,325 Å; $Ni_3(Se_{1,6}Te_{0,4})$ (**II**) mit 7,168 u. 11,484 Å. **II** wandelt sich bei 530° in den tetragonalen $Cu_2Sb$-Typ mit a = 3,743 u. c = 5,743 Å (bei 560°) um u. geht bei 590° in die KFM mit a = 5,437 Å (bei 590°) über. Rhomboedr. $Ni_2S_3$ (**III**) wandelt sich bei 550° in die KFM um; eine metastabile Form von **III** existiert nicht. $Ni_3Te_2$ (Überstruktur des $Cu_2Sb$-Typs bei Temp. ≦ 300°) besitzt bei Temp. ≧ 300° eine gestörte $Cu_2Sb$-Struktur u. bei Temp. ≧ 770° eine KFM. G. Gattow 52

*0177* **Betriebsweisen und Einsatzmöglichkeiten des Hochfrequenz-Plasmabrenners.** M. von Ardenne, J. Böhme und E. D. Knebel. (Kristall u. Techn. **3** (1968) 1, 79–84; Forsch.-Inst. M. v. Ardenne, Dresden; dt.) — Es wird eine App. für die Krist.-Züchtung nach dem Verneuil-Verf. beschrieben, die sich auf die Erzeugung eines stabilen Plasmas bei Atmosphärendruck stützt. H. Roschkowski 54

*0178* **Mechanismus der epitaktischen Kristallisation aus einem Atomstrahl.** V. F. Dorfman und L. I. Trusov. (Kristallografija **13** (1968) 3, 502–07; Inst. èlektronnych upravljajuščich mašin; russ.) — Theoret. Untersuchung. H. Roschkowski 54

*0179* **Bestimmung der Zeitabhängigkeit der Bildungsgeschwindigkeit von Kristallisationszentren.** L. O. Meleško. (Kristallografija **13** (1968) 3, 562–63; russ.) — Die Kinetik der isothermen Erstarrung einer Betolschmelze wird untersucht. H. Roschkowski 54

*0180* **Keim- und Kornbildung in binären kondensierten Phasen.** L. H. Shendalman und J. T. O'Toole. (J. Colloid Interface Sci. **27** (1968) 2, 145–60; School of Engng. and Appl. Sci., Princeton Univ., Princeton, N.J.; engl.) — Die Entw. eines thermodynam. instabilen bin. Gemisches wird mit einem Digitalrechner simuliert. Die isotherme Bldg. u. das Wachsen zweidimensionaler Keime ausschließlich durch mol. Diffusion werden untersucht. Die Berechnung der mittleren Keimgröße u. der räumlichen Korrelationsfunktion deuten auf das Bestehen von drei Gebieten hin. W. Pusch 54

*0181* **Dendritisches Wachstum beim Gastransport halbleitender Stoffe.** E. Sirtl und Ch. Zaminer. (Kristall u. Techn. **3** (1968) 1, 19–30; Forsch.-Labor., Siemens AG, München; dt.) — An Hand von Beispielen aus der Literatur werden die Voraussetzungen zur Bldg. von Dendriten an der Gas-Festkörper-Phasengrenze erläutert u. die Bauprinzipien der Dendriten diskutiert. — Ca. 25 Literaturangaben. H. Roschkowski 54

*0182* **Übersättigung bei der Kristallisation durch chemische Transportreaktionen.** Ch. A. Magomedov, N. N. Šeftal und A. S. Naumov. (Kristall u. Techn. **3** (1968) 1, 31–35; Inst. für Kristallogr., Akad. der Wiss. der UdSSR, Moskau; dt.) — An Hand von Unters. im Syst. $GaAs$–$J_2$–$H_2$ werden die Parameter analysiert, die es gestatten, die Kristallisationsbedingungen festzulegen u. die partielle Übersättigung des Gasmediums in bezug auf den wachsenden Krist. zu regulieren. H. Roschkowski 54

*0183* **Stabilität der Festkörper-Flüssigkeits-Grenzfläche während der Verfestigung von verdünnten ternären Legierungen.** D. E. Coates, S. V. Subramanian und G. R. Purdy. (Trans. metallurg. Soc. AIME **242** (1968) 5, 800–09; Hamilton, Ontario, Canada, McMaster Univ., Dep. of Metallurg. and Mater. Sci.; engl.) — Die morpholog. Stabilität der Grenzfläche in verd., tern. Leg., die

einer stetigen Verfestigung in einer Richtung ausgesetzt sind, wurden mit Hilfe des Unterkühlungs-Prinzips u. der kürzlich von Mullins et al. (J. appl. Physics **35** (1964), 444) entwickelten Störungs-Meth. untersucht. Es wurde eine Anzahl von verschiedenen stationären Lsg. für die Verteilungen des Gelösten über einer wandernden fest-fl. Grenzfläche gefunden. Die umfassende theoret. Analyse basiert auf der Form des tern. Phasendiagramms u. ist nicht auf die Verw. bin. Parameter angewiesen. Die Diffusionswechselwrkg. kann die Stabilität erhöhen oder vermindern, das hängt von der Form der Liquidusfläche ab u. ob die gelösten Spezies sich anziehen oder abstoßen. Eine Störungsanalyse, welche Kapillarität, aber nicht Diffusionswechselwrkg. einschließt, zeigt, daß die Ergebnisse von Mullins et al. für bin. Syst. für die Anwendung auf tern. Syst. ausgedehnt werden können.
E. Schulte 54△

*0184* **Einfluß von Gasdruck und -geschwindigkeit auf epitaktische Siliciumabscheidungen durch Reduktion von Chlorsilanen mit Wasserstoff.** S. E. Bradshaw. (Int. J. Electronics **23** (1967) 4, 381–91; Assoc. Semiconductor Manufact. Ltd., Wembley Labor., Wembley, England; engl.) — Ein Modell auf Grund der 3 Rk.-Gleichungen $2SiHCl_3 \rightleftharpoons SiCl_4 + SiCl_2 + H_2$, $SiCl_4 + H_2 \rightleftharpoons SiCl_2 + 2HCl$ u. $Si + SiCl_4 \rightleftharpoons 2SiCl_2$ im Syst. $SiHCl_3$, $SiCl_4$, $SiCl_2$, HCl, $H_2$, Si, nach dem die Si-Wachstumsgeschw. bei konst. Molenbruch dem Prod. aus Gasdruck- u. -geschw. proportional ist, zeigt gute Übereinstimmung mit experimentellen Ergebnissen für die Si-Abscheidung auf Si im Druckbereich 0,13–1,98 atm. u. bei Gasgeschw. zwischen 0,5 u. 40 cm $s^{-1}$ (Temp. 1500–1800 °K). Bei $SiCl_4$–$H_2$-Mischungen ist der Ätzbeginn bei hohem $SiCl_4$-Molenbruch dem Druck gegenüber nahezu unempfindlich, wogegen bei $SiHCl_3$–$H_2$Mischungen u. hohen $SiHCl_3$-Molenbrüchen nur unterhalb 1 atm. ätzende Wrkg. auftritt.
E. Otto 54

*0185* **Untersuchung des Mechanismus der Kristallisation von Silicium aus einer Aluminium–Silicium-Schmelze durch Zonenschmelzen mit Temperaturgradienten.** V. N. Lozovskij und A. I. Udjanskaja. (Kristallografija **13** (1968) 3, 565–66; Novočerkasskij politechn. inst.; russ.)
H. Roschkowski 54

*0186* **Vorbereitung einer Sapphiroberfläche für die Epitaxie von Silicium.** T. A. Zeveke, L. N. Kornev und V. A. Tolomasov. (Kristallografija **13** (1968) 3, 579–81; Gor'kovskij issl. fiz.-techn. inst.; russ.) — Nach therm. Behandlung in $H_2$ bei 1200–1650° werden auf Sapphir-Oberflächen einkrist. Si-Filme bei der Pyrolyse von $SiH_4$ abgeschieden.
H. Roschkowski 54

*0187* **Radiale Verteilung des Aluminiums in nach Czochralski gezüchteten Siliciumeinkristallen.** B. M. Turovskij. (Izvest. Akad. Nauk SSSR, Neorg. Mater. **4** (1968) 3, 307–11; Giredmet; russ.) — Die makroskop. Verteilung des Al in Si-Krist. wird durch Ätzung in Chromsäure-Lsg. nachgewiesen. Es wird festgestellt, daß die Al-Verteilung nicht von der Form der Kristallisationsfront abhängt. Experimentell wird bestätigt, daß beim Czochralski-Verf. eine intensivere Durchmischung der Schmelze bei Drehung des Krist. gegenüber der Drehung des Tiegels erreicht wird.
H. Richter 54

*0188* **Einfluß von Zusätzen geringer Löslichkeit zu Blei auf das Kornwachstum bei der Rekristallisation.** T. F. Elsukova, M. A. Bol'šanina, K. F. Titov und G. M. Čerkasova. (Izvest. vysšich učebnych Zavedenij [Tomsk], Fiz. **11** (1968) 1 (68), 144–45; Sibir. fizikotechn. inst. im Kuznecova; russ.) — Da Pb eine hohe Neigung zum Kornwachstum bei der Rekristallisation besitzt, wodurch seine mechan. Eig. verringert werden, wird der Einfl. geringer Zusätze von Te, Sb u. Cu auf die Neigung von Pb zum Kornwachstum (Pb + 0,3[%] Sb, Pb + 0,5 Sb, Pb + 0,05 Te u. Pb + 0,05 Cu) in Abhängigkeit von der Glühtemp. nach dem Walzen (1std. Glühung bei 70–310°) ermittelt. Dabei zeigt sich, daß alle untersuchten Zusätze das Kornwachstum im Pb stark erniedrigen. Die Zusätze sind in verschieden starkem Maße an den Korngrenzen konzentriert. 0,5 Sb verfeinert das Korn stärker als 0,3 Sb. Sb u. Cu halten das Kornwachstum bis 150–170° auf; darüber hinaus sind sie von nur geringer Wirkung. Die stärkste Verfestigung der Korngrenzen ergibt Te, danach Sb u. erst dann Cu.
H. Hochstein 54

*0189* **Elektronenstrahlzonenreinigung und Analyse von Wolfram.** D. R. Hay, R. K. Skogerboe und E. Scala. (J. less-common Metals [Lausanne] **15** (1968) 2, 121–27; Coll. of Engng. and Sci., Drexel Inst. of Technol., Philadelphia, Pa.; engl.) — Verunreinigungen durch 21 Elemente (*B, C, N, O, Mg, Al, Si, S, K, Ca, Tl, Ti, V, Ge, Fe, Ni, Co, Cu, Mo, Ta, Re*) in zonengeschmolzenem W wurden massenspektrograph. sowie durch Verbrennungschromatographie (C), Inertgasschmelze (O) u. kolorimetr. Meth. (Mo) bestimmt. Der Vgl. massenspektrograph. u. a. spurenanalyt. Meth. zeigt, daß die Mehrzahl der Verunreinigungen, mit Ausnahme der hochschmelzenden Elemente (C, Ta, Re), beim Zonenschmelzen des W durch Verdampfen entfernt wird. Die Verteilung der Verunreinigungen ist allg. inhomogen.
P. Scharner 54

*0190* **Sekundärrekristallisation in Eisen.** C. A. Stickels und C. M. Yen. (Trans. metallurg. Soc. AIME **242** (1968) 5, 833–43; Dearborn, Mich., Ford Motor Co., Appl. Res. Labor.; engl.) — Die sek. Rekristallisation wurde an vakuumgeschmolzenem Elektrolyt-Fe untersucht, das 70 ppm N enthielt. Die sek. Textur ist nahe {554} ⟨225⟩ für kaltgewalztes (75–90%) Material. Die Schärfe der Textur nimmt bei zunehmend geringerem Walzen u. mit Verminderung der Anlaßtemp. zu. Bei Auswalzen um 95 u. 97,5% ist die sek. Textur nahe {322} ⟨296⟩. Beide sek. Orientierungen existieren auch als Hauptkomponenten der prim. Rekristallisationstextur. Die Entw. einer starken sek. Textur {554} ⟨225⟩ scheint von dem Übergang der prim. zu einer Übergangs-Textur abhängig zu sein. Qual. Unters. zeigen, daß *N* bei der Begrenzung des prim. Kornwachstums eine Rolle spielt; für die Bldg. der Übergangstextur erscheint er nicht notwendig, ein Verlust an *N* beim Anlassen erleichtert aber das Wachsen von Körnern in sek. Orientierung. Sek. Körner bilden sich im Anfangsstadium an der Probenoberfläche; es wird vermutet, daß der quasi-zweidimensionale Charakter der Oberflächenkörner ein diskontinuierliches Wachsen parallel zur Oberfläche erlaubt, bevor ein sek. Wachstum der inneren Körner möglich ist.
E. Schulte 54△

*0191* **Kinetik der Erstarrung von binären und ternären Legierungssystemen.** L. Bäckerud. (Jernkontorets Ann. **152** (1968) 3, 109–38; engl.) — Keimbldg. u. Krist.-Wachstum in den Syst. *Al–Fe*, *Al–Mn* u. *Al–Fe–Mn* wurden in Abhängigkeit von der Unterkühlung bei der Erstarrung untersucht. Auf Grund der Ergebnisse konnten im Syst. Al–Fe die Bedingungen für die Bldg. zweier verschiedener eutekt. Rk. festgelegt werden. Der Fe-Geh. der Matrix ist um so geringer, je höher die Abkühlungsgeschw. ist. Die übereutekt. Al/Mn-Leg. werden weniger stark beeinflußt. Es wird ein Wachstumsmechanismus vorgeschlagen, mit dessen Hilfe die Element- u. Phasenverteilung in den tern. Al–Fe–Mn-Leg. erklärt werden kann. Die Phase $Al_6(Mn, Fe)$ tritt in dem gesamten Bereich zwischen $Al_6Mn$ u. $Al_6Fe$ auf.
G. Zwingmann 54

*0192* **Struktur und Kristallwachstum von elektrolytischen Nickelabscheidungen.** Michel Froment und Georges Maurin. (J. Microscop. [Paris] **7** (1968) 1, 39–50; C.N.R.S., Fac. des Sci., Paris; franz.) — Auf mechan. polierten Messingfolien werden aus einem Elektrolyten vom Typ Watts mit 300 (g/Liter) $NiSO_4 \cdot 7H_2O$, 35 $NiCl_2 \cdot 6H_2O$ u. 40 $H_3BO_3$ sowie $1 \leq pH \leq 5$ potentiostat. 0,2–16 $\mu$ dicke Ni-Schichten abgeschieden. Die Schichten werden elektronenmkr. nach dem Abdruckverf. sowie nach Ablösen vom Träger röntgenograph. untersucht. In Abhängigkeit von pH u. der gegen eine gesätt. $Hg_2Cl_2$-Elektrode gemessenen Kathodenspannung U (0,7–1,1 V) werden Kristallite mit den Vorzugsorientierungen [110], [211], [100] u. [210] erhalten. Aus der Schichtmorphologie folgt, daß das Wachstum von nach [211] u. [110] orientierten Krist. bei kleinem U bevorzugt an Zwillingsebenen erfolgt, die senkrecht zur Kathodenfläche ausgerichtet sind, während die anderen Orientierungen offenbar auf Korngrenzenwachstum u. Beseitigung von Versetzungen zurückzuführen sind.
Herbert Müller 54

*0193* **Beschleunigung des Kornwachstums in Kupfer durch Ultraschall.** G. A. Hayes und J. C. Shyne. (Philos. Mag. [8] 17 (1968) 148, 859—63; Dep. of Mater. Sci., Stanford Univ., Stanford, Calif.; engl.) — Durch Resonanz eines 20-kHz-Ultraschalls wurden in O.F.H.C.-Cu, dessen Abmessungen einer halben Wellenlänge entsprachen, stehende Wellen mit einer maximalen akust. Spannungsamplitude von 2,4 · $10^{18}$ dyn/cm² erzeugt. Der Exponent n der Kornwachstumsbeziehung $D = \beta t^n$ nimmt durch die Ultraschallresonanz für Kornwachstum bei 460° von 0,11 auf 0,31 zu. W. Laqua 54

*0194* **Züchtung von Kupferkristallen durch thermische Zersetzung von gasförmigen Kupferfluoriden.** J. Gillardeau, R. Hasson und J. Oudar. (J. Crystal Growth [Amsterdam] 2 (1968) 3, 149—59; C.E.N., Saclay, Seine-et-Oise; franz.) — Der Einfl. des Drucks u. der Zus. der Gasphase sowie der Temp. u. Orientierung des Substrats auf das Wachstum von Cu-Krist. bei der therm. Zers. von CuF u. $CuF_2$ wird untersucht. Der Mechanismus der Rk. ist $CuF_2$ (Gas) → $CuF_2$ (adsorbiert) → Cu (epitakt.) + 2F (adsorbiert) → Cu (epitakt.) + $F_2$ (Gas). Die Abscheidungsgeschw. wird durch die Desorptionsgeschw. von $F_2$ bestimmt. H. Roschkowski 54

*0195* **Keimbildung beim Gefrieren von unterkühltem Wasser durch Kavitation.** M. N. Plooster. (Nature [London] 217 (1968) 5135, 1246—47; Nat. Centre for Atmospheric Res., Boulder, Colo,; engl.) I. Zoll 54

*0196* **Ausheilung von Öffnungen in synthetischen Quarzkristallen.** V. T. Ušakovskij, K. F. Kaškurov und A. V. Simonov. (Kristallografija 13 (1968) 3, 559—60; russ.) — Die Öffnungen hatten unregelmäßige, kreisförmige, dreieckige, vieleckige u. a. Formen. Die Heilung der Öffnungen wurde im Autoklaven unter hydrothermalen Bedingungen durchgeführt. Die Vers. zeigten, daß das Zuwachsen der Öffnungen in den Quarzkrist. mit größerer Geschw. als das Anwachsen der Habitusgrenzen vor sich geht. H. Korn 54

*0197* **Herstellung und einige Eigenschaften von $As_2S_3$-Einkristallen.** S. A. Dembovskij, Ju. A. Poljakov und A. A. Vajpolin. (Izvest. Akad. Nauk SSSR, Neorg. Mater. 4 (1968) 5, 767—68; Fiz.-techn. inst. im. Ioffe AN SSSR; russ.) — $As_2S_3$-Einkrist. werden im vertikalen Zwei-Zonen-Ofen in evakuierten Quarzampullen durch therm Zers. von $PbAs_2S_4$ hergestellt u. mittels DTA u. Röntgen-Phasenanalyse untersucht. H. Richter 54

*0198* **Hydrothermale Synthese von SbSJ-Kristallen.** V. I. Popolitov und B. N. Litvin. (Kristallografija 13 (1968) 3, 571—72; Inst. kristallogr. AN SSSR; russ.) — In einem Autoklaven mit Teflon-Innenmantel konnten bei 250—300° aus einem mechan. Gemisch von Sb, S u. J in einer $H_2S$-Lsg. mit pH 5—6 SbSJ-Krist. erhalten werden. Sie sind rubinrot u. durchsichtig mit Diamantglanz. H. Roschkowski 54

*0199* **Verteilung von Kupfer- und Silberdotierungen bei der Kristallisation aus NaCl- und KCl-Schmelzen.** G. A. Andreev. (Fiz. tverdogo Tela 10 (1968) 5, 1559—61; Fiz.-techn. inst. im. Joffe AN SSSR, Leningrad; russ.) — Best. der Verteilungskoeff. (0,1—3,0 Mol-%). Mit zunehmender Polarisierbarkeit der Dotierungsionen nimmt der Verteilungskoeff. ab. K. Jaeger 54

*0200* **Statische Methode zur Züchtung von Rubidiumdihydrogenphosphat(RDP)-Einkristallen.** V. V. Obrazcov und S. I. Samojlova. (Kristallografija 13 (1968) 3, 572—73; NII radiofiz. pri Gor'kovskom gos. univ.; russ.) — Beschreibung der Züchtung von $RbH_2PO_4$-Einkrist. nach dem Verf. von Beljustin (ibid. 6 (1961) 5, 807). H. Roschkowski 54

*0201* **Abhängigkeit der Wachstumsgeschwindigkeit von Kristallen von der Übersättigung der Lösung.** A. V. Beljustin und I. M. Levina. (Kristallografija 13 (1968) 3, 493—96; Gor'kovskij issl. fiz.-techn. inst.; russ.) — Die Wachstumsgeschw. von $MgSO_4 \cdot 7H_2O$-Krist. wird in Abhängigkeit von der Übersättigung der Lsg. an den Tetraeder(111)- u. Prismen(110)-flächen sowie für (110)-Flächen mit künstlichen Eindruckstellen gemessen. Die im Übersättigungsbereich 1—3,9% erhaltene lineare Beziehung wird mit Theorien des Krist.-Wachstums aus Lsg. verglichen. H. Roschkowski 54

*0202* **Experimentelle Verfolgung des $BaSO_4$- und $BaCrO_4$-Fällungsvorganges.** W. Kleber, G. Wagner und M. Hähnert. (Kristall u. Techn. 3 (1968) 1, 103—12; Inst. für Miner., Humboldt-Univ. Berlin; dt.) — Parallel elektr. Leitfähigkeitsmessungen während des Fällungsvorganges wurden zu verschiedenen Zeiten den Rk.-Räumen Proben für elektronenmkr. Unters. entnommen. Zur Fixierung des Fällungszustandes wurden Fl.-Tropfen auf mit fl. Luft gekühltem Objektträgern eingefroren u. das Eis im Vakuum sublimiert. Messungen der elektr. Leitfähigkeit ließen die übliche Unterscheidung dreier Teilvorgänge (Anlaufzeit, Keimbldg.-Wachstumsperiode-Ostwald-Reifung) zu, deren Ausdehnung von den Vers.-Bedingungen bestimmt wird. Insbesondere bewirken höhere Meßfrequenzen (8 kHz) kürzere Anlaufzeiten u. schnellere Beendigungen der Wachstumsvorgänge. Die elektronenmkr. beobachteten Kristallitformen lassen sich gut diesen Teilvorgängen zuordnen. Die generelle Stellung der Somatoide als Zwischenformen von ideal ausgebildeten u. skelettartigen Krist. kann nicht bestätigt werden. M. Hähnert 54

*0203* **Kristallstruktur und elektrische Leitfähigkeit von Cadmiumsulfidschichten, die auf orientierte Substrate aufgestäubt wurden.** A. G. Ždan, R. N. Šeftal', M. E. Čugunova, M. I. Elinson. (Izvest. Akad. Nauk SSSR, Neorg. Mater. 4 (1968) 5, 655—60; Inst. radiotechn. i. ėlektron. AN SSSR; russ.) — Bei Verw. orientierter Substrate (Muskovit u. Phlogopit-{001}, NaCl u. KCl{100}, $\alpha$-$Al_2O_3$ {0001}) werden durch Aufstäuben CdS-Schichten genügend guter Krist.-Struktur u. guter elektr. Parameter erhalten, die denen von CdS-Einkrist. entsprechen. H. Richter 54

*0204* **Herstellung von Cadmiumantimonid-Dendriten.** M. D. Korsakova und V. B. Lazarev. (Izvest. Akad. Nauk SSSR, Neorg. Mater. 4 (1968) 5, 682—84; Inst. obščej i neorg. chim. im. Kurnakova AN SSSR; russ.) — CdSb-Dendriten werden aus einkrist. Keimen u. aus Dendritenkeimen gezogen. Die Dendriten aus Einkrist.-Keimen haben die Form eines flachen Streifens, Dendriten aus Dendritenkeimen die Form eines Schwertes. Die günstigsten Wachstumsrichtungen für CdSb-Dendriten sind ⟨100⟩ u. ⟨001⟩. H. Richter 54

*0205* **Züchtung von Quecksilber(II)-jodid-Einkristallen.** W. Kleber, H. Raidt und K.-O. Leupold. (Kristall u. Techn. 3 (1968) 1, 65—78; Inst. für Miner., Humboldt-Univ., Berlin; dt.) — Durch Kristallisation von $HgJ_2$ aus der Gasphase u. aus der Schmelze kann bei normalem Druck die rote Modifikation nicht direkt erhalten werden. Unters. zur Kristallisation von $HgJ_2$ aus einer Reihe organ. Lsgm. [$CCl_4$, $CH_2J_2$ (**I**); 1.2-Dibromäthan (**II**), Trichloräthylen, A., Isopropanol, Acetonitril, Aceton, Essigsäureäthylester, Essigsäureisoamylester, Bzl., $\alpha$-Bromnaphthalin, Cyclohexanon] zeigen, daß relativ große u. gut ausgebildete Krist. von rotem $HgJ_2$, bes. aus **I** u. **II**, erhalten werden. Auch aus wss. Lsg. im Syst. KJ–$HgJ_2$–$H_2O$ konnten Einkrist., jedoch meist schlechterer Qualität, erhalten werden. Zusatz von 50% Aceton verbessert die Ergebnisse. H. Roschkowski 54

*0206* **Verteilung von Chrom in Rubin.** S. D. Krasnenkova, E. I. Sobel'man und Ju. V. Fundator. (Izvest. Akad. Nauk SSSR, Neorg. Mater. 4 (1968) 5, 782—84; russ.) — Durch geregelten konst. Gasverbrauch bei der Krist.-Züchtung nach Verneuil lassen sich die Homogenität der Rubinkrist. verbessern u. die Streuung des Cr-Gehaltes über die Krist.-Länge verringern. Aus spektralphotometr. Unters. folgt, daß die Asymmetrie der Krist. durch einen unterschiedlichen Cr-Gehalt in verschiedenen Teilen der Oberfläche bedingt wird. Es ergab sich: $(10\bar{1}0) > (11\bar{2}0)$, $(11\bar{2}3) > (11\bar{2}0)$, $(11\bar{2}3) > (11\bar{2}6)$, $(0001) > (11\bar{2}6)$, $(01\bar{1}2) > (02\bar{2}1)$ u. $(0001) > (01\bar{1}5)$. Je dichter gepackt die Fläche, desto höher der Cr-Gehalt. U. Strobel 54

*0207* **Verdampfungsformen von Korund.** V. N. Vojcechovskij. (Kristallografija 13 (1968) 3, 563–65; russ.) – Die Verdampfungsformen von Korund- oder *Rubin*-Krist. bei 1600–1700° u. Restdrücken von 2–3 Torr werden kristallmorpholog. untersucht.
H. Roschkowski 54

*0208* **Kinetik der GaAs-Verdampfung.** S. A. Ajtchožin, S. A. Semiletov und V. V. Lider. (Fiz. tverdogo Tela 10 (1968) 4, 1259–60; Inst. kristallogr. AN SSSR, Moskva; russ.) – RFA-Best. des Konz.-Profils [Ga]/[As] in Aufdampfschichten als Funktion der Temp. der stöchiometr. GaAs-Quelle (1120–1350°). Die Profile sind durch eine zeitabhängige Pulsation der Ga-Verdampfung bestimmt. K. Jaeger 54

*0209* **Gerichtete Kristallisation von $Y_3Al_5O_{12}$ aus Lösungen in der Schmelze $PbO–PbF_2$.** R. V. Bakradze, G. P. Kuznecova, S. A. Baryšev, T. N. Selivanova und V. Z. Byčkov. (Izvest. Akad. Nauk SSSR, Neorg. Mater. 4 (1968) 3, 395–98; russ.) – Die Verdampfungskinetik des Lsgm., des eutekt. Gemisches *$PbO–PbF_2$* (I), wurde mittels DTA, TG u. DTG untersucht. Die Isothermen für den Gew.-Verlust bei 850, 1000 u. 1200° u. die Polythermen der Verdampfung sind für verschiedene Zeiten angegeben. Das Phasendiagramm I–*$Y_3Al_5O_{12}$* (II) wurde bis 35 Gew.-% I untersucht. Das Syst. enthält ein Eutektikum nahe am F. u. der Zus. von I. Bei der Kristallisation unter isothermen Bedingungen wurden Einkrist. von II erhalten. U. Strobel 54

*0210* **Herstellung epitaktischer Schichten von Zinnchalkogeniden.** A. G. Mikolajčuk, Ja. I. Dutčak und D. M. Freik. (Kristallografija 13 (1968) 3, 576–79; L'vovskij gos. univ.; russ.) – Die Struktur von durch Subl. erhaltenen *SnTe-*, *SnSe-* u. *SnS*-Schichten auf Zaponlack, NaCl u. KBr wird für verschiedene Substrattemp. untersucht. SnTe wird auf NaCl- u. KBr-Einkrist. bei Raumtemp. epitakt. abgeschieden, SnSe bei Substrattemp. von 473–773°K u. SnS bei 673–773°K.
H. Roschkowski 54

*0211* **Einfluß von Methylenblau-Beimengungen auf das Wachstum von Bleinitratkristallen.** E. N. Slavnova, N. V. Gordeeva und T. K. Sitnik. (Kristallografija 13 (1968) 3, 497–501; Inst. kristallogr. AN SSSR; russ.) – Unters. an übersätt. wss. $Pb(NO_3)_2$-Lsg. zeigen in Ggw. von (2–10) · $10^{-3}$% Methylenblau das Auftreten von 3 Bereichen, in denen a) weder Wachstum noch Auflsg. von Keimkrist. beobachtet wird, b) eine Auflsg. von Keimkrist. verläuft u. c) Krist. wachsen. Die Breite des Wachstumsbereichs hängt stark von der Beimengungskonz. ab. H. Roschkowski 54

*0212* **Auftragen einer isomorphen Oberflächenschicht.** V. I. Matvienko, K. A. Petržak und T. M. Tregubova. (Radiochimija 10 (1968) 2, 271–72; russ.) – Die Kristallisation an der Oberfläche wurde bei Auftragen einer Lsg. unmittelbar an der Einkrist.-Grenze verfolgt. Vers. wurden unter Verw. von Rubidiumuranylnitratkrist. beim isothermen Eindampfen einer gesätt. Lsg. des Salzes in 14 m $HNO_3$ bei ca. 50° durchgeführt. Die Kristallisationsgeschw. von natürlichem U oder $^{233}U$ wurde in einem breiten Bereich der Änderung der Eindampfzeiten verfolgt. Die Isomorphie der Oberflächenschicht wurde röntgenograph. bestimmt, bis zu einer Kristallisationsgeschw. von 6 mg/cm² Min. krist. mehr als 90% der Substanz isomorph. Es ist auch eine mehrmalige Kristallisation auf den gleichen Ebenen möglich, wodurch Schichtdicken von > 20 mg/cm² erhalten wurden. J. J. Pohl 54

*0213* **Anwendung einer geregelten Keimbildung bei der Züchtung von Granatkristallen.** V. John und J. Kvapil. (Kristall u. Techn. 3 (1968) 1, 59–63; Inst. für Einkrist., Turnov, ČSSR; dt.) – Am Beispiel der Züchtung von Yttriumeisengranaten aus einer $PbO–PbF_2$-Schmelze wird ein neues Verf. zur Krist.-Züchtung beschrieben. Die Krist. wachsen an Keimen, die sich in den Löchern einer den Tiegel horizontal trennenden Scheidewand bilden. H. Roschkowski 54

*0214* **Kristallisation von Metalloxiden aus Alkalimetallhalogenidschmelzen.** A. Packter. (Kristall u. Techn. 3 (1968) 1, 51–57; Dep. of Chem., West Ham Coll. of Technol., London; engl.) – Die Kristallisation von *CoO*, *NiO*, *CuO*, *$Fe_2O_3$*, *$Mn_2O_3$*, *$Cr_2O_3$* u. *$TiO_2$* aus NaCl-Schmelzen wird untersucht. Die Oxide wurden durch therm. Zers. der Sulfate bzw. von $K_2[TiO(C_2O_4)_2]$ erhalten. Der Einfl. der Abkühlungsintervalle u. -geschw. auf die Größe der Krist. wird ermittelt u. der Mechanismus der Kristallisation besprochen.
H. Roschkowski 54

*0215* **Struktur von Gitterfehlstellen im Cadmiumoxid.** Zdzisław M. Jarzębski. (Wiadomości chem. 22 (1968) 1 (247), 45–62; Kat. Chem. Nieorgan., AGH, Kraków; pol.) – Zusammenfassung der bisherigen Untersuchungsergebnisse. – 26 Literaturangaben.
Rolf Heyer 56

*0216* **Identifizierung der Polarität einiger tetraedrisch koordinierter AB-Verbindungen.** A. N. Mariano und G. A. Wolff. (Z. Kristallogr., Kristallgeometr., Kristallphysik, Kristallchem. 126 (1968) 4, 244–61; Tyco Labor., Inc., Waltham, Mass.; engl.) – Die polaren Flächen von *InP*, *GaP*, *GaSb*, *AlSb* u. *ZnSe* werden röntgenograph. bestimmt u. durch Zuordnung der ihnen entsprechenden Ätzmorphologie mittels Mikroskopie u. Lichtfiguren charakterisiert. Plazierung des „Metall"-Atoms in 000-Gitterlage u. positiver Wert des das „Nichtmetall"-Teilgitter fixierenden Verschiebungsparameters wird als Universalstandard vorgeschlagen.
I. Zoll 56

*0217* **$MoO_3$-Whisker mit gestörter Struktur.** H. Saalfeld und O. Jarchow. (Z. Kristallogr., Kristallgeometr., Kristallphysik, Kristallchem. 126 (1968) 4, 241–43; Miner.-Petrograph. Inst., Univ. Hamburg; dt.) – Aus der Gasatmosphäre gewachsene $MoO_3$-Whisker zeigen im Röntgenbild, daß alle Reflexe h + k = 2n + 1 diffus sind. Dies läßt sich durch eine lamellare Verzwillingung deuten, wobei an den Zwillingsgrenzen Störschichten auftreten, die im Krist. statist. verteilt sind. I. Zoll 56

*0218* **Verfeinerung der Struktur von $\alpha$-$TeO_2$.** Oliver Lindqvist. (Acta chem. scand. 22 (1968) 3, 977–82; Göteborg, Univ., Chalmers Inst. of Technol., Dep. of Inorg. Chem.; engl.) – $\alpha$-$TeO_2$ (I) krist. tetragonal mit Z = 4 in $P4_12_12$: a = 4,8122, c = 7,6157 Å (± 0,006). Unter Zugrundelegung der von Leciejewicz (vgl. C. **1963, 21452**) ermittelten Parameter wurde mit Hilfe röntgenograph. Einkrist.-Daten die Struktur von I nach den üblichen Verf. bis auf R = 0,074 verfeinert; die neu bestimmten Parameter u. anisotropen Temp.-Faktoren sind tabelliert. In I ist Te von 4 O-Atomen verzerrt trigonal-bipyramidal umgeben: Te–O = 1,903 (2 × äquatorial), 2,082 (2 × axial) Å; O–O = 2,959 (1 ×), 2,686 (2 ×), 2,775 (2 ×), 4,144 (1 ×) Å; Te–Te = 3,740 (4 ×), 3,827 (2 ×), 4,070 (4 ×) Å; ∢ TeOTe = 139,5°.
G. Gattow 58

*0219* **Druckinduziertes $Te_7S_{10}$: Eine Kokristallisation von Schwefel- und Tellurhelices.** S. Geller. (Science [Washington] 161 (1968) 3838, 290–91; Thousand Oaks, Calif., North Amer. Rockwell Corp., Sci. Center; engl.) – $Te_7S_{10}$ (I) wurde aus den Elementen durch Erhitzen auf 400–412° (4–5 Tage) bei einem Druck von 40 kbar hergestellt. I besitzt eine rhomb. Pseudozelle mit a = 41,49, b = 31,64, c = 9,25 Å; Z = 24; $D_{R}$ 3,99 g/cm³, $D_{exp}$ 4,017. Die tatsächliche Symmetrie der Elementarzelle von I ist vermutlich monoklin mit a = 41,49, b = 9,24, c = 26,09 Å, $\beta$ = 142,7°. In I liegen wahrscheinlich $Te_x$- u. $S_x$-Helices nebeneinander vor. Die röntgenograph. d-Werte, Indizes u. Intensitäten von I sind tabelliert. G. Gattow 58

*0220* **Kristallstruktur einer Hochdruckform von $B_2O_3$.** C. T. Prewitt und R. D. Shannon. (Acta crystallogr. [Copenhagen], Sect. B 24 (1968) 6, 869–74; Wilmington, Del., E. I. du Pont de Nemours and Comp., Central Res. Dep., Experimental Station; engl.) – Beim Erhitzen von $B_2O_3$ (I) auf 1100° bei 65 kbar u. anschließenden Abschrecken entsteht die Hochdruckmodifikation II-I; daneben bildet sich eine kub. Phase (a = 8,914 Å), die vermutlich $\gamma$-$HBO_2$ darstellt. II-I, das schwach piezoelektr. ist, ist relativ stabil gegen heißes $H_2O$ u. konz. HCl. II-I kann bis zu Temp. kurz unterhalb seines F. ohne Ände-

rung der Krist.-Struktur erhitzt werden. II-I krist. rhomb. mit Z = 4 in $Ccm2_1$: a = 4,613 ± 0,001, b = 7,803 ± 0,002, c = 4,129 ± 0,001 Å; $D_{\cdot R}$ 3,11, $D_{\cdot exp}$ 3,14 g/cm³. Unter Verw. dreidimensionaler Röntgendaten wurde die Struktur von II-I nach den üblichen Verf. bestimmt u. nach der Meth. der kleinsten Quadrate bis auf R = 0,22 verfeinert; die Parameter u. anisotropen Temp.-Faktoren sind tabelliert. Die Struktur von II-I kann als eine dichteste Kugelpackung von O-Atomen verstanden werden, in der $^2/_3$ der Tetraederlücken durch B-Atome besetzt sind. In II-I liegen verzerrte $[BO_4]^{5-}$-Tetraeder vor, die über gemeinsame Ecken miteinander verknüpft sind; die Abstände u. Winkel betragen: B–O = 1,373, 1,506, 1,507 u. 1,512 Å; ∢ OBO = 104,9–110,2°; B–B = 2,592–2,664 Å; ∢ BOB = 118,7–138,6°.
G. Gattow 58

*0221* **Kristall- und Molekülstruktur des dimeren Thiophosgens. Bildung und Struktur von 2.2-Dichlor-1.3-dithiacyclobutanon-(4).** B. Krebs und H. Beyer. (Z. Naturforsch. **23b** (1968) 5, 741–42; Göttingen, Univ., Anorg.-Chem. Inst.; dt.) — Das dimere Thiophosgen (I) krist. monoklin mit Z = 2 in $P2_1/c$ — $C_{2h}^5$: a = 6,433 ± 0,006, b = 6,086 ± 0,006, c = 9,469 ± 0,010 Å, β = 98,8 ± 0,1°; $D_{\cdot R}$ 2,084, $D_{\cdot exp}^{20}$ 2,068 g/cm³. Die Struktur von I wurde unter Verw. dreidimensionaler Röntgendaten mit Patterson- u. Fourier-Synth. bestimmt u. nach der Meth. der kleinsten Quadrate bis auf $R_1$ = 5,3% u. $R_2$ = 7,0% verfeinert; die Parameter u. anisotropen Temp.-Faktoren sind tabelliert. In I liegen isolierte Mol. vor; die Abstände betragen: C–S = 1,801 u. 1,807 Å; ∢ SCS = 96,1°; ∢ CSC = 83,9°; C–Cl = 1,760 u. 1,778 Å; ∢ ClCCl = 107,1°; ∢ SCCl = 113,7, 113,8, 112,9 u. 113,2°. — 2.2-Dichlor-1.3-dithiacyclobutanon-(4) (II; F. 71°) wurde nach dem Verf. von Schönberg et al. (1933) durch partielle Hydrolyse von I hergestellt. II besitzt monokline Symmetrie ($P2_1/c$ — $C_{2h}^5$; Z = 4) mit a = 5,892 ± 0,006, b = 10,443 ± 0,012, c = 10,847 ± 0,012 Å, β = 118,3 ± 0,2°; $D_{\cdot R}$ 1,978, $D_{\cdot exp}^{20}$ 1,990 g/cm³. Über die mögliche Struktur von II wird in Verb. mit der von I diskutiert. G. Gattow 58

*0222* **Kristall- und Molekülstruktur von $P_2S_2N_5C_2H_{13}$.** Manfred L. Ziegler und Johannes Weiss. (Z. anorg. allg. Chem. **361** (1968) 3/4, 136–46; Heidelberg, Univ., Anorg.-Chem. Inst.; dt.) — $(S)(NH_2)(NHCH_3)P–N(CH_3)–P(NH_2)_2(S)$ (I), hergestellt durch Ammonolyse von $P_2Cl_2 \cdot S_2(NCH_3)_2$, krist. monoklin mit Z = 8 in $C_{2h}^6$ — C2/a: a = 11,812, b = 7,240, c = 23,70 Å, β = 90°32′. Die Struktur von I wurde unter Verw. dreidimensionaler Röntgendaten mit Patterson- u. Fourier-Synth. bestimmt u. nach der Meth. der kleinsten Quadrate bis auf R = 8,8% verfeinert; die Parameter u. isotropen sowie anisotropen Temp.-Faktoren sind tabelliert. Die Abstände u. Winkel in I betragen: P(1)–N(1) = 1,689 Å, N(1)–P(2) = 1,727, ∢ P(1)N(1)P(2) = 124,1°; P(1)–S(1) = 1,962 Å, P(1)–N(2) = 1,647, P(1)–N(3) = 1,595, N(3)–C(1) = 1,431, ∢ P(1)N(3)C(1) = 122,8°; N(1)–C(2) = 1,470 Å, P(2)–S(2) = 1,955, P(2)–N(4) = 1,693, P(2)–N(5) = 1,662. An den beiden P-Atomen liegt eine $sp^3$-Hybridisierung vor. G. Gattow 58

*0223* **Synthese und kristallographische Eigenschaften einiger Phasen im System $SiO_2$–$P_2O_5$.** F. Liebau, G. Bissert und N. Köppen. (Z. anorg. allg. Chem. **359** (1968) 3/4, 113–34; Kiel, Univ., Mineralog.-Petrograph. Inst.; dt.) — Mit Hilfe nasser Verf. u. auch durch Synth. in der Schmelze u. in der Gasphase wurde das bin. Syst. $SiO_2$–$P_2O_5$ untersucht u. mit röntgenograph. u. mkr. Meth. charakterisiert; Verb. der Zus. $SiO_2 \cdot P_2O_5$ (I) u. $Si_{1+5x}P_{4(7-x)}O_{72}$ (II) mit der Phasengrenze 2,5 < x < 3,5 treten auf. Nachst. Phasen von I u. II, deren röntgenograph. d-Werte u. Intensitäten tabelliert sind, konnten nachgewiesen werden: kub. AI-I mit a = $22,4_2$ Å (Z = 108) u. n = 1,645; tetragonales AII-I mit a ≈ 22,4, c ≈ 14,9 Å (Z = 72) u. 1,624 < n < 1,626; monoklines AIII-I mit a = $4,7_3$, b = $6,3_5$, c = $14,7_3$ Å, β = $90,_3$° (Z = 4; $P2_1/n$) u. $n_x$ = 1,613, $n_y$ = 1,615, $n_z$ = 1,621, 2V = 59°: monoklines AIV-I mit a = $4,7_3$, b = $12,0_2$, c = 7,62 Å, β = $91,_3$° (Z = 4; $P2_1/n$) u. $n_x$ = 1,619, $n_y$ = 1,625, $n_z$ = 1,626, 2V = 50°; rhomb. AV-I mit $n_x$ > 1,620 u. $n_z$ ≦ 1,628; hexagonales BI-I mit a = $8,1_8$, c = $11,8_5$ Å (Z = 6; $P6_3$, $P6_3/m$ oder $P6_322$) u. $n_0$ = 1,583–1,592, $n_E$ = 1,581–1,589; pseudohexagonales BII-I mit $n_x$ = 1,583 bis 1,586, $n_z$ = 1,595–1,608; hexagonales II (20°) mit a = $7,83_4$–$7,89_6$, c = $24,0_3$–$23,9_7$ Å (Z = 1; R3 oder R$\bar{3}$) u. $n_E$ = 1,538, $n_0$ = 1,552; hexagonales II (> 800°) mit $n_E$ = 1,548 u. $n_0$ = 1,573; pseudohexagonales X-II mit $n_y$ ≧ 1,540 u. $n_z$ ≦ 1,550. G. Gattow 58

*0224* **Kristallstruktur von Kaliumhydrogen-bis-[glykolat].** R. F. Mayers, E. T. Keve und A. C. Skapski. (J. chem. Soc. [London], Sect. A **1968, 9**, 2258–62; London, Imperial Coll., Chem. Crystallogr. Labor.; engl.) — $KH(C_2H_3O_3)_2$ (I) krist. monoklin mit Z = 4 in $P2_1/c$: a = 3,972, b = 17,68, c = 10,63 Å, β = 102°4′; $D_{\cdot R}$ 1,73 g/cm³, $D_{\cdot exp}$ 1,75. Die Struktur von I wurde unter Verw. dreidimensionaler Röntgendaten mit Patterson- u. Fourier-Synth. bestimmt u. nach der Meth. der kleinsten Quadrate bis auf R = 0,089 verfeinert; die Parameter u. isotropen sowie anisotropen Temp.-Faktoren sind tabelliert. In I, das mit $RbH(C_2H_3O_3)_2$ isostrukturell ist (vgl. Golič et al.; C. **1965,** 52-0614), liegen Glykolationen u. Glykolsäuremol. nebeneinander vor, die über H-Brücken verbunden sind (OH...O = 2,503, 2,706 u. 2,717 Å) u. das dreidimensionale Netzwerk aufbauen. Die Abstände betragen: C–O = 1,214–1,389 u. 1,242 bis 1,418 Å; C–C = 1,528 u. 1,511 Å. K ist von 9 O-Atomen im Abstand von K–O = 2,778–3,837 Å koordiniert.
G. Gattow 58

*0225* **Ionenradien in Erdalkalimetallchalkogeniden.** I. M. Boswarva. (J. Physics, C. (Proc. phys. Soc.) [2] **1** (1968) 3, 582–85; Flushing, N.Y., Queens Coll.; engl.) — Unter Verw. von bekannten Abstandswerten wurden nach dem Bornschen Modell mit Hilfe der verallgemeinerten Huggins-Mayer-Meth. nachst. Ionenradien in Erdalkalimetallchalkogeniden ber. (Fehlerbreite: 6,5%): $Mg^{2+}$ 0,73 Å, $Ca^{2+}$ 1,08, $Sr^{2+}$ 1,21, $Ba^{2+}$ 1,43, $O^{2-}$ 1,40, $S^{2-}$ 1,75, $Se^{2-}$ 1,87, $Te^{2-}$ 2,02. G. Gattow 58

*0226* **Kristallstruktur von $CsBeF_3$.** H. Steinfink und G. D. Brunton. (Acta crystallogr. [Copenhagen], Sect. B **24** (1968) 6, 807–10; Austin, Tex., Univ. of Tex., Dep. of Chem. Engng.; engl.) — β-$CsBeF_3$ (I) krist. rhomb. mit Z = 4 in Pnma: a = 4,828 ± 0,002, b = 6,004 ± 0,002, c = 12,794 ± 0,003 Å; $D_{\cdot R}$ 3,55 g/cm³. Die Struktur von I wurde unter Verw. dreidimensionaler Röntgendaten mit den üblichen Verf. bestimmt u. nach der Meth. der kleinsten Quadrate bis auf R = 0,067 verfeinert; die Parameter u. isotropen Temp.-Faktoren sind tabelliert. In I liegen verzerrte $BeF_4$-Tetraeder mit Be–F = 1,50–1,62 Å vor, die, über gemeinsame Ecken verknüpft, Ketten parallel zur kristallograph. c-Achse aufbauen. $Cs^+$ ist von 8 $F^-$-Ionen im Abstand von Cs–F = 2,96 bis 3,40 Å koordiniert. I besitzt strukturelle Ähnlichkeiten mit der Hochtemp.-Modifikation von $BaGeO_3$ u. mit $RbBeF_3$. G. Gattow 58

*0227* **Kristallstruktur von Dicalciumnitrid.** E. T. Keve und A. C. Skapski. (Inorg. Chem. [Washington] **7** (1968) 9, 1757–61; London, Imperial Coll., Chem. Crystallogr. Labor.; engl.) — In Fortführung früherer Arbeiten (vgl. C. **1967,** 48-0229) wurde $Ca_2N$ (I) röntgenograph. untersucht. I krist. rhomboedr. mit Z = 1 in R$\bar{3}$m: a = 6,603 Å, α = 31°59′ bzw. $a_{hex}$ = 3,638 ± 0,003 u. $c_{hex}$ = 18,78 ± 0,009 Å in hexagonaler Aufstellung; $D_{\cdot R}$ 2,18 g/cm³, $D_{\cdot exp}$ 2,17 ± 0,01. Unter Zugrundelegung einer monoklinen Pseudozelle (a = 6,299, b = 3,638, c = 7,535 Å, β = 123°51′; Z = 2; C2/m) wurde die Struktur mit Patterson- u. Fourier-Synth. bestimmt u. nach der Meth. der kleinsten Quadrate bis auf R = 0,13 verfeinert; die Parameter sind: $x_{Ca}$ = 0,2680 u. $x_N$ = 0. I besitzt eine Schichtstruktur des anti-$CdCl_2$-Typs. N ist winkelverzerrt oktaedr. von 6 Ca im Abstand von N–Ca = 2,433 Å koordiniert. Ca bildet mit 3 N-Atome eine trigonale Pyramide (Ca–N = 2,433 Å); 6 weitere N-Atomen befinden sich im Abstand Ca–N = 3,638 Å. Die kürzesten Abstände zwischen den Schichten betragen Ca–Ca = 3,230 (3x) u. 3,638 (6x) Å. Über den unterschiedlichen Aufbau der Schichten in I, $Ag_2F$ u. $Ti_2O$ wird diskutiert. — Pulverförmiges I zeigt eine elektr. Leitfähigkeit von $2 \cdot 10^{-1}$ $Ohm^{-1} \cdot cm^{-1}$.
G. Gattow 58

*0228* **Neue ternäre Quecksilberoxide mit Pyrochlorstruktur.** A. W. Sleight. (Inorg. Chem. [Washington] 7 (1968) 9, 1704—08; Wilmington, Del., E. I. du Pont de Nemours and Comp., Experimental Station, Central Res. Dep.; engl.) — Durch Erhitzen aus den Oxiden wurden $Hg_2Sb_2O_7$ (I) bei 500° u. 1 atm $O_2$-Druck bzw. $Hg_2Nb_2O_7$ (II) u. $Hg_2Ta_2O_7$ (III) bei 700° u. einem $O_2$-Druck von 3 kbar hergestellt. Während sich I beim Erhitzen unter Normaldruck erst bei 700° zersetzt, tritt bei II u. III bereits bei 500° therm. Zers. ein. I, II u. III krist. kub. mit Z = 8 in Fd3m u. gehören dem Pyrochlor-Typ (PCT) an: I a = 10,349 Å, $D._R$ 9,067 g/cm³, $D._{exp}$ 9,02 ± 0,06; II 10,453, 8,128, 8,10; III 10,452, 10,179, 10,13. Die Struktur von II wurde aus röntgenograph. Pulverdaten nach der Meth. der kleinsten Quadrate bis auf R = 0,027 verfeinert; die Parameter u. isotropen Temp.-Faktoren sind tabelliert. In II betragen die Abstände u. Winkel: Hg–O = 2,2631 u. 2,61 Å; Nb–O = 1,999 Å; O–O = 2,72 bis 4,00 Å; ∢ OHgO = 180,0°; ∢ HgOHg = 109,5°; ∢ ONbO = 85,9 u. 94,1°. An Hand weiterer bekannter Verb. des PCT wird gezeigt, daß sich der PCT als Ineinanderschachtelung von 2 verschiedenen Netzwerken beschreiben läßt. G. Gattow 58

*0229* **Verfeinerung der Kristallstruktur von Scandium-(III)-oxid.** Osvald Knop und Jean M. Hartley. (Canad. J. Chem. **46** (1968) 8, 1446—50; Halifax, Nova Scotia, Dalhousie Univ., Dep. of Chem.; engl.) — $Sc_2O_3$ (I) krist. bei 20 ± 2° kub. mit a = 9,8459 ± 0,0015 Å in Ia3—$T_h^7$ u. gehört dem C-Typ der Seltenerdmetall(III)-oxide an. Unter Verw. von aus röntgenograph. Pulveraufnahmen ermittelten Intensitäten wurde die Struktur von I nach der Meth. der kleinsten Quadrate bis auf $R_1$ = 1,42% verfeinert; die Parameter u. isotropen Temp.-Faktoren sind tabelliert. Die Abstände in I betragen: $Sc_I$–O = 2,159 (6x) u. $Sc_{II}$–O = 2,071 (2x), 2,107 (2x), 2,146 (2x) Å. G. Gattow 58

*0230* **Verfeinerung der Kristallstruktur von Scandium-(III)-oxid aus Einkristalldiffraktometerdaten.** Rolf Norrestam. (Ark. Kemi **29** (1968) 27, 343—49; Stockholm, Univ., Inst. of Inorg. and Phys. Chem.; engl.) — Unter Verw. röntgenograph. Einkrist.-Daten wurde die Struktor von kub. $Sc_2O_3$ (a = 9,849 ± 0,001 Å; Ia3) nach der Meth. der kleinsten Quadrate verfeinert; die Parameter u. isotropen Temp.-Faktoren sind tabelliert. Die Abstände betragen: Sc(1)–O = 2,120 (6x); Sc(2)–O = 2,080 (2x), 2,152 (2x), 2,164 (2x) Å. G. Gattow 58

*0231* **Neue Fluorokomplexe vom Typ $Cs_2KMF_6$ (M = Ga, In, Tl, Sc, Y).** R. Hoppe und S. Schneider. (Z. anorg. allg. Chem. **361** (1968) 3/4, 113—20; Gießen, Univ., Inst. für Anorg. u. Analyt. Chem.; dt.) — Nach einem früher beschriebenen Verf. (vgl. C. **1967,** 5-0809) wurden nachst. farblose Verb. hergestellt: $Cs_2KGaF_6$ (I), $Cs_2KInF_6$ (II), $Cs_2KTlF_6$ (III), $Cs_2KScF_6$ (IV), $Cs_2KYF_6$ (V). Während I, II, IV u. V an der Luft relativ stabil sind, ist III sehr hygroskopisch. I—V krist. kub. mit Z = 4 in $O_h^5$-Fm3m (Reihenfolge: I, II, III, IV u. V): a = $8,97_5$, $9,21_9$, $9,36_5$, $9,32_0$ u. $9,44_3$ Å; $D._R$ $4,48_0$, $4,52_2$, $5,03_8$, $3,80_5$ u. $4,00_4$ g/cm³; $D._{exp}$ 4,362, 4,380, —, 3,90 u. — g/cm³. Wie Intensitätsrechnungen zeigten, sind I—V mit $K_2NaCrF_6$ (vgl. Knox et al.; C. **1962,** 13313) isotyp; die Parameter werden mitgeteilt. Die Abstände in den regulären $MF_6$-Oktaedern betragen: Ga–F = 1,95; In–F = 2,14; Tl–F = 2,28; Sc–F = 2,14; Y–F = 2,25 Å. Kub. Verb. des $Cs_2KMF_6$-Typs treten immer dann auf, wenn der Ionenradius von $M^{3+}$ zwischen 0,62 u. 1,14 Å liegt. So gehört auch $Cs_2KFeF_6$ (a = $9,01_5$ Å; $D._R$ 4,29, $D._{exp}$ 4,12 g/cm³) diesem Strukturtyp an. G. Gattow 58

*0232* **Kristallstruktur von Cäsium-tetrakis-[hexafluoracetylacetonato]-yttrat(III). Ein neues Stereoisomeres mit dodekaedrischer Achterkoordination.** M. J. Bennett, F. A. Cotton, P. Legzdins und S. J. Lippard. (Inorg. Chem. [Washington] 7 (1968) 9, 1770—76; Cambridge, Mass., MIT, Dep. of Chem.; engl.) — Die Titelverb. $Cs[Y(HFA)_4]$ (I) krist. rhomb. mit Z = 4 in Pbcn: a = 8,679 ± 0,005, b = 21,518 ± 0,008, c = 17,553 ± 0,008 Å; $D._R$ 2,12 g/cm³, $D._{exp}$ 2,10. Unter Verw. dreidimensionaler Röntgendaten wurde die Struktur von I mit Patterson- u. Fourier-Synth. bestimmt u. nach der Meth. der kleinsten Quadrate bis auf R = 6,5% verfeinert; die Parameter u. anisotropen Temp.-Faktoren sind tabelliert. In I ist Y von 8 O-Atomen (aus 4 HFA) dodekaedr. (Symmetrie: $D_2$) im Abstand von Y–O = 2,323 ± 0,004 Å umgeben; Cs hat in unregelmäßiger Koordination F-Atome als nächste Nachbarn (Cs–F = 3,21—3,75 Å). Innerhalb der HFA-Gruppe betragen die Abstände: C–O = 1,26—1,28 Å; C–C = 1,36—1,53 Å; C–F = 1,16—1,34 Å. G. Gattow 58

*0233* **Beispiel einer einfachbedeckten oktaedrischen Form der Siebenerkoordination. Kristall- und Molekülstruktur von Tris-[1-phenyl-butandion-(1.3)-ato]-aquoyttrium(III).** F. A. Cotton und P. Legzdins. (Inorg. Chem. [Washington] 7 (1968) 9, 1777—83; engl.) — Vgl. vorst. Referat. — $Y(C_6H_5COCHCOCH_3)_3 \cdot H_2O$ (I; F. 114—115°), hergestellt durch Umsetzung von $Na(C_6H_5COCHCOCH_3)$ mit $YCl_3$ in wss. A., krist. triklin mit Z = 2 in P1̄: a = 6,214 ± 0,005, b = 12,462 ± 0,008, c = 19,299 ± 0,008 Å, α = 95°37′, β = 104°53′, γ = 96°20′ (± 3′); $D._R$ 1,37 g/cm³, $D._{exp}$ 1,36 ± 0,02. Die Struktur von I wurde unter Verw. dreidimensionaler Röntgendaten mit Patterson- u. Fourier-Synth. bestimmt u. nach der Meth. der kleinsten Quadrate bis auf R = 5,9% verfeinert; die Parameter u. isotropen Temp.-Faktoren sind tabelliert. In I ist Y von 6 O-Atomen verzerrt oktaedr. koordiniert, ein weiteres $O(H_2O)$-Atom befindet sich auf einer Oktaederfläche; die Abstände u. Winkel betragen: Y–O = 2,248—2,325 Å u. Y–O($H_2O$) = 2,341 Å; ∢ OYO = 73,7—75,3°. Die Abstände u. Winkel innerhalb der $(C_6H_5COCHCOCH_3)^-$-Ionen werden tabellar. wiedergegeben. G. Gattow 58

*0234* **Ein mit Aragonit isotypes Cerborat.** J. Weidelt und H. U. Bambauer. (Naturwissenschaften **55** (1968) 7, 342; Münster, Univ., Inst. für Mineral.; dt.) — $CeBO_3$ (I) wurde durch isothermen Abbau von $Ce_2O_3 \cdot 3B_2O_3$ (vgl. ibid. **55** [1968], 81) bei 1500° (30 Std.) hergestellt. Das mit Aragonit isotype I krist. rhomb. mit Z = 4 in Pnam: $a_0$ = 5,081 ± 0,001, $b_0$ = 8,196 ± 0,002, $c_0$ = 5,809 ± 0,001 Å; $D._R$ 5,529 g/cm³. Mit DTA wurde nachgewiesen, daß I wahrscheinlich eine nicht abschreckbare Hochtemp.-Modifikation besitzt. G. Gattow 58

*0235* **Kristallstruktur von $SrTb_2O_4$.** Elisabeth Paletta und Hanskarl Müller-Buschbaum. (J. inorg. nuclear Chem. **30** (1968) 6, 1425—32; Gießen, Univ., Inst. für anorg. u. Analyt. Chem.; dt.) — $SrTb_2O_4$ (I), hergestellt durch Erhitzen äquimol. Mischungen von SrO u. $Tb_2O_3$ auf Temp. >2000° in Ar, krist. rhomb. mit Z = 4 in $D_{2h}^{16}$ – Pnam: a = 10,10, b = 11,98, c = 3,45 Å. Die Struktur von I wurde unter Verw. dreidimensionaler Röntgendaten nach den üblichen Meth. bestimmt u. verfeinert; die Parameter sind tabelliert. In Übereinstimmung zu den Angaben von Schwarz et al. (vgl. C. **1966,** 11-0610) gehört I dem $CaFe_2O_4$-Typ an. Die Abstände in I betragen: Sr–O = 2,49 (2x), 2,58 (2x), 2,63 (2x), 2,74 (1x), 2,91 (1x) Å; $Tb_I$–O = 2,27 (2x), 2,34 (2x), 2,40 (1x), 2,53 (1x) Å; $Tb_{II}$–O = 2,19 (1x), 2,23 (1x), 2,33 (2x), 2,54 (2x) Å. G. Gattow 58

*0236* **Über kubische Formen von $NaInO_2$ und $NaErO_2$.** K. Hestermann und R. Hoppe. (Z. anorg. allg. Chem. **361** (1968) 3/4, 121—24; Gießen, Univ., Inst. für Anorg. u. Analyt. Chem.; dt.) — In Fortführung früherer Unters. (vgl. C. **1964,** 31-0504) über kub. $NaTlO_2$ (I) konnten die kub. Modifikationen von $NaInO_2$ (II) u. $NaErO_2$ (III) durch vorsichtiges Tempern (400° bzw. 550—650°; 4 bzw. 3 Wochen) von $Na_2O_2/In_2O_3$- bzw. $Na_2O_2/Er_2O_3$-Gemengen hergestellt werden. Aus röntgenograph. Pulveraufnahmen folgt, daß I, II u. III mit Z = 2 dem NaCl-Typ mit statist. Verteilung der Metallionen angehören: a = 4,76 (I), 4,62 (II) u. 4,76 (III) Å; $D._R$ 7,99, 5,72 u. 6,84 g/cm³; $D._{exp}$ 7,98, 5,6 u. 6,7 g/cm³. Kub. I, II u. III können als Hochtemp.-Formen angesprochen werden. Beim Erhitzen wandelt sich II ab 450° bzw. III ab 650° in den hexagonal-rhomboedr. α-$NaFeO_2$-Typ (a = 3,38, c = 16,59 Å für III) um. G. Gattow 58

*0237* **Neue Hafniumphosphide.** Torsten Lundström und Pilai Tansuriwongs. (Acta chem. scand. **22**

(1968) 2, 704–05; Uppsala, Univ., Inst. of Chem.; engl.) – Unters. des bin. Syst. Hf–P mit röntgenograph. Meth. ergaben die Existenz nachst. Phasen: $Hf_3P$ (a = 10,669, c = 5,295 Å); $Hf_2P$ (a = 15,0398–15,0577, b = 12,2770 bis 12,2954, c = 3,5701–3,5728 Å; isotyp mit $Ta_2P$); $Hf_3P_2$ (a = 10,1359–10,1401, b = 3,5770–3,5774, c = 3,8603–3,8829 Å); $HfP$ (a = 3,6461–3,6501, c = 12,3614–12,3796 Å); $HfP_2$ (a = 6,4676, b = 3,4986, c = 8,6476 Å). G. Gattow 58

*0238* **Struktur eines zweikernigen Hydroxokomplexes von Thorium.** Georg Johansson. (Acta chem. scand. **22** (1968) 2, 389–98; Stockholm, Royal Inst. of Technol., Dep. of Inorg. Chem.; engl.) – $[Th_2(OH)_2(NO_3)_6(H_2O)_8]$ (I) krist. monoklin mit Z = 4 in $P2_1/c$: a = 6,772 ± 0,002, b = 11,693 ± 0,005, c = 13,769 ± 0,005 Å, β = 102,63 ± 0,02°; $D._R$ 3,209, $D._{exp}$ 3,20 g/cm³. Unter Verw. dreidimensionaler Röntgendaten wurde die Struktur von I nach den üblichen Verf. bestimmt u. nach der Meth. der kleinsten Quadrate sowie Differenzsynth. bis auf R = 0,094 verfeinert; die Parameter u. anisotropen Temp.-Faktoren sind tabelliert. In I ist Th von 11 O-Atomen aus 3 $NO_3$-Gruppen (Th–O = 2,59–2,76 Å), 3 $H_2O$ (Th–O = 2,49, 2,53 u. 2,57 Å) u. 2 OH-Gruppen (Th–O = 2,33 u. 2,39 Å) umgeben. 2 $[Th(OH)_2(NO_3)_3(H_2O)_3]$-Einheiten sind über die beiden OH derart verbunden, daß isolierte $[Th_2(OH)_2(NO_3)_6(H_2O)_6]$-Gruppen (Th–Th = $3,98_8$ Å) resultieren. Die Abstände in den $NO_3$-Gruppen betragen N–O = $1,26_5$ (2x) u. 1,20 (1x) Å. Über die möglichen Lagen der H-Atome in I wird diskutiert. G. Gattow 58

*0239* **Digermanide des Strontiums und Bariums, $SrGe_2$ und $BaGe_2$.** A. Betz, Herbert Schäfer, Armin Weiss und R. Wulf. (Z. Naturforsch. **23b** (1968) 6, 878; München, Univ., Inst. für Anorg. Chem.; dt.) – $SrGe_2$ (I; F. 1025 ± 15°) u. $BaGe_2$ (II; 1091 ± 15°) wurden durch Erhitzen der stöchiometr. Gemenge im Korundtiegel auf 1100–1150° in Ar hergestellt. I u. II krist. rhomb. mit Z = 8 in $D_{2h}^{16}$–Pnma: a = 8,74 u. 9,05, b = 6,65 u. 6,83, c = 11,24 u. 11,65 Å (±0,05); $D._R$ 4,74 u. 5,16, $D._{exp}$ 4,76 u. 5,14 g/cm³. I u. II sind mit $BaSi_2$ (a = 8,92, b = 6,75, c = 11,57 Å; $D._R$ 3,68, $D._{exp}$ 3,54 g/cm³) isotyp; die ermittelten Parameter von I sind tabelliert. In I liegen isolierte $Ge_4$-Tetraeder mit Ge–Ge = 2,51 (3x), 2,50 (2x), 2,58 (1x) Å vor; Sr–Ge = 3,22 u. Sr–Sr = 4,30 Å. G. Gattow 58

*0240* **Kristall- und Molekülstruktur eines Isomeren von Bis-[1.2-bis-(äthoxycarbonyl)-äthyl]-zinndibromid.** Mamoru Yoshida, Tatzuo Ueki, Noritake Yasuoka, Nobutami Kasai, Masao Kakudo, Iwao Omae, Shoichi Kikkawa und Sumio Matsuda. (Bull. chem. Soc. Japan **41** (1968) 5, 1113–19; Yamada-Kami, Suita, Osaka, Osaka Univ., Fac. of Engng., Dep. of Appl. Chem.; engl.) – Die Titelverb. (I; F. 114–115°, $C_{16}H_{26}Br_2O_8Sn$) krist. monoklin mit Z = 4 in $P2_1/a$: a = 11,85, b = 20,24, c = 9,79 Å, β = 101,3°; $D._R$ 1,79, $D._{exp}$ 1,80 g/cm³. Unter Verw. dreidimensionaler Röntgendaten wurde die Struktur von I nach der Schweratommeth. bestimmt u. nach der Meth. der kleinsten Quadrate bis auf R = 0,098 verfeinert; die Parameter u. anisotropen Temp.-Faktoren sind tabelliert. In I ist Sn verzerrt oktaedr. von 2 Br-, 2 C- u. 2 O-Atomen umgeben: Sn–Br = 2,516 u. 2,588 Å in cis-Stellung; Sn–C = 2,26 (2x); Sn–O = 2,44 u. 2,46 Å. In den Liganden betragen die Abstände C–O = 1,18 bis 1,56 Å u. C–C = 1,46–1,57 Å. G. Gattow 58

*0241* **Strukturuntersuchung über Blei(II)-trithiocarbonat.** Étienne Philippot und Maurice Maurin. (C. R. hebd. Séances Acad. Sci., Sér. C **267** (1968) 3, 243–45; Montpellier, Hérault., Fac. des Sci., Labor. de Chim. Minér. C; franz.) – Durch Umsetzung wss. Lsg. von $Pb(CH_3COO)_2$ mit $Na_2CS_3$ wurde $PbCS_3$ (I) hergestellt. Während bei geringeren Konz. die A-Modifikation von I entsteht, bildet sich bei höheren Konz. die B-Form. A-I krist. hexagonal mit Z = 6 in $P6_1$ oder $P6_5$: a = 6,228 ± 0,002, c = 19,996 ± 0,005 Å; $D._R$ 4,67, $D._{exp}^{20}$ 4,599 g/cm³. B-I besitzt rhomb. Symmetrie (Z = 4; $P2_12_12_1$ oder $Pmn2_1$): a = 8,853, b = 8,054, c = 6,235 Å (±0,003); $D._R$ 4,709, $D._{exp}^{20}$ 4,707 g/cm³. Die Absorptionsmax. von A- u. B-I im IR-Bereich werden mitgeteilt; sie stimmen im wesentlichen mit den Angaben von Krebs et al. (vgl. C. **1967**, 4-0138) überein. G. Gattow 58

*0242* **Chemie der Elemente Niob und Tantal.** 67. Mitt. **Struktur der Tantalhalogenide $Ta_6Cl_{15}$ und $Ta_6Br_{15}$.** D. Bauer und H.-G. von Schnering. (Z. anorg. allg. Chem. **361** (1968) 5/6, 259–76; Münster/Westf., Univ., Anorg.-chem. Inst.; dt.) – 66. vgl. C. **1969**, 1-0751. – $Ta_6Cl_{15}$ (I) u. $Ta_6Br_{15}$ (II), hergestellt nach früher beschriebenen Verf. (vgl. C. **1965**, 5-0642; C. **1965**, 34-0643) krist. kub. mit Z = 16 in $O_h^{10}$ – Ia3d: a = 20,286 u. 21,290 Å (± 0,001); $D._R$ 5,146 u. 6,287 g/cm³, $D._{exp}$ 5,10 u. 6,29 g/cm³. Unter Verw. dreidimensionaler Röntgendaten wurde die Struktur von I mit Patterson- u. Fourier-Synth. bestimmt u. mit Differentialsynth. sowie nach der Meth. der kleinsten Quadrate bis auf R = 0,084, R′ = 0,189 u. R″ = 0,133 verfeinert; die Parameter u. isotropen Temp.-Faktoren sind tabelliert. In I liegen reguläre $Ta_6$-Oktaeder mit Ta–Ta = $2,92_5$ Å vor; 12 Cl ergänzen mit Ta–Cl = $2,41_3$–$2,46_2$ Å zur Einheit $[Ta_6Cl_{12}]$. Die Verknüpfung der $[Ta_6Cl_{12}]$-Gruppen erfolgt über 6 Cl, die jeweils 2 benachbarten Gruppen gemeinsam angehören; die Abstände betragen Ta–Cl = $2,56_4$ Å, ∢ TaClTa = 142,0°. I kann strukturell als $^3_\infty[Ta_6Cl_{12}]Cl_{6/2}$ formuliert werden. Aus ber. Pulverintensitäten folgt, daß II mit I isotyp ist. Die zwischen 90 u. 633°K ermittelten magnet. Eig. von I u. II werden mitgeteilt. G. Gattow 58

*0243* **Chemie der Elemente Niob und Tantal.** 69. Mitt. **$K_4Nb_6Cl_{18}$; Darstellung, Eigenschaften und Struktur.** Arndt Simon, Hans-Georg von Schnering und Harald Schäfer. (Z. anorg. allg. Chem. **361** (1968) 5/6, 235–48; dt.) – 68. vgl. C. **1969**, 4-0713; 67. vgl. vorst. Referat. – Schwarzes $K_4Nb_6Cl_{18}$ (I) wurde durch Erhitzen von $Nb_6Cl_{14}$ mit KCl bzw. aus KCl, $Nb_3Cl_8$ u. Nb hergestellt. I ist wenig lösl. in $H_2O$, HCl(aq) u. Ä.; gut löst es sich in 4 n NaOH mit olivgrüner Farbe. Der von der Temp. prakt. unabhängige Wert der korr. magnet. Suszeptibilität beträgt $\chi_{Mol}$ = + (630 ± 50) · $10^{-6}$ cm³ · $Mol^{-1}$. Beim Erwärmen im Hochvakuum zersetzt sich I zwischen 710 u. 850° in einer Stufe. I krist. monoklin mit Z = 2 in $C_{2h}^3$ – C2/m: a = 9,97 ± 0,03, b = 16,51 ± 0,05, c = 9,47 ± 0,03 Å, β = 115 ± 0,5°; $D._R$ 3,18 g/cm³, $D._{exp}^{25}$ 3,16 g/cm³. Die Struktur von I wurde durch opt. Nachbldg. der Fourier-Transformierten u. mit Fourier-Meth. bestimmt u. mit Differenz- sowie Differentialsynth. bis auf R(hk0) = 0,095, R(h0l) = 0,078 u. R(0kl) = 0,120 verfeinert; die Parameter u. isotropen Temp.-Faktoren sind tabelliert. In I liegen reguläre $Nb_6$-Oktaeder (Nb–Nb = $2,91_5$ Å) vor; 12 Cl-Atome mit Nb–Cl = 2,46–2,52 Å befinden sich über den 12 Oktaederkanten. 6 weitere Cl-Atome liegen vor den Oktaederspitzen (Nb–Cl = 2,55–2,62 Å) u. bilden mit der $[Nb_6Cl_{12}]$-Gruppe das Anion $\{[Nb_6Cl_{12}]Cl_6\}^{4-}$. K ist von 12 Cl im Abstande von K–Cl = 3,00–4,19 Å umgeben. G. Gattow 58

*0244* **Gitterparameter und Dichten von Legierungen des Systems Wismut–Antimon.** J. P. Dismukes, R. J. Paff, R. T. Smith und R. Ulmer. (J. chem. Engng. Data **13** (1968) 3, 317–20; Princeton, N.J., Radio Corp. of Amer., RCA Labor.; engl.) – Vf. bestimmten bei 25° die hexagonal-rhomboedr. Gitterkonst. (GK) u. D. des bin. Syst. von Bi ($a_h$ = 4,5465, $c_h$ = 11,8616 Å bzw. $a_{rh}$ = 4,7459 Å, $\alpha_{rh}$ = 57,24°; $D._{exp}$ 9,0847 g/cm³) mit Sb ($a_h$ = 4,3085, $c_h$ = 11,2732 Å bzw. $a_{rh}$ = 4,5065 Å, $\alpha_{rh}$ = 57,11°; $D._{exp}$ 6,6892 g/cm³) über den gesamten Konz.-Bereich. Aus den Zusammenhängen zwischen GK u. D. bzw. D. u. Zus. folgt, daß die a-Konst. positiv, die c-Konst. negativ bzw. D. positiv von der Vegardschen Geraden abweichen. Die Exzessvol. der Mischungen betragen +0,051 cm³ · $Mol^{-1}$ für 0 < x < 0,65 u. –0,008 für 0,65 > x > 1,0 mit x = Molenbruch Sb. G. Gattow 58

*0245* **Gitterparameter einer Reihe von gemischten Hexabromiden.** B. W. Delf und M. A. Joynson. (Inorg. Chem. [Washington] 7 (1968) 9, 1930–31; Cardiff, Univ. Coll., Phys. Dep.; engl.) – Von nachst. Verb., die eine verzerrte $K_2PtCl_6$-Struktur besitzen, wurden die tetragonalen Gitterkonst. bei 21° röntgenograph. bestimmt: $Rb_2SbBr_6$ a = 7,565 u. c = 10,830 Å; $Rb_4TlSbBr_{12}$ 7,560

u. 10,679; $Rb_4BiSbBr_{12}$ 7,588 u. 10,883; $Rb_4InSbBr_{12}$ 7,557 u. 10,690; $Cs_2SbBr_6$ 7,668 u. 10,982; $Cs_4TlSbBr_{12}$ 7,683 u. 10,890; $Cs_4BiSbBr_{12}$ 7,700 u. 11,030; $Cs_4InSbBr_{12}$ 7,672 u. 10,850. G. Gattow 58

*0246* **Kristallstrukturen von Wismuthalogenid-Komplexen. 3. Mitt. Tris-[dimethylammonium]-hexabromobismutat(III), $[(CH_3)_2NH_2]_3[BiBr_6]$.** W. Gant McPherson und Edward A. Meyers. (J. physic. Chem. **72** (1968) 9, 3117–22; College Station, Tex., Tex. A. and M. Univ., Dep. of Chem.; engl.) – 2. vgl. C. **1969**, 1-0165. – $[(CH_3)_2NH_2]_3[BiBr_6]$ (I) krist. rhomboedr. in R3; für die hexagonale Aufstellung gilt a = 29,25 ± 0,06, c = 8,45 ± 0,02 Å; Z = 12; $D_{R}$ 2,63 g/cm³, $D_{exp}$ 2,5 ± 0,1. Unter Verw. dreidimensionaler Röntgendaten wurde die Struktur von I mit Fourier-Synth. bestimmt u. nach der Meth. der kleinsten Quadrate bis auf R = 0,079 verfeinert; die Parameter u. anisotropen Temp.-Faktoren sind tabelliert. In I liegen isolierte, verzerrte $BiBr_6$-Oktaeder mit Bi–Br = 2,822–2,852 Å u. ∢ BrBiBr = 87,7–92,5° vor. In den $[(CH_3)_2NH_2]$-Gruppen betragen die Abstände C–N = 1,40–1,68 Å; ∢ CNC = 115 u. 121°. G. Gattow 58

*0247* **α-Molybdän(IV)-chlorid. Ein Strukturisomeres mit Molybdän-Molybdän-Wechselwirkungen.** D. L. Kepert und R. Mandyczewsky. (Inorg. Chem. [Washington] 7 (1968) 10, 2091–93; Nedlands, Western Australia, Univ. of Western Australia, School of Chem.; engl.) – Bei der Red. von $MoCl_5$ mit Tetrachloräthylen in $CCl_4$ entsteht die α-Modifikation von $MoCl_4$ (I). Schwarzes α-I krist. monoklin mit a = 12,3, b = 6,4, c = 8,4 Å, β = 134° u. ist mit $NbCl_4$ isomorph. Aus den zwischen 86,3 u. 309,3°K durchgeführten magnet. Messungen folgt ein effektives magnet. Moment von 0,85 BM; α-I gehorcht mit Θ = 220° dem Curie-Weissschen Gesetz. Es wird angenommen, daß in α-I Mo–Mo-Wechselwrkg. vorliegen. Die röntgenograph. d-Werte u. Intensitäten sowie die magnet. Daten von α-I sind tabelliert. G. Gattow 58

*0248* **Kristallstrukturen von Fluoriden. 1. Mitt. Wolfram-(VI)-oxidtetrafluorid.** A. J. Edwards und G. R. Jones. (J. chem. Soc. [London], Sect A **1968**, 9, 2074–78; Birmingham, Univ., Chem. Dep.; engl.) – $WOF_4$ (I; F. 104°; Kp. 185°), hergestellt durch Einwrkg. von $O_2$ u. $F_2$ auf W, krist. monoklin mit Z = 8 in C2/m: a = 9,65 ± 0,01, b = 14,42 ± 0,02, c = 5,15 ± 0,01 Å, β = 95,4 ± 0,3°; $D_{R}$ 5,13 g/cm³, $D_{exp}$ 5,07. Unter Verw. dreidimensionaler Röntgendaten wurde die Struktur von I mit den üblichen Verf. bestimmt u. nach der Meth. der kleinsten Quadrate bis auf R = 0,128 verfeinert; die Parameter u. isotropen Temp.-Faktoren sind tabelliert. In I sind 4 verzerrte $WO_2F_4$-Oktaeder über gemeinsame O-Atome derart miteinander verknüpft, daß isolierte tetramere Einheiten $(WOF_4)_4$ der Symmetrie $D_{4h}$ resultieren; die Abstände betragen: W–O = 2,10 u. 2,12 Å; W–F = 1,63–1,86 Å; ∢ OWO = 83,2°; ∢ WOW = 172,6°. Die IR-Spektren von gasf. u. krist. I sind graph. wiedergegeben. G. Gattow 58

*0249* **Gemischte Wolfram(VI)-bromidchloride.** P. M. Boorman, N. N. Greenwood und H. J. Whitfield. (J. chem. Soc. [London], Sect. A **1968**, 9, 2256–58; Newcastle upon Tyne, Univ., Dep. of Inorg. Chem.; engl.) – Bei der Umsetzung von $K_3W_2Cl_9$ mit $Br_2$ im $N_2$-Strom bei 450° u. anschließender Subl. im Vakuum bei 180° entsteht neben $WCl_3Br_2$ u. $WCl_3Br_{2,4}$ das $WOCl_3Br$ (I). I krist. tetragonal (Z = 4; I4) mit $a_0$ = 8,52, $c_0$ = 3,98 Å u. ist mit $WOCl_4$ ($a_0$ = 8,48, $c_0$ = 3,99 Å) u. $WOBr_4$ (8,96, 3,93) isostrukturell. Die Struktur wurde bis auf R = 0,177 verfeinert; die Parameter sind tabelliert. Das IR-Spektrum von I wurde zugeordnet: 860 cm⁻¹ ν(W=O); 387 ν(W–Cl); 342 ν(W–Br); 324 ν(W–Cl); 254 ν(W–Br); 234 ν(W–Br). G. Gattow 58

*0250* **Uranchalkogenide. 1. Mitt. Strukturelle und magnetische Eigenschaften der Sulfide und Selenide im Bereich von $UX_{1,5}$ bis $UX_3$.** F. Grønvold, H. Haraldsen, T. Thurmann-Moe und T. Tufte. (J. inorg. nuclear Chem. **30** (1968) 8, 2117–25; Blindern, Univ. of Oslo, Inst. of Inorg. Chem.; engl.) – Mit röntgenograph. u. magnet. Meth. wurden die bin. Syst. von U mit S u. Se im Bereich von $UX_{1,5}$–$UX_3$ untersucht; nachst. Phasen treten auf: Tetragonales α-$US_2$ (I; Phasenbreite: $US_{1,80}$–$US_{1,93}$) mit a = 10,278, c = 6,347 Å für die Zus. $US_{1,90}$; Z = 10, I4/mcm–$D_{4h}^{18}$. Rhomb. β-$US_2$ (Zus.: $US_{2,00}$) mit a = 4,124, b = 7,117, c = 8,479 Å im $PbCl_2$-Typ (Pmnb–$D_{2h}^{16}$). Ein γ-$US_2$ existiert nicht. Monoklines $US_3$ (II) mit a = 5,37, b = 3,96, c = 9,06 Å, β = 97,20° ist strukturell als $US(S_2)$ zu formulieren; Z = 2, $P2_1/m$–$C_{2h}^2$; $D_{exp}$ 5,8 g/cm³. Rhomb. $U_3S_5$ (III) mit a = 7,43, b = 8,11, c = 11,78 Å; Z = 4. Tetragonales α-$USe_2$ (Phasenbreite: $USe_{1,85}$–$USe_{2,0}$) mit a = 10,718, c = 6,605 Å; isostrukturell mit I. β- u. γ-$USe_2$ existieren nicht. Monoklines $USe_3$ mit a = 5,65, b = 4,06, c = 9,55 Å, β = 97,5°; wahrscheinlich isostrukturell mit II. Rhomb. $U_3Se_5$ mit a = 7,411, b = 8,100, c = 11,747 Å; vermutlich mit III isostrukturell. Die zwischen 78 u. 440° bestimmten magnet. Daten der oben aufgeführten Phasen sind tabelliert. G. Gattow 58

*0251* **Struktur von Plutoniumdicarbid bei hohen Temperaturen.** E. A. Harper, H. J. Hedger und J. T. Dalton. (Nature [London] **219** (1968) 5150, 151; Harwell, Berkshire, AERE, UK Atom. Energy Authority; engl.) – $PuC_2$ (I) krist. bei 1710° kub. mit a = 5,70 ± 0,01 Å; $Pu_2C_3$ (II) besitzt ebenfalls kub. Symmetrie (a = 8,340 Å bei 1500°). Beim Erhitzen wandelt sich II bei 1710° in I um. Die röntgenograph. d-Werte, Indizes u. Intensitäten von I sind tabelliert. G. Gattow 58

*0252* **Kristallstruktur und Gitterkonstanten der Verbindungen des Berkeliums. 4. Mitt. Berkeliumtrifluorid.** J. R. Peterson und B. B. Cunningham. (J. inorg. nuclear Chem. **30** (1968) 7, 1775–84; Dep. of Chem. and Lawrence Radiat. Labor., Univ. of Calif., Berkeley; engl.) – 3. vgl. C. **1968**, 35-0181. – $BkF_3$ wurde im Nanogramm-Maßstab durch zweimaliges, ½std. Erhitzen von Berkeliumoxid auf 600° in $H_2$-HF-Atmosphäre ($H_2$:HF = 1:2) erhalten. Durch rasches Abkühlen entsteht die Hochtemp.(β-)-Modifikation (I), langsames Abkühlen liefert die Tieftemperatur(α-)-Modifikation (II). I u. II sind blaßgelbgrün. I krist. trigonal im $LaF_3$-Typ mit a = 6,97 ± 0,01, c = 7,14 ± 0,01 Å, II ist rhomb., $YF_3$-Typ mit a = 6,70 ± 0,01, b = 7,09 ± 0,09; c = 4,41 ± 0,01 Å. Die α → β-Übergangstemp. liegt zwischen 350 u. 600°. F. Weigel 58

*0253* **Kristallstruktur von $KMnCl_3 \cdot 2H_2O$.** Stig Jorgo Jensen. (Acta chem. scand. **22** (1968) 2, 641–46; Aarhus, Dänemark, Royal Dental Coll., Dep. of Technol.; engl.) – $KMnCl_3 \cdot 2H_2O$ (I), hergestellt aus wss. Lsg. bei 20°, krist. triklin mit Z = 2 in P$\bar{1}$: a = 6,49, b = 6,91, c = 9,91 Å (±0,01), α = 96,8, β = 114,1, γ = 112,6° (±0,1°); $D_{R}$ 2,22, $D_{exp}$ 2,20 g/cm³. Unter Verw. dreidimensionaler Röntgendaten wurde die Struktur von I nach den üblichen Verf. bestimmt u. nach der Meth. der kleinsten Quadrate bis auf R = 6,5% verfeinert; die Parameter u. anisotropen Temp.-Faktoren sind tabelliert. In I, das isostrukturell mit β-$RbMnCl_3 \cdot 2H_2O$ ist, liegen verzerrte $MnCl_4(H_2O)_2$-Oktaeder vor; die Abstände betragen Mn–Cl = 2,482–2,594 Å u. Mn–O($H_2O$) = 2,182, 2,187 Å in trans-Stellung. 2 Oktaeder bilden die isolierte $[Mn_2Cl_6(H_2O)_4]^{2-}$-Gruppe. G. Gattow 58

*0254* **Kristallstruktur von $K_2MnCl_4 \cdot 2H_2O$.** Stig Jorgo Jensen. (Acta chem. scand. **22** (1968) 2, 647–52; engl.) – Vgl. vorst. Referat. – $K_2MnCl_4 \cdot 2H_2O$ (I), hergestellt aus wss. Lsg. bei 45°, krist. tetragonal mit Z = 2 in I4/mmm – $D_{4h}^{17}$: a = 7,415, c = 8,220 Å (±0,005); $D_{R}$ 2,284, $D_{exp}$ 2,28 g/cm³. Die Struktur von I wurde mit Hilfe dreidimensionaler Fourier-Synth. bestimmt u. nach der Meth. der kleinsten Quadrate bis auf R = 3,4% verfeinert; die Parameter u. anisotropen Temp.-Faktoren sind tabelliert. In I ist Mn von 4 Cl-Ionen u. 2 $H_2O$ in trans-Stellung verzerrt oktaedr. im Abstand von Mn–Cl = 2,531 u. Mn–O($H_2O$) = 2,175 Å koordiniert. G. Gattow 58

*0255* **Kristallchemische Daten des Kaliummanganoxalats $K_2Mn(C_2O_4)_2 \cdot 2H_2O$.** Heinz Matthies und Heinz Schulz. (Naturwissenschaften **55** (1968) 7, 342; Hamburg, Univ., Mineral.-Petrogr. Inst.; dt.) – $K_2Mn(C_2O_4)_2 \cdot$

$2H_2O$ (I), hergestellt durch Sättigung einer sd. konz. Lsg. von $K_2(C_2O_4)$ mit $Mn(C_2O_4)$, gibt beim Erhitzen zwischen 120 u. 180° das gesamte Krist.-W. ab. I krist. rhomb. mit $Z = 2$ in $Cmc2_1$: a = 7,691, b = 12,137, c = 10,659 Å (± 0,001); $D_{exp}^{20}$ 2,32 ± 0,01 g/cm³. G. Gattow 58

*0256* **Kristallstruktur von $ReCl_5$.** Kenneth Mucker, Gordon S. Smith und Quintin Johnson. (Acta crystallogr. [Copenhagen], Sect. B **24** (1968) 6, 874—79; Livermore, Calif., Univ. of Calif., Lawrence Radiation Labor.; engl.) — Schwarzbraunes $ReCl_5$ (I) krist. monoklin mit Z = 8 in $P2_1/c$: a = 9,24, b = 11,54, c = 12,03 Å, β = 109,1° (± 0,3%); $D_R$ 3,98 g/cm³. Die Struktur von I wurde unter Verw. dreidimensionaler Röntgendaten nach den üblichen Verf. bestimmt u. nach der Meth. der kleinsten Quadrate bis auf R = 9,3% verfeinert; die Parameter u. isotropen Temp.-Faktoren sind tabelliert. In I liegen Doppeloktaeder vor: 2 verzerrte $ReCl_6$-Oktaeder (Re–Cl = 2,22—2,27 Å) bilden über eine gemeinsame Kante (Re–Re = 3,739 Å; $Re–Cl_{Br.}$ = 2,45—2,49 Å; ∢ ClReCl = 80,8 u. 81,9°) die Einheit $Re_2Cl_{10}$. Die Struktur von I unterscheidet sich bez. ihrer doppelten hexagonal-dichtesten Kugelpackung von Cl-Atomen, in der 1/5 der oktaedr. Löcher von Re besetzt werden, von der des $TaCl_5$ u. $UCl_5$. G. Gattow 58

*0257* **Struktur von tetragonalem FeS.** Masayuki Uda. (Z. anorg. allg. Chem. **361** (1968) 1/2, 94—98; Tokyo, Inst. of Phys. and Chem. Res. Honkomagome, Bunkyo-Ku.; engl.) — Synthet. *Mackinawit*, FeS, (I) krist. tetragonal mit Z = 2 in P4/nmm: $a_0$ = 3,68, $c_0$ = 5,04 Å. Die Struktur von I wurde mit Hilfe von aus Texturaufnahmen (Elektronenbeugung) erhaltenen Intensitäten bestimmt; der freie Parameter z von S beträgt etwa 1/4. G. Gattow 58

*0258* **Synthetische Pyrrhotite mit zwei neuen Überstrukturen.** Nobou Morimoto und Hiromoto Nakazawa. (Science [Washington] **161** (1968) 3841, 577—79; Yamada Kami, Suita, Osaka, Japan, Osaka Univ., Inst. of Sci. and Industr. Res.; engl.) — Pyrrhotit $Fe_{1-x}S$ (I) mit x = 0—0,11 wurde durch Erhitzen aus den Elementen bei 600° in evakuierten Quarzgefäßen, Abschrecken u. anschließendes Tempern (600°; 300 oder 250°) hergestellt. Neben den bekannten Polytypen von I (2C, 4C, 5C) treten 2 neue hexagonale Formen auf, die Überstrukturen des NiAs-Typs darstellen u. die als 3C-I u. nichtintegraler Typ (ni-I) bezeichnet werden (A, C = Gitterkonst. der Subzelle). 3C-I (Zus.: x = 0,07—0,11) hat die Gitterdimensionen a = 90 · A ≈ 308,7 Å u. c = 3 · C ≈ 17,10 Å; Z = 48600, $P6_222$ oder $P6_422$; $D_R$ 4,75 g/cm³. ni-I (Zus.: x = 0,025—0,065) hat a = 2 · A = 6,86 Å; die c-Konst. verhält sich irrational zu C u. hängt vom x-Wert in I ab. G. Gattow 58

*0259* **Neutronenbeugungsuntersuchung von $Fe_3Se_4$.** A. F. Andresen. (Acta chem. scand. **22** (1968) 3, 827—35; Kjeller, Norwegen, Inst. for Atomenergi; engl.) — Das mit $Cr_3X_4$ (X = S, Se, Te) isostrukturelle $Fe_3Se_4$ (I) wurde bei 371 u. 81°K mit Neutronenbeugung (λ = 1,253 Å) untersucht. I krist. monoklin mit Z = 2 in I2/m–$C_{2h}^3$: a = 6,172 ± 0,008 (bei 371°K) bzw. 6,113 ± 0,006 (bei 81°K), b = 3,534 ± 0,002 bzw. 3,486 ± 0,002, c = 11,195 ± 0,012 bzw. 11,139 ± 0,06 Å, β = 91,51 ± 0,14° bzw. 91,66 ± 0,08°. Die Struktur von I wurde mit den üblichen Meth. bestimmt u. bis auf R = 2,3% bzw. 2,7% verfeinert; die Parameter sowie die beobachteten u. ber. Intensitäten sind tabellar. wiedergegeben. Die magnet. Ordnung in I ist sehr ähnlich mit der in $Fe_7Se_8$; sie zeigt jedoch keine Ähnlichkeiten mit denen in $Cr_3X_4$. G. Gattow 58

*0260* **Darstellung, Kristallstruktur und magnetische Eigenschaften von Alkalimetallthioferraten(III).** W. Bronger. (Z. anorg. allg. Chem. **359** (1968) 5/6, 225—33; Münster/Westf., Univ., Anorg.-Chem. Inst.; dt.) — *$KFeS_2$* (I), *$RbFeS_2$* (II) u. *$CsFeS_2$* (III) wurden nach einem früher beschriebenen Verf. (vgl. C. **1965**, 45-0722) hergestellt u. röntgenograph. untersucht. I u. II krist. monoklin mit Z = 4 in $C_{2h}^6$—C2/c: a = 7,09 u. 7,22, b = 11,27 u. 11,70, c = 5,39 u. 5,42 Å, β = $113,_2$ u. $112,_0$°; $D_R$ 2,66 u. 3,21, $D_{exp}$ 2,61 u. 3,14 g/cm³. Strukturunters. nach den üblichen Meth. ergaben, daß II mit I (vgl. Boon et al., 1942) isostrukturell ist; die Parameter u. interatomaren Abstände von II werden mitgeteilt. III besitzt rhomb. Symmetrie ($D_{2h}^{25}$—Immm; Z = 4) mit a = 7,13, b = 11,92, c = 5,42 Å; $D_R$ 3,64, $D_{exp}$ 3,61 g/cm³. Die Abstände in III betragen Fe–S = 2,18 (2 ×), 2,28 (2 ×) Å u. Cs–S = 3,44—4,29 Å. In I, II u. III liegen relativ kurze Fe–Fe-Abstände vor: Fe–Fe = 2,70 (2 ×), 2,71 (2 ×) u. 2,62 (1 ×), 2,81 (1 ×) Å. Die zwischen 100 u. 700°K bestimmten magnet. Eig. von I, II u. III zeigen starke Fe–Fe-Wechselwrkg. zwischen den in den kristallograph. c-Richtungen kettenförmig angeordneten Fe-Atomen. G. Gattow 58

*0261* **Kristallstruktur von Dimanganeisencarbonyl, $Mn_2 \cdot Fe(CO)_{14}$.** P. A. Agron, R. D. Ellison und H. A. Levy. (Acta crystallogr. [Copenhagen] **23** (1967) 6, 1079—86; Oak Ridge, Tenn., ORNL, Chem. Div.; engl.) — Präzessionsaufnahmen an den roten nadelförmigen Krist. des obigen Carbonyls ergaben monokline Symmetrie mit a = 11,935 (Å); b = 14,287; c = 11,732; β = 97,23°; C2/m; Z = 4; $D_{exp}$ 1,867; $D_R$ 1,866. Die Struktur $(CO)_5MnFe(CO)_4Mn(CO)_5$ ohne brückenbildende CO-Gruppen wird durch die Unters. bestätigt. Die Struktur enthält 2 kristallograph. verschiedene Mol. der Symmetrie 2/m, wobei die Fe-Atome in den nicht äquivalenten Symmetriezentren 000 u. 0½½ der monoklinen Zelle liegen. Die linearen dreiatomaren Metallgruppen haben 2 verschiedene Orientierungen. Die Umgebung jedes Metallatoms ist nahezu oktaedr., um jedes Mn-Atom jedoch sind die äquatorialen CO-Gruppen merklich nach dem Zentrum des Mol. verschoben unter Bldg. eines mittleren Fe–Mn-Valenzwinkels von 86,6°. Die Abstände C–O betragen im Mittel 1,14 Å, während der mittlere Valenzwinkel 179,1° beträgt. C. Gottfried 58△

*0262* **Kristallographie und Elektronenverteilung von Oktafluorcyclohexadien-(1.3)-eisentricarbonyl.** M. R. Churchill und R. Mason. (Proc. Roy. Soc. [London], Ser. **A 301** (1967) 1467, 433—49; Sheffield, Univ., Dep. of Chem.; engl.) — Vf. berichten über eine genaue Strukturunters. des obigen Komplexes, $C_6F_8Fe(CO)_3$. Hellgelbe rhomb. Nadeln mit gut entwickelten {100}- u. {001}-Flächen wurden durch Aufbewahren einer Probe der Verb. während 6 Wochen bei −5° unter Luftabschluß u. Atmosphärendruck erhalten. Präzessions- u. Weissenberg-Aufnahmen lieferten a = 13,49 ± 0,02 (Å); b = 6,92 ± 0,01; c = 11,89 ± 0,02; Raumgruppe ist Pcam; Z = 4; $D_{exp}$ 2,15 ± 0,02; $D_R$ 2,179. Die erhaltenen Parameter sind tabellar. angegeben. In Tabellen sind außerdem die intramol. Abstände u. Valenzwinkel zusammengestellt. In dem Gitter hat das Mol. genau die Symmetrie $C_s$. Auf Grund der Konform. des Cyclohexadienliganden könnte man versucht sein, eine σ-π-Beschreibung der Bindung Metall–Ligand anzunehmen, obwohl ein MO-Schema eine quant. Diskussion der Mol.-Geometrie gestattet. Die 3 Carbonylgruppen haben nicht genau die Symmetrie $C_{3v}$. Ein Vgl. mit anderen Dienkomplexen, die die Tricarbonyleisengruppe enthalten, ergab, daß die in dem obigen Komplex beobachtete Verzerrung der Carbonylgruppen eine allgemeine Erscheinung ist. Die Packung der Mol. in dem Krist. ist zeichnerisch wiedergegeben. Bei einer Betrachtung der Wärmebewegungen wurde festgestellt, daß die „äußeren" Atome des Mol., d. h. die 8 F-Atome u. die 3 O-Atome die größten Schwingungsamplituden haben. C. Gottfried 58△

*0263* **Kristall- und Molekularstruktur von Bis-[dicarbonyl-π-cyclopentadienyleisen]-dichlorgerman, $Cl_2Ge[\pi\text{-}C_5 \cdot H_5Fe(CO)_2]_2$.** M. A. Bush und P. Woodward. (J. chem. Soc. [London], Sect. A **1967**, 11, 1833—38; Bristol. Univ., Dep. of Inorgan. Chem.; engl.) — Die aus einem Gemisch von $CHCl_3$ u. Pentan umkrist. Verb. tritt in orangegelben Krist. auf, die sich als monoklin erweisen, a = 14,79 ± 0,03 (Å); b = 7,63 ± 0,02; c = 15,04 ± 0,03 u. β = 96°5′ ± 15′, C2/c; Z = 4; $D_{exp}$ 1,96; $D_R$ 1,96. Aus der Raumgruppe u. Z = 4 folgt, daß die asymm. Einheit nur ein halbes Mol. hat u. daß die Ge-Atome eine vierzählige Punktlage besetzen müssen. Eine dreidimensionale Patterson-Synth. lieferte die Koordinaten von Ge, Fe u. Cl. Eine hierauf beruhende dreidimensionale Elektronendichteprojektion lieferte klar die Lagen der O- u. C-Atome. Die erhaltenen Atomkoordinaten, einschließlich die der H-Atome, sind tabellar. angegeben. Die asymm. Einheit des Krist. ist mit der anderen Hälfte durch die kristallograph. zweizählige Achse durch das Ge-Atom verbunden. Dadurch entsteht eine Verzerrung der tetraedr. Valenzen des Ge-Atoms, wobei der Winkel Cl–Ge–Cl mit 96° kleiner als als der normale Tetraederwinkel u. der Winkel Fe–Ge–Fe mit 128° sehr viel größer ist. Innerhalb der experimentellen Fehlergrenzen ist der Cyclopentadienylring eben u. regulär mit einer Seitenlänge von 1,42 Å. C. Gottfried 58△

*0264* **Kristall- und Molekularstruktur zweier „Isomerer" von π-Cyclopentadienyl-bis-[triphenylphosphit]-eisenjodid.** 1. Mitt. V. G. Andrianov und Ju. T. Stručkov. (Ž. strukturnoj Chim. **9** (1968) 2, 240–49; Inst. élementoorg. soedinenij AN SSSR; russ.) — $\pi$-$C_5H_5Fe[P(OC_6H_5)_3]_2J$ krist. nach Literaturdaten in zwei isomeren Formen mit F. 155–162° (**I**) bzw. F. 180–190° (**II**). Röntgenograph. wird die Struktur von **I** untersucht. Die Verb. krist. monoklin, a = 19,72 ± 0,01; b = 18,18 ± 0,01; c = 10,99 ± 0,01 Å; β = 102,9 ± 0,3°; $D_{exp}$ 1,45; $D_R$ 1,51 g/cm³ für Z = 4 in $C_{2h}^5$–$P2_1/a$. Best. der Atomparameter mit Hilfe von Patterson- u. Fourier-Synthesen. Die Fe-Atome im Mol. der Verb. sind von 2 P-Atomen, dem J-Atom u. dem $C_5H_5$-Liganden umgeben. Die Konfig. des Mol. u. die Anordnung der Mol. im Krist. werden graph. angegeben. H. Roschkowski 58

*0265* **Struktur von Molekülverbindungen.** 13. Mitt. **Kristallstruktur der Molekülverbindung cis-Dicyanotetrakis-[methylisocyanid]-eisen(II)-4-Chloroform.** J. B. Wilford, N. O. Smith und H. M. Powell. (J. chem. Soc. [London], Sect. A **1968**, 7, 1544–49; Oxford, Chem. Crystallogr. Labor.; engl.) — 12. vgl. C. **1959**, 6753. — cis-$Fe(CN)_2(CH_3NC)_4 \cdot 4CHCl_3$ (**I**) krist. monoklin mit Z = 4 in C2/c: a = 23,98 ± 0,06, b = 8,97 ± 0,03, c = 16,39 ± 0,03 Å, β = 100°6′ ± 25′; $D_R$ 1,44, $D_{exp}$ 1,45 g/cm³. Unter Verw. dreidimensionaler Röntgendaten wurde die Struktur von **I** mit Patterson- u. Fourier-Synth. bestimmt u. nach der Meth. der kleinsten Quadrate bis auf R = 0,16 verfeinert; die Parameter u. individuellen Temp.-Faktoren sind tabelliert. In **I** liegen isolierte Mol. vor, die so angeordnet sind, daß Bänder parallel (100) resultieren; die $CHCl_3$ befinden sich in den Hohlräumen. Fe ist von 6 C-Atomen verzerrt oktaedr. umgeben; Fe–$C_{CN}$ = 1,88 (2 ×), Fe–$C_{CNCH_3}$ = 1,98 (2 ×), 2,05 (2 ×) Å. Nachst. Abstände wurden ermittelt: C–N = 1,03–1,58; C–Cl = 1,71 u. 1,8 Å. G. Gattow 58

*0266* **Kristall- und Molekularstruktur von N.N′-Äthylen-bis-[salicylidenaminato]-eisen(III)-chlorid als einer monomeren Verbindung mit der Koordinationszahl fünf.** M. Gerloch und F. E. Mabbs. (J. chem. Soc. [London], Sect. A **1967**, 10, 1598–608; Manchester, Univ., Dep. of Chem.; engl.) — Schwenk- u. Weissenberg-Aufnahmen an der durch Rekristallisation von $[Fe(salen)Cl]_2$ ($H_2$salen = N.N′-äthylen-bis-[salicylidenamin] aus Nitromethan erhaltenen Verb. [*Fe(salen)Cl*] · *Nitromethan* ergaben rhomb. Symmetrie mit a = 13,00 (Å); b = 28,81; c = 9,78; $Pn2_1a$; Z = 8; $D_R$ 1,525. Die Struktur wurde mit Hilfe einer dreidimensionalen Patterson-Projektion, Fourier- u. Fourier-Differenzsynth. bestimmt. Angegeben sind tabellar. die Atomkoordinaten des Komplexes u. des Nitromethans. Die Krist. enthalten Monomere mit der Koordinationszahl 5, die zusammen mit den Nitromethanmol. gepackt sind, u. zwar in der Raumgruppe $Pn2_1a$, die als Überstruktur aufzufassen ist, die einer Zelländerung von rechts- u. linkshändigen Mol. des Komplexes in der Raumgruppe $P2_12_12_1$ ihre Entstehung verdankt. C. Gottfried 58△

*0267* **Kristall- und Molekularstruktur von Chloro-N.N′-äthylen-bis-[salicylidenaminato]-eisen(III), einem Dimeren mit der Koordinationszahl sechs.** M. Gerloch und F. E. Mabbs. (J. chem. Soc. [London], Sect. A **1967**, 11, 1900–08; engl.) — Vgl. vorst. Referat. — Dunkelrotbraune, nach der c-Achse gestreckte Nadeln des monomeren Prod., $C_{16}H_{14}ClFeN_2O_2$, wurden durch Kristallisation aus Aceton erhalten. Der Komplex krist. monoklin mit a = 11,37 ± 0,02 (Å); b = 6,91 ± 0,01; c = 19,16 ± 0,02; β = 90,5° ± 0,2° in $P2_1/c$; die Zelle enthält 4 monomere oder 2 dimere Einheiten; $D_{exp}$ 1,56; $D_R$ 1,586. Die Struktur wurde mit Hilfe einer dreidimensionalen Patterson-Funktion, der Meth. der kleinsten Quadrate u. einer Differenz-Fourier-Synth. bestimmt. Die Atomkoordinaten sind, einschließlich der der H-Atome, tabellar. angegeben. Die Verb. tritt als dimerer Komplex auf, u. zwar durch die gemeinsame Koordination von 2 O-Atomen des Liganden durch beide Fe-Atome, wodurch eine asymm. brückenbindende Anordnung entsteht. Die Molekularstruktur gleicht der von Hall et al. (ibid. **1960, 2644**) bestimmten Struktur des N.N′-äthylen-bis-[salicylidenaminato)-Cu(II) mit der Ausnahme, daß die Fe-Atome oktaedr. koordiniert sind u. nicht pentakoordiniert mit einer quadrat. pyramidalen Stereochemie. Die oktaedr. Koordination jedes Metalls wird durch eine einfach kovalente Fe–Cl-Bindung mit dem Abstand 2,29 Å vervollständigt. C. Gottfried 58△

*0268* **Kristall- und Molekularstruktur eines oxoüberbrückten zweikernigen Eisen(III)-Komplexes, $[(HEDTA) \cdot FeOFe(HEDTA)]^{2-}$.** Stephen J. Lippard, Harvey Schugar und Cheves Walling. (Inorg. Chem. [Washington] **6** (1967) 10, 1825–31; New York, N.Y., Columbia Univ., Dep. of Chem.; engl.) — $(enH_2)[HEDTA)FeOFe \cdot (HEDTA)] \cdot 6H_2O$ (en = Äthylendiamin, $H_3$[HEDTA] = N-Hydroxyäthyl-äthylendiamintriessigsäure) krist. nach Röntgenbeugungsdaten monoklin mit a = 18,22 ± 0,02 (Å); b = 11,50 ± 0,01; c = 17,42 ± 0,02; β = 103°55′, $P2_1/c$, $D_{exp}$ 1,584 ± 0,004, Z = 4. Die Struktur wurde mit einer Patterson-Projektion u. mehreren Fourier-Synth. bestimmt u. mit der Meth. der kleinsten Quadrate weiter verfeinert. Die Atomparameter werden angegeben. Die Struktur besteht aus diskreten Äthylendiammoniumkationen u. zweikernigen oxoüberbrückten Anionen. Die allg. Struktur der inneren Koordinationsgruppe besteht aus 2 verzerrten Oktaedern mit gemeinsamem O-Atom, die auf diese Weise eine angenäherte lineare Fe–O–Fe-Gruppe bilden, die Abweichung von der Linearität beträgt Fe–O–Fe = 165,0° ± 0,8°. Der Abstand Fe–O beträgt 1,79 Å. Es wird eine qual. MO-Beschreibung des Komplexes besprochen. C. Gottfried 58△

*0269* **Ternäre Phosphide und Arsenide des Lithiums mit Eisen, Kobalt oder Chrom im $Cu_2Sb$-Typ.** R. Juza und K. Langer. (Z. anorg. allg. Chem. **361** (1968) 1/2, 58–73; Kiel, Univ., Inst. für Anorg. Chem.; dt.) — Mit chem. u. röntgenograph. Meth. wurden die tern. Syst. Li–Fe–As, Li–Fe–P, Li–Co–As u. Li–Cr–As untersucht; es treten nachst. Phasen auf: *LiFeAs* (**I**); Mischkrist.-Reihe (MKR) $Fe_2As$-**I**; *LiFeP* (**II**); *LiCoAs* (**III**); $LiCo_3As_2$ (D. 7,08 g/cm³); ein *LiCrAs* (**IV**) existiert nicht. Die Homogenitätsbereiche von **I, II** u. **III** wurden für 800° durch Abschrecken der Proben ermittelt. **I, II** u. **III** krist. tetragonal mit Z = 2 in $D_{4h}^7$–P4/nmm u. gehören dem $Cu_2Sb$-Typ an: **I** a = 3,77₆ u. c = 6,34₉ Å für Zus. $Li_{1,1}Fe_{1,0}As$; **II** 3,69₁ u. 6,02₃ für Zus. $Li_{1,05}Fe_{1,0}P$; **III** 3,75₈ u. 6,17₀ für Zus. $Li_{1,1}Co_{1,0}As$. Aus der MKR Li(Fe, Cr)As wurden die tetragonalen Gitterkonst. von hypothet. **IV** zu a = 3,72 u. c = 6,56 Å extrapoliert. Die aus Pulveraufnahmen ermittelten freien Parameter von **I, II** u. **III** werden mitgeteilt; R = 10(%) (**I**), 13% (**II**) u. 12% (**III**). G. Gattow 58

*0270* **Ternäre Phosphide und Arsenide des Lithiums mit Titan oder Vanadin im $Li_3Bi$-Typ.** K. Langer und R. Juza. (Z. anorg. allg. Chem. **361** (1968) 1/2, 74–86; dt.) — Vgl. vorst. Referat. — Vf. untersuchten die tern. Syst. Li–Ti–As, Li–Ti–P, Li–V–As u. Li–V–P mit röntgenograph. u. chem. Methoden. Nachst. Phasen, deren Homogenitätsbereiche mitgeteilt werden, treten in den Syst. auf: $Li_9TiAs_4$ (**I**), $Li_8TiAs_4$ (**II**), $Li_9TiP_4$ (**III**), $Li_8TiP_4$ (**IV**), $Li_{9,4}V_{1,4}As_4$ (**V**) u. $Li_{9,8}V_{1,2}P_4$ (**VI**). **I, III, V** u. **VI** krist. kub. im $Li_3Bi$-Typ; die Gitterkonst. sind als Funktion der Zus. tabellar. u. graph. wiedergegeben. In **I, III, V** u. **VI** liegt eine kub. dichteste Kugelpackung von P- bzw. As-Atomen vor; die Tetraederlücken sind statist. mit Li + Ti bzw. Li + V besetzt. **II** u. **IV** besitzen mit a = 12,16₉ u. 11,80₉ Å, c/a = 1,001 u. 1,003, $D_{exp}$ 2,94–2,97 g/cm³ u. —, $D_R$ 2,97 u. — für Z = 8 tetragonale Symmetrie. **II** u. **IV** sind strukturell mit **I**, **III**, **V** u. **VI** eng verwandt; eine Ordnung der Ti-Atome führt zu einer Verdopplung der Gitterdimensionen u. zu einer geringen tetragonalen Aufspaltung der Elementarzellen. G. Gattow 58

*0271* **Kristallstrukturen mehrkerniger Polymetallcarbonyle.** 3. Mitt. **Tetracarbonylkobalt-diphenylzinnmangan-pentacarbonyl.** B. P. Birjukov, O. P. Solodova und Ju. T. Stručkov. (Ž. strukturnoj Chim. **9** (1968) 2, 228–39; Inst. ėlementoorg. soedinenij AN SSSR; russ.) – 2. vgl. C. **1968**, 23-0269. – $(CO)_4CoSn(C_6H_5)_2 \cdot Mn(CO)_5$ krist. nach Röntgenbeugungsdaten rhomb. mit a = 8,38 ± 0,02; b = 17,25 ± 0,06; c = 33,47 ± 0,10 Å, Z = 8, $D_{exp}$ 1,71; $D_R$ 1,76 g/cm³ in Pbca. Best. der Atomparameter mit dreidimensionalen Patterson- u. Fourier-Synthesen. Die Konfig. des Mol. u. die Packung der Mol. im Krist. werden graph. angegeben u. die Bindungsverhältnisse in der Verb. eingehend besprochen. H. Roschkowski 58

*0272* **Kristallstrukturen von nickelreichem NiAl und martensitischem NiAl.** S. Rosen und J. A. Goebel. (Trans. metallurg. Soc. AIME **242** (1968) 4, 722–24; Middletown, Calif., Pratt and Whitney Aircraft, Advanced Materials Res. and Development Labor.; engl.) – Ni-reiches (N-I, CsCl-Typ mit 66 Atom-% Ni) u. martensit. NiAl (M-I mit 66) wurden mit der röntgenograph. Pulvermeth. untersucht; die d- u. hkl-Werte sowie die Intensitäten sind tabellar. wiedergegeben. Während N-I eine geordnete Struktur vom CsCl-Typ besitzt, liegt in M-I eine ungeordnete Struktur vor. G. Gattow 58

*0273* **Ternäre Fluoride $ABF_4$ eines neuen Strukturtyps.** H.-G. v. Schnering und P. Bleckmann. (Naturwissenschaften **55** (1968) 7, 342–43; Münster, Univ., Anorg.-Chem. Inst.; dt.) – Aus den Schmelzen der bin. Komponenten wurden nachst., rhomb. mit Z = 4 in $Cmc2_1-C_{2v}^{12}$ krist. tern. Fluoride hergestellt: farbloses $BaZnF_4$ (I; a = 4,206, b = 14,563, c = 5,841 Å); gelbgrünes $BaNiF_4$ (4,153, 14,458, 5,799); gelbgrünes $SrNiF_4$ (3,935, 14,435, 5,653); farbloses $BaFeF_4$ (4,238, 14,837, 5,829). Die Struktur von I wurde nach den üblichen Verf. bestimmt u. bis auf vorl. R-Faktoren von 0,11–0,15 verfeinert; die Parameter werden mitgeteilt. In I liegen parallel (010) gewellte, zweidimensional über 2 F-Atome in cis-Stellung verknüpfte $[ZnF_{4/2}F_2]$-Oktaederschichten vor; die Abstände betragen Zn–F = 1,91–2,12 Å. Ba ist von 11 F-Atomen mit Ba–F = 2,57–3,45 Å koordiniert. G. Gattow 58

*0274* **Strukturelle Aspekte und magnetisches Verhalten von $NbS_2$ und $TaS_2$, die zusätzliche Atome von Metallen der ersten Übergangsreihe enthalten.** J. M. van den Berg und P. Cossee. (Inorg. chim. Acta [Padova] **2** (1968) 2, 143–48; Amsterdam, Shell Res. N.V., Koninklijke Shell-Labor.; engl.) – Mit röntgenograph. u. magnet. Meth. wurden die tern. Syst. M–Nb–S u. M–Ta–S mit M = *Mn, Fe, Co, Ni* untersucht; in den Syst. treten Verb. der Zus. $MNb_3S_6$ (**I**) u. $MTa_3S_6$ (**II**) auf. Die Strukturen von **I** u. **II**, die aus röntgenograph. Pulveraufnahmen ermittelt wurden, lassen sich als Überstrukturen vom 2s-$NbS_2$-Typ ableiten, in denen eine geordnete Verteilung der M-Atome in den oktaedr. Löchern zwischen den prismat. $NbS_2$-Schichten vorliegt. Für **I** u. **II** wurden nachst. hexagonale Gitterkonst. ermittelt (Z = 2; $P6_322$): $MnNb_3S_6$ a = 5,782 u. c = 12,629 Å; $FeNb_3S_6$ 5,766 u. 12,212; $CoNb_3S_6$ 5,768 u. 11,886; $NiNb_3S_6$ 5,758 u. 11,897; $MnTa_3S_6$ 5,757 u. 12,697; $FeTa_3S_6$ 5,739 u. 12,289; $CoTa_3S_6$ 5,740 u. 11,932; $NiTa_3S_6$ 5,737 u. 11,942. Die ermittelten freien Parameter, isotropen Temp.-, Struktur- u. R-Faktoren sowie die magnet. Parameter u. Debye-Temp. von **I** u. **II** sind tabelliert. G. Gattow 58

*0275* **Kristallstrukturen von Mangan(II)- und Kobalt(II)-bromiddihydrat.** B. Morosin. (J. chem. Physics **47** (1967) 2, 417–20; Albuquerque, N.Mex., Sandia Labor.; engl.) – Weissenberg-Aufnahmen bei Zimmertemp. ergaben für $CoBr_2 \cdot 2H_2O$ (**I**) u. $MnBr_2 \cdot 2H_2O$ (**II**) monokline Symmetrie u. die Gitterkonst. für **I** a = 7,6296(5) (Å); b = 8,7700(5); c = 3,7648(5); β = 97,539°; für **II** a = 7,7634(6); b = 8,9904(4); c = 3,8811(5); β = 97,620°; Raumgruppe für beide Verb. C2/m; Z = 2; $D_R$ für **I** 3,388, für **II** 3,102. Die Atomkoordinaten für beide Verb. werden tabellar. angegeben. Im Gitter sind polymere Ketten von Metall u. Brom nahezu quadrat.-planar angeordnet, wobei jedes Br-Atom gleichzeitig 2 Metallatomen parallel der c-Achse angehört. Diese Ketten werden durch relativ schwache H-Bindungen zusammengehalten, die zwischen den Br-Atomen einer benachbarten polymeren Kette u. dem O-Atom des W.-Mol. bestehen u. die die oktaedr. Koordination um das Co-Atom vervollständigen. In beiden Verb. liegen die Abstände Metall–Br zwischen der Summe der Ionenradien u. der Summe der Radien der entsprechenden sechsfach koordinierten kovalenten Atome, die an der chem. Bindung beteiligt sind. Aufnahmen von **I** bei 77°K ergaben eine andere Packungsanordnung. Die Gitterkonst. sind a = 14,2 (Å); b = 67,36; c = 9,04; β = 91°. In dieser Packungsanordnung laufen die Ketten parallel der b-Achse u. nicht der c-Achse, wie für Zimmertemp. gefunden worden war. C. Gottfried 58△

*0276* **Röntgenographische Untersuchung an Nickel(II)-chloriddihydrat.** B. Morosin. (Acta crystallogr. [Copenhagen] **23** (1967) 4, 630–34; engl.) – Vgl. vorst. Referat. – Weissenberg-Aufnahmen von $NiCl_2 \cdot 2H_2O$ ergaben monokline Symmetrie, a = 6,9093(5) (Å); b = 6,8858(6); c = 8,8298(4); β = 92,246(2)°; I2/m; Z = 4; $D_{exp}$ 2,622(2); $D_R$ 2,621. Die Struktur wurde mit Hilfe einer dreidimensionalen Patterson-Funktion, Fourier- u. Fourier-Differenzsynth. bestimmt u. mit der Meth. der kleinsten Quadrate weiter verfeinert. Die Atomkoordinaten sind tabellar. angegeben. In dem Gitter ist das Ni-Ion leicht verzerrt oktaedr. von 2 W.-Mol. in dem Abstand 2,089 Å u. 4 Cl-Ionen in Abständen von 2,387 u. 2,410 Å umgeben; durch gemeinsame Kanten werden ausgedehnte lineare Ketten gebildet. Der mittlere Abstand von 2,40 Å für Ni–Cl deutet darauf hin, daß diese Bindungen mehr kovalenter Art sind als Ionencharakter haben. C. Gottfried 58△

*0277* **Kristall- und Molekularstruktur von Tetraäthylammoniumtetrachloroniccolat(II).** G. D. Stucky, J. B. Folkers und T. J. Kistenmacher. (Acta crystallogr. [Copenhagen] **23** (1967) 6, 1064–70; Dep. of Chem. and Chem. Engng. and Mater. Res. Labor., Univ. of Ill., Urbana, Ill.; engl.) – $[(C_2H_5)_4N]_2[Me^{II}Cl_4]$ [Me = *Ni* (**I**); *Co* (**II**)] wurde aus den Chloriden in heißem $CH_3NO_2$ dargestellt. **I** ist mit **II** isomorph u. krist. in $P4_2/nmc$ mit a = b = 9,00 ± 0,02 (Å); c = 14,97 ± 0,03 bzw. 9,05 ± 0,01; c = 15,01 ± 0,02. $D_R$ für **I** u. **II** betragen 1,26 (gcm⁻³), $D_{exp}^{24}$ (I) 1,25 ± 0,03; **II** 1,28 ± 0,03. Bindungslängen u. -winkel vgl. Original. I. Sarow 58

*0278* **Kristall- und Molekularstruktur von Bis-[2-dimethylamino-äthanthiolato]-nickel(II).** R. L. Girling und E. L. Amma. (Inorg. Chem. [Washington] **6** (1967) 11, 2009–12; Columbia, S.C., Univ. of S.C., Dep. of Chem.; engl.) – $Ni[SC_2H_4N(CH_3)_2]_2$ ist in polaren u. nicht polaren Lsgm. löslich. Die magnet. Momente, das Molgew., die IR- u. sichtbaren Spektren deuten darauf hin, daß es sich um einen „quadrat.-ebenen"-Ni(II)-Komplex handelt. Präzessions- u. Weissenberg-Aufnahmen ergaben monokline Symmetrie mit a = 8,89 (Å); b = 11,94; c = 5,56 (alle ± 0,01); β = 94,4° ± 0,10; $P2_1/n$; Z = 2; $D_{exp}$ 1,50; $D_R$ 1,51. Da Z = 2 ist, müssen die N-Atome auf Symmetriezentren liegen, die Konfig. des Komplexes muß daher trans sein. Die weitere Strukturaufklärung erfolgte mit dreidimensionalen Patterson- u. Fourier-Synthesen. Die Mol. in dem Gitter sind durch gewöhnliche van der Waals-Abstände getrennt. Das Ni-Atom u. seine 4 nächsten Nachbarn liegen aus Raumgruppengründen in einer Ebene. Der Winkel N–Ni–S mit 92,10° u. relativ großen Abstände Ni–N u. Ni–S sind erklärbar durch ster. Behinderung zwischen einem C-Atom einer Methylgruppe u. dem S-Atom. C. Gottfried 58△

*0279* **Kristallstruktur von Bis-[glyoximato]-nickel(II).** R. Kent Murmann und E. O. Schlemper. (Acta crystallogr. [Copenhagen] **23** (1967) 4, 667–69; Columbia, Mo., Univ. of Mo., Chem. Dep.; engl.) – Präzessions-, Schwenk- u. Weissenberg-Aufnahmen ergaben monokline Symmetrie, a = 4,21 ± 0,01 (Å); b = 7,20 ± 0,01;

$c = 12{,}41 \pm 0{,}02$; $\beta = 90{,}8 \pm 0{,}2°$; Raumgruppe ist $P2_1/c$; $Z = 2$; $D_{\cdot exp}$ 2,02; $D_{\cdot R}$ 2,06. In dem Gitter ist die asymm. Einheit $^1/_2$ Mol., das leicht, ohne die H-Atome, durch eine dreidimensionale Patterson-Projektion festgelegt werden konnte. Nach Anwendung der Meth. der kleinsten Quadrate konnten mit Hilfe einer Fourier-Differenzsynth. die an die C-Atome gebundenen H-Atome lokalisiert werden; ein definiertes Max. für das H-Atom der symm. H-Bindung konnte jedoch nicht beobachtet werden. Die Atomkoordinaten sind tabellar. zusammengestellt; ebenso sind in einer Tabelle die Bindungsabstände, Valenzwinkel u. intermolekularen Abstände enthalten. C. Gottfried 58△

*0280* **Neubestimmung der Atomverteilungen in $Cu_5Zn_8$, $Cu_5Cd_8$ und $Cu_9Al_4$.** Olov v. Heidenstam, Anders Johansson und Sven Westman. (Acta chem. scand. **22** (1968) 2, 653—61; Stockholm, Univ., Inst. of Inorg. and Phys. Chem.; engl.) — $Cu_5Zn_8$ (I), $Cu_5Cd_8$ (II) u. $Cu_9Al_4$ (III) krist. kub. mit $a = 8{,}869 \pm 0{,}002$, $9{,}5888 \pm 0{,}0003$ u. $8{,}7023 \pm 0{,}0005$ Å. Die Neubest. der Krist.-Struktur von I erfolgte mittels Neutronenbeugung, die von II u. III mit röntgenograph. Meth.; die Parameter u. interatomaren Abstände sind tabelliert. I ($J\bar{4}3m$) gehört dem $\gamma$-Messing-Typ an; II ist mit I isotyp. Die Raumgruppe von III ist $P\bar{4}3m$. G. Gattow 58

*0281* **Rhomboedrisch verzerrte Gammaphasen in den Systemen Kupfer–Quecksilber und Chrom–Aluminium.** Tommie Lindahl, Åke Pilotti und Sven Westman. (Acta chem. scand. **22** (1968) 3, 748—52; engl.) — Vgl. vorst. Referat. — $Cu_{15}Hg_{11}$ (I) u. $Cr_9Al_{17}$ (II), hergestellt auf elektrolyt. Wege nach dem Verf. von Lihl (1953) bzw. durch Zusammenschmelzen äquimol. Mischungen von Cr + Al unter Ar-Atmosphäre mit anschließender Temperung, wurden röntgenograph. nach der Pulvermeth. untersucht. I u. II krist. rhomboedr. mit $Z = 2$ in einer pseudokub. innenzentrierten Elementarzelle: $a = 9{,}4067 \pm 0{,}0007$ u. $9{,}1031 \pm 0{,}0004$ Å, $\alpha = 90{,}413 \pm 0{,}010°$ u. $90{,}326 \pm 0{,}006°$; $D_{\cdot R}$ 12,6 g/cm³ u. —, $D_{\cdot exp}$ $12{,}6 \pm 1{,}0$ g/cm³ u. —. I u. II besitzen die Struktur eines rhomboedr. verzerrten $\gamma$-Messings. G. Gattow 58

*0282* **Kristallstruktur von Ammoniumkupfer(I)-sulfit.** Birgit Nyberg und Peder Kierkegaard. (Acta chem. scand. **22** (1968) 2, 581—89; Stockholm, Univ., Inst. of Inorg. and Phys. Chem.; engl.) — Farbloses $NH_4CuSO_3$ (I), hergestellt nach der Meth. von Ramberg (1909), krist. hexagonal mit $Z = 6$ in $R\bar{3}m$: $a = 5{,}4289 \pm 0{,}0004$, $c = 23{,}166 \pm 0{,}004$ Å; $D_{\cdot R}$ 2,72, $D_{\cdot exp}$ 2,73 g/cm³. Die Struktur von I wurde mit Patterson- u. Fourier-Synth. bestimmt u. nach der Meth. der kleinsten Quadrate bis auf $R = 9{,}0\%$ verfeinert; die Parameter u. individuellen Temp.-Faktoren sind tabelliert. In I liegen trigonale $SO_3$-Pyramiden u. verzerrte $CuO_3S$-Tetraeder vor, die Doppelschichten (DS) parallel zur kristallograph. ab-Ebene ausbilden; die DS werden von $NH_4^+$-Ionen zusammengehalten. Die Abstände in I betragen: S–O = $1{,}514 \pm 0{,}012$ Å; ∢ OSO = $105{,}3°$; Cu–O = $2{,}120 \pm 0{,}012$ Å; Cu–S = $2{,}147 \pm 0{,}008$ Å. G. Gattow 58

*0283* **Auf Antimon und Wismut basierende metastabile einfach kubische Phasen.** B. C. Giessen, U. Wolff und N. J. Grant. (Trans. metallurg. Soc. AIME **242** (1968) 4, 597—602; Cambridge, Mass., MIT, Dep. of Metallurg. and Mater. Sci.; engl.) — In nachst. bin. Syst. konnten durch schnelles Abschrecken bei Zimmertemp. bzw. —190° metastabile kub. $\pi$- u. rhomboedr. $\pi'$-Phasen hergestellt werden: *Ni*–Sb bei 12 Atom-% Ni $\pi$ (a = 3,03 Å) u. bei 20 $\pi'$; *Pd*–Sb bei 12,5—15,5 Atom-% Pd $\pi$ ($2{,}99_5$ bis $3{,}02_2$); *Au*–Sb bei 16—28 Atom-% Au $\pi$ ($2{,}91_7$—$2{,}98_4$); Au–Bi bei 20—25 Atom-% Au $\pi$ ($3{,}11_8$—$3{,}14_0$) u. bei 40 $\pi'$ (a = 3,03 Å, $\alpha = 89°05'$). Über die Strukturen der $\pi$- u. $\pi'$-Phasen wird diskutiert. G. Gattow 58

*0284* **Oxoaurate(I) der Alkalimetalle: CsAuO.** H.-D. Wasel-Nielen und R. Hoppe. (Z. anorg. allg. Chem. **359** (1968) 1/2, 36—40; Gießen (Lahn), Univ., Inst. für Anorg. u. Analyt. Chem.; dt.) — Durch Umsetzung von CsAu mit $O_2$ bei 400° (8 Std.) in einer Stahlbombe wurde fahlgelbes, sprödes CsAuO (I) hergestellt. I, das sehr feuchtigkeitsempfindlich ist, krist. tetragonal mit $Z = 8$ in $S_4^2$—$I\bar{4}$: $a = 10{,}160 \pm 0{,}005$, $c = 6{,}170 \pm 0{,}003$ Å; $D_{\cdot R}$ 7,21, $D_{\cdot exp}$ 7,26 g/cm³. I ist mit KAgO isotyp u. weist somit $[Au_4O_4]$-Gruppen auf. G. Gattow 58

*0285* **Kristallstruktur der Hochtemperaturphase $Pd_3S$.** Erling Røst und Egil Vestersjø. (Acta chem. scand. **22** (1968) 3, 819—26; Oslo, Univ. i Oslo, Kjem. Inst. A; engl.) — Die zwischen 554 u. 623° stabile Hochtemp.-Phase $Pd_3S$ (I) wurde aus den Elementen durch Zusammenschmelzen im Vakuum, Abschrecken u. Tempern bei 600° hergestellt. I krist. rhomb. mit $Z = 4$ in der wahrscheinlichen Raumgruppe Ama2: $a = 6{,}088$, $b = 5{,}374$, $c = 7{,}453$ Å; $D_{\cdot R}$ 9,57 g/cm³, $D_{\cdot exp}$ 9,58. Die Struktur von I wurde unter Verw. dreidimensionaler Röntgendaten mit Patterson- u. Fourier-Synth. bestimmt u. nach der Meth. der kleinsten Quadrate bis auf $R = 0{,}0595$ verfeinert; die Parameter u. individuellen Temp.-Faktoren sind tabelliert. In I ist $Pd_I$ von 2 S u. 10 Pd, $Pd_{II}$ von 2 S u. 7 Pd unregelmäßig umgeben; die Abstände betragen: $Pd_I$–S = 2,284 (2x), $Pd_I$–Pd = 2,811—3,044 Å; $Pd_{II}$–S = 2,283 u. 2,461, $Pd_{II}$–Pd = 2,751—2,921 Å. G. Gattow 58

*0286* **Kristallchemische Daten über $\beta$-Diketonchelate.** 3. Mitt. **Kristall- und Molekularstruktur von Bis-[dibenzoylmethanato]-palladium.** E. A. Šugam, L. M. Škol'nikova und A. N. Knjazeva. (Ž. strukturnoj Chim. **9** (1968) 2, 222—27; VNII chim. reaktivov i osobo čistych chim. veščestv; russ.) — 2. vgl. C. **1968**, 24-0273. — Bis-[dibenzoylmethanato]-Pd(II) wurde durch Umsetzung des Liganden mit $PdCl_2$ erhalten. Röntgenbeugungsaufnahmen ergeben monokline Symmetrie, $a = 17{,}37 \pm 0{,}02$; $b = 5{,}78 \pm 0{,}01$; $c = 24{,}23 \pm 0{,}04$ Å; $\beta = 103 \pm 0{,}5°$; $Z = 4$; $D_{\cdot exp}$ 1,56; $D_{\cdot R}$ 1,55 g/cm³. I2/c. Best. der Atomparameter mit Hilfe dreidimensionaler Patterson- u. Fourier-Synthesen (R = 0,1). Pd ist quadrat. koordiniert, das Chelatmol. ist im wesentlichen eben. Angabe einiger Strukturprojektionen. H. Roschkowski 58

*0287* **Neue ternäre Fluoride des Palladiums und Platins.** H. Henkel und R. Hoppe. (Z. anorg. allg. Chem. **359** (1968) 3/4, 160—77; Gießen, Univ., Inst. für Anorg. u. Analyt. Chem.; dt.) — Durch direkte Fluorierung der Mischungen von $(NH_4)_2PdCl_6$ mit den entsprechenden Carbonaten bzw. Oxiden wurden nachst. Verb., die dem hexagonalen $LiSbF_6$-Typ ($Z = 3$; $C_{3i}^2$—$R\bar{3}$) angehören u. deren F-Parameter sowie interatomare Abstände ermittelt wurden, hergestellt: *$MgPdF_6$* a = 4,98, c = 13,48 Å u. $D_{\cdot exp}$ —, $D_{\cdot R}$ 4,21 g/cm³; *$CaPdF_6$* 5,19, $14{,}5_9$ u. 3,80, 3,81; *$ZnPdF_6$* 4,95, 13,69 u. —, 4,90; *$CdPdF_6$* 5,08, 14,39 u. 5,07, 5,16; „*$HgPdF_6$*" 5,0, 14,2 u. —, 6,8. *$Li_2PdF_6$* u. *$Li_2PtF_6$* krist. monoklin mit $Z = 2$ in der Raumgruppe $P2_1/a$—$C_{2h}^5$ u. gehören dem $Na_2SnF_6$-Typ an: a = 10,09 u. 10,23, b = 4,64 u. 4,68, c = 4,63 u. 4,65 Å, $\beta$ = 117 u. 117°; $D_{\cdot exp}$ 4,00 u. 5,33 g/cm³, $D_{\cdot R}$ 4,02 u. 5,41 g/cm³. Hexagonales *$Na_2PdF_6$* (a = 9,20, c = 5,16 Å; $D_{\cdot exp}$ 3,50, $D_{\cdot R}$ 3,51 g/cm³) ist mit $Na_2SiF_6$ ($Z = 3$; $P321$—$D_3^2$) isotyp. G. Gattow 58

*0288* **Kristallstruktur von $RuSe_2$, $OsSe_2$, $PtAs_2$ und $\alpha$-$NiAs_2$.** W. N. Stassen und R. D. Heyding. (Canad. J. Chem. **46** (1968) 12, 2159—63; Kinston, Ontario, Queen's Univ., Dep. of Chem.; engl.) — $RuSe_2$ (I), $OsSe_2$ (II), $PtAs_2$ (III) u. $\alpha$-$NiAs_2$ (IV) wurden nach bekannten Verf. hergestellt u. röntgenograph. untersucht. I, II u. III besitzen kub. Symmetrie ($Pa3$); die Gitterkonst., freien Parameter u. Zuverlässigkeitsfaktoren betragen: I a = 5,935 Å (± 0,001), x = $0{,}381 \pm 0{,}003$ u. R = 0,04; II 5,946, $0{,}382 \pm 0{,}004$ u. 0,06; III 5,967, $0{,}385 \pm 0{,}004$ u. 0,06. I, II u. III gehören dem Pyrit-Typ an; für die Abstände folgt: Ru–Se = 2,473 u. Se–Se = 2,44 Å in I; Os–Se = 2,478 u. Se–Se = 2,43 in II; Pt–As = 2,494 u. As–As = 2,38 in III. IV krist. rhomb. mit $Z = 8$ in $D_{2h}^{15}$—Pbca: a = 5,770, b = 5,838, c = 11,419 Å (± 0,001); $D_{\cdot R}$ $7{,}20 \pm 0{,}01$ g/cm³, $D_{\cdot exp}$ $7{,}25 \pm 0{,}07$. Die Struktur von IV wurde mit den üblichen Meth. bestimmt; die Parameter sind tabelliert. In IV liegen $As_2$-Gruppen mit As–As = 2,46 Å vor. Ni ist von 6 As im Abstand von Ni–As = 2,25—2,46 Å verzerrt oktaedr. umgeben; Ni–Ni

= 3,72 Å. Die Struktur von **IV** läßt sich als Kombination von Pyrit- u. Markasit-Typ erklären.
G. Gattow 58

*0289* **Kristallstruktur von Trimethylplatinhydroxid.** Thomas G. Spiro, David H. Templeton und Allan Zalkin. (Inorg. Chem. [Washington] **7** (1968) 10, 2165–67; Berkeley, Calif., Univ. of Calif., Dep. of Chem., Lawrence Radiation Labor.; engl.) — $(CH_3)_3 \cdot PtOH$ (**I**), hergestellt nach der Meth. von Pope u. Peachey (1909), wurde röntgenograph. untersucht. **I** krist. kub. mit Z = 8 in $I\bar{4}3m$: a = 10,165 ± 0,005 Å; $D_{\cdot R}$ 3,23 g/cm³, $D_{\cdot exp}$ 3,2. Unter Verw. dreidimensionaler Röntgendaten wurde die Struktur von **I** mit Fourier-Synth. bestimmt u. nach der Meth. der kleinsten Quadrate bis auf R = 0,058 verfeinert; die Parameter u. Temp.-Faktoren sind tabelliert. In **I** liegen isolierte tetramere Einheiten der Art $[(CH_3)_3PtOH]_4$ vor. Pt ist von 3 $CH_3$- u. 3 OH-Gruppen im Abstand von Pt–C = 2,04 u. Pt–O = 2,22 Å verzerrt oktaedr. umgeben; ∢ CPtC = 87°. Jedes Pt ist an 3 O-Atome u. jedes O-Atom an 3 Pt gebunden; Pt–Pt = 3,430 Å; ∢ OPtO = 77,6°, ∢ PtOPt = 101,2°.
G. Gattow 58

*0290* **$Si_3O_{10}$-Gruppen in der Kristallstruktur von Ardennit.** Gabrielle Donnay und R. Allmann. (Acta crystallogr. [Copenhagen], Sect. B **24** (1968) 6, 845–55; Washington, D.C., Carnegie Inst. of Washington, Geophys. Labor.; engl.) — Natürlicher Ardennit $Mn_2^{2+} \cdot (Mn^{2+}, Ca)_2(AlOH)_4[(Mg, Al, Fe^{3+})OH]_2(As, V)O_4Si_3O_{10} \cdot (SiO_4)_2$ (**I**; Fundort: Salm-Château, Ardennen, Belgien) krist. rhomb. mit Z = 2 in Pnmm: a = 8,7126 ± 0,0008, b = 5,8108 ± 0,0008, c = 18,5214 ± 0,0011 Å; $D_{\cdot R}$ 3,74, $D_{\cdot exp}$ 3,69–3,74 g/cm³. Die Struktur von **I** wurde mit dreidimensionalen Patterson- u. Fourier-Synth. bestimmt u. nach der Meth. der kleinsten Quadrate bis auf R = 7,0% verfeinert; die Parameter u. anisotropen Temp.-Faktoren sind tabelliert. Die Struktur von **I** kann aus der eines verzwillingten Epidots abgeleitet werden. In **I** liegen sowohl isolierte $SiO_4$-Tetraeder als auch $Si_3O_{10}$-Gruppen vor (Si–O = 1,631 Å; ∢ SiOSi = 126°). Die $(As, V)O_4$-Tetraeder haben keinen Kontakt mit den $SiO_4$-Tetraedern; (As, V)–O = 1,698 Å. In **I** sind $Mn^{2+}$ u. $(Mn^{2+}, Ca)$ unregelmäßig koordiniert. Nachst. Abstände wurden ermittelt: $Mn^{2+}$–O = 2,198 (5 ×), $(Mn^{2+}, Ca)$–O = 2,239 (5 ×), Al–O = 1,911, $(Mg, Al, Fe^{3+})$–O = 2,011 Å.
G. Gattow 58

*0291* **Kristallstruktur von Babeffit, $BaBePO_4F$ [= $Ba(Be, P)_2O_4F$].** D. P. Šaškin, M. A. Simonov und N. V. Belov. (Doklady Akad. Nauk SSSR **176** (1967) 6, 1392–95; VNII mineral'nogo syr'ja; russ.) — Das erstmals 1962 von Nazarova (vgl. C. **1967**, 29-0806) aus Seltenmetall-Fluorit-Lagerstätten Sibiriens beschriebene Ba–Be-Phosphat zeigt folgende Gitterkonst.: a = 6,93 ± 0,01; b = 16,74 ± 0,03; c = 6,93 ± 0,01 Å; pseudotetragonal-rhomb. mit $C_{2v}^{19}$ = Fdd2. Hauptstrukturelemente des Babeffits sind senkrecht zu [010] liegende Schichten aus Ba-Polyedern u. Metaketten aus (Be, P)-Tetraedern. Angabe von d-Werten u. interatomaren Abständen.
M. Hähnert 58

*0292* **Kristallstruktur von Ettringit.** A. Moore und H. F. W. Taylor. (Nature [London] **218** (1968) 5146, 1048–49; Slough, Buckinghamshire, Cement and Concrete Assoz., Res. Labor.; engl.) — Natürlicher Ettringit $Ca_6[Al(OH)_6]_2(SO_4)_3 \cdot 26H_2O$ (**I**; Fundort: Scawt Hill, N.-Irland) krist. trigonal mit Z = 2 in $P\bar{3}1c$ oder P31c: a = 11,23, c = 21,44 Å. Die Pseudostruktur von **I** wurde für eine hexagonale Zelle ($P6_3/mcm$; Z = 1) mit a = 11,23 u. c/2 = 10,72 Å mit Hilfe von Fourier-Synth. bestimmt u. mit Differenz-Synth. sowie nach der Meth. der kleinsten Quadrate bis auf R = 0,11–0,15 verfeinert; die Parameter u. individuellen Temp.-Faktoren sind tabelliert. In **I** liegen $[Al(OH)_6]^{3-}$-Oktaeder vor, die von $Ca^{2+}$ zusammengehalten werden. $Ca^{2+}$ ist derart von 4 $H_2O$ u. 4 $OH^-$ koordiniert, daß Gruppen der Art $\{Ca_6[Al \cdot (OH)_6]_2 \cdot (H_2O)_{24}\}^{6+}$ pro Pseudozelle resultieren. — Die Struktur von **I** wird weiter verfeinert.
G. Gattow 58

*0293* **Struktur des Haidingerits: $CaH(AsO_4) \cdot H_2O$.** M. Calleri und G. Ferraris. (Periodico Mineralog. **36** (1967) 1, 1–23; Torino, Univ., Ist. di Mineralog., Petrografia e Geochim.; ital.) — Wie röntgenograph. Unters. (Weissenberg-Aufnahmen) an synthet. Haidingerit zeigen, krist. die Verb. rhomb. mit a = 6,904 ± 0,009 (Å); b = 16,161 ± 0,009; c = 7,935 ± 0,006 in der Raumgruppe $D_{2h}^{14}$–Pcnb; Z = 8; $D_{\cdot exp}$ 2,96; $D_{\cdot R}$ 2,971. Das Mineral besteht aus Doppelschichten von $AsO_4$-Tetraedern senkrecht zu [010], zwischen die die Ca-Atome eingelagert sind. Diese Ca-Atome liegen im Mittelpunkt einer verzerrten pentagonalen Bipyramide, an deren Ecken sechs O-Atome an As u. eins an W. gebunden sind. Eines der $AsO_4$-Tetraeder ist nicht an Ca gebunden. Die $H_2O$-Mol. sind auf den Oberflächen der Doppelschichten angeordnet u. bilden so eine zweite H-Bindung.
C. Gottfried 58△

*0294* **Kristallstruktur des rhombischen Hochtridymits aus dem Steinbach-Meteorit bei 220°.** W. A. Dollase. (Acta crystallogr. [Copenhagen] **23** (1967) 4, 617–23; Cambridge, Mass., MIT; engl.) — Bei 220° erwies sich der Tridymit als rhomb. mit a = 8,74 (Å); b = 5,04 u. c = 8,24; $C222_1$. Unter der Annahme, daß die Atomverteilung der des idealen Hochtridymits entsprach, wurden neben Strukturberechnungen eine Patterson-Projektion u. Elektronendichteprojektionen u. Fourier-Differenzsynthesen durchgeführt. Die hierbei gefundenen rhomb. Atomkoordinaten sind tabellar. angegeben. Aus den erhaltenen Valenzwinkeln war klar zu erkennen, daß die Abweichungen der einzelnen Tetraederwinkel etwa viermal größer waren als die üblichen Valenzwinkel. Dies führt zu der Feststellung, daß die Tetraeder von der Regularität abweichen. Diese Abweichungen sind auf eine Verdrehung von Paaren von Tetraedern um die a-Achse in der Achse zurückzuführen, u. zwar in der Art, daß die in der c-Achse verbundenen Tetraeder abwechselnd in der negativen u. positiven Richtung der b-Achse verschoben sind.
C. Gottfried 58△

*0295* **Neue Näherung zur Berechnung der Neutronenstreuung durch eine einfache Flüssigkeit.** Leon Glass und Stuart A. Rice. (Physic. Rev. [2] **165** (1968) 1, 186–94; Dep. of Chem. and James Franck Inst., Univ. of Chicago, Chicago, Ill.; engl.) — Es wird eine begrifflich einfache u. leicht anwendbare Näherung für die Van Hove-Verteilungsfunktion einer klass. Fl. mitgeteilt. Vgl. mit Vers. an *Ar*.
H. Liepack 60

*0296* **Experimentelle Untersuchung eines Unterkühlungsphänomens mit einer Thermozelle.** M. Abraham und A. Fournier. (Electrochim. Acta [London] **12** (1967) 6, 667–72; Univ. de Montréal, Dép. de Chim., Labor. d'électrochim.; franz.) — Die Unterkühlung (A) eines eutekt. Gemisches $AgNO_3/TlNO_3$ (F. = 81°) wird mit einer thermopotentiometr. Meth. untersucht. Der Temp.-Koeff. einer Thermozelle mit der eutekt. Salzschmelze ändert sich bei A sprunghaft bei der als F. der Mischung betrachteten Temp., ohne daß eine sichtbare Kristallisation eintritt. Die unterkühlte Fl. hat demzufolge elektr. Eig., welche von denjenigen der Gleichgewichtsphase abweichen. Das weist auf strukturelle Änderungen innerhalb einer Fl. hin, von denen A einen Spezialfall darstellt.
Waldemar Köhler 60

*0297* **Struktur und Streuung in flüssigen Metallen.** (Advances in Physics **16** (1967) 62, 147–357; engl.) — Strahlungsstreuungs-Daten über fl. Metalle (Überblick über Meth. der Neutronen- u. Röntgenstrahlen-Streuung) (P. A. Egelstaff; 147–69); Partialstrukturfaktoren von fl. Legierungen (Diskussion von Ergebnissen über fl. $Cu_6Sn_5$ in Termen eines Hartkugelmodells) (J. E. Enderby, D. M. North u. P. A. Egelstaff; 171–75); Struktur u. Korrelation in fl. Legierungen durch Röntgenstrahlen- u. Neutronenbeugung (E. H. Henninger, R. C. Buschert u. LeRoy Heaton; 177–88); Hochfrequenz-Wellen in fl. Metallen (Benutzung der unelast. Streuung von Neutronen langer Wellenlänge an kohärent streuenden Metallen zur Unters. der Kollektivbewegungen von Atomen im fl. Zustand u. Vgl. mit polykrist. Festkörpern. Peaks in den Geschw.-Spektren der gestreuten Neutronen in beiden Zuständen für Pb, Rb, Sn, Bi u. Al wurden gefunden; sie wurden zur Darstellung von Teilen der Dispersionskurven für Schwingungsmoden der Bewegung im Frequenzbereich 1 bis 20 · $10^{12}$ rad/s benutzt) (S. J.

Cocking; 189—201); Charakteristische Energieverluste von 8-keV-Elektronen in fl. In–Al- u. In–Bi-Legierungen (C. J. Powell; 203—13); Interatomare Entfernungen in fl. Metallen u. Legierungen (Beschreibung einer Meth. zur Interpretation von Röntgenbeugungsbildern in Termen einer kurzen interatomaren Entfernung, die charakteristisch für das Element oder die Legierung ist) (R. M. Waghorne, V. G. Rivlin u. G. I. Williams; 215—22); Struktur von fl. Metallen (Unters. zum Einfl. des Paarpotentials in Metallen auf verschiedene Struktureig. u. des Einfl. der Struktur in fl. Metallen auf andere Eig.) (Arthur Paskin; 223—40); Atomare Verteilung u. Elektronentransporteig. in fl. Legierungen, untersucht durch Röntgenbeugung (C. N. J. Wagner u. N. C. Halder; 241—61); Anwendung einer Strukturfaktor-Potential-Beziehung auf den elektr. Widerstand der fl. Alkalimetalle (Arthur Paskin, Ralph J. Harrison u. P. Ascarelli; 263—69); Versuch zur Auffindung einer Beziehung zwischen der atomaren Verteilung in fl. u. festen Metallen (F. K. Klein u. A. H. Ruppersberg; 271—74); Einfl. der atomaren Ordnung kurzer Reichweite auf die NMR in fl. Legierungen (NMR-Knight-Verschiebung u. Linienbreitenveränderungen von $^{115}In$ u. $^{209}Bi$ in fl. In–Bi-Legierungen als Funktion von Temp. u. Feld lassen sich so interpretieren, daß InBi- u. $In_2Bi$-Atomgruppierungen in fl. Zustand bestehen) (G. A. Styles; 275—86); Kernspin-Gitter-Relaxation u. elektr. Feldgradient in fl. In (F. A. Rossini, E. Geissler, E. M. Dickson u. W. D. Knight; 287—91); Doppelstruktur in geschmolzenen Metallen (Diskussion der dichten Kugelpackung u. der Schichtgitterstruktur) (H. Richter u. G. Breitling; 293—305); Allg. Bemerkungen über die radiale Verteilungsfunktion in Flüssigkeiten (S. N. Bagchi; 307). Herbert Weber 60

*0298* **Energetische Messungen in bezug auf die Struktur flüssiger Metalle.** Ralph Hultgren und Raymond L. Orr. (Rev. int. hautes Températ. Réfractaires **4** (1967) 2, 123—29; Inorg. Mater. Res. Div. Lawrence Radiat. Labor., Berkeley, Calif.; engl.) — Unters. über die Schmelzentropie $\Delta S_m$ bestätigen die Annahme einer allg. dichten Packung in Metallschmelzen, da $\Delta S_m$ eine starke Abhängigkeit von der Packung der festen Phase zeigt; bei dicht gepackten Krist.-Strukturen treten durchweg niedrige Werte auf u. bei offeneren Strukturen steigt $\Delta S_m$. Einzelwerte werden tabellar. angegeben. Sonderstellungen nehmen Seltenerdmetalle u. Actinide ein, die kurz unterhalb F. eine allotrope Umwandlung mit hoher Umwandlungsentropie erleiden, während $\Delta S_m$ niedrigen Werten entspricht. Schmelzentropien um 3 cal/Grad u. Grammatom für Ionenverb. mit NaCl-Struktur deuten auf Ähnlichkeiten in der Packung zwischen fester u. schmelzfl. Phase hin. Die Abhängigkeit von $\Delta S_m$ vom Packungsverhältnis ist geradlinig (Abweichungen für Hg, Te, Se u. S). Leg.-Schmelzen scheinen aus statist. verteilten, dicht gepackten Atomen zu bestehen, da die Abhängigkeit von $\Delta S_m$ von der Krist.-Struktur grundsätzlich gleich der für die Elemente gefundenen ist (Ausnahme: Leg. mit geordneter Struktur haben höhere $\Delta S_m$ als solche mit ungeordneter Krist.-Struktur). Unsicherheiten in den Werten für die anzuwendenden Ionenradien u. die notwendige Korrektur bez. der unterschiedlichen Elektronegativitäten führen in Einzelfällen zu Packungsverhältnissen $> 1$. Im Gegensatz zur festen Phase fällt $C_p$ bei Metallschmelzen bei steigender Temp. in einem Intervall von mehreren 100°. Es ergeben sich keine Anzeichen für das Vorhandensein pseudokrist. Aggregate, die kurz oberhalb des F. aufbrechen, jedoch ist es nicht unvereinbar mit dem Experiment, daß Aggregate, die bis zu hohen Temp. beständig sind, in der Schmelze existieren. Wenn schmelzfl. Leg. Aggregate enthalten, die denen der festen Phase gleichen, sollten für die feste Phase ungewöhnlich hohe exotherme Bildungswärmen zu erwarten sein. Das Experiment zeigt jedoch, daß dieser Effekt, falls vorhanden, nicht groß ist im Vgl. zur Streuung der Meßdaten. Speziell die Unters. der Bildungswärmen für die Leg. AuSn zeigt, daß diese Zus. energet. keine Vorzugsstellung einnimmt. P. Zäske 60

*0299* **Struktur von Hydrolyseprodukten des Thoriums.** Georg Johansson. (Acta chem. scand. **22** (1968) 2, 399—409; engl.) — Vgl. C. **1969**, 11-0238. — Vf. untersuchten Lsg. von $ThO_2 \cdot xH_2O$ in wss. Lsg. von $Th(NO_3)_4$ bei konst. Konz. an Th (2 m) u. 0—3,00 OH-Ionen pro Th-Atom mit röntgenograph. Methoden. Aus den mitgeteilten radialen Atomverteilungskurven folgt, daß die Koordinationszahl des Th ähnlich ist wie im $Th_2(OH)_2(NO_3)_6 \cdot (H_2O)_8$ (**I**), daß die $NO_3$-Gruppen über 2 O-Atome an Th gebunden sind, daß bei $\leqq 2$ OH-Ionen pro Th-Atom zweikernige Komplexe der Art **I** dominieren u. daß bei $> 2$ OH-Ionen pro Th-Atom mehrkernige Komplexe mit etwa $\geqq 4$ Th-Atomen vorliegen. Die kürzesten Abstände betragen Th–Th $= 3{,}94$ Å. G. Gattow 60

*0300* **Strukturbeziehungen zwischen dem flüssigen und dem glasigen Zustand bei binären und ternären Oxidsystemen: Dichteuntersuchung.** E. F. Riebling. (Rev. int. hautes Températ. Réfractaires **4** (1967) 1, 65—76; Corning, N.Y., Corning Glass Works, Res. and Dev. Labor.; engl.) — Übersicht über theoret. Arbeiten, bes. über die Struktur der $Na_2O$–$Al_2O_3$–$SiO_2$-Schmelze auf Grund von Viskositätsmessungen, sowie anderer Syst. unter bes. Berücksichtigung der Ausdehnungskoeff. u. der mit einer spez. Auftriebswaage gemessenen D. bei hoher Temperatur. Das theoret. für tern. Syst. berechnete Molvol. ist auch auf die entsprechenden Gläser übertragbar. Das gleiche gilt auch für die D. der Schmelzen. Die Strukturunterschiede zwischen Oxidschmelze u. Glas sind nur gering. Die partiellen Molvol. der Komponenten im Glas sind voneinander abhängig. A. Kumm 60

*0301* **Theoretisches Schema des Seigerungsprozesses in Lösungen und Gläsern. Diffusionsstadium des Phasenzerfalls.** V. N. Filipovič. (Izvest. Akad. Nauk SSSR, Neorg. Mater. **3** (1967) 7, 1192—1201; Inst. chim. silikatov im. Grebenščikova, AN SSSR; russ.) — Bei Annäherung der Konz. des Mediums u. der Inhomogenität an die Spinodale findet ein Zusammenfließen der Inhomogenitäten durch Diffusion in Richtung ihrer kleinsten Abstände u. eine relative Stabilisierung der Inhomogenitäten statt. Die Best. der krit. Keimgröße u. der Entstehungszeit der Keime im Spinodalbereich zeigt, daß eine Strukturinhomogenität mit Teilchengrößen von der Größenordnung 100 Å schon bei $< 1$ s entsteht. J. J. Pohl 60

*0302* **Elektrische Eigenschaften und Strukturen von Lithium-, Natrium- und Kaliumsilicatgläsern.** V. K. Leko. (Izvest. Akad. Nauk SSSR, Neorg. Mater. **3** (1967) 7, 1224—29; Zavod. chudožestvennogo stekla, Leningrad; russ.) — Elektr. Leitfähigkeitsdaten u. die Best. der dielektr. Verluste zeigen, daß die Mikroinhomogenitäten von $Me_2O$–$SiO_2$-Gläsern mit wachsender Feldstärke des anwesenden Alkalimetallkations $Me^+$ größer werden. In wenig alkal. Li- oder Na-Gläsern befinden sich geschlossene Alkalimetallgruppen. Die Eig. der Alkalimetasilicatgläser werden von der Art der Si–O-Bindung ausgehend diskutiert. J. J. Pohl 60

*0303* **Direkte Untersuchung polykristalliner Bleisilicate.** E. V. Smirnova, G. P. Tichomirov und A. G. Alekseev. (Izvest. Akad. Nauk SSSR, Neorg. Mater. **3** (1967) 7, 1230—35; russ.) — Die IR-spektroskop. (400 bis 1100 $cm^{-1}$), röntgenograph. u. elektronenmkr. Analysen von polykrist. Bleisilicaten des Syst. PbO–$SiO_2$ zeigen, daß die Kristallisationsprod. von Orthosilicatgläsern, die bei 450 u. 620° erhalten wurden, zwei Kristalltypen aufweisen. Die Kristallisationsprod. der Oberflächen- u. inneren Schichten von Metasilicatgläsern sind ebenfalls nicht identisch. J. J. Pohl 60

*0304* **Verteilung des Arsens in den Ketten des Natriumpolyarsenatophosphats.** Horst Worzala. (Z. anorg. allg. Chem. **353** (1967) 1/2, 48—52; Berlin-Adlershof, Inst. für anorg. Chem. der DAW Berlin; dt.) — Durch Tempern (450°) von Arsenatophosphatglas (P/As $= 4{,}2$) werden Krist. vom Typ des Maddrellschen Salzes mit kettenförmigen Anionen erhalten, in denen, wie die röntgenograph. Auswertung zeigt, As u. P nicht statist. verteilt sind. As ist bevorzugt in den „Nasen" der Anionenkette eingebaut (vgl. C. **1964**, 29-0522). Hieraus wird geschlossen, daß beim Tempern des Glases, in dem eine statist. Verteilung von As u. P vorliegt (vgl. l. c.), eine

Aufspaltung von X–O–X-Bindungen zu monomeren Baugruppen erfolgt, die so beweglich sind, daß eine Neuorientierung erfolgen kann. W. Feldmann 60

## Mechanische und thermische Eigenschaften

*0305* **Symmetrieeigenschaften der Normalschwingungen eines Kristalls.** A. A. Maradudin und S. H. Vosko. (Rev. mod. Physics **40** (1968) 1, 1–37; Dep. of Phys., Univ. of Calif., Irvine, Calif.; engl.) – Gruppentheoret. Unters. der Entartungen der Normalmoden der Vibration eines Krist. u. der Art, in der sich die Polarisationsvektoren, die diese Moden beschreiben, unter den Operationen der Raumgruppe des Krist. transformieren. Die Symmetrien von Gitterschwingungen u. Auswahlregeln für Zweiphononen-Absorptionsprozesse, die verschiedenen Werten eines Wellenvektors k in der ersten Brillouin-Zone von Diamant entsprechen, werden bestimmt, um die entwickelten Meth. zu illustrieren. Herbert Weber 72

*0306* **Weitere Betrachtungen über die Symmetrieeigenschaften der Normalschwingungen eines Kristalls.** J. L. Warren. (Rev. mod. Physics **40** (1968) 1, 38–76; Univ. of Calif., LASL, Los Alamos, Calif.; engl.) – Vgl. vorst. Referat. – Ergänzungen zu l. c. mit Diskussion der Gruppe der Bindung, Tabellierung des Zeitumkehrinvarianz-Kriteriums, Bezeichnuug, der experimentellen Dispersionskurven, Benutzung von Computern zur Ableitung von Symmetrieinformationen, Anwendung auf magnet. Normalmoden usw. Die Gruppentheorie wird zur Unters. der Phononendispersionsbeziehungen in CsCl u. Mg benutzt. Herbert Weber 72

*0307* **Einfluß der Teilchengröße auf die Anregung von Schwingungsmoden bei tiefen Temperaturen.** R. C. Thiel. (Z. Physik **200** (1967) 3, 227–38; Solid State Phys. Labor., Groningen, Niederlande; engl.) – Die Anwendung einer langwelligen Grenze auf die Debye-Theorie wird für kleine Teilchen (Krist.) bei tiefen Temp. geprüft. Ein Näherungsausdruck wird für die spezif. Wärme u. den Mössbauer-Rückstoß-Bruchteil angegeben. A. Jaeschke 72

*0308* **Experimentelle Untersuchung der Phononenspektren in Vanadin und Indiumantimonid.** J. Pons-Corbeau und J. Jouffroy. (Bull. Soc. franc. Minéralog. Cristallogr. **90** (1967) 4, 498–503; Labor. de Phys. théorigue, Coll. de France; franz.) – Die Gitterschwingungskurven werden durch Röntgenstreuungsmessungen bei 300 °K in V u. bei 4, 77 u. 300 °K in InSb bestimmt. Die Streuintensitäten durch den Compton-Effekt werden für InSb experimentell ermittelt, für V aus theoret. Daten nach Freeman berechnet. I. Zoll 72

*0309* **Berechnung der Phononenfrequenzen in einem Molekülkristall (Modell der starren Moleküle), Anwendung auf die Röntgenstreuung durch die thermische Bewegung eines Anthracenkristalls.** P. Weulersse. (Bull. Soc. franc. Minéralog. Cristallogr. **90** (1967) 4, 517–21; Labor. de Phys. des Solides, CNRS, Fac. des Sci. Orsay; franz.) – Die Berechnung der Phononenfrequenzen in einem Modell starrer Mol. mit dem Wechselwrkg.-Potential nach Kitaigorodsky (1960) ergibt eine qual. gute Übereinstimmung mit experimentellen Ergebnissen. Anwendungen auf Anthracen. I. Zoll 72

*0310* **Frequenzen von Kristallen mit Diamantstruktur in Nichtsymmetrierichtungen.** T. I. Kučer. (Fiz. Techn. Poluprovodnikov **2** (1968) 1, 117–20; Inst. poluprov. AN USSR, Kiev; russ.) – Theorie der Gitterschwingungen u. der Dispersion im Diamantgitter. Vgl. mit experimentellen Daten für *C*, *Si* u. *Ge*. K. Jaeger 72

*0311* **Deformation des Graphitgitters durch $C_2$-Moleküle auf Zwischengitterplätzen.** E. Santos und M. Leal de Santos. (Carbon [Oxford] **6** (1968) 2, 267–71; Dep. de Quim. Fis., Univ. de Valladolid, Spain; engl.) – Die Eigenenergie eines $C_2$-Mol., das sich zwischen den Schichten eines sonst idealen Graphitkrist. befindet, wird berechnet. Es wird angenommen, daß maximal zwei Schichten zu jeder Seite des Zwischengitter-Mol. deformiert werden können. Die größte Verschiebung eines C-Atoms in der Nähe des Zwischengitter-Mol. beträgt 0,7 Å. Den Berechnungen wird das C–C-Abstoßungspotential von Crowell zugrunde gelegt; die Deformationsenergie der Schichten wird nach der Meth. von Coulson u. Senent berechnet. Für die Eigenenergie des $C_2$-Zwischengitter-Mol. wird ein Wert von 4,25 eV erhalten; die Wanderungsenergie beträgt etwa 0,24 eV. W. Laqua 72

*0312* **Rotations-Schwingungs-Wechselwirkung zweiatomiger molekularer Verunreinigungen in kubischen Kristallen.** K. L. Jüngst und P. Sauer. (Z. Physik **200** (1967) 3, 249–58; Phys. Inst., Univ., Freiburg i. Br.; engl.) – Auf Grund des Modells von Devonshire (1963) wird der Einfl. der Wechselwrkg. zwischen Schwingung u. gehinderter Rotation für *Ar* : *HCl* untersucht. A. Jaeschke 72

*0313* **Ungleichung für die spezifische Wärme. 1. Mitt. Ableitung.** B. D. Josephson. (Proc. physic. Soc. **92** (1967) 576, 269–75; Roy. Soc. Mond Labor., Cambridge Univ.; engl.) I. Zoll 74

*0314* **Ungleichung für die spezifische Wärme. 2. Mitt. Anwendung auf kritische Phänomene.** B. D. Josephson. (Proc. physic. Soc. **92** (1967) 576, 276–84; engl.) I. Zoll 74

*0315* **Anomalie der spezifischen Wärme in der Umgebung des Curie-Punkts von seignetteelektrischem Triglycinselenat.** B. A. Strukov, S. A. Taraskin, V. A. Kopcik und V. M. Varikaš. (Kristallografija **13** (1968) 3, 541–42; Mosk. gos. univ. im Lomonosova; russ.) – Die spezif. Wärme von Triglycinselenateinkrist. bei ca. 0–35° im elektr. Gleichfeld wird gemessen. Ein ausgeprägtes Max. tritt bei ca 22,5° auf. Am gleichen Punkt zeigt die reziproke DK $1/\varepsilon$ ein starkes Minimum. Das Curie-Weiss-Gesetz wird unter- u. oberhalb des Curie-Punkts erfüllt. H. Roschkowski 74

*0316* **Schwingungsanomalien in anorganischen Glasbildnern.** J. T. Krause und C. R. Kurkjian. (J. Amer. ceram. Soc. **51** (1968) 4, 226–27; Bell Telephone Labor., Murray Hill, N.J.; engl.) – Unter teilweiser Verw. von Literaturdaten werden die anomalen Schwingungseig. von $SiO_2$-, $GeO_2$-, $BeF_2$-, $Zn(PO_3)_2$- u. $B_2O_3$-Gläsern bestimmt. Für die Temp.-Abhängigkeit der longitudinalen 20-MHz-Schallgeschw. wurden folgende Werte erhalten: 130, 30, 250, 45 u. $-45 \cdot 10^{-6}$ cm/s °C. Die Wärmeausdehnungskoeff. bei Raumtemp. betragen: 0,5, 6,9, 7,5, 6,8 u. $15{,}5 \cdot 10^{-6}$; ihre Temp.-Abhängigkeit wurde im Bereich 4,2 bis maximal 60 °K gemessen. Mit Ausnahme für $B_2O_3$ sind die Werte zwischen 10 u. 20 °K negativ. Alle untersuchten Gläser besitzen zwischen 30 u. 170 °K breite u. asymm. Peaks des akust. Verlustes (ca. 5–20 db/in.); kleinere Peaks treten mit Ausnahme für $B_2O_3$ bei 3–4 °K auf. W. Laqua 76

*0317* **Dämpfung von Ultraschall-Schubwellen in Kupfer bei tiefen Temperaturen.** M. H. Jericho und A. M. Simpson. (Philos. Mag. [8] **17** (1968) 146, 267–82; Dep. of Phys., Dalhousie Univ., Halifax, Nova Scotia; engl.) – Bestimmt wurden Dämpfung u. Rotation der Polarisationsebene von Ultraschall-Schubwellen in Cu-Einkrist. unter Einw. eines zur Ausbreitungsrichtung parallelen starken Magnetfeldes. Die Ergebnisse stimmen für Schallrichtungen entlang [100] u. $ql \approx 1$ (q = Phononenwellenzahl, l = mittlere freie Elektronenweglänge) mit den nach dem Modell freier Elektronen zu erwartenden Werten überein. Für [110]- u. [111]-Schallrichtungen stimmt nur die Größe der Nullfeld-Dämpfung mit der Theorie überein. [100]-orientierte Krist. mit einem gemessenen Widerstandsverhältnis von etwa 20000 besitzen nahe 19 kG eine Absorptionskante; bei niedrigeren Feldern (6–13 kG) treten eine Anzahl Dämpfungspeaks auf. Die Existenz der Absorptionskante u. einiger Dämpfungspeaks läßt sich unter Berücksichtigung der Fermi-Fläche des Cu nicht verstehen. W. Laqua 76

*0318* **Relaxationsabsorption von Schall beim Phasenübergang in Seignettesalzkristallen.** G. G. Kessenich, A. M. Širokov und L. A. Šuvalov. (Kristallografija **13** (1968) 3, 452–56; Inst. kristallogr. AN SSSR; russ.) – Experimentell wird die Abhängigkeit der Dämpfung von Schwingungen von Seignettesalzproben im Bereich des oberen Curie-Punkts von der Temp., der Frequenz u.

dem äußeren elektr. Gleichfeld untersucht u. mit der Theorie verglichen. In diesem Bereich liegen bei 10 bis 200 kHz mindestens zwei Schallabsorptionsmechanismen vor, die definiert werden. H. Roschkowski 76

*0319* **Nachweis der Mikroplastizität durch ein akustisches Verfahren.** R. M. Fisher und J. S. Lally. (Canad. J. Physics **45** (1967) 2 Part 3, 1147–59; Edgar. C. Bain Labor. for Fundam. Res., United States Steel Corp. Res. Center, Monroeville, Pa.; engl.) — Bei Dehnung von Einkrist. u. polykrist. Proben werden durch die plast. Verformung longitudinale Spannungswellen im Krist. erzeugt. Die Impulsfrequenz ist proportional der Dehnungsgeschw. (ca. 1000/s bei einer Dehnungsgeschw. von ca. $10^{-3}s^{-1}$). Unters.-Ergebnisse an *Mg-*, *Cu-* u. *Fe*-Einkrist. über Frequenzmessungen u. Größe der akust. Impulse während des plast. Fließprozesses deuten darauf hin, daß Gleitvorgänge kooperativ verlaufen u. daß die Versetzungsgeschw. während des Fließens $10^3$ cm/s betragen können. I. Zoll 76

*0320* **Bedingungen, die den Bruchmechanismus bei hohen Temperaturen beeinflussen.** J. S. Waddington. (Philos. Mag. [8] **17** (1968) 145, 51–59; Berkeley Nucl. Labor., Berkeley, Gloucesters; engl.) — Nach dem von Vf. entwickelten Modell läßt sich folgende krit. Bedingung dafür angeben, ob Bruch im Kriechbereich durch Rißbldg. an Korngrenzentripelpunkten stattfindet oder nicht. Danach muß die Korngrenzengleitgeschw. so groß sein, daß sich an der Spitze des entstehenden Risses eine Spannungskonz. ausbilden kann. Das Modell stimmt quant. mit bereits früher von Vf. et al. (vgl. J. nuclear Mater. [Amsterdam] **22** (1967) 205) bei der Unters. des Bruchverh. von *rostfreiem Stahl* bei hohen Temp. erhaltenen Ergebnissen überein. W. Laqua 78

*0321* **Versetzungsmodell für das Wachstum von Ermüdungsrissen in Metallen.** R. W. Lardner. (Philos. Mag. [8] **17** (1968) 145, 71–82; School of Mathem. and Phys., Univ. of East Anglia, Norwich, England; engl.) — Nach dem von Vf. entwickelten Modell ist die Geschw. des Rißwachstums pro Ermüdungszyklus für Proben mit endlichen Abmessungen im Bereich kleinerer Spannungen dem Quadrat des Irwinschen Intensitätsfaktors der elast. Spannung proportional. Bei größeren Spannungen treten Potenzen $> 4$ auf. Außerdem ist die Wachstumsgeschw. dem Schubmodul G u. einer Größe $\sigma_1$ umgekehrt proportional, die das Max. des erreichbaren Widerstandes gegen plast. Schub angibt. Das Gesetz gilt näherungsweise auch für Ermüdung durch Zug-Druck-Beanspruchung. Das Modell wird mit experimentellen Literaturdaten verglichen. W. Laqua 78

*0322* **Kriterium für die Rißkeimbildung aus einer Versetzungskaskade.** W. S. Blackburn. (Philos. Mag. [8] **17** (1968) 146, 431; Internat. Res. and Dev. Comp. Ltd., Fossway, Newcastle upon Tyne; engl.) — An Hand von Literaturdaten wird gezeigt, daß das bisher benutzte Kriterium für die Rißkeimbldg. aus einer Stufenversetzungs-Kaskade von Stroh unzulänglich ist. Bei jeder beliebigen Länge der Versetzungskaskade ist die Bldg. von zwei oder mehr Rissen gegenüber einem einzigen Riß energet. bevorzugt. W. Laqua 78

*0323* **Theoretische Festigkeit von Kristallen und die Spitze eines Risses.** A. Kelly, W. R. Tyson und A. H. Cottrell. (Canad. J. Physics **45** (1967) 2 Part 3, 883 bis 892; Dep. of Metallurg., Univ. of Cambridge, Cambridge, Engl.; engl.) — Mit Hilfe von Berechnungen über die Spalt- u. Scherfestigkeit idealer Krist. versuchen Vf., die Brucharten an der Spitze eines Risses vorauszusagen. Unters. an Cu, Ag, Au, Ni, W, α-Fe, Diamant, NaCl u. Lennard-Jones-Kristallen. I. Zoll 78

*0324* **Stabilität der für Mehrfachgleiten orientierten Zugspannungsachse in kubisch-flächenzentrierten Kristallen.** P. J. Jackson. (Acta metallurg. [New York] **15** (1967) 7, 1253–55; Dep. of Phys., Univ. of the Witwatersrand, Johannesburg, Südafrika; engl.) A. Jaeschke 78

*0325* **Kritischer Bericht über den Peierls-Mechanismus.** Pierre Guyot und John E. Dorn. (Canad. J. Physics **45** (1967) 2 Part 3, 983–1016; Inorg. Materials Res. Div., Univ. of Calif., Berkeley, Calif.; engl.) — Umfassender Überblick über die Anwendung des Peierls-Modells auf die plast. makroskop. Deformation in Ionenkrist., Metallen, Leg. u. Krist. mit kovalenten Bindungen. Die experimentellen Unters.-Ergebnisse über therm. aktiviertes $^1/_2$ [111] (110)-Gleiten in *Ta-* u. *Mo*-Einkrist. bei tiefen Temp. stimmen mit dem Peierls-Mechanismus gut überein. Die Deformations-Charakteristiken von polykrist. *Fe*-Leg. (2 Gew.-% Mn oder 11 Atom-% Mo) entsprechen nur bei Temp. $< 200$°K dem Peierls-Mechanismus. Bei höheren Temp. stimmen sie gut mit dem auf Rekombination dissoziierter Schraubenversetzungen beruhenden Escaig-Mechanismus überein. Dem Peierls-Mechanismus entspricht das $^1/_2$ [111](123)-Gleiten bei tiefen Temp. in AgMg, das prismat. Gleiten in Ag-Leg. (33 Atom-% Al) u. in Mg-Leg. (6–12 Atom-% Li). I. Zoll 78

*0326* **Mikrodehnung in kubisch-raumzentrierten Metallen.** J. D. Meakin. (Canad. J. Physics **45** (1967) 2 Part 3, 1121–34; Franklin Inst. Res. Labor., Philadelphia, Pa.; engl.) — Die wahre Elastizitätsgrenze von hoch reinem *Mo*, *W* u. *Fe* liegt bei etwa $10^{-5}$ $\mu$ ($\mu$ = Schermodul) Bei höheren Belastungen treten reversible lineare Deformationen bis zu totalen Dehnungen von etwa $10^{-3}$ auf. I. Zoll 78

*0327* **Orientierungsabhängigkeit des Fließens in kubisch-raumzentrierten Metallen.** D. Hull, J. F. Byron und F. W. Noble. (Canad. J. Physics **45** (1967) 2 Part 3, 1091–99, 2 Tafeln; Dep. of Metallur., Univ., Liverpool, Engl.; engl.) — Neue Beobachtungen über die krit. aufgelöste Scherspannung des Gleitens in Ta u. W. Die Ergebnisse der Deformation durch Zug u. Druck werden hinsichtlich des wirksamen Gleitsyst. u. der möglichen Gleitasymmetrie nach (112) (111) diskutiert. Die Anomalien im Deformationsverh. dieser Metalle lassen sich nicht zufriedenstellend erklären. I. Zoll 78

*0328* **Einige Deformationsarten von Beryllium.** J. P. Poirier, J. Anatolin und J. M. Dupouy. (Canad. J. Physics **45** (1967) 2 Part 3, 1221–26, 2 Tafeln; CEN Saclay, Yvette, France; engl.) — Be-Einkrist., die längs der c-Achse unter Druckeinw. stehen, zeigen oberhalb 400° eine Verformung, die auf ein Klettern der Versetzungsschleifen längs der c-Achse, wahrscheinlich durch Bardeen-Herring-Quellen erzeugt, zurückzuführen ist. In Zwillingen treten zahlreiche Stapelfehler auf, die sich durch Kondens. von Leerstellen während der Verzwillingung bilden. I. Zoll 78

*0329* **Einfluß von Cu auf die Härteanisotropie von Be-Einkristallen.** K. Tsuya. (J. nuclear Mater. [Amsterdam] **26** (1968) 2, 217–18; Nat. Res. Inst. for Metals, Meguro-ku, Tokyo, Japan; engl.) — Die Knoop-Härte von Be in der [10$\bar{1}$0]-Richtung wächst stark im Vgl. zu der [0001]-Richtung, wenn 5,14 Gew.-% Cu zugefügt werden. Härtemessungen in der Diffusionszone wurden an (11$\bar{2}$0)-Ebenen (bis 30 Gew.-% Cu) durchgeführt. Die Knoop-Härte an (11$\bar{2}$0)-Ebenen steigt linear mit der Cu-Konzentration. Die Knoop-Härte in der [10$\bar{1}$0]-Richtung ist höher als die in der [0001]-Richtung, u. die Differenz zwischen ihnen steigt mit steigender Cu-Konzentration. Herbert Weber 78

*0330* **Verformung von Aluminium bei hohen Temperaturen und Dehnungsgeschwindigkeiten.** H. J. McQueen, W. A. Wong und J. J. Jonas. (Canad. J. Physics **45** (1967) 2 Part 3, 1225–34, 1 Tafel; Dep. of Metallur. Engng., McGill Univ., Montreal, Quebec; engl.) — Die Fließ-Spannung im festen Zustand von Al des üblichen Reinheitsgrades wird durch Pressen im Temp.-Bereich von 255–616° u. bei Dehnungsgeschw. zwischen 0,1 bis 10 $s^{-1}$ bestimmt. Die Aktivierungsenergie für das Pressen beträgt für Al 41,8 kcal/Mol. Die Unterstrukturen der Versetzungen, die sich während des Pressens bilden, werden durch Elektronentransmissionsmikroskopie untersucht. Die Größe der Subkörner im Gleichgew. ist umgekehrt proportional zum Logarithmus des Zener-Hollomon-Parameters u. zur Fließ-Spannung. I. Zoll 78

*0331* **Verteilung der Orientierung von Gleitbändern in Blei bei reiner Scherung.** E. N. da C. Andrade und V. M. Morton. (Philos. Mag. [8] 18 (1968) 152, 425—29; Dep. of Metallurgy, Imp. College of Sci. and Technol., London; engl.) — Wenn polykrist. Pb einfacher Scherspannung unterworfen wird (Meth. nach Andrade u. Jolliffe) erscheinen die Kreuzungen der Gleitebenen in den Krist.-Körnern mit der Oberfläche der Probe als ausgeprägte gerade Linien, deren Winkelverteilung charakteristisch ist. Die bevorzugte Richtung der Linien ist entweder in der Richtung oder senkrecht zur Richtung der Spannung; es gibt prakt. keine Linien unter einem Winkel von 45° zu diesen Richtungen. Eine quant. Theorie auf der Basis vereinfachender Annahmen wird ausgearbeitet. Herbert Weber 78

*0332* **Deformationseigenschaften von Niob-Einkristallen.** D. K. Bowen, J. W. Christian und G. Taylor. (Canad. J. Physics 45 (1967) 2 Part 3, 903—38, 4 Tafeln; Dep. of Metallurg., Oxford Univ., Oxford, Engl.; engl.) — Zug- u. Druck-Deformationsunters. an reinen verschieden orientierten Nb-Krist. bei Zimmertemp. u. 158°K. Die beobachteten Gleitebenen waren fast immer vom (101)-oder (211)-Typ. Die Spannungsasymmetrie für das Gleiten an (211) tritt bei beiden Temp. auf. Bei Zimmertemp. ist die krit. aufgelöste Scherspannung annähernd konstant. Makrofeld- u. Mikrofeldspannungen zeigen bei 158°K eine starke Orientierungsabhängigkeit. Nach der Deformation bei 158°K sind Schraubenversetzungen u. keine Schleifen annähernd gleichmäßig verteilt. I. Zoll 78

*0333* **Plastische Anisotropie von Tantal, Niob und Molybdän.** P. J. Sherwood, F. Guiu, H. C. Kim und P. L. Pratt. (Canad. J. Physics 45 (1967) 2 Part 3, 1075—89; Dep. of Metallurg., Imp. Coll., Univ. of London, London; engl.) — Das Spannungs–Dehnungs-Verh. von Ta-, Nb- u. Mo-Einkrist. unter Zug u. Druck wird ein Temp.-Bereich von 4,2—400°K untersucht. Die Krist. werden in [100]- u. [110]-Richtung belastet. Bei hohen Temp. ist die Fließ-Spannung der 3 Metalle von Richtung u. Vorzeichen der angelegten Belastung unabhängig. Bei tiefen Temp. dagegen ist sie merklich von Krist.-Orientierung u. Vorzeichen abhängig. Das anisotrope Verh. kann nicht durch Beweglichkeit der jogs in Schraubenversetzungen oder Dissoziation von a/2 [111]-Schraubenversetzungen an (112)-Ebenen erklärt werden. I. Zoll 78

*0334* **Einfluß von Orientierung und Verunreinigungen auf die mechanischen Eigenschaften von Molybdän-Einkristallen.** D. F. Stein. (Canad. J. Physics 45 (1967) 2 Part 3, 1063—74, 2 Tafeln; Gen. Electr. Co., Schenectady, N.Y.; engl.) — Zug- u. Druck-Unters. an durch Zonenschmelzen hergestellten Mo-Einkrist. mit einem C-Geh. 2/Oppm, N-Geh. < 5 ppm u. O-Geh. < 5 ppm im Temp.-Bereich von 20—298°K. Die krit. aufgelöste Scherspannung nimmt mit zunehmendem Reinheitsgrad ab. Sie hat ein Minimum bei Zugeinw. längs der [100]-Achse u. ein Max. bei Zugeinw. längs der (110) (111)-Linie des stereograph. Dreiecks. Die Duktilität von Mo-Einkrist. wird durch steigende Reinheit nicht verbessert. I. Zoll 78

*0335* **Plastizität von Eiseneinkristallen.** A. S. Keh und Y. Nakada. (Canad. J. Physics 45 (1967) 2 Part 3, 1101 bis 1120, 1 Tafel; Labor. for Fundamental Res., Unit. States Steel Corp. Res. Center, Monroeville, Pa.; engl.) — Übersicht neuer Unters.-Ergebnisse über die plast. Deformation kub.-raumzentrierter Fe-Einkrist. wie Kalt- u. latente Härtung, Einfl. von Orientierung u. Zwischengitterelement-Konz. (*C* u. *N*) auf die Temp.-Abhängigkeit der Streck- u. Fließ-Spannung. Die Kalthärtung ist stark von Temp. u. Orientierung der Fe-Einkrist. abhängig, während die latente Härtung relativ unabhängig von der Temp. u. der Art des latenten Syst. ist. Die Streckspannung ist stark temperaturabhängig, bei tiefen Temp. auch von der Orientierung u. bei allen Temp. vom Zwischengitterelement-Gehalt. I. Zoll 78

*0336* **Spannungs- und Dehnungsverteilung in einer fortschreitenden Lüders-Front, die bei Streckgrenzenvorgängen in Eisen auftritt.** G. T. van Rooyen. (Mater. Sci. Engng. [Lausanne] 3 (1968) 2, 105—17; Dep. of Metallur. Engng., Univ. of Pretoria; engl.) — Modell für die Spannungs- u. Dehnungsverteilung in einer fortschreitenden Lüders-Front. Auf Grund des Modells können Vorhersagen über die eine Lüders-Front begleitenden Distorsionen, die Breite der Lüders-Front u. den Einfl. der Korngrenzengröße u. der Verformungsgeschw. auf die untere Streckgrenze u. die Lüders-Dehnung gemacht werden. Weiterhin wird gezeigt, daß in Ausnahmefällen das Streckgrenzenverh. in C-armen Stahl homogen ist u. nicht vom Fortschreiten eines Lüders-Bandes begleitet wird. I. Zoll 78

*0337* **Versetzungsbeitrag zur Fließ-Spannung von polykristallinem Eisen.** D. McLean. (Canad. J. Physics 45 (1967) 2 Part 3, 973—82; Metallur. Div., Nat. Phys. Labor., Teddingston, Engl.; engl.) — Die Fließ-Spannung wird ohne Berücksichtigung der Reibungsspannung während der Kaltverformung u. des Kriechens von polykrist. Fe hauptsächlich durch die Anziehungskräfte u. das allg. Spannungsfeld des 3 dimensionalen Versetzungs-Netzwerkes bestimmt. Unters. an polykrist. Fe über die Zunahme der Fließ-Spannung bei Streckverfestigung zeigen, daß bei tiefer Temp. diese Versetzungen nur zu einem Teil zur totalen Fließ-Spannung beitragen, obgleich sie bei höheren Temp. die gesamte Fließ-Spannung bestimmen. I. Zoll 78

*0338* **Gleitebenen in bei 77°K deformierten Fe-3%Si-Einkristallen.** B. Šesták, N. Zárubová und V. Sládek. (Canad. J. Physics 45 (1967) 2 Part 3, 1031—40; 1 Tafel; Inst. of Phys. Czechoslovak Acad. of Sci., Prague; engl.) — Best. makroskop. Gleitebenen an verschieden orientierten, aus Fe–Si-Leg.-Einkrist. (3% Si) herausgeschnittenen Proben nach schwacher Deformation ($\dot{\varepsilon} \simeq 2 \cdot 10^{-6}\,s^{-1}$) durch 4-Punkt-Biegung bei 77°K. An der unter Druckeinw. stehenden Seite bei Proben mit Orientierungen von $\chi\varepsilon$ (0°, +30°) liegen die Gleitebenen sehr dicht bei Ebenen, die ein Max. der aufgelösten Scherspannung zeigen. Dagegen wird bei Proben mit $\chi\varepsilon$ (0°, —30°) sowie bei Zugeinw. an Proben mit $\chi\varepsilon$ (—30°, +30°) entweder kristallograph. Gleiten längs der (110)-Ebenen oder große Abweichungen der Gleitebenen von Ebenen mit einem Max. an aufgelöster Scherspannung zu (110)-Ebenen beobachtet. I. Zoll 78

*0339* **Kriechen von Nickel in der Nähe des Curie-Punktes.** V. I. Šalaev, R. K. Kuznecov und V. A. Pavlov. (Fiz. Metallov Metallovedenie 25 (1968) 4, 755—58; Inst. fiz metallov AN SSSR; russ.) — Beim Übergang durch den Curie-Punkt findet bei im Vakuum umgeschmolzenen u. bei 1200° (1 Std.) rekrist. Ni ein Wechsel des Mechanismus der plast. Verformung beim stationären Kriechen statt. Unter der Annahme, daß eine Veränderung der Packungsfehlerenergie beim Übergang durch den Curie-Punkt auftritt, ist dieser Wechsel so zu verstehen, daß bei niedrigem Temp. die Packungsfehlerenergie groß ist u. folglich sich Einschnürungen auf den Versetzungen verhältnismäßig leicht bilden. Bei Anwendung der Gleichung von Stroh u. der ermittelten Höhe der Aktivierungsenergie des Kriechens von Ni (W = 28000 cal/Mol) wird festgestellt, daß die Packungsfehlerenergie im Ni bei Temp. oberhalb des Curie-Punktes dem Wert von 70 Erg/cm² nicht übersteigt. Es wird angenommen, daß diese Energie bei Ni bei Temp. oberhalb seines Curie-Punktes bedeutend niedrigerer als bei Raumtemp. ist. H. Hochstein 78

*0340* **Gradient der Fließspannung zwischen der Oberfläche und dem Zentrum verformter Kupfereinkristalle.** J. T. Fourie. (Philos. Mag. [8] 17 (1968) 148, 735—56; Res. Labor., Gen. Motors Corp., Warren, Mich.; engl.) — Bestimmt wurde die Verteilung der Fließspannung innerhalb großer (10 · 2 · 70 mm³) Cu-Einkrist. nach Verformung bei Raumtemp. durch anschließende getrennte Unters. der durch spannungsfreie Zerteilung erhaltenen Einkrist.-Scheiben. Bis zu etwa 2 mm unterhalb der Oberfläche erstreckt sich in Gleitrichtung ein beträchtlicher Gradient der Fließspannung. Aus elektronenmkr. Unters. folgt, daß die Zellengröße der Versetzungsstruktur in der Nähe der Oberfläche zu- u. die Versetzungsdichte abnimmt. Messungen der Spannungs-Dehnungskurven

an Einkrist. unterschiedlicher Größe ergaben, daß in unendlich großen Cu-Einkrist. der Bereich II der Verfestigungskurve nicht existiert; an Stelle dieses Bereiches tritt ein Wendepunkt im Kurvenverlauf auf. Demnach ist der Bereich II der Verfestigungskurve ein Oberflächenphänomen u. der krit. aufgelösten Schubspannung $\tau_{111}$ kommt keine fundamentale physikal. Bedeutung wie etwa der Stapelfehlerenergie eines Metalls zu.
W. Laqua 78

*0341* **Ermüdung von Kupfer-Einkristallen und ein neues Modell der Ermüdung in kubisch-flächenzentrierten Metallen.** H. D. Nine und D. Kuhlmann-Wilsdorf. (Canad. J. Physics **45** (1967) 2 Part **3**, 865–81, 8 Tafeln; Phys. Dep., Gen. Motors, Warren, Mich.; engl.) — Unters. des Ermüdungsprozesses bei konst. Scherspannung in Cu-Einkristallen. Eine Diskontinuität im Anstieg der O–A-Kurve der zur [100]-Achse orientierten Krist. u. eine stufenweise Diskontinuität in der O–A-Kurve der zur [111]-Achse orientierten Proben, die die Kurven in einem Bereich mit großer u. einen Bereich mit kleiner Amplitude teilen, weisen ebenso, wie die entsprechenden metallograph. Änderungen darauf hin, daß die Ermüdungs-Bruchmechanismen von der Amplitude abhängen (O = Oberflächenscherspannung, A = Anzahl der Ermüdungscyclen bis zum Bruch). I. Zoll 78

*0342* **Versetzungsdämpfung in durch Explosionsstoßwellen verformtem polykristallinen Kupfer.** S.H. Carpenter. (Philos. Mag. [8] **17** (1968) 148, 855–57; Univ. of Denver, Denver, Colo.; engl.) — Die Verformung von polykrist. Cu durch Explosion mit Drücken von 45, 85 bzw. 120 kbar ruft eine Abnahme der Versetzungsdämpfung u. eine Zunahme der Dehnungsamplitude, die den Beginn der amplitudenabhängigen Dämpfung einleitet, hervor. Die für die unterschiedlichen Drücke erhaltenen Ergebnisse unterscheiden sich nur geringfügig voneinander. W. Laqua 78

*0343* **Empirische Abhängigkeit des Molvolumens kristalliner Stoffe von der Entropie und Enthalpie bei der thermischen Ausdehnung.** L. V. Gorbunov. (Geochimija **1968**, **3**, 364–68; russ., Auszug: engl.) — Die Änderung des Mol.-Vol. krist. Stoffe erfolgt bei 298°K in linearer Abhängigkeit von der Entropie- u. Enthalpieänderung.
H. Kelch 80

*0344* **Temperaturabhängigkeit der Gitterkonstanten von Yttrium bei 77–300°K.** V.A. Finkel' und V.V. Vorob'ev. (Kristallografija **13** (1968) 3, 550–51; Fiz.-techn. inst. AN USSR; russ.) — Graph. Angabe der röntgenograph. ermittelten Gitterkonst. von Y bei 77–300°K. Die Temp.-Abhängigkeit der therm. Ausdehnungskoeff. $\alpha_\perp$ u. $\alpha_\parallel$ ist nicht monoton. Mögliche Ursachen dafür werden besprochen. H. Roschkowski 80

*0345* **Thermische Ausdehnung und Phasenübergänge von Ammoniumnitrat.** Masanori Nagatani, Makoto Hayama, Noboru Yamazoe und Tetsuro Seiyama. (J. chem. Soc. Japan, ind. Chem. Sect. [Kōgyō Kagaku Zasshi] **70** (1967) 10, 1633–37; Dep. of Chem. Engng., Fac. of Engng., Kagoshima Univ., Kagoshima-shi, Japan; jap., Auszug: engl.) — Best. der Gitterkonst. (a, b, c in Å) u. der therm. Ausdehnungskoeff. ($\alpha_a$, $\alpha_b$, $\alpha_c$ in $10^{-4}$/Grad$^{-1}$) von $NH_4NO_3$ zwischen −190° u. 150° durch Röntgenbeugungsuntersuchungen. Ergebnisse für Phase I a = 4,36, $\alpha_a$ = 1,9$_9$ bei 130°; Phase II: a = 5,71$_2$, c = 4,92$_4$, $\alpha_a$ = 1,1$_2$, $\alpha_c$ = 0,5$_0$ bei 90°; Phase III: a = 7,19$_7$, b = 7,71$_6$, c = 5,84$_5$, $\alpha_a$ = 0,4$_2$, $\alpha_b$ = 1,3$_9$, $\alpha_c$ = 0,5$_0$ bei 50°; Phase IV: a = 5,75$_6$, b = 5,45$_2$, c = 4,93$_1$, $\alpha_a$ = −0,2$_8$, $\alpha_b$ = 3,1$_2$, $\alpha_c$ = 0,5$_1$ bei 23°; Phase V: a = 7,92$_5$, c = 9,82$_0$, $\alpha_a$ = 0,3$_2$, $\alpha_c$ = 0,0$_8$ bei −190°. Die Anisotropien der therm. Ausdehnung sind von den Rotationsschwingungen des $NO_3^-$-Ions in den Krist.-Strukturen abhängig. I. Zoll 80

*0346* **Xenon-Diffusion in Silber.** Satoru Kawasaki. (J. nuclear Technol. [Tokyo] **4** (1967) 5, 239–43; J.A.E. R.I. Tokai-mura, Ibaraki-ken; engl.) — Die Verteilung von Xe-Rückstoßkernen aus der U-Spaltung in Ag wurde vor u. nach der Temperung bei verschiedenen Temp. (750, 800, 850 u. 900°) ermittelt. Aus einem Vgl. der beobachten Verteilung mit den Werten, die aus der Anwendung des 2. Fickschen Gesetzes resultieren, ergibt sich eine Möglichkeit zur Berechnung der Xe-Diffusionskoeff. in Ag. Die so erhaltenen Diffusionskoeff. D entsprechend der Gleichung D = 7,8 · $10^{-9}$ · exp (−28500/RT) cm²/s liegen bedeutend niedriger als anderweitig ermittelte Werte. D. Ertel 84

*0347* **Diffusion und Löslichkeit von Cadmium in Indiumphosphid.** K. A. Arseni, B. I. Boltaks, V. L. Gordin und Ja. A. Ugaj. (Izvest. Akad. Nauk SSSR, Neorg. Mater. **3** (1967) 9, 1679–81; Inst. poluprovodnikov AN SSSR; russ.) — An einkrist. u. chem. poliertem *InP* wird die Diffusion des Cd bei 650–900° mittels radioaktiven Cd u. P untersucht. Der Diffusionskoeff. des Cd beträgt in diesem Temp.-Bereich 9,2 · $10^{-12}$–1,1 · $10^{-9}$ cm²/s, seine Temp.-Abhängigkeit beträgt D = 1,8 exp · [−(1,9 ± 0,2) /kT] cm²/sec. Die Löslichkeit des Cd in InP beträgt im untersuchten Temp.-Bereich 8,8 · $10^{18}$ bis 6,8 · $10^{19}$ cm$^{-3}$; der Maximalwert wird bei 800° erreicht.
Heinz Vogel 84

*0348* **Untersuchungen an festen Zr–O-Lösungen mit einer Mikrosonde und durch Elektronenmikroskopie.** T. Ericsson, G. Östberg und B. Lehtinen. (J. nuclear Mater. [Amsterdam] **25** (1968) 3, 322–27; AB Atomenergi, Stockholm; engl.) — Zr wird bei 700° 1000 Std. u. bei 850° 160 Std. oxydiert. Das Eindringen von $O_2$ wird mit einer Mikrosonde untersucht; innerhalb der Meßgenauigkeit erfüllt die $O_2$-Diffusion die übliche Diffusionsgleichung mit einer Diffusionskonst., die unabhängig von der Konz. ist. Die Härte in der Diffusionszone wird gemessen u. die nichtlineare Beziehung zwischen Härte u. O-Geh. abgeleitet. Bei der Zus. $Zr_6O$ wird ein Plateau beobachtet. Die Ggw. der geordneten $Zr_3O$-Phase in dünnen Folien aus ox. Zr wird mit lokalisierter Elektronenbeugung nachgewiesen. Die Versetzungsdichte nimmt während der Ox. zu, die gebildeten Versetzungen sind sehr wenig beweglich.
M. Frenzel 84

*0349* **Messung der Aktivierungsenergie beim Beginn der Sinterung von Urandioxid mit Hilfe der Methode von Dorn.** Jean-Jacques Bacmann und Georges Cizeron. (C. R. hebd. Séances Acad. Sci., Sér. C **264** (1967) 26, 2077–80; Gif-sur-Yvette, CEA, Serv. Documentation; franz.) — Vf. berichten über die Verw. der Meth. von Dorn, die bisher zur Messung der Aktivierungsenergie der Kriecherscheinung Verw. gefunden hatte, zur Unters. des ersten Sinterstadium von $UO_2$. Die Unters. erfolgte dilatometr. unter $H_2$ u. bei Temp. zwischen 700 u. 850°. Für das $UO_2$ erhielten Vf. eine Aktivierungsenergie von 107 kcal/Mol in Übereinstimmung mit Werten die mit anderen Methoden erhalten worden waren.
C. Gottfried 84△

*0350* **Sintern von Nickel/Aluminium-Kugeln auf Nickelplatten.** A. G. Elliot und Z. A. Munir. (J. Mater. Sci. **3** (1968) 2, 150–57; Dep. of Mater. Sci., San Jose State College, Calif.; engl.) — *Ni-Al-Leg.* mit 0,5 (Gew.-%); 1,0; 2,0 u. 10,0 Al wurden aus Metallpulver (99,96% u. 99,99% rein) unter Vakuum von $10^{-5}$ Torr erschmolzen. Die Schmelze wurde bei 1500° für 15 Min. homogenisiert. Von den festen Barren wurden Feilspäne hergestellt, die 100 μm bis 90 μm großen Teilchen abgetrennt u. durch Induktionsheizung in einem vertikalen Schmelzrohr unter Ar- 0,25% $H_2$-Atmosphäre bei 1750°–1800° zu Kugeln umgeformt. Die 90–100 μm großen Kugeln wurden für die Sintervers. aussortiert. Mit Ni-Kugeln wurden Kontrollvers. gemacht. Die Kugeln wurden auf 99,98% reinen, in 23 Vol-% Perchlorsäure u. 77 Vol-% Eisessig elektropolierten u. bei 1300° für 30 Min. geglühten Ni-Platten verteilt u. im Vakuum von $10^{-5}$ Torr bei 1000 u. 1300° verschieden lange gesintert. Kugeldurchmesser u. ⌀ des gebildeten Überganges zwischen Kugel u. Platte, Hals genannt, wurde gemessen. Das Halswachstum wurde als Funktion der Zeit bestimmt u. ist in den Leg. von Al-Geh. abhängig. Für den Zeitexponenten in der Gleichung $x/a = At^n$ wurden Werte von 0,19; 0,18; 0,15 u. 0,16 für die vier Zus. gefunden. Es wurden Aktivierungsenergien von 33 kcal/Mol für das Sintern von Ni-Kugeln zu Platten u. 69 kcal/Mol für Ni/1% Al gefunden. In der Annahme eines Oberflächendiffusionsmechanismus für den Materialtransport wird die Differenz in den Aktivierungsenergien als Differenz der Oberflächenenergien, wie sie sich bei Leerstellenbldg. zeigt, erklärt. Ähnlich läßt sich auch der Unterschied zu der Aktivierungsenergie beim Sintern von Ni-Drähten erklären. R. Zimmer 84

*0351* **Modell der Ionenreflexion von einem Einkristall.** V. M. Kivilis, É. S. Parilis und N. Ju. Turaev. (Doklady Akad. Nauk SSSR **178** (1967) 4, 805—07; Fiz.-techn. inst. AN Uzb. SSR; russ.) — Die Ionenreflexion an einem ebenen Krist.-Modell aus Atomketten bei schrägem Einfall wird berechnet. Numer. Daten werden für die Reflexion von Ar-Ionen mit Einfallsenergien von 5, 10 u. 30 keV an einer unendlichen Oberflächenkette von Cu-Atomen in [110]-Richtung angegeben. V. Burjan 86△

*0352* **Verzerrungen von Zerstäubungsmustern an ebenen und zylindrischen Kollektoren. Niederschlagsstruktur von Aluminiummustern zwischen 100 und 560°K.** F. Schulz und R. Sizmann. (Philos. Mag. [8] **18** (1968) 152, 269—80; Ges. für Strahlenforsch. Neuherberg, München; engl.) — Unters. zur Ejektion von zerstäubten Atomen aus solchen kristallograph. Richtungen bei denen die Gitteratome enge Abstände haben. Vf. untersuchen die Konturen der zweidimensionalen Niederschlagsmuster auf einer Ebene oder auf einem zylindr. gebogenem Kollektor, die von der Winkelverteilungsfunktion der Emission aus dem Krist. u. der Geometrie des benutzten Kollektors abhängen. Lage, Form u. Dicke der Niederschläge eines Zerstäubungsmusters auf einem ebenen Kollektor sind stark abhängig von der Richtung, u. die Winkelverteilungsfunktionen der Emission aus dem Krist. werden durch benachbarte Zerstäubungsniederschläge stark beeinflußt. Zylindr. Kollektoren sind für quant. Analyse vorteilhafter. In allen Fällen können die Muster durch einen Abschattungseffekt infolge der Krist.-Oberflächenrauheit, durch Keimbldg. u. chem. Rk. (z. B. Oxydation) während des Niederschlages verzerrt werden. Experimentelle Ergebnisse mit Al bei der Zerstäubung durch 20-keV-Ar-Ionen werden mitgeteilt. Herbert Weber 86

*0353* **Kanalleitungseffekte beim Energieverlust von 3- bis 11-MeV-Protonen in Silicium- und Germanium-Einkristallen.** B. R. Appleton, C. Erginsoy und W. M. Gibson. (Physic. Rev. [2] **161** (1967) 2, 330—49; Bell Telephone Labor., Murray Hill, N.J.; engl.) — Planare u. axiale Kanalleitung von Protonen im Bereich 3 bis 11 MeV wurde an 25—50 $\mu$m dicken Si- u. Ge-Einkrist. untersucht, indem Richtung u. Energieverteilung der durchtretenden Teilchen bestimmt wurden. Es wird angenommen, daß der Energieverlust gut-kanalgeleiteter Protonen nur durch die Wechselwrkg. mit den schwach gebundenen Valenzelektronen hervorgerufen wird. Es wird ein theoret. Kanalleitungs-Modell vorgeschlagen u. mit den Experimenten verglichen. Die Übereinstimmung ist gut. Manfred Schenk 86

*0354* **Abhängigkeit der Entstehung von Röntgenstrahlen im Innern von Kristallen von der Kristallorientierung.** J. I. Bramman und G. Yates. (Philos. Mag. [8] **17** (1968) 145, 195—98; U.K.A.E.A., Dounreay Experimental Reactor Establ., Thurso, Scotland; engl.) — Aus der Unters. der Intensität von durch Elektronenbeschuß im Innern von polykrist. *$UO_2$*, *Rein-Ni* bzw. *rostfreiem Stahl* (A.I.S.I. 316) erzeugten Röntgenstrahlen folgt, daß der Intensitätsunterschied der von verschiedenen unterschiedlich orientierten Kristalliten ausgesandten Röntgenstrahlen bis zu 1,5% betragen kann. Die Proben waren vor dem Elektronenbeschuß mit Aufschlämmungen von $\gamma$-$Al_2O_3$ in $H_2O_2$ bzw. verd. $HNO_3$ poliert worden, wodurch ein Fließen in der Oberfläche vermieden werden konnte. W. Laqua 86

## Optische Eigenschaften

*0355* **Interpretation der Urbach-Regel.** D. L. Dexter. (Physic. Rev. Letters **19** (1967) 24, 1383—85; Univ. of Rochester, Rochester, N.J.; engl.) — Einfache allg. Interpretation auf der Basis der harmon. Schwingungsbewegung u. der Störungstheorie 2. Ordnung. G. Buttgereit 91

*0356* **Streuung von Laserlicht in superflüssigem Helium.** Hans Grimm und Klaus Dransfeld. (Z. Naturforsch. **22a** (1967) 10, 1629—30; Phys. Dep., TH, München; engl.) — Die Streuung von He–Ne-Laserlicht durch superfl. $^4$He wird unter 90° gegen das einfallende Licht beobachtet u. die Streuintensität als Funktion der Temp. mit einem relativen Fehler < 2% bei 1,6 °K — ≈ 3 °K gemessen. Unterhalb des $\lambda$-Punktes geht die Streulichtintensität mit fallender Temp. gegen Null. Ein temperaturunabhängiger Beitrag zum Streulicht, z. B. Raman-Streuung, wird in He II nicht beobachtet. Bei Erwärmung über dem $\lambda$-Punkt nimmt das Streulicht plötzlich um ≈ 10% zu. Im ganzen Temp.-Bereich stimmt die gemessene Intensität des Streulichtes innerhalb 15% mit theoret. Erwartungen überein. Unterhalb 2,1 °K stimmt die Temp.-Abhängigkeit der Streuintensität exakt mit der theoret. überein. Oberhalb des $\lambda$-Punktes tritt allerdings noch eine zusätzliche Streuung auf. Am $\lambda$-Punkt selbst wird kein Intensitätsmax. beobachtet. W. Pusch 92△

*0357* **Brillouin-Streuung und Relaxation in Flüssigkeiten.** C. J. Montrose, V. A. Solovyev und T. A. Litovitz. (J. acoust Soc. America **43** (1968) 1, 117—30; Phys. Dep., Catholic Univ. of America, Washington, D.C.; engl.) — In einer Übersicht wird der Unterschied der Spektren des an D.-Schwankungen von Fl. unelast. gestreuten Lichts in nichtrelaxierenden u. relaxierenden Stoffen herausgearbeitet. Die die Spektren beschreibenden Gleichungen sind relativ einfach, wenn die Wärmeleitfähigkeit der Fl. klein ist. Im einfachsten Fall entspricht das Spektrum einer nichtrelaxierenden Fl. einem Resonanzsyst., das durch therm. Energie angetrieben wird. Für relaxierende Syst. sind die Spektren von komplizierterer Form. Formale interpretierbare Resultate erhält man durch Anwendung elektr. Äquivalentkreise, die jedoch nicht zur Analyse experimenteller Ergebnisse geeignet sind. Zur analyt. Behandlung der gemessene Spektren werden Näherungen entwickelt, die es erlauben, Lage u. Halbwertsbreite fundamentalen Relaxationsparametern wie dem viskoelast. Parameter des Mediums zuzuordnen. H. U. Borgstedt 92

*0358* **Brillouin-Streuung: Viskoelastische Messungen in Flüssigkeiten.** D. A. Pinnow, S. J. Candau, J. T. La-Macchia und T. A. Litovitz. (J. acoust. Soc. America **43** (1968) 1, 131—42; engl.) — Vgl. vorst. Referat. — An *Glycerin* u. *n-Butanol* werden in Temp. bis 150° Hyperschallunters. mit Hilfe der Brillouin-Streuung durchgeführt. Bei sorgfältiger Vornahme aller notwendigen Korrekturen können aus Lage, Halbwertsbreite u. Intensität der Brillouin-Linien die viskoelast. Parameter der Fl. ber. werden. Zur Anwendung auf relaxierende Stoffe wird die Beziehung von Landau-Placzek verallgemeinert u. in einem 200° umfassenden Temp.-Bereich für Glycerin untersucht. Im hochfrequenten Bereich liegen bei höheren Temp. die Relaxationszeiten näher beieinander als im Ultraschallbereich bei —10°. Ursache dafür ist, daß die Verteilung mit dem kollektiven Verh., das bei höheren Temp. weniger ausgeprägt ist, zusammenhängt. H. U. Borgstedt 92

*0359* **Messung des absoluten Wirkungsquerschnitts der Raman-Streuung in Kristallen, Pulvern und Flüssigkeiten.** V. S. Rjazanov und M. M. Suščinskij. (Ž. ėksper. teoret. Fiz. **54** (1968) 4, 1099—1106; Fiz. inst. im Lebedeva AN SSSR; russ., Auszug: engl.) — Es wird eine Meß-Meth. beschrieben u. die Raman-Linien von *Stilben*, *$NaClO_3$* u. *Bzl.* werden für verschiedene Temp. bestimmt. Die Wrkg.-Querschnitte in krist. u. fl. Stilben u. Bzl. werden verglichen u. ein starkes Anwachsen am Phasenübergang fl.–krist. beobachtet E. Otto 92

*0360* **Optische Eigenschaften von gepreßtem CdTe im fernen Infrarot.** C. M. Randall und R. D. Rawcliffe. (Appl. Optics **7** (1968) 1, 213; Aerospace Corp., P. O. Box 95085, Los Angeles, Calif.; engl.) — Der Brechungsindex, das Transmissions- u. das Absorptionsvermögen von *Irtran VI* (heißgepreßtes polykrist. CdTe) wurden gemessen. Im IR tritt eine einzige Reststrahlbande auf, die adäquat durch einen Lorentz-Oszillator (charakterist. Frequenz $\nu_0 = 141$ cm$^{-1}$) beschrieben werden kann. H. D. Schwartz 92

*0361* **Transmissions- und Reflexionsspektren von reinem und dotiertem Kaliumjodid bei tiefen Temperaturen.** A. Hadni, J. Claudel, G. Morlot und P. Strimer. (Appl. Optics 7 (1968) 1, 161—65; Univ. de Nancy, France; franz.) — Das IR-Reflexionsvermögen reiner KJ-Einkrist. wurde bei der Temp. des fl. He, des fl. $N_2$ u. bei Raumtemp. zwischen 10 u. 700 $\mu$ gemessen. Eine Kramers-Kronig-Analyse u. eine Zwei-Oszillator-Lorentz-Analyse führen zu fast gleichen Resultaten für den Brechungsindex n u. den Absorptionskoeff. k im gesamten IR-Spektrum mit maximalen Werten von n u. k zwischen 4 u. 8. Der stärkste Lorentz-Oszillator hat bei 80°K eine Frequenz von $\nu_1 = 110$ cm$^{-1}$. Für den zweiten Lorentz-Oszillator ist $\nu_2 = 150$ cm$^{-1}$. Absorptionsbanden zwischen 104 u. 143 $\mu$ werden durch $Na^+$-, $Cs^+$- u. $Cl^-$-Verunreinigungen hervorgerufen. $Br^-$-Ionen führen zu einer Untergrundabsorption. H. D. Schwartz 92

*0362* **Infrarot-Reflexionsgrad von matten Oberflächen.** Robert K. Vincent und Graham R. Hunt. (Appl. Optics 7 (1968) 1, 53—59; Space Phys. Labor., AFCRL (OAR), Bedford, Mass.; engl.) — Es wird eine allg. Theorie, die die reflektierten Strahlen nach Reflexion an der Oberfläche S u. im Inneren V einteilt, aufgestellt. Der totale Reflexionsgrad $R_T$ ist dann $R_T = R_s + R_v$. Experimentell wurden *Calcit* u. *Gips* untersucht (Spektralbereich 4—14 $\mu$). Die Fähigkeit der Theorie, das unterschiedliche Reflexionsverh. von Banden verschiedenster Intensitäten vorauszusagen, ist für die Auswertung von IR-Ferndetektordaten bei geolog. Unters. (Erde, Mond, Planeten) von Bedeutung. H. D. Schwartz 92

*0363* **Transmissionsvermögen zweier LWP-Filter für das ferne Infrarot bei niedrigen Temperaturen.** S. Zwerdling und J. P. Theriault. (Appl. Optics 7 (1968) 1, 209—10; Center for Mater. Sci. and Engng., MIT, Cambridge, Mass.; engl.) — Zwei LWP (longewave pass)-Filter wurden untersucht: das Filter LWP No. 1, das *NaCl-*, *KCl-*, *KBr-*, *KJ-* u. *CsBr*-Pulver in *Polyäthylen* enthält, u. das Filter LWP No. 2 mit den gleichen Bestandteilen aber zusätzlich *CsJ*. Beide Filter sind auf ein krist. Quarzsubstrat aufgebracht. Sie haben bei 4,2°K eine bedeutend steilere Kante als bei Raumtemperatur. Die Grenzwellenlänge beträgt für das Filter No. 1 bei 4,2°K 124 $\mu$ u. für das Filter No.2 147 $\mu$. H. D. Schwartz 92

*0364* **Ultraviolett-Spektrum des Nitrat-Ions in geschmolzenen Mischungen von Alkalimetall-Nitraten.** Charles R. Boston, David W. James und G. Pedro Smith. (J. physic. Chem. 72 (1968) 1, 293—95; Metals and Ceramic Div., Nat. Labor., Oak Ridge, Tenn.; engl.) — Die Einfl. von Temp. u. Zus. auf die erste UV-Bande des $NO_3$-Ions in geschmolzenen Alkalimetallnitraten werden untersucht. Die Energie des Bandenmax. $E_{max}$ ist eine lineare Funktion des Molenbruchs x der Syst. $NaNO_3$–$RbNO_3$ u. $KNO_3$–$RbNO_3$. Für $LiNO_3$–$NaNO_3$, $LiNO_3$–$KNO_3$ u. $LiNO_3$–$CsNO_3$ ergeben sich kleine Abweichungen von der Linearität. Die f-Werte zeigen mäßige negative Abweichungen von der Linearität in der Abhängigkeit von x. Mit zunehmender Temp. nimmt $E_{max}$ ab, dagegen nehmen die f-Werte zu. G. Buttgereit 94

*0365* **Natur der Elektronenfallen in alkalischem Eis.** H. Barzynski und D. Schulte-Frohlinde. (Z. Naturforsch. **22a** (1967) 12, 2131—32; Kernforsch.-Zentrum Karlsruhe, Inst. für Strahlenchem.; engl.) — Elektroneneinfang auf Grund von Bestrahlung wurde an krist.-transparentem *NaOH · 7H₂O* (Einkrist.), *NaOH · 3,5H₂O* (⌀ der Krist. 0,5—3,0 mm) u. *NaOH · H₂O* (Einkrist.) sowie transparent-amorphem NaOH · 7 $H_2O$ u. NaOH · 3,5 $H_2O$ untersucht. Die Bldg. der blauen Farbe durch Elektroneneinfang ($\lambda_{max} = 5{,}85$ mm) als Funktion der Dosis ($^{60}$Co-$\gamma$-Strahlung) bei —196° tritt nur in der amorphen Matrix auf. Das Verhältnis der totalen Spinkonz. des bestrahlten (Dosis: $2{,}5 \cdot 10^{19}$ eV/g) krist. u. amorphen NaOH · 3,5 $H_2O$ beträgt ca. 1:15. Beim Erhitzen der farblosen, bestrahlten, krist. Natriumhydroxide tritt eine Rotfärbung auf, die nicht auf Elektroneneinfang zurückgeführt wird. Vgl.-Messungen an amorphem u. krist. $CH_3OH$ u. $C_2H_5OH$ wurden durchgeführt. Die Elektronenfallen im alkal. Eis werden mit Hilfe des „Hohlraum-Modelles" interpretiert. G. Malow 94

*0366* **Konfiguration mit fast entartetem Elektronenzustand.** A. A. Kiselev. (Izvest. Akad. Nauk SSSR, Ser. fiz. **32** (1968) 1, 14—15; russ.) — Nach der Meth. von Born-Oppenheimer wurde die Stabilität der Konfig. eines Mol., das sich in einem fast entarteten Zustand befindet, oder in dem zwei Elektronenniveaus nahe benachbart sind, theoret. untersucht. Als Beispiele werden das $UO_2^{2+}$-Ion u. $V_F$-Zentren in *NaCl* angegeben. V. Burjan 94△

*0367* **Lokalisierte Störstellenzustände in der Hartree-Fock-LCAO-Näherung.** 1. Mitt. F. Martino. (Int. J. Quantum Chem. 2 (1968) 2, 217—32; Crystal Phys. Labor., Center for Materials Sci. and Engng., MIT, Cambridge, Mass.; engl.) — Berechnung der Einelektronenenergien u. Wellenfunktionen für Störstellenelektronen in einem tiefen Potentialtopf in einem Krist. nach der Hartree-Fock-Methode. H. Liepack 94

*0368* **Lokalisierte Störstellenzustände in der Hartree-Fock-LCAO-Näherung.** 2. Mitt. **F-Zentrum in KCl.** F. Martino. (Int. J. Quantum Chem. 2 (1968) 2, 233—36; engl.) — 1. vgl vorst. Referat. — Die Ergebnisse zeigen, daß Austauscheffekte mit mindestens den zwei ersten Nachbarschalen zu berücksichtigen sind. Überlappungen der F-Zentrum-Funktion mit Ionenfunktionen bis zu den 6. Nachbarn werden betrachtet. Die ber. Absorptionsenergie des F-Zentrums beträgt 0,1619 Ry (gemessen 0,170 Ry). Die magnet. Hyperfeinstrukturkontaktglieder wurden für die 2 ersten Nachbarschalen mit orthogonalisierten Näherungsfunktionen für $K^+$ u. $Cl^-$ berechnet. Die Abweichung gegenüber experimentellen Werten läßt schließen, daß Polarisierungseffekte der Elektronen u. Ionen in den Ionisierungszuständen des Krist. berücksichtigt werden müssen, um genaue Wellenfunktionen u. abs. Energieniveaus des F-Zentrums zu berechnen. H. Liepack 94

*0369* **Lichtverstärkung durch Zentren, die eine Stokes-Verschiebung der Absorptions- und Emissionsspektren besitzen.** A. Ja. Gojchman und Ju. M. Popov. (Optika i Spektroskopija **24** (1968) 6, 932—36; russ.) — Die Lichtverstärkung in Krist. mit Stokes-Verschiebung der Spektren wird erörtert. Demnach können Ionenkrist., die F-Zentren besitzen, zur Erzeugung von Infrarotstrahlung mit einer Photoenergie von 1 eV verwendet werden. Am geeignetsten dürften *NaJ*, *KCl*, *KBr*, *KJ*, *RbJ* u. *RbBr* sein. M. Wiedemann 94

*0370* **Modell der X-Zentrenbildung in Alkalimetallhalogenidkristallen.** A. E. Glauberman und N. A. Cal'. (Fiz. tverdogo Tela **10** (1968) 3, 935—37; Odesskij gos. univ. im Mečnikova; russ.) — Diskussion „quasimetall." selbststabilisierter Zentren im vorkolloidalen Stadium der Färbung. K. Jaeger 94

*0371* **Optische F-Zentrenabsorption in NaCl-Kristallen.** Z. Ja. Evseev und K. B. Tolpygo. (Fiz. tverdogo Tela **10** (1968) 4, 1193—97; Doneckij fiz.-techn. inst. AN USSR; russ.) — Theoret. Berechnung des Abstandes der 1s—2p-F-Zentrenübergänge; der erhaltene Wert von 2,616 eV stimmt mit experimentellen Literaturwerten gut überein. Die therm. Dissoziationsenergie der F-Zentren in Leerstellen u. Polaronen wird zu 1,48 eV berechnet. K. Jaeger 94

*0372* **Einfluß des Grades der plastischen Verformung auf die photothermische Stabilität von F-Farbzentren in NaCl-Kristallen.** E. S. Dudarev und F. N. Zaitov. (Izvest. vysšich učebnych Zavedenij [Tomsk], Fiz. **11** (1968) 2, 71—77; Oškij gospedinst; russ.) — Es wird gezeigt, daß die photothermische Stabilität der F-Zentren u. die therm. Stabilität eines Teils dieser Zentren mit steigender plast. Verformung anwächst. Die Erscheinung wurde an Krist. untersucht, die vor oder nach der Verformung durch Röntgenbestrahlung verfärbt wurden. Die Ergeb-

nisse werden mit einem ion Aktivierungsmechanismus der Farbzentrenzerstörung erklärt.
H. Roschkowski 94

0373 **Bildung von Komplexen aus zweiwertigen Fremdanionen und -kationen in KCl-Kristallen.** D. N. Mirlin und I. I. Rešina. (Fiz. tverdogo Tela **10** (1968) 4, 1129 bis 1135; Inst. poluprovodnikov AN SSSR, Leningrad; russ.) — Messungen der IR-Spektren (1100—1200 $cm^{-1}$, 20—600°) von KCl:$SO_4^{2-}$:$Me^{2+}$ u. KCl:$CrO_4^{2-}$:$Me^{2+}$ ($Me^{2+}$ = $Ca^{2+}$, $Sr^{2+}$, $Ba^{2+}$, $Zn^{2+}$, $Cd^{2+}$, $Pb^{2+}$) sowie der Ionenleitfähigkeit ergaben für die $SO_4^{2-}$-dotierten Krist. von den Dotierungskationen abhängige Komplexe der Symmetrie $C_{2v}$, die bis 500—600° stabil waren.
K. Jaeger 94

0374 **Photochemische Reaktionen in gefärbten CsBr-Kristallen.** V. V. Udod. (Fiz. tverdogo Tela **10** (1968) 1, 183—87; Kievskij gos. univ. im. Ševčenko; russ.) — Opt. F-Zentren-Bleichvers. ermöglichten an der langwelligen Kante des F-Max. die Identifizierung von $R_1$-, $R_2$- u. M-Zentren. Die Temp.-Abhängigkeit (—196 bis 300°) der F-Zentren wurde gemessen. Unters. der photochem. Rk. des F- u. der X-Zentren. Die X-Zentren werden koll. Ausscheidungen zugeschrieben. K. Jaeger 94

0375 **Optische Spektren von mit $Ni^{2+}$-Ionen aktiviertem Calcium- und Cadmiumfluorid.** E. I. Zoroackaja, B. Z. Malkin, A. L. Stolov und Z. S. Jakovleva. (Fiz. tverdogo Tela **10** (1968) 1, 320—22; Kazanskij gos. univ. im. Ul'janova-Lenina; russ.) — Gemessen wurden die Absorptionsspektren ($3 \cdot 10^3$—$4 \cdot 10^4$ $cm^{-1}$) von CaF : $Ni^{2+}$ u. $CdF_2$:$Ni^{2+}$ (300—4,2°K). Die experimentellen u. die ber. Werte für das Termschema von $Ni^{2+}$ stimmen gut überein. K. Jaeger 94

0376 **Einfluß der Temperatur auf die optischen Spektren von Zentren in Einkristallen vom Fluorittyp, die mit $Co^{2+}$- und $Ni^{2+}$-Ionen aktiviert sind.** A. L. Stolov und Ž. S. Jakovleva. (Fiz. tverdogo Tela **10** (1968) 5, 1513 bis 1518; Kazanskij gos. univ. im Ul'janova-Lenina; russ.) — Absorptionsspektren (0,4—2,5 $\mu m$; 4,2—424°K) von $Co^{2+}$ in $CdF_2$, $CaF_2$, $SrF_2$, $BaF_2$ u. von $Ni^{2+}$ in $CdF_2$ u. $CaF_2$. Das abweichende Verh. der $Co^{2+}$-Spektren in $CaF_2$ u. $SrF_2$ wird durch abweichende Symmetrieeig. der Zentren erklärt. Die Spektren werden theoret. beschrieben.
K. Jaeger 94

0377 **Neue Satellitenstruktur von $Nd^{3+}$ in Seltenerdmetalltrichloriden.** G. A. Prinz und E. Cohen. (Physic. Rev. [2] **165** (1968) 2, 335—44; Dep. of Phys., Johns Hopkins Univ., Baltimore, Md.; engl.) — Unters. der Absorptionsspektren von $Nd^{3+}$ in 1% Nd : $LaCl_3$, 1% Nd: $PrCl_3$, 1% Nd : $GdCl_3$, $NdCl_3$, 1% Pr : $NdCl_3$, 1% Er: $NdCl_3$ im Bereich 4000—9000 Å bei 4,2°K mit hoher Auflösung. Der Zeeman-Effekt wurde in Feldern bis zu 36 kOe untersucht. Die Vers. beziehen sich auf die scharfen Satelliten, die von den Elektronenübergängen einen Abstand von 0,1—20 $cm^{-1}$ haben. Die Satelliten könnten auf $Nd^{3+}$ zurückzuführen sein, die sich auf verzerrten Plätzen in der Nähe von Krist.-Störungen, bes. Versetzungen, befinden. H. Liepack 94

0378 **Farbzentren in CuCl.** Claude Schwab, Alfred Goltzène und Serge Nikitine. (C. R. hebd. Séances Acad. Sci., Sér. C **266** (1968) 9, 573—75; Univ. de Strasbourg, rue de l'Univ.; franz.) — Die Absorptionsspektren (0,4—3 $\mu$) verschieden vorbehandelter blauer CuCl-Polykrist. wurden gemessen. In auf 400° bei geringem Luftdruck erhitzten Krist. wurden in der Nähe von 1 $\mu$ zwei Absorptionsbanden gefunden. Für die erste dieser Banden wird als Modell ein auf einer $Cu^+$-Leerstelle eingefangenes Defektelektron u. für die zweite Bande eine Ox. des Krist. (d. h. eine Valenzänderung von Cu) angenommen. H. D. Schwartz 94

0379 **Spektroskopische Bestimmung der Austauschkopplung zwischen $Ir^{4+}$-Ionen in $(NH_4)_2(Ir; Pt)Cl_6$.** C. M. R. Platt und D. H. Martin. (Chem. Physics Letters [Amsterdam] **1** (1968) 13, 659—60; Phys. Dep., Queen Mary Coll., London, U. K.; engl.) — Für polykrist. Proben von $(NH_4)_2$ (Ir; Pt)$Cl_6$ mit Ir:Pt = 1:5 wurden die Transmissionsspektren von 5—25 $cm^{-1}$ bei 4,2°K aufgenommen. Der Verlauf zeigt zwei strukturierte Absorptionsbanden mit Zentren bei 5,3 u. 8 $cm^{-1}$, die einem kontinuierlichen Absorptionsspektrum überlagert sind, das Phononenanregung zuzuschreiben ist. Reine $(NH_4)_2IrCl_6$-Proben zeigten nicht diese Banden. Die strukturierte Bande bis 5,3 $cm^{-1}$ kann durch Paarübergänge gedeutet werden. Daraus ergaben sich folgende Werte: J = 5,34 ± 0,08, D = 0,33 ± 0,10 u. E = —0,19 ± 0,08. H. Liepack 94

0380 **Farbzentren-Clusterbildung in ZnS-Einkristallen unter der Einwirkung schneller Neutronen.** I. T. Putiev, F. F. Gavrilov und G. A. Šašarin. (Fiz. Techn. Poluprovodnikov **2** (1968) 1, 53—55; Ural'skij politechn. inst. im. Kirova, Sverdlovsk; russ.) — Absorptionsspektren (300—500 nm) von Neutronen-bestrahlten ($10^{14}$—$10^{18}$ $n_0/cm^2$) ZnS-Einkristallen. Die Diskussion der Lage u. des Profils der Fundamentalabsorptionskante zeigt, daß mit zunehmender Clusterbldg. der Farbzentren deren Koagulation einhergeht.
K. Jaeger 94

0381 **Einfluß von Kupferdotierungen auf das Absorptionsspektrum von Cadmiumselenid im infraroten Bereich.** L. V. Prytkina, V. V. Volkov, A. N. Mencer, A. V. Vanjukov und P. S. Kireev. (Fiz. Techn. Poluprovodnikov **2** (1968) 4, 594—96; Mosk. inst. stali i splavov; russ.) — Absorptionsspektren ($7 \cdot 10^{-2}$—ca. 1 eV) reiner u. Cu-dotierter ($\leq 6 \cdot 10^{-2}$ Gew.-%) CdSe-Kristalle. Eine breite Bande bei 0,1—0,5 eV, die mit zunehmenden Cu-Geh. blauverschoben wird, wird Cu-Störstellen zugeordnet. K. Jaeger 94

0382 **Einfluß von Kupferdotierungen auf die Fundamentalabsorptionskante von Cadmiumselenid.** A. V. Vanjukov. A. N. Mencer, L. V. Prytkina und P. S. Kireev. (Fiz. Techn. Poluprovodnikov **2** (1968) 4, 604—06; Mosk. inst. stali i splavov; russ.) — Absorptionsspektren (1,45—1,70 eV) von Cu-dotiertem (0,035—0,34 Gew.-%) CdSe. Es wird gezeigt, daß mit zunehmender Dotierung eine effektive Verringerung des Bandabstandes eintritt.
K. Jaeger 94

0383 **Infrarot-Absorptionsspektrum des $Co^{2+}$-Ions im Kristallfeld oktaedrischer Symmetrie.** A. I. Zvjahin, I. V. Skorobohatova und V. I. Kut'ko. (Ukraïns'kyj fiz. Ž. **13** (1968) 1, 83—86; Fiz.-techn. inst. nyz'kych temp. AN URSR, Charkiv; ukrain., Auszug: engl.) — Die IR-Spektren von $MnF_2$- u. $ZnWO_4$-Krist. mit bis zu 10% $Co^{2+}$-Ionen bei 10—400°K u. 400—1000 $cm^{-1}$ wurden aufgenommen. Die Temp.-Abhängigkeit der durch $\Gamma_4 \rightarrow \Gamma_5$-Übergänge von $Co^{2+}$ verursachten Bande wird besprochen. H. Roschkowski 94

0384 **Einkristalle von Zinkwolframat mit nichtstöchiometrischer Zusammensetzung.** L. N. Limarenko, A. E. Nosenko, M. V. Paškovskij und S. P. Furtak. (Izvest. Akad. Nauk SSSR, Ser. fiz. **32** (1968) 1, 34—36; russ.) — Die Spektren der Zusatzabsorption wurden für im Vakuum oder $H_2$ erhitzte bzw. röntgenbestrahlte $ZnWO_4$-Einkrist. mit Beimengungen von $Cr^{3+}$, $Li^+$, $V^{5+}$ (bis 1 Atom-%) gemessen. Diese Zusatzabsorption wird durch den Verlust von O durch das Kristallgitter bedingt. V. Burjan 44△

0385 **Hochtemperaturabsorption von $YVO_4$ und $YVO_4$:Eu.** T. S. Davis und R. K. Datta. (Trans. metallurg. Soc. AIME **242** (1968) 4, 714—16; Gen. Electric Co., Lighting Res. Labor., Nela Park, Cleveland, O.; engl.) — Von $YVO_4$, $YVO_4$:Eu u. $YVO_4$:Bi werden diffuse Reflektionsspektren bei Zimmertemp., 100, 200 u. 325° aufgenommen. An der Absorptionskante weisen die Spektren der untersuchten Verb. eine Verschiebung zu niedrigeren Energien bei höheren Temp. auf. Die Kante verschiebt sich um ein- bis zweitausend Wellenzahlen bei einer Temp.-Erhöhung von Zimmertemp. auf 300°. Die Kantenverschiebung ist unabhängig vom $Eu^{3+}$-Gehalt. W. Pusch 94

0386 **Struktur und Symmetrie der Phosphationen in einigen Calciumphosphaten.** B. Šoptrajanov und I. Petrov. (Croat. chem. Acta **39** (1967) 1, 37—45; Dep. of Chem., Fac. of Sci., Univ. of Skopje, Macedonia, Yugoslavia; engl.) — Die IR-Spektren (200—4000 $cm^{-1}$; bei Zimmertemp. u. bei 77°K aufgenommen) von *Ca*·

*$HPO_4$, $CaHPO_4 \cdot 2H_2O$* u. *Oktacalciumdihydrogenphosphat* [$Ca_8H_2(PO_4)_6 \cdot 5H_2O$] wurden, bes. im Hinblick auf die Lage-Symmetrie der Phosphationen, analysiert. Während die freien Ionen $PO_4^{3-}$ u. $HPO_4^{3-}$ $T_d$- bzw. $C_{3v}$-Symmetrie aufweisen, ist im festen Zustand in den genannten Verb. die Lage-Symmetrie der Phosphationen stark erniedrigt, da die Entartungen aller Schwingungsarten aufgehoben sind u. sämtliche Schwingungsarten IR-akt. sind. Wahrscheinlich liegt $C_s$- oder $C_1$-Symmetrie vor, für welche die Auswahlregeln u. Aktivitäten ident. sind. Eine Unterscheidung zwischen diesen beiden Symmetriegruppen ist auf Grund des gegenwärtigen Informationsmaterials nicht möglich.
W. Feldmann 94

*0387* **Einfluß einer Bestrahlung mit schnellen Elektronen auf die Rekombinationsstrahlung.** I. I. Gejci, A. A. Nesterov und L. S. Smirnov. (Fiz. Techn. Poluprovodnikov **2** (1968) 2, 269—70; Inst. fiz. poluprov. SOAN SSSR, Novosibirsk; russ.) — Rekombinationsspektren (0,50—0,85 $\mu m$) u. Kinetik mit 3,5 MeV-Elektronen ($10^{14}$—$10^{16}$ $cm^{-2}$) bestrahlter n-*β-SiC*-Einkristalle. Ausheilunters. bei 1000—1400° zeigten die Reversibilität der Defektbldg. mit Max. bei 0,73—0,75 u. 0,56 $\mu m$.
K. Jaeger 96

*0388* **$4f^n$-Niveaus der freien Ionen von vierwertigen Lanthaniden. Fluoreszenz -und Absorptionsspektren von Cäsiumdysprosium(IV)-heptafluorid.** Louis P. Varga und Larned B. Asprey. (J. chem. Physics **48** (1968) 1, 139—46; Dep. of Chem., Okla. State Univ., Stillwater, Okla.; engl.) — Wird ein Gemisch von Cs- u. Dy(III)-Sulfat oder -Chlorid im Molverhältnis 3:1 mit gasf. Fluor bei 10—60 psig u. 200—350° behandelt, so entsteht eine orange Verb. der empir. Zus. *$Cs_3DyF_7$* (**I**). Die bei der Temp. des fl. $N_2$ gemessenen Fluoreszenz- u. IR-Absorptionsspektren von **I** (als Fluorkohlenstoff-Verreibung) werden mit eigenen u. der Literatur entnommenen Werten der Energieniveaus von $4f^8$Tb(III) u. $4f^9$Dy(III) verglichen. Im einzelnen wurden untersucht: *$TbF_3$*, *$Cs_3TbF_6$*, *$Tb(NO_3)_3 \cdot 6H_2O$*, *$DyF_3$*, *$Cs_3DyF_6$*, **I**, *$Cs_3TbF_7$* (Darst. durch Fluorierung von $Cs_3TbF_6$). Alle Komponenten des $^7F$-Multipletts (Grundzustand) von $4f^8$Dy(IV) sowie das $^5D_4$-Resonanzfluoreszenz-Niveau wurden identifiziert. Die 4f-Niveaus von Dy(IV) liegen höher als die des isoelektron. Tb(III), entsprechend der geringeren Abschirmung der Kernladung. Im Rahmen der Approximation freier Ionen wurden die $4f^n$-Energieniveaus ber., indem die Energiematrizen unter Angleichung von zwei Parametern (Coulomb-Integral $F_2$ u. Spin-Bahn-Kopplungskonst. $\zeta$) diagonalisiert wurden, bis vernünftige Übereinstimmung mit den experimentellen Dy(IV)-Niveaus erreicht war. Durch Interpolation wurden die Parameter $F_2$ u. $\zeta$ für Nd(IV) u. Tb(IV) abgeschätzt u. die entsprechenden $4f^n$-Niveaus berechnet.
A. Blaschette 96

*0389* **Einfluß von Thalliumbeimengungen auf die im Bergmann-Kondensator beobachteten elektrischen und Lumineszenzerscheinungen von KBr.** L. P. Kuželev und G. A. Michal'čenko. (Izvest. Akad. Nauk SSSR, Ser. fiz. **32** (1968) 1, 27—29; russ.) — Für KBr mit 0—0,02% Tl wurde der stimulierte (durch Rotlichtimpulse) Lumineszenzimpuls u. der elektr. Impuls im Kondensator oszillograph. nach der Bestrahlung mit $^{90}$Sr—$^{90}$Y u. Erwärmung registriert. Es wurde die Abhängigkeit der Lumineszenz- u. der elektr. Impulse vom elektr. Feld, von der Bestrahlungsdosis, von der Aktivatorkonz. u. von der Temp. gemessen. V. Burjan 96△

*0390* **Wirkungsspektren elektrischer Felder auf die Photolumineszenz aktivierter Ionenkristalle.** V. P. Denks. (Ž. prikl. Spektroskopii 8 (1968) 1, 91—95; russ.) — Der Einfl. eines konst. elektr. Feldes von etwa $10^5$ V/cm auf die Photolumineszenz von *KBr:Tl* u. *KBr:In*-Einkrist. wurde untersucht. Er wurde im wesentlichen auf einen elementaren Feldeffekt bei der phototherm. Ionisation der Zentren der Beimengungen in den Ionenkrist. zurückgeführt. M. Wiedemann 96

*0391* **Lumineszenz von Europium- und Terbiumionen in $Al_2O_3$.** N. N. Sirota und É. A. Ždanov. (Doklady Akad. Nauk Beloruss. SSR **12** (1968) 1, 18—20; Inst. fiz. tverdogo tela i poluprovodnikov AN BSSR; russ.) — Die Spektren von $Al_2O_3$ mit Zusätzen von 0,24 u. 0,48% $Tb_2O_3$ u. 0,03—0,40% $Eu_2O_3$ wurden im Bereich 620 bis 580 nm aufgenommen. Die Intensität der grünen Linie war am stärksten bei 0,24% $Tb_2O_3$+ 0,24% $Eu_2O_3$. Bei 77 °K waren die Linien gegenüber Zimmertemp. heller u. schärfer getrennt. M. Wiedemann 96

*0392* **Einfluß eines elektrischen Feldes auf die Lumineszenzspektren austauschgekoppelter Chromionenpaare in Rubin.** A. A. Kapljanskij, V. N. Medvedev und A. K. Prževuskij. (Ž. ėksper. teoret. Fiz.-Pis'ma v Redakciju **5** (1967) 12, 427—30; Fiz.-chim. inst. im. Ioffe AN SSSR; russ.) — Die Vers. wurden mit dünnen Rubinplättchen mit 0,05 u. 1,6% Cr bei 77 u. 4,2 °K vorgenommen. Bei dem äußeren Querfeld $E_0 \perp c$ wurde bis ≈200 kV kein Feldeinfl. beobachtet; bei $E_0 \| c$ kommt es zur Spaltung der Linien der $N_2$-Serie, sowie einiger anderer Linien. Die Spaltung ist nicht bei allen Linien gleich intensiv ($\Delta$ 7002/$\Delta$ 7009 ≈ 0,85). Linien der $N_1$-Serie spalten selbst bei ≈ 400 kV nicht auf. Der Effekt bestätigt das ferromagnet. u. antiferromagnet. Modell des Paartypes. J. Tůmová 96△

*0393* **Fluoreszenz- und Absorptionsspektrum im nahen Infrarot von $Co^{2+}$ und $Ni^{2+}$ in MgO.** J. E. Ralph und M. G. Townsend. (J. chem. Physics **48** (1968) 1, 149—54; Mullard Res. Labor., Redhill, England; engl.) — Die durch einen Elektronenstrahl angeregten Fluoreszenzspektren von $Co^{2+}$ u. $Ni^{2+}$ in MgO-Einkrist. wurden bei 77 °K u. 4,2 °K registriert. Die beobachteten Übergänge erfolgen bei $Co^{2+}$ von den angeregten Zuständen $^2E(t^6e)$ u. $^4T_2(t^4e^3)$ zum Grundzustand $^4T_1(t^5e^2)$, beim $Ni^{2+}$ vom $^3T_1(t^5e^3)$- zum $^3A_2(t^6e^2)$-Zustand. Durch Vgl. mit den entsprechenden Absorptionsspektren gelingt die Identifizierung der Nullphonon-Übergänge. Die Aufspaltung dieser Übergänge wird diskutiert. Das ermittelte Energieniveauschema wird mit Voraussagen der Kristallfeldtheorie verglichen. A. Blaschette 96

*0394* **Verformungsaufspaltung der Hauptlinien der hell- und dunkelblauen Exzitonenserien von $Cu_2O$-Kristallen.** A. I. Bobryševa und S. A. Moskalenko. (Fiz. Techn. Poluprovodnikov **2** (1968) 3, 438—41; Inst. prikl. fiz. AN SSSR, Kišinev; russ.) — Gruppentheoret. Behandlung eines Polarisationsmodelles der Verformungsaufspaltung in Anlehnung an die Bandaufspaltung.
K. Jaeger 96

*0395* **Einfluß einiger Beimengungseffekte auf die optischen Eigenschaften von Calciumwolframat.** A. M. Gurvič, V. B. Gutan und M. I. Tombak. (Izvest. Akad. Nauk SSSR, Ser. fiz. **32** (1968) 1, 47—50; Mosk. fiz. inst. im. Lebedeva; russ.) — Kurven der Thermolumineszenz wurden für $CaWO_4$ (rein oder mit Beimengungen von $AsO_4^{3-}$, $SbO_4^{3-}$, $Pb^{2+}$) gemessen.
V. Burjan 96△

*0396* **Lumineszenz von $Tb^{3+}$ im System $CaWO_4$–$CdWO_4$.** L. I. Alekseenko, L. N. Limarenko, A. E. Nosenko, M. V. Paškovskij, V. A. Sen'kiv und S. P. Furtak. (Izvest. Akad. Nauk SSSR, Ser. fiz. **32** (1968) 1, 30—33; russ.) — An Einkrist. von $Ca_{(1-x)}Cd_xWO_4$ ($0 \leq x \leq 1$) wurden die Röntgenlumineszenzspektren u. die Temp.-Abhängigkeit der Röntgenlumineszenz im Bereich von 77—390 °K gemessen. Der Geh. von $Tb^{3+}$ betrug bis 1 Atom-%. Ein Schema der Energieniveaus des Aktivatorions in diesen Krist. wird vorgeschlagen.
V. Burjan 96△

*0397* **Oszillatormodell der Gruppe $UO_2^{2+}$ und die Fluoreszenzspektren von Uranylverbindungen.** D. S. Umrejko und G. N. Larkin. (Ž. prikl. Spektroskopii 8 (1968) 3, 447—52; russ.) — Vf. untersuchen die Fluoreszenzspektren der Verb. *$CsUO_2(NO_3)_3$*, *$RbUO_2(NO_3)_3$*, *$PbUO_2 \cdot (NO_3)_3$*, *$(NH_4)_2UO_2(NO_3)_4$*, *$(NH_4)_2UO_2(NO_3)_4 \cdot 2H_2O$*, *$UO_2SO_4 \cdot 3H_2O$*, *$UO_2SO_4 \cdot 2CO(NH_2)_2$*, *$K_2UO_2(SO_4)_2 \cdot 2H_2O$*, *$(NH_4)_2UO_2(SO_4)_2 \cdot 2H_2O$*, *$NaUO_2(CH_3COO)_3$*, *$(NH_4)UO_2(CH_3COO)_3$*, *$UO_2(CH_3COO)_2 \cdot 2H_2O \cdot 2CH_3 \cdot COOH$*, *$Cs_2UO_2Cl_4$*, *$K_2UO_2Cl_4$*, *$[(CH_3)_4N]_2UO_2Cl_4$*, *$UO_2 \cdot (NO_3)_2 \cdot C_5H_5N$*, *$UO_2(NO_3)_2 \cdot C_5H_5N \cdot H_2O$*, *$UO_2(NO_3)_2 \cdot C_5H_4NCH_3 \cdot H_2O$*, *$UO_2(NO_3)_2 \cdot C_5H_4NCH_2C_6H_5 \cdot H_2O$*, *$UO_2(NO_3)_2 \cdot 2C_5H_5N$*, *$UO_2(NO_3)_2 \cdot C_{10}H_{10}N_2$* bei 77 °K u. diskutieren an Hand dieser ein Oszillatormodell für die *$UO_2^{2+}$*-Gruppe. Die Berechnung der Kraftkonst.

$k_{U-O}$ u. des Abstandes U–O zeigt, daß die Eig. der Elektronenzustände des $UO_2^{2+}$-Mol. einheitlich sind u. die Absorption im gleichen Intervall durch den Übergang der Elektronen aus Mol.-Orbitalen in analoge Orbitale erfolgt, aber nicht in f-Orbitale des Uranatoms.

W. Müller-Litz 96

*0398* **Absorption und Lumineszenz von Samarium(III) in Oxidgläsern.** I. A. Žmyreva, V. P. Kolobkov, G. O. Karapetjan und E. G. Bondarenko. (Ž. prikl. Spektroskopii 8 (1968) 1, 67–73; russ.) – Absorption u. Lumineszenz von $Sm^{3+}$ in Oxidgläsern der Zus. 50(%) $B_2O_3$ + 30 CaO + 20 $Na_2O$ bzw. 66,7 $SiO_2$ + 20 CaO + 13,3 $Na_2O$ bzw. 63,7 $P_2O_5$ + 36,3 ZnO wurden im Bereich 4000–30000 $cm^{-1}$ gemessen. Der Einfl. der Zus. des Glases, der Konz. des Aktivators u. der Temp. (300 u. 77 °K) auf Form, Lage u. Intensität der Banden, auf die relativen Quantenausb. u. die Dauer der Dämpfung wurden bestimmt. Das Schema der Energieniveaus u. der beobachteten Übergänge wurde aufgestellt. Bei Fehlen der Konz.-Löschung des Sm erreicht die Ausb. der Gesamtlumineszenz in den Gläsern fast eins.

M. Wiedemann 96

*0399* **Überblick über die verschiedenen häufig benutzten Methoden zur Analyse von NMR-Spektren.** Yuh Kang Pan und Max T. Rogers. (Rev. pure appl. Chem. **18** (1968) 1, 17–22; Dep. of Chem., Mich. State Univ., East Lansing, Mich.; engl.) – 115 Literaturzitate.

H.-D. Schenke 98

*0400* **Einfluß von Inhomogenitäten des Gradienten des elektrischen Feldes auf die Intensitäten von Quadrupol-Satelliten in den NMR-Spektren von Festkörpern.** B. R. McCart und R. G. Barnes. (J. chem. Physics **48** (1968) 1, 127–31; Dep. of Phys., Ia. State Univ., Ames, Ia.; engl.) – Theoret. Behandlung mit Hilfe eines einfachen Modells für zufällige Inhomogenitäten im Gradienten des elektr. Feldes. Anwendung auf experimentelle Ergebnisse für $^{9}Be$, $^{45}Sc$ u. $^{99}Tc$ (jeweils im metall. Zustand).

A. Blaschette 98

*0401* **Entstehung der Spinechosignale bei gleichzeitiger Wirkung örtlicher elektrischer und magnetischer Felder.** I. S. Donskaja und A. R. Kessel'. (Fiz. tverdogo Tela **10** (1968) 3, 885–93; Kazanskij fiz.-techn. inst. AN SSSR; russ.) – Es wird gezeigt, daß das Auftreten zusätzlicher Spinechos auf Grund lokalisierter Felder anderen Bedingungen als bei der NMR unterliegt. Analyt. Ausdrücke für die Amplituden u. die Profilparameter werden für 3 erlaubte u. 2 verbotene Echosignale mitgeteilt (für das NMR-Spinniveau 5/2). Die Echobedingungen der Quadrupolresonanz werden diskutiert.

K. Jaeger 98

*0402* **Profil und Breite des kernmagnetischen Resonanzsignals beim Overhauser-Effekt.** B. F. Alekseev und B. E. Sobotkovskij. (Fiz. tverdogo Tela **10** (1968) 1, 237–42; Leningradskij élektrotechn. inst. im. Ul'janova (Lenina); russ.) – Durch den Overhauser-Effekt können die NMR-Signale Profilveränderungen u. Verengungen erfahren, die vom EPR–NMR Linienbreitenverhältnis u. vom EPR-Sättigungsfaktor abhängen.

K. Jaeger 98

*0403* **Verschmälerung der kernmagnetischen Resonanz infolge kohärenter Nullpunktsbewegung.** S. Clough. (J. Physics, C (Proc. physic. Soc.) [2] **1** (1968) 1, 265–66; Dep. of Phys., Univ. of Nottingham; engl.) – Eine quantenmechan. Beschreibung der Bewegung einer *Methyl*-Gruppe bei niedriger Temp. erklärt die mit der klass. Theorie nicht vereinbare Beobachtung eines NMR-Spektrums (gemessen von Eades et al., Proc. Phys. Soc. **91** (1967) 632) mit schmalen Linien bei schwacher Spin–Gitter-Relaxation.

B. Stender 98

*0404* **Oszillierendes Spin-Echo-Abklingen in hexagonal dichtest gepacktem Kobalt.** P. C. Riedi und R. G. Scurlock. (Physics Letters [Amsterdam] **24 A** (1967) 1, 42–43; Dep. of Phys., Univ., Southampton; engl.) – In hexagonal dichtest gepacktem Co wurde bei 4,2 °K mit der Spin–Echo-Meth. im Einkrist. ein oszillierendes Spin–Echo-Abklingen bei allen Frequenzen von 214 bis 229 MHz beobachtet (Abb.), das nicht durch eine indirekte Wechselwrkg. zwischen verschiedenen Co-Kernen in der Nachbarschaft einer Fehlstelle, sondern durch das Zusammentreffen eines stark inhomogenen Magnetfeldes u. einer kleinen Quadrupolwechselwrkg. am Kern erklärt wird. Aus der Periode der Oszillation wird die Kern-Quadrupolaufspaltung zu 182 ± 8 kHz bestimmt.

B. Stender 98

*0405* **Geminale Kopplungskonstanten in Hydriden von Elementen der IV. Gruppe.** H. Dreeskamp und Chr. Schumann. (Chem. Physics Letters [Amsterdam] **1** (1968) 11, 555–56; Inst. für Physikal. Chem. der Univ. Stuttgart, Germany; engl.) – An Hand von Vers.-Ergebnissen zur kernmagnet. Doppelresonanz in $CH_4$, $C(CH_3)_4$, $SiH_3D$, $SiHD(CH_3)_2$, $SiH_2(CH_3)_2$, $SiH_2D_2$, $GeH_3D$, $GeHD(CH_3)_2$, $GeH_2(CH_3)_2$, $SnH_3D$, $SnHD(C_6H_5)_2$, $SnHD(CH_3)_2$, $SnH_2(CH_3)_2$ u. $PbH(CH_3)_3$ wird gezeigt, daß die geminalen H–H- u. H–C-Kopplungskonst. in qual. Übereinstimmung mit der MO-Theorie von C nach Pb zunehmen.

H. Liepack 98

*0406* **Dielektrische und kernmagnetische Resonanzuntersuchung von Schwefelhexafluoridhydrat.** Y. A. Majid, S. K. Garg und D. W. Davidson. (Canad. J. Chem. **46** (1968) 10, 1683–90; Div. of Appl. Chem., Nat. Res. Council of Canada, Ottawa, Canada; engl.) – Es wird gezeigt, daß die Struktur des $SF_6$-Hydrats ähnlich der von Eis I ist. Die Reorientierung der W.-Mol. wird von den $SF_6$-Gastmol. wenig beeinflußt. Die Aktivierungsenergie u. -entropie der dielektr. Relaxation betragen 12,3 kcal/Mol bzw. 6,8 cal/Mol · Grad. Das 2. Moment ($^{1}H$–NMR) des starren Gitters beträgt 32,8 $G^2$ bei −180°. Schnelle isotrope Rotationen der $SF_6$-Mol. werden mit Hilfe der $^{19}F$-Momente nachgewiesen. Die Diffusion der W.-Mol. ist in dem Clathrat langsamer als in Eis. Rückschlüsse auf verschiedene Diffusionsmechanismen werden gezogen.

B. I. 98△

*0407* **NMR-Untersuchung saurer Aluminiumfluoride.** I. V. Tananaev, S. P. Gabuda, T. D. Fedotova und A. A. Opalovskij. (Doklady Akad. Nauk SSSR **179** (1968) 2, 362–65; Inst. obšč. i neorg. chim. im. Kurnakova AN SSSR; russ.) – Die $^{19}F$- u. $^{1}H$-NMR-Spektren von polykrist. $AlF_3 \cdot 3H_2O$, $AlF_3 \cdot 3HF \cdot 6H_2O$ u. $AlF_3 \cdot 3HF \cdot 3H_2O$ wurden bei +20, −85 u. −100° in geschlossenen Ampullen aufgenommen. Die Bindung von HF-Mol. an $AlF_3$ erfolgt nicht über H-Bindungen, sondern durch die Koordination von $F^-$-Ionen um das $Al^{3+}$-Ion unter Bldg. von oktaedr. $[AlF_6]^{3-}$-Ionen mit $sp^3d^2$-Hybridisation. Die sauren Al-Fluoride stellen Hydrate des Typs $H_3AlF_6 \cdot nH_2O$ dar. Die Hydrate dürften $H_3O^+$-Ionen enthalten.

J. J. Pohl 98

*0408* **NMR-Untersuchung der Ionenbewegung in $NaBF_4$.** H. J. Hurst, R. J. C. Brown und R. N. Whittem. (Chem. Physics Letters [Amsterdam] **1** (1968) 13, 647 bis 648; Chem. Div., A.A.E.C., Lucas Heights, N.S.W., Australia; engl.) – Die Bewegungsverengung der $^{19}F$-NMR-Linie in $NaBF_4$ erfolgt zwischen −40 u. +10° infolge Anionen-Reorientierung. Röntgenbeugung u. Quadrupolaufspaltung zeigen, daß die Reorientierung in Sprüngen u. nicht durch kontinuierliche Rotation erfolgt.

H. Liepack 98

*0409* **NMR- und Quadrupoleffekte in KBr- und NaBr-Einkristallen.** G. Bonera, A. Avogadro und F. Borsa. (Physic. Rev. [2] **165** (1968) 2, 391–96; Gruppo Nazionale di Struttura della Materia del C.N.R., Ist. di Fis. dell'Univ., Pavia, Italy; engl.) – Unters. der Quadrupolverbreiterung 1. Ordnung der Satelliten für den Br-Kern nach einer NMR-Impulsmethode. Für KBr u. NaBr hat die Satellitenlinie Lorentz-Form, die Breite hängt von der Orientierung des angelegten Magnetfeldes ab. Die Breite der Satelliten kann aus Messungen der effektiven Sättigungsrelaxationszeit bei Verw. ungedämpfter Wellen bestimmt werden. Die Ergebnisse werden im Zusammenhang mit Art u. Orientierung von Versetzungen im Krist. diskutiert.

H. Liepack 98

*0410* **Kernmagnetische Resonanz von $^{23}Na$ in ferromagnetischem $NaNO_2$.** I. S. Vinogradova und A. G. Lundin. (Fiz. tverdogo Tela **10** (1968) 3, 769–72; Inst. fiz. SO AN SSSR, Krasnojarsk; russ.) – Messung der Orientierungs- u. Temp.-Abhängigkeit (20–230°) des zweiten $^{23}Na$-Resonanzmomentes für die Zentralkomponente des Spektrums (m = ± 1/2). Dieses Moment wird Dipol–Dipol-Wechselwrkg. zugeschrieben. Mit zunehmender Temp. tritt eine starke Verengung der Spektren ein, was durch die zunehmende Na-Diffusion im Gitter gedeutet wird. K. Jaeger 98

*0411* **Spin-Gitter- und Quer-Relaxation von $^{54}$Mn-Kernen in verdünnten paramagnetischen Kristallen.** J. Lubbers und W. J. Huiskamp. (Physica [Utrecht] **34** (1967) 2, 166—92; Kamerlingh Onnes Labor., Leiden, Niederlande; engl.) — Die Relaxation von radioakt. $^{54}$Mn-Kernen in $(Ce\text{-}La)_2Mg_3(NO_3)_{12} \cdot 24H_2O$-Krist. wird in Abhängigkeit von der Ce-Konz., dem Magnetfeld u. der Temp. untersucht. Die Kernorientierung wird aus der Anisotropie der γ-Strahlen abgeleitet. Es werden nukleare Spin–Gitter-Relaxationszeiten von $10^1$—$10^5$ s gemessen u. interpretiert durch elektron. Spin–Gitter-Relaxation in Verb. mit verbotenen Übergängen. Die Ce-Konz. muß > 1% sein, um einen merklichen Einfl. auf diese Relaxation auszuüben. I. Zoll 98

*0412* **Kernorientierung mittels Abkühlung durch Rotation und thermisches Mischen zwischen Kern- und Elektronen-Spinsystemen.** J. Lubbers und W. J. Huiskamp. (Physica [Utrecht] **34** (1967) 2, 193—211; engl.) — Vgl. vorst. Referat. — Vf. berichten über therm. Mixen von Ce-Elektronenspins u. $^{54}$Mn-Kernspins ($^{54}$Mn-Konz. ≈ $10^{18}$/cm$^4$) in $(Ce\text{-}La)_2Mg_3 \cdot (NO_3)_{12} \cdot 24H_2O$ (I). Da Ce einen kleinen $g_{\|}$-Wert u. $^{54}$Mn eine breite Hyperfeinstrukturaufspaltung besitzen, ist es möglich, die Mn- u. Ce-Aufspaltungen in starken Magnetfeldern zu egalisieren, so daß therm. Mixen beobachtet werden kann (≈ $10^{-2}$ s). Für die Kernpolarisation des $^{54}$Mn wurde der Wert $\langle J_z \rangle / J > 97\%$ erhalten u. für den kleinsten g-Wert von Ce in **I** $g_{\|} = 0{,}0235 \pm 0{,}0009$. I. Zoll 98

*0413* **Spin-Gitter-Relaxation von $^{54}$Mn-Kernen in konzentrierten paramagnetischen Kristallen.** J. Lubbers und W. J. Huiskamp. (Physica [Utrecht] **34** (1967) 2, 212—19; engl.) — Vgl. vorst. Referat. — Paramagnet. u. diamagnet. Krist., die $^{54}$Mn enthalten, werden indirekt bei Ggw. eines Magnetfeldes auf Temp. von 0,03—0,2 °K gekühlt. Um eine wirksame Abkühlung der $^{54}$Mn-Kernspins zu erhalten ist die Ggw. paramagnet. Ionen mit einer Energieaufspaltung von etwa 9 kT erforderlich. Die Unters. werden mit folgenden Substanzen durchgeführt: $CoCs_2(SO_4)_2 \cdot 6D_2O$; $(Ce_xLa_{1-x})_2Mg_3(NO_3)_{12} \cdot 24H_2O$ mit x = 1 u. 0,1; $Ni(NH_4)_2(SO_4)_2 \cdot 6H_2O$ u. den diamagnet. Krist. $ZnCs_2(SO_4)_2 \cdot 6H_2O$ u. $La_2Mg_3(NO_3)_{12} \cdot 24H_2O$. I. Zoll 98

*0414* **Akustische magnetische Resonanz von $Cr^{3+}$ in $LiNbO_3$.** B. P. Smoljakov, L. M. Mejl'man, V. P. Kljuev, I. A. Špil'ko und U. Ch. Kopvillem. (Ž. èksper. teoret. Fiz.-Pis'ma v Redakciju **7** (1968) 1, 26—29; Kazan, Fiz.-techn. inst. Akad. nauk SSSR; russ.) — Bei 4,2 °K u. $10^{10}$ Hz wurde die Resonanzabsorption des Ultraschalls in einem Einkrist. von $LiNbO_3$ beobachtet, die vom stat. Magnetfeld abhing u. von den $Cr^{3+}$-Beimengungsionen bedingt wurde. So wurde die akust. magnet. Elektronenresonanz direkt beobachtet. V. Burjan 98△

*0415* **Kernmagnetische Resonanz in Lithiumniobat.** V. A. Goleniščev-Kutuzov, U. Ch. Kopvillem, L. N. Raškovič und N. F. Evlanova. (Fiz. tverdogo Tela **10** (1968) 3, 759—62; Kazanskij fiz.-techn. inst. AN SSSR; russ.) — Messung der $^7$Li-NMR in $LiNbO_3$-Einkrist. als Funktion des Winkels zwischen der trigonalen Achse u. dem äußeren Magnetfeld. Die elektr. Quadrupolwechselwrkg. ist 55 kHz. Die longitudinale Relaxation wird durch die magnet. Wechselwrkg. bestimmt. Aus der Linienbreite wird die Versetzungsdichte bestimmt. K. Jaeger 98

*0416* **Magnetische Kernresonanz in Lithiumniobatkristallen.** V. L. Bogdanov, V. V. Lemanov, V. P. Kljuev und S. A. Fedulov. (Fiz. tverdogo Tela **10** (1968) 4, 1118—23; Inst. poluprovodnikov AN SSSR, Leningrad; russ.) — Die $^7$Li-Resonanz bei Zimmertemp. liefert eine Quadrupolwechselwrkg.-Konst. von 53 kHz u. eine Spin–Gitter-Relaxationszeit von ca. 1 s. Für die Relaxation wird ein Quadrupolmechanismus vorgeschlagen. Durch Quadrupol- u. magnet. Wechselwrkg. werden auch die $^{93}$Nb-Spektren gedeutet. K. Jaeger 98

*0417* **Protonenmagnetische Resonanz in Erythrin, $Co_3 \cdot (AsO_4)_2 \cdot 8H_2O$.** B. M. Moiseev, L. I. Fedorov und M. V. Petropavlov. (Izvest. Akad. Nauk SSSR, Neorg. Mater. **3** (1967) 8, 1442—46; Vsesojuz. inst. miner. syr'ja; russ.) — Im Temp.-Bereich von 83—373 °K aufgenommene Protonenresonanzspektren von pulverförmigen paramagnet. $Co_3(AsO_4)_2 \cdot 8H_2O$ zeigen eine unsymm. Linie, deren Breite bei steigender Temp. im untersuchten Temp.-Intervall von 20,4 auf 15,4 G abnimmt. Aus den Spektren werden die zweiten u. dritten Momente $M_2$ bzw. $M_3$ berechnet, wobei das Verf. zur Berechnung von $M_3$ erläutert wird. $M_2$ nimmt bei steigender Temp. monoton von 138 auf 30 G$^2$ ab. Die starke Temp.-Abhängigkeit von $M_2$ geht nicht auf Bewegungsvorgänge zurück, sondern auf Veränderungen des Mittelwertes der z-Komponente des magnet. Momentes des $Co^{2+}$-Ions. $M_3$ beträgt bei 223 °K 28 G$^3$. Ausgehend von der bekannten Struktur des chem. analogen Vivianits $Fe(PO_4)_3 \cdot 8H_2O$ wird ein Strukturmodell angenommen, in dem das $Co^{2+}$-Ion von 4 W.-Mol. umgeben ist. Aus dem Vgl. der für dieses Modell ber. Werte von $M_2$ u. $M_3$ mit den experimentell bestimmten ergibt sich für den Proton–Proton-Abstand in den Krist.-Wasser-Mol. 1,6 Å u. den Abstand zwischen den Protonen u. dem $Co^{2+}$-Ion 2,5 Å sowie für die Curie-Temp. 2,2 °K. Aus der bei Raumtemp. gemessenen magnet. Suszeptibilität von $34 \cdot 10^{-6}$ cm$^3$G$^{-1}$ wird das magnet. Moment des $Co^{2+}$-Ions zu 4 BM bestimmt. Der Wert stimmt gut mit den in anderen $Co^{2+}$-Verb. ermittelten Werten überein. Der Weg zur Berechnung der Linienformfunktion in pulverförmigen paramagnet. Proben wird kurz angegeben. A.-R. Grimmer 98

*0418* **Erzeugung der zweiten Harmonischen von Licht.** Andrzej Graja. (Postępy Fizyki **18** (1967) 5, 539—59; Inst. Fiz. PAN Zaklad Dielektr., Poznań; pol.) — Die Verdopplung der Frequenz von Laserlicht in $NH_4H_2PO_4$ u. ähnlichen nicht linearen Krist. (Literaturangaben) wird beschrieben. Die Abhängigkeit der Intensität der 2. Harmon. von verschiedenen Parametern (Orientierung des Krist., Quadrat der Laserintensität, Art der Grundschwingung u. Einfallswinkel) wird erörtert u. die Theorie besprochen. Rolf Heyer 100

*0419* **Bestimmung der Energieverbreiterung der Bandausläufer in entarteten Halbleitern aus der Temperaturabhängigkeit der Emissionseigenschaften von Injektionslasern.** A. N. Chakravarti. (Int. J. Electronics [1] **22** (1967) 4, 307—11; Inst. of Radio Phys. and Electron., Univ. Coll. of Techn., Calcutta, India; engl.) — Vf. beschreibt eine neue Meßmeth. zur Best. der Energieverbreiterung der Leitungsbandausläufer in entarteten Halbleitern unter Annahme eines Bandauffüllungsmodells u. der Thomas-Fermi-Statistik der Zustände, wobei gleichzeitig die Temp.-Abhängigkeiten der Wellenlänge des Emissionsmax. u. des Schwellenstromes für Injektionslaser gemessen werden. Die damit bestimmten Verbreiterungsenergien stimmen gut mit den aus indirekten Meth. ber. überein. Die neue Meth. ist jedoch bis zu höheren Entartungskonz. gültig, obwohl dann die Meßgenauigkeit nicht sehr groß ist. K. H. Härdtl 100

*0420* **Methodik zur Bestimmung der inneren Parameter von p-n-Übergangslasern.** V. A. Samojljukovič, V. P. Gribkovskij, R. V. Efremova, L. A. Kravcov und A. K. Ljachovič. (Ž. prikl. Spektroskopii 8 (1968) 1, 50—55; russ.) — Ableitung von Beziehungen für die Leistungsdichte u. den Wrkg.-Grad von Halbleiterlasern. H. Roschkowski 100

*0421* **Festkörperlaser mit Modenselektion im aktiven Element.** N. G. Bondarenko, I. V. Eremina und B. I. Talanov. (Ž. èksper. teoret. Fiz.-Pis'ma v Redakciju **6** (1967) 1, 459—61; Gorkij, NI radiofiz. inst.; russ.) — Der Laser besteht aus einem mit $Nd^{3+}$ aktivierten Glasstab (⌀ 9,00 × 90,9 mm) mit dem Brechungsindex 1,554, Wellenlänge 1,06 μ mit einem flachen u. einem sphär. Spiegel. Der Lichtstrahl fällt unter dem Brewster-Winkel ein u. wird im Glasstab 6mal von der polierten Oberfläche reflektiert. Der Laser ermöglicht die Strahlungskollimation in einer Ebene u. ist für die Frequenzverdoppelung u. parametr. Frequenzumwandlung mit kleiner Streuung geeignet. J. Tůmová 100△

*0422* **Besonderheiten von Rubinlasern bei einer Temperatur von 78 °K.** M. V. Danylejko, Je. O. Tychonov und M. T. Spak. (Ukraïns'kyj fiz. Ž. **13** (1968) 3, 390–95; Inst. fiz. AN URSR, Kyïv; ukrain., Auszug: engl.) – Eine schwache Abhängigkeit der Schwelle von den Resonatorverlusten wird gemessen u. diskutiert. Ferner wird bei Kühlung auf 78 °K eine Abnahme der Modenkonkurrenz beobachtet. K. Jaeger 100

*0423* **Erzeugung eines Riesenimpulses hoher Leistung an einem Rubinlaser in einem engen Spektralbereich.** V. V. Morozov. (Pribory Techn. Eksperimenta **1968**, 2, 179–81; Fiz. inst. AN SSSR, Moskva; russ.) – Beschreibung eines Rubinlasers mit Q-Modulation zur Erzeugung von Impulsen von 300 MW bei einer Linienbreite von ca. 0,01 $cm^{-1}$. H. Roschkowski 100

*0424* **Erzeugung und Verstärkung intensiver Lichtimpulse in Neodymglas.** N. G. Basov, V. S. Zuev, P. G. Krjukov, V. S. Letochov, Ju. V. Senatskij und S. V. Čekalin. (Ž. èksper. teoret. Fiz. **54** (1968) 3, 767–75; Fiz. inst. im. Lebedeva AN SSSR; russ., Auszug: engl.) – Messung der Verschiebung des Impulsmax. als Funktion der (nichtlinearen) Verstärkung. Best. der Sättigungsenergie der Verstärkung. Beschreibung der Erzeugung von 100 Joule–5 ns-Impulsen. K. Jaeger 100

## Elektrische Eigenschaften

*0425* **Absolute Thermokraft von Cr–Mo-Legierungen zwischen 100 und 600 °K.** Klaus Schröder und Harry Tomaschke. (Physik kondens. Materie **7** (1968) 4, 318–24; Dep. of Chem. Engng. and Metallurg., Syracuse Univ., Syracuse, N.Y.; engl.) – Messungen der Thermokraft von Cr–Mo-Leg. zeigen, daß der Seebeck-Koeff. S von Leg. mit Mo-Geh. > 25 Atom-% proportional der Temp. ist. Für antiferromagnet. Proben zeigt S ein Max. unterhalb der Néel-Temperatur. H. Roschkowski 112

*0426* **Thermo-EMK eines Halbleiters in einem starken elektrischen Feld.** L. È. Gurevic und T. M. Gasymov. (Fiz. tverdogo Tela **9** (1967) 12, 3493–3500; Fiz.-techn. inst. im. Ioffe AN SSSR, Leningrad; russ.) – Unters. der Thermo-EMK in Verunreinigungen enthaltenden Halbleitern in Ggw. eines starken elektr. Feldes. Das Feld verursacht ein Erwärmen der Elektronen, was durch eine Temp. charakterisiert wird. Ein Temp.-Gradient senkrecht zum elektr. Feld erzeugt die Thermo-EMK. I. Zoll 112

*0427* **Thermoelektrische Wirbelströme in Ge.** L. I. Anatyčuk, V. D. Iskra und O. Ja. Luste. (Izvest. vysšich učebnych Zavedenij [Tomsk], Fiz. **11** (1968) 2, 127–28; Černovickij gosuniv.; russ.) – Durch Deformation von *Ge*-Proben, die als rechtwinklige Rahmen geformt sind u. in denen durch Kühlung u. Heizung Temp.-Gradienten erzeugt werden, entstehen thermoelektr. Wirbelströme (I). Die Theorie dieses Effekts wird diskutiert. Zwischen 250 u. 450 °K werden gemessen die Temp.-Abhängigkeiten der Komponenten des Tensors der Thermo-EMK, spezif. Widerstand $\varrho$ u. I. Bei ca. 340 °K erreichen I u. $\varrho$ Extremwerte. Heinz Vogel 112

*0428* **Winkelabhängigkeit der Energiespektren von an der Oberfläche von Einkristallen gestreuten Sekundärionen.** U. A. Arifov und A. A. Aliev. (Ž. èksper. teoret. Fiz. **54** (1968) 2, 354–61; Inst. elektron. AN Uzb. SSR; russ., Auszug: engl.) – Mit Hilfe der dynam. Meth. wird die Winkelabhängigkeit der Energiespektren von Sekundärionen untersucht, die bei Auftreffen von $K^+$-Ionen mit Energien von 25–5000 eV auf (100)- u. (110)-Flächen von Mo-Einkrist. entstehen. Die Struktur des Energiespektrums der Sekundärionen hängt von den Mehrfachstößen der auftreffenden Ionen mit den Targetatomen ab. I. Zoll 114

*0429* **Streuung von Alkalimetallionen an einer Siliciumoberfläche.** È. Turmašev und A. Ch. Ajuchanov. (Izvest. Akad. Nauk Uzb. SSR, Ser. fiz.-mat. Nauk **12** (1968) 1, 29–30; Fiz.-techn. inst. AN Uzbek.SSR; russ.) – Nach der Meth. der Doppelmodulation wurde die Sekundäremission beim Beschuß von Si mit *Li*-, *Na*-, *K*-, *Rb*- u. *Cs*-Ionen im Bereich von 100 eV–3000 eV gemessen. Die Kurven der Abhängigkeit des Streuungskoeff. u. des Koeff. für die Summe von Ionenstreuung u. Ionendämpfung von der Energie der Primärionen wurden dargestellt. V. Burjan 114△

*0430* **Bestimmung von Haftstellen, die die innere Polarisation von Halbleiterkristallen bedingen.** D. G. Semak, D. V. Čepur und V. F. Zolotar'ov. (Ukraïns'kyj fiz. Ž. **12** (1967) 6, 947–50; Užgorod, Deržuniv.; ukrain., Auszug: engl.) – Die Haftstellen werden durch Messung des therm. stimulierten Stromes bestimmt. Im Bereich der inneren Polarisation ist das elektr. Feld temperaturabhängig. Die Temp.-Verteilung des therm. stimulierten Stromes ist proportional der zweiten Potenz der Ladungsträgerkonz. im Leitungsband. Dadurch werden die Max. des therm. stimulierten Stromes enger u. ihre Abtrennbarkeit verbessert. Anwendung des Verf. auf $HgJ_2$. Heinz Vogel 116

*0431* **Einfluß eines starken Magnetfeldes auf die Rekombination durch Zentren.** G. Pataki und F. Beleznay. (Acta physica Acad. Sci. hung. **23** (1967) 4, 363–72; Res. Inst. for Technic. Phys., Hung. Acad. of Sci., Budapest; engl.) – Vf. untersuchen drei verschiedene Rekombinationsmodelle: einfache Shockley-Read-Zentren, Shockley-Read-Zentren u. Haftstellen für Löcher sowie Rekombinationszentren mit zwei Ladungszuständen. Bei allen drei Modellen kann sich die Lebensdauer stark ändern (um eine Größenordnung), wenn mit wachsendem Magnetfeld das Fermi-Niveau mit dem Wert eines bei der Rekombination beteiligten Energieniveaus übereinstimmt. Es werden numer. Berechnungen für n-leitendes *InSb* bei 130 °K durchgeführt, wobei wegen des Fehlens geeigneter experimenteller Daten hypothet. Parameter für die Rekombinationszentren angenommen werden. P. Weiland 116

*0432* **Größe der realen Oberfläche von Halbleitern.** R. S. Nachmanson und Ju. A. Golikov. (Fiz. Techn. Poluprovodnikov **1** (1967) 7, 1104–05; Novosibirsk, Inst. fiz. poluprovodnikov SO AN SSSR; russ.) – Auf verschieden geätztes *Ge* u. *Si* werden $SiO_2$ u. Al aufgedampft u. durch Messung der Kapazität C die Verhältnisse reale Oberfläche: geometr. Oberfläche $S_0$ bestimmt. Mit abnehmender Schichtdicke des Dielektrikums geht $C/C_0 \to 1$. Heinz Vogel 116

*0433* **Berechnung der Photoleitfähigkeit im Raumladungsbereich.** V. O. Zujev. (Ukraïns'kyj fiz. Ž. **13** (1968) 1, 38–43; Inst. napivprovidnykiv AN URSR, Kyïv; ukrain., Auszug: engl.) – Entw. einer Theorie der Photoleitung von *Ge* u. *Si* für den Fall, daß die Photoleitung im Bereich der Raumladung eines Oberflächenbereichs lokalisiert ist. H. Roschkowski 116

*0434* **Berechnung der Photoleitfähigkeit von Halbleitern in Gegenwart von Raumladungsschichten.** 1. Mitt. A. V. Sačenko. (Ukraïns'kyj fiz. Ž. **13** (1968) 3, 449–57; Inst. napivprovidnykiv AN URSR, Kyïv; ukrain., Auszug: engl.) – Theorie der Photoleitung in Ggw. von Oberflächen-Bandkrümmungen in einer bez. der Belichtung linearen Näherung unter Berücksichtigung der Nichtgleichgew.-Verteilung der Minoritätsladungsträger in einer Raumladungsschicht. Gleichungen für die effektive Oberflächenrekombinationsgeschw. werden erhalten. K. Jaeger 116

*0435* **Photoleitung amorpher, mit Quecksilber aktivierter Selenschichten.** V. A. Bazakuca, G. D. Mochov und L. A. Golovaš. (Izvest. vysšich učebnych Zavedenij [Tomsk], Fiz. **10** (1967) 8 (63), 7–14; Charkovskij politechn. inst. im. Lenina; russ.) – Auf Glas befindliche *Se*-Aufdampfschichten werden in Hg-Atmosphäre behandelt u. in einer Spaltzellenanordnung die spektrale Verteilung der Photoleitung bei 390–800 nm gemessen. Bei geringer Anregungsintensität wird negative Photoleitung beobachtet, hohe Anregungsintensität erzeugt positive Photoleitung. Mit zunehmender Wellenlänge des eingestrahlten Lichts wächst der Anteil der positiven Photoleitung. Die Schichten werden als pnp-Übergänge betrachtet mit großer Oberflächenkonz. an Rekombinationszentren. Diese Schichtinhomogenitäten bedingen das unterschiedliche Verh. bei verschiedenen Anregungsbedingungen. Heinz Vogel 116

*0436* **Einfluß von Chromzusätzen auf die elektrische Leitfähigkeit von kristallinem und flüssigem Selen.** V. A. Ivanova und G. M. Aliev. (Izvest. Akad. Nauk Azerbajdž. SSR, Ser. fiz. techn. mat. Nauk **1967**, 2, 78–81; russ.) – Se wird bei 900° u. $10^{-4}$ Torr, wobei eine $O_2$-Abreicherung stattfindet, mit 0,01–2 Atom-% *Cr* dotiert. Die elektr. Leitfähigkeit $\sigma$ erreicht bei 0,1% Cr ein Maximum. Der Leitfähigkeitssprung beim Schmelzen wird durch Cr vergrößert, da der Einfl. der durch Cr erzeugten lokalen Terme beim Schmelzen abgeschwächt wird. Die Kristallisation wird durch Cr infolge kettenverkürzender Wrkg. gefördert; durch Tempern bei 210° wird der Sättigungswert von $\sigma$ schnell erreicht. Heinz Vogel 116

*0437* **Elektroakustischer Effekt in p–n-Heteroübergängen von Selen.** M. A. Talibi, E. G. Krutenjuk und E. M. Nagiev. (Izvest. Akad. Nauk Azerbajdz. SSR, Ser. fiz.-techn. mat. Nauk **1967**, 1, 77–81; russ.) – Bei *Se*-Dioden ist der elektroakust. Effekt U durch wechselnde mechan. Spannungen bedingt, die durch ein Pulsieren eines inhomogenen elektr. Feldes im Raumladungsbereich entstehen. Es werden die pn-Übergänge Se–*CdSe* bzw. Se–*CdS* untersucht. Bei ca. 1,2, 1,7 bzw. 3,5 kHz treten scharfe Max. von U auf. Die direkte Umwandlung von elektr. Energie in Schallenergie wird zwischen 20 u. 20000 Hz beobachtet, bei angelegten Wechselspannungen von 20 kHz–10 MHz tritt Ultraschallstrahlung auf. Heinz Vogel 116

*0438* **Galvanomagnetische Einflüsse und Druckabhängigkeit des Energiespektrums von Sb.** V. V. Kečin. (Fiz. tverdogo Tela **9** (1967) 12, 3595–99; Inst. fiz. vysokich davlenij AN SSSR, Moskva; russ.) – Aus experimentellen Ergebnissen (Kechin et al., Ž. èksper. teoret. Fiz. **49** (1965), 36) wird die Abhängigkeit der galvanomagnet. Koeff. von der Temp. u. vom Druck bis zu 10 kb bei Zimmertemp. nach der Relaxationszeit-Näherung berechnet. Daraus werden Folgerungen auf die Druckabhängigkeit des Energiespektrums von Sb gezogen. I. Zoll 116

*0439* **Donator-Oberflächenzustände und Volumen-Akzeptor-Haftstellen in Si-Schichten auf Sapphir.** F. P. Heimann. (Appl. Physics Letters **11** (1967) 4, 132–34; RCA Labor., Princeton, N.J.; engl.) – Es wird angenommen, daß das Auftreten von Donator-Oberflächenzuständen an der Si-Sapphir-Grenzschicht nach dem Heizen in feuchter Atmosphäre oder $H_2$ auf die Aktivierung von Störstellen zurückzuführen ist, die in der dünnen glasigen Schicht zwischen Si u. Sapphir absorbiert sind. Diese Schicht bildet sich während des Nd. der Si-Filme in $H_2$ durch Red. der Oberflächenschicht des Sapphir, wobei Al in den Si-Film freigelassen wird. Die Photoleitfähigkeit von Si auf Sapphir für Photonenenergien < Bandabstandsenergie ist auf Akzeptor-Haftstellen mehr als 0,65 eV über dem Valenzband zurückzuführen. H. Liepack 116

*0440* **Messung von Mikroinhomogenitäten des spezifischen Widerstands in Silicium durch eine berührungslose optische Methode.** V. S. Abramov, Ju. A. Moma und V. Z. Trubnikov. (Zav. Labor. **33** (1967) 11, 1401–02; russ.) – Das aus einem He–Ne-Laser austretende Licht passiert eine polierte u. als zweiter Spiegel dienende *Si*-Scheibe u. nach Fokussierung durch eine Ge-Linse die zu untersuchende Si-Scheibe. Die beim Abtasten dieser Scheibe mit dem Lichtstrahl durch das Si auf einen PbS-Photowiderstand treffende Intensität gibt wegen der Proportionalität zwischen Absorptionskoeff. u. Konz. an freien Ladungsträgern deren geometr. Verteilung wieder. Heinz Vogel 116

*0441* **IR-Störstellenphotoleitfähigkeit von mit B, Al, Ga, P, As oder Sb dotiertem Si.** R. A. Soref. (J. appl. Physics **38** (1967) 13, 5201–09; Sperry Rand Res. Center, Sudbury, Mass.; engl.) – Si mit den angegebenen Dotierungen ergibt einen empfindlichen Detektor mit hohem Wrkg.-Grad für die 10,6-$\mu$-Strahlung eines $CO_2$-Lasers. Für verschieden kompensierte Proben wurden im Bereich 23–40 °K die elektr. Charakteristiken, Zeitkonst., Rauschen u. die Photoempfindlichkeit bei 10,6 $\mu$ untersucht. H. Liepack 116

*0442* **Bestimmung von Donator- und Akzeptorkonzentration in Germanium.** N. P. Kekelidze und G. P. Kekelidze. (Soobšč. Akad. Nauk Gruz. SSR **48** (1967) 1, 45–50; Tbiliskij gos. univ.; russ.) – Durch Analyse der Ladungsträgerbeweglichkeiten bei 20,3 °K werden in *Ge*-Donator- u. Akzeptorkonz. zu $N_D = 2,1 \cdot 10^{15}$ cm$^{-3}$ u. $N_A = 5,4 \cdot 10^{15}$ cm$^{-3}$ bestimmt. Heinz Vogel 116

*0443* **Natur von Akzeptoren und Streuungszentren für Ladungsträger in polykristallinen Germanium-Filmen.** V. P. Kuznecov. (Kristallografija **12** (1967) 6, 1101–03; Gor'kov. issl. fiz.-techn. inst.; russ.) – Auf Glas werden im Vakuum bei 350 u. 500° Unterlagentemp. 0,7–10 $\mu$ dicke polykrist. *Ge*-Filme aufgedampft u. die Temp.-Abhängigkeiten von Hall-Konst. u. Ladungsträgerbeweglichkeiten gemessen. Die 0,08–0,09 eV vom Valenzband entfernten Akzeptoren sind Versetzungen an Korngrenzen; die Korngrößen werden röntgenograph. ermittelt. Zwischen –170 u. +200° werden Ladungsträger an neutralen Versetzungsakzeptoren gestreut. Die Schichten enthalten als Verunreinigungen Au, Al, Cu, Ti u. Bi in einer Gesamtkonz. von ca. $10^{18}$ cm$^{-3}$, die etwa der D. der Versetzungszentren entspricht. Bei As-Dotierung wächst die D. der Versetzungen proportional der Dotierungskonz., die Löcherbeweglichkeit nimmt ab. Heinz Vogel 116

*0444* **Beweglichkeit von Elektronen in kompensierten Halbleitern.** 1. Mitt. **Experimente.** M. Cuevas. (Physic. Rev. [2] **164** (1967) 3, 1021–24; James Frank-Inst., Univ. of Chicago, Chicago, Ill.; engl.) – Die mit der Streuung an ionisierten Störstellen in Beziehung stehenden Beweglichkeiten wurden aus Messungen der Hall-Beweglichkeit für eine Reihe von n-*Ge*-Proben zwischen 10 u. 40 °K ermittelt. Die Konz. der Minoritatsstörstellen betrug $N_{Ga} = 2,9 \cdot 10^{15}$ cm$^{-3}$, das Kompensationsverhältnis $K = N_{minor}/N_{major}$ variierte zwischen 0,27 u. 0,95. Unter den vorliegenden Bedingungen konnte angenommen werden, daß die Abschirmung der Streuzentren eher durch ionisierte Störzentren als durch Elektronen erfolgt, u. es ist möglich, die Abhängigkeit dieses Effekts von der Konz. der Majoritätsstörstellen zu untersuchen. H. Liepack 116

*0445* **Beweglichkeit von Elektronen in kompensierten Halbleitern.** 2. Mitt. **Theorie.** L. M. Falicov und M. Cuevas. (Physic. Rev. [2] **164** (1967) 3, 1025–32; Dep. of Phys., Univ. of Chicago, Chicago, Ill.; engl.) – 1. vgl. vorst. Referat. – Entw. einer Theorie der Elektronenbeweglichkeit in kompensierten Halbleitern bei Streuung durch ionisierte Störstellen. In Abweichung von der Theorie von Brooks u. Herring vermeidet die Theorie die Entw. der Fermi-Funktionen in Potenzen des elektr. Potentials über die Temperatur. Die Beweglichkeit hängt im wesentlichen von der Paar-Korrelationsfunktion zwischen Akzeptoren u. Donatoren ab. Es wird ein einfaches Modell für diese Korrelation als Beispiel behandelt u. versucht, die Paar-Korrelationsfunktion aus den experimentell gemessenen Beweglichkeiten zu bestimmen. Die Experimente ergeben starke Abschirmungs- u. Antiabschirmungseffekte. H. Liepack 116

*0446* **Photoleitfähigkeit eines begrenzten bipolaren Halbleiters in gekreuztem elektrischen und Magnetfeld.** I. P. Žad'ko. (Ukrains'kyj fiz. Ž. **12** (1967) 8, 1386–88; Kyïv, AN URSR, Inst. napivprov.; ukrain.) – Die Lux-Ampère-Kurven des Photostroms für ein in einem Magnetfeld von $H_z = 4500$ Oe befindliches, mit $g = 10^{17}$ Quanten/cm$^2$ · Sek. bestrahltes *Ge*-Plättchen (1,5 mal 0,17 × 0,8 cm) werden aufgenommen. Ihre Form hängt von der Vorbehandlung der Probenoberfläche (Ätzen mit $H_2O_2$, Polieren) ab. Die im doppeltlogarithm. Maßstab erhaltenen Geraden werden auf Grund der Theorie der Oberflächenrekombination erörtert. R. K. Müller 116

*0447* **Stromschwingungen in n-Germanium mit Mangandotierung.** I. V. Karpova und S. G. Kalašnikov. (Ž. èksper. teoret. Fiz.-Pis'ma v Redakciju **6** (1967) 11, 954—56; Inst. radiotechn. i èlektron. AN SSSR; russ.) — Mit $10^{14}$ $cm^{-3}$ Mn dotiertes *n-Ge* wird mit Spannungsimpulsen von 10 μsec bis 1 ms Dauer u. einer Folgefrequenz von 0,5 Hz belastet. Nach Erreichen einer krit. Feldstärke von ca. 18 V/cm, die unabhängig von der Probengeometrie ist, treten Stromschwingungen auf, die bei 300—310°K maximale Amplituden zeigen. Diese Schwingungen werden nicht auf Ladungsträgerinjektion durch die Kontakte, sondern auf rekombinierende Wellen zurückgeführt. Heinz Vogel 116

*0448* **Magnetischer Feldeffekt.** V. M. Dobrovol's'kyj und Ju. S. Žarkych. (Ukraïns'kyj fiz. Ž. **12** (1967) 6, 930—37; Kyïvs'kyj deržuniv. im. Ševčenka; ukrain., Auszug: engl.) — In Gegenwart eines transversalen Magnetfeldes wird die elektr. Leitfähigkeit σ von *Ge* in Abhängigkeit von der Oberflächenladung untersucht. Nahezu eigenleitende Proben zeigen bei Anlegen des Magnetfeldes starke Änderungen von σ. Diese Änderungen sind mit Änderungen der Oberflächen- u. Volumenleitfähigkeit verbunden. Die Ergebnisse können mit einer entwickelten Theorie gedeutet werden. Heinz Vogel 116

*0449* **Einfluß von Versetzungen auf die galvanomagnetischen Eigenschaften von n-Ge.** B. Pödör. (Acta physica Acad. Sci. hung. **23** (1967) 4, 393—405; Res. Inst. for Technic. Phys., Hung. Acad. of Sci., Budapest; engl.) — Vf. untersucht theoret. u. experimentell den Einfl. von Versetzungen auf die D. der Ladungsträger u. deren Beweglichkeit an Ge-Einkristallen. Leitfähigkeit u. Hall-Effekt werden an plast. verformten Krist. bei Temp. zwischen 80 u. 300°K gemessen. Aus den Messungen ergibt sich ein Versetzungs-Akzeptor-Niveau 0,33 eV unter der Kante des Leitungsbandes. Die elektrostat. Wechselwrkg. von eingefangenen Elektronen entlang der Versetzungslinie u. ihre Abhängigkeit von der Besetzungsrate der Akzeptorzentren werden diskutiert. Die Streuung an geladenen Versetzungen wird theoret. ber., u. die gemessenen Elektronenbeweglichkeiten senkrecht zu den Versetzungen stimmen recht gut damit überein. P. Weiland 116

*0450* **„Flächeneffekt" in stark mit Arsen und Antimon dotierten Germaniumkristallen.** A. Ja. Gubenko. (Izvest. Akad. Nauk SSSR, Neorg. Mater. **3** (1967) 8, 1485—86; russ.) — Nach Czochralski in Richtung [111] gezogene *Ge*-Einkrist. werden mit *Sb* bzw. *As* hoch dotiert ($\varrho = 2$ bis $1 \cdot 10^{-3}$ Ohm · cm bzw. $1{,}0-7 \cdot 10^{-4}$ Ohm · cm). Das Verhältnis des mit der Vierspitzenmethode gemessenen Widerstands zwischen den hochohmigen Randbereichen u. dem niederohmigen Zentralbereich der (111)-Flächen wird mit wachsender Dotierungskonz. kleiner u. nähert sich dem Wert 1. Ebenfalls kleiner werden die Widerstandsunterschiede mit wachsender As-Dotierung, die zwischen der (111)-Fläche u. der gebildeten Zwillingsfläche bestehen. Heinz Vogel 116

*0451* **Wanderungsgeschwindigkeit einer elektrischen Domäne in Au-haltigem Ge bei tiefen Temperaturen.** I. A. Kurova und M. Vrana. (Fiz. Techn. Poluprovodnikov **1** (1967) 7, 1095—99; Mosk. gos. univ. im. Lomonosova; russ.) — Von mit In–Sb kontaktierten, hantelförmigen *Ge–Au*-Proben wird bei $10^3/T = 25-55$ die Temp.-Abhängigkeit der Wanderungsgeschw. u von Domänen untersucht. Im Bereich der therm. Ladungsträgergeneration nimmt u aller untersuchten Proben bei Temp.-Erniedrigung mit der gleichen Aktivierungsenergie wie die der Änderung der Stromdichte von ca. 0,057 eV ab. Im Gebiet der Phononengeneration ändert sich u weniger u. probenspezifischer. Für beide Generationsgebiete werden Gleichungen entwickelt, mit denen die Temp.-Abhängigkeit von u beschrieben werden kann. Heinz Vogel 116

*0452* **Elektrische und magnetische Eigenschaften von Zirkoniumhydrid.** R. A. Andrievskij, E. B. Bojko und R. B. Ioffe. (Izvest. Akad. Nauk SSSR, Neorg. Mater. **3** (1967) 9, 1591—96; russ.) — Von $ZrH_x$ mit H/Zr = 1,3—2,0 werden Mikrostruktur, Mikrohärte Hμ, magnet. Suszeptibilität χ, Hall-Konst. R, elektr. Widerstand ϱ u. Phasenzus. untersucht. Im homogenen ε-Hydrid nehmen R u. ϱ mit abnehmendem H-Geh. $c_H$ zu, χ bleibt nahezu konstant. Mit abnehmendem $c_H$ in der δ-Phase werden R u. ϱ kleiner, χ erhöht sich. Hμ ist in beiden Phasen unabhängig von $c_H$. Für das n-leitende stöchiometr. ε-$ZrH_2$ wird die Ladungsträgerkonz. zu $n = 5{,}7 \cdot 10^{21}$ $cm^{-3}$ u. die Ladungsträgerbeweglichkeit zu $u = 46$ $cm^2$/V · s ermittelt. Heinz Vogel 116

*0453* **Teilchengrößenabhängigkeit der elektrischen Leitfähigkeit von NaCl.** H. C. Graham, N. M. Tallan und Ralston Russell jun. (J. Amer. ceram. Soc. **50** (1967) 3, 156—63; Columbus, O., O. State Univ., Dep. of Ceramic Engng.; engl.) — Wechselstrom- u. Gleichstromleitfähigkeit von einkrist. u. polykrist. NaCl (alle Proben stammen von dem gleichen Krist.) wurden als Funktion der Temp. u. der Teilchengröße gemessen. Die Ergebnisse der Wechselstromleitfähigkeit für die NaCl-Einkrist. stimmen gut mit Werten aus der Literatur überein. Die Aktivierungsenergie für die Gleichstromleitfähigkeit beträgt 1,6 eV. Bei dem polykrist. NaCl nahm die Wechselstromleitfähigkeit umgekehrt proportional mit der Teilchengröße zu; die Gleichstromleitfähigkeit dagegen nahm mit abnehmender Teilchengröße nur sehr wenig wenn überhaupt zu. Es wird angenommen, daß die Gleichgew.-Leitfähigkeit das Ergebnis des nicht blockierten Ionentransportes der Na-Ionen ist u. der Wechselstromanteil der gesamten Leitfähigkeit der blockierten Bewegung der Cl-Ionen zuzuschreiben ist. C. Gottfried 116△

*0454* **Ausbreitung von Gunn-Domänen in nicht gleichmäßig dotierten Proben.** W. Heinle. (Brit. J. appl. Physics **18** (1967) 11, 1537—41; Forschungsinst. der AEG-Telefunken, Ulm; engl.) — Es wird eine Meth. beschrieben, mit der die Domänenverteilung beim Gunn-Effekt für den Fall inhomogen dotierter Proben bestimmt werden kann. Die Meth. verwendet Gleichgew.-Lsg. der Domänendynamik. Berechnungen für ein spezielles Domänenmodell lassen erkennen, daß Domänenstrom u. Dotierungsprofil linear zusammenhängen u. daß die Dotierungsschwankungen das krit. Feld erhöhen, die Domänengeschw. jedoch nicht wesentlich beeinflussen. K. H. Härdtl 116

*0455* **Beobachtung elektrischer „Domänen" in hochohmigem GaAs mit Hilfe des elektrooptischen Effektes.** V. S. Bagaev, Ju. N. Berozašvili und B. M. Vul. (Ž. èksper. teoret. Fiz.-Pis'ma v Redakciju **6** (1967) 1, 464—67; Fiz. inst. im. Lebedeva AN SSSR; russ.) — Die Messungen wurden an mit Fe dotiertem n-GaAs mit einem spezif. Widerstand von $10^{10}$ Ω · cm bei 80°K vorgenommen. Bei Spannungen von 100 u. 1000 V entstehen niederfrequente Stromoszillationen, die mit Absorptionsoszillationen der durchgehenden opt. Strahlung synchron sind. Der Effekt wird durch an der Kathode sich bildende „Domänen" erklärt, die sich in Richtung zur Anode mit einer Geschw. von ca. $2 \cdot 10^{-3}$ cm/s bewegen. Die Bldg. u. Geschw. der Domänen wird vom Oberflächenzustand stark beeinflußt u. ist mit lokalen Elektroneneinfangszentren im elektr. Feld verbunden. J. Tůmová 116△

*0456* **Einfluß von plastischer Deformation und Temperung auf die elektrischen Eigenschaften von n-GaAs.** A. F. Kravčenko, A. M. Palkin und V. P. Ruľëva. (Fiz. Techn. Poluprovodnikov **1** (1967) 7, 1101—03; Novosibirsk, Inst. fiz. poluprovodnikov SO AN SSSR; russ.) — Proben mit $n = 1{,}8 \cdot 10^{16}-3 \cdot 10^{17}$ $cm^{-3}$ u. $\mu = 1500-4000$ $cm^2$/V · s werden im Vakuum durch Biegen um die Achse [110] bei 500—720° 30—60 min lang deformiert u. Temp.-Abhängigkeit von Hall-Koeff. u. Elektronenbeweglichkeit vor u. nach der Deformation bestimmt. Behandlung bei 500° führt zu geringfügiger Erniedrigung von n u. μ. Behandlung bei 650—720° erzeugt entweder Zunahme von n u. μ oder Erniedrigung von n u. Erhöhung von μ. Die Versetzungsdichten betragen vor der Deformation $4 \cdot 10^4$ $cm^{-2}$ u. nach der Deformation $8 \cdot 10^6$ $cm^{-2}$. Die Effekte werden durch Wechselwirkung von Verunreinigungen wie beispielsweise Cu mit Versetzungen diskutiert. Heinz Vogel 116

*0457* **Ladungsträgerrekombination in GaAs.** K. D. Glynčuk und A. D. Denysova. (Ukraïns'kyj fiz. Ž. **12**

(1967) 6, 938–46; Kyïv, Inst. poluprovodnikov AN Ukr. SSR; ukrain., Auszug: engl.) – Es werden Proben von „reinem", getemperten u. mit Cu dotiertem *GaAs* untersucht. Rekombinationsprozesse der Ladungsträger in GaAs werden durch zwei Zentren bestimmt, von denen eins die Majoritätsträger langsamer einfängt. Durch Tempern bei 560–800° entstehen Zentren, die die Trägerlebensdauern verkürzen. Die Strom–Spannungs-Charakteristik des mit Cu dotierten GaAs ist nicht linear. Heinz Vogel 116

*0458* **Elektronen- und Löcherbeweglichkeit in p-Galliumarsenid.** V. P. Suškov, M. I. Iglicyn und T. P. Stabina. (Izvest. Akad. Nauk SSSR, Neorg. Mater. 3 (1967) 8, 1492–94; russ.) – Durch horizontales Zonenschmelzen entstehen mit Zn dotierte *p-GaAs*-Einkrist. mit Majoritätsträgerkonz. $p = 3 \cdot 10^{18} - 4 \cdot 10^{19}\,cm^{-3}$. Temp.-Abhängigkeiten der Löcher- u. Elektronenbeweglichkeiten $\mu_p$ bzw. $\mu_n$ werden aus spezif. Widerstand u. Hall-Effekt bzw. mittels des photoelektromagnet. Effekts bei $1000/T = 3-12$ gemessen. Die zwischen 80 u. 200°K beobachtete Zunahme von $\mu_p$ mit T verschwindet mit wachsendem p; $\mu_n$ wächst im gesamten untersuchten Konz.-Bereich von p mit sinkender Temp. mit etwa $T^{-1}$. Heinz Vogel 116

*0459* **Mikrowellenmessungen der aus Zwischentalübergängen heißer Elektronen herrührenden differentiellen negativen Leitfähigkeit in n-GaAs.** Chihiro Hamaguchi, Tadahisa Kono und Yoshio Inuishi. (Technol. Rep. Osaka Univ. 17 (1967) 769–800, 415–23; Dep. of Electronic Engng.; engl.) – Die differentielle negative Leitfähigkeit aus Zwischentalübergängen heißer Elektronen in n-GaAs mit Trägerkonz. von etwa $10^{15}/cm^3$ wird durch eine mittlere Leitfähigkeit unter Anwendung eines 9,375-GHz-Mikrowellenimpulsfeldes bei Zimmertemp. gemessen. Die differentielle Leitfähigkeit ist für elektr. Felder zwischen 3,3 bis etwa 5,6 kV/cm für die $1\text{-ohm}^{-1}\cdot cm^{-1}$-Probe u. zwischen 2,1 $\sim$ 5 kV/cm für die $2\text{-ohm}^{-1}\cdot cm^{-1}$-Probe negativ. I. Zoll 116

*0460* **Negative magnetische Widerstandsänderung in hochdotiertem n-GaAs.** O. V. Emel'janenko, D. N. Nasledov und Z. Š. Ovsjuk. (Fiz. Techn. Poluprovodnikov 1 (1967) 7, 1094–95; Leningrad, Fiz.-techn. inst. im. Ioffe AN SSSR; russ.) – Die magnet. Widerstandsänderung $\Delta\varrho/\varrho$ zwischen 0 u. 500 kOe² von *n-GaAs* mit $n = 2 \cdot 10^{18} - 1 \cdot 10^{19}\,cm^{-3}$ wird untersucht. Bei 78°K ist $\Delta\varrho/\varrho$ aller untersuchten Proben negativ. Dieser von der Kontaktierungsart unabhängige Effekt beträgt maximal nur 0,1%, er kann durch Dotierung u. Meth. der Probenherst. beeinflußt werden. Durch Temp.-Erhöhung auf 150–300°K verschwindet der Effekt. Heinz Vogel 116

*0461* **Chemisches Abscheiden von Metallen auf einer pn-Struktur des Galliumarsenids.** Ju. A. Gol'dberg und B. V. Carenkov. (Izvest. Akad. Nauk SSSR, Neorg. Mater. 3 (1967) 9, 1693–95; Fiz.-techn. inst. im. Ioffe AN SSSR; russ.) – In *GaAs*, dotiert mit $2 \cdot 10^{17} - 2 \cdot 10^{18}\,cm^{-3}$ Tl, werden durch Diffusion mit Zn, Cd oder Mn pn-Strukturen erzeugt. Aus Lsg. von Salzen des Au, Ag, Ni, In, Sn, Zn bzw. Cu werden diese Metalle abgeschieden u. die pn-Übergänge sichtbar gemacht u. deren Dicken bestimmt. Heinz Vogel 116

*0462* **Thermoelektrische Eigenschaften von CdSb–Tl-Legierungen.** Š. Mavlonov und F. Guljamova. (Doklady Akad. Nauk Tadž. SSR 10 (1967) 7, 19–22; Fiz.-techn. inst. im. Umarova AN Tadž. SSR; russ.) – Schichtebenenabstände d, Hall-Koeff. R, elektr. Leitfähigkeit $\sigma$ u. Thermo-EMK $\alpha$ von polykrist. *CdSb*, dotiert mit 7–20 Gew.-% Tl werden gemessen. Mit zunehmender Tl-Konz. wächst $\sigma$; bei 16 Gew.-% Tl erreicht R ein Maximum, $\alpha$ durchläuft bei 12 Gew.-% Tl ein Minimum. Bei 30° durchläuft $\alpha$ der Proben mit 7 u. 20 Gew.-% Tl, aus dem positiven Bereich kommend, den Wert Null, bei den anderen Proben wird zwischen 20 u. 120° negatives Vorzeichen von $\alpha$ gefunden. Bei 12 Gew.-% Tl erreicht $\alpha$ einen Maximalwert. Heinz Vogel 116

*0463* **Aufladung von Kristallhalbleitern vom Typ $A^{II}B^{VI}$ und $A^{III}B^{V}$ nach Impulslichtbestrahlung durch einen Laser.** B. A. Krasjuk und T. S. Stepanova. (Doklady Akad. Nauk SSSR 176 (1967) 2, 365–67; russ.) – Einkrist. werden an Luft u. in He mit Impulslicht eines Rubinlasers bestrahlt. Die dabei erzeugte Aufladung der Oberfläche nimmt in der Reihenfolge *CdSe* → *CdTe* → *InP* → *GaP* von $5{,}5 \cdot 10^{-10}$ auf $4{,}33 \cdot 10^{-12}$ Coulomb ab. Bei dem ebenfalls untersuchten *AlSb*, *InSb* u. *GaSb* kann keine Aufladung nachgewiesen werden. Heinz Vogel 116

*0464* **Hochspannungs-Photo-EMK in amorphen $Sb_2S_3$-Schichten.** I. A. Karpovič, M. V. Šilova und K. N. Akatova. (Fiz. tverdogo Tela 9 (1967) 10, 3014–16; Gor'kovskij gos. univ. im. Lobačevskogo; russ.) – Bei amorphen $Sb_2S_3$-Aufdampfschichten kann eine Photo-EMK bis zu 20 V/cm beobachtet werden. Infolge Kristallisation amorpher Schichten durch Tempern bei 250° wird die Photoempfindlichkeit zu größeren Wellenlängen verschoben. Die Abhängigkeit der Photo-EMK vom Winkel des einfallenden Lichtes wird bereits durch kurzzeitiges Tempern geändert. Die Photo-EMK entsteht an Heteroübergängen zwischen der amorphen Phase $Sb_2S_3$ u. dem durch Elektronenbeugung nachgewiesenen krist. $Sb_2O_3$. Heinz Vogel 116

*0465* **Temperungseinflüsse auf die photoelektronischen Eigenschaften von ZnS-Kristallen.** George H. Blount, Arthur C. Sanderson, und Richard H. Bube. (J. appl. Physics 38 (1967) 11, 4409–16; Dep. of Mater. Sci. and Electr. Engng., Stanford Univ., Stanford, Calif.; engl.) – Tempern in gesätt. Zn-Dampf bei 891° führt in ZnS-Krist. zur Erhöhung der Dunkelleitfähigkeit um etwa acht Größenordnungen je nach Temperungszeit (20 Min. bis 6 Tage) sowie zur Erhöhung der Photoleitfähigkeit um mindestens den Faktor $10^3$ u. wirkt sich außerdem merklich auf die Photolumineszenzemission aus. Die Änderungen sind durch eine nachfolgende Temperung in einer Schwefelatmosphäre rückgängig zu machen. Die hohe Photoleitfähigkeit scheint mit Sensibilisierungszentren 1,2 eV oberhalb des Valenzbandes mit einem Einfangquerschnitt für Elektronen von $10^{-21}\,cm^2$ in Zusammenhang zu stehen. E. Butzke 116

*0466* **Druck-Einfluß bei der Schwefeltemperung auf Widerstands-Inhomogenitäten von CdS-Einkristallen.** M. K. Parsons und F. L. English. (Appl. Physics Letters 11 (1967) 9, 283–86; Sandia Labor., Albuquerque, N.Mex.; engl.) – Widerstandsinhomogenitäten in CdS-Einkrist. wurden abhängig vom $S_2$-Temperungsdruck mit einer Elektronen-Spiegelungstechnik (Elektronen-Rückstreuung an inhomogenem Potentialgefälle) untersucht. Anzahl u. Stärke der Inhomogenitäten wachsen mit dem $S_2$-Partialdruck. Für die spärliche Ultraschallverstärkung in Krist., die weit über den krit. Druck getempert wurden, scheinen diese Inhomogenitäten verantwortlich zu sein. E. Butzke 116

*0467* **Feldverteilung und Stromsättigung in photoleitendem CdS.** H. J. Fossum und A. Rannestad. (J. appl. Physics 38 (1967) 13, 5177–82; Norwegian Defense Res. Establ., Norway; engl.) – Die Verteilung des inneren elektr. Feldes in photoleitenden CdS-Einkrist. wurde aus dem linearen elektroopt. Effekt bestimmt. Die Feldverteilung ist für Felder unterhalb der Schwelle für akustoelektr. Schwingungen angenähert homogen, während für Felder oberhalb dieses Schwellenfeldes in der Nähe der Anode ein Bereich hoher Feldstärke entstand. Die lineare elektroop. Konst. wurde aus den experimentellen Ergebissen bei einer Wellenlänge von 6328 Å zu $(r'_{113} - r'_{333}) = 2{,}7 \cdot 10^{-12}$ m/V berechnet. H. Liepack 116

*0468* **Durch die Strahlung eines Rubinlasers induzierte Photoleitfähigkeit von CdS.** A. O. Borščˇ, M. S. Brodyn und M. V. Kuryk. (Ukraïns'kyj fiz. Ž. 12 (1967) 8, 1382–83; Kyïv, AN URSR, Inst. fiz.; ukrain.) – Bei der Induktion der Photoleitfähigkeit von n-CdS durch einen Rubinlaser wird bei Zimmertemp. die Abhängigkeit von der Laserstrahlungsintensität untersucht, um den Induktionsmechanismus aufzuklären. Die Intensität I des Photostroms folgt nicht dem Zweiphotonenmechanismus (proportional $I^2$). I nimmt mit dem angelegten elektr. Feld von $I^{1,2}$ bei 250 (V/cm) auf $I^{1,6}$ bei 500 zu, woraus geschlossen wird, daß der Zweiphotonenmechanismus eine große Rolle spielt, daneben aber auch ein Einphotonmechanismus besteht. R. K. Müller 116

*0469* **Photoelemente mit p-n-Heteroübergängen aus gepreßtem, geglühten Cadmiumsulfid.** A. I. Marčenko und H. A. Fedorus. (Ukraïns'kyj fiz. Ž. **12** (1967) 8, 1390—93; Kyïv, AN URSR, Inst. napivprov.; ukrain.) — Photozellen mit p-n-Heteroübergängen werden aus CdS in Form von kleinen Scheiben hergestellt, indem entwässertes CdS mit 200 kg/cm² gepreßt wird u. die Tabletten unter Ar 30 Min. lang auf 800—1000° erhitzt werden. Der spezif. Widerstand der Proben beträgt 0,1—20 $\Omega \cdot$ cm, die Leitfähigkeit ist vom n-Typ, die Beweglichkeit der Träger übersteigt nicht 30—50 cm²/V · Sek. Die p-n-Heteroübergänge werden durch Subl. von Cu auf die Tabletten bei $10^{-5}$ Torr (5—20 Sek. Erhitzen auf 450°) oder durch Eintauchen in wss. CuCl-Lsg. bei 100° u. 1—1,5std. Erhitzen auf 200° (bez. 20—30 Sek. auf 450°) erhalten. In beiden Fällen wird Bldg. von p-$Cu_2O$ oder p-$Cu_{2-x}S_x$ angenommen. Die maximale Kurzschlußstromdichte ist 3—5 mA/cm² (Bestrahlung mit W-Lampe). Die Strom–Spannungs-Kurven hängen von den Temp.-Bedingungen der Bldg. der Barriereschicht ab. R. K. Müller 116

*0470* **Optisch stimulierte niederfrequente Oszillation in CdS-Einkristallen.** V. I. Želev und I. A. Popov. (Fiz. Techn. Poluprovodnikov **1** (1967) 7, 1089—91; Sofija, Vysšij gorno-geol. inst.; russ.) — Aus der Gasphase gez. *CdS*-Einkrist. werden mit Au kontaktiert. Bei Zimmertemp. u. geringen Spannungen werden bei anodenseitiger Gleichlichtbestrahlung im Bereich der Eigenabsorption Stromoszillationen von 0,1 bis zu einigen Hz beobachtet. Dieser an Krist. mit S-förmiger Strom–Spannung-Charakteristik beobachtete Effekt wird durch eine period. Erhöhung des Löcherstroms, begleitet von einer schnellen Interband-Rekombination u. Verkleinerung der Konz. an freien Ladungsträgern, erklärt.

Heinz Vogel 116

*0471* **Einige Besonderheiten der Stromkinetik bei Doppelinjektion in CdS-Einkristallen.** K. Marinova, K. Germanova und T. Todorov. (Doklady bolgarskoj Akad. Nauk **20** (1967) 7, 657—60; Univ. Sofia; dt.) — Nach Frerichs hergestellte, photoempfindliche *CdS*-Einkrist. werden mit aufgeriebenem Ga oder in $H_2$ zerstäubtem Au kontaktiert. Bei Zimmertemp. werden die Strom–Spannungs-Charakteristika mit 5 $\mu$sec—3 msec Spannungsimpulsen bei Impulsfolgefrequenzen von 0,1 bis 200 Hz gemessen. Die (i, u)-Kurven entsprechen der Theorie von Lampert. Nach steilem Stromanstieg stellt sich ein Gebiet mit konstantem Strom $i_1$ ein, dem eine allmähliche Stromzunahme auf $i_2$ folgt. Mit wachsendem u wird der Bereich mit $i_1$ zeitlich kürzer. Durch zwei Typen von Rekombinationszentren werden zwei Bereiche mit geringem Strom vor Erreichen von $i_2$ gedeutet. Durch IR-Einwrkg. nimmt die Zeit für $i_1$ beträchtlich ab, der Bereich i $\sim u^2$ vor dem negativen Widerstand in den (i, u)-Kurven fehlt. Der Effekt wird auf zwei verschiedene Typen von Rekombinationszentren mit unterschiedlichen Einfangquerschnitten für Löcher u. Elektronen zurückgeführt. Heinz Vogel 116

*0472* **Breitbandiger elektroakustischer Wandler mit einer Diffusionsschicht in Cadmiumsulfid.** E. K. Griščenko. (Akustičeskij Ž. **13** (1967) 3, 446—48; Moskva, Akust. inst. AN SSSR; russ.) — Auf *CdS*-Krist., die auf 450° erwärmt sind, wird Cu gedampft, so daß auf der gesamten Fläche eine Diffusionsschicht ohne Cu-Überschuß entsteht. Die Kontaktierung erfolgt durch Ag u. auf der entgegengesetzten Seite durch In. Die Breitbandigkeit wird durch geringen Konz.-Gradienten des Cu verbessert, sie geht jedoch zu Lasten der Verluste.

Heinz Vogel 116

*0473* **Dotierungs- und Eigenphotoleitung von $In_4S_5$-Einkristallen.** N. N. Lebedjeva, O. V. Ljubčenko und M. K. Šejnkman. (Ukraïns'kyj fiz. Ž. **12** (1967) 6, 901—08; Inst. poluprovodnikov AN Ukr. SSR; ukrain., Auszug: engl.) — An zonengezogenen *p*-$In_4S_5$-Einkrist. werden in großen Temp. u. Belichtungsbereichen stationäre Charakteristiken u. Kinetik von Dotierungs- u. Eigenphotoleitung sowie thermostimulierter u. Dunkelleitfähigkeit untersucht. Es werden (2—6) · $10^{12}$ cm$^{-3}$ Löcherhaftstellen sowie Akzeptorterme mit Energielagen von 0,15 bzw. 0,4 eV über dem Valenzband gefunden. Der Einfangquerschnitt eines Akzeptorterms für Photonen beträgt (1—2) · $10^{-15}$ cm². Die Struktur der verbotenen Zone mit zwei verschiedenen Rekombinationszentren wird diskutiert. Die Kinetik der Dotierungsphotoleitung bei Belichtung an der Absorptionskante wird diskutiert. Heinz Vogel 116

*0474* **Einfluß von Dotierungen auf elektrische Eigenschaften des Bleisulfids.** G. B. Abdullaev, L. N. Alieva, K. Š. Kagramanov und A. Z. Kuliev. (Izvest. Akad. Nauk Azerbajdž. SSR, Ser. fiz. techn. mat. Nauk **1967,** 2, 66—70; russ.) — Stöchiometr., nichtstöchiometr. u. dotiertes *PbS* wird aus den Elementen u. mittels Thioharnstoff hergestellt, getempert u. tablettiert. Es werden elektr. Leitfähigkeit, Thermo-EMK u. Ladungsträgerkonz. bestimmt. Durch Dotierungen können die Ladungsträgerkonz. in weiten Bereichen variiert werden. Elemente der V. u. VII. Gruppe des Periodensyst. erzeugen Donatoren, Elemente der I., II. u. III. Gruppe erzeugen Akzeptoren, Elemente der IV. u. VIII. Gruppe verhalten sich wie überschüssiges Pb. Wegen der begrenzten Löslichkeit des Pb in PbS kann durch überstöchiometr. Pb nur eine Ladungsträgerkonz. von p $\leq 10^{19}$ cm$^{-3}$ erzeugt werden. Für den Einsatz von PbS in Thermoelementen können durch teilweisen Ersatz des S durch Cl optimale Bedingungen eingestellt werden.

Heinz Vogel 116

*0475* **Physikalisch-chemische Untersuchung von Bleiselenid.** A. V. Novoselova, V. P. Zlomanov und O. V. Matveev. (Izvest. Akad. Nauk SSSR, Neorg. Mater. **3** (1967) 8, 1323—29; Mosk. gos. univ. im. Lomonosova; russ.) — Durch Hall-Messungen bei Zimmertemp. werden die Abhängigkeiten der Ladungsträgerkonz. vom Pb- u. Se-Partialdruck von bei 1100 °K hergestellten *PbSe*-Einkrist. untersucht. Für die Beziehungen des Gleichgew. Dampf–Nichtstöchiometrie des PbSe wird ein Modell entwickelt. Für undotiertes u. mit Ag legiertes PbSe wird die Bldg.-Konst. für Frenkel-Defekte bei 1100 °K zu 1,26—1,31 · $10^{36}$ bestimmt, die Konst. für die Anregung der Eigenleitfähigkeit beträgt 1,8 · $10^{37}$.

Heinz Vogel 116

*0476* **Elektrische Eigenschaften von Chromseleniden.** V. A. Ivanova und G. M. Aliev. (Izvest. Akad. Nauk SSSR, Neorg. Mater. **3** (1967) 8, 1490—91; Inst. fiz. AN Azerbajdž. SSR; russ.) — *CrSe* u. *$Cr_3Se_4$* werden aus den Elementen bei hohen Temp. hergestellt u. Temp.-Abhängigkeit der elektr. Leitfähigkeit zwischen 300 u. 900 °K sowie Hall-Effekt gemessen. CrSe hat metall. Leitfähigkeit, das hergestellte $Cr_3Se_4$ ist ein n-Halbleiter, $\mu$ = 36 cm²/V · s. Heinz Vogel 116

*0477* **Verwendung der galvanothermomagnetischen Effekte zur Bestimmung der elektrischen Parameter von HgTe.** M. I. Daunov. (Izvest. Akad. Nauk SSSR, Neorg. Mater. **3** (1967) 8, 1335—40; Inst. fiz. Dagestanskogo filiala AN SSSR, Machačkala; russ.) — Temp.-Abhängigkeiten von elektr. Leitfähigkeit, Hall-Koeff., Thermo-EMK, Ladungsträgerkonz. bzw. Verhältnis Elektronen- zu Löcherbeweglichkeit in *HgTe* werden mit Literaturdaten verglichen bzw. berechnet. HgTe ist ein Halbleiter mit einer Bandbreite von nur ca. 0,01 eV. Zur Interpretation der erhaltenen Ergebnisse müssen neben Elektronen mit hoher Beweglichkeit zwei Arten von Löchern, leichte mit hoher Beweglichkeit u. schwere mit geringer Beweglichkeit, berücksichtigt werden.

Heinz Vogel 116

*0478* **Konzentrationsabhängigkeit des piezoelektrischen Effekts in p-PbTe.** M. I. Akymenko, Z. V. Pankevyč und P. M. Staryk. (Ukraïns'kyj fiz. Ž. **12** (1967) 6, 974—77; Černivec'kyj deržuniv.; ukrain., Auszug: engl.) — An *PbTe*-Einkrist. mit verschiedenen Ladungsträgerkonz. wird der Piezowiderstand gemessen. Das Ladungsträgerspektrum im PbTe ist nicht parabolisch. Unter Berücksichtigung dieser Eigenheit wird Übereinstimmung zwischen Theorie u. Experiment gefunden.

Heinz Vogel 116

*0479* **Einfluß der thermischen Bedingungen bei der Synthese auf einige Eigenschaften des Zinktellurids.** I. Godau und B. F. Ormont. (Izvest. Akad. Nauk SSSR, Neorg. Mater. **3** (1967) 9, 1546–48; Leningradskij élektrotechn. inst. im. Ul'janova (Lenina); russ.) — In Quarzampullen wird *p-ZnTe* bei 900, 960 u. 1020° mit Zn- bzw. Te-Dampf behandelt. An den nach dieser Behandlung einphasigen polykrist. Proben werden die Temp.-Abhängigkeit der elektr. Leitfähigkeit $\sigma$ gemessen u. die Funktionen $\log \sigma = f(\log p_{Zn})$ u. $\log \sigma = f(\log p_{Te})$ ermittelt. Die Temp.-Abhängigkeit der Dissoziationskonst. K des ZnTe beträgt $\ln K = (-41258/T) + 25{,}7$. Gitterkonst. u. opt. ermittelte Bandbreite ändern sich nicht durch die therm. Behandlung im Zn- u. Te-Dampf. Heinz Vogel 116

*0480* **Thermische und elektrische Eigenschaften des Systems GaTe–SnTe.** M. A. Alidžanov, Ja. N. Nasirov und P. G. Rustamov. (Izvest. Akad. Nauk Azerbajdž. SSR, Ser. fiz. techn. mat. Nauk **1967**, 2, 82–85; russ.) — Die Leg. werden im Vakuum bei Vibration mit 100 Hz erzeugt u. anschließend bei 550° 720 h getempert. Feste Lsg. des Syst. $[GaTe]_x$–$[SnTe]_{1-x}$ werden bei $0{,}6 \geqq x \geqq 0{,}4$ gebildet. Die bei 20–500° gemessene Temp.-Abhängigkeit der Thermo-EMK von Proben mit $\leqq 10$ Mol-% GaTe zeigt, daß bis zu diesen Konz. die komplizierte Bandstruktur des SnTe erhalten bleibt. Heinz Vogel 116

*0481* **Feste Lösungen der Systeme HgTe–HgS und HgSe–HgS.** F. F. Charachorin, V. M. Petrov, M. V. Paškovskij und R. V. Luciv. (Doklady Akad. Nauk SSSR **176** (1967) 1, 62–65; russ.) — $HgS_xTe_{1-x}$ (I) u. $HgS_xSe_{1-x}$ (II) mit $0 \leqq x \leqq 0{,}4$ werden aus den Elementen bei 200° unterhalb F. in evakuierten Quarzampullen hergestellt. Nach Bridgman-Stockbarger entstehen Einkristalle. Zwischen 15 u. 400 °K werden Temp.-Abhängigkeit der elektr. Leitfähigkeit u. des Hall-Koeff. untersucht u. bei 300 °K der Absorptionskoeff. bei $\lambda^2 \approx 50$ bis $100\,\mu^2$ bestimmt. Mit wachsendem Anteil von S in **II** wird der Übergang Halbmetall–Halbleiter beobachtet, bei **I** werden unter gleichen Bedingungen die Halbleitereig. geschwächt. Heinz Vogel 116

*0482* **Elektrische, optische und physikalisch-chemische Eigenschaften einer Reihe von Halbleiterverbindungen des Typs $A_3^IB^VC_4^{VI}$.** R. Annamamedov, L. I. Berger, V. M. Petrov und S. V. Slobodčikov. (Izvest. Akad. Nauk SSSR, Neorg. Mater. **3** (1967) 8, 1370–74; VNII chim. reaktivov i osobo čistych veščestv; russ.) — Von undotiertem u. mit Zn hochdotiertem $Cu_3AsS_4$, $Cu_3SbS_4$, $Cu_3AsSe_4$ u. $Cu_3SbSe_4$ werden therm. Verh., Gitterparameter, elektr. Leitfähigkeit, Hall-Konst., spektrale Verteilung von diffuser Reflexion u. Photoleitung sowie Temp.-Abhängigkeit der Wärmeleitung untersucht. Beweglichkeit u. Konz. der Ladungsträger sowie Bandbreiten werden berechnet. Heinz Vogel 116

*0483* **Halbleiter-Eigenschaften von Lanthanchromit.** Javier Soria Ruiz, Anne-Marie Anthony und Marc Foëx. (C.R. hebd. Séances Acad. Sci., Sér. A et B **264** (1967) 17, B 1271–74; Labor. de Magnét., C.N.R.S., Bellevue-Meudon, Hauts-de-Seine; franz.) — Zur Feststellung der Halbleitereig. von $LaCrO_3$ wurden Proben benutzt, die entweder in einem Sonnenofen durch Schmelzen bei 2800 °K (I) oder nach Rückführung in die Pulverform, Brikettierung mit einem organ. Bindemittel u. Sinterung bei 2000 °K (II) gewonnen waren. Die Messung des spezif. elektr. Widerstandes erfolgte zwischen 230 u. 1700 °K. Bei einigen Proben trat eine plötzliche Änderung des spezif. elektr. Widerstandes bei ca. 700 °K auf, die auf einen Überschuß an $La_2O_3$ zurückgeführt werden konnte. Für **I** ergab sich eine Aktivierungsenergie von 0,6 eV, für **II** eine von etwa 0,4 eV. Auch aus Messungen der Änderung des Hall-Koeff. zwischen 350 u. 400 °K u. aus dem IR-Absorptionsspektrum von **I** konnte auf den gleichen Wert für die Aktivierungsenergie geschlossen werden. Röntgen-Unters. zeigten, daß bei NB orthorhomb. krist. $LaCrO_3$ bei ca. 550 °K rhomboedr.-hexagonal mit a = 5,51, c = 13,34 Å u. bei 1500 °K kub. mit a = 3,92 Å wird. Beide Strukturumwandlungen erscheinen in den Kurven des spezif. elektr. Widerstandes. H. M. Schlegel 116

*0484* **Zeitabhängigkeit der Depolarisationsströme in Diodenstrukturen vom Typ Metall–Dielektrikum–Metall.** A. I. Zudov und L. A. Zudova. (Izvest. vysšich učebnych Zavedenij [Tomsk], Fiz. **10** (1967) 8 (63), 15–19; Petrozavodskij gosuniv. im. Kuusinena; russ.) — Diodensyst. *Al–Al₂O₃–Au* u. *Zr–ZrO₂–Au* werden hergestellt aus Al bzw. Zr, die anod. in $H_3BO_3$ ox. u. anschließend mit Au bedampft werden. Die Dicken der Oxidschichten betragen 700 u. 5600 Å. Der Depolarisationsstrom $I_D$ wird stark durch das Unters.-Medium beeinflußt. Für im Vakuum bei 200–300° ausgeheizte u. im Vakuum bei 0–100 V gemessene Proben gilt das Curiesche Gesetz $I_D = I_0 \tau^{-n}$ ($n \approx 1$). Die Zeitabhängigkeit der Polarisations- u. Depolarisationsströme wird mittels injizierter Elektronentraps erklärt. Die Deutung der an anders behandelten Proben erhaltenen Ergebnisse ist komplizierter u. nicht mit diesem Modell durchführbar. Heinz Vogel 116

*0485* **Raumladungsbegrenzte Ströme in Dielektrika mit Löchern mit einer Coulomb-Barriere.** G. A. Filaretov und V. I. Stafeev. (Fiz. Techn. Poluprovodnikov **1** (1967) 7, 1092–94; russ.) — Für Dioden des Typs $Al–Al_2O_3–Me$ mit negativem Widerstandsbereich werden unter Berücksichtigung der Löcherkonz. Strom–Spannung-Charakteristika ber. u. mit experimentell ermittelten Werten des Syst. *Al–Al₂O₃–Au* verglichen. Heinz Vogel 116

*0486* **Einzel-Ladungsträgertransport in dünnen dielektrischen Schichten.** R. M. Hill. (Thin solid Films [Amsterdam] **1** (1967) 1, 39–68; Electr. Res. Assoc., Leatherhead, Great Britain; engl.) — Übersicht über den Ladungsträgertransport in dünnen, durch Aufdampfen oder durch Ox. von Metallaufdampfschichten hergestellten Isolatorschichten. Der Transport wird in Abhängigkeit von den Eig. der jeweiligen Metall/Isolator/Metall-Kombination (Elektronenaustrittsarbeit, Bandabstand, Beweglichkeit, DK für *Zn–ZnO–Au*, *In–CdS–Au*, *Al₂O₃*- u. *Se*-Filme) sowie Isolatordicke d u. Meßtemp. für kleines d mit der Theorie von Fowler-Nordheim (1928) bzw. mit Tunnelemission beschrieben, während die Meßwerte bei größerem d mit Leitungsmechanismen von Richardson-Schottky (1921), unter Annahme einer Verunreinigungs- bzw. raumladungsbegrenzten Leitung gedeutet werden können. Die d- u. Temp.-Bereiche, in denen die Meßwerte nicht eindeutig mit einem einzigen Leitungsmechanismus beschrieben werden können, werden diskutiert. Herbert Müller 116

*0487* **Elektrische Eigenschaften von Cr–SiO–Cermet-Schichten.** D. E. Lood. (J. appl. Physics **38** (1967) 13, 5087–89; TRW Systems Group, Redondo Beach, Calif.; engl.) — Hall-Koeff., Temp.-Koeff. des Widerstandes u. die Leitfähigkeit wurden in Abhängigkeit von der Zus. gemessen. Nach dem Verh. des Hall-Koeff. ist das Material als Zwei-Träger-Syst. zu betrachten. Es wird ein Modell vorgeschlagen. H. Liepack 116

*0488* **Dünnfilmdioden auf Chalkogenidglas-Basis.** V. I. Gaman und V. D. Bazarov. (Izvest. vysšich učebnych Zavedenij [Tomsk], Fiz. **10** (1967) 9 (64), 80–85; Sibir. fiz.-techn. inst. im. Kuznecova; russ.) — Es werden Strom–Spannung-Charakteristiken von Dioden aus *Al-Chalkogenidglas ISK 23* u. *In*, *Sn* oder *Ag* als zweite Elektrode gemessen. Wegen der Halbleitereig. des Glases findet Wechselwrkg. mit der zweiten Elektrode statt. Der Flußstrom ist raumladungsbegrenzt, der Rückstrom ist durch einen Schottky-Mechanismus bedingt. Heinz Vogel 116

*0489* **Apparatur zur Untersuchung schwacher Impulsströme in hochohmigen Halbleitern.** K. Kirov. (Doklady bolgarskoj Akad. Nauk **20** (1967) 7, 661–64; Inst. of Phys., Bulg. Acad. of Sci.; dt.) — Mit der beschriebenen Anordnung können Impulsformen von Impulsen mit $10^{-6}$–$10^{-8}$ A u. Zeitkonst. von $0{,}5 \cdot 10^{-6}$–$10^{-4}$ s beispielsweise an *CdS* gemessen werden. Heinz Vogel 116

*0490* **Einfluß von gelöstem Sauerstoff auf den elektrischen Widerstand von flüssigem Natrium.** A. V. Afonina, B. A. Nevzorov und O. V. Starkov. (Atom. Energ. **24** (1968) 5, 477–78; russ.) — Der elektr. Widerstand von Na wurde bei verschiedenen $O_2$-Geh. bei Temp. < 800°

in Abhängigkeit von der Temp. bestimmt. Bei 650—800° ändert sich nach elektr. Widerstandsdaten des Na die Sauerstoffkonz. in Na nach log C = 1,226—1840/T, wobei C die Löslichkeit des $O_2$ in Na in Gew.-% ist. Der Einfl. des gelösten Sauerstoffes auf den elektr. Widerstand des Na ist bei 650—800° (25 ± 7) (% $\Delta\varrho/\varrho$/Atom-% $O_2$, während bei 300° 70—90 (% $\Delta\varrho/\varrho$/Atom-%) gültig ist. Der Einfl. von Sauerstoff wächst nicht mit steigender Temperatur. J. J. Pohl 118

*0491* **Bestimmung der freien Weglänge der Elektronen von Thallium.** T. A. Ignat'eva, V. I. Makarov und T. A. Sverbilova. (Fiz. Metallov Metallovedenie **26** (1968) 1, 177—78; Fiz.-techn. inst. AN USSR; russ.) — Durch Auswertung der Abhängigkeit $r_0 = r(1 + \alpha l/d)$ mit $r_0$ = Restwiderstand einer Probe des Durchmessers d, $\alpha$ = Elektronenstreukoeff. an der Oberfläche (= 1), l = freie Elektronenweglänge wird l für Tl bei 4,2°K zu 0,25 mm bestimmt. H. Roschkowski 118

*0492* **Integrales Halbkugel-Strahlungsvermögen und spezifischer elektrischer Widerstand von Tantal im Temperaturbereich 1200—2800°K.** V. A. Petrov, V. Ja. Čechovskoj und A. E. Šejndlin. (Teplofiz. vysokich Temperatur **6** (1968) 3, 548—49; Inst. vysokich temp. AN SSSR; russ.) H. Roschkowski 118

*0493* **Elektrischer Widerstand von dünnen einkristallinen Aluminiumschichten.** Ju. N. Czjan, V. V. Erëmenko und O. G. Ševčenko. (Ž. ėksper. teoret. Fiz. **54** (1968) 5, 1321—32; Fiz.-techn. inst. nizkich temp. AN Ukr. SSR; russ., Auszug: engl.) — Die Temp.-Abhängigkeit des Widerstandes dünner, einkrist. Al-Schichten wurde zwischen 2 u. 20°K gemessen. Die experimentellen Ergebnisse zeigen, daß die mittlere freie Elektron-Phonon-Weglänge entscheidend von den Probenabmessungen abhängig ist. Die experimentellen Daten werden auf der Basis der Azbel-Gurzhi-Theorie für die elektr. Leitfähigkeit dünner Schichten analysiert. E. Otto 118

*0494* **Größeneffekt des thermischen Hall-Effektes von Aluminium-Filmen.** Tore Amundsen. (Philos. Mag. [8] **17** (1968) 145, 107—18; Inst. of Phys., Univ. of Oslo, Blindern, Norway; engl.) — Der Righi-Leduc-Effekt wurde in polykrist. Al-Filmen (Dicke ≈ 0,06 mm) in senkrechten u. transversalen Magnetfeldern gemessen. Der von Sondheimer bzw. Blatt vorhergesagte Größeneffekt wurde ebenfalls beobachtet. Für höhere Felder ergeben sich Abweichungen gegenüber der allg. Theorie von Azbel' et al., was eventuell auf die polykrist. Eig. der untersuchten Proben zurückgeführt werden muß. W. Laqua 118

*0495* **Spezifischer elektrischer Widerstand von aufgedampften Silberschichten.** S. H. Reichman und C. D'Antonio. (Trans. metallurg. Soc. AIME **242** (1968) 1, 160—61; Metallurg. Engng., Polytechn. Inst. of Brooklyn, Brooklyn, N.Y.; engl.) — Auf Vycor-Glasträger, die Temp. von 20° haben, werden bei Restgasdrücken von $5 \cdot 10^{-6}$ Torr mit Geschw. von 20—40 Å/s 630—3240 Å dicke Ag-Schichten aufgedampft. Von den Schichten wird vor u. nach einer Wärmebehandlung bei Temp. T bis 300° u. $2 \cdot 10^{-6}$ Torr der spezif. Widerstand $\varrho$ nach der Vierpunktmeth. bestimmt. In $\varrho = f(T)$ wird für Schichtdicken d > 1400 Å bei T = 120° sowie für d < 1400 Å bei T = 180° ein Wendepunkt beobachtet, der für d < 1400 Å beim zweiten Anlassen auf T = 120° verschoben ist. Der Effekt wird einer Zers. von $Ag_2O$ an der Schichtoberfläche zugeschrieben. Die d-Abhängigkeit ist offenbar auf eine Änderung der Schichtstruktur zurückzuführen. Herbert Müller 118

*0496* **Temperaturabhängigkeit des galvanomagnetischen Effekts im System der Nickel–Germanium-Legierungen im longitudinalen Magnetfeld.** R. G. Annaev, T. M. Jusupov und M. Z. Ali-Zade. (Izvest. Akad. Nauk Turkm. SSR, Ser. fiz.-techn., chim. geol. Nauk **1968**, 2, 26—30; Gos. univ. im. Gor'kogo; russ.) — Für Proben mit 2—16 Gew.-% Ge wurde diese Abhängigkeit bei —196° bis 300° in Magnetfeldern bis 1200 Oe gemessen. In der Nähe des Curie-Punkts wurde ein Einfl. des Paraprozesses u. eine Vorzeichenänderung des galvanomagnet. Effekts gefunden. Die Curie-Punkte wurden für alle untersuchten Leg. bestimmt. V. Burjan 118△

*0497* **Anomale Änderung des elektrischen Widerstands bei der Ordnungseinstellung von Legierungen des Typs $Mg_3Cd$.** A. A. Tuchfatullin, M. B. Makogon und R. M. Tuchfatullina. (Izvest. vysšich učebnych Zavedenij [Tomsk], Fiz. **11** (1968) 5 (72), 50—53; Sibir. fiz.-techn. inst. im. Kuznecova; russ.) — Vgl. des röntgenograph. bestimmten Ordnungsgrads von Mg-Leg. mit 22 u. 28 Atom-% Cd mit dem Verh. des elektr. Widerstands $\varrho$ bei der Ordnungseinstellung. Das anomale Verh. von $\varrho$ im Anfangsstadium des Ordnungsprozesses geht auf eine nicht monotone Abhängigkeit von $\varrho$ vom Ordnungsgrad zurück. H. Roschkowski 118

*0498* **Beziehung zwischen kritischer Stromdichte und Versetzungsverteilung in bearbeiteten supraleitenden Legierungen.** C. Baker und M. T. Taylor. (Philos. Mag. [8] **16** (1967) 144, 1129—32; Central Electr. Res. Labor., Leatherhead, Surrey; engl.) — In kaltgewalzten supraleitenden Leg. sind sowohl krit. Stromdichte $J_c$ als auch Versetzungsstruktur anisotrop. Um $J_c$ mit der Defektstruktur in Verb. bringen zu können, muß die Versetzungsverteilung in einer Ebene bestimmt werden, die die Lorentz-Kraft enthält. Das folgt aus elektronenmkr. Unters. dünner Folien einer um 97% kaltgewalzten *Nb–45 Gew.-% Ti*-Legierung. W. Laqua 120

*0499* **Kernrelaxation in Supraleitern 2. Art.** B. G. Silbernagel und V. Jaccarino. (J. physic. Soc. Japan **23** (1967) 2, 472; Dep. of Phys., UCSB Santa Barbara, Calif.; engl.) — Asayama u. Yamagata (J. Phys. Soc. Japan **22** (1967), 347) schlossen aus einem scheinbaren Unterschied in der Temp.-Abhängigkeit der Kernrelaxationszeiten von A- u. B-Kernen in intermetall. $A_3B$-Verb. ($Nb_3Al$ u. $V_3Sn$) bei Temp. unterhalb der Sprungtemp. auf die Existenz zweier verschiedener Energieniveaus für die Elektronen der A- u. B-Kerne. Dieser Interpretation wird widersprochen. Die Meßergebnisse werden durch unvollständige Sättigung der durch Quadrupolwechselwrkg. verbreiterten $^{51}V$- u. $^{93}Nb$-Resonanzen erklärt u. verschiedene Experimente zur Sicherung dieser Interpretation vorgeschlagen. B. Stender 120

*0500* **Helicon-Resonanzen in Niob nahe $H_{c2}$.** B. W. Maxfield. (Physic. Rev. Letters **19** (1967) 10, 569—70; Dep. of Phys. and Labor. of Atomic State Phys., Cornell Univ., Ithaca, N.C.; engl.) — Bei der Unters. der Feldabhängigkeit der Resonanzfrequenz diente eine sehr reine, spannungsfreie Nb-Probe mit einem Restwiderstandsverhältnis von 11000. Trägt man die Resonanzfrequenz in Abhängigkeit von $H_0$ auf, so ergibt sich eine Unstetigkeit. Es ergeben sich zwei krit. Feldstärken $H_a$ u. $H_b$ bei 2630 u. 2750 G. Das Verh. im Gebiet zwischen $H_a$ u. $H_b$ wird nicht gedeutet. Liegt die Unstetigkeit jedoch oberhalb von $H_{c2}$, so kann das Verh. mit der Oberflächensupraleitfähigkeit in Verb. gebracht werden. F. Wendler 120

*0501* **Supraleitfähigkeit von $V_3In$.** N. E. Alekseevskij und N. N. Michajlov. (Ž. ėksper. teoret. Fiz-Pis'ma v Redakciju **6** (1967) 4, 584—85; Inst. fiz. problem AN SSSR; russ.) — Die krit. Temp. der Supraleitung $T_k$ von „$V_3In$", das aus den Elementen in Quarzampullen erhalten wurde, liegt bei 10°K. Dagegen zeigen $V_3In$-Proben, die aus mit V beschichteten Ampullen erhalten wurden, $T_k$-Werte um 2°K. Vf. schließen, daß im ersten Fall eine Verb. der Art $V_3Si_xIn_{1-x}$ vorliegt. Spektralanalyt. konnte in allen Proben mit $T_k$ um 10°K Si nachgewiesen werden. V. Burjan 120△

*0502* **Supraleitfähigkeit der Legierungen im System $Nb_3Al$–$Nb_3Ge$.** N. V. Ageev, N. E. Alekseevskij, N. N. Michajlov und V. F. Šamraj. (Ž. ėksper. teoret. Fiz.-Pis'ma v Redakciju **6** (1967) 10, 901—904; Inst. metallurg. im. Bajkova Akad. Nauk SSSR; russ.) — Für therm. behandelte Proben der Zus. $(Nb_3Al)_4 \cdot Nb_3Ge$ wurde die Abhängigkeit des magnet. Moments vom Magnetfeld untersucht. Die Kurven des Übergangs in den supraleitenden Zustand wurden dargestellt. Durch

Wärmebehandlung konnte eine Übergangstemp. in den Supraleitungszustand von 19,1 °K erreicht werden.
V. Burjan 120△

## Dielektrische und magnetische Eigenschaften

*0503* **Anziehung von Flüssigkeiten durch elektrische Felder.** E. P. Damm jun. (J. electrochem. Soc. **115** (1968) 5, 474–79; Syst. Dev. Div., IBM Comp., Poughkeepsie, N.Y.; engl.) — Die Ansprechzeit t (response time), d. h. die Zeit, die vom Anlegen einer Spannung an eine Metallplatte oberhalb einer Fl. bis zum Kontakt zwischen Fl. u. Elektrode vergeht, wird als Maß für die Anziehung gewählt u. mit einer elektr. Meßanordnung gemessen. Untersucht werden die Einfl. der Spannung (bis 5 kV), des Luftspaltes zwischen Fl. u. Elektrode, der Oberflächenspannung $\gamma$, der Viskosität $\eta$, der Leitfähigkeit u. der Ggw. dispergierter Teilchen. $\gamma$ hat nur bei geringen Spannungen (500 V) einen Einfl. auf t, $\eta$ zeigt einen deutlichen Einfl., dagegen haben die Leitfähigkeit (wss. KCl-Lsg.) u. dispergiertes Kristallviolett keinen Einfl. auf t. Für Fl. niedriger DK wird eine opt. Meth. angewendet. In Toluol (unpolare Fl.) ergeben gelöste oder dispergierte Zweitstoffe große Änderungen von t. K. Strenge 132

*0504* **Eigenthermostatierung von KDP- und DKDP-Einkristallen.** B. A. Strukov, V. Min und A. S. Sonin. (Kristallografija **13** (1968) 2, 339–42; Mosk. gos. univ. im. Lomonosova; russ.) — An $KH_2PO_4$(KDP)- u. $KD_2PO_4$(DKDP)-Einkrist. wird die auch für weitere seignetteelektr. Verb. bekannte Selbststabilisierung der Temp. im Bereich der Curie-Temp. bei verschiedenen Feldstärken („Tandel"-Effekt) untersucht.
H. Roschkowski 134

*0505* **Neuer Phasenübergang im Seignetteelektrikum SbSJ.** V. N. Nosov. (Kristallografija **13** (1968) 2, 338 bis 339; Inst. kristallogr. AN SSSR; russ.) — Durch Messung der spontanen Polarisation u. des dielektr. Verlustwinkels in Abhängigkeit von der Temp. wird für SbSJ ein weiterer Phasenübergang im Bereich von −35° nachgewiesen. H. Roschkowski 134

*0506* **Photoempfindlicher Phasenübergang im seignetteelektrischen Halbleiter SbSJ.** L. M. Beljaev, I. I. Grošik, V. V. Ljachovickaja, V. N. Nosov und V. M. Fridkin. (Ž. èksper. teoret. Fiz.-Pis'am v Redakciju **6** (1967) 1, 481–83; Inst. kristallogr. AN SSSR; russ.) — Die vorhergesagte Verschiebung der Curie-Temp. $\Theta$ von SbSJ bei opt. Bestrahlung wurde durch Messen an Einkrist.-Proben mit $\simeq 29°$ bestätigt. Bei einer Frequenz von $10^3$ Hz ergibt sich die Verschiebung der DK in Richtung niedrigerer Temp.; wobei ein Anstieg der freien Ladungsträgerkonz. um zwei Potenzen $\Theta$ ca. um 1° erniedrigt. J. Tůmová 134△

*0507* **Elektrooptische und dielektrische Eigenschaften von $PbZn_{1/3}Nb_{2/3}O_3$.** A. A. Bereżnoj, V. N. Buchman, L. T. Kudinova und I. E. Myl'nikova. (Fiz. tverdogo Tela **10** (1968) 1, 255–56; Inst. poluprov. AN SSSR, Leningrad; russ.) — Messung der DK ($10^3$–$10^9$ Hz, 20–200°) u. der induzierten Polarisation ($\lesssim$ 20 kV/cm) an Einkristallen. K. Jaeger 134

*0508* **Dielektrische Eigenschaften von ferroelektrischen Einkristallen mit unscharfem Phasenübergang ($PbZn_{1/3} \cdot Nb_{2/3}O_3$.)** N. P. Chučua, V. F. Bova und I. E. Myl'nikova. (Fiz. tverdogo Tela **10** (1968) 1, 257–59; russ.) — Vgl. vorst. Referat. — Messung der DK u. des dielektr. Verlustes (20–300°, $10^3$–$2 \cdot 10^9$ Hz). Diskussion der dielektr. Phasenbreite u. der Dispersion der DK bei tieferen Frequenzen. K. Jaeger 134

*0509* **Dielektrische Eigenschaften von $Bi_4Ti_3O_{12}$-Kristallen.** N. N. Krajnik, I. E. Myl'nikova und S. F. Kolesničenko. (Fiz. tverdogo Tela **10** (1968) 1, 260 bis 263; russ.) — Vgl. vorst. Referate. — Messungen der DK (20 bis ~ 800°) in den drei kristallograph. Achsenrichtungen zeigten ferroelektr. Verh. der Proben mit einer Phasenumwandlung 1. Art bei ca. 665°.
K. Jaeger 134

*0510* **Teilprozesse der zyklischen Polarisationsumkehr von $BaTiO_3$-Einkristallen durch rechteckige bipolare Impulse.** E. V. Sinjakov und E. F. Dudnik. (Fiz. tverdogo Tela **10** (1968) 1, 282–84; Dnepropetrovskij gos. univ.; russ.) — Messung der Temp.-Abhängigkeit (20–140°) des Polarisationsstromes bei 10 ns-Impulsen (80 Hz). Die therm. Aktivierungsenergie ist 0,2 eV, das Schwellenfeld der Polarisationsumkehr 1,5 kV/cm.
K. Jaeger 134

*0511* **Dielektrische Eigenschaften von polykristallinem Bariumtrititanat und Bariumtetratitanat.** G. W. Marks und C. E. Antoniak. (J. physic. Chem. **72** (1968) 4, 1117–22; Naval Undersea Warfare Center, San Diego Div., San Diego, Calif.; engl.) — Die dielektr. Eig. von $BaTi_3O_7$ u. $BaTi_4O_9$ wurden im Frequenzbereich 100 Hz bis 10 MHz zwischen 0 u. 250° untersucht. Für konst. Frequenz besteht ein linearer Zusammenhang zwischen der DK $\varepsilon'$ u. der Temp.; $BaTi_4O_9$ zeigt bei niedrigen Frequenzen (100 Hz) oberhalb 130° dielektr. Dispersion. Die Werte von $\varepsilon'$ liegen zwischen 40 u. 60. Der dielektr. Verlustwinkel log (tan $\delta$) nimmt bei höheren Temp. für Frequenzen von $10^2$–$10^5$ Hz linear mit der Temp. zu. Bei höheren Temp. treten wahrscheinlich Max. auf. Zwischen 0 u. 150° bleibt tan $\delta$ bei Frequenzen bis $10^5$ Hz konstant. Der spezif. elektr. Widerstand nimmt linear mit 1/T zu; die Aktivierungsenergie des Leitungsvorganges beträgt für $BaTi_3O_7$ 1,05 u. für $BaTi_4O_9$ 1,03 eV. Die 1/T-Temp.-Abhängigkeit des 1 kHz-Widerstandes weist ein Minimum auf. Ferroelektr. Verh. konnte zwischen 0 u. 425° nicht beobachtet werden.
W. Laqua 134

*0512* **Einfluß von Germanium auf Struktur und Eigenschaften des Seignetteelektrikums $PbTiO_3$.** O. S. Didkovskaja, V. V. Klimov und Ju. N. Venevcev. (Izvest. Akad. Nauk SSSR, Neorg. Mater. 4 (1968) 1, 157–59; VNII chimreaktivov i osobo čistych chim. veščestv; russ.) — Untersucht werden die Gitterparameter, die DK u. der Curie-Punkt von aus den Oxiden erhaltenen $PbTiO_3$-Mischkrist. mit 0–20 (Mol-%) $Pb \cdot GeO_3$. Die Mischkrist. sind bei 0 bis ca. 8 $PbGeO_3$ einphasig. Die DK der Proben nimmt mit steigendem $Pb \cdot GeO_3$-Geh. ab. H. Roschkowski 134

*0513* **Phasenübergänge im System $BiFeO_3$–$PrFeO_3$.** A. S. Viskov, Ju. N. Venevcev, V. M. Petrov und A. F. Volkov. (Izvest. Akad. Nauk SSSR, Neorg. Mater. **4** (1968) 1, 88–96; Fiz.-chim. inst. im. Karpova; russ.) — Durch Messungen der DK, Röntgenbeugungsunters. u. Best. der magnet. Suszeptibilitäten bei Temp. bis 500° wird nachgewiesen, daß sich im untersuchten Syst. eine kontinuierliche Mischkrist.-Reihe mit rhomboedr., tetragonaler oder pseudomonokliner Struktur je nach der Temp. bildet. Die rhomboedr. Modifikation zeigt Ferroelektrizität u. kompensierten Antiferromagnetismus, die tetragonale Ferroelektrizität u. schwachen Ferromagnetismus. H. Roschkowski 134

*0514* **Änderung der Domänenbreite von Triglycinsulfatkristallen mit der Zeit.** F. Moravec und V. P. Konstantinova. (Kristallografija **13** (1968) 2, 284–89; Inst. kristallogr. AN SSSR; russ.) — Die Vergrößerung der Domänenbreite mit der Zeit nach dem Durchgang durch den Curie-Punkt beim Abkühlen von Triglycinsulfatkrist. wird durch Ätzen mit 10%ig. wss. NaOH mkr. untersucht. Verwendet werden verschieden reine u. Cu- bzw. Fe-haltige Proben. Eine Gleichung für die Veränderung der Domänenwandzahl mit der Zeit wird gegeben. Ihr Geschw.-Koeff. K nimmt mit steigendem Defektgrad der Krist. ab. H. Roschkowski 134

*0515* **Magnetische Steifigkeitskonstante im Bändermodell für 3d-Übergangsmetall-Legierungen.** Masao Shimizu. (J. physic. Soc. Japan **23** (1967) 5, 1187; Dep. of Appl. Phys., Fac. of Engng., Univ., Nagoya; engl.) — Theoret. Beitrag zur Diskussion der magnet. Steifigkeitskonst. D u. des Energieunterschieds $E_m$ zwischen paramagnet. u. ferromagnet. Zustand in Legierungen. Es wird gezeigt, daß die Austauschwechselwrkg. einen wichtigen Beitrag zur Spinwellenenergie der 3d-Übergangsmetall-Leg. liefert. J. M. Spaeth 136

*0516* **Austauschwechselwirkung in isolierten Ionenpaaren.** H. P. Baltes, J. F. Moser und F. K. Kneubühl. (Physics Letters [Amsterdam] **24A** (1967) 6, 314–15; Labor. für Festkörperphys., E.T.H. Zürich; engl.) — Die Asymmetrie des Austauschkopplungstensors $\overleftrightarrow{J}$ eines isolierten magnet. Ionenpaares wird untersucht. Nur für die Symmetriegruppen $C\sigma$, $C_2$, $C_p$ u. $D\sigma$ ($p \geq 3$) bestimmt die Asymmetrie von $\overleftrightarrow{J}$ die magnet. Dipolübergänge u. den Zeeman-Effekt. B. Stender 136

*0517* **Elektronenspin-Korrelationsfunktion in Diamagnetika mit paramagnetischen Störstellen.** M. G. Melikija. (Fiz. tverdogo Tela **10** (1968) 3, 858–60; Tbilisskij gos. univ.; russ.) — Theorie der Zeitabhängigkeit der Korrelationsfunktion. Numer. Berechnung für ein starres knb. Gitter bei H‖[100]. K. Jaeger 136

*0518* **Wechselwirkungsenergie von Versetzungen mit der magnetischen Struktur von Ferromagnetika.** I. Ja. Dechtjar und E. H. Madatova. (Ukraïns'kyj fiz. Ž. **13** (1968) 3, 380–84; Inst. metalofiz. AN URSR, Kyiv; ukrain., Auszug: engl.) — Theoret. Berechnung der Wechselwrkg.-Energie mit den Bereichsgrenzen verformter Ferromagnetika. Es wird gezeigt, daß bei kalorimetr. Messungen des Effektes der magnetokalorimetr. Effekt vernachlässigt werden kann. K. Jaeger 136

*0519* **Entwicklung für hohe Temperaturen für das Spin-1/2-Heisenberg-Modell.** George A. Baker jun., H. E. Gilbert, J. Eve und G. S. Rushbrooke. (Physic. Rev. [2] **164** (1967) 2, 800–17; Brookhaven Nat. Labor., Upton, N.Y.; engl.) — Best. der Koeff. der Potenzreihenentw. für einfach kub., kub. raumzentrierte u. kub. flächenzentrierte Gitter. H. Liepack 136

*0520* **Hyperfeinwechselwirkungen in $Fe^{2+}$-Salzen.** C. E. Johnson. (Sympos. Faraday Soc. Nr. 1 (1967) 7–20; Solid State Phys. Div., Atomic Energy Res. Establishment, Harwell, Berks.; engl.) — Magnet. Hyperfeinfelddaten werden für $Fe^{2+}$-Salze ($Fe[SiF_6] \cdot 6H_2O$ $FeCl_2 \cdot 4H_2O$, $FeF_2$, $FeCl_2 \cdot 2H_2O$, $Fe_3(PO_4)_2 \cdot 8H_2O$) zusammengestellt u. mit Hilfe der Theorie über Hyperfeinwechselwrkg. in Festkörpern diskutiert. I. Zoll 136

*0521* **Mössbauer-Untersuchungen von Eisenkomplexen mit Spin 3/2.** H. H. Wickman und A. M. Trozzolo. (Sympos. Faraday Soc. Nr. 1 (1967) 21–30; Bell Telephone Labor., Inc. Murray Hill, N.J.; engl.) — Unters. des Mössbauer-Effekts sowie Darst. von den Homologen des pentakoordinierten Bis-[N.N-dialkyldithiocarbamato]-eisen(III)-halogenids, bei dem der Fe(III)-Grundterm ein Orbitalsingulett u. Spinquartett ist: $[Fe\{S_2CN \cdot (C_2H_5)_2\}_2]Cl$ (**I**), $[Fe\{(S_2CN(C_2H_5)_2\}_2]Br$ (**II**), $[Fe\{(S_2CN \cdot (iso\text{-}C_3H_7)_2\}_2]Cl$ (**III**), $[Fe\{S_2CN(CH_3)_2\}_2]Cl$ (**IV**). **I** besitzt bei tiefen Temp. ($T_c = 2{,}5\,°K$) eine ferromagnet. Ordnung, **II**, **III** u. **IV** zeigen keine magnet. Ordnung. Bei tiefen Temp. zeigen die Mössbauer-Unters., daß die geringe Nullfeldaufspaltung des Quartetts merklich durch den Halogenidsubstituenten beeinflußt wird. Der Einfl. eines schwachen äußeren polarisierenden Feldes auf die Mössbauer-Spektren dieser Komplexe wird ebenfalls untersucht. I. Zoll 136

*0522* **Magnetische und elektrische Hyperfeinwechselwirkungen von $^{57m}Fe$-Kernen in $Y_{3-x}Ca_xFe_{5-x}Sn_xO_{12}$ ($0{,}0 \leq x \leq 2{,}0$)-Verbindungen.** I. S. Lyubutin, E. F. Makarov und V. A. Povitskii. (Sympos. Faraday Soc. Nr. **1** (1967) 31–39; Inst. of Chem. Phys. and Crystallography Inst., Acad. of Sci., Mosow, USSR; engl.) — Die effektiven Magnetfelder am $^{57}Fe$-Kern in den oktaedr. u. tetraedr. Untergittern der $Sn^{4+}$-substituierten Y-Fe-Granate $Y_{3-x}Ca_xFe_{5-x}Sn_xO_{12}$ (x = 0; 0,1; 0,3; 0,5; 0,7; 0,9; 1,0; 1,1; 1,2; 1,5; 2,0) werden mit Hilfe der Mössbauer-Meth. untersucht. Die Abhängigkeit des $H_{eff}$ von x wird mit der entsprechenden Abhängigkeit des magnet. Moments der $Fe^{3+}$-Ionen verglichen (abgeleitet aus dem theoret. Gilleo-Modell). Die Differenzen in den $H_{eff}$-Werten der a- u. d-Untergitter der Fe-Granat-Verb. beruht auf der teilweise kovalenten Bindung der $Fe^{3+}$-Ionen im tetraedr. Untergitter. Quadrupolaufspaltung u. Isomerenverschiebung wurde für beide $Fe^{3+}$-Punktlagen bei $T > T_c$ beobachtet. Aus den Linienintensitäten wurde die Verteilung der $Sn^{4+}$- u. $Fe^{3+}$-Ionen in den Untergittern ermittelt. I. Zoll 136

*0523* **Elektronenbeugung durch magnetische Strukturen.** R. H. Wade. (Bull. Soc. franc. Minéralog. Cristallogr. **90** (1967) 4, 479–87; CEA, Centre d'études nucleaires de Grenoble; franz.) — Die Abb. der Fraunhofer-Beugungsaufnahmen von Bereichen ferromagnet. Filme mit nur einer Domänenwand zeigen, daß 1. die Auflsg. durch die Wohlleben-Bedingungen begrenzt wird u. daß 2. die Art der Wand nicht bestimmt werden kann. Im Gegensatz dazu zeigen Aufnahmen von, wie ein Phasenraster wirkenden, period. Domänenstrukturen von *Co*-Filmen 1. eine Unterstruktur von der Periodizität des Objekts, 2. eine Intensitätsverteilung in Abhängigkeit zur Domänenwandbreite u. 3. eine nicht der Bedingung von Wohlleben entsprechende Auflösung. I. Zoll 136

*0524* **Theorie der Streuung langsamer Neutronen in magnetisch geordneten Kristallen.** I. O. Achijezer und Ju. L. Bolotin. (Ukraïns'kyj fiz. Ž. **13** (1968) 3, 489–96; Fiz.-techn. inst. AN URSR, Charkiv; ukrain., Auszug: engl.) — Theorie unter Berücksichtigung der magnetoelast. Kopplung u. der magneto-akust. Resonanz. Berechnung der Streuquerschnitte. K. Jaeger 136

*0525* **Zweimagnonenstreuung von Neutronen unter Einbeziehung von Orbitalübergängen in Antiferromagneten.** R. V. Bakre und K. P. Sinha. (J. Physics, C (Proc. physic. Soc.) [2] **1** (1968) 3, 673–78; Nation. Chem. Labor., Poona, India; engl.) — Unters. der Wechselwrkg. zwischen Magnonen u. Neutronen in antiferromagnet. gekoppelten Syst. ($UO_2$ u. $NiF_2$) unter Berücksichtigung der Grund- u. angeregten Orbitalzustände von lokalisierten Elektronen der magnet. Atome. Die Streuquerschnitte werden für Zweimagnonen-Raman-Prozesse aus der Neutronenstreuung berechnet. Dabei spielen die beiden Magnonenzweige eine wichtige Rolle beim Streuprozeß. Im langwelligen u. Tieftemp.-Bereich sind die Streuquerschnitte kompliziert temperaturabhängig. R. Blank 136

*0526* **Untersuchung magnetischer Wechselwirkungen in $\alpha$-$Fe_2O_3$ mittels Neutronenstreuung durch Spinwellen.** E. J. Samuelsen. (Physica [Utrecht] **34** (1967) 2, 241–45; Inst. of Atomenergi, Kjeller, Norway; engl.) — Die Geschw. von sich in 2 kristallograph. Richtungen fortpflanzenden Spinwellen in $\alpha$-$Fe_2O_3$ werden experimentell bei Zimmertemp. bestimmt. Diese Geschw. können theoret. durch Wechselwrkg.-Konst. von 4 nächsten Nachbarn wiedergegeben werden. I. Zoll 136

*0527* **Neutronenbeugungsuntersuchung der magnetischen und kristallographischen Eigenschaften von MnBi.** A. F. Anderson, W. Hälg, P. Fischer und E. Stoll. (Acta chem. scand. **21** (1967) 1543–54; Inst. for Atomenergie, Kjeller, Norway; engl.) — Bei Raumtemp. ergaben die Neutronenbeugungsaufnahmen hexagonale Symmetrie mit a = 4,290 (± 0,001 Å) u. c = 6,126. Tabellar. wurden die ber. Kern- u. magnet. Intensitäten mit den beobachteten normalisierten Intensitäten verglichen. Unter Annahme eines NiAs-Strukturtyps für MnBi wurden als Streuamplituden $b_{Mn} = -0{,}36 \cdot 10^{-12}$ u. $b_{Bi} = 0{,}86 \cdot 10^{-12}$ verwendet. Beim Abkühlen auf 78 °K u. 5 °K zeigten die Neutronenbeugungsaufnahmen Intensitätsänderungen, die charakterist. waren für eine Umkehrung der Momente von der Richtung parallel zur c-Achse zu einer Richtung in der Basisebene. Das magnet. Moment hat einen Wert von $4{,}50 \pm 0{,}20\ \mu_B$ u. steht in Übereinstimmung mit dem Momentwert von $4\mu_B$ bei Zimmertemperatur. Aufnahmen der Hochtemp.-Phase bei 390° ergaben ebenfalls ein hexagonales Gitter mit a = 4,38 (Å) u. c = 6,00. Die Hochtemp.-Phase ist wahrscheinlich paramagnet. u. ungeordnet mit 15% der Mn-Atome in Zwischengitterstellen. Der Übergang erster Ordnung zwischen 340 u. 366° zeigt sich in den Beugungsaufnahmen durch das Verschwinden der ferromagnet. Reflexe sowie in einer plötzlichen Änderung in Maximalagen infolge Änderung in den Zelldimensionen. Beim Abschrecken durch den Übergang erster Ordnung tritt eine rhomb. Überstruktur mit a = 11,94 (Å), b = 8,68 u. c = 7,52 auf. C. Gottfried 136△

*0528* **Neutronenbeugungsuntersuchung von Dicalciumferrit.** Z. Friedman, H. Shaked und S. Shtrikman. (Physics Letters [Amsterdam] **25 A** (1967) 1, 9–10; Beer-Sheva, Nuclear Res. Center-Negev, Dep. of Phys., Israel; engl.) – Neutronenbeugungsunters. ($\lambda \sim 1{,}23$ Å) wurden an $Ca_2Fe_2O_5$ bei Raumtemp. durchgeführt u. ergaben Übereinstimmung zwischen magnet. u. chem. Zelle. Die magnet. Raumgruppe ist Pcm'n'. C. Gottfried 136△

*0529* **Neutronenbeugung an parametrisch angeregten Spinwellen.** A. G. Gurevič, G. M. Drabkin, I. M. Lazebnik, E. I. Mal'cev, I. I. Marčik und S. S. Starobinec. (Fiz. tverdogo Tela **10** (1968) 2, 647–50; Fiz.-techn. inst. im. Joffe AN SSSR, Leningrad; russ.) – Beugungsmessungen langsamer Neutronen ($\lambda = 3$ Å) an $Y_3Fe_5O_{12}$-Einkristallellipsoiden in Ggw. eines magnet. Wechselfeldes (9420 MHz) in [111]-Richtung (lange Ellipsoidachse) werden durch Beugung an kohärenten Spinwellen gedeutet. K. Jaeger 136

*0530* **Magnetische Untersuchung des Spinells $MnCr_2O_4$ durch Neutronenbeugung.** René Plumier. (C. R. hebd. Séances Acad. Sci., Sér. A et B **265** (1967) 13, B 762–29; Gif-sur-Yvette, C.E.A., Serv. de Documentat.; franz.) – Unter Bezugnahme auf eine Unters. der Vf. an $CoCr_2O_4$ (ibid. **265** (1967) 672) berichtet Vf. über eine analoge magnet. Unters. des Spinells $MnCr_2O_4$ bei 4,2 °K bei Ggw. u. Abwesenheit eines magnet. Feldes. In beiden Fällen liegt die resultierende Magnetisierung parallel [110]. Beide Strukturen sind an Hand einer Mol.-Feldnäherung zu erklären. C. Gottfried 136△

*0531* **Durch Magnetfeldabkühlung durch die anomale Temperatur in Vanadinmetall induzierte magnetische Anisotropie.** Toshinobu Chiba und Tadayasu Mitsui. (J. physic. Soc. Japan **23** (1967) 2, 452; Dep. of Phys., Fac. of Sci., Hokkaido Univ., Sapporo; engl.) – An zwei Einkrist. sowie an polykrist. Proben wurde mit einem Drehmoment-Magnetometer der Einfl. der Magnetfeldabkühlung auf die magnet. Anisotropie untersucht. Die induzierte Anisotropie ist einaxial, wobei die leichte Achse parallel zu dem während der Abkühlung angelegten Feld liegt; für kleine Feldstärken ist die Drehmoment-Amplitude angenähert proportional zur Stärke des Meßfeldes. Die leichte Richtung der induzierten Anisotropie ist von der Krist.-Richtung unabhängig. Die induzierte Anisotropie verschwindet plötzlich bei Erwärmen der Probe auf 280 °K. H. Liepack 136

*0532* **Magnetische Kristallanisotropie von Europiumsulfid.** M. C. Franzblau, Glen E. Everett und A. W. Lawson. (Physic. Rev. [2] **164** (1967) 2, 716–19; Dep. of Phys., Univ. of Calif., Riverside, Calif.; engl.) – Aus der ferromagnet. Resonanz wurden $K_1$ u. $K_2$ von EuS bestimmt. Die Messungen wurden bei 21,48 GHz u. 1,35 °K durchgeführt. die Proben bestanden aus kleinen, stark polierten spannungsfreien Einkrist.-Kugeln, wobei (110) sowohl HF- als auch stat. Magnetfeld enthielt. Die Linienbreite war in der Größenordnung von 10 Oe. Mit M = Sättigungsmagnetisierung war $K_1/M = -19{,}6 \pm 1{,}0$ u. $K_2/M = -4{,}6 \pm 0{,}3$ Oe. Die kub. Krist.-Feld-Aufspaltungsparameter wurden zu $b_4 = (0{,}268 \pm 0{,}014) \cdot 10^{-4}$ u. $b_6 = (-0{,}019 \pm 0{,}09) \cdot 10^{-4}$ $cm^{-1}$ bestimmt. H. Liepack 136

*0533* **Über magnetische Elementarbereiche.** Karl Schüler. (DEW-techn. Ber. **8** (1968) 1, 32–40; DEW-Magnetfabrik, Dortmund; dt.) – Es werden eine Reihe von experimentellen u. theoret. Unters. anderer Autoren über die Elementarbereiche bei Dauermagnetwerkstoffen besprochen u. daraus Schlüsse über den Aufbau dieser Stoffe u. für eine mögliche Weiterentw. gezogen. H. Fahlenbrach 136

*0534* **Ferro- und antiferromagnetische Domänen in den Europiumchalkogeniden.** P. Wachter. (Physik kondens. Materie **7** (1968) 1, 1–11; Labor. für Festkörperphys., ETH, Zürich; engl.) – *EuS*- u. *EuSe*-Einkrist. zeigen bei Temp. unterhalb des Curie- bzw. Néel-Punktes eine Lichtstreuung u. Depolarisation von polarisiertem Licht, was auf die Entstehung magnet. Domänen zurückzuführen ist. Die Domänen wurden polarisationsmkr. untersucht. In antiferromagnet. EuSe (zwischen 3,5 u. 4,6°) entstehen Domänen mit opt. akt. Achsen entlang den 6 [100]-Richtungen. In ferromagnet. EuS lag die Domänengröße an der Grenze des Auflsg.-Vermögens des Mikroskopes. Durch Anlegen eines Magnetfeldes konnten die Domänen vergrößert werden. Die Magnetisierungsrichtung der Domänen wird durch Spannungen im Krist. stabilisiert. Auf Grund des starken Dichroismus der Eu-Chalkogenide kann man die Domänen unter Verw. nur eines polarisierenden Elements beobachten. Auf Grund der sehr großen Rotverschiebung der Absorptionskante kann man Domänen mit verschieden starker Magnetisierung wegen ihrer unterschiedlichen Absorption sogar ohne jegliche Polarisatoren erkennen. D. Hoene 136

*0535* **Spin-Echo und Abklingmessungen der freien Induktion in reinem Fe und in ferromagnetischen Fe-reichen Legierungen: Domänen-Wand-Dynamik.** Mary Beth Stearns. (Physic. Rev. [2] **162** (1967) 2, 496–509; Scient. Labor., Ford Motor Comp., Dearborn, Mich.; engl.) – Die Messungen wurden an $^{57}Fe$ in den genannten Stoffen durchgeführt. Dabei ergaben sich komplexe Spektren, die aus vielen Schwingungen bestehen, die oftmals einen Bereich von vielen MHz überdecken. Die Amplituden hängen dabei stark von der Impulslänge, dem angelegten HF-Feld u. der Anregungsfrequenz ab. Die Ergebnisse werden mit einem Domänenwand-Bewegungsmodell gut beschrieben. Dieses Modell berücksichtigt: 1. einen Mittelwert über die Orientierung von $B_1$ in Bezug auf die lokale Magnetisierung, 2. eine Variation des Verstärkungsfaktors innerhalb der Wand infolge der Spinanordnung in der Wand, 3. die Zus. der Domänenwand aus Segmentgebieten, die entlang ihres Umfanges unbeweglich sind u. deren Bewegungen denen eines schwingenden Trommelfells ähneln u. 4. eine geeignete Verteilung dieser Wandsegmente. Die beschränkte Domänenwand-Bewegung ist bes. maßgebend für ein Verständnis der Beobachtungen. Bei einigen Spektren wurden Asymmetrien in der Frequenzabhängigkeit der Amplitude beobachtet, für die noch eine befriedigende Erklärung fehlt. Diese Asymmetrien lassen auch Zweifel über die Möglichkeit, aus den Ergebnissen Aussagen über die Änderungen der inneren Felder in der Nähe der Verunreinigungsatome herzuleiten. Unters. wurden auch in angelegten magnet. Gleichfeldern durchgeführt. Zwischen 0 u. 5 kOE änderte sich der maximale Verstärkungsfaktor jedoch nicht. H. Fahlenbrach 136

*0536* **Ausbreitung von Barkhausen-Diskontinuitäten entlang Eisendrähten.** Antonio Cecchetti, Giovanni Fratucello und Pietro Piccoli. (Ricerca sci. **37** (1967) 12, 1078–84; Ist. di Fis.-Univ. di Ferrara; ital.) – Die Ausbreitung von Barkhausen-Diskontinuitäten wurde entlang Eisendrähten gemessen. Durch elast. Verbiegung einer gegebenen Zone der Probe konnten die ersten dadurch erzeugten Diskontinuitäten im nichtdeformierten Teil des Drahtes nachgewiesen werden. Die Probe wurde durch äußere magnet. Felder unter den gewünschten Bedingungen gehalten. Der Effekt – in Abhängigkeit von den magnet. Bedingungen der Probe – zeigt ein Max. nahe der Koerzitivkraft. Die Ergebnisse deuten an, daß dieser Effekt durch magnetostat. Wechselwrkg. angrenzender Bereiche verursacht wird. E. Otto 136

*0537* **Bemerkung zu: Die kleinen Magnetostriktionskonstanten von Fe.** R. Gersdorf. (Physica [Utrecht] **34** (1967) 2, 254–56; Natuurkundig Labor., Univ. van Amsterdam, Niederlande; engl.) – Vf. bezweifelt die von Lourens et al. (ibid. **32** (1966) 1177) angegebenen Werte für die Magnetostriktionskonst. $h_3$, $h_4$ u. $h_5$. I. Zoll 136

*0538* **Oszillatorische Magnetostriktion in p-leitendem PbTe.** Henry S. Belson, J. Richard Burke, Earl Callen, Bland Houston, Howard T. Savage, J. Babiskin und P. G. Siebenmann. (Physic. Rev. Letters **19** (1967) 25, 1428–31; U.S. Naval Ordnance Labor., White Oak, Silver Spring, Md.; engl.) – Vf. messen die oszillator. Magnetostriktion von diamagnet., kub. p-PbTe-Krist. mit dem Magnetfeld in den kristallograph. [111]-, [110]- u. [110]-Richtungen. In der Magnetostriktion ergeben sich Max., die proportional zu 1/H sind. Diese oszillator. Verspannung kommt durch die mit 1/H period. Durchgänge der Landau-Niveaus durch das Fermi-Niveau zustande. K. H. Härdtl 136

*0539* **Magnetische Eigenschaften von elektrolytisch abgeschiedenen Fe–Ni-Schichten.** 2. Mitt. W. Lems. (Philips Res. Rep. **23** (1968) 1, 62–76; Eindhoven; engl.) — 1. vgl. C. **1968,** 25-0535. — Nach dem l.c. beschriebenen Verf. werden auf 0,5 mm dicken Cu-Drähten elektrolyt. 0,2–16 $\mu$ dicke Schichten einer Fe-Leg. mit 5% Ni abgeschieden. Von den Schichten, die isotrope quadrat. Hysrereseschleifen besitzen, wird die Magnetisierungsumkehr in impulsförmigen Magnetfeldern mit bis 40 Oe u. einer Impulsdauer von $10^{-6}$ s untersucht. Der Impulsverlauf in Schichten mit Dicken d $> 2\,\mu$ kann mit der Annahme gedeutet werden, daß parallel zur Schichtoberfläche gebildete Domänenwände in die Schicht hineinwandern u. daß ihre Geschw. im wesentlichen durch Wirbelstromdämpfung bestimmt wird. Der Schaltparameter $S_w$ für die Magnetisierungsumkehr ist $d^2$ proportional. Für d $< 2\,\mu$ liegt dagegen während des Schaltvorganges eine konst. Wandgeschw. sowie eine veränderliche Wandgröße vor, u. das Verh. kann mit der Annahme senkrecht zur Schichtoberfläche ausgerichteter, paralleler Wände gedeutet werden. Herbert Müller 136

*0540* **Temperaturabhängigkeit der magnetischen Eigenschaften von dünnen Permalloy-Schichten.** Masahiro Hasuo, Tsutomu Fuchikami und Yohsaku Takebayashi. (Bull. Fukuoka Univ. Educat., Part III **17** (1967) 13–19; Labor. of Phys.; engl.) — Auf Glasträger, die Temp. von ca. 200° haben, werden bei Restgasdrücken von $10^{-5}$ Torr 1000 Å dicke Schichten einer Ni-Leg. mit 20% Fe aufgedampft; die Schichten werden mit ca. 200 Å dicken SiO-Schutzschichten überzogen. Von den Schichten wird die Temp.-Abhängigkeit von Koerzitivkraft $H_c$, Anisotropiefeld $H_k$ u. Sättigungsmagnetisierung $M_s$ mit Hilfe eines magnetooopt. Kerr-Verf. untersucht. $H_k$ u. $M_s$ nehmen bis 450° linear mit der Temp. ab; der nahezu parallele Verlauf ist offenbar auf Atomwechselwrkg. zurückzuführen. $H_c$ fällt bis 300 bis 400° mit der Temp. ab, durchläuft bei 500–550° ein Max. u. erreicht bei der Curie-Temp. rasch den Wert null. Die Temp.-Abhängigkeit von $H_c$ ist bis 300–400° reversibel, während bei höheren Temp. irreversible Änderungen auftreten. Der Mechanismus der irreversiblen Änderungen wird unter Berücksichtigung eines Kornwachstums in den Schichten diskutiert. Herbert Müller 136

*0541* **Anomale Bewegung von Bloch-Wänden von Permalloy-Filmen durch Nanosekundenantrieb längs der harten Achse.** Tetsuzo Kusuda, Susumu Konishi und Yoshifumi Sakurai. (Technol. Rep. Osaka Univ. **17** (1967) 769–800, 425–33; Dep. of Nuclear Engng.; engl.) — Anomale Wandbewegungen, die sog. Kriech- u. Wurmbewegung, werden in Permalloy-Filmen mit einer magnetoopt. Kerr-App. beobachtet. I. Zoll 136

*0542* **Einfluß des Anlassens auf die magnetischen Eigenschaften von dünnen Schichten aus M.K.-Stahl.** Yohsaku Takebayashi und Masahiro Hasuo. (Bull. Fukuoka Univ. Educat., Part III **17** (1967) 9–12; Labor. of phys.; engl.) — Auf Quarzträger, die Temp. von 250° haben, werden bei $10^{-7}$ Torr 800–1400 Å dicke Schichten einer Leg. mit 10(%) *Al*, 70 *Fe* u. 20 *Ni* (M.K.-Stahl) aufgedampft. Von den Schichten wird nach 1std. Anlassen bei 200–650° u. $10^{-7}$ Torr die Koerzitivkraft $H_c$ untersucht. Außerdem wird die Schichtoberfläche nach Ätzen mit 1%ig. Lsg. von $HNO_3$ in A. mkr. beobachtet. $H_c$ bleibt für Anlaßtemp. T bis 250° konst. u. steigt bis 400° auf Maximalwerte; die relativen Änderungen steigen mit fallender Schichtdicke an. Die mkr. beobachtete Oberflächenstruktur bleibt bis T = 200° ungeändert, während bei höherem T Ätzgrübchen auftreten, deren Anzahl sich proportional zu $H_c$ ändert. Die Änderungen von $H_c$ u. Ätzgrübchendichte mit T werden Verunreinigungsausfällungen während der Rekristallisation zugeschrieben. Herbert Müller 136

*0543* **Magnetische Eigenschaften von chemisch abgeschiedenen Kobalt–Eisen-Filmen.** J. R. DePew und D. E. Speliotis. (Plating **54** (1967) 6, 705–08; IBM Dev. Labor., Boulder, Colo.; engl.) — Co–Fe-Filme werden durch autokatalyt. Abscheidung auf Kunststoffunterschichten aus Lsg. mit 100(%) Co u. 0Fe bis 55 Co u. 45 Fe bei pH 8,1 (Na-Citratpufferlsg.) u. 80° in Stärken von 250–8000 Å erzeugt. Die Einfl. von Zus. u. Dicke der Filme auf ihre kristallograph. u. magnet. Eig. werden ermittelt. Die Ggw. von 0–10% Fe bewirkt eine starke Abnahme der Koerzitivkraft; höhere Fe-Geh. senken diesen Wert geringfügig weiter. Bei Anstieg des Fe-Geh. der Lsg. von 0 auf 45% fällt die Abscheidungsgeschw. gleichmäßig um 2 Größenordnungen. W. Wesly 136

*0544* **Magnetische Eigenschaften spezieller Stoffe.** (J. appl. Physics **39** (1968) 2 Pt. I u. II; Proceedings of the International Congress on Magnetism; engl.) — Magnet. Eig. des $Eu^{3+}$ (J. H. Van Vleck; 365); Lokalisierte u. kollektive Beschreibungen magnet. Elektronen (John B. Goodenough; 403); Magnetismus in starken Magnetfeldern (Simon Foner; 411); Magnet. Eig. u. elektr. Leitung von Cu enthaltenden Sulfo- u. Selenospinellen (Unters. von $CuCr_{1+x}Rh_{1-x}Se_4$, $CuCr_{1+x}Ti_{1-x}S_4$, $CuCo_2S_4$, $CuTi_2S_4$, $CuCoTiS_4$, $CuRh_2S_4$ u. $CuRh_2Se_4$) (F. K. Lotgering u. R. P. van Stapele; 417); Neutronenbeugungsunters. von $MnSn_2$ (L. M. Corliss u. J. M. Hastings; 461); Gemischter antiferromagnet.-ferromagnet. Zustand von geordnetem $Pt_3Fe$ (P. W. Bellarby u. J. Crangle; 463); Magnet. Momente u. Hyperfeinwechselwrkg. in C-stabilisiertem $Fe_3Si_3$ (C. E. Johnson, J. B. Forsyth, G. H. Lander und P. J. Brown; 465); Magnetismus u. Krist.-Struktur von Zr-Verb. mit Laves-Strukturen (Unters. von Zr, Nb)$Fe_2$, (Zr, Mo)$Fe_2$, Zr(Fe, Mn)$_2$, Zr(Fe, V)$_2$ u. Zr(Fe, Co)$_2$) (K. Kanematsu; 465); Schwach gekoppelte Momente im starken Antiferromagnetikum $MnSn_2$ (J. S. Kouvel u. I. S. Jacobs; 467); Röntgen- u. Suszeptibilitätsunters. der magnet. Transformation 1. Ordnung in $Mn_3Pt$ (E. Krén, P. Szabó, L. Pál. , T. Tarnóczi, G. Kádár u. C. Hargitai; 469); Magnet. u. chem. Ordnung in $Pd_2MnAl$ in Beziehung zur Ordnung in den Heusler-Leg. $Pd_2MnIn$, $Pd_2MnSn$ u. $Pd_2MnSb$ (P. J. Webster u. R. S. Tebble; 471); Magnetisierungs- u. g-Faktor-Messungen von Ni–Pd-Leg. (G. Fischer, A. Herr u. A. J. P. Meyer; 545); Magnet. Suszeptibilität u. spezif. Wärme von angenähert ferromagnet. Ni–Rh-Leg. (W. F. Brinkman, E. Bucher, H. J. Williams u. J. P. Maita; 547); Austauschvergrößerung der Spinsuszeptibilität in stark paramagnet. Übergangsmetalleg.: Versagen des starren Bändermodells (M. A. Jensen; 549); Problem des reinen Pd (S. Foner, R. Doclo und E. J. McNiff jun.; 551); NMR in Pd–Ag-Leg. (Albert Narath; 553); Vergrößerte Suszeptibilitäten u. NMR-Relaxationsgeschw. in Co-Rh–Leg. (R. E. Walstedt, R. C. Sherwood u. H. J. Wernick; 555); Elektronenstruktur von Pt- u. Pd-Leg. (C. Froidevaux, H. Launois u. F. Gautier; 557); Neutronenbeugung an $Ti_2O_3$ u. $V_2O_3$ (H. Kendrick, A. Arrott u. S. A. Werner; 585); Curie-Punkt-Zunahmen in EuO (M. W. Shafer u. T. R. McGuire; 588); In Rutilstruktur krist. magnet. Oxide (Unters. von $Cr_{1-x}Mn_xO_2$) (G. Villers, P. Gibart, R. Druilhe u. P. Burlet; 590); Magnet. u. kristallograph. Eig. von $MnAs_{0,92}P_{0,08}$ (D. H. Ridgley u. J. H. Geisman; 592); Spezif. Widerstand u. magnet. Ordnung in $Ti_2O_3$ (L. L. Van Zandt, J. M. Honig u. J. B. Goodenough; 594); Magnonen-Drag bei opt. Frequenzen u. IR-Spektrum von MnTe (G. Zanmarchi u. C. Haas; 596); Anomale magnet. Eig. von $Ti_5O_9$ (L. K. Keys; 598); Entw. einer ferromagnet. strukturellen Co–W-Leg. für hohe Temp. (R. L. Ashbrook, A. C. Hoffman, G. D. Sandrock u. R. L. Dreshfield; 599); Einfl. von Dispersoiden auf die magnet. Eig. von Fe, Co u. Ni (R. J. Towner, D. M. Pavlovic, K. Detert u. A. S. Bufferd; 601); Klassifizierung von Ni–Fe-Leg. hoher Permeabilität (G. Rassmann u. U. Hofmann; 603); Faserverstärkte Fe-50 Ni- u. Fe-1,35 Si-Leg. (D. A. Colling; 606); Koerzitivkraft u. Domänenstruktur von Si–Fe-Einkrist. (D. Küppers, J. Kranz u. A. Hubert; 608); Durch Kaltwalzen einer 50 Ni-50 Co-Leg. induzierte magnet. Anisotropie (A. R.

Von Neida, G. Y. Chin u. A. T. English; 610); Abhängigkeit von Magnetostriktion u. Koerzitivkraft von den Prozeßvariablen für ein gewalztes 4-79-Mo-Permalloy-Band (L. L. Vanskike und G. Y. Chin; 612); Elektr. Transport in $FeCr_2S_4$–$CuCr_2S_4$-Spinellen (G. Haacke u. L. C. Beegle; 656); NMR von $^{53}Cr$ u. $^{77}Se$ in ferromagnet. Chalkogenid-Spinellen (Unters. der NMR in $CdCr_2Se_4$, $CdCr_2S_4$ u. $HgCr_2Se_4$ bei 4,2 °K) (S. B. Berger, J. I. Budnick u. T. J. Burch; 658); Unters. der Wechselwrkg. zwischen entfernten Nachbarn in kub. Spinellen (K. Dwight u. N. Menyuk; 660); Ferromagnet. Halochalkogenid-Spinelle ($CuCr_2X_3Y$) u. einige Eig. der Syst. $CuCr_2Se_3Br$–$CuCr_2Se_4$ u. $CuCr_2T_3J$–$CuCr_2Te_4$ (M. Robbins, P. K. Baltzer u. E. Lopatin; 662); Neutronenbeugungsunters. des ferromagnet. Spinells mit gemischten Anionen $CuCr_2Se_3Br$ (J. G. White u. M. Robbins; 664); Hall-Effekt von ferromagnet. $CdCr_2Se_4$ (H. W. Lehmann; 666); NMR- u. Magnetisierungsunters. von $CdCr_2Se_4$ (G. H. Stauss, M. Rubinstein, J. Feinleib, K. Dwight, N. Menyuk u. A. Wold; 667); Neubest. der Sättigungsmagnetisierung von Ni u. Fe (H. Danan, A. Herr u. A. J. P. Meyer; 669); Einfl. von Druck u. einem Magnetfeld auf durch Neutronenbeugung untersuchtes Cr (S. A. Werner, A. Arrott u. M. Atoji; 671); Elektr. Widerstand u. Antiferromagnetismus in bin. Cr-Leg. mit Mo u. W (Sigurds Arajs; 673); Magnet. Eig. von Mn–Au-Leg. u. der Einfl. therm. u. mechan. Behandlung (J. H. Smith; 675); Magnet. Widerstandsänderung eines Permalloy-Einkrist. (L. Berger u. S. A. Friedberg; 677); Ferro-, antiferro- u. superparamagnet. Verh. von Fe–Al-Leg. (H. Danan u. H. Gengnagel; 678); NMR-Ergebnisse für den Singulett-Grundzustand von Fe in Cu (L. B. Welsh, A. J. Heeger u. M. A. Jensen; 696); Mössbauer-Effekt von $^{57}Fe$ in Cu u. der spinkompensierte Zustand (B. B. Schwartz, D. J. Kim, R. B. Frankel u. N. A. Blum; 698); Spezif. Widerstand der Fe enthaltenden 4d-Übergangsreihe Ru–Rh–Pd–Ag (M. P. Sarachik; 699); Verstärkte effektive Austauschwechselwrkg. in Folge lokalisierter Spins in verd. Leg. u. Seltenerdmetallen (D. J. Kim; 702); Anomale Tunnelung in normalen Metallübergängen unter Verw. ferromagnet. dünner Schichten (Unters. von Co–Co-Oxid–Al, Fe–Fe-Oxid–Al, Ni–Ni-Oxid–Al u. Fe–Al-Oxid–Al) (A. Isin, J. E. Christopher u. R. V. Coleman; 704); Theorie anomaler Tunnelung in Folge paramagnet. Störstellen (J. Solyom u. A. Zawadowski; 705); Dynam. Suszeptibilitäten von Übergangsmetalleg. (Theoret. Unters. u. Diskussion der Eig. von Pd–Ni-Leg.) (Pascal Lederer u. D. L. Mills; 706); Definiert die logarithm. Genauigkeit eindeutig die Tieftemp.-Eig. verd. magnet. Leg.-Syst? (C. B. Duke u. S. D. Silverstein; 708); Anomalien in der therm. Ausdehnung von $MnCl_2 \cdot 4\,H_2O$ in der Nähe des Néel-Punktes (R. Gonano, J. W. Philp u. E. D. Adams; 710); Neue Erklärung für die magnet. Speicherung von $\alpha$-$Fe_2O_3$ auf Grund eines negativen Druckeinfl. auf den Morin-Übergangspunkt (Naoto Kawai, Fumihisa Ono u. Kimio Hirooka; 712); Druckeinfl. auf die magnet. Wechselwrkg. in metamagnet. MnP-Einkrist. (Eiji Hirahara, Takashi Suzuki u. Yoshishige Matsumura; 713); Übergang 1. Ordnung paramagnet.-antiferromagnet., metall.-halbleitend in NiS (J. T. Sparks u. T. Komoto; 715); Magnet. Suszeptibilität von $(U_{1-x}Th_c)O_2$ (J. B. Comly; 716); Ultraschalldämpfung am magnet. Phasenübergang in Gd (B. Luthi u. R. J. Pollina; 718); Linienbreite u. nichtresonanter Verlust in polykrist. Ferriten bei Mikrowellenfrequenzen (Unters. für Yttriumeisengranat) (T. Kohane u. E. Schlömann; 720); Ferromagnet. Resonanz u. nichtlineare Effekte in Ni–Zn-Ferriten (Samuel Dixon jun. u. E. G. Spencer; 722); Modifizierte Ni-Ferrite mit hoher Sättigungsmagnetisierung u. verbesserten Hystereseeig. (E. Wantuch, J. E. Degenford u. L. R. Whicker; 723); Magnet. Eig. von $Ba_4Zn_2Fe_{36}O_{60}$-Einkrist. (A. J. Kerecman, A. Tauber, T. R. AuCoin u. R. O. Savage; 726); Effektive Anisotropie in polykrist. Material. Trennung von Komponenten (Unters. von $Ni_{1-x}Zn_xFe_2O_4$ u. $Mn_{0,5}Zn_{0,5}Fe_2O_4$) (Anatol Globus u. Paul Duplex; 727); Red. der Linienbreite durch In-Substitution in Ca–V-Granaten (H. J. Van Hook, J. J. Green, F. Euler u. E. R. Czerlinsky; 730); Messungen an Li-Ferrit-Krist. mit Defektkonz. ca. 0 (E. G. Spencer, D. A. Lepore u. J. W. Nielsen; 732); Anfangspermeabilität von Ferriten bei Mikrowellen- u. natürlicher gyromagnet. Resonanz (Louis Courtois u. Francis Hoffmann; 734); Magnet. Einfl. von Seltenerdmetallverunreinigungen auf Elektronentransport in Edelmetallen (Unters. an Au u. Ag) (G. de Vries u. J. Bijvoet; 797); Bahneinfl. auf Austauschwechselwrkg. (R. J. Elliott u. M. F. Thorpe; 802); Magnet. Wechselwrkg. in Tb u. Tb-10% Ho aus der unelast. Neutronenstreuung (H. Bjerrum-Møller, J. C. Gylden-Houmann u. A. R. Mackintosh; 807); Magnetisierung einiger Einkrist.-Leg. von Seltenerdmetallen (Unters. von $Ho_3Er$, HoEr, $HoEr_3$, DyEr u. $DyEr_3$) (R. M. Bozorth, R. J. Gambino u. A. E. Clark; 883); Seltenerdmetall-Einkristalle. 2. Mitt. Magnet. Eig. von Tm, Eu, Sm u. Yb (M. Schieber, S. Foner, R. Doclo u. E. J. McNiff jun.; 885); Austauschwechselwrkg. u. Spinwellenspektrum von Tb (D. A. Goodings; 887); Mol.-Feld-Lsg. für die magnet. Eig. der Tb–Y-Leg.-Syst. (E. O. Wollan; 888); Wärmeleitfähigkeit von Dy-, Er- u. Lu-Einkrist. (Donald W. Boys u. Sam Legvold; 889); Variation der magnet. Ordnungstemp. von Seltenerdmetall-Einkrist. mit dem Druck (Gd-Einkrist.) (H. Bartholin u. D. Bloch; 889); Seltenerdmetall-Einkristalle. 1. Mitt. Eig. von Dy, Er, Ho, Tb u. Gd bei hoher Feldstärke (J. J. Rhyne, S. Foner, E. J. McNiff jun. u. R. Doclo; 892); Einfl. hydrostat. Drucks auf die magnet. Eig. von Tb u. Dy (E. Tatsumoto, H. Fujiwara, H. Fujii, N. Iwata u. T. Okamoto; 894); Magnet. Eig. von $FeS_2$ u. $CoS_2$ (Syôhei Miyahara u. Teruo Teranishi; 896); Magnet. u. kristallograph. Eig. des Syst. $MnCr_2S_4$–$MnInCrS_4$ (L. Darcy, P. K. Baltzer u. E. Lopatin; 898); Widerstandsanomalie in leitenden Eu-Chalkogeniden (S. von Molnar u. S. Methfessel; 899); Magnet. Eig. einiger Verb. mit Pyritstruktur (Unters. von $CoS_2$, $CoSe_2$, $NiS_2$, $NiSe_2$ u. $Co(S_xSe_{1-x})$) (K. Adachi, K. Sato u. M. Takeda; 900); Multiplettstruktur im Absorptionsspektrum von $Eu^{2+}$ (Absorptionsspektrum von $Eu^{2+}$ in Erdalkalimetallfluoriden) (M. J. Freiser, S. Methfessel u. F. Holtzberg; 900); Untergitterrotationen in Ferrimagnetika; Pyrrhotit (M. J. Besnus, G. Munschy u. A. J. P. Meyer; 903); Magnet. Eig. von U-Verb. mit NaCl-Struktur (Unters. von UX, X = N, P, As, Sb; S, Se, Te) (J. Grunzweig u. M. Kuznietz; 905); Magnet. Nachwrkg. in ferrimagnet. oxid. Spinellen (S. Krupička u. K. Závěta; 930); Invarproblem (S. Chikazumi, T. Mizoguchi, N. Yamaguchi u. P. Beckwith; 939); Magnet. Wechselwrkg.-Effekte in Anordnungen feiner Teilchen u. in dünnen Schichten (E. Kneller; 945); Elektr. Widerstand von Pd u. Pd–Ni-Leg. bei tiefer Temp. (A. I. Schindler u. B. R. Coles; 956); Einfl. von Spinschwankungen auf die elektr. Transporteig. von Pd u. Pd–Ni-Leg. bei tiefen Temp. (M. J. Rice; 958); Magnetfeldabhängigkeit des Hyperfeinfeldes an Fe in verd. Fe–Pd-Leg. (N. A. Blum u. R. B. Frankel; 959); Magnet. Ei. von Pd–Fe-Leg. (J. I. Budnick, J. Lechaton, J. H. Wernick, S. Foner, E. J. McNiff jun., D. J. Kim u. B. B. Schwartz; 960); Magnetisierung in stark verd. Pd–Fe-Leg. bei tiefer Temp. (M. McDougald u. A. J. Manuel; 961); Sättigung des lokalen Moments in einer verd. Riesenmoment-Leg. (Unters. verd. Leg. von Co u. Fe in Pt) (L. D. Graham u. D. S. Schreiber; 963); Fe-Hyperfeinfelder in verd. Pd–Fe-Leg. (0,5 Atom-% Fe in Pd) (S. Skalski, J. I. Budnick u. J. Lechaton; 965); Einfl. der Versetzungsverteilung auf die Koerzitivkraft von Ni-Einkrist. (R. H. Geiss u. J. Silcox; 982); Einfl. plast. Deformation auf den magnet. Nachwrkg.-Effekt in Fe (R. M. Rusnak u. B. D. Cullity; 984); Magnetostriktive Krist.-Energie von Versetzungen in Ni-Einkrist. u. die Anisotropie der Sättigungsnäherung (H. Gessinger, E. Köster u. H. Kronmüller; 986); Domänen in imperfekten Krist. (John R. Clark u. Harry A. Leibovich; 988); Magnetisierungskurven von durch Neutronenbestrahlung in Ggw. eines Magnetfeldes geordneten Fe–Ni (50–50)-Einkrist. (J. Paulevé, A. Chamberod, K. Krebs u. A. Bourret; 989); Aktivierungsenergie u. Anlaßkinetik der Remanenzentw. bei magnet. Anlassen bei tiefer Temp.

von elektronenbestrahltem Ni–Fe (R. S. Sery u. D. I. Gordon; 991); Fundamentales Theorem der Theorie des Ferromagnetismus feiner Teilchen (William Fuller Brown jun.; 993); Magnet. Formanisotropie in polygonalen Prismen (F. B. Hagedorn u. E. M. Gyorgy; 995); Wiederherst. der bewegungsverengerten Hyperfeinaufspaltung in superparamagnet. Teilchen durch ein Magnetfeld ($^{57}$Fe-Mössbauer-Spektrum in ultrafeinem $NiFe_2O_4$-Pulver) (M. Eibschütz u. S. Shtrikman; 997); Ferrite als Kontrastmaterial für medizin. Röntgendiagnostik (E. H. Frei, E. Gunders, M. Pajewsky, W. J. Alkan u. J. Eshchar; 999); Mössbauer-Spektren von $^{57}$Fe in superparamagnet. Ni (R. H. Lindquist, G. Constabaris, Walter Kündig u. A. M. Portis; 1001); Mössbauer-Unters. des superparamagnet. Verh. von $MgFe_2O_4$-Ausscheidungen in einem MgO-Gitter (U. Gonser, H. Wiedersich u. R. W. Grant); Punktsingularitäten im Mikromagnetismus (W. Döring; 1006); Spindichtewellenverteilung in Cr u. Cr-Leg. (0,4% Mn–Cr-Leg.) (R. Street, B. C. Munday, B. Window u. I. R. Williams; 1050); De Haas-van Alphen-Effekt in ferromagnet. Ni (R. W. Stark u. D. C. Tsui; 1056); Sehr schwache Ferromagnetika im Modell wandernder Elektronen; Anwendung auf $ZrZn_2$ (E. P. Wohlfarth; 1061); Magnet. Eig. einiger Seltenerdmetall–Al-Leg. (Unters. von CeAl, PrAl, NdAl, GdAl, TbAl, DyAl, HoAl, ErAl u. TmAl) (B. Barbara, C. Bècle, R. Lemaire u. R. Pauthenet; 1084); Leitungselektronenpolarisation in Seltenerdmetall–Pt-Leg. (Unters. von $RPt_2$ u. $RPt_5$, R = La, Ce, Pr u. Nd) (R. Vijayaraghavan, V. Udaya Shankar Rao, S. K. Malik u. V. R. Marathe; 1086); Magnet. Eig. der Verb-Reihen $Y(Mn_xFe_{1-x})_2$ u. $Y_6(Mn_xFe_{1-x})_{23}$ (Hans R. Kirchmayr; 1088); Temp.-Abhängigkeit des $Eu^{3+}$-Spins $\langle S(T)\rangle$ in EuP (E. D. Jones; 1090); Magnet. Verh. von Co u. von Ni in Verb. mit Seltenerdmetallen Unters. von $R_2CO_{17}$, $RCo_5$, $R_2Co_7$, $RCo_3$ u. $RCo_2$, R Seltenerdmetall) (R. Lemaire, D. Paccard, R. Pauthenet u. J. Schweizer; 1092); ESR in Verb. aus Gd u. Elementen der V. Gruppe (Unters. von GdP, GdAs, GdSb u. GdBi) (M. B. Allenson u. K. N. R. Taylor; 1094); Magnet. Eig. der intermetall. Verb. $Dy_xY_{1-x}Fe_2$ (A. R. Piercy u. K. N. R. Taylor; 1096); Spinorientierung u. magnet. Eig. von $Ca_2FeAlO_5$ (R. W. Grant, S. Geller, H. Wiedersich, U. Gonser u. L. D. Fullmer; 1122); Magnet. Unters. von $MnSO_4$ u. $MnSO_4 \cdot H_2O$ (Y. Allain, J. P. Krebs u. J. de Gunzbourg; 1124); Mössbauer-Unters. von $FeCl_2 \cdot 4\,H_2O$ im Temp.-Bereich 4,2–0,025°K (K. Ono, M. Shinohara, A. Ito, T. Fujita u. A. Ishigaki; 1126); Formabhängigkeit der spezif. Wärme magnet. Syst. mit Fernbereichswechselwrkg. (Dy–Al-Granat) (Peter M. Levy u. David P. Landau; 1128); Magnet. Eig. von hexagonalem $RbNiF_3$ mit substituierten Ionen (Unters. von $RbNi_{1-x}M_xF_3$, M = Mg, Ca, Cd, Mn) (T. R. McGuire u. M. W. Shafer; 1130); Wärmekapazität von $Cu(NO_3)_2 \cdot 2{,}5\,H_2O$ bei tiefen Temp. (S. A. Friedberg u. C. A. Raquet; 1132); Magnet. Eig. der Seltenerdmetallhydroxide (Unters. von $R(OH)_3$ mit R = La–Yb u. Y) (W. P. Wolf, H. Meissner u. C. A. Catanase; 1134); Mössbauer-Messungen in $ZnY(Ba_2Zn_2Fe_{12}O_{22})$ u. $Mn_{0,625}$–ZnY-Ferriten (G. Albanese, G. Asti u. C. Lamborizio; 1198); Axiale magnet. Anisotropie in den schweren Seltenerdmetall-Na-Molybdaten (Unters. von $R_{1/2}Na_{1/2}MoO_4$, R = Gd, Tb, Dy, Ho, Er, Tm u. Yb) (L. Holmes u. M. Schieber; 1200); Anisotrope Magnetisierung von TmSb (O. Vogt u. B. R. Cooper; 1202); Kationenverteilungen in oktaedr. u. tetraedr. Plätzen des ferrimagnet. Spinells $CoFe_2O_4$ (G. A. Sawatzky, F. van der Woude u. A. H. Morrish; 1204); Magnet. Unters. der Manganatphasen: $CaMnO_3$, $Ca_4Mn_3O_{10}$, $Ca_3Mn_2O_7$, $Ca_2MnO_4$ (J. B. MacChesney, H. J. Williams, R. C. Sherwood u. J. F. Potter; 1206); Vers. an zweidimensionalen Heisenberg-Syst. (Unters. an $K_2NiF_4$, $K_2MnF_4$, $Rb_2MnF_4$, $Cu(CH_3NH_3)_2Cl_4$ u. $Cu(C_2H_5HN_3)_2Cl_4$) (G. de Vries, D. J. Breed, E. P. Maarschall u. A. R. Miedema; 1207); Übergang vom lokalisierten zum kollektiven Elektron im Syst. (La, Sr) · $CoO_3$ (P. M. Raccah u. J. B. Goodenough; 1209); Detaillierte Spinecho-Spektren ferromagnet. Fe–Al-Leg. (J. J. Murphy, J. I. Budnick u. S. Skalski; 1239); Satellitenlinien in der $^{59}$Co-Resonanz in Co–Ni-Leg. (P. C. Riedi, u. R. G. Scurlock; 1241); Elektr. Widerstand einiger verd. Au-Seltenerdmetall-Leg. (verd. Leg. von Ce, Nd, Gd, Tb u. Ho in Au) (L. Roger Edwards u. Sam Legvold; 1242); Magnet. Hyperfeinfelder u. Spin-Gitter-Relaxationen aus Kernorientierungs-NMR ($^{54}$Mn in Ni u. $^{125}$Sb in Fe) (J. A. Barclay, W. D. Brewer, R. J. Holliday, E. Matthias u. D. A. Shirley; 1243); Widerstandsanomalie in Pd–Ag-Leg. mit Seltenerdmetall-Verunreingungen (Gd u. Nd) (C. W. Chen, L. Roger Edwards u. Sam Legvold; 1243); Magnet. Eig. u. NMR von verd. (Gd, Zr)$Zn_2$ (M. Asanuma u. T. Yamadaya; 1244); Einfl. der Kristallitgröße auf die magnet. Eig. von nadelförmigen $\gamma$-$Fe_2O_3$-Teilchen (A. E. Berkowitz, W. J. Schuele u. P. J. Flanders; 1261); Koerzitivkraft von Mischmetall-Co-Leg.-Pulver (Unters. von $MMCo_5$, MM: 54,5 (Gew.-%) Ce, 26 La, 13 Nd, 5 Pr) (K. Strnat, J. C. Olson u. G. Hoffer; 1263); Magnet. Eig. u. Textur eines geordneten Pt–Co-Einkrist. (Pierre Brissonneau, André Blanchard, Michel Schlenker u. Jean Laugier; 1266); Permanentmagnet-Leg. mit kleiner Magnetostriktion (82% Co, 12 Fe, 6 Au) (E. A. Nesbitt, G. Y. Chin u. D. Jaffe; 1268); Domänengrenzenmodell für Material mit hoher Koerzitivkraft ($Co_5Sm$) (J. J. Becker; 1270); Bandstruktur von Ni u. opt. Übergänge niedriger Energie (J. Hanus, J. Feinleib u. W. J. Scouler; 1272); Bändertheorie u. metall. Antiferromagnetismus (Cr, $\gamma$-Mn u. NiMn) (Jiro Yamashita, Seturo Asano u. Shinya Wakoh; 1274); Antiferromagntetismus der $\gamma$-FeMn-Leg. (Y. Ishikawa u. Y. Endoh; 1318); Hyperfeinkopplungskonst. aus spezif. Wärmen bis herab zu 0,02°K (verd. Au–Fe- u. Pd–Fe-Leg.) (B. Dreyfus, J. C. Michel u. D. Thoulouze; 1320); Magnetisierungsverteilungen in verd. Syst. (T. A. Kitchens u. W. L. Trousdale; 1321); Best. des indirekten Kernaustauschs u. pseudodipolarer Wechselwrkg. in Leg. aus Kernechos (Unters. in Pt, Pb, Sn u. Cd) (H. Alloul u. C. Froidevaux; 1322); Hyperfeinwechselwrkg. in $Pd_3Fe$ u. $Pt_3Co$ (P. Stetsenko u. Y. Avksentjev; 1322); Mössbauer-Unters. intermetall. Fe-Seltenerdmetall-Verb. ($DyFe_2$, $HoFe_2$, $ErFe_2$, $TbFe_2$ u. $SmFe_2$) (G. J. Bowden, D. St. P. Bunbury u. A. P. Guimaraes; 1323); NMR-Unters. ferromagnet. Seltenerdmetalle u. Leg. ($^{159}$Tb u. $^{163}$Dy in Tb–Dy, Tb–Gd u. Dy–Gd) (J. Itoh, S. Kobayashi u. N. Sano; 1325); Hyperfeinfeldverteilungen in $(ZrCo_2)_x(ZrFe_2)_{1-x}$ (L. J. Swartzendruber u. Lawrence H. Bennett; 1323); Magnet. Eig. von antiferromagnet. $GdAlO_3$ (J. D. Cashion, A. H. Cooke, J. F. B. Hawkes, M. J. M. Leask, T. L. Thorp u. M. R. Wells; 1360); Hydrotherm. Züchten von Seltenerdmetall-Orthoferriten ($RFeO_3$, R = Y, Yb, Ho u. Tb) (E. D. Kolb, D. L. Wood u. R. A. Laudise; 1362); Magnet. Ordnung von Tb in einigen Perovskit-Verb. ($ATbO_3$, A = Fe, Cr, Al, Co) (J. Mareschal, J. Sivardière, G. F. De Vries u. E. F. Bertaut; 1364); Spezif. Wärme von $DyFeO_3$ von 1,2–80°K (A. Berton u. B. Sharon; 1367); Magnet. Verh. einiger Orthoferrite im Bereich der Anisotropieänderung (Tm · $FeO_3$, $SmFeO_3$) (E. M. Gyorgy, J. P. Remeika u. F. B. Hagedorn; 1369); Magnet. Eig. eines antiferromagnet. Orthoferrits ($DyFeO_3$) (G. Gorodetsky, B. Sharon u. S. Shtrikman; 1371); Metamagnetismus in $TbAlO_3$ (L. Holmes, R. Sherwood u. L. G. Van Uitert; 1373).

H. Liepack 136

## A-4. Thermodynamik, Mechanik der Gase und Flüssigkeiten, Gleichgewichte

*0545* **Lineare Gleichgewichtsbeziehungen für ternäre flüssige Systeme und binäre Systeme Flüssigkeit-Gas.** Stanley Hartland und Victor Ang. (J. chem. Engng. Data 13 (1968) 3, 361–64; Nottingham, Univ., Chem. Engng. Dep.; engl.) – Nachst., in der Literatur beschriebene Gleichgew. wurden bez. ihrer Linearität überprüft: 99 Syst. wss.-organ.; 47 Syst. organ.-organ.; 39 Syst. Fl.-Gas. 28 Syst. zeigen einen Fehler von $< 1\%$ im Bereich der auf experimentellem Wege untersuchten Konzentrationen. G. Gattow 142

*0546* **Gleichungen für den stofflichen Übergang einer Phase in eine andere bei isochorem Temperaturwechsel in**

**geschlossenen Flüssigkeits-Dampf-Systemen.** G. T. Ostapenko und L. N. Chetčikov. (Geochimija **1968,** 4, 485–88; VNII sinteza mineral'nogo syr'ja, Aleksandrov; russ.) — Thermodynam. Betrachtung u. Ableitung von Differentialgleichungen, die die Massenänderungen einzelner Komponenten in verschiedenen Phasen mit Veränderungen der Temp. u. des Druckes bestimmen lassen. Die entwickelten Abhängigkeiten können bes. bei Berechnungen von Homogenisationstemp. der Gas–Fl.-Einschlüsse in Mineralen herangezogen werden.
M. Hähnert 142

*0547* **Abschätzung der Entropie von festen Stoffen bei hohen Temperaturen durch das Korrespondenzprinzip der Entropie.** J. G. Eberhart und E. N. Gruetter. (J. physic. Chem. **72** (1968) 5, 1825–26; Albuquerque, N. Mex., Sandia Labor.; engl.) — Nach dem Korrespondenzprinzip (KP) von Cobble (vgl. Annu. Rev. physic. Chem. **17** (1966) 15) ist es möglich, für feste Stoffe die partiellen mol. Entropien $\bar{S}^0$ für die Temp. $T_2$ aus dem bekannten $\bar{S}^0$-Wert bei der Temp. $T_1$ mit Hilfe der Beziehung $\bar{S}^0(T_2) = a(T_2, T_1) + b(T_2, T_1) \cdot \bar{S}^0(T_1)$ abzuschätzen; die $a(T_2, T_1)$- u. $b(T_2, T_1)$-Werte werden für 298, 500, 1000 u. 1500°K bezogen auf $T_1 = 298$°K mitgeteilt. Unter Anwendung des KP können ebenfalls Molwärmen bei höheren Temp. aus den $\bar{S}^0$-Werten bei tieferen Temp. ermittelt werden. G. Gattow 142

*0548* **Grenzen der Verwendung von $CaF_2$ in galvanischen Zellen für thermodynamische Messungen, die einem Einsetzen der Elektronenleitfähigkeit unter reduzierenden Bedingungen zuzuschreiben sind.** Carl Wagner. (J. electrochem. Soc. **115** (1968) 9, 933–35; Göttingen, MPI für phys. Chem.; engl.) — An Hand von in der Literatur angegebenen thermochem. Kenngrößen u. EMK-Werte werden die Grenzen von $CaF_2$ als fester Elektrolyt in galvan. Zellen zur Best. thermodynam. Daten aufgezeigt. — 21 Literaturangaben. G. Gattow 142

*0549* **Widerstand bei relativer Gasbewegung.** I. P. Williams und D. K. Sarvajna. (J. Physics, A (Proc. physic. Soc.) [2] **1** (1968) 1, 139–47; Dep. of Math., Univ. of Reading, G.B.; engl.) — Vf. bestimmen mit Hilfe eines einfachen Modells auf der Basis der kinet. Gastheorie Ausdrücke für die Relativbewegung eines Gases durch ein anderes ohne Wärmeaustausch, d. h. bei Erhaltung der Maxwell-Gleichgew.-Geschw.-Verteilung. Unterschiedliche Molmassen u. kinet. Temp. sind zulässig. Die Störung soll kleiner als eine mittlere freie Weglänge (kleine Dichten, hohe Relativgeschw.) sein; es sind aber auch in anderen Fällen größenordnungsmäßige Abschätzungen möglich.
E. Hientzsch 146

*0550* **Abgeleitete Werte der Wärmeleitfähigkeit von Edelgasen und ihren binären Mischungen bei Normaldruck.** J. M. Gandhi und S. C. Saxena. (J. chem. Engng. Data **13** (1968) 3, 357–61; Jaipur, Indien, Univ. of Rajasthan, Dep. of Phys.; engl.) — Unter Zugrundelegung von in der Literatur angegebenen experimentellen Meßwerten über die Wärmeleitfähigkeit (WL) von *He, Ne, Ar, Kr, Xe* u. ihren möglichen bin. Mischungen wurden die WL für Normaldruck ermittelt. Die erhaltenen WL sind zwischen −200 u. +520° für die reinen Edelgase u. zwischen 0 u. +520° für die bin. Gasmischungen als Funktion der Zus. tabelliert. — 51 Literaturangaben.
G. Gattow 146

*0551* **Schallgeschwindigkeit in flüssigem Argon bei hohen Drücken und Temperaturen.** D. H. Bowman, C. C. Lim und R. A. Aziz. (Canad. J. Chem. **46** (1968) 8, 1175–80; Waterloo, Ontario, Canada, Univ., Dep. of Physic.; engl.) — Mit der Messung der Schallgeschw. in fl. *Ar* bei 86–146°K u. Drücken bis 65 atm wird die Unters. der akust. Eig. der Inertgase im Gebiet zwischen dem normalen $K_p$ u. dem krit. Punkt begonnen. Die Isothermen der Schallgeschw. zeigen bei Temp. unter 120°K nur einen schwachen, bei höheren Temp. einen ausgeprägteren Druckkoeff., die Schallgeschw. ist bei allen Drücken eine abfallende Funktion der Temperatur. Aus den Meßergebnissen werden die Verhältnisse $\gamma$ der spezif. Wärmen ber., die mit der Temp. zunehmen u. mit dem Druck geringer werden. Bei konst. Druck nimmt der Rao-Koeff. mit der Temp. zu, während der Koeff. der Beziehung von Carnevale u. Litovitz keinen eindeutigen Temp.-Gang zeigt. Für den untersuchten Bereich werden aus den Meßwerten auch Werte der adiabat. Kompressibilität des fl. *Ar* berechnet.
H. U. Borgstedt 146

*0552* **Temperatur des Dichtemaximums von Lösungen in schwerem Wasser.** A. J. Darnell und J. Greyson. (J. physic. Chem. **72** (1968) 8, 3032–34; Canoga Park, Calif., North Amer. Rockwell Corp., Atomics Internat. Div. and Rocketdyne Div.; engl.) — Während $H_2O$ (I) ein D.-Max. (DM) bei 3,98° aufweist, liegt das DM von $D_2O$ (II) bei 11,17°. Vf. bestimmten die Temp. der DM der Lsg. von *LiCl, NaCl, KCl, RbCl* u. *CsCl* für 3 verschiedene Konz. in **I** u. **II**; die Werte sind tabelliert. Mit steigender Konz. nehmen die Temp. der DM ab.
G. Gattow 146

*0553* **Viskosität von Flüssigkeiten nahe dem kritischen Punkt.** P. Gluck. (Nuovo Cimento, **B** [10] **56/114** (1968) 2, 338–42; Birmingham, England, Univ., Dept. of Mathematical Physics; engl.) — Die Theorie von Fixman über die Viskosität von Mischungen nahe dem krit. Entmischungspunkt in der von Kawasaki abgeleiteten Form wird in dem Bereich, in dem die Gleichungen der Hydrodynamik gelten, zur Berechnung der Scher- u. Volumenviskosität angewandt. Es wird gezeigt, daß die Viskosität der Fourier-transformierten Korrelationsfunktion proportional ist in der gleichen Weise, wie die Relaxationszeit für $q \to 0$ von der Stressbeziehung. Wegen der Abhängigkeit der Relaxationszeit von q ist die q-Abhängigkeit der Viskosität im krit. Bereich nicht ganz korrekt. Die Divergenz der Viskosität bei $T_c$ hängt mit der Fluktuation u. ihrer Lebensdauer zusammen, jedoch wird bestätigt, daß die Wärmeleitfähigkeit einen endlichen Wert behält. H. U. Borgstedt 146

*0554* **Molwärmen von 90%igem Wasserstoffperoxid und von gewöhnlichem wasserfreien Hydrazin.** Robert C. Ahlert und Curtis A. Younts. (J. chem. Engng. Data **13** (1968) 3, 402–05; Canoga Park, Calif., Rocketdyne, Div. of North Amer. Aviation, Inc.; engl.) — Mit einer beschriebenen App. wurden die Molwärmen von 90%ig. $H_2O_2$ (**I**) zwischen 113 u. 188° bzw. von 97%ig. $N_2H_4$ (**II**) zwischen 58 u. 191° bestimmt u. nachst. Temp.-Funktionen ermittelt ($C_p$ in cal/Grad · g; T in °K): $C_p = 0{,}657 + 2{,}11 \cdot 10^{-4}\,T$ für **I** bzw. $C_p = 0{,}734 + 5{,}33 \cdot 10^{-4}\,T$ für **II**. G. Gattow 148

*0555* **Schwingungsspektren und thermodynamische Funktionen von $PF_3$, $PCl_3$, $PBr_3$, $PJ_3$, $PF_2Cl$, $PF_2Br$, $PF_2J$, $PFCl_2$, $PFBr_2$, $PCl_2Br$, $PCl_2J$, $PClBr_2$, $PClJ_2$, $PBrJ_2$, $PBr_2J$, PFClBr, $AsCl_2Br$ und $AsClBr_2$.** A. Müller, E. Niecke, B. Krebs und O. Glemser. (Z. Naturforsch. **23b** (1968) 5, 588–94; Göttingen, Univ., Anorg.-chem. Inst.; dt.) — Unter Verw. der bekannten Schwingungsspektren, deren Absorptionsmax. mitgeteilt werden, wurden die thermodynam. Funktionen von nachst. gasf. Verb. für den Temp.-Bereich von 200,00–2000,00°K bei 1 atm Druck ber.; die Werte sind tabelliert. Für 298,16°K werden angegeben: $PF_3 C_p{}^0 = 14{,}03$, $(H^0-H_0{}^0)/T = 10{,}37$, $-(G^0-H_0{}^0)/T = 54{,}92$ u. $S^0 = 65{,}30$ cal/Grad · Mol; $PCl_3$ 17,11, 12,76, 61,68 u. 74,44; $PBr_3$ 18,13, 14,19, 68,72 u. 82,91; $PJ_3$ 18,74, 15,23, 73,10 u. 88,34; $PF_2Cl$ 15,08, 11,12, 59,42 u. 70,55; $PF_2Br$ 15,50, 11,60, 61,97 u. 73,57; $PF_2J$ 15,79, 12,05, 64,08 u. 76,13; $PFCl_2$ 16,12, 11,92, 61,69 u. 73,61; $PFBr_2$ 16,89, 12,88, 66,62 u. 79,50; $PCl_2Br$ 17,52, 13,29, 66,33 u. 79,63; $PCl_2J$ 17,75, 13,62, 68,15 u. 81,77; $PClBr_2$ 17,90, 13,79, 68,66 u. 82,45; $PClJ_2$ 18,30, 14,48, 72,41 u. 86,89; $PBrJ_2$ 18,56, 14,85, 74,31 u. 89,16; $PBr_2J$ 18,38, 14,56, 72,66 u. 87,22; PFClBr 16,60, 12,46, 64,22 u. 76,69; $AsCl_2Br$ 18,39, 14,34, 68,83 u. 83,17; $AsClBr_2$ 18,65, 14,82, 71,20 u. 86,02.
G. Gattow 148

*0556* **Bestimmung der partiellen thermodynamischen Funktionen von Natriumbromid und Kaliumbromid in den entsprechenden Bromid-Chlorid-Mischungen.** Terje Østvold. (Acta chem. scand. **22** (1968) 2, 435–43; Trondheim, Techn. Univ. of Norway, Inst. of Phys. Chem.; engl.) — Unter Verw. einer galvan. Zelle der Art $Br_2$(g), (Graphit) |ABr(fl)| A-Glas|A(Cl-Br)(fl)| (Graphit), $Br_2$(g) mit A = Na, K wurden die EMK-Werte in den fl. bin. Syst. NaCl–NaBr (I) u. KCl–KBr (II) zwischen 750 u. 870° bestimmt u. die partiellen thermodynam. Funktionen von I u. II ermittelt; die Werte sind graph. u. tabellar. wiedergegeben. G. Gattow 148

*0557* **Uranchalkogenide. 2. Mitt. Molwärmen und thermodynamische Eigenschaften von $US_2$ und $US_3$ zwischen 5 und 350 °K.** Fredrik Grønvold und Edgar F. Westrum jun. (J. inorg. nuclear Chem. **30** (1968) 8, 2127–33; engl.) – 1. vgl. C. **1969**, 11-0250. – Zwischen 5,5 u. 346,5 °K wurden die Molwärmen von $US_2$ (I) u. $US_3$ (II) kalorimetr. bestimmt u. die thermodynam. Daten ber.; die Werte sind tabellar. wiedergegeben. Für 298,15 °K werden angegeben: $C_p = 17{,}84$ (I) u. 22,85 (II); $S^0 = 26{,}39$ u. 33,10; $-(G^0-H_0^0)/T = 13{,}98$ u. 17,46 cal/Grad · Mol; $H^0-H_0^0 = 3698$ u. 4663 cal/Mol. I zeigt eine Phasenumwandlung vom Schottky-Typ mit einem Max. bei 0,5 cal/Grad · Mol u. 25 °K. G. Gattow 148

*0558* **Kalorimetrische Untersuchung über flüssiges Gold.** J. W. Tester, Roy C. Feber und C. C. Herrick. (J. chem. Engng. Data **13** (1968) 3, 419–21; Los Alamos, N.Mex., Univ. of Calif., Los Alamos Sci. Labor.; engl.) – Mit Hilfe eines adiabat. Kalorimeters wurden die Wärmeinhalte (WI; in cal/g-Atom) von fl. Au (F. 1336 °K) zwischen 1336 u. 1806 °K nach der drop-Meth. bestimmt; es gilt die Temp.-Funktion (T in °K; Genauigkeit: ±109 cal/g · Atom): $H_T^0-H_{298,15}^0 = -861{,}172 + 8{,}050 \cdot T$. Für die Atomwärme von fl. Au folgt $C_p = 8{,}050$ cal/Grad · g-Atom. Die unter Verw. von in der Literatur angegebenen Kenngrößen für den Temp.-Bereich von 298,15–3400 °K errechneten thermodynam. Funktionen von festem u. fl. Au sind tabelliert; für 298,15 °K werden angegeben: $S^0 = 11{,}319 \pm 0{,}059$ u. $C/^0 = 6{,}065$ cal/Grad · g-Atom. – Die WI von Graphit, der als Tiegelmaterial für die WI-Messungen von Au verwendet wurde, lassen sich zwischen 1150 u. 1850 °K durch die Beziehung $H_T^0-H_{298,15}^0 = 1136{,}5-2{,}199 \cdot T + 0{,}00494 \cdot T^2 - 1{,}007 \cdot 10^{-6} T^3$ beschreiben (in cal/g-Atom; T in °K; Genauigkeit: ±18,4). G. Gattow 148

*0559* **Kraftkonstanten, verallgemeinerte mittlere quadratische Schwingungsamplituden, Bastiansen-Morino-Schrumpfeffekt und thermodynamische Funktionen von Rutheniumtetroxid.** A. Müller, B. Krebs, S. J. Cyvin und E. Diemann. (Z. anorg. allg. Chem. **359** (1968) 3/4, 194–202; Göttingen, Univ., Anorg.-chem. Inst.; dt.) – Mit Hilfe der Schwingungsfrequenzen (IR u. Raman) von $RuO_4$ (I) wurden die Kraftkonst. (KK), die Symmetrie-KK, die Energiematrizen, die mittleren Schwingungsamplituden u. der Schrumpfeffekt nach allg. Valenzkraftmodellen ($\xi_{33}$ u. Näherung), Urey-Bradley-Kraftmodell (KM) u. dem modifizierten Valenz-KM sowie nach der L-Matrix-Meth. berechnet. Die für den Temp.-Bereich von 200–2000 °K ber. thermodynam. Funktionen von I(g) für den idealen Gaszustand bei 1 atm Druck sind tabellar. wiedergegeben; für 298,16 °K werden angegeben: $C_p^0 = 18{,}00$; $S^0 = 69{,}09$; $(H^0-H_0^0)/T = 12{,}44$; $-(G^0-H_0^0)/T = 56{,}66$ cal/Grad · Mol. G. Gattow 148

*0560* **Relative Enthalpien von Meersalzlösungen bei 25°.** Leroy A. Bromley. (J. chem. Engng. Data **13** (1968) 3, 399–402; Berkeley, Calif., Univ. of Calif., Dep. of Chem. Engng.; engl.) – Mit Hilfe einer früher beschriebenen apparativen Anordnung (vgl. ibid. **12** [1967], 202) wurden die Verdünnungsenthalpien von Meerwasser (MW) bei 25° kalorimetr. bestimmt. Die ermittelten relativen, scheinbaren u. partiellen Enthalpien von Meersalz (MS) u. MW sind für den Konz.-Bereich von 0–12% MS tabelliert. G. Gattow 150

*0561* **Elektronenspinresonanzuntersuchung des Systems Distickstofftetroxid–Stickstoffdioxid.** David W. James und Robert C. Marshall. (J. physic. Chem. **72** (1968) 8, 2963–66; Brisbane, Australien, Univ. of Queensland, Dep. of Chem.; engl.) – Mit Hilfe der ESR wurde das Gleichgew. (GW) der Rk. $N_2O_4 \rightleftharpoons 2NO_2$ zwischen 77 u. 300 °K untersucht. Die GW-Konst. nimmt mit steigender Temp. ab: K = 43,54 ± 1,5 Mol/l bei 296 °K bzw. 0,11 ± 0,01 bei 247 °K. Die Dissoziationsenthalpie von $N_2O_4$ (I) beträgt $\Delta H = 15{,}6 \pm 0{,}5$ kcal/Mol. Wird fl. I auf 77 °K abgeschreckt, dann zeigt die ESR ein anisotropes Triplett mit $g_x = 2{,}0065$, $g_y = 1{,}9960$ u. $g_z = 2{,}0029$; für die Hyperfeinaufspaltungskonst. folgt $A_y = 50{,}7$, $A_x = 50{,}1$, $A_z = 67{,}0$ u. $A_{iso} = 56{,}0$ G. Wird das abgeschreckte I auf 180 °K erwärmt, dann nimmt das anisotrope Triplett an Intensität ab u. wird mit A = 57 G isotrop. G. Gattow 150

*0562* **Thermodynamische Daten von Chlorwasserstoff im System 1.2-Dimethoxyäthan–Wasser. Standardpotentiale und Aktivitätskoeffizienten.** David A. Johnson und Buddhadev Sen. (J. chem. Engng. Data **13** (1968) 3, 376–78; Baton Rouge, La., La. State Univ., Coates Chem. Labor.; engl.) – Vf. ermittelten die Standardpotentiale u. Aktivitätskoeff. von HCl im bin. Syst. $H_2O$–1.2-Dimethoxyäthan (I) aus den EMK-Werten der Zelle $H_2$(1 atm)|HCl(m), I(X), $H_2O$(Y)|AgCl–Ag für X = 8,68, 17,81, 46,52, 67,03 Gew.-% I im Temp.-Bereich von 0–35°; die Werte sind tabelliert. G. Gattow 150

*0563* **Bildungsenthalpie von Chlorpentafluorid.** W. R. Bisbee, J. V. Hamilton, J. M. Gerhauser und Ronald Rushworth. (J. chem. Engng. Data **13** (1968) 3, 382–85; Canoga Park, Calif., Rocketdyne, Div. of North Amer. Rockwell Corp., Res. Div.; engl.) – Vf. bestimmten die Rk.-Enthalpien (RE) von fl. $ClF_5$ (I) mit $H_2$(g) bzw. mit $NH_3$(g) auf bombenkalorimetr. Wege. Unter Verw. von in der Literatur angegebenen thermochem. Kenngrößen errechnet sich aus den beiden RE die Bldg.-Enthalpie von fl. I bei 298 °K zu $\Delta H_f^0 = -66{,}4 \pm 6{,}9$ bzw. $-59{,}9 \pm 3{,}9$ kcal/Mol. Als wahrscheinlichster Mittelwert wird $\Delta H_f^0 = -60{,}9 \pm 4{,}5$ kcal/Mol angegeben. G. Gattow 150

*0564* **Beweis der molekularen Dimeren $(J_2)_2$ im Joddampf.** A. A. Passchier und N. W. Gregory. (J. physic. Chem. **72** (1968) 8, 2697–2702; Seattle, Wash., Univ. of Wash., Dep. of Chem.; engl.) – Mit Hilfe eines Spektralphotometers (Absorption bei 265 mμ gemessen) wurde die Rk. $2J_2(g) \leftrightharpoons J_4(g)$ zwischen 150 u. 420° untersucht. Die Gleichgew.-Konst. der Rk. läßt sich durch die Temp.-Funktion $\log K = -1{,}007 + 368{,}4/T$ beschreiben (K in $l \cdot Mol^{-1}$; T in °K). Die Bldg.-Enthalpie u. Normalentropie von $J_4$(g) betragen $\Delta H_f^0 = -2{,}9 \pm 0{,}4$ kcal/Mol u. $S^0 = 123 \pm 2$ cal/Grad · Mol bei 605 °K. G. Gattow 150

*0565* **Elektromotorische Kräfte der (Silber–Silberjodid, Jodwasserstoff, Wasserstoff)-Zelle und die Aktivität von Jodwasserstoff in Wasser–Methanol-Mischungen.** J. M. McIntyre und E. S. Amis. (J. chem. Engng. Data **13** (1968) 3, 371–75; Fayetteville, Ark., Univ. of Ark., Dep. of Chem.; engl.) – Vf. bestimmten die Standardpotentiale (SP) der Zelle Pt, $H_2$ (1 atm)|HJ, X $CH_3OH$| AgJ–Ag mit X = 0, 15, 30, 45, 60, 75, 99, 100 Gew.-% $CH_3OH$ bei 25, 35 u. 45° über den Konz.-Bereich von 0,005–0,1 m HJ. Die aus den SP errechneten Freien Energien, Entropien u. Enthalpien sowie die Aktivitätskoeff. von HJ sind tabellar. u. graph. wiedergegeben. G. Gattow 150

*0566* **Thermodynamische Funktionen von Thionylbromid.** Arthur Finch, P. J. Gardner und K. Radcliffe. (J. chem. Engng. Data **13** (1968) 2, 176–77; Englefield, Surrey, Royal Holloway Coll.; engl.) – Durch kalorimetr. Best. der Hydrolysenwärme von $OSBr_2$ (I) in $H_2O$ wurde die Bldg.-Enthalpie von I(fl.) bei 25,0 ± 0,1° zu $\Delta H_f^0 = -40{,}2 \pm 0{,}3$ kcal/Mol ermittelt; für I(g) folgt $\Delta H_f^0 = -29{,}2 \pm 0{,}6$ kcal/Mol bei 25°. Die mit Hilfe von in der Literatur angegebenen thermochem. Daten für den Temp.-Bereich von 100–1000 °K ber. thermodynam. Funktionen von I(g) bei 1 atm Druck sind tabelliert; für 298,15 °K werden angegeben: $C_p^0 = 16{,}66 \pm 0{,}03$; $(H_T^0-H_0^0)/T = 12{,}88 \pm 0{,}05$; $-(G_T^0-H_0^0)/T = 66{,}66 \pm 0{,}14$; $S^0 = 79{,}54 \pm 0{,}15$ cal/Grad · Mol. G. Gattow 150

*0567* **Thermodynamische Eigenschaften und Frequenzverschiebungen von einigen Anlagerungsverbindungen zwischen Antimon(V)-chlorid und Carbonylgruppen enthaltenden Molekülen.** Gerd Olofsson. (Acta chem. scand. **22** (1968) 2, 377–88; Lund, Univ., Thermochem. Labor.; engl.) – Unter Verw. von in der Literatur angegebenen thermochem. Kenngrößen werden die Bldg.-

Enthalpien u. -Entropien von Anlagerungsverb. (AV) zwischen $SbCl_5$ u. Donatormol. (DM) mit Carbonylgruppen unter bes. Berücksichtigung von induktiven u. ster. Einfl. sowie Resonanzeinfl. diskutiert. Die Frequenzverschiebungen der CO-Schwingungen in den AV u. freien DM werden mitgeteilt. G. Gattow 150

*0568* **Thermodynamische Daten und Leitfähigkeiten von geschmolzenen Salzen und ihren Mischungen.** 6. Mitt. **Kalorimetrische Untersuchungen über Natriumchlorat und seine Mischungen mit Natriumnitrat.** A. N. Campbell und E. T. van der Kouwe. (Canad. J. Chem. **46** (1968) 8, 1287–91; engl.) – 5. vgl. C. **1969**, 11-0724. – Zwischen 400 u. 600°K wurden die Wärmeinhalte $\Delta H_T-\Delta H_{298,1}$ (in cal/Mol) von $NaClO_3$ (**I**; F. 533,0°K) kalorimetr. bestimmt u. die Molwärmen C// (in cal/Grad · Mol) ermittelt; es gelten die Temp.-Funktionen (T in °K): $\Delta H_T-\Delta H_{298,1} = 22,0 \cdot 10^{-3}T^2 + 10,92 \cdot T - 5266\ (\pm 19)$ u. $C_p = 44,0 \cdot 10^{-3}T + 10,92\ (\pm 0,3)$ für **I**(f); $\Delta H_T-\Delta H_{298,1} = 32,05 \cdot T - 5171\ (\pm 12)$ u. $C_p = 32,05 \pm 0,2$ für **I**(fl). Die Schmelzenthalpie u. -entropie von **I** bei 533,0°K betragen $\Delta H = 5076 \pm 19$ cal/Mol u. $\Delta S = 9,52$ cal/Grad · Mol. Analoge kalorimetr. Messungen wurden mit festen u. fl. Mischungen von **I** mit $NaNO_3$ durchgeführt u. die Mischungsenthalpien u. -entropien bei 533°K ermittelt; die thermodynam. Daten sind graph. u. tabellar. wiedergegeben. G. Gattow 150

*0569* **Partielle Standardmolwärmen von Natriumtetraphenylborat in wäßriger Lösung bei 0–90°. Einfluß der Wasserstruktur und hydrophobe Hydratation.** S. Subramanian und J. C. Ahluwalia. (J. physic. Chem. **72** (1968) 7, 2525–31; Kanpur, Indian Inst. of Technol., Dep. of Chem.; engl.) – Zwischen 5 u. 85° wurden die integralen Lsg.-Enthalpien von $Na[B(C_6H_5)_4]$ (**I**) in $H_2O$ kalorimetr. bestimmt u. die partiellen Standardmolwärmen (PSM) ermittelt; die Werte sind tabellar. u. graph. wiedergegeben. Im Verlauf der PSM als Funktion der Temp. treten ein Minimum bei etwa 50° ($\Delta C_p^0 = 154$ cal/Grad · Mol) u. ein Max. bei etwa 70° ($\Delta C_p^0 = 245$) auf. Das Minimum wird durch hydrophobe Wechselwrkg., das Max. durch Beeinflussung der Struktur des fl. $H_2O$ durch **I** erklärt. G. Gattow 150

*0570* **Freie Exzeßenergien der wäßrigen Mischungen von Salzpaaren einiger Alkalimetallhalogenide.** A. K. Covington, T. H. Lilley und R. A. Robinson. (J. physic. Chem. **72** (1968) 8, 2759–63; Newcastle upon Tyne, England, Univ. of Newcastle upon Tyne, School of Chem., Dep. of Phys. Chem.; engl.) – Nach der isopiest. Meth. wurden die Dampfdrücke von wass. Lsg. der Ionenpaare *NaCl* (**I**)-*KCl*(**II**), *NaBr*(**III**)-*KBr*(**IV**), **I-III**, **II-IV**, **II-III** u. **I-IV** bei 25° bestimmt. Die aus den Vers.-Ergebnissen errechneten Freien Exzessenergien (FEE) der Mischungen sind tabellar. wiedergegeben. Die Gültigkeit der square-cross-Regel wird an Hand der FEE gezeigt. G. Gattow 150

*0571* **Thermodynamische Eigenschaften nichtwäßriger Lösungen.** 4. Mitt. **Freie Enthalpien und Entropien der Solvatation einiger Alkalimetallhalogenide in N.N-Dimethylformamid.** Cecil M. Criss und Eugene Luksha. (J. physic. Chem. **72** (1968) 8, 2966–70; Coral Gables, Fla., Univ. of Miami, Dep. of Chem.; engl.) – 3. vgl. C. **1968**, 17-0616. – Vf. bestimmten die Löslichkeiten, Freien Standardlsg.-Enthalpien u. Freien Standardbldg.-Enthalpien nachst. Verb. in N.N.-Dimethylformamid (DMF): *LiF* ($5,34 \pm 0,69 \cdot 10^{-5}$ Mol/kg DMF, $\Delta G_s^0 = 11,69$ kcal/Mol u. $\Delta G_f^0 = -127,9$ kcal/Mol; *NaF* ($4,68 \pm 0,34$). $10^{-5}$, 11,84 u. –117,5; *NaCl* ($6,08 \pm 0,06$) · $10^{-3}$, 6,38 u. –85,41; *KCl* ($2,28 \pm 0,07$) · $10^{-3}$, 7,41 u. –90,18; *CsCl* ($3,06 \pm 0,02$) · $10^{-3}$, 7,10 u. –89,5; *CsBr* ($2,62 \pm 0,01$) · $10^{-2}$, 5,00 u. –86,6; *AgBr* 9,53 · $10^{-4}$, 8,37 u. –14,56; *AgJ* ($4,01 \pm 0,59$) · $10^{-4}$, 9,36 u. –6,49. Die Freien Solvatationsenergien u. -entropien der Ionen in DMF betragen: $Li^+$ $\Delta G^0 = -129,2$ kcal/Mol u. $\Delta S = -45,1$ cal/Grad · Mol; $Na^+$ –102,5 u. –39,6; $K^+$ –84,9 u. –36,1; $Cs^+$ –71,5 u. –29,9; $F^-$ –90,6 u. –; $Cl^-$ –64,3 u. –32,2; $Br^-$ –61,1 u. –28,6; $J^-$ –56,4 u. –25,9. Die errechneten partiellen Entropien sind tabelliert. G. Gattow 150

*0572* **Thermodynamische Eigenschaften nichtwäßriger Lösungen.** 5. Mitt. **Abschätzung und Beziehung der Ionenentropien zu der Struktur der Elektrolytlösungen.** Cecil M. Criss, Robert P. Held und Eugene Luksha. (J. physic. Chem. **72** (1968) 8, 2970–75; engl.) – **4.** vgl. vorst. Referat. – Unter Verw. von in der Literatur angegebenen Daten u. eigenen Meßwerten wurden die partiellen molalen Standardentropien u. die abs. Ionenentropien von *HCl*, *LiCl*, *LiBr*, *LiJ*, *NaF*, *NaCl*, *NaBr*, *NaJ*, *KCl*, *KBr*, *KJ*, *RbCl*, *CsCl*, *CsBr*, *CsJ* in $NH_3$, N.N-Dimethylformamid, A., Methanol, N-Methylformamid, Formamid, $H_2O$ u. $D_2O$ ermittelt. Die abs. Entropien der Ionen lassen sich durch die Beziehungen $\bar{S}_2^0 = k\bar{S}_{Str} + C$ u. $S_2^0 = k'\Delta T_{Bp} + C$ beschreiben, wobei $\bar{S}_{Str}$ von der Struktur des Lsgm. abhängt; $\Delta T_{Bp}$ = Differenz der Kp. zwischen Lsgm. u. Lösung. Die in den Gleichungen auftretenden Größen u. Konst. sind tabelliert. G. Gattow 150

*0573* **Sublimationsgeschwindigkeit von Magnesiumnitrid aus Effusionszellen und freien Oberflächen in ein Vakuum sowie in Argon und Stickstoff.** Bette A. H. Blank und Alan W. Searcy. (J. physic. Chem. **72** (1968) 6, 2241 bis 2243; Berkeley, Calif., Univ. of Calif., Lawrence Radiation Labor., Inorg. Materials Res. Div.; engl.) – Mit Hilfe der Torsions-Effusions- u. der Torsions-Langmuir-Meth. wurde das therm. Verh. von $Mg_3N_2$ (**I**) im Vakuum bzw. in Ar u. $N_2$ untersucht. Für die Gleichgew.-Konst. der Rk. **I** (f) $\rightleftharpoons$ 3 Mg(g) + $N_2$ (g) ergibt sich zwischen 1000 u. 1250°K die Temp.-Funktion (T in °K) $\log K = -[(291,38 \pm 8,51)/4,576] \cdot 10^3/T + (37,16 \pm 1,61)$. Die Rk.-Enthalpie ber. sich unter Anwendung des 3. Hauptsatzes zu 242,3 kcal/Mol **I** bei 298°K. G. Gattow 150

*0574* **Neuberechnung der Dissoziationsenergie von CaF.** J. W. Hastie und J. L. Margrave. (J. chem. Engng. Data **13** (1968) 3, 428–29; Houston, Tex., Rice Univ., Dep. of Chem.; engl.) – Die in der Literatur angegebenen, auf massenspektrometr. Wege ermittelten thermochem. Daten von 14 Gasphasenrk. wurden neu ausgewertet. Die Dissoziationsenergie (DE) von CaF(g) beträgt bei 298°K $D° = 127,5 \pm 2,5$ kcal/Mol. Daraus folgt für die DE von *SiF*(g), *SiF*$_2$(g) u. *GeF*(g) D° = 135, 288 u. 120 kcal/Mol (± 3). G. Gattow 150

*0575* **Massenspektrometrische Untersuchungen bei hohen Temperaturen.** 27. Mitt. **Reaktionen von gasförmigem Aluminium mit $S_2$(g), $Se_2$(g) und $Te_2$(g).** P. J. Ficalora, J. W. Hastie und J. L. Margrave. (J. physic. Chem. **72** (1968) 5, 1660–63; engl.) – 25. vgl. C. **1969**, 2-0471; vgl. vorst. Referat. – Mit Hilfe einer Knudsen-Zelle wurden die Rk. von Al(g) mit $S_2$(g), $Se_2$(g) u. $Te_2$(g) massenspektrometr. bei hohen Temp. untersucht. Die unter Zugrundelegung des 2. Hauptsatzes ermittelten Enthalpien bzw. Entropien nachst. Rk. in der Gasphase betragen (Reihenfolge: X = O, S, Se u. Te; Genauigkeit: 4–6%): $\Delta H_T^0 = -57$ kcal/Mol (bei 2300°K), –47,0 (1414°K), –53,5 (1292°K) u. –56,5 (1292°K) bzw. $\Delta S_T^0$ = – , –19,8 cal/Grad · Mol, –27,5 u. –31,3 für Al(g) + $^1/_2$ $X_2$(g) $\rightleftharpoons$ *AlX*(g); –187, –107,0, –122,4 u. –129,7 bzw. –, –36,1, –54,8 u. –59,5 für 2 Al(g) + $^1/_2$ $X_2$(g) $\rightleftharpoons$ *Al$_2$X*(g); –249, –152,0, –182,9 u. –305,5 bzw. –, –22,0, –24,0 u. –21,6 für 2 Al(g) + $X_2$(g) $\rightleftharpoons$ *Al$_2$X$_2$*(g); –131, –60,3, –74,3 u. –72,3 bzw. –, –16,3, –27,3 u. –28,2 für Al(g) + AlX(g) $\rightleftharpoons$ $Al_2X$(g); –135, –58,0, –75,5 u. –90,0 bzw. –, –17,7, –31,0 u. –41,0 für 2 AlX(g) $\rightleftharpoons$ $Al_2X_2$(g). Für die Rk. Al(g) + $Te_2$(g) $\rightleftharpoons$ *AlTe*$_2$(g), AlTe(g) + $^1/_2$ $Te_2$(g) $\rightleftharpoons$ $AlTe_2$(g) u. Al(g) + $AlTe_2$(g) $\rightleftharpoons$ *Al$_2$Te$_2$*(g) folgt $\Delta H^0_{1202°K} = -125,5$, –68,0 u. –80,0 kcal/Mol sowie $\Delta^0_{1292°K} = -71,3$, –34,2 u. –34,6 cal/Grad · Mol. Die Dissoziationsenergien bei 298°K errechnen sich zu $D^0 = 115 \pm 5,0$ kcal/Mol für *AlO*(g), 86,0 ± 3,0 für *AlS*(g), 81,0 ± 3,0 für *AlSe*(g) u. 74,0 ± 3,0 für *AlTe*(g). G. Gattow 150

*0576* **Massenspektrometrische Untersuchungen bei hohen Temperaturen.** 28. Mitt. **Gasförmige ternäre Oxide der Zusammensetzung LiMO und $LiMO_2$.** K. F. Zmbov, P. Ficalora und J. L. Margrave. (J. inorg. nuclear Chem. **30** (1968) 8, 2059–65; Houston, Tex., Rice Univ.,

Dep. of Chem.; engl.) — 27. vgl. vorst. Referat. — Nach der Effusionsmeth. wurden die Gasphasen über den Syst. von *Li* bzw. *$Li_2O$* mit *$Ga_2O_3$* in *$In_2O_3$* sowie über *$LiNiO_2$* (I) u. *$LiCoO_2$* (II) in einem weiten Temp.-Bereich massenspektrometr. untersucht. Die Appearance-Potentiale von gasf. $LiNiO^+$, $LiNiO_2^+$, $LiCoO^+$ u. $LiCoO_2^+$ betragen 14,0, 10,8, 16,0 u. 11,0 eV (±0,5). Die Verdampfungsenthalpien von I u. II betragen $\Delta H^0_{1491°K}$ = 70,0 ± 1,1 kcal/Mol u. 78,2 ± 3,6. Die Enthalpien der Rk. $3Li(g) + Ga_2O_3(f) \rightarrow 2LiGaO(g) + LiO(g)$ u. $Li_2O(g) + In(g) \rightarrow LiInO(g) + Li(g)$ wurden aus den experimentellen Meßwerten unter Anwendung des 3. Hauptsatzes zu $\Delta H^0_{298°K}$ = 116,5 ± 1,0 u. −2,0 ± 0,3 kcal/Mol bestimmt. Für die Atomisierungsenergien von gasf. LiGaO u. LiInO folgt $\Delta H_{at}^0$ = 184,0 ± 8 u. 181,0 ± 6 kcal/Mol. Die Verb. der Zus. LiMO(g) haben vermutlich einen gewinkelten Aufbau (∢ LiOM ≈ 160 ± 15°) u. die des Typs $LiMO_2$ die Ringstruktur. G. Gattow 150

*0577* **Bildungsenthalpie von Cer(III)-oxid.** Floyd B. Baker und Charles E. Holley jun. (J. chem. Engng. Data **13** (1968) 3, 405—07; Los Alamos, N.Mex., Univ. of Calif., Los Alamos Sci. Labor.; engl.) — Hexagonales $Ce_2O_3$ (I; a = 3,892, c = 6,059 Å ± 0,001) wurde in einem Bombenkalorimeter mit $O_2$ (25 atm) zu $CeO_2$ umgesetzt; die Rk.-Enthalpie beträgt $\Delta H^0_{298,15°K}$ = −91,05 ± 0,16 kcal/Mol I. Unter Verw. von bekannten thermochem. Kenngrößen errechnet sich die Bldg.-Enthalpie (BE) von hexagonalem I bei 298,15 °K zu $\Delta H_f^0$ = −429,31 ± 0,68 kcal/Mol. Die Freie BE von I läßt sich durch die Temp.-Funktion $\Delta G_f^0$ = −428920 − 5,85 · T · log T + 87,5 · T beschreiben ($\Delta G_f^0$ in cal/Mol I; T in °K). G. Gattow 150

*0578* **Thermische Zersetzung von Seltenerdmetall(III)-chlorid-hydraten.** S. J. Ashcroft und C. T. Mortimer. (J. less-common Metals [Lausanne] **14** (1968) 4, 403—06; Lusaka, Zambia, Univ. of Zambia, School of Natural Sci.; engl.) — Mit Hilfe eines Differentialcalorimeters wurden die Enthalpien nachst. Zers.-Rk. bestimmt: *$LaCl_3 \cdot 6,7\,H_2O$* → $LaCl_3 \cdot 3H_2O$ → $LaCl_3 \cdot 2H_2O$ → $LaCl_3 \cdot H_2O$ → $LaCl_3$ $\Delta H$ = 53,9, 9,1, 20,0, 12,1 ± 1,0 kcal/Mol; *$CeCl_3 \cdot 6,4H_2O$* → $CeCl_3 \cdot 3H_2O$ → $CeCl_3 \cdot 2H_2O$ → $CeCl_3 \cdot H_2O$ → $CeCl_3$ $\Delta H$ = 44,1, 18,0, 14,1, 11,8 ± 0,2; *$PrCl_3 \cdot 6,1H_2O$* → $PrCl_3 \cdot 3H_2O$ → $PrCl_3 \cdot 2H_2O$ → $PrCl_3 \cdot H_2O$ → $PrCl_3$ $\Delta H$ = 42,8, 15,1, 12,4, 12,4 ± 0,3; *$NdCl_3 \cdot 6,2H_2O$* → $NdCl_3 \cdot 3H_2O$ → $NdCl_3R \cdot 2H_2O$ → $NdCl_3 \cdot H_2O$ → $NdCl_3$ $\Delta H$ = 40,3, 14,4, 12,8, 12,2 ± 0,3; *$SmCl_3 \cdot 6,4H_2O$* → $SmCl_3 \cdot 4H_2O$ → $SmCl_3 \cdot 2H_2O$ → $SmCl_3 \cdot H_2O$ → $SmCl_3$ $\Delta H$ = 36,9, 18,0, 14,9, 10,8 ± 0,7; *$EuCl_3 \cdot 6,5H_2O$* → $EuCl_3 \cdot 3H_2O$ → $EuCl_3 \cdot 2H_2O$ → $EuCl_3 \cdot H_2O$ → $EuCl_3$ $\Delta H$ = 44,7, 16,7, 13,9, 12,6 ± 1,0; *$GdCl_3 \cdot 6,5\,H_2O$* → $GdCl_3 \cdot 3H_2O$ → $GdCl_3 \cdot 2H_2O$ → $GdCl_3 \cdot H_2O$ → $GdCl_3$ $\Delta H$ = 43,1, 17,8, 12,7, 13,0 ± 0,3; *$TbCl_3 \cdot 7,1\,H_2O$* → $TbCl_3 \cdot 4H_2O$ → $TbCl_3 \cdot 2H_2O$ → $TbCl_3 \cdot H_2O$ → $TbCl_3$ $\Delta H$ = 37,7, 24,6, 14,4, 10,1 ± 1,0; *$DyCl_3 \cdot 7,3\,H_2O$* → $DyCl_3 \cdot 3H_2O$ → $DyCl_3 \cdot H_2O$ → $DyCl_3$ $\Delta H$ = 54,2, 36,3, 15,0 ± 1,0; *$HoCl_3 \cdot 7H_2O$* → $HoCl_3 \cdot 2H_2O$ → $HoCl_3 \cdot H_2O$ → $HoCl_3$ $\Delta H$ = 65,7, 13,5, 13,1 ± 0,4; *$ErCl_3 \cdot 7,1H_2O$* → $ErCl_3 \cdot 4H_2O$ → $ErCl_3 \cdot 2H_2O$ → $ErCl_3 \cdot H_2O$ → $ErCl_3$ $\Delta H$ = 47,7, 22,6, 13,2, 11,3 ± 0,7; *$TmCl_3 \cdot 6,8H_2O$* → $TmCl_3 \cdot 4H_2O$ → $TmCl_3 \cdot 2H_2O$ → $TmCl_3 \cdot H_2O$ → $TmCl_3$ $\Delta H$ = 41,8, 23,3, 9,8, 9,8 ± 0,6; *$YbCl_3 \cdot 7,4H_2O$* → $YbCl_3 \cdot 4H_2O$ → $YbCl_3 \cdot 2H_2O$ → $YbCl_3 \cdot H_2O$ → $YbCl_3$ $\Delta H$ = 44,7, 23,2, 12,0, 10,0 ± 0,3; *$LuCl_3 \cdot 7,2H_2O$* → $LuCl_3 \cdot 4H_2O$ → $LuCl_3 \cdot 2H_2O$ → $LuCl_3 \cdot H_2O$ → $LuCl_3$ $\Delta H$ = 45,4, 23,3, 16,2, 7,0 ± 0,3 kcal/Mol. G. Gattow 150

*0579* **Festkörperreaktionen zwischen $SrCO_3$ und $TiO_2$.** N. H. Harris und R. L. Cook. (J. physic. Chem. **72** (1968) 9, 3326—27; Urbana, Ill., Univ. of Ill., Ceramics Engng. Dep.; engl.) — Unter Zugrundelegung von in der Literatur angegebenen thermochem. Kenngrößen wurden die $CO_2$-Drücke, Freien Energien u. Enthalpien möglicher Rk. zwischen $SrCO_3$ (I) u. $TiO_2$ (II; Rutil) für 1000, 1200 u. 1400 °K ber.; die Werte sind tabelliert. Röntgenograph. Unters. zeigten, daß nach dem Erhitzen mol. 1:1-Mischungen von I u. II auf 950° (6 Std.) I, II u. $SrTiO_3$ (III), bzw. auf 1100° (6 Std.) I, II, III, $Sr_2TiO_4$, $Sr_3Ti_2O_7$ u. $Sr_4Ti_3O_{10}$ vorliegen. Die mit Hilfe der thermogravimetr. Analyse bestimmte Aktivierungsenergie der Rk. zwischen I + II (1:1) beträgt 53,7 kcal/Mol zwischen 950 u. 1100°. G. Gattow 150

*0580* **Bildungsenthalpie von Hafnium(IV)-oxid.** Elmer J. Huber jun. und Charles E. Holley jun. (J. chem. Engng. Data **13** (1968) 2, 252—53; Los Alamos, N.Mex., Univ. of Calif., Los Alamos Sci. Labor.; engl.) — Durch kalorimetr. Best. der Verbrennungsenthalpie von Hf in $O_2$ wurde die Bldg.-Enthalpie von $HfO_2$ bei 298,15 °K zu $\Delta H_f^0$ = −273,6 ± 0,3 kcal/Mol ermittelt. G. Gattow 150

*0581* **Bildungsenthalpien von Thoriummonocarbid und -dicarbid.** Elmer J. Huber jun., Charles E. Holley jun. und N. H. Krikorian. (J. chem. Engng. Data **13** (1968) 2, 253—56; engl.) — Vgl. vorst. Referat. — Vf. bestimmten die Verbrennungsenthalpien von $ThC_{1,00\pm0,01}$ (I) u. $ThC_{1,91\pm0,01}$ (II) in der Kalorimeterbombe; als Rk.-Prod. treten $ThO_2$ (III) u. $CO_2$ (IV) auf. Unter Verw. der bekannten Bldg.-Enthalpien (BE) von III (−293,2 kcal/Mol) u. IV (−94,05) errechnen sich die BE von I u. II bei 298,15 °K zu $\Delta H_f^0$ = −29,6 u. −29,9 kcal/Mol (± 1,1). G. Gattow 150

*0582* **Massenspektrometrische Untersuchung der Gasphasen über ($PbCl_2$ + ACl)-Mischungen (A = Na, K, Rb, Cs). 1. Mitt. Thermodynamische Untersuchungen.** H. Bloom und J. W. Hastie. (J. physic. Chem. **72** (1968) 8, 2706—10; Hobart, Australien, Univ. of Tasmania, Chem. Dep.; engl.) — Mit Hilfe einer Knudsen-Zelle wurden die Gasphasen über Mischungen von $PbCl_2$ mit NaCl, KCl, RbCl u. CsCl zwischen 740 u. 910 °K massenspektrometr. untersucht. In der Gasphase treten *$NaPbCl_3$* (I), *$KPbCl_3$* (II), *$RbPbCl_3$* (III) u. *$CsPbCl_3$* (IV) auf. Die Bldg.-Enthalpien u. Entropien der gasf. Spezies betragen $\Delta H_f$ = −38 ± 4 kcal/Mol u. $\Delta S_f$ = −19,0 cal/Grad · Mol für I, −41, ± 6 u. −19,3 für II, −33,5 ± 5 u. −19,6 für III, −35 ± 6 u. −20,0 für IV. Aus elektrostat. Berechnungen wird geschlossen, daß in I—IV Pb tetraedr. koordiniert ist. G. Gattow 150

*0583* **Thermodynamische Daten im System $V_2O_5$(f, fl)–$H_2O$(g).** L. N. Yannopoulos. (J. physic. Chem. **72** (1968) 9, 3293—96; Edgewood Arsenal, Md., U.S. Army Nuclear Defense Labor.; engl.) — Mit der Mitführungsmeth. (Trägergas: $O_2$) wurden die Rk. zwischen $V_2O_5$(f, fl) (I; F. 656°) u. $H_2O$(g) im Temp.-Bereich von 639,0 bis 899,0° untersucht. Die Gleichgew.-Konst. der heterogenen Rk. I (f) + 3 $H_2O$(g) ⇌ 2 $VO(OH)_3$(g) läßt sich durch die Temp.-Funktion log $K_p$ = −[(9619,1 ± 116,0)/T] − (0,225 ± 0,023) beschreiben ($K_p$ in $atm.^{-1}$; T in °K); die Rk.-Enthalpie u. -Entropie betragen $\Delta H^0$ = 44,0 ± 0,5 kcal/Mol u. $\Delta S^0$ = −1,03 ± 0,10 cal/Grad · Mol. Unter Verw. von in der Literatur angegebenen thermochem. Kenngrößen wurde die Bldg.-Entropie von $VO(OH)_3$(g) bei 800 bzw. 1000 °K zu **114,1** bzw. 130,4 cal/Grad · Mol berechnet. Die Existenz des von Glemser et al. (vgl. C. **1964**, 10-0390) beschriebenen $V_2O_3(OH)_4$(g) ist sehr zweifelhaft. G. Gattow 150

*0584* **Freie Bildungsenthalpie von NbO und $Ta_2O_5$.** S. Ignatowicz und M. W. Davies. (J. less-common Metall [Lausanne] **15** (1968) 1, 100—02; London, BISRA, Brit. Steel Corp., Inter-Group Labor., Chem. Dep.; engl.) — Unter Verw. von festen Elektrolyten wurden mit Hilfe der galvan. Zellen Nb, NbO | $ThO_2$ + 1% $Y_2O_3$ | Fe, FeO u. Ta, $Ta_2O_5$ | $ThO_2$ + 5% CaO | Fe, FeO die EMK-Werte zwischen 800 u. 1100° bestimmt. Für die Freie Bldg.-Enthalpien von NbO u. $Ta_2O_5$ ergeben sich nachst. Temp.-Funktionen ($\Delta G_f^0$ in cal/Mol; T in °K): $\Delta G_f^0$(NbO) = −98830 + 20,57$_f$T u. $\Delta G_f^0(Ta_2O_5)$ = −480100 + 97,65 · T. G. Gattow 150

*0585* **Das Reaktionsgleichgewicht 2 $CrCl_3$(f, g) + $Cl_2$(g) ⇌ 2 $CrCl_4$(g).** H. Oppermann. (Z. anorg. Allg. Chem. **359** (1968) 1/2, 51—57; Berlin, Dt. Akad. der Wiss., Inst. für Metallphys. u. Reinstmetalle; dt.) — Sowohl durch Messungen mit einem Quarzmembrannullmanometer als auch durch Auswertung der im Temp.-Gefälle durch chem. Transport überführten Menge an $CrCl_3$ (I) wurde das Gleichgew. (GG) der Rk. 2 I (f, g) + $Cl_2$(g)

$\rightleftharpoons 2\,CrCl_4(g)$ zwischen 200 u. 900° untersucht; die GG-Konst. lassen sich für **I**(f) bei 675—900° u. **I**(g) bei 700 bis 900° durch nachst. Temp.-Funktionen ($K_p$ in atm; T in °K) beschreiben: log $K_p$ = [10,0017 — (12020/T)] ±0,1 u. log $K_p$ = [—8,057 + (11,010/T)] ± 0,1. Die Enthalpien der Rk. mit **I**(f) bei 1060°K bzw. **I**(g) bei 1073°K u. die Entropien betragen $\Delta H$ = 55,0 bzw. —50,4 kcal/Mol (± 1,5) u. $\Delta S$ = 46,0 bzw. —37 cal/Grad · Mol (± 1). Für die Temp.-Abhängigkeit der Dampfdrücke von **I**(f) gilt zwischen 700 u. 900° die Beziehung (p in Torr; T in °K) log p = [11,887 — (11500/T)] ± 0,1; Subl.-Enthalpie u. -Entropie $\Delta H_s$ = 56,5 ± 1,5 kcal/Mol u. $\Delta S_s$ = 47 ± 1 cal/Grad · Mol bei 298°K; Subl.-Punkt: 1005 ± 10°. Unter Verw. bekannter thermochem. Kenngrößen wurden die Bldg.-Enthalpie u. Normalentropie von $CrCl_4(g)$ bei 298°K zu $\Delta H_f$ = —92,0 bzw. —104,5 kcal/Mol u. $S^0$ = 84,2 ± 2 cal/Grad · Mol berechnet.
G. Gattow 150

*0586* **Thermochemische Untersuchung der Umsetzung von Dodekawolframatokieselsäure mit NaOH.** Vikt. I. Spicyn, G. V. Kosmodem'janskaja. (Z. neorg. Chim. **13** (1968) 8, 2213—15; Mosk. gos. univ. im. Lomonosova, Kaf. neorg. chim.; russ.) — Die Rk.-Wärme von $H_4[SiW_{12}O_{40}] + 4OH^- \rightleftharpoons [SiW_{12}O_{40}]^{4-} + 4H_2O$ beträgt 14,20 kcal/Mol. Die Zers. der Säure erfolgt nach $6[SiW_{12}O_{40}]^{4-} + 10\,OH^- \rightleftharpoons 6[SiW_{10}O_{34}]^{4-} + W_{12}O_{41}^{10-} + 5\,H_2O$. In Ggw. eines größeren Überschusses an Alkali verläuft die Rk. nach $[SiW_{12}O_{40}]^{4-} + 26OH^- \rightleftharpoons SiO_3^{2-} + 12WO_4^{2-} + 15H_2O$. J. J. Pohl 150

*0587* **Thermodynamik des Systems Mangan/wäßrige Lösung in der Abwesenheit und Anwesenheit von gelöstem Sauerstoff.** J. P. Brenet, Z. Pavlović und R. Popović. (Werkstoffe u. Korrosion **19** (1968) 5, 393—405; Strasbourg, Frankreich, Univ., Fac. des Sci., Labor. de Chim. Phys. du Solide et Electrochim.; dt.) — Unter Verw. von in der Literatur angegebenen Kenngrößen wurden 35 verschiedene Elektrodenrk. (ER) von Mn, $Mn^{2+}$, $Mn(OH)_2$ (**I**), MnO (**II**), $Mn_2O_3$ (**III**), $Mn_3O_4$ (**IV**) mit $H_2O$ bzw. 14 ER mit $H_2O + O_2$ für den pH-Bereich von 0—14 thermodynam. ber.; die Werte sind tabellar. u. graph. wiedergegeben. Als Rk.-Prod. der ER treten auf: $Mn^{2+}$, $MnOH^+$, **I**, $HMnO_2^-$, **II**, $Mn^{3+}$, $Mn(OH)_3$, **III**, MnOOH, **IV**, $Mn^{4+}$, $Mn(OH)_4$, $MnO(OH)_2$ u. $MnO_2$.
G. Gattow 150

*0588* **Kristallisationswärme von einigen amorphen Oxiden.** M. Natarajan, G. V. Chandrashekhar und C. N. R. Rao. (J. chem. Engng. Data **13** (1968) 2, 235; Kanpur, Indian Inst. of Technol., Dep. of Chem.; engl.) — Mit Hilfe der quant. DTA wurden die Krist.-Wärmen von amorphem $Al_2O_3$ (**I**), $Cr_2O_3$ (**II**), $Fe_2O_3$ (**III**) u. $TiO_2$ (**IV**) zu $\Delta H_c$ = —14, —12, —32 u. —15 kcal/Mol bestimmt. Die Kristallisation von **I**, **II**, **III** u. **IV** beginnt bei 170, 390, 260 u. 250°, während des Peakmax. bei 265, 410, 335 u. 305° liegt. Amorphes **II** u. **III** gehen in die rhomboedr. Formen über, amorphes **I** wandelt sich in γ-**I** um u. aus amorphem **IV** entsteht Anatas. G. Gattow 150

*0589* **Kalorimetrische Untersuchung über Eisen(III)-chlorid.** W. H. Mapes und N. W. Gregory. (J. chem. Engng. Data **13** (1968) 2, 249—51; Seattle, Wash., Univ. of Wash., Dep. of Chem.; engl.) — Die Subl.- u. Verdampfungsenthalpien von $FeCl_3$ (**I**) wurden kalorimetr. bei 550 u. 583°K zu $\Delta H_s$ = 30,6 ± 1 u. $\Delta H_v$ = 12,4 ± 0,5 kcal/Mol $Fe_2Cl_6$ bestimmt. Die Bldg.-Enthalpien von **I**(f) bei 298°K u. von $Fe_2Cl_6(g)$ bei 587—654°K betragen $\Delta H_f$ = —107 ± 3 u. —180 ± 5 kcal/Mol.
G. Gattow 150

*0590* **Chemische Gleichgewichte in heterogenen Systemen. 3. Mitt. System Eisen-Jod bei höheren Temperaturen.** L. Bartovská, T. Bartovský und Č. Černy. (Collect. czechoslov. chem. Commun. **33** (1968) 8, 2355—62; Prague, Inst. of Chem. Technol., Dep. of Phys. Chem.; engl.) — 2. vgl. C. **1967**, 46-0532. — Nach der Strömungsmeth. (Trägergas: Ar) wurde das Gleichgew. (GW) Fe(f) + 2J(g) $\leftrightharpoons$ $FeJ_2(g)$ zwischen 750 u. 1080° untersucht. Die GW-Konst. läßt sich durch die Temp.-Funktion log K = —2,637 + 6882/T für 750—1080° bzw. log K = —2,707 + 6772/T für 590—1080° beschreiben (T in °K); die Rk.-Enthalpie u. Entropie betragen bei 1200°K $\Delta H^0$ = —30,6 ± 0,4 kcal/Mol u. $\Delta S^0$ = —12,1 ± 0,3 cal/Grad · Mol. Unter Verw. von in der Literatur angegebenen thermochem. Kenngrößen errechnen sich die Bldg.-Enthalpie u. Normalentropie von $FeJ_2$(f) bei 298°K zu $\Delta H_f^0$ = —30,9 kcal/Mol u. $S^0$ = 41,3 cal/Grad · Mol.
G. Gattow 150

*0591* **Bestimmung der thermodynamischen Daten von Nickel(II)-acetylacetonat in Lösungsmittelgemischen.** P. S. Gentile und Ahmad Dadgar. (J. chem. Engng. Data **13** (1968) 3, 367—70; Bronx, N.Y., Fordham Univ.; engl.) — In Fortführung früherer Unters. (vgl. ibid. **13** [1968], 236) über Nickel(II)-acetylacetonat (**I**) wurden die Dissoziationskonst., Dissoziationsenergie (DE), Freie DE, Dissoziationsentropie von Acetylaceton bzw. die thermodynam. Daten der Chelatbldg. von **I** bei 0, 25 u. 40° in den bin. Syst. Methanol–$H_2O$ u. Propanol-(1)–$H_2O$ bestimmt; die Werte sind tabelliert.
G. Gattow 150

*0592* **Bestimmung thermodynamischer Eigenschaften von Oxiden des Fe, Ni, Pb, Cu und Mn durch EMK-Messungen.** G. G. Charette und S. N. Flengas. (J. electrochem. Soc. **115** (1968) 8, 796—804; Toronto, Ontario, Canada, Univ. of Toronto, Dep. of Metallurgy and Materials Sci.; engl.) — In nachst. Syst. wurden mit Hilfe von festen Elektrolyten (CaO + $ZrO_2$) die EMK-Werte bestimmt u. die Temp.-Funktionen der Freien Rk.-Enthalpien $\Delta G_R^0$ = A + B · T für einen $O_2$-Druck von 1 atm ermittelt ($\Delta G_T^0$ in cal; T in °K): A = —55844 u. B = 20,290 für β-Ni + $^1/_2O_2$ → *NiO*(f) bei 911—1376°K; —51400 u. 23,037 für Pb(fl) + $^1/_2O_2$ → *PbO*(f) bei 772 bis 1160°K; —45560 u. 17,960 für Pb(fl) + $^1/_2O_2$ → PbO(fl) bei 1160—1371°K; —62952 u. 15,493 für Fe(f) + $^1/_2O_2$ → *FeO*(f) bei 930—1540°K; —74538 u. 29,373 für 3Fe(f) + $^1/_2O_2$ → $Fe_3O_4$(f) bei 949—1272°K; —59047 u. 33,861 für 2 $Fe_3O_4$(f) + $^1/_2O_2$ → 3 $Fe_2O_3$(f)] bei 967—1373°K; —39855 u. 17,041 für 2Cu(f) + $^1/_2O_2$ → $Cu_2O$ bei 924 bis 1328°K; —31347 u. 22,643 für $Cu_2O$(f) + $^1/_2O_2$ → 2*CuO*(f) bei 892—1320°K; —53157 u. 26,585 für 3MnO + $^1/_2O_2$ → $Mn_3O_4$(f) bei 992—1393°K; —27112 u. 22,012 für 2$Mn_3O_4$(f) + $^1/_2O_2$ → 3$Mn_2O_3$(f) bei 884—1126°K. Für die Bldg.-Enthalpien bei 298°K folgt: $Cu_2O$ $\Delta H_f^0$ = —41,030 kcal/Mol; CuO —38,420; $Mn_3O_4$ —329,5; $Mn_2O_3$ —220,7; NiO —57,44. G. Gattow 150

*0593* **Gleichgewichtsdrücke von Chlor über geschmolzenem Kupfer(II)-chlorid.** D. M. Ruthven und C. N. Kenney. (J. inorg. nuclear Chem. **30** (1968) 4, 931—44; Cambridge, Dep. of Chem. Engng.; engl.) — Nach der Mitführungsmeth. (Trägergas: $N_2$) wurden die Gleichgw.-Drücke von $Cl_2$ über den geschmolzenen Syst. $CuCl_2$ (**I**)–CuCl (**II**), **I**–**II**–KCl (**III**), **I**-**II**-**III**-$LaCl_3$, **I**-**II**-$ZnCl_2$ (**IV**) u. **I**-**II**-**III**-**IV** zwischen 400 u. 500° bestimmt; die Werte sind tabellar. u. graph. wiedergegeben. Für die Enthalpie, Entropie u. Freie Enthalpie der Rk. **I**(fl) → **II**(fl) + $^1/_2Cl_2$(g) folgt $\Delta H^0$ = 14,30 ± 1,0 kcal, $\Delta S^0$ = 17,35 ± 1,0 cal/Grad · Mol u. $\Delta G^0$ = 1,77 ± 1,0 kcal für den Temp.-Bereich von 400—500°. Die ermittelten Mischungsenthalpien u. -entropien in den Syst. werden mitgeteilt. In Ggw. von **III** muß die Bldg. von $[CuCl_4]^{2-}$ berücksichtigt werden. G. Gattow 150

*0594* **Thermische Untersuchungen über Halogenide und basische Halogenide von Kupfer(II).** M. C. Ball und R. F. M. Coultard. (J. chem. Soc. [London], Sect. A **1968**, 6, 1417—19; Loughborough, Leicestershire, Univ. of Technol., Dep. of Chem.; engl.) — Nach bekanntem Verf. wurden *Cu(OH)F* (**IV**); $CuF_2 \cdot 2H_2O$ (**I**); $CuCl_2 \cdot 2H_2O$ (**II**); $CuBr_2$ (**III**); *Cu(OH)Cl* (**V**); *Botallackit*, α-$Cu_2(OH)_3Cl$ (α-**VI**); *Paratakamit*, γ-$Cu_2(OH)_3Cl$ (γ-**VI**); *Atakamit*, δ-$Cu_2(OH)_3Cl$ (δ-**VI**); $Cu_2(OH)_3Br$ (**VII**); $Cu_2(OH)_3J$ (**VIII**) hergestellt u. mit thermogravimetr. Meth. untersucht. In nachst. Temp.-Bereichen treten Zers. auf: 152—250 u. 320 bis 485° für **I**; 70—200 u. 365—570° für **II**; 187—305 u. 125—630° für **III**; 280—320 u. 320—350° für **IV**; 225 bis 340 u. 380—830° für **V**; 310—470 u. 480—950° für α-**VI**; 268—450 u. 450—820° für γ-**VI**; 260—435 u. 450—770° für δ-**VI**; 260—360 u. 370—435° für **VII**; 160—225 u. 225—400° für **VIII**. Die Aktivierungsenergien betragen: $\Delta H_A$ = 13,4 kcal/Mol für die Dehydratation von **II**; 37,7,

28,5 u. 47,5 für die Dehalogenierung von $CuCl_2$, **III** u. **VII**; 41,0 für die Ox. von CuBr; 54,0, 70,0 u. 59,0 für die Dehydroxylierung von **V**, **VI** u. **VII**.
G. Gattow 150

*0595* **Anomalien im Gleichgewicht [$Cu_2S$] + ($H_2$) ⇆ 2[Cu] + ($H_2S$).** D. Arndt und E. Kordes. (Z. anorg. allg. Chem. **359** (1968) 1/2, 1–13; Bonn, Univ., Chem. Inst.; dt.) – Mit Hilfe einer beschriebenen App. wurde das Gleichgew. der Rk. $Cu_2S(f) + H_2(g) \rightleftharpoons 2\,Cu(f) + H_2S(g)$ zwischen 200 u. 920° nach der Strömungsmeth. untersucht; die Gleichgew.-Konst. hängt von der Textur des verwendeten Cu ab. Unter Benutzung von in der Literatur angegebenen thermochem. Kenngrößen errechnen sich die Bldg.-Enthalpie (BE), -Entropie u. Freie BE von $\gamma$-$Cu_2S$ (**I**) aus Cu(f) u. rhomb. S bei 298°K zu $\Delta H_f = -18{,}1$ kcal/Mol, $\Delta S_f = 6{,}1$ cal/Grad · Mol u. $\Delta G_f = -21{,}6$ kcal/Mol. Für die Normalentropie von **I** folgt S = 29,6 cal/Grad · Mol. G. Gattow 150

*0596* **Elektrodenpotentiale und thermodynamische Daten von Ionen in wäßriger Lösung. Kupfer, Zink, Cadmium, Eisen, Kobalt und Nickel.** J. W. Larson, P. Cerutti, H. K. Garber und L. G. Hepler. (J. physic. Chem. **72** (1968) 8, 2902–07; Pittsburgh, Pa., Carnegie-Mellon Univ., Dep. of Chem.; engl.) – Die Lsg.-Enthalpien nachst. Hydrate wurden kalorimetr. bei 25,00 ± 0,15° bestimmt: $CuSO_4 \cdot 4H_2O$ $\Delta H^0 = -1{,}31$ kcal/Mol; $CuSO_4 \cdot 5H_2O$ +1,43; $ZnSO_4 \cdot 6H_2O$ –0,15; $ZnSO_4 \cdot 7H_2O$ +3,18; $CdSO_4 \cdot H_2O$ –7,66; $CdSO_4 \cdot 8/3\,H_2O$ –4,32; $FeSO_4$ –10,6; $FeSO_4 \cdot 4H_2O$ –3,3; $FeSO_4 \cdot 7H_2O$ +2,82. Unter Verw. von in der Literatur angegegenen thermochem. Kenngrößen folgt für die Bldg.-Enthalpien (BE), Freien BE der Ionen u. für die Ox.-Potentiale (Metall → Ion) $\Delta H_f^0 = 15{,}7$ kcal/Mol, $\Delta G_f^0 = 15{,}9 \pm 0{,}4$ kcal/Mol u. $E^0 = -0{,}34_5 \pm 0{,}009$ V für $Cu^{2+}(aq)$; =36,9, –35,2 u. $0{,}76_4$ für $Zn^{2+}(aq)$; –18,1, –18,6 ± 0,4 u. $0{,}40_3 \pm 0{,}009$ für $Cd^{2+}(aq)$; –22,1, –21,8 ± 0,5 u. $0{,}47_3 \pm 0{,}01$ für $Fe^{2+}(aq)$; –12 ± 1, –4,0 u. – für $Fe^{3+}(aq)$; –14,0, –13,2 ± 0,5 u. $0{,}28_7 \pm 0{,}01$ für $Co^{2+}(aq)$; –12,8, –10,5 ± 0,5 u. $0{,}22_8 \pm 0{,}01$ für $Ni^{2+}(aq)$.
G. Gattow 150

*0597* **Physikalisch-chemische Konstanten von Chlordifluoramin.** T. V. Kuznecova, L. F. Egorova, A. V. Pankratov. (Ž. neorg. Chim. **13** (1968) 8, 2304–06; russ.) – Folgende Charakteristiken von chromatograph., spektroskop. u. massenspektrometr. reinem $NF_2Cl$ wurden bestimmt: F. –190,5 ± 0,5°, Kp. –65,9 ± 0,1, log p (Torr) = 7,2661–(909,01/T), Verdampfungswärme 4,16 kcal/Mol, Troutonsche Konst. 20,0, $t_{krit.}$ 64,3 ± 0,1°, $p_{krit.,\ gemessen}$ 50,8 ± 0,5 atm, $p_{krit.,\ ber.}$ 49,1 atm. Die Dampfdruckgleichung gilt von –190,5–64,3°.
J. J. Pohl 152

*0598* **Dichte, Dampfdruck, kritische Eigenschaften, Dielektrizitätskonstante und spezifische Leitfähigkeit von Chlorpentafluorid.** H. H. Rogers, M. T. Constantine, J. Quaglino jun., H. E. Dubb und N. N. Ogimachi. (J. chem. Engng. Data **13** (1968) 3, 307–12; Canoga Park, Calif., Rocketdyne, Div. of North Amer. Rockwell Corp.; engl.) – Über einen weiten Temp.-Bereich wurden die Temp.-Funktionen nachst. Eig. von $ClF_5$ (**I**) bestimmt. Dichte ($\varrho$ in g/cm³; T in °K; Genauigkeit: ±0,0059): $\varrho = 3{,}553 - 1{,}396 \cdot 10^{-3}T + 4{,}565 \cdot 10^{-6}T^2 - 6{,}311 \cdot 10^{-9}T^3$ zwischen –80 u. +99°. Dampfdruck (P in Atm; T in °K; Genauigkeit: ±0,049): log P = 4,6029 – 1197/T. Verdampfungswärme: 5,313 kcal/Mol; Kp. –13,1°. Krit. Temp. 142,6 ± 1,0°; krit. Druck 51,9 ± 0,7 atm; krit. Dichte 0,565 ± 0,008 g/cm³; krit. Kompressibilitätsfaktor 0,28. Dielektrizitätskonst. (t in °C; Genauigkeit: ±0,02): $\varepsilon = -0{,}015 \cdot t + 3{,}08$ zwischen –80 u. –17° für **I** (fl) bzw. 1,00279 ± 0,00007 für **I**(g). Spezif. elektr. Leitfähigkeit: $< 1{,}3 \cdot 10^{-9}$ Ohm⁻¹ · cm⁻¹ zwischen –80 u. –17°. G. Gattow 152

*0599* **Massenspektrometrische und Torsions-Effusions-Untersuchungen der Verdampfung von flüssigem Selen.** R. Yamdagni und R. F. Porter. (J. electrochem. Soc. **115** (1968) 6, 601–04; Ithaca, N.Y., Cornell Univ., Dep. of Chem.; engl.) – Mit Hilfe der Knudsen-Meth. (KM) wurde die Verdampfung von fl. Se bis zu Temp. von maximal 800° massenspektrometr. untersucht; in der Gasphase liegen Spezies der Art $Se_x$ mit x = 1–8 vor. Die Verdampfungsenthalpien betragen bei 625°K: $Se_2$ 22,8 kcal/Mol; $Se_5$ 23,1; $Se_6$ 20,0; $Se_7$ 20,2; $Se_8$ 21,6. Die Schmelzenthalpie von Se ist 1,9 ± 0,2 kcal/g-Atom. Die nach der KM bzw. Torsions-Meth. zwischen 489 u. 533°K bestimmten Dampfdrücke von Se lassen sich durch die Temp.-Funktionen log P = 7,556 – 6066/T bzw. log $P_t$ = 7,233 – 6093/T beschreiben (P in atm; T in °K).
G. Gattow 152

*0600* **Schmelzpunkt von 98,9–99,6% reinem Bor.** Robert F. Kimpel und Robert G. Moss. (J. chem. Engng. Data **13** (1968) 2, 231–34; Azusa, Calif., Aerojet-Gen. Corp.; engl.) – Der F. von verschiedenen Proben B mit einer Reinheit von 98,9–99,6% wurde zu 2056–2074° (± 19°) bestimmt. B kann als Fl. bis zu Temp. von 200° unterhalb seines F. unterkühlt werden.
G. Gattow 152

*0601* **Thermodynamische Daten der Phasenumwandlungen von Quarz zwischen 848 und 1953°K.** S. A. Salam und M. R. Soliman. (Centr. Glass ceram. Res. Inst., Bull. [Calcutta] **14** (1967) 3, 81–84; Cairo, UAR, Ain Shams Univ., Fac. of Sci.; engl.) – Unter Zugrundelegung von bekannten thermochem. Daten wurden die Temp.-Funktionen der Enthalpien $\Delta H_T^0$ u. Freien Enthalpien $\Delta G_T^0$ der Umwandlungen von verschiedenen Modifikationen des $SiO_2$ (**I**) aufgestellt ($\Delta H_f^0$ u. $\Delta G_f^0$ in cal/Mol; T in °K): $\Delta H_T^0 = 154{,}08 + 3{,}19 \cdot T - 3{,}13 \cdot 10^{-3}T^2 - 2{,}7 \cdot 10^5 T^{-1}$ u. $\Delta G_T^0 = 154{,}076 + 18{,}861 \cdot T - 3{,}190 \cdot T \cdot \ln T + 3{,}13 \cdot 10^{-3}T^2 - 1{,}35 \cdot 10^5 T^{-1}$ für $\alpha$-Quarz ⇌ $\beta$-Quarz; $\Delta H_T^0 = 602{,}94 - 0{,}77 \cdot T + 0{,}35 \cdot 10^{-3}T^2$ u. $\Delta G_T^0 = 602{,}940 - 5{,}549 \cdot T + 0{,}770 \cdot T \cdot \ln T - 0{,}35 \cdot 10^{-3}T^2$ für $\beta$-Quarz *β-Tridymit*; $\Delta H_T^0 = -383{,}26 + 0{,}76 \cdot T - 0{,}30 \cdot 10^{-3}T^2$ u. $\Delta G_T^0 = -383{,}265 + 5{,}369 \cdot T - 0{,}760 \cdot T \cdot \ln T + 0{,}30 \cdot 10^{-3}T^2$ für $\beta$-Tridymit ⇌ *β-Cristobalit*; $\Delta H_T^0 = 837{,}76 - 1{,}02 \cdot T + 0{,}82 \cdot 10^{-3}T^2 + 3{,}45 \cdot 10^5 T^{-1}$ u. $\Delta G_T^0 = 837{,}760 - 6{,}602 \cdot T + 1{,}020 \cdot T \cdot \ln T - 0{,}82 \cdot 10^{-3}T^2 + 1{,}72 \cdot 10^5 T^{-1}$ für $\beta$-Cristobalit ⇌ **I** (Glas). Weitere Angaben erfolgen für die Rk. $Al_2O_3 \cdot 2SiO_2 \rightarrow \gamma$-$Al_2O_3$ + 2 **I** im Temp.-Bereich von 200 bis 2000°K. G. Gattow 152

*0602* **Thermische Analyse von Proustit.** M. M. Faktor, R. Hanks und T. H. Lemon. (J. inorg. nuclear Chem. **30** (1968) 8, 2077–80; Dollis Hill, London, Post Office Res. Station; engl.) – Mit Hilfe der dynam. Differenzkalorimetrie u. mit dilatometr. Meth. wurde das therm. Verh. von Proustit, $Ag_3AsS_3$ (**I**; F. 480 ± 5°) untersucht. Fl. **I** zeigt eine starke Unterkühlung, die bis zu 370° reichen kann. Die Schmelzenthalpie u. -Entropie von **I** betragen $\Delta H = 8{,}8 \pm 0{,}4$ kcal/Mol u. $\Delta S = 11{,}7 \pm 0{,}6$ cal/Grad · Mol. Eine Phasenumwandlung des festen **I** zwischen 30° u. dem F. konnte nicht nachgewiesen werden; die therm. Ausdehnung von **I** ist bei etwa 150° stark anisotrop. Unter Verw. von in der Literatur angegebenen thermochem. Kenngrößen konnte die Schmelzentropie von $As_2S_3$ zu ⇌ 5,2 cal/Grad · Mol ber. werden.
G. Gattow 152

*0603* **Kritische Temperatur und Koexistenzkurve von Aluminium(III)-bromid.** J. W. Johnson, W. J. Silva und Daniel Cubicciotti. (J. physic. Chem. **72** (1968) 5, 1664–68; Menlo Park, Calif., Stanford Res. Inst.; engl.) – Die D. von fl. u. gasf. $AlBr_3$ (**I**) wurden zwischen 374,3 u. 762,7°K bestimmt; die Werte sind tabelliert. Die D. der Koexistenz zwischen fl. u. gasf. **I** lassen sich durch die Temp.-Funktion $\varrho = 0{,}8608 + 0{,}8968\,[(762{,}7 - T)/762{,}7] \pm 1{,}6535\,[(762{,}7 - T)/762{,}7]^{0{,}319}$ für den Temp.-Bereich von 591–760°K beschreiben ($\varrho$ in g/cm³; T in °K; + für fl. **I**, – für gasf. **I**). Die krit. Temp. von **I** beträgt 763 ± 2°K; krit. D. 0,8605 ± 0,0023 g/cm³.
G. Gattow 152

*0604* **Dampfdruck und Verdampfungsenthalpie von geschmolzenem Aluminium(III)-bromid bis zum kritischen Punkt.** J. W. Johnson, W. J. Silva und Daniel Cubicciotti. (J. physic. Chem. **72** (1968) 5, 1669–72; engl.) – Vgl. vorst. Referat. – Die Dampfdrücke von fl. $AlBr_3$ (**I**) wurden zwischen 536–761°K im Druckbereich von 1,18 bis 28,3 atm bestimmt; sie lassen sich durch die Temp.-Funktionen log P = 4,6688 – 2451,9/T zwischen 639 u. 761°K bzw. log P = 4,1893 – 1876,8/(T – 80) zwischen 536 u. 639°K beschreiben (P in atm; T in °K). Krit.

Temp. von I 763 ± 2°K; krit. Druck 28,5 ± 0,6 atm. Die Verdampfungsenthalpien von I sind zwischen 530 u. 760,3°K graph. u. tabellar. wiedergegeben.
G. Gattow 152

0605 **Verdampfung von Ytterbiumdicarbid.** John M. Haschke und Harry A. Eick. (J. physic. Chem. **72** (1968) 5, 1697–1702; East Lansing, Mich., Mich. State Univ., Dep. of Chem.; engl.) — Durch Kombination von Knudsen-Meth. u. Massenspektrometer wurde die Verdampfung von $YbC_x$ mit $1{,}5 \leq x \leq 2{,}2$ zwischen 1100 u. 1550°K untersucht. Die Verdampfung von $YbC_2$ (I) erfolgt nach I(f) → Yb(g) + 2C(f). Für die Dampfdrücke von Yb über I(f) gilt die Temp.-Funktion (P in atm; T in °K) $2{,}303 \cdot R \cdot \log P = [(-50{,}8_{90} \pm 6_{40})/T] + (18{,}9_8 \pm 0{,}5_0)$. Unter Verw. von in der Literatur angegebenen thermochem. Kenngrößen errechnet sich unter Anwendung des 2. u. 3. Hauptsatzes die Bldg.-Enthalpie von I(f) bei 298°K zu $\Delta H_f^0 = -18{,}_0 \pm 1{,}_0$ kcal/Mol.
G. Gattow 152

0606 **Thermische Analyse von Germanium(II)-sulfid.** L. Ross und M. Bourgon. (Canad. J. Chem. **46** (1968) 14, 2464–68; Montreal, Quebec, Univ. de Montréal, Dep. of Chem.; engl.) — DTA-Unters. von GeS (I) zeigten, daß die Angaben von Pashinkin et al. (vgl. C. **1965**, 21-0481) über das Phasendiagramm des bin. Syst. Ge–S nicht richtig sind. I disproportioniert peritekt. bei 650° nach I(f) → x Ge(f) + $Ge_{1-x}S$(fl). Der in der Literatur bei 590° angegebene Umwandlungspunkt von I konnte nicht bestätigt werden. G. Gattow 152

0607 **Konversionselemente sechsfacher reziproker Systeme.** E. A. Alekseeva und N. S. Dombrovskaja. (Ž. neorg. Chim. **13** (1968) 8, 2274–80; VNI konstruktorskij inst. chim. masšt.; russ.) — Das Schema der singulären Sterne für das sechsfache reziproke Syst. Na, K, Ag ‖ Cl, Br, J, $NO_3$ wurde bestimmt. Die Konversionsfigur der Salze des Syst. wurde auf Grund der ber. Wärmeeffekte der Austauschrk. ermittelt. Das Syst. ist vom singulären Typ mit stark ausgeprägter Entmischung u. Mischkrist.-Bldg. in einem breiten Konz.-Bereich. Die Mischkrist. sind vom Typ Na(K)Cl(Br, J) u. AgBr(J).
J. J. Pohl 154

0608 **Gleichgewicht Flüssigkeit–Gas des Systems Helium–Kohlendioxid.** R. F. Mackendrick, C. K. Heck und P. L. Barrick. (J. chem. Engng. Data **13** (1968) 3, 352–53; Boulder, Colo., Univ. of Colo., Dep. of Chem. Engng.; engl.) — Die Gleichgew. zwischen fl. u. gasf. Phase des Syst. He–$CO_2$ wurden bis zu Drücken von 200 atm zwischen 219,9 u. 289,9°K bestimmt. Für 6 Isothermen sind die P/T- u. Zus./T-Diagramme graph. wiedergegeben. G. Gattow 154

0609 **Löslichkeit von gasförmigem Argon in wäßrigen Alkalimetallhalogenidlösungen. Temperaturkoeffizient des Aussalzparameters.** H. Lawrence Clever und Charles J. Holland. (J. chem. Engng. Data **13** (1968) 3, 411–14; Atlanta, Ga., Emory Univ., Dep. of Chem.; engl.) — Vf. bestimmten die Löslichkeiten (LK) von Ar bei 1 atm Druck in wss. Lsg. von *LiCl*, *NaCl*, *NaBr*, *NaJ* u. *KCl* bis zu Konz. von 2,5 molal im Temp.-Bereich von 23–40°. In Verb. mit weiteren Literaturangaben über die LK bei höheren Temp. bzw. über die LK von $CO_2$ u. $CH_4$ folgt, daß die Aussalzparameter mit steigender Temp. abnehmen bzw. ein Minimum durchlaufen. Die ber. Änderungen der Molwärmen beim Übergang eines Gases aus $H_2O$ in eine 1 molale Salzlsg. sind als Funktion der Temp. (10 bis 60°) graph. wiedergegeben; sie nehmen bei 30° in der Reihenfolge $H_2 > C_2H_4 > CO_2 > C_4H_{10} > C_3H_8 > C_2H_6 > CH_4 > N_2 > Ar$ ab. G. Gattow 154

0610 **Löslichkeit und thermodynamische Daten der Lösung von Argon im System Wasser–Äthylenglykol.** A. Ben-Naim. (J. physic. Chem. **72** (1968) 8, 2998–3001; Jerusalem, Israel, Hebrew Univ., Dep. of Phys. Chem.; engl.) — Die Löslichkeiten von Ar im fl. bin. Syst. $H_2O$-Äthylenglykol wurden über dem gesamten Konz.-Bereich zwischen 5 u. 25° bestimmt. Die ermittelten Ostwald-Koeff., die $\Delta\mu_s^0$-Werte sowie die Lsg.-Enthalpien u. -Entropien sind als Funktion der Zus. des Lsgm. u. der Temp. graph. wiedergegeben. G. Gattow 154

0611 **Extraktion von Salpetersäure mit verschiedenen phosphororganischen Verbindungen in Gegenwart von Aussalzmitteln.** V. T. Orechov, V. A. Minaev und V. D. Fedorov. (Ž. neorg. Chim. **13** (1968) 8, 2230–33; Mosk. chim.-technol. inst. im. Mendeleeva; russ.) — Mit wachsendem Säuregrad der wss. Phase entstehen in der organ. Phase bei der Extraktion von $HNO_3$ mit neutralen phosphororgan. Verb. R wie Tributylphosphat, Diisooctylmethylphosphonat, Butyldibutylphosphinat u. Trioctylphosphinoxid folgende Verb. $R \cdot H_2O \rightarrow R_2 \cdot HNO_3 \cdot H_2O \rightarrow R \cdot HNO_3 \rightarrow R \cdot (HNO_3)_n \cdot (H_2O)_m$ ($n > 1, m > 0$). In Ggw. von Aussalzmitteln wie $NH_4NO_3$, $Ca(NO_3)_2$ oder $Al(NO_3)_3$ nimmt der Säuregrad der wss. Gleichgew.-Phase, bei dem sich die Verb. $R \cdot HNO_3 \cdot H_2O$ in der organ. Phase bildet, stark ab.
J. J. Pohl 154

0612 **Extraktion von Chrom(VI) mit Tri-n-octylamin aus schwefelsauren Lösungen.** I. A. Fedorov und Ju. F. Ždanov. (Ž. neorg. Chim. **13** (1968) 8, 2227–29; Inst. obšč. i neorg. chim. im. Kurnakova AN SSSR; russ.) — Chrom(VI) wird durch Tri-n-octylamin (I) aus $H_2SO_4$-Lsg. in Form von Chromationen nach einem Ionenaustauschmechanismus extrahiert. Ein Mol. Chromsäure verbindet sich mit 2 Mol I. J. J. Pohl 154

0613 **System $H_3BO_3$–$CO(NH_2)_2$–$H_2O$ bei 25, 52, 60 und 75°.** V. G. Skvorcov, I. G. Družinin und S. D. Beskov. (Ž. neorg. Chim. **13** (1968) 8, 2281–83; Mosk. oblastnoj ped. inst. im. Krupskoj; russ.) — Bei 52–75° entsteht im Syst. die bin. Verb. $H_3BO_3 \cdot 2CO(NH_2)_2$, die sich bei 52/60° inkongruent, bei 75° kongruent löst, D. 1,4094 g/cm³, Molvol. 129,048, spezif. Vol. 0,7095, Löslichkeit in W. bei 25° 63,419(%), bei 20° in Bzl. 0,0104; in Aceton 0,8832; in A. 14,54; in Toluol 0,0257 u. in p-Xylol 0,0163. Die Verb. ist in $CCl_4$ unlöslich.
J. J. Pohl 154

0614 **System LiOH–RbOH–$H_2O$ bei 150°.** L. S. Itkina und S. E. Ostrovitjanova. (Ž. neorg. Chim. **13** (1968) 8, 2290–94; Inst. obšč. i neorg. chim. im. Kurnakova AN SSSR; russ.) — Die Löslichkeitsisotherme des Syst. LiOH–RbOH–$H_2O$ bei 150° besteht aus drei Kurvenzweigen, entsprechend der Kristallisation von LiOH, Rb·OH u. der inkongruent lösl. Verb. *3LiOH · RbOH*. 3LiOH · RbOH wurde röntgenograph., thermograph., mkr. u. IR-spektroskop. bei 3000–4000 cm⁻¹ charakterisiert, Ng = 1,547, Nm = 1,540, Np = 1,532, rhomb. Kristalle. J. J. Pohl 154

0615 **System $CaSO_4$–$Na_2SO_4$–NaCl–$H_2O$ zwischen 25 und 100°.** Jacob Block und O. B. Waters jun. (J. chem. Engng. Data **13** (1968) 3, 336–44; Clarksville, Md., W. R. Grace and Co., Washington Res. Center; engl.) — Mit DTA u. den üblichen Meth. wurde das Syst. $CaSO_4$–$Na_2SO_4$–NaCl–$H_2O$ bei geringen NaCl-Geh. zwischen 25 u. 100° untersucht; das Phasendiagramm ist in Form von Schnitten graph. wiedergegeben. Nachst. Phasen, deren Entstehungsbedingungen u. Existenzbereiche mitgeteilt werden, treten in dem Syst. auf: *Thenardit*, $Na_2SO_4$; *Mirabalit*, $Na_2SO_4 \cdot 10\,H_2O$; *Anhydrit*, $CaSO_4$; *Gips*, $CaSO_4 \cdot 2H_2O$; *Glauberit*, $Na_2SO_4 \cdot CaSO_4$; $Na_2SO_4 \cdot 5CaSO_4 \cdot 3H_2O$; metastabiles $2Na_2SO_4 \cdot CaSO_4 \cdot 2H_2O$.
G. Gattow 154

0616 **Systeme $Cd(NO_3)_2$–$KNO_3$–$H_2O$ und $Cd(NO_3)_2$–$CsNO_3$–$H_2O$.** M. A. Jakimov und E. V. Zalkind. (Ž. neorg. Chim. **13** (1968) 8, 2300–03; Leningradskij gos. univ.; russ.) — Die Löslichkeitsisothermen des Syst. $Cd(NO_3)_2$–$KNO_3$–$H_2O$ wurden bei 25 u. 50°, die von $Cd(NO_3)_2$–$CsNO_3$–$H_2O$ bei 25° untersucht. Bei 25° enthält die Löslichkeitsisotherme des Syst. mit $K^+$ zwei Kristallisationszweige von $Cd(NO_3)_2 \cdot 4\,H_2O$ u. $KNO_3$ bei 50° drei Zweige von $Cd(NO_3)_2 \cdot 2\,H_2O$, $Cd(NO_3)_2$ u. $KNO_3$. Im Syst. mit $Cs^+$ treten bei 25° drei Zweige von $Cd(NO_3)_2 \cdot 4\,H_2O$, $Cd(NO_3)_2 \cdot 2\,CsNO_3 \cdot 2\,H_2O$ u. $CsNO_3$ auf.
J. J. Pohl 154

0617 **Umsetzung von Quecksilberchlorid mit Natriumhydroxid in wäßrigen Lösungen.** V. G. Bobryšev und E. A. Gjunner. (Ž. neorg. Chim. **13** (1968) 8, 2234–37; Krymskij pedagog. inst. im. Frunze; russ.) — Die Umsetzung im Syst. $HgCl_2$–NaOH–$H_2O$ wurde durch Best. der Dichte, des Brechungsindex, des pH, sowie durch chem. Analyse der festen u. fl. Phasen untersucht. Die

Lage der ausgezeichneten Punkte der Isothermen der untersuchten Eig. deutet auf einen quant. Verlauf der Rk. $4\,HgCl_2 + 6\,NaOH \rightleftharpoons 3\,HgO \cdot HgCl_2 + 6\,NaCl + 3\,H_2O$ (bei $HgCl_2:NaOH = 2:3$) bzw. $HgCl_2 + 2\,NaOH = HgO + 2\,NaCl + H_2O$ (bei $HgCl_2:NaOH$ 1:2). Beim Verhältnis $HgCl_2:NaOH > 2:3$ bilden sich im Syst. Nd. mit sich ändernder Zusammensetzung. Chem.-analyt. Daten bestätigen die Bldg. von $3\,HgO \cdot HgCl_2$.
J. J. Pohl 154

*0618* **Löslichkeit von Scandiumhydroxid in KOH-Lösungen.** B. N. Ivanov-Emin, L. D. Borzova und B. E. Zajcev und M. Mekes Fišer. (Ž. neorg. Chim. **13** (1968) 8, 2238–40; Univ. družby narodov im. Lumumby, Kaf. neorg. chim.; russ.) – Die Löslichkeit von $Sc(OH)_3$ wurde bei KOH-Konz. von 2 bis 14,5 m bei 25 ± 0,1° bestimmt. Das Löslichkeitsmax. von $Sc(OH)_3$ liegt bei einer Alkalikonz. von 13,5 m bei 2,94 g/l. Bis zum Löslichkeitsmax. fällt Sc-Hydroxid aus, bei höheren Alkalikonz. befindet sich $K_2[Sc(OH)_5(H_2O)] \cdot 3\,H_2O$ (**I**) in der festen Phase. **I** wurde röntgenograph. u. IR-spektroskop. im Bereich 500–3600 $cm^{-1}$ charakterisiert.
J. J. Pohl 154

*0619* **Umsetzung von Yttriumnitrat mit Alkalimetall- und Ammoniumcarbonat in verdünnten Lösungen.** I. V. Šachno, I. A. Minaevy, N. A. Konstantinova und V. E. Pljuščev. (Ž. neorg. Chim. **13** (1968) 8, 2241–46; Mosk. inst. tonkoj chim. technol. im. Lomonosova; russ.) – Die Syst. $Y(NO_3)_3$–$Me_2CO_3$–$H_2O$ ($Me = Li^+, Na^+, Rb^+, Cs^+$ u. $NH_4^+$) wurden bei 25° mit der Rest-Konz.-Meth. u. durch Best. der $H^+$-Ionenkonz. untersucht. Bei der Umsetzung von 0,01 m $Y(NO_3)_3$-Lsg. mit 0,1 m $Me_2CO_3$-Lsg. entsteht beim Verhältnis $Me_2CO_3^{2-}/Y \cdot (NO_3)_3 = 0{,}3$–4 normales Y-Carbonat $Y_2(CO_3)_3$.
J. J. Pohl 154

*0620* **Umsetzung von Erbiumnitrat mit Alkalimetall- und Ammoniumcarbonaten in verdünnten Lösungen.** I. V. Šachno, I. A. Minaeva, A. B. Benediktova und V. E. Pljuščev. (Ž. neorg. Chim. **13** (1968) 8, 2102–05; russ.) – Vgl. vorst. Referat. – Die Syst. $Me_2CO_3$–$Er \cdot (NO_3)_3$–$H_2O$, Me=Li, Na, K, Rb, Cs u. $NH_4$ wurden mit der Restkonz.-Meth. u. durch Best. des Lsg.-pH bei 25° bei den Molverhältnissen $Me_2CO_3:Er(NO_3)_3 = 0{,}5$–3,0 untersucht. Bei der Umsetzung von 0,01 m $Er(NO_3)_3$-Lsg. mit 0,1 m Alkalimetall- u. Ammoniumkarbonatlsg. entsteht nur das normale Er-Carbonat $Er_2(CO_3)_3 \cdot n\,H_2O$.
J. J. Pohl 154

*0621* **Systeme $ZrOCl_2$–Mg(Sr, Ba)$Cl_2$–$H_2O$ bei 25°.** I. N. Beljaev und L. M. Lobas. (Ž. neorg. Chim. **13** (1968) 8, 2295–99; Rostovskij-na-Donu gos. univ., Chim. fak.; russ.) – Die Syst. $ZrOCl_2$–$MgCl_2$–$H_2O$, $ZrOCl_2$–$SrCl_2$–$H_2O$ u. $ZrOCl_2$–$BaCl_2$–$H_2O$ wurden bei 25° durch Best. der Löslichkeit, der Sättigungskurve, der Viskosität, Dichte u. elektr. Leitfähigkeit von gesätt. Lsg. untersucht. Alle drei Syst. haben euton. Charakter, die Zus. der Eutonika ist 0,20 (Gew.-% $ZrOCl_2$), 34,87% $MgCl_2$ bzw. 11,33 u. 25,22% $SrCl_2$, sowie 36,48 u. 0,10% $BaCl_2$. Im Syst. mit $SrCl_2$ wirken beide Salze aufeinander als Aussalzmittel.
J. J. Pohl 154

*0622* **Phasengleichgewicht im System $La_2O_3$–$UO_3$–$H_2O$ bei 270°.** N. V. Zubova, V. M. Makarov, V. D. Nikol'skij, P. N. Petrov, E. G. Teterin und N. T. Čebotarev. (Ž. neorg. Chim. **13** (1968) 8, 2284–89; russ.) – Im Syst. entstehen bei 270° die Verb. $La_2O_3 \cdot 4\,UO_3 \cdot 4\,H_2O$ u. $La_2O_3 \cdot 2\,UO_3 \cdot 2{,}6\,H_2O$, die therm. unbeständig sind u. sich beim Entwässern zersetzen. Das Tetrahydrat krist. hexagonal, a = 6,878 (± 0,003 Å), c = 6,871. Die therm. Zers. der Verb. bei 1050° führt zu Mischkrist. von $UO_3$ u. $La_2O_3$ mit kub. Gitter vom $CaF_2$-Typ. Die Daten des Röntgenogramms von $La_2O_3 \cdot 4\,UO_3 \cdot 4\,H_2O$ sind tabelliert.
J. J. Pohl 154

*0623* **Umsetzung von Kupfersulfat mit Ammoniumchromat in wäßrigen Lösungen.** A. I. Careva und E. A. Gjunner. (Ž. neorg. Chim. **13** (1968) 8, 2247–50; Krymskij inst. im. Frunze; russ.) – Die Umsetzung im Syst. $CuSO_4$–$(NH_4)_2CrO_4$–$H_2O$ wurde durch Best. der Brechungsindizes, der Dichte, des pH-Werts, der Extinktion, sowie durch chem. Analyse der fl. Phase untersucht. Beim Verhältnis $(NH_4)_2CrO_4:CuSO_4 < 2{,}7$ bilden sich Nd. mit sich ändernder Zusammensetzung. Beim Verhältnis $(NH_4)_2CrO_4:CuSO_4 \geq 2{,}7$ entsteht $(NH_4)_2 \cdot CrO_4 \cdot 2\,CuCrO_4 \cdot Cu(OH)_2$ (**I**), das sich nach $5\,(NH_4)_2 \cdot CrO_4 + 3\,CuSO_4 + H_2O \rightleftharpoons 3(NH_4)_2SO_4 + (NH_4)_2CrO_7 +$ **I** bildet.
J. J. Pohl 154

*0624* **Thermische Analyse der Systeme KCl–$K_2SO_4$ und LiCl–$Li_2SO_4$.** E. K. Akopov und E. I. Korobka. (Ž. neorg. Chim. **13** (1968) 8, 2312–13; Krasnodarskij politechn. inst.; russ.) – Thermograph. u. DTA-Unters., sowie visuell-polytherme Daten ergeben einen eutekt. Punkt von KCl–$K_2SO_4$ bei 42,5% $K_2SO_4$ u. 694°. Die polymorphe Umwandlung von $K_2SO_4$ verläuft bei ca. 294°. $Li_2SO_4$ erleidet in LiCl–$Li_2SO_4$ eine polymorphe Umwandlung bei 650°, sie ist irreversibel u. verläuft bei 91,5% $Li_2SO_4$. Eine andere polymorphe Umwandlung findet bei 572° u. 85% $Li_2SO_4$ statt. LiCl wandelt sich bei 565° u. 18,5% $Li_2SO_4$ um, der eutekt. Punkt liegt bei 482° u. 53,5% $Li_2SO_4$.
J. J. Pohl 154

*0625* **Dichte und Molvolumen von Schmelzen aus Alkalimetall- und Bariumchloriden.** E. S. Jagub'jan und G. A. Buchalova. (Ž. neorg. Chim. **13** (1968) 8, 2251–53; Rostovskij-na-Donu, inž. stroitel'nyj inst.; russ.) – Die Dichte von Schmelzen der bin. Syst. KCl–$BaCl_2$, NaCl–$BaCl_2$, LiCl–$BaCl_2$, CsCl–$BaCl_2$ u. $BaF_2$–$BaCl_2$ wurde ermittelt. Beim Übergang von Li zu Cs wird das Phasendiagramm des Syst. $Me_2Cl_2$–$BaCl_2$ komplizierter. Das Syst. $Li_2Cl_2$–$BaCl_2$ ist eutekt., im Cs-haltigen Syst. entstehen zwei Verbindungen. Die negative Abweichung der Dichteisothermen von der Additivität verstärkt sich in der gleichen Richtung, die Isothermen der Molvol. zeigen die gleiche Tendenz bei positiver Abweichung. Die Bldg. komplizierter Ionen in der Schmelze, die Keime für bin. Salze wie $BaF_2 \cdot BaCl_2$, $K_2Cl_2 \cdot BaCl_2$, darstellen bewirkt eine Zunahme des Molvol. im Vgl. zur additiven Größe. Der Zerfall der assoziierten Komponenten (Cs- u. Ba-Chlorid sowie Ba-Fluorid) führt zur Abnahme des Molvol. der Gemische. Die Struktur u. Art der Schmelzen werden auf Grund von Daten der elektr. Leitfähigkeit, der Viskosität, der Oberflächenspannung u. der Vol.-Eig. der Schmelzen diskutiert.
J. J. Pohl 154

*0626* **Löslichkeiten und Spektren von Cadmium in verdünnten geschmolzenen Cadmiumchlorid-Salz-Mischungen.** D. A. Wenz. (J. chem. Engng. Data **13** (1968) **3**, 448–49; Argonne, Ill., Argonne Nat. Labor., Chem. Engng. Div.; engl.) – Best. der Löslichkeiten u. Absorptionsmaxima von Cd in verd. Mischungen von $CdCl_2$ in *LiCl*, in LiCl (59 Mol-%) + *KCl* (41) u. in $MgCl_2$ (50) + *NaCl* (30) + KCl (20) bei 500 u. 650°. Über das Vorliegen von $Cd_2^{2+}$ in den Schmelzen wird diskutiert.
G. Gattow 154

*0627* **Thermische Untersuchungen einiger Systeme. 3. Mitt. Alkalimetallhalogenid-Aluminiumhalogenid.** L. K. van der Kamp und J. W. van Spronsen. (Z. anorg. allg. Chem. **361** (1968) 5/6, 328–32; Utrecht, Reichsuniv., Analyt.-Chem. Labor.; dt.) – 2. vgl. C. **1968, 37**-0560. – Mit visuellen Meth. wurden die bin. Syst. von RbCl (**I**) u. CsCl (**II**) mit $AlCl_3$ (**III**) untersucht; die Phasendiagramme sind graph. wiedergegeben. Im Syst. **I–III** tritt die bei 336° schmelzende kongruente Verb. $RbAlCl_4$ auf. Die 2 Eutektika liege nbei 319° (52,8 Mol-% **I**) u. 147° (27,9). Von 0,4– < 18 Mol-% **I** befindet sich ein Entmischungsgebiet (EG), das zwischen 18 u. 22 Mol-% **I** nicht stabil ist. Das Syst. **II–III** enthält die kongruente Verb. $CsAlCl_4$ (F. 378°) u. 2 Eutektika bei 350° (55,7 Mol-% **II**) u. 150° (28,7). Das EG des Syst. **II–III** stimmt mit dem des Syst. **I–III** bez. der Zus. überein.
G. Gattow 154

*0628* **System Tl, Cs, Cd ∥ Br.** I. K. Tovmas'jan und V. P. Radina. (Ž. neorg. Chim. **13** (1968) 8, 2268–69; Rostovskij-an-Donu, pegagog. inst., Kaf. chim.; russ.) – Das Schmelzdiagramm des Syst. Tl, Cs, Cd ∥ Br wurde auf Grund von visuell-polythermen Unters. konstruiert, es enthält drei Kristallisationsfelder der Komponenten u. drei der kongruent schmelzenden Verb. $CdBr_2 \cdot 2\,CsBr$, $CdBr_2 \cdot CsBr$ u. $CdBr_2 \cdot TlBr$. Die nonvarianten Punkte des Syst. sind $E_1$, F. 350°, 12 (Äqu% $Cs_2Br_2$), 19 (% $Tl_2 \cdot Br_2$), 69 (% $CdBr_2$), (Gleichgew.-Phasen) $Cs_2Br_2$, TlBr · $CdBr_2$, $CdBr_2 \cdot CsBr$, $E_2$, F. 308°, 7, 45, 48, $Tl_2Br_2$, TlBr · $CdBr_2$, $CdBr_2 \cdot CsBr$, $E_3$, F. 330°, 25, 33, 42, $Tl_2Br_2$, $CdBr_2 \cdot CsBr$, $CdBr_2 \cdot 2\,CsBr$, $E_4$, F. 365°, 33, 39, 28,

$Tl_2Br_2$, $CdBr_2 \cdot 2\,CsBr$, $Cs_2Br_2$, $e_1$, F. 356°, 12, 21, 67, $TlBr \cdot CdBr_2$, $CdBr_2 \cdot CsBr$, $e_2$, F. 335°, 22, 33, 45, $Tl_2Br_2$, $CdBr_2 \cdot 2\,CsBr$, $e_3$, F. 380, 35, 37, 28, $Tl_2Br_2$, $CdBr_2 \cdot CsBr$. J. J. Pohl 154

*0629* **System Tl, Cs, Cd || Cl, Br.** V. P. Radina und I. K. Tovmas'jan. (Ž. neorg. Chim. **13** (1968) 8, 2270 bis 2273; russ.) — Vgl. vorst. Referat. — Die Schmelzdiagramme der Syst. $Tl_2Br_2$–$Cs_2Cl_2$–$CdCl_2$, $Tl_2Br_2$–$Cs_2Cl_2$–$CdBr_2$, Tl, Cs, Cd || Cl u. Tl, Cs, Cd || Br wurden auf Grund von visuell-polythermen Daten konstruiert. Die Kristallisationsoberfläche des Syst. $Tl_2Cl_2$–$Cs_2Cl_2$–$CdCl_2$ enthält drei Felder der Komponenten u. drei der kongruent schmelzenden Verb. $CdCl_2 \cdot CsCl$, $CdCl_2 \cdot 2\,CsCl$ u. $CdCl_2 \cdot TlCl$. Die vier nonvarianten Punkte: $E_1$, F. 374°, 4 (Äqu% $Cs_2Cl_2$), 17 (% $Tl_2Cl_2$), 79 ($CdCl_2$), (Gleichgew.-Phase) $CdCl_2$, $CdCl_2 \cdot TlCl$, $CdCl_2 \cdot CsCl$, $E_2$, F. 290°, 62, 35, 3, $CdCl_2 \cdot CsCl$, $CdCl_2 \cdot TlCl$, $Tl_2Cl_2$, $E_3$, F. 346°, 54, 19, 27, $CdCl_2 \cdot CsCl$, $Tl_2Cl_2$, $CdCl_2 \cdot 2\,CsCl$, $E_4$, F. 350°, 55, 28, 17, $CdCl_2 \cdot 2\,CsCl$, $Tl_2Cl_2$, $Cs_2Cl_2$. Im Syst. Tl, Cs, Cd||Cl zerfallen die Mischkrist. von Tl- u. Cs-Chlorid bei 382°. Die Liquidusoberfläche des Syst. $Tl_2Br_2$–$Cs_2Cl_2$–$CdCl_2$ enthält Felder von $Tl_2(Cl, Br)_2$, $Cs_2(Cl, Br)_2$, $Cd(Cl, Br)_2$, $Cs[Cd(Cl, Br)_3]$, $Cs_2[Cd(Cl, Br)_4]$ u. $Tl[Cd(Cl, Br)_3]$. Die nonvarianten Punkte liegen bei: $E_1$, F. 370°, 8 (Äqu% $Cs_2Cl_2$), 77 (%$CdCl_2$), 15 (%$Tl_2Br_2$), $E_2$, F. 285°, 6, 42, 52, $E_3$, F. 324°, 22, 34, 44, $E_4$, F. 344°, 33, —, 46. Die Kristallisationsoberfläche des Syst. $Tl_2Br_2$–$Cs_2Cl_2$–$CdBr_2$ enthält Kristallisationsfelder von $Tl(Cl, Br)_2$, $Cs_2(Cl, Br)_2$, $Cd(Cl, Br)_2$, $Cs[Cd(Cl, Br)_3]$, $Cs_2[Cd(Cl, Br)_4]$, $Tl[Cd(Cl, Br)_3]$. Die nonvarianten Punkte liegen bei: $E_1$, F. 350°, 16 (Äqu% $Cs_2Cl_2$), 70 (% $CdBr_2$), 14 (% $Tl_2 \cdot Br_2$), $E_2$, F. 292°, 8, 43, 49, $E_3$, F. 316°, 27%, 36, 37, $E_4$, F. 354°, 39, 26, 35. J. J. Pohl 154

*0630* **Umsetzung von Titanchloriden mit NaCl in Schmelzen.** V. D. Savin. (Ž. neorg. Chim. **13** (1968) 8, 2262—67; russ.) — $TiCl_3$ reagiert mit NaCl in Schmelzen unter Komplexionenbldg. in Abhängigkeit von der Temp. der Schmelze u. der NaCl-Konzentration. Mit der Zunahme der Temp. sinkt der Rk.-Grad, bei 920° findet keine Rk. mehr statt. Bei NaCl-Konz. < 75 Mol-% überwiegen in Chloridschmelzen die endothermen Dissoziationsprozesse von NaCl. Mit wachsender Temp. verlaufen diese Prozesse intensiver. Die Stabilität komplexer Ti(III)-Ionen wächst bei steigender Temp. mit deren sinkendem Chloridgeh., während sie mit zunehmendem NaCl-Geh. in den Schmelzen sinkt. Die Umsetzung von Titandichlorid mit NaCl verläuft in Schmelzen mit > 26 Mol-% NaCl aus energet. Gründen nur beschränkt. J. J. Pohl 154

*0631* **Löslichkeit von $VOCl_3$, $TiCl_4$ und $SiCl_4$ in geschmolzenem Kalium- und Natriumchlorid.** R. Ch. Kurmaev und S. A. Amirova. (Ž. neorg. Chim. **13** (1968) 8, 2258 bis 2261; Permskij politechn. inst.; russ.) — Die Löslichkeit von $VOCl_3$ in fl. KCl oder NaCl wächst mit steigender Temp., während die von $TiCl_4$ u. $SiCl_4$ dabei sinkt. Die Art des Lsgm.-Kations beeinflußt wesentlich die Größe der Löslichkeit der untersuchten Chloride. Die Löslichkeit von $VOCl_3$, $TiCl_4$ u. $SiCl_4$ ist in geschmolzenem KCl höher als in geschmolzenen NaCl. J. J. Pohl 154

*0632* **Verdampfungsgleichgewichte des Systems $Nb_3 \cdot J_8$(f)–$Nb_6J_{11}$(f).** Mary Angela Kust, John D. Corbett und Robert M. Friedman. (Inorg. Chem. [Washington] **7** (1968) 10, 2081—86; Ames, Ia., Ia. State Univ., Dep. of Chem., Inst. for Atom. Res.; engl.) — Nach der Transpirationsmeth. bzw. mit Hilfe eines stat. Verf. wurden die Dampfdrücke über dem bin. Syst. $Nb_3J_8$ (I)–$Nb_6J_{11}$ (II) zwischen 613 u. 714° bzw. 611 u. 725° bestimmt; es gelten die Temp.-Funktionen (p in Torr; T in °K): $\log p = -(12{,}77 \cdot 10^3/T) + 14{,}48$ bzw. $\log p = -(12{,}35_7 \cdot 10^3/T) + 14{,}22_9$. Für die Enthalpien u. Entropien nachst. Verdampfungsrk. folgt bei 937°K: $\Delta H° = 57{,}1 \pm 1{,}8$ kcal/Mol u. $\Delta S° = 51{,}6 \pm 1{,}7$ cal/Grad · Mol für 7/15 **I**(f) → 1/15 **II**(f) + $NbJ_3$(g); 59,3 ± 2,0 u. 52,1 ± 1,7 für 4/5 **I**(f) → 2/5 **II**(f) + $J_2$(g). Bei Temp. > 700° reagiert $NbJ_3$(g) mit Vycorglas unter Bldg. von $Nb_5Si_3$(f) u. wahrscheinlich $NbOJ_3$(g), das zu tieferen Temp. hin chem. transportiert u. als $NbOJ_2$(f) abgeschieden wird. G. Gattow 154

*0633* **Lösungen von Natrium-Metall-Legierungen in geschmolzenen Natriumhalogeniden. Beweis für Wismut- und Antimonanionen.** Masatoshi Okada, Ronald A. Guidotti und John D. Corbett. (Inorg. Chem. [Washington] **7** (1968) 10, 2118—24; Ames, Ia., Ia. State Univ., Dep. of Chem., Inst. for Atomic Res.; engl.) — Die Löslichkeiten von Leg. verschiedener Zus. der bin. Syst. von Na mit *Au, Tl, Sn, Pb, Sb, Bi* wurden im fl. Syst. NaCl–NaJ eutekt. Zus. (63 Mol.-% NaJ; F. 570°) bzw. in NaJ u. KJ als Funktion der Temp. bestimmt. Während die Leg. von Na mit Au, Tl, Sn, Pb nur wenig in der Schmelze lösl. sind, lösen sich Leg. der bin. Syst. Na–Bi u. Na–Sb besser; in den Schmelzen konnten die Spezies $Na_3Ni$, (NaBi) u. $Na_3Sb$, NaSb, $NaSb_3$ nachgewiesen werden. Aus kryometr. Messungen folgt, daß in den Schmelzen die Anionen $Bi^{3-}$ bzw. $Sb^{3-}$ u. $Sb_3^{3-}$ vorliegen. G. Gattow 154

*0634* **Phasendiagramm des Systems Niob–Sauerstoff.** E. Fromm und H. Jehn. (J. less-common Metals [Lausanne] **15** (1968) 2, 242—43; Stuttgart, MPI für Metallforsch., Inst. für Sondermetalle; engl.) — Die von Taylor et al. (vgl. ibid. **13** (1967) 313) am bin. Syst. Nb–$O_2$ erhaltenen Vers.-Ergebnisse, deren experimentelle Meßwerte mit denen der Vf. übereinstimmt, werden kinet. gedeutet. Es wird darauf hingewiesen, daß in dem Syst. die Proben bei Temp. < 1600° $O_2$ absorbieren. Als wichtigste Mol. liegen Nb, NbO u. $NbO_2$ in der Gasphase über dem Syst. Nb–$O_2$ vor. G. Gattow 154

*0635* **Phasenuntersuchungen im System Eisen–Selen.** J. E. Dutrizac, M. B. I. Janjua und J. M. Toguri. (Canad. J. Chem. **46** (1968) 9, 1171—74; Pointe Claire, Quebec, Noranda Res. Centre; engl.) — Mit Hilfe von DTA sowie visuellen u. Abschreckmeth. wurde das bin. Syst. Fe–Se über dem gesamten Konz.-Bereich untersucht; das Zustandsdiagramm ist bis zu Temp. von 1700° graph. wiedergegeben. In dem Syst. treten nachst. feste Phasen auf: *FeSe* (**I**; F. 1070 ± 5° kongruent bei 53,6 Atom-% Se; Umwandlungstemp. bei 385°) mit einer Phasenbreite (PB) von etwa 50 bis 55 Atom-% Se bei 20°; *$FeSe_2$* (F. 585° inkongruent) mit geringer PB. Der eutekt. Punkt zwischen Fe u. **I** liegt bei 960 ± 5° u. 44,4 Atom-% Se. G. Gattow 154

*0636* **Thermodynamische Aktivitäten von NiO in festen Lösungen des Systems NiO–MgO.** S. Seetharaman und K. P. Abraham. (Indian J. Technol. **6** (1968) 4, 123 bis 124; Bangalore, Indian Inst. of Sci., Dep. of Metallurgy; engl.) — Über dem gesamten Konz.-Bereich wurden die EMK-Werte von festen Lsg. des bin. Syst. NiO–MgO mit Hilfe der galvan. Feststoffzelle Pt|Ni, NiO|(0,85 $ZrO_2$ + 0,15 CaO)|Ni, (x NiO + (1 — x) MgO)|Pt zwischen 1200 u. 1350°K bestimmt. Die ermittelten Aktivitäten von NiO, die positive Abweichungen vom idealen Verh. zeigen, sind graph. wiedergegeben. G. Gattow 154

*0637* **Isopiestische Gleichgewichtsmessungen der Dampfdrücke über verdünnten flüssigen Lösungen von Nickel in Cadmium.** Donald R. Conant und Guy R. B. Elliott. (J. chem. Engng. Data **13** (1968) 3, 354—56; Los Alamos, N.Mex., Univ. of Calif., Los Alamos Sci. Labor.; engl.) — Unter Verw. einer isopiest. Waage wurden die Dampfdrücke von Cd über 17 Leg. des bin. Syst. Cd–Ni im Bereich von 0,008—0,045 $N_{Ni}$ (= Molenbruch Ni) bei 823°K bestimmt. Die Aktivitäten von Cd lassen sich durch die Beziehung $P_{Cd(Leg.)}/P_{Cd} = 1 - 1{,}06 \cdot N_{Ni}$ beschreiben ($P_{Cd(Leg.)}$ bzw. $P_{Cd}$ = Dampfdruck von Cd über den Leg. bzw. über reinem Ni bei konst. Temp.). G. Gattow 154

*0638* **Thermodynamische Parameter von Erdalkalimetallmonofluoriden.** S. P. Tanner, J. B. Walker und G. R. Choppin. (J. inorg. nuclear Chem. **30** (1968) 8, 2067 bis 2070; Tallahassee, Fla., Fla. State Univ., Dep. of Chem.; engl.) — Durch potentiometr. Titration u. kalorimetr. Meth. wurden die thermodynam. Daten nachst. Monofluoride in wss. Lsg. bei einer Ionenstärke von 1,00 m $NaClO_4$ zwischen 2 u. 39° bestimmt. Bei 25,0° betragen die Stabilitätskonst. 20,8 ± 1,0 für $MgF^+$(aq) (**I**), 4,3 ± 0,3 für $CaF^+$(aq) (**II**), 1,4 ± 0,2 für $SrF^+$(aq) (**III**) u. 0,6 ± 0,2 für $BaF^+$(aq) (**IV**). Für die Enthalpien, Freie Enthalpien u. Entropien der Rk. $M^{2+}$(aq) + $F^-$(aq)

$\rightleftharpoons MF^+(aq)$ folgt: **I** $\Delta H = 3{,}2 \pm 0{,}2$ kcal/Mol, $\Delta G = -1{,}80 \pm 0{,}03$ kcal/Mol u. $\Delta S = 16{,}8 \pm 0{,}7$ cal/Grad · Mol; **II** $3{,}5 \pm 0{,}2$, $-0{,}86 \pm 0{,}04$ u. $15{,}0 \pm 0{,}7$; **III** $4 \pm 2$, $-0{,}20 \pm 0{,}08$ u. $14{,}0 \pm 8$; **IV** $0 \pm 4$, $+0{,}30 \pm 0{,}20$ u. $-1{,}0 \pm 14$. G. Gattow 156

*0639* **Sulfosalicylatokomplexe von Zink.** M. G. Muškina, M. S. Novakovskij und Vu Van Lyu. (Ž. neorg. Chim. **13** (1968) 8, 2309–11; russ.) — Die Sulfosalicylatokomplexe von Zn wurden bei $25 \pm 0{,}1°$ u. $\mu = 1{,}0$ ($NaClO_4$) mit der EMK-Meth. untersucht. Im Syst. entstehen zwei Komplexe der Zus. 1:1 u. 1:2 ($Zn^{2+}$:Ligand), $pK_1 = 6{,}69 \pm 0{,}03$ u. $pK_2 = 10{,}87 \pm 0{,}09$. J. J. Pohl 156

*0640* **Chlorocadmium-Komplexe.** V. A. Latyševa und I. N. Andreeva. (Ž. neorg. Chim. **13** (1968) 8, 2080–84; Leningradskij gos. univ.; russ.) — Die Dichte in den Syst. $Cd(ClO_4)_2$–$H_2O$, $Cd(ClO_4)_2$–$CaCl_2$–$H_2O$, $Cd(ClO_4)_2$–$Ca(ClO_4)_2$–$H_2O$ u. $Ca(ClO_4)_2$–$CaCl_2$–$H_2O$ wurde bei 25° bestimmt. Das Vol. nimmt beim Vermischen von $CaCl_2$- u. $Cd(ClO_4)_2$-Lsg. stark zu. Diese Vol.-Zunahme wird durch teilweise Dehydratation der Cd- u. Cl-Ionen bei der Bldg. von Komplexen erklärt. J. J. Pohl 156

*0641* **Stabilität von Quecksilberdithiocarbaminaten.** F. M. Tuljupa, L. M. Tkačeva und Ju. I. Usatenko. (Ž. neorg. Chim. **13** (1968) 8, 2058–61; Dnepropetrovskij, chim. technol. inst. im. Dzeržinskogo; russ.) — Die Dissoziationsprod. folgender Hg-Diorganyldithiocarbamate wurden auf Grund von potentiometr. Titrationsvers. bei $20 \pm 1°$ bestimmt: *Dimethyl-* $(1{,}9 \pm 0{,}5) \cdot 10^{-39}$, *Diäthyl-* $(1{,}6 \pm 0{,}7) \cdot 10^{-41}$, *Dipropyl-* $(5{,}4 \pm 1{,}4) \cdot 10^{-43}$, *Diisopropyl-* $(3{,}1 \pm 1{,}4) \cdot 10^{-43}$, *Dibutyl-* $(2{,}0 \pm 0{,}7) \cdot 10^{-47}$, *Dicyclohexyl-* $(1{,}5 \pm 0{,}5) \cdot 10^{-50}$, *Dihexyl-* $(5{,}5 \pm 1{,}4) \cdot 10^{-51}$, *Dibenzyl-* $(1{,}1 \pm 0{,}4) \cdot 10^{-50}$, *N-Piperidyl-* $(1{,}5 \pm 0{,}5) \cdot 10^{-42}$, $^{-}SSC$–N–$(CH_2)_2$–N($CSS^-$)–$CH_2$–$CH_2$ $(1{,}3 \pm 0{,}4) \cdot 10^{-44}$, *$HOC_2H_4N$–$(CH_2)_2$–N($CSS^-$)–$CH_2$–$CH_2$* $(1{,}0 \pm 0{,}3) \cdot 10^{-38}$, *Benzyläthanol-* $(4{,}3 \pm 1{,}3) \cdot 10^{-46}$, *Butyl-* $(1{,}2 \pm 0{,}4) \cdot 10^{-41}$, *Isopentyl-* $(4{,}0 \pm 0{,}9) \cdot 10^{-41}$, *Cyclohexyl-* $(5{,}6 \pm 2{,}3) \cdot 10^{-42}$, *Hexyl-* $(1{,}1 \pm 0{,}5) \cdot 10^{-44}$, *Heptan-2-* $(5{,}1 \pm 1{,}0) \cdot 10^{-46}$, *Heptyl-* $(1{,}3 \pm 0{,}5) \cdot 10^{-46}$, *Benzyl-* $(6{,}0 \pm 1{,}8) \cdot 10^{-42}$, *β-Phenylisopropyl-* $(3{,}9 \pm 1{,}0) \cdot 10^{-44}$, *Phenyl-* $(0{,}9 \pm 0{,}2) \cdot 10^{-40}$, *m-Tolyl-* $(1{,}0 \pm 0{,}3) \cdot 10^{-41}$. J. J. Pohl 156

*0642* **Stabilität von Seltenerdmetallkomplexverbindungen mit Methylthymolblau.** T. V. Mal'kova und N. A. Fateeva. (Ž. neorg. Chim. **13** (1968) 8, 2094–2101; Ivanovskij chim.-technol. inst.; russ.) — Die Gleichgew.-Konst. der Komplexbldg.-Rk. von $Ln^{3+}$ [nach $H_nInd^{n-6} + Ln^{3+} \rightleftharpoons LnH_{n-m}Ind^{n-3-m} + mH^+$ bzw. $LnH_{n-m}Ind^{n-3-m} + Ln^{3+} \rightleftharpoons Ln_2H_{n-m-p}Ind^{n-m-p} + p \cdot H^+$] mit Methylthymolblau (**I**; $H_nInd^{n-6}$) wurden in folgenden Syst. auf Grund von spektrophotometr. Daten bei 400–700 nm z. $20 \pm 2°$ bestimmt: *$La^{3+}$*-**I** ($K_1$ =) $1{,}1 \cdot 10^{-6}$, ($K_2$ =) $6{,}3 \cdot 10^{-7}$, *$Nd^{3+}$*-**I** $1{,}0 \cdot 10^{-5}$, $1{,}0 \cdot 10^{-3}$, *$Sm^{3+}$*-**I** $1{,}6 \cdot 10^{-5}$, $1{,}3 \cdot 10^{-3}$, *$Gd^{3+}$*-**I** $2{,}5 \cdot 10^{-5}$, $3{,}2 \cdot 10^{-3}$, *$Ho^{3+}$* $3{,}2 \cdot 10^{-3}$, $1{,}0 \cdot 10^{-1}$, *$Er^{2+}$* $1{,}0 \cdot 10^{-3}$, $3{,}2 \cdot 10^{-3}$. Die beiden Komplexarten dürften die Zus. $LnH_2Ind^-$ u. $Ln_2H_2Ind(OH)_2$ haben. J. J. Pohl 156

*0643* **Stabilität einiger Europium-β-diketonate in wäßrigen Lösungen.** A. S. Berljand, A. I. Byrkė und L. I. Martynenko. (Ž. neorg. Chim. **13** (1968) 8, 2106–10; Mosk. gos. univ., Kaf. neorg. chim.; russ.) — Die Stabilitätskonst. der Eu-β-Diketonate $EuA_3$ mit (HA =) *Selenoylbenzoylmethan* $K_1 = (3{,}15 \pm 0{,}46) \cdot 10^5$, $K_2 = (2{,}13 \pm 0{,}13) \cdot 10^5$, $K_3 = (1{,}10 \pm 0{,}12) \cdot 10^5$, *Selenoylaceton*, $K_1 = (1{,}74 \pm 0{,}27) \cdot 10^6$, $K_2 = (1{,}11 \pm 0{,}067) \cdot 10^6$, $K_3 = (3{,}93 \pm 0{,}15) \cdot 10^5$, *Benzoylaceton* $K_1 = (7{,}82 \pm 0{,}86) \cdot 10^6$, $K_2 = (3{,}0 \pm 0{,}20) \cdot 10^6$, $K_3 = (1{,}8 \pm 0{,}051) \cdot 10^6$ u. *Dibenzoylmethan*. $K_1 = (3{,}8 \pm 0{,}81) \cdot 10^7$, $K_2 = (4{,}6 \pm 0{,}43) \cdot 10^6$, $K_3 = (2{,}85 \pm 0{,}08) \cdot 10^5$ wurden neben den Verteilungskonst. $\lambda_3 = 22{,}7 \pm 1{,}36$; $16{,}6 \pm 0{,}8$; $28{,}57 \pm 1{,}3$ u. $18{,}5 \pm 1{,}11$ durch Best. der Extraktionsgleichgew. zwischen wss. $Eu(NO_3)_3$-Lsg. von HA in Bzl. oder $CHCl_3$ ermittelt. J. J. Pohl 156

*0644* **Thoriumnitrit-Komplexe.** A. M. Golub, V. A. Kalibabčuk und K. M. Bojko. (Ž. neorg. Chim. **13** (1968) 8, 2111–16; russ.) — Die Rk. von $ThCl_4$ mit $NaNO_2$ in Methanol u. DMF wurde spektrophotometr., konduktometr. u. polarograph. untersucht. Polarograph. Unters. zeigen, daß die Stabilität der Komplexe beim Übergang von DMF zu Methanol wächst. Die graph. ermittelten Näherungswerte der stufenweisen Gleichgew.-Bldg.-Konst. von $[Th(OCH_3)_2NO_2]^+$, $[Th(OCH_3)_2 \cdot (NO_2)_2]$ u. $[Th(OCH_3)_2(NO_2)_3]^-$ betragen in methanol. Lsg. $K_1 = 5{,}9 \cdot 10^{-3}$, $K_2 = 6{,}8 \cdot 10^{-5}$ u. $K_3 = 1{,}3 \cdot 10^{-6}$; im Syst. $ThCl_4$–$NaNO_2$–DMF betragen die Werte $7{,}8 \cdot 10^{-3}$, $9{,}4 \cdot 10^{-5}$, $1{,}6 \cdot 10^{-6}$ u. für $[Th(OCH_3)_2(NO_2)_4]^{2-}$ $4{,}1 \cdot 10^{-8}$. $Th(NO_2)_4 \cdot 4DMF$ zersetzt sich bei 224° unter DMF-Abspaltung u. schmilzt bei 265°. Die Nitrogruppen u. das Th-Atom sind über C-Atome koordiniert. Das IR-Spektrum des dargestellten Th-Nitrits wurde bei 400–2000 $cm^{-1}$ aufgenommen. J. J. Pohl 156

*0645* **Polymere Niob- und Tantaloxalate und -tartrate.** A. N. Nevzorov und N. S. Onoprienko. (Ž. neorg. Chim. **13** (1968) 8, 2131–34; russ.) — Die Anwesenheit von polymeren Nb- u. Ta-Oxalatkomplexen neben den monomeren Formen wurde mit der Dialysemeth. gezeigt. Die Rk.-Fähigkeit der polymeren Verb. ist in vielen Fällen kleiner als die der monomeren. In weinsauren Lsg. befindet sich Ta in Form polymerer Teilchen mit dem Polymerisationsfaktor 10–1000, Nb ist weniger stark polymerisiert. Die Rk.-Fähigkeit der polymeren Ta-Tartrate hängt vom Säuregrad der Lsg. u. von der Tartratkonz. u. a. ab. Eine polymere Verb. mit K:Ta:$H_4C_4 \cdot O_6^{2-}$ = 0,5:1:1 wurde bei pH 1,3 aus einer Lsg. mit 7,7 · $10^{-3}$ m Ta, 0,16 m Tartrat u. 0,37 m Sulfat isoliert, sie ist in Oxal-, Wein- u. Citronensäure, in $H_2SO_4$ mit pH 2 u. in alkal. Lsg. mit KOH $\geq 0{,}1$ m löslich. J. J. Pohl 156

*0646* **Bestimmung von Gleichgewichtskonstanten mit magnetischen Methoden. 4. Mitt. Hydrolyse von Ammoniumoxopentabromomolybdat(V).** Bogusława Jeżowska-Trzebiatowska und Mikołaj Rudolf. (Roczniki Chem. [Ann. Soc. chim. Polonorum] **41** (1968) 7/8, 1221 bis 1229; Wrocław, Univ., Dep. of Inorg. Chem.; engl.) — 3. vgl. C. **1969**, 7-0591. — Nach der Meth. von Gouy wurde die Hydrolyse von $(NH_4)_2[MoOBr_5]$ (**I**) in wss. HBr bei 1, 20 u. 40° magnet. untersucht. Es wird angenommen, daß in gelöstem **I** tetramere Anionen vorliegen u. daß die Hydrolyse nach $[Mo_4(OH)_4O_4Br_{12}]^{4-} + 8H_2O \rightleftharpoons [Mo_4 \cdot O_6Br_4O_4(H_2O)_4]^{4-} + 8H^+ + 8Br^-$ erfolgt. Die Gleichgew.-Konst. betragen $K = (44{,}7 \pm 4) \cdot 10^{12}$ für 1°, $(23{,}0 \pm 4) \cdot 10^{12}$ für 20° u. $(11{,}9 \pm 3) \cdot 10^{12}$ für 40°; für die Rk.-Enthalpie u. -Entropie folgt $\Delta H^0 = -5{,}78$ kcal/Mol u. $\Delta S^0 = 41{,}4$ cal/Grad · Mol. G. Gattow 156

*0647* **EPR-Untersuchung von Molybdän(V)-Phosphathalogenid- und -arsenatchlorid-Komplexen.** I. N. Marov, Ju. N. Dubrov, V. K. Beljaeva, A. N. Ermakov. (Ž. neorg. Chim. **13** (1968) 8, 2140–52; Inst. geochim. i analit. chim. im. Vernadskogo; russ.) — Der Zustand von Mo(V) wurde in $PO_4^{3-}$–$Cl^-$-, $PO_4^{3-}$–$Br^-$, $PO_4^{3-}$–$J^-$- u. $AsO_4^{3-}$–$Cl^-$-Lsg. EPR-spektroskop. untersucht. Außer den gemischten Komplexen $MoOCl_{4-j}(H_2PO_4)_j^-$, $MoOBr_{4-j}(H_2PO_4)_j^-$, $MoOCl_{4-j} \cdot (H_2AsO_4)_j^-$ wurde die Anwesenheit eines Phosphat–Bromid-Dimers gefunden. Die Größe der g-Faktoren u. der Hyperfeinaufspaltung ($^{95,97}Mo$) wurde bestimmt. Der Anteil der einzelnen Komplexformen wurde in Abhängigkeit der Konz.-Verhältnisse ermittelt. Die Gleichgew.-Konst. der Rk. $MoOX_4^- + jH_3PO_4 \rightleftharpoons MoOX_{4-j}(H_2PO_4)_j^- + jH^+ + jX^-$ (X = $Cl^-$, Br) wurden bestimmt. In den EPR-Spektren von $MoOCl_{4-j}(H_2AsO_4)_j^-$ wurde eine zusätzliche Hyperfeinaufspaltung von $^{75}As$ beobachtet, die die Best. der Anzahl der Arsenatgruppe im Komplex gestattet. Es wird angenommen, daß in den Lsg. cis- u. trans-Formen von $MoOX_2Y_2^-$ auftreten. Die Stabilität der anorgan. Mo(V)-Komplexe sinkt nach $MoOF_4^- > MoO(H_2AsO_4)_4^- > MoOCl_4^- > MoO(H_2PO_4)_4^- > MoOBr_4^- > MoO(HSO_4)_4^- > MoOJ_4^-$. J. J. Pohl 156

*0648* **Pu(IV) in Oxalatlösungen.** V. A. Matjucha, N. N. Krot und A. D. Gel'man. (Ž. neorg. Chim. **13** (1968) 8, 2124–27; Inst. fiz. chim. AN SSSR; russ.) — Die Löslichkeit von Na-Oxalat in $K_4[Pu(C_2O_4)_4]$- u. $K_4[Fe(CN)_6]$-Lsg. wurde bei 25° bestimmt. In gesätt. $Na_2C_2O_4$-Lsg. (Konz. 0,35–0,40 m) zeigt $[Pu(C_2O_4)_4]^{4-}$ keine Neigung

zur Bldg. on $[Pu(C_2O_4)_5]^{6-}$. In diesen Lsg. liegt Pu vorwiegend in Form des Tetraoxalat-Anions vor.
J. J. Pohl 156

*0649* **Hydrolyse von Mangan(II) in 1m ($Na_2$, Mn)$SO_4$-Lösungen bei 25°.** S. Fontana und F. Brito. (Inorg. chim. Acta [Padowa] **2** (1968) 2, 179—80; Dep. de Quim. Inorg., Fac. de Ciensias, Univ. Central., Caracas, Venezuela; engl.) — Vf. untersuchten die Hydrolyse von $Mn^{2+}$ (0,1—1,0 m) in 1 m ($Na_2$, Mn)$SO_4$-Lsg. bei 25° durch Ermittlung von EMK-Werten. Die Ergebnisse (Gleichgwe.-Konst.) werden bez. der Hydrolyserk. q $Mn^{2+}$ + p $H_2O$ $\rightleftharpoons$ $[Mn_q(OH)_p]^{(2q-p)+}$ + p $H^+$ für p = 1 u. q = 1, bzw. 1 u. 2, bzw. 3 u. 2 ausgewertet. — Vorl. Mitteilung.
G. Gattow 156

*0650* **Polarographische Untersuchung von Eisen(III)-Komplexen mit Trihydroxyglutarsäure.** E. G. Čikryzova, S. Ja. Mašinskaja und L. G. Kirijak. (Ž. neorg. Chim. **13** (1968) 8, 2153—60; russ.) — Das polarograph. Verh. der Komplexe wurde in Abhängigkeit von Lsg.-pH u. Trihydroxyglutarsäurekonz. untersucht. Der bei pH 4,6 entstehende Komplex wird an der Elektrode reversibel reduziert. Im Komplex sind am Fe(III) drei Säuremol. koordiniert. Die Red. des Fe(III)-Komplexes führt zu einem Fe(II)-Komplex mit zwei Säuremol. im Komplex. Die Änderung der thermodynam. Charakteristiken (Entropie, elektrochem. Affinität, Rk.-Enthalpie) bei der irreversiblen Red. der bei pH 4,6 gebildeten Fe(III)-Trihydroxyglutarat-Komplexe wurde bestimmt.
J. J. Pohl 156

*0651* **Zusammensetzung und Stabilitätskonstante von Chlorokupfer(I)-Komplexen in konzentrierten Lösungen.** T. G. Suchova, O. N. Temkin, R. M. Flid und T. K. Kalija. (Ž. neorg. Chim. **13** (1968) 8, 2073—79; Mosk. inst. tonkoj chim.-technol. im. Lomonosova; russ.) — Die Zus. der Cu(I)-Komplexe in Syst. CuCl–$NH_4Cl$–$NH_4NO_3$–$H_2O$ wurde bei 25° bestimmt, die Instabilitätskonst. der sich bildenden Chlorokomplexe betragen $CuCl_2^-$ 1,1 · $10^6$, $CuCl_3^{2-}$ 9,6 · $10^5$, $CuCl_4^{3-}$ 4,0 · $10^5$, $Cu_2Cl_3^-$ 2,0 · $10^{12}$, $Cu_2Cl_4^{2-}$ 1,5 · $10^{12}$, $Cu_2Cl_5^{3-}$ 1,0 · $10^{12}$, $Cu_2Cl_6^{4-}$ 4,3 · $10^{11}$, $Cu_3Cl_4^-$ 3,6 · $10^{18}$, $Cu_3Cl_5^{2-}$ 4,0 · $10^{18}$, $Cu_3Cl_6^{3-}$ 2,8 · $10^{18}$, $Cu_3Cl_7^{4-}$ 1,8 · $10^{18}$, $Cu_4Cl_5^-$ 2,0 · $10^{25}$, $Cu_4Cl_6^{2-}$ 2,0 · $10^{25}$, $Cu_4Cl_7^{3-}$ 5,0 · $10^{24}$, $Cu_4Cl_8^{4-}$ 5,0 · $10^{24}$, $Cu_5Cl_6^-$ 1,0 · $10^{32}$, $Cu_5Cl_7^{2-}$ 5,0 · $10^{31}$, $Cu_5Cl_8^{3-}$ 3,0 · $10^{31}$, $Cu_5Cl_9^{4-}$ 2,0 · $10^{31}$. Die Fehlergrenze der Werte ist bei einkernigen Komplexen 15—20, bei $Cu_5$-Komplexen 100 Relativ-%.
J. J. Pohl 156

*0652* **Stabilität von Übergangmetallkomplexen mit einigen makromolekularen Liganden.** V. A. Barabanov, S. L. Davydova und N. A. Platė. (Ž. fiz. Chim. **42** (1968) 4, 990—92; Inst. neftechim. sint. AN SSSR; russ.) — Die Stabilitätskonst. folgender Metallkomplexe von durch Polykondens. von Azelainsäurediäthylester er-

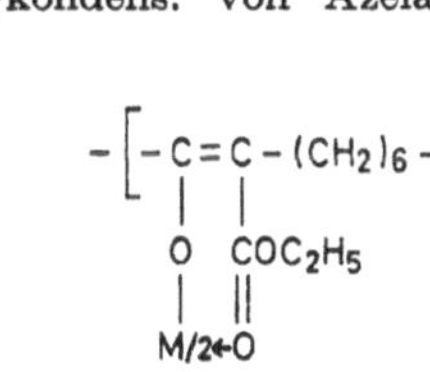
A

haltenen Poly-$\beta$-Ketoestern des Typs A (vgl. Abb.) mit n = 12—18 wurden durch Titration bei 25 ± 0,5° unter Ar bestimmt: (Me =) $Mn^{2+}$, (log $K_1$) 3,60, (log $K_2$) 3,50, log B) —5,70; $Co^{2+}$ 3,80, 3,55, —5,45; $Ni^{2+}$ 3,90, 3,65, —5,25; $Cu^{2+}$ 4,10, 3,90, —4,80. (B = $[ML_2][H^+]^2/[HL]^2 \cdot [M^{2+}]$. Die analogen Daten der Acetylacetonatokomplexe sind: $Mn^{2+}$ 5,70, 4,80, —10,60, $Co^{2+}$ 6,80, 5,80, —8,50; $Ni^{2+}$ 7,40, 6,10, —7,60; $Cu^{2+}$ 9,80, 8,60, —2,70.
J. J. Pohl 156

## A-5. Elektrochemie

*0653* **Poisson'sche Gleichung als Gleichgewichtsbedingung in elektrochemischen Systemen.** H. A. Christopher und C. W. Shipman. (J. electrochem. Soc. **115** (1968) 5, 501—06; Worcester, Mass., Worcester Polytechn. Inst.; engl.) — Die bekannten Unters. über Gleichgew.-Bedingungen in elektrochem. Syst. berücksichtigen nicht das elektrostat. Feld als mögliche Variable. Auf Grund der Potentialdifferenz zwischen den Elektroden existiert ein elektrostat. Feld, das wegen seines Einfl. auf die innere Energie des Syst. in die Gleichgew.-Betrachtung einbezogen werden muß. Es wird eine theoret. Unters. beschrieben, bei der der elektr. Verschiebungsvektor als Variable angesehen wird. Die Ergebnisse zeigen, daß die Poissonsche Gleichung eine zusätzliche Gleichgew.-Bedingung zu den üblichen Bedingungen des elektrochem. Potentials, des Drucks u. der Temp. darstellt.
C. Herold 161

*0654* **Messung der Faradayschen Impedanz schneller Elektrodenprozesse durch eine Impedanzbrücke mit einem Induktor.** Takuma Tanaka und Hideo Imai. (Bull. chem. Soc. Japan **41** (1968) 3, 577—82; Hiroshima Univ., Fac. of Gen. Educat.; engl.) — Zur genauen Best. der kinet. Parameter schneller Elektrodenprozesse wird die Anwendung einer Impedanzbrücke mit einem parallel zur Zelle liegenden Induktor vorgeschlagen. Die Theorie der Meth. u. ein Auswerteverf. werden ausführlich dargelegt. Die Schaltung wurde experimentell bis zu Frequenzen von 50 kHz erprobt. Als Anwendungsbeispiel wurde die Elektrodenrk. $Cd^{2+}$ + 2e → Cd(Hg) an der Hg-Tropfelektrode bei 25° untersucht. Dabei wurde der Durchtrittsfaktor zu 0,17 u. die heterogene Geschw.-Konst. zu 0,064 cm $Sek.^{-1}$ bestimmt.
C. Herold 161

*0655* **Zur Theorie der Elektrodenreaktionen.** V. G. Levič, R. R. Dogonadze und A. M. Kuznecov. (Doklady Akad. Nauk SSSR **179** (1968) 1, 137—40; Inst. ėlektrochim. AN SSSR; russ.) — Es wird eine krit. Betrachtung der bisherigen Vers. zur Berechnung der Geschw.-Konst. K einer Elektrodenrk. gegeben u. mit Hilfe eines allg. Ansatzes unter Berücksichtigung sowohl der Eig. der Lsg. wie auch der der Elektrode eine exaktere Berechnung von K vorgenommen. C. Herold 161

*0656* **Untersuchungen an Pulverelektroden.** 1. Mitt. Witold Tomassi. (Wiadomości chem. **22** (1968) 1 (247), 1—34; Kat. Chem. Fiz., Politechn., Warszawa; pol.) — Übersicht. — 91 Literaturangaben.
Rolf Heyer 161

*0657* **Untersuchungen an Pulverelektroden.** 2. Mitt. Witold Tomassi. (Wiadomości chem. **22** (1968) 2 (248), 89—120; pol.) — 1. vgl. vorst. Referat. — Fortsetzung der Übersicht. — 76 Literaturangaben.
Rolf Heyer 161

*0658* **Einfluß der Natur der Anionen auf die Struktur von Wasser.** A. S. Solovkin. (Ž. strukturnoj Chim. **9** (1968) 2, 305—06; russ.) — Tabellar. werden Werte für den Koeff. $\varrho'$ angegeben (Oberflächendichte der Packung von W.-Mol. in der 1. Koordinationsschicht der Anionen), die aus Daten der Aktivitätskoeff. der Ionen ber. wurden. Folgende Kationen-Anionenpaare werden behandelt: $Mg^{2+}$–$Cl^-$($NO_3^-$); $Ca^{2+}$–$Cl^-$($Br^-$, $J^-$, $NO_3^-$). $Sr^{2+}$–$Cl^-$($Br^-$, $J^-$, $NO_3^-$); $Ba^{2+}$–$Cl^-$($Br^-$, $J^-$); $H^+$–$Cl^-$ ($J^-$, $NO_3^-$, $ClO_4^-$); $Li^+$ (oder $Na^+$)–$Cl^-$ ($Br^-$, $J^-$, $NO_3^-$, $ClO_4^-$); $K^+$ (oder $Rb^+$ oder $Cs^+$)–$Cl^-$ ($Br^-$, $J^-$, $NO_3^-$) u. $UO_2^{2+}$–$NO_3^-$.
H. Roschkowski 162

*0659* **Freie Exzeßenergien und verwandte Eigenschaften von Elektrolytlösungen.** George Scatchard. (J. Amer. chem. Soc. **90** (1968) 12, 3124—27; Cambridge, Mass., MIT, Dep. of Chem., Labor. of Nuclear Sci.; engl.) — Theoret. Behandlung von Lsg. mit verschiedener Anzahl von Elektrolyten verschiedener Wertigkeiten. Analyt. Ausdrücke für die Freien Exzeßenergien, osmot. Koeff., Aktivitätskoeff. der Komponenten u. Exzeßenthalpien werden mitgeteilt. Über nachst. Näherungsmeth. wird diskutiert: Brønstedsches Prinzip (1922) der spezif. Wechselwrkg., Regel von Lewis (1921) über die Ionenstärke, Harnedsche (1943) sowie Youngsche Regeln (1957), Querschnittsregel von Böttger (1857), Hypothese von Guggenheim (1961, 1966). G. Gattow 162

*0660* **Temperaturabhängigkeit der Volumenänderungen beim Mischen von Elektrolytlösungen.** Henry E. Wirth und Antonio LoSurdo. (J. chem. Engng. Data **13** (1968) 2, 226—31; Syracuse, N.Y., Syracuse Univ., Dep. of Chem.; engl.) — Es wurden die D. wss. Lsg. von

*$Li_2SO_4$* (I), *LiCl* (II), *$Na_2SO_4$* (III), *NaCl* (IV), I + II, III + IV, I + III bei einer Ionenstärke von 4 im Temp.-Bereich von 5–45° dilatometr. bestimmt u. die Vol.-Änderungen beim Mischen der Elektrolytlsg. ermittelt; die Werte sind graph. u. tabellar. wiedergegeben.
G. Gattow 162

*0661* **Osmotische Eigenschaften einiger Elektrolyte in wäßriger Lösung bei 60°.** William T. Humphries, Carl F. Korht und C. Stuart Patterson. (J. chem. Engng. Data **13** (1968) 3, 327–30; Greenville, S.C., Furman Univ., Dep. of Chem.; engl.) — Mit Hilfe einer beschriebenen isopiest. App. wurden die osmot. Eig. wss. Lsg. von NaCl mit verschiedenen Konz. an *KBr*, *KCl* u. *$Na_2SO_4$* bei 59,98 ± 0,01° bestimmt. Die Werte sind tabellar. u. graph. wiedergegeben. Für die isopiest. Verhältnisse werden Gleichungen mitgeteilt.
G. Gattow 162

*0662* **Scheinbare molale Volumina von wäßrigen Lösungen einwertiger Salze bei verschiedenen Temperaturen.** Frank J. Millero und Walter Drost-Hansen. (J. chem. Engng. Data **13** (1968) 3, 330–33; Miami, Fla., Univ. of Miami, Inst. of Marine Sci.; engl.) — Die D. von 0,1 m wss. Lsg. von *LiCl, NaCl, KCl, RbCl, CsCl, NaF, KBr, KJ* u. *$KNO_3$* wurden zwischen 20 u. 40° mit Hilfe eines magnet. Schwimmdensitometers bestimmt, die D. sind tabellar. u. in Form von D./T-Gleichungen wiedergegeben. Für die scheinbaren molalen Vol. (SMV) für unendliche Verdünnung folgt bei 25°: LiCl 16,96 ml/Mol; NaCl 15,65; KCl 26,93; RbCl 31,87; CsCl 39,09; NaF –2,17; KJ 45,34; KBr 33,87; $KNO_3$ 38,34. Die SMV stimmen mit den in der Literatur angegebenen gut überein.
G. Gattow 162

*0663* **Gleichgewichtsuntersuchungen an Polyanionen.** 16. Mitt. **Gleichgewichte von Molybdaten in 3 m $NaClO_4$ bei 52°.** Yukiyoshi Sasaki und Lars Gunnar Sillén. (Ark. Kemi **29** (1968) 22, 253–77; engl.) — 7. vgl. C. **1965**, 41-0570. — Durch Ermittlung der EMK-Werte mit Hilfe von Glas- u. Chinhydronelektroden wurden die Gleichgew. zwischen $H^+$ u. $MoO_4^{2-}$ in 3 m $NaClO_4$ im Konz.-Bereich von 0,16098–0,0003125 m $MoO_4^{2-}$ bei 25° untersucht u. die Löslichkeiten von $MoO_3$ in 3,0 m $NaClO_4$ als Funktion der $H^+$-Konz. bei 25,00 ± 0,1° bestimmt, die Werte sind tabellar. u. graph. wiedergegeben. Die Existenz der Ionen $[MoO_4]^{2-}$ u. $[Mo_7O_{24}]^{6-}$ konnte sichergestellt werden. Die Ergebnisse werden mit den in der Literatur angegebenen verglichen u. diskutiert. — 79 Literaturangaben.
G. Gattow 162

*0664* **Potentiometrische Säure-Base-Titrationen in Salzschmelzen.** 5. Mitt. **Vergleichende Untersuchung über den Säurecharakter von Kationen der 1. und 2. Gruppe.** A. M. Shams El Din, H. D. Taki El Din und A. A. El Hosary. (Electrochim. Acta [London] **13** (1968) 3, 407–16; Labor. of Electrochem. and Corrosion, Nat. Res. Centre, Dokki, Cairo; engl.) — 4. vgl. C. **1969**, 1-0594. — *$NaPO_3$* wird in $KNO_3$-Schmelze bei 350° potentiometr. mit den Carbonaten von Li, Na, K, Ca, Sr u. Ba titriert. Vorwärts- u. Rückwärtstitrationskurven zeigen ausgeprägte Potentialinflexionen bei einfachen Zahlenverhältnissen zwischen Säure- u. Oxidionendonator-Konzentrationen. Die Rk.-Prod. sind abhängig vom Kation des Titranden, in einigen Fällen auch vom Rk.-Weg. Die P:O- u. P:e-Quotienten der beim Verschwinden von $PO_3^-$ (bei Vorwärtstitration) oder von $CO_3^{2-}$ (bei Rückwärtstitration) gebildeten Verb. werden als charakterist. für den Säurecharakter des betreffenden Kations angesehen. Die Säurestärke nimmt in der Reihe Ca > Li > Sr > Ba > Na, K ab.
M. Frenzel 162

*0665* **Physikalisch-chemische Eigenschaften von Perchlorsäurelösungen.** V. Ja. Rosolovskij, D. G. Lemeševa und Ju. I. Malov. (Ž. neorg. Chim. **13** (1968) 8, 2216–20; russ.) — Die spezif. elektr. Leitfähigkeit von $HClO_4$ bei 20 bis –50° u. bei 97–100% $HClO_4$, sowie von Lsg. von $Cl_2O_7$ in $HClO_4$ wurde im Bereich 0–10 Mol-% $Cl_2O_7$ bestimmt. Die Größe der elektr. Leitfähigkeit u. ihre Abhängigkeit von der Konz. wird qual. durch die Ionisation von $HClO_4 \cdot H_2O$, das sich nach $3HClO_4 \rightleftharpoons Cl_2O_7 + HClO_4 \cdot H_2O$ bildet, erklärt. J. J. Pohl 164

*0666* **Thermodynamische Daten und Leitfähigkeiten von geschmolzenen Salzen und ihren Mischungen.** 7. Mitt. **Elektrische Leitfähigkeiten von Natriumchlorat und seinen Mischungen mit Natriumnitrat.** A. N. Campbell und E. T. van der Kouwe. (Canad. J. Chem. **46** (1968) 8, 1293–96; engl.) — 6. vgl. C. **1969**, 11-0568. — Zwischen 240 u. 280° wurden die elektr. Leitfähigkeiten von $NaClO_3$ (I) u. seinen Mischungen mit $NaNO_3$ bestimmt; die Werte sind graph. u. tabellar. wiedergegeben. Für I (fl) konnten nachst. Temp.-Funktionen ermittelt werden (t in °C): spezif. Leitfähigkeit (in $\Omega^{-1} \cdot cm^{-1}$) $\varkappa = -0{,}5078 + 0{,}0031 \cdot t$ (± 0,005); Äquivalentleitfähigkeit (in $cm^2 \cdot \Omega^{-1} \cdot$ Äquiv.$^{-1}$) $\lambda = -27{,}8236 + 0{,}1675 \cdot t$ (± 0,02); Aktivierungsenergie 5,27 kcal. Aus den Ergebnissen wird geschlossen, daß I (fl) einen größeren Ionencharakter besitzt als fl. $LiClO_3$.
G. Gattow 164

*0667* **Konstruktion einer Anlage zur gleichzeitigen Bestimmung von Photopotentialen vieler Elektroden.** Ju. S. Šumov und G. G. Komissarov. (Ž. fiz. Chim. **42** (1968) 2, 539–40; russ.) — Es werden zwei Varianten der Konstruktion einer Anlage vorgeschlagen, die die Kinetik der Veränderung des Photopotentials einiger pigmentierter Elektroden gleichzeitig registrieren können. Die Anlagen gestatten auch die gleichzeitige Aufzeichnung der Rk.-Kinetik, die mit der pH-Änderung abläuft, in mehreren Gefäßen. H. Berge 166

*0668* **Bestimmung von $E_f^0$ aus polarographischen Daten** C. S. Venkatachalam und S. R. Rajagopalan. (Proc. Indian Acad. Sci., Sect. A **67** (1968) 2, 115–21; Madras, Indien, I.I.T., Dep. of Chem.; engl.) — Die Meth. zur polarograph. Best. des formalen Standardpotentials irreversibler Rk. nach (1) Koryta (C. **1963**, 18733) bzw. Matsuda u. Ayabe [Bull. Chem. Soc. Japan **29**, **134** (1956)]; (2) Tanaka u. Tamamushi (Z. phys. Chem. NF **39**, 117 (1963)) u. (3) Hale u. Parsons (Coll. Czech. Chem. Commun. **27**, 2444 (1962)] wurden am Beispiel von *$Zn^{2+}$* in 0,5 m $Na_2SO_4$ + 0,001 m $H_2SO_4$ mit n-Butanol-Zusätzen verglichen. Dabei wurden übereinstimmende Potentialwerte erhalten, jedoch wurde die Auswertung nach (1) u. (2) bei Zusatz von n-Butanol wegen der Herabsetzung der heterogenen Geschw.-Konst. $k_s$ erschwert. Durch Betrachtung konstruierter Polarogramme ergab sich, daß (1) u. (2) bei $k_s \geqq 10^{-3}$ cm Sek.$^{-1}$ u. (3) für $10^{-5}$ cm Sek.$^{-1} \leqq k_s \leqq 10^{-3}$ cm Sek.$^{-1}$ anwendbar ist. Bei $k_s < 10^{-5}$ cm Sek.$^{-1}$ kann das Standardpotential nach Randles (Progr. in Polarography **1**, **131** (1962)) aus einer anod.-kathod. Stufe bestimmt werden.
C. Herold 166

*0669* **Standardelektrodenpotentiale in nichtwäßrigen Lösungsmittelgemischen.** 3. Mitt. **EMK und Aktivitätskoeffizienten von HCl in Äthanol–Dioxan-Gemischen.** A. M. Škodin, T. P. Sogojan und L. I. Kozynjuk. (Ukrainskij chim. Ž. **34** (1968) 2, 135–39; Charkovskij gos. univ. im. Gor'kogo; russ.) — 1. vgl. C. **1965**, 7/8-0311. — Es wird die Abhängigkeit der mit der Kette $Pt(H_2)/HCl(Lsg.)/AgCl–Ag$ gemessenen EMK von der HCl-Konz. u. Lsg.-Zus. angegeben. Die Abhängigkeit der molaren Standard-EMK der Kette u. der Überführungsenergie von der reziproken DK ist bei allen untersuchten Konz.-Verhältnissen an Dioxan (10–90 Gew.-%) nicht linear. Diese Erscheinung ist auf die Eig. des Lsgm.-Gemisches selbst zurückzuführen. Die Assoziate des Alkohols werden unter Bldg. zwischenmol. Verb. über Wasserstoffbrücken abgebaut. H. Berge 166

*0670* **Bestimmung der Aktivitätskoeffizienten und thermodynamischen Daten von Bromwasserstoffsäure in Methanol–Wasser-Mischungen und in wasserfreiem Methanol durch Ermittlung der elektromotorischen Kräfte.** Sharon L. Melton und Edward S. Amis. (J. chem. Engng. Data **13** (1968) 3, 429–34; Fayetteville, Ark., Univ. of Ark., Dep. of Chem.; engl.) — Vf. bestimmten die EMK-Werte der galvan. Zelle $H_2$(1 atm)|HBr(m), $CH_3OH$(X), $H_2O$(Y)|AgBr–Ag mit X = 0, 30, 60, 90, 99 u. 100 Gew.-% $CH_3OH$ für m = 0,002–0,094 bei 25, 35 u. 45°; die ber. thermodynam. Funktionen ($\varDelta G^0$, $\varDelta H^0$, $\varDelta S^0$) sind tabelliert. Im Bereich von X = 90 bis 100 Gew.-% $CH_3OH$ wird die Bldg. von $H_3O^+$- u. $H_9O_4^+$-Ionen gefordert. G. Gattow 166

*0671* **Redoxeigenschaften von Aminplatin(IV)-Komplexen.** A. A. Grinberg, S. Č. Dchara und M. I. Gel'fman. (Ž. neorg. Chim. **13** (1968) 8, 2199–2204; russ.) — Die Redoxpotentiale der Komplexe des Syst. $[Pt^{IV}R_4Cl_2]^{2+}$–$[Pt^{II}R_4]^{2+}$, R = *Äthylendiamin, Methylamin, Äthylamin, Propylamin, Butylamin* wurden gegen die gesätt. Kalomelelektrode bestimmt. Der Wert des Redoxpotentials wächst mit der Länge der KW-Stoffkette in den koordinierten Aminmolekülen. Die Redoxrk. der Tetraminkomplexe von Pt(IV) u. Pt(II) untereinander wurden untersucht. Der Grad u. die Richtung der Rk. wird durch die Potentialwerte im Syst. bestimmt. Der Grad der Redoxwechselwrkg. von $PtCl_2$ mit Pt-Tetraminen hängt vom Potential des Syst. $[PtR_4Cl_2]^{2+}$–$[PtR_4]^{2+}$ ab. J. J. Pohl 166

*0672* **Halogenkonzentrationsketten vom Amalgamtyp.** E. Ja. Gorenbejn und A. E. Gorenbejn. (Élektrochimija **4** (1968) 4, 403–07; Kiev, Ukrainskaja selchoz. akad.; russ.) — Die untersuchten Konz.-Ketten waren folgendermaßen aufgebaut: Pt/Elektrolyt + Lsgm. + Halogen‖Elektrolyt + Lsgm. + Halogen/Pt. Es wurden die Halogene $Br_2$ u. $J_2$ verwendet. Im Falle des $Br_2$ wurden die Elektrolyt-Lsgm.-Kombinationen $CH_3 \cdot CONH_2$–$CH_3CN$, $2CH_3CONH_2$–$C_2H_4Cl_2$ u. JBr–$C_6H_5NO_2$ eingesetzt; im Falle des $J_2$ NaJ oder KJ in $CH_3CN$ u. $CH_3OH$, KJ in $H_2O$, JCl u. JBr in $C_6H_5NO_2$ u. $CH_3CN$. Die Elektrolytkonz. wurden konst. gehalten. Bei Stromfluß gleichen sich die Halogenkonz. aus, analog zu den Amalgamkonz.-Ketten. Die Gleichungen, die für diese Art von Konz.-Ketten gelten, werden auch hier sowohl in wss. als auch in nichtwss. Lsg. befolgt. J. J. Heinrich 166

*0673* **Phasenpotential zwischen Glas und Lösungen von flüssigem Ammoniak mit erniedrigtem Dampfdruck.** B. Lengyel und B. Csákvári. (Acta chim. Acad. Sci. hung. **56** (1968) 2, 93–97; Budapest, L. Eötvös Univ.; engl.) — Die Potentialabhängigkeit von Elektroden aus McInnes-Dole-Glas von der $NH_4^+$-Konz. wurde bei Zimmertemp. in $NH_4J$- u. $NaNH_2$-Lsg. gemessen, wobei als Lsgm. NaJ 3,3 $NH_3$ diente. In Lsg. sauren Charakters wurde eine ideale $NH_4^+$-Empfindlichkeit festgestellt, während in bas. Lsg. ($NaNH_2$) die Glaselektrode nicht auf die $NH_4^+$-Konz. ansprach. Ggw. anderer Alkalimetallionen beeinflußte die Potentialwerte nicht. Zur Aufklärung des Mechanismus wurde die Aufnahme von $NH_3$ bzw. $NH_4^+$ durch das Elektrodenglas bestimmt u. Werte von 2,4–2,8 · $10^{-4}$ g $NH_4^+/cm^2$ Glasoberfläche gefunden. C. Herold 166

*0674* **Potential von Pyrexmembranen in binären Nitratschmelzen.** A. G. Keenan, K. Notz und F. L. Wilcox. (J. physic. Chem. **72** (1968) 4, 1085–87; Coral Gables, Fla., Univ. of Miami; engl.) — An einer Zelle mit einer Membran aus Pyrexglas wurden bei 350° EMK-Messungen vorgenommen, wobei als Elektrolyt $MNO_3$–$AgNO_3$-Schmelzen (M: *Li, Na, K*, mit Konz. von 0–90 Mol-%) dienten. Die erhaltene Abhängigkeit des Membranpotentials vom Verhältnis der Aktivitätskoeff. der beiden potentialbestimmenden Kationen befand sich in Übereinstimmung mit dem Ionenaustauschmodell, erfüllte dagegen die Aussagen des „liquid junction"-Modell nicht. Die gefundenen Selektivitätskoeff. zeigten die gleiche Reihenfolge wie in wss. $NH_4NO_3$-Lösungen. C. Herold 166

*0675* **Stromdichteverteilung und Potentialprofil an einer linearen Drahtelektrode mit erheblichem Ohmschen Widerstand.** J. Wojtowicz, L. Laliberté und B. E. Conway. (Electrochim. Acta [London] **13** (1968) 3, 361–73; Dep. of Chem., Univ. of Ottawa; engl.) — Stromdichteverteilung u. Potentialprofile an einer dünnen Drahtanode mit merklichem Ohmschen Widerstand unter Bedingungen, bei welchen der Spannungsabfall im Elektrolyten in axialer Richtung minimal ist, werden zur Überprüfung vorgeschlagener Theorien untersucht. M. Frenzel 166

*0676* **Gemischte Kinetik bei Hochtemperatur-Brennstoffelementen.** Ju. A. Popov und Ju. V. Alekseev. (Élektrochimija **4** (1968) **3**, 294–98; Moskva, Fiz.-chim. inst. im. Karpova; russ.) — Es wird theoret. der Stofftransport in einer zylindr. Pore untersucht für den Fall, daß außer dem Transport durch den Elektrolytfilm auch der in der Gasphase geschw.-bestimmend ist. J. J. Heinrich 166

*0677* **Elektrochemisches Verhalten der $CO$–$CO_2$-Gaselektrode in Alkalimetallcarbonat-Schmelzen.** 1. Mitt. **Experimentelle Methode und thermodynamische Ergebnisse.** Alina Borucka. (Electrochim. Acta [London] **13** (1968) 3, 295–307, 1 Tafel; Dep. of Phys. Chem., Univ. of Cambridge; engl.) — Das thermodynam. Verh. der $CO/CO_2$/Au-Elektrode im geschmolzenen tern. $Li_2CO_3$–$Na_2CO_3$–$K_2CO_3$-Eutektikum wird mit Hilfe einer speziellen gasdichten Zelle untersucht. Das Gleichgew.-Potential der Elektrode wird zwischen 700–800° durch die Bruttork. $CO + CO_3^{2-} \rightleftharpoons 2\,CO_2 + 2e^-$ bestimmt u. gehorcht der Nernstschen Gleichung für alle Gaszusammensetzungen. Eine neue $CO/CO_2$/Au-Gasbezugselektrode wird beschrieben u. ihr Nullpotential durch die Bedingung $(p_{CO_2})^2/p_{CO}$ = 1 atm definiert. Eine neue Potentialskala für Carbonatschmelzen, welche auf der neuen Bezugselektrode basiert, wird vorgeschlagen. Die sich aus dem Boudouard-Gleichgew. ergebenden Forderungen für die $CO/CO_2$-Elektrode werden in Betracht gezogen u. ein „äquivalentes Boudouard-Potential" vorgeschlagen. Ein Nomogramm, welches in bequemer Weise die direkte Korrelation zwischen allen Einfl.-Größen u. dem $CO/CO_2$-Potential mit Bezug auf die neue Standard-Potentialskala herstellt, wird beschrieben. M. Frenzel 166

*0678* **EMK von thermogalvanischen Elementen mit geschmolzenem Zinkchlorid.** B. F. Markov und E. B. Kuzjakin. (Ukrainskij chim. Ž. **34** (1968) 5, 456–60; Inst. obščej i neorg. chimii AN USSR Kiev; russ.) — Es werden die Thermopotentiale der Ketten $Zn_{T_1}/ZnCl_{2(fl)}/Zn_{T_2}$; Graphit, $Cl_{2T_1}/ZnCl_{2(fl)}/Cl_{2T_2}$, Graphit u. das Potential des Paares Zn–Graphit im Temp.-Intervall von 346–600° bestimmt. Die Thermo-EMK beim Element mit Zn-Elektroden hat bei 475° ein Max.; dabei ist die heißere Elektrode der positive Pol der Kette. Die Thermo-EMK bei $Cl_2$-Elektroden wird mit der Temp. größer, da sich das Thermopotential von −0,65 · $10^{-3}$ (V · $Grad^{-1}$) für 420° auf −0,73 · $10^{-3}$ bei 500° ändert. Bei Zn–Graphit beträgt es ~0,0055 · $10^{-3}$ im Intervall von 420–580°. Der Temp.-Koeff. der EMK der isothermen Kette $Zn/ZnCl_{2\,schm}/Cl_2$, der aus dem Thermopotential ber. wurde, stimmt gut mit den unmittelbar gemessenen Werten überein. Die Entropie des Ionentransports im geschmolzenen $ZnCl_2$ ist ungleich Null u. wird mit steigender Temp. kleiner. J. Tutschku 166

*0679* **Absorptionsspektroskopische Untersuchung der elektrodennahen Schicht.** V. I. Šapoval und V. N. Turčak. (Ukrainskij chim. Ž. **34** (1968) 5, 525–26; Inst. obščej i neorg. chim. AN USSR; russ.) — Vf. beschreiben eine Meth. zur Gewinnung von Elektronenabsorptionsspektren, um die Elektrolyseprod. unmittelbar auf der Elektrodenoberfläche zu untersuchen. Experimentell untersucht wurden die Syst. 3 · $10^{-3}$ (Mol/Liter) Benzoylperoxid in 2%ig. $NH_4NO_3$-Lsg. im Gemisch Bzl.–$CH_3OH$ 1:4 u. 1,2 · $10^{-2}$ Acrylamid in 1 LiCl-Lösung. E. Winkler 168

*0680* **Charakter kathodischer Niederschläge bei der Elektrolyse von Natrium- und Kaliumfluorotitanat in Alkalimetallchloridschmelzen.** E. B. Gitman und I. N. Šejko. (Ukrainskij chim. Ž. **34** (1968) 2, 129–31; Inst. obšč. i neorg. chim. AN Ukr. SSR; russ.) — Bei der Elektrolyse von $Na_2TiF_6$ oder $K_2TiF_6$ entstehen bei länger dauernder Kathodenpolarisation u. Stromdichten < 5–6 A/$cm^2$ silbrige Krist. einer Verb. von Ti niedrigerer Wertigkeit mit < 20% Ti, die in der Schmelze, in heißem W. u. in schwachen Mineralsäuren unlösl. sind. Die Krist. wurden mikrophotograph. untersucht. Metall. Ti scheidet sich bei > 8 A/$cm^2$ aus. Die beiden Nd. wurden röntgenograph. charakterisiert. J. J. Pohl 168

*0681* **Bedingungen zur elektrolytischen Isolierung der metallischen Verbindungen $Ni_3Nb$ aus einer Nickellegierung.** R. B. Golubcova. (Ž. fiz. Chim. **42** (1968) 2, 408–10; Inst. metallurg. im. Bajkova, Moskva; russ.) — Die Auswahlprinzipien für einen geeigneten Elektrolyten werden auf Grund der Löslichkeit der reinen metallischen Verb. $Ni_3Nb$ u. von Ni-Mischkrist. (mit 2,5% Nb) in verschiedenen chem. Medien dargelegt. Es besteht ein Zusammenhang zwischen der Löslichkeit der genannten Phasen u. ihren Elektrodenpotentialen in gleichen Elektrolyten. Zur anod. Isolierung der Phase wird als günstigster Elektrolyt, in dem die Auflsg.-Geschw. der festen Lsg. wesentlich höher liegt als die von $Ni_3Nb$, folgende Zus. gewählt: 50 ml 57%ig. $HClO_4$, 35 g Citronensäure, 11,9 g HCl, 1000 ml $CH_3OH$. Durch anod. Auflsg. der Leg. in diesem Elektrolyten kann die feste Phase $Ni_3Nb$ isoliert werden. H. Berge 168

*0682* **Einfluß von Chloridionen auf die elektrolytische Abscheidung von Kupfer an festen Elektroden.** S. G. Bjallozor. (Ėlektrochimija **4** (1968) 5, 581—83; Gdansk, Polytechn. Inst.; russ.) — Die chem. Natur der untersuchten *Pt*- oder *Cu*-Elektroden hat großen Einfl. auf den Verlauf des elektrochem. Prozesses. Bei Zusatz von $Cl^-$ zur schwefelsauren $CuSO_4$-Lsg. tritt in den Polarisationskurven von Cu-Elektroden eine zweite Stufe auf, entsprechend der zweistufigen Red. von $Cu^{2+}$. Bei geringem $Cl^-$-Zusatz ist eine Erhöhung des Grenzstromes, bei größeren $Cl^-$-Zusätzen eine Erniedrigung zu beobachten. Die Grenzstromerniedrigung wird durch Depassivierung u. damit Erhöhung der akt. Oberfläche gedeutet, die Erniedrigung des Grenzstromes durch Passivierung der Oberfläche infolge Bldg. von schwerlösl. CuCl. H. Berge 168

*0683* **Stromentstehung in durch Verdampfung stabilisierten Flüssigkeitsschichten.** Ju. G. Čirkov. (Ėlektrochimija **4** (1968) 3, 311—15; Moskva, Inst. ėlektrochim. AN SSSR; russ.) — Die genannte Aufgabe wird für ein aus einem Lsgm. mit einem gelösten bin. Elektrolyten bestehendes Syst. theoret. abgehandelt, wobei als Elektrode eine von der Lsg. benetzte, senkrecht partiell eintauchende Scheibe angenommen wird. Die erhaltenen allg. Ausdrücke werden für prakt. bedeutsame Sonderfälle aufgelöst. die Fl.-Schicht beschreibende Parameter ber. u. Beziehungen zur Berechnung der Stromdichte abgeleitet. C. Herold 170

*0684* **Adsorptionsisotherme von Molekülen, die auf einer heterogenen Oberfläche zwei Elementarstellen besetzen.** 1. Mitt. **„Domänen"-Heterogenität.** Ju. A. Čizmadžev und V. S. Markin. (Ėlektrochimija **4** (1968) 1, 3—12; Moskva, Inst. ėlektrochim. AN SSSR; russ.) — Im Zusammenhang mit Unters. über die anod. Ox. organ. Stoffe an Metallen der Pt-Gruppe wird mit einer kinet. Betrachtungsweise das Adsorptionsverh. solcher organ. Stoffe behandelt, die zwei Adsorptionsstellen auf einer heterogenen Oberfläche besetzen, ohne dabei zu dissoziieren. Der behandelte Heterogenitätstyp ist durch einheitliche Energie beider Mol.-Bindungen mit der Oberfläche ausgezeichnet. Es wird gezeigt, daß in diesem Fall die Adsorption durch eine logarithm. Isotherme beschrieben wird, deren Neigung durch die Verteilung der dem gesamten Mol. zukommenden Energie bestimmt ist. C. Herold 170

*0685* **Elektrochemische Messungen in NaOH-Schmelzen.** H.-J. Krüger, A. Rahmel und W. Schwenk. (Electrochim. Acta [London] **13** (1968) 3, 625—43; Forsch.-Inst. der Mannesmann AG, Duisburg; dt.) — Thermodynam. Betrachtungen der $Pt/O_2$-Elektrode in NaOH-Schmelzen zeigen, daß das Redoxpotential von den Variablen $p(O_2)$, $p(H_2O)$, $a(O_2^{2-})$ u. $a(O^{2-})$ abhängt. Die Rk. $O_2 + 2e^- = O_2^{2-}$ ist potentialbestimmend. Von den untersuchten Elektrodenmaterialien Pt, Au, Ag, Ni u. Fe zeigt nur Fe unter $O_2$ eine positive Potentialabweichung gegenüber den anderen Metallen, die auf $O_2^{2-}$-Verarmung als Folge einer Korrosion gedeutet wird. Das für den Ablauf von Korrosionsrk. notwendige Peroxid kann nur durch chem. Rk. der Schmelze mit $O_2$ u. nicht durch anod. Ox. gebildet werden. Bei anod. sowie kathod. Polarisation wird Peroxid unter Ausbldg. von Grenzströmen umgesetzt, wobei die anod. Rk. weniger gehemmt ist. $H_2O$-Dampf wird kathod. vor der Red. von NaOH zu $H_2$ u. $OH^-$ unter Ausbldg. von Grenzströmen reduziert. Anod. wird die Pt-Korrosion durch $H_2O$-Dampf stimuliert, wobei Stromschwankungen auftreten. In der reinen NaOH-Schmelze ist als kathod. Red. die Bldg. von $H_2$ u. $Na_2O$ u. nicht eine Na-Abscheidung anzunehmen. M. Frenzel 170

*0686* **Photoelektrische Eigenschaften einer Cadmiumtellurid-Oberfläche im Kontakt mit Elektrolyten.** P. P. Konorov. (Izvest. vysšich učebnych Zavedenij [Tomsk], Fiz. **11** (1968) 5 (72), 42—45; Leningradskij gosuniv. im. Ždanova; russ.) — Die photoelektr. Eig. der Oberfläche von n-CdTe-Proben mit spezif. Widerständen von $10^2$—$10^8$ $\Omega\cdot$cm werden durch Messung der Änderung des Elektrodenpotentials der Krist. in wss. 1 n NaOH-, $H_2SO_4$- u. $Na_2SO_4$-Lsg. beim Belichten in Abhängigkeit vom Polarisationsstrom u. der Lichtintensität u. -wellenlänge untersucht. Der beobachtete Photoeffekt geht auf die Bldg. von Elektron–Loch-Paaren im Oberflächensperrschichtbereich von CdTe zurück. An p-leitenden Proben wurde keine Photoempfindlichkeit beobachtet. H. Roschkowski 170

*0687* **Bildungsphänomenologie von Elektrolytschichten auf partiell eintauchenden Elektroden.** 2. Mitt. V. A. Šepelin. (Ėlektrochimija **4** (1968) 3, 326—30; Moskva, Fiz.-chim. inst. im. Karpova; russ.) — 1. vgl. ibid. **3** (1967) 1004. — Die zeitliche Abhängigkeit der Ausdehnung der Elektrolytschicht auf der Oberfläche einer polierten Pt-Elektrode bei der $H_2$-Ox. in $H_2SO_4$ verschiedener Konz. zwischen 5 u. 25 n u. der $O_2$-Red. in gesätt. KOH-Lsg. wurde gemessen. Bei der Unters. des Einfl. einer Temp.-Differenz zwischen Elektrode u. Elektrolyt wurde schon bei $\Delta t = 2-3°$ eine schnelle Ausdehnung der Elektrolytschicht beobachtet, was mit der Konzentrierung des Elektrolyten infolge Lsgm.-Verdampfung aus der dünnen Schicht erklärt wird. Die Erscheinungsformen der Dreiphasengrenze in Abhängigkeit von der Temp.-Differenz werden beschrieben. C. Herold 170

*0688* **Mechanismus der Bildung von Zinkdendriten.** A. R. Despic, J. Diggle und J. O'M. Bockris. (J. electrochem. Soc. **115** (1968) 5, 507—08; Philadelphia, Pa., Univ. of Pa.; engl.) — Es wurde eine Beziehung für die Stromdichteabhängigkeit von der Zeit bei der Zn-Abscheidung in Dendritenform abgeleitet, wobei von einem Modell des Dendritenwachstums ausgegangen wurde, nach dem die Abscheidungsgeschw. auf einer Unebenheit einer rauhen Oberfläche, die tiefer in die Diffusionsschicht eintaucht als die mittlere Oberfläche, exponentiell mit der Zeit wächst. Der daraus erhaltene Verlauf der Zeitkonst. mit der Überspannung, der Konz. u. der Temp. entspricht experimentellen Ergebnissen. C. Herold 170

*0689* **Reaktion der elektrolytischen Wasserstoffentwicklung an Aluminium in sauren Lösungen.** A. K. Vijh. (J. physic. Chem. **72** (1968) 4, 1148—56; North Adams, Mass., Sprague Electr.; Corp.; engl.) — Zur Aufklärung des Mechanismus der $H_2$-Entw. an Al wurden in $H_2SO_4$, $CH_3COOH$ u. Acetatpuffern verschiedener Konz. galvanostat. Strom-Potential-Beziehungen, kathod. Potentialabfallkurven bei offenem Stromkreis u. kathod. Ladekurven gemessen sowie scheinbare Aktivierungsenergien bestimmt. Schlußfolgerungen bez. des Mechanismus wurden u. a. aus der Neigung der Tafel-Geraden, aus Austauschstromdichten u. ber. Kapazitäts-Potential-Kurven gezogen. Als wahrscheinlicher geschwindigkeitsbestimmender Schritt der Gesamtrk. wird die Entladung angesehen, jedoch war keine eindeutige Unterscheidung zwischen Entladungs- u. Desorptionsschritt möglich. C. Herold 170

*0690* **Struktur von elektrolytisch abgeschiedenem Chrom.** W. H. Cleghorn, D. H. Warrington und J. M. West. (Electrochim. Acta [London] **13** (1968) 3, 331—34, 4 Tafeln; Dep. of Metallurg., Univ. of Sheffield; engl.) — Die Feinstruktur dünner elektrolyt. ($H_2SO_4$–$CrO_3$-Bad) Cr-Filme auf kub.-flächenzentrierten Substraten wird elektronenmkr. untersucht. Die Struktur der Schichten ist wenig abhängig von den Abscheidungsbedingungen; die Epitaxie wird durch Gitterparameter u. Vorbehandlung des Substrats bestimmt. Vf. nehmen als Hypothese an, daß die Epitaxie eher bedeutsam ist für das Zusammenwachsen benachbarter Cr-Kristallisationskeime als für die Erzeugung von inneren Spannungen an der Grenzfläche Nd.–Substrat infolge Fehlpassung. M. Frenzel 170

*0691* **Adsorptionsgleichgewichte von $Br^-$ und $J^-$ an Eisen im aktiven Zustand.** I. A. Ammar, S. Darwish, M. Etman und W. Khalil. (Electrochim. Acta [London] **13** (1968) 3, 603–11; Dep. of Chem., Univ. of Cairo, Giza; engl.) — Die Behandlung der Adsorption von $Br^-$ u. $J^-$ an akt. Fe wird von der Langmuir-Isotherme auf andere Isothermen ausgedehnt. Eine Beweglichkeit der adsorbierten Teilchen führt zu einem Isothermentyp, welcher demjenigen der Langmuir-Isotherme bei kleiner Oberflächenbedeckung analog ist. Ein neuer Weg zur Beschreibung der Abstoßwechselwrkg. wird diskutiert, welcher die Ergebnisse bei beiden Extremfällen der Oberflächendedeckung beschreibt; im Zwischenbereich jedoch lassen sich die Ergebnisse am besten auf Grund der Temkin-Isotherme erklären. M. Frenzel 175

*0692* **Ionisation von Sauerstoff an Nickel in alkalischer Lösung.** N. A. Shumilova und V. S. Bagotzky. (Electrochim. Acta [London] **13** (1968) 3, 285–93; Inst. of Electrochem., Acad. of Sci. of the USSR, Moscow; engl.) — Die Ionisation wird mit Hilfe der Dreieckspannungimpulsmeth. u. der rotierenden Scheibenelektrode mit Ring in 0,1 n KOH bei 25° in Abhängigkeit vom Elektrodenzustand untersucht. Bei einem Potential von ca. –0,15 V (NHE) beginnt die Adsorption von $O_2$; bei > 0,1 V bildet sich wahrscheinlich eine Oxidphase, z. B. $Ni(OH)_2$. Die Geschw. der Sauerstoffionisation nimmt bei allen Potentialen mit zunehmender Ox. der Elektrodenoberfläche ab. M. Frenzel 170

*0693* **Arbeitsmechanismus der Wasserstoffelektrode mit Nickelskelettkatalysator.** R. Ch. Burštejn, A. G. Pšeničnikov, F. Z. Sabirov und V. N. Žuravleva. (Ėlektrochimija **4** (1968) 1, 13–19; Moskva, Inst. ėlektrochim. AN SSSR; russ.) — Die untersuchten porösen Gaselektroden, deren Aufbau u. Fertigung beschrieben wird, wurden durch Auslaugung der pulverisierten Leg. 50% Ni, 48% Al, 2% Ti mit 5 n KOH, anschließende Vermischung mit Carbonyl-Ni, Verpressen u. Aktivieren durch Einführung von 20% $NH_4HCO_3$ hergestellt. Zur Berechnung der charakterist. elektrochem. Größen aus den die Elektrode beschreibenden Parametern, bes. der Zus. des akt. Gemischs u. der Abschlußschicht, werden Formeln abgeleitet. Experimentelle u. ber. Werte werden verglichen. C. Herold 170

*0694* **Mechanismus der anodischen Kupferauflösung in Phosphorsäure. 4. Mitt. Änderung der Elektrolytkonzentration in der Diffusionsschicht.** A. Š. Valeev und V. P. Gubskaja. (Ėlektrochimija **4** (1968) 3, 345–48; Inst. organ. i fiz. chim. im. Arbuzova AN SSSR, Kazan'; russ.) — 3. vgl. C. **1968, 34**-0665. — Bei der anod. Auflsg. von Cu in 11,5 m Phosphorsäure wurden bei verschiedenen Potentialen u. gleicher Cu-Konz. im Elektrolyten unterschiedliche Brechungsindizes (n) erhalten. In der anod. Diffusionsschicht ändert sich n für alle Potentiale annähernd gleich, so daß Bldg. u. Zers. instabiler Zwischenprod. mit beträchtlich größerem n als für die einfachen Cu-Phosphate zu erwarten wäre, angenommen werden kann. E. Bomke 170

*0695* **Bestimmung der Grenzflächenaktivität von Silberionen während der anodischen Auflösung.** J. Postlethwaite und D. M. Sharp. (Electrochim. Acta [London] **13** (1968) 3, 571–80; Chem. Engng. Dep., Univ. of Manchester; engl.) — Zur Best. der Grenzflächenaktivität der Ag-Ionen an der Grenzfläche Elektrode/Lsg. bei der anod. Auflsg. von Ag in schwefelsauren Lsg. unter kontrollierten hydrodynam. Bedingungen wird eine instationäre elektrochem. Meth. angewendet. In einer Ringrohrdurchflußzelle wird die Reynolds-Zahl im Bereich zwischen 500 u. 14000 u. die Stromdichte zwischen 1 u. 18 $mA/cm^2$ variiert. Die Übereinstimmung der experimentellen Ergebnisse mit einer theoret. abgeleiteten Stofftransportbeziehung ist gut; im turbulenten Gebiet jedoch zeigt sich eine Flußabhängigkeit. Die ber. Stofftransportdaten weichen bei Überspannungen, welche eine Übersättigung mit Bezug auf die Ag-Ionen an der Grenzfläche entsprechen, von den restlichen Werten ab. M. Frenzel 170

*0696* **Kinetik der Elektrodenreaktion von Wasserstoff an Gold in Hydrogensulfatschmelzen.** A. J. Arvia, F. De Vega und H. A. Videla. (Electrochim. Acta [London] **13** (1968) 3, 581–602; Inst. Super. de Invest., Univ. Nac. de La Plata, La Plata; engl.) — Die Kinetik der Rk. an der $H_2$-Elektrode in $KHSO_4$- bzw. $KHSO_4$–$NaHSO_4$-Schmelzen an verschieden hergestellten u. vorbehandelten Au-Elektroden bei 180–345° wird untersucht (potentiostat. u. galvanostat. zeitstationäre Meth. u. Messungen des zeitlichen Potentialverh. nach An- u. Abschalten des Stroms). Für Überspannungen > 0,050 V zeigen die Stromspannungskurven Tafel-Verhalten. Tafel-Steigerungen zwischen RT/2F u. ca. 2RT/F werden ermittelt, abhängig von der Herst.-Art der Elektroden, der Temp. u. dem Überspannungsbereich. Die anod. Stromspannungskurven zeigen ein Grenzstromgebiet. Aus dem linearen Bereich der Stromspannungskurve wird für die Anodenrk. der Rk.-Widerstand abgeschätzt. Die hieraus ber. Austauschstromdichten stimmen mit den aus den Tafel-Geraden mit der Steigung RT/2F extrapolierten Werten überein, falls man die stöchiometr. Zahl des Elektrodenvorgangs zu eins annimmt. Die Abschaltkurven haben logarithm. Charakter. Aus der Zeitabhängigkeit des Elektrodenpotentials werden Elektrodenkapazitäten berechnet. Der Mechanismus der $H_2$-Elektrode wird an Hand eines Modells, welches einen schnellen Entladungsschritt für $H^+$, gefolgt von einer Rekombinationsrk. als geschwindigkeitsbestimmenden Schritt beinhaltet, diskutiert. Das Verh. der $H_2$-Elektrode an Au in Hydrogensulfatschmelzen entspricht dem in wss. Lsg. bei Normaltemperatur. M. Frenzel 170

*0697* **Sauerstoffüberspannung an Glanzrhodium.** J. P. Hoare. (Electrochim. Acta [London] **13** (1968) 3, 417 bis 428; Res. Labor., General Motors Corp., Warren, Mich.; engl.) — Die Überspannung der anod. Entw. u. kathod. Red. von $O_2$ in $O_2$-gesätt. 2n-$H_2SO_4$-Lsg. mit u. ohne Zusatz von $H_2O_2$ wird galvanostat. u. potentiostat. gemessen. Die Gesamtelektrodenrk. an Rh/$O_2$-Elektroden ist die $O_2/H_2O$-Rk., der Mechanismus entspricht dem an Pt/$O_2$-Elektroden. $O_2$ wird aus der Lsg. als elektron. leitende, einatomige Schicht adsorbiert; bei Polarisationen über 1400 mV wird $O_2$ in den Oberflächenschichten unter Bldg. einer Rh-O-Leg. gelöst. Die adsorbierten O-Schichten sind an der Rh-Oberfläche fester gebunden als an einer Pt-Oberfläche, was zu höheren Überspannungswerten an Rh führt. Doppelschichtkapazitätsmessungen bestätigen diese Ergebnisse. Die Rh-Oberfläche ist ein schlechter Katalysator für die Zers. von $H_2O_2$. Rh ist weniger empfehlenswert für die Verw. in einer $O_2$-Elektrode. M. Frenzel 170

*0698* **Untersuchung der Austauschstromdichte in Iridium durch Feldionenmikroskopie.** Leonard Nanis und Philippe Javet. (J. electrochem. Soc. **115** (1968) 5, 509–11; Philadelphia, Pa., Univ. of Pa., School of Chem., Engng.; engl.) — Durch Verfolgung der Struktur einer Ir-Spitze mittels Feldionenmikroskopie bei wiederholtem, unterschiedlich langem Eintauchen in 2 n $H_2SO_4$ mit $10^{-6}$ m $Ir^{3+}$ wurde ein Überblick über das Ausmaß der infolge des Austauschprozesses verlaufenden Strukturstörung gewonnen. Dabei konnte ein Zusammenhang zwischen der Zahl der gestörten Atomschichten u. der Eintauchzeit erhalten u. unter Annahme der Bldg. von $Ir^{4+}$ eine obere Grenze der Austauschstromdichte von $10^{-4}$ A $cm^{-2}$ abgeschätzt werden. Vgl.-Unters. beim Eintauchen in $Ir^{3+}$-freie $H_2SO_4$ zeigten einen weitaus geringeren Effekt. C. Herold 170

*0699* **Adsorption und Oxydation von Kohlenmonoxid an platinierten Platinelektroden.** M. W. Breiter. (J. physic. Chem. **72** (1968) 4, 1305–13; Schenectady, N.Y., Gen. Electr. Res. and Dev.; Center; engl.) — Die CO-Adsorption an platiniertem Pt wurde durch Aufnahme von Ladekurven in 1 m KOH u. verschiedenen $H_2SO_4$-sauren Elektrolyten untersucht. Dabei wurden zwei Adsorptionsspezies festgestellt, deren Ox.-Mechanismus diskutiert wird. Die H-Sättigungsbelegung nahm linear mit zunehmender CO-Bedeckung ab, u. gleichzeitig ging die H-Adsorptionsisotherme in eine Temkin-Isotherme über. Zwischen 0,1 u. 0,4 V wurde unter potentiostat. u. galvanostat. Bedingungen in saurer Lsg. eine CO-

Bedeckung = 1 beobachtet. Eine rasche Erniedrigung der adsorbierten CO-Menge setzte je nach den experimentellen Bedingungen bei unterschiedlichen Potentialen ein. Unter stationären Bedingungen trat die eine CO-Adsorptionsform als Zwischenstufe der Ox. von gelöstem CO zwischen 0,2 u. 0,4 V u. die anderen oberhalb 0,4 V in Erscheinung. Im ersten Fall war die Adsorption der einen CO-Spezies u. im zweiten die CO-Diffusion u. die Adsorption der anderen CO-Spezies geschwindigkeitsbestimmend. C. Herold 170

*0700* **Hydrodynamische Voltammetrie mit der Konvektionselektrode. 1. Mitt. Gleichung der Grenzstromdichte für die Konvektionselektrode.** Junsuke Suzuki. (Rev. Polarogr. [Kyoto] **15** (1968) 1/2, 21—27; Oiwa, Shizuoka, Japan, Shizuoka Univ.; engl.) — Die Abhängigkeit der Grenzstromdichte an der Konvektionselektrode von verschiedenen Parametern wurde am Syst. $[Fe(CN)_6]^{4-}$/$[Fe(CN)_6]^{3-}$ experimentell geprüft u. dabei eine früher angegebene Beziehung bestätigt. Die Unters. erwiesen die Möglichkeit der Best. kinet. Parameter mit Hilfe der zitierten Gleichung. C. Herold 172

## A-6. Kolloidchemie, Grenzflächen

*0701* **Ionen-Membran-Elektrete.** Richard A. Wallace und Zeljko Urban. (J. electrochem. Soc. **115** (1968) 5 518—20; Brooklyn, N.Y., Polytechn. Inst. of Brooklyn; engl.) — An sulfonierten Polystyrolmembranen in H-, Na- u. Ag-Form wurden Heteroladungen durch therm. Depolarisation gemessen. Dabei wurde für Membranen in der Na-Form das größte Speichervermögen für elektr. Ladungen gefunden. Die Membranelektrets wurden bei 60° in elektr. Feldern von 1,25, 2,5 u. 5 kV/cm gebildet, wobei keine Abhängigkeit der akkumulierten Ladung von der Feldstärke zu beobachten war. C. Herold 186

*0702* **Stabilität von Metallhydrosolen.** L. K. Lepin' und A. P. Tetere. (Kolloidnyj Ž. **30** (1968) 1, 65—69; Inst. neorg. chim. AN Latv SSR, Riga; russ., Auszug: engl.) — Die Gesetzmäßigkeiten der Kinetik der Stabilitätsänderung von Metallhydrosolen werden diskutiert. Auf Grund der Werte der Konst. der kinet. Gleichungen kann festgestellt werden, bei welchen Bedingungen eine Zerstörung der Stabilität der Sole infolge von chem. Rk. der Metallteilchen mit dem Medium u. bei welchen eine Koagulation des Soles erfolgt. Als konkretes Beispiel wurden Zn- u. Al-Hydrosole bei Zugabe von HCl, $H_2SO_4$ u. Valeriansäure verschiedener Konz., sowie von 0,1 m Ameisen-, Essig-, Propion- u. Buttersäure untersucht. J. J. Pohl 188

*0703* **Kolloide Erscheinungen bei der Niederschlagsbildung. Kinetik der Übersättigungsänderung bei der Bildung von Calciumsulfatniederschlägen.** O. V. Nejman und M. I. Belikova. (Kolloidnyj Ž. **30** (1968) 1, 96—99; Voronež'skij inž.-stroit. inst.; russ., Auszug: engl.) — Die Kinetik der Bldg. von $CaSO_4$-Nd. wurde analyt. u. dilatometr. in Ggw. einer koll. Fraktion in der übersätt. Lsg. u. von Aggregationsprozessen der koll. Teilchen verfolgt. Die übersätt. Lsg. wurden durch Versetzen von $CaCl_2$- u. $Na_2SO_4$-Lsg. in äquivalenten Mengen erhalten. J. J. Pohl 188

*0704* **Bildung von Eisenoxid-Sol durch Ionenaustauscherharz und dessen Eigenschaften. 6. Mitt. Hemmung der Eisen(III)-oxid-Solbildung durch Fructose.** Takeshi Fujita. (J. chem. Soc. Japan, pure Chem. Sect. [Nippon Kagaku Zasshi] **89** (1968) 4, 343—45; Tokyo, Eisai Res. Labor.; jap., Auszug: engl. S. A 19.) — 5. vgl. ibid. **88** (1967) 519. — Die Hemmung der Bldg. von Eisen(III)-oxid-Sol (**I**) in wss. Lsg. aus $FeCl_3$ bei Anionenaustausch durch *Sorbit* (**II**), *Fructose* (**III**) u. *Glucose* (**IV**) wurde untersucht, indem die Solbldg.-Geschw. u. die Größe u. Gestalt der Solpartikeln elektronenmkr. u. elektrophoret. (Polyacrylamidgel) bestimmt wurden. Während **IV** beim Mol.-Verhältnis **IV**/Fe = 20 auf die Solbldg. keinen Einfl. hat, ändert sich bei **III**/**I** = 10 die Sol-Form u. -Größe. Bei **III**/**I** = 20 u. **II**/**I** = 5 wurde dagegen die Solbldg. völlig unterdrückt. Demnach nimmt das Hemmungsvermögen der Solbldg. in Übereinstimmung mit Bourne et al. (1959) in nachst. Reihenfolge ab: **II** > **III** > **IV**. **III** hat ein stärkeres Red.-Vermögen gegenüber Fe(III) als **IV**. Der Fe(II)-Geh. in der Lsg. (pH 4) mit **III**/Fe = 4 u. *Amberlite IRA-410* (OH-Typ) lag bei ca. 10%. H.-S. Park 188

*0705* **Elektronenmikroskopische und elektronographische Untersuchung der Sole gemischter Schwermetallhexacyanoferrate(II).** L. D. Skrylev und L. N. Kalitina. (Ž. prikl. Chim. **41** (1968) 4, 929—32; Ural'skij NII chim., Sverdlovsk; russ.) — Die Hexacyanoferrate(II) von $Fe^{3+}$, Cu, Zn, Ni, $Co^{2+}$, $UO_2$ u. $Pb^{2+}$ wurden durch Zugabe von $K_4[Fe(CN)_6]$ zu wss. Lsg. von $FeCl_3$, $CuSO_4$, $ZnSO_4$, $NiSO_4$, $CoSO_4$, $UO_2(CH_3COO)_2$ u. $Pb(CH_3COO)_2$ in der zur Bldg. von $KFe[Fe(CN)_6]$, $K_2Cu_3[Fe(CN)_6]_2$, $K_2Zn_3 \cdot [Fe(CN)_6]_2$, $K_4Ni_4[Fe(CN)_6]_3$, $K_4Co_{10}[Fe(CN)_6]_6$, $K_2(UO_2)_3 \cdot [Fe(CN)_6]_2$ u. $Pb_2[Fe(CN)_6]$ erforderlichen Menge hergestellt u. danach zur Peptisierung ein 50%ig. Überschuß von $K_4[Fe(CN)_6]$ zugesetzt. Die Hexacyanoferrate wurden in disperser Phase bei einer Teilchengröße der Sole von $10^{-5}-10^{-6}$ cm mikrophotograph. u. elektronograph. untersucht. Die disperse Phase der Sole weist eine Kristallstruktur auf. Die Teilchen von $K_2Zn_3[Fe(CN)_6]_2$ sind kub., die von $Pb_2[Fe(CN)_6]$ stäbchenförmig, mit einer Länge der Krist. von 0,2—1,2 $\mu$ u. einer Breite von 0,05—0,5 $\mu$. J. J. Pohl 188

*0706* **Mechanismus der Adsorption gelatineaktivierter Kolloidteilchen an der Trennfläche Hydrosol–Festkörper.** L. N. Kalitina und L. D. Skrylev. (Kolloidnyj Ž. **30** (1968) 1, 42—43, 1 Tafel; russ., Auszug: engl.) — Vgl. vorst. Referat. — Durch Vermischen wss. Lsg. von $K_4[Fe(CN)_6] \cdot 3H_2O$, $FeCl_3 \cdot 6H_2O$ u. $CuSO_4 \cdot 5H_2O$ in der zur Bldg. von $KFe[Fe(CN)_6]$ bzw. $K_2Cu_3[Fe(CN)_6]_2$ erforderlichen Menge u. danach durch Zusatz von einem 50%ig. $K_4[Fe(CN)_6]$-Überschuß wurden Hexacyanoferrat-Hydrosole hergestellt, die mit wss. Gelatinelsg. aktiviert wurden. Ihre Adsorption an Graphit wird untersucht. Elektronenmkr. wird gezeigt, daß maximale Adsorption bei den Gelatinekonz. auftritt, bei denen die Solteilchen sensibilisiert sind. J. J. Pohl 188

*0707* **Flotation von Kolloiden mit Hilfe von häufig in der Praxis verwendeten Sammlern.** L. D. Skrylev, G. S. Krasnova und S. G. Mokrušin. (Kolloidnyj Ž. **30** (1968) 1, 134—36; russ., Auszug: engl.) — Vgl. vorst. Referat. — Koll. Lsg. wurden belüftet u. mit Gelatine versetzt. Die Gelatine setzt sich mit den Kolloidteilchen unter Bldg. oberflächenakt. Komplexe um, eine Schaumbldg. findet statt. Für die Flotation von positiv geladenen Kolloidteilchen können anion., für die von negativ geladenen Teilchen kation. Kollektoren verwendet werden. Die Flotation von *$KFe[Fe(CN)_6]$*, *$K_2Cu[Fe(CN)_6]$*, *$K_2 \cdot (UO_2)_3[Fe(CN)_6]_2$*, *AgCl*, *AgBr*, *AgJ* in Ggw. des kation. Sammlers ANP, u. von *$Fe(OH)_3$* u. AgJ in Ggw. von Na-Oleat u. Na-Palmitat wurde untersucht. J. J. Pohl 188

*0708* **Einfluß des magnetischen Feldes auf die Bildung einer Koagulationsstruktur in wäßrigen Suspensionen von Tonmineralien.** N. N. Kruglickij und V. I. Orobčenko. (Doklady Akad. Nauk SSSR **179** (1968) 1, 151—53; Inst. obšč. i neorg. chim. AN Ukr.SSR; russ.) — Wss. Suspensionen von *Kaolinit-*, *Montmorillonit-*, *Hydroglimmer-* u. *Palygorskitproben* wurden im magnet. Feld untersucht. Die Abhängigkeit des Deformationsmoduls u. des Stabilitätskoeff. von der Dauer der magnet. Behandlung wurde bei einer konst. magnet. Feldspannung von 8000 Oe bestimmt. Die Proben zeigen, mit Ausnahme von Hydroglimmer, eine starke Zunahme aller strukturmechan. Konst., der Relaxationsperiode, des Deformationsmoduls, des Stabilitätskoeff. u. eine Abnahme der stat. Plastizität in der Anfangsperiode der Behandlung. Im Falle von Hydroglimmer wurde ein entgegengesetzter Effekt beobachtet. Ein Optimum der Behandlungszeit u. der eingetretenen Änderung der Orientierung der Teilchen u. der Breite der Hydratschicht kann ermittelt werden. J. J. Pohl 188

*0709* **Regulierung der strukturmechanischen Eigenschaften von Montmorillonit-Kaolinit-Suspensionen.** N. N. Kruglickij, A. M. Mamatkanov, F. D. Ovčarenko, V. Ju. Tretinnik und T. A. Kucharenko. (Ukrainskij chim. Ž. **34** (1968) 5, 434—38; russ.) — Vgl. vorst.

Referat. — Die strukturmechan. Eig. u. die Stabilität von Montmorillonit-Kaolinit-Suspensionen können durch Behandlung mit Natriumhumaten beeinflußt werden. Die nötige Humatmenge, die zur Einstellung bestimmter Eig. notwendig ist, ist graph. dargestellt. Die Menge der funktionellen Gruppen (-COOH, -OH) u. die Lage der Aggregationsschwelle in Abhängigkeit der Humatzusätze wurden bestimmt. J. J. Pohl 188

*0710* **Untersuchung der Koaleszenz von Tropfen in Emulsionen mit Hilfe von Filmaufnahmen.** G. A. Babaljan und M. Ch. Achmadeev. (Doklady Akad. Nauk SSSR **179** (1968) 1, 123—25; Ufimskij naučno-issl. inst.; russ.) — Die einzelnen Stufen des Zusammenfließens von W.-Tropfen in einer 20%ig. Ölemulsion u. von gefärbten u. nichtgefärbten Ölen gleicher u. verschiedener Größe wurden mit Hilfe von Filmaufnahmen mit der Geschw. 250, 750 u. 1500 Bilder/sec verfolgt. J. J. Pohl 188

*0711* **Sol-Gel-Umwandlung von Kieselsäure-Sol in Gegenwart von Farbstoffen.** Wahid U. Malik und Iqbal A. Khan. (Proc. Indian Acad. Sci., Sect. A **67** (1968) 3, 155—65; Chem. Labor., Univ. of Roorkee, India; engl.) — Der Einfl. von Farbstoffen auf die Gelbldg. von Kieselsäuresol wurde mit Hilfe von viskosimetr. u. pH-metr. Meth. untersucht. Die Gelbldg.-Zeit nimmt in Ggw. von bas. Farbstoffen zu. *Methylenblau* wird durch Ersatz des $H^+$ durch das große Farbstoffkation adsorbiert, worauf eine mögliche Kombination zwischen dem S des Farbstoffes u. dem OH der Silanolgruppe der Kieselsäure folgt. Die gleichen Ergebnisse wurden mit *Malachitgrün* erhalten. Die Wechselwrkg. von *Alizarinsulfonsäure* mit Kieselsäure wird über eine Verb.-Bldg. zwischen der Silanol- u. der Phenolgruppe erklärt, während *Methylorange* eine chinoide Struktur in Ggw. von Kieselsäure ausbildet. Mit Ausnahme von Methylorange wurde für alle untersuchten Farbstoffe eine positive Adsorption an Kieselsäure gefunden. G. Malow 192

*0712* **Gegendiffusion und Wechselwirkung von Barium- und Sulfationen in einem Gel.** Larie L. Meal und F. R. Meeks. (J. Colloid Interface Sci. **26** (1968) 2, 183—97; Dep. of Chem., Univ. of Cincinnati, Cincinnati, O.; engl.) — Vers. in einem 1,5%ig. Agargel zeigen, daß das Wachstum des entstehenden Bandes diffusionsbestimmt ist. Analysen des Gels zu verschiedenen Zeiten ergeben, daß $Ba^{2+}$ u. $SO_4^{2-}$ schon Std. vor dem Erscheinen des ersten Bandes miteinander reagieren. Die Diffusionskurven (zur Zeit t zurückgelegter Weg als Funktion der Salzkonz.) werden für $Na_2SO_4$ u. $BaCl_2$ ohne Gegendiffusion bestimmt. Die experimentellen Meth., bes. die Analyse der Ionen u. des Rk.-Prod. werden eingehend beschrieben. K. Strenge 192

*0713* **Dynamisches Gleichgewicht bei sich selbst erhaltenden Aerosolen.** Benjamin Y. H. Liu und Kenneth T. Whitby. (J. Colloid Interface Sci. **26** (1968) 2, 161 bis 165; Mechan. Engng. Dep., Univ. of Minn., Minneapolis, Minn.; engl.) — Es wird gezeigt, daß Aerosole eine Verteilungsfunktion der Form $n(r) = C \cdot \varphi \cdot r^{-4}$ im dynam. Gleichgew. besitzt (r = Teilchenradius, n(r) = Verteilungsfunktion der r, $\varphi$ = Teilchenvol.-Bruch, C = dimensionslose Konst.). Analysen atmosphär. Aerosole (A) zeigen eine sehr gute Übereinstimmung mit dieser theoret. Verteilung. Es wird daher angenommen, daß die A im Zustand eines dynam. Gleichgew. eine Selbsterhaltungsverteilung aufgebaut haben. K. Strenge 196

*0714* **Abhängigkeit der Wirksamkeit der Fällung von Aerosolteilchen an Fasern. Möglichkeit der Unterscheidung der wirksamen Faktoren bei der Filtration.** L. V. Raduškevič und V. A. Kolganov. (Ž. fiz. Chim. **42** (1968) 4, 971—76; Inst. fiz. chim. AN SSSR, Moskva; russ.) — Die Fällung von polydispersem Polystyrol-Aerosol mit kugelförmigen Teilchen der Größe 0,1—0,6 $\mu$ an individuellen Fasern mit dem mittleren Durchmesser 4,3 $\mu$ wurde bei Strömungsgeschw. von 0,05—15,0 cm/sec verfolgt. Bei kleinen Geschw. findet nur bei Teilchengrößen ca. 0,1 $\mu$ reine Diffusion ohne Berührung statt. Bei hohen Geschw. erfolgt ab ca. 10—15 cm/s die Fällung durch Berührung ohne Diffusion, die Wirksamkeit wächst linear mit der Teilchengröße. Infolge der Kleinheit des Stokesschen Kriteriums bei erhöhten Geschw. kann Schwerefällung ausgeschlossen werden. J. J. Pohl 196

*0715* **Wechselwirkung von Staubteilchen mit Schaumblasen und Lösungen.** A. A. Balakirev und V. K. Tichomirov. (Kolloidnyj Ž. **30** (1968) 1, 7—9; Moskva; russ., Auszug: engl.) — Die Wechselwrkg. von Glaskugeln mit Schäumen oder Lsg. von oberflächenakt. Stoffen (*Sulfonol, OP-10,* 1:1-Gemisch von Sulfonol u. $Na_3PO_4$) sowie mit Fl. (*W., Anilin, Dichloräthan, Methanol*) wurde durch Best. der Abreißarbeit der Kugeln untersucht. Die Abreißarbeit der Teilchen von den Schaumblasen ist immer größer als die von der Oberfläche der Lsg. der entsprechenden oberflächenaktiven Substanz. Der Unterschied der Abreißkräfte der Teilchen vom Schaum bzw. von der Lsg. ist dem Teilchenquerschnitt proportional. Die Teilchen sind infolge von Kapillarerscheinungen in den Schaumbläschen stärker mit dem Schaum als mit der Lsg. verbunden. Eine empir. Abhängigkeit zur Charakterisierung der Wechselwrkg. von Glasteilchen mit der Oberfläche der Lsg. der oberflächenaktiven Substanz wurde gefunden. J. J. Pohl 198

*0716* **Definition der Temperatur eines porösen Adsorbenten durch Bestimmung der Isotherme der Physisorption eines Gases bei der Temperatur des flüssigen Stickstoffs. Messung der Porenvolumina und der spezifischen Oberfläche.** Gilbert Nicolaon und Stanislas Jean Teichner. (J. Chim. physique Physico Chim. biol. **65** (1968) 5, 870—75; Fac. des Sci. de Lyon; franz.) — Die Temp. einer festen Probe in einer Glasumhüllung, die sich in einem fl. $N_2$-Bad befindet, ist höher als die Temp. des kältesten Punktes des Gefäßes. Wenn der Sättigungsdampfdruck ($p_0$) eines Adsorbats unter Verw. der Temp. des kältesten Punktes bestimmt wird, ist $p/p_0$ für die feste Probe nicht gleich eins. Die Poren eines Adsorbenten werden durch Kapillarkondens. nicht gefüllt, das Gesamtporenvol. bei Sättigung kann unter Verw. von $N_2$ u. Ar bei der Temp. des fl. $N_2$ nicht bestimmt werden. Mit Ar werden Porendurchmesser bis 200 Å, mit $N_2$ bis 840 Å erfaßt. J. J. Pohl 200

*0717* **Bestimmung der spezifischen Oberfläche von Pulvern aus der Poiseuilleschen Luftdurchlässigkeitskomponente.** V. A. Nelidov, V. D. Lunev und V. A. Danilova. (Ž. prikl. Chim. **41** (1968) 4, 794—803; VNII sint. kaučuka im. akad. Lebedeva; russ.) — Die Best. der Luftdurchlässigkeit von Pulvern bei verschiedenen Luftdrucken zeigt die starke Wrkg. des gaskinet. Kriechverhaltens u. möglicherweise auch des mol. Fließverhaltens auf die Durchlaßgeschwindigkeit. Wenn die Wrkg. des gaskinet. Effektes u. des mol. Fließens ausgeschaltet wird, entsprechen die Fl.- u. Luftdurchlässigkeit einander. Eine einfache Meth. zur Best. der Poiseuilleschen Komponente der Luftdurchlässigkeit auf Grund deren Gesamtgeschw. wird vorgeschlagen. Anwendung des Verf. zur Oberflächenbest. von *Quarz*-Proben. J. J. Pohl 200

*0718* **Theorie der konvektiven Diffusion von Salzen in porösen Medien. 3. Mitt. Konvektive Diffusion von Salzen in porösen Medien unter Berücksichtigung des Einflusses einseitig geschlossener Poren.** L. B. Dvorkin. (Ž. fiz. Chim. **42** (1968) 4, 948—55; Nižnevolskij NII geol. i geofiz., Saratov; russ.) — 2. vgl. C. **1969,** 1-0675. — Parameter für poröse Körper, die die Wrkg. von einseitig geschlossenen Poren charakterisieren, werden eingeführt. Die erhaltenen Aussagen können in der Theorie der frontalen Sorptionsdynamik verwendet werden, die die frontale Chromatographie in realen endlichen Kolonnen exakt beschreibt. J. J. Pohl 200

*0719* **Theorie der konvektiven Diffusion von Salzen in porösen Medien. 4. Mitt. Methode zur Ermittlung der den Prozeß der konvektiven Diffusion in Medien mit einseitig geschlossenen Poren bestimmenden Parameter.** L. B. Dvorkin. (Ž. fiz. Chim. **42** (1968) 5, 1206—09; russ.) — 3. vgl. vorst. Referat. J. J. Pohl 200

*0720* **Erstarren und Schmelzen von Wasser in Glaskapillaren.** A. N. Savickij. (Kolloidnyj Ž. **30** (1968) 1, 119—23; NII betona i železobetona Gosstroj SSSR; russ., Auszug: engl.) — Der Schmelzpunkt von W. beträgt in Glaskapillaren mit Radien von 73, 29, 11 u. 1 $\mu$ —13,4, —17,8, —30 u. —36°. In Kapillaren der Radien 0,01 u. 1 $\mu$ zeigt durch Kondensation von ungesätt. Dämpfen erhaltenes W. eine erhöhte Viskosität, herabgesetzten Sättigungsdampfdruck u. herabgesetzte Erstarrungs- u. Schmelzpunkte. J. J. Pohl 200

*0721* **Gleichung für die Oberflächenspannung außerhalb des Gleichgewichts.** A. Ja. Gochštejn. (Élektrochimija **4** (1968) 2, 248—49; Moskva, Inst. élektrochim. AN SSSR; russ.) — Für die vom Vf. angegebene Meth. zur Unters. der Oberflächenspannung bei beliebigen Abweichungen vom Gleichgew. (A. Ja. Gochštejn, Zav. Labor. **32** (1966) 815) wird eine Gleichung hergeleitet, deren Aussagen mit experimentellen Beobachtungen an Pt in 1 n $H_2SO_4$ übereinstimmen. C. Herold 202

*0722* **Charakteristika der Fortpflanzung von Grenzflächenkapillarwellen.** Robert S. Hansen, J. Lucassen, Raymond L. Bendure und Gordon P. Bierwagen. (J. Colloid Interface Sci. **26** (1968) 2, 198—208; Inst. for Atomic Res., Ia. State Univ. Ames, Ia.; engl.) — Die Theorie für das Verh. von Kapillarwellen an der Grenzfläche fl./gasf. wird für Wellen an der Grenzfläche fl./fl. erweitert. Die experimentelle Technik wird verändert, so daß die Wellenlänge u. der Dämpfungskoeff. an Grenzflächen fl./fl. gemessen werden können. Entsprechende Daten an W./Heptan-Grenzflächen (mit Grenzflächenfilmen aus Laurylaminhydrochlorid) u. an der polarisierten Hg/wss. Elektrolytlsg.-Grenzfläche (mit Octansäure) werden mitgeteilt. Die experimentellen Fehler sind etwas größer als an der W./Luft-Grenze, die Werte stimmen jedoch befriedigend mit der Theorie überein. K. Strenge 202

*0723* **Beziehungen zwischen der Schallgeschwindigkeit und der Oberflächenspannung wäßriger Lösungen.** Constantin Sălceanu und Cosma Tudose. (C. R. hebd. Séances Acad. Sci., Sér. C **267** (1968) 3, 189—91; Timisoara, Univ.; franz.) — Messungen der Beziehungen zwischen Schallgeschw. u. Oberflächenspannung von wss. Lsg. von Elektrolyten u. Nichtelektrolyten werden zur Prüfung der von Kudriavtev u. von Altenburg aufgestellten Gleichungen ausgeführt. Die geprüften Lsg. enthalten in Konz. von weniger als 1 Mol/l *$NaNO_3$, $Cu(NO_3)_2 \cdot 3H_2O$, $KNO_3$, $Pb(NO_3)_2$* u. *Gallussäure.* Die Schallgeschw. nimmt außer beim $Pb(NO_3)_2$ mit der Konz. zu, die Oberflächenspannungen verhalten sich jedoch unterschiedlich; sie steigen monoton bei $NaNO_3$ u. $Cu(NO_3)_2$, durchlaufen Extremwerte bei $KNO_3$ u. $Pb(NO_3)_2$ u. fallen bei Gallussäure. Die Diskrepanzen werden so interpretiert: In Lsg., in denen Assoziation dominiert, tritt keine Parallelität von Schallgeschw. u. Oberflächenspannung auf, für die dissoziierende Lsg. scheint ein direkter Zusammenhang zwischen beiden Größen gegeben zu sein. H. U. Borgstedt 202

*0724* **Thermodynamische Daten und Leitfähigkeiten von geschmolzenen Salzen und ihren Mischungen.** 5. Mitt. **Dichte, Volumenänderung beim Schmelzen, Viskosität und Oberflächenspannung von Natriumchlorat und seinen Mischungen mit Natriumnitrat.** A. N. Campbell und E. T. van der Kouwe. (Canad. J. Chem. **46** (1968) 8, 1279—86; Winnipeg, Manitoba, Univ. of Manitoba, Dep. of Chem.; engl.) — 4. vgl. C. **1965**, 9-0299. — Von fl. $NaClO_3$ (**I**) wurden die Temp.-Funktionen nachst. physikal. Kenngrößen bestimmt (t in °C; T in °K): Mol.-Vol. (ml · $Mol^{-1}$) V = 45,075 + 0,021 · t für **I** (fl) zwischen 263,0 u. 285,0° u. V = 42,583 + 0,008 · t für **I** (f) zwischen 25,0 u. 252,0°; Vol.-Änderung beim Schmelzen: 11,70%; therm. Ausdehnungskoeff. $\alpha$ = 4,66 · $10^{-4}$; Viskosität (cP) $\eta$ = 2,451 · $10^{-4}$ exp (5975/RT) zwischen 261,3 u. 286,0°; Oberflächenspannung (dyn · $cm^{-1}$) $\gamma$ = 110,28—0,073 · t zwischen 265,0 u. 290,3°. Entsprechende Beziehungen werden für Mischungen von **I** (fl) mit verschiedenen Mengen $NaNO_3$ mitgeteilt. G. Gattow 202

*0725* **Einfluß der thermoelektrischen Faktoren von Oxidschmelzen auf ihre Oberflächeneigenschaften.** V. V. Pokrovskij, V. A. Kalmykov, S. S. Kajalova, G. V. Bajkova und P. Ja. Ageev. (Izvest. Akad. Nauk SSSR, Neorg. Mater. **4** (1968) 4, 573—76; Leningradskij politechn. inst. im. Kalinina; russ.) — Die Elektronenaustrittsarbeit von festen u. fl. Schlacken des Syst. $CaO–SiO_2–Al_2O_3$ verschiedener Zus. (Geh. in Gew.-%: CaO 58,63—33,35, $SiO_2$ 27,10—52,34, $Al_2O_3$ 11,10 bis 12,36, $CaF_2$ 3,59—2,90; $CaF_2$-Zusatz zur Senkung des F.) sowie deren Oberflächenspannung wurde bei 1700° gemessen. Die Abhängigkeit der Austrittsarbeit von der Zus. hat für feste u. fl. Schlacken den gleichen Charakter; bei Erhöhung des Verhältnisses $CaO/SiO_2$ sinkt die Austrittsarbeit. Außerdem besteht ein Zusammenhang zwischen Oberflächenspannung u. Austrittsarbeit: mit der Erhöhung der Austrittsarbeit sinkt die Oberflächenspannung. B. Karos 202

*0726* **Einfluß von Sauerstoff und Schwefel auf die Oberflächenspannung des Stahles SCh15.** Ju. M. Gogiberidze, T. I. Džinčaradze und Š. M. Mikiašvili. (Soobšč. Akad. Nauk Gruz. SSR **49** (1968) 2, 415—210; AN Gruz. SSR, inst. metallurg. Tbilisi; russ.) — Unters. des Einfl. von O in den Grenzen von 0,0027—0,0046% bei konst. S-Geh. von 0,013% sowie von S in den Geh.-Grenzen von 0,007—0,013% bei konst. O-Geh. von 0,0025% auf die D. u. die Oberflächenspannung des Stahls SCh15 mit 1,02(%) C, 0,32 Si, 0,31 Mn, 1,46 Cr, 0,018 P, 0,14 Ni u. 0,10 Cu. Die Vers. wurden im Hochtemp.-Vakuumofen im Temp.-Bereich von 1773 bis 1923°K unter He durchgeführt. Die D. u. Oberflächenspannung fallen bei einem Stahl mit 0,0027 O u. 0,013 S mit der Temp. geradlinig ab. Der Temp.-Koeff. der Oberflächenspannung beträgt —0,23 m Joule/$m^2$ · Grad. Eine Erhöhung des O-Geh. im Stahl bewirkt einen intensiven Abfall der Oberflächenspannung. S erniedrigt ebenfalls intensiv die Oberflächenspannung. H. Hochstein 202

*0727* **Grisanderivate in reinen und gemischten monomolekularen Filmen.** Ronald P. Quintana, Andrew Lasslo und Pamela P. Boggs. (J. Colloid Interface Sci. **26** (1968) 2, 166—74; Dep. of Medicinal Chem., Univ. of Tenn., Coll. of Pharmacy, Memphis, Tenn.; engl.) — Die beiden Grisanderiv.: 7-Chlor-6.2'-dimethoxy-4-(3.7-dimethylocten-(6)-yl-(1)-oxy)-6'-methylgrisen-(2')-dion-(3.4') (**I**) u. der Tetrahydropyranyl-(2)-ester des 4-(10-Carboxydecyl-1-oxy)-7-chlor-6.2'-dimethoxy-6'-methylgrisen-(2')-dion-(3.4') (**II**) werden allein u. in Mischungen mit Stearinsäure, Cholesterin oder Lecithin auf reinem W. gespreitet. Bei niedrigen Filmdrucken zeigen die Mischungen das Verh. der reinen Substanzen **I** bzw. **II**, bei mittleren Drücken werden **I** u. **II** aus dem Film verdrängt u. bei hohen Drücken dominiert das Verh. der Lipide. **I** ist bei niedrigen u. mittleren Oberflächendrücken mit dem Grisansyst. horizontal auf der W.-Oberfläche orientiert, der Substituent in 4-Stellung ragt in die Luft. Die Verb. **II** ist außerdem noch mit den O-Atomen der Estergruppierung des 4-Substituenten am W. verankert. K. Strenge 202

*0728* **Näherungsgleichung der durch die innere Diffusion und den äußeren Massenaustausch bestimmten Sorptionsgeschwindigkeit.** V. I. Nazarok, P. N. Galič und V. S. Gutyrja. (Ukrainskij chim. Ž. **34** (1968) 6, 638—39; Inst. chim. vysokomol. soed. AN Ukr. SSR; russ.) — Die vorgeschlagene Gleichung gilt für Sorbenten vom Zeolithtyp. J. J. Pohl 204

*0729* **Vakuumwaage zur Messung der Adsorption von Wasserdampf an reduziertem Nickel.** Chao-Feang Lin. (J. Res. Inst. Catalysis, Hokkaido Univ. **15** (1967, herausgeg. 1968) 3, 239—46; engl.) — Die Adsorption von W.-Dampf an red. Ni wurde mit Hilfe einer Vakuum-Glasbalken-Waage gemessen. Die Waage kann bis zu 20 g Adsorbens aufnehmen. Die Nullpunktskonstanz beträgt 0,2 mg über den gesamten Meßbereich u. Temp. von 30—120° für einige Wochen. Die der Desorption folgende Adsorption von W.-Dampf an red. Ni, die bei 30° u. 50° untersucht wird, zeigt Hysteresiserscheinungen, die bei mehrmaliger Wiederholung des Adsorptions-Desorptions-Zyklus über den gesamten W.-Dampfdruckbereich (bis zu 80%ig. relativer Feuchtigkeit) verschwinden mit Ausnahme für 2,5 mg adsorbiertes W. pro Gramm red. Ni, das nicht entfernbar ist. Die Adsorption allein wurde auch bei 70° untersucht. G. Malow 204

*0730* **Trennung von Stickstoff-, Sauerstoff- und Argonisotopen durch Tieftemperatursorption an Zeolithen.** A. M. Tolmačev, T. V. Totova und L. N. Grišina. (Ž. fiz. Chim. **42** (1968) 5, 1263; Mosk. gos. univ. im. Lomonosova, chim. fak.; russ.) — Massenspektroskop. Daten bei 78 ($N_2$) bzw. 90°K ($O_2$ u. Ar) ergeben folgende Mittelwerte der Verteilungskoeff. bei Einstufentrennung am Zeolith CaA: $^{14}N^{15}N$–$^{14}N^{14}N$ 1,030 (± 0,002), $^{18}O^{16}O$–$^{16}O^{16}O$ 1,032 u. $^{40}Ar$–$^{36}Ar$ 1,039. Die Meth. ist einfacher u. billiger als die chem., die Austausch- bzw. Thermodiffusionsmethode. J. J. Pohl 204

*0731* **Abhängigkeit der Adsorption von Stickstoff vom Porendurchmesser der Adsorbenten.** M. G. Kaganer. (Ž. fiz. Chim. **42** (1968) 5, 1228—34; VNII, kriogennogo maštr., Moskva; russ.) — Die Adsorption von $N_2$ wurde bei 78 u. 90°K u. bei relativen Drücken von $10^{-8}$—0,5 an Silicagel-, Silicaaerogel-, Chabasit-, Aktivkohle- u. Tonproben untersucht. Die Porenform beeinflußt die Adsorption im monomol. Bereich. Die Adsorptionswärme u. die Form der Adsorptionsisothermen von $N_2$ im monomol. Bereich hängen vom effektiven Porendurchmesser des Adsorbenten ab. Auf Grund dieser Abhängigkeit kann der Porendurchmesser im Bereich 5—100 Å bestimmt werden. J. J. Pohl 204

*0732* **Hydrierungsmechanismus einer frisch gespaltenen Graphitoberfläche.** O. V. Nikitina, R. Branc und V. F. Kiselev. (Ž. fiz. Chim. **42** (1968) 4, 943—46; NII šinnoj prom., Moskva; russ.) — Die chem. Adsorption von mol. u. atomarem Wasserstoff an einer frischen Graphitoberfläche wurde verfolgt. Die Adsorption von H-Atomen führt zum Auftreten eines Elektronenspinresonanz-Signals. J. J. Pohl 204

*0733* **Gleichung der Adsorptionsisotherme von Dämpfen an mikroporösen Aktivkohlen.** V. A. Astachov, V. N. Lepilin, P. G. Romankov und V. D. Lukin. (Ž. prikl. Chim. **41** (1968) 6, 1240—45; Leningradskij technol. inst. im. Lensoveta; russ.) — Eine Isothermengleichung wird von der Potentialtheorie u. von allg. thermodynam. Gesetzmäßigkeiten ausgehend abgeleitet. Sie berücksichtigt die Änderung des thermodynam. Potentials beim Phasenübergang. Die Verwendbarkeit der Gleichung in einem breiten Konz.-Bereich der sorbierten Komponente bei 0 u. 20° wird am Beispiel von Bzl., Cyclohexan, Toluol, n-Pentan, n-Hexan, n-Heptan u. $CHCl_3$ an Aktivkohle AG-3 gezeigt. J. J. Pohl 204

*0734* **Änderung der Oberflächeneigenschaften von Quarzpulver mit der Teilchengröße. 3. Mitt. Freie Adsorptionsenergie im System Quarzpulver–Wasser.** Kenichi Miyata. (J. chem. Soc. Japan, pure Chem. Sect. [Nippon Kagaku Zasshi] **89** (1968) 4, 346—49; Osaka, Gouv. ind. Res. Inst.; jap., Auszug: engl. S. A 19.) — Aus der isothermen Dampfadsorption im obigen Syst. wurde die freie Adsorptionsenergie $\pi$ von $\alpha$-Quarzpulver mit spezif. Oberflächen zwischen 0,54 u. 151 $m^2/g$ untersucht. Es besteht eine lineare Beziehung zwischen $\pi$ u. dem monomol. adsorbierten W.-Vol., während keine Abhängigkeit des $\pi$ von der spezif. Oberfläche S gefunden wurde. Bei höherem relativen Druck tritt ferner Kapillarkondens. des W.-Dampfes an $\alpha$-Quarz bei S > 1 $m^2/g$ auf. Daher ergibt sich die aus der isothermen Dampfadsorption ber. freie Adsorptionsenergie als zu hoch. Eine lineare Beziehung besteht zwischen $\pi$ u. der Oberflächenkonz. der Silanolgruppen. — Vgl. C. **1967**, 29-0637. H. S. Park 204

*0735* **Ionenformen vom Hydrogelen und die Struktur von Polykieselsäurexerogel-Kugeln.** V. V. Strelko, B. M. Micjuk, A. I. Kazanceva und U. Z. Vysockij. (Doklady Akad. Nauk SSSR **179** (1968) 6, 1392—95; Inst. fiz. chim. im. Pisarževskogo AN Ukr. SSR; russ.) — Polykieselsäurexerogele, die aus verschiedenen Ionenaustauschformen ihrer Hydrogele dargestellt wurden, bilden kompliziert aufgebaute Globule. Die Ionenformen des Hydrogels wurden aus Na-Silicat, $H_2SO_4$, Waschen mit $Ca(OH)_2$ u. mit 0,1 n Lsg. von Fe(III)-, Cr(III)-, Al-, Co-, Ni-, Be-, Mn(II)-, Zn- u. Ag-Nitrat bei pH 3 erhalten. Die Ad- u. Desorptionsisothermen von Methanoldämpfen an den erhaltenen Gelen bei 20° wurden bestimmt. Der mögliche Ablauf der Ad- u. Desorptionsvorgänge wird diskutiert. J. J. Pohl 204

*0736* **Zusammensetzung und Eigenschaften von Zeolithen, die am Ionenaustausch nicht beteiligtes Eisen enthalten.** S. A. Levina, N. F. Ermolenko und A. A. Prokopovič. (Kolloidnyj Ž. **30** (1968) 1, 56—60; Inst. obšč. i neorg. chim. AN BelorussSSR, Minsk; russ., Auszug: engl.) — Aus Lsg. von $FeCl_3$, $Fe(NO_3)_3$, $Al(NO_3)_3$, $Na_2SiO_3$ u. NaOH wurden Zeolithe des Typs A, P u. X synthetisiert, die Fe in Nichtionenaustausch-Form enthalten. Chem.-analyt. Daten u. die Berechnung der Molzus. zeigen, daß viele Präp. eine amorphe Phase enthalten. Fe-haltiges Zeolith des Typs A hat eine Sorptionskapazität, die nicht kleiner ist als die des reinen Zeoliths dieses Typs. Präp. des Typs X adsorbieren etwas weniger W.-Dampf als reines NaX. Die Kapazität der eisenhaltigen Zeolithe gegenüber $H_2S$ ist höher als die von reinem NaA u. NaX. Am besten sorbiert Fe-42, ein Zeolith des Typs X mit einem Geh. von 17% $Fe_2O_3$. Das Präp. Fe-34 vom P-Typ hat eine hohe katalyt. Aktivität. J. J. Pohl 204

*0737* **Adsorption von Wasser- und Alkoholdämpfen an synthetischen Zeolithen.** V. T. Bykov, L. V. Smirnova und N. E. Ščerbatjuk. (Kinetika i Kataliz **9** (1968) 2, 445—46; Dal'nevost. gos. univ., Vladivostok; russ.) — Die Adsorption von W.-Dampf an drei Zeolithproben in $Na^+$-Form vom Typ A u. X wurde mit der isopiest. Meth., die von Methanol-, A.-, n- u. i-Propanol-Dämpfen vakuumgravimetr. untersucht. Mit beiden Meth. erhaltene Ergebnisse zeigen eine gute Übereinstimmung. Es wurden typ. Isothermen für feinporige Sorbenten erhalten, Zeolith A zeugt in bezug auf Isopropanolmol. Mol.-Sieb-Eigenschaften. J. J. Pohl 204

*0738* **Adsorption von Stickstoff und Argon an natürlichen Zeolithen.** V. T. Bykov und N. E. Ščerbatjuk. (Kinetika i Kataliz **9** (1968) 2, 447—49; russ.) — Vgl. vorst. Referat. — Die Mikroporosität der Struktur von Desmin, Mordenit u. Natrolith ist für $N_2$- u. Ar-Mol. ungenügend, die erhaltenen Isothermen bei —195,6° zeigen eine Adsorption von $N_2$ u. Ar an der äußeren Fläche der Kristalle. Die Desminproben wurden bei 150, Mordenit bei 220 u. 297 u. Natrolith bei 200° während 6—8 Std. dehydratisiert. J. J. Pohl 204

*0739* **Schnellmethode zur Bestimmung von Desorptionsisothermen.** G. I. Fedorov, F. G. Tarasova und R. I. Izmaijlov. (Ž. fiz. Chim. **42** (1968) 4, 1036—40; Inst. org. i fiz. chim. im. Arbuzova, Kazan; russ.) — Beschreibung eines Verf. zur Best. spezif. Oberflächen, von Porenradienverteilungen u. Gesamtporenvol. von Katalysatoren u. Sorbentien durch stufenweise Verdrängung von adsorbiertem Stickstoff durch einen nicht adsorbierten Gasträger (He) unter dynam. Bedingungen. Anwendung auf *Silicagel*, $SiO_2$, $Al_2O_3$ u. einen $WS_2$–$NiS$–$Al_2O_3$-Katalysator. H. Roschkowski 204

*0740* **Einfluß der Chemisorption freier Atome auf die elektrophysikalischen Eigenschaften von dünnen oxydischen Halbleiterschichten.** E. P. Prokop'ev. (Kinetika i Kataliz **9** (1968) 2, 450—52; Fiz.-chim. inst. im. Karpova, Moskva; russ.) — Die Bindungsenergie eines Elektrons an einfach geladenen Coulombschen Oberflächenzentren wird im Rahmen des Levinschen Modells ermittelt. Die Valenzregel ist an ZnO-Oberflächen bei der Chemosorption der freien Atome H, Na, Zn, In u. Pb ungültig. J. J. Pohl 204

*0741* **An $\gamma$-$Al_2O_3$-Oberflächen chemisorbierte Sauerstoffatome.** A. A. Gezalov, G. M. Žabrova, V. V. Nikiša, G. B. Parijskij und K. N. Spiridonov. (Kinetika i Kataliz **9** (1968) 2, 462—63; Inst. chim. fiz. AN SSSR, Moskva; russ.) — Bei der Chemisorption von Sauerstoff an $Al_2O_3$ bei 200—500° konnte mit der EPR-

Meth. keine paramagnet. Sauerstofform beobachtet werden. Bei der Bestrahlung von bei 480° u. $10^{-6}$ Torr vorbehandeltem $Al_2O_3$ entsteht ein asymm. Signal. In Ggw. von 1,3 Torr Sauerstoff ist die Intensität des asymm. Signals von der Bestrahlungsdosis abhängig, $g_{\|} = 2{,}034$, $g_{\perp} = 2{,}008$. J. J. Pohl 204

*0742* **Chemisorptionseigenschaften von Yttriumoxid.** K. V. Topčieva und M. K. Krasil'nikova. (Vestnik Moskovskogo Univ., Ser. II **23** (1968) 2, 3—8; Kaf. fiz. chim.; russ., Auszug: engl.) — Die Adsorption von $H_2$, $O_2$ u. W. am Yttriumoxid wurde an zwei im Vakuum bei 500 oder 800° erhitzten Proben untersucht. Die Bildungsbldg. mit dem adsorbierten $J_2$ u. $O_2$ wurde mit der Leitfähigkeitsmeth. untersucht. Die $H_2$-Adsorption an beiden Proben verläuft unterschiedlich, Wasserstoff dürfte in Form von Protonen am Yttriumoxid adsorbiert werden. J. J. Pohl 204

*0743* **Adsorption von Gasgemischen an isoelektronischen Germaniumanalogen.** I. A. Kirovskaja, L. G. Majdanovskaja und N. V. Solov'eva. (Ž. fiz. Chim. **42** (1968) 5, 1196—1200; Tomskij gos. univ. im. Kujbyševa; russ.) — Die spezif. Adsorption von $H_2$ + CO-Gemischen an GaAs u. ZnSe zeigt eine komplizierte Abhängigkeit von der Temperatur. Die kinet. Kurven der Adsorption werden in einzelnen Bereichen zufriedenstellend durch die logarithm. Gleichung von Roginskij beschrieben, die mittlere Aktivierungsenergie beträgt 10—12 kcal/Mol. Die adsorptionskatalyt. Aktivität der Halbleiter hängt von ihrem Elektronenzustand ab. Im Chemosorptionsbereich wächst die elektr. Leitfähigkeit, mit zunehmender Breite der verbotenen Zone sinkt die katalyt. Aktivität der Proben. Ein Mechanismus des katalyt. Prozesses wird auf Grund der Rk.-Isobare u. der kinet. u. elektr. Leitfähigkeitsdaten vorgeschlagen. J. J. Pohl 204

*0744* **Chemisorptionswärme von Kohlenmonoxid an Metallen.** N. N. Kavtaradze und N. P. Sokolova. (Ž. fiz. Chim. **42** (1968) 5, 1286—88; Inst. fiz. chim. AN SSSR, Moskva; russ.) — Die Verwendbarkeit der Clausius-Clapeyronschen Gleichung für die Berechnung der Chemisorptionswärme von Gasen an Metallen wurde untersucht. Die Adsorptionswärme von CO an *Cu, Ag, Au, Rh, Pd, Ir* u. *Pt* wurde berechnet. Empir. wurde eine lineare Abhängigkeit des Wärmeeffektes im Anfangsstadium der starken Chemisorption von CO von der Subl.-Wärme der Metalle festgestellt. Die nach der vorgeschlagenen Formel ber. Adsorptionswärmen stimmen mit kalorimetr. Daten gut überein. J. J. Pohl 204

*0745* **Feldemissionsmikroskopische Untersuchung der Koadsorption von Sauerstoff und Cäsium auf hochschmelzenden Metallen.** Tsukasa Kuroda und Shogo Nakamura. (Mem. Inst. sci. ind. Res., Osaka Univ. **25** (1968) 49—61; engl.) — Die Koadsorption von $O_2$ u. Cs auf *W, Mo* u. *Re* wurde untersucht. Die minimale Austrittsarbeit des Metalls mit adsorbiertem $O_2$ war geringer als die des reinen Metalls. Bei W beträgt der Unterschied 0,25 eV, bei Mo 0,45 eV u. bei Re 0,15 eV. Die Desorptionsenergie von adsorbiertem Cs stieg in Ggw. von $O_2$. Im Falle der Cs-Adsorption auf mit Sauerstoff bedecktem W hatte das Emissionsbild helle Bereiche nahe der (112)-Ebene bei einem Bedeckungsgrad von 0,5—0,7. H.-D. Schwartz 204

*0746* **Massenspektrometrische Untersuchung der Sauerstoffadsorption an (110)- und (113)-Flächen eines Wolframeinkristalls.** V. S. Ahejkin und Ju. H. Prušyns'kyj. (Ukraïns'kij fiz. Ž. **13** (1968) 5, 779—85; Inst. fiz. AN URSR, Kyïv; ukrain., Auszug: engl.) — Die $O_2$-Adsorption bei niedrigem Druck ($\sim 10^{-7}$ Torr) an (110)- u. (113)-Flächen eines W-Einkrist. wird massenspektrometr. untersucht, wobei der $O_2$-Druck während des Adsorptionsprozesses gemessen wird. Best. der Abhängigkeit der Gleichgew. der Oberflächenkonz. von $O_2$ von der Temp. der Trägersubstanz im Temp.-Bereich von 300 bis 1400 °K, sowie der Abhängigkeit der Haftwahrscheinlichkeit u. Austrittsarbeit von der Oberflächenkonzentration. Die Adsorptionseig. sind stark von der Krist.-Orientierung abhängig. I. Zoll 204

*0747* **Adsorptions- und spektroskopische Untersuchung der Umsetzung von Ammoniakmolekülen mit dünnen Goldfilmen.** V. D. Jagodovskij, S. L. Grigorovič und F. Ekojama. (Kinetika i Kataliz **9** (1968) 2, 390—96; Univ. Družby narodov im. Lumumby, Moskva; russ.) — Die Adsorptionsisothermen von $NH_3$, sowie die Absorptionsspektren von dünnen Au-Schichten bei 4400 bis 7000 Å deuten auf eine komplizierte Struktur: die Filme erhalten neben Körnchen auch Atomgruppen. Der Elektronenzustand des Metalls in den Granulen wird durch die feste Adsorption des $NH_3$ beeinflußt. Mit wachsender Adsorbatmenge geht die Intensität der Max. der Feinstruktur der Spektren durch ein Minimum. Die mol. elektr. Feldstärke der Oberfläche ändert sich bei der Adsorption. J. J. Pohl 204

*0748* **Gasadsorption an dünnen Metallfilmen. Änderung des Oberflächenpotentials im System Sauerstoff–Gold.** I. G. Murgulescu und M. I. Vass. (Rev. Chim. [Bucarest] **13** (1968) 4, 373—80; Inst. for Phys. Chem., Acad. of Romania, Bucharest, str. Dumbrava Rosie, 23; engl.) — Die Wechselwrkg. von Au mit $O_2$ wurde bei 77 u. 298 °K u. bei maximal $1 \cdot 10^{-4}$ Torr mit einer Gegenfeldmeth. untersucht; die entsprechenden Werte der Oberflächenpotentialdifferenz betragen 0,70 bzw. 0,26 V. Sauerstoff wird bei beiden Temp. unter Bldg. einer negativ geladenen Schicht adsorbiert. J. J. Pohl 204

*0749* **Polarisationsanteile für die Chemisorption und Katalyse aus den Energieniveaus von Metallionen.** R. A. Gardner. (J. Res. Inst. Catalysis, Hokkaido Univ. **15** (1967, herausgeg. 1968) 3, 228—38; Standard Oil Comp., Cleveland, O.; engl.) — Die Schwingungsfrequenzen von chemisorbierten Ionen wurden durch den „Polarisationsanteil", einer Konst., die vom Metall u. seinem Ox.-Zustand in der adsorbierenden Verb. abhängt, bestimmt. Dadurch wird eine Zuordnung des numer., chem. Ox.-Zustandes des Metalles in einem Katalysator im Augenblick der katalyt. Rk. möglich. Die „Polarisationsanteile" verschiedener Metalle (*V, Ti, Sc, Cr, Mn, Nb, Fe* u. *Zr, Co, Cu, Y, Ag, Mo, La, Ta, Ru, Rh, Ir, Pd, Pt, Ni*) wurden aus den Spektren von chemisorbiertem CO berechnet. Die Herkunft des „Polarisationsanteils" aus den Eig. des Metalles wird durch die Beziehung zu den Energieniveaus der Elektronen der Metallionen nachgewiesen. G. Malow 204

*0750* **Adsorption von Eisen(III)-polyphosphat.** Sister Mary Kieran McElroy, J. Fred Hazel und Wallace M. McNabb. (J. chem. Engng. Data **13** (1968) 3, 364 bis 366; Philadelphia, Pa., Univ. of Pa.; engl.) — Eisen-(III)-polyphosphat-Gele der empir. Zus. $Fe(OH)_{0,5} \cdot (PO_3)_{2,5} \cdot 5H_2O$ (I) wurden nach früher beschriebenen Verf. hergestellt. An I wurde die Adsorption u. Desorption von $H_2O$ bzw. $NH_3$ unter definierten Bedingungen untersucht. Die Adsorption von $NH_3$ nimmt mit dem Alterungsgrad von **I** zu. Die IR-Spektren von **I** u. **I** · $4NH_3$ werden mitgeteilt. G. Gattow 204

*0751* **Einfluß der Elektroosmose auf die Kinetik des Kapillaranstiegs und Verteilung der Feuchtigkeit in Quarzpulverdiaphragmen.** O. N. Grigorov, E. V. Gribanova und L. M. Kaljužnaja. (Ž. prikl. Chim. **41** (1968) 3, 557—62; russ.) — Bei Unters. zur Kinetik des Kapillaranstiegs an Fraktionen von Quarzsand 10—20; 20—50; 50—100 $\mu$ wird in hohen Kolonnen gezeigt, daß für die Fraktionen 10—20 u. 20—50 $\mu$ die kapillare Steighöhe während des Vers. nicht ihren Gleichgew.-Wert erreicht. Die Abhängigkeit des Randwinkels von der Steighöhe ist geradlinig. Durch die umgekehrte Elektroosmose wird die Feuchtigkeit im Quarzsand im Inneren der Kolonne um so kleiner, je kleiner die Teilchengröße des Sandes ist. J. Tutschku 208

## A-7. Kinetik, Katalyse

*0752* **Bestimmung wichtiger kinetischer Parameter mit Hilfe der thermogravimetrischen Analyse.** T. A. Clarke und J. M. Thomas. (Nature [London] **219** (1968) 5159, 1149—51; Bangor, Univ. Coll. of North Wales, Dep. of Chem.; engl.) — Vf. zeigen, daß es mit Hilfe der thermogravimetr. Analyse (TGA) möglich ist, die kinet. Kenngrößen von Rk., die mit Gew.-Änderungen verbunden sind, zu ermitteln. Die Aktivierungsenergie der Zers. von $Mn(HCOO)_2 \cdot 2H_2O$ wurde mit der TGA (Aufheizgeschw.: 1 Grad · $Min^{-1}$) zu 15,7 ± 2,5 kcal/Mol bestimmt. Dieser Wert stimmt innerhalb der experimentellen Fehlerbreite mit den in der Literatur angegebenen überein. G. Gattow 211

*0753* **Integration eines Systems von Differentialgleichungen der chemischen Kinetik bei beliebigen Verhältnissen der beteiligten Reaktionsgeschwindigkeitskonstanten.** F. A. Buchman, V. G. Melamed, L. S. Polak und Ju. L. Chait. (Kinetika i Kataliz **9** (1968) 2, 412—17; Inst. neftechim. sinteza im. Topčieva, AN SSSR, Moskva; russ.) — Der Sonderfall, daß einige der berücksichtigten Geschw.-Konst. bei gleichen Bedingungen um mehrere Größenordnungen größer sind als die übrigen, wird besprochen. Die vorgeschlagene Meth. ermöglicht die Berechnung mit zufriedenstellender Genauigkeit u. wird am Beispiel des Syst. kinet. Gleichungen der Chlorierungsrk. von Äthylen verwendet. J. J. Pohl 211

*0754* **Untersuchung nichtstationärer komplizierter monomolekularer Reaktionen mit der Graphenmethode.** B. N. Gol'dštejn und M. V. Vol'kenštejn. (Doklady Akad. Nauk SSSR **178** (1968) 2, 386—88; Inst. vysokomol. soed. AN SSSR; russ.) — Beschreibung der Meth., die auch für beliebige quasimonomol. Rk. verwendbar ist, wenn die in den einzelnen Rk.-Stufen teilnehmenden übrigen Reagenzien im Überschuß vorliegen. Es können z. B. Rk. vom katalyt. oder auch vom fermentativen Typ untersucht werden. J. J. Pohl 211

*0755* **Berechnung des Verteilungskoeffizienten bei der thermischen Dissoziation von Molekülen.** Ju. G. Basov und G. M. Pančenkov. (Ž. fiz. Chim. **42** (1968) 2, 520—22; Mosk. gos. univ. im. Lomonosova, chim. fak.; russ.) — Eine Gleichung zur Berechnung des Verteilungskoeff. wurde, ausgehend von Bedingungen einer irreversiblen Rk. erster Ordnung abgeleitet. J. J. Pohl 211

*0756* **Störung der Maxwell-Boltzmann-Verteilung der Moleküle durch schnelle chemische Reaktionen und der Einfluß der entstehenden Verteilung auf die Reaktionsgeschwindigkeit.** S. A. Denisik, S. N. Lebedev, Ju. G. Malama und L. S. Polak. (Chim. vysokich Energ. **2** (1968) 4, 297—303; Inst. neftechim. sinteza im. Topčieva AN SSSR; russ.) — Mit Hilfe der Monte-Carlo-Meth. wurden die Funktionen der Molekülverteilung u. die RGK im Quasigleichgew.-Zustand bestimmt. Die Anwendbarkeit des Arrheniusschen Gesetzes wird diskutiert u. festgestellt, daß die Aktivierung der Mol. beim elast. Stoß stufenweise erfolgt. A. Pinkowski 211

*0757* **Bewegung umherirrender Teilchen in der Reaktionszone.** N. N. Tunickij, V. A. Kaminskij und S. F. Timasev. (Kinetika i Kataliz **9** (1968) 1, 167—72; Fiziko-chimic. Inst. im. Karpova, Moskva; russ.) — Vf. untersucht die mittlere Verweilzeit von Teilchen in einem einheitlichen Gebiet. Es werden Gleichungen für die Berechnung der Punkte der Verteilungsfunktion der Teilchen nach der Erreichung der Grenzen erhalten. D. Radeck 211

*0758* **Entfernung gasförmiger Produkte aus reagierenden porösen Körpern.** N. G. Samojlenko. (Ž. fiz. Chim. **42** (1968) 4, 883—88; Inst. chim. fiz. filial AN SSSR, Černogolovka; russ.) — Ein Syst. einfachster Gleichungen der chem. Kinetik u. der Massenübertragung im reagierenden porösen Körper mit konst. Porosität wird in quasistationärer Näherung abgeleitet. Die gasförmigen Rk.-Prod. werden entweder nach einem Diffusions- oder nach einem Filtrationsmechanismus abgegeben. J. J. Pohl 211

*0759* **Diffusionskinetik von Reaktionen.** 5. Mitt. **Verteilung der Konzentration des Reaktionsprodukts in der flüssigen Phase beim Verlauf einer Reaktion zweiter Ordnung an der Oberfläche eines festen Körpers in der Periode, die der Einstellung der Grenzkonzentration an der Oberfläche vorangeht.** I. P. Vyrodov. (Ž. fiz. Chim. **42** (1968) 1, 78—81; Kubanskij sel'choz. inst.; russ.) — 4. vgl. C. **1968**, 36-0603. — Die Konz.-Verteilung einer neu gebildeten Substanz wurde in dem Fall untersucht, wenn an der Rk.-Oberfläche eine Rk. zweiter Ordnung verläuft u. wenn die Verschiebung der Rk.-Oberfläche vernachlässigt werden kann. Gleichungen zur Beschreibung der Konz.-Verteilung werden abgeleitet. J. J. Pohl 211

*0760* **Kinetik der Oberflächenreaktion bei logarithmischer Adsorptionsisotherme.** L. I. Krištalik. (Ž. fiz. Chim. **42** (1968) 4, 935—36; Inst. élektrochim. AN SSSR, Moskva; russ.) — Eine Gleichung der Rk.-Geschw. bei Beteiligung einer beliebigen Anzahl absorbierter Substanzen u. Gültigkeit der logarithm. Absorptionsisotherme wird von einem Ausdruck für Aktivitätskoeff., von aktivierten Komplexen ausgehend, abgeleitet. In einigen Fällen zeigt die Rk.-Geschw. bei logarithm. Isothermen keine exponentielle Abhängigkeit vom Sättigungsgrad. J. J. Pohl 211

*0761* **Kinetik von Festphasenprozessen, die nur gasförmige Produkte ergeben.** B. F. Judin. (Ž. prikl. Chim. **41** (1968) 1, 24—33; russ.) — Beziehungen zur Beschreibung der Kinetik von Festphasenprozessen, die ausschließlich zu gasförmigen Prod. führen, werden an Hand eines entsprechenden Modells abgeleitet. Die Geschw.-Konst. von Festphasenprozessen, deren Geschw. durch die Diffusion der Reagensdämpfe durch die Gasschicht zwischen den Körnern begrenzt wird, kann theoret. ermittelt werden. Der Mechanismus des Prozesses wird nicht nur durch die Kornzus. u. die Porosität der Proben, sondern auch durch das Verhältnis der Komponenten im Ausgangsgemisch bestimmt. J. J. Pohl 211

*0762* **Quasistationäre Lösung in der Kinetik unverzweigter Kettenreaktionen.** A. A. Borisov. (Kinetika i Kataliz **9** (1968) 2, 237—39; Inst. chim. fiz. AN SSSR, Moskva; russ.) — Es wurde eine Näherungslsg. kinet. Gleichungen unverzweigter Kettenrk. mit einem akt. Zentrum diskutiert. Es wurde gezeigt, daß man einen quasistationären Verlauf der Rk. schon bei erheblich kleineren Radikalkonz. als bei der Quasistationarität Bodensteins annehmen kann, wenn die Kettenfortpflanzungskonst., die Konst. des Kettenabbruchs, multipliziert mit den Konz. aller Teilchen, erheblich übertrifft. H. Kijewski 211

*0763* **Kinetik ionischer (Protonen-) Übergänge in Lösungen.** S. G. Christov. (Ž. fiz. Chim. **42** (1968) 6, 1553—59; Inst. fiz. chim. Bolgarskoj AN Sofia; russ.) — Die Theorie der abs. Rk.-Geschw. ist für Ionenübergänge in Lsg. gültig, obwohl oft vereinfachte Annäherungen verwendet werden können. Die Theorie spiegelt den Einfl. der Bewegung der Fl.-Teilchen wider, u. zwar unabhängig von einer Gleichgew.- oder Nichtgleichgew.-Polarisation. Die Theorie der Kinetik der Protonenübergänge an der Grenze Metall–Lsg. steht mit Vers.-Ergebnissen in guter Übereinstimmung. — 19 Literaturhinweise. J. J. Pohl 211

*0764* **Modelle von Organometall-Reaktionen in bezug zur homogenen Katalyse.** James P. Collman. (Accounts chem. Res. **1** (1968) 5, 136—43; Dep. of Chem., Stanford Univ., Stanford, Calif.; engl.) — Der Verlauf von mechanist. ähnlichen Umwandlungen wird deutlich, wenn die formale $d^4$-Elektronenkonfig. u. die KZ des Zentralmetallatoms betrachtet werden. Betrachtet werden unter diesem Gesichtspunkt koordinative Nichtsättigung, oxydative Addition, Redoxrk. unter intramol. Atomübertragung, Acetylen-Cyclisierung, Komplexe mit mol. Stickstoff u. Rk. von koordinativ gebundenem Sauerstoff. — 86 Literaturangaben. D. Hoene 211

*0765* **Kinetik und Mechanismus von Austausch- und Substitutionsreaktionen an Metallcarbonylen.** W. Strohmeier. (Fortschr. chem. Forsch. **10** (1968) 2, 306—46; Phys.-chem. Inst., Univ., Würzburg; dt.) — Übersicht. — 48 Literaturangaben. H. Roschkowski 211

*0766* **Thermische Zersetzung von $N_2O$ bei hohen Temperaturen.** A. A. Borisov. (Kinetika i Kataliz **9** (1968) 3, 482—89; Inst. chim. fiz. AN SSSR, Moskva; russ.) — Mit Hilfe eines Massenspektrometers wurden die zeitlichen Konz.-Abhängigkeiten für $N_2O$, $N_2$, $O_2$ u. NO bei der Zers. von $N_2O$ hinter den reflektierten Stoßwellen in der Schlagröhre bei 1800–2300 °K bestimmt. Es wurde das System der kinet. Differentialgleichungen für diese Rk. gelöst u. die Konst. folgender Rk. bestimmt: $N_2O + M \xrightarrow{k_1} N_2 + O + M$; $N_2O + O \xrightarrow{k_2} N_2 + O_2$; $N_2O + O \xrightarrow{k_3} 2NO$. H. Will 212

*0767* **Thermische Dissoziation von Sauerstoffdifluorid. 1. Mitt. Einfallende Stoßwellen.** Jay A. Blauer und Wayne C. Solomon. (J. physic. Chem. **72** (1968) 7, 2307–10; Edwards, Cal. 93523, Air Force Rocket Propulsion Labor.; engl.) — Mit Hilfe der UV-Absorptions-Spektroskopie wird die therm. Dissoziation von $OF_2$ in Gemischen mit Ar hinter einfallenden Stoßwellen im Temp.-Bereich 860–1300 °K untersucht. Die Dissoziations-Rk. zeigt eine langsame Auslösungsstufe, auf die eine größere Rk.-Geschw. folgt. Die Geschw.-Konst. der Rk. zweiter Ordnung wird zu $k = 10^{14} \cdot e^{-31500/RT} cm^3/Mol \cdot sec$ bestimmt. Nach den Befunden scheint bei Konz. an Rk.-Prod. höher als $10^{-6}$ Mol/cm³ ein Kettenmechanismus bestimmend zu sein, wobei die Rekombination von *F*-Atomen als Abbruch-Rk. anzusehen ist, ebenso kann die Wechsel-Wrkg. von *OF*-Radikalen wirken. H. U. Borgstedt 212

*0768* **Thermische Dissoziation von Sauerstoffdifluorid. 2. Mitt. Statischer Reaktor.** W. C. Solomon, J. A. Blauer und F. C. Jaye. (J. physic. Chem. **72** (1968) 7, 2311–15; engl.) — 1. vgl. vorst. Referat. — Im Temp.-Bereich 563–634 °K wird die therm. Dissoziation von $OF_2$ in Reaktoren aus Al bestimmt. Auf eine Induktionsperiode folgt ein Druckabfall nach einer Rk. 1. Ordnung im Druckbereich 10–5500 Torr. Die Rk.-Konst. 1. Ordnung wird zu $k = 10^9 \cdot e^{-30100RT} sec^{-1}$ gemessen. Vergleicht man die experimentell bestimmte Aktivierungsenergie mit der zur Lsg. der ersten *OF*-Bindung benötigten Energie, so zeigt sich, daß *OF* beträchtlich stabiler als $OF_2$ sein sollte. Die Rk. verläuft über eine Kette, deren wahrscheinlichste Träger-Rk. $F + OF_2 = OF + F_2$ ist. H.-U. Borgstedt 212

*0769* **Kinetische Untersuchungen über Reaktionen von Chloroxiden. 1. Mitt. Reaktion von Sauerstoffatomen mit $Cl_2O$.** C. G. Freeman und L. F. Phillips. (J. physic. Chem. **72** (1968) 8, 3025–28; Christchurch, New Zealand, Univ. of Canterbury, Chem. Dep.; engl.) — Mit Hilfe eines Massenspektrometers wurde die Rk. von O-Atomen mit $Cl_2O$ bei einem Gesamtdruck von 0,25 Torr untersucht. Nachst. Rk. finden statt: (1) $O + Cl_2O \rightarrow 2\,ClO$; (2) $O + ClO \rightarrow O_2 + Cl$; (3) $Cl + Cl_2O \rightarrow Cl_2 + ClO$; (4) Cl + Gefäßwand $\rightarrow {}^1/_2\,Cl_2$; (5) $2\,ClO \rightarrow Cl_2 + O_2$. Die Geschw.-Konst. (GK) der Rk. (1) beträgt $k_1 = (8{,}3 \pm 1{,}4) \cdot 10^{12}\,cm^3 \cdot Mol^{-1} \cdot sec^{-1}$; für die GK der Rk. (2) gilt $k_2 \geqq k_1$. Angegeben werden außerdem $k_3 > 4 \cdot 10^{11}$ u. $k_5 = 1{,}7 \cdot 10^{10}\,cm^3 \cdot Mol^{-1} \cdot sec^{-1}$. G. Gattow 212

*0770* **Kinetische Untersuchungen über Reaktionen von Chloroxiden. 2. Mitt. Reaktion von Stickstoffatomen mit $Cl_2O$.** C. G. Freeman und L. F. Phillips. (J. physic. Chem. **72** (1968) 8, 3028–30; engl.) — 1. vgl. vorst. Referat. — Vf. untersuchten die Rk. von N-Atomen mit $Cl_2O$ bei einem Gesamtdruck von 0,3 Torr massenspektrometrisch. Nachst. Rk. finden statt: (1) $N + Cl_2O \rightarrow NCl + ClO$; (2) $N + NCl \rightarrow N_2 + Cl$; (3) $N + ClO \rightarrow NCl + O$; (4) $O + Cl_2O \rightarrow 2\,ClO$; (5) $O + ClO \rightarrow O_2 + Cl$; (6) $Cl + Cl_2O \rightarrow Cl_2 + ClO$; (7) Cl + Gefäßwand $\rightarrow {}^1/_2\,Cl_2$; (8) $2\,ClO \rightarrow Cl_2 + O_2$. Die Geschw.-Konst. der Rk. (1) konnte zu $k_1 = (9{,}1 \pm 1{,}5) \cdot 10^{11}\,cm^3 \cdot Mol^{-1} \cdot sec^{-1}$ bestimmt werden. G. Gattow 212

*0771* **Kinetische Untersuchungen über Reaktionen von Chloroxiden. 3. Mitt. Reaktion von Wasserstoffatomen mit $Cl_2O$.** C. G. Freeman und L. F. Phillips. (J. physic. Chem. **72** (1968) 8, 3031–32; engl.) — 2. vgl. vorst. Referat. — Vorl. Unters. der Rk. von H-Atomen mit $Cl_2O$ unter Verw. eines Massenspektrometers zeigten, daß nachst. Rk. mit H stattfinden: (1) $H + Cl_2O \rightarrow HOCl + Cl$; (1′) $H + Cl_2O \rightarrow HCl + ClO$; (2) $Cl + H_2 \rightarrow HCl + H$. Für die Summe der Geschw.-Konst. der Rk. (1) + (1′) folgt $k_1 = (1{,}31 \pm 0{,}20) \cdot 10^{13}\,cm^3 \cdot Mol^{-1} \cdot sec^{-1}$. G. Gattow 212

*0772* **Umsetzung zwischen Stickstoffdioxid und Schwefeldioxid in der Gasphase.** K. Stopperka, F. Wolf und G. Süss. (Z. anorg. allg. Chem. **359** (1968) 1/2, 14–29; Dresden, Techn. Univ., Inst. für anorg. u. anorg.-techn. Chem.; dt) — Nach einer beschriebenen manometr. Meth. wurden die Rk. zwischen $NO_2$ (**I**) u. $SO_2$ (**II**) in der Gasphase bei $H_2O$-Partialdrücken zwischen $5 \cdot 10^{-3}$ bis $1 \cdot 10^{-6}$ Torr im Temp.-Bereich von 25–230° untersucht. **I** u. **II** reagieren in trockenem Zustand erst bei Temp. ≧ 225°: $2\,\mathbf{I} \rightleftharpoons 2\,NO + O_2$; $2\,\mathbf{II} + O_2 \rightleftharpoons 2\,SO_3$; $2\,SO_3 + \mathbf{I} + NO \rightarrow (NO)_2S_2O_7$. In Ggw. von W.-Dampf ($p_{H_2O} < 5 \cdot 10^{-3}$ Torr) tritt bei 25° Umsetzung ein; nachst. Rk. finden statt: $3\,\mathbf{I} + 2\,\mathbf{II} + H_2O \rightarrow 2\,NOHSO_4 + NO$; $\mathbf{I} + NO \rightleftharpoons N_2O_3$; $3\,N_2O_3 + 2\,SO_2 \rightarrow (NO)_2S_2O_7 + 4\,NO$; $NO + 3\,\mathbf{I} + 2\,\mathbf{II} \rightarrow (NO)_2S_2O_7 + 2\,NO$. Die katalyt. Wrkg. von Glaswolle, Rost u. $V_2O_5$ auf den Rk.-Ablauf zwischen **I** u. **II** wird mitgeteilt. G. Gattow 212

*0773* **Reaktion von Kohlenmonoxid mit atomarem Sauerstoff.** E. I. Intezarova und V. N. Kondrat'ev. (Kinetika i Kataliz **9** (1968) 3, 477–81; Inst. chim. fiz. AN SSSR, Moskva; russ.) — Vf. untersuchen die Rk. CO + O im Temp.-Intervall 136–230° bei Atmosphärendruck. Die experimentellen Werte bestätigen die Annahme, daß eine Rk. dritter Ordnung vorliegt: $CO + O + M = CO_2 + M$. Die Geschw.-Konst. der Rk. ist $k_3 = 10^{11{,}83 \pm 0{,}31} \exp(2980 \pm 660/RT)\,cm^6\,Mol^{-2}\,s^{-1}$. H. Will 212

*0774* **Massenwirkungen auf die Detonationsgrenzen.** G. Munday, A. R. Ubbelohde und I. F. Wood. (Proc. Roy. Soc. [London], Ser. A **308** (1968) 1475, 397–408; London, Imp. Coll., Dep. of Chem. Engng. & Chem. Technol.; engl.) — Massenwrkg.-Effekte werden für die stöchiometr. Syst. $S_H = 2\,H_2 + O_2$ u. $S_D = 2\,D_2 + O_2$ in Verd. mit *He* u. *Ar* untersucht. Innerhalb der Mischungen $S_H + H_2$, $S_H + O_2$, $S_H + Ar$, $S_H + He$, $S_D + D_2$, $S_D + O_2$, $S_D + Ar$ u. $S_D + He$ haben die Mischungen mit $H_2$ die weiteren Detonationsgrenzen. Die Ursachen für die Masseneffekte können in Einflüssen auf die Mikroturbulenz, auf die Übertragung der Aktivierungsenergie u. Massen- u. Ladungsgradienten in der Rk.-Zone zu suchen sein. In der Nähe der Stöchiometrie wird ein neues stabiles Gebiet gefunden. Die Stahlapparatur für die Detonationsvers. ist früher von Miles beschrieben worden. H. U. Borgstedt 214

*0775* **EPR-Untersuchung der verdünnten Flamme eines Deuterium-Sauerstoff-Gemisches. Geschwindigkeitskonstante der Reaktion $D + O_2 \rightleftharpoons OD + O$.** Z. G. Dzocenidze, K. T. Oganesjan, G. A. Sačjan und A. B. Nalbandjan. (Armjanskij chim. Ž. **21** (1968) 1, 68–70; Labor. chim. fiz. AN Arm. SSR; russ.) — Die Konz. der akt. Zentren wurde in Abhängigkeit von der Zus. des Gemisches bei 625° mit der EPR-Meth. bei einer Gasgeschw. von 45 cm³/Min. bestimmt. Bei < 30% $D_2$ ist der Geh. an D-Atomen kleiner als an O-Atomen, die Konz. der D-Atome ist beim Verhältnis $[D_2]/[O_2]$ ca. 3 maximal. Die mittlere RGK der Rk. von $D_2$ u. $O_2$ beträgt $0{,}48 \cdot 10^{-10} \exp(-14200/RT)\,cm^3/Mol \cdot s$. Die Zus. des Gemisches beeinflußt die Genauigkeit der Best. der Geschw.-Konst. der Rk. $D + O_2 \rightleftharpoons OD + O$ nicht wesentlich. J. J. Pohl 214

*0776* **Natur der Ionisierung in der Reaktionszone einer Flamme, die Zusätze an Alkalimetallen, Blei und Wismut enthielt.** V. I. Tverdochlebov und N. N. Čirkin. (Chim. vysokich Ėnerg. **2** (1968) 4, 375–76; Dnepropetrovskij gornyj inst. im. Artema; russ.) — Zusätze von $Na_2CO_3$, $CsNO_3$, $PbCO_3$ u. $Bi_2O_3$ zu einer Acetylen–Luft-Flamme erhöhen die Konz. an positiven Ionen. Zur Unters. der Natur dieser Konz.-Zunahme wurden die Aktivierungsenergien (E) der Ionenbldg. mit u. ohne Zusätzen bestimmt. Da keine Unterschiede von E festgestellt wurden, erfolgt die Ionenbldg. infolge Chemoionisation. A. Pinkowski 214

*0777* **Kinetische Untersuchungen über die Disproportionierung der chlorigen Säure.** C. C. Hong und W. H.

Rapson. (Canad. J. Chem. **46** (1968) 12, 2053–60; Toronto, Ontario, Univ., Dep. of Chem. Engng. and Appl. Chem.; engl.) — Mit spektralphotometr. Meth. (Absorption von $ClO_2$ bei 360 mμ) wurde die Disproportionierung (DP) von $HClO_2$ (**I**) in wss. Lsg. verschiedener Konz. bei 25° kinet. untersucht; die Ergebnisse sind graph. u. tabellar. wiedergegeben. Nachst. DP-Rk. laufen nebeneinander ab: (1) $2\,I \rightarrow H^+ + HOCl + ClO_3^-$; (2) $ClO_2^- + I \rightarrow HOCl + ClO_3^-$. Es wird angenommen, daß die DP von **I** über die Zwischenverb. $Cl{-}ClO_2$ (**II**) stattfindet: (3) $HOCl + I \rightarrow H_2O + II$; (4) $II + I \rightarrow H^+ + Cl^- + 2\,ClO_2$. $Cl^-$-Ionen haben katalyt. Einfl. auf die DP-Rk.: (5) $H^+ + Cl^- + I \rightarrow 2\,HOCl$; (6) $H^+ + Cl^- + HOCl \rightarrow H_2O + Cl_2$; (7) $Cl_2 + I + H_2O \rightarrow 3\,H^+ + 2\,Cl^- + ClO_3^-$; (8) $Cl_2 + I \rightarrow H^+ + Cl^- + II$. Die Rk. (1), (2), (3) u. (5) verlaufen nach dem Geschw.-Gesetz 2. Ordnung, die von (7) sind pseudo-2. Ordnung. u. die von (5) u. (6) sind 3. Ordnung. Nachst. Geschw.-Konst. wurden ermittelt: $k_1 = 0{,}165$; $k_2 = 0{,}685$; $k_3/k_6 = 1{,}65 \cdot 10^{-3}$; $k_5 = 0{,}290$; $k_8/k_7 = 1{,}47$. G. Gattow 216

*0778* **Analysen von Chlordioxid, chloriger Säure, Chlorit, Chlorat und Chlorid in Mischungen.** C. C. Hong und W. H. Rapson. (Canad. J. Chem. **46** (1968) 12, 2061–64; engl.) — Vgl. vorst. Referat. — Vf. beschreiben ein Verf., mit dem $ClO_2$ (**I**), $HClO_2$ (**II**), $ClO_2^-$ (**III**), $ClO_3^-$ (**IV**) u. $Cl^-$ (**V**) nebeneinander quant. analysiert werden können: **I** wird spektralphotometr. bei 360 mμ (mol. Absorptionsfähigkeit von **I**: 1100 ± 50 l/Mol · cm) bestimmt. Nach Entfernen von **I** (Durchleiten von Luft durch die Lsg.) wird die Summe **II** + **III** spektralphotometr. bei 250 mμ (**II** u. **III**: 140 ± 2 l/Mol · cm) ermittelt. Die Best. der Gesamtkonz. von **II**, **III** u. **IV** erfolgt durch jodometr. Titration, die von **V** durch Titration nach Mohr in neutraler Lösung. G. Gattow 216

*0779* **Kinetik der Hydrolyse von Kaliumtetraacetatoborat.** I. G. Ryss und V. N. Plachotnik. (Ž. neorg. Chim. **13** (1968) 8, 2050–56; Dnepropetrovskij inst. železnodorožnogo transporta; russ.) — $K[B(OOCCH_3)_4]$ wurde aus äquimol. Mengen von $KOOCCH_3$ u. $B(OOC \cdot CH_3)_3$ in Acetanhydrid beim schwachen Erwärmen, dann Kochen unter Rückfluß u. Stehenlassen während 36 Std. erhalten. Die Verb. schmilzt unter Zers. bei 160–166° u. hydrolisiert in 0,5 m wss. Lsg. bei 18–20° prakt. irreversibel. Die farblosen Prismen sind wenig hygroskop., gut lösl. in W. u. Methanol, merklich in Py., Essigsäure u. Acetanhydrid, wenig in A. u. unlösl. in $CHCl_3$, $CCl_4$, Bzl., o-Xylol, PAe., Dioxan u. Äther. Die alkal. Hydrolyse des Anions erfolgt in zwei parallelen Prozessen nach $S_N1$- bzw. $B_{Ac}2$-Mechanismen, $k_2$ beträgt bei 30° $(4{,}0 \pm 0{,}46) \cdot 10^{-3}$ Liter · Mol⁻¹ · Min.⁻¹. Zwischen 0 u. 60° ist $\log k_1\ (Min^{-1}) = 15{,}79 \pm 0{,}14 - (5622 \pm 41)/T$, $E = 25{,}72 \pm 0{,}19$ kcal, $\Delta S^* = 3{,}6 \pm 0{,}6$ Clausius. Die Hydrolyse wird durch $H^+$-Ionen katalysiert, bei 20–50° ist $\log k_H$ (Liter · Mol⁻¹ · Min⁻¹) $= 22{,}26 \pm 0{,}06 - (6146 \pm 34)/T$, $E = 28{,}12 \pm 0{,}15$ kcal u. $\Delta S^* = 33{,}2 \pm 0{,}3$ Clausius. In W. verläuft die Hydrolyse autokatalytisch. J. J. Pohl 216

*0780* **Organoaluminiumverbindungen.** 16. Mitt. **Austauschmechanismus zwischen Trimethylaluminium und Triphenylaluminium bei Anwesenheit von Pyridin.** E. A. Jeffery und T. Mole. (Austral. J. Chem. **21** (1968) 6, 1497–1503; Div. of Appl. Chem., CSIRO Chem. Res. Labor., Melbourne, Australia; engl.) — 15. vgl. ibid. **21** (1968) 659. — Die Unters. der Austauschkinetik einer Methylgruppe von Trimethylaluminium gegen eine Phenylgruppe von Triphenylaluminium bei einem Überschuß von Py. (**I**) mit Hilfe der protonmagnet. Resonanz zeigen einen bimol. Mechanismus bei großem Überschuß von **I** ohne Verlust von **I** aus dem Organoaluminium-Komplex vor dem Austausch. Bei geringem Überschuß von **I** hängt die Austauschgeschw. von der Überschuß-konz. ab. Dabei handelt es sich nach Ansicht der Vf. um einen Mechanismus, bei dem **I** von einem der beiden Komplexe vor dem Austausch abgelöst wird. R. Blank 216

*0781* **Substitution von Diacidodiamin-Pt(II)-Komplexen.** B. I. Peščevickij, R. L. Ščekočichina und V. M. Sul'man. (Ž. neorg. Chim. **13** (1968) 8, 2194–98; Inst. neorg. chim. SO AN SSSR; russ.) — Die Gleichgew.-Konst. der stufenweisen Substitution von trans-$[Pt(Hx)_2 \cdot Br_2] + 2\,J^- \rightleftharpoons$ trans-$[Pt(Hx)_2J_2] + 2\,Br^-$ u trans-$[Pt(Hx)_2Cl_2] + 2\,J^- \rightleftharpoons$ trans-$[Pt(Hx)_2J_2] + 2\,Cl^-$ (Hx = *Hydroxylamin*) wurden bestimmt, sie betragen für die erste Rk. 166 u. 42,7 u. für die zweite Rk. 234,4 bzw. 602,3. Die thermodynam. Charakteristiken zeigen, daß Verb. mit gemischter Koordinate mit den labilen Liganden $Cl^-$, $Br^-$, $J^-$ in Lsg. leicht disproportionieren. J. J. Pohl 216

*0782* **Kinetik der Reaktion von Kohlenstoff mit Wasserdampf.** M. I. Temkin, E. M. Čerednik und L. O. Apel'baum. (Kinetika i Kataliz **9** (1968) 1, 95–103; Fiz.-chim. Inst. im. Karpova, Moskva; russ.) — Unter Annahme eines Rk.-Mechanismus für die Rk. von Kohlenstoff (**I**) mit W.-Dampf nach 1. $H_2O + C \rightleftharpoons H_2 + CO_{ads.}$; 2. $CO \rightleftharpoons CO$; 3. $CO + CO \rightleftharpoons CO_2 + C$ werden vollständige kinet. Gleichungen an einheitlichen u. nichteinheitlichen Oberflächen abgeleitet. Die Gleichungen schließen als Sonderfälle die Rk. von **I** mit $CO_2$ u. die Rk. von Wassergas an Kohleoberflächen ein. Die von den Vf. experimentell bestimmten Gleichungen für die Geschw. der Vergasung von **I** entsprechen der allg. Gleichung für die Rk. an nichteinheitlichen Oberflächen im Gebiet mittlerer Bedeckung unter der Bedingung, daß die Rk. 2. schnell verläuft. D. Radeck 218

*0783* **Umsetzung von Kohlenstoff mit $CO_2$ im Bereich 1300–3100°K.** G. P. Chaustovič. (Ž. fiz. Chim. **42** (1968) 7, 1646–49; Gos. N.-I. energet. inst. im. Kržižanovskogo, Moskva; russ.) — Die Größe des Koeff. der Gasaustauschrk. im Bereich 2300–2700°K bestätigt den Gang der Temp.-Abhängigkeit der RGK, $k = 1{,}6 \cdot 10^7 \exp(-85000/RT)$ · m/s. Die Zusammenhänge werden durch die Änderung der Rk.-Oberfläche u. der Porosität der Probe bedingt. Es wurden Proben von Elektrodenkohle der Marke EG-14 untersucht. J. J. Pohl 218

*0784* **Rolle der Kristallisationsprozesse in der Kinetik der Entwässerung der Monohydrate von Lithiumchlorid und Kupfersulfat.** M. M. Pavljučenko, E. M. Borisenko und I. F. Chirsanova. (Izvest. Akad. Nauk Beloruss. SSR, Ser. chim. Nauk **1968**, 2, 9–14; Beloruss. gos. univ. im. Lenina; russ.) — Die Aktivierungsenergie der Entwässerung der Monohydrate beträgt bei 0,4 Torr in einer Wasserdampfatmosphäre für $LiCl \cdot H_2O$ 8,8, für $CuSO_4 \cdot H_2O$ 22,0 kcal/Mol, bei 15,5 Torr 18,3, –, u. bei $10^{-4}$ Torr 6,9 bzw. 18,0. Die spezif. Oberfläche der Entwässerung in Wasserdampf ist um 20–40% kleiner als die bei der Entwässerung von $CuSO_4 \cdot H_2O$ im Vakuum. Röntgenograph. wurde gezeigt, daß das Entwässerungsprod. von $CuSO_4 \cdot H_2O$ sich unabhängig vom Entwässerungsgrad in krist. Zustand befindet. J. J. Pohl 218

*0785* **Kinetische Untersuchungen über die thermische Zersetzung von $UO_3$.** 2. Mitt. **β-$UO_3$.** S. R. Dharwadkar und M. D. Karkhanavala. (J. Indian chem. Soc. **45** (1968) 6, 490–95; Bombay, Bhaba Atomic Res. Centre, Chem. Div.; engl.) — 1. vgl. C. **1967,** 20-0658. — Mit Hilfe von DTA u. thermogravimetr. Meth. wurde die therm. Zers. von monoklinem β-$UO_3$ (β-**I**) unter dynam. Bedingungen kinet. untersucht. Im Gegensatz zu α-**I** (vgl. l.c.) wandelt sich β-**I** bei Temp. ≧ 545° direkt in einem Schritt in $U_3O_8$ um; die Rk.-Ordnung ist 0,89. Die Aktivierungsenergie u. -entropie betragen $\Delta E_A = 89{,}3$ kcal/Mol u. $\Delta S_A = +31{,}4$ cal/Grad · Mol; der Frequenzfaktor ist $7{,}25 \cdot 10^{19}$ sec⁻¹. Die spezif. Geschw.-Konst. der Zers.-Rk. läßt sich durch die Temp.-Funktion $K = 7{,}25 \cdot 10^{19} \cdot \exp.(-89300/RT)$ beschreiben (K in sec⁻¹, T in °K). Die röntgenograph. d-Werte u. Intensitäten von β-**I** sind tabelliert. G. Gattow 218

*0786* **Eigenschaften von Urantrioxiddihydrat.** Z. Pokó, M. Fodor und E. Szabó. (Acta chim. Acad. Sci. hung. **56** (1968) 4, 357–60; Central Res. Inst. for Phys., Budapest; engl.) — Vf. untersuchten die bei der Hydratation verschiedener Modifikationen von $UO_3$ gebildeten Prod. sowie auch deren Hydrolyseprod. in Uranylsalzlsg. durch Thermogravimetrie mit einem Derivatographen u. durch IR-Spektroskopie. — Durch Hydratation oder Hydrolyse von amorphem $UO_3$ u. von allen krist. $UO_3$-Formen, mit

Ausnahme von $\gamma$-$UO_3$, entstehen Dihydrate mit Eig., die der von Vier beschriebenen $\alpha$-Art entsprechen; dagegen wird $\beta$-$UO_3 \cdot 2H_2O$ ausschließlich aus $\gamma$-$UO_3$ gebildet. Die Dehydratation, die endotherm verläuft, erfolgt bei beiden Typen in drei Stufen (120, 160, 350°). Diese Ergebnisse führen zusammen mit früher erhaltenen für $\alpha$-$UO_3 \cdot 2H_2O$ zu der Formel: $[U_3O_7(OH)_4 \cdot 2H_2O] \cdot 2H_2O$. Die therm. Zers. von dehydratisiertem $\alpha$-$UO_3 \cdot 2H_2O$ verläuft entsprechend der von amorphem $UO_3$. Der erste O-Verlust (1/3) erfolgt exotherm bei 530° unter Bldg. einer $UO_{2,89}$-Phase, der zweite endotherm bei 630° (2/3). Dagegen bleibt die Zus. von dehydratisiertem $\beta$-$UO_3 \cdot 2H_2O$ bis 650° unverändert. Bei 490° erfolgt aber offensichtlich eine Phasentransformation (Auftreten eines exothermen Prozesses u. dabei Farbänderung des Prod.) bevor bei 680° in einem einzigen Schritt die Umwandlung in $U_3O_8$ erfolgt. — Die Ergebnisse zeigen, daß die unterschiedlichen Eig. der $\alpha$- u. $\beta$-Typen auf ungleiche Eig. der U–O-Bindungen zurückzuführen sind. K. Preuß 218

*0787* **Kinetik der Umsetzung von Mangan und Harnstoff enthaltenden Komplexen mit Ammoniak.** H. A. Lazerka, I. V. Hirėj und Ju. R. Zonaŭ. (Izvest. Akad. Nauk Beloruss. SSR, Ser. chim. Nauk **1968**, 2, 50—55; Beloruss. gos. univ. im. Lenina; beloruss.) — $MnSO_4 \cdot 4\,CO(NH_2)_2$ (**I**) u. $Mn(NO_3)_2 \cdot 4\,CO(NH_2)_2$ (**II**) wurden aus den Komponenten bei 40°, $MnSO_4 \cdot 6\,CO(NH_2)_2$ (**III**) aus konz. wss. Lsg. bei 5—10° erhalten. **I–III** wurden chem., röntgenograph. u. thermogravimetr. charakterisiert. Bei 13—100° reagieren **I–III** mit gasförmigem Ammoniak intensiv unter Bldg. von Di-bis-Heptaamminen. Die Rk.-Geschw. nimmt langsam ab. Die Rk.-Geschw. u. der $NH_3$-Geh. in den Prod. sinken mit wachsender Temperatur. Die $NH_3$-Addukte von **II** sind bei 80—100° flüssig. Die Rk. erfolgt unter Verdrängung von Harnstoff aus der Innensphäre des Komplexes. Die Hexammine von **I–III** sind bis 60° beständig. Die kinet. Daten gehorchen im Falle von **III** der Gleichung $1 - \sqrt[3]{1-\alpha} = k \cdot \sqrt{t}$. J. J. Pohl 218

*0788* **Kinetik der Oxydation von Eisen(II)-oxid.** A. G. Zvezdin. (Kinetika i Kataliz **9** (1968) 1, 179—82; Permskij politechn. Inst.; russ.) — Die Ox. von FeO an der Luft bei Temp. von 470—600° verläuft im Anfangsstadium (über ca. 1 Min.) im kinet. Bereich. Mit dem Wachsen der $Fe_3O_4$-Schicht wird die Ox.-Geschw. durch die Diffusionsgeschw. des Sauerstoffs durch diese Schicht begrenzt. Zugabe von 1% KCl führt zu einer Erhöhung der Ox.-Geschwindigkeit. Die elektr. Leitfähigkeit der Probe mit 1% KCl ist etwas erhöht. Die Cl-Ionen besetzen in diesen Proben die Fehlstellen im Wüstit. D. Radeck 218

*0789* **Kinetik der Reaktion von Samariumoxid mit Kobaltoxid.** M. V. Kniga und L. I. Achrem. (Izvest. Akad. Nauk Beloruss. SSR, Ser. chim. Nauk **1968**, 2, 56—60; Beloruss. gos. univ. im Lenina; russ.) — Die Umsetzung von $Sm_2O_3$ mit $Co_3O_4$ wurde chem., röntgenograph. u. IR-spektroskop. bei 400—5000 $cm^{-1}$ bei verschiedenen Molverhältnissen der Oxide an der Luft u. in einem $N_2$-Strom bei 600—900° verfolgt. Die Rk. erfolgt mit einer Aktivierungsenergie von 83,6 kcal/Mol an der Luft bzw. 74,5 in einem $N_2$-Strom. Das entstehende $SmCoO_3$ krist. rhombisch. J. J. Pohl 218

*0790* **Spektrophotometrische Untersuchung der sauren Zentren und ihre Rolle bei der katalytischen Aktivität von Tonen.** L. Ja. Uridija. (Soobšč. Akad. Nauk Gruz. SSR **50** (1968) 2, 373—78; Kavkazskij inst. mineral'nogo syr'ja; russ.) — Die Adsorption von bas. Azofarbstoffen (*Methylorange*, *p-Dimethylaminoazobenzol*) an natürlichen aktivierten u. bei verschiedenen Temp. erhitzten Montmorillonit-Proben wurde bei 400—650 nm untersucht. Die sauren Eig. der Oberfläche sind beim Temp.-Optimum (580°) verstärkt, die Tonkatalysatoren erhalten eine aktive Oberfläche. Es besteht eine geradlinige Abhängigkeit der Extinktion der gefärbten Oberfläche von der katalyt. Aktivität des Tones beim Krackverf. von Gasölfraktionen bei verschiedenen mineralog. Zus. des Katalysators. J. J. Pohl 220

*0791* **Kinetik und Mechanismus der Oxydation von Schwefeldioxid an einem Vanadinkatalysator. 2. Mitt. Beziehung von Werten und aus dem Adsorptionsmechanismus abgeleitete Gleichungen.** A. Šimeček, J. Michálek und A. Regner. (Collect. czechoslov. chem. Commun. **33** (1968) 8, 2709—14; Prague, Inst. of Chem. Technol., Dep. of Inorg. Technol.; engl.) — 1. vgl. ibid. **33** (1968), 2162. — Vf. stellen kinet. Gleichungen in normaler u. linearisierter Form für die Ox. von $SO_2$ an einem V-Katalysator (VK) auf. Diskutiert werden der Langmuir-Hinshelwood- u. der Rideal-Mechanismus der Adsorption am VK. G. Gattow 220

*0792* **Kinetik und Mechanismus der Oxydation von Schwefeldioxid an einem Vanadinkatalysator. 3. Mitt. Beziehung von Werten und aus dem Reduktions-Oxydations-Mechanismus abgeleitete Gleichungen.** A. Regner und A. Šimeček. (Collect. czechoslov. chem. Commun. **33** (1968) 8, 2540—47; engl.) — 2. vgl. vorst. Referat. — In einem Differentialreaktor mit Gasrezirkulation wurde die Ox.-Geschw. von $SO_2$ an einem V-Katalysator zwischen 460 u. 520° bestimmt. Die Werte werden unter Verw. kinet. Gleichungen für verschiedene Varianten des Red.-Ox.-Mechanismus (ROM) diskutiert. Nachst. ROM ist wahrscheinlich: $SO_2 + 2V^{5+} + O^{2-} \rightleftharpoons SO_3 + 2V^{4+}$; $O_2 + V^{4+} \rightleftharpoons V^{5+} + O_2^-$; $O_2^- + V^{4+} \rightleftharpoons V^{5+} + 2O^-$; $O^- + V^{4+} \rightleftharpoons V^{5+} + O^{2-}$. G. Gattow 220

*0793* **Oxydation von Schwefeldioxid an Vanadinkatalysatoren im Bereich der inneren Diffusion. 1. Mitt. Theoretischer Teil.** B. Kadlec und A. Regner. (Collect. czechoslov. chem. Commun. **33** (1968) 8, 2388—96; engl.) — Vgl. vorst. Referate. — Theoret. Behandlung der Ox. von $SO_2$ an V-Katalysatoren (VK) vom Standpunkte der Kinetik. Unter der Voraussetzung, daß die Teilchen des VK eine kugelförmige Gestalt besitzen, werden Gleichungen für den Stoff- u. Wärmetransport im Bereich der inneren Diffusion für den isothermen u. nichtisothermen Fall aufgestellt. Die errechneten Wrkg.-Faktoren sind graph. wiedergegeben. G. Gattow 220

*0794* **Oxydation von Schwefeldioxid an Vanadinkatalysatoren im Bereich der inneren Diffusion. 2. Mitt. Experimentelle Untersuchung.** B. Kadlec und V. Pour. (Collect. czechoslov. chem. Commun. **33** (1968) 8, 2526 bis 2539; engl.) — 1. vgl. vorst. Referat. — Vf. untersuchten die Rk.-Geschw. (RG) bei der Ox. von $SO_2$ an einem industriellen SVD-Katalysator (6 Gew.-% $V_2O_5$ in Kieselgur mit einem Mol.-Verhältnis von $K_2O:V_2O_5 = 4$) mit unregelmäßiger u. zylindr. Gestalt zwischen 460 u. 520° mit Hilfe eines Differentialreaktors mit Gasrezirkulation; die Ergebnisse sind graph. u. tabellar. wiedergegeben u. werden mit den in der Literatur angegebenen verglichen u. diskutiert. Die aus den RG im kinet. Bereich u. im Bereich der inneren Diffusion ermittelten Wrkg.-Faktoren stimmen im wesentlichen mit den theoret. Ergebnissen (vgl. vorst. Ref.) überein. G. Gattow 220

*0795* **Zinkoxid-Kupfer-Katalysator für die Kohlenmonoxidkonvertierung. 2. Mitt. Katalytische Aktivität und Katalysatorstruktur.** Hiroshi Uchida, Masaaki Oba, Norio Isogai und Toji Hasegawa. (Bull. chem. Soc. Japan **41** (1968) 2, 479—85; Tokyo, Shibuya-ku, Tokyo Government Chem. Ind. Res. Inst.; engl.) — 1. vgl. ibid. **40** (1967) 1967. — Katalysatoren mit unterschiedlichem Kupfergeh., hauptsächlich hergestellt durch Zusammenkneten von Zinkoxidpulver u. Kupferhydroxid wurden durch Röntgenbeugung, durch Messung des Hg- u. He-Vol. u. elektronenmkr. untersucht. Nach einfacher Wärmebehandlung in Luft bei 250° zeigt das Röntgenbeugungsdiagramm Reflexe von Kupfer- u. Zinkoxiden nach dem Aktivitätstest (CO-Konvertierung) von Zinkoxid u. Kupfer neben schwachen u. diffusen Linien von Kupferoxid. Als Gitterkonst. wurden für ZnO a = 3,255 bis 3,285 Å u. c = 1,60 Å u. für Cu a = 3,618–3,628 Å gefunden. Das Hg-Vol. $V_{Hg}$ u. He-Vol. $V_{He}$ der Katalysatorkörner wurde als Funktion der chem. Zus. gemessen. Das totale Porenvol. $V_{Po}$ erhält man als Differenz zwischen $V_{Hg}$ u. $V_{He}$, die Porosität aus dem Verhältnis von $V_{Po}$ zu $V_{Hg}$. Porendurchmesser wurden in Abhängigkeit von der Zus. berechnet. Elektronenmkr.

Beobachtungen wurden nach dem Aktivitätstest u. an frischen Proben gemacht. Im Gegensatz zu dem nicht porösen Zinkoxidpulver mit unterschiedlichen Konturen haben die Kupferoxidteilchen das Aussehen von dünnen, großen Plättchen, deren Veränderung durch Wärmebehandlung untersucht wurde. Modelle auf Grund der Ergebnisse u. die beobachtete spezif. Aktivität der Kupferoberflächen in Abhängigkeit vom Cu-Geh. zeigen, daß die feineren Cu-Teilchen auf Grund der besseren Oxydierbarkeit die höhere Aktivität besitzen.
R. Zimmer 220

0796 **Absorptionsspektren von bei der Radiolyse und Photolyse intermediär gebildeten Verbindungen.** A. Habersbergerová, I. Janovský und J. Teplý. (Radiat. Res. Rev. [Amsterdam] 1 (1968) 2, 109—81; Nucl. Res. Inst., Czech. Acad. of Sci., Řež u. Prahy; engl.) — Spektraldaten (Literatur) solvatisierter u. eingefangener Elektronen in Lsg. anorgan. Ionen u. Gläsern, von freien Radikalen u. instabilen Ionen von einer großen Anzahl organ. Verb. sind tabelliert. — 201 Literaturzitate.
W. Sobieski 222

0797 **Oxydation von Cäsiumjodid durch Ultraschall.** Sheo Prakash und S. K. Jain. (Chim. analytique **50** (1968) 6, 321—24; Allahabad, India, Univ. of Allahabad, Chemical Labor.; franz.) — Die Freisetzung von *Jod* durch Ox. in verd. wss. Lsg. von *CsJ* infolge Ultraschalleinwrkg. verläuft anfangs linear mit der Zeit, nimmt jedoch nach Passieren eines Max. wieder ab. Die Wrkg. der Schallwellen von 1 MHz nimmt im Bereich von Konz. um $10^{-3}$ Mol/l mit wachsender Konz. zu. Die Ox.-Wrkg. wird der durch die Ultraschallenergie bewirkten Bldg. radikal. Bruchstücke des *W*.-Moleküls zugeschrieben. Die Ox. des $J^-$ zum *J*-Atom u. schließlich zum $J_2$ kann durch *OH*- u. $HO_2$-Radikale oder durch $H_2O_2$ erfolgen. Enthält die Lsg. anstelle von gelöster *Luft* nur $N_2$, so sinkt die Ausb. an freiem $J_2$. Die Menge an freiem $J_2$ nimmt mit der Schallintensität zu, vergrößert man das Fl.-Vol., so wird die Ultraschallox. vermindert. Zusätze von *Aceton*, *n-Butanol*, *Methanol* u. *Bzl.* unterdrücken die Ox., es wird angenommen, daß der hohe Dampfdruck dieser Stoffe die Kavitation erschwert oder die dabei erzeugte Energie herabsetzt, so daß die Erzeugung freier Radikale vermindert wird.
H. U. Borgstedt 222

0798 **Chemilumineszenz in Lösungen.** 1. Mitt. **Allgemeine Charakteristik und Untersuchungsmethoden.** Danuta Sławińska und Janusz Sławiński. (Wiadomości chem. **22** (1968) 3 (249), 165—85; Kat. Fiz. Wyższey Szkoly Rolniczej, Szczecin; pol.) — Theoret. Grundlagen, Übersichtsarbeit. — 68 Literaturangaben.
Rolf Heyer 224

## A-8. Darstellung und Reaktionen von Elementen und anorganischen Verbindungen

### Nichtmetalle

0799 **Impuls-Quelle atomaren Wasserstoffs hoher Dichte.** G. S. Voronov und N. K. Martakova. (Pribory Techn. Eksperimenta **1968**, 2, 23—25; Fiz. inst. AN SSSR, Moskva; russ.) — Wasserstoff wurde durch Erhitzen von mit Wasserstoff gesätt. Ti mit der Strahlung eines starken Nd-Lasers erhalten. Die Dichte betrug $10^{12}$ H/cm³ mit einer Beimengung von 20% molekularem $H_2$; $H^+$ u. $H_2^+$ wurden nicht beobachtet. Dabei betrug die Laser-Intensität $3 \cdot 10^7$ W/cm² im Abstand von 3 cm vom Target. Ferner wurden neutrale Ti-Atome u. -Ionen verdampft.
M. Wiedemann 238

0800 **Photochemische Synthese von Dioxygenylsalzen.** J. Shamir und J. Binenboym. (Inorg. chim. Acta [Padova] **2** (1968) 1, 37—38; Dep. of Inorg. and Anal. Chem., Hebrew Univ. of Jerusalem; engl.) — Die *Dioxygenyl*-Salze $O_2^+AsF_6^-$ (**I**) u. $O_2^+SbF_6^-$ (**II**) lassen sich photochem. synthetisieren, indem ein Gemisch von Sauerstoff, Fluor u. dem entsprechenden Pentafluorid dem Tageslicht ausgesetzt werden. Im direkten Sonnenlicht ist die Rk. in wenigen Min. beendet, wobei ein weißes Pulver gebildet wird. **I** u. **II** wurden IR-spektroskop. u. maßanalyt. identifiziert. Die Hydrolyse verläuft unter Bldg. von $O_2$ nach $2O_2MF_6 + H_2O \rightarrow O_2 + O_3 + 2HMF_6$, $O_2 + O_3 \rightarrow 2^1/_2 O_2$. Der g-Wert des ESR-Spektrums bei $-80°$ ist $1{,}9980 \pm 0{,}0002$ u. entspricht einem freien Elektron, was auf die Existenz des $O_2^+$-Kations hinweist. Der photochem. Rk.-Mechanismus wird diskutiert.
R. Blank 239

0801 **Chemischer Kondensationsprozeß von Ammoniumchlorid in der Wirbelschicht.** V. G. Šljachtov und V. V. Strel'cov. (Izvest. vysšich učebnych Zavedenij [Ivanovo], Chim. i chim. Technol. **11** (1968) 2, 232—35; Ivanovskij chim. techn. inst. kaf. chim. mašinostrenija; russ.) — Eine neue Meth. zur Darst. von $NH_4Cl$ aus gasförmigem HCl u. $NH_3$ bei Durchführung der Kondens.-Rk. in der Wirbelschicht wird vorgeschlagen. Das Schema der verwendeten App. ist angegeben. Gleichzeitig mit der Kondens. des übersättigten Dampfes auf die Kristallschicht verläuft eine Kondens. der Dämpfe unter Rauchbldg. neben anderen Prozessen. Der relative Kondens.-Grad wurde in Abhängigkeit von der Schichthöhe u. dem Abstand der Einführungsrohre der Gase bestimmt.
J. J. Pohl 243

0802 **Zersetzung von Chlordifluoramin.** A. V. Pankratov, T. V. Kuznecova, K. N. Makarov und L. A. Achanščikova. (Ž. neorg. Chim. **13** (1968) 8, 2035 bis 2038; russ.) — $NF_2Cl$ zersetzt sich nach $2NF_2Cl \rightleftharpoons N_2F_4 + Cl_2$ bzw. $6NF_2Cl \rightleftharpoons 4NF_3 + N_2 + 3Cl_2$. Die erste Rk. findet bei Zimmertemp. statt u. stellt einen heterogenen Prozeß dar, der durch Metalle, Feuchtigkeitsspuren u. Cu-Chlorid katalysiert wird, $\Delta H_{298}^0 = -5{,}0$ kcal/Mol, $\Delta G_{298}^0 = 3{,}58$ kcal/Mol. Die zweite Rk. verläuft oberhalb 100°, die Rk. hat auf ein Mol $NF_2Cl$ bezogen $\Delta H_{298}^0 = -24{,}4$ kcal/Mol, $\Delta G_{298}^0 = -26{,}68$ kcal/Mol. In reinen, trockenen u. sorgfältig passivierten Ni- oder Stahlballons kann $NF_2Cl$ während längerer Zeit ohne Zers. aufbewahrt werden.
J. J. Pohl 243

0803 **Thermische Zersetzung von Hydroxylaminhydrochlorid.** E. M. Maršak. (Ž. neorg. Chim. **13** (1968) 4, 1212; Leningradskij technol. inst. Lensoveta; russ.) — Das Verh. von wasserfreiem Hydroxylamin beim Erwärmen in Ggw. von HCl wurde untersucht. 50—100 mg $[NH_3OH]Cl$ wurden bei 300—400° erhitzt. Die Zers.-Prod. wurden in einer alkal. Lsg. aufgefangen, die Lsg. erhält infolge des Auftretens von Hypochlorit oxydierende Eigenschaften. Die therm. Zers. erfolgt nach $2NH_2OH \cdot HCl \rightleftharpoons NH_3 + Cl_2 + NH_2OH + H_2O$, das entstandene $NH_3$ reagiert mit Chlor unter Bldg. von $N_2$ u. HCl, letzteres vereinigt sich mit überschüssigem $NH_3$ zu $NH_4Cl$. Nicht umgewandeltes Hydroxylamin kann durch Chlor ox. werden.
J. J. Pohl 243

0804 **Oberflächenreaktionen von $F_2$ und $O_2F_2$ mit CsJ.** N. J. Lawrence und J. J. Turner. (Inorg. nuclear Chem. Letters **4** (1968) 7, 375—76; Suppl. zu: J. inorg. nuclear Chem. Univ. Chem. Labor., Cambridge; engl.) — CsJ (Fenstermaterial) reagiert mit 10 Torr $F_2$ bei Temp. $> -30°$ unter Bldg. von $J_2$ (bzw. $J_3^-$) u. flüchtigem $JF_5$, mit $O_2F_2$ nach $O_2F_2 + CsJ \rightarrow X + CsJ$ (bei $-140°$) $\rightarrow J_2 + CsJ$ (bei $-30°$). Nach ESR-Spektren handelt es sich bei X wahrscheinlich um $O_2F$; der zweite Rk.-Schritt lautet demnach $O_2F + CsJ \rightarrow CsF + {}^1/_2 J_2 + O_2$.
A. Blaschette 246

0805 **Herstellung von wasserfreiem $H^{18}F$.** T. Nozaki, Y. Tanaka, A. Shimamura und T. Karasawa. (Int. J. appl. Radiat. Isotopes **19** (1968) 1, 27—32; Yamatomachi, Saitama-ken/Japan, Inst. of Phys. and Chem. Res.; engl.) — Vf. beschreiben 2 Herst.-Verf. für $H^{18}F$. (1) Beschießen eines $O_2$-Stromes mit α- oder $^3$He-Teilchen; das entstehende $^{18}F$ verbleibt innerhalb des Reaktors, wo es an den Wandungen fast quant. adsorbiert wird. Durch gelegentliches Hinzufügen kleiner HF-Mengen zum $O_2$-Strom wird $^{18}F$ infolge des raschen Isotopenaustausches eluiert. Das entstandene $H^{18}F$ wird schließlich in einer Kühlfalle aufgefangen. — (2) Neutronenbestrahltes $Li_2CO_3$ wird in $H_2SO_4$ gelöst, welche etwas $H_2SiF_6$ enthält. Das entstandene $^{18}F$ wird durch W.-Dampfdest. abgetrennt u. an einen Anionenaustauscher adsorbiert. Nach Trocknen des Harzes wird $^{18}F$ mit HF-Gas eluiert.
D. Ertel 246

0806 **Sauerstoffhaltige Jodverbindungen.** M. Dratovski und L. Pačesová. (Usp. Chim. **37** (1968) 4, 537–58; Karlov univ., Praga, ČSSR; russ.) — Übersicht (Jodoxid, Jodsauerstoffsäuren u. ihre Salze) an Hand von 298 Literaturangaben. H. Roschkowski 249

0807 **Darstellung von elementaren $^{35}S$ mit hoher spezifischer Aktivität.** Ju. V. Gol'tjapin, I. I. Zaslavskij und S. I. Kondrachina. (Ž. prikl. Chim. **41** (1968) 4, 698–701; russ.) — Eine Meth. zur Darst. von $^{35}S$ mit einer spezif. Aktivität bis 25 Ci/g nach $^{35}Cl(n, p)^{35}S$ ausgehend von KCl, das mit Neutronen bestrahlt wird, wird vorgeschlagen. Die spezif. Aktivität von $^{35}S$ kann durch Zugaben des Trägers $Na_2SO_4$ in einem breiten Bereich variiert werden. Zur Darst. von reinem S (> 95%) ist die Anwendung eines Ox.-Mittelüberschusses (< 130%) notwendig.

Versuche: 66,6 g bestrahltes KCl wurde in 350–400 ml dest. W. gelöst, die Lsg. filtriert. Wenn die Probe nach längerer Stehzeit verarbeitet wird, wird zur Entfernung von $^{32}P$ die Lsg. mit Al-Spänen geschüttelt. Die Lsg. wurde filtriert, bis 500 ml aufgefüllt, bis zur Trockene eingedampft unter Durchperlen mit $N_2$, 4,5 g $Na_2SO_4$ u. 21,4 g rotes P wurden zugegeben. Das Prod. wurde in $N_2$ mit 119 ml 45%ig. HJ u. 97,5 ml Eisessig versetzt, das entstehende $H_2S$ setzt sich nach $H_2S + 2K_3[Fe(CN)_6] + 2K_2CO_3 \rightarrow S + 2K_4[Fe(CN)_6] + 2K\cdot HCO_3$ in Vorschaltflaschen um. S wurde bei 70–80° während 5–7 Std. getrocknet. J. J. Pohl 253

0808 **Thermische Zersetzung der Orthotellursäure.** J. Loub und J. Rosický. (Z. anorg. allg. Chem. **361** (1968) 1/2, 87–93; Praha, ČSSR, Karls-Univ., Inst. für anorg. Chem.; dt.) — Mit Hilfe gravimetr., röntgenograph. u. magnet. Meth. sowie durch DTA wurde das therm. Verh. von $H_6TeO_6$ (**I**) bei Normaldruck u. im Vakuum bei $5 \cdot 10^{-2}$ Torr untersucht. Unter dynam. Bedingungen spaltet **I** beim Erhitzen bei etwa 200° (Beginn: 140°) 2 Mol. $H_2O$ ab; ab etwa 420° tritt Zers. unter gleichzeitiger $H_2O$- u. $O_2$-Abgabe ein; bei Temp. > 700° liegt tetragonales $TeO_2$ vor. Der bei der DTA bei etwa 500° beobachtete oxotherme Effekt wird auf Rekrist. eines amorphen Prod. zurückgeführt. G. Gattow 255

0809 **Chemisches Reaktionsvermögen von Kohlenstoff.** J. B. Donnet. (Carbon [Oxford] **6** (1968) 2, 161–76; Ecole Supér. de Chim. de Mulhouse, France; engl.) — Überblick über die an der Oberfläche verschiedener C-Arten auftretenden Gruppen u. die chem. Rk., die zu ihrem Nachw. führen. Behandelt werden *Carboxyl-*, *Hydroxyl-*, *Chinon-* u. *Lacton*-Gruppen. Weiterhin wird auf einige Rk. von Radikalen mit C-Oberflächen eingegangen, wobei einige allg. Aspekte dieser Rk. diskutiert werden. — 130 Literaturangaben. W. Laqua 260

0810 **Graphitisierung von Kohlenstoff unter hohem Druck.** T. Noda. (Carbon [Oxford] **6** (1968) 2, 125–33, 1 Tafel; Mie Univ., Tsu, Mie-ken, Japan; engl.) — Überblick über die von Vf. et al. bei der Unters. der Graphitisierung von *PVC-Koks*, *Erdöl-Koks*, *glasigem C* u. aus *Phenolformaldehydharz* hergestelltem C erhaltenen Ergebnisse. Beim Erhitzen unter 10 kbar nimmt der $c_0$-Abstand zuerst auf 6,85 Å ab; anschließend wird innerhalb eines engen Temp.-Bereiches bei gleichzeitigem Auftreten der Graphitphase der Wert 6,72 Å erreicht. Zwischen der Zeit t u. $1/(1-G)^2$ mit G als Bruchteil der gebildeten Graphitphase besteht eine lineare Beziehung. Die Aktivierungsenergie der Graphitisierung beträgt für Drücke zwischen 3 u. 5 kbar etwa 80–120 kcal/Mol. Das plötzliche Einsetzen der Graphitisierung bei Temp. um 1400° wird auf das bei dieser Temp. liegende Max. der Kriechgeschw. des C zurückgeführt. Die beobachtete Beschleunigung der Graphitisierung durch hohe Drücke wird wahrscheinlich durch im Rk.-Syst. entstehende Schubspannungen hervorgerufen. Das Aktivierungs-Vol. der Graphitisierung für Drücke zwischen 3 u. 5 kbar beträgt $-8\ cm^3$/Mol. Durch $CaCO_3$, $Ca(OH)_2$ u. $CaF_2$ wird die Graphitisierung ebenfalls gefördert. W. Laqua 260

0811 **Chemie der Kohlenstoffmonochalkogenide.** 1. Mitt. **Kohlenstoffmonosulfid.** R. Steudel. (Z. anorg. allg. Chem. **361** (1968) 3/4, 180–94; Berlin-Charlottenburg, Techn. Univ., Inst. für Anorg. u. Analyt. Chem.; dt.) — Durch elektr. Zers. von gasf. $CS_2$ (**I**) unter einem Druck von 0,5–0,1 Torr u. anschließende Kondens. bei −190° konnte gelbes CS (**II**) hergestellt werden; als Nebenprod. liegen noch **I**(f) u. $C_3S_2$ (**III**) vor. Die Rk.-Prod. wurden chem., IR-spektroskop., massenspektrometr. u. mittels ESR untersucht. Die Valenzschwingungen von **II** liegen bei 1274 $cm^{-1}$ für $^{12}C^{32}S$ u. 1240 für $^{13}C^{32}S$; **III** zeigt scharfe Banden bei 1017–1019 u. 2058–2063 $cm^{-1}$. Die Valenzkraftkonst. von **II** beträgt 8,4 mdyn/Å; der Bindungsgrad ist 2,2. Bei −165° zersetzt sich **II** nach $3II \rightarrow III + S$; als Nebenprod. entsteht ein schwarzes, aus C u. S bestehendes Mischpolymerisat. **II** reagiert bei 25° mit Se, Te, $Cl_2$, $Br_2$ u. $J_2$ zu SCSe, SCTe, $SCCl_2$ (**IV**), $SCBr_2$ u. $SCJ_2$. Bei der Pyrolyse oder Plasmalyse von **IV** (g) entsteht kein **II**; **IV** zersetzt sich nach $2IV \rightarrow I + CCl_4$. Wird $H_2CCl_2$ mit $Na_2S$ bei 200–400° umgesetzt, dann bildet sich kein Thioformaldehyd sondern ein I-$CH_4$-Gemisch, was durch Dismutierung nach $2\ SCH_2 \rightarrow I + CH_4$ erklärt wird. G. Gattow 260

0812 **Chemie der Kohlenstoffmonochalkogenide.** 2. Mitt. **Kohlenstoffmonoselenid.** R. Steudel. (Z. anorg. allg. Chem. **361** (1968) 3/4, 195–98; dt.) — 1. vgl. vorst. Referat. — Im Gegensatz zu CS konnte CSe (**I**) nicht durch Pyrolyse bei 900° oder Plasmalyse (PL; HF-Entladung) von $CSe_2$ (Tripelpunkt: 43 ± 1°) isoliert werden; es entstehen lediglich C–Se-Mischpolymerisate. Wird die PL in Ggw. von S bei 150° bzw. Te bei 400–450° durchgeführt, dann kann **I** als SCSe bzw. SeCTe (**II**) abgefangen werden. Die Existenz des instabilen **II** wurde massenspektrometr. bewiesen. **II**, das im Hochvakuum nicht subl. werden kann, zeigt nachst. IR-Absorptionen: $\nu_3 = 1179$, $\nu_3(^{13}C) = 1136$ u. $\nu_1 + \nu_3 = 1473\ cm^{-1}$. G. Gattow 260

0813 **Bildung und Identifizierung von Chlordisilanen und von Monochlortrisilan.** J. E. Drake und N. Goddard. (Inorg. nuclear Chem. Letters **4** (1968) 7, 385–88; Suppl. zu: J. inorg. nuclear Chem., Chem. Dep., Univ., Southampton; engl.) — Durch 8std. Einw. von $Si_2H_6$ (4,6 mMol) auf $BCl_3$ (2,3 mMol) bei 0° wird das Chlorid quant. zu $B_2H_6$ red., während ca. 20% des Disilans zurückgewonnen wurden. Ferner entstanden 1,1 mMol $Si_2H_5Cl$, 1,3 mMol $SiH_2ClSiH_2Cl/SiH_3SiHCl_2$, 0,4 mMol $SiH_2ClSiHCl_2$ sowie $SiHCl_2SiHCl_2$ (NMR-Spektren). Unter gleichen Bedingungen reagiert $Si_3H_8$ (0,36 mMol) mit $BCl_3$ (0,06 mMol) quant. zu $B_2H_6$; neben unumgesetztem Trisilan (0,26 mMol) entsteht ein Gemisch, das zu ca. 50% aus isomerenreinem $(SiH_3)_2SiHCl$ (0,05 mMol) besteht. Bei Verw. von mehr $BCl_3$ bilden sich $SiH_4$, $SiHCl_3$, $SiH_2Cl_2$ u. polymere Prod., aber keine Chlordisilane. A. Blaschette 261

0814 **Siliciummonoselenid.** H.-H. Emons und L. Theisen. (Z. anorg. allg. Chem. **361** (1968) 5/6, 321–27; Leuna-Merseburg, TH für Chem. „Carl Schorlemmer", Inst. für Anorg.-techn. Chem.; dt.) — Durch Umsetzung im Vakuum von MgSe mit $SiO_2$ u. Si bei 1100° bzw. von $SiSe_2$ mit Si bei 800–830° u. durch Rk. aus den Elementen bei 750° wurde $(SiSe)_n$ (**I**; Subl.-Punkt: 745 ± 5° bei $1 \cdot 10^{-3}$ Torr) hergestellt. Je nach den Kondens.-Bedingungen lassen sich 3 amorphe Formen von hochpolymerem **I** herstellen: rotbraunes faseriges f-**I**, braunschwarzes glasartiges g-**I** u. gelbbraunes pulverförmiges p-**I**. Während f-**I** u. g-**I** reine Prod. darstellen, ist p-**I** bereits in Si + $SiSe_2$ disproportioniert. Nachst. Ergebnisse der paramagnet. Elektronenresonanzemessungen von f-**I**, g-**I**, p-**I** u. $SiSe_2$ werden mitgeteilt: Spinkonz.: $14{,}4 \cdot 10^{-15}$, $9{,}4 \cdot 10^{-15}$, $2{,}3 \cdot 10^{-15}$ u. $2{,}5 \cdot 10^{-15}$ Spin/g; Linienbreite: 17,6, 30,1, 12,2 u. 15,4 Gauß; g-Faktor: 2,003, 2,000, 1,999 u. 1,999. Die Darst. eines festen $(SiTe)_n$ unter ähnlichen Bedingungen gelang nicht. G. Gattow 261

0815 **Methoxytetrafluorphosphoran.** K. D. Crosbie, G. W. Fraser und D. W. A. Sharp. (Chem. and Ind. **1968**, 13, 423–24; Leicester Univ. of Leicester; engl.) — *Methoxytetrafluorphosphoran*, (**I**), entsteht neben *Lithiumhexafluorophosphat* als ein Hauptprod. bei der Rk. von Lithiummethanolat mit $PF_5$ u. wird durch NMR-Spektroskopie identifiziert. **I** zersetzt sich oberhalb 10° u.

reagiert mit Dimethoxyfluorphosphin u. anderen Verb., die bei der Bldg. von **I** entstehen. Der erste Schritt dieser Folgerk. stellt eine Disproportionierung von **I** in $F_2P(O) \cdot OCH_3$ u. $CH_3PF_6$ dar. $CH_3PF_6$ bildet Carboniumionen, die mit anderen Rk.-Partnern an Arbuzov-Rk. teilnehmen. P. Haußmann 264

*0816* **Einige Additionsverbindungen von $POCl_3$.** C. C. Smitskamp, K. Olie und H. Gerding. (Z. anorg. allg. Chem. **359** (1968) 5–6, 318–25; Amsterdam, Univ., Anorg. Chem. Labor.; dt.) – Durch direkte Vereinigung der Komponenten wurden $SnCl_4 \cdot 2\ POCl_3$ (**I**), $TiCl_4 \cdot 2\ POCl_3$ (**II**) u. $SbCl_5 \cdot POCl_3$ (**III**) hergestellt u. ramanspektroskop. untersucht. Während **I** nur im festen Zustande existiert, ist **III** im festen u. geschmolzenem Zustande stabil. **II**(f) ist stabil u. dissoziiert teilweise in Lsg. oder im geschmolzenen Zustand. Die PO-Valenzschwingungsfrequenzen (VSF) nehmen infolge einer Abnahme des Doppelbindungscharakters bei der Adduktbldg. ab. Die PCl–VSF wird erhöht, was auf eine Verstärkung der PCl-Bindung durch Zunahme der Elektronegativität des P, als Folge des Abzugs von $\pi$-Bindungselektronen zum O-Atom hin, zurückgeführt wird. G. Gattow 204

*0817* **Borhaltige Phosphornitrid-Polymere.** A. V. Derjabin, S. M. Živuchin, V. V. Kireev und G. S. Kolesnikov. (Plastičeskie Massy **1968,** 3, 29–31; russ.) – Die Umsetzung von $(PNCl)_3$ sowie seiner Alkoxy- u. Aryloxyderiv. mit Bor-, Butylbor- u. Phenylborsäure wurde zwecks der Darst. wärmebeständiger, chem. inerter Polymere untersucht. $[(C_4H_9O)_2PN]_3$ reagiert mit Phenylborsäure sowohl in der Schmelze bei > 150° als auch in o-Dichlorbenzol in Ggw. von 0,1 m $H_2SO_4$ bei 170°. Die bei der Umsetzung äquimol. Mengen entstandenen Polymere geben über 200° flüchtige Prod. ab, das Molgew. sinkt. Die therm. Zers. führt zur Ausbldg. von P–O–B-Bindungen. Polymere mit P–O–B-Bindungen entstehen auch bei der Umsetzung von $(PNCl)_3$ mit Borsäuren in Py. bei 80°, wobei die Ausb. mit abnehmender Dissoziationskonst. der Borsäure bei 25° sinkt. Die Prod. sind unlösl., nicht schmelzend u. dürften O–B(R)–O-Brücken enthalten, sie werden in kochendem W. relativ leicht hydrolysiert. Lösl. Polymere enthalten bis 20% Py. u. cycl. $P(O)_2BR$-Gruppen. Die wärmebeständigsten Polymere können bei vollständiger Substitution der Cl-Atome oder Alkoxygruppen gegen Borsäurereste erhalten werden. Bessere hydrolyt. Stabilität der Prod. kann durch die Verw. von Phosphornitridverb. mit Elektronendonator-Substituenten im Ring erreicht werden. J. J. Pohl 264

*0818* **Reaktion zwischen Antimon(III)-chlorid und Aminhydrochloriden.** R. D. Whealy und D. E. Linder. (Inorg. chim. Acta [Padova] **2** (1968) 1, 49–51; Dep. of Chem., Tex. A & M Univ., Coll. Station, Tex.; engl.) – Durch langsame Zugabe einer Lsg. von $SbCl_3$ in HCl zu Aminhydrochloriden R · HCl im molaren Verhältnis 1:5 in Ggw. eines Überschusses von HCl (20 Val), Vakuumfiltration, mehrmaliges Waschen mit konz. HCl u. Trocknen über $CaCl_2$ u. NaOH bei red. Druck konnten mit 20–80%ig. Ausb. folgende Verb. isoliert werden: $RSbCl_4$, (R =) $(C_2H_5)_3NH$, F. 95–98°, (D.) 1,39 (± 0,01 bis 0,06 g/cm³); $4\text{-}CH_3C_5H_4NH$, F. 135–139°, 1,64; $R_2SbCl_5$, (R)= $C_5H_5NH$, F. 217–219°, 1,64; $C_9H_7NH$, F. 175–178°, 1,51; $2\text{-}CH_3C_5H_4NH$, F. 113–115°, 1,40; $3\text{-}CH_3C_5H_4NH$, F. 141–144°, 1,31; $iso\text{-}C_3H_7NH_3$, F. 164 bis 166°, 1,28; $(CH_3)_2NH_2$, Zers. 204°, 1,74; $(CH_2)_5NH_2$, F. 251–253°, 1,08; $C_6H_{11}NH_3$, Zers. 181°, 1,27; $n\text{-}C_3H_7 \cdot NH_3$, F. 145–147°, 1,36; $4\text{-}CH_3C_6H_4NH_3$, F. 151–153°, 1,30; $R_3SbCl_6$, (R) = $4\text{-}ClC_6H_4NH_3$, Zers. 208°, 1,19; $C_6H_5CH_2NH_3$, Zers. 189°, 0,98; $(C_2H_5)_2NH_2$, F. 128–130°, 1,23; $C_2H_5NH_3$, Zers. 173°, 1,39; $(n\text{-}C_3H_7)_2NH_2$, Zers. 162°, 1,07; $(n\text{-}C_4H_9)_2NH_2$, F. 104–106°, 1,01; $R_3Sb_2Cl_9$, (R =) $CH_3NH_3$, F. 311–315°, 1,67; $(CH_3)_3NH$, F. 220 bis 222°, 1,37. Die Verb. werden durch W. unter Bldg. von SbOCl zersetzt. Sie lösen sich in Methanol u. Aceton, sind aber unlösl. in Bz., $CHCl_3$ u. $CCl_4$. Die Absorptionsspektren besitzen bei 228 nm in 6–12 m HCl-Lsg. ein Max.; die molare Absorptivität ist $2{,}3 \cdot 10^4$ L/M · cm. In verd. HCl-Lsg. wird das Max. zu kürzeren Wellenlängen verschoben u. kleiner. Die Strukturen der Anionen werden diskutiert. G. Heller 266

## Metalle

*0819* **Thermische Stabilität von Hydroxiden.** F. Freund. (Fortschr. chem. Forsch. **10** (1968) 2, 347–73; Anorg.-chem. Inst., Univ., Göttingen; dt.) – Übersicht. – 53 Literaturangaben. H. Roschkowski 270

*0820* **Darstellung wasserfreier Metalltrichloracetate.** G. Möhlmann und K. Starke. (Z. anorg. allg. Chem. **361** (1968) 5/6, 249–53; Marburg/Lahn, Univ., Inst. für Kernchem.; dt.) – Die Metalltrichloracetate $M(Cl_3 \cdot CCOO)_2$ (**I**) mit M = Be, Ca, Sr, Mn, Co, Ni, Cu, $UO_2$ wurden durch Red. der Nitrate $M(NO_3)_2$ mit Ameisensäure HCOOH (**II**) in Ggw. von $Cl_3CCOOH$ (**III**) bei 35–40° hergestellt: $M(NO_3)_2$ + 2 **III** → **I** + 2 $HNO_3$; 2 $HNO_3$ + 3 **II** → 2 NO + 3 $CO_2$ + 4 $H_2O$. Bei der Umkrist. von **I** bzw. bei der Neutralisation der Carbonate $MCO_3$ mit **III** in einem organ. Lsgm. entstehen nachst. Solvate **I** · xsol (tac = $Cl_3CCOO$; me = $CH_3O$; di H= Dioxan): $Ca(tac)_2 \cdot 2\ me$; $Ca(tac)_2 \cdot 2\ py$; $Sr(tac)_2 \cdot 2\ me$; $Sr(tac)_2 \cdot di$; $Co(tac)_2 \cdot 2\ me$; $Co(tac)_2 \cdot 2\ di$; $Ni(tac)_2 \cdot 2\ di$; $Cu(tac)_2 \cdot 4\ py$; $UO_2 \cdot (tac)_2 \cdot 1\ di \cdot 2\ H_2O$. Werden **I** · xsol auf maximal 80° bei einem Druck von 0,1 Torr erhitzt, dann bilden sich die solvatfreien **I**. Beim Erwärmen von **I** im Vakuum tritt bei etwa 200° Zers. ein nach 2 **I** → 2 $MCl_2$ + 2 $Cl_3CCOCl$ + 2 $CO_2$ + 2 CO. G. Gattow 270

*0821* **Umsetzung von Alkalimetallhalogeniden und -nitraten in Schmelzen.** G. V. Šilina und Ju. K. Delimarskij. (Ž. neorg. Chim. **13** (1968) 8, 2254–57; Kievskij technol. inst. piščevoj promyšl.; russ.) – Die Umsetzung von KF, KCl, KBr u. KJ mit geschmolzenem Li-, Na- u. K-Nitrat wurde polarograph. untersucht. Die geschmolzenen Li-, Na- u. K-Nitrate reagieren mit Fluoriden nicht. Geschmolzenes $NaNO_3$ u. $KNO_3$ setzt sich mit Chloriden nicht um u. reagiert mit KBr u. KJ nur sehr langsam unter Bldg. der freien Halogenide. Die analoge Rk. von geschmolzenem $LiNO_3$ mit Chloriden, Bromiden u. Jodiden verläuft rasch. Das chronopotentiometr. Verh. von KJ in $LiNO_3$-$NaNO_3$-$KNO_3$ wurde untersucht u. die Ggw. eines katalyt. Stroms festgestellt, was den Verlauf einer chem. Rk. bestätigt, bei der der Depolarisator (freies Jod) regeneriert wird. J. J. Pohl 272

*0822* **Synthese und Eigenschaften von Kaliummethoxotrifluoroborat, $K[BF_3OCH_3]$.** I. G. Ryss und V. N. Plachotnik. (Ž. neorg. Chim. **13** (1968) 6, 1535–41; Dnepropetrovskij inst. inž. železnodorožnogo transporta; russ.) – $K[BF_3OCH_3]$ wurde durch Umsetzung von $KHF_2$ mit $B(OCH_3)_3$ in wasserfreiem Methanol dargestellt. Die Löslichkeit der Verb. in Methanol beträgt bei 18° 2,04%. In Methanol gelöstes $K[BF_3OCH_3]$ erleidet eine langsame Zers. unter Bldg. von $KBF_4$. $K[BF_3OCH_3]$ bildet opt. zweiachsigpositive Krist. mit schwacher Doppelbrechung, $D._{20}$ = $1{,}834_8 \pm 0{,}001_4$ (g/cm³) (o-Xylol), $K[BF_3OH]$ hat D. $2{,}415_5 \pm 0{,}001_5$ g/cm³. $K[BF_3OCH_3]$ ist in Bzl., o-Xylol, PAe., Dichloräthan, $C_2H_2Br_4$, Ae. u. Dioxan unlösl. u. hydrolysiert rasch in Wasser. Die alkal. Hydrolyse von $[BF_3OCH_3]^-$ verläuft nach einer Rk., die in bezug auf den Komplex von erster u. in bezug auf $OH^-$ von nullter Ordnung ist. Die Aktivierungsenergie u. -entropie der Hydrolyse betragen 14,60 ± 0,16 kcal/Mol u. –22,2 ± 0,5 Clausius. Der starke Unterschied in der Geschw. der alkal. Hydrolyse von $[BF_3OCH_3]^-$ u. von $[BF_4]^-$ wird dem induktiven Effekt der Methoxygruppe zugeschrieben. Die Zers. von $[BF_3OCH_3]^-$ wird in wss. Lsg. durch $H^+$-Ionen katalysiert. J. J. Pohl 275

*0823* **Hydroxoberyllate des Natriums und der Erdalkalimetalle.** R. Scholder, H. Hund und H. Schwarz. (Z. anorg. allg. Chem. **361** (1968) 5/6, 284–95; Karlsruhe, Univ. (TH), Inst. für Anorg. Chem.; dt.) – Durch Umsetzung von BeO bzw. $Be(OH)_2$ mit wss. NaOH verschiedener Konz. bei variablen Temp. wurden Na[Be · $(OH)_3$] u. $Na_2[Be(OH)_4]$ (**I**) hergestellt; **I** hydrolysiert sehr leicht. Während bei der Rk. zwischen $Ba(OH)_2$, BeO u. wss. NaOH bei einer Konz. > 12,4% $OH^-$ $Ba[Be(OH)_4]$ (**II**) entsteht, bildet sich bei 7,1–8,8% $OH^-$ das BaO · 4 BeO · 7 $H_2O$ (**III**). Beim Erhitzen von **II** im $N_2$-Strom werden bei 210–320° 1 Mol $H_2O$, zwischen 320 u. 600° 1 Mol $H_2O$ u. zwischen 600 u. 1000° die restlichen $H_2O$

abgegeben. **III** ist gegen $H_2O$, abs. $CH_3OH$ u. A. völlig stabil u. zeigt im Vakuum nachst. therm. $H_2O$-Abgabe: < 20° 1 $H_2O$; 100° 1 $H_2O$; 150° 4 $H_2O$. $Sr[Be(OH)_4]$ (**IV**) u. $Ca[Be(OH)_4] \cdot 1{,}5\ H_2O$ (**V**) entstehen ebenfalls aus wss. Lösung. **IV** zeigt ein ähnliches therm. Verh. wie **II**. **V** gibt stufenweise $H_2O$ ab: < 20° 1 $H_2O$; 130—150° 0,5 $H_2O$; > 200° restliches $H_2O$. G. Gattow 280

*0824* **Darstellung der Trisulfide $MS_3$ durch Reaktion von Schwefel mit Strontium- und Bariumtrithiocarbonat.** Étienne Philippot und Maurice Maurin. (C. R. hebd. Séances Acad. Sci., Sér. C **266** (1968) 20, 1499 bis 1501; Montpellier, Hérault., Fac. des Sci., Labor. de Chim. minérale; franz.) — Vgl. ibid. C. **266** (1968), 1290. — Unters. der bin. Syst. $SrCS_3$(**I**)–S u. $BaCS_3$(**II**)–S ergaben, daß bei einem Verhältnis von S/**I** bzw. S/**II** = 6 **I** bzw. **II** mit S bei 200—220° bzw. 250—280° unter Abgabe von $CS_2$ u. Bldg. von krist. $SrS_3$ (**III**) bzw. $BaS_3$ (**IV**) reagieren. Mit Hilfe einer Thermowaage wurde festgestellt, daß sich **III** bzw. **IV** bei 220—250° bzw. 320—400° zersetzen. Als Endprod. entstehen SrS bzw. BaS; bei **IV** verläuft die therm. Zers. über $BaS_2$ (**V**). Die röntgenograph. d-Werte u. Intensitäten von **V** werden mitgeteilt. G. Gattow 284

*0825* **Neue Darstellungsmethode von Bariummanganat(VI).** Enrique J. Baran und Pedro J. Aymonino. (Chem. Ber. **101** (1968) 9, 3337—38; La Plata, Argentinien, Univ. Nacional, Fac. de Quim. y Farm., Lehrstuhl für Anorg. Chem.; dt.) — Durch Umsetzung einer heißen Lsg. von $Ba(MnO_4)_2$ in 40%ig. NaOH mit einer Lsg. von 7,3 g $Ba(CH_3COO)_2 \cdot H_2O$ in 100 $cm^3$ $H_2O$ u. anschließendem Kochen (5 Min.) wurde *$BaMnO_4$* (**I**) in 70—80%ig. Ausb. als schwerlösl. Nd. hergestellt. Die Reinheit des blauschwarzen **I** betrug 96—98%; IR-spektroskop. konnte kein $BaCO_3$ im **I** nachgewiesen werden. G. Gattow 285

*0826* **Thermische Dissoziation von Amminkomplexen des Zinkchlorids.** Z. K. Zubachina. (Ž. neorg. Chim. **13** (1968) 3, 677—80; Char'kovskij gos. univ. naučno-issl. i proektnyj inst. osnovnoj chim.; russ.) — Die therm. Zers. von *$[Zn(NH_3)]Cl_2$* in geschmolzenem Zustand wurde derivatograph. untersucht, die Rk. verläuft in mehreren Stufen. Neben den bekannten Amminkomplexen wurde die Anwesenheit von $ZnCl_2 \cdot 1/6NH_3$ gezeigt, das bei 600—680° nahezu unzersetzt destilliert u. bei 700 bis 733° zerfällt. J. J. Pohl 288

*0827* **Umsetzung von Cadmiumhalogeniden mit Isonicotinsäure.** M. K. Aljavija und Z. M. Tepljakova. (Ž. neorg. Chim. **13** (1968) 4, 1061—65; Taškentskij gos. med. inst.; russ.) — *$CdCl_2 \cdot 2\,C_6H_5O_2N$* (**I**), Zers. 311°, entsteht bei der Rk. einer gesätt. Isonicotinsäurelsg. mit einer gesätt. heißen, wss. $CdCl_2$-Lsg. im Verhältnis 2:1. *$CdBr_2 \cdot 2\,C_6H_5O_2N$* (**II**), Zers. 286°, entsteht analog. *$CdJ_2 \cdot 2\,C_6H_5O_2N$* (**III**), F. 164—168° bildet sich in äther. Lsg. nach 6—7tägigem Rühren, gelbe Kristalle. *$Cd(C_6H_4 \cdot O_2N)_2 \cdot 4\,H_2O$* (**IV**), Zers. 353°, wurde durch Versetzen einer heißen, gesätt. Cd-Acetatlsg., tropfenweise mit einer heißen, gesätt. Isonicotinsäurelsg. im Verhältnis 1:2 erhalten, mikrokrist. Substanz. *$Cd(C_6H_4O_2N)_2$* (**V**), durch Entwässern bei 110—115°. Mol. elektr. Leitfähigkeit in 0,001 m Lsg. bei 25°, Löslichkeit in W. bei 25° u. IR-Spektren von **I** u. **IV** im Bereich 700—1800 u. 2500 bis 3600 $cm^{-1}$ vgl. Original. Mol. elektr. Leitfähigkeitsdaten zeigen, daß **I**–**III** in wss. Lsg. unter Bldg. von 3 Ionen dissoziieren, während **IV** einen zweiionigen Elektrolyt darstellt. J. J. Pohl 289

*0828* **Komplexverbindungen von Cadmiumhalogeniden mit Picolinsäure.** M. K. Aljavija und Z. M. Tepljakova. (Ž. neorg. Chim. **13** (1968) 8, 2085—89; russ.) — Vgl. vorst. Referat. — Durch Rk. von Cd-Halogeniden mit Picolinsäure (1:2) in Ae. wurden folgende Prod. nach Schütteln des Rk.-Gemisches während 4—5 Tagen erhalten: *$CdCl_2 \cdot 2C_6H_5O_2N$*, weiß, Zers. bei 189°, (mol. elektr. Leitfähigkeit einer 0,001 n Lsg. bei 25°) 342, (Löslichkeit in 100 g $H_2O$ bei 25°) 0,768, *$CdBr_2 \cdot 2C_6H_5 \cdot O_2N$*, weiß, Zers. 175°; 342; 0,516 u. *$CdJ_2 \cdot 2C_6H_5O_2N$*, Zers. 155°, 347, 0,599. Beim Zutropfen einer gesätt. Picolinsäurelsg. zu einer gesätt. Cd-Halogenidlsg. bilden sich *$CdCl \cdot C_6H_4O_2N$*, weiß, Zers. 330°, 112, 0,491; *$CdBr \cdot C_6H_4O_2N \cdot C_6H_5O_2N$*, weiß, Zers. 230°, 138, 0,877; *$CdJ \cdot C_6H_4O_2N$*, beige, Zers. 329°, 122, 0,116; *$Cd(C_6H_4O_2N)_2$* entsteht beim Versetzen einer heißen Cd-Acetatlsg. mit einer heißen Picolinsäurelsg. im Verhältnis 2:1, weiß, Zers. 305°, 4,40, 0,147. Das IR-Spektrum der chloridhaltigen Komplexe bei 400—3600 $cm^{-1}$ ist abgebildet, die Struktur der Verb. wird diskutiert. J. J. Pohl 289

*0829* **Reaktionen von Organometallkomplexen mit Kohlenmonoxid. 1. Mitt. Carbonylierung und Reduktion von Arylquecksilber(II)-Komplexen und einige verwandte Reaktionen von Äthylen.** L. R. Barlow und J. M. Davidson. (J. chem. Soc. [London], Sect. A **1968**, 7, 1609 bis 1615; Dep. of Chem. Engng., Cambridge; engl.) — Bei der Rk. von *PhHgOH* (Ph = Phenyl; **I**) mit CO findet keine Carbonylierung, sondern Red. statt, während *$(PhHg)_2(OH, NO_3)$* (**II**) der einzige Komplex ist, der bei der Rk. mit CO in Bzl. ausreichende Mengen Benzoesäurederiv. liefert. Die Rk.-Fähigkeit von PhHgX erinnert an die von Hg(II)-Salzen u. folgt der „Härte" von X. In wss. Lsg. werden **II**, *$PhHgOCOCH_3$* (**III**) oder *$(PhHg)_2(OH,ClO_4)$* (**IV**) entweder zu *$HgPh_2$* u. Hg oder zu Hg allein red.; wahrscheinlich greift $HgPh^+$ oder $H^+$ das mercurierte Ameisensäurederiv. an. Eine ähnliche Rk. erfolgt in Bzl., dabei läßt sich aber **II** nicht reduktiv spalten, weil die entstehende $HNO_3$ bei Red. mit CO einen Puffereffekt hat. Aus dem Zwischenprod. der Rk., Benzoylnitrat, wird *Benzoato-(phenyl)-quecksilber* neben anderen Zers.-Prod. gebildet. Die Zers. ist sehr druckabhängig; bei hohem Druck ergibt sich Benzoesäureanhydrid, während Biphenylderiv. bei niedrigem Druck entstehen. Bei der Carbonylierung von **IV** bildet sich auch 6% Benzoesäure. In Methanol werden **I** u. **III** bei Addition von CO langsam in *Methoxycarbonyl-(phenyl)-quecksilber* umgewandelt. **II** ergibt *$HgPh_2$*, aber hauptsächlich *Methylbenzoat* u. *Methylbenzoylformiat*. **I** u. **III** addieren in methanol. Lsg. auch Äthylen unter Bldg. von *β-Methoxyäthyl-(phenyl)-quecksilber*.

Versuche: **I**, $C_6H_6HgO$, F. 226—233° (Zers., aus W.), durch 8std. Rückflußkochen von $Ag_2O$ (aus 10 g $AgNO_3$) u. 10 g PhHgCl in W. unter $N_2$, Abfiltrieren u. Kühlen, 6 g (Ausb.); *$(p\text{-Tolyl }Hg)_2\text{-}(OH, NO_3)$*, $C_{14}H_{15} \cdot Hg_2NO_4$, F. 169—172° (Zers., aus A.), Zugabe von 4 g p-Tolylborsäure in W. zu einer heißen Lsg. von 10 g $Hg \cdot (NO_3)_2$ in W., die mit $HNO_3$ gerade angesäuert wurde, 8,6 g; **II**, F. 177—180°, aus **III** u. $NaNO_3$ in W.; *$(PhHg)_3 \cdot (OH, SO_4)$* (**V**), $C_{18}H_{16}Hg_3O_5S$, F. 270—280°, analog; **IV**, F. 196—198° (Zers., aus 50%ig. wss. A. mit $HClO_4$), aus **I** u. wss. $HClO_4$; *$(PhHg)_2(OH, BF_4)$*, $C_{12}H_{11}BF_4Hg_2O$, F. 170,5—172°, aus **I** u. einer schwach sauren Lsg. von $Ba(BF_4)_2$; *$PhHgNO_3$*, $C_6H_5HgNO_3$, F. 114,5—116,5° (aus trockenem Bzl.), a) Zugabe von 1 ml rauchender $HNO_3$ zu einer Suspension von 3 g **I** in Bzl., wenige Min. langes Rühren, Filtrieren u. Eindampfen, 2,5 g; b) aus **II** u. $HNO_3$ in Bzl.; c) aus $HgPh_2$ u. $HNO_3$ in trockenem Methanol, *$(PhHg)_2SO_4$*, $C_{12}H_{10}Hg_2O_4S$, F. > 350° (aus Methanol), 2½std. Schütteln von 2,75 g **V** mit Ae., das 0,22 ml $H_2SO_4$ enthält, 2,72 g. G. Heller 290

*0830* **Darstellung von Aluminiumchlorid-Ammoniak.** N. N. Drozin, S. G. Fridman, E. I. Gerasimenko und E. N. Pavljučenko. (Ž. neorg. Chim. **13** (1968) 8, 2090—93; russ.) — Die thermodynam. Charakteristiken möglicher Bldg.- u. Zers.-Rk. von *$AlCl_3 \cdot NH_3$* wurden näherungsweise berechnet. Am besten wird $AlCl_3 \cdot NH_3$, F. 125° (weiße, anisotrope Krist., Ng = 1,540) aus $AlCl_3 \cdot 6NH_3$ + 5$AlCl_3$ bei 10—50 Torr u. 2000° während 70 Std. dargestellt, 85% Ausbeute. J. J. Pohl 294

*0831* **Darstellung und Eigenschaften von Aluminiumfluorosilicat.** G. E. Dmitrevskij und E. B. Semenova. (Ž. neorg. Chim. **13** (1968) 8, 2062—66; Odesskij gos. univ. im. Mečnikova; russ.) — *$Al_2(SiF_6)_3 \cdot 3H_2O$* entsteht bei der Umsetzung von Al-Hydroxid mit HF u. Silicagel, sowie bei der Rk. von $Al(OH)_3$, $H_2SiF_6$, HF u. $SiO_2$. Das Prod. wurde chem.-analyt., röntgenograph. u. mikrophotograph. identifiziert. Es zerfällt in Ggw. eines Al-Hydroxid- oder -Oxidüberschusses. Der Mechanismus der Bldg. des Al-Fluorosilicats ist angegeben. J. J. Pohl 294

*0832* **Bildung und Eigenschaften des Calciumhydroaluminates $4CaO \cdot Al_2O_3 \cdot 19H_2O$.** Ju. M. Butt, V. M.

Kolbasov und G. V. Topil'skij. (Izvest. Akad. Nauk SSSR, Neorg. Mater. 4 (1968) 4, 568—72; Mosk. chim.-technol. inst. im. Mendeleeva; russ.) — $4CaO \cdot Al_2O_3 \cdot 19H_2O$ (I) ist die hauptsächlichste Phase, die bei der Hydratation Al-haltiger Klinkermineralien ($3CaO \cdot Al_2O_3$, $4CaO \cdot Al_2O_3 \cdot Fe_2O_3$) bei W.-Überschuß u. in Abwesenheit von $CO_2$ der Luft entsteht. Bei +5 bis −5° ist I beständig, bei Raumtemp. wird es in $3CaO \cdot Al_2O_3 \cdot 6H_2O$ umgewandelt. Bei geringer Luftfeuchtigkeit wird I zu $4CaO \cdot Al_2O_3 \cdot 12-13\ H_2O$ dehydratisiert. Bei Anwesenheit von $CO_2$ wird zuerst eine feste Lsg. von α-$4CaO \cdot Al_2O_3 \cdot 13H_2O$ mit $3CaO \cdot Al_2O_3 \cdot CaCO_3 \cdot 11H_2O$ (II), dann II u. bei völliger Zers. $CaCO_3$ (Vaterit u. Calcit) u. $Al(OH)_3$ gebildet. Die ununterbrochene Dehydratation von I bei geringer Luftfeuchtigkeit scheint die Ursache für die unterschiedlichen Ergebnisse bei der Unters. des Syst. $CaO-Al_2O_3-H_2O$. U. Strobel 294

*0833* **Eigenschaften von Mischkristallen der Zusammensetzung $3CaO \cdot Al_2O_3 \cdot xSiO_2 \cdot yH_2O$.** N. I. Eremin, P. V. Jašunin, I. B. Firfarova und Ju. I. Pavlov. (Ž. prikl. Chim. 41 (1968) 6, 1173—78; VNJ i proektnyj inst. aluminievoj, magnievoj i elektrodnoj prom.; russ.) — Bei konst. Sättigung von Ca-Hydroaluminatlsg. mit $SiO_2$ können infolge der Entkieselung der Aluminatlsg. in Ggw. von $3CaO \cdot Al_2O_3 \cdot 6H_2O$ eine Reihe von Hydrogranat-Mischkrist. im Syst. $3CaO \cdot Al_2O_3 \cdot 6H_2O-3CaO \cdot Al_2O_3 \cdot 3SiO_2$ mit bis zu 1 Mol $SiO_2$ in $3CaO \cdot Al_2O_3 \cdot xSiO_2 \cdot yH_2O$ auftreten. Die Abhängigkeit des Brechungsindex von der Zus. des Hydrogranats wurde graph. ausgewertet. Der Gitterparameter von Hydrogranaten beliebiger Zus. liegt an einer Geraden, die die Größe der Parameter der Komponenten $3CaO \cdot Al_2O_3 \cdot 6H_2O$ u. $3CaO \cdot Al_2O_3 \cdot 3SiO_2$ verbindet. Auf Grund der Größe des Gitterparameters bzw. des Brechungsindex kann also die Zus. des Hydrogranats u. umgekehrt bestimmt werden. J. J. Pohl 294

*0834* **Umsetzung von Natriummetaphosphat mit Aluminiumoxid.** S. I. Berul' und N. K. Voskresenskaja. (Ž. neorg. Chim. 13 (1968) 2, 422—27; Inst. obšč. i neorg. chim. im. Kurnakova AN SSSR; russ.) — Im Syst. $Na \cdot PO_3-Al_2O_3$ wurde durch thermograph., röntgenograph. u. IR-spektroskop. Unters. im Bereich 400 bis 2000 $cm^{-1}$ die Bldg. der kongruent schmelzenden Verb. $Na_9Al_2(P_3O_{10})_3$, F. 832°, $Na_6Al_2(P_2O_7)_3$, F. 780°, $Na_3Al_2 \cdot (PO_4)_3$, F. 760° u. $NaAl_2PO_6$, F. 882°, festgestellt. Die Umsetzung der Komponenten beginnt im festen Zustand unterhalb der eutekt. Temp., die Bldg. gemischter Phosphate verläuft stufenweise. J. J. Pohl 294

*0835* **Chlorierung von Indium(III)-oxid.** Ja. I. Ivašencev und V. A. Konakova. (Ž. neorg. Chim. 13 (1968) 8, 2043—46; Krasnojarskij inst. cvetnych metallov im. Kalinina Kaf. neorg. i analit. chim.; russ.) — Die Chlorierung von $In_2O_3$ mit $Cl_2$, $Cl_2$ + CO u. mit $CCl_4$-Dämpfen wurde bei 500—650° untersucht. Die Umsetzung von $In_2 \cdot O_3$ mit $Cl_2$ in Abwesenheit von Red.-Mitteln beginnt erst bei 600° u. verläuft langsam. Mit CO + $Cl_2$ beginnt die Rk. bei 400°, mit $CCl_4$ bei 380°. Oberhalb 500° ist die quant. Darst. von reinem, wasserfreien $InCl_3$ durch die Einw. von $CCl_4$-Dämpfen oder CO + $Cl_2$ möglich. J. J. Pohl 296

*0836* **Koordinationsverbindungen von Indium.** 8. Mitt. **System Indium(III)–Cyanat.** S. J. Patel und D. G. Tuck. (J. chem. Soc. [London], Sect. A **1968**, 8, 1870—73; Dep. of Chem., Simon Fraser Univ., Burnaby, B. C., Canada; engl.) — 7. vgl. C. **1969**, 1-0564. — Vers. zur Darst. von *Indium(III)-cyanat* durch doppelte Umsetzung verliefen erfolglos. Als Grund hierfür wird eine Rk. mit dem Lsgm. angesehen, da bei der Umsetzung von $InJ_3$ (I) u. AgOCN (II) in Alkoholen Alkylurethane identifiziert werden konnten. Dagegen wurden Verb. des Typs $In(NCO)_3L_n$ [L = py, $(CH_3)_2SO$, n = 3; L = $(C_6H_5)_3PO$, n = 2, 3; L = dipy, phen, n = 1,5] isoliert. Die Eig. dieser Verb. werden mit denen der analogen Halogen- u. Pseudohalogenverb. verglichen. Ihre Struktur wird an Hand von IR-Daten diskutiert.

Versuche: *Tris-[pyridin]-indium(III)-isocyanat* (III), F. > 300°, 5,5 g wasserfreies I u. 5 g II werden mit 60 ml Py. 3 Tage lang gerührt, AgJ abfiltriert, im Vakuum eingeengt u. mit Aceton extrahiert. — *Tris-[dimethylsulfoxid]-indium(III)-isocyanat*, F. 80°, analog III. — *Bis-[triphenylphosphinoxid]-indium(III)-isocyanat* (IV), F. 84°, Bis-[triphenylphosphinoxid]-indium(III)-chlorid u. II in stöchiometr. Mengen 4 Tage in Aceton rühren, weiter analog III. — *Tris-[triphenylphosphinoxid]-indium(III)-isocyanat*, F. 62°, analog IV mit 1 Moläquivalent $(C_6H_5)_3PO$. — *2.2'-Bipyridyl-indium(III)-isocyanat*, F. > 300°, aus 2.2-Bipyridyl-indium(III)-jodid u. II in Nitromethan. — *1.10-Phenanthrolin-indium(III)-isocyanat*, F. > 300°, aus 1.10-Phenanthrolin-indium-(III)-bromid, überschüssigem 1.10-Phenanthrolinhydrat u. II. G. Stolze 296

*0837* **Scandium(III)-thiocyanat-Komplexe mit o-Phenanthrolin und 2.2'-Bipyridyl.** N. P. Crawford und G. A. Melson. (Inorg. nuclear Chem. Letters 4 (1968) 7, 399 bis 401; Suppl. zu: J. inorg. nuclear Chem. Dep. of Chem., Univ. of Strathclyde, Glasgow; engl.) — Aus $Sc(SCN)_3$ u. den Liganden im Überschuß in Ae. werden $Sc(bipy)_3 \cdot (SCN)_3$ bzw. $Sc(phen)_3 \cdot (SCN)_3$ erhalten, die ion. gebundenes $SCN^-$ enthalten (IR-Spektren) u. in Acetonitril als 1:3-Elektrolyte vorliegen. Unter der Einw. von heißem A. gehen sie in *trans*-$[Sc(bipy)_2 \cdot (NCS)_2]SCN$ bzw. trans-$[Sc(phen)_2(NCS)_2]SCN$ mit teilweise über N koordiniertem $SCN^-$ (1:1-Elektrolyte) über. Aus $Sc \cdot (SCN)_3$ u. den Liganden im Molverhältnis 1:1 werden dagegen *cis*-$[Sc(bipy)_2(NCS)_2]SCN$ bzw. *cis*-$[Sc(phen)_2 \cdot (NCS)_2]SCN$ (1:1-Elektrolyte) mit ebenfalls partiell über N gebundenem $SCN^-$ erhalten (IR- u. opt. Spektren). A. Blaschette 299

*0838* **Chemie der selteneren Elemente.** 52. Mitt. **Thermische Zersetzung der Hexahydrate des Scandiumchlorids und -bromids.** F. Petrů, J. Hradilová und B. Hájek. (Collect. czechoslov. chem. Commun. 33 (1968) 8, 2720 bis 2722; Prag, TH für Chem., Inst. für anorg. Chem.; dt.) — 43. vgl. C. **1968**, 61-0042. — Vf. untersuchten chem. sowie mit IR-spektroskop. u. röntgenograph. Meth. die therm. Zers. von $ScCl_3 \cdot 6H_2O$ (I) u. $ScBr_3 \cdot 6H_2O$ (II) in techn. $N_2$ zwischen 0 u. 400°. Die Zers. von I bzw. II erfolgen nach I → (ScOCl) → $Sc(OH)_xCl_y$ → $Sc_2O_3$ bzw. II → $Sc(OH)_xBr_y$ → $Sc_2O_3$. Die Dehydratation von I ist bei 200°, die von II bei 260° beendet. G. Gattow 299

*0839* **Chemie der selteneren Elemente.** 53. Mitt. **Thermische Zersetzung von Bromaten der Seltenerdmetalle.** F. Petrů und B. Dušek. (Collect. czechoslov. chem. Commun. 33 (1968) 8, 2397—404; dt.) — 52. vgl. vorst. Referat. — Mit Hilfe von DTA, thermogravimetr. Meth. u. mittels isothermer Dehydratation wurde das therm. Verh. von $Sc(BrO_3)_3 \cdot 3H_2O$ (Zers.: 75°) u. von $M(BrO_3)_3 \cdot 9H_2O$ mit M = *Y* (F. 73,5°), *La* (37,7), *Ce* (47,9), *Pr* (57,8), *Nd* (66,1), *Sm* (74,4) *Eu* (77,5), *Gd* (80,3), *Tb* (77,5), *Dy* (75,0), *Ho* (72,6), *Er* (69,4), *Tm* (62,2) untersucht. Nachst. Zers.-Rk. wurden ermittelt: $M(BrO_3)_3 \cdot 9H_2O$ → $M(BrO_3)_3 \cdot 2H_2O$ für M = La, Ce, Pr, Nd, Sm, Eu, Gd, Tb; $M(BrO_3)_3 \cdot 9H_2O$ → $M(BrO_3)_3 \cdot 3H_2O$ für M = Dy, Ho, Er, Tm. Hydratfreie Salze $M(BrO_3)_3$ entstehen lediglich bei M = La, Pr, Nd, Sm, Eu. Als Endprod. der therm. Zers. aller Bromate bilden sich Gemische von Oxidbromiden u. Oxiden, deren Zus. sich mit der Basizität des Kations ändern. G. Gattow 303

*0840* **Komplexverbindungen von Zirkonium- und Hafniumtetrachlorid mit aromatischen Schiffschen Basen.** V. A. Kogan, V. P. Sokolov und O. A. Osipov. (Ž. neorg. Chim. 13 (1968) 8, 2314—15; Rostovskij gos. univ.; russ.) — Durch Vermischen äthanol. Lsg. von $ZrCl_4$ oder $HfCl_4$ mit Lsg. von *N-Phenylbenzylidenamin* (BA), *N-Phenyl-2-methoxybenzylidenamin* (BMA), *N-Phenylsalicylidenamin* (SA), *N-(p-Methylphenyl)-salicylidenamin* (PSA) u. *N-(p-Nitrophenyl)-salicylidenamin* (NSA) in A. werden die Chelate $ZrCl_4 \cdot 2BA$, F. 204°; $ZrCl_4 \cdot 2BMA$, F. 220°; $ZrCl_4 \cdot 2SA$, F. > 260°; $ZrCl_4 \cdot 2PSA$, F. > 260°; $ZrCl_4 \cdot 2NSA$, F. > 280°; $HfCl_4 \cdot 2BA$, F. 125°; $HfCl_4 \cdot 2BMA$, F. 192°; $HfCl_4 \cdot 2SA$, F. > 260°; $HfCl_4 \cdot 2PSA$, F. > 260° u. $HfCl_4 \cdot 2NSA$, F. > 260° erhalten. IR-Spektren vgl. Original. J. J. Pohl 323

*0841* **Synthese von Thoriumoxalaten.** A. K. Molodkin, T. A. Balakaeva und A. N. Kučumova. (Ž. neorg.

Chim. **13** (1968) 8, 2117–22; Inst. obšč. i neorg. chim. im. Kurnakova; russ.) — Die Synth. u. einige Eig. von Th-Oxalaten werden beschrieben.

Versuche: *$Th(C_2O_4)_2 \cdot 6H_2O$* aus Lsg. von $Th(NO_3)_4 \cdot nH_2O$ u. $H_2C_2O_4 \cdot 2H_2O$, homogen D.$^{25}$ 2,596 (g/cm$^3$), Np = 1,468, Ng = 1,588, *$H_2[Th_2(C_2O_4)_5] \cdot 9H_2O$* aus $2Th(NO_3)_4 \cdot 5H_2O + mH_2C_2O_4 \cdot 2H_2O$ in A., mikrokrist., D.$^{25}$ = 2,583, *$Na_4[Th(C_2O_4)_4] \cdot 5{,}5H_2O$* aus 2,5 $Na_2 \cdot C_2O_4 + Th(C_2O_4)_2 \cdot 6H_2O + qH_2O$ beim Erwärmen, Np = 1,533, Ng = 1,573, D.$^{25}$ = 2,470. *$K_4[Th(C_2O_4)_4] \cdot 4H_2O$*, aus $Th(OH)_4 \cdot nH_2O$ u. einem Überschuß an $K_2C_2O_4$, Ng = 1,517, Nm = 1,523, Np = 1,496, D.$^{25}$ = 2,524 g/cm$^3$. *$(NH_4)_6[Th(C_2O_4)_5] \cdot 7{,}5H_2O$* durch Fällen einer 5 bis 8%ig. Th-Nitratlsg. mit $NH_3$ (1:1), Vermischen des Hydroxids mit festem $(NH_4)_2C_2O_4 \cdot H_2O$ (1:5), Lösen in W., Filtrieren u. Fällen mit A., Waschen mit Methanol. Das Prod. wird an der Luft teils zum Trihydrat entwässert. *$(NH_4)_4(Th(C_2O_4)_4] \cdot 6{,}5H_2O$* aus $Th(C_2O_4)_2 \cdot 6H_2O$ u. $(NH_4)_2C_2O_4 \cdot H_2O$ [Th:$(NH_4)_2C_2O_4$ = 1:3] in 15 ml W. u. Umfällen mit W.–A., in W. fünfioniger Elektrolyt. Das Trihydrat hat Np = 1,438, Nm = 1,545, Ng = 1,594, *$(NH_4)_6[Th(C_2O_4)_5] \cdot 3H_2O$*, anisotrop, Np = 1,449, Nm = 1,952, Ng = 1,578, D.$^{25}$ = 2,025, luftbeständig, in W. lösl., bei V = 1000 (l/Mol) 714 ($\Omega \cdot m^2 \cdot 10^4$), *$(CN_3H_6)_4[Th(C_2O_4)_4] \cdot 2H_2O$* aus gesätt. wss. $Th(C_2O_4)_2 \cdot 6H_2O$ u. $(NH_4)_2C_2O_4 \cdot H_2O$-Lsg. (1:2) durch Zugabe von Guanidiniumnitratlsg., 96–98%, Np = 1,505, Nm = 1,629, Ng = 1,638, D.$^{25}$ = 2,064. *$(CN_3H_6)_3NH_4[Th(C_2O_4)_4] \cdot 3H_2O$* analog beim Verhältnis $Th(C_2O_4)_2 : 4(NH_4)_2 \cdot C_2O_4$. *$(CN_3H_6)_8(NH_4)_{14} \cdot [Th_2(C_2O_4)_{15}] \cdot 9H_2O$* analog beim Vermischen von 2 g $Th(C_2O_4)_2 \cdot 6H_2O$ mit 35 ml bei 50° gesätt. $(NH_4)_2 \cdot C_2O_4$-Lsg., weißer Nd., Np = 1,414, Nm = 1,566, Ng = 1,655, D.$^{25}$ = 1,83 g/cm$^3$. *$[Co(NH_3)_6]_2[Th(C_2O_4)_5] \cdot 3H_2O$* aus $(NH_4)_6[Th(C_2O_4)_5] \cdot nH_2O + 2\,[Co(NH_3)_6]Cl_3$. J. J. Pohl 324

*0842* **Synthese einiger carbamidhaltiger Thoriumverbindungen in Abwesenheit eines Lösungsmittels.** A. K. Molodkin, O. M. Ivanova und L. E. Kozina. (Ž. neorg. Chim. **13** (1968) 8, 2308–09; Inst. obšč. i neorg. chim. im. Kurnakova, AN SSSR; russ.) — Folgende Verb. wurden ausgehend von hydratisiertem $ThCl_4$, $ThBr_4$, $Th(NO_3)_4$, $Th(SO_4)_2$ bzw. $Th(C_2O_4)_2$ u. Harnstoff durch Verreiben in einer Achatschale u. Trocknen im Exsikkator über konz. $H_2SO_4$ oder $P_2O_5$ dargestellt: *$Th(NO_3)_4 \cdot 2(NH_2)_2CO \cdot H_2O$, $Th(NO_3)_4 \cdot 4(NH_2)_2CO \cdot 4H_2O$, $Th(NO_3)_4 \cdot 5(NH_2)_2CO \cdot 3H_2O$, $Th(NO_3)_4 \cdot 6(NH_2)_2CO \cdot 2H_2O$, $Th(NO_3)_4 \cdot 7(NH_2)_2CO \cdot 2{,}5H_2O$, $Th(NO_3)_4 \cdot 10(NH_2)_2CO$, $Th(NO_3)_4 \cdot 11(NH_2)_2CO \cdot 2{,}5H_2O$, $ThCl_4 \cdot 4(NH_2)_2CO \cdot 3H_2O$, $ThCl_4 \cdot 5(NH_2)_2CO \cdot 6H_2O$, $ThCl_4 \cdot 8(NH_2)_2CO$, $ThBr_4 \cdot 8(NH_2)_2CO$, $Th(C_2O_4)_2 \cdot 2(NH_2)_2CO$, $Th(C_2O_4)_2 \cdot 2(NH_2)_2CO \cdot 2H_2O$, $Th(C_2O_4)_2 \cdot 4(NH_2)_2CO$, $Th(C_2O_4)_2 \cdot 5(NH_2)_2CO \cdot H_2O$, $Th(SO_4)_2 \cdot 4(NH_2)_2CO \cdot H_2O$, $Th(SO_4)_2 \cdot 4(NH_2)_2CO$, $Th(SO_4)_2 \cdot 5(NH_2)_2CO \cdot 3H_2O$, $Th(SO_4)_2 \cdot 6(NH_2)_2CO$, $Th(SO_4)_2 \cdot 8(NH_2)_2CO$.* Alle Verb. sind in W. lösl., mit Ausnahme von Sulfaten u. Oxalaten, die in der Hitze dargestellt wurden. Die Verb. sind in Bzl., Toluol u. Aceton unlösl., die Halogenide u. Nitrate in Methanol u. A. löslich. In Ggw. u. in Abwesenheit von Lsgm. dargestellte Komplexe haben die gleichen IR-Spektren. J. J. Pohl 324

*0843* **Darstellung der Hydride von Germanium, Phosphor, Arsen und Antimon durch Festkörperreaktion der entsprechenden Oxide mit Lithiumhydridoaluminat.** Jon M. Bellama und Alan G. MacDiarmid. (Inorg. Chem. [Washington] 7 (1968) 10, 2070–72; Philadelphia, Pa., Univ. of Pa., John Harrison Labor. of Chem.; engl.) — $SiO_2$, $P_2O_5$, $As_2O_3$ u. $Sb_2O_3$ reagieren mit einem Unterschuß an $LiAlH_4$ (**I**) zwischen 148 u. 170° zu $SiH_4$, $PH_3$, $AsH_3$ u. $SbH_3$. Unter analogen Bedingungen entsteht aus $GeO_2$ u. **I** ein Gemisch aus $GeH_4$, $Ge_2H_6$ u. $Ge_3H_8$. Zwischen **I** u. $SnO_2$, $B_2O_3$ u. $TiO_2$ findet keine Rk. statt. Die gebildete Hydride wurden IR-spektroskop. u. massenspektrometr. identifiziert. G. Gattow 326

*0844* **Darstellung und physikalische Eigenschaften von hochreinem Tetramethylgerman.** L. H. Long und C. I. Pulford. (J. inorg. nuclear Chem. **30** (1968) 8, 2071 bis 2075; Exeter, Univ., Dep. of Chem.; engl.) — Durch Umsetzung von $Cd(CH_3)_2$ (F. –2,4°) mit $GeCl_4$ wurde $Ge(CH_3)_4$ (**I**; Reinheit: 99,95 ± 0,2 Mol.-%) hergestellt. Nachst. physikal. Eig. wurden ermittelt: F. –87,8 ± 0,1°; Kp. + 42,8°; $n_D^{24,9}$ = 1,3854; $D._4^{25}$ 0,9650 g/cm$^3$; kub. Ausdehnungskoeff. $\alpha$ = 0,00153 Grad$^{-1}$. Die D. von **I** läßt sich zwischen 0 u. 25° durch die Temp.-Funktion $d_t$ = 1,0024–0,00150 · t beschreiben ($d_t$ in g/cm$^3$; t in °C). Für die nach der manometr. Meth. zwischen –55 u. +48° bestimmten Dampfdrücke von **I** gilt die Beziehung (p in Torr; t in °C): log p = 6,77574 – 1039,72/(t + 224,164). Die Verdampfungsenthalpie beträgt 6,80 kcal/Mol bei 25° bzw. 6,59 bei 42,8°; die Trouton-Konst. ist 20,9 cal/Grad · Mol. G. Gattow 326

*0845* **Komplexe von $SnCl_4$ mit N-Benzyliden-o-aminophenol.** A. D. Garnovskij, L. V. Orlova, O. A. Osipov und I. I. Kukuškina. (Ž. neorg. Chim. **13** (1968) 8, 2311–12; Rostovskij-na-Donu, gos. univ.; russ.) — N-Benzyliden-o-aminophenol bildet mit $SnCl_4$ einen 2:1-Komplex, der sich unter Abspaltung von $SnCl_4$ u. Entstehen von 2-Phenylbenzoxazol beim Erhitzen zersetzt. In Abwesenheit von $SnCl_4$ wandelt sich die organ. Verb. beim Erhitzen im Vakuum nicht in das Oxazol um. Der in benzol. Lsg. entstehende Komplex, F. 201–203°, stellt ein hellgelbes mikrokrist. Pulver dar, das in den meisten organ. Lsgm. schwer lösl. ist. Das bei der Pyrolyse bei 200° u. 5 Torr entstehende Prod. wurde IR-spektroskop. identifiziert. J. J. Pohl 327

*0846* **Reaktionen von Organometallkomplexen mit Kohlenstoffmonoxid.** 2. Mitt. **Reaktionen von Phenylverbindungen des Jod(III), Blei(IV) und Thallium(III).** J. M. Davidson und G. Dyer. (J. chem. Soc. [London], Sect. A **1968, 7,** 1616–17; engl.) — 1. vgl. C. **1969,** 11-0829. — Bei den Red. von $C_6H_5Pb(OCOCH_3)_3$ u. Verb. des Typs $J(C_6H_5)_2X$ oder $Tl(C_6H_5)X_2$ (X = Cl, $NO_3$ oder OCOR) mit CO unter 90–250 atm bei 75–130° werden in Methanol-Lsg. nach der Solvolyse *Methylbenzoat* u. *Benzosäure*, bei Rk. mit $J(C_6H_5)_2(OCOCH_3)$ auch 19% *Methylbenzoylformiat* gebildet. Nur die Tl-Verb. reagieren in Bzl.-Lsg., wobei das Hauptprod. *Thallium*(I)-*benzoat* ist. $(C_6H_5)_3SeNO_3$wird durch CO nicht reduziert. Für $J(C_6H_5)_2NO_3$ (**I**) u. $Tl(C_6H_5)Cl_2$ wird zwischen der Rk.-Fähigkeit gegenüber CO u. $P(C_6H_5)_3$ verglichen. Der in Methanol gebildete krist. 1:1-Komplex *$Tl(C_6H_5)Cl_2P \cdot (C_6H_5)_3$* (**II**) wurde charakterisiert, beim 3std. Erhitzen in A. auf 100° zersetzt sich **II** quant. zu TlCl, Bzl. u. $PO(C_6H_5)_3$, reagiert aber nicht mit CO. **I** wird auch bei 4 Std. Erhitzen in Lsg. auf 110° zersetzt; dabei werden 62% Jodbenzol zusammen mit Bzl. u. $PO(C_2H_5)_3$ erhalten. G. Heller 328

*0847* **Reaktivität der Übergangsmetallfluoride.** 6. Mitt. **Halogenaustauschreaktionen von Vanadinpentafluorid.** J. H. Canterford und T. A. O'Donnell. (Austral. J. Chem. **21** (1968) 6, 1421–25; Dep. of Inorg. Chem., Univ. of Melbourne, Parkville, Vic., Australia; engl.) — 5. vgl. C. **1969,** 11-0858. — Bei der Rk. von $VF_5$ (**I**) mit kovalenten Chloriden treten Prod. auf, die nur durch prim. Bldg. von *$VCl_4$* (**II**) u. nachfolgender Rk. von **I** u. **II** unter Bldg. von *$VClF_3$* (**III**) u. *$Cl_2$* verstanden werden können. So liefert die Rk. von **I** mit $PCl_3$ (**IV**) → **III** u. $PF_3 + Cl_2$ u. bei Überschuß von **IV** → $PCl_5$. Das bei der Rk. von **I** mit $AsCl_3$ (**V**) entstehende $AsF_3$ u. intermediäre **II** reagieren miteinander unter Bldg. von **III** u. wieder **V**. $SbCl_3$ verhält sich ähnlich **V** u. $BCl_3$ wie **IV**. Die Rk. von **I** mit $SiCl_4$, $SnCl_4$ u. $TiCl_4$ führt zu vollkommenem Halogenaustausch u. Bldg. von **III** + $Cl_2$. $S_2Cl_2$ liefert *$SF_4$* + **III** + *$Cl_2$*. Die darüberhinaus untersuchten Rk. von **II** mit $PF_3$, $AsF_3$, $SbF_3$, $PF_5$, $AsF_5$ u. $SF_4$ bestätigen diesen Mechanismus. R. Blank 330

*0848* **Vanadyl-Komplexverbindung mit Thenoyltrifluoraceton und 1.10-Phenanthrolin.** L. I. Kononenko und M. A. Tiščenko. (Z. neorg. Chim. **13** (1968) 8, 2221–26; Inst. obšč. i neorg. chim. AN Ukr.SSR; russ.) — Die Bldg.-Bedingungen von gemischten Komplexverb. von Vanadylionen mit Thenoyltrifluoraceton (HTTA) u. phen wurden spektrophotometr. bei 400–1000 nm u. turbidimetr. untersucht. Die festen Phasen wurden chem.-analyt. ermittelt. Es entsteht im Syst. die Verb. *$[VO(OH)(TTA)]$-phen $\cdot H_2O$*, braunes Pulver, schmilzt unter Zers., unlösl. in W., gut lösl. in Aceton, Bzl., Äthylacetat, Isobutanol, $CHCl_3$, Acetophenon u. in Alkoholen. J. J. Pohl 330

*0849* **Metallthiovanadate(III).** Youssef Saikali und Jacques M. Pâris. (C. R. hebd. Séances Acad. Sci., Sér. C **267** (1968) 8, 566–68; Villeurbanne, Rhône, Fac. des Sci. de Lyon, Chaire de Chim. minérale; franz.) — Durch therm. Zers. von $M(py)_4(VO_3)_2$ mit M = Ni, Co, Cu bzw. von $M'NH_4[VO(C_2O_4)_2] \cdot 2\,H_2O$ mit M' = Li, Na bei 500° in Ggw. von $H_2S$ wurden $NiV_2S_4$, $CoV_2S_4$, $CuV_2S_4$ bzw. $LiVS_2$ (I), $NaVS_2$ hergestellt. I krist. kub. mit a = 5,92 Å. G. Gattow 330

*0850* **Nioboxidchloridverbindungen mit Pyridin- und Chinolinhydrochloriden.** I. S. Morozov und N. P. Lipatova. (Ž. neorg. Chim. **13** (1968) 8, 2128–30; Inst. obšč. i neorg. chim. im. Kurnakova AN SSSR; russ.) — $(C_5H_5NH)[NbOCl_4]$ (I) u. $(C_9H_7NH)[NbOCl_4]$ (II) fallen aus salzsauren $NbCl_5$- oder $NbOCl_3$-Lsg. bei der Zugabe von Pyridinium- oder Chinoliniumchlorid aus. Die Individualität von I u. II wurde röntgenograph. u. thermograph. bestätigt. Die IR-Spektren von I u. II wurden bei 400–4000 $cm^{-1}$ aufgenommen, sie zeigen die Anwesenheit von ...NbONbO...-Ketten. J. J. Pohl 331

*0851* **Hydrothermalsynthese von Lithiumniobat(V)-Einkristallen durch Transportreaktionen.** V. G. Hill und K. Gerald Zimmerman. (J. electrochem. Soc. **115** (1968) 9, 978–79; State Coll., Pa., Tem-Pres Res./ Carborundem Comp.; engl.) — Bei der hydrothermalen Rk. stöchiometr. Mengen von $3\,Li_2O \cdot Nb_2O_5$ u. LiOH in Ggw. von $H_2O$ in abgeschlossenen Goldröhren entstehen zwischen 500 u. 600° bei einem Druck von 2 kbar 1 × 0,2 mm große Einkrist. $LiNbO_3$. G. Gattow 331

*0852* **Chemie der Elemente Niob und Tantal.** 70. Mitt. **Zwei neue Jodide mit der $[Ta_6J_{12}]$-Gruppe.** D. Bauer und H. Schäfer. (J. less-common Metals [Lausanne] **14** (1968) 4, 476; Münster/Westf., Univ., Anorg.-Chem. Inst.; dt.) — Während bei der Umsetzung von $Ta_6J_{14}$ (I) mit $J_2$ bei 350° im Einschlußrohr schwarzrotes $TaJ_5$ entsteht, reagiert I mit fl. $J_2$ bei Temp. ≦ 250° zu einer Verb. der wahrscheinlichen Zus. $[Ta_6J_{12}]J_{18}$ (II). II, das Aceton tiefgrün färbt, wird im Hochvakuum bei 100–200° zu $Ta_6J_{15}$ (III) abgebaut. III krist. kub. mit a = 11,02 Å u. ist mit $Nb_6F_{15}$ isotyp. G. Gattow 332

*0853* **Umsetzung von Niob- und Tantalpentachlorid mit Bleichlorid.** N. D. Čikanov. (Ž. neorg. Chim. **13** (1968) 8, 2307–08; Voronežskij gos. univ., Kaf. obšč. chim.; russ.) — Die Bldg. der inkongruent schmelzenden Verb. $Pb[TaCl_7]$ u. $Pb[NbCl_7]$, die sich bei 292 bzw. 242° peritekt. umwandeln, aus der Pentachlorid-Schmelze u. festem $PbCl_2$ wurde mit der DTA-Meth. verfolgt. Die Eutektika dieser Verb. mit den Pentachloriden haben eine ähnliche Zus. u. Kristallisationstemp. wie das reine Pentachlorid. Das Schmelzdiagramm ist angegeben. $Pb[TaCl_7]$ u. $Pb[NbCl_7]$ bilden bei gemeinsamer Kristallisation eine kontinuierliche Mischkristallreihe. J. J. Pohl 332

*0854* **Cäsiumoxofluoromolybdate.** A. A. Opalovskij und S. S. Bacanov. (Ž. neorg. Chim. **13** (1968) 8, 2135–39; Inst. neorg. chim. SO AN SSSR; russ.) — Die sich in der festen Phase des Syst. $CsF-MoO_3-H_2O$ bildenden Cs-Oxofluoromolybdate wurden chem.-analyt., thermograph. u. röntgenograph. untersucht. Im Syst. treten zwei verschiedene Mischkrist.-Typen sowie die Verb. $Cs_3[(MoO_3)_2F_3]$ (I), F. 510° u. $Cs_2[MoO_3F_2]$ (II), F. 706 ± 5°, auf. I ist bis 386°, II bis 242° beständig, I hat $D._4^{25}$ 4,61 g/cm³, $R_D$ 30,48 cm³, II hat $D._4^{25}$ 4,59 u. $R_D$ 44,78 cm³. Die IR-Spektren der Verb. wurden bei 400–4000 $cm^{-1}$ aufgenommen. J. J. Pohl 336

*0855* **Halogenide und Oxidhalogenide von Molybdän und Wolfram.** 4. Mitt. **Darstellung von Wolfram(VI)-oxidbromiden und magnetische Eigenschaften von Molybdän(V)-oxidhalogeniden.** R. Colton und I. B. Tomkins. (Austral. J. Chem. **21** (1968) 8, 1975–79; Parkville, Univ. of Melbourne, Dep. of Inorg. Chem.; engl.) — 3. vgl. ibid. **21** (1968) 4, 883. — Durch Umsetzung von W mit $(O_2 + Br_2)$-Gemischen bei 350–400° wurden purpurfarbenes $WOBr_4$ (I) u. orangefarbenes $WO_2Br_2$ (II) hergestellt. I kann von II durch Subl. getrennt werden; II ist therm. nicht sehr stabil. Die zwischen 90 u. 360 °K bestimmten magnet. Eig. von $MoOCl_3$ (III), $MoOBr_3$ (IV) u. $MoO_2Cl$ (V) sind tabelliert; die magnet. Momente von III, IV u. V sind 1,70, 1,74 u. 0,78 BM. V ist sehr leicht in A. mit brauner Farbe lösl.; beim Einleiten von HCl(g) in die Lsg. entsteht grünes $MoCl_5$. V kann durch Rk. mit $Cl_2$ in $MoO_2Cl_2$ übergeführt werden. G. Gattow 336

*0856* **Eine verbesserte Methode zur Herstellung von Wolfram(V)-chlorid und Molybdän(IV)-chlorid.** T. M. Brown und E. L. McCann, III. (Inorg. Chem. [Washington] **7** (1968) 6, 1227–29; Tempe, Ariz., Ariz. State Univ., Dep. of Chem.; engl.) — Blaugrünes $WCl_5$ (I; Subl.-Temp.: 246°) bzw. schwarzes $MoCl_4$ (II) wurden durch Erhitzen von $WCl_6$ bzw. $MoCl_5$ in Tetrachloräthylen (III) auf 100° (24 Std. bzw. 4 Tage) in Ggw. von Licht hergestellt. Nach Abdest. von III wurde I durch Subl. bzw. II durch Extraktion gereinigt. Analoge Red. von $WOCl_4$ bzw. $NbCl_5$ in III führten zu olivgrünen $WOCl_3$ (IV) bzw. braunem $NbCl_4$ (V); die Ausb. beträgt jedoch nur 18% bzw. 14% der Theorie. $TaCl_5$ wird unter den gegebenen Bedingungen nicht reduziert. II krist. monoklin mit a = 12,33, b = 6,78, c = 8,21 Å, β + 134° u. ist vermutlich mit V isotyp; IV besitzt tetragonale Symmetrie (a = 10,706, c = 3,853 Å). G. Gattow 337

*0857* **Reduktion von Urantetrafluoriddämpfen mit einigen Metallen.** L. A. Chripin und L. A. Luk'janova. (Ž. neorg. Chim. **13** (1968) 8, 2047–49; Inst. neorg. chim. SO AN SSSR; russ.) — Reines $UF_3$ kann aus stark mit wenig flüchtigen Beimengungen ($UO_2$) verunreinigtem $UF_4$-Rohmaterial durch Red. in der Dampfphase erhalten werden. Die Red. von $UF_4$ in der Dampfphase ist thermodynam. günstiger als die Red. in der fl. oder festen Phase. $UF_4$-Dämpfe werden durch Zr, Be u. Ti red., durch Cr, Ge u. Fe nicht. Die $UF_3$-Proben wurden chem., röntgenograph. u. spektroskop. identifiziert. Im Falle von Be u. Ti sind die Ausb. niedrig, bei der Verw. von Zr zufriedenstellend. J. J. Pohl 339

*0858* **Reaktivität der Übergangsmetallfluoride.** 5. Mitt. **Reaktion der Hexafluoride von Molybdän, Wolfram und Uran mit ionischen Chloriden.** T. A. O'Donnell und P. W. Wilson. (Austral. J. Chem. **21** (1968) 6, 1415–19; Dep. of Inorg. chem., Univ. of Melbourne, Parkville, Vic., Australia; engl.) — 4. vgl. C. **1968**, 36-0703. — Reines $MoF_6$ reagiert mit den wasserfreien Salzen LiCl (I), NaCl (II), KCl (III), RbCl (IV), CsCl (V), $BeCl_2$ (VI), $MgCl_2$ (VII), $CaCl_2$ (VIII), $SrCl_2$ (IX) u. $BaCl_2$ (X) unter Bldg. von $Mo_2Cl_9(MoF_6)_3$ u. $MF$ bzw. $M'F_2$ (*M = Alkalimetall, M' = Erdalkalimetall*). $WF_6$ reagiert nur mit VI unter Halogenidaustausch zu $WCl_6$ u. $BeF_2$. $UF_6$ (XI) reagiert mit I u. II zu $MUF_5$ u. $MF$, mit III, IV u. V nicht u. mit VI bis X unter Bldg. von $UF_4$ u. $M'F_2$. Die mit kinet. Faktoren früherer Halogenaustauschrk. von XI ber. ΔG-Werte für die möglichen Rk. von XI stimmen mit den Rk.-Prod. gut überein. R. Blank 339

*0859* **Bildung, thermische Zersetzung und Struktur des Systems $UO_3-H_2O$.** 3. Mitt. **Thermische Zersetzung von aus γ-$UO_3$ hergestelltem β-$UO_3 \cdot 2\,H_2O$.** Z. Pokó, M. Fodor und E. Szabó. (Acta chim. Acad. Sci. hung. **57** (1968) 3, 275–89; Budapest, Central Res. Inst. for Phys.; engl.) — Vgl. C. **1966**, 3-0542. — Bei der therm. Zers. von $UO_2(NO_3)_2 \cdot 6\,H_2O$ bei 200–350° mit anschließender Temperung bei 400° entsteht γ-$UO_3$ (γ-I). Mittels DTA u. differentialgravimetr. Meth. wurde nachgewiesen, daß γ-I ab 665° in einem Schritt in $U_3O_8$ übergeht. Während sich bei der Hydratation von amorphem I u. β-I nur hellgelbes α-$UO_3 \cdot 2\,H_2O$ (α-II) bildet, geht γ-I unter analogen Bedingungen in grüngelbes β-$UO_3 \cdot 2\,H_2O$ (β-II) über. α-II ist thermodynam. stabiler als β-II. Die therm. Zers. von α-II u. β-II sind bis zur Stufe des $UO_3 \cdot 0{,}66\,H_2O$ (III) ident.; die weitere Zers. von III hängt von der Ausgangssubstanz (AS) ab: α- u. β-II $\xrightarrow{120°}$ $UO_3 \cdot 1{,}33\,H_2O$ $\xrightarrow{160°}$ III; α-II als AS: III $\xrightarrow{350°}$ I $\xrightarrow{530°}$ $UO_{2,89}$ $\xrightarrow{630°}$ $U_3O_8$; β-II als AS: III $\xrightarrow{350°}$ I $\xrightarrow[\text{exotherm}]{490°}$ I $\xrightarrow{680°}$ $U_3O_8$. G. Gattow 339

*0860* **Technetiumhalogenide und -oxidhalogenide 1. Mitt. Technetium(V)-oxidhalogenide und Reaktion von Thionylchlorid mit Ammoniumpertechnatat.** R. Colton und I. B. Tomkins. (Austral. J. Chem. **21** (1968) 8, 1981–85; Parkville, Univ. of Melbourne, Dep. of Inorg. Chem.; engl.) — Während bei der Umsetzung von $TcO_2$ mit $Cl_2$ bei 300–350° braunes *$TcOCl_3$* u. sehr instabiles blaues *$TcOCl_4$* entstehen, bildet sich bei der Einwrkg. von $Br_2$ auf $TcO_2$ unter analogen Bedingungen schwarzes *$TcOBr_3$* (I). $Br_2$(g) reagiert mit $NH_4TcO_4$ (II) zwischen 350 u. 400° nach folgendem Schema: **II** → [$TcO_3Br$] → $TcO_3$ → [*$TcOBr_4$*] → **I**. Als Rk.-Prod. von **II** mit $SO_2Cl_2$ konnte orangefarbenes *$(NH_4)_2[TcO_2Cl_4] \cdot SO_2Cl_2$* hergestellt werden. G. Gattow 351

*0861* **Darstellung und einige Eigenschaften von Rheniumtribromid.** N. I. Kolbin und K. V. Ovčinnikov. (Ž. neorg. Chim. **13** (1968) 8, 2306–07; Leningradskij gos. univ.; russ.) — Reines $ReBr_3$ wurde in einem geschlossenen Pyrexrohr aus im $H_2$-Strom erhitztem metall. Re u. $Br_2$ durch Erhitzen auf 600° erhalten. Es scheidet sich krist. an ca. 200° heißen Stellen des Rohres ab, wodurch die Abtrennung von flüchtigeren $Br_2$, $ReBr_5$ u. Re-Oxidbromid erfolgt. $ReBr_3$ bildet glänzende braunschwarze Blättchen, die in W. hydrolysieren, an der Luft jedoch nicht hygroskop. sind. $ReBr_3$ ist im Vakuum oder in einer Inertgasatm. über 250° flüchtig. Der Bromdruck beträgt bei ca. 650° 1 Atmosphäre. Die Bldg.-Wärme von $ReBr_3$ aus metall. Re u. gasförmigem Br beträgt $\Delta H^0_{298} = -50{,}8$ kcal. J. J. Pohl 352

*0862* **Fixierung von Stickstoff.** 1. Mitt. **Hydrido- und Stickstoffkobalt-Komplexe.** A. Sacco und M. Rossi. (Inorg. chim. Acta [Padova] **2** (1968) 2, 127–32; Ist. di Chim. Gen. ed Inorg., Univ. di Bari, Italy; engl.) — *$\{CoH_3[P(C_6H_5)_3]_3\}$* (I), Zers. 80°, *$\{CoH_3[P(C_6D_5)_3]_3\}$*, *$\{CoD_3[P(C_6H_5)_3]_3\}$*, u. *$\{CoD_3[P(C_6D_5)_3]_3\}$* wurden aus $CoCl_2 \cdot 6\,H_2O$ in heißem Methanol durch Umsetzung mit Triphenylphosphin bzw. der deuterierten Analoga erhalten, $\{CoH_3[PC_2H_5(C_6H_5)_2]_3\}$ u. $\{CoH_3[P(C_2H_5)_2C_6H_5]_3\}$ wurden aus $CoCl_2 \cdot 6\,H_2O$ u. aus dem entsprechenden Phosphin in A. unter Zugabe von $NaBH_4$ dargestellt. Die Verb. wurden IR-spektroskop. (1200–2500 $cm^{-1}$) charakterisiert. — *$\{CoHN_2[P(C_6H_5)_3]_3\}$*, Zers. 80°, *$\{CoDN_2[P(C_6H_5)_3]_3\}$*, *$\{CoHN_2[P(C_6D_5)_3]_3\}$* u. *$\{CoDN_2 \cdot [P(C_6D_5)_3]_3\}$* entstehen beim Rühren benzol. Lsg. der Co-Komplexe in $N_2$-Atmosphäre (NB) nach einigen Minuten. Die Verb. sind in Bzl., Ae., THF u. Toluol löslich. Sie zersetzen sich in $N_2$ oder CO bei 100–150°. Die Hydridostickstoffkomplexe mit Äthyldiphenyl- u. Diäthylphenylphosphin wurden analog erhalten, tiefrote Öle. **I** bildet hellgelbe Krist., die an der Luft instabil sind, sich in Bzl., Toluol u. THF lösen u. in Methanol, A. u. PAe. unlösl. sind. Das chem. (Rk. mit HCl, $J_2$, $CCl_4$, 1.2-Bis-[diphenylphosphino]-äthan) u. IR-spektroskop. Verh. der Hydridostickstoffverb. wird analysiert, diese enthalten eine Co–H-Bindung u. sind diamagnet. in Übereinstimmung mit einer trigonal bipyramidalen Koordination des Co. J. J. Pohl 355

*0863* **Reaktionsfähigkeit einiger Kobaltcarbonylkomplexe mit Tributylphosphin.** Franco Piacenti, Mario Bianchi und Enzo Benedetti. (Chim. e Ind. [Milano] **49** (1967) 3, 245–51; Pisa, Univ., Ist. di Chim. org. ind.; ital.) — Die Synth. u. die Rk.-Fähigkeit einiger Carbonylkobaltkomplexe mit Tributylphosphin werden beschrieben.

Versuche: *$\{Co(CO)_3 \cdot [P(C_4H_9)_3]_2\}[Co(CO)_4]$* (I) aus $[Co(CO)_4]$ in Isooctan unter CO bei Zugabe von $P(C_4H_9)_3$ im gleichen Lsgm., gelbe Krist., F. 109–110°. — *$\{Co(CO)_3 \cdot [P(C_4H_9)_3]_2\}J$* aus **I** in Aceton unter $N_2$ bei Zugabe einer aceton. NaJ-Lsg., weiße Krist., F. 139,5 bis 140°. — *$[Co(CO)_3 \cdot P(C_4H_9)_3]_2$* (II), a) analog **I** bei Verw. eines $P(C_4H_9)_3$-Überschusses u. Rückflußkochen; F. 121–122°; b) aus **I** durch Rückflußkochen unter $N_2$. — **II** reagiert im Autoklaven mit $H_2$ u. CO zu *$HCo(CO_3) \cdot P(C_4H_9)_3$* (III), nach Rk. mit CO, $H_2$ u. Äthylen im Autoklaven bei 160° tritt etwas *Propionaldehyd* im Rk.-Prod. auf. — **III**, aus **I** durch Red. mit Na-Amalgam in Ae.; die Verb. reagiert im Autoklaven mit CO, $H_2$ u. $C_2H_4$ unter Bldg. von Propionaldehyd. — *$CH_3Co(CO)_3 \cdot P(C_4H_9)_3$*, aus **II** durch Red. mit Na-Amalgam in Ae. bei Zusatz von $CH_3J$ in Ae., an der Luft instabile Verb., F. < –20°. — *$CH_3COCo(CO)_3 \cdot P(C_4H_9)_3$* aus **II** durch Red. mit Na-Amalgam u. Rk. mit $CH_3COCl$ in Ae., F. ca. 15°. — *$CH_3CH_2COCo(CO)_3 \cdot P(C_4H_9)_3$* analog vorst. Verb. durch Rk. mit $CH_3CH_2COBr$. — IR-Daten der erhaltenen Verb. vgl. Original. C. Gottfried 355△

*0864* **Halogenosulfitodioximatocobaltate(III).** G. P. Syrcova und L. N. Korlètjanu. (Ž. neorg. Chim. **13** (1968) 8, 2161–68; Kišinevskij gos. univ.; russ.) — Folgende Salze mit Halogenosulfitodioximatocobaltat(III)-Ionen wurden dargestellt ($DH_2$ = Dimethylglyoxim): *$(NH_4)_2[CoCl(SO_3)(DH)_2] \cdot 7\,H_2O$*, aus trans-$NH_4[CoSO_3 \cdot (DH)_2H_2O]$ (I) in A. u. 0,53 g $NH_4Cl$ in einer minimalen W.-Menge, gelbe, sechseckige Blättchen, gut lösl. in W., schlecht in Aceton, $\mu^{25}_{500} = 250{,}0$ ($\Omega^{-1} \cdot cm^2 \cdot Mol^{-1}$). *$(NH_4)_2[CoBr(SO_3)(DH)_2] \cdot 4\,H_2O$*, analog, rotbraune, viereckige Prismen, unlösl. in Aceton u. Ae., $\mu^{25}_{500} = 261{,}9$. *$(NH_4)_2[CoJ(SO_3)(DH)_2] \cdot 2\,H_2O$*, dunkelbraune, rhomb. Prismen, wenig lösl. in A., unlösl. in Ae. u. Aceton. *$Na_2[CoCl(SO_3)(DH)_2] \cdot 4\,H_2O$* aus der Aquo-Verb. in A. u. 0,53 g NaCl in W., Erwärmen bis zur völligen Auflsg., dunkelgelbe Krist., $\mu_{500}{}^{25} = 255{,}7$. *$Na_2[CoBr(SO_3)(DH)_2] \cdot 4\,H_2O$*, orangegelbe, sechseckige Blättchen. *$Na_2[CoJ \cdot (SO_3)(DH)_2] \cdot 7\,H_2O$*, hellbraune Stäbchen, $\mu^{25}_{500} = 252$. Die Umsetzung der Komplexe mit Ammoniak, Guanidin oder Py. führt zur Substitution des Halogenidions unter Bldg. von *$NH_4[Co(SO_3)(DH)_2NH_3] \cdot 2\,H_2O$*, *$CN_3H_6 \cdot [Co(SO_3)(DH)_2NH_3] \cdot 2\,H_2O$* oder *$(pyH)[Co(SO_3)(DH)_2py]$*. Die Rk. der J-Verb. mit $NH_4J$ bzw. $(NH_4)_2SO_3$ im Verhältnis 1:1 bzw. 1:2 ergibt *$(NH_4)_2[CoJ(SO_3)(DH)_2] \cdot 2\,H_2O$* bzw. *$(NH_4)_3[Co(SO_3)_2(DH)_2] \cdot 7\,H_2O$*. *$[Co(NH_3)_6] \cdot [Co(SO_3)_2(DH)_2]$* analog mit *$[Co(NH_3)_6](NO_3)_3$*. *$NH_4 \cdot [CoCl(SO_3H)(DH)_2] \cdot 4\,H_2O$* aus **I** u. einer minimalen Menge von konz. HCl, orangerote Krist., $\mu^{25}_{500} = 303{,}3$. *$CN_3H_6[CoCl(SO_3H)(DH)_2] \cdot 6\,CH_3OH$* aus einer konz. Lsg. der vorigen Verb. u. Guanidiniumchlorid in Methanol, nach Abkühlen orangegelbe, viereckige Krist., $\mu_{500}{}^{25} = 83{,}2$. *$[Co(py)_2(DH)_2][CoCl(SO_3H)(DH)_2] \cdot 5\,H_2O$*, gelbe, dünne Nadeln, $\mu^{25}_{500} = 120{,}3$. *$Na[CoCl(SO_3H) \cdot (DH)_2] \cdot 7\,H_2O$*, aus der Aquo-Verb. u. konz. HCl, $\mu^{25}_{500} = 313{,}3$, analog, ziegelrotes *$Li[CoCl(SO_3H)(DH)_2] \cdot H_2O$*. *$H[CoCl(SO_3H)(DH)_2] \cdot 4\,H_2O$* durch die Einw. von konz. HCl auf das saure Cobaltat(III), orangerote Krist., $\mu^{25}_{500} = 120{,}7$ (in Methanol). *$H[CoBr(SO_3H)(DH)_2] \cdot 2\,H_2O$*, braune Prismen, gut lösl. in W. u. A., schlecht in Aceton, unlösl. in Ae., $\mu^{25}_{500} = 695$ (in W.). J. J. Pohl 355

*0865* **Ein neuer σ-gebundener Arylkobalt(III)-Komplex.** Arthur C. Cope und R. N. Gourley. (J. organometallic Chem. [Amsterdam] **8** (1967) 3, 527–33; Dep. of Chem., MIT, Cambridge, Mass., USA; engl.) — Die o-Lithio-N.N-dimethylbenzylaminderiv. **IV** u. **VI** geben mit $CoCl_2$ die Komplexe *ab-dc-ef-Tris-[2-(N.N-dimethylaminomethyl)-phenyl]-kobalt(III)* (I) bzw. *ab-dc-ef-Tris-[2-(N.N-dimethylaminomethyl)-5-tert.-butylphenyl]-kobalt(III)* (II), welche drei C–Co-σ-Bindungen enthalten. Die Struktur der Komplexe wird durch $LiAlD_4$-Red., NMR-Messungen, Messungen der magnet. Suszeptibilität u. des Molgew. bewiesen.

Versuche: *p-tert.-Butyl-N.N-dimethylbenzylamin* (III), $C_{13}H_{21}N$, Kp.$_{10}$ 109°, durch 4std. Rückflußkochen von p-tert.Butylbenzoesäure u. $SOCl_2$ in Bzl., Abdest. der flüchtigen Bestandteile, Lösen des fl. zurückbleibenden Säurechlorids in Bzl. u. Zugabe von benzol. $(CH_3)_2 \cdot NH$ (Eisbad!), nach Stehen über Nacht W.-Zugabe, Abtrennen der benzol. Schicht u. Ausäthern der wss. Phase, Aufarbeitung der kombinierten organ. Phasen: *p-tert.-Butyl-N.N-dimethylbenzamid*, F. 87° (Ae./Hexan); 81% (Ausb.), $LiAlH_4$-Red. des Amids, übliche Aufarbeitung zum Amin **III**, $n_D{}^{26}$ 1,4952; 69%. — Rk. von o-Lithio-N.N-dimethylbenzylamin (IV) mit $CoCl_2$: Metallierung von N.N-Dimethylbenzylamin (V) mit n-Butyllithium in Hexan unter $N_2$, Zugabe von wasserfreiem $CoCl_2$ zur äther. **IV**-Suspension, nach 12std. Rühren bei Raumtemp. Abkühlen auf 0°, Zugabe von W. u. Extrahieren mit $CH_2Cl_2$, Einengen des roten Extrakts, nach Ae.-Zugabe roter Nd. des *Komplexes* **I**, $C_{27}H_{36}CoN_3$, F. 160

bis 161° (Zers.); 45%. — Red. von I mit $LiAlD_4$: 30 Min. Rk. in THF bei 25°, Zers. mit $D_2O$/HCl: 85% V-$d_1$ u. 8% V-$d_2$. — Rk. von o-Lithio-p-tert.butyl-N.N-dimethylbenzylamin (VI) mit $CoCl_2$: Metallierung von III mit n-Butyllithium in Hexan u. Umsetzung analog der Komplexbldg. mit IV: *Komplex* II, $C_{39}H_{60}CoN_3$, F. 126–127° (Zers., Bzl./PAe. 30–50°); 33%. Daneben aus der Mutterlauge: *2.2'-Bis-[N.N-dimethylaminomethyl]-4.4'-di-tert.-butylbiphenyl*, $C_{26}H_{40}N_2$, F. 123° (Aceton), rosa Krist.; 6%. (Die gleiche Verb. entsteht auch durch Zers. von II beim F. (126°)). — $LiAlD_4$-Red. von II: 97,5% III-$d_1$. — Rk. von VI mit Dichloro-bis-[triphenylphosphin]-kobalt(II): Umsetzung der Komponenten analog der Komplexbldg. mit $CoCl_2$, nach 2std. Rk. Zugabe von W., Ausäthern u. übliche Aufarbeitung, nach Zugabe von PAe. zum erhaltenen roten Öl Krist. von *Triphenylphosphin* (64%), nach Abkühlen der Mutterlauge auf −5° rote Krist. des *Komplexes* II; 5%. K. Jasche 355△

*0866* **Reaktionen von $SnCl_4$ und $C_6H_5SnCl_3$ mit Natriumsalzen der Carbonyle und Cyclopentadienylcarbonyle von Metallen der Gruppen VI, VII und VIII.** A. N. Nesmejanov, K. N. Anisimov, N. E. Kolobova und V. N. Chandožko. (Izvest. Akad. Nauk SSSR, Ser. chim. **1967**, 6, 1395; Inst. ėlementoorgan. soedin. AN SSSR; russ.) — Nachstehende Verb. werden synthetisiert (alle unter $N_2$): *$ClSn[Mo(CO)_3C_5H_5]_3$*, F. 160°, durch Rk. von $SnCl_4$ mit 3 Mol $NaMo(CO)_3C_5H_5$ (I) in THF, rote Kristalle. — *$ClSn[W(CO)_3C_5H_5]_3$*, F. 198°, aus $SnCl_4$ u. 3 Mol $NaW(CO)_3C_5H_5$ (II), rot. — *$ClSn[Mn(CO)_5]_3$*, F. 176–177°, aus $SnCl_4$ u. $NaMn(CO)_5$ (III) in THF, orange. — *$ClSn[Re(CO)_5]_3$*, aus $SnCl_4$ u. $NaRe(CO)_5$ (IV), gelb. — *$ClSn[Co-(CO)_4]_3$*, F. 98–99°, aus $SnCl_4$ u. $NaCo(CO)_4$ (V), orange. — *$C_6H_5ClSn[Mo(CO)_3C_5H_5]_2$*, F. 142 bis 144°, aus $C_6H_5SnCl_3$ (VI) u. 2 Mol I in THF, orange. — *$C_6H_5ClSn[W(CO)_3C_5H_5]_2$*, F. 183–184°, aus VI u. II, orange. — *$C_6H_5Sn[Mn(CO)_5]_3$*, F. 166–167°, aus VI u. III in THF, orange. — *$C_6H_5Sn[Re(CO)_5]_3$*, F. 189°, aus VI u. IV, gelb. — *$C_6H_5Sn[Co(CO)_4]_3$*, F. 90–92°, aus VI u. V, rot. — *$Sn_2[Mn(CO)_5]_6$*, F. 164–166°, durch Rk. von $ClSn[Mn(CO)_5]_3$ mit III, orange. — *$Sn_2[Re(CO)_5]_6$* aus $ClSn[Re(CO)_5]_3$ u. IV, gelb. K. Jasche 355△

*0867* **Spektrophotometrische Untersuchung von Kobaltsulfat-Harnstoff- und Thioharnstoff-Komplexen.** L. D. Dremjackaja, N. B. Ljubimova und S. D. Beskov. (Ž. neorg. Chim. **13** (1968) 8, 2169–71; Mosk. oblastnoj ped. inst. im. Krupskoj; russ.) — Die bei 250–600 nm untersuchten Komplexe *$CoSO_4 \cdot 2CO(NH_2)_2 \cdot 4H_2O$*, *$CoSO_4 \cdot 6CO(NH_2)_2$* u. *$CoSO_4 \cdot 3CS(NH_2)_2$* sind in wss. Lsg. unbeständig u. zerfallen unter Rückbldg. der Ausgangskomponenten. J. J. Pohl 355

*0868* **Donatoreigenschaften von 1-Amidino-O-alkylharnstoffen. 9. Mitt. Diammin-bis-[1-amidino-O-alkylharnstoff]-kobalt(III)-Komplexe.** R. L. Dutta und A. Syamal. (J. Indian chem. Soc. **45** (1968) 2, 115–26; Inorg. Chem. Labor., Univ., Burdwan, West Bengal; engl.) — 8. vgl. C. **1964,** 23-0656. — Co(II)-Salze reagieren mit 1-Amidino-O-alkylharnstoff in Ggw. von $NH_3$ zu instabilen gelben Komplexen, die in Ggw. von $NH_3$ zu rosaroten Diammin-bis-[1-amidino-O-alkylharnstoff]-kobalt-(III)-Komplexen ox. werden. Best. der Äquivalentgew. u. der Leitfähigkeiten in W. sprechen für eine ion. Struktur. Die beiden $NH_3$-Gruppen befinden sich in trans-Stellung. Elektronenabsorptionsspektren zeigen $3d^6$ Banden des Co(III). Die Strukturen der Verb. werden diskutiert.

Versuche: *$[Co(NH_3)_2(AMU)_2]Cl \cdot 2,5H_2O$* (I; AMUH = *1-Amidino-O-methylharnstoff*), durch Lösen von $CoCl_2 \cdot 6H_2O$ u. 1-Amidino-O-methylharnstoffsulfat in W., Zugabe von $NH_3$-Lsg. u. 1std. Einleiten von Luft. — *$[Co(NH_3)_2(AMU)(AMUH)]SO_4$* (II) analog I unter Verw. von $CoSO_4 \cdot 7H_2O$. — *$[Co(NH_3)_2(AMU)_2]X$*, X = J (III), *Br* oder *SCN · $H_2O$* durch Rk. von I mit konz. KJ-, KBr- oder $NH_4SCN$-Lösung. — *$[Co(NH_3)_2(AMUH)_2]Cl_3 \cdot 3H_2O$* durch Neutralisieren von I in W. bei Kühlung mit 2 n HCl bis pH 6,7. — *$[Co(NH_3)_2(AMUH)_2]_2(SO_4)_3 \cdot 4H_2O$* (V) durch Neutralisieren von II mit 2 n $H_2SO_4$ in der Kälte. — *$[Co(NH_3)_2(AMUH)_2]Cl \cdot (NO_3)_2 \cdot 3H_2O$* analog aus I mit verd. $HNO_3$. *$[Co(NH_3)_2(AMUH)_2](ClO_4)_3$* analog mit I u. verd. $HClO_4$. — *$[Co(NH_3)_2(AMUH)_2][Co(NO_2)_6]$* (VI) durch Umsetzung von V mit $Na_3[Co(NO_2)_6]$. — *$[Co(NH_3)_2(AMUH)_2]J_3$*, *$[Co(NH_3)_2(AMUH)_2]Br_3 \cdot 2H_2O$* u. *$[Co(NH_3)_2(AMUH)_2]_2(S_2O_3)_3 \cdot 4H_2O$* durch Zugabe von gesätt. KJ-, KBr- oder $Na_2S_2O_3$-Lsg. zu IV. — *$[Co(NH_3)_2(AMUH)_2]_2 \cdot (C_2O_4)_3 \cdot 4H_2O$* (VII) aus I u. Oxalsäure in W. in der Kälte; *$[Co(C_2O_4)(AMUH)_2]_2(C_2O_4) \cdot H_2O$* (VIII) analog VII in der Wärme. — *$[Co(NH_3)_2(AMU)(AMUH)](SCN)_2$* (IX) durch Rk. des Co(II)-Komplexes mit $NH_4SCN$ u. Ox.; *$[Co(NH_3)_2(AMU)_2]OH \cdot 7H_2O$* analog II u. Ox. mit $H_2O_2$ in Ggw. von $NH_3$ u. Aceton. — *$[Co(ON)_2(AMU) \cdot (AMUH)]$* durch Rk. von II mit einem Überschuß KCN in der Wärme u. Fällen mit Aceton. — *$[Co(NH_3)_2 \cdot (AEUH)_2]_2(SO_4)_3$* (X; AEUH = *1-Amidino-O-äthylharnstoff*) analog II, Neutralisieren mit 2 n $H_2SO_4$ u. Fällen mit Aceton in der Kälte. — *$[Co(NH_3)_2(AEUH)_2]Cl_3 \cdot 5H_2O$* (XI) analog IV unter Verw. von AEUH u. Fällen mit Aceton. — *$[Co(NH_3)_2(AEUH)_2]J_3 \cdot 2H_2O$* (XII) u. *$[Co(NH_3)_2(AEUH)_2]Br_3$* durch Zugabe von KJ- bzw. KBr-Lsg. zu XI. *$[Co(NH_3)_2(AEUH)_2][Co(NO_2)_6]$* u. *$[Co(C_2O_4)(AEUH)_2]_2(C_2O_4) \cdot 2H_2O$* analog VI bzw. VII. *$[Co(NH_3)_2(AEU)(AEUH)](SCN)_2$* analog IX; *$[Co(NH_3)_2 \cdot (APUH)_2]_2(SO_4)_3 \cdot 2H_2O$* (APUH = *1-Amidino-O-isopropylharnstoff*) analog X. *$[Co(NH_3)_2(APU)(APUH)]J_2$* analog XII, Neutralisieren mit verd. HCl u. Zugabe von gesätt. KJ-Lösung. Analog wurden erhalten: *$[Co(NH_3)_2 \cdot (APU)(APUH)](SCN)_2$*; *$[Co(NH_3)_2(APUH)_2][Co(NO_2)_6]$*; *$[CoC_2O_4(APUH)_2]_2C_2O_4 \cdot 6H_2O$*; *$[Co(NH_3)_2(ABU) \cdot (ABUH)](SCN)_2$* (ABUH = *1-Amidino-O-isobutylharnstoff*), *$[Co(NH_3)_2(ABU)(ABUH)]J_2 \cdot 5H_2O$* u. *$[Co(C_2O_4) \cdot (AnBUH)_2]_2C_2O_4$* analog VIII (AnBUH = *1-Amidino-O-n-butylharnstoff*). K.-J. Zwietasch 355

*0869* **Donatoreigenschaften von 1-Amidino-O-alkylharnstoffen. 10. Mitt. Dipyridin-bis-[1-amidino-O-alkylharnstoff]-kobalt(III)- und ähnliche Komplexe.** R. L. Dutta und A. Syamal. (J. Indian chem. Soc. **45** (1968) 2, 127–37; engl.) — 9. vgl. vorst. Referat. — Vf. beschreiben die Herst. von Bis-[pyridin]-bis-[1-amidino-O-alkylharnstoff]-kobalt(III)-Komplexen durch Ox. der gelben unbeständigen Co(II)-Komplexe in Ggw. von Py. durch Luft. Leitfähigkeitsdaten u. Elektronenabsorptionsspektren werden diskutiert. Des weiteren wird die Herst. einer Reihe von Bis-[β-picolin]- u. Bis-[acetonitril]-Komplexen beschrieben.

Versuche: $[Co(py)_2(AMUH)_2](SO_4)_{1,5} \cdot H_2O$ (I; AMUH = 1-Amidino-O-methylharnstoff) 1. durch Rk. von $CoSO_4 \cdot 7H_2O$ u. 1-Amidino-O-methylharnstoffsulfat (II) in W. + py, Durchleiten von Luft u. Filtrieren; 2. durch Luftox. von $[Co(AMU)_2]$ in Ggw. von py u. Neutralisieren mit verd. $H_2SO_4$ in der Kälte. — *$[Co(py)_2 \cdot (AMU)_2]J$* durch Versetzen des Filtrats von I mit konz. KJ-Lösung. — *$[Co(py)_2(AMUH)_2]J_3$* (III) durch Lösen von $CoCl_2 \cdot 6H_2O$ u. II in W. + $NH_3$, Abtrennen des Co(II)-Komplexes, $NH_3$-frei Waschen, Ox. dieses Komplexes durch Luft in Ggw. von py, Neutralisieren mit 2 n HCl u. Zugabe von konz. KJ-Lösung. — *$[Co(py)_2 \cdot (AMUH)_2](NO_3)_3 \cdot 5H_2O$* analog III durch Neutralisieren mit verd. $HNO_3$. — *$[Co(py)_2(AMUH)_2][Co(NO_2)_6]$* durch Rk. von I u. $Na_3[Co(NO_2)_6]$ in Ggw. von py. — *$[Co(py)_2(AMUH)_2](C_2O_4)_{1,5} \cdot H_2O$* analog III durch Neutralisieren mit verd. Oxalsäure in der Kälte. — *$[Co(C_2O_4)(AMUH)_2](C_2O_4)_{0,5} \cdot 0,5H_2O$* analog III durch Neutralisieren mit verd. Oxalsäure u. Erwärmen in Ggw. einer schwachen Säure. — *$[Co(py)_2(AEUH)_2](SO_4)_{1,5}$* (AEUH = *1-Amidino-O-äthylharnstoff*) analog III u. Neutralisieren mit 2 n $H_2SO_4$. — *$[Co(py)_2(Ai\text{-}PUH)_2] \cdot (OH)_3$* (Ai-PUH = *1-Amidino-O-isopropylharnstoff*) analog III, Kühlen der Lsg. nach der Ox. u. Trocknen über KOH. — Auf ähnlichem Wege werden folgende weitere Komplexe erhalten: *$[Co(py)_2(AMUH)_2]Br_3 \cdot H_2O$*; *$[Co(py)_2(AMUH)_2](S_2O_6)_{1,5} \cdot 2H_2O$*; *$[Co(py)_2(AMU)(AMUH)](S_2O_3) \cdot 2H_2O$*; *$[Co(py)_2(AEUH)_2]J_3$*; *$[Co(py)_2(AEUH)_2]Br_3$*; *$[Co(py)_2(AEUH)_2][Co(NO_2)_6]$*; *$[Co(py)_2(AEUH)_2](S_2O_6)_{1,5} \cdot 0,5H_2O$*; *$[Co(py)_2(AEUH)_2](NO_3)_3$*; *$[Co(py)_2(AEUH)_2](C_2O_4)_{1,5} \cdot 3H_2O$*; *$[Co(C_2O_4)(AEUH)_2](C_2O_4)_{0,5} \cdot 1,5H_2O$*; *$[Co(py)_2 \cdot (Ai\text{-}PUH)_2](SO_4)_{1,5}$*; *$[Co(py)_2(Ai\text{-}PUH)_2]Br_3$*; *$[Co(py)_2 \cdot$*

$(Ai\text{-}PU)(Ai\text{-}PUH)]J_2$; $[Co(py)_2(Ai\text{-}PUH)_2](S_2O_3)_{1,5} \cdot 3H_2O$; $[Co(py)_2(Ai\text{-}PUH)_2](S_2O_6)_{1,5} \cdot H_2O$; $[Co(py)_2(Ai\text{-}PUH)_2][Co(NO_2)_6]$; $[Co(py)_2(Ai\text{-}PUH)_2](C_2O_4)_{1,5} \cdot 3H_2O$; $[Co(C_2O_4)(Ai\text{-}PUH)_2](C_2O_4)_{0,5} \cdot 4H_2O$; $[Co(py)_2(An\text{-}BUH)_2](OH)_3 \cdot H_2O$ (An-BUH = *1-Amidino-O-n-butylharnstoff*); $[Co(py)_2(An\text{-}BUH)_2](SO_4)_{1,5} \cdot 1{,}5H_2O$; $[Co \cdot (py)_2(An\text{-}BUH)_2]Br_3 \cdot H_2O$; $[Co(py)_2(An\text{-}BUH)_2](NO_3)_3$; $[Co(py)_2(An\text{-}BUH)_2](S_2O_3)_{1,5} \cdot 2H_2O$; $[Co(py)_2(An\text{-}BUH)_2](S_2O_6)_{1,5}$; $[Co(py)_2(An\text{-}BUH)_2][Co(NO_2)_6]$; $[Co \cdot (py)_2(An\text{-}BUH)_2](C_2O_4)_{1,5} \cdot H_2O$; $[Co(C_2O_4)(An\text{-}BUH)_2] \cdot (C_2O_4)_{0,5}$; $[Co(py)_2(Ai\text{-}BUH)_2](SO_4)_{1,5}$ (Ai-BUH = *1-Amidino-O-isobutylharnstoff*); $[Co(py)_2(Ai\text{-}BUH)_2]J_3$; $[Co(py)_2(Ai\text{-}BUH)_2]Br_3$; $[Co(py)_2(Ai\text{-}BUH)_2](S_2O_3)_{1,5} \cdot 3H_2O$; $[Co(py)_2(Ai\text{-}BUH)_2][Co(NO_2)_6] \cdot 2H_2O$; $[Co(py)_2 \cdot (Ai\text{-}BUH)_2](C_2O_4)_{1,5}$; $[Co(C_2O_4)(Ai\text{-}BUH)_2](C_2O_4)_{0,5}$; $[Co \cdot (py)_2(Ai\text{-}AUH)_2](SO_4)_{1,5}$ (Ai-AUH = *1-Amidino-O-isoamylharnstoff*); $[Co(py)_2(Ai\text{-}AUH)_2](S_2O_3)_{1,5}$; $[Co(py)_2 \cdot (Ai\text{-}AUH)_2](S_2O_6)_{1,5} \cdot H_2O$; $[Co(py)_2(Ai\text{-}AUH)_2][Co(NO_2)_6] \cdot H_2O$; $[Co(py)_2(Ai\text{-}AUH)_2](C_2O_4)_{1,5}$; $[Co(C_2O_4)(Ai\text{-}AUH)_2] (C_2O_4)_{0,5} \cdot H_2O$; $[Co(\beta\text{-}pic)_2(AEUH)_2](SO_4)_{1,5}$ (β-pic = *β-Picolin*); $[Co(\beta\text{-}pic)_2(AEUH)_2][Co(NO_2)_6] \cdot H_2O$; $[Co \cdot (\beta\text{-}pic)_2(AEUH)_2](S_2O_3)_{1,5}$; $[Co(\beta\text{-}pic)_2(AEUH)_2](C_2O_4)_{1,5}$; $[Co(\beta\text{-}pic)_2(Ai\text{-}PUH)_2](SO_4)_{1,5} \cdot 7H_2O$; $[Co(\beta\text{-}pic)_2(Ai\text{-}PUH)_2][Co(NO_2)_6]$; $[Co(\beta\text{-}pic)_2(Ai\text{-}PUH)_2](S_2O_3)_{1,5} \cdot H_2O$; $[Co(\beta\text{-}pic)_2(Ai\text{-}PUH)_2](C_2O_4)_{1,5}$; $[Co(\beta\text{-}pic)_2(Ai\text{-}BUH)_2] \cdot (SO_4)_{1,5} \cdot 5H_2O$; $[Co(\beta\text{-}pic)_2(Ai\text{-}BUH)_2](S_2O_3)_{1,5} \cdot 1{,}5H_2O$; $[Co(\beta\text{-}pic)_2(Ai\text{-}BUH)_2][Co(NO_2)_6]$; $[Co(\beta\text{-}pic)_2(Ai\text{-}BUH)_2] (C_2O_4)_{1,5} \cdot H_2O$; $[Co(CH_3CN)_2(AEUH)_2](SO_4)_{1,5} \cdot 2CH_3 \cdot CN \cdot 2H_2O$; $[Co(CH_3CN)_2(AEUH)_2][Co(NO_2)_6] \cdot 3H_2O$; $[Co(CH_3CN)_2(AEUH)_2](C_2O_4)_{1,5} \cdot 3H_2O$; $[Co(CH_3CN)_2 \cdot (AEUH)_2]J_3$. K.-J. Zwietasch 355

*0870* **Donatoreigenschaften von 1-Amidino-O-alkylharnstoffen.** 11. Mitt. **Dinitro-bis-[1-amidino-O-alkylharnstoff]-kobalt(III)-nitrit.** R. L. Dutta und A. Syamal. (J. Indian chem. Soc. **45** (1968) 2, 138—45; engl.) — 10. vgl. vorst. Referat. — Durch Luftox. von $Co(NO_3)_2 \cdot 6H_2O$, 1-Amidino-O-alkylharnstoffsulfat u. $NaNO_2$ in W. entstehen Dinitro-bis-[1-amidino-O-alkylharnstoff]-kobalt(III)-nitrite, von denen jeweils die cis- u. trans-Isomeren isoliert werden. Die Ergebnisse von Leitfähigkeitsunters. u. die Elektronenabsorptionsspektren werden diskutiert.

Versuche: *cis*-$[Co(NO_2)_2(AMUH)_2]NO_2$ (AMUH = *1-Amidino-O-methylharnstoff*) durch Erwärmen von 1-Amidino-O-methylharnstoffsulfat (**I**) u. $Na_3[Co(NO_2)_6]$, Filtrieren u. Kühlen. — *trans*-$[Co(NO_2)_2(AMUH)_2]NO_2$ durch Lösen von $Co(NO_3)_2 \cdot 6H_2O$ u. **I** in W., Zugabe von NaOH bis pH 7, Zugabe von $NaNO_2$ u. Durchleiten von Luft. — Folgende Komplexe werden auf dem gleichen Wege erhalten: *cis*-$[Co(NO_2)_2(AEUH)_2]NO_2$ (AEUH = *1-Amidino-O-äthylharnstoff*); *trans*-$[Co(NO_2)_2(AEUH)_2] \cdot NO_2 \cdot H_2O$; *cis*-$[Co(NO_2)_2(Ai\text{-}PUH)_2]NO_2$ (Ai-PUH = *1-Amidino-O-isopropylharnstoff*); *trans*-$[Co(NO_2)_2(Ai\text{-}PUH)_2]NO_2 \cdot 2H_2O$; *cis*-$[Co(NO_2)_2(An\text{-}BUH)_2]NO_2$ (An-BUH = *1-Amidino-O-n-butylharnstoff*); *trans*-$[Co(NO_2)_2 \cdot (An\text{-}BUH)_2]NO_2 \cdot 8H_2O$; *cis*-$[Co(NO_2)_2(Ai\text{-}BUH)_2]NO_2$ (Ai-BUH = *1-Amidino-O-isobutylharnstoff*); *trans*-$[Co \cdot (NO_2)_2(Ai\text{-}BUH)_2]NO_2$; *cis*-$[Co(NO_2)_2(Ai\text{-}AUH)_2]NO_2$ (Ai-AUH = *1-Amidino-O-isoamylharnstoff*); *trans*-$[Co \cdot (NO_2)_2(Ai\text{-}AUH)_2]NO_2 \cdot 2H_2O$.

K.-J. Zwietasch 355

*0871* **Donatoreigenschaften von 1-Amidino-O-alkylharnstoffen.** 12. Mitt. **Heterochelate aus Bis-[1-amidino-O-alkylharnstoff]-kobalt(III).** R. L. Dutta und A. Syamal. (J. Indian chem. Soc. **45** (1968) 3, 219—25; engl.) — 11. vgl. vorst. Referat. — Durch Rk. von trans-Diammin-bis-[1-amidino-O-methylharnstoff]-kobalt(III)-monosulfat (**I**) oder -monochlorid (**II**) mit verschiedenen Liganden HL lassen sich extrem wasserlösliche Salze mit dem Heterochelatkation *cis*-$[Co^{III}(HL)(HA)_2]^{3+}$ (HA = 1-Amidino-O-methylharnstoff) darstellen. Die molaren Leitfähigkeiten u. Äquivalentgew. der Chloride u. Sulfate wurden bestimmt; alle Komplexe zeigen zwei Absorptionsbanden, die den Übergängen $1A_{1g} \rightarrow 1T_{1g}$ u. $1A_{2g} \rightarrow 1T_{2g}$ zugeordnet werden.

Versuche: $[Co(HL)(HA)_2](SO_4)_{1,5} \cdot nH_2O$, (HL =) *phen*, *n* = *5* (**III**), durch 1std. Erhitzen von 1 g **I** u. 0,5 g phen · $H_2O$ in 20 ml W. auf dem W.-Bad bei 60—70°, Kühlen der dunkelroten Lsg., Neutralisieren mit 2 n $H_2SO_4$, Fällen mit A. unter 3std. Rühren in der Kälte, rosarote Krist.; analog **III**: *bipy*, n = *2*, aus 0,4 g bipy, rosarot; *en*, *n* = *5*, aus 0,15 g en, orangefarbene Krist.; $[CoL(HA)_2]SO_4$, HL = Glycin, aus 0,18 g gly, aber Fällen mit Aceton statt A. unter Kratzen, violette Krist.; $[Co(HL)(HA)_2]Cl_3 \cdot nH_2O$, (HL =) *phen*, n = *6*, analog **III** aus **II**, aber Konz. vor dem Neutralisieren mit verd. HCl u. Eiskühlung, rosarote Krist.; *bipy*, n = *7*, aus 0,39 g bipy, rosarot; *en*, n = *2,5*, aus 0,15 g en, leuchtendorangefarben; $[CoL(HA)_2]Cl_2 \cdot 5H_2O$, HL = *Glycin* (**IV**), aus 0,18 g gly; $[CoL(HA)_2]J_2$, HL = *Glycin*, Zugabe einer konz. Lsg. von KJ zu der dunkelroten Lsg. von **IV** u. mehrstd. Kühlen, bräunlichrote Krist.; analog: $[Co(HL)(HA)_2]J_3 \cdot nH_2O$, (n = *0*, HL =) *phen*, braune Krist.; *bipy*, rosarot; n = *5*, HL = *en*, rosarot; $[Co(HL) \cdot (HA)_2]X_3 \cdot nH_2O$, n = *1*, X = *Br*, HL = *en*, rosarot; 2X = $CrO_4$, n = *0*, HL = *phen*, aus $K_2CrO_4$, 2tägiges Kühlen in der Kühltruhe, gelbe Krist.; ($X_3$ = *Cl · d-Tartrat*, n =) *8*, HL = *phen*, analog mit d-Weinsäure, Eindampfen der Lsg., Kühlen u. Kratzen in Aceton, rosarote Krist.; *9*, HL = *en*; (X =) *d-Campher-10-sulfonat*, n = *0*, HL = *phen*, wie vorst. mit neutralisierter d-Campher-10-sulfonsäure, rosarote Krist.; $NO_2$, n = *4*, HL = *en*, aus trans-Dinitro-bis-[1-amidino-O-methylharnstoff]-kobalt(III)-nitrit u. en (1:1), rosarote Krist.; $[Co(NO_2)_6]$, n = *4*, HL = *phen*, durch doppelte Zers. von **III** mit einer konz. Lsg. von $Na_3[Co(NO_2)_6]$, Abfiltrieren u. Waschen mit A., gelbe Krist.; n = *0*, HL = *bipy*, gelbe Krist.; n = *4,5*, HL = *en*, orangefarben; $[CoL(HA)_2]_3 \cdot [Co(NO_2)_6]_2$, HL = *Glycin*, gelbe Krist.; $[Co(HA')_3] \cdot (SO_4)_{1,5} \cdot 2{,}5H_2O$, HA' = *1-Amidino-O-isopropylharnstoff*, Alkalischmachen einer Lsg. von $CoSO_4 \cdot 7H_2O$ u. HA'-sulfat mit verd. NaOH, Oxydieren mit $H_2O_2$, ½std. Durchleiten von Luft, rosarote Kristalle.

G. Heller 355

*0872* **Donatoreigenschaften von 1-Amidino-O-alkylharnstoffen.** 13. Mitt. **Biguanidinium-bis-[1-amidino-O-alkylharnstoff]-kobalt(III)- und Hetero-1-amidino-O-alkylharnstoff-kobalt(III)-Komplexe.** R. L. Dutta und A. Syamal. (J. Indian chem. Soc. **45** (1968) 3, 226—31; engl.) — 12. vgl. vorst. Referat. — Biguanidinium (BH) reagiert als Sulfat (**I**) oder Chlorid mit trans-Diammin-bis-[1-amidino-O-alkylharnstoff]-kobalt(III)-monosulfat [Alkyl = Methyl (**II**), Äthyl (**III**)] zum Heterochelatkation $[Co(BH)(HA)_2]^{3+}$ (HA = 1-Amidino-O-methylharnstoff, HA' = -äthylharnstoff), das als Sulfat isoliert wurde. Es ist in W. lösl., in A. u. Aceton unlöslich. Das Kation mit HA wurde durch Fraktionierung des d-Camphersulfonats (dCS) getrennt, wobei nur das l-Isomere isoliert wurde. Ein reines d-Tartrat wurde nicht erhalten. Die Komplexe wurden durch Leitfähigkeitsmessungen, Äquivalentgew.-Best. u. Elektronenabsorptionsspektren charakterisiert.

Versuche: $[Co(BH)(HA)_2]X_3 \cdot nH_2O$, 2X = $SO_4$, n = *3*, Erhitzen von **II** u. neutralisiertem **I** in W. auf dem W.-Bad, Kühlen, Neutralisieren mit 2 n $H_2SO_4$, Eiskühlung, Filtrieren, Umkrist. aus heißem W., Waschen mit A. u. Trocknen an der Luft, rosarote Krist.; (n = 0, X =) *Cl*, analog, aber Eindampfen nach dem Neutralisieren u. Trocknen im Exsikkator, orangefarbene Krist.; *J*, aus vorst. Verb. u. konz. Lsg. von KJ, orangefarben; *Br*, orangefarben; *dCS*, analog mit neutralisierter HdCS orangerot, $[\alpha]_D^{36}$ −25°; (−)-$[Co(BH)(HA)_2]X_3$, (X =) *dCS*, Lösen des vorst. racem. Salzes in W., Eindampfenlassen bei Raumtemp. unter einem Uhrglas, Abnehmen der ersten Krist.; $[\alpha]_D^{36}$ = −200°; $[M]_D^{36}$ = −2174°; *J*, ½std. Verreiben vorst. Verb. mit einer gesätt. Lsg. von KJ im Mörser, $[\alpha]_D^{25}$ = −250°; $[M]_D^{25}$ = −1930°; $[Co(BH)(HA')_2]X_3$, 2 X = $SO_4$, analog aus **III**, orangefarben; (X =) *Cl*, durch doppelte Zers. vorst. Verb. mit $BaCl_2$, Konz. des Filtrats u. Eiskühlung, orangefarben; *Br*, aus dem Chlorid, orangefarben; *J*, orangefarben; *dCS*, aus neutralisierter HdCS; $X_3$ = $[Co(NO_2)_6]$, wie Chlorid aus $Na_3[Co(NO_2)_6]$, gelb; $[Co(HA')(HA)_2]X_3 \cdot nH_2O$, 2X = $SO_4$, n = *2*, durch Erwärmen wss. Lsg. von **II** u. **III** (2:1), Kühlen, Neutralisieren, Kratzen in Aceton, Filtrieren u. Trocknen im Exsikkator; $X_3$ = $[Co(NO_2)_6]$, n = *1*, doppelte Zers. des Sulfats, gelb; (X =) *Cl*, n = 0, analog, orangefarben; *J*, n = *1*, aus vorst. Verb. u. KJ, orangefarben. G. Heller 355

*0873* **Donatoreigenschaften von 1-Amidino-O-alkylharnstoffen. Quadratisch-planare Kobalt(II)-Komplexe.** R. L. Dutta und A. Syamal. (J. Indian chem. Soc. **45** (1968) 3, 213–18; Univ. of Burdwan, Burdwan, West Bengal; engl.) – Vgl. vorst. Referate. – Löst man 1-Amidino-O-alkylharnstoff $H_2N$–C(NH)–N=C(OR)–$NH_2$ (HA; Alkyl = R = Methyl, Äthyl, Isopropyl, n-Butyl, Isobutyl u. Isoamyl) in Form von HA · $H_2SO_4$ u. $CoCl_2 \cdot 6\,H_2O$ im Molverhältnis 2:1 in mit $H_2$ gesätt. W. u. tropft mit $H_2$ gesätt. fl. $NH_3$ unter heftigem Rühren zu, so erhält man nach Filtrieren unter $H_2$, Waschen mit $H_2$-gesätt. Eiswasser, Trocknen unter $H_2$ u. Trocknen unter Vakuum über festem KOH u. $CaCl_2$ hellgelbe Komplexe [$CoA_2$]. Die festen trockenen Komplexe sind stabil u. zersetzen sich nicht bei mehrstd. Erhitzen auf 120°. Sie sind in Methanol Nichtleiter u. besitzen magnet. Momente zwischen 2,32 u. 2,52 BM; daher wird quadrat.-planare Struktur angenommen. Die Komplexe sind Anhydrobasen u. setzen $NH_3$ aus $NH_4Cl$ frei. Sie sind in W., Chlf. u. Bzl. unlösl.; sie oxydieren schnell in Methanol, THF u. Dioxan zu sechsfach koordinierten roten Co(III)-Komplexen, wie die zwei Elektronenabsorptionsbanden bei ca. **340** u. **490** nm zeigen. In Aceton ist jedoch die Ox.-Geschw. viel geringer; die Spektren lassen die Existenz einer Bande bei > 1000 nm vermuten, was auf eine quadrat.-planare Stellung der zwei Liganden um das Co(II) hindeutet. Eine Struktur wird den Komplexen zugeordnet. G. Heller 355

*0874* **Kobalt(II)-Komplexe von β-Ketiminen aus β-Diketonen und aromatischen Aminen.** Shoichiro Yamada und Emiko Yoshida. (Bull. chem. Soc. Japan **40** (1967) 8, 1854–57; Inst. of Chem., Coll. of Gen. Educat., Osaka Univ., Toyonaka, Osaka; engl.) – Die Herst. der Komplexe *Co(acacNR)*$_2$ [*HacacNR = Acetylacetonimin*; *R* = 2-$CH_3C_6H_4$, 4-$CH_3C_6H_4$, 2.6-$(CH_3)_2C_6H_3$, 2-$ClC_6H_4$, 3-$ClC_6H_4$, 4-$ClC_6H_4$ u. *α-Naphthyl*] u. *Co(bzacNR)*$_2$ (*HbzacNR = Benzoylacetonimin*; *R* = 2-$CH_3C_6H_4$, 3-$CH_3C_6H_4$, 4-$CH_3C_6H_4$, 2.6-$(C_2H_5)_2 \cdot C_6H_3$, 2.6-$(CH_3)_2C_6H_3$, 2-$ClC_6H_4$, 3-$ClC_6H_4$, 4-$ClC_6H_4$ u. *α-Naphthyl*] wird beschrieben. Die Konfig. dieser Komplexe ist in nichtkoordinierenden Lsgm. tetraedr., in Py. liegen sie tetraedr., pentakoordiniert oder oktaedr. in Abhängigkeit vom Liganden vor. Die Elektronenabsorptionsspektren in Lsg., Reflexionsspektren der festen Verb. u. magnet. Messungen werden diskutiert. – Die Komplexe werden hergestellt durch Erwärmen der Lsg. von 0,01 Mol $Co(CH_3COO)_2 \cdot 4\,H_2O$ u. 0,033 Mol HacacNR bzw. HbzacNR in A. unter vermindertem Druck auf 50–70°, nach einigen Min. Sieden Zugabe von 0,03 Mol $KOC_2H_5$ in 25 ml A. unter Rühren, Kühlen, Abtrennen der orangefarbenen Krist., Waschen u. Trocknen im Vakuum u. Umkrist. aus A., $CHCl_3$ oder Aceton. K.-J. Zwietasch 355

*0875* **Kobalt(II)-Komplexe Schiffscher Basen, die sich vom 3-Methoxysalicylaldehyd und Aminen ableiten.** Emiko Yoshida und Shoichiro Yamada. (Bull. chem. Soc. Japan **40** (1967) 6, 1395–98; engl.) – Vgl. vorst. Referat. – Die Spektren (5000–25000 $cm^{-1}$) von Co(II)-Komplexen mit Schiffschen Basen der allg. Zus. *Co(X-sal-R)*$_2$ [*X* = 3-$CH_3O$, *salH*$_3$ = $C_6H_4(OH)CH{=}NH$, *R* = n-$C_3H_7$, n-$C_4H_9$, iso-$C_3H_7$, tert.-$C_4H_9$, *Cyclohexyl*, $C_6H_5$, 4'-$CH_3$–$C_6H_4$, 2'.6'-$(CH_3)_2$–$C_6H_3$, 2'.6'-$(C_2H_5)_2$–$C_6H_3$] werden aufgenommen. Die Komplexe mit R = Alkyl oder 4'-$CH_3$–$C_6H_4$ besitzen in Py. oktaedr. Konfig., an der die Py.-Mol. beteiligt sind. Die Komplexe mit R = 2'.6'-$(CH_3)_2$–$C_6H_3$ u. 2'.6'-$(C_2H_5)_2$–$C_6H_3$ besitzen in Py. eine sehr stark gestörte oktaedr. Konfiguration. M. Steidinger 355

*0876* **$^{58}$Co-α.β.γ.δ-Tetrakis-[p-sulfophenyl]-porphinat.** V. I. Stanko und L. N. Burceva. (Ž. obšč. Chim. **37(99)** (1967) 8, 1816–18; Inst. biofiz. Min. Ėdravoochranenija SSSR; russ.) – Durch Sulfurierung von α.β.γ.δ-Tetraphenylporphin (I) mit konz. $H_2SO_4$ u. anschließender Zugabe von $^{58}CoCl_2$ in essigsaurer Lsg. wird *$^{58}$Co-α.β.γ.δ-Tetra-(p-sulfophenyl)-porphinat* erhalten. Die Ausb. bez. der Aktivität beträgt 50–60%, die radiochem. Reinheit der Verb. erreicht 98–99%.

Versuche: *α.β.γ.δ-Tetraphenylporphin* (**I**), $C_{44} \cdot H_{30}N_4$, durch 42std. Erhitzen eines Gemisches von Pyrrol, Benzaldehyd u. Py. bei 170–180° unter Ar, Verd. mit Ae./Aceton (10:1), Abfiltrieren der glänzenden violetten Krist., Extrahieren mit Bzl. im Soxhlet-App., Chromatographieren der benzol. Lsg. über $Al_2O_3$. – *Ammoniumsalz des Co-α.β.γ.δ-Tetra-(p-sulfophenyl)-porphinat*, $C_{44}H_{40}CoN_8O_{12}S_4$, 1,5–2std. Erhitzen von I mit konz. $H_2SO_4$ bei 150–160°, Zugabe von verd. wss. $NH_3$ (1:1) bis zur Rotfärbung, Extrahieren des $NH_4$-Salzes des α.β.γ.δ-Tetra-(p-sulfophenyl)-porphinats mit $NH_3$-gesätt. n-Butanol, Zusatz von W., Abtrennen der oberen Schicht, Abdest. des Butanols der organ. Phase, Lösen des Rückstands in W., Neutralisieren mit Essigsäure u. Zugabe von Co-Acetat, 30 Min. Rückflußkochen, chromatograph. Reinigung an $Al_2O_3$, Eluieren mit wss. $NH_3$ (1:1), Einengen des Eluats. – *Ammoniumsalz des $^{58}$Co-α.β.γ.δ-Tetra-(p-sulfophenyl)-porphinats*, Zugabe von $^{58}CoCl_2$ neben Co-Acetat zur Lsg. des vorst. Ansatzes nach dem Neutralisieren mit Essigsäure u. gleiche Aufarbeitung. K. Jasche 355△

*0877* **Alkylcobaloxime als Kobamid-Coferment-Modell.** I. P. Rudakova, V. I. Šejčenko, T. A. Pospelova und A. M. Jurkevič. (Ž. obšč. Chim. **37(99)** (1967) 8, 1748–53; VNI vitaminnij inst.; russ.) – Es werden *Propyl-*, *Butyl-*, *Methoxycarbonylmethyl-* (**I**), *Benzyl-pyridin-bis-[dimethylglyoximato]-kobalt* (**II**) u. *2'(3')-O-Acetyladenosylcobaloxim* (**III**) synthetisiert u. ihre Struktur durch UV-, IR- u. NMR-Spektren untersucht. Die IR- u. NMR-Daten sowie die hypsochrome Verschiebung der UV-Max. von **I**, **II** u. **III** machen einen möglichen Einfl. axialer an σ-C–Co-Bindungen gebundener Liganden auf die Konform. des Bis-dimethylglyoxim-Ringes wahrscheinlich.

Versuche: *Propyl-pyridin-bis-[dimethylglyoximato]-kobalt* (*III*), $C_{16}H_{26}CoN_5O_4$, F. 196–198° (Zers.), Zugabe von alkohol. $NaBH_4$ zu einer Suspension von Chloropyridin-bis-[dimethylglyoximato]-kobalt(III) in W./A. (1:1) unter $N_2$, nach Bldg. des blaugrünen Hydrids Rk. mit Propylchlorid in A., nach einigen Min. Einengen im Vakuum unterhalb 30°, Lösen des Rückstands in $CHCl_3$ u. Fällen mit n-Hexan; 65,6% (Ausb.). – Analog: *Butyl-*, $C_{17}H_{28}CoN_5O_4$, F. 210–212° (Zers.); 52,6%. – *Methoxycarbonylmethyl-* (**I**), $C_{16}H_{24}CoN_5O_6$, F. 157–158°; 76,5%. – *Benzyl-* (**II**), $C_{20}H_{26}CoN_5O_4$, F. 200° (Zers.); 93%. – *2'(3')-O-Acetyladenosylcobaloxim*, $C_{25}H_{33}CoN_{10}O_8$, F. 200° (Zers.); 97,5%. – *2'(3')-O-Acetyl-N$^6$-acetyl-5'-brom-5'-desoxyadenosin*, $C_{14}H_{16}BrN_5O_4$ Lösen von Adenosin-5'-O-tosyl-2'.3'-phenylboronat in Acetanhydrid u. 1std. Erhitzen mit LiBr auf 100°, Zusatz von $CHCl_3$ zum abgekühlten Rk.-Gemisch, Waschen mit wss. $Na_2SO_3$, Einengen im Vakuum, Lösen des Rückstandes in wenig Bzl. u. Fällen mit n-Hexan; 55,5%. K. Jasche 355△

*0878* **Komplexe mit aromatischen Diaminen.** 1. Mitt. **Nickel(II)-Komplexe mit o-Phenylendiamin, 1.8-Diaminonaphthalin und 2.2'-Diaminodiphenyl.** B. J. A. Kakazai und G. A. Melson. (Inorg. chim. Acta [Padova] **2** (1968) 2, 186–90; Dep. of Chem., Univ. of Strathclyde, Glasgow; engl.) – Ni(II)-Komplexe mit o-Phenylendiamin (A), 1.8-Diaminonaphthalin (B) u. 2.2'-Diaminodiphenyl (C) wurden durch Verrühren einer warmen äthanol. Lsg. des hydratisierten Ni-Salzes mit einer warmen äthanol. Lsg. des Diamins erhalten. Die Komplexe [$NiX_2A_2$] (*X* = *Cl*, *Br*, *J*, $NO_3$, *NCS*), [$NiX_2A_3$] (*Br*, *J*, $ClO_4$), [$NiX_2B_2$] (*Cl*, *Br*, *J*, $NO_3$, *NCS*), [$NiX_2B_3$] (*Br*, *J*, $ClO_4$), [$NiX_2C_2$] (*Cl*, *Br*, *J*, $NO_3$, *NCS*) u. [$Ni(ClO_4)_2C_3$] wurden IR-spektroskop. (40–4000 $cm^{-1}$) u. reflexionsspektroskop. (6000–28000 $cm^{-1}$) sowie durch magnet. Unters. charakterisiert. Die Verb. mit 2 Mol. Diamin haben $D_{4h}$-Symmetrie. Die Größe der Parameter der tetragonalen Aufspaltung u. der axialen Ligandenfeldstärke der Säuregruppen wird diskutiert, magnet. Momente u. Suszeptibilität bei Zimmertemp. werden angegeben. J. J. Pohl 356

*0879* **Synthesen von Koordinationsverbindungen durch Dehydratation.** P. W. N. M. van Leeuwen und W. L. Groenevald. (Inorg. nuclear Chem. Letters **3** (1967) 4, 145–46, Suppl. zu: J. inorg. nuclear Chem., Labor voor Anorg. Chem., Leyden, Netherlands; engl.) – Als dehydratisierendes Agens für die Darst. einiger Koordinationsverb. ist Äthylorthoformiat in polaren

Lsgm. geeignet. Folgende Verb. wurden synthetisiert: *[Ni(ac)$_6$](ClO$_4$)$_2$*, *[Ni(ac)$_6$](BF$_4$)$_2$*, *[Co(ac)$_6$](ClO$_4$)$_2$*, *[Co · (ac)$_6$](BF$_4$)$_2$*, *[Ni(dps)$_6$](FeCl$_4$)$_2$* (ac = *Acetonitril*; dps = *Diphenylsulfoxid*). Die Dehydratisierung von wasserhaltigem Ni(ClO$_4$)$_2$ in Acetonitril mit 2.2-Dimethoxypropan liefert *[Ni(H$_2$O)$_2$(ac)$_4$](ClO$_4$)$_2$*. H. Markert 356

*0880* **Saure Kupferäthylendiamintetraacetate.** L. I. Martynenko, N. I. Pečurova und N. P. Potapova. (Ž. neorg. Chim. **13** (1968) 8, 2067—72; Mosk. gos. univ. im. Lomonosova; russ.) — Die Komplexonate $H_2CuA \cdot H_2O$ ($H_4A$ = AeDTE) u. 3 Modifikationen von $H_2CuA$ wurden nach der Rk. $CuSO_4 + Na_2H_2A \rightleftharpoons H_2CuA + Na_2SO_4$ u. nachfolgendem Erhitzen bei verschiedenen Bedingungen erhalten, IR-spektroskop. bei 800 bis 3600 cm$^{-1}$, thermogravimetr. u. röntgenograph. charakterisiert. Untersucht wurden auch die deuterierten Verb. $D_2CuA \cdot D_2O$ u. $D_2CuA$. Die Modifikationen unterscheiden sich untereinander in der verschiedenen Art der Koordination um das Cu-Atom. J. J. Pohl 358

*0881* **Bildung von Digenit, $Cu_9S_5$, während der anodischen Auflösung von Kupfer(I)-sulfid.** F. Habashi und N. Torres-Acuña. (Z. anorg. allg. Chem. **361** (1968) 3/4, 222—24; Butte, Mont., USA, Mont. Coll. of Mineral Sci. and Technol.; engl.) — Bei der Elektrolyse (1—5 Volt; Stromdichte: 0,5—2,0 Amp./dm$^2$) einer wss. schwefelsauren Lsg. von $CuSO_4$ zwischen einer Cu-Kathode u. einer Anode aus dunkelgrauem $Cu_2S$ (**I**) geht Cu anod. in Lsg., wobei oberflächlich S zurückbleibt. Wird S entfernt, dann tritt die dunkelblaue Farbe des Digenits (**II**) auf. Das Auftreten von **II** konnte durch röntgenograph. Vgl. bewiesen werden. Die Bldg. von **II** wird durch nachst. anod. Rk. erklärt: 5 **I** → $Cu^+$ + **II** + $e^-$; **II** → 5 $Cu^+$ + 4 CuS + S + 5 $e^-$; CuS → $Cu^{2+}$ + S + 2 $e^-$. G. Gattow 358

*0882* **Elektrophile Substitutionsreaktion an Rhodium(I).** Richard Cramer. (J. Amer. chem. Soc. **89** (1967) 21, 5377—78; E. I. du Pont de Nemours and Co., Wilmington, Del.; engl.) — $\pi$-$C_5H_5Rh(C_2H_4)_2$ (**I**) reagiert mit $SO_2$ unter Bldg. des Komplexes *$\pi$-$C_5H_5Rh(C_2H_4)SO_2$* (Zers. > 120°). Ein möglicher Rk.-Mechanismus dieser Austauschrk. wird diskutiert u. in einem Schema wiedergegeben. IR- u. NMR-Daten vgl. Original. Analoge Rk. von **I** mit $J_2$ in Toluol sowie mit Tetracyanoäthylen in THF führen ebenfalls zum Ersatz eines $C_2H_4$-Mol. in **I**. Die nach erfolgter Austauschrk. verhinderte Rotation des koordinierten $C_2H_4$ in **I** wird an Hand von NMR-Daten bei —10° diskutiert. J. Oguntke 364

*0883* **Komplexe von Kobalt, Nickel, Thallium und Palladium mit einigen Mercaptoverbindungen.** C. J. Swan und D. L. Trimm. (Chem. and Ind. **1967**, 32, 1363—64; Dep. of Chem. Engng. and Chem. Technol., Imp. Coll., London; engl.) — Es wird die Herst. einiger Komplexe des *Co, Ni, Pd* u. *Tl* mit einfachen aliphat. u. aromat. Thiolen beschrieben. Darst. aus Lsg. des Thiols (0,5 m) in wss. NaOH (2 m) durch Zugabe des Metallsalzes bis zu einer Endkonz. von 0,2 m unter $O_2$- bzw. $N_2$-Atmosphäre. Alle Komplexe sind wenig lösl. in Chlf., Cyclohexan u. $CCl_4$, unlösl. in allen anderen organ. Lösungsmitteln. *Co-Komplexe*: aus einfachen Co-Salzen, cis- u. trans-[$Coen_2Cl_2$]Cl, cis-[$Co(NH_3)_4(H_2O)Cl$]$Cl_2$, [$Co(NH_3)_5 \cdot NO_3$]$CO_3$ u. $Coen_3Cl_3$, nicht aus $K_3Co(CN)_6$, bilden sich mit $C_2H_5SH$ (**I**), n-$C_4H_9SH$ (**II**), iso-$C_4H_9SH$ (**III**), sek.-$C_4H_9SH$ (**IV**), n-$C_6H_{13}SH$ (**V**), n-$C_8H_{17}SH$ (**VI**) u. $C_6H_5CH_2SH$ (**VII**) rote *Co(SR)$_3$-Komplexe* (**VIII**) unter $O_2$-Atmosphäre; tert.-$C_4H_9SH$ (**IX**) u. $C_6H_5SH$ (**X**) bilden keine Komplexe. Unter $N_2$-Atmosphäre bilden Co(II)-Salze blaue Komplexe *[Co(II)-Mercaptide]* u. Co(III)-Salze rote Komplexe *[Co(III)-Mercaptide]*. *Ni-Komplexe*: mit **I, II, III, IV, V, VI** u. **VII** bilden sich unter $N_2$-Atmosphäre braune lösl. *Ni(SR)$_3$OH-Komplexe* (**XI**) u. unlösl. *Ni(SR)$_2$-Komplexe*; mit **IX** u. **X** keine Komplexbildung. *Pd-* u. *Tl-Komplexe*: mit **I, II, III, IV, V, VI, VII, IX** u. **X** bilden sich *Pd(SR)$_2$-* (**XII**) bzw. *Tl(SR)-Komplexe*. Pd-Komplexe sind lösl. in $CCl_4$, Tl-Komplexe nicht. Die Spektraldaten der roten **VIII**, der blauen Co(II)-Komplexe, der **XI** u. der **XII** sind angegeben. R. Dörfeld 365

*0884* **Metall-Chelate von benzthiazolhaltigen $\alpha$-Diiminen. 1. Mitt. 2-[Pyridyl-(2)]-benzthiazol-Komplexe.** L. F. Lindoy und S. E. Livingstone. (Inorg. chim. Acta [Padova] **2** (1968) 2, 119—26; School of Chem., Univ. of N.S.W., Kensington, Australia; engl.) — 2-[Pyridyl-(2)]-benzthiazol (A) wirkt als zweizähniger Ligand, der über die zwei N-Atome koordinativ gebunden wird. Co(II) bildet tetraedr. u. oktaedr. high-spin-Komplexe. Ni(II) bildet oktaedr. u. tetragonale polymere Komplexe. Pd(II) u. Pt(II) reagieren zu Mono-, selten zu Bis-Komplexen. Cu(II) bildet Komplexe mit Fünfer- u. Sechserkoordination sowie Brücken-Komplexe, Cu(I) ergibt dimere Komplexe. Zn(II) u. Cd(II) bilden Mono- u. Bis-Komplexe. Elektrolyt. Leitfähigkeit, magnet. Moment, IR- u. Elektronenspektren der Komplexe werden diskutiert.

Versuche: *A*, F. 133,5°; *[CoCl$_2$A]*; *[CoBr$_2$A]*; *[CoX$_2$A$_2$]* (X = *Cl, Br, J, SCN*); *[Co(H$_2$O)$_4$A]SO$_4$*; *[NiA$_3$](ClO$_4$)$_2$*; *[NiX$_2$A$_2$]* (X = *Cl, Br, SCN, NO$_3$*); *[Ni(CH$_3$COO)$_2$(H$_2$O)$_2$A]*; *[NiCl$_2$A]*; *[Ni(H$_2$O)$_4$A]SO$_4$ · 0,5 H$_2$O*; *[PdX$_2$A]* (X = *Cl, Br, SCN, NO$_2$*); *[PtX$_2$A]* (X = *Cl, Br, SCN*); *[PtJ$_2$A$_2$]*; *[Cu(ClO$_4$)A$_2$](ClO$_4$) · H$_2$O*; *[CuX$_2$A]* (X = *Cl, Br, NO$_3$, SCN*); *[CuJA]* (ev. dimerer $\mu$-Komplex); *[ZnA$_2$](ClO$_4$)$_2$ · H$_2$O*; *[ZnX$_2$A]* (X = *Br, J*); *[Zn(SCN)$_2$A$_2$]*; *[CdA$_2$](ClO$_4$)$_2$*; *[CdJ$_2$A$_2$]*; *[CdX$_2$A]* (X = *Cl, Br, J, SCN*). J. J. Pohl 369

## A-9. Geochemie

*0885* **Perryit in den Enstatit-Chondriten Kota-Kota und South Oman.** S. J. B. Reed. (Mineralog. Mag. J. mineralog. Soc. **36** (1968) 282, 850—54; British Mus. London; engl.) — In den genannten Enstatit-Chondriten u. im Eisenmeteoriten Horse Creek wurde die Zus. des Perryits mit der Elektronenmikrosonde bestimmt: 75—81% Ni, 3—7% Fe, 12—15% Si, 2—5% P. Die daraus ber. Formel ergibt $(Ni_{1,90}Fe_{0,10})(Si_{0,61}P_{0,16})$ für Perryit aus Kota-Kota, $(Ni_{1,84}Fe_{0,16})(Si_{0,76}P_{0,11})$ aus South Oman. Sie zeigt einen Si- u. P-Unterschuß gegenüber der idealen Formel $(Ni, Fe)_2(Si, P)$. F. Wlotzka 374

*0886* **Thermodynamische Hochtemperatur-Eigenschaften von Alkalifeldspaten.** D. R. Waldbaum. (Contr. Mineralog. Petrol. [Berlin] **17** (1968) 1, 71—77; Cambridge, Mass., Harvard Univ., Dep. of Geol. Sci.; engl.) — Neue kalorimetr. HF-Lsg.-Daten wurden zur Ableitung von Standardenthalpien u. Gibbsschen Freien Energien für die Bldg. von Tief-Albit, Hoch-Albit, $NaAlSi_3O_8$-Glas, Mikroklin, Sanidin u. $KAlSi_3O_8$-Glas verwandt. Die Daten werden als Hochtemp.-Funktionen von 298,15 bis 1400°K angegeben. E. Schulte 380△

*0887* **Zusammensetzung der bei Temperaturen von 350 bis 500° synthetisierten Muskovite und Paragonite.** A. A. Popov. (Geochimija **1968**, 2, 131—44; Inst. geochim. i anal. chim. im. Vernadskogo AN SSSR, Moskva; engl.) — Die K–Na-Isomorphie in Muskoviten u. Paragoniten ist nicht kontinuierlich. Der K-Geh. der Paragonite ist allerdings höher als bisher allg. angenommen wurde. Die Ersetzung von $^1/_4$ der großen Kationen beider Minerale stellt die Grenze bei den benutzten Temp. dar (bis etwa 1000 atm.). Mit Zunahme der Na-Geh. im Muskovit gehen Verringerungen der c-Gitterkonst. vor sich. Die Abhängigkeiten zwischen den K/Na-Verhältnissen in Lsg. u. den Glimmern können als geolog. Thermometer herangezogen werden. M. Hähnert 380

*0888* **Vorläufige Werte zur Thermolumineszenz von Phenakit.** A. N. Karačkovskaja. (Geochimija **1968**, 4, 500—02; VNII mineral'nogo syr'ja, Moskva; russ.) — Monomineral. Phenakitfraktionen eines Durchmessers zwischen 0,25 u. 0,50 mm werden bis 300—350° erhitzt u. das Thermolumineszenzspektrum aufgenommen. Nach Röntgenbestrahlungen (Mo) werden abermals Messungen vorgenommen. Zur Unters. gelangten Phenakite mehrerer genet. verschiedener Lagerstätten. M. Hähnert 380

*0889* **Mössbauereffekt an $^{119}$Sn-Kernen im Stannin.** A. S. Marfunin und A. R. Mkrtčjan. (Geochimija **1968**, 4, 498—500; Inst. geol. rudnych mestoroždenij, petrogr., miner. i geochim. AN SSR, Moskva; russ.) —

Untersucht werden die Spektren von zwei Stanninproben verschiedener Herkunft, die beide nur eine Linie einer Breite von 1,3 mm/sec aufweisen. Die isomere Verschiebung beträgt $\beta$-Sn $\delta$ = −0,5 mm/s (± 0,05 mm/s), eine Quadrupolaufspaltung wurde nicht beobachtet. Im Stannin liegen folgende Wertigkeitsverhältnisse vor: $Cu_2^{1+}Fe^{2+}Sn^{4+}S_4$. M. Hähnert 380

*0890* **Paramagnetische Elektronenresonanz der $Mn^{2+}$-Ionen im Struvit.** V. M. Vinokurov und R. S. Tuchvatullin. (Geochimija **1968**, **4**, 496—97; Kazanskij gos. univ.; russ.) — Ein Teil des $Mg^{2+}$ ist im Struvit gewöhnlich durch $Mn^{2+}$ ersetzt. Struvite unbekannten Fundorts besitzen bei einer Meßfrequenz von ca. 37 kMHz (300°) folgende Hamiltonkonstanten: $g_z$ = 2,0004 ± 0,0005; $g_x$ = 2,002 ± 0,003; $g_y$ = 2,001 ± 0,003; $/A_z/$ = 94,5 ± 0,5; $/A_x/$ = 94,7 ± 0,5; $/A_y/$ = 93,7 ± 0,5; $b_2^0$ = 309,3 ± 0,5; $b_2^2$ = 93,8 ± 0,5; $b_4^0$ = 3,1; $b_2^4$ = 12,2; $b_4^4$ = −29,5. Der Anteil ionogener Bindung innerhalb des Komplexes (Mg, Mn)$(H_2O)$ beträgt 95%. M. Hähnert 380

*0891* **Gaszusammensetzung in Einschlüssen synthetischer Minerale.** L. N. Chetčikov und N. A. Šugurova. (Doklady Akad. Nauk SSSR **180** (1968) 1, 211—13; VNII sinteza mineral'nogo syr'ja; russ.) — Unter hydrothermalen Bedingungen im Autoklaven bei 300—350° gezüchtete *Quarze*, aus $NH_4Cl$-haltigen Lsg. bei 280° abgeschiedene *Calcite* sowie aus Schmelzen bei ca. 1400° hergestellte *Fluorphlogopite* werden nach einer früher beschriebenen Meth. auf ihre Gasgeh. hin untersucht. Je nach Mineral u. Synth.-Bedingungen wurden beobachtet: $H_2S$, $SO_2$, $NH_3 + CO_2$, CO, $O_2$, $H_2$, $N_2$ (vorwiegend), $SiF_4$ (beim Fluorphlogopit). Die Gaszus. wird weitgehend durch die während des Kristallisationsvorganges anwesenden atmosphär. Bedingungen bestimmt. M. Hähnert 382

*0892* **Einbau von Edelgasen in sich verfestigende Enstatitschmelzen.** T. Kirsten. (J. geophys. Res. **73** (1968) 8, 2807—10; MPI für Kernphys., Heidelberg; engl.) — In Anwesenheit von He, Ne u. Ar werden Enstatitschmelzen (1500°) rasch abgekühlt u. die Konz. der eingebauten Edelgase massenspektrometr. bestimmt. Die gemessenen Edelgasgeh. sind proportional dem Gasdruck beim Einbau, die Proportionalitätsfaktoren in $cm^3$NTP Edelgas/g · atm ergeben sich zu $K_{He}$ = 1,2 · $10^{-4}$, $K_{Ne}$ = 0,7 · $10^{-4}$, $K_{Ar}$ = 0,2 · $10^{-4}$. Über eine empir. Korrelation $k_i$ = 3,4 · $10^{-4}$ · exp (−1,15 $r_i^2$) mit $r_i$ als gaskinet. Radius der Edelgasatome wird für Kr u. Xe extrapoliert: $K_{Kr}$ = 0,13 · $10^{-4}$, $K_{Xe}$ = 0,06 · $10^{-4}$. Es wurden keine Isotopenverschiebungen beim Einbau der Edelgase in den Enstatit festgestellt. L. Schultz 382

*0893* **Hydrothermale Synthese eines faserartigen Nickel-Amphibols und einige seiner Eigenschaften.** A. D. Fedoseev, T. A. Makarova und L. N. Pivovarova. (Izvest. Akad. Nauk SSSR, Neorg. Mater. **4** (1968) 5, 796—97; Inst. chim. silikatov im. Grebenščikova AN SSSR; russ.) — Die besten Bedingungen für die hydrothermale Synth. eines Na-Ni-Amphibols $Na_2Ni_6Si_8 \cdot O_{22}(OH)_2$ aus unterschiedlichen Ausgangsstoffen: NaOH (**II**), $NiCl_2$ (**III**), $NiSiO_3$, $Ni_2O_3$, $SiO_2$ (**IV**); bei Temp. zwischen 300 u. 500°, bei verschiedenen Füllungsgraden des Autoklaven u. verschiedenen Verhältnissen W.: Feststoff werden ermittelt. Die größte Ausb. wurde bei der Rk. von **II**, **III** u. **IV** während 48 Std. bei 500°, einem Füllungsgrad des Autoklaven von 0,5 (≙ ≈ 900 atm) u. einem Verhältnis von W.: Feststoff = 30:1 erhalten. Die grünliche Verb. hat die Formel $Na_{2,58}Ni_{5,65}Si_8O_{22} \cdot (OH)_2$. Ihr Röntgenogramm ähnelt dem Na-Mg-Amphibol. Nach der DTA beginnt bei 800° die Dehydratation, wobei das Gew. um 2,5% sinkt. U. Strobel 382

*0894* **Gleichgewichtsuntersuchungen von Anorthit unter hohem Druck und bei hohen Temperaturen.** Y. Hariya und G. C. Kennedy. (Amer. J. Sci. **266** (1968) 193—203; Inst. Geophys. and Planetary Phys., Univ. of Calif., Los Angeles, Calif.; engl.) — Bestimmung des Stabilitätsfeldes von Anorthit im Temp.-Bereich von 950—1640° u. bei Drücken zwischen 6 u. 37 kbar. Ein Anorthitzerfall bei hohem Druck verläuft nach folgenden Schemen: 1. 3 Anorthit = Grossular + 2 Cyanit + Quarz; 2. 3 Anorthit = 3 Tschermaks-Moleküle (Pyroxen) + 3 Quarz = Grossular + 2 Cyanit + Quarz. Rk. (2) wird bei höherer Temp. als Rk. (1) bevorzugt. Die Grenze des Anorthitzerfalls zu Grossular, Quarz u. Cyanit liegt bei einem niedrigeren Druck als von Birch et al. (ibid. **258** (1960), 209) festgestellt wurde. M. Hähnert 382

*0895* **Kinetik der Dehydratation von Chrysotil-Asbest.** Ju. G. Vlasov, V. V. Ostrovskij, N. P. Charitonov und V. D. Nefedov. (Izvest. Akad. Nauk SSSR, Neorg. Mater. **4** (1968) 5, 798—800; Inst. chim. silikatov im. Grebenščicova AN SSSR; russ.) — Die Dehydratation nach der summar. Gleichung: $2\,Mg_3Si_2O_5(OH)_4$ = $3\,Mg_2SiO_4 + SiO_2 + 4\,H_2O$ wird thermo-, röntgenograph. u. IR-spektroskop. untersucht. Nach der DTA wird zwischen 100 u. 200° das adsorbierte W. u. zwischen 620 u. 720° das Strukturwasser angegeben. Bei ca. 800° wird exotherm Forsterit gebildet. Nach den IR-Spektren verschieden hoch erhitzter Proben (zwischen 100 u. 1000°) wird das Strukturwasser bei 400—620° abgegeben. Durch Dehydratation wird das Gitter zerstört u. auf 620° erhitzte Proben sind vollkommen röntgenamorph. U. Strobel 382

*0896* **Darstellung eines chemisch dispergierbaren Glimmers.** S. G. Tresvjatskij, V. B. Višnevskij, I. N. Godovannaja, E. S. Lugovskaja und M. A. Parchomenko. (Izvest. Akad. Nauk SSSR, Neorg. Mater. **4** (1968) 5, 755—59; Inst. problem materialovedenija AN USSR; russ.) — Die Substitution von 1,5 $Si^{4+}$ bzw. $Mg^{2+}Si^{4+}$ durch 2 $Al^{3+}$ bei der Glimmersynth. aus KF, $MgF_2$, MgO, $SiO_2$ u. $Al_2O_3$ wird untersucht. Die Substitution gelang nicht, immer krist. stöchiometr. zusammengesetzter *Fluorphlogopit*. Der MgO- u. $Al_2O_3$-Überschuß führt zur Senkung der Glimmerausb. u. zur Spinellbildung. Durch Defluorierung der Schmelze entsteht eine K- u. Al-oxidreiche Glasphase, die die Glimmerkrist. einhüllt. Durch Unters. der Auslaugung der verschiedenen Ionen folgt, daß die Glasphase mit W. reagiert, wodurch eine Dispergierung in einzelne Krist. erreicht wird. U. Strobel 382

*0897* **Hydrothermale Darstellung von Haematit aus amorphem Eisen(III)-hydroxid.** A. Nørlund Christensen und Sidsel Fregerslev. (Acta chem. scand. **22** (1968) 3, 1043; Aarhus, Dänemark, Univ., Dep. of Inorg. Chem.; engl.) — Durch Umsetzung einer wss. 0,1 m Lsg. von $Fe(NO_3)_3$ mit einer 0,25 m Lsg. von $NH_3$ bis zu einem pH-Wert von 4,50 wurde amorphes $Fe(OH)_3$ (**I**) hergestellt. **I** wurde mit der Mutterlauge in abgeschmolzenen Ampullen auf 180,0 ± 1,5° erhitzt. Nach etwa 1,5 Std. hatte sich **I** unter gleichzeitiger Erniedrigung des pH-Wertes auf 4,50 auf etwa 2,4 in Haematit $\alpha$-$Fe_2O_3$ (**II**) umgewandelt. Auf hydrothermalem Wege hergestelltes **II** eignet sich zur Herst. von $\gamma$-$Fe_2O_3$ für Magnetbänder. G. Gattow 382

*0898* **Gleichgewicht im System Nephelin–Apatit–Wasser.** L. N. Kogarko und E. B. Lebedev. (Geochimija **1968**, **3**, 375—77; Inst. geochim. i analit. chim. im. Vernadskogo AN SSSR; Moskva; russ.) — Das betrachtete Syst. ist bin. mit einer Zus. des Eutektikums von ca. 93% Nephelin u. 7% Apatit. Apatit hat demzufolge ein sehr großes Kristallisationsfeld. Aus den Unters. wird geschlossen, daß Apatit–Nephelin-Intrusionen bis zur beginnenden Kristallisation einheitliche Apatit–Silicat-Schmelzen darstellen. Damit wird die Hypothese von der Entstehung apatit. Erze durch Krist.-Differentiation bestätigt. H. Kelch 382

*0899* **Chemischer Anreicherungsprozeß von Nephelin-Syeniten.** R. G. Aršakuni und R. G. Gevorkjan. (Izvest. Akad. Nauk SSSR, Neorg. Mater. **4** (1968) 4, 638—40; Erevanskij politechn. inst. im. Marksa; russ.) — Der Mechanismus der Bldg. von $Na_2O \cdot Al_2O_3 \cdot 2\,SiO_2 \cdot H_2O$ (**I**) aus natürlichen Nephelinsyenitproben bei Einw. von NaOH wurde durch $^{30}$Si-Isotopenverdünnung untersucht. Die Vers. mit natürlichem Nephelinsyenit zeigen, daß die Bldg. von **I** bei der Umsetzung mit NaOH-Lsg. in Ggw. von $SiO_2$ bereits nach 15 Min. beendet ist. J. J. Pohl 382

*0900* **Syntheseprozeß von Pollucit.** G. A. Vydrik, T. V. Morozova und I. Ch. Moroz. (Izvest. Akad. Nauk SSSR, Neorg. Mater. **4** (1968) 2, 258—62; russ.) — Die

Synth. von Pollucit aus $\beta$-Spodumen u. $Cs_2SO_4$ wird durchgeführt. Die Vf. stellen fest, daß die Pollucitbldg. intensiv im Temp.-Intervall von 660—900° vor sich geht. Bei 1000° ist der Pollucitbldg.-Prozeß beendet. Weiterhin wird die Bldg. von Pollucit aus Kaolin, Quarzsand u. $Cs_2SO_4$ untersucht. Bis 1100° entsteht $Cs_2O \cdot Al_2O_3 \cdot 2\,SiO_2$. Bei weiterer Temp.-Erhöhung wird durch den Einfl. von Quarz auf $Cs_2O \cdot Al_2O_3 \cdot 2\,SiO_2$ Pollucit gebildet. Bei 1200° ist die Pollucitbldg. abgeschlossen. H. Korn 382

*0901* **Obere Stabilitätsgrenze von Pyrophyllit bei 1,8 kbar und 3,9 kbar Wasserdruck.** Derril M. Kerrick. (Amer. J. Sci. **266** (1968) 3, 204—14; Dept. of Geol. and Geophys., Univ. of Calif., Berkeley, Calif.; engl.) — Die Rk. Pyrophyllit = Andalusit + 3 Quarz + W. bestimmt die untere Stabilitätsgrenze des Andalusits in quarzführenden Gesteinen. Mit pulverförmigem Ausgangsmaterial findet eine quant. Pyrophyllitzers. nach obiger Rk. bei 473 ± 7° (3,9 kbar), 495 ± 7° (3,8—3,9 kbar) bzw. 447 ± 7° (1,7—1,8 kbar) statt. Beim Einsatz von Quarz- u. Andalusit-Einkrist. erhält man 430 ± 15° (3,9 kbar) u. 410 ± 15° (1,8 kbar). Diese Temp. liegen beträchtlich niedriger als die meisten vorher bestimmten Werte der oberen Stabilitätsgrenze des Pyrophyllits. Werden diese Ergebnisse in Beziehungen zu den neuen experimentellen Arbeiten über die $Al_2SiO_5$-Modifikationen betrachtet, ergeben sich unabhängig vom W.-Partialdruck beträchtliche Stabilitätsfelder für Andalusit u. Kyanit in Quarz führenden Gesteinen bei mäßigen Temperaturen. M. Hähnert 382

*0902* **Hoch-Tiefquarz-Umwandlung: Thermodynamik der $\lambda$-Umwandlung.** William Klement jun. und Lewis H. Cohen. (J. geophys. Res. **73** (1968) 6, 2249 bis 2259; Los Angeles, Calif., Univ. of Calif., Dep. of Engng.; engl.) — Daten für das Vol., die spezif. Wärme, die Wärmeausdehnung u. die elast. Moduln von Quarz in der Nähe der Hoch-Tief-Umwandlung werden verglichen u. die Thermodynamik der $\lambda$-Umwandlung wird unter Einbeziehung von Literaturangaben diskutiert. E. Schulte 382

*0903* **Mineralsynthese aus sauren vulkanischen Gläsern unter hydrothermalen Bedingungen.** V. G. Gogišvili, A. G. Chundadze und N. G. Amirchanova. (Geochimija **1968**, 4, 448—58; Kavkazskij inst. mineral'nogo syr'ja, Tbilisi; russ., Auszug: engl.) — Als Rohstoffbasis dienten Obsidian u. Perlite aus obermiozän-unterpliozänen vulkan. Schichten der Kojundag-Lagerstätte (Süd-Grusinien). Das Material war röntgenamorph u. opt. isotrop. Als Kristallisationsprod. dieser Gläser nach Behandlungen mit NaOH-, $Na_2CO_3$-, NaCl-, NaF- u. HCl-Lsg. verschiedener Konz. bei Temp. zwischen 120 u. 400° traten auf: Analcim, Albit, Quarz, Cristobalit, Natrolith, Hydroxyl-Cancrinit, Hydro-Nephelin sowie zwei Na-Silicate. Die Kristallisate werden opt., röntgenograph. u. chem. charakterisiert. Ableitung einiger geolog. Schlußfolgerungen. Die erhöhte Alkalinität erweitert das Analcim-Stabilitätsfeld über 400°, was damit höher liegt als aus magmat. Bldg. bekannt ist. M. Hähnert 382

*0904* **Neue experimentelle und berechnete Daten der Thorium-Migration unter hypergenen Bedingungen.** A. A. Drozdovskaja und Ju. P. Mel'nik. (Geochimija **1968**, 4, 402—10; Inst. geol. nauk AN USSR, Kiev; russ., Auszug: engl.) — Unter Zugrundelegung publizierter experimenteller Daten werden die Freien Energiewerte für die Bldg. wss. Th-Verb. u. Th-Sulfate unter Normalbedingungen errechnet u. die Stabilitätsfelder mit Hilfe der thermodynam. Meth. berechnet. In hypergenen Zonen wird der Übergang des Th in wss. Lsg. beim Neutralpunkt weitgehend undedeutend sein. In saurem Milieu steigt die Th-Migrationsfähigkeit an (bei pH = 4 auf $10^{-4}$ g-Ion/Liter). Die Migration in mäßig alkal. carbonat. W. erreicht (pH = 9—10) $10^{-5}$ g-Ion/Liter. Th kann danach in „reinem" hypergenen W. in folgender Form migrieren: $Th^{4+}$, $ThOH^{3+}$, $Th(OH)_2^{2+}$, $Th(OH)_3^+$, $Th(OH)_4^0$, $Th_6(OH)_{15}^{9+}$; in sulfathaltigem W. in den Formen: $ThSO_4^{2+}$ u. $Th(SO_4)_2^0$. M. Hähnert 382

*0905* **Bildungsbedingungen einer Sorptionsbarriere der Uranmigration unter reduzierenden Verhältnissen.** V. S. Dement'ev und N. G. Syromjatnikov. (Geochimija **1968**, 4, 459—65; Inst. geol. nauk im. Satpaeva AN KazSSR, Alma-Ata; russ., Auszug: engl.) — Auf der Basis experimenteller Werte über die Abhängigkeit der Uransorption vom pH-Wert u. ber. Gleichgew. in natürlichen U-Lsg. wird versucht, ein pH-Wertsintervall abzuleiten, in dem eine Migrationsbarriere des U auftritt. Beim pH-Wert von 6 ± 0,5 liegt ein Übergangsgebiet vor, beiderseits dessen U in Kation- oder Anion-Form vorherrscht. Das bei pH = 6 ± 0,3 existierende Sorptionsminimum im Übergangsgebiet wird als Ursache der Sorptionsbarriere der U-Migration bei oxydierenden Bedingungen angenommen. M. Hähnert 382

# B. Physikalische organische Chemie

*0906* **Einige physikalisch-chemische Eigenschaften von Methyläthyläther und seines Gemisches mit Diäthyläther.** Ch. A. Aronovič, L. P. Kastorskij und K. F. Fedorova. (Ž. fiz. Chim. **41** (1967) 1, 20—24; Jaroslavskij zavod sintetičeskogo kaučuka; russ.) — Von Methyläthyläther (I) wird die Temp.-Abhängigkeit der D. (0—15°), des Brechungsindexes (0—8°) u. des Dampfdruckes (5—35°) sowie das IR-Spektrum (3200—400 cm$^{-1}$) untersucht. Von den I-Ae.-Gemischen wird die Konz.-Abhängigkeit der D., des Brechungsindexes u. der Oberflächenspannung (jeweils bei 5°) sowie die Konz.-Abhängigkeit des Kp. bei 755, 770 u. 785 Torr untersucht. B. Götschel 400

*0907* **Thermodynamische Eigenschaften von organischen Sauerstoffverbindungen. 17. Mitt. Tieftemperatur-Molwärme und Entropie von Kresolen.** R. J. L. Andon, J. F. Counsell, E. B. Lees, J. F. Martin und C. J. Mash. (Trans. Faraday Soc. **63** (1967) 533, 1115—21; Nat. Phys. Labor., Teddington, Middlesex; engl.) — 16. vgl. C. **1967**, 37-0907. — Molwärme (bei 12—400°K), Schmelzwärme u. Tripelpunkt von *o*-, *m*- u. *p-Kresol* werden mit Hilfe der adiabat. Kalorimetrie bestimmt (Zahlentafel). Die experimentellen Werte von $S^0_{298,15}$ u. die ber. Entropiewerte im idealen Gaszustand bei 298,15 u. 400°K u. 1 at Druck sind angegeben. W. Wesly 400

*0908* **Physikochemische Analyse binärer flüssiger Systeme aus Chloressigsäuren mit Wasser oder Essigsäure.** Ju. Ja. Fialkov und S. N. Cholodnikova. (Ž. obšč. Chim. **37(99)** (1967) 1, 20—25; Kievskij politechn. inst.; russ.) — Von den bin. fl. Syst. aus W. mit *Mono-* (I), *Di-* (II) bzw. *Trichloressigsäure* (III) sowie aus Essigsäure mit I, II u. III wurden bei 25 u. 50° gemessen: D., Viskosität, Brechungsindex, elektr. Leitfähigkeit. R. Göcke 400

## B-1. Optische, elektrische und magnetische Eigenschaften, Spektren

*0909* **Beitrag der Hyperpolarisierbarkeit zum Kerr-Effekt in Flüssigkeiten.** G. H. Meeten. (Trans. Faraday Soc. **65** (1968) 549, 2267—72; Dep. of Phys., Sir John Cass Coll., London; engl.) — Die Beiträge zum elektroopt. Kerr-Effekt werden für *Bzl.*, $CS_2$, $CCl_4$, *n-Hexan*, *n-Octan*, *n-Decan* u. *n-Hexadecan* bestimmt. W. Sobieski 402

*0910* **Beziehung zwischen dem nichtlinearen Brechungsindex und der Lichtstreuung an Molekülen in Flüssigkeiten.** S. Kielich. (Chem. Physics Letters [Amsterdam] **2** (1968) 2, 112—15; Dep. of Mol. Phys., A. Mickiewicz Univ., Poznan, Poland; engl.) — Durch Berechnungen u. Vgl. mit experimentellen Werten (Literatur) an *Tri-* u. *Tetrachlormethan*, *Schwefelkohlenstoff*, *Bzl.*, *Toluol* u. *Nitrobenzol* wird gezeigt, daß eine direkte Beziehung zwischen der Lichtstreuung u. der Nichtlinearität des Brechungsindexes (Reorientierung der Mol. im starken opt. Laserfeld) besteht. W. Sobieski 402

*0911* **Charakteristiken des Spektrums des an der Oberfläche einer Flüssigkeit durch die Kapillarwellen gestreuten Lichtes.** Marie-Anne Bouchiat und Jacques Meunier. (C. R. hebd. Séances Acad. Sci., Sér. A et B **266** (1968) 5, B 301—04; Fac. des Sci., Labor. de Spectroscopie hertzienne de l'E.N.S., Paris; franz.) — Die Änderungen der Eig. des Streuspektrums der Oberfläche von *Ae.* oder *Glycerin* wurde in Abhängigkeit vom Beobachtungswinkel untersucht. U. Radlbeck 402

*0912* **Photochromie: Spektroskopie und Photochemie von Pyran und Thiopyran-Derivaten.** Ralph S. Becker und Jaroslav Kolc. (J. physic. Chem. **72** (1968) 3, 997—1001; Dep. Chem., Univ. Houston, Tex.; engl.) — Bei Bestrahlung (Hg–Xe-Lampe) von *2-Benzyl-2.4.6-triphenyl-2H-pyran* u. *2-Benzyl-2.4.6-triphenyl-2H-thiopyran* erhält man gelbe Photoprodukte. *2.2-Diphenyl-2H-thiochromen* liefert ein grünes Photoprod., dessen Struktur durch Vgl. seines UV-Absorptionsspektrums mit dem des O-Analogen 2H-Chromens ermittelt wird. Ebenso erhält man bei Bestrahlung von *1'.3'.3'-Trimethylspiro-[2H-1-benzothiopyran-2.2'-indolin]*, $C_{19}H_{19}$ · NS, F. 91—92° (A.), ein grünes Photoprod., dessen Struktur auf gleiche Weise bewiesen wurde. Der Austausch von S gegen O verursacht bei der farbigen Form eine starke Rotverschiebung der Absorptionsbanden. Bei der farblosen Verb. ist die Verschiebung gering. E. Gallei 406

*0913* **Einfluß von Lösungsmitteln auf den Übergang n → π*. 3. Mitt. Neue Solvatochromie-Funktion der gesättigten aliphatischen Ketone.** Jacques-Émile Dubois und Aliette Barbi. (J. Chim. physique Physico-Chim. biol. **65** (1968) 2, 376—77; Labor. de Chim. Organ. Phys. de la Fac. des Sci. de Paris; franz.) — 2. vgl. ibid. **65** (1968) 7/8, 1259. — Untersucht wurden *[1-Äthyl-2-methylpropyl]*-, *[2.4-Dimethylpentyl-(3)]*-, *[2.3-Dimethylbutyl-(2)]*-, *[2.3.3-Trimethylbutyl-(2)]*- u. *[2-Äthylpentyl-(2)]-tert.-butylketon*, *Bis-[1.1-dimethylpropyl]-keton*, *n-Butyl-*, *Isopropyl-* u. *[2.3-Dimethylbutyl-(2)]-[2.3.3-trimethylbutyl-(2)]-keton*, *Bis-[triäthylmethyl]-keton* in den Lsgm. Hexan, Bzl., Acetonitril, A., Methanol, 2.2.2-Trifluoräthylalkohol. U. Radlbeck 406

*0914* **Elektronenübertragung im angeregten Zustand von Hydrochinon.** Jehuda Feitelson und Nurith Shaklay. (J. physic. Chem. **71** (1967) 8, 2582—86; Jerusalem, Israel, The Hebrew Univ., Dep. of Phys. Chem.; engl.) G. Schlicht 408

*0915* **Chemilumineszente Elektronen-Übertragungsreaktionen.** Robert Livingston und Horst R. Leonhardt. (J. physic. Chem. **72** (1968) 6, 2254—56; Dep. of Chem., Univ. of Minn., Minneapolis, Minn.; engl.) — Es wurde die Ox. des *Perylen-Anions* (einfach geladen) in Dimethoxymethan mit *$HgCl_2$*, *$SnCl_4$*, *$SbCl_5$*, *Benzoylperoxid* u. *Tetracyanäthylen*, des Perylen-Anions mit Benzoylperoxid in DMF u. des *9.10-Diphenylanthracen-Anions* mit $HgCl_2$ in Dimethoxymethan in einem Fließreaktor bei 25 u. —75° untersucht. Die RGK u. Halbwertzeiten wurden bestimmt u. die relativen Intensitäten der in allen Syst. auftretenden Chemilumineszenz gemessen. K.-J. Lucas 408

*0916* **Untersuchung der Scintillation organischer Verbindungen in unterkühltem geschmolzenem Zustand.** Donald L. Horrocks und Hermann O. Wirth. (J. chem. Physics **47** (1967) 9, 3241—47; Chem. Div., Argonne Nat. Labor., Argonne, Ill.; engl.) — Untersucht werden folgende Verb., welche bei Zimmertemp. relativ stabile, unterkühlte Schmelzen bilden: *N-n-Hexyl-*, *N-Neopentyl-*, *N-Phenyl-*, *N-Biphenylyl-*, *3-Phenyl-*, *N-Methyl-3-phenyl-*, *N.3-Dimethyl-2-phenylindol*; *N-n-Butyl-*, *N-Isoamyl-* u. *N-Phenyl-3.2'-äthyleno-2-phenylindol*, *N-Neopentyl-3.2'-methyleno-2-phenylindol*; *3.3'.2''.3'''-Tetramethyl-p-quaterphenyl* u. *4.4'''-Bis-(2-octyldodecyloxy)-p-quaterphenyl*. Die Fluoreszenzspektren der festen Verb., der unterkühlten Schmelzen u. der Lsg. dieser Verb. werden gemessen u. mit einem Standard-Scintillator (PPO-Toluol-Lsg.) verglichen. I. Jaehn 408

*0917* **Fähigkeit zur Triplettbildung von aromatischen KW-Stoffen in Lösung.** A. R. Horrocks und F. Wilkinson. (Proc. Roy. Soc. [London], Ser. A **306** (1968) 1485, 257—73; School of Chem. Sci., Univ. of East Anglia, Norwich; engl.) — Fluoreszenzmessungen werden an *Fluoren*, *Pyren*, *Naphthalin*, *1-Methoxynaphthalin*, *Acenaphthen*, *Anthracen*, *Phenanthren*, *1.2-Benzanthracen*, *Chrysen* u. *Coronen* in A. u. z. T. in anderen Lsgm. durchgeführt. W. Sobieski 408

*0918* **Gemischte Exzimere von dimesosubstituierten Anthracenen mit Acridin.** I. E. Obyknovennaja und A. S. Čerkasov. (Doklady Akad. Nauk SSSR **178** (1967) 3, 867—69; russ.) — Es wird die Fluoreszenz der Gemische von *9.10-Dimethyl-*, *9.10-Dichlor-* bzw. *9.10-Di-n-propylanthracen* u. Acridin in Toluol sowie deren Abhängigkeit von der Temp., der Konz. zu I u. an zugesetztem A. untersucht. V. Burjan 408△

*0919* **Vergleich von Chininbisulfat und 9.10-Diphenylanthracen als Fluoreszenzstandard.** R. Rusakowicz und A. C. Testa. (J. physic. Chem. **72** (1968) 3, 793—96; Dep. of Chem., St. John's Univ., Jamaica, N.Y.; engl.) — Die Fluoreszenzquantenausb. von 9.10-Diphenylanthracen ist 2,17mal größer als der Wert für Chininbisulfat (I) bei Raumtemperatur. Dieses Ergebnis läßt vermuten, daß der allg. benutzte Wert von 0,55 für I zu hoch ist. Eine vgl. Fluoreszenzunters. von *Chininsulfat* (II) u. I zeigt, daß bei gleichen opt. Dichten der zwei Mol. in der Lsg. die Fluoreszenzkurven nicht zu unterscheiden sind. Die Proportionalität zwischen der Intensität der Fluoreszenz u. der Konz. wurde für I bis hinauf zu $10^{-4}$ mol. Lsg. beobachtet. Bei II hört die Linearität auf, sobald die Konz. 3 · $10^{-5}$ Mol überschreiten. E. Gallei 408

*0920* **Neue Methode zur Berechnung der Molekularschwingungen von Butadien-(1.3), $D_6$-Butadien-(1.3) und [2-D]-Butadien-(1.3).** G. S. Koptev, Ju. N. Pančenko, V. M. Tatevskij und Ju. A. Pentin. (Vestnik Moskovskogo Univ., Ser. II **22** (1967) 1, 3—7; Kefedra fiz. chimii; russ.) — Außerdem werden die experimentellen IR- u. Raman-Frequenzen angeführt. D. Kolbe 415

*0921* **Kinetische Methode zur Messung der molekularen Extinktionskoeffizienten von Triplett–Triplett-Übergängen.** Daniel Lavalette. (C. R. hebd. Séances Acad. Sci., Sér. A et B **266** (1968) 5, B 279—82; Inst. de Radium, Sect. de Biol., Paris; franz.) — Nach dieser Meth. ber. Vf. über den Besetzungsgrad des Triplettzustandes den Wert des mol. Extinktionskoeff. für *Perdeuteronaphthalin*, *Perdeuterophenanthren* u. *Triphenylen*. U. Radlbeck 415

*0922* **IR-, Raman- und protonmagnetische Resonanzspektren von Methylthionitrit.** D. H. Christensen, N. Rastrup-Andersen, Derek Jones, P. Klaboe und E. R. Lippincott. (Spectrochim. Acta [Oxford], Part A **24** (1968) 10, 1581—89; Chem. Labor. V, Univ., Copenhagen; engl.) G. Pötzscher 415

*0923* **Optische Eigenschaften von Anthracen-Einkristallen.** Atsuo Matsui und Yasuhiro Ishii. (J. physic. Soc. Japan **23** (1967) 3, 581—90; Res. and Dev. Center, Sanyo Electric Co., Hirakata-shi, Osaka; engl.) — Das Reflexionsspektrum von Anthracen im Gebiet zwischen 192 u. 600 mμ wurde an Hand eines keilförmig geschliffenen Krist. aufgenommen u. nach der Kramers-Kronig-Meth. analysiert. F. Langenbucher 418

*0924* **Effekt der intramolekularen Verdrillung auf die Fluoreszenzspektren von sterisch gehinderten Tetraphenylbutadienen.** M. Ashraf El-Bayoumi und F. M. Abdel Halim. (J. chem. Physics **48** (1968) 6, 2536—41; Fac. of Sci., Alexandria Univ., Alexandria, Egypt; engl.) — Untersucht werden außerdem die UV-Spektren von *trans-1.1.4-Triphenyl-* u. *trans-1.1.4.4-Tetraphenylbutadien* sowie *trans-1.1.4.4-Tetraphenyl-2-methylbutadien*. D. Schmitt 418

*0925* **UV-Spektrophotometrie von einigen Heterocyclen.** Maurice Gelus und Jane-Marie Bonnier. (J. Chim. physique Physico-Chim. biol. **64** (1967) 11—12, 1602—06; Labor. de Chim. Gén., Fac. des Sci. de Grenoble; franz.) — Die UV-Spektren folgender Verb. wurden untersucht: Thiazole: *unsubstituiert*, *2.4-Diphenyl-*, *2-Phenyl-4-*

*biphenylyl-(4)-*, *4-Phenyl-2-biphenylyl-(4)-* u. *2.4-Bis-[biphenylyl-(4)]-*; p-Phenylen-2.2'-bis-[thiazole]: *4.4'-Dimethyl-*, *4.4'-Diphenyl-*, *4.4'-Dibiphenylyl-(4)-*; *2.2'-Diphenyl-* u. *2.2'-Dibiphenyl-(4)-p-phenylen-4.4'-bis-[thiazol]*, *4.4'-Bis-[4-phenyl-* u. *4.4'-Bis-[4-biphenylyl-(4)-thiazolyl-(2)]-diphenyläther*; *Imidazol*, *Benzimidazol*, *2-Methyl-* u. *2-Phenylbenzimidazol*, *2.6-Diphenylimidazo-[4.5:f]-benzimidazol*, *p-Phenylen-2.2'-bis-[benzimidazol]*, *Bis-[2-Phenylbenzimidazolyl-(5)]-* u. *4.4'-Bis-[benzimidazolyl-(2)]-diphenyläther*; *Benzothiazol*, *2-Methyl-* u. *2-Phenylbenzothiazol*, *p-Phenylen-* u. *Biphenylylen-4.4'-bis-[benzothiazolin-(2)]* sowie *4.4-Bis-[benzothiazolyl-(2)]-diphenyläther*. Die MO-Energien wurden nach der Hückel-Meth. unter Berücksichtigung der Überlappung berechnet.
U. Radlbeck 418

*0926* **Optische und magnetische Eigenschaften der Naphthole im phosphoreszierenden Zustand.** Jean-Philippe Grivet und Marius Ptak. (C. R. hebd. Séances Acad. Sci. Sér. A et B **265** (1967) 18, B 972—75; Labor. de Biophys. du Muséum nat. d'Hist. naturelle, Paris; franz.) — Die UV-Absorptions- u. Phosphoreszenz- sowie die EPR-Spektren des Triplettzustandes (bei 77 °K) von α- u. *β-Naphthol* wurden gemessen u. mit der Elektronenstruktur der angeregten Zustände in Beziehung gesetzt. U. Radlbeck 418

*0927* **Fluoreszenz von 4.4'-Bis-[triazinylamino]-stilben-2.2'-disulfonsäurederivaten.** A. Székely. (Acta Physica Acad. Sci. Hung. **23** (1968) 2, 237—46; Forschungsinst. für die Textilind., Budapest; dt.) — Die Emissionsspektren (UV-Anregung) der opt. Aufheller *Optimol BA* u. *Optimol BVS* auf Chromatogrammpapier u. in Lsg. werden untersucht. A. Kiskéri Bocz 418

*0928* **Fluorometrische Untersuchungen des Mechanismus der Temperaturabhängigkeit des Fluoreszenzspektrums von 3-Aminophthalimid-Lösung in gefrorenem Dioxan.** T. V. Veselova und V. I. Širokov. (Optika i Spektroskopija **22** (1967) 6, 991—93; russ.) D. Kolbe 418

*0929* **Natur der langwelligen Absorption und Lumineszenz von Cyanin-Farbstoffen.** V. I. Permogorov, L. A. Serdjukova und M. D. Frank-Kameneckij. (Optika i. Spektroskopija **22** (1967) 6, 979—81; russ.) — Unters. von *Pseudocyanin* u. *Pinacyanol* von (2—1,4) · $10^4$ cm$^{-1}$ in A. bei 77 u. 293 °K u. Interpretation der Spektren. D. Kolbe 418

*0930* **Struktur und Absorptionsspektrum eines Cyaninfarbstoff-Aggregates.** E. S. Emerson, M. A. Conlin, A. E. Rosenoff, K. S. Norland, H. Rodriguez, D. Chin und G. R. Bird. (J. physic. Chem. **71** (1967) 8, 2396—2403; Cambridge, Mass., Res. Labor. of the Polaroid Corp.; engl.) — Das Monomere des hier untersuchten Aggregates war *3.3'-Bis-[β-carboxyäthyl]-5.5'-dichlor-9-methylthiacarbocyanin*, ein photograph. Sensibilisator. Ernst Schulte 418△

*0931* **Cyclische Temperaturabhängigkeit des stimulierten Raman-Effekts in Benzol.** J. P. Biscar, R. Braunstein und S. Gratch. (Physic. Rev. Letters **19** (1967) 16, 890—91; Dep. of Phys., Univ. of Calif., Los Angeles, Calif.; engl.) — Mit Hilfe der unfokussierten Strahlung eines Q-Rubinlasers u. einer thermostatierten 67-cm-Raman-Zelle wurde die cycl. Temp.-Abhängigkeit der stimulierten Raman-Intensität von Bzl. bei 1,07 μ u. 8050 Å untersucht. Die Ergebnisse stehen in Widerspruch zur Selbstfokussierungstheorie für die anomale Verstärkung. F. Langenbucher 420

*0932* **Struktur der ν(CH)- und ν(CD)-Schwingungsbanden von Deuterobenzolen.** René Freymann, Agnès Marcou und Max-Henri Pinton. (C. R. hebd. Séances Acad. Sci., Sér. A et B **226** (1968) 7, B 394—96; Phys. expér. mol., Fac. des Sci., Paris; franz.)
U. Radlbeck 420

*0933* **Intensitätsmessungen an CH-Valenzschwingungen von geradkettigen Octanderivaten.** J. Fruwert. (Z. physik. Chem. [Leipzig] **238** (1968) 3/4, 262—76; Phys.-chem. Inst. der Karl-Marx-Univ., Leipzig; dt.) — Untersucht wurden die Octane: *1-*, *2-*, *3-* u. *4-Fluor-*; *1-*, *2-*, *3-* u. *4-Chlor-*; *1-*, *2-*, *3-* u. *4-Brom-*; *1-*, *2-*, *3-* u. *4-Jod-*; *1-*, *2-*, *3-* u. *4-Hydroxy-*; *1-*, *2-*, *3-* u. *4-Oxo-*; *1-*, *2-*, *3-* u. *4-Carboxy-*; *1-*, *2-*, *3-* u. *4-Cyan-*; *1-*, *2-*, *3-* u. *4-Nitro-*; *1-*, *2-*, *3-* u. *4-Oximino-* sowie *n-Octan* u. *n-Heptan*.
D. Schmitt 420

*0934* **Schwingungsspektren von Benzolderivaten.** 4. Mitt. **Methylphenylsulfid, Diphenylsulfid, Diphenyldisulfid und Diphenylsulfoxid.** J. H. S. Green. (Spectrochim. Acta [Oxford], Part A **24** (1968) 10, 1627—37; Chem. Standards Div., Nat. Phys. Labor., Teddington, Middlesex; engl.) — 3. vgl. C. **1966**, 4-0676. — Die IR- u. Raman-Spektren der Verb. u. des Komplexes $(C_6H_5)_2SO \cdot CdJ_2$ wurden aufgenommen u. zugeordnet. G. Pötzscher 420

*0935* **Gesetzmäßigkeiten in den Schwingungsspektren von Verbindungen der Phenylcyclopropanreihe.** Kuak Dang Čeu, E. G. Treščova, I. G. Bolesov und R. Ja. Levina. (Vestnik Moskovskogo Univ., Ser. II **22** (1967) 1, 104—06; Kafedra fiz. chimii; russ.) — Unters. der Raman- u. IR-Spektren der trans- u. cis-Stereoisomeren von: *2-Phenylcyclopropancarbonsäure*, deren *Äthylester* u. *Hydrazid* u. von *2-Phenylcyclopropylmethanol*. Die Unterschiede in den Spektren eignen sich zum Unterscheiden der cis- u. trans-Isomeren. D. Kolbe 420

*0936* **Die IR-Spektren von einigen vinyl-, methyl- und isopropenylsubstituierten Cyclobutanen.** E. F. H. Brittain, W. O. George und C. H. J. Wells. (Spectrochim. Acta [Oxford], Part. A **24** (1968) 10, 1549—52; Dep. of Chem., Kingston Coll. of Technol., Kingston-upon-Thames; engl.) — Die IR-Spektren von *trans-1.2-Divinyl-*, *trans-1.2-Dimethyl-1.2-divinyl-*, *trans-1-Isopropenyl-2-methyl-2-vinyl-* u. *trans-1.2-Diisopropenylcyclobutan* wurden aufgenommen u. zugeordnet.
G. Pötzscher 420

*0937* **Einige Tetrazolo-[1.5:b]- und symm.-Triazolo-[4.3:b]-pyridazine und ihre IR-Spektren.** I. B. Lundina, Ju. N. Šejnker und I. Ja. Postovskij. (Izvest. Akad. Nauk SSSR, Ser. chim. **1967**, 1, 66—70; Inst. chimii prirod. sojedin. AN SSSR; russ.) — Unters. der aus 6-Chlortetrazol-[1.5:b]-pyridazin u. dem entsprechenden cycl. Amin bzw. $NaN_3$ dargestellten Tetrazolo-[1.5:b]-pyridazine: *6-Pyrrolidino-* [F. 195—196° (A.); 83% (Ausb.)], *6-Piperidino-* [F. 133—135° (A.); 85%], *6-Morpholino-* [F. 204—207° (A.); 83%], *6-Hexahydroazepino-* [F. 192—194°; (A.)], *6-Azido-* {F. 127—129° (Zers.), 95%, auch durch Diazotierung von 6-Hydrazinotetrazolo-[1.5:b]-pyridazin; 72%}; sowie der analog dargestellten symm.-Triazolo-[4.3:b]-pyridazine: *6-Pyrrolidino-* [F. 165—166° (A./W.); 87%; *Hydrochlorid* (F. 235—237°); *Methojodid* (F. 290)]; *6-Piperidino-* [F. 123—125° (PAe./Bzl.); 69%], *6-Morpholino-* [F. 184 bis 185° (A.); 75%], *6-Hexahydroazepino-* [F. 131—133° (Aceton); 71%], *6-Azido-* [F. 142—144° (Zers.); 81%].
D. Kolbe 420

*0938* **IR-Untersuchung der Valenz- und Deformationsschwingungen der Aminogruppe von 4- und 5-Aminopyrimidin in Lösung. Vergleich mit 2-Aminopyrimidin.** Anne Jacqué-Lafaix, André Burneau und Marie-Louise Josien. (J. Chim. physique Physico-Chim. biol. **65** (1968) 2, 345—52; Labor. de Spectrochim. Mol., Fac. des Sci. de Paris; franz.) — Die durch die Komplexbldg. mit Protonenakzeptoren hervorgerufenen Frequenzverschiebungen werden durch eine einfache Berechnung auf die Änderungen der Valenzkraftkonst. bezogen.
U. Radlbeck 420

*0939* **IR-Absorptionsspektren der ν(CH)-Schwingungen von Pyridin-Derivaten.** Franco Pratesi und René Freymann. (C. R. hebd. Séances Acad. Sci., Sér. A et B **266** (1968) 12, B 771—73; Phys. Expér. Mol., Fac. des Sci., Paris; franz.) — Die ν(CH)-Banden von *Py.*, *α-*, *β-* u. *γ-Picolin*, *4-Cyanpyridin*, *α.α'-Dipyridyl*, *Pyrazin* u. ihren *Komplexen* mit $ZnJ_2$, von *2.6-Dibrom-*, *2.6-* u. *3.5-Dichlorpyridin* sowie die 2ν(CH)- u. 3ν(CH)-Banden von Py. u. den 3 Picolinen wurden untersucht.
U. Radlbeck 420

*0940* **Schwingungsspektren der Komplexe Pyridin–Brom und Pyridin–Bromchlorid.** S. G. W. Ginn, I. Haque und J. L. Wood. (Spectrochim. Acta [Oxford], Part A **24** (1968) 10, 1531—42; Chem. Dep., Imp. Coll. of Sci. and

Technol., London; engl.) — Die IR- u. Raman-Spektren in mehreren Lsgm. wurden aufgenommen u. interpretiert. G. Pötzscher 420

*0941* **IR-Spektren von Chinolin und Isochinolin bei der Temperatur von flüssigem Stickstoff und Versuch der Zuordnung der Grundschwingungen.** Jacqueline Loisel. (C. R. hebd. Séances Acad. Sci., Sér. A et B **266** (1968) 7, B 400—03; Labor. de Rech. phys., Sect. IR, Paris; franz.) U. Radlbeck 420

*0942* **Zuordnung der Grundschwingungen und molekulare Eigenschaften von $CF_2ClBr$.** M. Zaki El-Sabban und Bruno J. Zwolinski. (J. molecular Spectroscopy **22** (1967) 1, 23—33; Dep. of Chem., Tex. A & M Univ., Coll. Station, Tex.; engl.) F. Langenbucher 420

*0943* **Untersuchung der parallelen Komponenten der $2\nu_4$-Bande von $CH_3Br$ bei 1,6 μ.** Claudine Bétrencourt und Colette Joffrin. (C. R. hebd. Séances Acad. Sci., Sér. B **264** (1967) 8, B 619—21; Labor. d'Infrarouge, Chim. phys., Fac. des Sci. de Paris, Orsay, Essonne; franz.) — Ein Vgl. der mit Hilfe einer elektron. Rechenanlage gewonnenen Ergebnisse mit Vers.-Daten, die bei hoher Auflsg. erhalten wurden, gestattet die Präzisierung der Werte der Rotationsquantenzahlen beim Absorptionsmax. sowie der Rotationskonstanten. J. J. Pohl 420

*0944* **Fermi-Resonanz in der Rotationsstruktur des IR-Spektrums von Methyljodid.** Yonezo Morino, Junko Nakamura und Seiya Yamamoto. (J. molecular Spectroscopy **22** (1967) 1, 34—48; Dep. of Chem., Univ., Bunkyo-ku, Tokyo, Japan; engl.) F. Langenbucher 420

*0945* **Die C-Halogen-Valenzfrequenzen von einigen Benzylchloriden und -bromiden.** C. W. Bird. (Spectrochim. Acta [Oxford], Part A **24** (1968) 10, 1666—67; Dep. of Chem., Queen Elizabeth Coll., London; engl.) — Diese Frequenzen wurden bestimmt von *Benzylchlorid* u. *-bromid* u. ihren *m-, p-Methyl-, p-Phenyl-, m-, p-Fluor-, p-Chlor, m-, p-Brom-, p-Cyan-, m-* u. *p-Nitroderiv.* u. nur eine geringe Abhängigkeit vom Substituenten beobachtet. G. Pötzscher 420

*0946* **IR-Absorptionsspektren von Ladungsübertragungskomplexen.** 4. Mitt. **Bortrifluorid-Amine.** Janine Delaule, Éliane Taillandier und Marc Taillandier. (C. R. hebd. Séances Acad. Sci., Sér. A et B **265** (1967) 16, B 849—52; Dép. IR, Fac. des Sci., Paris; franz.) — Die IR-Spektren der äquimol. Komplexe (geschmolzen u. im entsprechenden Amin gelöst) aus $BF_3$ u. *Methyl-, Äthyl-, Butyl-, Dimethyl-* u. *Trimethylamin* wurden von 1—19 μ untersucht. U. Radlbeck 420

*0947* **IR-Absorptionsspektren von Ladungsübertragungskomplexen von Trimethylamin: $(CH_3)_3N \cdot J_2$, $(CH_3)_3N \cdot JBr$ und $(CH_3)_3N \cdot JCl$.** K. Yokobayashi, F. Watari und K. Aida. (Spectrochim. Acta [Oxford], Part A **24** (1968) 10, 1651—55; Dep. of Appl. Sci., Fac. of Engng., Tohoku Univ., Sendai, Japan; engl.) G. Pötzscher 420

*0948* **Beziehung zwischen der Proton-Spin-Gitter-Relaxation und den intramolekularen Schwingungen in flüssigen $C_2$–$C_{10}$-n-Alkoholen.** S.-Ch. G. Kašaev und N. K. Gajsin. (Doklady Akad. Nauk SSSR **173** (1967) 6, 1374—77; Kazanskij gos. pedagog. inst.; russ.) — Die aus der Temp.-Abhängigkeit der Spin-Gitter-Relaxation bestimmten Aktivierungsenergien (E) der Mol.-Bewegung unterhalb —30° von *A., n-Propanol* (**I**), *n-Butanol* (**II**), *n-Hexanol* (**III**), *n-Heptanol, n-Octanol, n-Nonanol* u. *n-Decanol* sind umgekehrt ∼ zu den τ(OH) u. die E oberhalb —30° (E für Temp. > —30° treten nur bei A. u. **I–III** auf) sind umgekehrt ∼ zu den Gerüstschwingungsfrequenzen der Raman-Spektren. D. Kolbe 420

*0949* **OH-Valenzschwingung bei 2.6-Dimethyl- und 4-substituierten 2.6-Dichlorphenolen.** Gordon Leary. (Canad. J. Chem. **46** (1968) 11, 1831—33; Chem. Div., Dep. of Sci. and Ind. Res., Petone New Zealand; engl.) — Angegeben sind Frequenz u. Halbwertsbreite der OH-Bande der 2.6-Dimethylphenole: *4-Methyl-, 4-Methoxy-, 4-tert.-Butyl-, unsubstituiert, 4-Fluor-, 4-Brom-, 4-Acetyl-, 4-Cyan-, 4-Formyl-, 4-Nitro-, 4-Nitroso-*; sowie von den 2.6-Dichlorphenolen: *4-Methyl-, unsubstituiert, 4-Brom-, 4-Äthoxycarbonyl-, 4-Acetyl-, 4-Cyan-* u. *4-Formyl-*. D. Schmitt 420

*0950* **Schwingungsspektren von Methanthiol.** Ingo W. May und E. L. Pace. (Spectrochim. Acta [Oxford], Part A **24** (1968) 10, 1605—15; Dep. of Chem., Case Western Reserve Univ., Cleveland, Ohio; engl.) — Die IR- u. Raman-Spektren von $CH_3SH$ u. $CH_3SD$ wurden aufgenommen u. zugeordnet. G. Pötzscher 420

*0951* **Photolyse von ω-Phenoxyacetophenon.** 2. Mitt. **Substituenten- und Lösungsmitteleffekt auf die Photolyse von ω-Phenoxyacetophenon.** Yoshimasa Saburi, Tomotaka Yoshimoto und Kyoji Minami. (J. chem. Soc. Japan, pure Chem. Sect. [Nippon Kagaku Zasshi] **88** (1967) 12, 1326—29; Fac. of Agric., Univ. of Tokyo, Bunkyo-ku, Tokyo; jap., Auszug: engl.) — 1. vgl. ibid. **88** (1967) 557. — Untersucht wurden die ω-[x-Phenoxy]-acetophenone mit X = *H* ($C_{14}H_{12}O_2$, F. 71°), *2-Methoxy-* ($C_{15}H_{14}O_3$, F. 106°), *3-Methoxy-* ($C_{15}H_{14}O_3$, F. 88°), *4-Methoxy-* ($C_{15}H_{14}O_3$, F. 69°), *2.6-Dimethoxy-* ($C_{16}H_{16}O_4$, F. 103°), *2-Methyl-*, ($C_{15}H_{14}O_2$, F. 63°), *3-Methyl-* ($C_{15}H_{14}O_2$, F. 72°), *4-Methyl-* ($C_{15}H_{14}O_2$, F. 56°), *2.6-Dimethyl-* ($C_{16}H_{16}O_2$, F. 53°), *2-Chlor-* ($C_{14}H_{11}ClO_2$, F. 107°), *3-Chlor-* ($C_{14}H_{11}ClO_2$, F. 96,5°), *4-Chlor-* ($C_{14}H_{11}ClO_2$, F. 99,5°), *2.4.6-Trichlor-* ($C_{14}H_9Cl_3O_2$, F. 109°) sowie *ω-Phenoxy-4-methoxyacetophenon* ($C_{15}H_{14}O_3$, F. 63°), *ω-Phenoxy-4-methylacetophenon* ($C_{15}H_{14}O_2$, F. 72,5°), *ω-[2-Methoxyphenoxy]-4-methoxy-* ($C_{16}H_{16}O_4$, F. 86,5°), u. *-4-methylacetophenon* ($C_{16}H_{16}O_3$, F. 95°) in Bzl., Toluol u. Xylol als Lösungsmittel. H. S. Park 498

*0952* **Schwingungsspektren von kondensierten Ringchinonen.** 1. Mitt. **1.4-Naphthochinon und 9.10-Anthrachinon.** S. N. Singh und R. S. Singh. (Spectrochim. Acta [Oxford], Part A **24** (1968) 10, 1591—97; Dep. of Spectroscopy, Banares Hindu Univ., Varasani, India; engl.) — Die IR- u. Raman-Spektren wurden aufgenommen u. zugeordnet. G. Pötzscher 420

*0953* **Verschiebung der C≡N-Bande bei der Wechselwirkung von Acetonitril mit Ammoniumsalzen in Lösung.** G. S. Denisov, E. V. Ryl'cev und D. N. Suglobov. (Optika i Spektroskopija **23** (1967) 4, 628—29; russ.) — Es werden die Lsg. von Acetonitril in $CCl_4$ in Ggw. von *Tetraoctylammoniumchlorid, -bromid* (**I**) *-jodid*; *Trioctylammoniumjodid* u. *-perchlorat* sowie von *Benzonitril* in $CCl_4$ in Ggw. von **I** jeweils bei verschiedenen Konz. untersucht. In allen Fällen wird zwischen Nitril u. Ammoniumsalz auf Grund von Dipol-Dipol-Wechselwrkg. eine Komplexbldg. beobachtet. V. Burjan 420△

*0954* **Einfluß der Molekularstruktur auf die Frequenz und integrierte Intensität der ν(C≡N)-Schwingung einer Serie von polycyclischen aromatischen Nitrilen.** 2. Mitt. **Lösungsmitteleffekte auf Bandenintensitäten.** H. P. Figeys und V. Mahieu. (Spectrochim. Acta [Oxford], Part A **24** (1968) 10, 1553—60; Labor. de chim. org., Fac. des Sci., Univ. Libre de Bruxelles, Bruxelles; engl.) — 1. vgl. Spectrochim. Acta [London] **22** (1966) 12, 2055. — Beziehungen zwischen Empfindlichkeit der ν(CN)-Intensität gegen Lsgm. u. Dipolmomente der Verb. u. den $E_T$-Werten von Reichard (Angew. Chem. Int. Ed. 4 [1965] 29) wurden beobachtet für *Benzonitril, 1-, 2-Cyannaphthalin, 1-, 2-, 9-Cyananthracen, 3-Cyanphenanthren* u. *Cyanpyren.* G. Pötzscher 420

*0955* **IR-Absorptionsspektren von Äthylensulfid und Äthylenpolysulfid bei niedriger Temperatur (10°K).** Jacques Le Brumant. (C. R. hebd. Séances Acad. Sci., Sér. A et B **266** (1968) 5, B. 283—86; Labor. de Phys. expér. mol., Fac. des Sci., Paris; franz.) — Die IR-Spektren von festem Äthylensulfid (**I**) u. seinem Polymeren (in KBr) bei 10°K, sowie das IR- u. Raman-Spektrum von fl. **I** wurden untersucht. U. Radlbeck 420

*0956* **Untersuchung des Stark-Effekts der Rotations-Schwingungslinien von Formaldehyd mit Hilfe eines 3,5 μ-Lasers.** Katsumi Sakurai, Kiyoji Uehara, Michio Takami und Koichi Shimoda. (J. physic.

Soc. Japan **23** (1967) 1, 103—09; Dep. of Phys., Univ., Tokyo; engl.) — F. Langenbucher 420

*0957* **Gruppenschwingungen und Schwingungsanalyse von Molekülen mit Methylgruppen.** 2. Mitt. **Dimethylsulfon.** J. H. Charter, J. M. Freeman und T. Henshall. (J. molecular Spectroscopy **22** (1967) 1, 18—22; Royal Coll. of Advanced Technol., Salford, England; engl.) — 1. vgl. Canad. J. Chem. **46** (1968) 12, 2129. — F. Langenbucher 420

*0958* **Spektrale Charakteristiken von As-O-Bindungen.** R. R. Šagidullin, I. A. Lamanova und A. K. Urazgil'deeva. (Doklady Akad. Nauk SSSR **174** (1967) 6, 1359—62; Inst. org. i fiz. chimii im. Arbuzova AN SSSR; russ.) — Aus der Lsgm.-Abhängigkeit der IR-Banden zwischen 800 u. 1000 $cm^{-1}$ von *Phosphorsäuretriäthylester, Arsensäuretri-n-butylester* u. *-triäthylester* (I) sowie *Methylarsonsäurediäthylester* wird die $\nu$(As = O) identifiziert. Von nachst. Verb. werden die Substituenteneinfl. auf die $\nu$(As = O) untersucht u. der Charakter der As–O-Bindung diskutiert: Phenyldiäthylarsinoxide: *unsubstituiert, p-Methyl-, p-Chlor-, p-Nitro-, p-Brom-, p-Dimethylamino-, p-Methoxy-*, Arsinoxide: *Tri-n-butyl-, Tri-n-propyl-, Triäthyl-, Trimethyl-, Triphenyl-*; Äthylarsonsäuredialkylester: *-diisopropyl-, -diäthyl-*; n-Butylarsonsäuredialkylester: *-dihexyl-, -di-n-butyl-* (II); *Methylarsonsäurediäthylester* u. *Arsensäuretriäthylester*. Aus dem Vgl. von **II** mit *n-Butylphosphonsäure-di-n-butylester* folgt, daß die As = O-polarer als die P = O-Bindung ist. D. Kolbe 420

*0959* **IR-Spektren einiger Sulfamide.** Maria Ionescu und Ioan Panea. (Studia Univ. Babeş-Bolyai [Cluj], Ser. Chem. **12** (1967) 1, 11—18; rum.) — Im IR-Spektrum von Sulfamiden werden die Schwingungen einiger Bindungen u. Gruppen untersucht, die Absorptionsbanden bei 1100—1000 u. 950—850 $cm^{-1}$ liefern. Außer einigen aus der Literatur bekannten Spektren wurden diejenigen folgender Verb. untersucht: Benzolsulfonsäureamide: *p-Amino-, p-Acetamido-, p-Thioureido-*; Thioharnstoffe: *N-[p-Aminophenylsulfonyl]-, N-[p-Acetamidophenylsulfonyl]-, unsubstituiert; p-Acetamido-* u. *p-Nitrobenzolsulfochlorid, 3-[p-Acetamidophenylsulfonyl]-S-methoxymethylisothioharnstoff.* R. K. Müller 420△

*0960* **Eigenschaften und IR-Spektren von N-Trichlormethylthioderivaten cyclischer Carbamate.** Z. Eckstein, J. Plenkiewicz und A. Ziółkowska. (Bull. Acad. polon. Sci., Sér. Sci. chim. **16** (1968) 5, 239—46; Dep. II of Organ. Technol., Pesticide Div., TU Warsaw; engl.) — Untersucht wurden nachst. Benzoxazolinone-(2) u. N-Trichlormethylmercaptobenzoxazolinone-(2) (A in Klammern die F. der dargestellten A-Verb.): *unsubstituiert, 6-Methoxy-* (106—107,5°), *6-Fluor-* (89 bis 89,5°), *6-Chlor-* (86,5—87°); *5-* u. *6-Brom-* (114,5—115°; 114—114,5°); *6-Jod-* (134—134,5°), *6-Nitro-* (142 bis 142,5°), *5.7-Dichlor-* (153—154°) u. *5.7-Dibrom-* (139 bis 140°) sowie *7-Methyl-N-trichlormethylmercapto-benzoxazolinon-(2)* (112—112,5°); außerdem die 4.5-Dihydro-1.2.4-oxadiazolone-(5) u. die 4-Trichlormethylmercapto-4.5-dihydro-1.2.4-oxadiazolone-(5) (A, in Klammern F. der A-Verb.): *3-Phenyl-* (106—107°), *3-o-, -m-* u. *-p-Chlorphenyl-* (84—86°, 112—113°, 120 bis 121°), *3-o-Fluorphenyl-* (89—90), *3-p-Bromphenyl-* (105 bis 106°), *3-o-* u. *-p-Nitrophenyl* (138—139,5°; 123—124°) u. *3-Diphenylmethyl-* (112—113,5°). D. Schmitt 420

*0961* **IR-Spektrum und Struktur von Benzalanilin $C_6H_5CH = NC_6H_5$.** B. Ostrowska und A. Tramer. (Acta physica polon. **23** (1967) 1(7), 111—24; Inst. of Phys., TU, Warsaw, Polska; engl.) — Die IR-Spektren von Benzalanilin, *Benzaldeuteroanilin* u. *Benzal-p-toluidin* wurden zwischen 400 u. 3200 $cm^{-1}$ an Lsg. u. Krist.-Pulvern untersucht. F. Langenbucher 420

*0962* **Tautomerie N-heterocyclischer Azomethine.** G. Arnold, D. Staudacher, D. Hendriks und C. Schiele. (Spectrochim. Acta [Oxford], Part A **24** (1968) 10, 1657—58; AEG-Telefunken-Forsch.-Inst., Ulm, Donau; engl.) — Durch IR-spektroskop. Beobachtungen wird gezeigt, daß *2-[2-Hydroxy-naphthyl-(1)-methylenamino]-pyridin* um 180°, sein *$HClO_4$-Salz* bereits bei Zimmertemp. in die tautomere 1.2-Dihydro-2-oxo-naphthyliden-methyl-Form übergehen. G. Pötzscher 420

*0963* **Interpretation der $\nu$ (NH)- und $\nu$ (OH)-Absorptionsbanden von einigen $\alpha$-Aminosäuren und ihren Hydrochloriden.** Bernard Dupuy und Chantal Garrigou-Lagrange. (J. Chim. physique Physico-Chim. biol. **65** (1968) 3, 450—53; Labor. de Spectroscopie IR, Fac. des Sci. de Bordeaux; franz.) — Die $\nu$ (NH)- u. $\nu$(OH)-Banden von *$^{14}N$-* u. *$^{15}N$-Glycin, DL-$\alpha$-Alanin, DL-$\beta$-Phenylalanin*, ihren *N-deuterierten Analogen* u. ihren *Hydrochloriden* wurden untersucht. Sie werden durch eine Fermi-Resonanz zwischen den $\nu$(XH)- u. Kombinationsschwingungen interpretiert. U. Radlbeck 420

*0964* **IR-Absorptions- und Emissionsspektren von an Zinkoxyd adsorbierter Ameisensäure.** Teiichiro Ogawa, Toshihiko Kondo, Kosaku Kishi und Kozo Hirota. (Z. physik. Chem. [Frankfurt/M.] [N.F.] **56** (1967) 5/6, 342—54; Dep. of Chem., Fac. of Sci., Osaka Univ., Toyonaka, Osaka; engl.) F. Langenbucher 420

*0965* **IR-Absorptionsspektren verschiedener Weinsäuren.** Marlène Charbonnier und Clément Courty. (J. Physique **28** (1967) 7, 534—38; Labor. de Chim.-Phys., Fac. des Sci., Lyon, France; franz.) — Das IR-Spektrum der verschiedenen Stereoisomeren wurde zwischen 2,5 u. 16 $\mu$ an KBr-Tabletten, in Lsg. u. in der Schmelze untersucht. F. Langenbucher 420

*0966* **Schwingungsspektren von Derivaten des Pentaerythrits.** 2. Mitt. **Schwingungsspektren der Mono-, Di- und Trihalogenderivate des Pentaerythrits.** G. Geiseler und L. Ratz. (Z. Naturforsch. **22a** (1967) 10, 1511 bis 1516; Phys.-Chem. Inst., Univ. Leipzig; dt.) — 1. vgl. ibid. **21a** (1966) 11, 1889. — Von (F. korr.) *Pentaerythritmonochlorid* (F. 138,5° (3:2 $CHCl_3/CCl_4$)], *-dichlorid* [F. 78,5° ($CCl_4$)], *-trichlorid* [F. 65° (PAe.), $Kp._{15}$ 135°], *-monobromid* [F. 76° (3:2 $CHCl_3$/Äthylacetat)], *-dibromid* [F. 62,5° (W.)], *-tribromid* [F. 65° ($CCl_4$)], *-monojodid* [F. 106° (Bzl.)], *-dijodid* [F. 131° (W.)] u. *-trijodid* [F. 63° (PAe.)] werden die IR-Spektren im Bereich 400 bis 4000 $cm^{-1}$ untersucht u. die Banden zugeordnet. F. Langenbucher 420

*0967* **Die IR-Spektren von einigen gemischten Alkylarylsulfoniumverbindungen.** J. H. S. Green und D. J. Harrison. (Spectrochim. Acta [Oxford], Part A **24** (1968) 10, 1599—1603; Chem. Standards Div., Nat. Phys. Labor., Teddington, Middlesex; engl.) — Die IR-Spektren von *Bis-[phenyldimethylsulfonium]-tetrajodomercurat, Phenyldimethyl-, Diphenylmethyl-, Diphenyläthylsulfoniumtrijodomercurat* wurden aufgenommen u. zugeordnet. G. Pötzscher 420

*0968* **Mechanismus von Eliminierungsreaktionen.** 9. Mitt. **Einfluß von Dimethylsulfoxid auf die Reaktionsgeschwindigkeiten und Schwefelisotopeneffekte bei der Reaktion des 2-Phenyläthyldimethylsulfoniumbromids mit Hydroxidion in Wasser.** Anthony F. Cockerill und William H. Saunders jun. (J. Amer. chem. Soc. **89** (1967) 19, 4985—4987; Dep. of Chem., Univ. of Rochester, N.Y.; engl.) — 8. vgl. ibid. **89** (1967) 4, 901. L. Leonhardt 490

*0969* **Mikrowellenspektrum des Äthylalkoholmoleküls.** Jean-Pierre Culot. (Ann. Soc. sci. Bruxelles, Sér. I **81** (1967) 3, 272—91; Centre de Phys. Nucléaire, Louvain; franz.) — Die Mikrowellenspektren von *$CD_3 \cdot CD_2 \cdot OH$* u. *$CD_3 \cdot CD_2OD$* wurden im Bereich 9—50 GHz gemessen. Mittels der Formel von Watson zur Best. der Korrektur der Zentrifugalverzerrung wurden zahlreiche Übergänge zugeordnet, die auf die Komponente des Dipolmomentes entlang der b-Achse zurückzuführen sind. Diese Übergänge entsprechen der „trans"-Konfiguration, bei weicher sich das Hydroxyl-H in der Symmetrieebene des Mol. befindet. Ein Mol.-Modell wird konstruiert, das eine genauere Berechnung der Rotationskonst. der A.-Isotopen erlaubt. U. Radlbeck 422

*0970* **Geometrie des $CF_3PF_4$ auf Grund des Mikrowellenspektrums.** Edward A. Cohen und C. D. Cornwell.

(Inorg. Chem. [Washington] 7 (1968) 2, 398; Dep. of Chem., Univ. of Wis., Madison, Wis.; engl.) — Aus dem bei −78° gemessenen Spektrum wird die Rotationskonst. B = 1183,026 ± 0,001 MHz u. die Torsionsfrequenz $\nu$ = 75 ± 14 cm$^{-1}$ abgeleitet. Es besteht völlige Übereinstimmung mit einem für $C_{3v}$-Symmetrie erwarteten Spektrum. Das Gasphasen-IR-Spektrum (5 Torr, 500 bis 1300 cm$^{-1}$) der verwendeten Probe stimmt mit dem von Griffith angegebenen völlig überein, der jedoch auf Grund der IR-Daten die $C_{3v}$-Symmetrie mit Sicherheit ausschließt. D. Gerlatzek 422

*0971* **NMR-Untersuchungen der Solvatation von Ionenpaaren.** D. Nicholls und M. Szwarc. (J. physic. Chem. 71 (1967) 8, 2727–30; Dep. of Chem., State Univ. of Forestry at Syracuse Univ., N.Y.; engl.) — In Ggw. von *$LiClO_4$, $NaClO_4$, $AgBF_4$, Na(Li)-Tetraphenylborat* werden die charakterist. NMR-Signale organ. Lsgm. (THF, 2-Methyltetrahydrofuran, Tetrahydropyran, Dioxan) verschoben. W. Lohse 424

*0972* **Substituenteneinfluß auf die chemische Verschiebung von Benzylprotonen: Nachweis einer Konformationsabhängigkeit.** Robert R. Fraser, Gurudata, Cesar Reyes-Zamora und Robert B. Swingle. (Canad. J. Chem. 46 (1968) 9, 1595–98; Ottawa, Univ. Dep. of Chem.; engl.) — Bestimmt wurden die chem. Verschiebungen als Funktion der Hammett-$\sigma$-Konst. von p-substituierten Benzylalkoholen, Chlor- u. Bromtoluolen, Benzyltetrahydropyranyläthern, Benzylmethylsulfoxiden u. -sulfonen, Benzylphenylsulfoxiden u. -sulfonen, Benzyl-methyl- u. Benzyl-phenylsulfiden sowie die Hammett-$\varrho$-Werte der Substituenten der Verb.-Klassen. Die Ergebnisse werden bez. der Konform. der Verb. u. einem Hyperkonjugationseffekt diskutiert. B. I. 424△

*0973* **Spin–Spin-Kopplung zwischen an $sp^2$- und $sp^3$-hybridisierten Benzyl-C-Atomen gebundenen Protonen und Ringprotonen.** G. P. Newsoroff und S. Sternhell. (Austral. J. Chem. 21 (1968) 3, 747–60; Dep. of Organ. Chem., Univ. of Sydney, N.S.W.; engl.) — Die Fernbereichkopplungen u. a. NMR-Daten werden von folgenden Verb. bestimmt: *DL-erythro-α.β-Dibrom-β-p-methoxyphenylpropionsäuremethylester* [F. 121° (Hexan/$CCl_4$)], *-β-p-nitrophenylpropionsäuremethylester* (F. 156 bis 157,5° (A.)], *-β-p-nitrophenylpropionsäureäthylester* [F. 113 bis 114° (A.)], *DL-threo-* u. *DL-erythro-α.β-Dichlor-β-p-methoxyphenylpropionsäuremethylester* [F. 53–54° (Ae. Hexan)], *trans-* (Kp.$_{1,5}$ 91–92°; F. 33°) u. *cis-β-Chlor-p-methoxystyrol, trans-* (F. 161–162°) u. *cis-β-Brom-p-nitrostyrol* (F. 46–49°), *trans-* u. *cis-p-Methoxyzimtsäure, cis-p-Nitrozimtsäure* [F. 140–145° (Ae./Hexan)], *trans-* u. *cis-p-Methoxyzimtsäuremethylester* (Kp.$_{0,5}$ 108–110°), *trans-* u. *cis-p-Nitrozimtsäuremethylester* [F. 92,5–94° (Ae./Hexan)], *trans-* u. *cis-3.4.5-Trimethoxyzimtsäure* [F. 113–115° (Hexan/Bzl.)], *trans-* [F. 98° (A.)] u. *cis-3.4.5-Trimethoxyzimtsäuremethylester* [F. 47,5–49,0° (Hexan/$CCl_4$)], *trans-α-Brom-p-methoxyzimtsäure* [F. 142 bis 147° ($CHCl_3$)], *p-Methoxynitrobenzol, -chlorbenzol, -benzoesäuremethylester, p-Chlornitrobenzol, p-Brombenzoesäuremethylester-, p-Nitro-, p-Methoxyphenylpropiolsäuremethylester, p-Chloranilin, p-Nitro-, p-Carboxy-, p-Methoxy-, p-Brom-α.β.β-trimethylstyrol, p-Methoxy-* (F. 28°), *p-Nitrophenylacetylen* (F. 150–152°), *[$CD_3$]-Toluylsäureäthylester, α.β-Dimethyl-, α.β-Dichlor-p.p'-drimethoxystilben, 5-p-Methoxyphenyl-1.2-dithiolon-(3), [OD]p-Acetylphenol, p-Isopropylphenol* u. *[OD]-Deriv., p-Methoxy-, p-Nitrotoluol, p-Methoxy-, p-Nitrobenzaldehyd, p-Methoxy-, p-Nitro-β.β-dimethylstyrol, p-Nitrophenyldimethoxymethan, p-Carboxymethoxy-α.β.β-trimethylstyrol.* u. *1-p-Methoxyphenyl-2.2-dimethylpropanol.* Dargestellt wurden außerdem u. a. *DL-threo-* [F. 59–62° (Hexan)] u. *DL-erythro-α.β-Dibrom-β-phenylpropionsäure* [F. 118–120° (Methanol)], *DL-erythro-α.β-Dichlor-β-p-methoxyphenylpropionsäure* [F. 140–144° (Bzl.)] u. *p-Methoxyphenylpropiolsäure* [F. 144–145° (Aceton/Hexan)], *β-Brom-p-methoxyzimtsäure* u. *p-Pivaloylanisol.* W. Sobieski 424

*0974* **Einfluß von Methylgruppen auf vicinale Proton–Proton-Kopplungskonstanten.** H. Booth und P. R. Thornburrow. (Chem. and Ind. 1968, 21, 685–88; Nottingham, Univ., Dep. of Chem.; engl.) — Vf. zeigen an einer Reihe von Cyclohexanderiv. mit Sesselkonform. (Literaturdaten), daß die vic. Kopplungskonst. J(H, H) durch $CH_3$-Substituenten um 0,9–1,3 Hz erniedrigt werden. B. I. 424△

*0975* **Additivität von Substituenteneffekten auf die Proton–Proton-Kopplungskonstanten substituierter Benzole. Untersuchung trisubstituierter Benzole.** T. Schaefer, G. Kotowycz, H. M. Hutton und J. W. S. Lee. (Canad. J. Chem. 46 (1968) 15, 2531–34; Chem. Dep., Univ. of Manitoba, Winnipeg; engl.) — Untersucht wurden *Jod-, Brom-, Chlor-, Fluor-, Nitrobenzol, Anilin, Phenol, Toluol, 1.2-Dichlor-4-jod-, 1.2-Dichlor-4-brom-, 1.2.4-Trichlor-, 1.2-Dichlor-4-fluor-, 1.2.4-Tribrom-, 1-Fluor-2.4-dibrom-, 1.4-Dichlor-2-brom-, 1-Amino-2-methyl-4-chlor-, 1-Methyl-2-jod-4-nitro-, 1-Methyl-2-brom-4-nitro-, 1-Methyl-2-chlor-4-nitro-, 1-Brom-2-methyl-4-chlor-, 1-Methyl-2-chlor-4-amino-* u. *1-Methyl-2.4-dinitrobenzol.* D. Strauch 424

*0976* **NMR-Spektren substituierter Styrole. 3. Mitt. Übertragung von Struktureffekten in der Kette $X–C_6H_4–C=C–H$.** Jean-Pierre Doucet. (J. Chim. physique Physico-Chim. biol. 65 (1968) 6, 1194–95; Labor. de Chim. Organ. Phys. de la Fac. des Sci. de Paris; franz.) — Vf. untersuchten den Substituenteneinfl. auf die Vinylprotonen an den Verb.: Stilbene: *unsubstituiert, p.p'-Dinitro-, p.p'-Dibrom-, p.p'-Dichlor-, p.p'-Dimethyl-, p.p'-Dimethoxy-, p.p'-Dimethylamino-*; 1.1-Diphenyläthylene: *p-Nitro-, p.p'-Dinitro-, unsubstituiert, p-Brom-, p.p'-Dibrom-, p-Chlor-, p.p'-Dichlor-, p-Methyl-, p.p'-Dimethyl-, p-Methoxy-, p.p'-Dimethoxy-, p-Dimethylamino-* u. *p.p'-Bis-[dimethylamino]-.* J. Richter 424

*0977* **$^1$H-NMR-Spektren von aromatischen Aminen und abgeleiteten Amiden.** R. F. C. Brown, L. Radom, S. Sternhell und I. D. Rae. (Canad. J. Chem. 46 (1968) 15, 2577–87; Dep. of Chem., School of Gen. Studies, Australia Nat. Univ., Canberra; engl.) — Untersucht wurden *4-Methylanilin, -acetanilid, -N-methylanilin, -N-methylacetanilid, -N-[p-brombenzoyl]-anilin, -N-methyl-N-[p-brombenzoyl]-anilin* u. *-N-pivaloylanilin, 2-Methylanilin, -acetanilid, -N-methytanilin, -N-methylacetanilid* u. *-N-methyl-N-[p-brombenzoyl]-anilin, 2.5-Dimethylanilin, -acetanilid, -N-methylanilin, -N-methylacetanilid, -N-[p-brombenzoyl]-anilin* u. *-N-methyl-N-[p-brombenzoyl]-anilin, 2.4-Dimethylanilin, -acetanilid, -N-methylanilin, -N-methylacetanilid* u. *-N-methyl-N-[p-brombenzoyl]-anilin, 4-Chloranilin, -acetanilid, -N-methylanilin, -N-methylacetanilid, -N-benzoylanilin, -N-[p-brombenzoyl]-anilin* u. *-N-methyl-N-[p-brombenzoyl]-anilin, 2.5-Dichloranilin, -acetanilid, -N-methylanilin, -N-methylacetanilid, -N-benzoylanilin, -N-[p-brombenzoyl]-anilin* u. *-N-methyl-N-[p-brombenzoyl]-anilin, 2.4-Dichloranilin* u. *-acetanilid, 3-Nitro-4-methylanilin* u. *-acetanilid, 2-Brom-4-methylanilin* u. *-acetanilid, 2.5-Dimethoxyanilin, -acetanilid, -N-methylanilin, -N-methylacetanilid, -N-[p-brombenzoyl]-anilin* u. *-N-methyl-N-[p-brombenzoyl]-anilin, 2.5-Diäthoxyanilin* u. *-acetanilid, 4-Nitroanilin, -acetanilid, -N-methylanilin* u. *-N-methylacetanilid, 3-Nitro-N-methylanilin, -N-methylacetanilid* u. *-N-methyl-N-[p-brombenzoyl]-anilin, 2.4-Dinitroanilin, -acetanilid, -N-methylanilin, -N-tert.-butylanilin* u. *-N-methylacetanilid, 2-Nitroanilin, -acetanilid, -N-methylanilin* u. *-N-methylacetanilid, 2-Nitrosoanilin* u. *-acetanilid, 2-Methoxycarbonylanilin* u. *-acetanilid, 2-Methoxycarbonyl-4-chloranilin* u. *-acetanilid, 2.6-Dimethylanilin, -acetanilid, -N-methylanilin* u. *-N-methylacetanilid, 2-Chlor-6-methylanilin, -acetanilid, -N-methylanilin* u. *-N-methylacetanilid, 2-Amino-, 2-Acetamido-, 3-Amino-, 3-Acetamido-, 4-Amino-, 4-Acetamido-, 2-Chlor-3-amino-* u. *2-Chlor-3-acetamidopyridin, Amino-* u. *Acetamidopyrazin, 2-Methyl-3-amino-* u. *2-Methyl-3-acetamidochinolin, 2-Amino-, 2-Acetamido-, 5-Amino-, 5-Acetamido-, 4-Brom-5-amino-* u. *4-Brom-5-acetamido-1-benzthiophen, 3-Amino-* u. *3-Acetamidocumarin, 4-Amino-, 4-Acetamido-, 4-[N-Methylamino]-* u. *4-[N-Benzoylamino]-1.2-dithiacyclopenten-(4)-on-(3), 4-Amino-, 4-Acetamido-, 4-[N-Methylamino]-* u. *4-[N-Benzoylamino]-1.2-dithiacyclopenten-(4)-thion-(3).* Durch N-Acylierung bedingte Effekte werden diskutiert. D. Strauch 424

0978 **$^1$H-NMR-Spektren von Alkoholen in Gegenwart von Halogenen.** Ōhiko Kammori, Naoharu Yamaguchi und Kimitaka Sato. (J. chem. Soc. Japan, pure Chem. Sect. [Nippon Kagaku Zasshi] 88 (1967) 12, 1329—1330; Kawasaki-shi; Yawata Iron and Steel Co., Ltd., Tokyo Res. Inst.; jap., Auszug: engl.) — Aus den $^1$H-NMR-Spektren von *Methanol* u. *A.* in Ggw. von *Jod* u. *Brom* mit oder ohne $CCl_4$ (I) als Lsgm. wurde festgestellt, daß bei Zusatz von Alkali oder Säure ein Protonenaustausch zwischen den OH-Gruppen der Alkohole u. den Halogenen stattfindet u. daß die Austauschrk. durch I unterdrückt wird. H. S. Park 424

0979 **Protonmagnetische Resonanz - Untersuchungen von Hydrochinon als Wasserstoffdonator für Tetrahydrofuran.** J. E. Bundschuh, F. Takahashi und N. C. Li. (Spectrochim. Acta [Oxford], Part A 24 (1968) 10, 1639 bis 1643; Dep. of Chem., Duquesne Univ., Pittsburgh, Pa.; engl.) — Für die H-Brückenbildung des 1:1-Komplexes mit THF u. des 1:2-Komplexes wurden die Enthalpie- u. Entropieänderungen bestimmt. G. Pötzscher 424

0980 **Modelle für die Zuordnung chemischer Verschiebungen von Protonen am Epoxidring von 2.3-Anhydroglycopyranosiden.** F. Sweet und R. K. Brown. (Canad. J. Chem. 46 (1968) 9, 1481—86; Edmonton, Alberta, Univ. of Alberta, Dep. of Chem.; engl.) — Durch Spinentkopplungs-Meth. werden die $^1$H-NMR-Signale am Epoxidring von *cis-* u. *trans-3.4-Epoxy-2-methoxy-*, *trans-2-tert.-Butoxy-3.4-epoxytetrahydropyran*, *Methyl-2.3-anhydro-4-desoxy-6-O-methyl-α-DL-lyxo-hexopyranosid* u. *Methyl-4.6-O-benzyliden-2.3-anhydro-α-D-mannopyranosid* zugeordnet. B. I. 424△

0981 **ENDOR-Analyse des 2.4.6-Triphenylphenoxyl-Radikals.** James S. Hyde. (J. physic. Chem. 71 (1967) 1, 68—73; Varian Associates, Palo Alto, Calif.; engl.) W. Wesly 424

0982 **Kernresonanzspektroskopische Untersuchungen an Nitrilen.** 3. Mitt. Detlef Wendisch. (Z. Naturforsch. 23b (1968) 5, 616—22; Farbenfabriken Bayer AG. Leverkusen, Ingenieur Abt. Angew. Phys.; dt.) — 2. vgl. ibid. 22b (1967) 599. — NMR-Unters. (Lsgm.-Effekte u. Rotationsisomerie) von *Propargylcyanid*, *cis-* u. *trans-3-Chlorcrotonsäurenitril*, *Allylcyanid*, *β-Methylallylcyanid*, *Methacrylnitril*; *β-Chlor-*, *β-Brom-* u. *β-Jodpropionitril*; *3-Dimethylamino-* u. *3-Diäthylaminopropionitril*, *Chloracetonitril*, *1-Cyanpropin*, *2-Dimethylaminopropionitril*; sowie *Malonsäure-*, *Bernsteinsäure-*, *Glutarsäure-*, *Adipinsäure-* u. *Korksäuredinitril*. D. Schmitt 424

0983 **Spontane Reaktionen von 1.3-substituierten 1.4-Dihydropyridinen mit Säuren in wäßrig neutralem Medium.** 2. Mitt. **NMR-Untersuchungen.** Kyoung S. Choi und Spyridon G. A. Alivisatos. (Biochemistry [Washington] 7 (1968) 1, 190—97; Chicago, Ill., Univ. of Health Sciences, Chicago Med. School; engl.) — 1. vgl. ibid. 7 (1968) 1, 285. — Spin–Spin-Kopplungszuordnungen für die Ringprotonen in *1-Methyl-1.4-dihydronicotinamid* wurden untersucht. Mechanismus u. Kinetik der prim. Protonierung von *1-Methyl-*, *1-Propyl-* u. *1-Benzyldihydronicotinamid* wurden ebenfalls mit Hilfe der NMR-Spektroskopie untersucht. Mittels NMR-Daten der *2-*, *4-* u. *6-Monodeuterioderiv.* vorst. Verb. u. kinet. Betrachtungen ließen sich die NMR-Signale zuordnen. K. Maier 424

0984 **Selektive Abschirmung von aromatischen Protonen in o-substituierten Acetaniliden.** James R. Bartels-Keith und Ronald F. W. Cieciuch. (Canad. J. Chem. 46 (1968) 15, 2593—600; Polaroid Corp., Cambridge, Mass.; engl.) — Die $^1$H-NMR-Spektren von *o-Nitroacetanilid*, *4-Methyl-2-nitro-*, *4-Methoxy-2-nitro-*, *5-Methoxy-2-nitro-*, *3-Nitro-*, *4-Nitro-*, *4-Nitro-3-methoxyacetanilid*, *o-Acetamidobenzoesäureäthylester*, *o-Acetamidoacetophenon*, *o-Acetamidobenzophenon*, *p-Acetylacetanilid*, *p-Acetamidobenzoesäureäthylester*, *5-Acetamido-1.4-naphthochinon*, *1.4-Diacetamidoanthrachinon*, *Methyl-2-acetamidophenylsulfon*, *2-[N.N-Dimethylsulfamoyl]-4-methoxy-*, *3-[N.N-Diäthylsulfamoyl]-4-methoxy-* u. *2-[N.N-Diäthylsulfamoyl]-4-nitroacetanilid* werden untersucht. Es wird die Existenz von intramolekularen H-Brücken bestätigt. D. Strauch 424

0985 **$^1$H-NMR-Spektren von Methylpolysilanen.** Robert West, F. Axtell Kramer, Edward Carberry, Makoto Kumada und Mitsuo Ishikawa. (J. organometallic Chem. [Amsterdam] 8 (1967) 1, 79—85; Madison, Wis., Univ. of Wis., Dep. of Chem.; engl.) — Untersucht werden die Spektren folgender Silane: *Tetramethyl-*, *Hexamethyldi-*, *Oktamethyltri-*, *Dekamethyltetra-*, *Dodekamethylpenta-*, *Tetradekamethylhexa-*, *Hexadekamethylhepta-*, *Oktadekamethylokta-*, *Eikosamethylnona-*, *Dokosamethyldeka-*, *Dekamethylcyclopenta-*, *Dodekamethylcyclohexa-*, *Tetradekamethylcyclohepta-*, *Pentamethyldi-*, *Pentamethylchlordi-*, *Pentamethylphenyldi-*, *1-Heptamethyltri-*, *1-Chlorheptamethyltri-*, *1-Phenylheptamethyltri-* sowie *Bis-[pentamethyldisilyl]-* u. *Bis-[heptamethyltrisilyl]-äther*. B. I. 424△

0986 **NMR-Untersuchungen von tertiären Phosphinhydrobromiden.** Samuel O. Grim und William McFarlane. (Canad. J. Chem. 46 (1968) 12, 2071—74; Dep. of Chem., Univ. of Md., Coll. Park, Md.; engl.) — Es wurden die NMR-Spektren der Hydrobromide von *Trimethyl-*, *Triäthyl-*, *Tri-n-butyl-*, *Triisopropyl-*, *Tricyclohexyl-*, *Dimethylphenyl-*, *Diäthylphenyl-*, *Di-n-butylphenyl-*, *Diisopropylphenyl-*, *Dicyclohexylphenylphosphin*, *Methyl-*, *Äthyl-*, *n-Butyl-*, *Isopropyl-*, u. *Cyclohexyldiphenylphosphin* aufgenommen. D. Strauch 424

0987 **NMR-Spektren der syn- und anti-Isomeren von Steroid-3-Ketoximen.** Kitarl Oka und Shoji Hara. (Chem. and Ind. **1968**, 27, 911—12; Tokyo Coll. of Pharm. Div. of Organ. Chem.; Ueno-Sakuragi, Taito-ku, Tokyo; engl.) — Untersucht werden die $^1$H-NMR-Spektren von (F. aus Äthylacetal/n-Hexan) *syn-* u. *anti-Testosteronoxim*, *syn-* u. *anti-Testosteron-O-methyloxim*, *syn-* u. *anti-17α-Methyltestosteronoxim*, *syn-* u. *anti-17α-Methyltestosteron-O-methyloxim*, *syn-* u. *anti-19-Nortestosteronoxim*, *syn-* u. *anti-19-Nortestosteron-O-methyloxim*, *syn-* u. *anti-17α-Äthyl-19-nortestosteronoxim*, *syn-* u. *anti-17α-Äthyl-19-nortestosteron-O-methyloxim*, *syn-* u. *anti-A-Nortestosteronoxim*, *syn-* u. *anti-A-Nortestosteron-O-methyloxim*, *syn-* (F. 218—219°) u. *anti-5α-Androstanolonoxim* (F. 218 bis 219°), *syn-* (F. 160—162°) u. *anti-5α-Androstanolon-O-methyloxim* (F. 189—190°), *syn-* (F. 211—213°) u. *anti-5β-Androstanolonoxim* (F. 211—212°), *syn-* (F. 130—132°) u. *anti-5β-Androstanolon-O-methyloxim*. B. I. 424△

0988 **Paramagnetische Resonanz und Elektron-Kern-Doppelresonanz in organischen Molekülen im Triplett-Zustand.** Clyde A. Hutchison jun. (J. physic. Chem. 71 (1967) 1, 203—10; Dep. of Chem. Univ., Chicago, Ill.; engl.) — Untersucht wird die EPR von *Diphenylmethylen* (durch UV-Photolyse von Diphenyldiazomethan bei 77°K) in Benzophenon- u. 1.1-Diphenyläthylen-Krist. u. die ENDOR des *Fluorenyliden*-Mol. (aus Diazofluoren). S. Lampenscherf 426

0989 **ESR von partiell orientierten Grundzustand-Tripletts.** E. Wasserman und W. A. Yager. (J. physic. Chem. 71 (1967) 1, 201—02; Bell Telephone Labor., Murray-Hill, N.J.; engl.) — Das ESR-Spektrum von *Diphenylmethylen* (durch UV-Photolyse von Diphenyldiazomethan bei 77°K) in einer festen Matrix wird untersucht. S. Lampenscherf 426

0990 **Orientierung und Bewegung von Vinyl-Radikalen in Neon-Matrizen.** Paul H. Kasai und Earl B. Whipple. (J. Amer. chem. Soc. 89 (1967) 4, 1033—34; Union Carbide Res. Inst., Tarrytown, N.Y.; engl.) — Es wurde das ESR-Spektrum von durch Dampfphasen-Pyrolyse von Vinyljodid erzeugten u. bei ca. 4°K in Ne fixierten Vinyl-Radikalen untersucht. S. Lampenscherf 426

0991 **Elektronenspinresonanzuntersuchungen beim paradeuterierten Triphenylmethylradikal.** 2. Mitt. H. Hübner, K. D. König und W. Windsch. (Z. physikal. Chem. [Leipzig] 234 (1967) 1/2, 132—35; Inst. für stabile Isotope der Dt. Akad. der Wiss., Berlin; dt.) — Untersucht wird das $D_{3(4.4'.4'')}$-Triphenylradikal. A. Kratochwill 426

*0992* **Anionenradikale von 1-Nitroolefinen.** A. Berndt. (Angew. Chem. **79** (1967) 5, 240–41; int. Edit. **6** (1967) 3, 251–52; Inst. für Organ. Chem. der Univ. Marburg; engl.) — Durch elektrolyt. Einelektronen-Red. substituierter 1-Nitroalkene $R_2R_1C = CRNO_2$ in Acetonitril entstehen Anionenradikale $R_2R_1\dot{C} = CRNO_2^{\ominus} \leftrightarrow R_2R_1\dot{C}-CR{=}NO_2^{\ominus}$, die ESR-spektroskop. charakterisiert werden. Folgende 1-Nitroäthylene wurden untersucht: *1.2.2-Triphenyl-*, *2.2-Diphenyl-*, *2.2-[$D_{10}$-Diphenyl]-*, *1-Methyl-2.2-diphenyl-*, *2-Methyl-2-phenyl-*, *2-Methyl-2-[$D_5$-phenyl]-*, *2-Phenyl-2-tert.-butyl-*, *2-Methyl-2-tert.-butyl-*, *2.2-Dimethyl-*, *1-Nitro-2.2-diphenyl-*, *1-Nitro-2.2-[$D_{10}$-diphenyl]-*. Autorreferat 426△

*0993* **EPR-Spektren des Naphthacen-Trianion- und 5.12-Naphthacenchinon-Anionradikals.** Eddie T. Seo, John M. Fritsch und Robert F. Nelson. (J. physic. Chem. **72** (1968) 5, 1829–30; Redondo Beach, Calif., Phys. Res. Center, TRW, Inc.; engl.) — Die Proton-Hyperfeinkopplungskonst. der durch elektrochem. Red. von Naphthacen erzeugten Anionradikale werden bestimmt. B. I. 426△

*0994* **Anmerkung zu: EPR-Spektren des Naphthacen-Trianion- und 5.12-Naphthacenchinon-Anionradikals.** K. Möbius und M. Plato. (J. physic. Chem. **72** (1968) 5, 1830–31; II. Phys. Inst., FU Berlin; engl.) — Vgl. vorst. Referat. — Diskussion der l. c. berichteten Ergebnisse. B. I. 426△

*0995* **Magnetische Resonanz-Untersuchungen der bestrahlten Kristalle von N-Chloracetyl-DL-alanin.** James W. Wells und Harold C. Box. (J. chem. Physics **48** (1968) 6, 2542–46; Biophys., Dep., Roswell Park Memorial Inst., Buffalo, N.Y.; engl.) — Es werden ESR- u. ENDOR-Messungen durchgeführt. D. Schmitt 426

*0996* **Massenspektrometrische Untersuchung der H.- und $H_2$-Übertragungsreaktionen von Kohlenwasserstoffionen.** Fred P. Abramson und Jean H. Futrell. (J. physic. Chem. **71** (1967) 5, 1233–1237; Aerospace Res. Labor., Wright-Patterson Air Force, Ohio; engl.) L. Leonhardt 428

*0997* **Feldionisation-Massenspektren einiger KW-Stoffe und monochlorsubstituierter Derivate.** Morris J. Weiss und Dwight A. Hutchison. (J. chem. Physics **48** (1968) 10, 4386–97; Chem. Div., Argonne National Labor., Argonne, Ill.; engl.) — Untersucht wurden *Propan*, *n-Butan*, *2-Methylpropan*, *n-Pentan*, *2-Methylbutan*, *2.2-Dimethylpropan*, *n-Hexan*, *2-Methylpentan*, *3-Methylpentan*, *2.2-* u. *2.3-Dimethylbutan*, *Buten-(1)*, *cis-Buten-(2)*, *2-Methylbuten-(2)*, *1-* u. *2-Chlorpropan*, *1-Chlorbutan*, *1-Chlor-2-methylpropan*, *2-Chlor-2-methylpropan*, *2-Chlorbutan*, *1-Chlorpentan*, *1-Chlor-3-methylbutan*, *2-Chlor-2-methylbutan*, *1-Chlor-2.2-dimethylpropan*, *3-Chlorpropen-(1)*, *3-Chlor-2-methylpropen-(1)*, *4-Chlor-2-methylbuten-(2)*, *1-Chloräthan*, *2-Chlor-3-methylbutan* u. *4-Chlor-2-methylbutan*. D. Strauch 428

*0998* **Ionenreaktion in ungesättigten Verbindungen. 3. Mitt. Propylen und die isomeren Butene.** Fred P. Abramson und J. H. Futrell. (J. physic. Chem. **72** (1968) 6, 1994–2007; Chem. Res. Labor., Aerospace Res. Labor. Wright-Patterson Air Force Base, O.; engl.) — 1. vgl. C. **1969**, 4-1072. — Zur Unters. der Ionen-Mol.-Rk. in *Propylen*, *Isobutylen* u. *cis-Buten-(2)* wurden bei erhöhtem Druck mit einem Flugzeitmassenspektrometer die Wirkungsquerschnitte für die ablaufenden Rk. u. mit einem Tandemmassenspektrometer die individuellen Ionen-Mol.-Rk. beobachtet. Mit *2-[$D_3$-Methyl]-[3-$D_3$]-propen* u. *$D_6$-Propen* konnten verschiedene Mechanismen für Ionen-Mol.-Rk. in ungesättigten Syst. abgeleitet werden. K.-H. Bielicki 428

*0999* **Massenspektren von 9.10-Dihydrophenanthren.** A. Maquestiau, Y. Van Haverbeke und F. Delalieu. (Bull. Soc. chim. belges **77** (1968) 5–6, 355–56; Mons, Belgique, Labor. de Chim. Organ.; franz.) — Die Massenpeaks der Titelverb. u. von *[9.9.10.10-$D_4$]-9.10-Dihydrophenanthren* werden bestimmt u. diskutiert. B. I. 428△

## B-2. Strukturforschung

*1000* **Molekulare Verbindungen ohne chemische Bindung.** V. M. Bhatnagar. (Experienta [Basel] **24** (1968) **4**, 319–20; Univ. of Western Australia, Nedlands, Perth; engl.) — Es wird IR-spektroskop. nachgewiesen, daß bei der Einschlußverb. $[Ni(CN)_2(NH_3)C_4H_5N]$ u. $[Ni(CN)_2 \cdot NH_3 \cdot C_6H_6]$ die organ. Mol. sich in Leerstellen des $Ni(CN)_2 \cdot NH_3$-Gitters einlagern u. daß keine chem. Bindung zwischen Gast- u. Wirtsmol. vorliegt. K.-J. Lucas 432

*1001* **Bindungsenergien und -längen von Kohlenstoff, Schwefel, Sauerstoff und Stickstoff in organischen Verbindungen.** Marcel Gosselin. (J. Chim. physique Physico-Chim. biol. **65** (1968) 6, 1090–1104; franz.) — Mittels der Hydrierungswärmen der Alkene u. Alkine beschreiben Vf. die Bindungsenergien CC u. CH in Abhängigkeit von einem einzigen Parameter. Zwischen Energie u. Länge der CC-Bindung besteht eine lineare Beziehung. Analoge Berechnungen ergaben entsprechende lineare Beziehungen für die SS-, CS-, OO-, CO-, NN- u. CN-Bindung. Mit den Ergebnissen können die Bildungswärmen für die Atome S, O u. P abgeleitet werden. J. Richter 432

*1002* **Elektronendriftgeschwindigkeiten in quadrupolaren und polaren Gasen.** T. L. Cottrell, W. J. Pollock und Isobel C. Walker. (Trans. Faraday Soc. **64** (1968) 549, 2260–66; Chem. Dep., Univ. of Edinburgh; engl.) — Untersucht wurden *Äthylen*, *Acetylen*, *Äthan*, *Propan*, *Methylchlorid*, *Dimethyläther*, *Methanol* u. *Phosphin* bei 293°K u. $0{,}06 \leq E/P \leq 20$ V · cm$^{-1}$ · Torr$^{-1}$. W. Sobieski 432

*1003* **Berechnung von Molekül-Dipolmomenten.** Claude Giessner-Prettre und Alberte Pullman. (Theoret. chim. Acta [Berlin] **11** (1968) 2, 159–64; Inst. de Biol. Phys.-Chim., Paris; engl.) — Es werden verschiedene MO-Berechnungsmeth. am Beispiel von *Formaldehyd*, *Pyrrol* u. *Py.* miteinander verglichen. W. Sobieski 432

*1004* **Verwendung von orthogonalisierten Atomorbitalen in π-Elektronensystemen.** J. A. Chapman und D. P. Chong. (Theoret. chim. Acta [Berlin] **10** (1968) 4, 364 bis 366; Dep. of Chem., Univ. of British Columbia, Vancouver, B.C.; engl.) — Bei Löwdin-Orthogonalisierung von Slater-Orbitalen ergeben sich für das *Trimethylenmethyl-* u. das *Allyl*-Radikal gute Spindichten. W. Sobieski 432

*1005* **MO-Theorie über die Konjugationseigenschaft des Cyclopropanrings.** Kiyoshi Shimizu, Hiroshi Kato und Teijiro Yonezawa. (J. chem. Soc. Japan, pure Chem. Sect. [Nippon Kagaku Zasshi **88** (1967) 10, 1050–53; Koriyama-shi; Res. Labor. for Chem. Fibers, Nitto Boseki Co. Ltd.; jap., Auszug: engl.) — Im Vgl. mit Äthylbenzol, Styrol, Methylisopropylketon u. Methylvinylketon wurden die Konjugations-Eig. von *Cyclopropylbenzol* u. *Methylcyclopropylketon* in Abhängigkeit von der Konformation diskutiert. H. S. Park 432

*1006* **FEMO-Behandlung von all-trans-Polyenen mit parametrischer Energieabhängigkeit.** S. R. La Paglia. (Theoret. chim. Acta [Berlin] **11** (1968) 2, 89–96; Chem. Dep., Georgetown Univ., Washington, D.C.; engl.]) — Nach der semiempir. Elektronengasmeth. unter Einschluß von Elektron-Kern- u. Zweielektronen-Wechselwrkg.-Gliedern werden die Anregungsenergien der Polyene untersucht. Bestimmt werden die MO-Integrale, Singulett-Triplett-Aufspaltungen u. Parameterabhängigkeiten im Vgl. mit MO–LCAO-Größen. Das Virialtheorem wird ebenfalls untersucht. Daten sind angegeben für *Äthylen*, *Butadien*, *Hexatrien* u. *Octatetraen*. W. Sobieski 432

*1007* **Verwendung der nach der Hückel-Theorie ermittelten Ladungsdichten und Lokalisierungsenergien zur Voraussage von kinetischen und thermodynamischen Faktoren unter Einbeziehung eines hypothetischen Modells der Hydrohalogenierung von Butadien-(1.3), Isopren und Chloropren.** M. D. Jordan, jr. und F. L. Pilar. (Theoret. chim. Acta [Berlin] **10** (1968) 4, 325–30; Univ. of N.H., Dep. of Chem., Parsons Hall, Durham, N.H.; engl.) — Bei der H-Halogen-Addition wird intermediär ein lineares Carbenium-Ion u. Hyperkonjugation angenommen. Aus den genannten Daten ergibt sich, daß das 1.4-Prod. in allen Fällen thermodynam., das 1.2-Prod. bei Butadien u. Isopren u. das 1.4-Prod. bei Chloropren kinet. bevorzugt ist. W. Sobieski 432

*1008* **Nullfeldaufspaltung in aromatischen Triplett-Zuständen. 3. Mitt. Naphthalin; Verwendung von Zwei-, Drei- und Vierzentren-Integralen.** Colin Thomson. (Theoret. chim. Acta [Berlin] **11** (1968) 2, 165–66; Dep. of Chem., Univ., St. Andrews, Fife, Scotland; engl.) – 2. vgl. Molecular Physics **11** (1966) 197. – Die Nullfeldaufspaltungsparameter D u. E werden berechnet. W. Sobieski 432

*1009* **Ionisationspotentiale und Elektronenaffinitäten von π-konjugierten carbocyclischen und heterocyclischen Molekülen.** Tosiyasu L. Kunii und Haruo Kuroda. (Theoret. chim. Acta [Berlin] **11** (1968) 2, 97–106; Computer Centre, Univ. of Tokyo; engl.) – Die nach PPP mit der β-Meth. ber. MO-Energien folgender Verb. stehen mit den experimentell bestimmten Ionisationspotentialen u. Elektronenaffinitäten in einem linearen Zusammenhang: *Bzl., Naphthalin, Anthracen, Tetracen, Pyren, Perylen, Phenanthren, 1.2-Benzanthracen, Triphenylen, Chrysen, Picen, 1.2;5.6-Dibenzanthracen, Phenol, Anilin, p-Benzochinon, Anthrachinon, 1-* u. *2-Naphthylamin, Benzaldehyd, 1,2-* u. *1.4-Naphthochinon, 1-Hydroxy-9.10-anthrachinon, Pyromellitsäuredianhydrid, Phthalsäure-, Maleinsäureanhydrid, Py., Chinolin, Acridin, Furan* u. *Pyrrol.* Aus den so erhaltenen Regressionsgeraden wurden die Ionisationspotentiale u. Elektronenaffinitäten von folgenden Verb. ermittelt: *Pyrimidin, Alloxan, Cytosin, Uracil, Purin, Adenin, Guanin, Xanthin, Hypoxanthin, Harnsäure, 2-Hydroxy-, 8-Hydroxy-, 2-Amino-, 8-Aminopurin, Porphin, 1.3-Divinyl-, 1-Vinyl-5-formyl-, 1-Vinyl-5.8-diformylporphin, Di-, Tri-, Tetra-, Pentapyrrol* u. *Biliverdin.* W. Sobieski 432

*1010* **MO-Berechnungen von Benzothiophenen und Naphthothiophenen.** N. Trinajstić und A. Hinchliffe. (Z. physik. Chem. [Frankfurt/M.] [N.F.] **59** (1968) 5/6, 271–81; Inst. „Rudjer Bosković", Zagreb, Croatia, Yugoslavia; engl.) – Ber. werden Elektronenstrukturdaten von *Thionaphthen, Isothionaphthen, Dibenzothiophen, Thiophanthren, 6.7-* u. *4.5-Benzothionaphthen.* W. Sobieski 432

*1011* **Unbeschränkte Hartree-Fock-Berechnungen der Spindichteverteilung in den Radikalanionen einiger Heterocyclen aus Thiophen, Furan und Pyrrol.** N. K. Ray und P. T. Narasimhan. (Theoret. chim. Acta [Berlin] **11** (1968) 2, 156–58; Dep. of Chem., Indian Inst. of Technol., Kanpur, India; engl.) – Die Werte werden ber. von den Radikalanionen von *Dibenzo-[b.d]-thiophen, -furan, -pyrrol* u. *4H-Benzo-[d.e.f]-carbazol.* W. Sobieski 432

*1012* **Elektronenstruktur von Pyridin-N-oxid und verwandten Verbindungen.** E. M. Evleth. (Theoret. chim. Acta [Berlin] **11** (1968) 2, 145–55; Centre de Mécanique Ondulatoire, Appl., Paris; engl.) – Nach der PPP–SCF–CI-Meth. werden Daten von Pyridin-N-oxid, *2-* u. *4-Methoxypyridin-N-oxid*, ihrer konjugierten Säuren, *N-Methylpyridon-(2)* u. *-(4)* u. dem Zwitterion *N-Methyl-3-oxidopyridinium* ber. u. mit experimentellen Daten verglichen. W. Sobieski 432

*1013* **Parameterbildung des Rückstoßintegrals von N-Heteroaromaten nach der SCF-LCAO-MO-CI-Methode.** H. Chojnacki. (Theoret. chim. Acta [Berlin] **11** (1968) 2, 174–77; Dep. of Phys. Chem., T.U., Wrocław, Poland; engl.) – Berechnungen werden durchgeführt an *Py., Pyrazin, sym-Triazin, Chinolin, Chinoxalin, Acridin* u. *Phenazin.* W. Sobieski 432

*1014* **Elektronenspektren von 2-Hydroxypurin-Isomeren.** J. S. Kwiatkowski. (Theoret. chim. Acta [Berlin] **11** (1968) 2, 167–68; Dep. of Exper. Phys., Nicholas Copernicus Univ., Toruń, Poland; engl.) – Daten der Elektronenstruktur werden für die beiden Tautomeren von *2-Hydroxypurin* nach PPP berechnet. W. Sobieski 432

*1015* **Semiempirische LCAO-SCF-MO-Berechnungen von ausgewählten homosubstituierten Benzolen.** B. Ford. (Theoret. chim. Acta [Berlin] **10** (1968) **4**, 342–51; Dep. of Math., Univ. of Nottingham; engl.) – Meth. der Parameterwahl im Rahmen des PPP-Verf. werden verglichen u. mit experimentellen Daten von folgenden Benzolen angegeben: *Fluor-, 1.2-Difluor-, 1.3-Difluor-, 1.4-Difluor-, 1.2.3-Trifluor-, 1.2.4-Trifluor-, 1.3.5-Trifluor-, Chlor-, 1.2-Dichlor-, 1.3-Dichlor-, 1.4-Dichlor-, 1.2.3-Trichlor-, 1.2.4-Trichlor-* u. *1.3.5-Trichlor-.* W. Sobieski 432

*1016* **Der π-induktive Effekt der Ammonio($NH_3^+$)-Gruppe.** D. T. Clark. (Theoret. chim. Acta [Berlin] **10** (1968) **4**, 352–56; Dep. of Chem., Univ., Durham; engl.) – Der Einfl. der $NH_3^+$-Gruppe auf die π-Elektronenstruktur des Kations von *Azulenyl-* u. *Naphthylamin* wird untersucht. Daten der Elektronenspektren u. Ladungsverteilung sind angegeben. W. Sobieski 432

*1017* **Gegenseitiger Einfluß der Vinyl- und Nitrogruppen in Vinylnitrobenzoatmolekülen.** Ju. L. Frolov, G. V. Ratovskij und M. F. Šostakovskij. (Doklady Akad. Nauk SSSR **175** (1967) **3**, 624–26; Irkutskij inst. org. chimii Sibir. otdel. AN SSSR; russ.) – Unter Zuhilfenahme der Berechnung nach der Pople-Näherung für nachst. Benzoesäurevinylestern: *unsubstituiert* (**I**), *m-* (**II**) u. *p-Nitro-* (**III**); *m-* u. *p-Nitrobenzoesäureäthylester* werden mit Hilfe der UV-Spektren u. der integralen Raman-Intensitäten der genannten Verb. u. der Raman-Intensitäten von *Essigsäure-* u. *3.5-Dimethylbenzoesäurevinylester* u. von *p-Nitrophenylvinyläther* (**IV**) die Elektronenkonfig. der genannten Verb. untersucht. Von **I–IV**, Phenyl- u. m-Nitrophenylvinyläther werden die Elektronendichten im Grundzustand berechnet. D. Kolbe 432

*1018* **Schwingungsuntersuchung der Kettenkonformation von flüssigen n-Paraffinen und geschmolzenem Polyäthylen.** R. G. Snyder. (J. chem. Physics **47** (1967) 4, 1316–60; Shell Dev. Co., Emeryville, Calif.; engl.) F. Langenbucher 434

*1019* **Untersuchungen von gespannten cyclischen Olefinen mit Hilfe von $^{13}$C-NMR.** E. T. Lippmaa, V. I. Sokolov, A. I. Olivson, Ja. O. Past und O. A. Peutov. (Doklady Akad. Nauk SSSR **173** (1967) 2, 358 bis 360; Inst. kibernetiki AN Est. SSR, Inst. elementoorg. sojedin. AN SSSR; russ.) – Untersuchte Verb.: *Cyclooctan, -octatetraen, -octadien-1.5, cis-* u. *trans-Cyclocten, trans-trans-cis-Cyclododecatrien, Norbornen, Dicyclopentadienyl* u. *Norbornadien.* D. Kolbe 434

*1020* **Rotationsisomerie in chlorsubstituierten Alkoholen.** A. K. Chajretdinova und I. S. Perelygin. (Doklady Akad. Nauk SSSR **174** (1967) 5, 1111–14; Ufimskij aviacion. inst. im Ordžonikidze; russ.) – IR-spektroskop. Unters. im Bereich der ν(OH) der Beziehung zwischen Konstit. u. Rotationsisomerie von *Isopropanol, 1.3-Dichlor-, 1.1.3.3-Tetrachlor-* (**II**), *1.1.1.3.3.3-Hexachlorisopropanol,* (**III**), *Dimethyltrichlormethylcarbinol, A., 2.2.2-Trichloräthanol* u. *tert.-Butanol* in $CCl_4$. Aus der Temp.-Abhängigkeit (–20° bis +50°) der integralen Intensitäten werden die Enthalpie- u. Entropieunterschiede der Konform.-Isomeren von **II–III** bestimmt. D. Kolbe 434

*1021* **Untersuchung der Rotation des Acetonitril-Moleküls in Lösung mittels der Messung der Halbwertsbreite der Schwingungsbanden.** Catherine Alliot, Mireille Cameo und Josette Vincent-Geisse. (C. R. hebd. Séances Acad. Sci., Sér. A et B **266** (1968) 7, B 391–93; Dép. de Rech. phys., Sect. IR, Fac. des Sci., Paris; franz.) – Die Unters. bestätigt die Existenz einer freien Rotation des Mol. um seine dreizählige Symmetrieachse. U. Radlbeck 434

*1022* **Lösungsmitteleffekte auf die Konformation von o-substituierten Acetaniliden.** Ian D. Rae. (Canad. J. Chem. **46** (1968) 15, 2589–92; Dep. of Chem., Monash Univ., Clayton, Victoria, Australia; engl.) – Es wurden die chem. Verschiebungen von aromat. Protonen bei *2.4-Dinitroanilin* u. *-acetanilid, 2.4-Dimethylanilin* u. *-acetanilid, 2.4-Dicarboxyanilin* u. *-acetanilid, 2.4-Dichloranilin* u. *-acetanilid, 2.5-Dichloranilin* u. *-acetanilid, 2-Brom-4-methylanilin* u. *-acetanilid, 2.5-Dimethoxyanilin* u. *-acetanilid, 2.5-Diäthoxyanilin* u. *-acetanilid, 2-Carboxyanilin* u. *-acetanilid, 2-Carboxy-4-chloranilin* u. *-acetanilid,*

*2-Carboxy-4-nitroanilin* u. *-acetanilid, 2-Methoxycarbonylanilin* u. *-acetanilid, 2-Methoxycarbonyl-4-chloranilin* u. *-acetanilid, 2-Methoxycarbonyl-4-nitroanilin* u. *-acetanilid, 4-Methylanilin* u. *-acetanilid, N-Methyl-2.4-dinitroanilin* u. *N-Methyl-2.4-dinitroacetanilid* bestimmt u. das Aufbrechen von intramolekularen H-Brücken durch polare Lsgm. beobachtet. D. Strauch 434

*1023* **Stereochemische Beziehungen zwischen den Epithio-, Halogenmercapto- und Hydroxymercapto-Derivaten der Öl- und Elaidinsäure.** M. W. Roomi, M. R. Subbaram und K. T. Achaya. (Fette, Seifen, Anstrichmittel **69** (1967) 10, 778—80; Reg. Res. Labor., Hyderabad, India; engl.) — Diese stereochem. Beziehungen sind denen der entsprechenden Sauerstoff-Verb. ähnlich. Sowohl bei der Öffnung als auch bei der Wiederherst. eines Epithio-Ringes u. ebenfalls bei der Herst. von *erythro-* u. *threo-*Halogenmercaptooctadecansäuren (A) (*9.10-Chlor-Verb.*, $C_{18}H_{35}ClO_2S$, *threo-*, F. 38—40°; *erythro-*, F. 56—57°. — *9.10-Brom-Verb.*, $C_{18}H_{35}BrO_2S$. — *9.10-Jod-Verb.*, $C_{18}H_{35}JO_2S$) aus *9.10-Hydroxymercaptostearinsäure* (I) ($C_{18}H_{36}O_3S$) findet eine Inversion statt. Bei der Überführung von *Epoxystearinsäure* ($C_{18}H_{34}O_3$; *cis-9.10-*, F. 58—59°; *trans-9.10-*, F. 54—55°) in *Epithiostearinsäure* ($C_{18}H_{34}O_2S$; *cis-9.10-*, F. 57—58°; *trans-9.10-*, F. 61—62°) tritt keine Veränderung der Konfig. ein. Dagegen kommt es bei einer Epoxyfettsäure auf dem Wege Wege über A u. I zu einer Konfig.-Umkehr. Diese stereochem. Änderungen stehen im Einklang mit der Waldenschen Umkehr u. den Additionsrk. der Doppelbindungen. H.-J. Kneußel 434

*1024* **Stereochemische Untersuchungen von Monoterpenverbindungen. 5. Mitt. Rotationskonformation der Acetylgruppe von 10-Nor-8-Oxomentholen und 10-Nor-8-oxocarvomentholen.** Takayuki Suga, Tsuyoshi Shishibori und Tamon Matsuura. (Bull. chem. Soc. Japan **41** (1968) 5, 1175—79; Dep. of Chem., Fac. of Sci., Hiroshima Univ., Hiroshima; engl.) — 4. vgl. ibid. **41** [1968] 1170. — Aus CD- u. IR-Messungen werden die bevorzugten Konform. der Acetylgruppe bestimmt von (+)-*10-Nor-8-oxoneomenthol*, (—)-*10-Nor-8-oxomenthol*, (—)-*10-Nor-8-oxocarvomenthol* u. von (+)-*10-Nor-8-oxoneocarvomenthol.* D. Schmitt 434

*1025* **Einige bei niedrigen Temperaturen stabile nematische Flüssigkeiten.** Dietrich Demus. (Z. Naturforsch. **22a** (1967) 2, 285—86; Inst. für Phys. Chem., Univ. Halle/Saale; dt.) — Die Zustandsdiagramme der bin. Syst. *4'-Äthoxyazobenzol-4-carbonsäure-n-butylester* (I)—*N-[4-Methoxybenzal]-4-amino-α-methylzimtsäure-n-propylester* (II), *I-[4'-Methoxyphenylazophenyl-(4)]-capronat* (III) u. II–III werden untersucht. A. Kiskéri Bocz 436

*1026* **Isomorphiebeziehungen zwischen kristallin-flüssigen Phasen.** 12. Mitt. **Neues über smektische B-Phasen.** D. Demus und H. Sackmann. (Z. physik. Chem. [Leipzig] **238** (1968) 3/4, 215—32; Inst. für phys. Chem. mit Metall- u. Werkstofflabor. der Martin-Luther Univ., Halle-Wittenberg; dt.) — 11. vgl. ibid. **238** (1968) 22; 10. vgl. C. **1968,** 6-0896. — Untersucht wurden *p-Äthoxybenzal-p-aminozimtsäuremethyl-* u. *äthylester, p-Phenylbenzal-p-aminozimtsäureäthylester, p-n-Nonyloxybenzal-p-aminoazobenzol, p-n-Nonyloxybenzal-p-toluidin, [p-Benzoyl oxybenzal]-p-amino-acetophenon, Terephthalal-bis-[p-methoxy-methylenoxy-anilin]* u. *p-Methoxybenzal-p-amino-p'-acetyldiphenyl*; außerdem werden neu dargestellt u. untersucht: *4-Methoxybenzolazo-4'-zimtsäure-äthylester, 4-Acetyloxybenzol-, 4-Benzoyloxybenzol-* u. *4-Carbäthoxybenzolazo-4'-zimtsäureäthylester.* D. Schmitt 436

*1027* **Untersuchung von N-Methylacetamid-Lösungen. Verhalten von stark strukturfixierten Flüssigkeiten.** O. D. Bonner, G. B. Woolsey und R. H. Philp. (J. chem. Ingng. Data **13** (1968) 2, 218—20; Dep. of Chem. Univ. of S.C., Columbia, S.C. 29208; engl.) — DK u. Gefrierpunkte in Dioxan u. Bzl. wurden bestimmt. K.-J. Lucas 436

*1028* **Gemischte flüssige Kristalle: Zusätzlicher Effekt von polaren Endgruppen in Schiffschen Basen.** J. S. Dave und J. M. Lohar. (J. chem. Soc. [London], Sect. A 1967, **9,** 1473—78; Baroda, India, Univ. of Baroda, Fac. of Sci., Chem. Dep.; engl.) — Vf. bestimmten den Einfl. der Endgruppen auf die Temp. der Phasenübergänge fest–fl. u. isotrope Fl.–nemat. Fl. einer Reihe von bin. Syst., deren eine Komponente stets *p-Azoxyanisol* ist, das fl. Krist. zu bilden vermag. Als zweite Komponente, die keine fl. Krist. bildet, wurden verschiedene Schiffsche Basen verwendet, die nach den üblichen Verf. synthetisiert wurden: *4-Dimethylaminobenzyliden-p-anisidin, 4-Chlorbenzyliden-p-phenetidin* ($C_{15}H_{14}ClNO$, F. 121°), *4-Dimethylaminobenzyliden-p-phenetidin, 4-Nitrobenzyliden-p-chloranilin, 4-Methoxybenzyliden-p-phenetidin, 4-Nitrobenzyliden-p-phenetidin* ($C_{15}H_{14}N_2O_3$, F. 123,5°), *4-Nitrobenzyliden-p-dimethylaminoanilin, 4-Dimethylaminobenzyliden-p-nitroanilin, 4-Dimethylaminobenzyliden-p-dimethylaminoanilin, 4-Hydroxybenzyliden-p-toluidin, 4-Hydroxybenzyliden-p-anisidin, 4-Hydroxybenzyliden-p-phenetidin* ($C_{15}H_{15}NO_2$, F. 201°), *4-Dimethylaminobenzyliden-p-toluidin, 4-Dimethylaminobenzyliden-p-bromanilin* ($C_{15}H_{15}BrN_2$, F. 158,5°), *4-Chlorbenzyliden-p-dimethylaminoanilin, Benzyliden-p-phenetidin, 4-Hydroxybenzylidenanilin, 4-Hydroxybenzyliden-p-chloranilin, 4-Hydroxybenzyliden-p-bromanilin, 4-Nitrobenzylidenanilin, 4-Methoxybenzylidenanilin, 4-Methoxybenzyliden-p-jodanilin* ($C_{14}H_{12}JNO$, F. 152,5°), *4-Dimethylaminobenzyliden-p-jodanilin* ($C_{15}H_{15}JN_2$, F. 159°), *4-Dimethylaminobenzylidenanilin, 4-Acetoxybenzyliden-p-chloranilin* ($C_{15}H_{12}Cl \cdot NO_2$, F. 110,5°), *4-Acetoxybenzyliden-p-toluidin* ($C_{16}H_{15} \cdot NO_2$, F. 99°), *4-Propionoxybenzyliden-p-toluidin* (I, $C_{17} \cdot H_{17}NO_2$, F. 101,5°) u. *4-Propionoxybenzyliden-p-chloranilin* (II, $C_{16}H_{14}ClNO_2$, F. 94,4°). Der zur Darst. von I u. II benötigte *p-Propionoxybenzaldehyd* (Kp. 272°) wird aus p-Hydroxybenzaldehyd durch Kondens. mit Propionsäureanhydrid erhalten. Ernst Schulte 436△

*1029* **Thermische und Zusammensetzungsausdehnungen von Clathraten im System Äthylenoxid–Wasser.** J. A. McIntyre und D. R. Petersen. (J. chem. Physics **47** (1967) 10, 3850—52; Midland, Mich., Dow Chem. Co., Chem. Phys. Res. Labor.; engl.) — Röntgenograph. werden die Parameter der nichtstöchiometr. kub. Clathrate x $C_2H_4O \cdot 46\ H_2O$ (theoret. Maximum x = 8) für x = 1,08; 2,32; 3,72 u. 6,75 sowie deren therm. Ausdehnung zwischen —140 u. —90° bestimmt. Diese ist größer als bei normalem hexagonalem Eis. Die Addition von $C_2H_4O$ zu der Käfigstruktur bewirkt bis zu x = 3 keine Ausdehnung der Zelle. Nach dieser krit. Konz. dehnt sich die Zelle mit zunehmender Menge an $C_2H_4O$ aus. C. Gottfried 438△

*1030* **Molekularstruktur des Dimeren von 2-Nitrosoäthan.** F. Peter Boer und June W. Turley. (J. Amer. chem. Soc. **89** (1967) 4, 1034—36; Dow Chem. Co., Eastern Res. Labor., Wayland, Mass.; engl.) — Durch Röntgenstrukturanalyse werden die Parameter der Einheitszelle u. Bindungslängen u. -winkel ermittelt. W. Sobieski 438

*1031* **Die Kristall- und Molekularstruktur des Jodmonochlorid Komplexes von 1-Oxa-4-selenacyclohexan $C_4H_8 \cdot OSe \cdot JCl$.** Carolyn Knobler und J. D. McCullough. (Inorg. Chem. [Washington] **7** (1967) 2, 365—69; Los Angeles, Univ. of Calif. at Los Angeles, Dep. of Chem.; engl.) — Die Bindungswinkel u. Atomabstände sind angegeben. Ernst Schulte 438△

*1032* **Neue kristalline Formen der DL-Glutaminsäure.** Teiko Watanabe und Gentaro Noyori. (J. chem. Soc. Japan, pure Chem. Sect. [Nippon Kagaku Zasshi] 88 (1967) 12, 1267—1270; Noguchi Inst., Kaga, Itabashi-ku, Tokyo; jap., Auszug: engl.) — Aus der Mischung von heißer wss. DL-Glutaminsäure (I) mit Aceton, Methanol u. Äthylenglykol krist. eine neue Kristallform (C-Form) aus. Die Löslichkeit für die C-Form wird in Abhängigkeit von der Temp. angegeben. Die C-Form ist ein Gemisch der α-Form der L-I u. der D-I. H. S. Park 438

*1033* **Stereochemie der Koordinationsgruppe in einem Eisen(III)-Derivat von Tetraphenylporphin.** J. L. Hoard, G. H. Cohen und M. D. Glick. (J. Amer. chem. Soc. **89** (1967) 9, 1992—96; Ithaca, N.Y., Cornell Univ., Dep. of Chem.; engl.) — Die von Fleischer et al. [vgl. ibid. **86** (1964) 2342] angegebenen Röntgendaten für tetra-

gonale Krist., von denen angenommen wurde, daß sie das Aquohydroxyeisen(III)-deriv. von Tetraphenylporphin (TPP) sind, wurden neu analysiert im Hinblick darauf, daß das untersuchte Material möglicherweise das Chloroeisen(III)-deriv. von TPP war.
Ernst Schulte 438△

*1034* **Stereochemie der Koordinationsgruppe in Aquozink(II)-tetraphenylporphin.** M. D. Glick, G. H. Cohen und J. L. Hoard. (J. Amer. chem. Soc. **89** (1967) 9, 1996–98; Ithaca, N.Y., Cornell Univ., Dep. of Chem.; engl.) — Vgl. vorst. Referat. — Eine Neuinterpretation der von Fleischer et al. gemessenen Röntgendaten für *Diaquozink(II)-tetraphenylporphin* führt zu dem Schluß, daß dieser Komplex das *Monoaquoderiv.* ist.
Ernst Schulte 438△

*1035* **Untersuchung der Struktur von Anionradikalen, die sich bei der Wechselwirkung von einigen Organosiliciumverbindungen mit Alkalimetallen bilden.** I. G. Makarov, V. M. Kazakova und Ja. K. Syrkin. (Ž. strukturnoj Chim. 8 (1967) 1, 164–66; Mosk. inst. tonkoj chim. technol. im. Lomonosova; russ.) — ESR-Unters. der Anionradikale (AR) von nachst. Silanen: *Diphenyl-* (**I**), *Diphenyldimethyl-* (**II**), *Diphenyldiäthyl-* (**III**), *Phenyl-*, *Phenyltrimethyl-* u. *Phenyltriäthyl-* (**IV**), die durch Rk. der Silane mit metall. K in THF bzw. Dimethoxyäthan entstehen. Im ESR-Spektrum von **I** tritt daneben als Rk.-Prod. das AR von Diphenyl (**V**) u. in den ESR-Spektren von **II–III** treten außer dem AR von **V** auch die AR von Bis-p-[trialkyl(aryl)silyl]-benzol auf.
J. J. Pohl 439

## B-3. Thermodynamik

*1036* **Kritischer und pseudokritischer Druck binärer Gemische.** Aleksander Kreglewski. (J. physic. Chem. **72** (1968) 6, 2280–81; Columbus, Ohio, Ohio State Univ., Dep. of Chem. Engng.; engl.) — Vgl. ibid. **71** (1967) 2860. — Die Anwendbarkeit der l. c. aufgestellten Beziehungen zwischen krit. u. pseudokrit. Druck bin. Gemische wird für den Fall großer $\Delta T_c$- u. $\Delta Pc$-Werte der Einzelkomponenten diskutiert.
B. I. 442△

*1037* **Zweite Virialkoeffizienten von Dämpfen und ihren Mischungen. 4. Mitt. Das System Benzol-n-Heptan.** Z. S. Belousova und Š. D. Zaališvili. (Ž. fiz. Chim. **41** (1967) 9, 2388–92; Gor'kovskij politechn. inst.; russ.) — 3. vgl. ibid. **40** (1967) 3107. — Aus Kompressibilitätsmessungen Best. der 2. Virialkoeff. von Bzl. (160–230°), n-Heptan (200–230°) u. von deren Mischungen (190 bis 230°).
Hansjürgen Köhler 442

*1038* **Empirische Beziehung für die Ableitung der optischen Dielektrizitätskonstanten nach der Dichte bei konst. Temperatur.** G. H. Meeten. (Nature [London] **218** (1968) 5143, 761; Dep. of Phys., Sir John Cass Coll., London; engl.) — Die Dichtedifferentiale wurden bestimmt u. mit experimentellen Werten verglichen für: *Bzl.*, $CCl_4$, *n-Hexan, Toluol, Cyclohexan, Isooctan, n-Octan, n-Decan, n-Hexadecan*, $CS_2$, *Methyläthylketon, Ae., Methylalkohol.*
D. Schmitt 410

*1039* **Angewandte Kohlenwasserstoffthermodynamik. 29. Mitt. Differenzen der Molwärmen.** Wayne C. Edmister. (Hydrocarbon Processing **46** (1967) 6, 187–92; Okla. State Univ., Stillwater, Okla.; engl.) — 30. vgl. C. **1968**, 41-0936. — Der Vf. stellt die Molwärmen-Differenz $Cp-C_v$ als Funktion von $P_r$, $T_r$ u. dem azentr. Faktor $\omega$ dar. Anwendungsbeispiele für isentropische u. isenthalpische Prozesse werden beschrieben. — Diagramme.
D. Meyer 442

*1040* **Molwärme von H- und D-Äthylalkohol im Intervall 80–250°K.** P. N. Nikolaev, I. B. Rabinovič und B. V. Lebedev. (Ž. fiz. Chim. **41** (1967) 6, 1294–99; NII chimii pri Gor'kovskom gos. univ.; russ.) — Unters. v. A. (F. 158,8° ± 0,1°) u. [*O-D*]-*A.* (F. 156,9° ± 0,1°). Außerdem werden die Temp. u. Wärmen für die Umwandlung von der glasförmigen in die krist. Phase sowie die Schmelzwärmen beider Verb. bestimmt.
E. Vogel 442

*1041* **Thermodynamische Eigenschaften und 3. Hauptsatz-Cyclos von Malonsäuredinitril.** H. L. Girdhar, Edgar F. Westrum jun. und Claus A. Wulff. (J. chem. Engng. Data **13** (1968) 2, 239–42; Dep. of Chem., Univ. of Mich., Ann. Arbor, Mich.; engl.) — Die thermodynam. Zustandsgrößen sind tabelliert.
K.-J. Lucas 442

*1042* **Thermodynamik einiger Kohlenwasserstoffe.** Ju. P. Maslov, A. A. Antonov, P. G. Maslov, V. A. Kozlova und A. S. Stepanov. (Ž. fiz. Chim. **41** (1967) 5, 1001–04; Leningradskij gos. pedagogičeskij Inst. im. Gercena; russ.) — Es werden intern korrelierte Formeln angegeben für die Temp.-Abhängigkeit der Molwärme $C_p^0$, Entropie $S_T^0$, Enthalpie $(H_T^0-H_0^0)$ u. des Potentials $\Phi_T^*$ von *trans-Hexen-(2)* u. -(3), cis-Hexen-(2) u. -(3), 3-Methylpentan, 1.2-Dimethylcyclopenten, cis-1.2-Dibromäthylen u. dessen [1.2-$D_2$]-Derivat. Die Gleichungen gelten für die gasf. Stoffe im Standardzustand bei 250 bis 1500°K (für $C_p^0$ nur zwischen 250 u. 1000°K) u. bei Drücken, bei denen das ideale Gasgesetz noch gilt. Auf der Grundlage der Inkrementmeth. werden analoge Beziehungen für trans-Alkene-(2) u. -(3), cis-Alkene-(2) u. -(3) u. 3-Methylalkane abgeleitet.
R. Göcke 444

*1043* **Thermodynamische Funktionen von Äthyltrichlorsilan.** R. M. Golosova, A. M. Mosin und M. Ch. Karapet'janc. (Ž. fiz. Chim. **41** (1967) 6, 1471–72; Gos. NII chimii i technol. ėlementoorg. soedin; russ.) — Für den Bereich 298,16–1500°K werden die Molwärme $C_p$, das Potential $\Phi$, die Entropie $S^0$, die Enthalpie $H_T-H_0^0$ u. $\Delta H_T^0$ sowie die Funktion $\Delta Z$, berechnet.
R. Göcke 444

*1044* **Thermodynamische Funktionen von Phenyltrichlorsilan.** R. M. Golosova, S. F. Archipova, A. M. Mosin und M. Ch. Karapet'janc. (Ž. fiz. Chim. **41** (1967) 6, 1473–74; Gos. NII chimii i technol. ėlementoorg. soedin.; russ.) — Für den Bereich 298,15–1500°K werden die Molwärme $C_p$, das Potential $\Phi^*$, die Entropie $S^0$, die Enthalpien $H_T^0-H_0^0$ u. $\Delta H_T^0$ u. die Funktion $Z_T^0$ berechnet. Mit Hilfe einer Vgl.-Berechnung werden die Bldg.-Wärmen der Titelverb. u. von *Triphenylchlorsilan* abgeschätzt.
R. Göcke 444

*1045* **Bildungswärmen von 1.1.1-Trinitro-4.4-bis-(difluoramino)-pentan und 2-Fluor-2.2-dinitroäthanol aus verbrennungskalorimetrischen Bestimmungen.** E. E. Baroody, G. A. Carpenter, R. A. Robb und M. F. Zimmer. (J. chem. Engng. Data **13** (1968) 2, 215–17; Res. a. Dev. Dep., Nav. Ordnance Station, Indian Head, Md.; engl.) —
K.-J. Lucas 446

*1046* **Wärmeleitfähigkeit von Nichtelektrolytlösungen.** Ju. L. Rastorguev und Ju. A. Ganiev. (Ž. fiz. Chim. **41** (1967) 6, 1352–56; Groznenskij neftjanoj inst.; russ.) — Bei 40° wird die Konz.-Abhängigkeit der Wärmeleitfähigkeit nachst. Gemische untersucht: *Isopropylalkohol* (**I**)-*Triäthylenglykol* (**II**), *n-Butylalkohol* (**III**) -*Glycerin*, **III–II**, *Isooctan–n-Octan, Methylalkohol–Formamid* (**IV**), **II–IV**, **I–IV**, *W.-Äthylenglykol, W.-Diäthylenglykol* u. W.-**II**.
U. Karnstedt 448

*1047* **Anwendung des heterodyn abgewandelten, von flüssigen Lösungen gestreuten Lichts zur Bestimmung von Diffusionskoeffizienten.** I. M. Aref'ev, B. D. Kopylovskij, D. Š. Maš und I. L. Fabelinskij. (Ž. ėksper. teoret. Fiz.-Pis'ma v Redakciju **5** (1967) 12, 438–42; Fiz. inst. im. Lebedeva AN SSSR; russ.) — Best. der Diffusionskoeff. der Lsg. von Aceton in $CS_2$ u. von Bromoform in n-Propanol mit Hilfe eines He–Ne-Lasers, dessen Licht ausschließlich infolge Konz.-Fluktuationen gestreut wird.
J. Tumová 448△

*1048* **Wärmeleitfähigkeit höherer gesättigter Kohlenwasserstoffe.** G. Ch. Muchamedzjanov und A. G. Usmanov. (Izvest. vysšich učebnych Zavedenij [Baku], Neft Gaz. **10** (1967) 4, 76–80; Kazanskij chim.-technol. inst. im. Kirova; russ.) — Unters. von *n-Pentadecan* (Kp. 270,2°), *n-Nonadecan* (Kp. 330,4°), *n-Dokoson* (Kp. 369,7°), *n-Tetrakosan* (Kp. 394,8°) im Bereich F. bis 200°.
E. Vogel 448

*1049* **Thermodiffusion in Dämpfen der binären Systeme von Butanolisomeren.** E. P. Ageev, G. M. Pančenkov und V. A. Spivak. (Ž. fiz. Chim. **41** (1967) 5, 1155–57; Mosk. gos. univ. im. Lomonosova, chim. fak.; russ.) —

Nachst. Syst. werden untersucht: *tert.-Butanol* (I)–*n-Butanol* (II), I-*Isobutanol* (III), *1-sek.-Butanol* (IV) IV–II, IV–III u. III–II. U. v. Weber 448

*1050* **Viskosität wäßriger Lösungen von Alkoholen.** Makoto Kikuchi und Eiko Oikawa. (J. chem. Soc. Japan, pure Chem. Sect. [Nippon Kagaku Zasshi] 88 (1967) 12, 1259–67; Morioka-shi Iwate Univ., Coll. of Libr. Arts; jap., Auszug: engl.) — Die Viskosität u. D. von wss. *Methanol, A,* u. *n-Propanol* in unterschiedlichen Mischungsverhältnissen wurde bei 10–60° mit Hilfe der Gleichung von Macedo-Litovitz berechnet. Untersucht wurde ferner der Einfl. von Aktivierungsenergie u. Volumen-Faktoren auf die Viskosität. H. S. Park 448

*1051* **Viskosität, Dichte und molare Viskosität von Systemen mit Di-n-decyladipinat.** É. F. Viktorova und A. P. Toropov. (Izvest. vysšich učebnych Zavedenij [Ivanovo], Chim. i chim. Techn. 10 (1967) 11, 1209–12; Taškentskij gos. univ. im. Lenina; russ.) — Folgende Syst. werden untersucht: Di-n-decyladipinat (I) – $CCl_4$, I – *Py.*, I – *Bzl.*, I – *2.2.4-Trimethylpentan*, I – *n-Octan*, I – *4.4-Dicumylmethan.* K. Jasche 448△

## B-4. Phasengleichgewichte, chemische Gleichgewichte und ihre Energetik

*1052* **Korrelationsuntersuchungen an Dampfdruck und kritischen Eigenschaften von isomeren Alkanen.** Arvind P. Kudchadker, William D. Holcomb und Bruno J. Zwolinski. (J. chem. Engng. Data 13 (1968) 2, 182–88; College Station, Tex., Tex. A & M Univ., Thermodynamics Res. Center; engl.) — Es werden Gleichungen zur Berechnung der Konst. der Antoine-Dampfdruckgleichung u. der krit. Daten entwickelt. Tabelliert sind die ber. u. experimentellen (Literatur) Werte des $Kp._{60}$ u. $Kp._{1500}$ von: *2-** u. *3-Methylhexan**, *3-Äthylpentan**, *2.2-**, *2.3-**, *2.4-** u. *3.3-Dimethylpentan**, *2.2.3-Trimethylbutan**, *2-**, *3-** u. *4-Methylheptan**, *3-Äthylhexan**, *2.2-**, *2.3-**, *2.4-**, *2.5-**, *3.3-** u. *3.4-Dimethylhexan**, *2-** u. *3-Methyl-3-äthylpentan**, *2.2.3-**, *2.2.4-**, *2.3.3-** u. *2.3.4-Trimethylpentan**, *2.2.5-* u. *2.2.4-Trimethylhexan*, *3.3-Diäthylpentan*, *2.2.3.3-*, *2.2.3.4-*, *2.2.4.4-* u. *2.3.3.4-Tetramethylpentan* sowie die ber. u. experimentellen (Literatur) Werte der krit. Konst. der mit * gekennzeichneten Verb. u. von *2-Methylbutan, 2.2-Dimethylpropan, 2-* u. *3-Methylpentan*, 2.2- u. *2.3-Dimethylbutan.* B. I. 452△

*1053* **Dampfdrücke und Näherungswerte der thermodynamischen Funktionen flüssiger Halogenalkane.** S. V. Levanova, T. E. Garber und D. N. Andreevskij. (Neftechimija 7 (1967) 2, 286–92; Kujbyševskij politechn. inst. im. Kujbyševa; russ.) — Berechnung der Koeff. der Antoinschen Gleichung für *2-Chlor-, 2-Brom-, 2-Jodpropan; 2-Chlor-, 2-Brom-, 2-Jodbutan; 2-Chlor-, 2-Brom-, 2-Jodpentan; 2-Chlor-, 2-Brom-, 2-Jodhexan; 2-Chlor-, 2-Brom-, 2-Jodheptan; 2-Chlor-, 2-Brom-, 2-Jodoctan* u. Berechnung der latenten Verdampfungs- u. der entsprechenden Entropieänderungen für diese Verb. sowie für *1-Chlor-, 1-Brom-, 1-Jodpropan; 1-Chlor-, 1-Brom-, 1-Jodbutan; 1-Chlor-, 1-Brom-, 1-Jodpentan, 1-Chlor-, 1-Brom-, 1-Jodhexan; 1-Chlor-, 1-Brom-; 1-Jodheptan; 1-Chlor-, 1-Brom-* u. *1-Jodoctan* sowie Berechnung der Standardbldg.-Enthalpien $\Delta H_f^0$, der Standardentropien $\Delta S_T^0$ sowie der Potentiale $\Delta Z_f^0$ für die genannten 1- u. 2-Halogenalkane; ferner Berechnung der Inkremente von $\Delta H_f^0$, $\Delta S_T^0$ u. $\Delta Z_f^0$ für die Substitution von prim. bzw. sek. H in Alkanen durch Cl, Br, bzw. J. R. Göcke 452

*1054* **Dampfdruckkurve von Perfluorcyclobutan.** A. V. Kleckij und L. E. Petrik. (Ž. fiz. Chim. 41 (1967) 5, 1183–84; Leningradskij technol. inst. cholodilnoj prom.; russ.) Ringel 452

*1055* **Thermische Untersuchung der glasartigen Umwandlung von 2-Methylthiophen.** H. Gary Carlson und Edgar F. Westrum jun. (J. chem. Engng. Data 13 (1968) 2, 273–74; Dep. of Chem., Univ. of Mich., Ann Arbor., Mich.; engl.) — Die Mol.-Wärme von 2-Methylthiophen wurde zwischen 110–195° mittels adiabat. Gleichgew.-Kalorimetrie bestimmt. Die Temp.-Abhängigkeit zeigt eine glasartige Umwandlung mit einer gleichmäßig gebogenen Kurve ohne örtliche Maxima. K.-J. Lucas 452

*1056* **Abhängigkeit der Selektivität von der Struktur der Lösungsmittel und der zu trennenden Komponenten.** 1. Mitt. **Anwendbarkeit der Hammett-Gleichung zur Abschätzung der Selektivität aromatischer Lösungsmittel.** A. A. Gajle und Ja. I. Lejtman. (Ž. fiz. Chim. 41 (1967) 11, 2886–89; Leningradskij technolog. inst. im. Lensoveta; russ.) — Als Kriterium der Selektivität werden bei 65° u. 80° die relativen Aktivitätskoeff. (**A**) der Syst. *Cyclohexan–Toluol* u. *Hexan–Bzl.* in nachst. aromat. Lsgm. bei unendlicher Verdünnung gaschromatograph. best.: *Nitromesitylen, Acetophenon, o-Anisidin, Anilin, o-Nitrotoluol, Nitrobenzol, m-Nitroanisol, o-Nitrophenol, o-Nitrochlorbenzol, m-Phenylendiamin, 2.4-Dinitrotoluol, 2.4-Dinitrochlorbenzol* u. *2.4.6-Trinitroäthylbenzol.* Zwischen Hammettschen σ-Konst. der Substituenten der Lsgm. u. den lg A wird die Beziehung untersucht. K. Jasche 454△

*1057* **Eigenschaften des Entmischungsbereichs ternärer flüssiger Systeme mit einem vorherrschenden Zweistoffsystem.** R. V. Merclin, N. I. Nikurašina und L. A. Kamaevskaja. (Ž. fiz. Chim. 41 (1967) 1, 8–13; Saratovskij gos. univ.; russ.) — Unters. des Syst. W. – Phenol – Py. bei 45°. H. Köhler 454

*1058* **Phasengleichgewichte in kondensierten Systemen.** 2. Mitt. **Thermodynamische Überprüfung und Korrelation der Daten über das Flüssigkeit–Flüssigkeit-Gleichgewicht in ternären Systemen.** T. M. Lesteva und S. K. Ogorodnikov. (Ž. fiz. Chim. 41 (1967) 6, 1317–22; VNII neftechim. processov; russ.) — 1. vgl. C. **1968,** 6-0567. — Mit Hilfe der von den Vf. beschriebenen Meth. (s. l. c.) werden die Literaturdaten des Syst. *Methyläthylketon–sek.-Butanol*–W. thermodynam. überprüft. R. Göcke 454

*1059* **Anwendung der Verteilungschromatographie zur Bestimmung der Aktivitätskoeffizienten von Kohlenwasserstoffen in verschiedenen Lösungsmitteln.** R. Popescu, I. Blidişel und Elena Papa. (Rev. Chim. [Bucureşti] 18 (1967) 12, 746–50; rum.) — Es wird eine Formel zur Berechnung der Aktivitätskoeff. ($\gamma_0$) als Funktion der spezif. Retentionsvol. (Vg), des Molgew. u. des Dampfdruckes der einen Komponenten abgeleitet. Vg u. $\gamma_0$ werden bei verschiedenen Temp. mit DMF, Caprolactam, Sulfolan, Äthylencarbonat, N-Methylpyrolidon u. Diäthylenglykol als stationäre Phasen für *n-Hexan, n-Heptan, n-Octan, Methylcyclopentan, Cyclohexan, Methylcyclohexan, Bzl.* u. *Toluol* bestimmt. P. W. Kittner 454△

*1060* **Löslichkeit von Äthylen und Propylen in organischen Lösungsmitteln.** B. I. Konobeev und V. V. Ljapin. (Chim. Prom. 43 (1967) 2, 114–15; russ.) — Bei 20, 40 u. 60° Unters. der Löslichkeit von Äthylen u. Propylen in *n-Hexan, n-Heptan, n-Nonan, Bzl., Toluol, Xylol* (Isomerengemisch), *Methanol, n-Propanol* u. *n-Octanol* bei Drücken bis 32,3 bzw. 7,6 atm. B. Ringel 454

*1061* **Gleichgewicht von 1- und 2-Methylnaphthalin im System Flüssigkeit–Festkörper.** A. Rabčuk. (Ž. fiz. Chim. 41 (1967) 4, 891–92; Inst. tjaževo org. sinteza v Bljachovni Silezskoj, Pol'ša; russ.) — 1- u. 2-Methylnaphthalin bilden ein fast ideales eutekt. System. E. Vogel 454

*1062* **Mischungsenthalpie im System Pyridinbase + Wasser (2.6-, 2.4- und 3.4-Lutidin + Wasser).** W. Wóycicki. (Bull. Acad. polon. Sci., Sér. Sci. chim. 15 (1967) 12, 613–18; Inst. of Phys. Chem., Polish Acad. of Sci.; engl.) K. Jasche 454△

*1063* **Flüssigkeit–Dampf-Phasengleichgewichte binärer Systeme.** 1. Mitt. **Flüssigkeit–Dampf-Gleichgewicht im System Äthylen–Vinylchlorid.** F. I. Duntov, V. S. Zernov und S. G. Ljubeckij. (Ž. prikl. Chim. 40 (1967) 3, 599–603; russ.) U. Karnstedt 454

*1064* **Binäre Gas-Flüssigkeits-Gleichgewichte und ternäre Flüssigkeits-Flüssigkeits-Gleichgewichte von Syste-**

**men mit Cyclohexylamin als eine Komponente.** Yuichi Omote und Jutaro Nakamura. (J. chem. Soc. Japan, ind. Chem. Sect. [Kōgyō Kagaku Zassi] **70** (1967) 9, 1599—1600; Shibukawa, Kanto Electrochem. Inst., Central Res. Labor.; jap., Auszug: engl.) — Untersucht wurden die Syst. Cyclohexylamin(I)-*W.*, I-*Cyclohexan* (II), I-*Cyclohexanol*, I-II-*W.*, I-*Bzl.*-W., I-*Cyclohexanon*-W. u. I-Cyclohexanol-W. H.-S. Park 454

*1065* **Kinetik der $CO_2$-Absorption durch einige Amine.** I. A. Semiochin, Ju. P. Andreev und T. N. Eršova. (Ž. fiz. Chim. **41** (1967) 12, 3077—85; Mosk. gos. univ. im. Lomonosova, Chim. fak.; russ.) — Als Absorbentien werden verwendet: *Mono-*, *Di-* u. *Triäthanolamin*, *Äthylendiamin* u. *Diäthylamin*. K. Jasche 454△

*1066* **Extraktion aliphatischer Alkohole aus ihren Gemischen mit Kohlenwasserstoffen.** 1. Mitt. **Untersuchung der Löslichkeit in den Systemen n-Butylalkohol-Decan-Diäthylenglykol und n-Amylalkohol-Decan-Diäthylenglykol.** L. B. Icikson. (Ž. fiz. Chim. **41** (1967) 2, 409—13; VII po pererabotke nefti, Moskva; russ.) H. Köhler 454

*1067* **Flüssigkeit-Dampf-Gleichgewicht des Systems Äthylalkohol-Wasser im Bereich kleiner Wasserkonzentrationen.** V. N. Vostrikova, M. É. Aėrov, R. É. Gurovič und R. M. Solomatina. (Ž. prikl. Chim. **40** (1967) 3, 683—86; russ.) R. Göcke 454

*1068* **Dampf-Flüssigkeit-Gleichgewichtsuntersuchungen von n-Propanol-n-Decanol-Mischungen.** Jaswant Singh und G. C. Benson. (Canad. J. Chem. **46** (1968) 12, 2065—69; Div. of Pure Chem., Nat. Res. Council of Canada, Ottawa; engl.) — Es werden Dampfdruckmessungen angeführt u. die molaren freien Zusatz-Enthalpien berechnet. D. Strauch 454

*1069* **Schmelzdiagramm im Dreistoffsystem Harnstoff-α-Naphthol-Brenzcatechin.** A. G. Palobekov und A. G. Bergman. (Ž. obsc. Chim. **37**(99) (1967) 1, 40—42; Rostovskij-na-Donu filial inst. sovetskoj torgovli; russ.) — Unters. der Schmelzdiagramme der Syst. Brenzcatechin (I)-α-Naphthol (II) u. Harnstoff(III)-II-I. Die Werte der früher untersuchten Syst. III-I u. III-II sind angeführt. H. Köhler 454

*1070* **Flüssigkeit-Flüssigkeit-Gleichgewicht im System Kohlenwasserstoff-höhere Fettalkohole-Glykole.** M. V. Aleksandrova, T. G. Pavlenko, L. A. Serafimov und S. V. L'vov. (Izvest. vysšich učebnych Zavedenij [Ivanovo], Chim. i chim. Technol. **10** (1967) 3, 335—37; Moskovskij inst. tonkoj chim. technol. im. Lomonosova, Kafedra chimii i technol. osnovnogo organ. sinteza; russ.) — Untersuchte Syst. *n-Decan* (I)-*n-Octylalkohol-Diäthylenglykol* (II), I-*n-Nonylalkohol*-II, I-*n-Decylalkohol*-II u. I-*n-Dodecylalkohol*-II. R. Göcke 454

*1071* **Einfluß der Zusammensetzung und des Druckes auf das Flüssigkeits-Dampf-Phasengleichgewicht im System Wasser-Äthanol-Acetaldehyd.** S. E. Charin und V. M. Perelygin. (Izvest. vysšich učebnych Zavedenij [Ivanovo], Chim. i chim. Technol. **10** (1967) 2, 155—59; Voronežskij technol. inst.; russ.) U. Karnstedt 454

*1072* **Flüssigkeit-Dampf-Gleichgewicht im ternären System Äthylmethylketon-Cyclohexan-Isopropylalkohol.** N. V. Lutugina, V. N. Kolbina und L. M. Podberezkina. (Vestnik Leningradskogo Univ. **22** (1967) 4, Ser. Fiz. Chim. Ser. Nr. 1, 68—71; russ., Auszug: engl.) B. Götschel 454

*1073* **Phasengleichgewicht im System Butyr-(Isobutyr-)Aldehyd-Kohlenoxid-Wasserstoff.** D. S. Ciklis, V. Ja. Maslennikova und N. P. Gorjunova. (Chim. Prom. **43** (1967) 2, 110—11; russ.) — Bei Drücken bis zu 300 atm Unters. der Löslichkeit (L) von Butyraldehyd (**I**, Kp. 73—76°) u. von Isobutyraldehyd (**II**, Kp. 63°) bei 50—160 bzw. 115° in einem $H_2$-CO-Gemisch (45,6% CO) u. der L des $H_2$-CO-Gemisches in I bei 100—160° u. 156—190 atm u. in **II** bei 75—115° u. 155—170 atm. Die Dampfdrücke von **I** (75—150°) u. von **II** (63—100°) werden angegeben. B. Ringel 454

*1074* **Gleichgewicht von zwei flüssigen Phasen im System Chloroform-Benzol-Diantipyrylmethandirhodanid.** K. I. Močalov, V. P. Živopiscev, B. I. Petrov und T. P. Jakovleva. (Ž. obšč. Chim. **37**(99) (1967) 1, 25—28; Permskij gos. univ.; russ.) R. Göcke 454

*1075* **Gleichgewicht im System synthetische Fettsäuren-Paraffin-Dimethylformamid.** A. F. Frolov, B. I. Freger und B. S. Strel'čik. (Chim. Prom. **43** (1967) 2, 113—14; russ.) U. v. Weber 454

*1076* **Phasengleichgewichte in den Systemen Propionsäure-Wasser-Äthylacetat und Propionsäure-Essigsäure-Wasser-Äthylacetat.** I. V. Parfenov, S. S. Novokreščenov, A. I. Šamolin und V. E. Bogoslovskij. (Gidroliznaja lesochim. Prom. **20** (1967) 1, 13—14; Vladimirskij NII inst. sintetičeskich smol; russ.) H. Köhler 454

*1077* **Thermodynamik und Aufbau von Lösungen der Benzoesäure in Methanol.** S. Osinska-Taniewska. (Z. physik. Chem. [Leipzig] **235** (1967) 3/4, 272—80; Inst. für physikal. Chemie der Univ. Łódź, Polen; dt.) — Vom Syst. Benzoesäure(I)-Methanol (**II**) werden der Dampfdruck über der Lsg. u. die integrale Lsg.-Wärme von **I** in **II** gemessen u. die Dichte der untersuchten Lsg. berechnet. Ferner wurden IR- u. Raman-Spektren aufgenommen. K. Jasche 454△

*1078* **Wechselwirkung von Kresolen mit Harnstoff und Acetamid.** I. M. Bochovkin, Ju. I. Bochovkina und E. O. Vitman. (Ž. obšč. Chim. **37**(99) (1967) 1, 31—34; Archangel'skij lesotechn. inst.; russ.) — Unters. der Schmelzdiagramme der Syst.: Harnstoff(I)-Acetamid (**II**), I-*o-Kresol* (**III**), I-*m-Kresol* (**IV**), I-*p-Kresol* (**V**), I-II-III, I-II-IV u. I-II-V. Die Bldg. der Verb. I · 2III, I · 2IV u. I · 2V wird festgestellt; tern. Verb. werden nicht gebildet. R. Göcke 454

*1079* **Untersuchung methanolischer Lösungen von Benzoesäure mit Hilfe von IR-Spektrum, Raman-Spektrum und [1]H-NMR.** S. Taniewska-Osińska. (Soc. Sci. Lodziensis, Acta chim. **12** (1967), 37—49; Dep. of Phys. Chem., Univ., Lódz, Poland; engl.) — Auf Grund der mit verschiedenen Meth. gewonnenen Daten wird versucht, Einblick in die Struktur der methanol. Lsg. von Benzoesäure zu gewinnen. Hierdurch soll die Tatsache erklärt werden, daß sich diese Lsg. in weiten Konz.-Bereichen als ideale thermodynam. Syst. verhalten. F. Langenbucher 454

*1080* **Quantitative Löslichkeits- und Strukturbeziehungen für einige meta- und para-substituierte Benzoesäuren in p-Dioxan und Tetrahydrofuran.** C. Kinney Hancock und John P. Idoux. (J. org. Chemistry **32** (1967) 6, 1931—34; Coll. Stat. ,Tex., Texas A & U Univ., Dep. of Chem.; engl.) — Es wurde die Löslichkeit von folgenden Benzoesäuren: *unsubstituiert*, *p-Nitro-*, *p-* u. *m-Methoxy-*, *p-* u. *m-Methyl-*, *p-Amino-*, *m-Brom-*, *p-Hydroxy-*, *p-Fluor-*, *3.4-Dichlor-*, *4-Chlor-3-nitro-*, *3.5-Dinitro-* sowie von *Iso-* u. *Terephthalsäure* in p-Dioxan u. THF bei 30° bestimmt. H. Pehlmann 454

*1081* **Gleichgewichtsverhältnisse Flüssigkeit-Dampf des Systems Essigsäure-Isoamylalkohol-Isoamylacetat.** 2. Mitt. **Die binären Systeme Essigsäure-Isoamylacetat und Isoamylalkohol-Isoamylacetat.** N. G. Krochin. (Ž. fiz. Chim. **41** (1967) 6, 1509—10; Mosk. tekstil'nyj inst.; russ.) — 1. vgl. ibid. **41** (1967) 3, 671. — Für die Titelsyst. sind die isobaren Gleichgewichtszus. in Fl. u. Dampf bei 760 u. 20 mm Hg sowie für Isoamylacetat die Dampfdruckdaten von 5,2—760 mm Hg mitgeteilt. B. Götschel 454

*1082* **Phasengleichgewichte im System Dimethylterephthalat-Methanol.** G. D. Efremova. (Ž. obšč. Chim. **37**(99) (1967) 1, 28—31; russ.) — Best. der Dichte von Dimethylterephthalat (**I**, F. 140,5°) zwischen **143** u. **375°** sowie der Löslichkeit u. der Lsg.-Vol. von **I** in $CH_3OH$ zwischen 60 u. 140° u. Unters. der Abhängigkeit der Molvol. u. Zus. der Lsg. auf der Sättigungslinie von Druck (bis 80 atm) u. Temp. (150—250°). R. Göcke 454

*1083* **Physikalisch-chemische Untersuchungen des Systems Methylacetat-Methanol bei verschiedenen Drük-**

**ken.** M. I. Balašov, A. V. Grišunin und L. A. Serafimov. (Ž. fiz. Chim. **41** (1967) 5, 1210—13; russ.) — Vf. untersuchen das Fl.-Dampf-Gleichgew. des Titelsystems. B. Götschel 454

*1084* **Thermodynamische Untersuchung der ternären Systeme Wasser–Benzol–Tri-n-butylphosphat und Wasser–Chloroform-Tri-n-butylphosphat.** V. A. Michajlov, S. K. Charčenko und L. I. Ponomareva. (Z. fiz. Chim. **41** (1967) 4, 822—29; Inst. neorg. chimii Sibir. otdel. AN SSSR; russ.) — In den tern. Syst. werden bei 25° Linien gleicher Aktivität des W. bestimmt. Mit Hilfe einer Kombination der Gleichung von Margules-Wohl u. der von van Laar werden die Aktivitäten längs der Entmischungslinie von Tri-n-butylphosphat in den tern. Syst. ber. u. mit Literaturwerten verglichen. H. Köhler 454

*1085* **Gleichgewichtsadsorption von flüssigen, n-Paraffinen an 5 A-Molekularsieben.** Donald W. Sundstrom und Fred G. Krautz. (J. chem. Engng. Data **13** (1968) 2, 223—26; Univ. of Cincinnati, O.; engl.) — Es werden Adsorptionsdaten u. deren Temp.-Abhängigkeit (30 bis 90°) für die fl. Phasen von *n-Heptan, n-Decan, n-Dodecan, n-Tetradecan* u. der sechs bin. Syst. aus diesen Verb. bestimmt. A. Becker 456

*1086* **Abhängigkeit der Adsorption von Methan, Äthan und Äthylen an graphitiertem Ruß von Druck und Temperatur.** A. G. Bezus, V. P. Dreving und A. V. Kiselev. (Ž. fiz. Chim. **41** (1967) 11, 2921—27; Mosk. gos. univ. im. Lomonosova; russ.) K. Jasche 456

*1087* **Anmerkung zu: Temperaturabhängigkeit des Kontaktwinkels und der freien Grenzflächenenergien im System Naphthalin–Wasser–Luft.** J. A. Lavelle. (J. physic. Chem. **72** (1968) 6, 2283—84; Bethlehem, Pa., Lehigh Univ., Center for Surface and Coatings Res.; engl.) — Vgl. ibid. **72** (1968) 646. — Vf. zeigt, daß die l.c. benutzten Werte der freien Grenzflächenenergie nicht zur direkten Überprüfung der Fowkes-Beziehung [ibid. **67** (1963) 2538] benutzt werden können. B. I 456△

*1088* **Erwiderung auf die Anmerkung zu: Temperaturabhängigkeit des Kontaktwinkels und der freien Grenzflächenenergie im System Naphthalin-Wasser-Luft.** Arthur W. Adamson. (J. physic. Chem. **72** (1968) 6, 2284—85; Los Angeles, Calif., Univ. of Southern Calif., Dep. of Chem.; engl.) — Vgl. vorst. Referat. — Die Anwendbarkeit u. Aussagefähigkeit der Fowkes-Beziehung wird diskutiert. B. I. 456△

*1089* **Untersuchung der Chemisorption und der Reaktionsfähigkeit von Aceton–CO-Gemischen an NiO mittels IR-Spektroskopie.** A. A. Kadušin, Ju. N. Rufov und S. Z. Roginskij. (Kinetika i Kataliz 8 (1967) 6, 1356 bis 1362; Inst. chim. fiziki AN SSSR; russ.) — Es wird die Adsorption von Aceton u. CO einzeln, die Adsorption von Aceton an NiO mit adsorbiertem CO u. die Adsorption des Gemisches Aceton–CO untersucht. K. Jasche 456△

*1090* **Kinetik des Ionenaustauschs großer organischer Ionen an Carboxylkationiten. 4. Mitt. Veränderung einiger Eigenschaften von Carboxylkationiten mit ihrem Übergang von der Na- in die Streptomycin-Form.** É. S. Vajsberg, L. F. Jachontova und B. P. Bruns. (Ž. fiz. Chim. **41** (1967) 11, 2962—64; VNII antibiotikov, Moskva; russ.) — 3. vgl. ibid. **41** (1967) 4, 892; 1. vgl. C. **1968,** 26-0927. — Untersucht werden die spezif. Vol. u. der W.-Geh. der Carboxylaustauscher *Wofatit ZP, Zerolit 226* mit 2,5 u. 4,5% Divinylbenzol bei verschiedener Beladung an Na- u. *Streptomycinionen.* K. Jasche 456△

*1091* **Bildung von dimeren Kationen bei aromatischen KW-Stoffen.** B. Badger und B. Brocklehurst. (Nature [London] **219** (1968) 5151, 263; Dep. of Chem., Univ. of Sheffield; engl.) — Excimeren-Bldg. u. die Bldg. von dimeren Kationen wird diskutiert an *Bzl., Toluol, Mesitylen, Naphthalin, 1.3-* u. *2.6-Dimethylnaphthalin* u. *Pyren.* Dissoziationsenergien u. Bldg.-Konst. für die Excimeren u. Dimeren sind tabelliert. D. Schmitt 458

*1092* **Gaschromatographische Untersuchung von Elektronendonator-Akzeptorsystemen.** 2. Mitt. **Wechselwirkung aromatischer Kohlenwasserstoffe und Heterocyclen mit 2.4.7-Trinitrofluorenon.** A. R. Cooper, C. W. P. Crowne und P. G. Farrell. (Trans. Faraday Soc. **63** (1967) 530 Pt. 2, 447—54; London, Sir John Cass Coll., Dep. of Chem.; engl.) — 3. vgl. C. **1968,** 45-0909. — Gaschromatograph. Unters. aromat. KW-Stoffe u. Heterocyclen an 2.4.7-Trinitrofluorenon als stationäre Phase wurden nach Möglichkeit mit spektroskop. Messungen der Elektronenübergangswechselwrkg. verglichen. Die Ergebnisse deuten darauf hin, daß die Komplexbldg. eine hervorragende Rolle bei der Trennung der Elektronendonatoren an diesem Elektronenakzeptor als stationärer Phase spielen. So nehmen die R-Werte bei den Aromaten in der Reihenfolge *2.3-Dimethyl-, 1.6-Dimethyl-, 2.6-Dimethyl-, 1-Brom-, 2-Brom-, 1-Methyl-, 2-Methylnaphthalin, Naphthalin, 1-Allylnaphthalin, Diphenyl; Hexamethyl-, Pentamethylbenzol; 1.2.3.4-, 1.2.4.5-* u. *1.2.3.5-Tetramethylbenzol* hin ab. Bei den Heterocyclen ergibt sich die Reihenfolge *Indol, Dibenzofuran; 4-Methyl-, 7-Methyl-, 6-Methylisochinolin; Chinolin, 3-Methylisochinolin, Thionaphthen; 2-Methyl-, 8-Methylchinolin* u. *2.3-Benzofuran.* Bei den aromat. Aminen findet sich eine Abnahme von *3.4-Dimethylanilin* über *2.3-, 2.5-, 2.4-Dimethyl-, 4-Methyl-, 3-Methyl-, 2.6-Dimethyl-, 2-Methylanilin; Anilin; 4-Äthyl-, N-Methyl-, 2-Äthyl-, N.N-Dimethyl-* zum *2.6-Diäthylanilin.* W. May 458

*1093* **Untersuchungen an Komplexen.** 13. Mitt. **Eine weitere spektrophotometrische Gleichgewichtsgleichung, eine einfache vielseitige Apparatur für deren Überprüfung und die Anwendung auf Ladungsübertragungswechselwirkungen.** P. R. Hammond. (J. physic. Chem. **72** (1968) 6, 2272—75; Michelsen Labor., Nav. Weapons Center, China Lake, Calif.; engl.) — 12. vgl. J. Amer. Chem. Soc. **89** (1967) 6063. — Die Spektren der Syst. *Naphthalin–Tetranitromethan* in Cyclohexan, *Hexanitrobiphenyl–Phenanthren, p-Dinitrobenzol–Tetramethyltetracen, Tetracyanäthylen*(I)*–Bzl., Oktafluornaphthalin–*I, alle in Dichlormethan, u. *Bzl.–Wolframhexafluorid* in $CCl_4$ wurden zwischen 350 u. 500 mμ aufgenommen u. die Parameter der aufgestellten Acceptor-Donatorgleichung sowie die Assoziationskonst. der Syst. bestimmt. K.-J. Lucas 458

*1094* **Excimerenbildung mit polaren Molekülen: Oxazol- und Oxadiazolderivate.** H. Lami und G. Lustriat. (J. chem. Physics **48** (1968) 4, 1832—40; Centre de Recherches Nucléaires, Dép. de Phys. des Rayonnements et d'Electronique Nucléaire, Strasbourg; engl.) — Untersucht werden *2-Cyclohexyl-5-phenyl-, 2.5-Diphenyl-, 2-[4-Biphenylyl]-5-phenyl-* u. *2-[Naphthyl-(1)]-5-phenyl-1.3-oxazol,* sowie *2.5-Diphenyl-, 2-Phenyl-5-[4-biphenylyl]-, 2-[Naphthyl-(1)]-5-phenyl-* u. *2-Phenyl-5-furyl-1.3.4-oxadiazol.* D. Schmitt 458

*1095* **Mikrokalorimetrische Untersuchung über die Assoziation von Diazoaminobenzol in organischen Lösungsmitteln.** M. Łaźiewski und J. Mokrzan. (Z. physik. Chem. [Leipzig] **235** (1967) 3/4, 260—71; Physikal.-Chem. Labor. Univ. Łódź, Polen; dt.) — Die über H-Brückenbindungen erfolgende Diaminobenzol-Dimerisation wird in mehreren organ. Lsgm. vom kinet. u. energet. Gesichtspunkt aus untersucht. K. Jasche 458△

*1096* **Eine Komplexverbindung aus Hexamethylbenzol und Tetracyanoäthylen im Verhältnis 2:1 im festen Zustand.** Bobby Hall und J. Paul Devlin. (J. physic. Chem. **71** (1967) 2, 465—66; Okla. State Univ., Stillwater, Okla.; engl.) — Die IR-Spektren des 2:1-Komplexes werden mit denen des 1:1-Komplexes verglichen. W. Wesly 458

*1097* **Physikalisch-chemische Untersuchung flüssiger, binärer Systeme mit Cl-Derivaten von Elementen der 4. Gruppe.** 1. Mitt. **Refraktometrische Untersuchung der binären Systeme von Methylchlorsilanen, $SiCl_4$ und ihren organischen Analogen mit schwachen aliphatischen Lewis-Basen und Benzolderivaten der Reihe $C_6H_5X$.** M. G. Voronkov und A. Ja. Dejč. (Izvest. Akad. Nauk Latv. SSR, Ser. chim. **1967,** 1, 39—53; Inst. org. sinteza AN Latv. SSR; russ., Auszug:

engl.) — Unters. der Bldg. von Ladungsübertragungskomplexen in nachst. Syst.: *Trimethylchlorsilan* (I) mit $CCl_4$, *Di-n-butyläther* (II), *THF*, *Dioxan* (III), *Nitromethan* (IV), *Di-n-butylsulfid* (V), *Acetonitril* (VI), *Aceton* (VII), *Benzonitril** (VIII), *Acetophenon** (IX), *Nitro-** (X), *Chlor-** (XI) u. *Brombenzol** (XII); *Dimethyldichlorsilan* mit THF, $CCl_4$, II, III, VI, VII, (VIII—X)*, XI u. XII; *Methyltrichlorsilan* mit THF, (VIII—X)*, XI u. XII; $SiCl_4$ mit THF, III u. (VIII—X)*; *Trimethylchlormethan* mit $CCl_4$, II—IV, VI, VII u. (VIII—XII)*, *Methylenchlorid* mit THF, $CCl_4$, II—IV, VI, VII, VIII*, IX, X*, XI u. XII*; *Chloroform* mit THF, IV, VI, VIII*, IX, X*, XI u. XII; $CCl_4$ mit THF, IV, VI, VIII* u. IX—XII. Die mit * bezeichneten Syst. bilden Komplexe mit einem Komponentenverhältnis von 1:1. Außer in I u. THF bzw. V wurde in den übrigen Syst. keine Komplexbldg. festgestellt. — 3. vgl. C. **1967**, 7-0991. J. J. Pohl 458

*1098* **Bestimmung der Lactim–Lactam-Gleichgewichtskonstanten in Dämpfen mit Hilfe der IR-Spektren.** G. N. Rodionova und É. S. Levin. (Doklady Akad. Nauk SSSR **174** (1967) 5, 1132—34; NII org. poluprod. i krasitej; russ.) — Unters. von *Pyridinon-(2)* u. nachst. Maleinsäurehydrazide: *unsubstituiert*, *N-Methyl-*, *N-Phenyl-*; *Uracil* u. *Cyanursäure* mit Hilfe des Intensitätsverhältnisses der $\nu$(NH) u. $\nu$(OH) zwischen 250 u. 350°. D. Kolbe 460

*1099* **Acidität von Kohlenwasserstoffen.** 21. Mitt. **Gleichgewichtsaciditäten einiger Kohlenwasserstoffe gegenüber Lithiumcyclohexylamid in Cyclohexylamin.** A. Streitwieser jun., J. H. Hammons, E. Ciuffarin und J. I. Brauman. (J. Amer. chem. Soc. **89** (1967) 1, 59—62; Berkeley, Calif., Univ. of Calif., Dep. of Chem.; engl.) — 20. vgl. C. **1968**, 8-0898. — Es wurde die Gleichgew.-Acidität folgender KW-Stoffe bestimmt: *9-Phenylfluoren* (I), *11H-Benzo-[a]-* u. *7H-Benzo-[c]-fluoren*, *Inden*, *7H-Benz-[mn]-anthracen*, *4.5-Methylenphenanthren*, *Fluoren*, *11H-Benzo-[b]-fluoren*, *1.1.3.3-Tetraphenylpropen* u. *1.1.3-Triphenylpropen*. Die pK-Werte wurden relativ zu I ermittelt. H. Pehlmann 462

*1100* **Acidität von Kohlenwasserstoffen.** 22. Mitt. **Relative Gleichgewichtsaciditäten von Kohlenwasserstoffen gegenüber Cäsiumcyclohexylamid.** A. Streitwieser jun., E. Ciuffarin und J. H. Hammons. (J. Amer. chem. Soc. **89** (1967) 1, 63—67; engl.) — 21. vgl. vorst. Referat. — Analog l.c. wurden die relative Gleichgew.-Acidität u. die pK-Werte folgender KW-Stoffe ermittelt: *9-Phenylfluoren*, *11H-Benzo-[a]-*, *11H-Benzo-[b]-* u. *7H-Benzo-[c]-fluoren*, *Inden*, *7H-Benz-[mn]-anthracen*, *4.5-Methylenphenanthren*, *Fluoren*, *1.1.3-Triphenylpropen*, *10-Phenyl-9.9-dimethyldihydroanthracen*, *9-Phenylxanthen*, *p-Biphenyldiphenylmethan*, *Triphenylmethan* u. *Diphenylmethan*. H. Pehlmann 462

*1101* **Das Verhalten von Chloralkenen in Oleum und Fluorschwefelsäure.** N. C. Deno, George W. Holland jun. und Thomas Schulze. (J. org. Chemistry **32** (1967) 5, 1496—98; Pa. State Univ., Univ. Park, Pa.; engl.) — Allyl-Kationen, in denen die terminalen C-Atome vollständig durch –Me oder –Cl substituiert sind, sind in Oleum u. Fluorschwefelsäure stabil. Chloralkene ionisieren — falls möglich — direkt zu solchen Ionen. Weniger substituierte Chloralkene geben im allgemeinen Carbonsäurederivate. *4.4-Dichlor-2-methylbuten-(3)-ol-(2)*, *2-Methyl-3.4.4-trichlorbuten-(3)-ol-(2)* u. *2-Methylpentachlorpropanol-(2)* bilden in Fluorschwefelsäure bei —50° die entsprechenden Allyl-Kationen in ca. 85% Ausbeute. *Hexachlorpropen* bildet in 65% Oleum zu 68% das Pentachlorallylkation u. zu 32% 2 isomere protonierte Tetrachlorpropionsäuren ($CCl_3$–CHCl · $CO_2H_2^+$ u. $CHCl_2$ · $CCl_2$ · $CO_2H_2^+$). Das Verh. der Verb. $(CH_3)_2$ · $C(OH)CX_3$ mit $X = F, Cl, Br$ ist von X u. vom Medium (96% $H_2SO_4$ oder 30% Oleum) abhängig. A. Kratochwill 462

*1102* **Säure–Base-Reaktionen in stark basischen wasserfreien Lösungsmitteln.** 1. Mitt. **Äthylendiamin.** W. R. Heumann, A. Bouchard und G. Tremblay. (Canad. J. Chem. **45** (1967) 24, 3129—36; Montréal, Univ., Dep. de Chimie; franz.) — Mit $LiHNC_2H_4NH_2$ wurden potentiometr. die Neutralisationskurven von *HCl*, *Essig-* u. *Benzoesäure*, *Phenol*, *p-Methoxyphenol*, *Aceton*, *W.*, *Acetamid*, *Pyrrol*, *A.*, *Diphenylamin*, *Äthanolamin*, *DMF*, *Anilin*, *p-Toluidin*, *p-Phenylendiamin*, *N.N-Dimethyl-p-phenylendiamin*, *N-Äthyl-p-toluidin*, *Triphenylmethan* u. *Diphenylmethan* bestimmt. Bei Extrapolation der gemessenen Halbneutralisationspotentiale als Funktion des $pK_{H_2O}$ der Literatur auf das Potential des reinen Lsgm. erhält man für dieses $pK_{H_2O}$ = 38. M. Knaack 462

*1103* **Autoprotolysenkonstante von Acetonitril.** I. M. Kolthoff und M. K. Chantooni jun. (J. physic. Chem. **72** (1968) 6, 2270—72; School of Chem., Univ. of Minn., Minneapolis, Minn.; engl.) — Die Rk. wurde durch konduktometr. Best. der Dissoziationskonst. von *Tetramethylguanidin* in Acetonitril u. potentiometr. Best. seines Kations verfolgt. K.-J. Lucas 462

*1104* **Anwendung der Taft-Gleichung auf Dissoziationskonstanten negativ substituierter Monoalkylhydrazine.** R. Pollet und H. Vanden Eynde. (Bull. Soc. chim. belges **77** (1968) 5—6, 341—48; Mortsel-Antwerp, Belgium, Gevaert-Agfa, Chem. Res. Labor.; engl.) — Die Dissoziationskonst. von *β-Hydroxyäthyl-*, *Benzyl-*, *β-Phenoxyäthyl-*, *β-Cyanoäthyl-*, *2.2.2-Trifluoräthyl-*, *2.2.3.3.4.4.5.5-Oktafluorpentyl-*, *Äthyl-*, *Methyl-*, *α-Trifluormethylbenzyl-* u. *Allylhydrazin* werden in W. bestimmt u. mit den Taft-Konst. in Beziehung gesetzt. Die Fluoralkylsubst. erniedrigt die Basizität des Hydrazins. B. I. 462△

*1105* **Konjugation in Systemen mit einem tetraedrischen P-Atom. Substituierte Benzoltriphenylphosphinomethylene.** T. A. Mastrjukova, T. A. Melent'eva, É. P. Lur'e und M. I. Kabačnik. (Doklady Akad. Nauk SSSR **172** (1967) 3, 611—14; Inst. élementoorg. soedin. AN SSSR; russ.) — In 50%ig. u. in 80%ig. A. werden potentiometr. die $pK_a$-Werte von nachst. Tris-[X-phenyl]-[Y-benzoylmethylen]-phosphoranen bestimmt u. ihre Beziehung mit den Hammettschen σ-Konst. untersucht. Triphenylphosphorane: [*p-Methoxybenzoylmethylen*]-, [*p-Methylbenzoylmethylen*]-, *Benzoylmethylen-* [F. 181 bis 182°; 76% (Ausb.)], [*β-Naphthoylmethylen*]-, [*p-Chlorphenylmethylen*]-, [*p-Bromphenylmethylen*]-, [*p-Nitrophenylmethylen*]-; Benzoylmethylenphosphorane: *Tris-[p-methoxyphenyl]-*, (F. 142—143°; 43%), *p-Dimethylaminophenyldiphenyl-*, *Tris-[p-tolyl]-* (F. 177—178°; 84%), *Tris-[m-tolyl]-*, (F. 156—157°; 68%), *Tris-[m-methoxyphenyl]-* (F. 161—162°; 36%), *Tris-[p-chlorphenyl]-* (F. 196—197°; 68%); [p-Toluoylmethylen]-phosphorane: *Tris-[p-methoxyphenyl]-* (F. 178—179°; 57%), *Tris-[p-tolyl]-*, (F. 169,5—170,5°; 76%), *Tris-[p-chlorphenyl]-* (F. 236,5—238°; 57%); [p-Chlorbenzoylmethylen]-phosphorane: *Tris-[p-tolyl]-* (F. 169 bis 170°; 71%), *Tris-[p-chlorphenyl]-* (F. 245—246°; 50%); [m-Nitrobenzoylmethylen]-phosphorane: *Tris-[p-tolyl]-* (F. 197—198°; 89%), *Tris-[p-chlorphenyl]-* (F. 225,5—226°; 41%). — [Benzoylmethyl]-phosphoniumbromide: *p-Dimethylaminophenyldiphenyl-* (F. 236 bis 237,5°; 73%), *Tris-[p-tolyl]-* (F. 247—248°; 67%), *Tris-[p-chlorphenyl]-* (F. 234,5—236°; 69%); *Triphenylbenzoylmethylphosphoniumbromid* (F. 254—255°; 80%). J. J. Pohl 462

*1106* **Einfluß des Feldeffektes auf die Dissoziation polar ω-substituierter aliphatischer n-Carbonsäuren.** L. A. Maj. (Izvest. Akad. Nauk Latv. SSR **1967, 6, 749**—50; Inst. neorgan. chimii AN Latv. SSR; russ.) — Es werden Säuren des Typs $X(CH_2)_nCOOH$ untersucht (X = F, Cl, Br, J, COOH, CN, $COCH_3$, $CF_3$, $CH_2$=CH, $C_6H_5$, SH, $NO_2$, H, $CH_3$, $Si(CH_3)_3$, $\overset{+}{N}H_3$, $\overset{+}{N}(CH_3)_3$, OH u. n ≧ 4). K. Jasche 462△

*1107* **Dissoziationswärme von Essigsäure in $NaNO_3$-Lösungen bei verschiedenen Temperaturen.** V. P. Vasil'ev und L. A. Kočergina. (Ž. fiz. Chim. **41** (1967) 11, 2777—82; Ivanovskij chim.-technol. inst.; russ.) K. Jasche 462△

*1108* **Dissoziationskonstanten und IR-Spektren von $BF_3$-Komplexen substituierter Benzamide.** B. M. J. Ellul und R. M. Moodie. (J. chem. Soc. [London], Sect. B **1967, 3, 253**—55; Chem. Dep., Univ., Exeter; engl.) — Die Logarithmen der Dissoziationskonst. ($pK_D$) der Komplexe von $BF_3$ mit den Benzamiden: *un-*

*substituiert*, $D_2(NH_2)$-; *m*- u. *p-Brom*-, *m*- u. *p-Chlor*-, *m*- u. *p-Fluor*-, *p-Methoxy*-, *p*- u. *m-Methyl*-, *m*- u. *p-Nitro*- u. *p-Phenyl*- sind ebenso wie die $pK_a$-Werte der entsprechenden Benzamide besser mit den $\sigma$- als den $\sigma^+$-Substituentenparameter korrelierbar. Die Vers.-Ergebnisse werden auf der Basis von IR- u. UV-Daten der Komplexe u. von HMO-Berechnungen diskutiert u. mit den $pK_a$-Werten entsprechender Benzoesäuren verglichen.
K. Jasche 462△

*1109* **Säure-Base-Titration in konzentrierten Guanidinhydrochlorid-Lösungen. Dissoziationskonstanten des Guanidinium-Ions und einiger Aminosäuren.** Yasuhiko Nozaki und Charles Tanford. (J. Amer. chem. Soc. **89** (1967) 4, 736—42; Duke Univ. Med. Center, Durham, N.C.; engl.) — Konz. Lsg. von Guanidinhydrochlorid (I) eignen sich als Medium für Säure-Base-Titrationen u. unterscheiden sich darin nicht wesentlich von konz. Lsg. von Alkalimetallchloriden, außer bei hohem pH, wenn die Dissoziation des Guanidinium-Ions einen höheren Wert erreicht. Die pK-Werte von *Glycin*, *L-Tryptophan*, *L-Glutaminsäure*, *L-Histidin*, *DL-Lysin* u. *L-Tyrosin* werden in I-Lsg. bestimmt.
W. Wesly 462

## B-5. Elektrochemie

*1110* **Messung der für die Erzeugung von Ionenpaaren in flüssigen Dielektrika notwendigen mittleren Energie.** Jacques Mathieu, Daniel Blanc, Pierre Caminade und Jean-Paul Patau. (C. R. hebd. Séances Acad. Sci., Sér. A et B **264** (1967) 10, B 751—54; Centre de Phys. atom. et nucléaire, Fac. des Sci., Toulouse; franz.) — Aus der durch $\gamma$-Bestrahlung von *n-Hexan*, *n-Octan*, *3-Methylheptan*, *3-Äthyl-* u. *2.3-Dimethylhexan*, *3-Äthyl-2-methyl-* u. *2.2.4-Trimethylpentan*, *Cyclohexan*, *Methylcyclohexan*, *Bzl.*, *Toluol* u. $CCl_4$ in einer Spezialzelle erhaltenen Abhängigkeit des Ionisierungsstromes vom elektr. Feld bis 200 kV · $cm^{-1}$ bestimmten Vf. durch Superposition mit der theoret. Kurve von Jaffé den Sättigungsstrom u. damit die mittlere Ionisierungsenergie.
J.-S. Marcus 468

*1111* **Elektronenstoß-Untersuchungen an substituierten Alkanen.** Harry J. Svec und Gregor A. Junk. (J. Amer. chem. Soc. **89** (1967) 4, 790—96; Inst. for Atomic Res., Ia. State Univ., Ames, Ia.; engl.) — Bestimmt wurden die Ionisierungspotentiale von *n-Butan*, *n-Butylamin*, *2-Aminopentan*, *Methyl-äthyl-*, *Methyl-n-propylsulfid*, *Glycin*, *Norleucin*, *Methionin* u. *Selenomethionin*.
K. Jasche 468△

*1112* **Leitfähigkeit quarternärer Ammoniumsalze in einem Wasser-Glycin-Gemisch bei 25°.** Claude Treiner und Jean-Claude Justice. (J. Chim. physique Physico-Chim. biol. **64** (1967) 10, 1516—25; Labor. d'Électrochim., Fac. des Sci. de Paris; franz.) — Die Leitfähigkeit von $(C_4H_9)_4NBr$ in W.-Glycin-Gemischen wurde im Bereich der Dielektrizitätskonst. 78,54 < DK < 133,6 bei 25 ± 0,002° gemessen. Daten der Viskosität u. der Assoziationskonst. von $(CH_3)_4NBr$, $(C_2H_5)_4NBr$, $(C_3H_7)_4 \cdot NBr$ u. $(C_4H_9)_4NBr$ in W.-Glycin-Gemischen verschiedener Zus. bei 25 ± 0,01° sind tabelliert. Die Assoziation kann mit Hilfe der Fuoss-Onsagerschen Theorie ohne Berücksichtigung von Struktureffekten des Lsgm. beschrieben werden.
J. J. Pohl 468

*1113* **Gitterfehler in organischen Festkörpern. 3. Mitt. Untersuchungen über Einfangzentren in kristallinem Anthracen nach der Leitfähigkeit-Glühkurven-Methode.** J. M. Thomas, J. O. Williams und G. A. Cox. (Trans. Faraday Soc. **64** (1968) 549, 2496—2504; Dep. of Chem., Univ. Coll. of North Wales, Bangor; engl.) — 2. vgl. C. **1968**, 49/50-0876. — Die Messungen wurden an hochreinen Krist. aus der Dampfphase, aus Lsg. u. aus der Schmelze im Temp.-Bereich —70 bis +15° durchgeführt. Die bedeutensten Ergebnisse sind: 1. Die Konz. der Einfangstellen nimmt mit zunehmender Deformation der Krist. ab. 2. Es besteht keine direkte Beziehung zwischen der Konz. der Einfangstellen u. der Dichte der Versetzungen bez. der Ebenen (001).
W. Sobieski 470

*1114* **Gitterfehler in organischen Festkörpern.** 4. Mitt. **Untersuchungen über Einfangzentren in kristallinem Anthracen unter Verwendung von raumladungsbegrenzten Strömen.** J. M. Thomas, J. O. Williams und Lilian M. Turton. (Trans. Faraday Soc. **64** (1968) 549, 2505 bis 2513; engl.) — 3. vgl. vorst. Referat. — Die Dichte für Ladungsträger von Locheinfangstellen wird in Anthracen-Einkrist. verschiedener Herst.-Art (vgl. l.c.) innerhalb der gesamten Energielücke von 3,7 eV über Strom-Spannungs-Charakteristiken (Abb.) bestimmt. Sie beträgt $10^{13}$ $cm^{-3}$ bei Krist. aus der Dampfphase bis $10^{19}$ $cm^{-3}$ bei deformierten Krist. aus der Schmelze.
W. Sobieski 470

*1115* **Theoretische Untersuchung der Leitfähigkeitseigenschaften von organischen Halbleitern.** J. M. André, L. Gouverneur und G. Leroy. (Bull. Soc. chim. belges **76** (1967) 11/12, 661—77; Labor. de Chim. Quant., Kapeldreef, Egenhoven, Heverlee; franz.) — Die LCAO-Meth. wurde zur Berechnung der elektr. Leitfähigkeit von konjugierten Syst. (*Borazin*, *Graphit*, *p-Polyphenyle*, *Polyacene*, *Naphthalin*, *1.4-* u. *1.8-Diazanophthalin*, *Polychinonimide*, *Polyene*, *Polydiphenylyltriazen*, *Polyacetylen*, *Polyphenylacetylen*) herangezogen. Die qual. Ergebnisse gestatten eine Interpretation der Ursachen der Anwesenheit von Energielücken in der Bandstruktur.
J. J. Pohl 470

*1116* **Ionisierungsenergie adsorbierter Farbstoffmoleküle.** R. C. Nelson. (J. molecular Spectroscopy **23** (1967) 2, 213—18; Dep. of Phys., O. State Univ., Columbus, O.; engl.) — Die Ionisierungsenergie der auf verschiedenen Substraten adsorbierten Farbstoffe *3.3'-Diäthylthiatricarbocyanin*, *2.2'-* (*Pinacyanol*) u. *4.4'-Diäthylcarbocyanin* (*Kryptocyanin*) wird als Funktion der DK des Substrates bestimmt.
K. Jasche 470△

*1117* **Photoleitfähigkeit über Störstellen (intrinsic) in flüssigen aromatischen KW-Stoffen.** J. M. Hale und H. Bässler. (Trans. Faraday Soc. **64** (1968) 549, 2452 bis 2458; Cyanamid Europ. Res. Inst., Cologny, Geneva; engl.) — Ein Modell für die Ladungsträgererzeugung über Störstellen u. für die Kinetik der Elektronenübertragung wird diskutiert.
W. Sobieski 472

*1118* **Einfluß des magnetischen Feldes auf die Photoleitfähigkeit von Anthracen (Theorie).** Jean-Marie Donnini. (C. R. hebd. Séances Acad. Sci., Sér. A et B **266** (1968) 10, 626—28; Labor. de Phys. M.P. 1, Fac. des Sci., Marseille; franz.)
J. J. Pohl 472

*1119* **Photoleitfähigkeit von N-Isopropylcarbazol und seinem Pikrylchloridkomplex.** James H. Sharp. (J. physic. Chem. **71** (1967) 8, 2587—96; Rochester, N.Y., Xerox Corp., Res. Labor.; engl.)
G. Schlicht 472

*1120* **Elektrochemische Reduktion von N-p-Nitrobenzylanilin.** S. Wawzonek, T. Plaisance und T. McIntyre. (J. electrochem. Soc. **114** (1967) 6, 588—89; Dep. of Chem., Univ. of Ia., Iowa City, Ia.; engl.) — Vgl. J. Prakt. Chem. **108** (1924) 236. — Im Gegensatz zu Unters. von Elbs u. Gaumer (1924) wird unter allen Bedingungen *p-Azoxybenzylidenanilin* erhalten u. die Struktur mittels IR- u. NMR-Spektren u. chem. Rk. bestätigt. Dargestellt wurde u. a. *1.2-Diphenyl-1.2-bis-[p-nitrobenzyl]-hydrazin* [F. 161—162° ($CCl_4$)].
D. König 476

*1121* **Anodische Oxydation von 3.3-Diphenylacrylsäure und Diphenylacetylen.** W. J. Koehl jun. (J. org. Chem. **32** (1967) 3, 614—18; Central Res. Div., Mobil Oil Corp., Princeton, N.J.; engl.)
L. Leonhardt 476

*1122* **Kinetik der Hofer-Moest-Reaktion.** G. Atherton, M. Fleischmann und F. Goodridge. (Trans. Faraday Soc. **63** (1967) 534, 1468—77; Dep. of Chem. Engng., Univ. of Newcastle upon Tyne; engl.) — Die anod. Decarboxylierung von *Acetationen* wurde potentiostat. verfolgt. Bei kontinuierlichen Messungen wurde das Potential der Pt-Arbeitselektrode mit Hilfe eines Potentiostaten kontrolliert, bei nicht kontinuierlichen Messungen, wo ein mittlerer Wellenimpuls an die Arbeitselektrode angelegt war, wurde ein in Verb. mit dem Potentiostaten stehender Pulsgenerator verwandt, der die entsprechenden Pulsprofile dem Potentiostaten anpaßte. Die Prod.-Ausb. in Abhängigkeit von der Stromdauer sind graph. dargestellt. K.-J. Lucas 478

*1123* **Zusammensetzung von elektrosorbiertem Methanol.** T. Biegler. (J. physic. Chem. **72** (1968) 5, 1571–77; Div. of Mineral Chem., CSIRO, Port Melbourne, Victoria, Australia; engl.) — Die Zus. der dehydrierten Formen, die bei der Methanoladsorption aus saurer Lsg. an eine Pt-Elektrode auftreten, wurden untersucht. K. J. Lucas 478

*1124* **Polarographie von Chinon-Derivaten in Dimethylformamid.** 4. Mitt. **Polarographische Untersuchung der Reduktion von Anthrachinon-Derivaten durch $^{60}Co$-$\gamma$-Strahlung.** Kazuo Yasukouchi und Yukio Ono. (J. chem. Soc. Japan, pure Chem. Sect. [Nippon Kagaku Zasshi] **88** (1967) 12, 1276–81; Kumamoto-shi, Kumamoto Univ., Fac. of Pharm. Sci., Dep. of Pharm. Engng.; jap., Auszug: engl.) — 3. vgl. C. **1969,** 5-1023. — Die Red.-Konst. u. die Substituenten-Konst. der Anthrachinone *2-Chlorformyl-*, *2.3-Dihydroxy-*, *2-Chlor-*, *1.8-Dichlor-*, *1.5-Dichlor-*, *2-Sulfo-*, *1-Amino-4-hydroxy-*, *2-Methyl-*, *2-Äthyl-*, *1-Nitro-*, *2-Amino-*, *1.5-* u. *1.4-Diamino-*, *1-Amino-*, *2-Carboxy-* u. unsubstituiert wurden bestimmt. H. S. Park 478

## B–6. Kinetik, Katalyse

*1125* **Initiierung der Polymerisation freier Radikale durch Mangancarbonyl und Kohlenstofftetrachlorid.** C. H. Bamford und R. Denyer. (Nature [London] **217** (1968) 5123, 59–60; Liverpool Univ., Dep. Inorg., Physic. Industr. Chem.; engl.) — Vf. stellen für die Initiierungsgeschw. eine Gleichung auf, die von der von Haines u. Poë (Nature **215**, 696, 1967) angegebenen abweicht u. ihre Ergenbisse (Trans. Faraday Soc. **62,** 1567, 1966) besser darzustellen vermag. Ruth Müller 482

*1126* **Reaktionen von Alkylradikalen.** 13. Mitt. **Addition von Methyl-, Isopropyl- und tert.-Butylradikalen an Propin und Isomerisierung von Alkenylradikalen.** R. R. Getty, J. A. Kerr und A. F. Trotman-Dickenson. (J. chem. Soc. [London], Sect. A **1967,** 8, 1360–65; Edward Davies Chem. Labor., Aberystwyth; engl.) — 12. vgl. C. **1968,** 4-1073. — Die Kinetik der Addition der genannten Radikale (durch Photolyse entsprechender Aldehyde erhalten) an Propin (**I**) wird gemessen u. die Arrhenius-Parameter der Rk. bestimmt. Die bei der Addition von Isopropyl- (**II**) u. tert.-Butyl-Radikalen (**III**) an I gebildeten Alkenylradikale isomerisieren, wofür ein Mechanismus wiedergegeben wird. Die Arrhenius-Parameter der unimol. Isomerisierungsrk. von Radikalen, die sich bei Addition von **II** u. **III** an Acetylen bzw. **I** bilden, werden durch Anwendung der Rice-Ramsperger-Kassel-Theorie berechnet. K. Jasche 482△

*1127* **Methylen.** 2. Mitt. **Gasphasenreaktionen mit Äthylchlorid.** C. H. Bamford, J. E. Casson und A. N. Hughes. (Proc. Roy. Soc. [London], Ser. A **306** (1968) 1485, 135–58; Dep. of Inorgan. Phys. and Indust. Chem., Univ. of Liverpool; engl.) — 1. vgl. ibid. **289** (1966) 287. — Die UV-Photolyse von Keten u. Radikalrk. des entstandenen Methylen mit Äthylchlorid werden in Ggw. verschiedener Fremdgase detailliert untersucht. W. Sobieski 482

*1128* **Stereochemischer Verlauf der über freie Radikale verlaufenden Addition von Mercaptanen an trans-$\Delta^2$-Oktalin.** Earl S. Huyser, Harriet Benson und Hans J. Sinnige. (J. org. Chemistry **32** (1967) 3, 622–25; Dep. of Chem., Univ. of Groningen, Netherlands; engl.) — Bei der lichtinduzierten Addition von *Methylmercaptan* an trans-$\Delta^2$-Oktalin (**I**) entstehen äquatoriales u. axiales *2-Methylmercapto-trans-dekalin*, die durch $H_2O_2$/Essigsäureox. in die *Sulfone* ($C_{11}H_{10}O_2S$, F. 88° bzw. 119–120°) übergeführt werden. Analog entsteht aus I u. *Äthylmercaptan* ein Gemisch von axialem u. äquatorialem *2-Äthylmercapto-trans-dekalin* ($C_{12}H_{22}S$, Kp.$_{2,8}$ 113°) u. daraus erhält man das axiale bzw. äquatoriale *Sulfon* ($C_{12}H_{22}SO_2$, F. 61–62,5° bzw. 70–70,8°). L. Leonhardt 482

*1129* **Radikalbildung bei $\gamma$-Bestrahlung von 3-Methylpentan-, Methyltetrahydrofuran- und Methylcyclohexangläsern bei 77 °K mit und ohne gelöste Alkylhalogenide.** Miriam Shirom und John E. Willard. (J. physic. Chem. **72** (1968) 5, 1702–07; Dep. of Chem., Univ. of Wis., Wis. 53706; engl.) — Die Radikalbldg. obiger Verb. wurde ESR-spektrometr. untersucht. K. J. Lucas 482

*1130* **Einfluß von Lösungsmitteln auf die Reaktionen von Trichlormethansulfinylradikalen.** Earl S. Huyser und Leo Kim. (J. org. Chemistry **32** (1967) 3, 618–21; Dep. of Chem., Univ. of Kan., Lawrence; Kan.; engl.) — Die Kinetik der Rk. von $Cl_3CSO_2\cdot$ mit *Cyclohexen* in Chlorbenzol, tert. Butylbenzol, Perchloräthylen u. Py. wurde bei 80° untersucht. L. Leonhardt 482

*1131* **Solvatochromieeffekt und katalytische Reduktion von p-Aminoazobenzolen an Rh- und Pd-Katalysatoren.** A. V. Finkel'stejn und V. L. Pogrebnaja. (Izvest. vysšich učebnych Zavedenij [Ivanovo], Chim. i chim. Technol. **10** (1967) 12, 1320–23; Sibirskij technolog. inst.; russ.) — Für nachst. 4-Aminoazobenzole: *unsubstituiert*, *4'-Nitro-*, *2'-Nitro-*, *3'-Nitro-*, *4'-Chlor-*, *4'-Brom-*, *3'-Methyl-* u. *4'-Methyl* wird eine lineare Beziehung zwischen den lg der RGK der katalyt. Hydrierung u. den Unterschieden zwischen den Verschiebungen der K-Bande der Elektronenabsorptionsspektren in Heptan u. A. festgestellt. K. Jasche 483△

*1132* **Homogene Katalyse der Oxydation von flüssigen Kohlenwasserstoffen.** J. Rouchaud und P. Mulkay. (Bull. Soc. chim. belges **76** (1967) 11/12, 579–90; Univ. Lovanium, Léopoldville XI; franz.) — Bei der Ox. von fl. *Cyclohexan* (**I**) durch $O_2$ unter einem Partialdruck von 15–18 atm., zwischen 140 u. 160°, entstehen *cycl.* u. acycl. Produkte. Eine höhere Ausb. an nichtcycl. Prod. wird erhalten, wenn lösliches Co (Co-Naphthenat) die Rk. katalysiert. Bei der Benutzung von $Co_2O_3$ auf $Al_2O_3$ als Katalysator wird für die gleichen Ergebnisse eine $10^2$mal größere Co-Konz. benötigt. Ein Vgl. der Ox.-Kinetik mit der Ausb. an acycl. Prod. zeigt, daß Verb. der Übergangselemente die Isomerisierung der Peroxidradikale sowohl in homogener als auch in heterogener Phase katalysieren. U. Radlbeck 484

*1133* **Autoxydation von KW-Stoffen durch freie Radikale.** Frank R. Mayo. (Accounts chem. Res. **1** (1968) 7, 193–201; Stanford Res. Inst., Menlo Park, Calif.; engl.) — Kinet. Daten der Ox. über Alkylperoxyradikale wurden ermittelt von *Styrol* (**I**), *α-Methylstyrol*, *Tetramethyläthylen*, *Cyclopenten*, *Tetralin*, *Cyclohexen*, *Cumol*, *Allyl-*, *Äthyl-*, *sek.-Butyl-*, *Cyclohexyl-*, *n-Butylbenzol*, *Octen*, *Hexen*, *o-*, *m-*, *p-Xylol*, *Mesitylen* u. *Toluol*. Die Autox. von **I** u. *Isobutan* wird detailliert untersucht. W. Sobieski 484

*1134* **Oxydationen mit Peroxytrifluoressigsäure–Borfluorid.** 9. Mitt. **Direkte Oxydation von Alkenen zu Ketonen mit Peroxytrifluoressigsäure–Borfluorid.** Harold Hart und Lawrence R. Lerner. (J. org. Chemistry **32** (1967) 9, 2669–73; Dep. of Chem., Mich Sate Univ., East Lansing, Mich.; engl.) — 6. vgl. ibid. **31** (1966) 11, 3776. — Durch Peroxyfluoressigsäure–Borfluorid-Gemische wird am Rückfluß oder bei 0–8° *2.3-Dimethylbuten-(2)* zu 3.3-Dimethylbutanon-(2) (in 75%ig. Ausb.), *2-Methylbuten-(2)* zu 3-Methylbutanon-(2) (53%), *cis-3-Methylpenten-(2)* zu 3-Methylpentanon-(2) (63%), *trans-3-Methylpenten-(2)* zu 3-Methylpentanon-(2) (70%), *1-Methylcyclohexen* zu 2-Methylcyclohexanon (41%), *1.2-Dimethylcyclohexen* zu 1-Acetyl-1-methylcyclopentan (76%), *$\Delta^{9,10}$-Oktalin* zu Spiro-[4.5]-dekanon-(6) (86%), *3-Chlor-2-methylbuten-(2)* zu 3-Chlor-3-methylbutanon-(2) (77%), *3-Brom-2-methylbuten-(2)* zu 3-Brom-3-methylbutanon-(2) (79%), *2.3-Dibrombuten-(2)* zu 3.3-Dibrombutanon-(2) (61%), *3.4-Dimethylpenten-(3)-on-(2)* zu *3.3-Dimethylpentandion-*(2.4) (81%) u. *2-Cyclopentylidencyclopentanon* zu Spiro-[4.5]-decandion-(6.10) oxydiert. Die Rk. verlaufen über einen Angriff einer positiven Hydroxylgruppe an der Doppelbindung mit anschließender Wagner-Meerwein-Umlagerung. L. Leonhardt 484

*1135* **Durch Wärme und Bestrahlung initiierte Oxydation von Benzol zu Phenol in wäßrigen, metallionenenthaltenden Lösungen bei erhöhten Temperaturen.** 9. Mitt. H-Iso-

**topeneffekt bei der Oxydation des Benzols zu Phenol.** Hiroshi Hotta. (Bull. chem. Soc. Japan **40** (1967) 3, 687—88; Japan Atomic Energy Res. Inst., Takasaki, Gunma; engl.) — 6. vgl. C. **1966**, 39-0919. — Außerdem wird der Mechanismus der Rk. diskutiert.
K. Jasche 484△

*1136* **Oxydation von Toluol mit Diisopropylperoxydicarbonat und Kupfer(I)-Chlorid.** Michael E. Kurz und Peter Kovacic. (J. Amer. chem. Soc. **89** (1967) 19, 4960—67; Dep. of Chem., Case Western Reserve Univ., Cleveland, O.; engl.) — Kinetik der Reaktion.
L. Leonhardt 484

*1137* **Einfluß der chemischen Struktur auf die Antioxydansfähigkeit sekundärer aromatischer Amine.** E. V. Vasil'ev, G. F. Bebich, A. M. Emel'janov und S. I. Vol'fkovič. (Doklady Akad. Nauk SSSR **176** (1967) 5, 1063—66; Mosk. gos. univ. im. Lomonosova; russ.) — Unters. der Ox. des *Kautschuks SKMS-ARK-30* in Ggw. nachst. Antioxydantien: p-Aminoanisole: *N-Diphenylmethyl-*, *N-Benzyl-*, *N-[α-Methyl-p-methoxybenzyl]-*, *N-[α-Methylbenzyl]-*, *N-[Isopropyl]-*, *N-[Butyl-(2)]-*, *N-[4-Methylpentyl-(2)]-*, *N-Cyclohexyl-*, *N-[1-Isobutyl-2-methyloctyl]-?*, *N-Pikryl-*; nachst. nicht stellungsbezeichnete monoringsubstituierte N-Isopropylaniline: *Dimethylamino-*, *Methoxy-*, *Chlor-*, *Phenoxy-* u. *Fluor-*.
K. Jasche 484△

*1138* **Oxydative Cyclisierungen.** 1. Mitt. **Mechanismus der Oxydation von o-substituierten Anilinen mit Phenyljodosoacetat.** L. K. Dyall und J. E. Kemp. (Austral. J. Chem. **20** (1967) 8, 1625—33; Dep. of Chem., Univ. of Newcastle, Shortland; engl.) — 2. vgl. C. **1968**, 47-1053. — Bei der Ox. von *2-Nitranilin* in Bzl., Toluol, Chlf., Acetonitril, Ae. oder Py. entsteht in hoher Ausb. *Benzofuroxan* (**I**); in Essigsäure *2,2'-Dinitroazobenzol*. Unter gleichen Bedingungen (Bzl.) entsteht aus *4-Nitro-2-nitrosoanilin* → *5-Nitrobenzofurazon*, aus *2-Formylanilin* → *Anthranil*, *2-Acetylanilin* → *3-Methylanthranil*, *2-Benzoylanilin* → *3-Phenylanthranil*, *1-Aminoanthrachinon* → *Anthra-[9.1-cd]-isoxazolon-(6)* u. aus *2-Phenylazoanilin* → *2-Phenylbenzotriazol*. Dagegen entstehen aus *2-Methoxycarbonylanilin*, *2-Phenoxycarbonylanilin*, *2-Phenylsulfinylanilin*, *2-Phenylsulfonylanilin* u. *2-Phenylanilin* keine cycl. Prod., sondern *2.2'-Bis-[methoxycarbonyl]-azobenzol* ($C_{16}H_{14}N_2O_4$, 51% Ausb., F. 105,2°), *2.2'-Bis-[phenoxycarbonyl]-azobenzol* ($C_{26}H_{18}N_2O_4$, 31%, F. 189—190°), *2.2'-Bis-[phenylsulfinyl]-azobenzol* ($C_{24}H_{18}N_2O_2S_2$, 2%, F. 235—237°) bzw. *2.2'-Bis-[phenylsulfonyl]-azobenzol* ($C_{24}$·$H_{18}N_2O_4S_2$, 22%, F. 237,5—239,5°). Ferner wird die Pyrolyse von folgenden Arylaziden untersucht: *2-Nitrophenyl-* (→ **I**), *6-Methyl-2-nitrophenyl-* oder *3-Methyl-2-nitrophenyl-* (→ *4-Methylbenzofuroxan*], *4-Methoxy-2-nitrophenyl-* (→ *5-Methoxybenzofuroxan*), *1-Nitro-2-naphthyl-* oder *2-Nitro-1-naphthyl* (→ *Naphthofuroxan*), *2-Formylphenyl-* (→ *Anthranil*), *2-Acetylphenyl-* (→ *3-Methylanthranil*), *2-Benzoylphenyl-* (→ *3-Phenylanthranil*), *2-Methoxycarbonylphenyl-* (→ *2.2'-Bis-[methoxycarbonyl]-azobenzol*), *2-Phenylsulfonyl-phenyl-* (→ 21% *Phenothiazindioxid* u. 4% *2-Phenylsulfonylanilin*), *2-Phenylazophenyl-* (→ *2-Phenylbenzotriazol*), *2-Phenoxycarbonylphenyl-* u. *2-Phenylsulfinylphenyl-* (→ Teer).
L. Leonhardt 484

*1139* **Hydridionenübertragung bei Alkohol- und Ätheroxydationen.** R. M. Barter und J. S. Littler. (J. chem. Soc. [London], Sect. B **1967**, 3, 205—10; Univ. Bristol; engl.) — Die Geschw. der Ox. von *Methanol*, *A.*, *2-Methoxyäthanol*, *Isopropanol*, *Cyclohexanol*, *Diisopropyläther* u. *Dioxan* durch $Br_2$, $KMnO_4$, $Hg(ClO_4)_2$, $Pb(CH_3COO)_4$ u. Ce(IV) wird gemessen u. aus der Temp.-Abhängigkeit der RGK die $\Delta H^{\neq}$ u. $\Delta S^{\neq}$-Werte bestimmt. Die beobachtete leichte oxydative Spaltung u. die stark beschleunigende Wrkg. von Alkylsubstituenten unterstützen einen Mechanismus, der eine Hydridübertragung vom C-Atom der funktionellen Gruppe zum Ox.-Mittel einschließt. $Br_2$ u. $Hg(ClO_4)_2$ sind befähigt, Isopropyläther auch bei Ggw. einer OH-Gruppe im Mol. zu ox., wie am Beispiel der Ox. von *6-Isopropoxyhexanol-(1)* zum Hexamethylendiol gezeigt wird.
K. Jasche 484△

*1140* **Oxydation von Thioharnstoff und Thioacetamid mittels alkalischem Hexacyanoferrat(III).** M. C. Agrawal und S. P. Mushran. (J. physic. Chem. **72** (1968) 5, 1497—1501; Chem. Labor., Univ. of Allahabad, Allahabad, India; engl.) — Der Einfl. der Reaktanten sowie der DK auf die RGK wurde untersucht.
K. J. Lucas 484

*1141* **Oxydation durch Metallionen in Lösung.** 2. Mitt. **Oxydation von Maleinsäure durch Kobalt(III)-Ionen.** J. Hill und A. McAuley. (J. chem. Soc. [London], Sect. A **1968**, 5, 1169—73; Glasgow, Univ. of Strathclyde, Dep. of Pure and Appl. Chem.; engl.) — 1. vgl. C. **1969**, 2-1090. — Vf. untersuchen spektrophotometr. mit der Strömungsmeth. bei 0—21° die Ox.-Geschw. von Maleinsäure mit $Co^{3+}$ bei definierten Ionenstärken in perchlorsauren Lösungen. Auf Grund der experimentellen Ergebnisse schlagen Vf. einen Rk.-Mechanismus vor.
Ruth Müller 484

*1142* **Oxydation durch Metallionen in Lösung.** 3. Mitt. **Oxydation von 2-Mercaptobernsteinsäure durch Vanadium(V).** W. F. Pickering und A. McAuley. (J. chem. Soc. [London], Sect. A **1968**, 5, 1173—76; engl.) — 2. vgl. vorst. Referat. — Vf. untersuchen mit der Strömungsmeth. bei pH = 2,4—4,4 u. 0—25° in wss. Medium die Kinetik der Ox. von 2-Mercaptobernsteinsäure mit $NH_4VO_3$.
Ruth Müller 484

*1143* **Stereospezifische Alkylierung mit asymmetrischen Reagentien.** K. Wallenfels und B. Eisele. (Europ. J. Biochem. [Berlin] **3** (1968) 3, 267—75; Freiburg, Univ., Chem. Labor.; engl.) — Kinetik u. Stereochemie der Rk. von D(+)-, DL- u. L(−)-*α-Jodpropionsäure*, DL-, D(+)- u. L(−)-*α-Jodpropionamid* mit L-*Cystein* (**I**) u. *Papain* (**II**) bei 20° u. pH 7 sowie das chromatograph. Verh. der Rk.-Prod. (von **I**) wird untersucht. u. bez. der Stereoselektivität u. der katalyt. Wrkg. von **II** diskutiert. Dargestellt wurde u. a. DL-*S-α-Carboxyäthyl*-L-*cystein* [F. 183—184° (W., Zers.)].
B. I. 486△

*1144* **Friedel-Crafts-Acylierung.** 4. Mitt. **Mehrfachsubstituenteneffekt bei Friedel-Crafts-Acylierungen von Toluol mit disubstituierten Benzoylchloriden.** P. J. Slootmaekers und R. Verbeerst. [Bull. Soc. chim. belges **77** (1968) 5—6, 273—85; Leuven, Belgium, Labor. voor Algemene Scheikunde; engl.) — 3. vgl. ibid. **75** (1966) 7/8, 433. — Die $AlCl_3$-katalysierte Acylierung von Toluol mit *3.4-* u. *3.5-Dimethyl-*; *3-Methyl-5-chlor-*, *3-Methyl-4-chlor-*, *3-Methyl-4-brom-*, *3.5-Di-tert.-butyl-*; *3.4-* u. *3.5-Dichlor-*; *3-Chlor-5-brom-*, *3-Chlor-4-methyl-*, *3-Chlor-4-brom-*, *3-Brom-4-methyl-*, *3-Brom-4-chlor-*, *3.4-Dibrombenzoylchlorid* in o-Dichlorbenzol wird kinet. untersucht u. der Substituenteneinfl. diskutiert.
B. I. 486△

*1145* **Friedel-Crafts-Acylierung.** 5. Mitt. **Polare und sterische Substituenteneffekte bei der Reaktion disubstituierter Benzoylchloride mit konstantem ortho-Substituenten.** R. Verbeerst und P. J. Slootmaekers. (Bull. Soc. chim. belges **77** (1968) 5—6, 287—93; engl.) — 4. vgl. vorst. Referat. — Die $AlCl_3$-katalysierte Acylierung von Toluol mit *Benzoylchlorid*, *2-Methyl-*; *2.5-*, *2.4-* u. *2.3-Dimethylbenzoylchlorid*; mit den 2-Methylbenzoylchloriden: *5-tert.-Butyl-*, *5-Fluor-*, *5-Chlor-*, *5-Brom-*, *4-Fluor-*, *4-Chlor-*, *4-Brom-*, *3-Chlor-* u. *3-Brom-* in o-Dichlorbenzol wird kinet. untersucht u. Korrelationen zwischen Struktur des Säurechlorids u. dessen Reaktivität diskutiert. Der Übergangszustand der Rk. ist stark von der ster. Anordnung der Substituenten abhängig.
B. I. 486△

*1146* **Friedel-Crafts-Acylierung.** 6. Mitt. **Kinetischer Beweis für das Fehlen einer Hammett-Beziehung bei der Acylierungsreaktion mit substituierten Benzoylchloriden.** G. Hoornaert und P. J. Slootmaekers. (Bull. Soc. chim. belges **77** (1968) 5—6, 295—313; engl.) — 5. vgl. vorst. Referat. — Die RGK, Aktivierungsparameter und Isomerenverteilung der $AlCl_3$-katalysierten Acylierung von *Toluol* mit *Benzoylchlorid*, *m-* u. *p-Nitro-*, *m-Methyl-*, *m-tert.-Butyl-*, *m-Isopropyl-*, *m-Chlor-*, *m-* u. *p-Methoxybenzoylchlorid*, *Isophthalsäuredichlorid*, *Terephthalsäuredichlorid*, *m-* u. *p-Chlorsulfonylbenzoylchlorid* werden bestimmt. Die relativen Reaktivitäten lassen sich nicht durch die Hammett-Beziehung beschreiben. Zwei Rk.-Wege werden diskutiert.
B. I. 486△

*1147* **Untersuchung von Konkurrenz- und Folgereaktionen zweiter Ordnung: N-Alkylierung von Aminen durch Methyljodid.** P. S. Radhakrishna Murti und G. P. Panigrahi. [J. Indian chem. Soc. **44** (1967) 5, 430—35; Khallikote Coll., Berhampur, Orissa; engl.) — Die Alkylierung von *Anilin, N-Methyl-* u. *N.N-Dimethylanilin* durch $CH_3J$ wird in Nitrobenzol kinet. untersucht. Unter Verw. der Frost-Schwemmer-Meth. werden die RGK der aufeinanderfolgenden Alkylierungen berechnet.
K. Jasche 486△

*1148* **Kinetik des Thionylchlorid–Fettsäure-Systems. 3. Mitt. Halogenierung verschiedener Fettsäuren in verschiedenen Lösungsmitteln.** H. N. Singh und M. A. Beg. (J. Indian chem. Soc. **45** (1968) 3, 237—41; Chem. Labor., Aligarh Muslim Univ., Aligarh, India; engl.) — RGK u. Arrhenius-Parameter der Halogenierung von *Essig-, Propion-, Butter-, Valerian-* u. *Capronsäure* wurden in Chlor-, Brom- u. Nitrobenzol sowie Xylol/Dioxan bei Temp. von 20—40° bestimmt.
K. J. Lucas 487

*1149* **Allgemeine Säuren- und Basenkatalyse der Methoxyaminolyse von Phenylacetaten.** Luciano do Amaral, K. Koehler, D. Bartenbach, T. Pletcher und E. H. Cordes. (J. Amer. chem. Soc. **89** (1967) 14, 3537—45; Dep. of Chem., Ind. Univ. Bloomington, Ind.; engl.) — Untersucht wurde die Kinetik der Rk. von *p-* u. *m-Chlor-, p-Nitro-, 2-Chlor-4-nitro-* u. *nichtsubstituiertem Phenylacetat* mit *Methoxamin* in Ggw. von *Essigsäure, Acetat, Ameisensäure, Formiat, Methoxyessigsäure, Methoxyacetat, 3-Chlorpropionsäure, -propionat, Propionsäure, Chloressigsäure, Methoxyammoniumionen, Methoxyamin, Pyridiniumionen, Glycyläthylesterkationen,* $NH_4$ u. *Wasser.* Ferner wurde die Kinetik der Rk. von *Phenylacetat, p-Chlor-, p-Acetyl-* u. *p-Nitrophenylacetat* mit *Piperidin, Äthylendiamin* (**I**), *Morpholin* u. *Glycinäthylester* (**II**) von m-Nitrophenylacetat mit **I** u. p-Methoxyphenylacetat mit **II** untersucht.
K. J. Lucas 488

*1150* **Konformation und Reaktivität. 6. Mitt. Kinetik der säurekatalysierten Veresterung von trans-Dekalincarbonsäuren, 4-tert.-Butyl- oder 2-Methylcyclohexancarbonsäuren, trans-4-substituierten Cyclohexancarbonsäuren und Cyclohexancarbonsäure in Methanol.** N. B. Chapman, A. Ehsan, J. Shorter und K. J. Toyne. (J. chem. Soc. [London], Sect. B **1967**, 6, 570—73; Dep. of Chem., The Univ., Hull; engl.) — 5. vgl. C. **1969**, 6-1013. — Die durch p-Toluolsulfonsäure katalysierte Rk. in *Methanol* bei 30° bzw. die Veresterung mit *Diphenyldiazomethan* folgender Verb. wurde untersucht: *cis-* u. *trans-4-tert.-Butyl-, cis-* u. *trans-2-Methyl-, trans-4-Hydroxy-, trans-4-Carboäthoxy-, trans-4-Carbomethoxy-, trans-4-Brom-* u. *trans-4-Cyancyclohexancarbonsäure, Cyclohexancarbonsäure* sowie *trans-Dekalin-1α-, trans-Dekalin-1β-, trans-Dekalin-2α-* u. *trans-Dekalin-2β-carbonsäure.*
K. J. Lucas 488

*1151* **Äthanolyse von ortho-, meta- und para-substituierten Phenylacetylchloriden.** P. W. Heidbuchel. (Bull. Soc. Chim. Belges **77** (1968) 3/4, 149—52; Fysico-Chem. Labor., Heverlee (Leuven); engl.) — Die Äthanolyse von *o-, m-* u. *p-Methyl-, o-, m-* u. *p-Chlor, m-Brom, o-* u. *p-Fluor, p-Isopropyl-, m-Äthyl-* u. *p-tert.-Butylphenylacetylchlorid* sowie der nichtsubstituierten Verb. wurde bei 20° in Bzl./A. untersucht. Die Änderung der RG als Funktion des Substituenteneinfl. wurde untersucht.
K.-J. Lucas 488

*1152* **Solvolyse von Bicyclo-[2.1.0]-pentan-1-methyl-p-nitrobenzoat.** William G. Dauben und John R. Wiseman. (J. Amer. chem. Soc. **89** (1967) 14, 3545—49; Dep. of Chem., Univ. of Calif., Berkeley, Calif.; engl.) — Die Titelverb., $C_{13}H_{13}NO_4$, F. 40—42°, wurde synthetisiert u. die Kinetik der Solvolyse in wss. Aceton bestimmt. Die Werte wurden mit denen der Solvolyse von Cyclopropylmethyl-p-nitrobenzoat verglichen.
K. J. Lucas 488

*1153* **Saure Hydrolyse von Alkyl-β-D-xylopyranosiden.** C. K. De Bruyne und F. Van Wijnendaele. (Carbohydrate Res. [Amsterdam] **6** (1968) 3, 367—75; H.I.K.W., Labor. Anorg. Scheikunde A, State Univ., Ghent (Belgium); engl.) — Die RGK u. Aktivierungsparameter für *Methyl-, Äthyl-, Propyl-, Butyl-, Pentyl-, Hexyl-, Heptyl-, 2-Methyl-1-propyl-, 3-Methyl-1-butyl-, 2.2-Dimethyl-1-butyl-, 2.2-Dimethyl-1-propyl-, Benzyl-, 2-Phenäthyl-, 3-Phenylpropyl-, Isopropyl-, 3-Pentyl-, tert.-Butyl-, 2-Methyl-2-butyl-, Cyclopentyl-, Cyclohexyl-, 4-, 3-* u. *2-Methylcyclohexyl-, 2-Chloräthyl-, 3-Brompropyl-, 2-Methoxyäthyl-* u. *2-Hydroxyäthyl-β-D-xylopyranosid* wurden bestimmt. Der Substituenten-Einfl. (Hammett- u. Bunnett-Beziehung) wurde untersucht.
K.-J. Lucas 488

*1154* **$S_P$(P): Elektrophile Substitution am Phosphor.** S. G. Warren. (Angew. Chem. **80** (1968) 16, 649—59; dt.; int. Edit. **7** (1968) 8, 606—17; Univ. Chem. Labor., Cambridge; engl.) — Überblick. — 115 Literaturzitate.
W. Sobieski 489

*1155* **Mechanismus der Metallierung von Kohlenwasserstoffen mit Alkalimetallen. 1. Mitt. Reaktionskinetik der Metallierung von Cyclopentadien mit Kalium in Lösungsmitteln mit Elektronendonatorcharakter.** G. L. Bitman, I. F. Mjaskovskij und I. I. Skorochodov. (Ž. fiz. Chim. **41** (1967) 11, 2822—25; russ.)
K. Jasche 489△

*1156* **Gleichgewichte zwischen metallischem Natrium und aromatischen Kohlenwasserstoffen.** A. Rembaum, A. Eisenberg, R. Haack und R. F. Landel. (J. Amer. chem. Soc. **89** (1967) 5, 1062—66; Calif. Inst. of Technol., Pasadena, Calif.; engl.) — Es werden die ESR-Spektren u. die Spektren im sichtbaren Bereich der Rk.-Prod. von *4.4'-Dimethyl-, 3-* u. *4-Methyl-* u. von *4-Äthylbiphenyl* sowie von *N-Äthylcarbazol* mit *Na* in THF in Abhängigkeit von der Temp. untersucht. Die ber. Elektronenaffinitäten der KW-Stoffe wird mit den bestimmten $\Delta$H-Werten verglichen.
W. Wesly 489

*1157* **Dirigierende Wirkung der Cyclopropylgruppe in der Hydroborierung.** Shinya Nishida, Ichiro Moritani, Kazuomi Ito und Kiyoki Sakai. (J. org. Chemistry **32** (1967) 4, 939—42; Dep. of Chem., Fac. of Engng. Sci., Osaka, Univ., Machikaneyama, Toyonaka, Osaka; engl.) — *Vinylcyclopropan* (**I**) u. *Spiro-*[2.5]-*octen-(4)* (**II**) wurden durch Diboran in THF mit nachfolgender Ox. durch alkal. $H_2O_2$ hydroboriert. **I** bildet bei —10° *Cyclopropylmethylcarbinol* u. *2-Cyclopropyläthanol* im Verhältnis 3:97; **II** ergibt *Spiro-*[2.5]*-octanol-(4)* u. *Spiro-*[2.5]*-octanol-(5)* im Verhältnis 22:78 bei —60°. Der Cyclopropylring wird unter den Rk.-Bedingungen nicht geöffnet. *Vinylcyclohexan* liefert bei 0° *Cyclohexylmethylcarbinol* u. *2-Cyclohexyläthanol* im Verhältnis 6:94. Verglichen mit dem Isomerenverhältnis der gewöhnlichen Olefine zeigen die Cyclopropylverb. eine ungewöhnliche Prod.-Verteilung, mehr β-Alkohol wird gebildet. Dies läßt darauf schließen, daß die Cyclopropylgruppe größere Elektronendonatorwrkg. als andere Alkylgruppen besitzt.
A. Kratochwill 489

*1158* **Umsetzungen von Kryolith. 5. Mitt. Umsetzung von 1.2-Dichloräthan oder Äthylen und Chlor mit festem Kryolith.** B. Cornils, D. Seifert und G. Schiemann. (Chemiker-Ztg./Chem. Apparatur **91** (1967) 6, 175—79; Inst. für Techn. Chemie, TH Hannover; dt.) — 6. vgl. C. **1969**, 4-1102. — Bei der Rk. von 1.2-Dichloräthan (**I**) mit Kryolith entsteht 1 Fluor-2-chloräthan neben Prod. der therm. Zers.; ein Austausch des 2. Cl-Atoms durch F wird nicht beobachtet. Demnach bildet **I** die nach der Theorie von Booth zu erwartenden Zwischenprodukte.
W. Wesly 489

*1159* **Nucleophile Substitution in der aromatischen Reihe. 23. Mitt. Kinetik der Reaktionen von 2.4-bis-[methylsulfonyl-, -trifluormethyl-, -sulfonyl- und sulfamoyl]-substituierten Chlorbenzolen mit nukleophilen Agenzien in alkoholischem Medium.** S. M. Šejn und N. K. Danilova. (Izvest. sibirskogo Otd. Akad. Nauk SSSR, Ser. chim. Nauk **1967**, 7, 109—12; Novosibirskij inst. org. chimii Sibirskogo otd. AN SSSR; russ.) — 22. vgl. ibid. **1967**, 4, 118; 25. vgl. C. **1968**, 61-0254. — Die RGK nachst. Umsetzungen wurden ermittelt: *2.4-Disulfamoyl-1-chlorbenzol* mit *Piperidin* (**I**); *2.4-Bis-*[*methylsulfonyl*]*-chlorbenzol* mit *Na-Äthylat* (**II**), *Na-Propylat* (**III**) u. *Na-Amylat*, **I** u. *Morpholin* (**IV**); *2.4-Bis-*[*trifluormethylsulfonyl*]*-chlorbenzol* mit **I**—**IV** u. zum Vgl. *Pikrylchlorid* mit Na-Methylat.
K. Jasche 489△

*1160* **Nucleophilität von Chloridionen gegenüber Carbonylkohlenstoff.** Lee B. Jones und James P. Foster. (J. org. Chemistry **32** (1967) 9, 2900—01; Tucson, Ariz., Univ., Dep. of Chem.; engl.) — Vf. unters. in W.-Acetonitril-Lsg. die symm. Austauschrk. zwischen *Chlorameisensäureäthylester* u. *Tetrabutylammonium-*$^{36}$*Cl-chlorid*. $Cl^-$ ist in dieser Lsg. stärker nucleophil gegenüber dem Carbonyl-C als in W., aber schwächer nucleophil als gegenüber gesättigtem C. Ruth Müller 489

*1161* **Protonen- und Ionenpaaraustausch von N.N-Dialkylaniliniumsalzen und Basizität von N.N-Dialkylanilinen in Essigsäure.** Ernest Grunwald und Mohindar S. Puar. (J. Amer. chem. Soc. **89** (1967) 26, 6842 bis 6848; Lecks Chem. Labor., Brandeis Univ., Waltham, Mass.; engl.) — Ermittelt u. tabelliert wurden kinet. Daten (NMR-Meth.) des Protonenaustausches u. pK-Werte (spektroskop. Meth.) für die p-Toluolsulfonate bzw. Acetate von *Anilin*, N.N-Dimethyl-, N.N-Diäthyl-, N.N-Di-n-propyl-, N.N-Di-n-butyl-, p-Nitro-N.N-dimethyl-, p-Cyan-N.N-dimethylanilin u. Buttergelb. U. Radlbeck 489

*1162* **$S_N$-Mechanismus bei aromatischen Verbindungen. 36. Mitt. Reaktivitäten von Monochlordiazabenzolen.** T. L. Chan und J. Miller. (Austral. J. Chem. **20** (1967) 8, 1595—1600; Hong Kong, Univ. of H.K., Dep. of Chem.; engl.) — 35. vgl. ibid. **20** (1967) 379. — Die Kinetik der Rk. von p-Nitrophenolat in $CH_3OH$ mit äquimol. Mengen von *3-* u. *4-Chlorpyridazin, 2-, 4-* u. *5-Chlorpyrimidin* u. *2-Chlorpyrazin* in Ggw. eines 10-fachen Überschusses an p-Nitrophenol wurde untersucht, die Ergebnisse mit denen der Pyridinreihe verglichen u. eine Aktivitätsreihenfolge aufgestellt. Axel Jochum 489

*1163* **Abhängigkeit der Geschwindigkeit, Reversibilität und Stereoselektivität der Alkinylierung eines 17-Ketosteroids vom Alkin und vom Alkalimetall.** Theodore C. Miller und Robert G. Christiansen. (J. org. Chem. **32** (1967) 9, 2781—86; Sterling-Winthrop Res. Inst., Div. of Sterling Drug, Inc., Rensselaer, N.Y.; engl.) — Die Alkinylierung des *Estronmethyläthers* (I) mit dem Li, Na oder K- Derivat des Propargylalkohols, Butin-(3)-ol-(1) u. Propargylaldehyddiäthylacetal in Py. u. Dioxan wird untersucht. L. Leonhardt 489

*1164* **Diels-Alder-Reaktionen: Zum Reaktionsmechanismus.** J. Sauer. (Angew. Chem. **79** (1967) 2, 76—94, dt.; int. Edit. **6** (1967) 1, 16; engl.; Inst. für Org. Chem., Univ. München.) — Übersichtsarbeit. — 131 Literaturzitate. Hans Köhne/Berlin 490△

*1165* **Kinetik der konkurrierenden Eliminierung von HCl und HF aus chemisch aktiviertem 1.1-Difluor-1-chloräthan aus der Ketenphotolyse.** D. C. Phillips und A. F. Trotman-Dickenson. (J. chem. Soc. [London], Sect. A **1968,** 7, 1667—70; Edward Davies Chem. Labor., Aberystwyth, Cards.; engl.) — Die Eliminierungsgeschw. von HCl u. HF wurden mit den Geschw. der Stabilisierung durch Kollision von chem. aktiviertem 1.1-Difluor-1-chloräthan bei verschiedenen Drücken u. Temp. verglichen. Die energet. angeregten Mol. entstanden durch Radikalkombination aus der Cophotolyse von Aceton u. 1.3-Dichlor-1.1.3.3-tetrafluoraceton-Mischungen. K.-J. Lucas 490

*1166* **Desaminierung von optisch aktivem [1-D]-Neopentylamin.** Robert D. Guthrie. (J. Amer. chem. Soc. **89** (1967) 25, 6718—20; Univ. of Ky., Lexington, Ky.; engl.) — (+)-(*R*)-[*1-D*]-*Neopentylamin* wird in Essigsäure zu (—)-(*R*)-*2-Methyl-*[*3-D*]-*buten-(1)* (I) desaminiert. (—)-(*R*)-*1.1-Dimethyl-*[*2-D*]-*propylacetat* wird zu I pyrolysiert. Ein Isotopeneffekt wird festgestellt. K. Jasche 490△

*1167* **Spezifische und nichtspezifische Lösungsmittelwechselwirkung bei der Ringöffnung von Epoxiden.** Neil S. Isaacs und K. Neelakantan. (Canad. J. Chem. **45** (1967) 13, 1597—1600; Univ. of Reading, Reading, England; engl.) — Mit dem Ziel, den Lsgm.-Einfl. auf die Rk. von *Propylenoxid* mit *Diäthylamin* unter Bldg. von *1-Diäthylaminopropanol-(2)* zu ermitteln, werden kinet. Unters. in Methanol, A., n-Propanol, n-Butanol sowie in Gemischen dieser Alkohole mit Cyclohexan durchgeführt. K. Jasche 490△

*1168* **Ionisierung von Acetophenon. Einfluß der Ionenassoziation.** J. R. Jones. (Trans. Faraday Soc. **64** (1968) 542, 440—44; Univ. of British Columbia, Vancouver. B.C.; engl.) — Die Kinetik der Detritiierung von $CH_3COCH_2T$ in alkal. Medium wird unter Zusatz von Li-, Na-, K-, Mg-, Ca- u. Ba-Halogeniden sowie von Tetraalkylammoniumsalzen untersucht u. bez. Ionenassoziate diskutiert. K. Jasche 490△

*1169* **Mechanismus der säurekatalysierten Hydratisierung von Phenylpropiolsäure.** Donald D. Noyce, Sr. Mary Andrew Matesich und Paul E. Peterson. (J. Amer. chem. Soc. **89** (1967) 24, 6225—30; Univ. of Calif., Berkeley, Calif.; engl.) — Bei 25° wird Phenylpropiolsäure (I) in 62—70%ig. $H_2SO_4$ zu *Benzoylessigsäure* hydratisiert, welche allmählich unter Bldg. von *Acetophenon* decarboxyliert. Die wegen der nachfolgenden Decarboxylierung korrigierten RGK der **I**-, *p-Methoxy-*, *p-Methyl-*, *p-Chlor-*, *m-Chlor-* u. *3.4-Dichlorphenylpropiolsäure*-Hydratisierung werden bestimmt. Elektronenziehende Substituenten am Phenylring beeinträchtigen die Hydratisierungsgeschwindigkeit. K. Jasche 490△

*1170* **Kinetik der Hydratisierung wasserlöslicher Carbodiimide.** D. G. Knorre, V. A. Kurbatov, G. S. Mušinskaja und E. G. Sajkovič. (Izvest. sibirskogo Otd. Akad. Nauk SSSR, Ser. chim. Nauk **1967,** 7, 137—40; Novosibirskij inst. org. chimii Sibir. otd. AN SSSR; russ.) — Die Kinetik der Hydratation von *N-Cyclohexyl-N'-*[*β-(4-methylmorpholino)-äthyl*]*-carbodiimid-p-tosylat* wird im pH-Bereich 2,9—3,95 u. 8,3—9,6 untersucht. K. Jasche 490△

*1171* **Kinetik und Mechanismus der Reaktion von wasserlöslichem Carbodiimid mit Uridin.** D. G. Knorre und G. S. Mušinskaja. (Izvest. sibirskogo Otd. Akad. Nauk SSSR, Ser. chim. Nauk **1967,** 7, 132—36; Novosibirskij inst. org. chimii Sibir. otd. AN SSSR; russ.) — Die Rk. von *N-*[*Cyclohexyl-N'-*[*β-(4-methylmorpholinio)*]*-äthyl*]*-carbodiimid-p-tosylat* mit Uridin wird untersucht. K. Jasche 490△

*1172* **Untersuchungen an der P=N-Doppelbindung. 7. Mitt. Nachweis der $N_\gamma N_\beta$-Abspaltung aus Staudinger-Addukten $R_3P{=}N_\gamma{-}N_\beta{=}N_\alpha{-}X$ durch $^{15}$N-Isotopenmarkierung.** H. Bock und M. Schnöller. (Angew. Chem. **80** (1968) 16, 667—69; dt.; int. Edit. **7** (1968) 8, 636; engl., Inst. für anorgan. Chem., Univ. München.) — 6. vgl. C. **1968,** 61-0080. — Die $N_2$-Eliminierung (therm. Zers. bei 60°) aus dem bei der Rk. von Triphenylphosphin mit p-Toluolsulfonsäureazid in Ae. bei 0° entstehenden Staudinger-Addukt *1-p-Tosyl-3-triphenylphosphoranylidentriazen* wird massenspektrometr. untersucht. W. Sobieski 490

*1173* **Reaktionen der Alkoxysulfoniumsalze mit Alkylaten.** Carl R. Johnson und W. Gary Phillips. (J. org. Chemistry **32** (1967) 6, 1926—31; Dep. of Chem., Wayne State Univ., Detroit, Mich.; engl.) — Es wird die Rk. der *Sulfoniumfluoroborate*: *Dibenzyläthoxy-* ($C_{16}H_{19}\cdot BF_4OS$, F. 117—118°), *Dibenzylmethoxy-*, *Benzylphenyläthoxy-* ($C_{15}H_{17}BF_4OS$, F. 104—105°), *Benzylphenylmethoxy-* ($C_{14}H_{15}BF_4OS$, F. 111—113°), *Dimethylmethoxy-*, *Phenylvinylmethoxy-*, *tert.-Butylmethylmethoxy-*, *Diphenylmethoxy-* ($C_{13}H_{13}BF_4OS$, F. 73—74°), *Methylphenylmethoxy-*, *Äthylphenylmethoxy-*, *Benzylmethylmethoxy-*, *4-Nitrophenylmethylmethoxy-*, *$D_3$-Methylphenylmethoxy-*, *Methylphenyl-$D_3$-methoxy-*, (+)-*Benzyl-p-tolylmethoxy-* ($C_{15}H_{17}BF_4OS$, F. 118,5—119,5°) mit *Na-Methylat*, *-Äthylat*, *-Isopropylat*, *-tert.-Butylat* u. *-Phenolat* in den entsprechenden Alkoholen, sowie mit NaH in DMSO u. THF untersucht. Die Salze unterliegen einer schnellen Austauschrk., gefolgt von einer basenkatalysierten Zers. zu Carbonylverb. u. Sulfiden oder von α-Umlagerungen zu Monothioacetalen. H. Pehlmann 490

*1174* **Reaktion von αH.ωH-Methylsilazanen mit nukleophilen Reagenzien.** K. A. Andrianov, V. M. Kopylov, L. M. Chananašvili und T. V. Nesterova. (Doklady Akad. Nauk SSSR **176** (1967) 1, 85—88; Mosk. inst.

tonkoj chim. technol. im. Lomonosova; russ.) — Vf. untersuchen den Mechanismus nachst. Rk.: *1.2.3.4-Tetramethylsilazan* (I) mit KOH zu 1.1.3.3-Tetramethyl-2.4-bis-[dimethylsilyl]-1.2.3.4-disiladiazetidin [II, $Kp._8$ 66—68°; 55% (Ausb.)] u. einem I-Polymeren (F. 70°; 20,1%); I mit Na-Methylat zu II (41%) u. die mit K-Methylat katalysierte Rk. von I mit KOH zu Dimethylsilan u. 1H.7H-Undekamethyltetrasilazan ($Kp._{37}$ 105—106°). J. J. Pohl 491

*1175* **Kinetik und Mechanismus der Reaktion zwicshen Biacetyl und Hydroxylamin in saurer Lösung.** Paul R. Ellefsen und Louis Gordon. (Talanta [London] **14** (1967) 4, 443—56; Dep. of Chem., Case Inst. of Technol., Cleveland, O.; engl.) Renate Lehmann 491

*1176* **„Symbiotische Effekte" bei nucleophilen Umlagerungsreaktionen.** Ralph G. Pearson und Jon Songstad. (J. org. Chemistry **32** (1967) 9, 2899—2900; Evanston, Ill., Northwestern Univ., Dep. Chem.; engl.) — Vf. bestimmen titrimetr. u. spektrophotometr. in $CH_3OH$ bei 25° die relativen RG für die Rk. B + $CH_3OR$ (*Methyltosylat*) → $CH_3B$ + OR mit B = *Thiophenolat, Selenocyanat, Methylat, Jodid, Rhodanid, Bromid, Chlorid, Thioharnstoff, Triphenylphosphin, Triäthylamin* u. *Methanol.* Die Ergebnisse werden mit dem Prinzip der starken u. schwachen Säuren erklärt. Ruth Müller 492

*1177* **Reaktivität von Elektronen-Donator-Akzeptor-Komplexen. 9. Mitt. Isomerisierung von Buten.** Masaru Ichikawa, Mitsuyuki Soma, Takaharu Onishi und Kenzi Tamaru. (Trans. Faraday Soc. **63** (1967) 536, 2012—18; Dep. of Chem., Univ. of Tokyo, Hongo, Bunkyo-ku, Tokyo, Japan; engl.) — 8. vgl. ibid. **63** (1967) 533, 1215; 7. vgl. C. **1969,** 4-1117. — Elektronen-Donator-Akzeptor(EDA)-Komplexe bewirken eine Isomerisierung des *cis-Buten-(2)* sowohl zu *cis-Buten-(1)* als auch zu *trans-Buten-(2).* Bei der genannten Rk. wird das Verhalten von H-Atomen in EDA-Komplexen (Phthalocyanine, Nitro-, Cyan- u. Chlor-substituierte aromat. Verb., Chinone u. aromat. KW-Stoffe mit Na u. Mg bzw. Phenothiazine, Phthalocyanine, p-Phenylendiamin u. Perylen mit $SbCl_5$) untersucht. K. Jasche 492△

*1178* **Nachbargruppeneffekte und Umlagerungen bei Reaktionen von Cyclopropylmethyl-, Cyclobutyl- und Homoallyl-Systemen.** M. Hanack und H.-J. Schneider. (Angew. Chem. **79** (1967) 16, 709—20; dt.; int. Edit. **6** (1967) 8, 666—77; engl.; Chem. Inst. der Univ. Tübingen.) — Die von einer Doppelbindung in Homoallyl-Stellung, einem Cyclopropan- oder einem Cyclobutan-Ring hervorgerufene Nachbargruppenwrkg. führt zu Umlagerungen, die in ihrem Verlauf ausführlich diskutiert werden. — 113 Literaturangaben. K. Jasche 492△

*1179* **Energieübertragung bei der thermischen Methylisocyanid-Isomerisierung. Verdünnungseinfluß bei niedrigem Druck.** Y. N. Lin und B. S. Rabinovitch. (J. physic. Chem. **72** (1968) 5, 1726—32; Dep. of Chem., Univ. of Wash., Seattle, Wash.; engl.) — Der Einfl. von *He, Äthan* u. *Penten-(1)* auf die Aktivierungs- u. Rk.-Geschw. wurde bei 280,5° untersucht. K. J. Lucas 492

*1180* **Pinakol-Umlagerung von 3-endo-Phenyl-2.3-exo-cis-bornandiol. Eine endo-endo-Hydridwanderung.** Alan W. Bushell und Pelham Wilder jun. (J. Amer. chem. Soc. **89** (1967) 22, 5721—22; Dep. of Chem., Duke Univ., Durham, N.C.; engl.) — Behandlung von 3-endo-Phenyl-2.3-exo-cis-bornandiol (I) mit $HClO_4$-$CH_3COOH$ (1:100) bei normaler Temp. ergibt in 80%ig. Ausb. *3-exo-Phenylcampher.* Nach mehr als 4std. Rk. bildet sich *3-endo-phenylcampher.* I entsteht aus 3-endo-Phenyl-3-exo-hydroxycampher durch Red. mit $LiAlH_4$. L. Leonhardt 492

*1181* **Isomerisierung von Dimethylanilinmonosulfonsäuren.** B. I. Karavaev und R. N. Chelevin. (Izvest. vysšich učebnych Zavedenij [Ivanovo], Chim. i chim. Technol. **10** (1967) 12, 1384—88; Ivanovskij chim.-technol. inst.; russ.) — Zwischen 180 u. 200° wird die Isomerisierung von *p-* (I) u. *o-Dimethylanilinmonosulfonsäure* (II) in 90%ig. $H_2SO_4$ untersucht. Die Konst. des Gleichgew. zwischen I u. II sowie die RGK der gegenseitigen Umwandlung u. der Isomerisierung zu m-Dimethylanilinmonosulfonsäure (III) werden bestimmt. Die Bldg. von III aus I u. II erfolgt als prakt. nicht umkehrbare Reaktion. K. Jasche 492△

*1182* **Theoretische und experimentelle Untersuchung der Kinetik der thermischen Zersetzung von n-Hexadecan, des Mechanismus und der Zusammensetzung des Produktgemisches.** François Doue und Georges Guiochon. (J. Chim. physique Physico-Chim. biol. **65** (1968) 3, 395—408; École Polytechn., Paris; franz.) U. Radlbeck 493

*1183* **Selbstinhibierte Pyrolyse von Propan bei einer Reaktion mit geringem Umsatz.** D. A. Leathard und J. H. Purnell. (Proc. Roy. Soc. [London], Ser. A **305** (1968) 1483, 517—40; Dep. of Phys. Chem., Lensfield Road, Cambridge; engl.) — Die Rk. wurde im Druckbereich von 25—260 Torr u. bei Temp. von 510—560° untersucht. Angegeben sind Prod.-Ausb. sowie Zeit- u. Druckabhängigkeit der Ausbeuten. K.-J. Luvas 493

*1184* **Natur der Kohlenstoffbindung im Barenkern.** V. I. Stanko und V. A. Bratcev. (Doklady Akad. Nauk SSSR **172** (1967) 6, 1343—46; Inst. biofiziki Ministerstva zdravoochranenija SSSR; russ.) — Aus der Zers. mit $Br_2$ in W./A. bzw. W./$CHCl_3$ nachst. Verb., deren Anionen die Struktur des Barengerüsts haben, wird festgestellt, daß die B–B-, B–C- u. C–C-Bindungen des Barens vom gleichen Typ, nämlich Mehrzentrenbindungen, sind. Nachst. C.C'-Diphenyl-1C.2C-nonaboraundecanide: *Piperidium-, Na-* u. *Tetraäthylammonium-* sowie nachst. C-Phenyl-1C.2C-nonaboraundecanide: *Piperidinium-, Na-* u. *Tetraäthylammonium-* werden untersucht. J. J. Pohl 493

*1185* **Thermische Zersetzung von Polynitroalkanen.** H. P. Marshall, F. G. Borgardt und P. Noble jun. (J. physic. Chem. **72** (1968) 5, 1513—16; Lockheed Palo Alto Res. Labor., Pylo Alto, Calif.; engl.) — Die Geschw. der therm. Zers. von *Tetranitro-, Chlortrinitro-* u. *Bromtrinitromethan* sowie *1.2-Dichlortetranitroäthan* (I) wurde in verschiedenen Lsgm. u. Temp. zwischen 45 u. 146° bestimmt. K. J. Lucas 493

*1186* **Thermische Zersetzung von Azoäthan.** H. S. Sandhu. (J. physic. Chem. **72** (1968) 6, 1857—65; Chem. Dep., The Univ. of British Columbia, Vancouver, B.C.; engl.) — Die Kinetik der Pyrolyse wurde bei Temp. von 245—308° u. Anfangsdrücken von 15—110 mm mittels gaschromatograph. Analyse untersucht. K.-J. Lucas 493

*1187* **Thermische Zersetzung von tert.-Butyläthyläther.** N. J. Daly und C. Wentrup. (Austral. J. Chem. **21** (1968) 6, 1535—39; Dep. of Chem., School of General Studies, Australian Nat. Univ., Canberra; engl.) — Die RG der zu A. u. Isobuten führenden Zers. von tert.-Butyläthyläther wurde bei Temp. von 433—484° durch Verfolgen der Druckänderungen untersucht. Die Kinetik der Rk. 1. Ordnung mit $k_1 = 10^{14,13} \exp(-59740/RT) \cdot sek^{-1}$ steht in Übereinstimmung mit einem unimol. Zers.-Mechanismus. K.-J. Lucas 493

*1188* **Der Biradikalmechanismus der Reaktionen kleiner Ringverbindungen.** H. E. O'Neal und S. W. Benson. (J. physic. Chem. **72** (1968) 6, 1866—87; Dep. of Chem. San Diego State College, San Diego, Calif. 92115; engl.) — Die Kinetik der Dissoziation, der geometr. u. Strukturisomerisierung wird für 33 dreigliedrige u. 21 viergliedrige Ringe auf Grund eines Biradikalmechanismus ber. u. mit Literaturwerten verglichen. Es werden Meth. zur Abschätzung von Aktivierungsparametern der Rk., der Einfl. der Substitution auf den Mechanismus sowie die Kinetik der fluorierten Ringverb. erörtert. K.-J. Lucas 493

*1189* **Besonderheiten der thermischen Zersetzung einiger Nitrate mehrwertiger Alkohole in kondensierter Phase.** B. A. Lur'e und B. S. Svetlov. (Izvest. vysšich učebnych Zavedenij [Ivanovo], Chim. i chim. Technol. **10** (1967) 12, 1308—14; Mosk. chim.-technol. inst. im. Mendeleeva; russ.) — Es wird die Thermolyse von *Di-*

*äthylenglykol-, Triäthylenglykol-, 1.4-* u. *1.3-Butylenglykol-*, sowie *1.3-Propylenglykoldinitrat* unter Vgl. der Zers. von Nitroglycerin, Nitroglykol u. Nitrocellulose ohne u. in Ggw. von NO, $NO_2$, W. bzw. $O_2$ untersucht.
K. Jasche 493△

*1190* **Säurekatalysierte Spaltung von Aryl-Arsen-Bindungen in Arsanilsäuren.** A. Modro und T. A. Modro. (Bull. Acad. polon. Sci., Sér. Sci. chim. **16** (1968) 2, 63 bis 64; William Ramsay u. Ralph Forster Labor., Univ. Coll., London; engl.) — Die Spaltung von *o-* u. *p-Arsanilsäure* wurde mit wss. $H_2SO_4$ bei Raumtemp. bis 95° durch spektrometr. Best. des gebildeten Anilins verfolgt.
K. J. Lucas 493

*1191* **Mechanismus und synthetische Anwendung der oxydativen Spaltung von Äthern mittels Bromwasser.** N. C. Deno und Neil H. Potter. (J. Amer. chem. Soc. **89** (1967) 14, 3550—54; Dep. of Chem., Pa. State Univ., University Park, Pa.; engl.) — Die Kinetik der Rk. von wss. $Br_2$-Lsg. mit *Diäthyl-* (**I**), *Dipropyl-, Diisopropyl-* (**II**), *Dibenzyl-* (**III**), *Isopropylmethyl-, Isopropyläthyl-, Cyclohexylmethyl-, Benzylmethyl-* (**VI**) u. *Benzylisopropyläther* (**IV**) u. *THF* (**V**) wurde bestimmt, sowie die Kinetik der Rk. in 60% wss. Essigsäure von $Br_2$ mit **III, VI**, *4-Methylbenzylmethyl-, 4-* u. *3-Chlorbenzylmethyl-* u. *4-Nitrobenzylmethyläther* u. die Rk.-Kinetik von **I, II, III, IV, V**, *Anisol, 4-Bromanisol, Äthylacetat* u. *Benzylacetat* mit $(C_6H_5)_3C^+BF_4^-$ untersucht.
K. J. Lucas 494

*1192* **Organische Verbindungen als peroxydatische Katalysatoren.** Alfons Krause. (Chemiker-Ztg./Chem. Apparatur **91** (1967) 6, 180—81; Inst. für anorgan. Chem. der Univ. Poznan, Polen; dt.) — An Hand zahlreicher Beispiele wird gezeigt, daß zahlreiche, organ. Verb. peroxydat. Katalysatoren sind; ihre Wrkg.-Weise u. die sich dabei ergebenden Gesetzmäßigkeiten werden unter bes. Berücksichtigung des katalyt. Verh. von *α-* u. *β-Naphthol, α-* u. *β-Naphthoesäure* u. *α-* u. *β-Naphthylamin* erörtert. — 18 Literaturangaben.
W. Wesly 495

*1193* **Solvatation von Oxydationskatalysatoren in homogener flüssiger Phase.** Paul Mulkay und Jean Rouchaud. (Bull. Soc. chim. France **1967**, 12, 4653—57; Labor. de Chim. Phys. organ., Univ. Lovanium, Léopoldville; franz.) — *Toluol* wurde in Essigsäure in Ggw. von Co(II)-Acetat durch Sauerstoff bei einem Partialdruck von 13 kg/cm$^{-2}$ u. 130—160° oxydiert. Als Hauptprod. entsteht Benzoesäure. Die Rk. wird, wenn die Essigsäurekonz. 20 Vol.-% übersteigt, langsamer. Dieser Effekt ist durch die Abnahme der katalyt. Aktivität bei der Solvatation des in Säure lösl. Katalysators bedingt.
J. J. Pohl 495

*1194* **Verteilung von heißem $^{14}$C in Chinolin- und Acridin-Molekülen.** Mieczyslaw Forys. (Radiochim. Acta [Frankfurt/M.] **7** (1967) 1, 13—15; Warsaw, Univ., Dep. of Radiochem.; engl.) — Reines Acridin (**I**) u. Chinolin (**II**) bzw. Lsg. von **II** in Anilin (25 Mol-%) bestrahlte man unter vermindertem Druck 80 bzw. 50 Std. mit Reaktorneutronen (5 · $10^{12}$ n/cm$^2$ · sec). Die $^{14}$C-Verteilung zeigt, daß die $^{14}$C-Rückstoßteilchen die Positionen 4, 5 u. 8 bei **II** u. 9 bei **I** bevorzugen, die den typ. Stellen bei der H-Substitution entsprechen. Diese Tatsache weist auf den Einfl. der *π*-Elektronenverteilung bei diesem Rk.-Typ hin. Die $^{14}$C-Verteilung bei **II** erwies sich als unabhängig vom Anilin-Zusatz.
W. Wiechmann 496

*1195* **Chemische Effekte von durch den isomeren Übergang $^{82m}$Br → $^{82}$Br aktiviertem Brom in binären organischen Gemischen. 3. Mitt. Reaktionen in Mischungen von Brombenzol mit Methanol und n-Propylbromid.** Maria I. Stamouli, und Nicholas A. Katsanos. (Radiochim. Acta [Frankfurt/M.] **9** (1968) 1, 13—16; Nucl. Res. Centre „Democritus", Chem. Dep., Aghia Paraskevi-Attikis, Greece; engl.) — 2. vgl. C. **1968**, 51/52-0952. — Die Ergebnisse zeigen, daß das durch $^{82m}$Br → $^{82}$Br aktivierte Brom metastabile Komplexe mit beiden Bestandteilen der Mischung bildet, die im Gleichgew. miteinander stehen, bevor sie unter Bldg. von $^{82}$Br-markierten organ. Verb. monomol. zerfallen. Die Gleichgew.-Konst. wurden bestimmt.
W. Sobieski 496

*1196* **Reaktion von O($^1$D) mit Methan.** W. B. DeMore und O. F. Raper. (J. chem. Physics **46** (1967) 7, 2500 bis 2505; Jet Propulsion Labor., Calif. Inst. of Technol., Pasadena, Calif.; engl.) — Die Photolyse von *$O_3$/$CH_4$-Gemischen* wurde bei 2537 Å in fl. Ar bei 87°K untersucht. Die Quanten- u. Prod.-Ausb. bei Verw. von markiertem u. unmarkiertem $O_2$ wurden bestimmt.
K.-J. Lucas 498

*1197* **Die Reaktion von Methylen mit CO.** R. A. Cox und R. J. Cvetanović. (J. physic. Chem. **72** (1968) 6, 2236—38; Div. of Appl. Chem., Nat. Res. Council of Canada, Ottawa, Ontario; engl.) — Mischungen von *Keten* u. *cis-Buten* konst. Zus. wurden mit verschiedenen Konz. *CO* bei 27° mit Hg-Licht bestrahlt, um die Rk. von Triplett-Methylen u. CO zu untersuchen.
K.-J. Lucas 498

*1198* **Mechanismus der Photooxydation in der Acen-Reihe.** Odilon Chalvet und Raymond Daudel. (C. R. hebd. Seances Acad. Sci., Sér. C **265** (1967) 5, 301—02; Centre de Mécan. ondulatoire appl., Paris; franz.) — Die einfache Berechnung der Paralokalisationsenergie an *1.4-Dimethoxyanthracen* im Vgl. zu *Anthracen* führt zu Resultaten, die den Erfahrungswerten über Substituentenwrkg. auf die relativen Photoox.-Geschw. entgegengesetzt sind. Vf. schlagen eine neue Form komplexer Zwischenglieder vor, die nach wellenmechan. Berechnungen Schlußfolgerungen, die mit den Tatsachen übereinstimmen, nahelegt.
U. Drehmann 498

*1199* **Entstehung und Tempern von $Br_2$ bei der Radiolyse von polykristallinem $C_2Br_6$: Eine Bestimmung in situ.** R. M. Iyer und J. E. Willard. (J. chem. Physics **46** (1967) 9, 3501—06; Madison, Wis., Univ. of Wis., Dep. of Chem.; engl.) — An- u. Abfall von $Br_2$ wurden in polykrist. $C_2Br_6$-Tabletten als Funktion der *γ*-Dosis, der Zeit u. der Tempertemp. mittels spektralphotometr. Analyse untersucht.
G. Schlicht 498

*1200* **Strahlenchemie.** 4. Mitt. **Photochemische Umwandlung von 4-Dimethylamino-2.3-dimethyl-1-phenyl-$\Delta^3$-pyrazolinon-(5) in Gegenwart von Formamid.** J. Reisch und R. Pagnucco. (Chem. and Ind. **1967**, 39, 1646—47; Münster, Inst. für pharmazeut. Chem., Westfäl. Wilhelms-Univ.; engl.) — 3. vgl. C. **1968**, 54-0382. — Die Titelverb. wurde in Ggw. von Formamid/Dioxan belichtet, wobei *1.5-Dimethylimidazolinon-(2)-4-carbonsäureanilid* ($C_{12}H_{13}N_3O_2$, F. 312°), *N-Methyl-N'-phenylharnstoff* u. *N-Phenyloxamid* entstehen.
G. Schlicht 498

*1201* **Radikalinitiierte Kettendehalogenierung von Alkylhalogeniden in alkalischer Alkohollösung.** Warren V. Sherman. (J. physic. Chem. **72** (1968) 6, 2287—88; The Radiation Labor., Univ. of Notre Dame, Notre Dame, Ind.; engl.) — Die $^{60}$Co-*γ*-Radiolyse von *Methylchlorid, -jodid* u. *-bromid* in alkal. u. neutraler Methanol- u. Propanol-(2)-Lsg. wurde untersucht.
K.-J. Lucas 498

*1202* **Die Hg($^1P_1$)-photosensibilisierte Zersetzung von Cyclobutan.** E. G. Spittler und G. W. Klein. (J. physic. Chem. **72** (1968) 5, 1432—38; Radiation Res. Labor., Mellon Inst., Pittsburgh, Pa.; engl.) — Die Rk. bei Raumtemp. im Druckbereich von 15—760 mm sowie der Einfl. von Fremdgasen wurden untersucht. Prod.-Analysen sind tabelliert.
K.-J. Lucas 498

*1203* **Nanosekunden-Pulsradiolase der Reaktion von Ionen in Cyclohexanlösung.** J. K. Thomas, K. Johnson, T. Klippert und R. Lowers. (J. chem. Physics **48** (1968) 4, 1608—12; Chem. Div., Argonne Nat. Labor., Argonne, Ill.; engl.) — Bei der Rk. im Bereich von 3700—7500 Å von *Biphenyl* bzw. *Anthracen* treten positive u. negative Ionen dieser Verb. auf. Der Einfl. von *NO* auf die Rk. wurde untersucht.
K.-J. Lucas 498

*1204* **Geringe Umsetzung bei der Radiolyse von Methan in Gegenwart von O und Olefinen.** D. C. Myers und F. Schmidt-Bleek. (J. physic. Chem. **72** (1968) 5, 1475 bis 1482; Dep. of Chem., Purdue Univ., Lafayette, Ind.; engl.) — *$CH_4$*-Mischungen mit O u. Mischungen von O u. *$^{14}$C-Äthylen, $^{14}$C-Acetylen* oder *$^{14}$C-Propin-(3)* wurden

einer $^{60}Co$-γ-Bestrahlung ausgesetzt. Die Abhängigkeit der Prod.-Konz. von der Dosis wurde untersucht.
K.-J. Lucas 498

*1205* **Zur Benzylchlorid/Amin-Reaktion.** P. S. Radhakrishna Murti und G. P. Panigrahi. (J. Indian chem. Soc. **45** (1968) 4, 323—24; Dep. of Chem., Khallikote College, Berhampur [Ganjam], Orissa, India; engl.) — Untersucht wurde die relative Basenreaktivität der Rk. von Benzylchlorid mit *p-*, *m-*, u. *o-Toluidin*, *Anilin*, *β-Naphthylamin*, *p-* u. *m-Chloranilin* sowie mit *Pyridin*.
K.-J. Lucas 498

*1206* **Photochemische Reaktionen von Azoverbindungen.** 12. Mitt. **Dunkelreaktion von cis-Azobenzol mit Acetylchlorid.** G. E. Lewis und R. J. Mayfield. (Austral. J. Chem. **20** (1967) 9, 1899—1904; Dep. of Org. Chem., Univ. of Adelaide; engl.) — 11. vgl. C. **1969,** 6-1085.
L. Leonhardt 498

*1207* **Quantenausbeuten des photochemischen Zerfalls von Diazoniumsalzen in sauren Lösungen.** D. Schulte-Frohlinde und H. Blume. (Z. physik. Chem. [Frankfurt/M.] [N.F.] **59** (1968) 5/6, 282—98; Inst. für Strahlenchemie, Kernforsch.-Zentrum Karlsruhe; dt.) — Untersucht werden Absorptionsspektren u. Quantenausb. in Abhängigkeit von den Substituenten u. dem Lsgm. (Viskosität, pH-Wert) der Diazoniumsalze folgender Aniline: *p-Methoxy-*, *p-Dimethylamino-*, *p-Trimethylammonio-*, *p-Nitro-*, *p-Methyl-*, *p-Phenyl-*, *p-Acetyl-*, *p-Fluor-*, *p-Carboäthoxy-*, *p-Brom-*, *p-Chlor-*, *p-Jod-*, *p-Phenoxy-*, *m-Fluor-*, *m-Chlor-*, *m-Brom-*, *m-Jod-*, *m-Methoxy-*, *m-Methyl-*, *m-Phenyl-*, *m-Nitro-*, *m-Carboäthoxy-*, *4-Nitro-2-methoxy-* u. *2.4.6-Tribrom-*, der Diazoniumsalze von *Naphthyl-(1)-*, *Naphthyl-(2)-*, *Fluorenyl-(2)-amin*, *cis-* u. *trans-4-Aminostilben* sowie von „*diazotiertem Neutralrot*". W. Sobieski 498

*1208* **Thermische und photolytische Reaktionen von Diazoverbindungen der Bicyclo-[4.1.0]-heptan-Serie.** Ian W. J. Still und D. T. Wang. (Canad. J. Chem. **46** (1968) 9, 1583—86; Dep. of Chem., Univ. of Toronto, Toronto, Ontario; engl.) — Therm. Zers. von *5-Diazo-3-caren-2-on* führt zu 3-Caren-2.5-dion-5-azin (**I**; 93%), während photochem. Zers. in wss. Dioxan zu **I** (7%) u. 3-Caren-2.5-dion (9%) führt. Photochem. Zers. in Methanol gibt ein 3. Prod. der Zus. $C_{20}H_{24}O_4$ (3%). K.-J. Lucas 498

*1209* **Photochemische Reaktionen von Azoverbindungen.** 9. Mitt. **Untersuchungen photochemischer Reaktionen von Bisazoverbindungen.** N. C. Jamieson und G. E. Lewis. (Austral. J. Chem. **20** (1967) 2, 321—38; Adelaide, Univ., Dep. of Organ. Chem.; engl.) — 8. vgl. ibid. **1966,** 19, 1887. — Untersucht wurden die photochem. Rk. in 98%ig. $H_2SO_4$ von *4.4'-Bis-[phenylazo]-biphenyl* zu *2-[4-Aminophenyl]-benzo[c]cinnolin*, *2-[4-Amino-3-(4-aminophenyl)-phenyl]-benzo[c]cinnolin*, *4-[4-Amino-3-(4-aminophenyl)-phenyl]-azobenzol* u. *4-[4-Aminophenyl]-azobenzol*; von *4-(Phenylazo)-azobenzol* zu *4-Amino-3-[4-aminophenyl]-azobenzol*, *2-Amino-1-[4-aminophenyl]-benzo[c]cinnolin* ($C_{18}H_{14}N_4$, F. 255—256°), *2-[4-Aminophenyl]-aminobenzo[c]cinnolin* ($C_{18}H_{14}N_4$, F. 257°), u. *4-Aminoazobenzol*; von *3-Phenylazobenzol* zu *1-Phenylbenzo[c]cinnolin* ($C_{18}H_{12}N_2$, F. 165—166°), u. *3-Phenylbenzo[c]cinnolin* ($C_{18}H_{12}N_2$, F. 153—154°); von *2-Phenylazobenzo[c]cinnolin* zu *Benzodicinnolin* ($C_{18}H_{10}N_2$, F. 287 bis 288°), *2-Amino-1-[4-aminophenyl]-benzo[c]cinnolin* u. *2-[4-Aminophenyl]-aminobenzo[c]cinnolin*; von *4-Phenylaminoazobenzol* (keine Cyclisierung). Ferner wurden untersucht die säurekatalysierte Umlagerung von *2-[2-Phenylhydrazino]-benzo[c]cinnolin* zu *2-Phenylazobenzo[c]cinnolin* u. *2-Amino-1-[4-aminophenyl]-benzo[c]cinnolin*, die Desaminierung von *2-Amino-1-[4-aminophenyl]-benzo[c]cinnolin* zu *1-Phenylbenzo[c]cinnolin* u. von *2-[4-Aminophenylamino]-benzo[c]cinnolin* zu *2-Phenylaminobenzo[c]cinnolin* (**I**); die Rk. von *2-Aminobenzo[c]cinnolin* mit *p-Fluornitrobenzol* zu *2-[Bis-(4-nitrophenyl)-amino]-benzo[c]-cinnolin* ($C_{24}H_{15}N_5O_4$, F. 146—148°), u. die Bldg. von **I** ($C_{18}H_{13} \cdot N_3$, F. 227—228°) aus *2-Chlorbenzo[c]cinnolin*.
H. Pehlmann 498

*1210* **Pulsradiolyse von Aminlösungen mit niedrigem Ionisierungspotential.** T. J. Kemp, J. P. Roberts, G. A. Salmon und G. F. Thompson. (J. physic. Chem. **72** (1968) 5, 1464—70; School of Molecular Sci., Univ. of Warwick, Coventry; engl.) — Pulsradiolyse (0,2—2,3 μsek, 3-MeV) verd. (~ $10^{-2}$ M) Lsg. von *Triphenylamin*, *N.N.N.'N'-Tetramethyl-* u. *N.N-Dimethyl-p-phenylen-diamin* in Bzl., Cyclohexan, Paraffin, Dioxan, DMSO, Ae., THF u. Benzylalkohol führt zu intensiven Übergangsspektren, die denen der entsprechenden Aminradikalkationen ähnlich sind. RGK sind tabelliert.
K. J. Lucas 498

*1211* **Photochemische Synthese.** 22. Mitt. **Photochemische Cycloaddition: Cyclopentenon.** P. de Mayo, J.-P. Pete und M. Tchir. (Canad. J. Chem. **46** (1968) 15, 2535—47; Dep. of Chem., Univ. of Western Ontario, London; engl.) — 21. vgl. ibid. **46** (1968) 1041; 19. vgl. C. **1969,** 1-1242. — Es wurden die Quantenausb. der Cycloaddition von Cyclopentenon an *Cyclohexen*, *Cyclopenten*, *Cycloocten*, *cis-* u. *trans-1.2-Dichloräthylen*, *cis-* u. *trans-Hexen-(3)*, *Tetramethyläthylen*, *Isopropenylacetat*, *1.1-Dimethoxyäthylen*, *cis-* u. *trans-Buten-(2)* in verschiedenen Lsgm. u. in Ggw. mehrerer Sensibilisatoren u. Löscher bestimmt.
D. Strauch 498

*1212* **Photolyse von Cyclobutanon.** T. Howard McGee. (J. physic. Chem. **72** (1968) 5, 1621—25; Dep. of Chem., Univ. of Tex., Austin, Tex.; engl.) — Die Photolyse im Bereich von 2654—3130 Å wurde bei Temp. von 40—250° u. Drucken von 5—40 Torr, auch in Ggw. von Inertgasen, untersucht. Die Quantenausb. sind angegeben.
K. J. Lucas 498

*1213* **Bildungsmechanismus freier Radikale bei der Radiolyse einiger Vinylmonomeren in fester Phase.** 1. Mitt. **Acrylnitril und α-Chloracrylnitril.** Rose Marx und Serge Fenistein. (J. chim. physique Physico-Chim. biol. **64** (1967) 10, 1424—29; Labor. de Chim. Phys., Fac. des Sci., Orsay; franz.) — Die ESR-Spektren beider Verb. wurden nach γ-Bestrahlung in einer $Al_2O_3$-$SiO_2$-Pulver-Matrix bei 4,2 u. 77 °K untersucht. Im Falle des Chlorderiv. wurde das Auftreten eines Vinylradikals $CH_2{=}C{-}CN$ beobachtet. J. J. Pohl 498

*1214* **Zur radiationschemischen Bildung von Aminosäuren durch Carboxylierung von Aminen.** Klaus Dose und Sergio Risi. (Z. Naturforsch. **23b** (1968) 5, 581—87; Max-Planck-Inst. für Biophys., Frankfurt a. M.; dt.) — Die nach γ-Bestrahlung von *Methyl-*, *Äthyl-*, *Propyl-*, *Butyl-* u. *Isobutylamin* in $CO_2$ u. von *Essigsäure*, *N-Acetylglycin*, *Propion-* u. *Buttersäure* in Ggw. von $NH_3$ auftretenden Aminosäuren wurden bestimmt. Abhängigkeit der Ausb. von Temp., pH, Konz., Energieübergang u. Strahlungsdosierung wurde untersucht.
K. J. Lucas 498

*1215* **Strahlungslose Verteilung der Anregungsenergie in fester Zimtsäure durch Dimerenbildung.** J. Rennert, E. M. Ruggiero und J. Rapp. (Photochem. and Photobiol. **6** (1967) 1, 29—34; City Coll. City Univ., New York, N.Y.; engl.) — Die Quantenausb. ($\lambda$ = 3023 Å) der Photodimerisierung von fester trans-Zimtsäure (α- u. β-Form) bei $4{,}6 \cdot 10^{13}$ bis $4{,}6 \cdot 10^{15}$ Photonen/sec · $cm^2$ wird bestimmt, der Mechanismus der Photork. diskutiert.
S. Lampenscherf 498

*1216* **Das Photochimere von Thymin bei der UV-Bestrahlung von DNA. Strukturbeweis durch Röntgen-Beugung.** Norman Camerman und Arthur Camerman. (Science [Washington] **160** (1968) 3835, 1451—52; Dep. of Chem., Univ. of Toronto, Toronto; engl.) — UV-Bestrahlung von *Dimethylthymin* führt zur Dimerisierung, wobei die Struktur eines Dimeren, des cis-5.5'; 6.6'-Isomeren, durch Einkrist.-Röntgen-Beugung untersucht wurde. Bei der UV-Bestrahlung von DNA entsteht dasselbe Isomere. K.-J. Lucas 498

*1217* **Zur Kinetik der strahleninduzierten Wasserstoffabspaltung aus Uracil.** D. Heitkamp und O. Merwitz. (Z. Naturforsch. **23b** (1968) 5, 579—81; Kernforschungszentrum Karlsruhe, Inst. für Radiochem.; dt.) — Das Rk.-Modell nach $^{60}Co$-γ-Bestrahlung wird diskutiert.
K.-J. Lucas 498

*1218* **Chemischer Beweis für die Spaltung der Hauptkette als bedeutender Zerfallsweg bei der Radiolyse von Peptiden im festen Zustand.** Warren M. Garrison, Michael E. Jayko, Boyd M. Weeks, Harvey A. Sokol und

Winifred Bennett-Corniea. (J. physic. Chem. **71** (1967) 5, 1546–47; Lawrence Radiat. Labor., Univ. of Calif., Berkeley, Calif.; engl.) — Vf. untersuchten den Mechanismus des durch $^{60}Co$-$\gamma$-Strahlung induzierten Abbaus von *N-Acetylalanin, -valin* u. *-leucin*.
L. Leonhardt 498

*1219* **Bildung von Cyclonucleotiden bei Bestrahlung wäßriger Lösungen von Purinnucleotiden.** Klaus Keck. (Z. Naturforsch. **23b** (1968) 8, 1034–43; Radiolog. Inst., Univ., Freiburg i. Br.; dt.) — Es wurde die $\gamma$-Radiolyse von $O_2$-freien wss. Lsg. von *Adenosin-5'-monophosphat* durchgeführt u. durch einen Strukturbeweis nachgewiesen, daß ein Prod. das 8,5'-Cyclonucleotid der Verb. ist. Ähnliche Cyclisierungen wurden an *Inosin-5'-*, *Guanosin-5'-* u. *Desoxyadenosin-5'-monophosphat* beobachtet.
D. Strauch 498

# C. Präparative organische Chemie, Naturstoffe

*1220* **Organische Reaktionen in der Schmelze und in Festkörpern. 4. Mitt. Hydrogenolyse von Bromverbindungen durch reines Benzoin.** Michael Michman, Yuval Halpern und Saul Patai. (J. chem. Soc. [London], Sect. B **1967**, 2, 93–95; Dep. of Org. Chem., Hebrew Univ. of Jerusalem, Israel; engl.) — 5. vgl. C. **1967**, 61-0143. — Brom läßt sich in aktivierten Verb. (Halogenketone, -ester) durch reines Benzoin in der Schmelze oder im Lsgm. durch Wasserstoff austauschen, dabei wird die Rk. durch HBr katalysiert u. die Ausb. an hydriertem Prod. durch Lsgm., Rk.-Temp. u. Rk.-Zeit beeinflußt (Angaben s. Orig.). Benzhydrol kann das Benzoin nicht ersetzen, ebenso werden 1- u. 2-Bromoctan, Allylchlorid u. -bromid, Cinnamylchlorid, Chloraceton, Chloralhydrat, Trifluoressigsäurephenylester, Chlorcyclohexan, Benzylchlorid, p-Nitrobenzylchlorid, p-Nitrobenzylbromid, Chloranil, 9.10-Dibromanthracen, $\alpha$-Bromcampher, Bromoform u. p-Bromphenacylchlorid nicht durch Benzoin hydriert. Die Rk.-Prod. werden gaschromatograph. bzw. mittels $FeCl_3$ nachgewiesen u. durch Dünnschichtchromatographie getrennt. IR-Spektren vgl. Original.

Versuche: *2-Brom-5.5-dimethylcyclohexandion-(1.3)* (**I**), F. 178–180°, aus 5.5-Dimethyl-cyclohexandion-(1.3) u. $Br_2$ in Eisessig. — *$\alpha$-Brombenzyl-phenylketon* (**II**), $C_{14}H_{11}BrO$, F. 53°, aus 7 g Desoxybenzoin analog vorst. Verb. bei 90–100°; 6,5 g (Ausb.). — *Malonsäurediäthylester*, aus Brommalonsäurediäthylester u. Benzoin bei 83° in Nitromethan; ca. 100%. — *Acetophenon*, aus 0,01 Mol Phenacylbromid u. Benzoin bei 100°; 75%. — *p-Bromacetophenon*; analog vorst. Verb.; 75,5%. — *5.5-Dimethyl-cyclohexandion-(1.3)*, analog vorst. Verb. bei 105°; 85%. — *Fluoren*, analog vorst. Verbindung. — *Succinimid*, analog. — *Essigsäureäthylester*, analog.
G. Westphal 510△

*1221* **Möglichkeiten und Grenzen der Michaelis-Arbusow-Reaktion.** Hans-Georg Henning und Günter Hilgetag. (Z. Chem. **7** (1967) 5, 169–76; II. Chem. Inst., Humboldt-Univ., Berlin; dt.) — Übersicht. — 97 Literaturangaben. W. Hampel 520△

## C–1. Acyclische Verbindungen

*1222* **Katalytische Hydrierung von trans-1-Methoxybutadien-(1.3).** J. M. Bell, R. Garrett, V. A. Jones und D. G. Kubler. (J. org. Chemistry **32** (1967) 5, 1307–11; Dep. of Chem., Furman Univ., Greenville, S.C.; engl.) — Es wird die katalyt. Hydrierung der *Titelverb.* in Ggw. verschiedener Katalysatoren untersucht. Rk. in Ggw. von Adams-Katalysator gibt *trans-1-Methoxybuten-(1)*, sowie *1-Methoxybuten-(2)* u. *cis-1-Methoxybuten-(1)*. Raney-Ni liefert eine nahezu äquivalente Menge von *1.2-*, *3.4-* u. *1.4-Additionsprod.*, während beim Lindlar-Katalysator die 3.4-Addition überwiegt. Ni-B-Katalysator verhält sich analog Adams-Katalysator.

Versuche: *trans-1-Methoxybutadien-(1.3)*, $Kp._{150}$ 45–47°, aus 1.1.3-Trimethoxybutan durch $H_3PO_4$-katalysierte Desalkoholisierung. — *Butan*, aus 2-Chlorbutan u. Mg in Äther. — *Butengemisch*, aus Butanol-(2) durch $H_2SO_4$-katalysierte Dehydratisierung. — *Methylbutyläther*, Kp. 67,5–68°, aus 1-Brombutan u. Na-Methylat; 39% (Ausb.). — *4-Methoxybuten-(1)*, $C_5H_{10}O$, Kp. 67,5–68°, aus Allylmagnesiumchlorid u. Chlormethylmethyläther in Ae.; 16,7%. — *1,5:1-Gemisch aus trans- u. cis-1-Methoxybuten-(1)*, Kp. 68–75,5°, aus Butyraldehyddimethylacetal bei 300–325° im geschlossenen Gefäß; 67%. *trans-Isomeres*, Kp. 76°. *cis-Isomeres*, $Kp._{749}$ 71°. — *trans-1-Methoxybuten-(2)*, Kp. 76–77°, aus Crotonaldehyd u. $NaBH_4$, Umsetzung des erhaltenen *Crotylalkohols* [$Kp._{100}$ 70–78°; 48%] mit konz. HCl u. Rk. des erhaltenen *Crotylchlorids* [$Kp._{290}$ 53–55°; 39%] mit Na-Methylat; 48%. K.-P. Hilgetag 570△

*1223* **Reaktion von Fluorolefinen mit Schwefelwasserstoff.** A. V. Fokin, A. A. Skladnev, Ju. N. Studnev und I. L. Knunjanc. (Izvest. Akad. Nauk SSSR, Ser. chim. **1967**, 341–46; russ.) — Durch photochem. Rk. von Tetrafluoräthylen (**I**), Trifluorchloräthylen (**II**), 1.1-Difluoräthylen (**IV**), Perfluorpropylen (**V**) u. Perfluorcyclobutan (**VI**) mit $H_2S$ werden die entsprechenden *Mercaptane*, *Sulfide* u. *Telomerisations-Prod.* erhalten.

Versuche: *2H-Tetrafluoräthylmercaptan*, $C_2H_2 \cdot F_4S$, Kp. 31°, durch $5^1/_2$std. Bestrahlen von 4,5 g **I** mit 2 g $H_2S$ u. 5 Tropfen Aceton im Quarzrohr mit einer Hg-Lampe; $n_D^{20}$ 1,3230; $D._4^{20}$ 1,4910; 2,6 g (Ausb.). Daneben *2H.2'H-Perfluordiäthylsulfid* [$C_4H_2F_8S$, Kp. 100 bis 102°; $n_D^{20}$ 1,3280; $D._4^{20}$ 1,6240; 3,2 g] u. 0,7 g *Telomerisations-Produkte*. — *2-Chlor-1.1.2-trifluoräthylmercaptan* (**III**), $C_2H_2ClF_3S$, Kp. 64°, durch 6std. Bestrahlen von 20 g **II** u. 6 g $H_2S$ in Ggw. von Aceton im Quarzrohr; $n_D^{20}$ 1,3880; $D._4^{20}$ 1,4750; 9,1 g. Daneben *2H.2'H-2.2'-Dichlorperfluordiäthylsulfid* [$C_4H_2Cl_2F_6S$, $Kp._{60}$ 71,5°; $n_D^{20}$ 1,3920; $D._4^{20}$ 1,6350; 2,6 g], *2H.2'H-2.2'-Dichlorperfluordiäthyldisulfid* [$C_4H_2Cl_2F_6S_2$, $Kp._2$ 70°; $n_D^{20}$ 1,491; $D._4^{20}$ 1,749; 8 g] u. 6 g *Telomerisations-Produkte*. — *Verb. $C_2HClF_2S$*, Kp. 56°, durch 12std. Rk. von 7,4 g **III** u. 2,9 g KF im Rohr bei 20° u. $1^1/_2$std. Erhitzen auf 100°; $n_D^{20}$ 1,4319; $D._4^{20}$ 1,386; 0,47 g. — *Difluoräthylmercaptan (Isomerengemisch)*, $C_2H_4F_2S$, Kp. 60–62°, durch 3std. Bestrahlen von 3,9 g **IV** u. 2,2 g $H_2S$ in Ggw. von Aceton; 4,3 g. Daneben *Tetrafluordiäthylsulfid* [*Isomerengemisch*, Kp. 110–112°; 0,8 g.]. — *Monohydroperfluorthioaceton* (**VII**), $C_3HF_5S$, Kp. 15°, durch 30std. Bestrahlen von 20 g **V**, 4,8 g $H_2S$ u. 3 g **VI** in Ggw. von Aceton; $D._4^{20}$ 1,4463; 3,6 g. Daneben *2H-Perfluorpropylmercaptan*, $C_3H_2F_6S$, Kp. 42–43°, $n_D^{20}$ 1,3279; $D._4^{20}$ 1,4766; 4 g. **VII** geht bei 1wöchigem Stehen im Rohr in Ggw. von KF in *dimeres* **VII** [$C_6H_2F_{10}S_2$, $Kp._{46}$ 62–63°; $n_D^{20}$ 1,3627] über. H. Dalmer 640△

*1224* **Synthese von schwefelorganischen Verbindungen mit einer Trichlorvinylgruppe.** R. G. Petrova und R. Ch. Fredjdlina. (Izvest. Akad. Nauk SSSR, Ser. chim. **1967**, 2, 426–28; Inst. élementoorgan. Soedinenij AN SSSR; russ.) — Durch Rk. von 1.1.2.4-Tetrachlorbuten-(1) (**III**) oder 1.1.2.6-Tetrachlorhexen-(1) (**IV**) mit Thiophenolaten, $Na_2SO_3$ oder $Na_2S$ werden die entsprechenden *Sulfide* u. *Sulfonate* mit einer Trichlorvinylgruppe dargestellt.

Versuche: *3.4.4-Trichlorbuten-(3)-yl-phenylsulfid*, $C_{10}H_9Cl_3S$, a) $Kp._1$ 120–122°, durch 2std. Bestrahlen von 1.1.2-Trichlorbutadien-(1.3) (**I**) u. Thiophenol (**II**) bei 63–65°; $n_D^{20}$ 1,6010; $D._4^{20}$ 1,3343; 32% (Ausb.); b) $Kp._4$ 145°, durch Zugabe von Na-Thiophenolat in A. zu **III** in A. bei 60–70°; $n_D^{20}$ 1,5990; $D._4^{20}$ 1,3331; 73%. — *3.4.4-Trichlorbuten-(3)-yl-phenylsulfon*, $C_{10}H_9Cl_3O_2S$, F. 58° (PAe.), a) durch Ox. vorst. Verb. mit $H_2O_2$ in Essigsäure; 100%; b) durch 5std. Erhitzen von **I** mit **II** u. S auf 105–110°; 60%. — *1.1.2-Trichlor-6-aminohexen-(1)*, $C_6H_{10}Cl_3N$, $Kp._4$ 84°, durch 7std. Erhitzen von **IV** mit methanol. $NH_3$ auf 85–100°; $n_D^{20}$ 1,5150; $D._4^{20}$ 1,2765; 50%. *Hydrochlorid*, F. 135–137° (Hexan/A.). — *Bis-[3.4.4-trichlorbuten-(3)-yl]-sulfid*, $Kp._2$ 165°; $n_D^{20}$ 1,5680; $D._4^{20}$ 1,5031; 40%. — *-sulfon*, F. 60°; 75%. — *Bis-[5.6.6-trichlorhexen-(5)-yl]-sulfid*, $Kp._4$ 205°; $n_D^{20}$

1,5462; D.$_4^{20}$ 1,3672; 56%. — *-sulfon*, F. 63°; 83%. — *5.6.6-Trichlorhexen-(5)-yl-butylsulfid*, Kp.$_2$ 120°; n$_D^{20}$ 1,5128; D.$_4^{20}$ 1,1709; 81%. — *-sulfon*, F. 71°; 87%. — *5.6.6-Trichlorhexen-(5)-yl-phenylsulfid*, Kp.$_4$ 178°; n$_D^{20}$ 1,5797; D.$_4^{20}$ 1,2798; 88%. — *3.4.4-Trichlorbuten-(3)-sulfonsäure-(1)*, *Na-Salz*; 38%. *Benzylisothiuroniumsalz*, F. 157°. — *5.6.6-Trichlorhexen-(5)-sulfonsäure-(1)*, *Na-Salz*; 63%. *Benzylisothiuroniumsalz*, F. 127°.
H. Dalmer 640△

*1225* **Reaktion von Acetylen mit organischen Disulfiden.** M. F. Šostakovskij, B. A. Trofimov, A. S. Atavin, S. V. Amosova und E. I. Kosicyna. (Izvest. Akad. Nauk SSSR, Ser. chim. **1967**, **2**, 454—56; Irkutskij inst. org. chim. Sibir. otd. AN SSSR; russ.) — Durch Rk. von Acetylen mit Dialkyldisulfiden werden *1.2-Bis-[alkylmercapto]-äthene* u. *Vinylalkylsulfide* dargestellt.

Versuche: Äthene: *1.2-Bis-[äthylmercapto]-*, $C_6H_{12}S_2$, Kp.$_1$ 57°, durch 1std. Erhitzen von Diäthyldisulfid mit $C_2H_2$ in Ggw. von KOH auf 160—170°/12 bis 18 at; n$_D^{20}$ 1,5510; D.$_4^{20}$ 1,0135. Daneben *Vinyläthylsulfid*, Kp.$_{718}$ 92°; n$_D^{20}$ 1,4760; D.$_4^{20}$ 0,8773. — *1.2-Bis-[propylmercapto]-*, $C_8H_{16}S_2$, Kp. 85—86°, analog aus Dipropyldisulfid; n$_D^{20}$ 1,5038; D.$_4^{20}$ 0,9504. Daneben *Vinylpropylsulfid*, Kp.$_{50}$ 41—50°; n$_D^{20}$ 1,4743. — *1.2-Bis-[butylmercapto]-*, $C_{10}H_{20}S_2$, Kp.$_2$ 118°, a) analog aus Dibutyldisulfid; n$_D^{20}$ 1,5235; D.$_4^{20}$ 1,9564; daneben *Vinylbutylsulfid* (**III**), Kp.$_{51}$ 58—60°; n$_D^{20}$ 1,4739; D.$_4^{20}$ 0,8754; b) durch 1std. Erhitzen von Dibutyldisulfid mit $C_2H_2$ in Ggw. von Pyrogallol u. KOH auf 170—180°/12—22 at. Daneben **III**.
H. Dalmer 640△

*1226* **Reaktionen von Allenen.** 1. Mitt. **Synthese von ungesättigten Monocarbonsäureestern durch Carboxylierung von Allenen.** Sango Kunichika, Yasumasa Sakakibara und Tadashi Okamoto. (Bull. chem. Soc. Japan **40** (1967) 4, 885—91; Inst. of Chem. Res., Kyoto Univ., Daigaku-cho, Takatsuki; engl.) —Bei der Carboxylierung von Propadien mit $CO_2$ u. Methanol in Ggw. von Katalysatoren (Meth. **A**) entsteht bei der Verw. von $Ni(CO)_4$/Methacrylsäure oder W. als Katalysator in 62%ig. Ausb. *Methacrylsäuremethylester* neben wenig *Vinylessigsäuremethylester* u. viel polymeren Produkten. Die Carboxylierung von Hexadien-(1.2) verläuft weniger glatt unter Bldg. von viel teerigem Material; es wird in 15%ig. Ausb. ein Gemisch von *trans-2-Methylhexen-(2)-säuremethylester* ($C_8H_{14}O_2$, Kp.$_{30}$ 83,8—84°; n$_D^{25}$ 1,4425; n$_D^{25}$ 1,4425; D.$_4^{20}$ 0,932) u. *2-Butylpropen-(2)-säuremethylester* ($C_8H_{14}O_2$, Kp.$_{30}$ 82—83°; n$_D^{25}$ 1,4286; D.$_4^{20}$ 0,915) isoliert. Die Rk.-Bedingungen der Carboxylierungen werden sehr ausführlich untersucht.
R. Becker 810△

*1227* **Reaktion von aliphatischen Ketonen mit α-Cyan-α,β-ungesättigten Säurederivaten.** Kikumasa Sato, Yoshie Kurihara und Seiichi Inoue. (Bull. chem Soc. Japan **40** (1967) 4, 942—45; Dep. of Appl. Chem., Fac. of Engin., Yokohama Nat. Univ., Minami-ku, Yokohama; engl.) — Äthylidencyanessigsäure (**I**) reagiert im Autoklaven bei 150—160° mit Aceton zu *3-Methyl-5-oxohexanonitril*, mit dem Äthylester von **I** (**II**) zu *1-Cyan-2-methyl-4-oxo-pentancarbonsäure-(1)-äthylester* u. mit Äthylidenmalonsäurediäthylester (**III**) zu *2-Methyl-4-oxo-pentandicarbonsäure-(1.1)-diäthylester*. Entsprechend entstehen aus Methyläthylketon (**V**) mit **I** *3.4-Dimethyl-5-oxohexanonitril*, mit **II** *1-Cyan-2.3-dimethyl-4-oxo-pentancarbonsäure-(1)-äthylester* u. mit **III** *2.3-Dimethyl-4-oxo-pentandicarbonsäure-(1.1)-diäthylester*, aus Cyclohexanon (**VI**) mit **I** *3-Methyl-3-(2-oxocyclohexyl)-propionitril* u. mit **II** *2-Cyan-3-methyl-3-(2-oxocyclohexyl)-propionsäureäthylester* u. aus Lävulinsäureäthylester (**VII**) mit **I** *5-Cyan-4-methyl-3-methylcarbonylvaleriansäureäthylester* u. mit **II** *2-Cyan-3-methyl-4-methylcarbonyladipinsäurediäthylester*. Der Rk.-Mechanismus wird diskutiert.

Versuche: *3-Methyl-5-oxohexanonitril*, Kp.$_2$ 74 bis 76°, durch 5std. Rk. von Aceton (**IV**) mit Äthylidencyanessigsäure (**I**) im Autoklaven bei 150—160° in Ggw. von $(NH_4)_2CO_3$; n$_D^{20}$ 1,4432; 56% (Ausb.). — *3.4-Dimethyl-5-oxohexanonitril*, $C_8H_{13}NO$, Kp.$_1$ 73—74°, wie vorst. aus Methyläthylketon (**V**) u. **I** durch 8std. Rk.; n$_D^{20}$ 1,4478; 30%. — *3-Methyl-3-(2-oxocyclohexyl)-propionitril*, Kp.$_2$ 111—118°, wie vorst. aus Cyclohexanon (**VI**) u. **I** durch 5std. Rk.; n$_D^{20}$ 1,4848; 22%. — *5-Cyan-4-methyl-3-methylcarbonylvaleriansäureäthylester*, Kp.$_{4,5}$ 143 bis 145°, wie vorst. aus Laevulinsäureäthylester (**VII**) u. **I** durch 8std. Rk. bei 250—260°; 20%. — *1-Cyan-2-methyl-4-oxopentancarbonsäure-(1)-äthylester*, Kp.$_3$ 134 bis 135°, wie vorst. aus **IV** u. Äthylidencyanessigsäureäthylester (**II**) durch 5std. Rk. bei 150—160°; n$_D^{20}$ 1,4480; 60%. — *1-Cyan-2.3-dimethyl-4-oxopentancarbonsäure-(1)-äthylester*, Kp.$_{0,7}$ 112,5, wie vorst. aus **V** u. **II** durch 5std. Rk. bei 120—130°; n$_D^{20}$ 1,4588; 21%. — *2-Cyan-3-methyl-3-(2-oxocyclohexyl)-propionsäureäthylester*, Kp.$_{0,33}$ 127—129°, wie vorst. aus **VI** u. **II** durch 6std. Rk. bei 127—129°; n$_D^{20}$ 1,4759; 29%. — *2-Cyan-3-methyl-4-methylcarbonyladipinsäurediäthylester*, Kp.$_{0,25}$ 148—149°, wie vorst. aus **VII** u. **II** durch 5,5std. Rk. bei 148—149°; n$_D^{20}$ 1,4638; 16%. — *2-Methyl-4-oxo-pentandicarbonsäure-(1.1)-diäthylester*, Kp.$_2$ 118—121°, aus **I** u. Äthylidenmalonsäurediäthylester (**III**) wie vorst. durch 5std. Rk. bei 110—120°; n$_D^{20}$ 1,4420; 44%. — *2.3-Dimethyl-4-oxo-pentandicarbonsäure-(1.1)-diäthylester*, Kp.$_2$ 130 bis 132°, wie vorst. aus **II** u. **III** durch 5std. Rk. bei 120 bis 130°; n$_D^{20}$ 1,4517; 34%.
R. Becker 820△

*1228* **Asymmetrische Synthese bei der Methoxymercurierung α,β-ungesättigter Ester.** Junichi Oda, Tsutomu Nakagawa und Yuzo Inouye. (Bull. chem. Soc. Japan **40** (1967) 2, 373—78; Inst. of Chem. Res., Kyoto Univ., Takatsuki, Osaka; engl.) — Vgl. Chem. Reviews **48** (1951) 7. — Durch Methoxymercurierung u. Folgerk. entstehen in partieller asymm. Synth. aus den (—)-Menthylestern der Crotonsäure, Zimtsäure u. β-Methylzimtsäure die entsprechenden β-methoxylierten Derivate: *R-β-Methoxybuttersäure*, *(—)-S-β-Methoxy-β-phenylpropanol* u. *(—)-S-β-Methoxy-β-phenylbutanol*. Die Rk.-Prod. werden durch IR- u. NMR-Spektren (Maxima vgl. Orig.) gekennzeichnet, ihre abs. Konfig. wird durch vergleichende Rk. gesichert.

Versuche: *α-Acetoxymercuri-β-methoxy-buttersäurementhylester* (**I**), aus Crotonsäurementhylester u. Hg-Diacetat in abs. Methanol bei Raumtemp. in Ggw. von Essigsäure oder $BF_3$-Ätherat. — *α-Acetoxymercuri-β-methoxy-β-phenylpropionsäurementhylester* (**II**), analog **I** aus Zimtsäurementhylester. — *α-Acetoxymercuri-β-methoxy-β-phenyl-buttersäurementhylester* (**III**), analog **II** aus β-Methylzimtsäurementhylester. — *(—)-β-Methoxybuttersäurementhylester*, a) aus 12 g **I** u. $NaBH_4$ in 10%ig. NaOH bei Raumtemp. u. Versetzen mit Essigsäure; 1,2 g (Ausb.); b) aus 21 g **I** u. $H_2S$ in Py. u. Versetzen mit HCl; 12,8 g. — *(—)-β-Methoxybuttersäure*, Kp.$_{20}$ 116—118°, aus 1,2 g vorst. Verb. u. sd. methanol. KOH; $[\alpha]_D^{18}$ —0,33° u. —1,39°; n$_D^{20}$ 1,4180 u. 1,4220; 0,8 g. — *(—)-β-Methoxy-β-phenylpropionsäurementhylester*, aus 23 g **II**; 7,4 g. — *(—)-β-Methoxy-β-phenylpropanol*, aus 7,4 g vorst. Verb. u. 1,2 g $LiAlH_4$ in Ä.; $[\alpha]_D^{23}$ —1,3°; n$_D^{25}$ 1,5023; 2,7 g. — *(—)-β-Methoxy-β-phenylpropionsäure*, F. 95—98°, aus 3 g vorst. Verb. u. $KMnO_4$ in KOH; 2,3 g. *Methylester*, Kp.$_{0,1}$ 80—82°, a) aus 2,3 g Säure u. Diazomethan; $[\alpha]_D^{25}$ —2,14°, n$_D^{28}$ 1,4896; 1,9 g; b) aus 3,4 g **IV** u. CuJ in Acetonitril/sd. Methanol; 0,8 g. — *(—)-β-Methoxy-β-phenylbuttersäurementhylester*, Kp.$_5$ 105—106°, a) aus **III** u. $H_2S$; b) aus 7,2 g β-Hydroxy-β-phenylbuttersäure u. NaH in DMSO u. Versetzen mit Menthyljodid; $[\alpha]_D^{18}$ —11,4°; 3,7 g. — *(—)-β-Methoxy-β-phenylbutanol*, Kp.$_{0,1}$ 84—85°, aus 12 g vorst. Verb. u. $LiAlH_4$ in Ä.; $[\alpha]_D^{22}$ —5,5°; n$_D^{25}$ 1,5146; 3,6 g. — *α-Methoxyphenylessigsäure*, F. 63—64°, aus 5 g (—)-Mandelsäure, $Ag_2O$ u. Methyljodid; $[\alpha]_D^{18}$ —70° (A.); 3,6 g. — *α-Methoxybenzyldiazomethylketon* (**IV**), aus vorst. Verbindung.
G. Westphal 850△

*1229* **α-Halogenamidreaktionen.** 5. Mitt. **Umlagerung von α-Halogenamid zu Harnstoffderivaten durch Amine.** Shalom Sarel, Aviva Taube und Eli Breuer. (Chem. and Ind. **1967**, **25**, 1095—96; Dep. of Pharm. Chem., The Hebrew Univ., School of Pharm., Jerusalem, Israel; engl.) — 4. vgl. C. **1967**, **3**-1051. — Bei der Rk. von α-Chlor-α.α-diphenylacetamid mit dem 10fachen Überschuß eines Amins RR'NH entstehen das *Harnstoffderiv.* $(C_6H_5)_2CH \cdot NH \cdot CO \cdot NRR'$, *das α-Aminoamid* $(C_6H_5)_2C \cdot (NRR') \cdot CO \cdot NH_2$ u. *α-Hydroxy-α.α-diphenylacetamid*. Der Rk.-Mechanismus wird ausführlich diskutiert.

Versuche: *N-substituierte N'-Diphenylmethylharnstoffe*, durch Schütteln von α-Chlor-α.α-diphenylacetamid (**I**) mit einem Amin; daneben nachst. Verb. (**A**) u. *α-Hydroxy-α.α-diphenylacetamid* (**II**). — *N-n-Butyl-* (**III**), F. 82—84°; 43,5% (Ausb.); daneben **A** u. 2,2% **II**. — *N-Isopropyl-* (**IV**), F. 152—153°; 55,2%; daneben **A** u. 4,3% **II**. — *N-tert.-Butyl-* (**V**), F. 224—225°; 81%; daneben **A** u. 3,1% **II**. — *N-Cyclohexyl-* (**VI**), F. 189 bis 192°; 90%; daneben **A** u. 5% **II**. — *N.N-Diäthyl-* (**VII**), F. 155—156°; 72,2%; daneben **A** u. 7,5% **II**. — *N.N-Tetramethylen-* (**VIII**), F. 203—205°; 13,5%; daneben **A** u. 0,8% **II**. — *N.N-Pentamethylen-* (**IX**), F. 170—172°; 40,7%; daneben **A** u. 11,2% **II**. — *N.N-(3-Azapentamethylen)-* (**X**), F. 182—184°; 3,4%; daneben **A** u. 53% **II**. — *N-Benzyl-* (**XI**), F. 188—189°; 28,5%; daneben **A** u. 0,9% **II**. — *α-substituierte α.α-Diphenylacetamide* (**A**), neben vorst. Verbindungen. *α-n-Butylamino-*, F. 130 bis 131°, neben **III**; 28,4%. — *α-Isopropylamino-*, F. 115 bis 117°, neben **IV**; 19,1%. — *α-tert.-Butylamino-*, F. 163 bis 165°; neben **V**; 5,5%. — *α-Cyclohexylamino-*, F. 158 bis 159°; neben **VI**; 2,6%. — *α-Diäthylamino-*, F. 133—134°, neben **VII**; 14,8%. — *α-Pyrrolidino-*, F. 145—146°, neben **VIII**; 59%. — *α-Piperidino-*, F. 163—165°, neben **IX**; 10,1%. — *α-Morpholino-*, F. 207—210°, neben **X**; 43%. — *α-Benzylamino-*, F. 163—164°, neben **XI**; 61,4%. — *α-Amino-*, F. 150—151°, aus **I** u. $NH_3$; 90%; daneben 4,4% **II**. — *α-Anilino-*, F. 183—184°, aus **I** u. Anilin; 91%. R. Becker 880△

*1230* **Tieftemperatur-Fluorierung von aliphatischen Isocyanaten und Carbamylhalogeniden.** Richard F. Merritt. (J. org. Chemistry **32** (1967) 5, 1633—34; Rohen and Haas Co., Redstone, Res. Labor., Huntsville, Ala.; engl.) — Fluorierung bei Alkylisocyanaten gibt keine direkte Addition an die C–N-Doppelbindung, sondern es erfolgt eine Seitenketten-Fluorierung sowie eine Substitution am N des Carbamylfluorid-Nebenprodukts. Direkte Tieftemperatur-Fluorierung von Carbamylfluoriden bzw. -chloriden erlaubt die Synth. von *N-Fluorcarbamylhalogeniden*, die als Ausgangsverb. zur Synth. anderer *N-Fluorharnstoffe* u. *Carbamate* Anwendung finden. NMR-Daten vgl. Original.

Versuche: *α-Fluorpropylisocyanat*, aus n-Propylisocyanat u. HF in Trichlorfluormethan bei —78°; 10 bis 60% (Ausb.); daneben 5—35% *α-Fluorpropyldifluoramin* [$C_3H_6F_3N$, 0—40%]; *N-Propyl-N-fluorcarbamylfluorid* [$C_4H_7F_2NO$] u. 0—35% *N-Propylcarbamylfluorid*. — *n-Propyl-N-fluorcarbamylchlorid*, aus n-Propylcarbamylchlorid analog vorst. Meth.; 87%. *Phenylharnstoff-Deriv.*, $C_{10}H_{13}FN_2O$, F. 63—63,5°, durch Rk. mit Anilin. K.-P. Hilgetag 880△

*1231* **Alkylierung von Acetamidocyanessigsäureäthylester mit Kaliumcarbonat als Kondensationsmittel.** Ikuo Matsumoto. (Chem. pharmac. Bull. [Tokyo] **15** (1967) 12, 1990—95; Meguro Plant, Banyu Pharm. Co., Ltd.; engl.) — Durch die Verw. von $K_2CO_3$ in der Titelrk. werden bei guten Ausb. die Nachteile der Verw. von Na-Äthylat als Kondens.-Mittel, wie wassesfreies Arbeiten, schwierige Aufarbeitung u. mögliche Ätherbldg. ververmieden.

Versuche: *substituierte Acetamido-cyanessigsäureäthylester*, aus Acetamido-cyanessigsäureäthylester (**I**) u. der entsprechenden Halogenverb. in Ggw. von $K_2CO_3$ u. NaJ in Aceton (Meth. **A**): *Benzyl-*, $C_{14}H_{16}N_2O_3$, F. 132 bis 133°, mit Benzylchlorid; 91% (Ausb.). — *[3.4-Methylendioxybenzyl]-* (**II**), $C_{15}H_{16}N_2O_5$, F. 159—160°, mit 3.4-Methylendioxybenzylchlorid; 93%. — *[p-Chlorbenzyl]-* $C_{14}H_{15}ClN_2O_3$, F. 163—164°, mit p-Chlorbenzylchlorid; 96%. — *[p-Fluorbenzyl]-*, $C_{14}H_{15}FN_2O_3$, F. 162 bis 163°, mit p-Fluorbenzylchlorid; 82%. — *[p-Nitrobenzyl]-* (**III**), $C_{14}H_{15}N_3O_5$, F. 185—186°, mit p-Nitrobenzylchlorid (**IV**); 98%. — *[o-Nitrobenzyl]-*, $C_{14}H_{15}N_3O_5$, F. 164—165°, mit o-Nitrobenzylbromid; 91%. — *[2.6-Dichlorbenzyl]-*, $C_{14}H_{14}Cl_2N_2O_3$, F. 151—152°, mit 2.6-Dichlorbenzylchlorid; 90%. — *[3(4)-Nitro-4(3)-methoxybenzyl]-*, $C_{15}H_{17}N_3O_6$, F. 139—140,5°, mit 3(4)-Nitro-4(3)-methoxybenzylchlorid, 84%. — *[4-(p-Nitrophenoxy)-benzyl]-*, $C_{20}H_{19}N_3O_6$, F. 150—151°, mit 4-Chlormethyl-4'-nitro-diphenyläther; 96%. — *Phthalimidopropyl-*, $C_{18}H_{19}N_3O_5$, F. 211—212°, mit Phthalimidopropylbromid; 97%. — *[2-Methoxycarbonylfuryl-(5)-methyl]-*, $C_{14}H_{16}N_2O_6$, F. 151—152°, mit 2-Methoxycarbonyl-5-chlormethylfuran; 87%. — *[2-Brombenzofuryl-(3)-methyl]-*, $C_{16}H_{15}BrN_2O_4$, F. 171—171,5°, mit 2-Brom-3-brommethylcumaron; 85%. — *[2-Methylpyridyl-(5)-methyl]-*, $C_{14}H_{17}N_3O_3$, F. 135 bis 135,5°, aus 2-Methyl-5-chlormethylpyridin; 84%. — *[Chinolyl-(2)-methyl]-*, $C_{17}H_{17}N_3O_3$, F. 140—141°, aus 2-Chlormethylchinolin; 93%. — *2-Acetamido-2-cyanbuttersäureäthylester*, $C_9H_{14}N_2O_3$, F. 131°, aus **I** u. Äthylbromid nach **A**; 88%. — *2-Acetamido-2-cyanpenten-(4)-säureäthylester*, $C_{10}H_{14}N_2O_3$, F. 88—89°, aus **I** u. Allylchlorid nach **A**; 87%. — *2-Acetamido-2-cyan-4-methylpenten-(4)-säureäthylester*, $C_{11}H_{16}N_2O_3$, F. 80—81°, aus **I** u. Metallylchlorid nach **A**; 86%. — *[p-Nitrobenzyl]-acetamido-malonsäurediäthylester*, $C_{16}H_{20}N_2O_7$, F. 193 bis 194° (Essigsäureäthylester), aus Acetoamido-malonsäurediäthylester u. **IV** nach **A**; 84%. — *N-Acetyl-3-[3.4-methylendioxyphenyl]-alanin*, $C_{12}H_{13}NO_5$, F. 177—179° (wss. Essigsäure), aus **II** mit wss. NaOH; 92—96%. — *N-Acetyl-p-nitrophenylalanin*, $C_{11}H_{12}N_2O_5$, F. 200—201° (wss. Essigsäure), aus **III** durch Kochen mit wss. HCl; 88%. — *4-Chlormethyl-4'-nitro-diphenyläther*, $C_{13}H_{10}ClNO_3$, F. 60,5—61°. R. Becker 950△

*1232* **Aminosäuren und Peptide.** 8. Mitt. **Synthese einer Triplett-Sequenz ($A_{17}$—$A_{19}$) von Glucagon.** Antigone A. Costopanagiotis, John Preston und Boris Weinstein. (Canad. J. Chem. **45** (1967) 7, 759—61; Dep. of Chem., Stanford Univ., Stanford, Calif.; engl.) — **9.** vgl. J. org. Chemistry **32** (1967) 4, 1243; 16. vgl. C. **1968**, 61-0799.

Versuche: *N-Benzyloxycarbonyl-(Z)-ω-nitro-L-Arg-L-Ala-methylester*, F. 157,5—160° (wss. A.), a) durch Zugabe von Z-ω-Nitro-L-arginin (**I**) in THF zu einem Gemisch aus L-Alaninmethylester-Hydrochlorid u. Triäthylamin in $CH_2Cl_2$, Zugabe von Dicyclohexylcarbodiimid (**III**) in $CH_2Cl_2$, 60std. Rühren bei Raumtemp., Abtrennen des gebildeten *N.N'-Dicyclohexylharnstoffs*, Einengen u. Extrahieren mit Essigester; $[\alpha]_D^{25}$ —22° (c = 1; Methanol); 70% (Ausb.); b) durch Anwendung von 1-Cyclohexyl-3-[2-morpholinyl-(4)-äthyl]-carbodiimid-metho-p-toluolsulfonat; 51%; c) mit Chlorameisensäureäthylester (**II**) nach der gem. Anhydrid-Meth.; 44%. — *ω-Nitro-L-Arg-L-Ala-methylester, Hydrobromid*, durch Zugabe von 30%ig. HBr in Essigsäure zu vorst. Verb., 1,5std. Rühren bei Raumtemp., Zugabe von Ae. u. mehrstd. Kühlen bei 0°; 100%. — *N-Z-ω-Nitro-L-Arg-ω-nitro-L-Arg-L-Ala-methylester*, $C_{24}H_{37}N_{11}O_{10}$, F. 98—104°, durch Zugabe von **II** zu **I** u. Träthylamin in abs. THF bei —10°, Rühren bei —10° bis —5°, Zugabe einer Lsg. aus vorvorst. Verb., Triäthylamin u. DMF bei —20°, ¹/₄std. Rühren bei —10°, mehrstd. Rk. bei Raumtemp., Einengen u. Zugabe von A. u. W.; $[\alpha]_D^{26,8}$ —18,5° (c = 1; Methanol); 67%; b) unter Anwendung von **III**; 70%. — *N-Z-ω-Nitro-Arg-ω-nitro-L-Arg-L-Ala-OH*, $C_{23}H_{35}N_{11}O_{10}$, F. 172 bis 176°, durch 1¹/₄std. Rk. vorst. Verb. mit methanol. n NaOH bei Raumtemp., Zugabe von W. u. Extrahieren mit Essigester; $[\alpha]_D^{24}$ —7,01° (c = 1; DMF); 79%. — *$NH_2$-L-Arg-L-Arg-L-Ala-OH*, $C_{15}H_{31}N_9O_4$, F. 172—174°, durch Hydrieren vorst. Verb. in Methanol/W. (3:1) in Ggw. von 10%ig. Pd-Kohle, Filtrieren u. Einengen; $[\alpha]_D^{26,9}$ —17° (c = 1; W.); 95%. — IR- u. UV-Maxima vgl. Original. K.-P. Hilgetag 950△

*1233* **Addition von Methylvinyldichlorsilan und ungesättigten organischen Verbindungen an Pentamethyldisiloxan und 3-H-Heptamethyltrisiloxan.** K. A. Andrianov, V. I. Sidorov und L. M. Chananašvili. (Izvest. Akad. Nauk SSSR, Ser. chim. **1967**, 2, 321—29; Moskovskij inst. tonkoj chim. Technol. im. Lomonosova; russ.) — Durch Rk. von Pentamethyldisiloxan (**I**) oder 3-H-Heptamethyltrisiloxan (**II**) mit ungesätt. Verb. werden *Alkyl(aryl)-pentamethyldisiloxane* u. *3-Alkyl(aryl)-heptamethyltrisiloxane* erhalten. IR-Daten s. Original.

Versuche: Siloxane: Durch Erhitzen von **I** oder **II** mit den ungesätt. Verb. in Ggw. von 3—6 Tropfen 0,1 n $H_2PtCl_6$ in Isopropanol: *Heptylpentamethyldi-*, $C_{12}H_{30}OSi_2$, Kp.₁ 39—41°, aus Hepten-(1) (**III**) u. **I**, 30 Std., 80—140°; $n_D^{20}$ 1,4243; $D_4^{20}$ 0,8202; 57% (Ausb.). — *3-Heptylheptamethyltri-*, $C_{14}H_{36}O_2Si_3$, Kp.₂ 68—69°, aus **III** u. **II**, 30 Std., 80—150°; $n_D^{20}$ 1,4115; $D_4^{20}$ 0,8355; 48,5%. — *Cyclohexylpentamethyldi-*, $C_{11}H_{26}OSi_2$, Kp.₅ 74—75°, aus Cyclohexen (**IV**) u. **I**, 4 Std., 90—150°; $n_D^{20}$

1,4308; D.$_4^{20}$ 0,8505; 54%. — *3-Cyclohexylheptamethyltri-*, $C_{13}H_{32}O_2Si_3$, Kp.$_3$ 79—81°, aus **IV** u. **II**, 18 Std., 90—150°; $n_D^{20}$ 1,4243; D.$_4^{20}$ 0,8761; 44%. — *β-Phenyläthylpentamethyldi-*, $C_{13}H_{24}OSi_2$, Kp.$_3$ 80—81°, aus Styrol (**V**) u. **I**, 4 Std., 80—150°; $n_D^{20}$ 1,4636; D.$_4^{20}$ 0,9015; 80,5%. — *3-[β-Phenyläthyl]-heptamethyltri-*, $C_{15}H_{30}O_2Si_3$, Kp.$_2$ 94 bis 95°, aus **V** u. **II**, 5 Std., 100—170°; $n_D^{20}$ 1,4517; D.$_4^{20}$ 0,9185; 72%. — *Hydrindenyl-(1)-oder -(2)-pentamethyldi-*, $C_{14}H_{24}OSi_2$, Kp.$_1$ 66—67°, aus Inden (**VI**) u. **I**, 30 Std., 100—150°; $n_D^{20}$ 1,8662; D.$_4^{20}$ 0,9445; 62%. — *3-[Hydrindenyl-(1)-oder (2)]-heptamethyltri-*, $C_{16}H_{30}O_2Si_3$, Kp.$_1$ 84 bis 86°, aus **VI** u. **II** bei 100—160°; $n_D^{20}$ 1,4690; D.$_4^{20}$ 0,9515; 53%. — *Pentamethylbromdi-*, $C_5H_{15}BrOSi_2$, Kp. 136—138°, aus Allylbromid (**VII**) u. **I** bei 90—170°; $n_D^{20}$ 1,4140; D.$_4^{20}$ 1,0773; 47%. — *α-[Pyridyl-(2)-]äthylpentamethyldi-*, $C_{12}H_{23}NOSi_2$, Kp.$_2$ 63—65°, aus 2-Vinylpyridin (**VIII**) u. **I** bei 90—140°; $n_D^{20}$ 1,4644; D.$_4^{20}$ 0,9145; 57%. — *Hepten-(1)-ylpentamethyldi-*, $C_{12}H_{28}OSi_2$, Kp.$_3$ 64—66, aus Heptin-(1) (**IX**) u. **I**, 29 Std., 90—120°; $n_D^{20}$ 1,4230; D.$_4^{20}$ 0,8116; 53%. — *3-[Hepten-(1)-yl]-heptamethyltri-*, $C_{14}H_{34}O_2Si_3$, Kp.$_1$ 56—57°, aus **IX** u. **II**, 54 Std., 100—140°; $n_D^{20}$ 1,4075; D.$_4^{20}$ 0,8237; 44%. — *[3-Methylbuten-(1)-yl]-pentamethyldi-*, $C_{10}H_{24}OSi_2$, Kp. 170 bis 172°, aus 3-Methylbutin-(1) (**X**) u. **I**, 17 Std., 160 bis 170°; $n_D^{20}$ 1,4150; D.$_4^{20}$ 0,8076; 37%. — *[2.5-Dimethyl-2.5-dihydroxyhexen-(3)-yl-(3)]-pentamethyldi-*, $C_{13}H_{30}O_3Si_2$, F. 64—65°, aus 2.5-Dimethylhexin-(3)-diol-(2.5) u. **I**, 30 Std. bei 90—100° in Bzl. in Ggw. von Pd-Kohle; 56,5%. — *[2-Methylbuten-(3)-yl]-pentamethyldi-*, $C_{10}H_{24}O \cdot Si_2$, Kp.$_{10}$ 64—66°, aus Isopren u. **I**; $n_D^{20}$ 1,4218; D.$_4^{20}$ 0,8223; 44,5%. — *[1-Chlormethyl-3-chlorpropen-(1)-yl]-pentamethyldi-*, $C_9H_{20}Cl_2OSi_2$, Kp.$_2$ 75—77°, aus 1.4-Dichlorbutin-(2) u. **I**; $n_D^{20}$ 1,4585; D.$_4^{20}$ 1,0324; 57,5%. — *{Tricyclo-[5.2.1.0$^{5,9}$]-decen-(7)-yl-(10)}-pentamethyldi-*, $C_{15} \cdot H_{28}OSi_2$, Kp.$_5$ 104—105°, durch 33std. Rk. von Cyclopentadien (**XI**) mit **I** bei 30—140°; $n_D^{20}$ 1,4717; D.$_4^{20}$ 0,9479; 68,5%. — *{Tricyclo-[5.2.1.0$^{5,9}$]-decen-(7)-yl-(10)}-heptamethyltri-*, $C_{17}H_{34}O_2Si_3$, Kp.$_3$ 112—113°, aus **XI** u. **II**, 43 Std., 30—150°; $n_D^{20}$ 1,4544; D.$_4^{20}$ 0,9471; 48%. — *β-[Methyldichlorsilyl]-äthylpentamethyldi-*, $C_8H_{22}Cl_2OSi_3$, Kp.$_3$ 62—64°, durch 2½std. Rk. von Methylvinyldichlorsilan (**XII**) mit **I** bei 45—90°; $n_D^{20}$ 1,4338; D.$_4^{20}$ 0,9881; 71%. — *3-[β-(Methyldichlorsilyl)-äthyl]-heptamethyltri-*, $C_{10}H_{28}Cl_2O_2Si_4$, Kp.$_2$ 87—89°, aus **XII** u. **II**, 2½ Std., 45—90°; $n_D^{20}$ 1,4255; D.$_4^{20}$ 0,9745; 67%. — *1.1.3.5.5-Pentamethyl-3-vinyltri-*, $C_7H_{20}O_2Si_3$, Kp.$_{15}$ 41—42°, durch langsame Zugabe von 28,2 g **XII** u. 37,8 g Dimethylchlorsilan (**XIII**) zu 150 g Eis u. 100 ml Ae. bei —10 bis —15°; $n_D^{20}$ 1,3959; D.$_4^{20}$ 0,8423; 71,4%. — *1.1.3.5.5-Pentamethyl-3-allyltri-*, $C_8H_{22}O_2Si_3$, Kp.$_{15}$ 48—49°, aus **XIII** u. Methylallyldichlorsilan; $n_D^{20}$ 1,4056; D.$_4^{20}$ 0,8516; 67%. H. Dalmer 980△

*1234* **Reaktion von α-Aminoäthern mit Triäthylphosphit.** B. E. Ivanov und S. S. Krochina. (Izvest. Akad. Nauk SSSR, Ser. chim. **1967**, **2**, 424—26; Inst. org. i fiz. chimii im. Arbuzova AN SSSR; russ.) — Durch Rk. von Alkyl(aryl)-aminomethyläthern mit Triäthylphosphit (**I**) werden in Abhängigkeit vom Rk.-Medium *Alkyl(aryl)-aminomethyl- oder Alkoxymethylphosphonsäurediäthylester* erhalten.

Versuche: Phosphonsäurediäthylester, *Diäthylaminomethyl-*, $C_9H_{22}NO_3P$, Kp.$_{10}$ 112—113°, Kp.$_4$ 102,5—103°, a) durch 1—1½std. Erhitzen von Diäthylaminomethyl-äthyläther (**II**) mit **I** auf 132—135°; $n_D^{20}$ 1,4340; D.$_4^{20}$ 0,9966; 65% (Ausb.); b) durch 3½std. Erhitzen von **II**-Hydrochlorid mit **I** in Toluol auf 105—110°; $n_D^{20}$ 1,4345; D.$_4^{20}$ 0,9985; 57%; c) durch Rk. von **I** mit Diäthylaminomethyl-methyl-, -propyl- u. -butyläther. — *N-Methylanilinomethyl-*, $C_{12}H_{20}NO_3P$, Kp.$_{0,04}$ 129—130°, analog bei 134—137°; $n_D^{20}$ 1,5215; D.$_4^{20}$ 1,1123; 50%. — *Äthoxymethyl-*, $C_7H_{17}O_4P$, Kp.$_{10}$ 105—107°, durch langsame Zugabe von **II**-Jodäthylat zu **I** in Xylol bei 130—140°, Entfernen des entstandenen *Tetraäthylammoniumjodids* ($C_8H_{20}NJ$), bei 280° u. Vakuum-Dest.; $n_D^{20}$ 1,4232; D.$_4^{20}$ 1,0553; 30,5%. H. Dalmer 980△

*1235* **Reaktion von Perchlormethylmercaptan mit Phosphonigsäureestern und -amidoestern.** N. S. Ryljakova, Ju. A. Kondrat'ev und S. Z. Ivin. (Ž. obšč. Chim. **37/99** (1967) 2, 483—85; russ.) — Die Rk. von Perchlormethylmercaptan (**I**) mit Methyldiäthylamidophosphonigsäure-n-propylester (**II**) führt zu *Diäthylamido-S-trichlormethyl-methylthiophosphonat.* Mit Methylphosphonigsäuredialkylestern gibt **I** unter analogen Bedingungen ein Gemisch von Rk.-Prod., aus denen sich *O-Alkyl-S-trichlormethyl-methylthiophosphonate, Methylphosphonsäurealkylesterchloride, Hexachlordimethyldisulfid* (**III**) u. *P.P'-Dimethyl-P.P'-dialkoxy-diphosphindioxide* isolieren lassen.

Versuche: O-Alkyl-S-trichlormethyl-methylthiophosphonate: *O-Äthyl-*, $C_4H_8Cl_3O_2PS$, Kp.$_{2,5}$ 85—90°, durch Zutropfen von 48 g **I** in abs. Ae. zu 36,2 g Methylphosphonigsäurediäthylester in abs. Ae. unter $CO_2$, Abdest. des Lsgm. u. Fraktionierung im Vakuum; $n_D^{20}$ 1,4755; D.$_4^{20}$ 1,3466; 5,9 g (Ausb.); daneben *Methylphosphonsäureäthylesterchlorid* (**IV**; $C_3H_8ClO_2P$, Kp.$_4$ 38—40°; $n_D^{20}$ 1,4370; D.$_4^{20}$ 1,2153; 1,7 g) u. *Hexachlordimethyldisulfid* (**III**; $C_2Cl_6S_2$, Kp.$_{0,5}$ 68—70°; $n_D^{20}$ 1,5812; D.$_4^{20}$ 1,7580; 9,7 g). — *O-n-Propyl-*, $C_5H_{10}Cl_3O_2PS$, Kp.$_1$ 72—78°, analog aus 25 g **I** u. 22 g Methylphosphonigsäuredi-n-propylester; $n_D^{20}$ 1,4935; D.$_4^{20}$ 1,3636; 4,0 g (11,9); daneben *Methylphosphonsäure-n-propylesterchlorid* (**V**; $C_4 \cdot H_{10}ClO_2P$, Kp.$_4$ 58°; $n_D^{20}$ 1,4397; D.$_4^{20}$ 1,1630; 2,3 g), **III** (Kp.$_2$ 84—88°; $n_D^{20}$ 1,5826; D.$_4^{20}$ 1,7568; 7 g) u. *P.P'-Dimethyl-P.P'-di-n-propoxydiphosphindioxid* [$C_8H_{20} \cdot O_4P_2$, aus dem Rückstand; Strukturbeweis durch Rk. mit $SO_2Cl_2$ zu **V** ($C_4H_{10}ClO_2P$, Kp.$_4$ 57°; $n_D^{20}$ 1,4380; D.$_4^{20}$ 1,1712)]. — *O-Isopropyl-*, $C_5H_{10}Cl_3O_2PS$, Kp.$_{0,5}$ 70—76°, analog aus 39 g **I** u. 34,1 g Methylphosphonigsäurediisopropylester; $n_D^{20}$ 1,4756; D.$_4^{20}$ 1,2968; 3,7 g. — *O-n-Butyl-*, $C_6H_{12}Cl_3O_2PS$, Kp.$_{0,5}$ 76—78°, analog aus 10 g **I** u. 10,3 g Methylphosphonigsäuredi-n-butylester; $n_D^{20}$ 1,4820; D.$_4^{20}$ 1,2789; 4,2 g. — *Diäthylamido-S-trichlormethyl-methylthiophosphonat*, $C_6H_{13}Cl_3NOPS$, Kp.$_8$ 85—90°, analog vorst. Verb. durch Zutropfen von 5,6 g **I** in Ae. zu 5 g **II** in Ae. unter Eiskühlung; $n_D^{20}$ 1,5050; D.$_4^{20}$ 1,3208. — *Methylphosphonsäurediäthylester*, $C_5H_{13}O_3P$, Kp.$_{10}$ 90°, durch Behandeln von **IV** mit A.; $n_D^{20}$ 1,4142; D.$_4^{20}$ 1,0430. V. Hagen 980△

*1236* **Darstellung von Phosphorsäureestern durch Reaktion von P(III)-Verbindungen mit Azodicarbonsäureäthylester in Gegenwart von Alkoholen.** Oyo Mitsunobu, Masaaki Yamada und Teruaki Mukaiyama. (Bull. chem. Soc. Japan **40** (1967) 4, 935—39; Labor. of Organ. Chem., Tokyo Inst. of Technol., Ookayama, Meguro-ku, Tokyo; engl.) — Bei der Rk. von Triphenylphosphin (**IV**) mit Azodicarbonsäurediäthylester (**I**) in Ggw. von Benzylalkohol (**V**) entstehen *Triphenylphosphinoxid* (**VI**) u. *Benzyl-N.N'-hydrazodicarbonsäurediäthylester* (**II**). Gleichermaßen werden Triäthylphosphit (**IX**) bzw. Tributylphosphit (**VII**) mit **I** unter Bldg. von **II** zu *Triäthyl-* bzw. *Tributylphosphat* (**VIII**) oxydiert. In Ggw. von Allylalkohol entsteht bei diesen Rk. statt **II** der *Allyl-N.N'-hydrazo-dicarbonsäurediäthylester* (**III**). Bei der Umsetzung von **I** mit Allyldiäthylphosphit entstehen in Ggw. von A., Propanol bzw. Isopropanol neben **III** die entsprechenden *Alkyldiäthylphosphate.* Wird die Rk. in Ggw. von Phenol durchgeführt, so bilden sich *Phenyldiäthylphosphat, N.N'-Hydrazodicarbonsäurediäthylester* u. *Allylphenyläther.* Bei der Rk. von **I** mit Phosphorigsäurediäthylesterdiäthylamid in Ggw. von Allylalkohol (**XI**) entsteht *Diäthylamidophosphorigsäureäthyl-[β-(N.N'-diäthoxycarbonyl)-hydrazinoäthyl)]-ester.* Die Rk.-Mechanismen werden ausführlich diskutiert.

Versuche: *Benzyl-N.N'-hydrazodicarbonsäurediäthylester* (**II**), $C_{13}H_{18}N_2O_4$, Kp.$_4$ 140—145°; Kp.$_{0,14}$ 137 bis 142°, Kp.$_{0,06}$ 125—127°, a) durch 2tägige Rk. von Triphenylphosphin (**IV**) mit Azodicarbonsäurediäthylester (**I**) in Ae. in Ggw. von Benzylalkohol (**V**) bei Raumtemp.; 69,6%; (Ausb.); daneben *Triphenylphosphinoxid* (**VI**; F. 153—155° ($CCl_4$); 95,5%); b) durch 2tägige Rk. von Tributylphosphit (**VII**) mit **I** in THF in Ggw. von **V** bei Raumtemp.; 52%; daneben *Tributylphosphat* (**VIII**; Kp.$_{0,08}$ 84—90°; $n_D^{18}$ 1,4263; 91,4%); c) durch Rk. von Triäthylphosphit (**IX**) mit **I** in Ggw. von **V**; 56%; daneben 79% *Triäthylphosphat* (**X**). — *Allyl-N.N'-hydrazodicarbonsäurediäthylester* (**III**), $C_9H_{16}N_2O_4$, Kp.$_8$ 126—131°, Kp.$_4$ 115—120°, a) durch 24std. Rk. von **IV** mit **I** in Ae. in Ggw. von Allylalkohol (**XI**) bei Raumtemp.; 73,2%; daneben 72% **VI**; b) durch Rk. von **IX** mit **I** in Ggw. von **XI**; 84%; daneben 82% **X**; c) durch Rk. von **VII** mit **I** in

Ae. in Ggw. von **XI** bei Raumtemp.; 78%; im Gemisch mit 78% **VIII**; d) durch 24std. Rk. von **I** mit Allyldiäthylphosphit in Ae. bei Raumtemp. (Meth. **A**) in Ggw. von A.; 94%; daneben *Allyldiäthylphosphat* (Kp.$_6$ 76–70°; 78%); e) nach **A** in Ggw. von Propanol; 92%; daneben *Allyldipropylphosphat* (Kp.$_9$ 101–104°; 75%); f) nach **A** in Ggw. von Isopropanol; 73%; daneben *Allyldiisopropylphosphat* (Kp.$_5$ 75–78°; 62%). – *N.N'-Hydrazodicarbonsäurediäthylester*, F. 128–130°, nach **A** in Ggw. von Phenol; ≈ 100%; daneben *Phenyldiäthylphosphat* (Kp.$_4$ 137–139°; 87%) u. *Allylphenyläther* (Kp.$_{18-19}$ 76–79°; 72,5%). – *Diäthylamidophosphorigsäureäthyl-[β-(N.N'-diäthoxycarbonyl)-hydrazinoäthyl]-ester*, $C_{14}H_{30}N_3O_6P$, Kp.$_{0,06}$ 139–143°, durch 24std. Rk. von **I** mit Phosphorigsäurediäthylesterdiäthylamid in Ae. in Ggw. von **XI** bei Raumtemp.; 75%.

R. Becker 980△

*1237* **Reaktionen von Perchloräthylimidophosphorsäuretrichlorid mit Alkoholen.** V. I. Ševčenko und A. A. Koval'. (Ž. obšč. Chim. **37/99** (1967) 5, 1111–18; Inst. org. chim. AN Ukr.SSR; russ.) – Die Rk. von Perchloräthylimidophosphorsäuretrichlorid (**I**) mit Alkoholen (**A**) in Abhängigkeit von den Bedingungen wird untersucht.

Versuche: *(Perchloräthyl)-imidophosphorsäuredichloridbutylester*, $C_6H_9Cl_7NOP$, durch Zugabe von 0,03 Mol Butanol in Bzl. zu 0,03 Mol **I** in Bzl., 1std. Rühren u. Eindampfen; D.$_4^{20}$ 1,5909, $n_D^{20}$ 1,5274; 93–95% (Ausb.). – *(Perchloräthyl)-imidophosphorsäuredichloridoctylester*, $C_{10}H_{17}Cl_7NOP$, analog; D.$_4^{20}$ 1,4065, $n_D^{20}$ 1,5077; 95–97%. – *N-[Dichlorphosphinyl]-trichloracetimidsäurechlorid* (**II**), $C_2Cl_6NOP$, Kp.$_1$ 86–88°, F. 39–40°, durch 2std. Erhitzen von (Perchloräthyl)-imidophosphorsäuredichloridmethyl-, -äthyl- bzw. -propylester (in rohem Zustand analog vorst. Verb. erhalten) auf 120°; 70–80%. – Gemische aus $CCl_3CCl{=}NPO(OR)_2$ (**B**) u. $CCl_3 \cdot C(OR){=}NPO(OR)Cl$ (**C**), durch Zugabe von 0,15 Mol **A** in Bzl. zu 0,05 Mol **I** in Bzl. unter Kochen u. Eindampfen: R = $CH_3$ (**III**), $C_4H_6Cl_4NO_3P$; 90–95%. – R = $C_2H_5$, $C_6H_{10}Cl_4NO_3P$; 95–97%. – R = $C_3H_7$, $C_8H_{14}Cl_4NO_3P$; 98–100%. – R = *n*-$C_4H_9$, $C_{10}H_{18}Cl_4NO_3P$; 97–99%. – R = *iso*-$C_4H_9$, $C_{10}H_{18}Cl_4NO_3P$; 95–98%. R = *n*-$C_5H_{11}$, $C_{12}H_{22}Cl_4NO_3P$; 94–97%. – R = *iso*-$C_5H_{11}$, $C_{12}H_{22}Cl_4NO_3P$; 90–96%. – *N-[Di-O-methylphosphono]-trichloracetamidin*, $C_4H_8Cl_3N_2O_3P$, F. 112 bis 113° ($CH_3OH$/Ae.), a) durch Zugabe von Phosphorsäurechloriddimethylester in Bzl. zu Trichloracetamidin u. $N(C_2H_5)_3$ in Bzl. unter Eiskühlung, 8std. Stehen bei Raumtemp., Filtrieren u. Eindampfen im Vakuum; Plättchen; 75%; b) durch Einleiten von $NH_3$ in eine Lsg. von **III** in Bzl. unter Eiskühlung, Filtrieren u. Eindampfen im Vakuum; 55%. – $CCl_3C(OR){=}NPO(OR)_2$ (**D**), a) durch Zugabe von 0,2 Mol **A** in Bzl. zu 0,05 Mol **I** in Bzl., 1std. Rühren, (bei höheren **A** unter Erwärmen) u. Eindampfen im Vakuum; b) durch Zugabe von 0,15 Mol **A** in Bzl. zu 0,05 Mol **II** in Bzl., 30 Min. langes Kochen u. Eindampfen; c) durch Zugabe von 0,03 Mol **A** in Bzl. zu 0,03 Mol Gemisch aus **B** u. **C** in Bzl., 30 Min. langes Erhitzen auf 50–60° u. Eindampfen: R = $CH_3$ (**IV**), $C_5H_9Cl_3NO_4P$, Kp.$_{0,04}$ 100–101°; D.$_4^{20}$ 1,4916, $n_D^{20}$ 1,4895; 65%. – R = $C_2H_5$, $C_8H_{15}Cl_3NO_4P$, Kp.$_{0,04}$ 106–107°; D.$_4^{20}$ 1,3396, $n_D^{20}$ 1,4741; 70%. – R = $C_3H_7$, $C_{11}H_{21}Cl_3NO_4P$, Kp.$_{0,03}$ 112–113°; D.$_4^{20}$ 1,2628, $n_D^{20}$ 1,4719; 80%. – R = *n*-$C_4H_9$, $C_{14}H_{27}Cl_3NO_4P$, Kp.$_{0,03}$ 121–122°; D.$_4^{20}$ 1,1945, $n_D^{20}$ 1,4699; 85%. – R = *iso*-$C_4H_9$, $C_{14}H_{27}Cl_3NO_4P$, Kp.$_{0,02}$ 132–133°; D.$_4^{20}$ 1,1892, $n_D^{20}$ 1,4656; 85%. – R = *n*-$C_5H_{11}$, $C_{17}H_{33}Cl_3NO_4P$, Kp.$_{0,03}$ 161–162°; D.$_4^{20}$ 1,1511, $n_D^{20}$ 1,4665; 75%. – R = *iso*-$C_5H_{11}$, $C_{17}H_{33}Cl_3NO_4P$, Kp.$_{0,03}$ 153–154°; D.$_4^{20}$ 1,1501, $n_D^{20}$ 1,4662; 85%. – R = $C_8H_{17}$, $C_{26}H_{51}Cl_3NO_4P$, Kp.$_{0,03}$ 189–190°; D.$_4^{20}$ 1,0548, $n_D^{20}$ 1,4611; 65%. – Trichloracetylamidophosphorsäuredialkylester (**E**), a) durch Rühren des Gemisches von **B** u. **C** mit 1 n NaOH, Ansäuern der gekühlten Lsg. bzw. festen Na-Salze mit HCl u. Extrahieren mit Ae.; b) durch 2std. Kochen von **D** mit 1 n NaOH u. A., Eindampfen im Vakuum u. Aufarbeiten der Salze nach a); c) durch Zugabe von 0,5 Mol **A** zu 0,05 Mol **I** in Bzl., 1std. Rühren u. Eindampfen: *-methyl-*, $C_4H_7Cl_3NO_4P$, F. 105–106° (wss. $CH_3OH$); a) 64%; b) 83%; c) 88%; d) durch 8std. Erhitzen von äquimol. Mengen an **IV** u. abs. $CH_3OH$ auf 100°; 65%. – *-äthyl-*, $C_6H_{11}Cl_3NO_4P$, F. 46–47° (A.); a) 60%; b) 72%. – *-propyl-*, $C_8H_{15}Cl_3NO_4P$, Kp.$_{0,055}$ 124–126°; D.$_4^{20}$ 1,3306, $n_D^{20}$ 1,4712; a) 52%; b) 70%. – *-isopropyl-*, $C_8H_{15}Cl_3NO_4P$, F. 113–114° ($CH_3OH$); c) 90%. – *-isobutyl-*, $C_{10}H_{19}Cl_3NO_4P$, F. 45–46° (wss. $CH_3OH$); a) 80%. – *-n-butyl-*, $C_{10}H_{19}Cl_3NO_4P$, Kp.$_{0,055}$ 134–135°; D.$_4^{20}$ 1,2728, $n_D^{20}$ 1,4709; a) 89%. – *-n-pentyl-*, $C_{12}H_{23}Cl_3NO_4P$, Kp.$_{0,04}$ 160–161°; D.$_4^{20}$ 1,2326, $n_D^{20}$ 1,4678; a) 82%. – *-isopentyl-*, $C_{12}H_{23}Cl_3NO_4P$, Kp.$_{0,05}$ 151–152°; D.$_4^{20}$ 1,2041, $n_D^{20}$ 1,4630; a) 58%. – Trichloracetylamidophosphorsäuredialkylester (**E**), Na-Salze, a) durch Titrieren von **E** mit NaOH u. Eindampfen; Nadeln; b) aus den Gemischen von **B** u. **C** analog **E** nach a): *-methyl-*, $C_4H_6Cl_3NNaO_4P$, F. 210–211° (Hexan/Bzl.); a) 92%. – *-äthyl-*, $C_6H_{10}Cl_3NNaO_4P$, F. 203–204° (Hexan/Aceton); a) 86%. – *-n-propyl-*, $C_8H_{14}Cl_3NNaO_4P$, F. 199–200° (Hexan/Aceton); a) 74%. – *-isopropyl-*, $C_8H_{14}Cl_3NNaO_4P$, F. 219–220° (Hexan/Aceton); a) 92%. – *-n-butyl-*, $C_{10}H_{18}Cl_3NNaO_4P$, F. 182 bis 183° (Heptan/Bzl.); b) 58%. – *-isobutyl-*, $C_{10}H_{18}Cl_3NNaO_4P$, F. 221–222° (Heptan/Bzl.); b) 55%. – *-n-pentyl-*, $C_{12}H_{22}Cl_3NNaO_4P$, F. 126–127° (Heptan/Bzl.); a) 90%. – *-isopentyl-*, $C_{12}H_{22}Cl_3NNaO_4P$, F. 179–180° (Heptan/Bzl.); a) 88%.

H. Berger 980△

*1238* **Höhere Alkylphosphonsäuren und ihre Derivate.** N. G. Feščenko, T. I. Alekseeva, L. F. Irodionova und A. V. Kirsanov. (Ž. obšč. Chim. **37/99** (1967) 2, 473–78; Inst. org. chim. AN Ukr. SSR; russ.) – Bei der Alkylierung von $P_2J_4$ mit Alkyljodiden (**A**) entstehen über mehrere Zwischenstufen *Trialkyldijodphosphoran-Jod-Komplexe*, die beim Behandeln mit W. u. $Na_2SO_3$ in *Trialkylphosphinoxide* übergehen. Analog verläuft die Alkylierung von rotem P mit **A** in Ggw. von Jod. Die Alkylierung von rotem P mit höheren Alkoholen in Ggw. von Jod bei höheren Temp. u. die nachfolgende Umsetzung mit wss. NaOH liefert dagegen neben *Phosphinoxiden* hauptsächlich höhere *Alkylphosphonsäuren* (**B**). Mit $PCl_5$ geben die **B** die entsprechenden *A kylphosphonsäuredichloride* (**C**), die beim Erhitzen mit $ZnF_2$ in *Alkylphosphonsäuredifluoride* (**D**) übergeführt werden. Durch Einw. von Alkoholen auf die **C** bzw. **D** in Ggw. von Basen werden *Alkylphosphonsäuredialkylester* u. *Alkylphosphonsäurealkylesterfluoride* dargestellt. *Pyridinhydrochlorid* schmilzt (entgegen anderen Literaturangaben) bei 141 bis 142°.

Versuche: Alkylphosphonsäuren (**B**), durch vorsichtige Zugabe von rotem P zu einem Gemisch aus Jod u. dem entsprechenden Alkohol bei < 50°, 2–2½std. Erhitzen auf 100–110° (Badtemp.), 1–3std. Kochen (205–210°), Abkühlen, langsame Zugabe von 20%ig. NaOH oder Gießen in 20%ig. NaON, Behandeln mit Bzl., Schütteln der mittleren Phase (Na-Alkylphsophonat) mit HCl/W. (1:1), Extrahieren mit Bzl. u. Abdampfen des Lsgm.; 48–52% (Ausb.); daneben durch Eindampfen der obersten Phase *Trialkylphosphinoxide* (25–30%): *Heptyl-*, *Octyl-*, *Nonyl-*, *Decyl-*, *Cetyl-* u. *Hexyl-* (durch 30–32std. Kochen). – Alkylphosphonsäuredichloride (**C**), durch langsame Zugabe von $PCl_5$ zu einer Lsg. der entsprechenden **B** (Rohprod.) in Bzl., 4std. Erhitzen, Eindampfen u. Fraktionieren im Vakuum: *Hexyl-* (**I**), $C_{16}H_{13}Cl_2OP$, Kp.$_{15}$ 124–126°; D.$_4^{20}$ 1,1627; $n_D^{20}$ 1,4670; 84%. – *Heptyl-*, $C_7H_{15}Cl_2OP$, Kp.$_1$ 87–88°; D.$_4^{20}$ 1,1435; $n_D^{20}$ 1,4675; 85%. – *Octyl-*, $C_8H_{17}Cl_2OP$, Kp.$_{12}$ 143–145°; D.$_4^{2}$ 1,1184; $n_D^{20}$ 1,4680; 90%. – *Nonyl-*, $C_9H_{19}Cl_2OP$, Kp.$_1$ 115–116°, D.$_4^{20}$ 1,0895; $n_D^{20}$ 1,4680; 74%. – *Decyl-*, $C_{10}H_{21}Cl_2OP$, Kp.$_8$ 155–157°; D.$_4^{20}$ 1,0750; $n_D^{20}$ 1,4680; 77%. – *Cetyl-*, $C_{16}H_{33}Cl_2OP$, Kp.$_2$ 178–180°, F. 20–21°; 72%. – Alkylphosphonsäuredifluoride (**D**), durch vorsichtiges Erwärmen der entsprechenden **C** mit $ZnF_2$ bis zum Einsetzen der heftigen Rk., Dest. unter Normaldruck u. anschließendes Fraktionieren: *Hexyl-*, $C_6H_{13}F_2OP$, Kp. 176–177°, Kp.$_7$ 58–60°; D.$_4^{20}$ 1,0700; 61%. – *Heptyl-*, $C_7H_{15}F_2OP$, Kp. 196–197°, Kp.$_6$ 74 bis 76°; D.$_4^{20}$ 1,0500; 66%. – *Octyl-*, $C_8H_{17}F_2OP$, Kp. 210 bis 211, Kp.$_6$ 88–90°; D.$_4^{20}$ 1,0182; 82%. – *Nonyl-*, $C_9H_{19}F_2OP$, Kp. 226–227°, Kp.$_6$ 96–97°; D.$_4^{20}$ 1,0202; 80%. – *Decyl-*, $C_{10}H_{21}F_2OP$, Kp. 235–236°, Kp.$_8$ 113 bis 115°; D.$_4^{20}$ 1,0041; 66%. – Hexylphosphonsäuredialkylester, durch langsames Versetzen eines Gemisches aus dem entsprechenden Alkohol, Py. u. Bzl.

unter Kühlen mit Eis-W. mit einer benzol. Lsg. (1:1) von **I**, 2std. Rühren u. 14std. Erhitzen: *-diisopropyl-*, $C_{12}H_{27}O_3P$, Kp.$_1$ 106—107°; D.$_4^{20}$ 0,9351; $n_D^{20}$ 1,4250; 74%. — *-di-n-hexyl-*, $C_{18}H_{39}O_3P$, Kp.$_2$ 180—182°; D.$_4^{20}$ 0,9179; $n_D^{20}$ 1,4440; 55%. — *-di-n-heptyl-*, $C_{20}H_{43}O_3P$, Kp.$_1$ 180—182°; D.$_4^{20}$ 0,9165; $n_D^{20}$ 1,4450; 53%. — *-di-n-octyl-*, $C_{22}H_{47}O_3P$, Kp.$_1$ 190—192°; D.$_4^{20}$ 0,9055; $n_D^{20}$ 1,4462; 69%. — Analog: Heptylphosphonsäuredialkylester: *-diisopropyl-*, $C_{13}H_{29}O_3P$, Kp.$_1$ 106—107°; D.$_4^{20}$ 0,9240; $n_D^{20}$ 1,4270; 50%. — *-di-n-hexyl-*, $C_{19}H_{41}O_3P$, Kp.$_3$ 194—195°; D.$_4^{20}$ 0,9153; $n_D^{20}$ 1,4430; 68%. — *-di-n-heptyl-*, $C_{21}H_{45}O_3P$, Kp.$_1$ 198—199°; D.$_4^{20}$ 1,9107; $n_D^{20}$ 1,4450; 76%. — *-di-n-octyl-*, $C_{23}H_{49}O_3P$, Kp.$_1$ 205 bis 207°; D.$_4^{20}$ 0,9052; $n_D^{20}$ 1,4470; 48%. — Octylphosphonsäuredialkylester: *-diisopropyl-*, $C_{14}H_{31}O_3P$, Kp.$_1$ 125—126°; D.$_4^{20}$ 0,9253; $n_D^{20}$ 1,4305; 70%. — *-di-n-hexyl-*, $C_{20}H_{43}O_3P$, Kp.$_1$ 175—176°; D.$_4^{20}$ 0,9105; $n_D^{20}$ 1,4442; 73%. — *-di-n-heptyl-*, $C_{22}H_{47}O_3P$, Kp.$_1$ 194 bis 195°; D.$_4^{20}$ 0,9088; $n_D^{20}$ 1,4444; 65%. — *-di-n-octyl-*, $C_{24}H_{51}O_3P$, Kp.$_1$ 215—216°; D.$_4^{20}$ 0,9038; $n_D^{20}$ 1,4463; 75%. — Nonylphosphonsäuredialkylester: *-diisopropyl-*, $C_{15}H_{33}O_3P$, Kp.$_1$ 126—127°; D.$_4^{20}$ 0,9186; $n_D^{20}$ 1,4315; 50%. — *-di-n-hexyl-*, $C_{21}H_{45}O_3P$, Kp.$_1$ 195 bis 196°; D.$_4^{20}$ 0,9107; $n_D^{20}$ 1,4450; 74%. — *-di-n-heptyl-*, $C_{23}H_{49}O_3P$, Kp.$_2$ 209—210°; D.$_4^{20}$ 0,9038; $n_D^{20}$ 1,4469; 05%. — *-di-n-octyl-*, $C_{25}H_{53}O_3P$, Kp.$_2$ 223—225°; D.$_4^{20}$ 7,8988; $n_D^{20}$ 1,4482; 64%. — Decylphosphonsäuredialkylester: *-diisopropyl-*, $C_{16}H_{35}O_3P$, Kp.$_{1,5}$ 136 bis 137°; D.$_4^{20}$ 0,9178; $n_D^{20}$ 1,4350; 75%. — *-di-n-hexyl-*, $C_{22}H_{47}O_3P$, Kp.$_1$ 196—197°; D.$_4^{20}$ 0,9038; $n_D^{20}$ 1,4460; 72%. — *-di-n-heptyl-*, $C_{24}H_{51}O_3P$, Kp.$_1$ 201—202°; D.$_4^{20}$ 0,9018; $n_D^{20}$ 1,4489; 70%. — *-di-n-octyl-*, $C_{26}H_{55}O_3P$, Kp.$_1$ 220—221°; D.$_4^{20}$ 0,8967; $n_D^{20}$ 1,4499; 61%. — *Pyridinhydrochlorid*, $C_5H_6ClN$, F. 141—142°, durch Einleiten von gasf. HCl in eine benzol. Pyridinlsg. u. Filtrieren. — Alkylphosphonsäureisopropylesterfluoride, durch Zutropfen von Triäthylamin, Isopropylalkohol u. abs. Bzl. unter Kühlen mit Eis-W. zu einer Lsg. der entsprechenden **D** in abs. Bzl. bei 5—17°, 12std. Stehen, Waschen mit Eis-W., Abdampfen des Bzl. u. Fraktionierung im Vakuum: *Hexyl-*, $C_9H_{20}FO_2P$, Kp.$_6$ 93—94°; D.$_4^{20}$ 0,9850; $n_D^{20}$ 1,4123; 74%. — *Heptyl-*, $C_{10}H_{22}FO_2P$, Kp.$_{12}$ 115—116°; D.$_4^{20}$ 0,9733; $n_D^{20}$ 1,4174; 80%. — *Octyl-*, $C_{11}H_{24}FO_2P$, Kp.$_6$ 121—123°; D.$_4^{20}$ 0,9670; $n_D^{20}$ 1,4193; 63%. — *Nonyl-*, $C_{12}H_{26}FO_2P$, Kp.$_5$ 129—130°; D.$_4^{20}$ 0,9599; $n_D^{20}$ 1,4230; 70%. — *Decyl-*, $C_{13}H_{28}FO_2P$, Kp.$_5$ 135—136°; D.$_4^{20}$ 0,9492; $n_D^{20}$ 1,4260; 53%. — Analog: Alkylphosphonsäure-2-äthylhexylesterfluoride: *Hexyl-*, $C_{14}H_{30}FO_2P$, Kp.$_{14}$ 163 bis 165°; D.$_4^{20}$ 0,9545; $n_D^{20}$ 1,4318; 72%. — *Heptyl-*, $C_{15}H_{32}FO_2P$, Kp.$_{14}$ 190—192°; D.$_4^{20}$ 0,9388; $n_D^{20}$ 1,4355; 66%. — *Octyl-*, $C_{16}H_{34}FO_2P$, Kp.$_2$ 142—143°; D.$_4^{20}$ 0,9470; $n_D^{20}$ 1,4330; 64%. — *Nonyl-*, $C_{17}H_{36}FO_2P$, Kp.$_8$ 192—194°; D.$_4^{20}$ 0,9339; $n_D^{20}$ 1,4350; 66%. — *Decyl-*, $C_{18}H_{38}FO_2P$, Kp.$_8$ 196—198°; D.$_4^{20}$ 0,9326; $n_D^{20}$ 1,4370; 76%. V. Hagen 980△

*1239* **Neue phosphororganische Komplexone.** 3. Mitt. **β.β'-Bis-[α-phosphonisopropylamino]-diäthyläther und β.β'-Bis-[α-phosphonisopropylamino]-diäthylamin.** T. Ja. Medved', M. V. Rudomino, E. A. Mironova, V. S. Balabucha und M. I. Kabačnik. (Izvest. Akad. Nauk SSSR, Ser. chim. **1967,** 2, 351—56; Inst. élementoorg. soedinenij AN SSSR; russ.) — Durch Rk. von Diäthylphosphit (**I**) mit β.β'-Diaminodiäthyläther (**II**) u. Aceton oder mit Diäthylentriamin (**III**) u. Aceton werden *β.β'-Bis-[α-(di-O-äthylphosphon)-isopropylamino]-diäthyläther* bzw. *-diäthylamin* dargestellt. Die Dissoziationskonst. der freien Säuren werden bestimmt.

Versuche: *β.β'-Bis-[α-phosphonisopropylamino]-diäthyläther, Tetraäthylester*, $C_{18}H_{42}N_2O_7P_2$, durch gleichzeitige portionsweise Zugabe von **I** u. Aceton zu **II** bei 60°, 1std. Rühren bei 60°, Extraktion mit Ae., Einengen, Chromatographie an $Al_2O_3$ u. Eluieren mit Bzl.; $n_D^{20}$ 1,4580; D.$_4^{20}$ 1,0855; 75% (Ausb.); *Dipikrat*, $C_{18}H_{42}N_2O_7P_2 \cdot 2\,C_6H_3N_3O_7$, F. 131—132° (A.); 90%. *Dihydrochlorid*, $C_{18}H_{42}N_2O_7P_2 \cdot 2\,HCl$, F. 122—123° (Dioxan), durch Einleiten von HCl in eine Lsg. in Ae. bei —10 bis —6°; 56%. *Tetramethylester, Dipikrat*, $C_{14}H_{34}N_2O_7P_2 \cdot 2\,C_6H_3N_3O_7$, F. 136—137° (A.), durch Zugabe von Dimethylphosphit u. Aceton zu **II** bei 100° u. $^1/_2$std. Rühren bei 60°; 46%. *Freie Säure*, $C_{10}H_{26}N_2O_7P_2$, F. 210—212°, durch Zugabe von frisch gefälltem AgO (aus 23 g $AgNO_3$) zu 27,3 g des nachst. Hydrochlorids in 250 ml W., Filtrieren, Ausfällen von Ag mit $H_2S$, Einengen des Filtrats u. Zugabe von A.; 56%. *Dihydrochlorid*, $C_{10}H_{26}N_2O_7P_2 \cdot 2\,HCl$, F. 186—188°, durch 6std. Erhitzen des Tetraäthylesters mit konz. HCl; 66%. *Dihydrat*, $C_{10}H_{26}N_2O_7P_2 \cdot 2\,H_2O$, F. 205—207°. — *β.β'-Bis-[α-phosphonisopropylamino]-diäthylamin, Tetraäthylester, Trihydrochlorid*, $C_{18}H_{43}N_3O_6P_2 \cdot 3\,HCl$, F. 133—134° (Aceton/A. = 4:1), durch tropfenweise Zugabe von 29 g Aceton zu 10,3 g **III** u. 69 g **I**, 2std. Rühren bei 65°, Lösen in 500 ml Ae. u. Einleiten von HCl bei 10—12°; 23 g. *Freie Säure, Dihydrochlorid*, $C_{10}H_{27}N_3O_6P_2 \cdot 2\,HCl$, F. 108—110°, durch 6std. Erhitzen von 13,7 g des Tetraäthylesters mit konz. HCl. *Dihydrat*, $C_{10}H_{27}N_3O_6P_2 \cdot 2\,H_2O$, F. 232,5 bis 233,5° (W.), durch Zugabe von Propylenoxid in A. zu vorst. Dihydrochlorid in A.; 60%. H. Dalmer 980△

*1240* **Einige neue Arten der Arbusow-Umlagerung.** 20. Mitt. **cis-trans-Isomere von β-Phosphonocrotonsäureester.** V. A. Kuchtin, Ju. Ju. Samitov und K. M. Kirillova. (Izvest. Akad. Nauk SSSR, Ser. chim. **1967,** 356—62; Kazan', Inst. org. chim. AN SSSR; russ.) — Durch Rk. von Triäthylphosphit (**I**) mit Tetrolsäure (**II**) oder β-Chlorcrotonsäureäthylester (**III**) u. durch Rk. von **I** mit β-Chlorisocrotonsäureäthylester (**IV**) werden *trans-* u. *cis-β-Di-O-äthylphosphonocrotonsäureäthylester* dargestellt. Die Konfig. der Isomeren wird durch IR- u. NMR-Spektren bewiesen. — 19. vgl. C. **1966,** 46-0918. —

Versuche: *β-Di-O-äthylphosphonocrotonsäureäthylester, trans-Form*, $C_{10}H_{19}O_5P$, Kp.$_8$ 143°, a) durch tropfenweise Zugabe von 30 g **I** zu 15 g **II** bei 50° u. Dest.; $n_D^{20}$ 1,4515; D.$_4^{20}$ 1,1046; 47% (Ausb.); b) durch tropfenweise Zugabe von 4,8 g **I** zu 4,3 g **III** bei 110—120°, 10std. Erhitzen auf 170° u. Dest.; 49,4%. *cis-Form*, $C_{10}H_{19}O_5P$, Kp.$_8$ 140°, durch tropfenweise Zugabe von 25 g **I** zu 20 g **IV** u. 8std. Erhitzen auf 110—120°; $n_D^{20}$ 1,4482; D.$_4^{20}$ 1,0987; 59,3%. H. Dalmer 980△

*1241* **Einige Eigenschaften von N-Trifluoracetylimidoalkylphosphonsäuredichloriden und ihrer Umwandlungsprodukte.** V. V. Lysenko, S. Ž. Ivin, K. V. Karavanov und V. V. Fedotova. (Z. obšč. Chim. **37/99** (1967) 5, 1096—105; russ.) — $R{-}P(X)(Y){=}N{-}CO{-}CF_3$ (**A**). Einige Rk. von **A** (R = Alkyl, X = Y = Cl) werden beschrieben. IR-Spektren vgl. Original.

Versuche: *N-[Trifluoracetyl]-trichlormethylphosphonsäurechloridamid*, $C_3HCl_4F_3NO_2P$, F. 105°, durch 2std. Stehen von **A** (R = $CCl_3$, X = Y = Cl) an der Luft u. Stehen im Vakuum; 99% (Ausb.). — *N-[Trifluoracetyl]-äthylphosphonsäurechloridamid*, $C_4H_6ClF_3NO_2P$, F. 45 bis 46° (PAe.), a) durch Zugabe von HCOOH zu **A** [R = $C_2H_5$, X = Y = Cl; (**I**)] in abs. Bzl. unter $N_2$; 50%; b) durch Zugabe von Eisessig zu **I**, 4std. Erhitzen auf 40 bis 45° u. Stehen im Vakuum; 77%. — Verb. vom Typ **A**: R = $C_2H_5$, X = Y = $OC_2H_5$ (**II**), $C_8H_{15}F_3NO_3P$, Kp.$_{2,5}$ 94—95°, durch Zugabe von **I** zu Na-Äthylat in A. bei —5°, Erwärmen auf Raumtemp., Filtrieren u. Eindampfen im Vakuum; D.$_4^{20}$ 1,1820; $n_D^{20}$ 1,4020; 24%. — Analog: R = $CH_3$, X = Y = $OC_2H_5$, $C_7H_{13}F_3NO_3P$, Kp.$_1$ 83—84°; D.$_4^{20}$ 1,2310, $n_D^{20}$ 1,4022; 33%. — R = *iso*-$C_3H_7$, X = Y = $OC_2H_5$, $C_9H_{17}F_3NO_3P$, Kp.$_{0,2}$ 78 bis 80°; D.$_4^{20}$ 1,1512, $n_D^{20}$ 1,4050; 25%. — R = *sek.*-$C_4H_9$, X = Y = $OC_2H_5$, $C_{10}H_{19}F_3NO_3P$, Kp.$_2$ 100—104°; D.$_4^{20}$ 1,1345, $n_D^{20}$ 1,4078; 48%. — R = $C_2H_5$, X = Y = $SC_2H_5$, $C_8H_{15}F_3NOPS_2$, Kp.$_1$ 120—124°, durch Zugabe von **I** zu $NaSC_2H_5$ u. Ae., 4std. Kochen u. Eindampfen; D.$_4^{20}$ 1,2702, $n_D^{20}$ 1,4949; hellgelb; 18%. — R = $C_2H_5$, X = *Cl*, Y = $OC_2H_5$, $C_6H_{10}ClF_3NO_2P$, Kp.$_1$ 78—84°, durch Zugabe eines Gemisches von abs. A. u. $N(C_2H_5)_3$ zu **I** u. abs. Ae. bei 10°, 1std. Rühren bei Raumtemp., Filtrieren u. Eindampfen; D.$_4^{20}$ 1,3244, $n_D^{20}$ 1,4175; hellgelb; 60%. — R = $C_2H_5$, X = *Cl*, Y = $OC_4H_9$-*iso*, $C_8H_{14}ClF_3NO_2P$, Kp.$_4$ 103—108°, analog vorst. Verb.; D.$_4^{20}$ 1,2308, $n_D^{20}$ 1,4210; hellgelb; 49%. — R = $C_2H_5$, X = *Cl*, Y = $N(C_2H_5)_2$ (**III**), $C_8H_{15}ClF_3N_2OP$, Kp.$_{2-3}$ 121—123°, durch Zugabe eines Gemisches aus $HN(C_2H_5)_2$ u. $N(C_2H_5)_3$ zu **I** in abs. Ae. bei 10°, Filtrieren u. Eindampfen; D.$_4^{20}$ 1,2522, $n_D^{20}$ 1,4459; 47%. — R = $CH_3$, X = Y =

*F*, $C_3H_3F_5NOP$, Kp.$_{1,5}$ 37–39°, durch Zugabe von **A** [R = $CH_3$, X = Y = Cl; (**IV**)] zu $SbF_3$ unter W.-Kühlung; D.$_4^{20}$ 1,5064, $n_D^{20}$ 1,3508; 33,5%. – Analog: R = $C_2H_5$, X = Y = *F*, $C_4H_5F_5NOP$, Kp.$_{1,5}$ 41–41,5°; D.$_4^{20}$ 1,4509, $n_D^{20}$ 1,3576; 42%. – R = *iso*-$C_3H_7$, X = Y = *F*, $C_5H_7F_5NOP$, Kp.$_1$ 38–42°; D.$_4^{20}$ 1,3625, $n_D^{20}$ 1,3642; 23,7%. – R = $C_2H_5$, X = Y = *Cl* (**I**), *Komplex mit* $AlCl_3$, $C_4H_5AlCl_5F_3NOP$, durch Zugabe von **I** zu $AlCl_3$ bei –50°, Erwärmen auf Raumtemp. u. 1std. Erwärmen auf 60–70° bei 1 Torr; fl.; braun; 99%. Einw. von abs. Py. → **I**. – R = *iso*-$C_3H_7$, X = Y = *Cl*, *Komplex mit* $AlCl_3$, $C_5H_7AlCl_5F_3NOP$, analog; fl.; braun; 96%. – R = $C_2H_5$, X = $OC_2H_5$, Y = $N(C_2H_5)$, $C_{10}H_{20}F_3N_2O_2P$, Kp.$_{0,5-1}$ 110–112°, durch Zugabe von **III** zu Na-Äthylat in A., 1std. Kochen, Filtrieren u. Eindampfen im Vakuum; D.$_4^{20}$ 1,1405, $n_D^{20}$ 1,4263; gelblich; 69%. – *N-[Trifluoracetyl]-äthylphosphonsäureäthylesteramid*, $C_6H_{11}$· $F_3NO_3P$, Kp.$_{0,5}$ 105°, durch Einleiten von HCl in **II** bei 10–15°; D.$_4^{20}$ 1,3250, $n_D^{20}$ 1,4023; 56%. – *Methyldichlorphosphinoxid*, $CH_3Cl_2OP$, Kp. 162–163°, F. 34°, durch Erhitzen von **IV** auf 250° (Badtemp.) unter Auffangen der Gase bei –78°; 65%. – Daneben: *Trifluoracetonitril* (**V**), $C_2F_3N$, Kp. –64°; 55,5%. – Analog: *Äthyldichlorphosphinoxid*, $C_2H_5Cl_2OP$, Kp. 175–176°; D.$_4^{20}$ 1,3750, $n_D^{20}$ 1,4641; 52%. – Daneben: **V**; 51%.

H. Berger 980△

*1242* **Zur Reaktion der Phosphinocarbonsäuren mit Formaldehyd bzw. N-Hydroxymethyldiäthylamin.** Kurt Issleib und Rolf Kümmel. (Z. Chem. **7** (1967) 6, 235; Inst. für Anorg. Chem., Martin-Luther-Univ., Halle; dt.) – Vgl. Liebigs Ann, Chem. **659** (1962) 49. – *Tris-[hydroxymethyl]-phosphobetaine* bilden sich aus Phosphinocarbonsäuren mit $CH_2O$ in Ggw. von Mineralsäuren, *β-Carboxyäthyl-tris-[hydroxymethyl]-phosphobetain* entsteht auch aus Tri-hydroxymethylphosphin u. Acrylsäure. Analog reagieren auch Phosphinocarbonsäureester. *Bis-diäthylaminomethyl-phosphinocarbonsäureester* entstehen aus Phosphinocarbonsäureester u. N-Hydroxymethyldiäthylamin. Angaben über p$K_a$-Werte, Löslichkeit u. Rk. mit HCl vgl. Original.

Versuche: Trishydroxymethylphosphobetaine: *Carboxymethyl-*, F. 137–139°, aus Carboxymethylphosphin u. $CH_2O$ in Ggw. von Mineralsäuren; 84% (Ausb.); Analog: *α-Methylcarboxymethyl-*, F. 140 bis 142°; 77%. – *α-Äthyl-carboxymethyl-*, F. 144–145°; 77%. *Hydrochlorid*, F. 77–79°; 85%. – *β-Carboxyäthyl-*, F. 147 bis 149°, sowie aus Trihydroxymethylphosphin u. Acrylsäure 68%. – Bis-diäthylaminomethyl-phosphincarbonsäuremethylester: *Essigsäure-*, Kp.$_{0,01}$ 91 bis 93°, aus Phosphinoessigsäuremethylester mit N-Hydroxymethyldiäthylamin; 72%. – *α-Methylessigsäure-*, Kp.$_{0,01}$ 99–101°; 80%. – *α-Äthylessigsäure-*, Kp.$_{0,01}$ 106–108°; 76%. – *Propionsäure-*, Kp.$_{0,3}$ 140–142°; 78%.

G. Westphal 980△

## C–2. Isocyclische Verbindungen

*1243* **Mechanismus der Reaktion von Natrium-Blei-Legierungen mit Äthylhalogeniden.** Shigeji Mishima. (Bull. chem. Soc. Japan **40** (1967) 3, 608–11; Nihongi Works, Nippon Soda Co., Ltd., Nakago-mura, Niigata; engl.) – Äthylhalogenide (**A**) wurden unter verschiedenen Rk.-Bedingungen mit Na bzw. PbNa umgesetzt. Bei der Rk. von **A** mit PbNa bzw. von Äthylbromid bzw. -jodid mit Na bildet sich in Ggw. von Isopropylbenzol (**I**) *2.3-Dimethyl-2.3-diphenylbutan*, $C_{18}H_{22}$, F. 116,5–117° (A.); 3,3% bzw. 4,8% (Ausb. bezogen auf **I** bzw. Na).

R. Becker 1010△

*1244* **Positive Halogenverbindungen. 14. Mitt. Reaktionen von tert.-Butylhypochlorit mit Sulfiden, Sulfoxiden und Säureanhydriden.** Cheves Walling und Michael J. Mintz. (J. org. Chemistry **32** (1967) 5, 1286–89; Dep. of Chem., Columbia Univ., New York, N.Y.; engl.) – tert.-Butylhypochlorit (**I**) reagiert mit Diphenylsulfid zu *Diphenylsulfoxid* u. einem Verb.-Gemisch. Dagegen erfolgt bei Anwendung von Cyclohexan keine Umsetzung. Analog wird Dimethylsulfid zu *DMS* oxydiert, das als HCl-Komplex zur Verhinderung einer weiteren Ox. stabilisiert wird. DMS reagiert mit 3 Molen **I** zu *Trichlormethylmethylsulfoxid-Deriv.*, während mit äquivalenten Mengen **I** unter Aufspaltung der C–S-Bindung u. a. $CCl_4$ gebildet wird. Acetanhydrid reagiert mit **I** unter Bldg. von *Acetylhypochlorit* (**II**) u. *tert.-Butylacetat*. **II** zerfällt in *Methylchlorid* u. $CO_2$.

Versuche: *Diphenylsulfoxid*, F. 70°, aus Diphenylsulfid u. **I**; 94–100% (Ausb.); daneben Spuren *Isobutylen*, 8,4–13% *nachst. Verb.*; 5–8% *Aceton*; 38–47% *tert.-Butanol*; 16–27% *Methallylchlorid*; 10% *1.2-Dichlor-2-methylpropan* u. Spuren *Isobutylenchlorhydrin*. – *tert.-Butylchlorid*, aus Diphenylschwefeldichlorid (**III**) u. tert.-Butanol. – *1:5-Gemisch aus 3-Chlorcyclohexen u. 1.2-Dichlorcyclohexan*, aus **III** u. Cyclohexen. – *Tetrachlorkohlenstoff*, aus DMS u. **I**. – *tert.-Butylacetat*, aus Acetanhydrid u. **I**; daneben *Methylchlorid* u. $CO_2$.

K.-P. Hilgetag 1090△

*1245* **Sulfinsäureester. 2. Mitt. Synthetische Verwendungsmöglichkeit von Methansulfinsäuremethylester.** Irwin B. Douglass, Franklin J. Ward und Richard V. Norton. (J. org. Chemistry **32** (1967) 2, 324–26; Dep. of Chem., Univ. of Maine, Orono, Maine; engl.) – 1. vgl. C. **1968**, 40-0921. – Methansulfinsäuremethylester (**I**) wird durch Kochen mit Butanol-(1) in Ggw. katalyt. Mengen Na-Methylat oder $H_2SO_4$ in den *n-Butylester* übergeführt. Vers. zur Bldg. eines *Methoxysulfinylcarbanions* u. dessen Einsetzung in eine Claisen-Kondens. gelingen ebensowenig wie ein versuchter Deuteriumaustausch durch Erhitzen von **I** mit Na-Methylat in Ggw. von Deuteriomethanol. Verseifung von **I** liefert das *Methansulfinsäure-Na-Salz*, das mit Verb. wie Benzylchlorid, n-Butylbromid, Chloraceton, Phenacylbromid u. 2.4-Dinitrophenylchlorid zu den entsprechenden *Methylsulfonylverb.* reagiert. Verseifung von **I** u. anschließende Rk. mit Formaldehyd. u. Aminen bzw. Amiden liefert Verb. vom Mannich-Typ. NMR-Daten vgl. Original.

Versuche: *Methansulfinsäuremethylester* (**I**), nach I. B. Douglas, J. org. Chemistry **30** (1965) 633. – *Methansulfinsäure-n-butylester*, Kp.$_{10}$ 72–72,5°, a) aus **I** u. überschüssigem Butanol in Ggw. von konz. $H_2SO_4$ bei Siedetemp.; 79% (Ausb.); b) analog in Ggw. von Na-Methylat; 85%. – *Methanthiolsulfonsäuremethylester*, Kp.$_{11}$ 118,5°, a) aus 9,42 g **I** u. tert.-Butanol in Ggw. von wenig $H_2SO_4$ bei Siedetemp.; 0,7 g; b) aus **I** u. wss. NaOH u. Rk. des erhaltenen Na-Salzes mit Methansulfenylchlorid. – Methylsulfone, durch Rk. von **I** mit wss. NaOH u. nachfolgende Umsetzung mit der entsprechenden Halogenverb.: *Benzyl-*, F. 126–127°, aus Benzylchlorid; 50%. – *n-Butyl-*, F. 28–30°, aus n-Butylbromid. – *Acetylmethyl-*, F. 54,5–55,5°, aus Chloraceton; 23%. – *Benzoylmethyl-*, F. 108–109°; 77%. – *2.4-Dinitrophenyl-*, F. 184 bis 185°, aus 2.4-Dinitrophenylchlorid; 64%. – *N.N'-Bis-[methylsulfonylmethyl]-harnstoff*, $C_5H_{12}N_2O_5S$, F. 178 bis 179° (W.), aus **I** u. wss. methanol. NaOH, Ansäuern mit Ameisensäure u. Umsetzung mit 37%ig. Formaldehyd u. Harnstoff in Methanol (Meth. **A**); 38%. – *N-[Methylsulfonylmethyl]-benzamid*, $C_9H_{11}NO_3S$, F. 181–182°, analog **A** mit Benzamid; 42%. – *N-[Methylsulfonylmethyl]-acetamid*, $C_4H_9NO_3S$, F. 110–111° ($CHCl_3/CCl_4$), analog **A** mit Acetamid; 21%. – *N-[Methylsulfonylmethyl]-methansulfonamid*, $C_3H_9NO_4S_2$, F. 106–107° (Essigester), analog **A** mit Methansulfonamid; 37%. – *N.N-Bis-[methylsulfonylmethyl]-p-toluidin*, $C_{11}H_{17}NO_4S_2$, F. 141–144° (Zers.), analog **A** mit p-Toluidin.

K.-P. Hilgetag 1090△

*1246* **Tetrachloräthyl- und Trichlorvinylester von Thiolsulfonsäuren.** James P. Weidner, Seymour S. Block und Wallace S. Brey. (J. chem. Engng. Data **12** (1967) 3, 448–50; Univ. of Fla., Gainesville, Fla.; engl.) – Vgl. Recueil Trav. chim. Pays-Bas **71** (1952) 1082. – Beim Umsatz von Zn- u. Na-Sulfinaten mit Tetrachloräthylsulfinylchlorid entstehen *Trichlorvinyl-* u. *Tetrachloräthylester* von *Thiolsulfonsäuren*, deren Strukturen durch NMR- u. IR-Spektren gekennzeichnet werden, Angaben vgl. Original.

Versuche: *Zn-Sulfinate*, aus den Sulfonylchloriden u. Zn. – Trichlorvinylester: *Methylthiolsulfonsäure*, $C_3H_3Cl_3O_2S_2$, aus dem Na- oder Zn-Salz (**I**) des Methylsulfinats in DMF mit 1.2.2.2-Tetrachloräthylsulfenylchlorid bei 15°; $n_D^{20}$ 1,5634. – *Äthylthiolsulfonsäure*, $C_4H_5Cl_3O_2S_2$, analog vorst. Verb. aus **I**-Äthylsulfinat; $n_D^{20}$ 1,5636. – *n-Propylthiolsulfonsäure*, $C_5H_7$· $Cl_3O_2S_2$, analog vorst. Verb. aus **I**-n-Propylsulfinat;

$n_D^{20}$ 1,5552. — *n-Butylthiolsulfonsäure*, $C_6H_9Cl_3O_2S_2$, analog vorst. Verb. aus I-n-Butylsulfinat; 1,5598. — *Phenylthiolsulfonsäure*, $C_8H_5Cl_3O_2S_2$, analog vorst. Verb. aus I-Phenylsulfinat. — *p-Bromphenylthiolsulfonsäure*, $C_8H_4BrCl_3O_2S_2$, analog vorst. Verb. aus I-p-Bromphenylsulfinat; daneben *p-Bromphenylthiolsulfonsäure-1.2.2.2-tetrachloräthylester*, $C_8H_5BrCl_4O_2S_2$, F. 84—86°. — *p-Chlorphenylthiolsulfonsäure-1.2.2.2-tetrachloräthylester*, $C_8 \cdot H_5Cl_5O_2S_2$, F. 89—90°, analog vorst. Verb. aus I-p-Chlorphenylsulfinat. G. Westphal 1090△

*1247* **Kondensation von Carbonylverbindungen mit Hydrazinen. 20. Mitt. Die Reaktionsprodukte aromatischer Aldehyde mit 4-Hydrazinobenzolsulfonsäure.** Hans-Hartwig Stroh und Karl-Heinz Wenzien. (Z. Chem. **7** (1967) 8, 309—10; Inst. für Chem., Landw.-Gärtn. Fak., Humboldt-Univ., Berlin; dt.) — 19. vgl. ibid. **7** (1967) 6, 230. — Umsetzungen aromat. Aldehyde mit 4-Hydrazinobenzolsulfonsäure (I) in W. führt bei Verw. von 2-Nitro-, 4-Nitro-, 2.4-Dinitro-, 2.4.6-Trinitro- u. 3-Methoxy-4-hydroxy-benzaldehyd zu echten *Hydrazonen*, die durch Benzoldiazoniumchloridlsg. in die *Formazane* umgewandelt werden. Weitere substituierte Aldehyde reagieren lediglich zur *Additionsverb.*, die nicht mit Benzoldiazoniumsalzlsg. reagiert. Max. der IR-Spektren vgl. Original.

Versuche: Benzaldehyd-[p-hydroxysulfonylphenylhydrazone], durch Zugabe des entsprechenden Aldehyds zur sd. wss. Lsg. von I: *o-Nitro-*, F. 173—174° (Zers.; Methanol); 69% (Ausb.). *Formazan*, F. 158° (n-Butanol), aus dem Hydrazon in Py. oder Py./A. mit Benzoldiazoniumchloridlsg. bei —5°, $^1/_4$std. Stehen u. Gießen auf Eis; 38%. — *4-Nitro-*, F. 171 bis 172° (Methanol); 55%. *Formazan*, F. 146° (n-Butanol); 42%. — *2.4-Dinitro-*, F. 219° (Zers.; Methanol); 72%. *Formazan*, F. 190° (n-Butanol); 46%. — *2.4.6-Trinitro-*, F. 215° (Zers.; Methanol); 43%. *Formazan*, F. 266° (n-Butanol); 48%. — *3-Methoxy-4-hydroxy-*, F. 221—223° (Zers.; Methanol); 66%. *Formazan*, F. 92—93° (n-Butanol); 45%. — N-substituierte α-Hydroxybenzyl-N'-[p-hydroxysulfonylphenyl]-hydrazine: *Unsubstituiert*, F. 98° (Zers.; Methanol); 64%. — *m-Nitro-*, F. 154—155° (Zers.; Methanol); 68%. — *o-Hydroxy-*, F. 112° (Zers.; Methanol); 60%. — *o-Methoxy-*, F. 220° (Zers.; Methanol); 73%. — *4-Methoxy-*, F. 148—150° (Zers.; Methanol); 71%. — *2-Methyl-4-hydroxy-*, F. 254° (Zers.; Methanol); 50%. — *3-Methyl-6-hydroxy-*, F. 207—209° (Zers.; Methanol); 50%. — 21 vgl. C. **1968**, 58-0688. W. Hampel 1120△

*1248* **Fluor-Olefine. 1. Mitt. Synthese von β-substituierten Perfluorolefinen.** Frank E. Herkes und Donald J. Burton. (J. org. Chemistry **32** (1967) 5, 1311—18; Dep. of Chem., Univ. of Iowa, Iowa City, I.; engl.) — Das aus Chlordifluoressigsäure-Na-Salz (I) u. Triphenylphosphin erhaltene *Difluormethylentriphenylphosphoran* reagiert mit polyfluorierten Ketonen zu β-substituierten *Perfluor-Olefinen.*

Versuche: *Chlordifluoressigsäure, Na-Salz* (I), aus Chlordifluoressigsäure u. $Na_2CO_3$. *Li-Salz* (II), analog mit $LiCO_3$. — Trifluormethylketone: *Cyclohexyl-*, Kp.$_{30}$ 53—54°, aus Cyclohexyl-MgBr u. Trifluoressigsäure; 69% (Ausb.). *2.4-Dinitrophenylhydrazon*, $C_{14}H_{15} \cdot F_3N_4O_4$, F. 121—122,5° (95%ig. A.). — *Phenyl-*, Kp.$_{33}$ 64—65°; 71%. — *p-Tolyl-*, Kp.$_{22}$ 79—80°; 47%. — *p-Fluorphenyl-*, Kp.$_{34}$ 66—67°; 57%. — *p-Methoxyphenyl-*, Kp.$_2$ 72—73°; 58%. — *Benzyl-*, Kp.$_{16}$ 66°; 65%. — *p-Chlorphenyl-*, Kp.$_{24}$ 83—84°; 42%. — *Pentafluoräthylphenylketon*, Kp.$_{22}$ 62—63°; 64%. — *Heptafluorpropylphenylketon*, Kp.$_{18}$ 69—70°; 70%. — 1.1.3.3.3-Pentafluorpropene-(1): *2-Phenyl-* (III), Kp.$_{44}$ 51—52°, a) aus Triphenylphosphin, I u. Trifluoracetophenon bei 100 bis 105° (Meth. A); 59%; b) analog bei 145°; 53%; c) analog in DMS; 26%; daneben 34% *Triphenylphosphinoxid*, F. 154—156° (Bzl./n-Hexan); d) analog in Tetramethyläthylen u. Diglyme bei 100°; 78%; e) analog in Isopropanol u. Diglyme bei 100°; 61,4%; f) analog A in N-Methylpyrrolidin bei 85—90°; 44%; daneben 38% *2-Phenyl-2H-hexafluorpropan* [$C_9H_6F_6$, Kp.$_{743}$ 131 bis 131,5°, auch aus III u. CsF in DMF bei 75°; 26%]; g) analog A in Diglyme; 57%; h) analog A in DMF; 84%. — *2-Benzyl-*, Kp.$_{26}$ 63—64°, analog A; 61%. — *2-Cyclohexyl-*, Kp.$_{748}$ 131—132°, analog A; 65%. — *2-[p-Chlorphenyl]-*, Kp.$_{13}$ 62°, a) analog A; 64%; daneben *2-[p-Chlorphenyl]-2H-hexafluorpropan*, $C_9H_5ClF_6$; b) aus II Triphenylphosphin u. p-Chlortrifluoracetophenon in DMF bei 80°; 45%. — *2-[p-Fluorphenyl]-*, Kp.$_{57}$ 62—63°, analog A; 66%. — *2-p-Tolyl-*, Kp. 155—156°, analog A; 72%. — *2-[p-Methoxyphenyl]-*, Kp.$_{12}$ 73—74°, analog A; 78%. — *2-[p-Dimethylaminophenyl]-*, F. 42,5—43°, analog A; 16%. — *2-n-Butyl-*, Kp. 82,5—83,5°, analog A; 59%. — *1.1.3.3.4.4.4-Heptafluor-2-phenylbuten-(1)*, Kp.$_{737}$ 138—139°, analog A; 48%. — *1.1.3.3.4.4.5.5.5-Nonafluor-2-phenylpenten-(1)*, Kp.$_{22}$ 62—63°, analog A; 42%. — *1.2-Dichlor-1.1.3.3.3-pentafluor-2-phenylpropan*, $C_9H_5 \cdot Cl_2F_5$, Kp.$_{742}$ 192—193°, aus III u. $Cl_2$ unter UV-Bestrahlung; 38%. — *Trifluoracetophenon*, aus III u. $K_2Cr_2O_7$ in 75%ig. $H_2SO_4$; 32%. *2.4-Dinitrophenylhydrazon*, F. 172 bis 173° (95%ig. A.). — *Dimethylsulfid-Quecksilberchlorid-Komplex*, 2 $(CH_3)_2S \cdot 3HgCl_2$, F. 151—153°, aus Triphenylphosphin, $HgCl_2$, DMS u. 15,2 g I in Diglyme; 29,8 g; daneben 71,2% *Triphenylphosphinoxid*. — *1.1-Difluortetramethylcyclopropan*, $C_7H_{12}F_2$, Kp.$_{740}$ 89,5 bis 90,5°, aus I u. Tetramethyläthylen in Diglyme; 12%. — *Chlordifluoressigsäureisopropylester*, Kp.$_{742}$ 103—104°, aus I u. Isopropanol; 16%. K.-P. Hilgetag 1150△

*1249* **Reaktion von 2-[Diäthylamino]-äthanol mit Benzoylchlorid.** Tsuyoshi Ogata, Tsutomu Asano, Hiroshi Yoshida und Saburo Inokawa. (Bull. chem. Soc. Japan **40** (1967) 4, 997—99; Dep. of Synth. Chem., Fac. of Eugin., Shizuoka Univ., Hamamatsu; engl.) — Bei der Benzoylierung von 2-[Diäthylamino]-äthanol (I) nach Schotten-Baumann (Meth. A) entstehen das *Benzoat des Benzoesäure-(2-diäthylaminoäthyl)-esters* u. *Benzoesäureanhydrid* (II). Die Benzoylierung von I nach Claisen gibt *Benzoesäure-[2-diäthylaminoäthyl]-ester* in hoher Ausb., ebenso wie die Meth. nach Spassow. Nach A bildet sich II auch in Ggw. anderer tert. Amine.

Versuche: *Benzoesäure-[2-diäthylaminoäthyl]-ester* (IV), Kp.$_{25,5}$ 173—174°, a) durch 2std. Rk. von 0,05 Mol 2-[Diäthylamino]-äthanol (I) mit Benzoylchlorid (III) in Ae. in Ggw. von wss. NaOH; $n_D^{21,5}$ 1,5002; 90% (Ausb.); b) durch 7std. Rk. von I u. III im Molverhältnis 1:1 bei 40° in Ae. in Ggw. von $K_2CO_3$ (Meth. B); 68%; c) durch 3std. Rk. von I u. III im Molverhältnis 1:1 bei 40° in Ae. in Ggw. von Mg-Späne (Meth. C); 77%. *Benzoat*, $C_{20}H_{25}NO_4$, Kp.$_4$ 138—139°, a) durch 2std. Rk. von 5,9 g I mit 35,2 g (0,25 Mol) III in wss. NaOH, in $Na_2CO_3$-Lsg., in $K_2CO_3$-Lsg., in $CaCO_3$-Lsg. bzw. in $BaCO_3$-Lsg.; $n_D^{18,5}$ 1,5481; 8,5 g, 5,3 g, 6,6 g, 1,8 g bzw. 3,4 g (Ausb.); daneben 11,1 g, 22,6 g, 19,2 g, 19,3 g bzw. 8,5 g *Benzoesäureanhydrid* (II; Kp.$_4$ 181—182°; $n_D^{16,5}$ 1,5830); b) durch Rk. von I mit Benzoesäure in Bzl.; 42%; c) durch Rk. von IV mit Benzoesäure in Bzl.; 88,3%; d) durch Rk. von IV mit einem Überschuß von I; 90%; daneben II u. *Benzoesäure*; e) nach B mit einem Molverhältnis von 1:5; daneben II; f) nach C mit einem Molverhältnis von 1:5; daneben II. *Pikrat des Benzoats*, F. 135°; gelbe Nadeln. — *Benzoesäureanhydrid* (II), a) bei der Rk. von 0,5 Mol I mit 0,1 Mol Py. nach Schotten-Baumann (Meth. D); 28%; b) nach D mit Triäthylamin; 44%; c) nach D mit Dimethylanilin; 58%. R. Becker 1210△

*1250* **Aminierung von Dialkylbenzolen mit $NCl_3/AlCl_3$.** Peter Kovacic, Kurt W. Field, Philip D. Roskos und Francis V. Scalzi. (J. org. Chemistry **32** (1967) 3, 585—88; Dep. of Chem., Case Inst. of Techn., Cleveland, O.; engl.) — Beim Umsatz von m-Dialkylbenzolen mit $NCl_3$ in Ggw. von $AlCl_3$ entstehen *3.5-Dialkylaniline*. Die diazotierten Aniline lassen sich Verkochen in die Phenole überführen. Die isomeren *2.5-Dialkylaniline* bilden sich aus p-Dialkylbenzolen durch Nitrierung u. nachfolgende Reduktion. Angaben über Einfl. der Temp. u. Reinheitsgrad des Dialkylbenzols auf die Ausb. an 3.5-Dialkylanilinen sowie über Verunreinigungen letzterer vgl. Original. Die Dialkylaniline werden durch Massen-, NMR- u. IR-Spektren gekennzeichnet.

Versuche: 3.5-Dialkylaniline: *3.5-Dimethyl-*, Kp.$_{0,5}$ 68°, aus m-Xylol u. $AlCl_3$ sowie $NCl_3$ in o-Dichlorbenzol bei 0°; 25% (Ausb.). *Acetylderiv.*, $C_{10}H_{13}NO$, F. 140° (15%ig. A.), aus der Stammverb. u. Essigsäureanhydrid in Ggw. von HCl. — *3-Methyl-5-äthyl-*, $C_9H_{13}N$,

Kp.$_{0,9}$ 86°; 27% *Acetylderiv.*, $C_{11}H_{15}NO$, F. 110° (A.). — *3-Methyl-5-isopropyl-*, $C_{10}H_{15}N$, Kp.$_{1,1}$ 87°; 29%. *Acetylderiv.*, $C_{12}H_{17}NO$, F. 85,5—86° (A.). — *3-Methyl-5-tert.-butyl-*, $C_{11}H_{17}N$, Kp.$_{1,4}$ 85°; 22%. *Acetylderiv.*, F. 141,5 bis 142° (A.). — *3.5-Diäthyl-*, $C_{10}H_{15}N$, Kp.$_{0,7}$ 88°; 27%. *Acetylderiv.*, $C_{12}H_{17}NO$, F. 115—115,5° (A.). — *3.5-Diisopropyl-*, $C_{12}H_{19}N$, Kp.$_{0,8}$ 90°; 20%. *Acetylderiv.*, $C_{14}H_{21} \cdot NO$, F. 97—99° (A.). — *3.5-Di-tert.-butyl-*; 8%. — Phenole: *3-Methyl-5-äthyl-*, F. 50°. — *3-Methyl-5-isopropyl-*, F. 46—49°. — *3.5-Diäthyl-*, F. 74—75°.

G. Westphal 1300△

*1251* **Bildung von Nitroxid-Radikalen durch Radikaladdition an Nitrone.** Michiko Iwamura und Naoki Inamoto. (Bull. chem. Soc. Japan **40** (1967) 3, 703; Dep. of Chem., Fac. of Sci., Univ. of Tokyo, Hongo, Tokyo; engl.) — Es wurde dargestellt: *N-tert.-Butyl-N-[1-phenyl-2-cyan-2-methylpropyl]-nitroxid*, $C_{15}H_{21}N_2O$, F. 121—122°, aus α.α'-Azo-bis-isobuttersäurenitril u. C-Phenyl-N-tert.-butylnitron; 3,2% (Ausb.).

R. Becker 1310△

*1252* **Aminimide.** Melanchton S. Brown. (J. chem. Engng. Data **12** (1967) 4, 612—15; Ortho Divis., Chevron Chem. Co., Richmond, Calif.; engl.) — Umsetzung von Isocyanaten mit Chlorameisensäureester bzw. Chlorthiolameisensäureester u. 1.1-Dimethylhydrazin (**I**) liefert entsprechende N[2]-acylierte *1.1-Dimethylhydrazine*, die mit $CH_3J$ in A. in *quatern. Hydraziniumjodide* übergeführt werden. Nachfolgende Rk. mit 10%ig. wss. NaOH führt zu *Aminimiden.*

Versuche: 1.1-Dimethylhydrazine: *2-(Phenylaminocarbonyl)-*, $C_9H_{13}N_3O$, F. 105—107° (A.), aus Phenylisocyanat u. **I** in Bzl.; 64% (Ausb.). *Methojodid*, $C_{10}H_{16}JN_3O_2$, F. 161—163° (A./W.); 63%. — *2-[Methylaminocarbonyl]-*, $C_4H_{11}N_3O$, F. 115—119° (Bzl.), aus **I** u. Methylisocyanat; 81%. *Methojodid*, $C_5H_{14}JN_3O$, F. 154—157° (A./W.); 66%. — *2-[Phenoxycarbonyl]-*, $C_9H_{12} \cdot N_2O_2$, F. 75—77° (Bzl./Hexan), aus **I** u. Chlorameisensäurephenylester in Bzl.; 58%. *Methojodid*, $C_{10}H_{15}JN_2O_2$, F. 117—121° (A./Ae.); 72%. — *2-[Äthoxycarbonyl]-*, $C_5H_{12}N_2O_2$, Kp.$_{0,2}$ 45—49°, aus **I** u. Chlorameisensäureäthylester; 44%. *Methojodid*, $C_6H_{15}JN_2O_2$, F. 141—142° (A./Ae.); 60%. — *2-[Phenylmercaptocarbonyl]-*, $C_9H_{12} \cdot N_2OS$, F. 123—125° (Essigester), aus **I** u. Chlorthiolameisensäurephenylester; 50%. *Methojodid*, $C_{10}H_{15}JN_2 \cdot OS$, F. 99—100° (A.); 61%. — *2-[Äthylmercaptocarbonyl]-*, $C_5H_{12}N_2OS$, F. 54—57° (Hexan), aus **I** u. Chlorthiolameisensäureäthylester; 78%. *Methojodid*, $C_6H_{15}JN_2OS$, F. 106—107° (A.); 50%. — *2-[2'.2'-Bis-(äthoxycarbonyl)-äthenyl]-* (**II**), $C_{10}H_{18}N_2O_4$, Kp.$_{0,2}$ 117°, aus **I** u. Äthoxymethylenmalonsäurediäthylester; 87%. *Methojodid*, $C_{11} \cdot H_{21}JN_2O_4$, F. 117—119°. — *2-[2'-Cyan-2'-äthoxycarbonyl-äthenyl]-* (**III**), $C_8H_{13}N_3O_2$, F. 80—83° (Essigester/Hexan), analog aus Äthoxymethylencyanessigsäureäthylester; 74%. *Methojodid*, $C_9H_{16}JN_3O_2$, F. 95—100° (Methanol/Ae.). — *2-[2.2-Dicyanäthenyl]-* (**IV**), $C_6H_8N_4$, F. 131 bis 134° (Essigester), analog aus Äthoxymethylenmalonsäuredinitril; 73%. — Trimethylammoniumaminylide durch Zugabe von 10%ig. NaOH zu den quatern. Hydrazinverb. in $CHCl_3$: *N'-[Phenylaminocarbonyl]-*, $C_{10}H_{15}N_3O$, F. 205° (Zers.; $CHCl_3$/Hexan); 84%. — *N'-[Methylaminocarbonyl]-*, $C_5H_{13}N_3O$, F. 134—138°; 82%. — *N'-[Phenoxycarbonyl]-*, $C_{10}H_{14}N_2O_2$, F. 100 bis 102° ($CCl_4$/$CHCl_3$); 77%. — *N'-[Äthoxycarbonyl]-*, $C_6H_{14} \cdot N_2O_2$, F. 95—98°; 84%. — *N'-[Phenylmercaptocarbonyl]-*, $C_{10}H_{14}N_2OS$, F. 83—85° ($CH_2Cl_2$/Hexan); 60%. — *N'-[Äthylmercaptocarbonyl]-*, $C_6H_{14}N_2OS$, F. 82—84°; 77%. — *N'-[2.2-Bis-(äthoxycarbonyl)-äthenyl]-*, $C_{11}H_{20} \cdot N_2O_4$, F. 123—125° (Zers.; $CHCl_3$/Hexan), aus **II**, Na-Äthylat u. $CH_3J$; 65%. — *N'-[2-Cyan-2-(äthoxycarbonyl)-äthenyl]-*, $C_9H_{15}N_3O_2$, F. 193—195° (Zers./A.), analog aus **III**; 81%; daneben wenig *1.1.2-Trimethyl-2-[2'-cyan-2'-(äthoxycarbonyl)-vinyl]-hydrazin* [$C_9H_{15}N_3O_2$, F. 77—79° (Bzl./Hexan)]. — *N'-[2.2-Dicyanäthenyl]-*, $C_7H_{10}N_4$, F. 222—224° (Zers.; W.), analog aus **IV**; 81%; daneben wenig *1.1.2-Trimethyl-2-[2'.2'-dicyanvinyl]-hydrazin* [$C_7 \cdot H_{10}N_4$, F. 136—139° (Bzl.)].

K.-P. Hilgetag 1310△

*1253* **1.3-Addition von Radikalen an Nitrone.** Michiko Iwamura und Naoki Inamoto. (Bull. chem. Soc. Japan 40 (1967) 3, 702; Dep. of Chem., Fac. of Sci., Univ. of Tokyo, Hongo, Tokyo; engl.) — Es wurden dargestellt: *N-Phenyl-N-[1-phenyl-2-cyan-2-methylpropyl]-O-[1-cyan-1-methyläthyl]-hydroxylamin*, $C_{21}H_{23}N_3O$, F. 142,5—143,5°, aus α.α'-Azo-bis-isobuttersäurenitril (**I**) u. C.N-Diphenylnitron (**II**); 63% (Ausb.); geht mit äthanol. HCl in HCN u. Aceton über. — *N-Benzyl-N-[1-phenyl-2-cyan-2-methylpropyl]-O-[1-cyan-1-methyläthyl]-hydroxylamin* (**III**), $C_{22} \cdot H_{25}N_3O$, F. 114—115°, aus **I** u. C-Phenyl-N-benzylnitron (**IV**); 46%. — *N-Phenyl-N-[1-phenyl-2-methoxycarbonyl-2-methylpropyl]-O-[1-methoxycarbonyl-1-methyläthyl]-hydroxylamin*, $C_{23}H_{29}NO_5$, F. 55—56°, aus α.α'-Azo-bis-isobuttersäuremethylester (**V**) u. **II**; 50%. — *N-Benzyl-N-[1-phenyl-2-methoxycarbonyl-2-methylpropyl]-O-[1-methoxycarbonyl-1-methyläthyl]-hydroxylamin*, $C_{24}H_{31}NO_5$, F. 51 bis 52°, aus **IV** u. **V**; 40%. — *N-Phenyl-C-{2-cyan-2-methyl-1-[N-phenyl-O-[1-cyan-1-methyläthyl)-hydroxylamino]-propyl}-nitron*, $C_{22}H_{24}N_4O_2$, F. 134—134,5°, aus **I** u. C.C-Bis-N-phenylnitron; 15%. — *Verbindung (Nitrilamid) $C_{22}H_{27}N_3O_2$*, F. 182,5—183°, aus **III** mit alkal. $H_2O_2$.

R. Becker 1320△

*1254* **Synthesen von 1-Dimethoxyphenyl-3-alkylaminobutanolen.** 1. Mitt. Yutaka Kasuya, Minoru Watanabe, Yoshio Kanai und Hiroaki Hamano. (Chem. pharmac. Bull. [Tokyo] **15** (1967) 4, 481—84; Fac. of Pharm. Sci., Univ. of Tokyo; engl.) — Es wird eine Reihe von in 1-Stellung substituierten *1-[2.5-Dimethoxyphenyl]-3-alkylaminobutanolen* (**D**) dargestellt. Friedel-Crafts-Rk. von 2'.5'-Dimethoxycrotonophenon [aus Hydrochinondimethyläther (**I**) u. Crotonylchlorid (**II**)] mit entsprechenden Aminen liefert *2-Alkylamino-2'.5'-dimethoxybutyrophenone*, die mit Grignard-Reagenz zu Verb. vom Typ **D** umgesetzt werden. IR- u. UV-Maxima vgl. Original.

Versuche: *2'.5'-Dimethoxycrotonophenon*, Kp.$_1$ 158—160°, aus **I** u. **II** mit $AlCl_3$; gelbes Öl; 58% (Ausb.). *2.4-Dinitrophenylhydrazon*, $C_{18}H_{18}N_4O_6$, F. 185—186°; rote Nadeln. — 2'.5'-Dimethoxybutyrophenone: *2-Piperidino-* (**II**), aus vorst. Verb. mit Piperidin in Toluol bei 10° (Meth. **A**); 90%. *Pikrat*, $C_{23}H_{28}N_4O_{10}$, F. 149 bis 150°. — *2-Isopropylamino-*, analog **A**; 84%. *Styphnat*, $C_{21}H_{26}N_4O_{10}$, F. 132—133°. — *2-Dimethylamino-*, analog **A**; 73%. *Pikrat*, $C_{20}H_{24}N_4O_{10}$, F. 132—133°. — *2-Diäthylamino-*, analog **A**; 73%. *Pikrat*, $C_{22}H_{28}N_4O_{10}$, F. 96 bis 97°. — *2-Pyrrolidino-*, analog **A**; 80%. *Pikrat*, $C_{22}H_{26}N_4O_{10}$, F. 153—154°. — *2-Morpholino-*, analog **A**; 95%. *Pikrat*, $C_{22}H_{26}N_4O_{11}$, F. 128—129°. — 1-[2'.5'-Dimethoxyphenyl]-butanole-(1) (**D**): *1-Benzyl-3-piperidino-*, $C_{24}H_{34}NO_3$, F. 108—109°, aus **II**, Mg u. Benzylchlorid; aus Ae. Nadeln; 91%. — *1-Äthyl-3-diäthylamino-*, *Hydrochlorid*, $C_{18}H_{32}ClNO_3$, F. 171—172°; 29%. — *1-Äthyl-3-piperidino-*, *Pikrat*, $C_{25}H_{34}N_4O_{10}$, F. 115—116°; 40%. — *1-Butyl-3-diäthylamino-*, $C_{20}H_{35}NO_3$, F. 71—72°; 48%. — *1-Butyl-3-piperidino-*, *Hydrochlorid*, $C_{21}H_{36}Cl \cdot NO_3$, F. 215—219°; 38%. — *1-Phenyl-3-isopropylamino-*, *Hydrochlorid*, $C_{21}H_{30}ClNO_3$, F. 214—215°; 50%. — *1-Phenyl-3-dimethylamino-*, $C_{20}H_{27}NO_3$, F. 103—104°; 31%. — *1-Phenyl-3-diäthylamino-*, $C_{22}H_{31}NO_3$, F. 135 bis 136°; 28%. — *1-Phenyl-3-pyrrolidino-*, *Hydrochlorid*, $C_{22} \cdot H_{30}ClNO_3$, F. 213—214°; 23%. — *1-Phenyl-3-piperidino-*, *Hydrochlorid*, $C_{23}H_{33}ClNO_3$, F. 221—222°; 60%. — *1-Phenyl-3-morpholino-*, *Hydrochlorid*, $C_{22}H_{30}ClNO_4$, F. 215—216°; 56%. — *1-Benzyl-3-isopropylamino-*, $C_{22}H_{31} \cdot NO_3$, F. 110—111°; 80%. — *1-Benzyl-3-dimethylamino-*, $C_{21}H_{29}NO_3$, F. 90—91°; 90%. — *1-Benzyl-3-diäthylamino-*, $C_{23}H_{33}NO_3$, F. 112—113°; 90%. — *1-Benzyl-3-pyrrolidino-*, $C_{23}H_{31}NO_3$, F. 101—102°; 95%. — *1-Cyclohexyl-3-dimethylamino-*, *Hydrochlorid*, $C_{20}H_{34}ClNO_3$, F. 210—211°; 58%. — *1-Cyclohexyl-3-diäthylamino-*, *Hydrochlorid*, $C_{22}H_{38}ClNO_3$, F. 249—250°; 49%. — *1-Cyclohexyl-3-piperidino-*, $C_{23}H_{37}NO_3$, F. 131—132°; 64%. — *1-Cyclohexyl-3-morpholino-*, *Hydrochlorid*, $C_{22}H_{36}ClNO_4$, F. 249—250°; 33%.

K.-P. Hilgetag 1320△

*1255* **Pharmazeutische Wirksamkeit von Drogen.** 1. Mitt. **p-Aminosalicylsäurederivate.** Kiichiro Kakemi, Takaichi Arita, Shikfumi Kitazawa, Mitsuo Kawamura und Hiroshi Takenaka. (Chem. pharmac. Bull. [Tokyo] **15** (1967) 12, 1819—27; Fac. of Pharm. Sci., Kyoto Univ., Yoshida-shimoadachi-cho, Sakyo-ku, Kyoto; engl.) — *p-Aminosalicylsäureester* werden dargestellt u. auf ihre tuberkulostat. Wrkg. untersucht. Ergebnisse der Testung vgl. Original.

Versuche: *p-Aminosalicylsäure* (I). *Methylester*, $C_8H_9NO_3$, F. 121°, durch 15—24std. Erwärmen von I mit Methanol in Ggw. von konz. $H_2SO_3$ auf 90°; aus A. Nadeln; 76% (Ausb.). *Äthylester*, $C_9H_{11}NO_4$, F. 111°; aus A. Nadeln; 80%. *Propylester*, $C_{10}H_{13}NO_3$, F. 103°; aus A. Nadeln; 78,5%. *Butylester*, $C_{11}H_{15}NO_3$, F. 93°; aus A. Nadeln; 70%. *Pentylester*, $C_{12}H_{17}NO_3$, F. 74°; aus Aceton Tafeln; 56%. *Hexylester*, $C_{13}H_{19}NO_3$, F. 67,5°; aus A. hellgelbe Tafeln; 67,5%. *Heptylester*, $C_{14}H_{21}NO_3$, F. 57°; aus A. Tafeln; 46%. *Oktylester*, $C_{15}H_{23}NO_3$, F. 64°; aus A. hellgelbe Nadeln; 43%. *Nonylester*, $C_{16}H_{25}NO_3$, F. 59° (A.); 46%. *Decylester*, $C_{17}H_{27}NO_3$, F. 65,5°; aus Bzl. Tafeln; 26%. *Dodecylester*, $C_{19}H_{31}NO_3$, F. 68°; aus Bzl. Tafeln; 48%. *Tetradecylester*, $C_{21}H_{35}NO_3$, F. 73°; aus Bzl. Tafeln; 40%. *Hexadecylester*, $C_{23}H_{39}NO_3$, F. 86°; aus Bzl. Nadeln; 40,9%. *Oktadecylester*, $C_{25}H_{43}NO_3$, F. 92°; aus Bzl. Tafeln; 41,1%. *2-Hydroxy-äthylester*, $C_9H_{11}NO_4$, F. 134°, durch 1std. Kochen von p-Nitrosalicylsäurechlorid mit Glykol in Ae. u. Red. mit $SnCl_2$ in HCl; aus Aceton/Methanol Nadeln; 30%. *3-Hydroxy-propylester*, $C_{10}H_{12}\cdot NO_4$, F. 83°; aus Aceton/Methanol Nadeln; 42%. *4-Hydroxy-butylester*, $C_{11}H_{15}NO_4$, F. 69°; aus Aceton/Methanol Prismen; 41,5%. *5-Hydroxy-pentylester*, $C_{12}H_{17}\cdot NO_4$, F. 58°; aus Aceton Nadeln; 54,6%. *6-Hydroxy-hexylester*, $C_{13}H_{19}NO_4$, F. 42°; aus Aceton Nadeln; 40%. *7-Hydroxy-heptylester*, $C_{14}H_{21}NO_4$, F. 68°; aus Aceton Prismen; 33%. *8-Hydroxyoktylester*, $C_{15}H_{23}NO_4$, F. 110°; aus verd. Aceton Tafeln; 22,6%. *9-Hydroxy-nonylester*, $C_{16}H_{25}NO_4$, F. 115°; aus verd. Aceton Nadeln; 30%. *10-Hydroxy-decylester*, $C_{17}H_{27}NO_4$, F. 120°; aus verd. Aceton Nadeln; 20%. *Benzylester*, $C_{14}H_{13}NO_3$, F. 99°; aus p-Nitrosalicylsäurechlorid mit Benzylalkohol u. Red. mit $SnCl_2$; aus Ligroin Tafeln; 66,4%. *β-Phenäthylester*, $C_{15}H_{15}NO_3$, F. 71,2°; aus Ligroin Tafeln; 59,3%. *γ-Phenylpropylester*, $C_{16}H_{17}NO_3$, F. 84,5°; aus Ligroin Tafeln; 55,6%.

G. Westphal 1350△

*1256* **Oberflächenaktive Phosphinoxide.** Hill M. Priestley. (J. chem. Engng. Data **12** (1967) 4, 618—19; Lever Brothers Res., Center, Edgewater, N.J.; engl.) — Synth. von tert.-Phosphinoxiden werden beschrieben.

Versuche: Phosphinoxide: *Dimethyldodecyl-*, $C_{14}H_{31}OP$, F. 85° (n-Hexan), aus 135 g $CH_3J$, Mg, u. 60 g Dichlorphenylphosphin (I) u. Rk. des erhaltenen *Dimethylphenylphosphins* [Kp.$_{15}$ 82°; 23,5 g (Ausb.)] mit Dodecylbromid (II) unter $N_2$; 82%. — *Dodecyltetramethylen-*, $C_{16}H_{33}OP$, F. 62° (n-Hexan), durch Rk. von 36 g 1.4-Dibrombutan, 8 g Mg u. 20 g I analog vorst., 2std. Erhitzen des erhaltenen *Phenyltetramethylenphosphins* [Kp.$_{13}$ 125°; 3,4 g] mit II auf 100—120°, Filtrieren, Lösen des erhaltenen *Dodecylphenyltetramethylenphosphoniumbromids* [F. 60°] in W. u. Zugabe von NaOH; 1 g. — *Dodecylpentamethylen-*, $C_{17}H_{35}OP$, F. 78° (n-Hexan) aus 38 g 1.5-Dibrompentan, Mg u. 20 g I u. Rk. des erhaltenen *Pentamethylenphenylphosphins* [Kp.$_{13}$ 140°; 5,24 g] mit II analog vorst.; 4,5 g.

K.-P. Hilgetag 1380△

*1257* **Reaktionen der Arylphosphonigsäurealkylesterchloride mit Acryl- und Methacrylsäure.** A. N. Pudovik, V. K. Chajrullin und M. A. Vasjanina. (Ž. obšč. Chim. **37(99)** (1967) 411—17; Inst. organ. i fiz. chim. im. Arbuzova AN SSSR; russ.) — Bei der Rk. von Acrylsäure (I) u. Methacrylsäure (II) mit Arylphosphonigsäure-sek.-alkylesterchloriden u. -tert.-alkylesterchloriden entstehen bei Anwesenheit einer α-ständigen Trichlormethylgruppe oder zweier α-ständiger Chlormethylgruppen im Alkylteil *[β-Chlorcarbonyläthyl]-* bzw. *[β-Chlorcarbonylpropyl]-arylphosphinsäure-sek.-alkylester* u. *-tert.-alkylester*, bei Abwesenheit der oben genannten Gruppen *2-Oxa-1.3-dioxophospholane*. Der Rk.-Mechanismus wird diskutiert. IR-Spektren sind angegeben.

Versuche: *p-Tolylphosphonigsäure-α-trichlormethylisopropylesterchlorid*, $C_{11}H_{13}Cl_4OP$, Kp.$_{0,15}$ 132 bis 133°, durch Zugabe von α-Trichlormethylisopropanol zu p-Tolyldichlorphosphin u. Py. in abs. Ae. bei < 3° u. 5std. Rühren bei Raumtemp.; D.$_4^{20}$ 1,3408; $n_D^{20}$ 1,5630; 79% (Ausb.). — *Phenylphosphonigsäure-β-chloräthylesterchlorid* (III), $C_8H_9Cl_2OP$, Kp.$_{0,1}$ 122°, analog mit Äthylenchlorhydrin; D.$_4^{20}$ 1,2934; $n_D^{20}$ 1,5670; 53,4%. — *Phenylphosphonigsäure-β.β'-dichlorisopropylesterchlorid* (IV), $C_9\cdot H_{10}Cl_3OP$, Kp.$_{0,12}$ 118—119°, analog mit Epichlorhydrin; D.$_4^{20}$ 1,3442; $n_D^{20}$ 1,5670; 44,4%. — *Phenyl-[β-chlorcarbonyläthyl]-phosphinsäure, β.β'-Dichlorisopropylester* (V), $C_{12}H_{14}Cl_3O_3P$, Kp.$_{0,002}$ 200°, durch Vermischen von I mit IV unter $CO_2$ (exotherme Rk.), mehrtägiges Stehen u. Mol.-Dest.; D.$_4^{20}$ 1,3615; $n_D^{20}$ 1,5475; 26,1%. Analog mit I bzw. II: *1-Trichlormethylcyclopentylester* (VI), $C_{15}\cdot H_{17}Cl_4O_3P$, Kp.$_{0,002}$ 200°; D.$_4^{20}$ 1,3885; $n_D^{20}$ 1,5560; 27,8%. *α-Trichlormethylisopropylester* (VII), $C_{13}H_{15}Cl_4O_3P$, Kp.$_{0,002}$ 187°; D.$_4^{20}$ 1,3850; $n_D^{20}$ 1,5440; 35,2%. — *Phenyl-[β-chlorcarbonylpropyl]-phosphinsäure, 1-Trichlormethylcyclopentylester*, $C_{16}H_{19}Cl_4O_3P$, Kp.$_{0,002}$ 220°; D.$_4^{20}$ 1,3717; $n_D^{20}$ 1,3520; 13,9%. *α-Trichlormethylisopropylester*, $C_{14}H_{17}Cl_4O_3P$, Kp.$_{0,002}$ 205°; D.$_4^{20}$ 1,3622; $n_D^{20}$ 1,5410; 29,5%. — *p-Tolyl-[β-chlorcarbonyläthyl]-phosphinsäure-α-trichlormethylisopropylester*, $C_{14}H_{17}Cl_4O_3P$, Kp.$_{0,0018}$ 218°; D.$_4^{20}$ 1,3604; $n_D^{20}$ 1,5435; 46,7%. — *p-Tolyl-[β-chlorcarbonylpropyl]-phosphinsäure-α-trichlormethylisopropylester*, $C_{15}H_{19}Cl_4O_3P$, Kp.$_{0,001}$ 193°; D.$_4^{20}$ 1,3416; $n_D^{20}$ 1,5410; 14,3%. — *Phenyl-[β-äthoxycarbonyläthyl]-phosphinsäure, α-Trichlormethylisopropylester*, $C_{15}\cdot H_{20}Cl_3O_4P$, Kp.$_{0,001}$ 205°, durch Zugabe von VII zu A. u. Triäthylamin in abs. Bzl. unter Kühlung u. 24std. Stehen; D.$_4^{20}$ 1,3000; $n_D^{20}$ 1,5225; 40%. *β.β'-Dichlorisopropylester*, $C_{14}H_{19}Cl_2O_4P$, Kp.$_{0,001}$ 240°, analog aus V; D.$_4^{20}$ 1,2464; $n_D^{20}$ 1,5170; 27%. — *Phenyl-[β-carboxyäthyl]-phosphinsäure*, $C_9H_{11}O_4P$, F. 155—156°, durch Hydrolyse nachst. Verb.; 90%. — *2-Oxa-1.3-dioxo-1-phenylphospholan*, $C_9H_9O_3P$, Kp.$_{0,003}$ 158—160°, F. 74 bis 75°, a) durch Zugabe von I zu III bei < 60° unter $CO_2$ u. Mol.-Dest.; $n_D^{20}$ 1,5580; 25,2%; b) analog mit I u. Phenylphosphonigsäureäthylesterchlorid; 40,9%; c) analog mit I u. Phenylphosphonigsäure-1-trichlormethylcyclopentylesterchlorid; 82%; d) durch Dest. von VI aus einem Arbuzov-Kolben; a) analog d) mit V; 66,3%; daneben nach a): *1.2-Dichloräthan*; D.$_4^{20}$ 1,2470; $n_D^{20}$ 1,4510; 70% u. nach e): *1.2.3-Trichlorpropan*, Kp. 150—153°; $n_D^{20}$ 1,4790.

H.-J. Graubaum 1380△

*1258* **Reaktion von Trialkylphosphiten mit Benzoylphosphonsäureestern.** A. N. Pudovik, I. V. Gur'janova und S. P. Perevezenceva. (Ž. obšč. Chim. **37/99** (1967) 5, 1090—94; Kazanskij gos. univ.; russ.) — Durch 20—40std. Erhitzen äquimol. Mengen von $XC_6H_4C(O)\cdot P(O)(OR)_2$ mit $P(OR')_3$ auf 125—130° werden folgende Verb. vom Typ **A** erhalten: X = *H*, R = R' = $C_2H_5$,

A

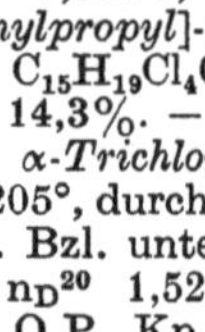

$C_{17}H_{30}O_7P_2$, Kp.$_1$ 168—169°; D.$_4^{20}$ 1,1749, $n_D^{20}$ 1,4870; 30% (Ausb.). Erhitzen mit äthanol. Na-Äthylatlsg. → *Triäthylphosphat*. — X = *H*, R = R' = $C_3H_7$, $C_{22}H_{40}\cdot O_7P_2$, Kp.$_2$ 210—212°; D.$_4^{20}$ 1,1095, $n_D^{20}$ 1,4870; 24%. Erhitzen mit Na-Propylatlsg. → *Tripropylphosphat*. — X = *H*, R = R' = $C_4H_9$, $C_{27}H_{50}O_7P_2$, Kp.$_{0,05}$ 196—197°; D.$_4^{20}$ 1,0734, $n_D^{20}$ 1,4870; 33%. — X = *p-Br*, R = R' = $C_2H_5$, $C_{17}H_{29}BrO_7P_2$, Kp.$_{0,05}$ 149—150°; D.$_4^{20}$ 1,3450, $n_D^{20}$ 1,5090; 25%. — X = *p-Br*, R = $C_2H_5$, R' = $C_3H_7$, $C_{20}H_{35}BrO_7P_2$, Kp.$_{0,035}$ 164—165°; D.$_4^{20}$ 1,2944, $n_D^{20}$ 1,5070; 34%. — X = *p-Br*, R = $C_2H_5$, R' = $C_4H_9$, $C_{23}H_{41}BrO_7P_2$, Kp.$_{0,04}$ 179—180°; D.$_4^{20}$ 1,2675, $n_D^{20}$ 1,5070; 32%. — X = *o-Cl*, R = R' = $C_2H_5$, $C_{17}H_{29}\cdot ClO_7P_2$, Kp.$_{0,04}$ 145—147°; D.$_4^{20}$ 1,2464, $n_D^{20}$ 1,5050; 32%. — X = *o-Cl*, R = $C_2H_5$, R' = $C_3H_7$, $C_{20}H_{35}ClO_7P_2$, Kp.$_{0,04}$ 154—155°; D.$_4^{20}$ 1,1980, $n_D^{20}$ 1,5000; 30,8%. — X = *o-Cl*, R = $C_2H_5$, R' = $C_4H_9$, $C_{23}H_{41}ClO_7P_2$, Kp.$_{0,035}$ 161—163°; D.$_4^{20}$ 1,1522, $n_D^{20}$ 1,4930; 38,4%.

H. Berger 1380△

*1259* **α-Halogensulfone.** 7. Mitt. **Die Ramberg-Bäcklund-Umlagerung von α.α-Dichlormethylsulfonen.** Leo A. Paquette, Lawrence S. Wittenbrook und Vinayak V. Kane. (J. Amer. chem. Soc. **89** (1967) 17, 4487—93; Dep. of Chem., O. State Univ., Columbus, O.;

engl.) — 6. vgl. ibid. **89** (1967), 17, 4483. — Die Ramberg-Bäcklund-Umlagerung verschiedener α.α-Dichlormethylsulfone mit Basen zu *Acetylenen, Vinylchloriden* u. *α.β-ungesätt. Sulfonsäuren* wird beschrieben. Maxima der UV-Spektren u. Signale der NMR-Spektren vgl. Original — 8. vgl. C. **1968**, 55-0353.

Versuche: *Benzyl-[α.α-dichlormethyl]-sulfon* (**I**), $C_8H_8Cl_2O_2S$, F. 104° (Cyclohexan), aus Benzyl-[α-chlormethyl]-sulfid mit $SO_2Cl_2$ u. Ox. mit m-Chlorbenzopersäure; 30% (Ausb.). — *β-Phenäthyl-[α.α-dichlormethyl]-sulfon* (**II**), $C_9H_{10}Cl_2O_2S$, F. 45°, aus nachst. Verb. analog **I**; 48%. — *β-Phenäthyl-[α-chlormethyl]-sulfid*, Kp.$_{0,25}$ 86—88°, aus Phenäthylmercaptan u. Formaldehyd in Ggw. von HCl; 52%. — *[3-Phenylpropyl]-chlormethyl-sulfon*, $C_{10}H_{13}ClO_2S$, F. 75,5—76,5° (Ae./Pentan), durch Ox. nachst. Verb. mit m-Chlorbenzopersäure; 83%. — *Chlormethyl-[3-phenylpropyl]-sulfid*, Kp.$_{0,2}$ 107—109°, aus 3-Phenylpropylmercaptan, Paraformaldehyd u. HCl; 53%. — *α.α-Dichlormethyl-[3-phenylpropyl]-sulfon* (**III**), $C_{10}H_{12}Cl_2O_2S$, F. 46—47° (Ae./Pentan), aus vorst. Verb. durch Chlorierung u. Ox.; 56%. — *n-Hexyl-[α.α-dichlormethyl]-sulfon* (**IV**), $C_7H_{14}Cl_2O_2S$, durch Chlorierung u. Ox. von Chlormethyl-[n-hexyl]-sulfid; 25%. — *Cyclohexyl-[α.α-dichlormethyl]-sulfon* (**V**), $C_7H_{12}Cl_2O_2S$, F. 55 bis 56° (Pentan/Ae.), aus Chlormethyl-cyclohexyl-sulfid; 33%. — *α.α-Dichlormethyl-isopropyl-sulfon* (**VI**, $C_4H_8Cl_2 \cdot O_2S$, durch Chlorierung u. Ox. nachst. Verb.; 27%. — *Chlormethyl-isopropyl-sulfid*, Kp.$_{30}$ 56—58°, aus Isopropylmercaptan, Paraformaldehyd u. HCl; $n_D^{25}$ 1,4783; 50%. — *Phenylacetylen* (**VII**), a) aus **I** mit 2 n NaOH bei 87°; 56%; b) mit 1 n NaOH; 53%; c) mit 0,5 n NaOH; 37%; d) mit 2 n KOH; 61%; e) mit 1,06 m K-tert.-Butylat bei 84°; 76%. — *trans-β-Styrolsulfonsäure-p-toluidinsalz*, $C_{15}H_{17}NO_3S$, F. 210—211° (Zers.; A./Ae.), neben **I** nach a) bis d); 31, 28, 20 bzw. 28%. — *Phenylallen*, aus **II** mit 2 n NaOH bei 87°; 3%. — *Gemisch aus cis- u. trans-1-Chlor-3-phenylpropen-(1)*, neben vorst. Verb.; 17%; daneben *2-[3-Phenylpropen-(1)]-sulfonsäure-Na-Salz*, $C_9H_9NaO_3S$, F. 320° (A.); 17,1%. — *4-Phenylbutin-(1)* (**VIII**), $C_{10}H_{10}$, a) aus **III** analog **VII** nach a); 50%; b) aus **III** analog **VII** nach e); 2,5%. — *1-Chlor-4-phenylbuten-(1)*, $C_{10}H_{11}Cl$, neben **VIII** nach a) u. b); 14 bzw. 0,6%. — *4-Phenylbuten-(1)*, neben **VIII** nach b); 9%. — *2-[4-Phenylbuten-(1)]-sulfonsäure-p-toluidinsalz*, $C_{17}H_{21}NO_3S$, F. 166—167° (W.), neben **VIII** nach a); 18,6%. — *Heptin-(1)*, a) aus **IV** mit 2 n NaOH bei 100°; 39%; b) aus **IV** mit 1,06 m K-tert.-Butylatlsg. bei 84°; 46%. — *Gemisch aus cis- u. trans-1-Chlorhepten-(1)*, $C_7H_{13}Cl$, neben vorst. Verb. nach a); 30%. — *2-Hepten-(1)-sulfonsäure. Na-Salz*, $C_7H_{13}NaO_3S$, F. 340—342° (Zers.; A./Ae.); 20,4%. — *Chlormethylencyclohexan*, Kp. 158 bis 160°, a) aus **V** mit 2 n NaOH bei 87°; $n_D^{25}$ 1,4885; 59,7%; b) aus **V** mit 1,06 m K-tert.-Butylatlsg. bei 84°; 60%. — *1-Chlormethylcyclohexansulfonsäure-p-toluidinsalz*, $C_{14}H_{22}ClNO_3S$, F. 199—201° (W.), neben vorst. Verb. nach a); 19,6%. — *1-Chlor-2-methylpropen*, aus **VI** mit 2 n NaOH bei 100°; 44%. — *2-[2-Methyl-1-chlorpropan]-sulfonsäure-p-toluidinsalz*, $C_{11}H_{18}ClNO_3S$, F. 208—209° (A./Ae.), neben vorst. Verb.; 37%. — *2-Chlorthiiran-1.1-dioxid*, F. 53—54° (Ae./Hexan), aus Chlormethansulfonylchlorid mit Diazomethan in äther. Triäthylaminlsg.; 83%. — *1-Chlor-1.2-dibromäthan*, durch Umsetzen vorst. Verb. mit wss. NaOH u. Einleiten der Gase in $Br_2/CCl_4$; daneben *Gemisch aus cis- u. trans-1.2-Dibromäthylen.* W. Hampel 1410△

*1260* **Dicyclobutylderivate.** 2. Mitt. **Vinyl-Austausch-Reaktionen.** J. D. Park und William C. Frank. (J. org. Chemistry **32** (1967) 5, 1333—36; Dep. of Chem., Univ. of Colo., Boulder, Colo.; engl.) — 1. vgl. ibid. **29**, (1964) 1445. — Die Fluoratome in 2.2'.3.3.3'.3'-Hexafluor-dicyclobuten-(1)-yl (**II**) zeigen sich gegenüber einem nucleophilen Angriff sehr reaktionsfähig. Umsetzungen mit Alkoholaten bei 0—100° liefern *Monoäther* bzw. bei Raumtemp. einen *Diäther*. Dagegen führt die Rk. mit sek.-Aminen nur zu *Monoamin*-Verbindungen. Mit $NaBH_4$ erfolgt Red. der beiden vinyl. Fluoratome.

Versuche: Dicyclobuten-(1)-yle: *2-Methoxy-2'.3.3.3'.3'-pentafluor-*, $C_9H_7F_5O$, aus 1-[2'.3'.3'-Trifluorcyclobuten-(1)-yl]-2-chlor-2.3.3-trifluorcyclobutan (**I**) u. methanol. KOH; 87% (Ausb.). — *2-Morpholino-2'.3.3.3'.3'-pentafluor-*, $C_{12}H_{12}F_5NO$, F. 88,5° (Methanol), aus 25 g **I** u. 38 g Morpholin; 22,4 g. — *2-Piperidino-2'.3.-3.3'.3'-pentafluor-*, $C_{13}H_{14}F_5N$, F. 62—62,5° (Skellysolve F), aus 10 g **I** u. 8,5 g Piperidin; 10 g. — *3.3.3'.3'.-Tetrafluor-*, $C_8H_6F_4$, F. 85—86°, aus 21,4 g **II** u. $NaBH_4$ 16,5 g; daneben *2.3.3.3'.3'-Pentafluordicyclobuten-(1)-yl.* — *2-Piperidino-2'-fluor-3.3'-dioxo-*, $C_{13}H_{14}FNO_2$, F. 125°, aus 2.2'-Difluor-3.3'-dioxodicyclobuten-(1)-yl (**III**) u. Piperidin. — *2.2'-Dipiperidino-3.3'-dioxo-*, $C_{18}H_{24}N_2O_2$, F. 109—110° (Skellysolve C), aus **III** u. Piperidin. — *2'-Morpholino-2.3'.3'-trifluor-3-oxo-*, $C_{12}H_{12}F_3NO_2$, F. 111° (Skellysolve C), aus 1-[2-Chlor-2.3.3-trifluorcyclobutyl]-2-fluor-3-oxocyclobuten-(1) u. Morpholin. — *2'-Piperidino-2.3'.3'-trifluor-3-oxo-*, F. 133° (Skellysolve C), analog vorst. aus Piperidin. — *2-Piperidino-2'-methoxy-3.3'-dioxo-*, aus 2.2'-Dimethoxy-3.3'-dioxodicyclobuten-(1)-yl (**IV**) u. Piperidin. — *2.2'-Dihydroxy-3.3'-dioxo-*, $C_8H_6O_4$, F. 220° (Zers.), aus 10 g **IV** u. $AlCl_3$; 5—7 g.
K.-P. Hilgetag 1810△

*1261* **Dicyclobutylderivate.** 3. Mitt. **Hydrolyse von fluorierten Cyclobutenen.** J. D. Park und William C. Frank. (J. org. Chemistry **32** (1967) 5, 1336—39; engl.) — 2. vgl. vorst. Referat. — Es wird die saure Hydrolyse fluorierter *Cyclobuten-* u. *Dicyclobutyl-Deriv.* untersucht.

Versuche: *1-Diäthylamino-3-oxo-2.4.4-trifluorcyclobuten*, $C_8H_{10}F_3NO$, Kp.$_{0,5}$ 105°, a) aus Perfluorcyclobuten (**I**) u. Diäthylamin u. Rk. des erhaltenen *1-Diäthylaminopentafluorcyclobutens* [Kp.$_{24}$ 66—72°; 88% (Ausb.)] mit konz. $H_2SO_4$; 66%. — *1-Morpholino-3-oxo-2.4.4-trifluorcyclobuten*, F. 85,7—86,4° ($CHCl_3$), aus **I** u. Morpholin. — *2.4-Dioxo-3.3-difluorcyclobutyl-(1)-pyridiniumbetain*, $C_9H_5F_2NO_2$, aus **I** u. Py. in Dioxan. — *1-Vinyl-2-fluorocyclobuten-(1)-on-(3)*, Kp.$_{30}$ 64° aus 1-Vinyl-2.3.3-trifluorcyclobuten u. konz. $H_2SO_4$. — *2-Methoxy-2'.3.3-trifluor-3'-oxodicyclobuten-(1)-yl*, Kp.$_{0,4-0,5}$ 92—96°, aus 39 g 2-Methoxy-2'.3.3.3'.3'-pentafluordicyclobuten-(1)-yl u. konz. $H_2SO_4$; 20 g. — *2.2'-Difluor-3.3'-dioxodicyclobuten-(1)-yl*, $C_8H_4F_2O_2$, F. 96,5 bis 97° (Skellysolve C), aus 2.2'.3.3.3'.3'-Hexafluordicyclobuten-(1)-yl u. konz. $H_2SO_4$. — *1-[2.3.3-Trifluor-2-chlorcyclobutyl]-2-fluor-3-oxocyclobuten*, $C_8H_5ClF_4O$, Kp.$_{0,2}$ 44—46°, aus 1-[2.3.3-Trifluor-2-chlorcyclobutyl]-2.3.3-trifluorcyclobuten u. konz. $H_2SO_4$.
K.-P. Hilgetag 2180△

*1262* **Dicyclobutylderivate.** 4. Mitt. **Bromierung von fluorierten Bicyclobutenylderivaten.** J. D. Park und William C. Frank. (J. org. Chemistry **32** (1967) 5, 1340—42; engl.) — 3. vgl. vorst. Referat. — Es wird die Additions-Rk. von $Br_2$ an verschieden fluorierte *Dicyclobutenylderiv.* untersucht. Dabei liefert 2.2'-Dimethoxy-3.3.3'.3'-tetrafluordicyclobuten-(1)-yl unter 1.4-Addition ein *Dibromid*, das durch Methanolyse u. Rk. mit $H_2SO_4$ in *2.2'-Dioxo-3.3.3'.3'-tetrafluordicyclobutyliden* umgewandelt wird.

Versuche: *2.2'-Dimethoxy-3.3.3'.3'-tetrafluordicylobuten-(1)-yl*, nach Park u. Frank, ibid. **32** (1967) 1336. — *2.2'-Dibrom-2.2'-dimethoxy-3.3.3'.3'-tetrafluordicyclobutyliden*, $C_{10}H_{10}Br_2F_4O_2$, F. 106—107° (Skellysolve C), aus vorst. Verb. u. $Br_2$; 100%. — *2.2.2'.2'-Tetramethoxy-3.3.3'.3'-tetrafluordicyclobutyliden* (**II**), $C_{12} \cdot H_{16}F_4O_4$, F. 122° (Skellysolve C), aus vorst. Verb. u. methanol. KOH; 80%. — *2.2'-Dibrom-2.2'.3.3.3'.3'-hexafluordicyclobutyliden*, $C_8H_4Br_2F_6$, F. 97—98°, aus 21,4 g 2.2'.3.3.3'.3'-Hexafluordicyclobutenyl u. $Br_2$ in $CH_2Cl_2$; 10 g. — *1.1'.2.2'-Tetrabrom-2.2'-dimethoxy-3.3'-dioxodicyclobutyl*, $C_{10}H_{10}Br_4O_4$, F. 145° (Zers.; $CH_2Cl_2$/PAe.), aus 2.2'-Dimethoxy-3.3'-dioxodicyclobutenyl (**I**) u. $Br_2$ (1:2,5) in $CH_2Cl_2$ unter UV-Bestrahlung; 85%. — *2.2'-Dimethoxy-3.3'-dioxo-4.4'-dibromdicyclobuten-(1)-yl*, $C_{10}H_8Br_2O_4$, F. 130° (Zers.), aus vorst. Verb. u. Triäthylamin; 90%. — *1'-[1.2-Dibrom-2-methoxy-3-oxocyclobutyl]-2'-methoxy-3'-oxocyclobuten*, aus **I** u. $Br_2$ (1:1) in $CH_2Cl_2$. — *2.2'-Dioxo-3.3.3'.3'-tetrafluordicyclobutyliden*, $C_8H_4F_4O_2$, F. 157—159°, aus **II** u. konz. $H_2SO_4$; 47%. K.-P. Hilgetag 2180△

*1263* **Ylide und Phosphazine aus Diazocyclopentadienen in flüssigem Triphenylphosphin.** Douglas Lloyd, M. I.

C. Singer, M. Regitz und A. Liedhegener. (Chem. and Ind. **1967**, 8, 324. — Inst. for Organ. Chem., United Coll., Univ. of St. Andrews, St. Andrews, Fife; engl.) — Diazotiertes 1-Amino-cyclopentadien bildet mit fl. Triphenylphosphin (I) entsprechend substituierte Triphenylphosphonium-cyclopentadienylide bzw. Phosphazine. Angaben über UV-Spektren vgl. Original.

Versuche: *1-Triphenylphosphonium-2.3.4.5-tetraphenylcyclopentadienylid*, F. 296—299° (Bzl./Acetonitril), F. 305—306° (DMF), aus 1-Diazo-2.3.4.5-tetraphenylcyclopentadien u. I bei 140—165° unter $N_2$; 80% (Ausb.). *Perchlorat*, F. 256—258° (Methanol oder Acetonitril/Ae.). — *1-Triphenylphosphonium-2.5-diphenylcyclopentadienylid*, F. 234—235° (Butanol), analog vorst. Verb. aus 1-Diazo-2.5-diphenylcyclopentadien; 61%. — *[2.4-Diphenylcyclopentadienyl-(1)]-triphenylphosphazin*, F. 157 bis 158° (Acetonitril), analog vorst. Verb. aus 1-Diazo-2.4-diphenylcyclopentadien bei 100°; 84—87%. — *[2.3.4.5-Tetrachlorcyclopentadienyl-(1)]-triphenylphosphazin*, F. 132—134° (Cyclohexan); 90,5%. G. Westphal 2180△

*1264* **Amine. Derivate von Mono- und Diäthinylarylalkanen.** S. I. Šergina, A. G. Badaškeeva, A. S. Zanina und I. L. Kotljarevskij. (Izvest. Akad. Nauk SSSR, Ser. chim. **1967**, 2, 458—59; Inst. chim. kinetiki i gorenija Sibir. otd. AN SSSR; russ.) — Durch Mannich-Rk. von 4-Äthinyldiphenylmethan (I), 1.2-Bis-[4-äthinylphenyl]-äthan (IV) oder 3.4-Bis-[4-äthinylphenyl]-hexan mit Alkyl (aryl)aminen u. Paraformaldehyd (II) werden die entsprechenden Acetylenamine dargestellt.

Versuche: Diphenylmethane: *4-[3-Piperidinopropin-(1)-yl-(1)]-* (V), $C_{21}H_{23}N$, durch 3std. Erhitzen von I mit Piperidin (III) u. II in Dioxan in Ggw. von CuCl auf 100° u. Zerlegen des erhaltenen Hydrochlorids [$C_{21}H_{24}ClN$, F. 182,5—185° (Bzl./A.); 40% (Ausb.)] mit 10%ig. NaOH. *Pikrat*, $C_{27}H_{26}N_4O_7$, F. 106—107,2° (A.). Daneben *1.4-Bis-[4-benzylphenyl]-butadiin-(1.3)*, F. 109—111°. — *4-[3-Morpholinopropin-(1)-yl-(1)]-*, *Hydrochlorid*, $C_{20}H_{22}ClNO$, F. 188—194° (Bzl./A.); 89%. *Pikrat*, $C_{26}H_{24}N_4O_8$, F. 139—140° (A.). — *4-[3-(Dicyclohexylamino)-propin-(1)-yl-(1)]-*, $C_{28}H_{35}N$, F. 42—43° (A.); 44%. *Hydrochlorid*, F. 196—198°. *Pikrat*, $C_{34}H_{38}N_4O_7$, F. 135—136°. — 1.2-Bis-{4-[3'-aminopropin-(1')-yl-(1')]-phenyl}-äthane: *3'-piperidino-*, $C_{30}H_{36}N_2$, F. 117—118° (A.), durch 1std. Erhitzen von IV mit III u. II in Dioxan auf 100°; 84%. — *3'-morpholino-*, $C_{28}H_{32}N_2O_2$, F. 125—127°; 88%. *Dihydrochlorid*, $C_{28}H_{34}Cl_2N_2O_2$, F. 231—235°. — *3'-dicyclohexylamino-*, $C_{44}H_{60}N_2$, F. 105—107°; 90%. *Dihydrochlorid*, $C_{44}H_{62}Cl_2N_2$, F. 215 bis 217°. — *3'-diäthylamino-*, $C_{28}H_{36}N_2$, F. 60—60,8°; 72,2%. *Dihydrochlorid*, $C_{28}H_{38}Cl_2N_2$, F. 228—230°. — *3'-(β.β'-dihydroxydiäthylamino)-*, $C_{28}H_{36}N_2O_4$, F. 98 bis 99°; 64%. *Dihydrochlorid*, $C_{28}H_{38}Cl_2N_2O_4$, F. 138—141°. — 3.4-Bis-{4-[3'-aminopropin-(1')-yl-(1')]-phenyl}-hexane: *3'-piperidino-*, $C_{34}H_{44}N_2$, F. 162,5 bis 165°; 75%. *Dihydrochlorid*, $C_{34}H_{46}Cl_2N_2$, F. 242° (Zers.). — *3'-morpholino-*, $C_{32}H_{40}N_2O_2$, F. 162,5—164°; 95%. *Dihydrochlorid*, $C_{32}H_{42}Cl_2N_2O_2$, F. 217—221°. — *3'-dicyclohexylamino-*, $C_{48}H_{68}N_2$, F. 127,5—129°, durch 2½std. Erhitzen; 88%. *Dihydrochlorid*, $C_{48}H_{70}Cl_2N_2$, F. 205 bis 207°. — *3'-diäthylamino-*, *Dihydrochlorid*, $C_{32}H_{46}Cl_2N_2$, F. 202—206°, durch 2½std. Erhitzen. — *4-[3-Piperidinopropyl-(1)]-diphenylmethan*, $C_{21}H_{27}N$, durch Hydrierung von V an Ni in A. bei 50°; 88%. H. Dalmer 2510△

*1265* **Photocyclisierung von Dibenzylidenbernsteinsäureanhydrid.** Boris Weinstein und Donald N. Brattesani. (Chem. and Ind. **1967**, 30, 1292—93; Dep. of Chem., Stanford Univ., Calif.; engl.) — Bei der Titelrk. in benzol. Lsg. wurde *1-Phenylnaphthalindicarbonsäure-(2.3)-anhydrid* (I; $C_{18}H_{10}O_3$, F 221 u. 259°) isoliert. Der Bldg.-Weg von I, der wahrscheinlich über die 1.4-Dihydroverb. von I mit nachfolgender Ox. verläuft, wird diskutiert. R. Becker 2700△

*1266* **Fluorenderivate. 24. Mitt. Clemmensen-Reduktion von 3-Bromfluorenon.** Kazuo Suzuki, Minoru Fujimoto, Mitsumasa Murakami und Masahiro Minabe. (Bull. chem. Soc. Japan **40** (1967) 5, 1259—61; Dep. of Ind. Chem., Fac. of Techn., Utsunomiya Univ., Ishii-cho, Utsunomiya; engl.) — 23. vgl. C. **1966**, 21-0939. — Bei der Clemmensen-Red. von 3-Bromfluorenon (I) entsteht ein *Gemisch aus 3-Bromfluorenol, 3-Bromfluoren, 3.3'-Dibrom-9.9'-dihydroxy-9.9'-bifluorenyl, 3.3'-Dibrom-9-hydroxy-9.9'-bifluorenyl, 3.3'-Dibrom-9.9'-bifluorenyl* u. einer unbekannten *Verb. vom F. 225°*. Die prozentuale Ausb. ist von den angewandten Rk.-Bedingungen, besonders von der Rk.-Zeit abhängig. Ausb. vgl. Original.

Versuche: *3.3'-Dibrom-9.9'-dihydroxy-9.9'-bifluorenyl* (III), $C_{26}H_{16}Br_2O_2$, F. 205° (Essigsäureäthylester) durch 15std. Kochen von 10 g I mit Zn in verd. HCl in Ggw. von Toluol u. Stehen über Nacht; 2 g (Ausb.). — *3.3'-Dibrom-9-hydroxy-9.9'-bifluorenyl*, $C_{26}H_{16}Br_2O$, F. 140° (Äthylacetat), neben III; 1 g. — *3-Bromfluorenol*, F. 170—171°, neben vorst. Verb.; 1,6 g. — *3.3'-Dibrom-9.9'-bifluorenyl*, F. 248—250° (Bzl.), neben vorst. Verb.; 1 g. — *3-Bromfluoren*, F. 90—91° (PAe.), neben vorst. Verb.; 1,6 g. — *3.3'-Dibromfluoren-[9-spiro-9']-9'.10'-dihydrophenanthron-(10')* (II), $C_{26}H_{14}Br_2O$, F. 260—261° (Bzl.), durch 1std. Kochen von 1,5 g III in Essigsäure in Ggw. von konz. $H_2SO_4$; 75%; daneben 0,05 g I. — *3.3'-Dibromphenanthro-[9'.10':9.10]-phenanthren*, $C_{26}H_{14}Br_2$, F. 344—345°, durch 24std. Kochen von 2,3 g II mit Zn in verd. HCl/Toluol; 0,15 g. G. Westphal 2750△

*1267* **Photochemische Umwandlung von Carbonylverbindungen kleiner Ringe.** 16. Mitt. **Photochemische Bildung eines substituierten Bicyclo-[1.1.1]-pentans.** Albert Padwa und Edward Alexander. (J. Amer. chem. Soc. **89** (1967) 24, 6376—77; Dep. of Chem. State Univ. of New York at Buffalo, N.Y.; engl.) — 15. vgl. ibid. **89** (1967) 3077. — Durch UV-Bestrahlung von Cyclobutylphenylketon bei 25° entsteht *2-Hydroxy-2-phenylbicyclo-[1.1.1]-pentan* (38% Ausb.), *4-Benzoylbuten-(1)* (24%), *Cyclobutylphenylcarbinol* (8%) u. *1.2-Dicyclobutyl-1.2-diphenylglykol* (10%). Vf. untersuchen die Konformation des Cyclobutylsyst., die Struktur der genannten Verb. werden durch UV-, IR-, NMR- u. Massenspektren (Angaben vgl. Orig.) sowie Pyrolyseverhalten gekennzeichnet. — 17. vgl. C. **1968, 62-0300.** G. Westphal 2950△

*1268* **Diels-Alder-Reaktionen von Isocyanatgruppierungen enthaltenden Dienophilen.** Robert J. Knopf und Thomas K. Brotherton. (J. chem. Engng. Data **12** (1967) 3, 421—25; Union Carbide Corp., Chemicals and Plastics, Res. and Develop. Dep., South Charleston, W.Va.; engl.) — Vgl. Recueil Trav. chim. Pays-Bas **76** (1957) 999. — Aliphat. ungesätt. Mono- u. Diisocyanate reagieren unter Erhalt der Isocyanatfunktion im Sinne der Diels-Alder-Reaktion. Eine Polymerisation der Isocyanate erfolgt bei längerer Rk.-Dauer u. höherer Rk.-Temperatur. Angaben über IR-Spektren vgl. Original.

Versuche: *2.3-Di-[β-isocyanatoäthoxycarbonyl]-bicyclo-[2.2.1]-hepten-(5)* (VI), $Kp._{0,08-0,15}$ 146—151°, aus Cyclopentadien u. Fumarsäuredi-[β-isocyanatoäthylester] (I) in Toluol bei 170°; $n_D^{30}$ 1,4950; 78,7% (Ausb.). *2.3-Di-[N'-phenylureido]-deriv.*, F. 169,5—170°, aus der Stammverb. u. Anilin. — *trans-1.2-Di-[β-isocyanatoäthoxycarbonyl]-cyclohexen-(4)* (VII), $Kp._{0,12}$ 146—151°, analog vorst. Verb. aus I u. Butadien-(1.3) bei 150°; $n_D^{30}$ 1,4864; 72%. *2.3-Di-[N'-n-butylureido]-deriv.*, F. 99—100° (A.), aus der Stammverb. u. n-Butylamin (II). — *11.12-Di-[β-isocyanatoäthoxycarbonyl]-trans-9.10-äthylen-9.10-dihydroanthracen*, F. 101,5—103° (Bzl./Heptan), analog vorst. Verb. aus I u. Anthracen in Dioxan/Methylenchlorid bei 105°; 10%. *11.12-Di-[N'-n-butylureido]-deriv.*, F. 161—162° (A.), aus der Stammverb. u. II. — *1.2-Di-[β-isocyanatoäthoxycarbonyl]-4-chlorcyclohexen-(4)*, $Kp._{0,15}$ 178 bis 179°, analog vorst. Verb. aus I u. 2-Chlorbutadien-(1.3) in Xylol bei 150°; $n_D^{30}$ 1,5000; 69,3%. *1.2-Di-[N'-n-butylureido]-deriv.*, F. 116—117°. — *1.2-Di-[β-isocyanatoäthoxycarbonyl]-4-methylcyclohexen-(4)*, $Kp._{0,08}$ 150—151°, analog vorst. Verb. aus I u. Isopropen (III) in Xylol bei 150°; $n_D^{30}$ 1,4856; 75,2%. *1.2-Di-[N'-n-butylureido]-deriv.*, F. 101—103°, aus der Stammverb. u. II. — *1.2-Di-[β-isocyanatoäthoxycarbonyl]-4.5-dimethylcyclohexen-(4)*, $Kp._{0,07}$ 160—161°, analog vorst. Verb. aus I u. 2.3-Dimethylbutadien-(1.3) in Xylol bei 145°; 80,8%. *1.2-Di-[N'-n-butylureido]-deriv.*, F. 132°, aus der Stammverb. u. II. — *1.2-Di-[α-methyl-β-isocyanatoäthoxycarbonyl]-4-*

*methylcyclohexen-(4)*, Kp.$_{0,03}$ 155—160°, aus **III** u. Fumarsäuredi-[α-methyl-β-isocyanatoäthylester] (**IV**) in Toluol bei 150°; $n_D^{30}$ 1,4760. — *1.4.5.6.7.7-Hexachlor-2.3-di-[α-methyl-β-isocyanatoäthoxycarbonyl]-bicyclo-[2.2.1]-hepten-(5)*, Kp.$_{0,04}$ 175°, analog vorst. Verb. aus **IV** u. Hexachlorcyclopentadien (**V**) bei 180°; $n_D^{30}$ 1,5308; 28,6%. — *1.4.5.6.7.7-Hexachlor-2.3-di-[β-isocyanatoäthoxycarbonyl]-bicyclo-[2.2.1]-hepten-(5)*, Kp.$_{0,06-0,12}$ 178 bis 203°, analog vorst. Verb. aus **I** u. **V** bei 170°; $n_D^{30}$ 1,5329; 25,3%. *2.3-Di-[N'-n-butylureido]-deriv.*, F. 154 bis 155°, aus der Stammverb. u. **II**. — *1.4.5.6-Tetrachlor-7.7-dimethoxy-2.3-di-[β-isocyanatoäthoxycarbonyl]-bicyclo-[2.2.1]-hepten-(5)*, Kp.$_{0,07}$ 205°, analog vorst. Verb. aus **I** u. 1.2.4.5-Tetrachlor-3.3-dimethoxycyclopentadien-1.4 (**IX**) bei 200°; $n_D^{30}$ 1,5240; 64,4%. *2.3-Di-[N'-phenylureido]-deriv.*, F. 164—165°, aus der Stammverb. u. Anilin. — *2.3-Di-[β-isocyanatoäthoxycarbonyl]-5.6.7.8-tetrachlor-1.4-methylen-5.8-dichlormethylen-1.2.3.4.4a.5.8.8a-oktahydronaphthalin*, Kp.$_{0,06}$ 230°, analog vorst. Verb. aus **V** u. **VI** bei 160°; 47,2%. — *2.3-Di-[β-isocyanatoäthoxycarbonyl]-5.6.7.8-tetrachlor-5.8-dichlormethylen-1.2.3.4.4a.5.8.8a-oktahydronaphthalin*, Kp.$_{0,10}$ 230°, analog vorst. Verb. aus **V** u. **VII** bei 150°; $n_D^{30}$ 1,5429; 51,8%. — *1.4.5.6.7.7-Hexachlor-3-[8-isocyanatooktyl-(1)]-bicyclo-[2.2.1]-hepten-(5)*, Kp.$_{0,05-0,1}$ 161—171°, analog vorst. Verb. aus **V** u. Decen-(9)-yl-isocyanat (**VIII**) bei 155°; $n_D^{30}$ 1,5230; 72,3%. — *1.4.5.6-Tetrachlor-7.7-dimethoxy-3-[8-isocyanatooktyl-(1)]-bicyclo-[2.2.1]-hepten-(5)*, Kp.$_{0,05}$ 161 bis 166°, analog vorst. Verb. aus **VIII** u. **IX** bei 155°; $n_D^{30}$ 1,5075; 64,2%. — *3-Isocyanatomethyl-5.6.7.8-tetrachlor-1.4-methylen-5.8-dichlormethylen-1.2.3.4.4a.5.8.8a-oktahydronaphthalin*, F. 123—125° (Essigsäureäthylester), analog vorst. Verb. aus **V** u. 3-Isocyanatomethylbicyclo-[2.2.1]-hepten-(5) (**X**) bei 145°; 46,9%. — *3-Isocyanatomethyl-5.6.7.8-tetrachlor-1.4-methylen-5.8-dimethoxymethylen-1.2.3.4.4a.5.8.8a-oktahydronaphthalin*, Kp.$_{0,03}$ < 195°, F. 88—96°, analog vorst. Verb. aus **IX** u. **X** in o-Dichlorbenzol bei 145°; $n_D^{30}$ 1,5441; 60,4%. — *2.3-Di-[β-isocyanatoäthoxycarbonyl]-4-methoxycarbonyl-1.2.3.4-tetrahydrotoluol*, Kp.$_{0,35}$ 202°; analog vorst. Verb. aus **I** u. Hexadien-2.4-säuremethylester bei 150°; $n_D^{30}$ 1,4914; 66,4%.

G. Westphal 2950△

*1269* **Ungesättigte heterocyclische Systeme.** 30. Mitt. **Mechanistische Aspekte der anomalen Hydridreduktion von Cyclobutenepoxiden.** Leo A. Paquette, A. A. Youssef und Mary Lee Wise. (J. Amer. chem. Soc. **89** (1967) 20, 5246—50; Dep. of Chem., Ohio State Univ., Columbus, O.; engl.) — 29. vgl. J. org. Chemistry **32** (1967) 2725. — Die Red. von exo-Bicyclo-[3.2.0]-hepten-(6)-oxid u. von exo-2-Oxabicyclo-[3.2.0]-hepten-(6)-oxid (**III**) mit $LiAlH_4$ liefert unter Ringspaltung *Cyclobutanole*. Die Strukturen der Verb. werden durch Vgl. mit authent. Präparaten u. chem. Umwandlungen bewiesen. Bei der Einw. von $LiAlH_4$ auf die Rk.-Prod. 6-Hydroxybicyclo-[3.2.0]-heptan u. 2-Oxa-7-hydroxybicyclo-[3.2.0]-heptan (**I**) findet keine weitere Veränderung statt. Der Rk.-Mechanismus wird geklärt. Signale der NMR-Spektren vgl. Original. — **31. vgl. C. 1968, 54-0474.**

Versuche: *exo-Bicyclo-[3.2.0]-hepten-(6)-oxid*, $C_7H_{10}O$, Kp.$_{73}$ 84—85°, aus Bicyclo-[3.2.0]-hepten-(2) mit m-Chlorbenzopersäure; $n_D^{24}$ 1,4673; 70% (Ausb.). — *6-Hydroxybicyclo-[3.2.0]-heptan*, Kp.$_{2,8}$ 64°, aus 2,8 g vorst. Verb. mit $LiAlH_4$ in THF; $n_D^{24}$ 1,4734; 0,92 g; daneben wenig *cis-2-Methylcyclopentylmethanol*. *3.5-Dinitrobenzoylderiv.*, F. 68—69° (Hexan). — *exo-2-Oxabicyclo-[3.2.0]-hepten-(6)-oxid* (**III**), $C_6H_8O_2$, Kp.$_{55}$ 90 bis 92°, aus exo-2-Oxabicyclo-[3.2.0]-hepten-(6) mit m-Chlorbenzopersäure; 77%. — *cis-2-Hydroxymethyl-3-methyltetrahydrofuran*, Kp.$_{0,7}$ 55—58°, a) durch Hydrierung von **II** unter Druck; 48,4%; b) durch Red. von **III** mit $LiAlH_4$ u. Aufarbeiten mit $H_2O$. *3.5-Dinitrobenzoylderiv.*, $C_{13}H_{14}N_2O_7$, F. 69—70° (PAe.). *p-Nitrobenzoylderiv.*, $C_{13}H_{15}NO_5$, F. 114—116° (Pentan/Bzl.). — *2-Oxa-7-hydroxybicyclo-[3.2.0]-heptan* (**I**), Kp.$_{0,75}$ 79—81°, a) neben vorst. Verb. nach b); b) analog a) durch Aufarbeiten mit $D_2O$; c) durch Hydroborierung von 2-Oxabicyclo-[3.2.0]-hepten-(6). *3.5-Dinitrobenzoylderiv.*, $C_{13}H_{12}N_2O_7$, F. 119—120° (PAe./Bzl.). — *2-Hydroxymethyl-3-monodeuteriomethyl-tetrahydrofuran*, $C_6H_{11}DO_2$, neben **I** nach b). — *2-[Hydroxymonodeuteriomethyl]-3-monodeuteriomethyltetrahyrdofuran*, durch Red. von **III** mit $LiAlD_4$; daneben *2-Oxa-6-deuterio-7-hydroxybicyclo-[3.2.0]-heptan*. — *2-Hydroxymethyl-3-methyltetrahydrofuran* (**II**), Kp.$_{0,3}$ 44—46°, durch Red. von 3-Methylfuran-2-carbonsäuremethylester mit $LiAlH_4$; $n_D^{20}$ 1,4881; 90%. — *cis-3-Hydroxymethyl-2-methyltetrahydrofuran*, durch Hydrieren von 2-Methyl-3-hydroxymethylfuran. *3.5-Dinitrobenzoylderiv.*, F. 53—55° (Hexan/Ae.). — *2-Oxa-7-oxobicyclo-[3.2.0]-heptan*, durch Ox. von **I** mit $K_2Cr_2O_7$ in konz. $H_2SO_4$ bei Raumtemp.; Öl. *Semicarbazon*, $C_7H_{11}N_3O_2$, F. 177—179° (A.).

W. Hampel 2950△

*1270* **Vielgliedrige Kohlenstoffringe.** 25. Mitt. **Derivate des 3.3.8.8-Tetramethyl-[10]-paracyclophans.** A. T. Blomquist und Brandes H. Smith. (J. org. Chemistry **32** (1967) 5, 1684—88; Baker Labor. of Chem., Cornell Univ., Ithaca, N.Y.; engl.) — Es werden dargestellt: 3.3.8.8-Tetramethyl-[10]-paracyclophane: *5-Oxo-6-hydroxy-* (**II**), aus p-Phenylen-bis-[β.β-dimethyl-δ-valeriansäure-dimethylester] durch Acyloinkondens.; 35 bis 38% (Ausb.). — *5-Oxo-* (**I**), $C_{20}H_{30}O$, F. 135—136°, a) aus vorst. Verb. u. Zn-Staub; 61%; b) aus vorst. Verb., Zn-Staub u. Cu-Acetat; 28%. *2.4-Dinitrophenylhydrazon*, $C_{26}H_{34}N_4O_4$, F. 219,5—220° (A./Essigester). *Azin*, $C_{40}H_{60}N_2$, F. 245—248° (Essigester). — *5-Hydroxy-*, $C_{20}H_{32}O$, F. 153—153,5° (PAe.), aus **I** u. $LiAlH_4$; 51%. — *5.6-Dioxo-* (**III**), $C_{20}H_{28}O_2$, F. 135,8—136,5° (A./W.), aus **II** u. $Bi_2O_3$; 98,6%. — *5.6-Dioxo-12-brom-*, $C_{20}H_{27}BrO_2$, F. 166,5—167,5° (A./W.), aus **III** u. $J_2$ in $CCl_4$ u. Rk. mit $Br_2$; 69%. — *5.6-Dioxo-12-chlor-*, $C_{20}H_{27}ClO_2$, F. 166 bis 167° (A./W.), aus 0,6 g **III** u. Joddichlorbenzol; 0,59 g. — *5-Oxo-12(13)-brom-*, $C_{20}H_{29}BrO$, F. 168—169° (A./W.), aus **I** analog vorvorst.; 84%. — *5-Oxo-12(13)-aminosulfonyl-*, $C_{20}H_{31}NO_3S$, F. 174,5—175,5° (PAe.), aus **I** u. Chlorsulfonsäure mit $NH_4OH$. — *Terephthalsäure*, aus **I** u. $Na_2Cr_2O_7$/wss. $H_2SO_4$. — *6.7.8.9.14.15.16.17-Octahydro-7.7.16.16-tetramethyl-10.13-äthenocyclotetradeca-[b]-chinoxalin-2-carbonsäure* (**IV**), $C_{27}H_{32}N_2O_2$, F. 246—248° (A./W.), aus **III** u. 3.4-Diaminobenzoesäure; 49%. *Brom-Deriv.*, $C_{27}H_{31}BrN_2O_2$, F. 193—202° (Zers., A./W.), aus **IV** u. $J_2$ in $CHCl_3$ u. Rk. mit $Br_2$. *Chlor-Deriv.*, $C_{27}H_{31}ClN_2O_2$, F. 172—175° (A./W.), aus **IV** u. Joddichlorbenzol; 66%. — **23. vgl. C. 1968, 20006.**

K.-P. Hilgetag 2950△

*1271* **Mittelgroße Cyclophane.** 3. Mitt. **Nitrierung von [2.2]-Metacyclophan mit Benzoylnitrat.** Meiko Fukimoto, Takeo Sato und Kazuo Hata. (Bull. chem. Soc. Japan **40** (1967) 3, 600—05; Dep. of Chem., Fac. of Sci., Tokyo Metropolitan Univ., Setagaya-ku, Tokyo; engl.) — 2. vgl. ibid. **39** (1966) 856. — Bei der Nitrierung von [2.2]-Metacyclophan mit verd. $HNO_3$ entsteht ausschließlich *2-Nitro-4.5.9.10-tetrahydropyren* (**I**), bei der Verw. von Benzoylnitrat neben **I** auch *4.5.9.10-Tetrahydropyren* (**II**), *4.5-Dihydropyren* u. *Pyren*. Bei beiden Rk. tritt **II** als erstes Prod. auf.

R. Becker 2950△

*1272* **Cyclische Sulfonium-Ylide.** 1. Mitt. **Reaktion von 2-Methyl-1.3-dihydroisothianaphthenyliumjodid mit Phenyllithium.** Joseph Bornstein, Joan E. Shields und Jerome H. Supple. (J. org. Chemistry **32** (1967) 5, 1499—1504; Dep. of Chem., Boston Coll., Chestnut Hill, Mass.; engl.) — Umsetzung von 2-Methyl-1.3-dihydroisothianaphthenyliumjodid (**I**) mit Phenyllithium führt nicht zum erwarteten Isonaphthen, sondern zur Bldg. von *Methylphenylsulfid*, *Spiro-[5.5]-1-methylmercapto-2.3-benz-6-methylmercaptomethylenundecadien-(7.9)* (**II**) u. *3.4-Bis-[methylmercapto]-1.2;5.6-dibenz-Δ$^{1.5}$-cyclooctadien* (**III**).

Versuche: *Spiro-[5.5]-1-methylmercapto-2.3-benz-6-methylmercaptomethylenundecadien-(7.9)* (**II**), $C_{18}H_{20}S_2$, F. 106,5—107,4° (Zers.; Ligroin), aus **I** u. Phenyllithium; 16% (Ausb.); daneben 35% *Methylphenylsulfid* [Kp.$_{22}$ 76—77°. *Sulfon*, F. 86—87°] u. 2,1% *3.4-Bis-[methylmercapto]-1.2;5.6-dibenz-Δ$^{1.5}$-cyclooctadien* [**III**; $C_{18}H_{20}S_2$, F. 123,5—124° (Methanol); auch aus **II** bei 150° unter $N_2$; 15%; daneben 55% *isomere Verb.* **IV**; $C_{18}H_{20}S_2$, F. 102 bis 103° (Methanol)]. *N-Phenylmaleinimid-Addukt*, $C_{28}H_{27}NO_2S_2$, F. 212—213° (Zers.; A./Essigester), aus **II** u. N-Phenylmaleinimid in THF; 15%. — *1.2;5.6-Dibenz-Δ$^{1.5}$-cyclooctadien*, F. 109—110°, a) analog aus **III** mit Raney-Ni. in abs. A.; 69%; b) analog aus 3.7-Bis-[methylmercapto]-1.2;5.6-dibenz-Δ$^{1.5}$-octadien; 69%;

c) analog aus **IV**; 41%. — *3-Methylmercapto-1.2;5.6-dibenz-Δ^1.3.5-cyclooctatrien*, $C_{17}H_{16}S$, F. 73,2—74° (Methanol), a) aus **III** u. äthanol. KOH; 71%; b) analog aus **IV**; 71%. — *1.2;5.6-Dibenz-Δ^1.5-cyclooctadienon-(3)*, F. 95—95,5° (Ligroin), aus vorst. Verb. u. verd. $H_2SO_4$; 46%. *2.4-Dinitrophenylhydrazon*, F. 203—205°. — *3.7-Bis-[methylmercapto]-1.2;5.6-dibenz-Δ^1.5-cyclooctadien*, $C_{18}H_{20}S_2$, F. 94,5—95° (Methanol), aus Na-Methylmercaptid u. 3.7-Dibrom-1.2;5.6-dibenz-Δ^1.5-cyclooctadien in A.; 50%. — *1.2-Di-o-tolyläthan*, F. 64—66°, a) aus **II** u. Na in Ae./fl. $NH_3$ bei —78°; 69%; b) analog aus Spirodi-o-xylylen (**V**); 53%. — *Spiro-[5.5]-2.3-benz-6-methylundecan*, $C_{16}H_{22}$, Kp.₁ 85°, a) aus **II** u. Raney-Ni in abs. A.; 87%; b) analog aus 0,5 g **V**; 74 mg.

K.-P. Hilgetag 2950△

## C-3. Heterocyclische Verbindungen

*1273* **Photochemische Alkoholyse von Oxiranen.** Katsumi Tokumaru. (Bull. chem. Soc. Japan **40** (1967) 1, 242; Dep. of Chem., Faculty of Sci., Univ. of Tokyo, Hongo, Tokyo; engl.) — Vgl. Chem. Commun. **1966**, 415. — In alkohol. Lsg. lagern Oxirane bei UV-Bestrahlung (Hg-Lampe, 10 W) unter Ringspaltung 1 Mol des entsprechenden Alkohols an. Die dabei entstandenen Äther werden durch Gaschromatographie u. IR-Spektren gekennzeichnet.

Versuche: *2-Äthoxy-2-phenyläthanol*, $C_{10}H_{14}O_2$, $Kp._1$ 86—90°, aus 4,4 g Styroloxid in A. durch Bestrahlung unter $N_2$; 2,9 g. (Ausb.). — *2-Methoxy-2-phenyläthanol*, analog in Methanol; 76%. — *trans-2-Äthoxycyclohexanol*, aus Cyclohexenoxid in Methanol; 50%.

G. Westphal 3030△

*1274* **Enolester.** 6. Mitt. **Hexadecylketenlacton-Dimeres und Di- und Tristearoylhydroxamsäuren.** Edward S. Rothman. (J. org. Chemistry **32** (1967) 5, 1683—84; Eastern Reg. Res. Labor., Philadelphia, Pa.; engl.) — Es werden dargestellt: *3-Hexadecyl-4-heptadecanylidenoxetanon-(2)*, $C_{36}H_{68}O_2$, F. 64° (Methanol), aus Stearoylchlorid u. Triäthylamin; 91% (Ausb.). — *17-Methoxycarbonylstearon*, $C_{37}H_{72}O_3$, F. 63°, aus vorst. Verb. u. Methanol. — *Stearon*, a) aus 60 mg vorvorst. Verb. in sd. Methanol in Ggw. von KOH; 45 mg; b) aus vorvorst. Verb. durch Chromatographieren an Florisil u. Eluieren mit $CH_2Cl_2$. — *[Distearoyl]-heptadecylhydroxamsäure*, $C_{54}H_{105}NO_4$, F. 66° (Pentan), aus Stearoylchlorid, Hydroxylamin-Hydrochlorid u. abs. Py.; daneben *Stearoylheptadecylhydroxamsäure*, $C_{36}H_{71}NO_3$, F. 107—108°. — 3. vgl. C **1969**, 4-1294.

K.-P. Hilgetag 3040△

*1275* **Photochemische Chlorierung dimerer Trichlorphosphazoalkyle und ihre Fluorierung mit Metallfluoriden.** B. S. Drač und I. N. Žmurova. (Ž. obsc. Chim. **37/99** (1967) 4, 892—95; Inst. org. chim. AN Ukr. SSR; russ.) — Einw. der entsprechenden Menge $Cl_2$ auf **A** (R = $CH_3$, X = Cl) führt zu **A** (R = *$ClCH_2$*, X = *Cl*). **A** (R = Alkyl, X = Cl) werden mit $SbF_3$, $PbF_2$ bzw. $AsF_3$ zu **A** (R = *Alkyl*, X = *F*) fluoriert.

A 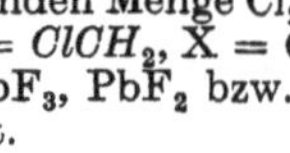

Versuche: *N-Perchloräthylimidophosphorsäuretrichlorid*, $C_2Cl_8NP$, $Kp._1$ 95—96°, F. 21,5°, durch Chlorieren von **A** (R = $C_2H_5$, X = Cl) in $CCl_4$ bei Bestrahlung mit einer Hg-Lampe 2—3 Std. bei Raumtemp. u. 2 bis 3 Std. unter Kochen, Eindampfen, Dest. bei 2—3 Torr (86—108°), Lösen in $CCl_4$, 3std. Chlorieren unter Kochen u. Eindampfen; 75% (Ausb.). — Verb. vom Typ **A**: R = *$ClCH_2$*, X = *Cl*, $C_2H_4Cl_8N_2P_2$, F. 134—135° ($CCl_4$), durch 1½std. Bestrahlen eines Gemisches von 0,03 Mol **A** (R = $CH_3$, X = Cl) u. 0,066 Mol $Cl_2$ in $CCl_4$ in einem Quarzreaktor unter Eiskühlung mit einer Hg-Lampe u. Einengen; 80—85%. — R = *$CH_3$*, X = *F*, $Kp._4$ 89 bis 90°, a) durch Zugabe von $SbF_3$ zu **A** (R = $CH_3$, X = Cl) unter Auffangen eines Dest. (bis 200°), 2std. Kochen des Dest. mit $SbF_3$, Dest. u. mehrstd. Kochen mit S; $D._4^{20}$ 1,5554, $n_D^{20}$ 1,3388; 75%; b) durch Erwärmen von **A** (R = $CH_3$, X = Cl) mit $PbF_2$, Dest. bei 95—160° u. wiederholtes 10std. Kochen mit $PbF_2$ u. Dest.; 50%. — Analog nach a): R = *$C_2H_5$*, X = *F*, $C_4H_{10}F_6N_2P_2$, Kp. 123—124°; $D._4^{20}$ 1,4030, $n_D^{20}$ 1,3551; 72%. — R = *$C_3H_7$*, X = *F*, $C_6H_{14}F_6N_2P_2$, Kp. 162—163°; $D._4^{20}$ 1,3312, $n_D^{20}$ 1,3750; 65%. — R = *$C_4H_9$*, X = *F*, $C_8H_{18}F_6N_2P_2$, $Kp._{12}$ 81—82°, durch Zugabe von $AsF_3$ zu **A** (R = $C_4H_9$, X = Cl), 1std. Kochen u. Dest.; $D._4^{20}$ 1,2580, $n_D^{20}$ 1,3854; 65%. — R = *iso-$C_4H_9$*, X = *F*, $C_8H_{18}F_6N_2P_2$, $Kp._{12}$ 71 bis 73°, Kp. 186—188°, analog; 70%. — R = *iso-$C_4H_9$*, X = *Cl*, $C_8H_{18}Cl_6N_2P_2$, F. 101—104° (PAe.), durch 4std. Kochen von Isobutylaminhydrochlorid mit $PCl_5$ u. Bzl.; 40%.

H. Berger 3040△

*1276* **Altenin.** 3. Mitt. **Synthese des Altenins.** Noboru Sugiyama, Chiji Kashima, Makoto Yamamoto und Ryotaro Mohri. (Bull. chem. Soc. Japan **40** (1967) 2, 345—46; Fac. of Education, Tottori Univ., Koyamacho, Tottori; engl.) — 2. vgl. ibid. **39** (1966) 11, 2470. — Altenin besitzt die Struktur des 4-Oxo-5-hydroxy-5-[1-hydroxyäthyl]-tetrahydrofurancarbonsäureäthylesters; Vf. beschreiben die Synth. u. das IR-Spektrum (Angaben vgl. Orig.).

Versuche: *2-Hydroxy-4.6-dioxo-5-acetoxyheptansäureäthylester*, $C_{11}H_{16}O_7$, $Kp._{20}$ 42—47°, aus 17 g 3-Acetoxy-2.4-dioxopentan in Ae. u. K in fl. $NH_3$ in Ggw. von $FeCl_3$ bei —78°, Versetzen mit Glyoxylsäureäthylester in Ae., $NH_4Cl$ u. HCl; 2 g (Ausb.). — *4-Oxo-5-hydroxy-5-[1-hydroxyäthyl]-tetrahydrofurancarbonsäureäthylester*, $C_9H_{14}O_6$, aus 1 g vorst. Verb. u. äthanol. HCl bei 45° unter $N_2$; 200 mg.

G. Westphal 3061△

*1277* **ortho-Metallierung von ringsubstituierten Benzyldimethylaminen durch n-Butyllithium und Kondensationen mit Benzophenon. Nucleophiler Mechanismus. Cyclisierungen zu Phthalanen.** Karl P. Klein und Charles R. Hauser. (J. org. Chemistry **32** (1967) 5, 1479—83; Dep. of Chem., Duke Univ., Durham, N.C.; engl.) — Verschiedene 2-, 3- u. 4-substituierte bzw. 3.5-disubstituierte Benzyldimethylamine werden mit n-Butyllithium in *Li-Verb.* übergeführt, die mit Benzophenon zu den entsprechenden *Carbinolaminen* (**I**) kondensiert werden, wobei die 3-substituierten Benzyldimethylamine jeweils nur eins der zwei möglichen Isomeren ergeben. Eine Reihe der Verb. vom Typ **I** werden über ihre *Methojodide* zu substituierten *Phthalanen* cyclisiert. NMR-Daten sowie IR-Max. vgl. Original.

Versuche: *2-Nitro-m-kresol*, $Kp._{10}$ 102—105°, aus Kresol, 20%ig. rauchender $H_2SO_4$ u. $NHO_3$; 40% (Ausb.). — *2-Nitro-3-methylanisol*, F. 47—48°, aus vorst. Verb. u. Dimethylsulfat in NaOH; 90%. — *2-Amino-3-methylanisol*, $Kp._{15}$ 114—116°, aus vorst. Verb. u. Fe in Eisessig; 62%. — *2-Brom-3-methylanisol*, F. 33—36°, durch Sandmeyer-Rk. vorst. Verb. in Ggw. von $H_2SO_4$; 85%. — *2-Brom-3-methoxybenzyldimethylamin* (**II**), $C_{10}H_{14}BrNO$, $Kp._{2,1}$ 112—114° durch Wohl-Ziegler-Rk. vorst. Verb. u. Rk. des erhaltenen *α-2-Dibrom-3-methoxytoluols* (62%) mit Dimethylamin; 55%. — Triphenylcarbinole, aus dem entsprechenden Benzyldimethylamin u. n-Butyllithium in Ae. bei 25—30° u. Rk. des erhaltenen *Lithiumamins* mit Benzophenon in Ae. (Meth. **A**): *2-[Dimethylaminomethyl]-*, F. 152—154° (Hexan); 75%. — *2-[Dimethylaminomethyl]-3-chlor-*, $C_{22}H_{22}ClNO$, F. 151—152° (Hexan); 81%. — *2-[Dimethylaminomethyl]-3-fluor-*, $C_{22}H_{22}FNO$, F. 164—165° (Hexan); 33%. — *2-[Dimethylaminomethyl]-3-[2.2-diphenylvinyl]-*, $C_{36}H_{33}NO$, F. 188—188,5° (A.); 32%. — *2-[Dimethylaminomethyl]-5-methyl-*, $C_{23}H_{25}NO$, F. 165,5—166° (Hexan); 88%. — *2-[Dimethylaminomethyl]-5-methoxy-*, $C_{23}H_{25}NO_2$, F. 129—129,5° (Hexan); 70%. — *2-[Dimethylaminomethyl]-5-chlor-*, $C_{22}H_{22}ClNO$, F. 157,5—158,5° (Hexan); 82%. — *2.4-Dimethyl-6-[dimethylaminomethyl]-*, $C_{24}H_{27}NO$, F. 121—121,5° (Hexan); 52%. — *2-[Dimethylaminomethyl]-6-methoxy-*, aus **II**, n-Butyllithium u. Benzophenon; 80%. — *2-[Dimethylaminomethyl]-4-methoxy-*, $C_{23}H_{25}NO_2$, F. 118—119° (Hexan), aus 2-Methyl-4-methoxyanilin analog Sandmeyer, Rk. des erhaltenen *2-Methyl-4-methoxybrombenzols* [$Kp._{11}$ 106—109°; 64%] analog Wohl-Ziegler, Umsetzung des synthetisierten *2-Brom-5-methoxybenzylbromids* (65%) mit Dimethylamin u. Rk. des erhaltenen *2-Brom-5-methoxybenzyldimethylamins* [$C_{10}H_{14}BrNO$, $Kp._{1,8}$ 116—119°; 90%]

analog **A**; 47%. — 1.1-Diphenylphthalane, aus Verb. vom Typ **I** u. Methylamin in Aceton u. Cyclisierung der erhaltenen *Methojodide* bei 200—210° [analog Vaulx u. Mitarb., J. org. Chemistry **29** (1964) 505]: *3-[2.2-Diphenylvinyl]-*, $C_{34}H_{26}O$, F. 171—172° (Hexan/A.); 59%. — *5-Methyl-*, $C_{21}H_{18}O$, F. 136—136,5° (Hexan); 82%. — *5-Methoxy-*, $C_{21}H_{18}O_2$, F. 91,5—92,5° (Hexan/A.); 80%. — *5-Chlor-*, $C_{20}H_{15}ClO$, F. 119,5—120,5° (A.); 67%. — *6-Methoxy-*, $C_{21}H_{18}O_2$, F. 103,5—104° (Pentan); 20%. — *6-[Trifluormethyl]-*, $C_{21}H_{15}F_3O$, F. 136,5—137° (Hexan); 84%. K.-P. Hilgetag 3061△

*1278* **Dehydrierung von ortho-Tropylphenolen und Synthese von Furano-p-benzochinontropoiden.** Tetsuo Nozoe und Kazuko Takahashi. (Bull. chem. Soc. Japan **40** (1967) 6, 1480—87; Dep. of Chem., Fac. of Sci., Tohoku Univ., Katahira-cho, Sendai; engl.) — *2'-Hydroxy-5'-methylphenyltropyliumperchlorat* (**I**) entsteht durch Rk. von Triphenylmethylperchlorat mit 4-Methyl-2-tropylphenol u. gibt beim Erhitzen mit HCl das *5'-Methyl-2.2'-epoxyphenyltropyliumperchlorat* neben *2'-Hydroxy-5'-methylphenyltropiliden*; mit $NaHCO_3$-Lsg. entsteht aus **I** das *2-Methyl-10aH-cyclohepta-[2]-benzofuran*. Aus 3-Acetylaminophenol u. Äthyltropyläther entsteht das *1-(1H-Tropyl)-2-acetylamino-4-hydroxybenzol*, das sich leicht methylieren u. mit $KMnO_4$ zur *4-Methoxy-2-aminobenzoesäure* oxydieren läßt. Das *1-(1H-Tropyl)-2.4-diacetoxybenzol* (**II**) entsteht aus 4-Tropylresorcin durch Acetylierung u. isomerisiert beim Erhitzen zum *2'.4'-Diacetoxyphenyltropiliden*. Dieses läßt sich mit $PCl_5$ zum *2'.4'-Diacetoxyphenyltropyliumion* dehydrieren, aus dem durch Hydrolyse mit wss. HCl (besser in Ggw. von Tropyliumbromid) das *4'-Hydroxy-2.2'-epoxyphenyltropyliumion* (**XX**) entsteht, das auch aus 1-(1H-Tropyl)-2.4-dihydroxybenzol (**XIV**) durch Rk. mit $Ag_2O$ u. $MgSO_4$ gebildet wird. **XX** läßt sich zum *4'-Hydroxy-2.2'-epoxyphenylcyclohepten-(1)* hydrieren u. gibt mit wss. $NaHCO_3$-Lsg. *3H-Cyclohepta-[b]-benzofuranon-(3)*. Die entsprechenden *2-Äthyl-*, *2-Chlor-*, *2-Acetyl-* u. *1-Hydroxy-3H-Cyclohepta-[b]-benzofuranone-(3)* werden auf dem gleichen Wege ausgehend von den entsprechend substituierten 1-(1H-Tropyl)-2.4-dihydroxybenzolen hergestellt. *1-Cycloheptyl-2.4-dihydroxybenzol* bzw. *4'.6'-Dihydroxy-2.2'-epoxyphenylcyclohepten-(1)* entstehen durch Hydrierung aus den entsprechenden Epoxyphenyltropyliumsalzen. Das 2'-Acetoxy-3'-methoxytropiliden (**VIII**) läßt sich zum *2'-Acetoxy-3'-methoxyphenyltropyliumion* dehydrieren, das sich in das *3'-Methoxy-2.2'-epoxyphenyltropyliumion* überführen läßt. Die Elektronen- u. NMR-Spektren der Verb. werden ausführlich diskutiert.

Versuche: *2'-Hydroxy-5'-methylphenyltropyliumperchlorat* (**I**), $C_{14}H_{13}ClO_5$, F. 175° (Zers.), durch Rk. von Triphenylmethylperchlorat u. 4-Methyl-2-tropylphenol in Methylenchlorid; orange Platten; 70,5% (Ausb.). — *5'-Methyl-2.2'-epoxyphenyltropyliumperchlorat*, $C_{14}H_{11}ClO_5$, F. 193—194°, durch Erhitzen von 1 g **I** mit HCl; gelbe Nadeln; 0,232 g (Ausb.); daneben *2'-Hydroxy-5'-methylphenyltropiliden*. — *2-Methyl-10aH-cyclohepta-[b]-benzofuran*, durch Schütteln von **I** mit wss. $NaHCO_3$-Lsg.; fahlgelbes Öl; 69%. — *1-(1H-Tropyl)-2-acetylamino-4-hydroxybenzol*, $C_{15}H_{15}NO_2$, F. 186—188° (Methanol), durch 20minütiges Erhitzen von 3-Acetylaminophenol u. Äthyltropyläther in Ggw. von Tropyliumbromid; gelbe Prismen; 90%. *Methyläther*, $C_{16}H_{17}NO_2$, F. 154 bis 156° (Methanol); farblose Prismen; 83%; gibt bei Ox. mit $KMnO_4$ 76% gelbe Krist., die durch Kochen mit HBr/Essigsäure in *4-Methoxy-2-aminobenzoesäure* [F. 164 bis 166° (W.); gelbe Nadeln; 82%] übergehen. — *1-(1H-Tropyl)-2.4-diacetoxybenzol* (**II**), $C_{17}H_{16}O_4$, F. 80—81° (Methanol), durch 1std. Kochen von 4-Tropylresorcin mit Essigsäureanhydrid; farblose Prismen; 97%. — *1-(1H-Tropyl)-2.4-diacetoxy-5-äthylbenzol* (**III**), $C_{19}H_{20}O_4$, F. 77° (Methanol), aus 3 g der 2.4-Dihydroxyverb. mit Acetylchlorid in Py.; farblose Prismen; 4,29 g. — *1-(1H-Tropyl)-2-acetoxy-4-hydroxy-5-acetylbenzol* (**IV**), $C_{17}H_{16}O_4$, F. 137—138° (Methanol), durch 1std. Kochen der 2-Hydroxyverb. mit Essigsäureanhydrid; farblose Prismen; 83%. — *2'.4'-Diacetoxyphenyltropiliden* (**V**), durch 1std. Erhitzen von **II** auf 180—185°; Öl. — *2'.4' 6'-Triacetoxyphenyltropiliden* (**VI**), aus 600 mg 1-(1H-Tropyl)-2.4.6-triacetoxybenzol durch 1std. Erhitzen auf 185°; Öl; 598 mg. — *2'-Acetoxy-3'-methoxyphenyltropyliumperchlorat* (**VII**), $C_{16}H_{15}ClO_7$, F. 110—115° (W.), aus 2'-Acetoxy-3'-methoxyphenyltropiliden (**VIII**) durch 4std. Rk. mit $PCl_5$ in $CCl_4$ (Meth. **A**) u. Versetzen des Rk.-Prod. mit $HClO_4$; orange Nadeln; 62%. — *2'.4'-Diacetoxyphenyltropyliumchloroplatinat* (**IX**), $C_{17}H_{15}O_4 \cdot {}^1/_2\ PtCl_6$, F. 180° (Zers.), aus **V** nach **A** u. Versetzen des Rk.-Prod. mit $H_2PtCl_6$ (Meth. **B**); gelbe Nadeln; 55%. — *2'.4'-Diacetoxy-5'-äthylphenyltropyliumchloroplatinat* (**X**), $C_{19}H_{19} \cdot O_4 \cdot {}^1/_2\ PtCl_6$, F. 195° (Zers.), aus **III** nach **B**; gelbe Nadeln; 31,8%. — *2'.4'-Diacetoxy-5-chlorphenyltropyliumchloroplatinat* (**XI**), $C_{17}H_{16}ClO_4 \cdot {}^1/_2\ PtCl_6$, F. 217°, aus 1-(1H-Tropyl)-2.4-diacetoxy-5-chlorbenzol nach **B**; gelbe Nadeln; 15,8%. — *2'-Acetoxy-4'-hydroxy-5'-acetylphenyltropyliumchloroplatinat* (**XII**), $C_{17}H_{15}O_4 \cdot {}^1/_2\ PtCl_6$, F. 200°, aus 1-(1H-Tropyl)-2-acetoxy-4-hydroxy-5-acetylbenzol nach **B**; gelbe Nadeln; 7,8%. — *2'.4'.6'-Triacetoxyphenyltropyliumchloroplatinat* (**XIII**), $C_{19}H_{17}O_6 \cdot {}^1/_2\ PtCl_6$, F. 197° (Zers.), aus **VI** nach **B**; gelbe Nadeln; 36,5%. — *3'-Methoxy-2.2'-epoxyphenyltropyliumperchlorat*, $C_{14}H_{11} \cdot O_6Cl$, F. 200° (W.), a) durch Rk. von **VII** mit wss. HCl in Ggw. von Tropyliumbromid in der Hitze; gelbe Nadeln; 45,7%; b) durch 15minütiges Erhitzen von **VII** in wss. HCl; 27,1%; daneben *2'-Acetoxy-3'-methoxyphenyltropiliden* (Isomeres von **VIII**); gelbes Öl. — *4'-Hydroxy-2.2'-epoxyphenyltropyliumsalze*. *Chloroplatinat*, $C_{13}H_9O_2 \cdot {}^1/_2\ PtCl_6$, F. 280°, a) aus **IX** durch 10minütiges Erhitzen mit wss. HCl z. wss. $H_2PtCl_6$ u. Zugabe von wss. $H_2PtCl_6$ zum Rk.-Prod. (Meth. **C**); orange Nadeln; 23%; b) durch 1std. Erhitzen von 1-(1H-Tropyl)-2.4-dihydroxybenzol (**XIV**), 7std. Rühren des Rk.-Prod. mit $A_2O$ u. $MgSO_4$ in Ae. u. Versetzen mit wss. $H_2PtCl_6$. — *Chlorid* (**XV**), durch Rk. von **V** mit $PCl_5$ in $CCl_4$ u. Zugabe des Rk.-Prod. zu heißer wss. HCl (Meth. D); rote Nadeln; 20,15%. — *4'-Hydroxy-5'-äthyl-2.2'-epoxyphenyltropyliumsalze*. *Chloroplatinat*, $C_{15}H_{13}O_2 \cdot {}^1/_2\ PtCl_6$, F. > 280°; aus **X** nach **C**; orange Nadeln; 30%. — *Chlorid* (**XVI**); orange Nadeln; 25%. — *4'-Hydroxy-5'-chlor-2.2'-epoxyphenyltropyliumchloroplatinat* (**XVII**), $C_{13}H_8ClO_2 \cdot {}^1/_2\ PtCl_6$, F. > 290°, aus **XI** nach **C**; rote Nadeln; 45%. — *4'-Hydroxy-5'-acetyl-2.2'-epoxyphenyltropyliumchloroplatinat* (**XVIII**), $C_{15}H_{11}O_3 \cdot {}^1/_2\ PtCl_6$, F. > 290°, aus **XII** nach **C**; orange Nadeln. — *4'.6'-Dihydroxy-2.2'-epoxyphenyltropyliumsalze*. *Chloroplatinat*, $C_{13}H_9O_3 \cdot {}^1/_2\ PtCl_6$, F. > 315° (2 n HCl)/20%ig. $H_2PtCl_6$ im Verhältnis 5:1), durch 5minütiges Kochen von 282 mg **XIII** in wss. HCl/wss. $H_2PtCl_6$; orange Nadeln; 111 µg. — *Chlorid* (**XIX**), a) aus **XIII** nach **D**; 16,8%; b) analog a) in Ggw. von Tropyliumbromid; 43,5%. — *3H-Cyclohepta-[b]-benzofuranon-(3)*, $C_{13}H_8O_2$, F. 165°, durch Rk. von **XV** mit wss. $NaHCO_3$-Lsg. (Meth. **E**); schwarz-purpur Nadeln. — *2-Äthyl-3H-cyclohepta-[b]-benzofuranon-(3)*, aus **XVI** nach **E**. — *2-Chlor-3H-cyclohepta-[b]-benzofuranon-(3)*, aus **XVII** nach **E**. — *2-Acetyl-2-H-cyclohepta-[b]-benzofuranon-(3)*, aus **XVIII** nach **E**. — *1-Hydroxy-3H-cyclohepta-[b]-benzofuranon-(3)*, aus **XIX** nach **E**. — *4'-Hydroxy-2.2'-epoxyphenylcyclohepten-(1)*, $C_{13}H_{14}O_2$, F. 136° (Bzl.), durch Hydrierung von **XV**; farblose Nadeln; 92,1%. *p-Nitrobenzoat*, $C_{20}H_{17}NO_5$, F. 128—131° (Methanol); farblose Nadeln; 80%. — *1-Cycloheptyl-2.4-dihydroxybenzol*, durch Hydrierung aus **XIV**; farbloses Öl; 97,4%. — *Bis-(p-nitrobenzoat)*, $C_{27}H_{24}N_2O_8$, F. 228° (Aceton); 82%. — *4'.6'-Dihydroxy-2.2'-epoxyphenylcyclohepten-(1)*, durch Hydrierung aus 201,7 mg **XIX**; farbloses Öl; 157 mg. *Bis-(p-nitrobenzoat)*, $C_{27}H_{20}N_2O_9$, F. 110° (Methanol); fahlgelbe Nadeln. R. Becker 3061△

*1279* **Synthese und Spektraldaten einiger Benzo-[b]-thiophensulfonsäurederivate.** Phillip S. Landis, James A. Brennan und Paul B. Venuto. (J. chem. Engng. Data **12** (1967) 4, 610—11; Mobil Oil Corp., Centr. Res. Div., Princeton, N.J.; engl.) — *Benzo-[b]-thienyl-(3)-* u. *-(4)-sulfonylchloride* u. deren *Heptafluorbutylester* werden dargestellt.

Versuche: *Benzo-[b]-thienyl-(3)-sulfonsäurechlorid* (**I**), F. 87,5—89°, aus dem K-Salz u. $PCl_5$; 79% (Ausb.). — *Benzo-[b]-thienyl-(4)-sulfonsäure, K-Salz*, aus 4-Mercaptobenzo-[b]-thiophen, $O_2$ u. KOH in DMF; 63%. — *Benzo-[b]-thienyl-(4)-sulfonsäurechlorid*, $C_8H_5 \cdot$

$ClO_2S_2$, F. 85—86,5° (n-Hexan), aus vorst. Verb.; 84%. — *Benzo-[b]-thienyl-(4)-sulfonsäure-[2.2.3.3.4.4.4-heptafluorbutyl]-ester*, $C_{12}H_7F_7O_3S_2$, Kp.$_{0,5}$ 136—140°, aus vorst. Verb. u. Heptafluorbutanol; 86%. — *Benzo-[b]-thienyl-(3)-sulfonsäure-[2.2.3.3.4.4.4-heptafluorbutyl]-ester*, $C_{12}H_7 \cdot F_7O_3S_2$, Kp.$_{0,2}$ 127—129°, aus I analog vorst.; 88%.
K.-P. Hilgetag 3071△

*1280* **Eine geeignete Synthese von Thieno-[2.3:b]-thiophen.** Salo Gronowitz und Birgitta Persson. (Acta chem. scand. **21** (1967) 3, 812—13; Chem. Inst., Univ. of Lund, Lund, Sweden; engl.) — Ausgehend von Thiophen-3-aldehydäthylenacetal (I) wird *2-Hydroxycarbonyl-thieno-[2.3:b]-thiophen* dargestellt u. durch Decarboxylierung in *Thieno-[2.3:b]-thiophen* umgewandelt. NMR-Signale vgl. Original.

Versuche: *2-Hydroxycarbonyl-thieno-[2.3:b]-thiophen*, F. 242—244° (Essigsäure), durch Zugabe von S zu I in äther. Butyl-Li-Lsg., Kochen u. Versetzen mit Chloressigsäuremethylester; 94% (Ausb.). — *Thieno-[2.3:b]-thiophen*, Kp.$_{10}$ 95°, aus vorst. Verb. in Chinolin in Ggw. von Cu bei 225—230°; 78%. *Pikrat*, F. 135,5 bis 136,5° (Methanol). G. Westphal 3071△

*1281* **Indolderivate.** 4. Mitt. **Reaktion von Indolylmagnesiumbromid mit Ketenthioacetalen.** Goro Kobayashi, Sunao Furukawa, Yoshiro Matsuda und Yuko Washida. (Chem. pharmac. Bull. [Tokyo] **15** (1967) 12, 1871 bis 1874; Pharm. Fac., Univ. of Nagasaki, Bunkyo-machi, Nagasaki; engl.) — 3. vgl. J. pharmac. Soc. Japan [Yakugaku Zasshi] **86** (1966) 1156. — Zahlreiche *3-Methylmercapto-3-[indolyl-(3)]-acrylsäurederiv.* werden dargestellt durch Rk. von Indolyl-MgBr (I) mit Ketenthioacetalen. UV-,NMR- u. IR-Max. vgl. Original.

Versuche: *2-Methoxycarbonyl-3-methylmercapto-3-[indolyl-(3)]-acrylsäuremethylester* (**II**), F. 132° (Methanol), durch Umsetzen von I mit 2-Methoxycarbonyl-3.3-dimethylmercapto-acrylsäuremethylester in THF; 42,3% (Ausb.). — *2-Cyan-3-methylmercapto-3-[indolyl-(3)]-acrylsäure. Methylester* (**III**), F. 133—134° (Methanol/Isopropanol), aus **I** u. 2-Cyan-3.3-dimethylmercapto-acrylsäuremethylester; 46,1%. *Äthylester*, F. 172° (Bzl.); 40%. — *2-Cyan-3-methylmercapto-3-[indolyl-(3)]-acrylsäurenitril* (**IV**), F. 183—184° (Bzl.), aus **I** u. 2-Cyan-3.3-dimethylmercapto-acrylsäurenitril; 50,5%. — *2-Methoxycarbonyl-3-methylmercapto-3-[2-methylindolyl-(3)]-acrylsäuremethylester*, F. 129—132° (Methanol), aus 2-Methylindolyl-MgBr; 23%. — *2-Cyan-3-methylmercapto-3-[2-methylindolyl-(3)]-acrylsäuremethylester*, F. 152—154° (Methanol); 41%. — *2-Cyan-3-methylmercapto-3-[2-phenylindolyl-(3)]-acrylsäuremethylester*, F. 209—210° (Methanol); 19%. — *3-Acetyl-indol*, $C_{10}H_9NO$, F. 189° (Methanol), durch ½std. Kochen von 0,5 g **II** mit NaOH in Methanol; 0,3 g. — *3-[ω-Cyanacetyl]-indol*, $C_{11}H_8N_2O$, F. 238° (Methanol), aus **III** analog vorst. Verbindung. — *3-[ω.ω-Dicyanacetyl]-indol*, $C_{12}H_7N_3O$, F. 236° (Essigsäureäthylester), durch Hydrolyse von **IV**. — *3-[2-Cyan-3.3-dimethylmercapto-acryloyl]-indol*, $C_{14}H_{12}N_2OS_2$, F. 190° (Methanol), durch 5std. Kochen von **I** mit 1,73 g 1-Cyan-2.2-dimethylmercapto-acrylsäuremethylester in THF; 9 g. — *2-Methyl-3-[2-cyan-3.3-dimethylmercapto-acryloyl]-indol*, $C_{15}H_{14}N_2OS_2$, F. 187—189° (Methanol), analog vorst. Verb. aus 20,3 g Methylester; 7,9 g. — *3-[2-Cyan-2-methoxycarbonylacetyl]-indol*, $C_{13}H_{10}N_2O_3$, F. 226° (Methanol), a) durch 2std. Kochen von 0,5 g **III** mit Na-Methylat-Lsg.; 0,2 g; b) aus vorvorst. Verb. analog a).
G. Westphal 3081△

*1282* **Fischer-Indolsynthese mit Ameisensäure.** 1. Mitt. **Synthese von 4a-Äthyl-9-formyl-1.2.3.4.4a.9a-hexahydro-9H-carbazol.** Yoshio Ban, Takeshi Oishi, Yoshiko Kishio und Ikuo Iijima. (Chem. pharmac. Bull. [Tokyo] **15** (1967) 4, 531—33; Fac. of Pharm. Sci., Hokkaido Univ., Kita-15-jo, Nishi-7-chome, Sapporo, Hokkaido; engl.) — Es werden dargestellt: *4a-Äthyl-9-formyl-1.2.3.4.4a.9a-hexahydro-9H-carbazol*, a) aus 2-Äthylcyclohexanon (**II**) u. Phenylhydrazin; rotbraunes Öl; 63,7% (Ausb.); daneben 3,3% *4a-Äthyl-1.2.3.4.4a.9a-hexahydrocarbazol* [**I**; *Pikrat*, F. 147—149°]; b) aus nachst. Verb. mit Formamid; 47%; c) aus **I** mit Ameisensäure unter Abspaltung von $CO_2$; 64%. — *4a-Äthyl-1.2.3.4.4a.9a-hexahydro-9H-carbazolhydrochlorid*, $C_{14}H_{20}ClN$, F. 193 bis 195°, a) aus vorst. Verb. mit 15%ig. HCl; aus A./Ae. Nadeln; 90%; b) aus 0,2 g des aus **II** u. Polyphosphatestern erhaltenen *Indolenins* u. $LiAlH_4$ in THF; 174 mg. — *4a-Äthyl-9-acetyl-1.2.3.4.4a.9a-hexahydro-9H-carbazol*, $C_{16}H_{21}NO$, F. 68,5—69,5°, aus vorst. Verb. mit Acetanhydrid/Essigsäure; aus n-Hexan Nadeln; 50%.
K.-P. Hilgetag 3081△

*1283* **Synthese von gebundenen heterocyclischen Verbindungen mit Polyphosphorsäure.** E. B. Dennler und A. R. Frasca. (Canad. J. Chem. **45** (1967) 7, 697—705; Labor. de Quim. Organ., Fac. de Cienc. Exaxr. y Natur., Univ. de Buenos Aires, Argentinia; engl.) — Eine Reihe von Heterocyclen mit gebundenen Pyrazolringen wird durch Umsetzung von p-Nitrophenylhydrazonen verschiedener acylierter KW-Stoffe u. Thiophen mit Polyphosphorsäure (**I**) dargestellt. UV- u. NMR-Spektren vgl. Original.

Versuche: Indazole: *1-Methyl-3-[p-nitrophenyl]-benz-[e]-*, $C_{18}H_{13}N_3O_2$, F. 209—210°, durch Erhitzen des p-Nitrophenylhydrazons von 1-Acetylnaphthalin mit überschüss. **I** bei 160°, Kühlen, Zugabe von W., Extrahieren mit $CHCl_3$, Einengen, Adsorbieren an $Al_2O_3$ u. Eluieren mit Bzl. (Meth. **A**); aus A. gelbe Nadeln; 20% (Ausb.). — *1-Methyl-3-[p-aminophenyl]-benz-[e]-*, $C_{18} \cdot H_{15}N_3$, F. 172—173°, durch Zugabe vorst. Verb. in Essigsäure/HCl zu $SnCl_2$, 20 Min. langes Erhitzen, Kühlen, Zugabe von W., Alkalisieren mit $K_2CO_3$ u. Extrahieren mit Ae. (Meth. **B**); aus A. Nadeln; 80%. — *1-Methyl-3H-benz-[e]-*, F. 216—217°, durch 2std. Rk. eines Gemisches aus vorst. Verb. u. 10%ig. wss. $Na_2Cr_2O_7$ in 25%ig. $H_2SO_4$ bei 0°, Zugabe von W., W.-Dampf-Dest., Alkalisieren der Mutterlauge mit 10%ig. NaOH u. Extrahieren mit Ae. (Meth. **C**); aus A./W. Nadeln; 80%. — *1-[p-Nitrophenyl]-3-methylbenz-[g]-*, $C_{18}H_{13}N_3O_2$, F. 145—146°, aus 2-Acetylnaphthalin-p-nitrophenylhydrazon analog **A**; gelbe Nadeln; 50%. — *1-[p-Aminophenyl]-3-methylbenz-[g]-*, $C_{18}H_{15}N_3$, F. 184—185°, aus vorst. Verb. analog **B**; aus A./W. Nadeln; 85%. — *3-Methyl-1H-benz-[g]-*, $C_{12}H_{10}N_2$, F. 204—205°, aus vorst. Verb. analog **C**; aus Bzl./PAe. Nadeln; 85%. — *1H-Benz-[g]-*, F. 158—159°, nach Vesely u. Mitarb. (1935). — *1-Methyl-3-[p-nitrophenyl]-naphtho-[1.2:g]-*, $C_{22}H_{15}N_3O_2$, F. 220—221°, aus 2-Acetylphenanthren-p-nitrophenylhydrazon analog **A**; aus $CHCl_3$/A. gelbe Nadeln; 20%. — *1-Methyl-3-[p-aminophenyl]-naphtho-[1.2:g]-*, $C_{22}H_{17}N_3$, F. 225—227°, aus vorst. Verb. analog **B**; aus Bzl./PAe. Nadeln; 75%. — *1-Methyl-3H-naphtho-[1.2:g]-*, $C_{16}H_{12}N_2$, F. 255—256°, aus vorst. Verb. analog **C**; Nadeln. — *1-[p-Nitrophenyl]-3-methylnaphtho-[2.1:g]-*, $C_{22}H_{15}N_3O_2$, F. 199—200°, aus 3-Acetylphenanthren-p-nitrophenylhydrazon analog **A**; aus A. gelbe Nadeln; 10%. — *1-[p-Aminophenyl]-3-methylnaphtho-[2.1:g]-*, $C_{22}H_{17}N_3$, F. 199 bis 200°, aus vorst. Verb. analog **B**; aus A. Prismen; 80%. — *3-Methyl-1H-naphtho-[2.1:g]-*, $C_{16}H_{12}N_2$, F. 234—235°, aus vorst. Verb. analog **C**; aus Bzl./PAe. Nadeln; 45%. — *1-Methyl-3-[p-nitrophenyl]-dibenz-[e.g]-*, $C_{22}H_{15}N_3O_2$, F. 276—277°, aus 9-Acetylphenanthren-p-nitrophenylhydrazon analog **A**; aus $CHCl_3$/A. Prismen; 15%. — *1-Methyl-3-[p-aminophenyl]-dibenz-[e.g]-*, $C_{22} \cdot H_{17}N_3$, F. 250—251°, aus vorst. Verb. analog **B**; aus A. Nadeln; 80%. — *1-Methyl-3H-dibenz-[e.g]-*, F. 279—280°, aus vorst. Verb. analog **C**; aus A./W. Nadeln; 60%. — *1-[p-Nitrophenyl]-3-methylindeno-[2.3:f]-*, $C_{21}H_{15}N_3O_2$, F. 250—251°, aus 2-Acetylfluoren-p-nitrophenylhydrazon analog **A**; aus Bzl. gelbe Nadeln; 18%; daneben 8% *1-[p-Nitrophenyl]-3-methylindeno-[3.2:g]-indazol* [**II**; $C_{21} \cdot H_{15}N_3O_2$, F. 244—245°; aus $CHCl_3$/A. gelbe Nadeln. — *1-[p-Aminophenyl]-3-methylindeno-[2.3:f]-*, $C_{21}H_{17}N_3$, F. 203—204°, aus vorst. Verb. analog **B**; aus A. gelbe Prismen; 80%. — *3-Methyl-1H-indeno-[2.3:f]-*, $C_{15}H_{12} \cdot N_2$, F. 266—267°, aus vorst. Verb. analog **C**; aus Bzl./PAe. gelbe Nadeln; 35%. — *1-[p-Aminophenyl]-3-methylindeno-[3.2:g]-*, $C_{21}H_{17}N_3$, F. 189—190°, aus **II** analog **B**; aus A. gelbe Prismen; 85%. — *3-Methyl-1H-indeno-[3.2:g]-*, $C_{15}H_{12}N_2$, F. 230—232°, aus vorst. Verb. analog **C**; aus Bzl./PAe. Nadeln; 40%. — Pyrazole: *1-[p-Nitrophenyl]-3-methylthieno-[2.3:d]-*, $C_{12}H_9N_3O_2S$, F. 158—159°, aus 2-Acetylthiophen-p-nitrophenylhydrazon analog **A**; aus A. gelbe Nadeln; 10%. — *1-[p-Aminophenyl]-3-methylthieno-[2.3:d]-*, $C_{12}H_{11}N_3S$, F. 79—80°,

a) aus vorst. Verb. analog **B**; aus A./W. Nadeln; 90%; b) analog durch langsame Zugabe von Sn zur sd. Lsg. vorst. Verb. in Essigsäure/HCl; daneben *1-[3-Chlor-4-aminophenyl]-3-methylthieno-[2.3:d]-pyrazol* [$C_{12}H_{10}Cl \cdot N_3S$, F. 129–130°; aus A./W. Nadeln]. — *3-Methyl-1H-thieno-[2.3:d]-*, $C_6H_6N_2S$, F. 135–136°, aus vorst. Verb. analog **C**; aus W. Nadeln; 83%. — *1-[p-Nitrophenyl]-3-phenylthieno-[2.3:d]-*, $C_{17}H_{11}N_3O_2S$, F. 177–178°, aus 2-Benzoylthiophen-p-nitrophenylhydrazon analog **A**; aus A. gelbe Nadeln; 30%. — *1-[p-Aminophenyl]-3-phenylthieno-[2.3:d]-*, $C_{17}H_{13}N_3S$, F. 174–175°, aus vorst. Verb. analog **B**; aus A./W. Nadeln; 50%.

K.-P. Hilgetag 3122△

*1284* **Imidazol-Derivate.** 40. Mitt. **Synthese der Benzimidazolanaloga des Psilocins.** L. S. Efros, V. P. Kumarev und E. R. Zachs. (Chim. geterocikliceskich Soedinenij **1967**, 2, 336–38; Leningradskij technol. Inst. im. Lensoveta; russ.) — Für pharmakol. Unters. werden die *Dihydrobromide* von *1-[β-Dimethylaminoäthyl]-7-hydroxybenzimidazol* u. dessen *2-Phenyl-* u. *2-Benzyl-Verb.* dargestellt. — **39.** vgl. C. **1967**, **40**-0847.

Versuche: *2.3-Dinitroanisol*, $C_7H_6N_2O_5$, F. 119,0°, durch Nitrieren von m-Nitroanisol mit $HNO_3$ (D. 1,48) bei 0–20°; 42% (Ausb.). — *2-Nitro-6-methoxy-N-[β-dimethylaminoäthyl]-anilin*, $C_{11}H_{17}N_3O_3$, F. 32,5–34° (Bzn.), durch 1std. Erhitzen vorst. Verb. mit N.N-Dimethyläthylendiamin in Toluol; 97%. *Perchlorat*, F. 130–132°. — *2-Amino-6-methoxy-N-[β-dimethylaminoäthyl]-anilin, Dihydrochlorid*, $C_{11}H_{19}N_3O \cdot 2HCl$, F. 208–210° (Zers.; A./Propanol), durch Hydrierung vorst. Verb. in A. an Raney-Ni; 93–96%. — *1-[β-Dimethylaminoäthyl]-7-methoxybenzimidazol, Dihydrochlorid, Dihydrat*, $C_{12}H_{17}N_3O \cdot 2HCl \cdot 2H_2O$, F. 245 bis 247° (Zers.; Propanol), durch 5std. Kochen vorst. Verb. mit 80%ig. HCOOH (1:10); 98%. — *1-[β-Dimethylaminoäthyl]-2-phenyl-6-methoxybenzimidazol*, $C_{18}H_{21}N_3O$, F. 107° (W.–A.), durch Zugabe einer wss. Lsg. des Dihydrochlorids vorvorst. Verb. zu Benzaldehyd u. Cu-Acetat in A. u. 1std. Erhitzen; 80%. — *1-[β-Dimethylaminoäthyl]-2-benzyl-6-methoxybenzimidazol, Dihydrochlorid*, $C_{19}H_{23}N_3O \cdot 2HCl$, 225–226° (Zers.), analog durch 5std. Kochen mit Phenylessigsäure in 4 n HCl; 90–95%. — 1-[β-Dimethylaminoäthyl]-7-hydroxybenzimidazole, Dihydrobromide, durch 4std. Kochen der entsprechenden Benzimidazole mit konz. HBr in 80–85%ig. Ausb.: *Unsubstituiert*, $C_{11}H_{15}N_3O \cdot 2HBr$, F. 240° (Zers.; Propanol/A.). — *2-Phenyl-*, $C_{17}H_{19}N_3O \cdot 2HBr$, F. 247–249° (Zers.; wss. Aceton). — *2-Benzyl-*, $C_{18}H_{21}N_3O \cdot 2HBr$, Zers. 134° (wss. Aceton).

E. Schmunk 3122△

*1285* **Synthese von Heterocyclen mit Hilfe von Übergangsmetallsalzen.** 2. Mitt. **„Dimerisierung" organischer Stickstoffverbindungen über kupferhaltige Zwischenstufen.** Th. Kauffmann, J. Albrecht, D. Berger und J. Legler. (Angew. Chem. **79** (1967) 13, 620; dt.; int. Edit. **6** (1967) 7, 633–34; engl.) — 1. vgl. ibid. **79** (1967) 101; int. Edit. **6** (1967) 85. — Cycl. sek. Amine (**A**), Imine (**B**) u. Amidine (**C**) lassen sich durch Ox. ihrer Cu(I)-Verb. mit $O_2$ in Ggw. von $NH_3$ oder Aminen „dimerisieren". Beim Einleiten von $O_2$ in eine Suspension des Rk.-Prod. der aus Phenyl-Li u. **A** erhaltenen *Li-Amide* (**D**) mit CuCl (**I**) in Ae./**A**. bei 20° entstanden aus Piperidin 109% (Ausb., bezogen auf **D**) *1-Piperidinopiperidin* u. 60% *2.3.4.5-Tetrahydropyridin*, aus Morpholin 80% *4-Morphilonomorpholin* u. < 5% *$\Delta^3$-Dehydromorpholin.* Bei der gleichen Rk. mit einer Suspension des Rk.-Prod. der aus Benzonitril (**II**) mit Phenyl-MgBr bzw. Äthyl-MgBr erhaltenen *Diphenylmethylenamino-MgBr* bzw. *α-Phenylpropylidenamino-MgBr* mit 0,05 bzw. 0,2 Mol **I** pro Mol **II** 94% (bezogen auf **II**) *Benzophenonazin* bzw. 75% *Propiophenonazin.* Wird das durch Rk. von **II** mit $NaNH_2$ erhaltene *Na-Salz des Benzamidins* (**III**) bei 20° in 1.2-Dimethoxyäthan mit **I** umgesetzt u. 15 Std. bei 85° $O_2$ in das Rk.-Prod. eingeleitet, so entsteht wahrscheinlich über das *1.4-Diamino-1.4-diphenyl-2.3-diazabutadien* das *3.5-Diphenyl-1.2.4-triazol* (40%, bezogen auf **III**; bei der Verw. von $CuCl_2$ statt **I** 74%).

R. Becker 3132△

*1286* **Durch Chymotrypsin katalysierte Hydrolyse von Sultonen.** John H. Heidema und E. T. Kaiser. (J. Amer. chem. Soc. **89** (1967) 2, 460–61; Dep. of Chem., Univ. of Chicago, Ill.; engl.) — Vgl. ibid. **87** (1965) 3781. — Vf. untersuchen am Beispiel des 2-Hydroxy-5-nitrobenzylsulfonsäuresultons die Kinetik der durch α-Chymotrypsin katalysierten Hydrolyse zur *2-Hydroxy-5-nitro-benzylsulfonsäure.*

G. Westphal 3142△

*1287* **Synthese von substituierten Mono- und Diazidobenzolen.** Paul A. Grieco und J. Philip Mason. (J. chem. Engng. Data **12** (1967) 4, 623–24; Dep. of Chem., Boston Univ., Boston, Mass.; engl.) — Umsetzung von Chlornitrobenzolen bzw. Nitrobenzolen mit $NaN_3$ in DMS bei Raumtemp. führt zu *Azidonitrobenzolen.* Dagegen reagiert o-Chlornitrobenzol analog zu *Benzofurazan-N-oxid.* Aus den synthetisierten Aziden werden einige *1-Benzotriazol-Deriv.* dargestellt.

Versuche: Azidobenzole: *p-Nitro-* (**III**), F. 74° (A./W.), a) aus $NaN_3$ u. p-Dinitrobenzol in DMS; 91% (Ausb.); b) aus p-Nitrochlorbenzol; 75%. — *o-Nitro-* (**IV**), F. 51–52° (A./W.), aus o-Dinitrobenzol; 87%. — *3.5-Dinitro-* (**V**), F. 85–86° ($CHCl_3$/PAe.), aus 1.3.5-Trinitrobenzol; 88%. — *Pentachlor-* (**I**), $C_6Cl_5N_3$, F. 80°, aus Pentachlornitrobenzol. — *1-Nitro-4-chlor-2.6-di-*, $C_6H_2ClN_7O_2$, F. 116–118° (A./W.), aus 2.4.6-Trichlornitrobenzol; 71%. — *1-Nitro-5-chlor-2.4-di-* (**II**), $C_6H_2 \cdot ClN_7O_2$, F. 97° (A./W.), aus 2.4.5-Trichlornitrobenzol; 54%. — *2.6-Dinitro-4-chlor-*, F. 84–85°, aus 1.4-Dichlor-2.6-dinitrobenzol; 94%. — *Pentachloranilin*, F. 232°, aus **I** u. $LiAlH_4$. — *5-Chlor-2.4-diaminonitrobenzol*, F. 189 bis 190°, aus **II**, $As_2O_3$ u. KOH in 50%ig. wss. 2-Methoxyäthanol. — Benzotriazole: *1-[p-Nitrophenyl]-*, F. 239° (DMS), aus **III** u. n-Butylnitrit in $CH_2Cl_2$ mit Anthranilsäure. — *1-[2-Nitrophenyl]-*, F. 117–118° (Bzl./Cyclohexan), analog aus **IV**. — *1-[3.5-Dinitrophenyl]-*, $C_{12}H_7 \cdot N_5O_4$, F. 169–169,5° ($CHCl_3$/PAe.), analog aus **V**. — *1-[2-Chlor-4-nitro-5-azidophenyl]-*, $C_{12}H_6ClN_7O_2$, F. 195 bis 196° ($CHCl_3$/PAe.), analog aus 1,2 g **II**; 0,73 g.

K.-P. Hilgetag 3153△

*1288* **Benzoylhydrazonhalogenide als Zwischenprodukte für die Cyclisierung zu 1.3.4-Oxadiazolen.** Giuseppe Werber und Francesco Buccheri. (Ann. Chimica **57** (1967) 8–9, 936–43; Palermo, Ist. di Chim. Organ. dell'Univ.; ital.) — Durch Rk. der Benzoylhydrazone von Glyoxylsäureestern mit $Br_2$ u. Na-Acetat entstehen *Bromglyoxylsäureesterbenzoylhydrazone*, die mit Basen nach einem 1.5-Cyclisierungsmechanismus *5-Phenyl-1.3.4-oxadiazol-2-carbonsäureester* ergeben. NMR-Daten s. Original.

Versuche: *Glyoxylsäurebenzoylhydrazon, Butylester* (**I**), $C_{13}H_{16}N_2O_3$, F. 158–159° (A.), durch Rk. von Benzhydrazid in A. mit Glyoxylsäurebutylester; 85% (Ausb.). *Äthylester* (**II**), $C_{11}H_{12}N_2O_3$, F. 143–144° ($CH_3OH$), durch 48std. Rk. analog **I**; 61,5%. *Methylester* (**III**), $C_{10}H_{10}N_2O_3$, F. 184–185° (A.), analog **II**; 71%. — *Bromglyoxylsäurebenzoylhydrazon, Butylester* (**IV**), $C_{13}H_{15}BrN_2O_3$, F. 90–91° (Ligroin), a) durch Zutropfen von $Br_2$ in Eisessig zu 3 g **I** u. Na-Acetat in Eisessig unter Rühren u. Verdünnen mit W. (Meth. **A**); 3,3 g; b) durch Zutropfen von $Br_2$ in wss. NaOH zu 3,4 g **I** in Eisessig unter Rühren u. mehrstd. Stehen bei 0° (Meth. **B**); 0,7 g. *Äthylester* (**V**), $C_{11}H_{11}BrN_2O_3$, F. 106 bis 107° ($CCl_4$), aus 3 g **II** nach **A**; 2,5 g; b) aus 2,95 g **II** nach **B**; 0,45 g. *Methylester* (**VI**), $C_{10}H_9BrN_2O_3$, F. 118 bis 119° (Ligroin), aus 3 g **III** nach **A**; 4 g; b) aus 2,75 g **III** nach **B**; 0,6 g. — *5-Phenyl-1.3.4-oxadiazol-2-carbonsäure, Butylester* (**VII**), $C_{13}H_{14}N_2O_3$, F. 55–56° (Cyclohexan), a) durch 1/3std. Rk. von 2 g **IV** mit 10%ig. wss. $NaHCO_3$ (Meth. **C**); 1,5 g; b) durch 1/2std. Rk. von 5 g **IV** in abs. Bzl. mit Triäthylamin unter Erwärmen, Filtrieren u. Eindampfen im Vakuum (Meth. **D**); 3,6 g. *Äthylester* $C_{11}H_{10}N_2O_3$, F. 70–72° (Cyclohexan), a) aus 2 g **V** nach **C**; 1,4 g; b) aus 2 g **V** nach **D**; 1,45 g. *Methylester* (im Orig. irrtümlich als 2-Amino-5-methoxycarbonyl-1.3.4-oxdiazol bezeichnet), $C_{10}H_8N_2O_3$, F. 116–117° (Cyclohexan), a) aus 2 g **VI** nach **C**; 1,37 g; b) aus 4 g **VI** nach **D**; 2,8 g. *Na-Salz* (**VIII**), $C_9H_5N_2NaO_3$, durch 1std. Rk. von **VII** mit 10%ig. NaOH u. Filtrieren (→ Filtrat F). — *2-Phenyl-1.3.4-oxadiazol*, F. 36–37°, durch Rk. von **IV**, **V** oder **VI** mit 1%ig. NaOH bis zum Lösen, Ansäuern mit halbkonz. HCl unter Kühlen u.

Lagern des Prod. an der Luft; Rk. mit wenig Säure → *N-Formyl-N'-benzoylhydrazin* ($C_8H_8N_2O_2$). — *N'-Benzoyl-oxalsäuremonohydrazid, Na-Salz*, $C_9H_7N_2NaO_4$, a) durch Lösen von **IV**, **V** oder **VI** in 10%ig. NaOH, Ansäuern u. mehrstd. Stehen; b) durch mehrtägiges Stehen von F; c) durch 3tägiges Stehen von 1 g **VIII** in 1%ig. NaOH. *Freie Säure, Dihydrat*, $C_9H_8N_2O_4 \cdot 2\,H_2O$, F. 164—165°, a) durch Versetzen von Benzhydrazid mit Oxalylchlorid u. dann 10%ig. NaOH, Verdünnen mit A., Lösen des Nd. in W. u. Ansäuern mit halbkonz. HCl; b) durch Ansäuern der wss. Lsg. des Na-Salzes.
H.-J. Jahns 3163△

*1289* **Acetylierung und Cyclisierung von 1.3.5-Triketonen mit Acetanhydrid durch $BF_3$ unter Bildung von Acylpyronen-(4). Umwandlung in Acylpyridone-(4). Massenspektroskopie.** Edwin M. Kaiser, Stewart D. Work, James F. Wolfe und Charles R. Hauser. (J. org. Chemistry **32** (1967) 5, 1483—87; Dep. of Chem., Duke Univ., Durham, N.C.; engl.) — Es werden dargestellt: *2-Methyl-3-benzoyl-6-phenyl-4H-pyranon-(4)*, $C_{19}H_{14}O_3$, F. 155—155,5° (Aceton), aus 1.5-Diphenylpentantrion-(1.3.5), Acetanhydrid u. 1.2-Dichloräthan in Ggw. von $BF_3$ (Meth. **A**); 90% (Ausb.). — *2-Methyl-3-benzoyl-6-phenyl-1H-pyridon-(4)*, $C_{19}H_{15}NO_2$, F. 267—269°, aus vorst. Verb. u. fl. $NH_3$ in 95%ig. A.; 73%. — *2-Methyl-3-acetyl-6-phenyl-4H-pyranon-(4)*, $C_{14}H_{12}O_3$, F. 147 bis 148° (95%ig. A.), aus 1-Phenylhexantrion-(1.3.5) analog **A**; 52%. — *2-Methyl-3-acetyl-6-phenyl-1H-pyridon-(4)*, $C_{14}H_{13}NO_2$, F. 214—214,5° (Aceton), aus vorst. Verb. analog vorvorst. Meth.; 16%. — *2-Methyl-3-acetylchromon*, $C_{12}H_{10}O_3$, F. 89—90° (Cyclohexan), aus o-Hydroxybenzoylaceton analog **A**; 50%.
K.-P. Hilgetag 3211△

*1290* **Reaktionen von Chromanonen mit Dimethylsulfoxoniummethylid.** J. A. Donnelly, D. D. Keawe, K. G. Marathe, D. C. Meaney und E. M. Philbin. (Chem. and Ind. **1967**, **33**, 1402—03; Dep. of Chem., Univ. Coll., Dublin 4, Irland; engl.) — 3-Benzyliden-chromanone-(4) u. 2-Benzyliden-2.3-dihydro-3-oxo-benzofuran bilden mit Dimethylsulfoxoniummethylid entsprechend substituierte *Spirocyclopropylchromanone-(4)* u. *Spirocyclopropylbenzofurane*. Die Konfig.-Aufklärung erfolgt durch Deuterierung u. NMR-Spektren, Angaben vgl. Original.

Versuche: *Spiro-3-[2-phenylcyclopropyl]-chromanon-(4). trans-trans-Form*, F. 62°; 51,4% (Ausb.). — *2-Deutero-spiro-3-[2-phenylcyclopropyl]-chromanon-(4). trans-trans-Form*, F. 61°; 43,7%. — *2-Phenyl-spiro-3-[2-phenylcyclopropyl]-chromanon-(4), trans-trans-Form*, F. 139°; 57,2%. *cis-cis-Form*, F. 157°; 4,7%. — *2-Deutero-2-phenyl-spiro-3-[2-phenylcyclopropyl]-chromanon-(4). trans-trans-Form*, F. 139°; 49,6%. *cis-cis-Form*, F. 157°; 8,2%. — *Spiro-2-[2-phenylcyclopropyl]-3-oxo-2.3-dihydrobenzofuran. trans-trans-Form*, F. 104°; 16,9%.
G. Westphal 3211△

*1291* **Konformationsbestimmungen an isomeren 3-Bromflavanonen und an 3-Jodflavanonen.** L. Reichel und G. F. Weber. (Z. Chem. **7** (1967) 2, 62; Inst. für Chem., Landw.-gärtn. Fak., Humboldt-Univ., Berlin; dt.) — Die Einw. von Dioxandibromid auf 6-Methylflavanon in Ae. ergibt ein *Gemisch aus 3a-Brom-* (F. 127—128°; 54% Ausb.) u. *3e-Brom-6-methylflavanon* (F. 115—116°; 9,8%), das durch fraktionierte Kristallisation getrennt wird. Die von Joshi u. Kulkarni (1957) beschriebenen *3e-Brom-* (F. 127—128°) u. *3a-Brom-4'-methoxyflavanon* (F. 108,5—109°) konnten durch Bromieren von 4'-Methoxyflavanon in Ae. in Ggw. von Dioxan bei Tageslicht erhalten werden. Die von Clark-Lewis et al. (Austral. J. Chem. **16** (1963) 107) beschriebenen *3a-Brom-* (F. 157 bis 158°) u. *3e-Brom-4'-methoxy-6-methylflavanon* (F. 135 bis 136°) konnten durch Einw. von JBr auf 2'-Hydroxy-5'-methyl-4-methoxychalkon in Eisessig gewonnen werden u. wurden in ihrer Konformation bestätigt. In Fortführung der Unters. werden *3a-Jod-6-bromflavanon* (F. 147—148° (Zers.), aus 6-Bromflavanon mit JCl in Ae./Dioxan), *3a-Jod-4'-chlorflavanon* (F. 156—157° (Zers.), aus 4'-Chlorflavanon mit JCl), *3a-Jod-4'-methoxy-6-bromflavanon* (F. 174,5—175°) (Zers.), aus 2'-Hydroxy-5'-brom-4-methoxychalkon mit JCl in Eisessig) u. *3a-Jod-3'.4'-dimethoxy-6-chlorflavanon* (F. 160—161° (Zers.), aus 2'-Hydroxy-5'-chlor-3.4-dimethoxychalkon) dargestellt. Spektraldaten vgl. Original. W. Hampel 3211△

*1292* **Bis-[cumarinyl-(3)]-ketone.** L. L. Woods und Mike Fooladi. (J. chem. Engng. Data **12** (1967) **4**, **624**—26; Texas Southern Univ., Houston, Tex.; engl.) — Vf. erweitern die Knoevenagel-Synth. auf die Synth. von Bis-[cumarinyl-(3)]-ketone.

Versuche: Bis-[cumarinyl-(3)]-ketone, aus Acetondicarbonsäuredimethylester, dem entsprechenden Salicylaldehyd, Piperidin u. Bzl. bei 80° unter Schütteln: *Unsubstituiert*, $C_{19}H_{10}O_5$, F. 249,5—250°, aus Salicylaldehyd; 82% (Ausb.). *2.4-Dinitrophenylhydrazon*, $C_{25}H_{14}N_4 \cdot O_8$, F. 265,5—266,5°. — *6-Nitro-*, $C_{19}H_8N_2O_9$, F. > 147° (Zers.), aus 5-Nitrosalicylaldehyd; 89%. *2.4-Dinitrophenylhydrazon*, $C_{25}H_{12}N_6O_{12}$, F. 166° (Zers.). — *6-Chlor-*, $C_{19}H_8Cl_2O_5$, F. > 163° (Zers.), aus 5-Chlorsalicylaldehyd; 43%. *2.4-Dinitrophenylhydrazon*, $C_{25}H_{12}Cl_2N_4O_8$, F. 279 bis 281°. — *6-Brom-*, $C_{19}H_8Br_2O_5$, F. 138—139° (Zers.); 78%. — *7-Hydroxy-, Monohydrat*, $C_{19}H_{10}O_7 \cdot H_2O$, F. > 360°; 97%. *2.4-Dinitrophenylhydrazon*, $C_{25}H_{14}N_4O_{10}$, F. > 300°. K.-P. Hilgetag 3211△

*1293* **3.4-Cumarinopyrone.** 4. Mitt. **Bromierung von Cumarino-[3'.4';5.6]-4-methyl-α-pyronen und Synthese von Cumarino-[3'.4';4.5]-3-methyl-furanen.** Jimmy Patell und R. N. Usgaonkar. (J. Indian chem. Soc. **44** (1967) 9, 747—51; Organ. Chem. Res. Labor., Inst. of Sci., Bombay; engl.) — 3. vgl. C. **1969**, 4-1300. — Die Bromierung von Cumarino-[3'.4';5.6]-4-methyl-α-pyronen liefert die entsprechenden *3-Bromverb.*, aus denen durch Umsetzen mit alkohol. KOH u. anschließender Carboxylierung *Cumarino-[3'.4';4.5]-3-methylfurane* erhalten werden. UV-Spektren vgl. Original.

Versuche: Cumarino-[3'.4';5.6]-3-brom-α-pyrone, durch 7—8std. Rühren von 3 g der entsprechenden α-Pyrone mit $Br_2$ in $CS_2$: *4-Methyl-*, $C_{13}H_7BrO_4$, F. 257—260°; aus Essigsäure Nadeln; 1,5 g (Ausb.). — *4.6'-Dimethyl-*, $C_{14}H_9BrO_4$, F. 257—258°; aus Essigsäure Tafeln; 4 g. — *4.8'-Dimethyl-*, $C_{14}H_9BrO_4$, F. 238—240°; aus Essigsäure Tafeln; 3,5 g. — *4.6'-Dimethyl-8'-äthyl-*, $C_{16}H_{13}BrO_4$, F. 200—202°; aus Essigsäure Nadeln; 3,4 g. — *5'.6'-Benzo-4-methyl-*, $C_{17}H_9BrO_4$, F. 236—238°; aus Essigsäure Nadeln; 3,4 g. — Cumarino-[3'.4';4.5]-2-hydroxycarbonyl-furane, durch 4std. Kochen vorst. Verb. mit 10%ig. äthanol. KOH: *3-Methyl-*, $C_{13}H_8O_5$, F. 291—292° (Zers.), aus 2,5 g; aus A. Nadeln; 0,5 g. — *3.6'-Dimethyl-*, $C_{14}H_{10}O_5$, F. 265—266° (Zers.), aus 1,2 g; aus A. Nadeln; 0,32 g. — *3.8'-Dimethyl-*, $C_{14}H_{10}O_5$, F. 282—284° (Zers.), aus 2 g; aus A. Nadeln; 0,6 g. — *3.6'-Dimethyl-8'-äthyl-*, $C_{16}H_{14}O_5$, F. 291—292° (Zers.; A.), aus 1,5 g; 0,48 g. — *3-Methyl-5'.6'-benzo-*, $C_{17}H_{10}O_5$, F. 274—275° (Zers.; A.), aus 2 g; 0,62 g. — Cumarino-[3'.4';4.5]-furane, aus vorst. Verb. durch Erhitzen auf 300°: *3-Methyl-*, $C_{12}H_8O_3$, F. 155—156° (A.), aus 0,22 g; 0,145 g. — *3.6'-Dimethyl-*, $C_{13}H_{10}O_3$, F. 141—142°, aus 0,2 g; aus A. Nadeln; 0,11 g. — *3.8'-Dimethyl-*, $C_{13}H_{10}O_3$, F. 133—134°, aus 0,19 g; aus A. Nadeln; 0,1 g. — *3.6'-Dimethyl-8'-äthyl-*, $C_{15}H_{14}O_3$, F. 134—135°, aus 0,35 g; aus A. Nadeln; 0,17 g. — *3-Methyl-5'.6'-benzo-*, $C_{16}H_{10}O_3$, F. 216—217°; aus A. Nadeln. G. Westphal 3211△

*1294* **Eine anormale Tschitschibabin-Reaktion in Gegenwart von $LiAlH_4$.** D. R. Eckroth. (Chem. and Ind. **1967**, 22, 920—21; Dep. of Chem., Wake Forest College, Winston-Salem, N.C.; engl.) — Bei 8std. Rk. von m-Methoxyphenylacetamid mit $LiAlH_4$ in kochendem THF entsteht neben 15% *m-Methoxyphenäthylamin* ($Kp._{0,1}$ 87°) 10% *3.5-Di-m-anisylpyridin* [F. 111—111,5° (A.), $Kp._{0,5}$ 230°]. Der Rk.-Mechanismus wird diskutiert.
R. Becker 3231△

*1295* **Synthese von Vitamin $B_6$-Derivaten.** 3. Mitt. **3-[4-Formyl-3-hydroxy-2-methylpyridyl-(5)]-propionsäure, ein Analogon von Pyridoxalphosphat.** Chuzo Iwata und David E. Metzler. (J. heterocyclic Chem. **4** (1967) 3, 319—24; Dep. of Biochem. and Biophys., Iowa State Univ.; engl.) — Synth. u. Eig. eines neuen Analogon von *Pyridoxalphosphat*, *3-[4-Formyl-3-hydroxy-2-methylpyridyl-(5)]-propionsäure* (**I**), sowie der entsprechenden *4-[Aminomethyl]-Verb.* (**II**) werden beschrieben. **I** geht mit

Aminosäuren eine Transaminierungsrk. ein. **II** wird durch Erhitzen mit Glyoxylsäure zu **I** reoxydiert. NMR-Spektren u. UV-Maxima vgl. Original.

Versuche: *3-[4-Formyl-3-hydroxy-2-methylpyridyl-(5)]-propionsäure* (**I**), $C_{10}H_{11}NO_4$, F. 191—192° (abs. A.), aus 3-[3-Hydroxy-4-hydroxymethyl-2-methylpyridyl-(5)]-propionsäure, $MnO_2$ u. Dioxan; 30% (Ausb.). *Oxim*, $C_{10}H_{12}N_2O_4$, F. 211—212° (A.); 76%. — *3-[4-Aminomethyl-3-hydroxy-2-methylpyridyl-(5)]-propionsäure* (**II**), *Dihydrochlorid*, $C_{10}H_{14}N_2O_3 \cdot 2\,HCl$, durch Hydrieren vorst. Oxims in verd. HCl an 10%ig. Pd-Kohle. K.-P. Hilgetag 3231△

*1296* **Synthesen von N-Pyridylmethylanilinen und deren Reaktions-Mechanismus.** Seiji Miyano, Akiko Uno und Nobuhiro Abe. (Chem. pharmac. Bull. [Tokyo] **15** (1967) 4, 515—17; Fac. of Pharm. Sci., Fukuoka; Univ., Nanakuma, Fukuola; engl.) — Es werden dargestellt: N-[Pyridyl-(4)-methyl]-aniline: *p-Äthoxy-*, Kp.$_4$ 192—193°, F. 103—105°, aus Pyridyl-(4)-methanol, p-Phenetidin, KOH u. Pyridin-1-oxid; aus wss. A. gelbe Prismen; 58,8% (Ausb.). — *Unsubstituiert*, $C_{12}H_{12}N_2$, F. 103—104°; 35,3%. — *p-Methyl-*, $C_{13}H_{14}N_2$, Kp.$_4$ 162 bis 166°, F. 74°; 40,4%. — *o-Methyl-*, $C_{13}H_{14}N_2$, Kp.$_3$ 165—167°, F. 75—76°; 25,3%. — *p-Methoxy-*, $C_{13}H_{14}N_2O$, Kp.$_4$ 184—186°, F. 78—80°; 45,3%. — *N-[Pyridyl-(4)-methyl]-2-aminopyridin*, $C_{11}H_{11}N_3$, Kp.$_4$ 166—167°, F. 109—111°; 35,7%. — *N-[Pyridyl-(2)-methyl]-o-toluidin*, Kp.$_4$ 153—158°; 55,6%. *Pikrat*, $C_{19}H_{17}N_5O_7$, F. 147° (Zers.). — *N-[Pyridyl-(2)-methyl]-o-anisidin*, Kp.$_7$ 173—176°; 50%. *Pikrat*, $C_{19}H_{17}N_5O_8$, F. 144° (Zers.). — *N-[Pyridyl-(2)-methyl]-o-phenetidin*, $C_{14}H_{16}N_2O$, F. 102 bis 104°; 46,5%. — *N-[Pyridyl-(2)-methyl]-α-naphthylamin*, Kp.$_6$ 211—213°; 79,5%. *Pikrat*, $C_{22}H_{17}N_5O_7$, F. 172° (Zers.). — *N.N'-Bis-[pyridyl-(2)-methyl]-o-phenylendiamin*, $C_{18}H_{18}N_4$, Kp.$_7$ 235—243°; F. 75°; 72,1%. — *N-[Pyridyl-(2)-methyl]-anilin*, F. 53—54°, aus Pyridyl-(2)-methanol, KOH u. N-[Pyridyl-(2)-methylen]-anilin; aus PAe. gelbliche Prismen; 82,4%. K.-P. Hilgetag 3231△

*1297* **C-Alkylierung von aktiven Methylenverbindungen durch Anwendung von Alkoholen. 3. Mitt. Synthese von 1.2-Dipyridyläthylen und verwandten Verbindungen.** Seiji Miyano und Nobuhiro Abe. (Chem. pharmac. Bull. [Tokyo] **15** (1967) 4, 511—14; Fac. of Pharm. Sci., Fukuoka Univ., Nanakuma, Fukuoka; engl.) — 2. vgl. Tetrahedron Letters **14** (1966) 1509. — Es werden dargestellt: *Stilbazol-(2)*, F. 90,5—91°, aus 2-Picolin-1-oxid (**II**) u. KOH in Benzylalkohol (**I**); aus A. gelbe Prismen; 19,3% (Ausb.). — *Stilbazol-(4)*, F. 126—127°, aus 4-Picolin-1-oxid (**V**) analog vorst.; aus A. gelbe Prismen; 35,4%. — *Styryl-(2)-chinolin*, F. 99—100°, aus Chinaldin-1-oxid (**III**), **I** u. KOH bei 170°; aus Ae. Prismen; 27,6%. — *Styryl-(4)-chinolin*, F. 92° (A.), aus Lepidin-1-oxid; 11%. — Äthylene: *1.2-Di-pyridyl-(2)-*, F. 118—119°, aus Pyridyl-(2)-methanol (**IV**), **II** u. KOH; aus Ae. Nadeln; 44%. — *1-[Pyridyl-(2)]-2-[chinolyl-(2)]-*, $C_{16}H_{12}N_2$, F. 95 bis 96°, aus **III**, **IV** u. KOH bei 150—160°; aus PAe. gelbe Nadeln; 46,5%. — *1-[Pyridyl-(2)]-2-[pyridyl-(4)]-*, $C_{12}H_{10}N_2$, F. 75—76°, a) aus **IV**, **V** u. KOH; aus PAe. Plättchen; 48%; b) analog aus **II**; 22%. — *1-[Pyridyl-(2)]-2-[6-methylpyridyl-(2)]-*, $C_{13}H_{12}N_2$, F. 56,5—57,5°, a) aus 2.6-Lutidin-1-oxid (**VI**), KOH u. **IV** bei 170°; aus PAe. Schuppen; 40,4%; b) aus **II**, KOH u. 2-[Hydroxymethyl]-6-methylpyridin (**VII**) bei 160—165°; 35,7%. — *1.2-Bis-[6-methylpyridyl-(2)]-*, $C_{14}H_{14}N_2$, F. 112—113°, aus **VI**, **VII** u. KOH bei 165°; aus Isopropyläther Nadeln; 27,3%. — *1-[6-Methylpyridyl-(2)]-2-[pyridyl-(4)]-*, $C_{13}H_{12}N_2$, F. 71°, a) aus **V**, **VII** u. KOH bei 165°; aus Isopropyläther Nadeln; 26%; b) aus **VI**, Pyridyl-(4)-methanol (**VIII**) u. KOH; 15,3%. — *1.2-Di-pyridyl-(4)-*, $C_{12}H_{10}N_2$, F. 149—150° (Bzl.), aus **V**, **VIII** u. KOH bei 160°; 18,1%. K.-P. Hilgetag 3231△

*1298* **Gegenmittel für Organophosphorvergiftungen. 1. Mitt. Synthese von quaternären 1-Ammonio-3-[p-hydroximinomethylpyridinio]-propandibromiden.** Tamino Nishimura, Chiji Yamazaki und Takako Ishiura. (Bull. chem. Soc. Japan **40** (1967) 10, 2434 bis 2436; Dep. of Chem., Kitasato Univ., Minato-ku, Tokyo; engl.) — Aus tert. Aminen u. einem großen Überschuß 1.3-Dibrompropan (**I**) werden *3-Brompropylammoniumbromide* (**A**) dargestellt, die mit Pyridin-4-aldoxim (**II**) zu *quatern. 1-Ammonio-3-[p-hydroximinomethylpyridinio]-propandibromiden* (**B**) umgesetzt werden. — Tabellen der UV- u. IR-Maxima der **B** s. Original.

Versuche: *N.N-Bis-[2-hydroxyäthyl]-äthylamin*, Kp.$_{18-20}$ 133—135°. *Pikrat*, F. 98—100°. — *N-Äthylpiperidin*, Kp. 128—130°. *Pikrat*, F. 166—169°. — *N-Äthylmorpholin*, Kp. 135—139°. *Pikrat*, F. 186—187°. — Methylamine (**C**), durch Methylieren der entsprechenden sek. Amine mit HCOOH u. HCHO: *N.N-Diäthyl-*, Kp. 65—66°; 58% (Ausb.). *Pikrat*, F. 183—184°. — *N.N-Bis-[2-hydroxyäthyl]-*, Kp.$_{14}$ 134—135°; 57%. *Pikrat*, F. 94—95°. — *N-Methylpyrrolidin*, Kp. 78—80°, analog **C**; 60%. *Pikrat*, F. 218° (Zers.). — *N-Methylpiperidin*, Kp. 106—106,5°, analog **C**; 63%. *Pikrat*, F. 220° (Zers.). — *N-Methylmorpholin*, F. 115—116°, analog **C**; 63%. *Pikrat*, F. 222° (Zers.). — N-[2-Hydroxyäthyl]-amine, durch Rk. des entsprechenden sek. Amins mit Äthylenchlorhydrin u. NaOH: *-pyrrolidin*, Kp.$_{20}$ 85—86°; 63%. *Pikrat*, $C_{12}H_{16}N_4O_8$, F. 85—87°. — *-piperidin*, Kp.$_{20}$ 92°; 69%. *Pikrat*, F. 97—100°. — *-morpholin*, Kp.$_{25}$ 120°; 69%. — *N-Äthylpyrrolidin*, Kp. 105 bis 106°, aus Pyrrolidin u. Äthylbromid; 47%. *Pikrat*, F. 183—183,5°. — 3-Brompropylammoniumbromide (**A**): *N.N.N-Trimethyl-* (**III**), F. 88—150° [Aceton/Methanol (1:1)] u. 207° (Zers.; nach Trocknen), aus Trimethylamin u. **I** im Bombenrohr; 32,6%. — *N.N.N-Triäthyl-* (**IV**), F. 129—132° (Aceton/Methanol (2:1)], analog **III**; 68%. — *3-Brom-N-methyl-1-pyrrolidinio-propanbromid* (**V**), F. 176—178° (abs. A.), analog **III** Bzl.; 8,2%. — *3-Brom-N-[2-hydroxyäthyl]-1-piperidinio-propanbromid* (**VI**), F. 165° [Aceton/Methanol (2:1)], analog **III**; 15%. — 3-[p-Hydroximinomethylpyridinio]-propandibromide (**B**): *1-[N-(2-Hydroxyäthyl)-piperidinio-*, F. 208,5—209° (Zers.; A.), aus **VI** u. **II**; 24%. — *1-Trimethyl-ammonio-*, F. 159—160° (abs. A.), aus **III** u. **II**; 33%. — *1-[N-Methyl-N.N-diäthyl-ammonio]-*, F. 180 bis 192° (abs. A./Aceton), aus dem entsprechenden **A** u. **II**; 15%. — *1-[N-Methyl-N.N-bis-(2-hydroxyäthyl)-ammonio]-*, F. 141—143° (94%ig. A./Methanol), aus dem entsprechenden **A** u. **II**; 20%. — *1-Triäthylammonio-*, F. 223° (Zers.; abs. A.), aus **IV** u. **II**; 22%. — *1-[N.N-Diäthyl-N-(2-hydroxyäthyl)-ammonio]-*, F. 215,5° (Zers.; 96%ig. A.), aus dem entsprechenden **A** u. **II**; 28%. — *1-[N-Äthyl-N.N-bis-(2-hydroxyäthyl)-ammonio]-*, F. 173 bis 174° (Zers.; 95%ig. A.), aus dem entsprechenden **A** u. **II**; 18%. — *1-[N-Methyl-pyrrolidinio]-*, F. 212° (Zers.; abs. A.), aus **V** u. **II**; 19%. — *1-[N-Äthyl-pyrrolidinio]-*, F. 215—216° (Zers.; abs. A.), aus dem entsprechenden **A** u. **II**; 14%. — *1-[N-(2-Hydroxyäthyl)-pyrrolidinio]-*, F. 183—184° (99%ig. A.), aus dem entsprechenden **A** u. **II**; 28%. — *1-[N-Methyl-piperidinio]-*, F. 217° (Zers.; abs. A.), aus dem entsprechenden **A** u. **II**; 55%. — *1-[N-Äthyl-piperidinio]-*, F. 225° (Zers.; Methanol/Aceton), aus dem entsprechenden **A** u. **II**; 7,3%. — *1-[N-Methyl-morpholinio]-*, F. 213° (Zers.; Methanol), aus dem entsprechenden **A** u. **II**; 34%. — *1-[N-Äthyl-morpholinio]-*, F. 226—227° (Zers.; 95%ig. A.), aus dem entsprechenden **A** u. **II**; 11%. — *1-[N-(2-Hydroxyäthyl)-morpholinio]-*, F. 210—211° (Zers.; 95%ig. A.), aus dem entsprechenden **A** u. **II**; 9,6%. G. Fischer 3231△

*1299* **Untersuchungen über optischaktive Aminosäuren. 12. Mitt. Synthese, Auftrennung und Racemisierung von bicyclischen α-Aminoketonen.** Takehisa Kunieda, Kenji Koga und Shun-ichi Yamada. (Chem. pharmac. Bull. [Tokyo] **15** (1967) 3, 337—44; Fac. of Pharm. Sci., Univ., Tokyo; engl.) — 11. ibid. **14**, 1138 (1966). — Es wird die Synth. von *Hexahydro-1H-pyrrolizinon-(1)* aus L-Prolin sowie die Auftrennung von *Hexahydro-5H-indolizinon-(1)* (**II**) sowie *Hexahydro-5H-indolizinon-(8)* (**IV**) mittels d-3-Bromcampher-8-sulfonsäure (**V**) u. d-Campher-10-sulfonsäure beschrieben. Die Verhältniskonst. sowie die Halbwertszeiten der Racemisierung werden unter verschiedenen Bedingungen bestimmt. Die Racemisierung verläuft in A. sehr schnell, während in HCl keine Racemisierung eintritt. IR- u. UV-Maxima vgl. Original. — 7. vgl. C. **1967**, 11-1055.

Versuche: *(—)-1-[Äthoxycarbonyläthyl]-2-äthoxycarbonylpyrrolidin*, $C_{12}H_{21}NO_4$, Kp.$_2$ 113—120°, durch

6,3std. Kochen eines Gemisches aus L-Prolinäthylester (**III**) u. Acrylsäureäthylester (**I**) in A. u. Einengen im Vakuum; $[\alpha]_D^{15}$ $-66,4°$ (c = 1,7; A.); 87% (Ausb.). – (–)-*Hexahydro-1H-pyrrolizinon-(1)*, Kp.$_4$ 65°, durch Zugabe von Na-Äthylat in Toluol zu vorst. Verb., 1,5std. Kochen unter Rühren unter $N_2$, Kühlen, Extrahieren mit W., Zugabe von konz. HCl, 1,7std. Kochen, Einengen im Vakuum, Alkalisieren mit $K_2CO_3$ u. Extrahieren mit Ae. (Meth. **A**); $[\alpha]_D^{9}$ $-49,7°$ (c = 2,5; A.); 39%. *Pikrat*, $C_{13}H_{14}N_4O_8$, F. 165–167°; aus A. gelbe Nadeln. *Oxim, Hydrochlorid*, $C_7H_{13}ClN_2O$, F. 172–173°, durch Umsetzung mit Hydroxylaminhydrochlorid in A.; aus A. Prismen. *Oxim*, $C_7H_{12}N_2O$, F. 158–160°; Prismen. – *D-Pipecolinsäure*, F. 267–269°, durch Überführung von α-Picolin in *dl-Pipecolinsäure*, Lösen in d-Weinsäure u. Umsetzung des erhaltenen *Di-d-tartrats* {F. 191–193° (Zers.); aus A. Prismen; $[\alpha]_D^{20}$ $+22,3°$ (c = 6,4; W.)} in das *D-Isomere*; $[\alpha]_D^{28}$ $+25,3°$ (c = 1,05; W.); daneben *L-Isomeres*; $[\alpha]_D^{25}$ $-21,5°$ (c = 2; W.). – (–)-*1-[Äthoxycarbonyläthyl]-2-äthoxycarbonylpiperidin*, $C_{13}H_{23}NO_4$, Kp.$_{0,5}$ 127–132°, durch 5,5std. Kochen eines Gemisches aus L-Pipecolinsäureäthylester u. **I** in A.; $[\alpha]_D^{27}$ $-26,7°$ (c = 2,1; A.); 60%. – *Hexahydro-5H-indolizinon-(1)* (**II**), Kp.$_{1-2}$, 65–70°, aus vorst. Verb. analog **A**; $[\alpha]_D^{25}$ $\pm 0°$ (c = 5,8; A.); 42%. *Oxim*, $C_8H_{14}N_2O$, F. 115–116°; aus Isopropanol/Isopropyläther Prismen. *Pikrat*, $C_{14}H_{16}N_4O_8$, F. 170–171°; aus Aceton gelbe Nadeln. *Pikrolonat*, $C_{18}H_{21}N_5O_6$, F. 174–175°; aus A. gelbe Prismen. (–)-*Isomers*, Kp.$_{1-2}$ 68–70°, durch mehrstd. Kühlen eines Gemisches aus 5 g **II** u. d-3-Bromcampher-8-sulfonsäure(**V**) in Aceton, Filtrieren, Lösen von 2 g des erhaltenen *Sulfonats* {$C_{18}H_{28}BrNO_5S$, F. 160–161,5°; $[\alpha]_D^{15}$ $+38,7°$ (c = 1,25; W.); aus Aceton Prismen; 3,2 g} in W., Alkalisieren mit $K_2CO_3$ u. Extrahieren mit Bzl.; $[\alpha]_D^{24}$ $-105°$ (c = 4,6; A.); 0,46 g {*Oxim, Hydrochlorid*, $C_8H_{15}ClN_2O$, F. 193–194°; $[\alpha]_D^{24}$ $-22°$ (c = 1; W.); aus A./Isopropyläther Prismen}. – *1-Oxo-2-äthoxycarbonyloktahydroindolizin*, $C_{11}H_{17}NO_3$, Kp.$_{0,6}$ 105–107°, durch 2std. Kochen vorvorst. Verb. mit Na-Äthylat in Toluol unter $N_2$, Kühlen, Extrahieren mit W., Neutralisieren mit Essigsäure u. Extrahieren mit Ae.; $[\alpha]_D^{27}$ $+0°$ (c = 3,8; A.); 25%. – (–)-*1-[Äthoxycarbonylpropyl]-2-äthoxycarbonylpyrrolidin*, $C_{13}H_{23}NO_4$, Kp.$_{0,1}$ 132°, durch 3,5std. Kochen eines Gemisches aus **III** u. 4-Brombuttersäureäthylester in Aceton in Ggw. von $K_2CO_3$, Filtrieren, Einengen im Vakuum u. Extrahieren mit Ae. (Meth. **B**); $[\alpha]_D^{13}$ $-63,7°$ (c = 0,54; A.); 83,5%. – (–)-*7-Äthoxycarbonyl-8-oxooctahydroindolizin*, $C_{11}H_{17}NO_3$, Kp.$_{0,05}$ 99–102°, aus vorst. Verb. analog vorvorst. Meth.; $[\alpha]_D^{19}$ $-25,1°$ (c = 2,7; A.); 34%. – *Hexahydro-5H-indolizinon-(8)* (**IV**), Kp.$_5$ 65–67°, durch 2std. Erhitzen vorst. Verb. mit 10%ig. HCl, Einengen im Vakuum u. Zugabe von $K_2CO_3$; 65%. *Oxim*, $C_8H_{14}N_2O$, F. 117–118°; aus Isopropyläther Prismen. *Pikrat*, $C_{14}H_{16}N_4O_8$, F. 147–148°; aus A. gelbe Nadeln. (+)-*Isomeres*, Kp.$_{15}$ 90–93°, a) durch 2 Tage langes Stehen eines Gemisches aus 3,6 g **IV** u. 8,5 g **V** in Aceton bei Raumtemp., Filtrieren u. Umwandlung des erhaltenen *Sulfonats-Monohydrats* {$C_{18}H_{28}BrNO_5S \cdot H_2O$, F. 130–131°; $[\alpha]_D^{17}$ $+56,8°$ (c = 2,07; W.); aus Aceton Prismen; 8,3 g}; $[\alpha]_D^{13}$ $+0,93°$ (c = 4,3; A.); b) durch mehrstd. Stehen eines Gemisches aus 5,6 g **IV** u. 9,5 g d-Campher-10-sulfonsäure in Aceton/Ae. unter Eiskühlung, Filtrieren u. Umwandlung des erhaltenen (+)-*Hexahydro-5H-indolizinon-(8)-10-sulfonat-Monohydrats* {$C_{18}H_{29}NO_5S \cdot H_2O$, F. 97–101°; $[\alpha]_D^{15}$ $+16°$ (c = 2; W.); aus Aceton Prismen; 5 g. *Oxim, Hydrochlorid*, $C_8H_{15}ClN_2O$, F. 176; $[\alpha]_D^{14}$ $+7,9°$ (c = 1,7; W.); aus A. Prismen}. – (+)-*1-[Äthoxycarbonylpropyl]-2-äthoxycarbonylpiperidin*, $C_{14}H_{25}NO_4$, Kp.$_{0,05}$ 120 bis 130°, analog **B**; $[\alpha]_D^{30}$ $+46°$ (c = 2,34; A.); 74%. – *Hexahydro-2H.6H-chinolizinon-(1)* (**VI**), Kp.$_{3-5}$ 80–90°, aus vorst. Verb. u. **I** in Aceton in Ggw. von $K_2CO_3$. *Pikrat*, F. 166–167°; aus A. gelbe Nadeln. *Semicarbazon*, F. 214°; aus A. Prismen. *Oxim, Hydrochlorid*, F. 214°; aus A./Isopropyläther Nadeln. (–)-*Isomeres*, Kp.$_8$ 93 bis 95°, aus 5,8 g **VI** u. 12 g **V** in Aceton u. Umwandlung des erhaltenen *Sulfonats* {$C_{19}H_{30}BrNO_5S$, F. 195–196°; $[\alpha]_D^{20}$ $+61,2°$ (c = 2; W.); aus Aceton Prismen; 4 g}; $[\alpha]_D^{10}$ $-37°$ (c = 5,5; A.); daneben (+)-*Isomeres* {$[\alpha]_D^{20}$ $+22,7°$ (c = 1,88; A.). *Oxim, Hydrochlorid*, $[\alpha]_D^{20}$ $+38,6°$ (c = 1; W.)}. *Oxim, Hydrochlorid*, $C_9H_{17}ClN_2O$, F. 218 bis 219°; $[\alpha]_D^{13}$ $-62,1°$ (c = 1,2; W.); aus A./Isopropyläther Prismen. *Oxim*, $C_9H_{16}N_2O$, F. 139–140°; $[\alpha]_D^{34}$ $-62,4°$ (c = 0,8; A.); aus Isopropanol Prismen. – (+)-*1-Oxo-2-äthoxycarbonyloctahydrochinolizin*, $C_{12}H_{19} \cdot NO_3$, Kp.$_{0,15}$ 109–115°, aus vorvorst. Verb. analog **A**; $[\alpha]_D^{32}$ $+38,6°$ (c = 3; A.); 26%. – (–)-*3-Äthoxycarbonyl-1.2.3.4-tetrahydroisochinolin*, Kp.$_{0,2}$ 115–121°, aus L-Phenylalanin; $[\alpha]_D^{20}$ $-76,8°$ (c = 0,7; A.); 60%. *Hydrochlorid*, $C_{12}H_{16}ClNO_2$, F. 203–205° (Zers.; A.). *Pikrat*, $C_{18}H_{18}N_4O_9$, F. 198–199°; aus A. gelbe Nadeln. – (–)-*2-[Äthoxycarbonylpropyl]-3-äthoxycarbonyl-1.2.3.4-tetrahydroisochinolin*, $C_{18}H_{25}NO_4$, Kp.$_{2-3}$ 180–190°, aus vorst. Verb. analog **B**; $[\alpha]_D^{28}$ $-7,4°$ (c = 5; A.); 58%. – (–)-*1-Oxo-2-äthoxycarbonyl-1.3.4.6.11.11a-hexahydro-2H-benzo-[b]-chinolizin*, $C_{16}H_{19}NO_3$, F. 79–79,5°, durch 1std. Kochen eines Gemisches aus vorst. Verb. u. NaH in Dioxan unter $N_2$, Einengen im Vakuum, Lösen in wenig W., Neutralisieren mit Essigsäure u. Extrahieren mit Bzl.; $[\alpha]_D^{28}$ $-13,3°$ (c = 1,5; A.); aus wss. A. gelbe Nadeln; 53%. – *1-Oxo-3.4.11.11a-tetrahydro-2H.6H-benzo-[b]-chinolizin*, $C_{13}H_{15}NO$, F. 96–98°, durch Erhitzen vorst. Verb. mit 10%ig. HCl; aus A. gelbe Platten; 59%.

K.-P. Hilgetag 3231△

*1300* **Synthese von substituierten Oktahydroindolo-[2.3:a]-chinolizinen. Bildung eines neuen Ringsystems.** Cs. Szántay, L. Töke, K. Honty und Gy. Kalaus. (J. org. Chemistry **32** (1967) 2, 423–27; Inst. of Organ. Chem., Techn. Univ., Budapest, Hungary; engl.) – Vf. untersuchen die Rk. von α,β-ungesätt. Ketonen mit 3.4-Dihydro-β-carbolin (**III**) u. erhalten je nach den Rk.-Bedingungen als Hauptprod. *Octahydro-2-oxoindolo-[2.3:a]-chinolizine* sowie Deriv. des *Dekyhadropyrimido-(2.1:a;4.3:a]-di-β-carbolin-Ringsystems.* Die Struktur des neuen Ringsyst. wird an Hand physikal. u. chem. Unters. aufgeklärt. IR- u. UV-Maxima sowie NMR-Daten vgl. Original.

Versuche: *4-Methylen-5-oxocapronsäuremethylester* (**VIII**) Kp.$_2$ 70–72°, a) aus α-Acetylglutarsäurediäthylester u. n NaOH bei Raumtemp., Umsetzung mit Dimethylaminhydrochlorid u. 30%ig. wss. Formaldehyd bei Raumtemp. u. Rk. mit methanol. HCl bei Siedetemp.; 21% (Ausb.); daneben durch Rk. der Mutterlauge mit $CH_3J$ in Methanol 30% *4-[Dimethylaminomethyl]-5-oxocapronsäuremethylester, Methojodid* [**I**; $C_{11}H_{22}JNO_3$, F. 118 bis 119° (Methanol/Ae.)]; b) aus **I** u. wss. NaOH; 87%. *Dinitrophenylhydrazon*, $C_{14}H_{16}N_4O_6$, F. 123–124°. – *3-Methylenlävulinsäuremethylester*, Kp.$_{14}$ 95–100°, a) aus Acetylbernsteinsäurediäthylester analog vorst. nach a); 69%; daneben durch Rk. der Mutterlauge mit $CH_3J$ in Methanol *3-[Dimethylaminomethyl]-lävulinsäuremethylester, Methojodid* [**II**; $C_{10}H_{20}JNO_3$, F. 143°]; b) aus **II** analog vorst. nach b). *Dinitrophenylhydrazon*, $C_{13}H_{14}N_4O_6$, F. 130°. – 9-Acetyl-5.6.7.8.9.9a.15.16.17.17a-dekahydropyrimido-[2.1:a; 4.3:a]-di-β-carboline: *9-Äthyl-* (**IV**), $C_{28}H_{30}N_4O$, F. 208° (Dioxan/W.), a) aus 3-Äthylbuten-(3)-on-(2) (**VII**) u. **III** in A. bei Raumtemp. (Meth. **A**); 78%; daneben wenig *2-Oxo-3-äthyl-1.2.3.4.6.7.12.12b-octahydroindolo-[2.3:a]-chinolizin* (**V**); b) analog in DMF bzw. ohne Lsgm. bei Raumtemp.; c) aus 0,1 g 2-[2-Acetylbutyl]-3.4-dihydro-β-carboliniumperchlorat in W. unter Erwärmen; 0,08 g; d) aus 0,1 g 2-[2-Acetylbutyl]-3.4-dihydro-β-carboliniumchlorid u. **III** in A. in Ggw. von Na-Äthylat bei Raumtemp.; 50 mg. – *9-Methyl-*, $C_{27}H_{28}N_4O$, F. 218–219° (Dioxan/W.), analog **A**; 34%. – *9-n-Propyl-*, $C_{29}H_{32}N_4O$, F. 197–198° (Dioxan/W.), aus 2-n-Propylbuten-(1)-on-(3) [Kp.$_{748}$ 140–143°, nach Szantay u. Rohaly, Chem. Ber. **96**, 1788 (1963); 50%] u. **III** analog **A**; 52,8%. – *9-[Methoxycarbonylmethyl]-* (**IX**), $C_{29}H_{30}N_4O_3$, F. 185–186° (Dioxan/W.); analog **A**; 41%. – *9-[β-Methoxycarbonyläthyl]-*, $C_{30}H_{32}N_4O_3$, F. 184–185° (Dioxan/W.); analog **A**; 46%. – *2-[2-Acetylbutyl]-3.4-dihydro-β-carboliniumperchlorat*, $C_{17}H_{21}ClN_2O_5$, F. 148–150° (A.), aus **IV** u. alkohol. HCl u. Rk. mit $HClO_4$ bei pH 7; 87%. – *2-[2-Acetylbutyl]-1.2.3.4-tetrahydro-β-carbolin*, $C_{17}H_{22}N_2O$, F. 141°, aus 1-Hydroxy-2-[2-acetylbutyl]-1.2.3.4-tetrahydro-β-carbolin (**VI**) u. $H_2$ in Methanol in Ggw. von 8%ig. Pd-Kohle; 35%; daneben wenig **V**; b) aus **IV** u. $H_2$ in äthanol. HCl in Ggw. von 10%ig. Pd-Kohle; 50,8%; c) aus 1.2.3.4-

Tetrahydro-β-carbolin u. 2-Äthylbuten-(1)-on-(3) (**VII**) in Aceton bei Raumtemp.; 38,3%. — 2-Oxo-1.2.3.4-6.7.12.12b-octahydroindolo-[2.3:a]-chinolizine: *3-Äthyl-* (**V**), $C_{17}H_{20}N_2O$, F. 208° (A.), a) aus **III** u. **VII** in äthanol. HCl bei Siedetemp. (Meth. **B**); 39%; b) aus **IV** u. 2 n HCl bei 100°; 45%; c) aus **VI** in A. bei Raumtemp.; 42%. — *3-Methyl-*, $C_{16}H_{18}N_2O$, F. 213—214° (A.); analog **B**; 50%. — *3-n-Propyl-*, $C_{18}H_{22}N_2O$, F. 203—204° (A.), analog **B**; 36%. — *3-Isobutyl-*, $C_{19}H_{24}N_2O$, F. 172—173° (A.), analog **B**; 46%. — *3-Benzyl-*, $C_{22}H_{22}N_2O$, F. 227 bis 228° (A.); 93,6%. — *3-[β-Methoxycarbonyläthyl]-*, $C_{19}H_{22}N_2O_3$, F. 209—211° (DMF/W.), a) aus **III** u. **VIII** in Methanol bei Siedetemp.; 41%; b) aus **III** u. **I** in Methanol bei Siedetemp.; 62%. — *3-[Methoxycarbonylmethyl]-*, $C_{18}H_{20}N_2O_3$, F. 216° (Methanol/W.), aus **IX** u. methanol. HCl; 50%. — *3-Äthyl-12-methyl-*, $C_{18}H_{22}N_2O$, F. 184—185° (A.), a) aus **III** u. K in fl. $NH_3$ in Ggw. von $Fe_2(NO_2)_3$ in Ae. bei Siedetemp., Rk. mit $CH_3J$ bei Siedetemp. u. Umsetzung des erhaltenen *9-Methyl-3.4-dihydro-β-carbolins* [$C_{12}H_{12}N_2$, F. 153—154° (Dioxan/W.)] mit **VI** analog **B**; 46,1%; b) analog **A**; 10%. — *2.2'-Bis-[β-äthoxycarbonyläthyl]-1.1'.2.2'.3.3'.4.4'-oktahydro-1.9:9'.1'β-carbolinylen*, $C_{32}H_{36}N_4O_4$, F. 182° (Zers.; Essigester), aus **III** u. Acrylsäureäthylester in A. bei Raumtemp.; 79%. — *2-[β-Äthoxycarbonyläthyl]-1.2.3.4-tetrahydro-β-carbolin*, $C_{16}H_{20}N_2O_2$, F. 125—126° (A.), aus vorst. Verb. u. $H_2$ in DMF; 100%. — *2.2'-Bis-[β-cyanäthyl]-1.1'.2.2'.3.3'.4.4'oktahydro-1.9:9'.1'-β-carbolinylen*, $C_{28}H_{28}N_6$, F. 192°, aus **III** u. Acrylonitril analog vorvorst. Meth.; 81,5%.

K.-P. Hilgetag 3231△

*1301* **Optische Rotationsdispersion und Zirkulardichroismus. 1. Mitt. Absolute Konfiguration von cyclischen α-Aminoketonen und die Oktett-Regel.** Shun-ichi Yamada und Takehisa Kunieda. (Chem. pharmac. Bull. [Tokyo] **15** (1967) 4, 490—98; Fac. of Pharm. Sci., Univ. of Tokyo; Hongo 7, Tokyo; engl.) — Vf. bestimmen die abs. Konfig. einer Reihe *cycl. Ketone*, wie *Hexahydro-5H-indolizinon-(1)*, *(—)-Hexahydro-2H.6H-chinolizinon-(1)* (**I**), *3.4.11.11a-Tetrahydro-2H.6H-benzo-[b]-chinolizinon-(1)* u. *3.4.11.11a-Tetrahydro-1H.6H-benzo-[b]-chinolizinon-(2)* durch chem. Vgl. mit Indolizidin, 1-Methylchinolizidin, 1.3.4.6.11.11a-Hexahydro-2H-benzo-[b]-chinolizin u. Phenylalanin. IR- u. UV-Maxima vgl. Original.

Versuche: *S-(—)-Hexahydro-1H-pyrrolizinon-(1)*, Kp.$_{4-5}$ 65°, durch Überführung von L-Prolin in *(—)-2-Äthoxycarbonylpyrrolidin-1-propionsäureäthylester* [87% (Ausb.)], Dieckmann-Kondens. u. Decarboxylierung; $[\alpha]_D^9$ —49,7° (c = 2,5; A.); 39%. — *(—)-Hexahydro-5H-indolizinon-(1)*, Kp.$_{1-2}$ 68—70°, nach Watanabe, [Arzneim.-Forsch. **15**, 1284 (1965)] aus d-3-Bromcampher-8-sulfonsäure (**II**) (Meth. **A**), $[\alpha]_D^{24}$ —105° (c = 4,6; A.). — *(—)-Octahydroindolizinol-(1)*, Kp.$_3$ 90—95°, durch Red. vorst. Verb. mit $LiAlH_4$; $[\alpha]_D^{27}$ —113° (c = 1,28; A.); 68%. *Tosylderiv.*; $[\alpha]_D^{24}$ —23° (c = 0,89; A.); 60% [*Pikrat*, $C_{21}H_{25}N_4O_{10}S$, F. 181—183°; aus A. gelbe Nadeln]. *Pikrat*, F. 155—159°. — *(+)-Octahydroindolizin*, Kp.$_{10-15}$ 50—60°, durch Zugabe vorst. Tosylats zu $LiAlH_4$ in THF; $[\alpha]_D^{25}$ +3,2° (c = 1,76; A.); 22%. *Pikrat*, $C_{14}H_{18}N_4O_7$, F. 230—232°; aus A. gelbe Nadeln. — *(—)-Hexahydro-2H.6H-chinolizinon-(1)* (**I**), Kp.$_8$ 93—95°, analog **A**; $[\alpha]_D^{10}$ —37° (c = 5,5; A.). *Oxim, Hydrochlorid* {$[\alpha]_D^{20}$ +38,6° (c = 1,04; W.)} — *Methyltriphenylphosphoniumjodid*, F. 183—184°, aus Triphenylphosphin u. $CH_3J$; 100%. — *(+)-1-Methyloctahydrochinolizin*, $C_{10}H_{19}N$, Kp.$_{10}$ 78°, aus vorst. Verb. u. Na in fl. $NH_3$ in Ggw. von $Fe_2(NO_3)_3$ u. Rk. mit **I**; $[\alpha]_D^{26}$ +23,3° (c = 2,22; A.); 73%. *Pikrat*, $C_{16}H_{22}N_4O_7$, F. 155—156°; aus Essigester/Ae. gelbe Nadeln. *Tetrachloroaurat*, $C_{10}H_{18}AuCl_4N$, F. 142 bis 143°; aus wss. A. gelbe Prismen. — *(+)-3.4.11.11a-Tetrahydro-2H.6H-benzo-[b]-chinolizinon-(1)*, $C_{13}H_{15}NO$, F. 62—64°, aus 4 g der dl-Verb. u. 6,4 g **II** Suspendieren von 2,3 g des erhaltenen *Salzes* [$C_{23}H_{30}BrNO_5S$, F. 187 bis 190°; aus A. Prismen; $[\alpha]_D^{29}$ +87,5° (c = 0,8; W.) 2,4 g] u. Alkalisieren; aus A./n-Hexan gelbe Prismen; $[\alpha]_D^{28}$ +89,6° (c = 0,77; A.); 0,9 g. *Tosylhydrazon*, $C_{20}H_{23}N_3O_2S$, F. 190—191° (Zers.); aus A. Prismen; $[\alpha]_D^{28}$ +42,6° (c = 0,82; $CHCl_3$); 0,6 g. — *(+)-1.3.4.6.11.11a-Hexahydro-2H-benzo-[b]-chinolizin*, $C_{13}H_{17}N$, F. 42—47°, aus vorst. Tosylhydrazon; $[\alpha]_D^{14}$ +29,3° (c = 0,28; A.); 16%. *Hydrochlorid*, $C_{13}H_{18}ClN$, F. 255—258°; aus A./Isopropyläther Nadeln; $[\alpha]_D^{15}$ +25,5° (c = 0,22; A.). — *(—)-1.2.3.4-Tetrahydroisochinolin-3-carbonsäureäthylester*, Kp.$_{0,08}$ 130—135°, aus L-Phenylalanin analog der Pictet-Spengler-Rk. u. Veresterung des erhaltenen *1.2.3.4-Tetrahydroisochinolin-3-carbonsäure-Hydrochlorids* [80%] mit $SOCl_2$/A.; gelbe Fl.; $[\alpha]_D^{30}$ —92,4° (c = 1,22; A.). *Hydrochlorid*, $C_{12}H_{16}ClNO_2$, F. 203—205° (A.); $[\alpha]_D^{28}$ —92,1° (c = 1,1; W.). *Pikrat*, $C_{18}H_{18}N_4O_9$, F. 198—200° (Zers.); aus A. gelbe Nadeln. — *(—)-3-Hydroxymethyl-1.2.3.4-tetrahydroisochinolin*, $C_{10}H_{13}NO$, F. 118—119°, durch Red. vorst. Verb. mit $LiAlH_4$; aus Bzl. Prismen; $[\alpha]_D^{18}$ —101,4° (c = 2; A.); 90%. — *3-Hydroxymethyl-1.2.3.4-tetrahydroisochinolin-2-propionitril*, Kp.$_{0,05}$ 150°, aus 10 g vorst. Verb. u. 20 g Acrylnitril; oranges Öl; 11 g. — *(+)-3-[Äthoxycarbonylmethyl]-1.2.3.4-tetrahydroisochinolin-2-propionsäureäthylester*, $C_{18}H_{25}NO_4$, Kp.$_{0,06}$ 178—184°, aus 10 g vorst. Verb. u. $SOCl_2$, Zugabe von 9,5 g des erhaltenen *3-[Chlormethyl]-1.2.3.4-tetrahydroisochinolin-2-propionitrils* [9,5 g] zu 3,8 g NaCN u. DMS u. Kochen des erhaltenen *Dinitrils* [7,5 g] mit äthanol. HCl; gelbe Fl.; $[\alpha]_D^{22}$ +9,9° (c = 2; A.); 48%. — *(—)-3.4.11.11a-Tetrahydro-1H.6H-benzo-[b]-chinolizinon-(2)*, $C_{13}H_{15}NO$, F. 119,5—120,5°, durch Cyclisieren vorst. Verb. in Dioxan in Ggw. von NaH; aus A./Hexan Prismen; $[\alpha]_D^{24}$ —91° (c = 0,26; A.); 80%. *Oxim, Hydrochlorid*, $C_{13}H_{17}ClN_2O$, F. 250—253° (Zers.); aus Methanol/Isopropyläther Prismen; $[\alpha]_D^{16}$ —65,1° (c = 0,75; A.). — *(—)-1.3.4.6.11.11a-Hexahydro-2H-benzo-[b]-chinolizin*, F. 42—44°, aus vorst. Verb. mit Tosylhydrazin u. $NaBH_4$; $[\alpha]_D^{18}$ —41,2° (c = 1,04; A.); 13%. *Hydrochlorid*, F. 250 bis 253°; aus A./Isopropyläther Nadeln; $[\alpha]_D^{18}$ —40° (c = 0,42; A.). *Pikrat*, $C_{19}H_{20}N_4O_7$, F. 156—158° (A.).

K.-P. Hilgetag 3231△

*1302* **Tricyclische Amine aus azabicyclischen Verbindungen über Carbene.** Sadao Oida und Eiji Ohki. (Chem. pharmac. Bull. [Tokyo] **15** (1967) 4, 545—47;, Central Res. Labor., Sankyo Co., Ltd., Hiromachi-Shimagawa-ku, Tokyo; engl.) — Das aus 3-Methyl-3e azabicyclo-[3.3.1]-nonanon-(9)-tosylhydrazon erhaltene *Na-Salz* [F. 186° (Zers.)] wird bei 170° in Diäthylenglykoldimethyläther zu *3-Methyl-3-azatricyclo-[6.1.0.0$^{5,9}$]-nonan* [$C_9H_{15}N$, Kp.$_{77}$ 109—110°; 67% (Ausb.). *Methojodid, Hemihydrat* (**I**), $C_{10}H_{18}JN \cdot 1/2\,H_2O$, F. 230°. *Pikrat*, $C_{15}H_{18}N_4O_7$, F. 180—195°] zersetzt. Hoffmann-Abbau an **I** liefert *2-Methylen-6α-dimethylaminomethyl-bicyclo-[3.1.0]-hexan* (**II**) [*Hydrochlorid*, $C_{10}H_{18}ClN$, F. 181—183° (Zers.)] das unter Aufnahme von HCl oder Essigsäure zu *1-Methyl-3-dimethylaminomethyl-4-chlorcyclohexen-(1)* [*Hydrochlorid*, F. 179°. *Methojodid*, F. 166° (Zers.)] oder zu *1-Methyl-3-dimethylaminomethyl-4-acetoxycyclohexen-(4)* [*Pikrat*, F. 155—164°] reagiert. Ox. von **II** mit $OsO_4$ gibt *2-Hydroxy-2-hydroxymethyl-6α-dimethylaminomethyl-bicyclo-[3.1.0]-hexan* [F. 76,5 bis 78°], das mit $HJO_4$ in *2-Oxo-6α-dimethylaminomethyl-bicyclo-[3.1.0]-hexan* [*Hydrochlorid*, F. 196—197,5° (Zers.). *Pikrat*, F. 183—186°] übergeführt wird. Nachfolgende Umsetzung mit HCl liefert *3-[Dimethylaminomethyl]-4-chlorcyclohexanon* [*Hydrochlorid*, F. 196° (Zers.). *Pikrat*, F. 172—173,5°]. — Das aus 3-Methyl-3-azabicyclo-[3.2.1]-octanon'-(8)-tosylhydrazon erhaltene *Na-Salz* [F. 147° (Zers.)] wird bei 170° zu *2-Methyl-2-azatricyclo-[5.1.0.0$^{4,8}$]-octan* [**IV**; $C_8H_{13}N$, Kp.$_{75}$ 83—86°. *Methojodid* (**III**), $C_9H_{16}JN$, F. 153° (Zers.)] zersetzt. Hoffmann-Abbau von **III** in W. führt zu **IV**, während in methanol. Lsg. *2α-Methoxymethyl-6α-dimethylamino-bicyclo-[3.1.0]-hexan* erhalten wird. Hydrierung von **IV** liefert *3-Methyl-3-azabicyclo-[3.2.1]-octan* [das auch durch Wolff-Kishner-Red. von 3-Methyl-3-azabicyclo-[3.2.1]-octanon-(8) erhalten wird. *Methojodid*, F. 270° (Zers.)] u. *3-Methyl-3-azabicyclo-[3.3.0]-octan* [*Methojodid*, F. 203—204,5°]. IR-Maxima u. NMR-Daten vgl. Original.

K.-P. Hilgetag 3231△

*1303* **Synthesen von 1.4-Benzodioxin, 1.4-Benzodithiin und monosubstituierten 1.4-Dithiinen.** Werner Schroth, Barbara Streckenbach und Baldur Werner. (Z. Chem. **7** (1967) 4, 152—53; Inst. für Organ. Chem., Karl-Marx-Univ., Leipzig; dt.) — Vgl. J. chem. Soc. [London] **1968**, 590. — *1.4-Benzodioxin* (**II**) erhält man beim Umsatz des Mono-Na-Salzes des Brenzcatechins

(**IV**) mit Chloracetaldehyd-diäthylacetal in sd. Butanol u. Cyclisierung des 2-Hydroxy-2.3-dihydro-1.4-benzodioxin (**I**) mittels $P_4O_{10}$ in Chinolin. **I** kann erhalten werden durch Rk. des **IV** mit Chloressigsäure u. Red. des dabei entstandenen Brenzcatechin - O - essigsäurelactons (**III**) mittels Li{Al[$(CH_3)_3CO]_3H$}, daraus entsteht **II** durch Acetylierung u. Pyrolyse des Acetats. Durch Grignard-Rk. von **III** u. anschließender Dehydratisierung entstehen *2.2-Dialkyl-2.3-dihydro-1.4-benzodioxine. 1.4-Benzodithiine* bilden sich aus o-Phenylendimercaptan u. cis-Dichloräthylen. Letztere geben mit 1.2-Dimercaptoäthen entsprechende 1.4-Dithiine.

Versuche: *2-Hydroxy-2.3-dihydro-1.4-benzodioxin* (**I**), F. 34°, a) aus Mono-Na-Salz des **IV** u. Chloracetaldehyd-diäthylacetal in sd. Butanol u. Hydrolyse des 2-[2.2-Diäthoxyäthoxy]-phenols 35% (Ausb.); daneben [*2-Hydroxyphenoxy*]*-acetaldehyd* (*2.4-Dinitrophenylhydrazon*, F. 179°); b) aus **IV** u. Chloressigsäure sowie Red. mit Li·{Al[$(CH_3)_3CO]_3H$}; 80%. *2-Acetylderiv.*, F. 53°, aus der Stammverb. u. Acetanhydrid. — *Benzodioxin* (**II**), a) aus vorst. Verb. mittels $P_4O_{10}$ in Chinolin; 15%; b) aus dem 2-Acetylderiv. vorst. Verb. bei 450°; 80%. — *2-[2-Hydroxy-2-methyl-propoxy]-phenol*, F. 111°, aus **III** mit $CH_3$Mg-Halogenid. — *2-[2-Hydroxy-2-äthyl-butoxy]-phenol*, F. 92°, analog vorst. Verb. mit $C_2H_5$Mg-Halogenid. — *2.2-Diphenyl-2.3-dihydro-benzodioxin*, F. 71°, aus 2-[2-Hydroxy-2.2-diphenyläthoxy]-phenol mittels Oxalsäure. — *2-Chlor-1.4-dithiin*, Kp.$_{12}$ 84°, aus 1.2-Dimercaptoäthen u. 1.1.2.2-Tetrachloräthan in fl. $NH_3$. — *2-Brom-1.4-dithiin*, Kp.$_{11}$ 100—103°, analog vorst. Verb. mit 1.1.2.2-Tetrabromäthan. — *2-Phenyl-1.4-dithiin*, analog vorst. Verb. mit Phenylchloracetylen.

G. Westphal 3252△

*1304* **Untersuchungen an Heterocyclen.** 25. Mitt. **Umlagerungen von 2-Acyl-1.2-diazabicyclo-[3.2.0]-hepten-(3)-on-(6) in Methanol und in Basen.** James A. Moore, Robert L. Wineholt, Frank J. Marascia, Robert W. Medeiros und Francis J. Creegan. (J. org. Chemistry **32** (1967) 5, 1353—60; Dep. of Chem., Univ., Newark, Del.; engl.) — 24. vgl. ibid. **32**, 1346 (1967). — Ungesätt. Acyldiazabicycloketone werden durch Erhitzen in Methanol in *Acylpyrrolidone* u. *6-Acylamidopyridine* übergeführt, während in wss. Basen *4-Aminopiperidine* erhalten werden. — 23. vgl. C. **1969**, 6-1048.

Versuche: *1-Acetyl-3-methyl-4-phenyl-$\Delta^3$-pyrrolinon-(2)*, $C_{13}H_{13}NO_2$, F. 141—142°, a) aus 2-Acetyl-4-phenyl-5-methyl-1.2-diazabicyclo-[3.2.0]-hepten-(3)-on-(6) (**I**) in Methanol bei Raumtemp.; 60% (Ausb.); b) analog bei Siedetemp.; 35%; daneben 17% *6-Acetamido-3-hydroxy-4-methyl-5-phenylpyridin*, *Monohydrat* (**II**), $C_{14}H_{14}N_2O_2 \cdot H_2O$, F. 110—112° (Essigester)]. — *3-Methyl-4-phenyl-$\Delta^3$-pyrrolinon-(2)*, F. 159—161°, aus vorst. Verb. u. KOH. — *3-Hydroxy-4-methyl-5-phenyl-6-aminopyridin*, F. 195—196°, aus **II** analog vorst. Methode. — *6-Benzamido-3-hydroxy-4-methyl-5-phenylpyridin*, F. 216—217° ($CHCl_3$/Ae.), a) aus 2-Benzoyl-4-phenyl-5-methyl-1.2-diazabicyclo-[3.2.0]-hepten-(3)-on-(6) (**IV**) in Methanol; 63%; daneben 16% *1-Benzoyl-3-methyl-4-phenyl-$\Delta^3$-pyrrolinon-(2)*-[**VI**; $C_{18}H_{15}NO_2$, F. 146° (Methanol); auch analog in Methanol in Ggw. von 0,1102 n HCl; 27%]; b) analog in Methanol in Ggw. von 0,2 n Na-Methylat bei 60°; 30%; daneben 60% **VI**. — *3-Hydroxy-4-amino-4-methyl-5-phenyl-$\Delta^5$-piperideinon-(2)*, $C_{12}H_{14}N_2O_2$, F. 280° (Zers.), aus **I** u. 5%ig. wss. KOH; 38%; daneben 27% *nachst. Verbindung*. — *3-Hydroxy-4-methyl-5-phenylpyridon-(2)* (**III**), $C_{12}H_{11}NO_2$, F. 310 bis 315° (Zers.), aus vorst. Verb. durch Erhitzen. — *3-Acetoxy-4-acetamido-4-methyl-5-phenyl-$\Delta^5$-piperideinon-(2)*, $C_{16}H_{18}N_2O_4$, F. 232—233°, aus 350 mg vorvorst. Verb. u. Acetanhydrid/Py.; 338 mg. — *3-Acetoxy-4-methyl-5-phenylpyridon-(2)*, $C_{14}H_{13}NO_3$, F. 193—195°, aus 64 mg **III** analog vorst. Meth.; 70 mg. — *2-Hydroxy-4-methyl-5-phenyl-1-azachinon*, F. 157—158° (W.), aus **III** u. $NaNO_2$ in 20%ig. $H_2SO_4$; 44%. — *3-Hydroxy-4-amino-4-methyl-5-phenyl-6-methoxypiperidon-(2)*, $C_{13}H_{18}N_2O_3$, F. 177 bis 178° ($CH_2Cl_2$/Ae.), aus 2-Acetyl-3α-methoxy-4β-phenyl-5-methylbicyclo-[3.2.0]-heptanon-(6) u. wss. KOH bei 30°; 38%; daneben 34% **III**. — *3-Acetoxy-4-acetamido-4-methyl-5-phenyl-6-methoxypiperidon-(2)*, $C_{17}H_{22}N_2O_5$, F. 198—200° (Essigester), aus 180 mg vorst. Verb. u. Acetanhydrid/Py. bei 25°; 76 mg. — *1-Amino-2-phenylbuten-(1)-on-(3)* (**V**), $C_{10}H_{11}NO$, F. 96—98° (Methanol/Ae.), aus **IV** u. KOH; 35%; daneben 6% *1-Benzamido-2-phenylbutanon-(3)* [$C_{17}H_{17}NO_2$, F. 125—126° (Ae.); auch aus **V** u. $H_2$ in A. an 10%ig. Pd-Kohle. *Semicarbazon*, $C_{18}H_{20}N_4O_2$, F. 172—174° (A./W.)]. *Tetraphenylboronat*, F. 225—230°. — *3-Methyl-4-phenylpyrazol*, F. 143—144°, aus 85 mg **V** u. Hydrazin; 56 mg.

K.-P. Hilgetag 3272△

*1305* **Vitamin $B_1$ und verwandte Verbindungen.** 107. Mitt. **Synthese von Hydroxyäthylthiamin-Homologen.** Yoshikazu Oka, Eikô Imamiya und Hiroshi Hirano. (Chem. pharmac. Bull. [Tokyo] **15** (1967) 4, 448—53; Chem. Res. Labor., Res. and Develop. Divis., Takeda Chem. Ind., Ltd., Juso, Higashioydogawa-ku, Osaka, Japan; engl.) — 106. vgl. ibid., **15**, 119 (1967). — Es werden dargestellt: 3-[2-Methyl-4-aminopyrimidyl-(5)-methyl]-3a-methylperhydrofuro-[2.3 : d]-thiazole: *2-Benzoyl-* (**I**), $C_{19}H_{22}N_4O_2S$, F. 178—179° (Zers.) aus $H_2S$, NaOH 3-Acetyl-3-chlorpropanol-(1) u. 2-Methyl-4-amino-5-aminomethylpyrimidin mit Phenylglyoxal in A.; aus A. Nadeln; 16% (Ausb.); daneben 46% *7-Benzoyl-2.9a-dimethyl-9-[2-hydroxyäthyl]-5.9.9a.10-tetrahydro-7H-pyrimido-[4.5:d]-thiazolo-[3.4:a]-pyrimidin* [**II**; $C_{19}H_{22}N_4O_2S$, F. 113—118° (Zers.)]. — *2-[p-Brombenzoyl]-*, $C_{19}H_{21}BrN_4O_2S$, F. 153—155° (Zers.), aus p-Bromphenylglyoxal analog vorst.; aus A. Nadeln; 25%; daneben *7-[p-Brombenzoyl]-2.9a-dimethyl-9-[2-hydroxyäthyl]-5.9.9a-10-tetrahydro-7H-pyrimido-[4.5:d]-thiazolo-[3.4:a]-pyrimidin*, $C_{19}H_{21}BrN_4O_2S$, F. 120—123° (Zers.); aus Bzl./Aceton/Methanol (5:5:1) Nadeln. — *2-[p-Methylbenzoyl]-* (**III**), $C_{20}H_{24}N_4O_2S$, F. 165—166° (Zers.), aus 1,5 g p-Tolylglyoxal analog vorvorst. Meth.; aus A. Nadeln; 0,3 g; daneben 0,2 g *7-[p-Methylbenzoyl]-2.9a-dimethyl-9-[2-hydroxyäthyl]-5.9.9a.10-tetrahydro-7H-pyrimido-[4.5:d]-thiazolo-[3.4:a]-pyrimidin*, $C_{20}H_{24}N_4O_2S$, F. 121—127° (Zers.). — *2-Methyl-4-amino-5-aminomethylpyrimidin*, *Dihydrochlorid*, $C_6H_{10}N_4 \cdot 2HCl$, F. 260—262° (Zers.; verd. A.), aus **I** u. verd. HCl; 76%. — *3-[2-Methyl-4-aminopyrimidyl-(5)-methyl]-4-methyl-5-[2-hydroxyäthyl]-thiazoliumchlorid*, *Hydrochlorid*, [*Thiamin*], F. 245° (Zers.), a) aus **I** u. HCl; aus A./W. (5:1) Nadeln; 39%; b) aus **II** u. HCl; 52%. — *2-[α-Hydroxybenzyl]-3-[2-methyl-4-aminopyrimidyl-(5)-methyl]-4-methyl-5-[2-hydroxyäthyl]-thiazoliumdiphosphat*, $C_{19}H_{23}N_4O_2S \cdot H_3PO_4 \cdot H_2PO_4$, F. 161—163° (Zers.), a) aus **I** mit 85%ig. $H_3PO_4$ in A.; aus A./W. (5:1) Nadeln; 65%; b) analog aus **II**; 65%. *Chlorid*, *Hydrochlorid* (**IV**), *Monohydrat*, $C_{19}H_{24}Cl_2 \cdot N_4O_2S \cdot H_2O$, F. 181—183° (Zers.), aus **I**; aus A./W. Nadeln; 34%; daneben mit KSCN 19,5% *2-[α-Hydroxybenzyl]-3-[2-methyl-4-aminopyrimidyl-(5)-methyl]-4-methyl-5-[2-hydroxyäthyl]-thiazoliumrhodanid*, *Hydrogenrhodanid* [$C_{21}H_{24}N_6O_2S_3$, F. 175—176° (Zers.); aus Methanol/Ae. Prismen]. — *2-[4-Brom-α-hydroxybenzyl]-3-[2-methyl-4-aminopyrimidyl-(5)-methyl]-4-methyl-5-[2-hydroxyäthyl]-thiazolium-diphosphat*, *Monohydrat*, $C_{19}H_{22} \cdot BrN_4O_2S \cdot H_2PO_4 \cdot H_3PO_4 \cdot H_2O$, F. 160—163° (Zers.), aus **III** u. 85%ig. $H_3PO_4$; aus A./W. Nadeln; 48%. *Dirhodanid*, $C_{19}H_{22}BrN_4O_2S \cdot SCN \cdot HSCN$, F. 192—193° (Zers.); Nadeln. — *2-[4-Methyl-α-hydroxybenzyl]-3-[2-methyl-4-aminopyrimidyl-(5)-methyl]-4-methyl-5-[2-hydroxyäthyl]-thiazoliumdirhodanid*, $C_{20}H_{25}N_4O_2S \cdot SCN \cdot HSCN$, aus **III** mit KSCN; 15%. — *2-[α-Hydroxybenzyl]-5-[2-hydroxyäthyl]-4-methylthiazol*, $C_{13}H_{15}NOS$, F. 101 bis 102°, aus **IV**; aus Aceton/Ae. Prismen; 77%; daneben 70% *2-Methyl-4-aminopyrimidyl-(5)-methansulfonsäure*. — IR- u. UV-Maxima sowie NMR-Spektren vgl. Original.

K.-P. Hilgetag 3272△

*1306* **Thiaminsulfid.** 19. Mitt. **Bildung von Hypothiaminsäure und verwandte Reaktionen.** Isamu Utsumi, Tonshio Watanabe, Kiyoshi Harada und Goro Tsukamoto. (Chem. pharmac. Bull. [Tokyo] **15** (1967) 10, 1485—92; Pharm. Res. Labor., Tanabe Seiyaku Co., Ltd.; engl.) — 18. vgl. Vitamins **34** (1966) 411; 22. vgl. C. **1968**, 49/50-1546. — O-Benzoylthiamindisulfid-S-monoxid (**I**) geht beim Kochen in wss. A. oder mit Alkali in *O-Benzoylhypothiaminsäure* über, die mit Alkali zur *Hypothiaminsäure* verseift werden kann.

Versuche: *Hypothiaminsäure* (*2-[2-Methyl-4-aminopyrimidyl-(5)]-methylformamido-5-hydroxypenten-(2)-*

*sulfinsäure-(3)*), $C_{12}H_{18}N_4O_4S \cdot 2^1/_2H_2O$, F. 121–122° (A.), aus 700 mg des O-Benzoyl-Deriv. mit äthanol. NaOH; 580 mg (Ausb.). *O-Benzoyl-Deriv.*, $C_{19}H_{22}N_4O_5S$, F. 204–205° (Zers.) (A.), a) aus 1 g O-Benzoylthiamin-disulfid-S-monoxid (I) durch Kochen in wss. A.; 0,25 g; daneben *O-Benzoylthiamindisulfid*; b) aus 0,5 g I mit äthanol. NaOH; 30 mg. — *Thiaminsäure*, F. 212–213° (Zers.) (A.), aus vorst. Verb. mit $H_2O_2$. *O-Benzoyl-Deriv.*, F. 237–238° (Zers.), aus vorst. O-Benzoyl-Deriv. mit $H_2O_2$. R. Becker 3272△

*1307* **Eine geeignete Methode zur stufenweisen Synthese von Oligothymidylatderivaten im großen Maßstab.** Robert L. Letsinger und Kelvin K. Ogilvie. (J. Amer. chem. Soc. **89** (1967) 18, 4801–03; Dep. of Chem., Northwestern Univ., Evanston, Ill.; engl.) — Durch 6std. Rühren von 5'-O-Monomethoxytritylthymidin mit Pyridinium-β-cyanäthylphosphat in Mesitylensulfonylchlorid/Py. bei Raumtemp., Hydrolyse mit W., Extrahieren mit $CHCl_3$, 24std. Rk. mit Thymidin u. Triisopropylbenzolsulfonylchlorid u. nachfolgende Chromatographie entsteht I (F. 126–128°; 64% Ausb. Gemisch aus dem 3'-3'- u. 3'-5-Isomeren). Durch kurzes

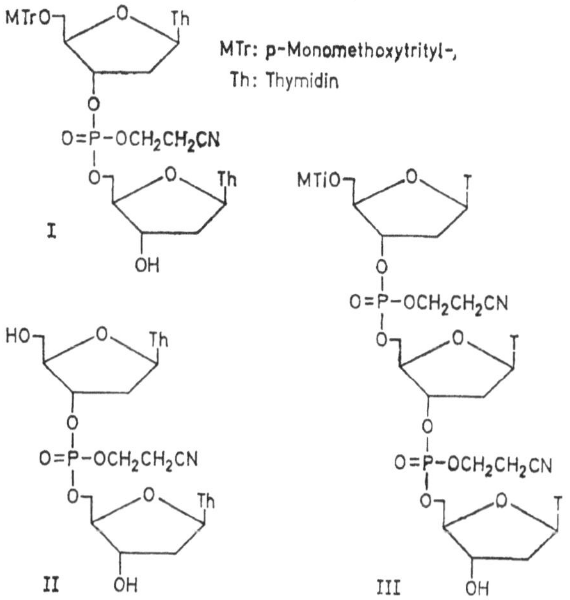


Erwärmen von I mit 80%ig. Essigsäure entsteht II (F. 113–115°), aus dem durch Einw. von $NH_4OH$ bei Raumtemp. *Thymidylylthymidin* erhalten wird. Die Isolierung des reinen 3'–5'-Isomeren von I erfolgt durch Umsetzen mit Monomethoxytritylchlorid in Py. bei Raumtemp., wobei der *Cyanäthylester des 5'-O-Monomethoxytritylthymidylyl-(3' → 5')-thymidins* (F. 126 bis 130°) in 80%ig. Ausb. erhalten wird. Das *Bis-[cyanäthyl]-ester von 5'-O-Monomethoxytritylthymidylylthymidylylthymidin* (**III**, F. 133–136°) wird in 49%ig. Ausb. aus I u. das *Tris-[cyanäthyl]-deriv. von 5'-O-Monomethoxytritylthymidylylthymidylylthymidylyl-thymidin* (F. 144 bis 146°) in 57%ig. Ausb. aus III erhalten. W. Hampel 3272△

*1308* **Ungewöhnliche Azokupplungsreaktionen in der Imidazolreihe.** A. M. Simonov, L. M. Sitkina und A. F. Pozharskii. (Chem. and Ind. **1967, 34,** 1454; Rostov-on-Don State-Univ., USSR; engl.) — o-[Imidazolyl-(1)]-phenyldiazoniumsalze bilden bei pH 5–6 unter intramolekularer Azokupplung *Imidazo-[5.1:c]-1.2.4-benzotriazine*. Bei Blockierung der 5-Position im Imidazol entstehen *Imidazo-[2.3:c]-1.2.4-benzotriazine*. Angaben über $pK_a$-Werte vgl. Original.

Versuche: Imidazo-[5.1:c]-1.2.4-benzotriazine: *Unsubstituiert*, F. 210–211°. — *1-Methyl-*, F. 229–230°. — *7-Methoxy-*, F. 251–252°. — *7-Methyl-*, F. 211–212°. — *7-Brom-*, F. 242–243°. — *7-Nitro-*, F. 194–195°. — *1.2-Tetramethylen-imidazo-[2.3:c]-1.2.4-benzotriazin*, F. 226–229°. G. Westphal 3313△

*1309* **Verdazyle. 15. Mitt. Durch aromatische Systeme N¹,N¹'-verknüpfte Bisverdazyle.** F. A. Neugebauer, H. Trischmann und M. Jenne. (Angew. Chem. **79** (1967) 7, 317; dt.; int. Edit. **6** (1967) 4, 362–63; engl.; Max-Planck-Inst. für Med. Forsch., Inst. für Chem., Heidelberg.) — 14. vgl. C. **1967,** 59-0400. — Das *Bis-verdazyl* **Ia** (F. 190–191°) liegt im Festzustand bis

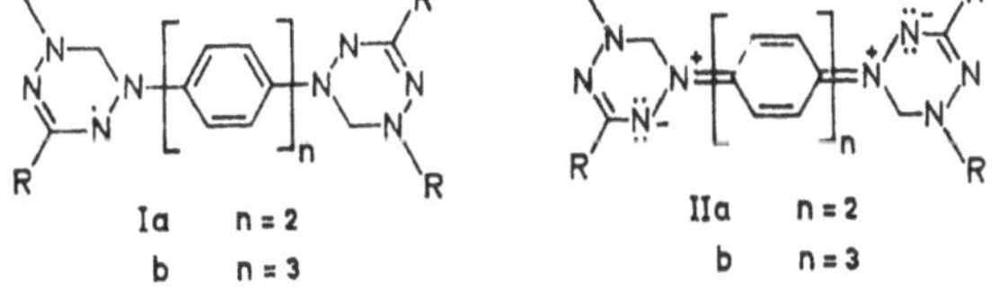


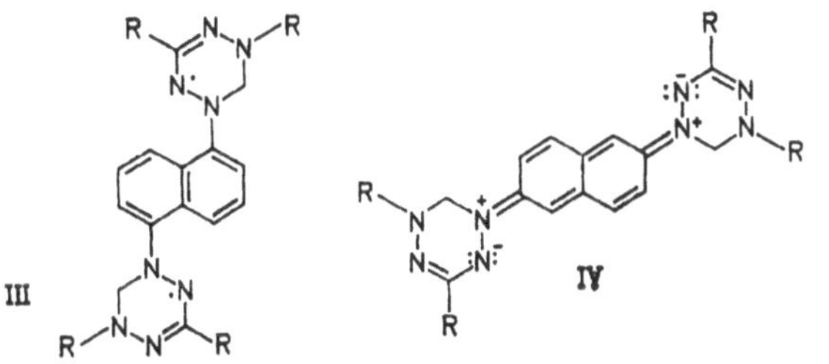


77 °K als Diradikal vor u. steht in Lsg. in einem temperaturabhängigen Gleichgew. mit dem Zwitterion **IIa**. Das *Bis-verdazyl* **Ib** (F. 204–205°) zeigt die diamagnet. Form **IIb** in Lsg. erst bei sehr tiefen Temperaturen. Das *1.5-Bis-verdazylylnaphthalin* (**III**) (F. 158–160°) bleibt im Festzustand u. in Lsg. bis 77 °K ein Diradikal, während das *2.6-Bis-verdazylylnaphthalin* (F. 219–220°) mit dem doppelten Zwitterion **IV** im temperaturabhängigen Gleichgew. steht, das schon bei Raumtemp. auf der Seite der diamagnet. Form liegt. **I, II** u. **IV** sind Verb., die bei gerader Gesamtelektronenzahl in dimagnet. u. paramagnet. „Elektronenisomeren" auftreten (R = $C_6H_5$). R. Becker 3313△

*1310* **Alkoxyverbindungen. 26. Mitt. Synthese und einige Fragen zur Stereochemie alkoxyalkyl-substituierter 1.3.2-Dioxaphosphorinane.** A. V. Bogatskij, A. A. Kolesnik, Ju. Ju. Samitov und T. D. Butova. (Ž. obšč. Chim. **37/99** (1967) 5, 1105–10; Odesskij gos. univ. im Mečnikova; russ.) — Es werden *2-Chlor-* u. *2-Alkoxy-5-alkyl-5-[α-alkoxyäthyl]-1.3.2-dioxaphosphorinane* sowie *2.5-Dialkyl-5-[α-alkoxyäthyl]-1.3.2-dioxaphosphorinan-2-oxide* dargestellt, die auf Grund von NMR-Spektren syn/anti bzw. cis/trans-Gemische bilden. — 27. vgl. C. **1968,** 53-0226.

Versuche: 2-Alkyl-2-[α-alkoxyäthyl]-propandiole-(1.3), durch Red. von Alkyl-[α-alkoxyäthyl]-malonestern mit $LiAlH_4$: *2-Methyl-2-[α-methoxyäthyl]-* (**I**), $C_7H_{16}O_3$, Kp.$_2$ 90–91°; $D_4^{20}$ 1,0366, $n_D^{20}$ 1,4550. — *2-Isopropyl-2-[α-methoxyäthyl]-*, $C_9H_{20}O_3$, Kp.$_2$ 115–116°; $D_4^{20}$ 1,0252, $n_D^{20}$ 1,4654. — *2-Methyl-2-[α-isopropyloxyäthyl]-*, $C_9H_{20}O_3$, Kp.$_1$ 90–91°; $D_4^{20}$ 0,9877, $n_D^{20}$ 1,4485. — *2-Isopropyl-2-[α-isopropyloxyäthyl]-*, $C_{11}H_{24}O_3$, Kp.$_4$ 124°; $D_4^{20}$ 0,9819, $n_D^{20}$ 1,4580. — 2-Chlor-oder (Alkoxy)-5-alkyl-5-[α-alkoxyäthyl]-1.3.2-dixaphosphorinane: *2-Chlor-5-methyl-5-[α-methoxyäthyl]-* (**II**), $C_7H_{14}ClO_3P$, Kp.$_{0,2}$ 63°, a) durch Zugabe von I in Ae. zu $PCl_3$ u. $N(C_2H_5)_3$ in abs. Ae. bei –10°, Filtrieren u. Eindampfen; $D_4^{20}$ 1,1940, $n_D^{20}$ 1,4749; 30% (Ausb.); b) analog mit dem Anionenaustauscher AB-17 ($OH^-$-Form) statt $N(C_2H_5)_3$. — Analog: *2-Chlor-5-isopropyl-5-[α-methoxyäthyl]-*, $C_9H_{18}ClO_3P$, Kp.$_{0,01}$ 62,5°; $D_4^{20}$ 1,1714, $n_D^{20}$ 1,4710; 45%. — *2-Chlor-5-methyl-5-[α-isopropyloxyäthyl]-*, $C_9H_{18}ClO_3P$, Kp.$_5$ 86°; $D_4^{20}$ 1,1172, $n_D^{20}$ 1,4650; 47%. — *2-Chlor-5-isopropyl-5-[α-isopropyloxyäthyl]-*, $C_{11}H_{22}ClO_3P$, Kp.$_{0,02}$ 80°; $D_4^{20}$ 1,1256, $n_D^{20}$ 1,4742; 87%. — *2-Methoxy-5-methyl-5-[α-methoxyäthyl]-* (**III**), $C_8H_{17}O_4P$, Kp.$_7$ 94°, a) aus I u. $PCl_2 \cdot (OCH_3)$; $D_4^{20}$ 1,0829, $n_D^{20}$ 1,4460; b) durch Zugabe eines Gemisches von abs. $CH_3OH$ u. abs. Ae. zu **II** u. $N(C_2H_5)_3$ in abs. Ae. unter Kühlung, Filtrieren u. Eindampfen; 72%. — Analog: *2-Methoxy-5-isopropyl-5-[α-methoxy-*

*äthyl*]-, $C_{10}H_{21}O_4P$, Kp.$_{10}$ 120°; D.$_4^{20}$ 1,0919, $n_D^{20}$ 1,4663; 35%. — *2-Methoxy-5-methyl-5-[α-isopropyloxyäthyl]-*, $C_{10}H_{21}O_4P$, Kp.$_5$ 130°; D.$_4^{20}$ 1,0552, $n_D^{20}$ 1,4489; 30%. — *2-Methoxy-5-isopropyl-5-[α-isopropyloxyäthyl]-*, $C_{12}H_{25}O_4P$, Kp.$_4$ 98°; D.$_4^{20}$ 1,0657, $n_D^{20}$ 1,4635; 35%. — *2-Äthoxy-5-methyl-5-[α-methoxyäthyl]-*, $C_9H_{19}O_4P$, Kp.$_7$ 96°; D.$_4^{20}$ 1,0803, $n_D^{20}$ 1,4519; 32%. — *2-Äthoxy-5-isopropyl-5-[α-methoxyäthyl]-*, $C_{11}H_{23}O_4P$, Kp.$_5$ 97°; D.$_4^{20}$ 1,0111, $n_D^{20}$ 1,4596; 33%. — *2-Äthoxy-5-isopropyl-5-[α-isopropyloxyäthyl]-*, $C_{13}H_{27}O_4P$, Kp.$_{0,03}$ 70°; D.$_4^{20}$ 1,0388, $n_D^{20}$ 1,4578; 80%. — 2.5-Dialkyl-5-[α-alkoxyäthyl]-1.3.2-dioxaphosphorinan-2-oxide: *2.5-Dimethyl-5-[α-methoxyäthyt]-*, Kp.$_6$ 155°, durch 100std. Erhitzen von **III** mit $CH_3J$ im Bombenrohr auf 100°; D.$_4^{20}$ 1,1769, $n_D^{20}$ 1,4639; 60%. — Analog: *2-Äthyl-5-methyl-5-[α-methoxyäthyl]-*, Kp.$_3$ 143°; D.$_4^{20}$ 1,1409, $n_D^{20}$ 1,4030; 30%. — *2-Methyl-5-isopropyl-5-[α-methoxyäthyl]-*, Kp.$_5$ 180°; D.$_4^{20}$ 1,1164, $n_D^{20}$ 1,4550; 30%. — *2-Äthyl-5-isopropyl-5-[α-methoxyäthyl]-*, Kp.$_3$ 160°; D.$_4^{20}$ 1,1168, $n_D^{20}$ 1,4690; 30%. — *2-Methyl-5-isopropyl-5-[α-isopropyloxyäthyl]-*, Kp.$_1$ 135°; D.$_4^{20}$ 1,1055, $n_D^{20}$ 1,4640; 30%. — *2-Äthyl-5-isopropyl-5-[α-isopropyloxyäthyl]-*, Kp.$_1$ 150°; D.$_4^{20}$ 1,0862, $n_D^{20}$ 1,4670; 30%. H. Berger 3343△

*1311* **Eine neue Synthese cyclischer Phosphonsäureester durch Reaktion von Monoolefinen mit P und $O_2$.** R. W. Cummins. (Chem. and Ind. **1967,** 22, 918–19; Inorg. Res. and Develop. Dep., Chem. Res. Center, FMC Corp., Princeton, N.J.; engl.) — Bei der Rk. von Styrol, Cyclohexen, α-Pinen bzw. Octen-(1) mit P u. $O_2$ entstehen sechs- u. achtgliedrige *cyclische Phosphonsäureester*, die gegenüber W. u. Alkoholen stabil sind u. nur 5-wertigen P enthalten, neben den bekannten *Olefin · $P_2O_4$-Addukten* in guter Ausbeute.

Versuche: *2-Oxo-2-hydroxy-4.6-diphenyl-P-(V)-1.2-oxa-phosphorinan*, F. 131–133°, durch 160–165std. Einleiten von Luft in eine benzol. Lsg. von Styrol u. P im Molverhältnis von 0,5 bis 7,7; ist bei 220°/2 mm Hg beständig; 22–70% (Ausb.) im 24:76 bis 83:17-Gemisch mit *2.6-Dioxo-2.6-dihydroxy-4.8-diphenyl-P-(V)-1.5.2.6-dioxa-diphosphocan* (geht bei Vakuumpyrolyse in Styrol, W. u. eine Verb. $C_8H_8O_5P_2$ über, die zu Orthophosphat u. β-Styrolphosphonsäure hydrolysiert); daneben 74–31% *Styrol · $P_2O_4$-Addukt*. — *2-Oxo-2-hydroxy-3.4;5.6-bis-tetramethylen-P-(V)-1.2-oxaphosphorinan*, durch 93std. Rk. von $O_2$ mit Cyclohexen u. P im Molverhältnis 7,7; 61% im 64:63-Gemisch mit *2.6-Dioxo-2.6-dihydroxy-3.4.7.8-bis-tetramethylen-P-(V)-1.5.2.6-dioxa-diphosphocan*; daneben 24% *Cyclohexen · $P_2O_4$-Addukt*. — *2-Oxo-2-hydroxy-4.6-dimethyl-3.4;5.6-bis-[2.4.-isopropylidentetramethylen]-P-(V)-1.2-oxaphosphorinan*, durch 166std. Rk. von $O_2$ mit α-Pinen u. P im Molverhältnis 5,0; 56% im 40:60-Gemisch mit *2.6-Dioxo-2.6-dihydroxy-4.8-dimethyl-3.4;7.8-bis-[2.4-isopropylidentetramethylen]-P-(V)-1.5.2.6-dioxa-diphosphocan*; daneben 18% *α-Pinen · $P_2O_4$-Addukt*. — *2.6-Dioxo-2.6-dihydroxy-4.8-bis-[hexyl]-P-(V)-1.5.2.6-dioxa-diphosphocan*, durch 118std. Rk. von $O_2$ mit Octen-(1) u. P im Molverhältnis 7,7; 61%; daneben 22% *Octen-(1) · $P_2O_4$-Addukt*.
R. Becker 3380△

## C–4. Naturstoffe

*1312* **Natur des Strukturwechsels bei der Mutarotation der Zuckerosazone.** L. Mester, E. Moczar, G. Vass und A. Schimpl. (Carbohydrate Res. [Amsterdam] **5** (1967) 4, 406–15; Inst. de Chim. des Substances Nat., Gif-sur-Yvette, Centre Nat. de la Recherche Sci., Paris; engl.) — Mit Hilfe von Spektren kann die Mutarotation von Zuckerosazonen geklärt werden. Danach kommt es im bas. Medium zur Ausbildung einer NH–N- u. einer NH–O-Chelatstruktur.

Versuche: *3-Methylbuandion-(1.2), 1-Phenylhydrazon*, $C_{11}H_{14}N_2O$, F. 113° (Heptan/Essigsäureäthylester), durch Zugabe von diazotiertem Anilin zu 7,9 g Isobutyrylessigsäureäthylester in wss. äthanol. NaOH bei 4°; 3,4 g (Ausb.). *Bis-[phenylhydrazon]*, $C_{17}H_{20}N_4$, F. 116° (Heptan), aus 0,8 g Monophenylhydrazon mit Phenylhydrazin in wss. alkohol. NaOH; 1,1 g. — *Pentandion-(1.2), 1-Phenylhydrazon*, $C_{11}H_{14}N_2O$, analog vorst. Deriv. aus Butyrylessigsäureäthylester. *Bis-[phenylhydrazon]*, $C_{17}H_{20}N_4$, F. 123°. W. Hampel 3400△

*1313* **Darstellung von D-Arabinohexosulose-bis-semicarbazon und -bis-benzoylhydrazon.** H. El Khadem, G. H. Labib und M. A. Nashed. (Carbohydrate Res. [Amsterdam] **3** (1967) 4, 509; Fac. of Sci., Univ., Alexandria, U.A.R.; engl.) — *D-Arabinohexosulose, Bis-semicarbazon*, $C_8H_{16}N_6O_6$, F. 215° (verd. A.), a) durch 1std. Kochen von 5 g 1-Desoxy-1-p-toluidino-D-fructose mit Semicarbazidhydrochlorid (**I**) u. Na-Acetat in 2 n Essigsäure u. A., 24std. Rk. u. Filtrieren; 0,8 g (Ausb.); b) analog a) aus 5 g 1-p-Anisidino-1-desoxy-D-fructose; 0,75 g; c) durch 4std. Kochen von 5 g D-Glucose, 7 g p-Toluidin bzw. 3 g Anilin, **I** u. Na-Acetat in 2 n wss. äthanol. Essigsäure; 2,3 g; d) analog c) aus 5 g D-Glucosesemicarbazon; 2,5 g. *Bis-benzoylhydrazon*, $C_{20}H_{22}N_4O_6$, F. 188° (A.), a) analog vorst. Deriv. nach a); 2,5 g → 0,8 g; b) analog vorst. Deriv. nach b); 2,5 g → 0,8 g; c) analog vorst. Deriv. nach d); 2,5 g → 1,2 g. R. Gnauck 3400△

*1314* **Ringerweiterung eines Xylofuranosederivates.** Shirin Nahar, W. G. Overend und N. R. Williams. (Chem. and Ind. **1967,** 50, 2114–15; Dep. of Chem., Birkbeck College (Univ. of London), Malet Street, London, W.C.1; engl.) — Vgl. J. chem. Soc. [London] **1965,** 3446. — Die aus 5-O-Benzoyl-1.2-isopropyliden-α-D-xylofuranose u. $RuO_4$ dargestellte *5-O-Benzoyl-1.2-isopropyliden-α-D-erythro-pentofuranos-3-ulose* bildet mit überschüssigem Diazomethan in Ae./Methanol die Epoxide **I** u. **II**. Die Prod. werden durch IR- u. NMR-Spektren (Maxima vgl. Orig.) gekennzeichnet.

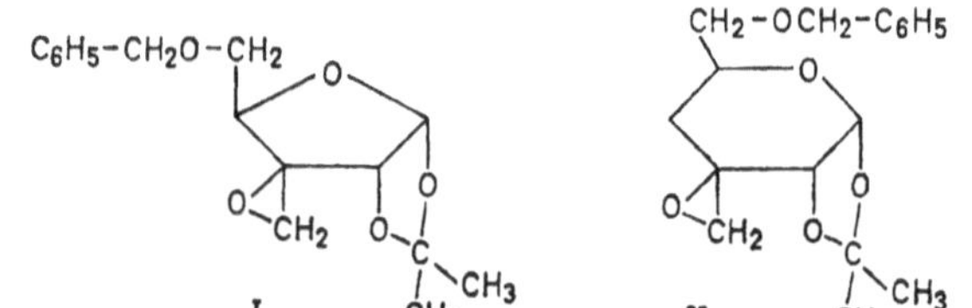

I II

Versuche: *1.2-O-Isopropyliden-3-C-methyl-α-D-pentofuranose*, F. 67–68°, aus **I** u. $LiAlH_4$ in Ae.; $[\alpha]_D^{20}$ +27,5°; daneben Spuren einer isomeren Verbindung. — *Methyl-3-C-methyl-α-D-pentofuranosid*, aus vorst. Verb. in sd. 0,08%ig. methanol. HCl; $[\alpha]_D$ +15,5°. — *5-O-Tosyl-1.2-O-isopropyliden-3-C-methyl-α-D-pentofuranose*, F. 154–155°; $[\alpha]_D^{20}$ +30°. — *3.5-Anhydro-1.2-O-isopropyliden-3-C-methyl-α-D-xylofuranose*, Kp.$_{0,1}$ 160° (Badtemp.), aus vorst. Verb. u. $CH_3ONa$ in Methanol; $[\alpha]_D$ +19,5°. — *4-Desoxy-1.2-O-isopropyliden-3-C-methyl-α-D-xylo-hexopyranose* (**III**), F. 84–85°, aus **II** u. $LiAlH_4$ in sd. THF; $[\alpha]_D^{20}$ −15°; 55% (Ausb.). *Mono-O-tosylat*, F. 95–96,5°; $[\alpha]_D$ −44°. *Methylglycosid*; $[\alpha]_D$ +29,2°. *3.6-Anhydrid*, F. 66–67°, aus **III**-Tosylester u. 40%ig. methanol. $NaOCH_3$; $[\alpha]_D^{20}$ +57,4°.
G. Westphal 3400△

*1315* **Derivate der Zucker-Thioacetale. 39. Mitt. Isopropyliden-Verbindungen der D-Xylosethioacetale.** H. Zinner und J. Milbradt. (Carbohydrate Res. [Amsterdam] **3** (1967) 4, 389–402; Inst. für Organ. Chem., Univ., Rostock; dt.) — 38. vgl. ibid. **2** (1966), 470. — Dargestellt wurden: *2.3;4.5-Di-O-isopropyliden-D-xylose-dimethyldithioacetal* (**I**), $C_{13}H_{24}O_4S_2$, F. 88°, durch Zugabe von konz. $H_2SO_4$ u. Aceton zu D-Xyolsedimethyldithioacetal (**II**) u. abs. $CuSO_4$ in Aceton, mehrstd. Rk. bei 20°, Neutralisieren mit konz. $NH_3$, Filtrieren u. Eindampfen; aus n-Hexan Nadeln; $[\alpha]_D^{20}$ −54,6° (Chloroform); 68%. — *2.3-O-Isopropyliden-D-xylose-dimethyldithioacetal* (**III**), $C_{10}H_{20}O_4S_2$, Kp$_{10^{-4}}$ 140–145°, durch partielle Hydrolyse von **I** in 80%ig. Essigsäure bei 40°; $[\alpha]_D^{20}$ −68,0° (Chloroform); $n_D^{22}$ 1,5310; 43% (liefert durch 2std. Rk. mit abs. $ZnCl_2$ in Aceton bei 20° 78% **I**). — *2.3;4.5-Di-O-isopropyliden-D-xylose-diäthyldithioacetal* (**IV**), $C_{15}H_{28}O_4S_2$, Kp.$_{10^{-4}}$ 80–85°, analog **I**; $[\alpha]_D^{20}$ −51,6° (Chloroform); $[\alpha]_D^{20}$ −66,4° (Aceton); $n_D^{22}$ 1,4960; 65%. — *3.4-O-Isopropyliden-D-xylose-dimethyldithioacetal* (**V**), $C_{10}H_{20}O_4S_2$, F. 109° a) durch mehrstd. Rk. von **II** in Aceton mit abs. $ZnCl_2$ bzw. abs. $CuSO_4$ bei 20°, Aufarbeiten, Eindampfen, Lösen in Bzl., mehrtägiges Stehen bei +6° u. Filtrieren;

34%; daneben durch Chromatographie des benzol. Filtrates an $Al_2O_3$ ein *2.3.4.5-Di-O-isopropyliden-D-xylose-dimethyldithioacetal* [**VI**; $C_{13}H_{24}O_4S_2$, F. 175°; aus PAe. Nadeln; $[\alpha]_D^{20}$ −32,8° (Chloroform); 1,6%]; daneben 23% **I**; daneben 9% *4.5-O-Isopropyliden-D-xylose-dimethyldithioacetal* [**VII**; $C_{10}H_{20}O_4S_2$, Kp.$_{10^{-4}}$ 130–135°; $[\alpha]_D^{20}$ +11,2° (Chloroform); $n_D^{20}$ 1,5312]; b) durch 24std. Rk. von **VII** in Aceton mit abs. $ZnCl_2$ bei 20°; 41%; daneben 20% **VI**; c) analog b) in 1 Std.; aus Bzl./n-Hexan Nadeln; $[\alpha]_D^{20}$ +42,1° (Chloroform); 90% (gibt durch Rk. mit abs. $ZnCl_2$ in Aceton bei 20° 90% **I**). — *2.3;4.5-Di-O-isopropylidenaldehydo-D-xylose*, Kp.$_{10^{-4}}$ 70 bis 90°, durch mehrstd. Rk. von **I** in wss. Aceton mit HgO u. $HgCl_2$ bei 40°; $[\alpha]_D^{20}$ −22,8° (Methanol); $n_D^{20}$ 1,4538; 60%. — *2.3;4.5-Di-O-isopropyliden-D-xylose-semicarbazon*, $C_{12}H_{21}N_3O_5$, F. 179°, aus vorst. Verb. in abs. A. u. Semicarbazid; aus Bzl./n-Hexan Nadeln; $[\alpha]_D^{20}$ −30,5° (Chloroform); 54%. — *L-threo-Dihydroxysuccindialdehyd-1.4-bis-[dimethyldithioacetal]*, F. 118°, durch Ox. von **III** mit Pb-Tetraacetat u. folgende Rk. des entstandenen Produktes mit Methylmercaptan u. HCl in Dioxan; aus n-Hexan Nadeln; $[\alpha]_D^{20}$ −4,4° (Methanol); 61%. — *3.4-O-Isopropyliden-5-O-p-toluolsulfonyl-D-xylosedimethyldithioacetal* (**VIII**), $C_{17}H_{26}O_6S_3$, F. 102°–109°, aus **V** u. p-Toluolsulfochlorid in Py. bei −10°; aus n-Hexan Nadeln; $[\alpha]_D^{20}$ +28,3° (Chloroform); 83%. — *5-O-Benzoyl-3.4-O-isopropyliden-D-xylosedimethyldithioacetal*, $C_{17}H_{24}O_5S_2$, F. 90°, a) durch 3std. Rk. von 5-O-Benzoyl-D-xylose-dimethyldithioacetal in Aceton mit abs. $ZnCl_2$ bei 20°; 35%; b) aus **V** in Py. u. Benzoylchlorid bei −10° u. danach bei 20°; 70%; c) durch Kochen von **VIII** in DMF mit Na-Benzoat; aus n-Hexan Nadeln; $[\alpha]_D^{20}$ +31,3° (Chloroform); 75% (liefert durch mehrstd. Rk. mit 0,1 n Ba-Methylat in Methanol bei 20° 96% **V**). — *2.3-O-Isopropyliden-L-threose-dimethyldithioacetal*, $C_9H_{18}O_3S_2$, Kp.$_{10^{-4}}$ 110–120°, durch 20 Min. lange Rk. von **III** mit Pb-Tetraacetat bei 20°, Filtrieren, Eindampfen, Lösen in Ae., Kochen mit $LiAlH_4$ u. Zers. mit W.; $[\alpha]_D^{23}$ −56,4° (Chloroform); $n_D^{23}$ 1,5183; 69%. — *5-O-Benzoyl-3.4-O-isopropyliden-D-xylose-dimethylacetal* (**IX**), $C_{17}H_{24}O_7$, Kp.$_{10^{-4}}$ 140–145°, durch Rk. vorvorst. Verb. mit $HgCl_2$ u. HgO in Methanol; $[\alpha]_D^{20}$ +31,5° (Chloroform); $n_D^{20}$ 1,5038; 52%. — *5-O-Benzoyl-3.4-O-isopropyliden-2-O-methyl-D-xylose-dimethylacetat*, $C_{18}H_{26}O_7$, Kp.$_{10^{-4}}$ 125–130°, durch 12std. Rk. von **IX** mit $CH_3J$ u. $Ag_2O$ in DMF bei 20°, Filtrieren, Zugabe von NaCN in W., Extrahieren mit Ae. u. Dest.; $[\alpha]_D^{20}$ +24,2° (Chloroform); $n_D^{20}$ 1,4914; 78%. — *2-O-Methyl-D-xylose*, F. 137–138°, durch Kochen vorst. Verb. in Methanol mit 0,5 n HCl, Zugabe von Methanol, Neutralisieren durch Schütteln mit Wofatit L, Filtrieren, Eindampfen, Lösen in Methanol u. Rk. mit 0,1 n Ba-Methylat; aus Methanol/Bzl. Blättchen; $[\alpha]_D^{20}$ −23,5° (W.; gemessen nach 3 Min.); $[\alpha]_D^{20}$ +35,2° (W.; gemessen nach 24 Std.); 50%. — *3.4-O-Isopropyliden-D-xylose-dimethylacetal*, $C_{10}H_{20}O_6$, F. 80°, a) aus **V** in Methanol u. $HgO/HgCl_2$; 47%; b) aus **IX** in Methanol mit 0,1 n Ba-Methylat; aus Ae. Prismen; $[\alpha]_D^{20}$ +45,6° (Chloroform); 94%. — *2.5-Di-O-benzoyl-3.4-O-isopropyliden-D-xylose-dimethyldithioacetal*, $C_{24}H_{28}O_6S_2$, aus **V** u. Benzoylchlorid in Py. bei 0° u. danach 16 Std. bei 20°; $[\alpha]_D^{20}$ +25,5° (Chloroform); $n_D^{20}$ 1,5602; 89%. — *5-Desoxy-3.4-O-isopropyliden-D-xylose-dimethyldithioacetal*, $C_{10}H_{20}O_3S_2$, Kp.$_{10^{-4}}$ 100–105°, durch Kochen von **VIII** in Bzl./Ae. mit $LiAlH_4$, Zugabe von W., Filtrieren u. Dest.; $[\alpha]_D^{20}$ −2,1° (Chloroform); $n_D^{20}$ 1,5035; 46%. — *5-Azido-5-desoxy-3.4-O-isopropyliden-D-xylose-dimethyldithioacetal*, $C_{10}H_{19}N_3O_3S_2$, F. 76°, durch Kochen von **VIII** in DMF mit $NaN_3$; aus n-Hexan Nadeln; $[\alpha]_D^{20}$ +106,6° (Chloroform); 61%. — *5-Amino-5-desoxy-3.4-O-isopropyliden-D-xylose-dimethyldithioacetal*, $C_{10}H_{21}NO_3S_2$, F. 66°, aus vorst. Verb. analog vorvorst. Verb.; aus n-Hexan Nadeln; $[\alpha]_D^{20}$ +28,6° (Chloroform); 74%. — *4.5-O-Isopropyliden-D-xylose-dimethylacetal*, $C_{10}H_{20}O_6$, Kp.$_{10^{-4}}$ 125 bis 130°, aus **VII** in Methanol mit $HgO/HgCl_2$; $[\alpha]_D^{20}$ +18,9° (Chloroform); $n_D^{20}$ 1,4578; 51%. — *4.5-O-Isopropyliden-2.3-di-O-methyl-D-xylose-dimethylacetal*, $C_{12}H_{24}O_6$, Kp.$_2$ 100–110°, aus vorst. Verb. mit $CH_3J$ u. $Ag_2O$ in DMF; $[\alpha]_D^{22}$ +22,3° (Chloroform); $n_D^{22}$ 1,4370; 71%. — *2.3-Di-O-acetyl-4.5-O-isopropyliden-D-xylose-dimethyldithioacetal*, $C_{14}H_{24}O_6S_2$, Kp.$_{10^{-4}}$ 110–120°, aus **VII**, Acetanhydrid u. Py. bei 20°; $[\alpha]_D^{20}$ −7,6° (Chloroform); $n_D^{20}$ 1,4960; 80%. R. Gnauck 3400△

*1316* **Reaktionen von 2-Amino-2-desoxy-D-glucose mit Benzoylacetaldehyd und 1-Phenylbutandion-(1.3).** A. Gómez Sánchez, M. Gómez Guillén und U. Scheidegger. (Carbohydrate Res. [Amsterdam] **3** (1967) 4, 486–501; Cátedra de Quimica Orgánica, Univ. de Sevilla and Inst. de Quimica „Alonso Barba", C.S.I.C., Seville (Spain); engl.) — Dargestellt wurden: *2-Desoxy-2-{[3-oxo-3-phenylpropen-(1)-yl]-amino}-D-glucose* (**I**), $C_{15}H_{19}NO_6$, F. 168–170° (A.), a) durch Zugabe von Benzoylacetaldehyd (**II**) zu 2-Amino-2-desoxy-D-glucosehydrochlorid [**III**; F. 190° (Zers.)] u. $Na_2CO_3$ in W.; 79% (Ausb.); b) analog a) in Triäthylamin/Methanol, jedoch ohne wss. $Na_2CO_3$; $[\alpha]_D^{21}$ +82° (W.); 15% (gibt durch Kochen mit 0,5 n HCl 68% **III**). — *1.3.4.6-Tetra-O-acetyl-2-desoxy-2-{[3-oxo-3-phenylpropen-(1)-yl]-amino}-α-D-glucopyranose*, $C_{23}H_{27}NO_{10}$, F. 180–181° ($CCl_4$), aus **I** in Py. mit Acetanhydrid bei 0°; $[\alpha]_{5461}^{24}$ +286° (Chloroform); 38% (liefert mit 0,5%ig. methanol Na-Methylat *Ausgangsprodukt*). — *1.3.4.6-Tetra-O-acetyl-2-amino-2-desoxy-α-D-glucopyranosehydrochlorid* (**IV**), $C_{14}H_{22}ClNO_9$, F. 188–190°, a) durch Kochen vorst. Verb. in Aceton mit 5 n HCl; 33%; b) analog a) aus 1.3.4.6-Tetra-O-acetyl-2-desoxy-2-{[4-oxopenten-(2)-yl]-amino}-α-D-glucopyranose; $[\alpha]_D^{15}$ +125° (W.); 79%. — *4-Benzoyl-2-[D-arabino-tetrahydroxybutyl]-pyrrol* (**V**), $C_{15}H_{17}NO_5$, F. 197 bis 200° (A.), a) durch mehrstd. Kochen von **I** in A./W. (1:1); 58%; b) durch mehrstd. Kochen von **I** in Methanol mit Triäthylamin; 30%; c) durch $^1/_2$std. Kochen von **III** mit **II** in wss. äthanol. $Na_2CO_3$ u. mehrstd. Rk. bei Raumtemp.; 29%; d) durch Rk. von **III** mit **II** bei pH = 9,1 bei 100°; $[\alpha]_{5461}^{23}$ −48° (Py.); 12%. *Tetra-O-acetylderiv.*, $C_{23}H_{25}NO_9$, F. 107–108° [A./W. (1:2)]; $[\alpha]_{5461}^{24}$ −90° (Chloroform); 87%. — *2-Formyl-4-benzoylpyrrol*, $C_{12}H_9NO_2$, F. 126–128° (A./W.), durch mehrstd. Rk. vorst. Verb. in W./Ae. mit $NaJO_4 \cdot 3H_2O$ unter Rühren; 89%. — *4-Benzoylpyrrol-2-carbonsäure*, $C_{12}H_9NO_3$, F. 224–225° (Zers.; A./W.), aus vorst. Verb. u. $Ag_2O$ in W. bei 100°; 79%. — *3-Benzoylpyrrol*, $C_{11}H_9NO$, F. 97–99° (PAe./Ae.), a) durch Erhitzen vorst. Verb. auf 210–230°; 28%; b) durch Kochen von **I** mit wss. $Na_2CO_3/NaHCO_3$ bei pH = 9,5°; 20%; daneben 36% **V**. — *2-Desoxy-2-{[4-oxo-4-phenylbuten-(2)-yl-(2)]-amino}-D-glucose* (**VI**), $C_{16}H_{21}NO_6$, F. 152–154° (Methanol), durch Kochen von **III** mit 1-Phenylbutandion-(1.3) (**VII**) u. Triäthylamin in Methanol; $[\alpha]_D^{26}$ +212° (Methanol); 25% (gibt durch Kochen mit 0,1 n HCl 59% **VII** u. 22% **III**). — *1.3.4.6-Tetra-O-acetyl-2-desoxy-2-{[4-oxo-4-phenylbuten-(2)-yl-(2)]-amino}-α-D-glucopyranose*, $C_{24}H_{29}NO_{10}$, F. 193–195° (Methanol), durch Rk. vorst. Verb. mit Acetanhydrid in Py. bei 0°; $[\alpha]_{5461}^{24}$ +260° (Chloroform); 66% (gibt durch Kochen mit 5 n HCl in Aceton 79% **IV**). — *2-Methyl-3-benzoyl-5-[D-arabino-tetrahydroxybutyl]-pyrrol*, $C_{16}H_{19}NO_5$, F. 170 bis 171° (Methanol), a) durch 5std. Kochen von **VI** mit Methanol/Triäthylamin; 74%; b) aus **III** u. **IV** in wss. $Na_2CO_3$/Aceton bei pH = 7,5 bei Raumtemp.; $[\alpha]_{5461}^{22}$ −58° (Py.); 16%. *Tetra-O-acetylderiv.*, $C_{24}H_{27}NO_9$, F. 125–127° (PAe./Ae.); $[\alpha]_{5461}^{19}$ −115° (Chloroform); 69%. — *2-Formyl-4-benzoyl-5-methylpyrrol*, $C_{13}H_{11}NO_2$, F. 133–134° [A./W. (1:2)], a) aus vorst. Verb. in W./Ae. mit $NaJO_4 \cdot 3H_2O$; 79%; b) durch mehrstd. Rk. vorst. Verb. in Bzl. mit Pb-Tetraacetat in Ggw. katalyt. Mengen Essigsäure bei 40–50° unter Rühren, Filtrieren u. Einengen im Vakuum; 79%. — *4-Benzoyl-5-methylpyrrol-2-carbonsäure*, $C_{13}H_{11}NO_3$, F. 204–206° [Zers.; Methanol/W. (1:1)], aus vorst. Verb. mit $Ag_2O$ in W. bei 100°; 57%. — $R_F$-Werte sowie KMR-, IR- u. UV-Spektraldaten s. Original. R. Gnauck 3400△

*1317* **Synthese von 6-Desoxy-2.4-di-O-methyl-D-galaktose (Labilose) und 2.4-Di-O-methyl-D-galaktose.** J. H. Westwood, R. C. Chalk, D. H. Ball und L. Long jun. (J. org. Chemistry **32** (1967) 5, 1643–44; Pioneering Res. Div., U.S.Army Natick Labor., Natick Mass.; engl.) — Es wurden dargestellt: *Methyl-2.4-di-O-methyl-β-D-galaktopyranosid*, $C_9H_{18}O_6$, F. 166–169° (Essigester), aus 0,54 g Methyl-3.6-di-O-mesyl-2.4-di-O-methyl-β-D-galaktopyranosid (**I**) u. $LiAlH_4$ in THF bei 50°; $[\alpha]_D^{25}$ −4,8° (c = 1,3; W.); 0,14 g (Ausb.); daneben 0,06 g

*Methyl-3.6-anhydro-2.4-di-O-methyl-β-D-galaktopyranosid*, F. 82°; $[\alpha]_D^{25}$ −74° (c = 0,7; W.). — *2.4-Di-O-methyl-D-galaktose*, F. 105—105,5°, aus vorst. Verbindung. — *Methyl-6-desoxy-6-jod-3-O-mesyl-2.4-di-O-methyl-β-D-galaktopyranosid*, $C_{10}H_{19}JO_7S$, F. 100—101,5° (A.), aus 1,6 g **I** u. NaJ in Methyläthylketon; $[\alpha]_D^{25}$ +20°(c = 1,5; $CHCl_3$); 1,1 g. — *Methyl-6-desoxy-2.4-di-O-methyl-β-D-galaktopyranosid (Methyl-β-D-labilosid)*, $C_9H_{18}O_5$, F. 111° (Hexan), a) aus 0,95 g vorst. Verb. u. $LiAlH_4$ in abs. THF; $[\alpha]_D^{25}$ −19° (c = 1,3; $CHCl_3$); 0,12 g; b) aus **I** u. $LiAlH_4$ in Ae./Bzl. bei Siedetemp.; 60%. — *6-Desoxy-2.4-di-O-methyl-D-galaktose*, $C_8H_{16}O_5$, F. 131—134° (Ae./Hexan), aus 0,05 g vorst. Verb. u. n $H_2SO_4$; $[\alpha]_D^{25}$ +94° (W.); 0,02 g. K.-P. Hilgetag 3400△

*1318* **Synthesen mit Anhydrozuckern.** 5. Mitt. **Synthese von Thiozuckern durch Reaktion von Epoxyzuckern mit Pyridiniumthiobenzoat.** Jan Kocourek. (Carbohydrate Res. [Amsterdam] **3** (1967) 4, 502—05; Dep. of Biochem., Charles Univ., Praha, Czechoslovakia; engl.) — *6-S-Benzoyl-1.2-O-isopropyliden-6-mercapto-α-D-glucofuranose*, $C_{16}H_{20}O_6S$, F. 120—121° (A.), durch Rk. von 1 g 5.6-Anhydro-1.2-O-isopropyliden-α-D-glucofuranose mit Thiobenzoesäure in Py.; $[\alpha]_D^{20}$ +3,0° (Chloroform); 1,5 g (Rohausb.). — *3.5-Di-O-acetyl-6-S-benzoyl-1.2-O-isopropyliden-6-mercapto-α-D-glucofuranose*, F. 116—117° (A.), aus 0,5 g vorst. Verb. mit Acetanhydrid in Py. bei Raumtemp.; $[\alpha]_D^{20}$ +20,0° (Chloroform); 0,3 g. — *Methyl-2-S-benzoyl-4.6-O-benzyliden-2-mercapto-α-D-altropyranosid* (**I**), $C_{21}H_{22}O_6S$, F. 163—165° (A.), analog vorvorst. Verb.; $[\alpha]_D^{20}$ −25,2° (Chloroform); 10,4 g → 7,2 g. — *Methyl-4.6-O-benzyliden-2-desoxy-α-D-ribo-hexopyranosid*, F. 116 bis 117° (Chloroform/A.), durch Kochen von 3,2 g **I** in A. mit Raney-Ni u. Aufarbeiten; $[\alpha]_D^{20}$ +150,9° (Chloroform); 0,7 g; daneben *Benzaldehyd* u. wahrscheinlich *Methyl-2-desoxy-α-D-ribo-hexopyranosid*. — *Methyl-4.6-O-benzyliden-2-mercapto-α-D-altropyranosid* (**II**), F. 170 bis 172° (A.), durch Rk. von 1,6 g **I** mit Na-Methylat in abs. Methanol bei Raumtemp., Zugabe von Eisessig, Einengen im Vakuum u. Zugabe von W.; $[\alpha]_D^{20}$ +77,4° (Chloroform); 1 g (0,3 g der Verb. in Aceton liefern durch partielle Benzoylierung mit Benzoylchlorid/$K_2CO_3$ 0,2 g **I**). — *Methyl-2-S-benzyl-4.6-O-benzyliden-2-mercapto-α-D-altropyranosid*, F. 139—140° (A.), aus 0,37 g **II** in Aceton, Benzylchlorid u. 5%ig. NaOH; $[\alpha]_D^{20}$ +97,6° (Chloroform); 0,3 g. — *Methyl-3-O-acetyl-2-benzoyl-4.6-O-benzyliden-2-mercapto-α-D-altropyranosid*, $C_{23}H_{24}O_7S$, F. 130 bis 131° (A.), durch Acetylieren von 1 g **I**; $[\alpha]_D^{20}$ −12,3° (Chloroform); 0,6 g. — *Methyl-3-O-acetyl-2-S-acetyl-4.6-O-benzyliden-2-mercapto-α-D-altropyranosid*, $C_{18}H_{22}O_7S$, F. 94—95°, durch Acetylieren von 1 g **II**; $[\alpha]_D^{20}$ +75,8° (Chloroform); 0,8 g. R. Gnauck 3450△

*1319* **Stereoselektive Ringöffnung von β-D-Mannopyranose-1.2-[alkylorthoacetaten].** Neal E. Franks und Rex Montgomery. (Carbohydrate Res. [Amsterdam] **3** (1967) 4, 511—12; Dep. of Biochem., Univ. of Iowa, Iowa City; engl.) — 20 Min. lange Rk. von 3.4.6-Tri-O-benzyl-β-D-mannose-1.2-[methylorthoacetat] [**I**; F. 78—81° (Ae./PAe.); $[\alpha]_D$ +12,1° ($CH_2Cl_2$)] in $CH_2Cl_2$ mit p-Toluolsulfonsäure (**II**) bei 46,5° führt zur Bldg. von *Methyl-2-O-acetyl-3.4.6-tri-O-benzyl-α-D-mannosid* [**III**; $[\alpha]_D$ +27,9° ($CH_2Cl_2$); 82% (Ausb.)] u. *Methyl-3.4.6-tri-O-benzyl-α-D-mannosid* [α-**IV**; $[\alpha]_D$ +59,7° ($CH_2Cl_2$); 7%]; daneben entsteht wenig β-**IV**. In Methanol/$CH_2Cl_2$ wird aus **I** u. **II** bei 46,5° in 10 Min. ein Gemisch aus 74% **III**, 20% α-**IV** u. 6% β-**IV** erhalten. 24std. Kochen von **I** in 2%ig. methanol. HCl führt ausschließlich zur Bldg. von α-**IV**. Analog erfolgt die Umlagerung von 3.4.6-Tri-O-benzyl-β-D-mannose-1.2-[cyclohexylorthoacetat] bzw. -1.2-[isopropylorthoacetat] stereoselektiv zu den entsprechenden α-D-Mannosiden. Durch Rk. von **I** mit wss. Essigsäure entsteht *3.4.6-Tri-O-benzyl-D-mannose* [F. 98—99° (Ae./PAe.); $[\alpha]_D$ +22,7° ($CH_2Cl_2$)], aus dem durch Ox. mit $JO_4^-$ *2.3.5-Tri-O-benzyl-D-arabinose* [F. 77—80° (Ae./PAe.)] erhalten wird. R. Gnauck 3450△

*1320* **Zur Isomerisierung von acetylierten O-β-D-Glucopyranosiden 5-substituierter 2-Hydroxypyridine.** Günther Wagner und Herta Gentzsch. (Z. Chem. **7** (1967) 8, 310—11; Pharmazeut. Inst., Karl-Marx-Univ., Leipzig; dt.) — Bei der Rk. von 2-[Tetra-O-acetyl-β-glucopyranosyloxy]-pyridin (**I**) mit 200 mg $HgBr_2$ in sd. Toluol konnte mit Hilfe der Dünnschichtchromatographie bereits nach einer Std. das entsprechende *N-β-Isomere* erhalten werden, während erst nach 5—7std. Kochen das *O-α-Isomere* nachweisbar war. Das α-Isomere konnte in ca. 20-%ig. Ausb. erhalten werden u. läßt sich mit $HgBr_2$ in sd. Toluol in *N-[Tetra-O-acetyl-β-glucopyranosyl]-pyridon-(2)* umlagern, jedoch erheblich schwerer als das O-β-Isomere. Daneben treten noch *2.3.4.6-Tetra-O-acetylglucose* (**II**) u. andere Zers.-Prod. auf. Nach 1std. Erhitzen von 2-[Tetra-O-acetyl-β-glucopyranosyloxy]-5-chlorpyridin mit $HgBr_2$ in sd. Xylol entsteht neben dem *N-β-Isomeren* eine Verb. vom F. 124—125° (Methanol; $[\alpha]_D^{20}$ +143° (c = 1; $CHCl_3$); 25% Ausb.), die auch beim weiteren Kochen mit $HgBr_2$ in Xylol ihre Drehung nicht mehr ändert u. das *O-α-Isomere* darstellt. Auf Grund der Unters.-Ergebnisse wird angenommen, daß unter Einw. von $HgBr_2$ in sd. nichtpolaren Lsgm. bei **I** u. den in 5-Stellung substituierten Deriv. (Cl-, Br-, J-, CN-, $NO_2$-) neben dem N-β-Glucosid stets auch das O-α-Isomere entsteht. Der Einfl. des Substituenten kann sich nur quant. auswirken. Bei der Umsetzung von 5-Chlorpyridon-(2) nach Lemieux u. Morgan (Canad. J. Chem. **43** (1965) 2214) entsteht neben dem Ausgangsmaterial, **II** u. einer N-Glucosidfraktion auch eine O-Glucosidfraktion, die ein Gemisch aus **I** u. seinem α-Isomeren darstellt. W. Hampel 3450△

*1321* **Versuche zur Einführung einer Thiolgruppe in die 2′-Position von Uridin.** Takao Sekiya und Tynuson Ukita. (Chem. pharmac. Bull. [Tokyo] **15** (1967) 10, 1498—1502; Fac. of Pharm. Sci., Univ., Tokyo; engl.) — Bei der Rk. von 2.2′-Anhydrouridin mit $H_2S$ entsteht *1-β-D-Arabinofuranosyl-2-thiouracil*. Einw. von Thiobenzoaten bzw. Xanthogenaten auf Uracil-Nucleoside führt nur zur Freisetzung von Uracil.

Versuche: *1-β-D-Arabinofuranosyl-2-thio-uracil*, $C_9H_{12}N_2O_5S$, F. 199—202° (Zers.) (A.), aus *2.2′-Anhydro-1-β-D-arabinofuranosyluracil* u. $H_2S$ in Ggw. von Triäthylamin in DMF; $[\alpha]_D^{24}$ +107° (c = 0,17; W.); 70% (Ausb.); geht durch Kochen mit wss. Chloressigsäure in *1-β-D-Arabinofuranosyluracil* über. — *1-[3′.5′-Di-O-benzoyl-2′-methansulfonyl-β-D-arabinofuranosyl]-uracil*, $C_{24}H_{22}N_2O_{10}S$, F. 185,5—187° (Zers.) (A.), aus 1-[3′.5′-Di-O-benzoyl-β-D-arabinofuranosyl]-uracil u. Methansulfonylchlorid in Ggw. von Py.; $[\alpha]_D^{23}$ +64° (c = 0,46; $CHCl_3$); 85%; gibt mit K-Thiobenzoat bzw. K-Xanthogenat *Spongouridin, Uridin* u. *Uracil*. R. Becker 3450△

*1322* **Synthetische Nucleotide.** 2. Mitt. **Direkte Synthese von Ribonucleotiden.** Motoji Asai, Michiko Miyaki und Bunji Shimizu. (Chem. pharmac. Bull. [Tokyo] **15** (1967) 12, 1856—62; Central Res. Labor., Sankyo Co., Ltd.; engl.) — 1. vgl. ibid. **15** (1967) 1847. — Kondens. von 6-Benzamidopurin mit 2.3-Di-O-benzoyl-5-diphenylphosphoryl-D-ribofuranosylbromid in DMF bei 40—50° u. nachfolgende Entfernung der Schutzgruppen führt zu *Adenosin-5′-phosphat*. Auf die gleiche Weise werden einige andere Purin- bzw. Pyrimidin-Nucleotide dargestellt, wobei sich Nitromethan, DMSO, Acetonitril bzw. Dimethylacetamid als günstige Lsgm. erweisen.

Versuche: *6-Benzamido-9-[5-diphenylphosphoryl]-2.3-di-O-benzoyl-β-D-ribofuranosyl]-purin*, $C_{43}H_{34}N_5O_{10}P$, aus 6-Benzamidopurin u. 5-Diphenylphosphoryl-2.3-di-O-benzoyl-D-ribofuranosylbromid (**I**); $[\alpha]_D^{26}$ −47,6° (c = 0,51; $CHCl_3$); 67% (Ausb.). — *Adenosin-5′-phosphat*, aus vorst. Verbindung. — *9-[5-Diphenylphosphoryl-2.3-di-O-benzoyl]-β-D-ribofuranosyl]-hypoxanthin*, aus Hypoxanthin u. **I**; $[\alpha]_D^{26}$ −50° (c = 0,52; $CHCl_3$); 36,6%. — *Inosin-5′-phosphat*, aus vorst. Verbindung. — *7-[5-Diphenylphosphoryl-2.3-di-O-benzoyl-β-D-ribofuranosyl]-theophyllin*, $C_{38}H_{33}N_4O_{11}P$, aus Theophyllin u. **I**; $[\alpha]_D^{26}$ −30,2° (c = 0,52; $CHCl_3$); 77%. — *7-β-D-Ribofuranosyl-theophyllin-5′-phosphat*, aus 290 mg vorst. Verb.; 60 mg (Ausb.). — *1-[5-Diphenylphosphoryl-2.3-di-O-benzoyl-β-D-ribofuranosyl]-uracil*, $C_{35}H_{29}N_2O_{11}P$, a) aus 4-Äthoxy-1H-pyrimidinon-(2) u. **I** (Meth. **A**) neben nachst. Verb.; $[\alpha]_D^{26}$ −53° (c = 0,51; $CHCl_3$); 15%; b) aus 2-Äthoxy-3H-pyrimidinon-(4) u. **I** (Meth. **B**). — *Uridin-5′-phosphat*, aus vorst. Verbindung. — *3-[5-Diphenylphosphoryl-2.3-*

*di-O-benzoyl-D-ribofuranosyl]-uracil*, $C_{35}H_{29}N_2O_{11}P$, a) analog vorvorst. Verb., Meth. **A**; 46,3%; b) analog vorvorst. Verb., Meth. **B**. — *3-Ribofuranosyluracil-5'-phosphat*, aus vorst. Verbindung. — *1-[5-Diphenylphosphoryl-2.3-di-O-benzoyl-D-ribofuranosyl]-4-acetamido-1H-pyrimidinon-(2)*, $C_{37}H_{32}N_3O_{11}P$, F. 176—177° (A.), aus N-Acetylcytosin u. **I**; $[\alpha]_D^{26}$ —56,7° (c = 0,5; $CHCl_3$); 30,2%. — *1-D-Ribofuranosylcytosin-5'-phenylhydrogenphosphat* (?), aus vorst. Verb. mit methanol. $NH_3$.

R. Becker 3450△

*1323* **Nucleotide.** 7. Mitt. **Darstellung und optische Rotationsdispersion einiger 9β-D-Ribofuranosyl-3.5'-purin-cyclonucleoside.** Alexander Hampton und A. W. Nichol. (J. org. Chemistry **32** (1967) 5, 1688—91; Cancer Res. Unit., Univ. of Alberta, Edmonton, Alberta, Canada; engl.) — 6. vgl. ibid. **31** (1966) 3402. — Es werden dargestellt: *3.5'-Cycloxanthosin-2'.3'-carbonat, Acetat*, $C_{11}H_8 \cdot N_4O_6 \cdot CH_3COOH$, F. 260—264° (Zers.; wss. Essigsäure), aus Xanthosin, $NaHCO_3$ u. Diphenylcarbonat; 51% (Ausb.). — *3.5'-Cycloxanthosin*, $C_{10}H_{10}N_4O_5$, F. 310—314° (W.), aus vorst. Verb. u. 2 n $NH_4OH$; 81%. — *2'.3'-O-Isopropyliden-3.5'-cycloguanosin*, nach Holmes u. Robins, J. org. Chemistry, **28** (1962) 3483. — *3.5'-Cycloxanthosin*, F. 306—308° (wss. Aceton), aus 0,2 g vorst. Verb. u. $Ba(NO_2)_2$; 0,001 g. — *2'.3'-O-Isopropyliden-3.5'-cycloadenosinjodid*, nach Todd et al., J. chem. Soc. [London] **1951,** 2952.

K.-P. Hilgetag 3450△

*1324* **Purin-Nucleoside.** 15. Mitt. **Synthese von 8-Amino- und 8-substituierten Aminopurin-Nucleosiden.** Robert A. Long, Roland K. Robins und Leroy B. Townsend. (J. org. Chemistry **32** (1967) 9, 2751—56; Dep. of Chem., Univ. of Utah, Salt Lake City; Utah; engl.) — Umsetzung von Xanthosin mit $Br_2$ liefert *8-Bromxanthosin*. Durch Austausch des 8-Bromatoms einiger Purinnucleoside werden *8-Amino-* bzw. *8-substituierte Aminopurin ribonucleoside* synthetisiert. — 8. vgl. C. **1966,** 20-0952.

Versuche: Guanosine: *8-Brom-2'-desoxy-*, $C_{10} \cdot H_{12}BrN_5O_4$, F. 210° (Zers.), aus 2'-Desoxyguanosin u. $Br_2$; 46% (Ausb.). — *8-Amino-2'-desoxy-*, $C_{10}H_{14}N_6O_4$, F. > 300° (Methanol/W.), aus vorst. Verb. u. 97%ig. Hydrazin u. Rk. mit Raney-Ni; 81%. — *8-Methylamino-*, $C_{11}H_{16}N_6O_5$, F. > 200° (Zers.), aus 8-Bromguanosin (**I**) u. Methylamin; 55%. — *8-Hydroxyamino-*, $C_{10}H_{14}N_6O_6$, F. > 260° (Zers.; W.), aus **I** u. Hydroxylamin; 39%. — *8-Hydroxylamino-inosin*, $C_{10}H_{13}N_5O_6$, F. 210° (Zers.; Methanol/W.), analog vorst.; 34%. — Xanthosine: *8-Hydroxyamino-, Monohydrat*, $C_{10}H_{13} \cdot N_5O_7 \cdot H_2O$, F. > 300° (W.), analog vorvorst.; 28%. — *8-Brom-*, aus Xanthosin u. $Br_2$; 46%. — *8-Amino-*, $C_{10}H_{13}N_5O_6$, F. 250° (Zers.; W.), aus vorst. Verb. u. 97%ig. Hydrazin; 46%. — Adenosine: *8-Amino-2'-desoxy-*, $C_{10}H_{14}N_6O_3$, F. 138—140° (Essigester/Mtehanol), aus 8-Brom-2'-desoxyadenosin (**II**) u. $NaN_3$ u. Rk. des erhaltenen *8-Azido-2-desoxyadenosins* [52%] mit $H_2$ an 5%ig. Pd–Kohle; 66%. — *8-Äthylamino-2'-desoxy-*, $C_{12}H_{18}N_6O_3$, F. 201—203° (Zers.; Aceton/Methanol), aus **II** u. Äthylamin; 41%. — *8-Methylamino-*, $C_{11}H_{16}N_6O_4$, F. 250° (Zers.), aus 8-Bromadenosin (**III**) u. Methylamin; 63%. — *8-Methylamino-2'-desoxy-*, $C_{11}H_{16}N_6O_3$, F. 225 bis 226° (Zers.; A./Methanol), aus **II** analog vorst.; 63%. — *8-[Äthylamino]-*, $C_{12}H_{18}N_6O_4$, F. 257° (Zers.; A./W.), aus **III** u. 70%ig. wss. Äthylamin; 63%. — *8-Dimethylamino-*, $C_{12}H_{18}N_6O_4$, F. 300° (Zers.; A.), aus **III** u. Dimethylamin; 58%. — *8-Dimethylamino-2'-desoxy-*, $C_{12} \cdot H_{18}N_6O_3$, F. 176—177° (Essigester/Methanol), aus **II** analog vorst.; 31%. — *8-Dimethylaminoinosin*, $C_{12}H_{17}N_5 \cdot O_5$, F. 208—212° (Zers.; Methanol), aus 8-Brominosin (**IV**); 44%. — *8-Aminoinosin, 1,5-Hydrat*, $C_{10}H_{13}N_5O_5 \cdot 1{,}5\,H_2O$, F. 190° (Zers.; A./Methanol), a) aus **IV** u. Hydrazin; 54%; b) aus **IV** u. $NaN_3$ u. Rk. des erhaltenen *8-Azidoinosins* [75%] mit $H_2$ an 5%ig. Pd–Kohle; 52%.

K.-P. Hilgetag 3450△

*1325* **Totalsynthese von dl-Atisin.** Wataru Nagata, Tsutomu Sugasawa, Masayuki Narisada, Toshio Wakabayashi und Yoshio Hayase. (J. Amer. chem. Soc. **89** (1967) 6, 1483—99; Shionogi Res. Labor., Fukushima-ku, Osaka, Japan; engl.) — Vgl. ibid. **85** (1963) 2342. — Vf. beschreiben die Totalsynth. von rac. *Atisin* (**I**) aus dem 1-Oxo-7-methoxy-1.2.3.4.9.10-hexahydrophenanthren. Die Verb. werden durch UV- u. NMR-Spektren gekennzeichnet.

Versuche: *γ-[6-Methoxy-1.2.3.4-tetrahydro-naphthyliden-(1)]-crotonsäuremethylester*, $Kp._{0,9-1}$ 181—185°, aus 360 g 6-Methoxy-tetralon-(1) u. γ-Bromcrotonsäuremethylester in sd. Bzl./Ae. unter $N_2$ u. Zusatz von Zn/$HgCl_2$ in Bzl. sowie Essigsäure; 245 g (Ausb.). — *γ-[6-Methoxy-1.2.3.4-tetrahydro-naphthyliden-(1)]-buttersäure*, F. 79—79,5° (Ae./PAe.), aus 211 g vorst. Verb. durch Hydrierung an Raney-Ni in Dioxan bei Raumtemp. u. Hydrolyse des Buttersäureesters mit methanol. $NaHCO_3$; 41,4 g. — *1-Oxo-7-methoxy-1.2.3.4.9.10-hexahydrophenanthren*, 73,5—75,5° (Ae.), aus 172,5 g vorst. Verb. in sd. Eisessig/Essigsäureanhydrid u. Zn unter $N_2$; 102,1 g. — *(±)-1-Oxo-4aα-cyan-7-methoxy-1.2.3.4.4a.9.10.10a-β-oktahydrophenanthren* (**II**), $C_{16}H_{17}NO_2$ F. 151,5—154,5° (Aceton), a) aus 136,9 mg vorst. Verb. u. $Al(C_2H_5)_3$ sowie HCN in THF unter $N_2$ u. Umsatz mit methanol. 2 n HCl; 16,7 mg; b) analog a) in Ggw. von $Al(C_2H_5)_2Cl$, Versetzen mit Semicarbazid u. Spaltung des Semicarbazons (F. 219—225°; 21 g) mit sd. benzol. 3 n HCl; 75%. *Semicarbazon*, $C_{17}H_{20}N_4O_2$, F. 235—237° ($CHCl_3$/Methanol). *Äthylenketal*, $C_{18}H_{21}NO_3$, F. 160—163° (Ae./Aceton), aus 600 mg **II** u. Äthylenglykol in Ggw. von p-Toluolsulfonsäure in sd. Bzl.; 237 mg. — *1-Oxo-4aα-cyan-7-methoxy-1.2.3.4.4a.9.10.10aα-oktahydrophenanthren*, $C_{16}H_{17}NO_2$, F. 134—135° (Aceton), neben vorst. Verb.; 5%. *Semicarbazon*, $C_{17}H_{20}N_4O_2$, F. 232—234° ($CHCl_3$/Methanol). *Äthylenketal*, $C_{18}H_{21}NO_3$, F. 164—166,5° (Aceton), analog vorst. Verb.; 70%. — *(±)-1-Methoxymethylen-4aα-cyan-7-methoxy-1.2.3.4.4a.9.10.10aβ-oktahydrophenanthren*, $C_{18} \cdot H_{21}NO_2$, F. 97—99° (*Form A*, aus Methanol) u. F. 156 bis 157° (*Form B*, aus Methanol), aus Methoxymethyltriphenylphosphoniumchlorid in Ae. u. Butyl–Li in Hexan bei —10° unter $N_2$ u. Zusatz von 1,5 g **II** in THF; 273 mg. — *(±)-1α-Formyl-4aα-cyan-7-methoxy-1.2.3.4.4a.9.10.10aβ-oktahydrophenanthren*, $C_{17}H_{19}NO_2$, F. 110—112° (Aceton/Ae.), a) aus 30,4 mg der Form A vorst. Verb. in THF u. 30%ig. $HClO_4$ bei Raumtemp.; 16 mg; daneben **III**; 0,8 mg; b) analog a) aus 30,9 mg der Form B; 27,3 mg; c) aus 1,5 g **II** in THF u. Methoxymethylentriphenylphosphoran in Ae. u. Behandeln mit 30%ig. $HClO_4$; 1,42 g. — *(±)-1β-Formyl-4aα-cyan-7-methoxy-1.2.3.4.4a.9.10.10aβ-oktahydrophenanthren* (**III**), $C_{17}H_{19}NO_2$, F. 138—140° (Aceton/Ae.), a) aus 287 mg vorst. Verb. in Methanol u. 2 n NaOH bei Raumtemp. unter $N_2$; 142 mg; b) aus der äther. Lsg. nachst. Verb. durch Behandeln mit 60%ig. $HClO_4$ in Bzl. bei 80—90° u. Epimerisierung analog a); 63%. — *(±)-1-p-Tolyloxymethylen-4aα-cyan-7-methoxy-1.2.3.4.4a.9.10.10aβ-oktahydrophenanthren*, $C_{24}H_{25}NO_2$, F. 161—167° ($CHCl_3$/Methanol), aus p-Tolyloxymethyltriphenylphosphoniumchlorid u. Butyl–Li in Ae. unter $N_2$ u. Zusatz von **II** in THF bei —40°; 75%. — *1β-Methyl-1α-formyl-4aα-cyan-7-methoxy-1.2.3.4.4a.9.10.10aβ-oktahydrophenanthren* (**XII**), $C_{18}H_{21}NO_2$, F. 165—166° (Aceton/

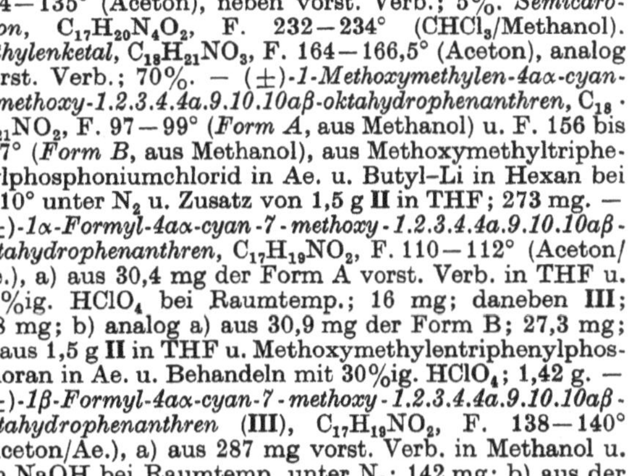


Ae.), aus 1,503 g **III** in Bzl. u. tert.-Butanol mit $CH_3J$ in Ggw. von $(CH_3)_3CONa$ unter $N_2$; 294 mg; daneben *O.N-Dimethyllactam-ol* **IV**; $C_{20}H_{27}NO_3$, F. 154—155° (Aceton); 32 mg u. 27 mg **V**. — *Lactam-ol* **V**, $C_{18}H_{23}NO_3$, F. 208—211° (Aceton/Methylchlorid), a) aus 98 mg vorst. Verb. in sd.

2 n NaOH; 78 mg; b) analog a) in sd. äthanol. NaOH; daneben **VI**; c) analog in 6 n methanol. NaOH; daneben **VII**. — *O-Äthoxylactam-ol* **VI**, $C_{20}H_{27}NO_3$, F. 234—245° ($CHCl_3$/Ae.), aus 60 mg **V** in Bzl./A./$CHCl_3$ u. Orthoameisensäureäthylester in Ggw. von p-Toluolsulfonsäure; 45 mg. — *O-Methoxylactam-ol* **VII**, $C_{19}H_{25}NO_3$, F. 210 bis 218° (Ae./Methylenchlorid), aus 414 g **V** in Methanol/$CHCl_3$ u. 38%ig. HCl bei Raumtemp.; 1,63 g. — (±)-*16.17-Imino-13-methoxy-5β.10α-*$\Delta^{8.11.13}$*-podocarpatrien*, $C_{18}H_{25}NO$, F. 92—93° (Ae.), aus 2,532 g einer Mischung von **VI** u. **VII** in Diglym u. $LiAlH_4$ bei 110° unter $N_2$; 1,65 g. *Hydrochlorid*, $C_{18}H_{26}ClNO$, F. 274—275° (Methanol). — (±)-*16.17-Imino-13-methoxy-5β.10α-*$\Delta^{8.12}$*-podocarpadien* (**VIII**), $C_{18}H_{27}NO$, F. 117—118° (A.), a) analog vorst. Verb. bei 100—110°; b) aus 5,75 g **VII** u. Li in fl. $NH_3$ in THF/tert.-Butanol bei —60° bis —70°; 4,722 g. — (±)-*N-Mesyl-16.17-imino-13-methoxy-5β.10α-*$\Delta^{8.11.13}$*-podocarpatrien*, $C_{19}H_{27}NO_3S$, F. 143—145° (Aceton/Ae.), a) aus 1,497 g 1β-Methyl-1α-mesyloxymethyl-4aα-mesylaminomethyl-7-methoxy-1.2.3.4.4a.9.10.10a-oktahydrophenanthren; 875 mg; b) aus 1,834 g **VIII** in Py. u. Mesylchlorid bei 0°; 2,065 g. — (±)-*N-Methyl-16.17-imino-13-methoxy-5β.10α-*$\Delta^{8.11.13}$*-podocarpatrien* (**X**), $C_{19}H_{27}NO$, F. 85—87 (Pentan), a) aus 65 mg **VIII** in abs. A. u. $CH_3J$ in Ggw. von $K_2CO_3$; 41 mg; b) aus 50,2 mg **IV** u. $LiAlH_4$ in Diglym bei 100° unter $N_2$; 25 mg; c) aus 1,982 g **X** in THF/abs. A. u. Li in fl. $NH_3$ bei —65°; 1,145 g. *Pikrat*, $C_{25}H_{30}N_4O_8$, F. 229—230°. — (±)-*N-Mesyl-16.17-imino-13-methoxy-5β.10α-*$\Delta^{8.12}$*-podocarpadien* (**XI**), $C_{19}H_{29}NO_3S$ F. 164—165° (Aceton/Ae.), aus 12,7 g vorst. Verb. in THF u. Mesylchlorid in Ggw. von NaOH; 16,32 g. — (±)-*N-Acetyl-16.17-imino-13-methoxy-5β.10α-*$\Delta^{8.12}$*-podocarpadien*, $C_{20}H_{29}NO_2$, F. 175—177° (Methylenchlorid/Ae.), aus 199 mg vorvorst. Verb. u. Essigsäureanhydrid in Py. bei Raumtemp.; 196 mg. — (±)-*N-Mesyl-16.17-imino-5β.9β.10α-*$\Delta^{8(14)}$*-podocarpen-13-on* (**XV**), $C_{18}H_{27}NO_3S$, F. 200—202° (Aceton/Ae.), a) aus 15,97 g **XI** in THF/Methanol u. sd. 4 n HCl; 8,5 g; daneben 1,05 g **IX**; b) aus 5,32 g **X** in THF/abs. A. u. Li in fl. $NH_3$; 301 mg; daneben vorvorst. Verb.; 546 mg. — (±)-*N-Acetyl-16.17-imino-5β.9β.10α-*$\Delta^{8(14)}$*-podocarpen-13-on* (**XVII**), $C_{19}H_{27}NO_2$, F. 162—164° (Aceton/Ae.), aus 154 mg vorvorst. Verb. in sd. methanol. 4 n HCl unter $N_2$; 110 mg. — (±)-*N-Mesyl-16.17-imino-5β.10α-*$\Delta^{8(14)}$*-podocarpen-13-on* (**IX**), $C_{18}H_{27}NO_3S$, F. 150—152° (Aceton/Ae.), aus 112 mg **XI** in A. u. Oxalsäuredihydrat bei Raumtemp.; 87 mg. — (±)-*4aα-Aminomethyl-1α-hydroxymethyl-7-methoxy-1β-methyl-1.2.3.4.4a.9.10.10aβ-oktahydrophenanthren* (**XIV**), $C_{18}H_{27}NO_2$, F. 149—150° (Methylenchlorid/Ae.), aus 1,926 g **XII** in THF u. $LiAlH_4$; 1,42 g. — (±)-*N-Mesyl-17-amino-16.17-epoxy-13-methoxy-5β.10α-*$\Delta^{8.11.13}$*-podocarpatrien*, $C_{19}H_{27}NO_4S$, F. 197—199° (Aceton/Ae.), aus 5,124 g **XII** u. $LiAlH_4$ in sd. THF u. Rk. mit Mesylchlorid; 502 mg; daneben **XIII**. — (±)-*4aα-Mesylaminomethyl-1α-hydroxymethyl-7-methoxy-1β-methyl-1.2.3.4.4a.9.10.10aβ-oktahydrophenanthren*, $C_{19}H_{29}NO_4S$, F. 167—168,5° (Aceton/Ae.), aus 634 mg vorst. Verb. u. $LiAlH_4$ in sd. THF; 317 mg. — (±)-*4aα-Mesylaminomethyl-1α-mesyloxymethyl-7-methoxy-1β-methyl-1.2.3.4.4a.9.10.10aβ-oktahydrophenanthren* (**XIII**), $C_{20}H_{31}NO_6S_2$, F. 147—149° (Ae./Methanol), a) aus 346 mg **XIV** in Mesylchlorid in Py. bei Raumtemp.; 469 mg; b) aus 351 mg vorst. Verb. u. Mesylchlorid in Py.; 408 mg. — *trans*-(±)-*N-Mesyl-16.17-imino-8α-cyan-5β.9β.10α-podocarpan-13-on* (**XVI**), $C_{19}H_{28}N_2O_3S$, F. 222 bis 223,5° (Aceton/Ae.), aus 11,32 g **XV** u. **IX** u. HCN/Triäthyl-Al in THF; 526 mg; daneben *cis-Podocarpan-13-on*, F. 204 bis 210° (Aceton); 117 mg. — (±)-*N-Mesyl-16.17-imino-13-oxo-5β.9β.10α-podocarpan*, $C_{18}H_{29}NO_3S$, F. 197—200° (Ae./Methylenchlorid), aus 700 mg **XV** in THF u. Li in fl. $NH_3$ bei 78° u. Rk. mit Mesylchlorid in Ggw. von NaOH sowie mit Jones-Reagenz in Aceton; 378 mg. — (±)-*N-Mesyl-16.17-imino-5β.9β.10α-podocarpan*, $C_{18}H_{31}NO_2S$, F. 140—141,5° (Methylenchlorid/Ae.), aus 213 g vorst. Verb. in Triäthylenglykol u. 80%ig. $N_2H_4 \cdot H_2O$ sowie NaOH bei 190—200°; 167 mg. — (±)-*N-Mesyl-16.17-imino-8α-cyan-5β.9β.10α-podocarpan*, $C_{19}H_{30}N_2O_2S$, F. 162,5—163° (Methylenchlorid/Ae.), aus 457 mg **XVI**, $N_2H_4 \cdot 2\,HCl$ u. 85%ig. $N_2H_4 \cdot H_2O$ in Triäthylenglykol bei 100—110° u. Umsatz mit NaOH; 281 mg. — (±)-*N-Mesyl-16.17-imino-8α-cyan-13.13-äthylendioxy-5β.9β.10α-podocarpan*, $C_{21}H_{32}N_2O_4S$, F. 261—264° ($CHCl_3$/Methanol), aus 1,61 g **XVI** in Bzl./Äthylenglykol u. p-Toluolsulfonsäuremonohydrat; 1,67 g. — (±)-*N-Mesyl-16.17-imino-8α-acetyl-5β.9β.10α-podocarpan-13-on*, $C_{20}H_{31}NO_4S$, F. 228—230° (Methylenchlorid/Methanol), aus 7,77 g vorst. Verb. in THF u. $CH_3Li$ in Ae. unter Eiskühlung; 3,296 g. — (±)-*N-Mesyl-19.20-imino-5β.8α.9β.10α.13α-17-norphyllocladan-13β-ol-15-on*, $C_{20}H_{31}NO_4S$, F. 207—210° (Methanol/Ae.), aus 657 mg vorst. Verb. in A. u. n-KOH unter $N_2$; 553 mg. — (±)-*N-Mesyl-19.20-imino-5β.8α.9β.10α.13α-13β-hydroxy-17-norphyllocladan-15-on-13-acetat* (**XVIII**), $C_{22}H_{33}NO_5S$, F. 254—256° ($CHCl_3$/Methanol), aus 455 mg vorst. Verb. in Py. u. Essigsäureanhydrid bei 130—140°; 484 mg. — (±)-*N-Acetyl-16.17-imino-8α-cyan-5β.9β.10α-podocarpan-13-on*, $C_{20}H_{28}N_2O_2$, F. 198—200° (Ae./Aceton), aus 1,82 g **XVII** u. $(C_2H_5)_3Al$/HCN in THF; 322 mg. — (±)-*N-Acetyl-16.17-imino-8α-cyan-13.13-äthylendioxy-5β.9β.10α-podocarpan*, $C_{22}H_{32}N_2O_3$, F. 126—128° (Methanol/Ae.). aus 233 mg vorst. Verb. in Äthylenglykol u. p-Toluolsulfonsäure · $H_2O$ in Bzl.; 188 mg. — (±)-*N-Acetyl-13β-acetoxy-19.20-imino-5β.8α.9β.10α.13α-17-norphyllocladan-15-on*, $C_{23}H_{33}NO_4$, F. 185—188° (Ae.), aus 140 mg vorst. Verb. in THF u. $CH_3Li$ in Ae. bei Raumtemp.; 9 mg. — (±)-*N-Mesyl-13β-acetoxy-19.10-imino-5β.8α.9β.10α.13α-17-norphyllocladan-15α-ol*, $C_{22}H_{35}NO_5S$, F. 206 bis 207° (Methanol/Ae.), aus 430 mg **XVIII** in THF u. W. mit $BH_3$; 329 mg. — (±)-*N-Mesyl-13β-acetoxy-15α-mesyloxy-19.20-imino-5β.8α.9β.10α.13α-17-norphyllocladan*, $C_{23}H_{37}NO_7S_2$, F. 231—233° ($CHCl_3$/Methanol), aus 277 mg vorst. Verb. in Py. u. Mesylchlorid bei 0°; 316 mg. — (±)-*N-Mesyl-16.17-imino-8α-vinyl-5β.9β.10α-podocarpan-13-on*, $C_{20}H_{31}NO_3S$, F. 208—209° ($CHCl_3$/Methanol), aus 289 mg vorst. Verb. in Dioxan u. sd. wss.-methanol. KOH unter $N_2$. — (±)-*N-Mesyl-16.17-imino-8α-vinyl-13.13-äthylendioxy-5β.9β.10α-podocarpan*, $C_{22}H_{35}NO_4S$, F. 196—197° (Methanol), aus 154 mg vorst. Verb. u. p-Toluolsulfonsäure · $H_2O$ in sd. Bzl./Äthylenglykol; 138 mg. — (±)-*N-Mesyl-16.17-imino-8α-[2'-hydroxyäthyl]-13.13-äthylendioxy-5β.9β.10α-podocarpan* (**XIX**), $C_{22}H_{37}NO_5S$, F. 190—193° (Methanol/Ae.), aus 2,549 g vorst. Verb. in THF u. $B_2H_6$ bei 0°; 2,15 g. — (±)-*N-Mesyl-16.17-imino-8α-[2'-acetoxyäthyl]-13.13-äthylendioxy-5β.9β.10α-podocarpan*, $C_{24}H_{39}NO_6S$, F. 191,5—192,5° (Aceton), aus 34,6 mg vorst. Verb. u. Essigsäureanhydrid in Py. bei Raumtemp.; 18,8 mg. — (±)-*N-Mesyl-16.17-imino-8α-[2'-acetoxyäthyl]-5β.9β.10α-podocarpan-13-on*, $C_{22}H_{35}NO_5S$, F. 168—169° (Aceton/Ae.), aus 15 mg vorst. Verb. u. 70%ig. Essigsäure bei 100°; 10,2 mg. — (±)-*N-Mesyl-16.17-imino-8α-[2'-hydroxyäthyl]-5β.9β.10α-podocarpan-13-on*, $C_{20}H_{33}NO_4S$, F. 167—169° (Aceton/Ae.), aus 2,02 g **XIX** in sd. 70%ig. Essigsäure; 1,745 g. — (±)-*N-Mesyl-16.17-imino-8α.12α-äthylen-5β.9β.10α-podocarpan-13-on*, $C_{20}H_{31}NO_3S$, F. 185—187° (Aceton/Ae.), aus 1,745 g vorvorst. Verb. u. Mesylchlorid in Py. bei 0°; 502 mg. — (±)-*N-Mesyl-16.17-imino-13-methylen-8α.12α-äthylen-5β.9β.10α-podocarpan*, $C_{21}H_{33}NO_2S$, F. 127—128° (Pentan/Ae.), aus Methylentriphenylphosphoran in Ae. u. 500 mg vorst. Verb.; 365 mg. — (±)-*16.17-Imino-13-methylen-8α.12α-äthylen-5β.9β.10α-podocarpan*, $C_{20}H_{31}N$, F. 78—81° (Ae.), aus Li in fl. $NH_3$ u. 159 mg vorst. Verb. in THF/abs. A. bei —73°; 124 g. *Hydrochlorid*, $C_{20}H_{32}ClN$, F. 126—129° (Essigsäureäthylester). — (±)-*N-Acetyl-16.17-imino-13-methylen-8α.12α-äthylen-5β.9β.10α-podocarpan*, $C_{22}H_{33}NO$, F. 153—154,5° (Aceton/Ae.), aus 114 mg vorst. Verb. in THF u. 3 n NaOH sowie Essigsäureanhydrid in THF; 112 mg. — (±)-*N-Acetyl-16.17-imino-8α.12α-äthylen-13-methylen-5β.9β.10α-podocarpan-14α-ol*, $C_{22}H_{33}NO_2$, F. 198 bis 200° (Aceton/Ae.), aus 227 mg vorst. Verb. u. NBS sowie Benzoylperoxid in $CCl_4$ bei 80—90° über (±)-*N-Acetyl-16.17-imino-8α.12α-äthylen-13-brommethyl-*$\Delta^{12(13)}$*-podocarpen* u. das entsprechende *12.13-Epoxid* durch Red. mit Zn in abs. A.; 16,5 mg; daneben *isomeres Podocarpan-14β-ol*, F. 198—199° (Aceton/Ae.); 10,5 mg. — (±)-*N-Acetyl-16.17-imino-13-methylen-8α.12α-äthylen-5β.9β.10α-podocarpan-14-on*, $C_{22}H_{31}NO_2$, F. 154—165° (Aceton/Ae.), aus 14 mg vorst. Verb. u. $CrO_3$ in Py. bei Raumtemp., 3,1 mg. G. Westphal 3500△

*1326* **Pachysandra-Alkaloide.** 3. Mitt. **Strukturen von Pachysandrin B, -C und -D.** Tohru Kikuchi und

Shiochiro Uyeo. (Chem. pharmac. Bull. [Tokyo] **15** (1967) 2, 207–13; Fac. of Pharm. Sci., Kyoto Univ., Yoshida-shimoadachi, Sakyo-ku, Kyoto; engl.) — Vf. diskutieren bzw. beweisen die Strukturen der aus *Pachysandra terminalis* Sieb. et. Zucc. isolierten Alkaloide *Pachysandrin B* (**I**), *-C* u. *-D*) als *3α-[N-Methyl-N-(3'-methylcrotonoyl)-amino]-4β-acetoxy-20α-[dimethylamino]-* bzw. *3α-[Methylamino]-4α-hydroxy-20α-[dimethylamino]-* sowie *3α-[Methylamino]-4α-[3'-methylcrotonoyloxy]-20α-[dimethylamino]-pregnan.* IR- u. NMR-Spektren vgl. Original. — 5. vgl. C. **1969**, 10-1304.

Versuche: *Dihydropachysandrin B* (**III**), $C_{31}H_{54}\cdot N_2O_3$, F. 184–186°, a) durch Hydrieren von 200 mg **I** in A. in Ggw. von $PtO_2\cdot 2\,H_2O$ bei Raumtemp., Filtrieren u. Einengen im Vakuum; aus Aceton/$CH_2Cl_2$ Nadeln; $[\alpha]_D^{20}$ +78° (c = 1; $CHCl_3$); 195 mg (Ausb.); b) durch Acetylieren von O-Desacyldihydropachysandrin B. — *O-Desacylpachysandrin B* (**II**), $C_{29}H_{50}N_2O_2$, F. 184 bis 185°, a) durch 3std. Kochen von 75 mg **I** mit 5%ig. äthanol. KOH, Einengen im Vakuum, Zugabe von W. u. Extrahieren mit $CH_2Cl_2$; aus Aceton Prismen; $[\alpha]_D^{10}$ +127° (c = 1,12; $CHCl_3$); 55 mg; b) durch mehrstd. Stehen eines Gemisches aus 45 mg 3α-[Methylamino]-4β-hydroxy-20α-[dimethylamino]-5α-pregnan u. 0,3 ml β.β-Dimethylacrylchlorid in Py. bei Raumtemp., Alkalisieren mit $NH_4OH$, Extrahieren mit $CH_2Cl_2$, Einengen, 2std. Kochen des Rückstandes mit 5%ig. methanol. NaOH, Einengen im Vakuum u. Extrahieren mit $CH_2Cl_2$; 14 mg. — *Pachysandrin B* (**I**), $C_{31}H_{52}N_2O_3$, F. 185–187° (Aceton), durch mehrstd. Stehen eines Gemisches aus 300 mg **II** u. Acetanhydrid/Py. bei Raumtemp.; $[\alpha]_D^{17}$ +86° (c = 1; $CHCl_3$); 260 mg. — *O-Desacyldihydropachysandrin B* (**IV**), $C_{29}H_{52}N_2O_2$, F. 204°, a) durch Hydrieren von 100 mg **II** in A. in Ggw. von $PtO_2\cdot 2\,H_2O$; aus Aceton Nadeln; $[\alpha]_D^{10}$ +125° (c = 1,12; $CHCl_3$); 87 mg; b) durch Kochen von 67 mg **III** mit 10%ig. äthanol. KOH; 63 mg. — *Pachysandrin C*, F. 214–215°, a) durch 4std. Erhitzen eines Gemisches aus 100 mg **II**, Essigsäure u. konz. HCl im geschlossenen Gefäß auf 100°, Gießen in Eiswasser, Alkalisieren mit $NH_4OH$, Extrahieren mit $CH_2Cl_2$, Einengen, Lösen der erhaltenen *Verb. vom F. 201–204°* (Aceton) in 10%ig. äthanol. KOH u. 3std. Kochen, aus Aceton Prismen; $[\alpha]_D^{10}$ −39° (c = 1; $CHCl_3$); 30 mg; b) durch Zugabe von $POCl_3$ zu 300 mg **II** in Py., mehrstd. Stehen bei Raumtemp., Einengen im Vakuum, 5std. Kochen mit 15%ig. HCl, Alkalisieren mit $NH_4OH$ u. Extrahieren mit $CH_2Cl_2$; 200 mg; c) durch 4std. Kochen von 150 mg Pachysandrin D mit 5%ig. methanol. NaOH, Einengen im Vakuum, Zugabe von W. u. Extrahieren mit $CH_2Cl_2$; 53 mg. — *Formaldehyd, 2.4-Dinitrophenylhydrazon,* F. 165–167°, durch Durchleiten von $O_3$ durch eine Lsg. von **I** in $CH_2Cl_2$ bei 70°, Ein-, engen im Vakuum bei Raumtemp., W.-Dampf-Dest. Zugabe der flüchtigen Prod. zu einer Lsg. von 2.4-Dinitrophenylhydrazin in äthanol. $H_2SO_4$; aus A. gelbe Prismen; daneben *Aceton, 2.4-Dinitrophenylhydrazon,* F. 124–127° (A.). — *Dihydropachysandrin D*, $C_{29}N_{52}\cdot N_2O_2$, F. 181–182°, a) durch Hydrieren von 100 mg Pachysandrin-D in Methanol in Ggw. von $PtO_2$ bei Raumtemp.; aus Aceton Nadeln; $[\alpha]_D^{10}$ −8° (c = 1,5; $CHCl_3$); 60 mg; b) durch 4std. Erhitzen eines Gemisches aus 100 mg **IV**, Essigsäure u. HCl im geschlossenen Gefäß auf 100°, Zugabe von W. u. Extrahieren mit $CH_2Cl_2$; 60 mg. K.-P. Hilgetag 3500△

*1327* **Totalsynthese von dl-Veatchin und dl-Garryin.** Wataru Nagata, Masayuki Narisada, Toshio Wakabayashi und Tsutomu Sugasawa. (J. Amer. chem. Soc. **89** (1967) 6, 1499–1504; Shionogi Res. Labor., Fukushima-ku, Osaka, Japan; engl.) — Vgl. ibid. **86** (1964) 929. — Vf. beschreiben die Synth. von racem. *Veatchin* (**I**) u. *Garryin* (**II**) aus dem Phyllocladan (**III**). Die Prod. werden säulenchromatograph. aufgetrennt, ihre Strukturen durch UV-, IR- u. NMR-Spektren gekennzeichnet (Max. vgl. Orig.).

Versuche: *(±)-N-Mesyl-13-acetoxy-19.20-imino-5β.8α.9β.10α.13α-Δ^15^-17-norphyllocladen*, $C_{22}H_{33}NO_4S$, F. 200–200,5° (Ae./Methylenchlorid), aus 1,529 g **III**-Acetat in sd. Collidin; 968 mg (Ausb.). — *(±)-N-Mesyl-19.20-imino-5β.8α.9β.10α.13α-Δ^15^-17-norphyllocladen-13β-ol* (**IV**), $C_{20}H_{31}NO_3S$, F. 189–191° (Ae./Aceton), aus 1,017 g vorst. Verb. u. 2 n KOH in sd. A.; 861 mg. — *(±)-N-Mesyl-19.20-imino-13β.16β-isopropylidendioxy-5β.8α.9β. — 10α.13α-17-norphyllocladan*, $C_{23}H_{37}NO_4S$, F. 228 bis 230° (Ae./Methylenchlorid), aus 7,43 g 2-Methylbuten-(2) u. $B_2H_6$ bei 0° in THF unter $N_2$ sowie Umsatz mit vor-

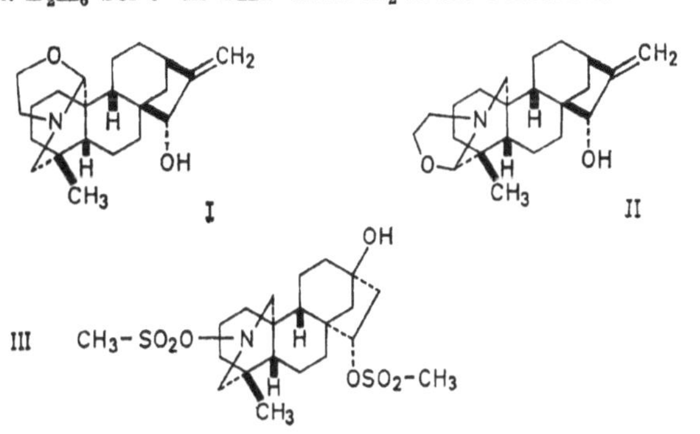

I II III

vorst. Verb. u. 30%ig. $H_2O_2$ in 3 n NaOH; 1,061 g; daneben *(±)-N-Mesyl-19.20-imino-5β.8α.9β.10α.13α-17-norphyllocladan-13β.15β-diol*, $C_{20}H_{33}NO_4S$, F. 262–263° ($CHCl_3$/Methanol); 290 mg. — *(±)-N-Mesyl-19.20-imino-5β.8α.9β.10α.13α-17-norphyllocladan-13β.16β-diol*, $C_{20}H_{33}NO_4S$, F. 245,5–246° (Ae./Methylenchlorid), aus 1,035 g vorst. Verb. u. 90%ig. Essigsäure bei 100°; 821 mg. — *(±)-N-Mesyl-19.20-imino-17-norkauran-16-on* (**V**), $C_{20}H_{31}NO_3S$, F. 215–217° (PAe./Bzl.), aus 730 mg vorst. Verb. u. p-Brombenzolsulfonylchlorid bei 0° sowie Umsatz mit sd. 5 n KOH; 489 mg. — *(±)-N-Mesyl-19.20-imino-5β.8α.9β.10α.13α-15β.16β-epoxy-17-norphyllocladan-13β-ol*, $C_{20}H_{31}NO_4S$, F. 260,5–262° (Aceton/Ae.), aus 834 mg **IV** u. Perbenzoesäure in Bzl. bei Raumtemp.; 780 mg. — *(±)-N-Mesyl-19.20-imino-17-norkauran-14β-ol-16-on*, $C_{20}H_{31}NO_4S$, F. 220–221° (Ae./Methylenchlorid), aus 419 mg vorst. Verb. u. p-Toluolsulfonsäuremonohydrat in Glykol; 416 mg. — *(±)-N-Mesyl-19.20-imino-16.16-äthylendioxy-17-norkauran-14-on*, $C_{22}H_{33}\cdot NO_5S$, F. 204–205° (Ae./Methylenchlorid), aus 400 mg vorst. Verb. in Py./$CrO_3$ bei Raumtemp.; 373 mg. — *(±)-N-Mesyl-19.20-imino-16.16-äthylendioxy-17-norkauran*, $C_{22}H_{35}NO_4S$, F. 193–196° (Ae.), aus 267 mg vorst. Verb. u. $N_2H_4/N_2H_4\cdot 2\,HCl$ in Triäthylenglykol bei 120°. — *(±)-N-Mesyl-19.20-imino-Δ^16^-kauren*, $C_{21}H_{33}\cdot NO_2S$, F. 134–135° (Ae./Pentan), aus Methylentriphenylphosphoran in Ae. u. 512 mg **V** in THF; 456 mg. — *(±)-19.20-Imino-Δ^16^-kauren*, $C_{20}H_{31}NO$, F. 67–70° (Ae.), aus 434 mg vorst. Verb. in THF/abs. A. u. Li in fl. $NH_3$ bei −70°; 331 mg. — *(±)-N-Äthoxycarbonyl-19.20-imino-Δ^16^-kauren*, aus 314 mg vorst. Verb. in Ae. u. Chlorameisensäureäthylester in Ggw. von 2 n NaOH; 394 mg. — *(±)-N-Carbäthoxy-19.20-imino-Δ^16^-kauren-15α-ol* (**VI**), $C_{23}\cdot H_{35}NO_3$, F. 150–151° (Ae./Pentan), aus 345 mg vorst. Verb. in $CCl_4$ u. NBS u. Benzoylperoxid sowie Umsatz mit Zn in sd. tert.-Butanol; 9%; daneben 10% *(±)-N-Carbäthoxy-19.20-imino-Δ^15^-kauren-17-ol* ($C_{23}H_{35}NO_3$, F. 120–128,5°; aus Ae./Pentan), 9% *(±)-N-Carbäthoxy-19.20-imino-15α.16α-epoxy-17-bromkauran* ($C_{23}H_{34}\cdot BrNO_3$, F. 145–147°; aus Ae./Pentan), 23% des **VI**-*Endo-Olefins* u. ein isomeres *Epoxy-17-bromkauran.* — *(±)-19.20-Imino-Δ^16^-kauren-15α-ol*, $C_{20}H_{31}NO$, F. 179 bis 180° (Methanol/Ae.), aus 30,4 mg vorst. Verb. in Diäthylenglykol u. 0,5%ig. $N_2H_4$ u. NaOH unter $N_2$; 12,4 mg. — *(±)-N-[2'-Hydroxyäthyl]-19.20-imino-Δ^16^-kauren-15α-ol*, $C_{22}H_{35}NO_2$, F. 138–141° (W./Aceton), aus 16 mg vorst. Verb. u. Äthylenchlorhydrin sowie $Na_2CO_3$ in sd. abs. Methanol; 12,7 mg. G. Westphal 3500△

*1328* **Alkaloide von Aspidosperma excelsum Benth.** P. R. Benoin, R. H. Burnell und J. D. Medina. (Canad. J. Chem. **45** (1967) 7, 725–30; Chem. Dep., Laval Univ., Quebec; engl.) — Es werden die aus *Aspidosperma excelsum* Benth. (**A**) isolierten Basen als *Yohimbin* (**I**), *O-Acetylyohimbin* u. *Excelsinin* (**II**) identifiziert, dessen Struktur u. ster. Konfig. aufgeklärt werden. IR- u. UV-Max. u. NMR-Spektren vgl. Original.

Versuche: *Yohimbin* (I), $C_{21}H_{26}N_2O_3$, F. 241 bis 242° (Aceton), durch Extrahieren von 6,5 kg **A** mit Methanol, Zugabe von 2% HCl, Extrahieren mit $CHCl_3$, Alkalisieren mit $NH_4OH$ u. Extrahieren mit $CHCl_3$; $[\alpha]_D^{20}$ +45° (c = 1; A.); 6,39 g (Ausb.); daneben 4,58 g *O-Acetylyohimbin, Hydrochlorid,* [$C_{23}H_{29}ClN_2O_4$, F. 274 bis 275° (Zers.; Methanol/Aceton); auch aus **I** u. Acetanhydrid/Py. bei Raumtemp.] u. 2,71 g *Excelsinin* {**II**; $C_{22}H_{28}N_2O_4$, F. 199–201° (Zers.; Methanol); $[\alpha]_D$ –63,4° (c = 1; A.). *Hydrochlorid,* $[\alpha]_D$ –54,5° (c = 1; A.). *O-Acetylderiv.*, $C_{24}H_{30}N_2O_5$, F. 225° (Zers.; Methanol), durch Rk. von 235 mg **II** mit Acetanhydrid/Py. bei Raumtemp.; $[\alpha]_D$ –54,8° (c = 1; Py.); 244 mg}. – *Excelsinon,* $C_{20}H_{24}N_2O_2$, F. 270–272° (Zers.; A.), durch Zugabe von 50 ml Cyclohexanon u. Al-Phenylat zu 500 mg **II** in Xylol, 48std. Kochen, Kühlen, Zugabe von Ae.; $[\alpha]_D$ –99° (c = 1; Py.); 155 mg. – *16-Epiexcelsinin,* $C_{22}H_{28}N_2O_4$, durch Zugabe von 2 n methanol. KOH zu 180 mg **II**, 3std. Kochen, Kühlen, Ansäuren mit verd. Essigsäure, Einengen im Vakuum u. Verestern mit Diazomethan in Ae./Methanol; 128 mg. *Hydrochlorid,* F. 275° (Zers.); $[\alpha]_D$ +77° (c = 1; A.).

K.-P. Hilgetag 3500△

*1329* **Synthese von Diterpenoidsäuren.** 6. Mitt. **Konformation einiger Derivate der Podocarpsäure.** A. E. Lickei, A. C. Rieke und D. M. S. Wheeler. (J. org. Chemistry **32** (1967) 5, 1647–49; Dep. of Chem., Univ., Lincoln, Nebr.; engl.) – 5. vgl. ibid. **32,** 722 (1967). – Es wird die Konform. von *Podocarpsäure-Deriv.* an Hand von IR-, UV- u. NMR-Spektren untersucht.

Versuche: *O-Methyl-6β-brom-7-oxopodocarpsäuremethylester,* F. 135–137° (wss. Methanol), aus O-Methyl-7-oxopodocarpsäuremethylester u. N-Bromsuccinimid in $CCl_4$; daneben *O-Methyl-7-oxo-Δ⁵-podocarpensäuremethylester.* – *O-Methyl-6β-hydroxy-7-oxopodocarpsäurelacton* (I), F. 195–197° (wss. Methanol), aus vorst. Verb. in sd. Collidin. *Thioketal,* $C_{20}H_{24}O_3S_2$, F. 158–159° (wss. Methanol), aus 494 mg **I** u. 1.2-Dimercaptoäthan in Ggw. von HCl; 202 mg (Ausb.). – *O-Methylpodocarpsäure,* F. 154 bis 156°, aus 500 mg **I** u. $H_2$ in Essigester/konz. $H_2SO_4$ in Ggw. von Pd-Kohle; 390 mg.

K.-P. Hilgetag 3600△

*1330* **Synthese enantiomerer Steroide vom Östrontyp.** P. Crabbé, A. Cruz und J. Iriarte. (Chem. and Ind. **1967,** 36, 1522. Res. Labor., Syntex S. A., Apartado Postal 2679, Mexico D. F., Mexico; engl.) – Es wird die Red. der Methyläther des Östrons u. Lumiöstrons beschrieben. Die Red.-Prod. werden durch das Verh. gegenüber Ox.-Mitteln, durch IR-, UV- u. NMR-Spektren sowie C.D. u. O.R.D. gekennzeichnet.

Versuche: *3-Oxo-17-hydroxy-8α.9β.10α.14β-Δ⁴-östren,* F. 140–141°, aus Östronmethyläther durch Red. mittels Li in $NH_3$; $[\alpha]_D$ –46°. – *3.17-Dioxo-8α.9β.10α.14β-Δ⁴-östren,* F. 160–161°, aus vorst. Verb. durch Ox.; $[\alpha]_D$ +44°. – *3-Oxo-17-hydroxy-8β.9α.10β.14α-Δ⁴-lumiöstren,* analog vorvorst. Verb. aus Lumiöstronmethyläther. – *3.17-Dioxo-8β.9α.10β.14α-Δ⁴-lumiöstren,* F. 160 bis 162°, analog vorvorst. Verb. aus vorst. Verb.; $[\alpha]_D$ –45°.

G. Westphal 3700△

*1331* **Synthese von 1α.2α- und 1β.2β-Epithio-A-nor-5α-androstan-17β-ol und verwandten Verbindungen.** Keiji Yoshida und Fumihiko Watanabe. (Chem. pharmac. Bull. [Tokyo] **15** (1967) 12, 1966–78; Shionogi Res. Labor., Shionogi & Co., Fukushima-ku, Osaka; engl.) – *17β-Hydroxy-A-nor-5α-androstan-1α.2α-episulfid* u. das entsprechende *1β.2β-Episulfid* werden ausgehend von 17β-Acetoxy-A-nor-5α-androstan-2-on (I) über entsprechende Epoxide als Intermediäre dargestellt. Max. der IR-, UV- u. NMR-Spektren vgl. Original.

Versuche: *17β-Acetoxy-A-nor-5α-androstan-2-on* (I), F. 114–115°, durch Pyrolyse von 2.3-Seco-17β-acetoxy-5α-androstan-2.3-disäure; $[\alpha]_D$ +133° (c = 0,5; Dioxan). – *2.17β-Diacetoxy-A-nor-5α-Δ¹-androsten,* $C_{22}H_{32}O_4$, F. 123,5–125°, durch Umsetzen von **I** mit Isopropenylacetat in Ggw. von wenig konz. $H_2SO_4$; $[\alpha]_D$ +42° (c = 1,08; Dioxan); aus Methanol Tafeln; 61% (Ausb.); daneben 17,9% **I**. – *1α-Brom-17β-acetoxy-A-nor-5α-androstan-2-on* (**VIII**), $C_{20}H_{29}BrO_3$, F. 153–154° (Methanol), a) aus 1,081 g vorst. Verb. mit $Br_2$ in $CCl_4$; $[\alpha]_D$ +85° (c = 1,02; Dioxan); 1,014 g; b) durch Ox. von 33 mg **II** mit $CrO_3$ in Essigsäure; 22 mg; c) analog b) aus 45 mg **III**; 34 mg. – *1α-Brom-A-nor-5α-androstan-2α.17β-diol-17-acetat* (**II**), $C_{20}H_{31}BrO_3$, F. 121–122°, durch 1std. Stehen von **VIII** mit $NaBH_4$ in A.; $[\alpha]_D$ +78° (c = 0,53; Dioxan); aus Aceton/PAe. Tafeln; mg; daneben **III** (F. 126–127°; aus Aceton/n-Hexan Tafeln). – *1α-Brom-A-nor-5α-androstan-2α.17β-diol,* $C_{18}H_{29}BrO_2$, F. 196 bis 197° (Zers.), aus 100 mg **VIII** mit $LiAlH_4$ in THF; $[\alpha]_D$ +88° (c = 0,6; Dioxan); aus Aceton Tafeln; 64 mg. *Diacetat* (**IV**), $C_{22}H_{33}BrO_4$, F. 118–119°, a) aus 190 mg Diol mit Essigsäureanhydrid/Py.; $[\alpha]_D$ –2° (c = 1,04; Dioxan); aus PAe. Nadeln; 201 mg; b) analog a) aus **II**; 100%. – *17β-Hydroxy-A-nor-5α-androstan-2-on,* F. 193 bis 194°, durch 2std. Kochen von 132 mg **II** mit KOH in Methanol; $[\alpha]_D$ +169° (c = 1; Dioxan); aus Methanol Tafeln; 71 mg. – *2α.17β-Diacetoxy-A-nor-5α-androstan,* F. 140,5–141°, a) durch Hydrierung von 50 mg **IV** in A. an Pd/$CaCO_3$; $[\alpha]_D$ ±0° (c = 1,06; Dioxan); aus PAe. Tafeln; 35 mg; b) durch Red. von **I** mit Na in A. u. Acetylieren mit Essigsäureanhydrid/Pyridin. – *A-Nor-5α-androstan-2β.17β-diol* (**V**), F. 207–208°, a) durch Kochen des 17-Acetates mit methanol. NaOH; $[\alpha]_D$ +10° (c = 1,05; Dioxan); aus Aceton Nadeln; b) durch Red. von 125 mg **VI** mit $LiAlH_4$ in THF; 39 mg (daneben 13 mg **XV**). *17-Acetat,* $C_{20}H_{32}O_3$, F. 164–165°, durch 16std. Stehen von **I** mit Tris-[tert.-butoxy]-LiAlH in THF; $[\alpha]_D$ +3° (c = 1,02; Dioxan); aus n-Hexan Nadeln; 76,4%. *2.17-Diacetat,* F. 156–157°, aus vorst. Deriv. mit Essigsäureanhydrid/Py.; $[\alpha]_D$ +1° (c = 0,58; Dioxan); aus Aceton Tafeln; 100%. – *2β-Tosyloxy-A-nor-5α-androstan-17β-ol-acetat,* $C_{27}H_{38}O_5S$, F. 175–175,5°, aus vorst. 17-Acetat mit p-Toluolsulfonylchlorid in Py.; $[\alpha]_D$ +3° (c = 0,51; Dioxan); aus Aceton Tafeln; 53,1%. – *A-Nor-Δ¹-5α-androsten-17β-ol,* $C_{18}H_{28}O$, F. 131–133°, aus 26 mg **VII** mit sd. methanol. KOH; $[\alpha]_D$ +30° (c = 0,61; Dioxan); aus n-Hexan Nadeln; 18 mg. *17-Acetat* (**VII**), $C_{20}H_{30}O_2$, F. 81–82°, a) durch 2std. Kochen von 201 mg **II** mit Zn in Essigsäure; $[\alpha]_D$ +28° (c = 1,01; Dioxan); aus Methanol Nadeln; 121 mg; b) durch Red. von **VIII** mit $NaBH_4$ u. Umsetzen mit Zn in Essigsäure; 86,3%; c) durch 2std. Kochen vorst. Verb. in Collidin; 57,1%; d) durch 3std. Kochen von 192 mg **IX** mit Zn in Essigsäure; 136 mg; e) aus 36 mg **X** analog d); 26 mg. – *A-Nor-5α-androstan-17β-ol,* F. 142–143° (Methanol), a) durch 1std. Kochen von 1 g **I** mit Hydrazinhydrat in Äthylenglykol, Zugabe von KOH u. Erhitzen auf 180°; $[\alpha]_D$ +5° (c = 1,04; Dioxan); 671 mg; b) durch Kochen von 158 mg des Acetates mit 20%ig. NaOH in Methanol; 53 mg; c) durch Hydrieren von 49 mg **XI** in A. an Pd/$CaCO_3$; 12 mg; daneben 24 mg **V**-*Diacetat.* – *1α.2α-Epoxy-A-nor-5α-androstan-17β-ol,* $C_{18}H_{28}O_2$, F. 178 bis 179°, aus 115 mg 17-Acetat mit $K_2CO_3$ in Methanol; $[\alpha]_D$ +0° (c = 1,04; Dioxan); aus Methanol Prismen; 80mg. *17-Acetat* (**XVII**), $C_{20}H_{30}O_3$, F. 136–137°, durch Zugabe von m-Chlorbenzoepersäure zu 3,36 g **VII** in $CHCl_3$ bei 5°; $[\alpha]_D$ +4° (c = 1,05; Dioxan); aus n-Hexan Nadeln; 3,14 g. – *A-Nor-5α-androstan-1α.17β-diol,* $C_{18}H_{30}O_2$, F. 177–179°, durch 7std. Kochen vorst. 17-Acetates mit $LiAlH_4$ in THF; $[\alpha]_D$ +36° (c = 0,54; Dioxan); aus Aceton Nadeln; 77,5%. *Diacetat,* $C_{22}H_{34}O_4$, F. 104–105°, aus dem Diol mit Essigsäureanhydrid/Py.; $[\alpha]_D$ +34° (c = 0,6; Dioxan); aus verd. Methanol Nadeln. – *A-Nor-5α-androstan-1.17-dion* (**XIV**), $C_{18}H_{26}O_2$, F. 156–157°, durch Ox. vorst. Verb. mit $CrO_3$ in Essigsäure; $[\alpha]_D$ +71° (c – 0,61; Dioxan); aus Aceton/PAe. Tafeln; 79%. – *1.2-Seco-17β-acetoxy-5α-androstan-1.2-disäure,* $C_{21}H_{32}O_6$, F. 220–222°, aus 17β-Acetoxy-Δ¹-5α-androsten nach Shoppee et al. (J. chem. Soc. [London] **1961,** 1583); $[\alpha]_D$ +1° (c = 1; Dioxan). – *17β-Acetoxy-A-nor-5α-androstan-1-on,* $C_{20}H_{30}O_3$, F. 167–168°, a) durch 1std. Kochen von 1,29 g vorst. Verb. mit Essigsäureanhydrid u. Dest. bei 270–280°/5 Torr; $[\alpha]_D$ –6° (c = 0,51; Dioxan); aus Methanol Tafeln; 540 mg; b) durch 1std. Kochen von 33 mg **XII** mit Zn in Essigsäure; 22 mg; c) aus 33 mg **XIII** analog b); 22 mg; d) durch Umsetzen von 150 mg **VI** mit HSCN, Ox. des Gemisches der Thiocyanatohydrine mit $CrO_3$ u. Kochen mit Zn in Essigsäure; 35 mg; daneben 86 mg **I**. – *A-Nor-5α-androstan-1β.17β-*

*diol* (**XV**), $C_{18}H_{30}O_2$, F. 187–188°, a) aus vorst. Verb. mit $LiAlH_4$ in THF; [α]D –21° (c = 0,55; Dioxan); aus Aceton Nadeln; 78,5%; b) analog a) aus **XIV**; 84,9%. *Diacetat*, $C_{22}H_{34}O_4$, F. 142–143°, aus **XV** mit Essigsäureanhydrid/Py.; [α]D –28° (c = 0,56; Dioxan); aus PAe. Tafeln; 100%. — *2β-Thiocyanato-A-nor-5α-androstan-1α.17β-diol-17-acetat* (**XVI**), $C_{21}H_{31}NO_3S$, F. 223–224,5°, durch 70std. Stehen von **XVII** mit HSCN in Ae.; [α]D +22° (c = 1,03; Dioxan); aus Methanol Tafeln; 90%. — *2β-Isothiocyanato-A-nor-5α-androstan-1α.17β-diol-17-acetat*, $C_{21}H_{31}NO_3S$, F. 178–179°, neben **XVI**; [α]D –112° (c = 0,5; Dioxan); aus Methanol Nadeln; 9%. — *2β-Thiocyanato-17β-acetoxy-A-nor-5α-androstan-1-on* (**XII**), $C_{21}H_{29}NO_3S$, F. 161–163°, durch 20std. Stehen von 150 mg **XVI** mit $CrO_3$ in Essigsäure; [α]D –84° (c = 0,59; Dioxan); aus Methanol Nadeln; 128 mg. — *1α-Mesyloxy-2β-thiocyanato-A-nor-5α-androstan-17β-ol-acetat*, $C_{22}H_{33}NO_5S_2$, F. 144–146°, durch Stehen von **XVI** mit Methansulfonylchlorid in Py.; [α]D –27° (c = 0,58; Dioxan); aus Aceton/PAe. Tafeln; 82,8%. — *1β.2β-Epithio-A-nor-5α-androstan-17β-ol*, $C_{18}H_{28}OS$, F. 169 bis 170°, durch 1std. Kochen vorst. Verb. mit KOH in Methanol; [α]D –69° (c = 1,03; Dioxan); aus Aceton Nadeln; 78%. *17-Acetat* (**IX**), $C_{20}H_{30}O_2S$, F. 155–156°, durch Umsetzen mit Essigsäureanhydrid/Py.; [α]D –74° (c = 1,13; Dioxan); aus Methanol Nadeln; 100%. — *1α.2β-Dibrom-A-nor-5α-androstan-17β-ol-acetat*, $C_{20}H_{30}Br_2O_2$, F. 176–177°, a) durch 4std. Stehen von **VII** mit N-Bromsuccinimid in tert.-Butanol in Ggw. von 1 n $H_2SO_4$; [α]D –4° (c = 0,59; Dioxan); aus Methanol Nadeln; 27,3%; b) durch Zugabe von $Br_2$ in $CHCl_3$ zu 97 mg **VII** in $CCl_4$; 104 mg. — *1α-Brom-A-nor-5α-androstan-2β.17β-diol.17-Acetat* (**III**), $C_{20}H_{31}BrO_3$, F. 126–127°, neben vorst. Verb. nach a); [α]D +60° (c = 1,02; Dioxan); aus Aceton/n-Hexan Tafeln; 49,3%. *Diacetat* (**XI**), $C_{22}H_{33}BrO_4$, F. 107–108°, aus 69 mg **III** mit Essigsäureanhydrid/Py.; [α]D +31° (c = 0,53; Dioxan); aus PAe. Tafeln; 53 mg. — *1β.2β-Epoxy-A-nor-5α-androstan-17β-ol*, $C_{18}H_{28}O_2$, F. 153–154,5°, aus **III** mit methanol. KOH; [α]D +16° (c = 1,04; Dioxan); aus Methanol Tafeln; 86,5%. *17-Acetat* (**VI**), $C_{20}H_{30}O_3$, F. 172–173°, a) durch Acetylierung; [α]D +7° (c = 1,04; Dioxan); aus n-Hexan Tafeln; 100%; b) aus **VII**; 42%. — *2α-Thiocyanato-A-nor-5α-androstan-1β.17β-diol-17-acetat* (**XVIII**), $C_{21}H_{31}NO_3S$, F. 197–198°, durch 70std. Stehen von **VI** mit äther. HSCN-Lsg.; [α]D +88° (c = 0,6; Dioxan); aus Aceton/n-Hexan Tafeln; 13,6%. — *1β-Mesyloxy-2α-thiocyanato-A-nor-5α-androstan-17β-ol-acetat*, $C_{22}H_{33}NO_5S_2$, F. 160–161,5°, durch Stehen von 94 mg vorst. Verb. mit Methansulfonylchlorid in Py.; [α]D +112° (c = 0,55; Dioxan); aus Aceton/n-Hexan Rhomben; 67 mg. — *1α.2α-Epithio-A-nor-5α-androstan-17β-ol*, $C_{18}H_{28}OS$, F. 96–97°, a) neben vorvorst. Verb.; b) durch 1std. Kochen vorst. Verb. mit methanol. KOH; [α]D +59° (c = 1,12; Dioxan); aus $CCl_4$ Nadeln; 74,1%; c) aus 7,25 mg der Mutterlaugen vorvorst. Verb. mit Methansulfonylchlorid in Py. u. Kochen mit KOH in Methanol; 422 mg. *Acetat* (**X**), $C_{20}H_{30}O_2S$, F. 125–126°, durch Stehen mit Essigsäureanhydrid/Py.; [α]D +57° (c = 1,08; Dioxan); aus Methanol Schuppen; 100%. — *2α-Thiocyanato-17β-acetoxy-A-nor-5α-androstan-1-on* (**XIII**), $C_{21}H_{29}NO_3S$, F. 201–203°, aus 67 mg **XVIII** mit $CrO_3$ in Essigsäure; [α]D +171° (c = 0,54; Dioxan); aus Aceton Nadeln; 55 mg. — *2β-Mercapto-A-nor-5α-androstan-1α.17β-diol*, $C_{18}H_{30}O_2S$, F. 162–163,5°, a) aus 53 mg **XVI** mit $LiAlH_4$ in THF; [α]D +18° (c = 0,54; Dioxan); aus verd. Methanol Tafeln; 45 mg; b) durch 1std. Kochen von 87 mg **XVI** mit methanol. KOH; 19 mg. *Triacetat*, $C_{24}H_{36}O_5S$, F. 171 bis 173°, durch Acetylieren von 74 mg; [α]D +42° (c = 0,53; Dioxan); aus PAe. Tafeln; 91 mg. *Disulfid*, $C_{36}H_{58}O_4S_2$, F. 271–272°, neben der Mercaptoverb. nach a) u. b); [α]D +152° (c = 0,59; Dioxan); aus Methanol/$CHCl_3$ Nadeln; 19 mg bzw. 34 mg. *Disulfid-tetraacetat*, $C_{44}H_{66}O_8S_2$, F. 246–247°, aus 30 mg Disulfid; [α]D –65° (c = 0,45; Dioxan); aus Aceton Nadeln; 31 mg.

G. Westphal 3700△

*1332* **Umwandlungen von Steroid-Neopentyl-Systemen. 2. Mitt. Wanderung von Acetyl vom 3β- zum 19-Hydroxyl in Δ⁵- und A/B-trans-Steroiden.** J. Wicha und E. Caspi. (Canad. J. Chem. **45** (1967) 7, 707–11; Worcester Found. for Experim. Biol., Shrewskury, Mass.; engl.) — 4. vgl. C. **1968**, 64-0875. — Saure Hydrolyse von 19-Triphenylmethoxy-3β-acetoxy-Δ⁵- u. A/B-trans-Steroiden liefert die entsprechenden *3β-Hydroxy-19-acetoxy-Verbindungen*, während in Abwesenheit der 19-Triphenylmethoxy-Gruppe keine Umesterung erfolgt. Der Rk.-Mechanismus wird diskutiert. IR-Maxima u. NMR-Daten vgl. Original.

Versuche: Δ⁵-Androstene: *3β-Hydroxy-17-oxo-19-[triphenylmethoxy]-* (**II**), $C_{38}H_{42}O_3$, F. 165–167° (Essigester), durch 50 Min. langes Erhitzen eines Gemisches aus 3β.19-Dihydroxy-17-oxo-Δ⁵-androsten, Triphenylmethylchlorid u. Py. auf 90°, 16std. Rk., Gießen in Eiswasser u. Extrahieren mit Essigester (Meth. **A**); 72% (Ausb.); daneben *3β.19-Bis-[triphenylmethoxy]-17-oxo-Δ⁵-androsten* (**I**), $C_{57}H_{56}O_3$, F. 247–249° (Essigester). — *3β.19-Dihydroxy-17-oxo-*, durch 4std. Kochen von **I** mit 2 n $H_2SO_4$ in A./Bzl. (4:1), Zugabe von $NaHCO_3$, Einengen im Vakuum u. Extrahieren mit Essigester; 27%. — *3β-Acetoxy-17-oxo-19-[triphenylmethoxy]-*, $C_{40}H_{44}O_4$, F. 178–180° (Essigester), durch 16std. Rk. von 1 g **II** mit Acetanhydrid/Py. bei Raumtemp.; 930 mg. — *3-βHydroxy-17-oxo-19-acetoxy-*, $C_{21}H_{30}O_4$, F. 121–123° (Ae./Hexan), a) durch 2std. Rk. vorst. Verb. mit Eisessig/95%ig. Essigsäure bei Raumtemp., Zugabe von Eiswasser u. Extrahieren mit Bzl./Ae. (1:1); 70%; daneben *Triphenylmethanol* (**III**); b) durch 0,5std. Erwärmen vorst. Verb. mit 2 n äthanol. $H_2SO_4$, Einengen im Vakuum u. Extrahieren mit Essigester; 70%; c) durch 3std. Umsetzung von 2 g 3β.19-Diacetoxy-17-oxo-Δ⁵-androsten mit methanol. $K_2CO_3$ bei Raumtemp., Zugabe von W. u. Extrahieren mit Essigester; daneben 330 mg *3β.19-Dihydroxy-17-oxo-Δ⁵-androsten*, F. 180–183°. — *3β.17β-Diacetoxy-19-[triphenylmethoxy]-*, F. 87–89° (Ae.), durch 4std. Kochen von 1,01 g **II** mit $LiAlH_4$ in Dioxan, Kühlen, Zugabe von $Na_2SO_4$-Lsg., Filtrieren, Einengen u. Acetylieren des erhaltenen *3β.17β-Dihydroxy-19-[triphenylmethoxy]-Δ⁵-androstens* [950 mg] mit Acetanhydrid/Py.; 985 mg. — *17β.19-Diacetoxy-3β-hydroxy-*, $C_{23}H_{34}O_5$, F. 106–108° (Ae./Hexan), durch 3std. Rk. vorst. Verb. mit 95%ig. Essigsäure bei Raumtemp., Zugabe von W. u. Extrahieren mit Ae./Bzl. (1:1); 70%; daneben **III**. — 5α-Androstane: *3β.19-Dihydroxy-17-oxo-, Monohydrat*, $C_{19}H_{30}O_3 \cdot H_2O$, F. 203–205° (Methanol), durch Hydrieren von 1 g 3β.19-Diacetoxy-17-oxo-Δ⁵-androsten in A. in Ggw. von 10%ig. Pd-Kohle, Filtrieren, Einengen, 1std. Erhitzen des erhaltenen *3β.19-Diacetoxy-17-oxo-5α-androstans* (**IV**) mit 50%ig. wss. methanol. NaOH auf dem W.-Bad u. Zugabe von W.; 785 mg. — *3β-Hydroxy-17-oxo-19-[triphenylmethoxy]-*, $C_{38}H_{44}O_3$, F. 182–184° (Essigester), aus 450 mg vorst. Verb. analog **A**; 238 mg; daneben 220 mg **IV**. — *3β-Acetoxy-17-oxo-19-[triphenylmethoxy]-*, F. 112–114° (Aceton), durch Acetylieren von 100 mg vorst. Verb.; 83 mg. — *3β-Hydroxy-17-oxo-19-acetoxy-*, $C_{21}H_{32}O_4$, F. 130–131° (Aceton), durch 0,5std. Erhitzen vorst. Verb. mit 2 n äthanol. $H_2SO_4$, Einengen u. Extrahieren mit Essigester; 60%. — *3.17-Dioxo-19-hydroxy-*, F. 137–140°, durch Zutropfen von Jones-Reagenz zu 50 mg vorst. Verb. in Aceton unter Rühren, Zugabe von Isopropanol, Gießen in Eiswasser, Extrahieren mit Essigester, Einengen u. 1std. Kochen des erhaltenen *3.17-Dioxo-19-acetoxy-5α-androstans* mit wss. methanol. KOH, Zugabe von W., Neutralisieren mit Essigsäure u. Extrahieren mit Essigester; 27 mg. — *3α-Methoxy-3.19-epoxy-17-oxo-*, F. 180–182°, durch 3std. Rk. von 15 mg vorst. Verb. mit wenig p-Toluolsulfonsäure in Methanol bei Raumtemp., Zugabe von $NaHCO_3$, Einengen, Zugabe von W. u. Extrahieren mit Essigester; 8 mg. K.-P. Hilgetag 3700△

*1333* **Bildung von Sterinen durch Einwirkung von 2.3-Oxidosqualen-Sterincyclase auf 2.3;22.23-Dioxidosqualen und 2.3-Oxido-22.23-dihydrosqualen.** E. J. Corey und S. K. Gross. (J. Amer. chem. Soc. **89** (1967) 17, 4561 bis 4562; Dep. of Chem., Harvard Univ., Cambridge, Mass.; engl.) — Bei der Einw. des im Titel genannten Gemisches auf 2.3;22.23-Dioxidosqualen entsteht *24.25-Oxidolanosterin* (**I**, F. 107–109°), während aus 2.3-Oxido-22.23-dihydrosqualen *24.25-Dihydrolanosterin* erhalten wird, das durch Umwandlung in das Acetat identifiziert werden konnte. Die Red. von **I** mit $LiAlH_4$ ergibt *25-*

*Hydroxy-24.25-dihydrolanosterin* (F. 177–180°). Vers. mit $^{14}$C-markierten Verb. werden beschrieben.
W. Hampel 3700△

*1334* **Synthese von N-Hydroxysuccinimidestern von Acylpeptiden durch die gemischte Anhydridmethode.** George W. Anderson, Francis M. Callahan und Joan E. Zimmerman. (J. Amer. chem. Soc. **89** (1967) 1, 178; Organ. Chem. Res. Sect., Lederle Labor. American Cyanamid Comp., Pearl River, N.Y.; engl.) – Vgl. ibid. 88 (1966) 1338. – Vf. beschreiben eine Peptidsynth. aus aktiven N-Hydroxysuccinimidestern (HOSu) von acylierten Aminosäuren u. Peptiden.

Versuche: *Carbobenzoxy(CbO)-Gly-Phe-Gly-äthylester*, F. 117–118,5°, aus 5 m Mol L-CbO-Gly-Phe u. N-Methylmorpholin in A. u. Umsatz mit Chlorameisensäureisobutylester, N-Hydroxysuccinimid sowie Glycinäthylester (I); 2,06 g (Ausb.). – *Benzoyl-Leu-OSu*, $C_{17}H_{20}N_2O_5$, F. 172–174° (Isopropanol), analog vorst. Verb. ohne Zugabe von I; 99%. – *Benzoyl-Leu-Gly-äthylester*, F. 154 bis 156°, aus vorst. Verb. mit I; 91%.
G. Westphal 3800△

*1335* **Peptide. 13. Mitt. Mitwirkung des Argininrestes im L-Histidyl-L-phenylalanyl-L-arginyl-L-tryptophylglycin an dessen melanotroper Aktivität.** Haruaki Yajima, Kazuo Kubo und Yasuhiko Kinomura. (Chem. pharmac. Bull. [Tokyo] **15** (1967) 4, 504–10; Fac. of Pharm. Sci., Kyoto Univ., Sakyo-ku, Kyoto; engl.) – 12. vgl. ibid. **15** (1967) 270. – Es wird die Synth. sowie die melanotrope Aktivität (MSH-Aktivität) von drei Pentapeptiden beschrieben u. die physiolog. Rolle des Argininrests im *L-His-L-Phe-L-Arg-L-Trp-Gly-OH*, einem aktiven Fragment des α-melanozyt. stimulierenden Hormons diskutiert. Die MSH-Aktivitäten von *D-His-L-Phe-D-Arg-L-Trp-Gly-OH* bzw. *L-His-D-Phe-L-Arg-D-Trp-Gly-OH* werden bestimmt. – 16. vgl. C. **1969**, 53-0833.

Versuche *N^δ-Formyl-L-ornithin*, $C_6H_{12}N_2O_3$, F. 212–124°, nach Hoffmann u. Mitarb. [J. Amer. chem. Soc. **82** (1960) 3727] (Meth. **A**), über den Ornithin-Cu-Komplex; $[\alpha]_D^{18}$ +1,5° (c = 1; W.). – *N^α-Benzyloxycarbonyl(Z)-N^δ-formyl-L-ornithin*, $C_{14}H_{18}N_2O_5$, F. 109 bis 111°, aus vorst. Verb., $[\alpha]_D^{20}$ –2,9° (c = 1; Methanol). – *N^α-Z-N^δ-Formyl-L-Orn-L-Trp-Gly-methylester*, $C_{28}H_{33}N_5 \cdot O_7$, F. 144–146° (Methanol), aus vorst. Verb., L-Trp-Gly-methylester u. Dicyclohexylcarbodiimid (DCC); $[\alpha]_D^{22}$ +4,2° (c = 0,4; Methanol); 61%. – *N^δ-Formyl-L-Orn-L-Trp-Gly-methylester, Acetat, Monohydrat*, $C_{22}H_{31}N_5O_7 \cdot H_2O$, durch Hydrieren vorst. Verb. an Pd; $[\alpha]_D^{22}$ –6,3° (c = 0,6; Methanol); 97%. – *N-Z-L-His-L-Phe-N^δ-formyl-L-Orn-L-Trp-Gly-OH, Monohydrat*, $C_{42}H_{47}N_9O_9 \cdot H_2O$, F. 231° (Zers.; Methanol/DMF), aus Triäthylamin, vorst. Verb. u. N-Z-L-His-L-Phe-azid (I); $[\alpha]_D^{24}$ –22,3° (c = 0,2; DMF); 58%. – *L-His-L-Phe-L-Orn-L-Trp-Gly-OH, Acetat, 1^1/_2 Hydrat*, $C_{35}H_{45}N_9O_8 \cdot 1{,}5H_2O$, durch Hydrieren vorst. Verb. an Pd; $[\alpha]_D^{22}$ –20,4° (c = 0,3; n- HCl); 88%. – *N^α-Z-N^ε-Formyl-L-Lys-L-Trp-Gly-methylester*, $C_{29}H_{35}N_5O_7$, F. 172–174°, aus N^α-Z-N^ε-Formyl-L-lysin u. L-Trp-Gly-methylester, Hydrochlorid analog **A**; $[\alpha]_D^{18}$ –19,4° (c = 0,6; Methanol); 76%. – *N^ε-Formyl-L-Lys-L-Trp-Gly-methylester, Acetat*, $C_{23}H_{33} \cdot N_5O_7$, durch Hydrieren vorst. Verb.; $[\alpha]_D^{20}$ +5,2° (c = 1; Methanol); 97%. – *N-Z-L-His-L-Phe-N^ε-formyl-L-Lys-L-Trp-Gly-OH, Hemihydrat*, $C_{43}H_{49}N_9O_9 \cdot 0{,}5H_2O$, F. 202 bis 204°, aus vorst. Verb. u. I; $[\alpha]_D^{18}$ –30,9° (c = 0,5; DMF); 84%. – *L-His-L-Phe-L-Lys-L-Trp-Gly-OH, Acetat, Monohydrat*, $C_{36}H_{47}N_9O_8 \cdot H_2O$, durch Hydrieren vorst. Verb. an Pd; $[\alpha]_D^{17}$ –10,3° (c = 0,8; n HCl); 82%. – *N^α-Z-N^G-Nitro-D-Arg-L-Trp-Gly-methylester*, $C_{28}H_{34}N_8O_8$, F. 92° (Methanol/Ae.), aus N^α-Z-N^G-Nitro-D-arginin, L-Trp-Gly-methylester, Hydrochlorid u. DCC; $[\alpha]_D^{20}$ –22,4° (c = 0,8; Methanol); 73%. – *N-Z-L-His-L-Phe-N^G-nitro-D-Arg-L-Trp-Gly-OH, Dihydrat*, $C_{42}H_{48}N_{12} \cdot O_{10} \cdot 2H_2O$, F. 235° (Zers.), aus vorst. Verb., HBr, Triäthylamin u. I; $[\alpha]_D^{22}$ –32,2° (c = 0,7; DMF); 72%. – *L-His-L-Phe-D-Arg-L-Trp-Gly-OH, Acetat, Trihydrat*, $C_{36}H_{47}N_{11}O_8 \cdot 3H_2O$, durch Hydrieren vorst. Verb.; $[\alpha]_D^{20}$ +24,7° (c = 0,8; n HCl); 75%. – *N-Z-L-Phe-N^G-nitro-D-Arg-L-Trp-Gly-methylester, Monohydrat*, $C_{37}H_{43}N_9O_9 \cdot H_2O$, F. 110°; $[\alpha]_D^{17}$ –14° (c = 0,9; DMF). – *N-Z-D-His-L-Phe-N^G-nitro-D-Arg-L-Trp-Gly-OH, Dihydrat*, $C_{42}H_{48}N_{12}O_{10} \cdot 2H_2O$, F. 165–170°; $[\alpha]_D^{19}$ –7,4° (c = 1; DMF). – *D-His-L-Phe-D-Arg-L-Trp-Gly-OH, Acetat, Tetrahydrat*, $C_{36}H_{47}N_{11}O_8 \cdot 4H_2O$; $[\alpha]_D^{17}$ –20,8° (c = 0,8; n HCl). – *N-Z-D-Phe-N^G-nitro-L-Arg-D-Trp-Gly-methylester, Monohydrat*, $C_{37}H_{43}N_9O_9 \cdot H_2O$, F. 134°; $[\alpha]_D^{21}$ +5,2° (c = 1,2; DMF). – *N-Z-L-His-D-Phe-N^G-nitro-L-Arg-D-Trp-Gly-OH, Dihydrat*, $C_{42}H_{48}N_{12}O_{10} \cdot 2H_2O$, F. 170–175°; $[\alpha]_D^{23}$ +4,9° (c = 1; DMF). – *L-His-D-Phe-L-Arg-D-Trp-Gly-OH, Acetat, Tetrahydrat*, $C_{36}H_{47}N_{11}O_8 \cdot 4H_2O$; $[\alpha]_D^{22}$ +26,9° (c = 0,7; n HCl).
K.-P. Hilgetag 3800△

*1336* **Synthese von 3-L-Lysinbradykinin und dessen O-Acetyl-Verbindung.** Kenji Suzuki und Takashi Abiko. (Chem. pharmac. Bull. [Tokyo] **15** (1967) 4, 536–39; Tohoku Coll. of Pharm., Nankozawa, Sendai; engl.) – Es werden dargestellt: *N^α-tert.-Butoxycarbonyl-(BOC)-N^ω-benzyloxycarbonyl(Z)-L-Lys-Gly-L-Phe-O-acetyl-L-Ser-L-Pro-L-Phe-N^ω-nitro-L-Arg-p-nitrobenzylester, Monohydrat*, $C_{62}H_{79}N_{13}O_{18} \cdot H_2O$, F. 98–104° (PAe./Aceton Ae.), aus N-Z-Gly-L-Phe-O-acetyl-L-Ser-L-Pro-L-Phe-L-N^ω-nitro-L-Arg-p-nitrobenzylester, Anisol u. 4,8 n HBr u. Rk. in N^α-BOC-N^ω-Z-L-Lysin-p-nitrophenylester u. Triäthylamin; $[\alpha]_D^{28}$ –29,3° (c = 0,6; DMF); 71%. – *N^α-Z-N^ω-Nitro-L-Arg-L-Pro-N^ε-Z-L-Lys-Gly-L-Phe-O-acetyl-L-Ser-L-Pro-L-Phe-N^ω-nitro-L-Arg-p-nitrobenzylester, Dihydrat*, $C_{76}H_{95}H_{19}O_{22} \cdot 2H_2O$, F. 110–117° (Essigsäure/W./50%ig. Ammoniumacetat), aus vorst. Verb. in abs. Trifluoressigsäure/Ae. u. Rk. mit N^α-Z-N^ω-Nitro-L-Arg-L-Pro-p-nitrophenylester u. Triäthylamin; $[\alpha]_D^{28}$ –7,6° (c = 0,7; DMF); 67%. – *L-Arg-L-Pro-L-Lys-Gly-L-Phe-O-acetyl-L-Ser-L-Pro-L-Phe-L-Arg-OH, Tetraacetat*, durch 48std. Hydrieren vorst. Verb. in Essigsäure/W. (1:1) in Ggw. von 20%ig. Pd-Kohle; $[\alpha]_D^{28}$ –23,5° (c = 0,3; W.); 58%. – *L-Arg-L-Pro-L-Lys-Gly-L-Phe-L-Ser-L-Pro-L-Phe-L-Arg-OH, Tetraacetat*, durch Hydrolyse vorst. Verb. mit n wss. NaOH; $[\alpha]_D^{28}$ –18,8° (c = 0,3; W.); 91%.
K.-P. Hilgetag 3800△

*1337* **Ein neues Catechin: 5'-Hydroxy-4'-O-methyl-(–)-epicatechin.** Franco Delle Monache, Ivan Leoncio de Albuquerque, Franco Ferrari und G. B. Marini-Bettolo. (Ann Chimica **57** (1967) 8–9, 964 bis 971; Recife (Brasile), Inst. de Antibioticos; ital.) – Aus *Ouratea sp.* (Ochnaceae) wurde die *Titelverb.* (**I**) isoliert, deren Struktur sich durch Folgerk. u. aus UV- u. NMR-Daten (s. Orig.) ergab.

Versuche ($[\alpha]_D$ in Aceton): *5'-Hydroxy-(–)-epicatechin, 4'-O-Methylderiv.* (**I**), $C_{16}H_{16}O_7$, F. 141–143° aus der Wurzelrinde von *Ouratea sp.* (Ochnaceae); aus W. Nadeln; $[\alpha]_D$ –53,4°; 2,7–3,5% (Ausb.). *3.5.7.3'.5'-Penta-O-acetyl-4'-O-methylderiv.*, $C_{26}H_{26}O_{12}$, F. 83–85°, durch 24std. Rk. von 0,5 g I mit abs. Py./Acetanhydrid bei Raumtemp. u. Gießen auf Eis; $[\alpha]_D$ –19,7°; 0,55 g. *5.7.3'.4'.5'-Penta-O-methylderiv.* (**II**), $C_{20}H_{24}O_7$, F. 161 bis 163° ($CH_3OH$), durch 48std. Rk. von I in $CH_3OH$ mit äther. $CH_2N_2$; $[\alpha]_D$ –66°; 0,54 g. *5.7.3'.4'.5'-Penta-O-methyl-3-O-acetylderiv.*, $C_{22}H_{26}O_8$, F. 183–184° ($CH_3OH$), durch Versetzen von 0,4 g **II** mit Py./Acetanhydrid unter Kühlen u. 12std. Rk. bei Raumtemp.; $[\alpha]_D$ –73,6°; 0,4 g. *5.7.3'.4'.5'-Penta-O-methyl-3-O-tosylderiv.*, $C_{27}H_{30} \cdot O_9S$, F. 175–176° (Zers.), durch $^1/_4$std. Erwärmen von 0,185 g **II** in Py. mit p-Tosylchlorid auf 80°, 12std. Stehen bei Raumtemp. u. Gießen auf Eis/W.; aus $CH_3OH$ Nadeln; 0,2 g. – *Tri-O-methylgallussäure*, $C_{10}H_{12}O_5$, F. 165–168° (W.), durch 5std. Kochen von 0,58 g **II** in Aceton unter anteilweiser Zugabe von $KMnO_4$, Lösen des Nd. in $H_2SO_4$ unter Einleiten von $SO_2$, Extrahieren mit Ae. u. Eindampfen der Extrakte; 0,06 g. – *Phloroglucin, Triacetylderiv.*, $C_{12}H_{12}O_6$, F. 104–105° (A.), durch $^1/_4$std. Erhitzen von 0,25 g I mit 80%ig. KOH auf 250°, Versetzen mit W., Ansäuern mit halbkonz. HCl, Extrahieren mit Ae. u. $CHCl_3$, Eindampfen der Extrakte, Lösen in Ae., Extrahieren mit $NaHCO_3$ u. Acetylieren. – *4-O-Methylgallussäure, Methylester*, $C_9H_{10}O_5$, F. 145 bis 146°, nach Herzig u. Pollak. *Freie Säure*, $C_8H_8O_5$, F. 243–244° (W.).
H.-J. Jahns 3950△

# D. Makromolekulare Chemie

*1338* **Anionische Polymerisation.** 2. Mitt. **Polarographische Reduktion anionisch polymerisierbarer Monomerer und ihre Neigung zur anionischen Copolymerisation.** K. Höfelmann, R. Sattelmeyer und K. Hamann. (Makromolekulare Chem. [Basel] **112** (1968) 300—02; Forsch.-Inst. für Pigmente u. Lacke, Univ. Stuttgart; dt.) — Die polarograph. Halbstufenpotentiale der Monomeren *β-Nitrostyrol, 2-Nitrobuten-(1), α-Cyansorbinsäuremethylester, α-Cyansorbinsäurebutylester, Crotylidenacetessigsäureäthylester, Atropanitril, Isopropylidenmalonsäureäthylester, Acrylonitril, Methacrylonitril* bzw. *Styrol* (Konz. jeweils $10^{-3}$ Mol/l) in W.-freiem Dimethylformamid mit Tetraäthylammoniumjodid (Konz. $10^{-1}$ Mol/l) als Leitsalz bei 25° unter Luftausschluß wurden gegen Bodenquecksilber bestimmt. Die Differenzen der Halbstufenpotentiale u. die Copolymerisationskonst. $r_1$ u. $r_2$ für einige Monomerenpaare wurden zusammengestellt. Aus den Werten ergibt sich, daß bei der anion. Polymerisation von Monomeren mit einer stark aktivierten Doppelbindung eine Copolymerisation nur dann zu erwarten ist, wenn der Absolutwert der Differenz der polarograph. Halbstufenpotentiale nicht größer als etwa 0,2 V ist. Da auch verschiedene andere Einfl. eine Rolle spielen, kann der Wert 0,2 V nicht als scharfe Grenze angesehen werden. G. Conradi 4001△

*1339* **Polymerisation von Propylen zu syndiotaktischen Polymeren.** 3. Mitt. **Verhalten des Katalysator-Systems $VCl_4/Al(C_2H_5)_2Cl$ in Anwesenheit einer Lewis-Base.** A. Zambelli, I. Pasquon, R. Signorini und G. Natta. (Makromolekulare Chem. [Basel] **112** (1968) 160—82; Ist. di Chim. Ind. del'Politecn., Milano; engl.) — *Propylen* wurde mit dem Katalysatorsyst. $VCl_4/Al(C_2H_5)_2Cl$/Anisol zu syndiotakt. *Polypropylen* polymerisiert. Es wurde die wahrscheinliche Struktur des katalyt. wirksamen Komplexes abgeleitet u. ein Polymerisationsmechanismus vorgeschlagen, der sowohl den Typ der Stereoregularität als auch deren Änderung bei wechselnden Rk.-Bedingungen erklärt. Rosemarie Hoffmann/Berlin 4010△

*1340* **Ladungseffekt in der Emulsionspolymerisation.** Johann Wolfgang Breitenbach, Karl Kuchner und Harald Maximilian Tarnowiecki. (Makromolekulare Chem. [Basel] **112** (1968) 297—99; Inst. phys. Chemie, Univ. Wien; dt.) — An den Syst. *Styrol-W.* = 1:3 u. 1,62 · $10^{-3}$ Mol/l Starter mit: 1. Emulgator = K-Palmitat, Starter = $K_2S_2O_8$, Fremdelektrolyt = $K_2SO_4$; 2. Emulgator = Na-Laurylsulfat, Starter = α.α'-Azo-bis-[methylbutyronitril-γ-natriumsulfonat], Fremdelektrolyt = NaCl; 3. Emulgator = Cetyltrimethylammoniumbromid, Starter = α.α'-Azo-bis-[isobutyramidiniumchlorid], Fremdelektrolyt = KBr u. $CaCl_2$ wird der Einfl. des Fremdelektrolyten auf die Polymerisationsgeschw. untersucht. Bis 0,4 Mol/l war kein Einfl. auf die Anfangsgeschw. festzustellen. Es wird vermutet, daß die Exponenten der Starter- u. Emulgatorkonz. in der Geschw.-Gleichung nicht von der Ionenstärke der Lsg. abhängen. Im Syst. 3 (kationenakt.) ist die Polymerisationsgeschw. oberhalb 0,05 Mol/KBr unabhängig von der Fremdelektrolytmenge. Bei 0,02 Mol/l zeigt die Polymerisationsgeschw. ein schwaches Maximum. Dies wird auf die unterschiedliche Ladung der Latexteilchen ($c < 0,02$ = positiv u. $c > 0,02$ Mol/l negativ) zurückgeführt. Im Max. erfolgt eine Ladungsumkehr. In den anionenakt. Syst. bleiben die Teilchen bis zu hohen Salzkonz. unverändert negativ geladen. J. Tutschku 4010

*1341* **Polymerisation von Styroloxid und Butadienmonoxid durch Organozinkverbindungen.** Teiji Tsuruta, Shohei Inoue und Kazumi Tsubaki. (Makromolekulare Chem. [Basel] **111** (1968) 236—46; Fac. of Engng., Univ. of Tokyo, Bunkyo-ku, Tokyo; engl.) — Zur Aufklärung des Polymerisations-(Pol.)-Mechanismus von *Styroloxid* (**I**) in Ggw. von *Organo-Zn-Verb.* (**A**) untersuchten Vf. die Rk. von **I** mit Zn-Diäthyl (**II**), Äthyl-Zn-Methoxid (**III**) u. Zn-Dimethoxid (**IV**). Bei der Rk. von **I** u. **II** (Verhältnis 1:2—12) wurden *2-Phenylbutanol-(1)* [**V**; 37,4—63,8% (Ausb.)], *β-Phenyläthanol* (1,9—4,5%) sowie unbekannte Prod. (0,4—1,3%) gefunden, dies zeigt, daß **I** vor allem an der $CH(C_6H_5)$-O-Bindung gespalten wird (α-Spaltung). Acetophenon als Umlagerungsprod. von **I** wurde nicht gefunden. Bei der Rk. von **I** mit **III** fanden Vf. 68,2—87,4% unverändertes **I** sowie 6,3—11,5% **V**, was auf eine reine α-Spaltung u. auf eine Addition des Äthyl-, nicht dagegen des Methoxyrestes hindeutet. Die Addition von **III** an **I** verläuft viel langsamer als die von **II** an **I**. Die Rk. von **I** mit **IV** lieferte 36,7—79,8% *1-Phenyl-2-methoxyäthanol* (β-Spaltung) u. 13,1—26,7% *2-Phenyl-2-methoxyäthanol* (α-Spaltung), der Anteil der β-Spaltung lag bei 69—79% [bei Propylenoxid (**VI**) 95% β-Spaltung]. Die Pol. von **I** wurde in n-Hexan, THF bzw. Bzl. in Ggw. von **II**, **IV** u. Al-Triäthyl (**VII**) untersucht, Ausb. 1—90% nach 60—144std. Pol., bei 30° nur niedrige Pol.-Geschw., optimal 75°. **I** u. **VI** konnten bereits bei 30° in Bzl. leicht in Ggw. von **II** polymerisiert werden, wenn ein vorher auf 75° erwärmtes Rk.-Gemisch aus **I** u. **II** als Katalysator diente, Ausb. an *Polypropylenoxid* (7tägige Pol.) 3—48%, [η] 2,94, Krist. 22%; Ausb. an *Polystyroloxid* (22tägige Pol.) 15—52%, die Aktivität ist im Falle von **I**/**II** = **2**:1 wesentlich höher als im Falle des Verhältnisses **1**:2. Die Resonanz der Phenylgruppe im koordinierten Zustande spielt eine wirksame Rolle bei der Rk. zwischen **I** u. **II**, Vf. untersuchten daher die Pol. von *Butadienmonoepoxid* (**VIII**) mittels **A**. **II** liefert im Falle von **VIII** lediglich in 2—3%ig. Ausb. ein niedrigmol. nichtkrist. *Prod.*, wesentlich höher ist die Aktivität von **II**-W. (42 Std. bei 30°: 54%; [η] 2,97; Krist. 49%), ebenso waren akt. **IV** (120 Std. bei 30°: 64%; 0,76; 9%) u. **VII**-W. (72 Std. bei 30°; 23%; 0,49; 34%). Bei der Pol. von **VIII** in Ggw. von **II** deuten die im Polymer vorhandenen Doppelbindungen auf eine kation. Polymerisation. Bei der Rk. von **IV** u. **VII** im Verhältnis 6:1 entstanden 57,3% *1-Methoxy-3-butenol-(2)* (β-Spaltung) u. 28,6% *2-Methoxy-3-butenol-(1)* (α-Spaltung). Die gleichzeitig stattfindende α- u. β-Spaltung zeigt, daß das Polymer einen gewissen Anteil Kopf-Kopf-Verknüpfungen enthält u. demgemäß kaum stereoregulär aufgebaut ist.

Versuche: *Styroloxid* (**I**), $Kp._{15}$ 84—85°. — *Butadienmonoepoxid* (**VIII**), Kp. 67,2—67,5°, durch Zutropfen von Perbenzoesäure in $CHCl_3$ bei —15 bis —18° zu einer Lsg. von 27 g Butadien in $CHCl_3$ u. 3tägiges Stehen im Kühlschrank; $n_D^{23}$ 1,4158; 15,6 g (Ausb.). — Phenylbutanole-(1): *1-*, $Kp._8$ 105,5—106,2°, durch Eintropfen von 25 g Phenyl-n-propylketon in Ae. in eine sd. Suspension von $LiAlH_4$ in Ae. sowie Zers. mit W. u. 10%ig. $H_2SO_4$; 9,5 g. — *2-* (**V**) $Kp._8$ 106,5—107°, durch Rk. von 16,4 g 2-Phenylbuttersäure mit $LiAlH_4$; 7,5 g. — Phenyl-2-methoxyäthanole: *1-*, $Kp._8$ 112,8—113,1°, durch Rk. von 24 g ω-Methoxyacetophenon (aus Methoxyacetonitril u. Phenyl-MgBr) mit $LiAlH_4$; 9,5 g. — *2-*, $Kp._8$ 108,0—108,3°, durch Rk. von 9,1 g α-Methoxyphenylessigsäure (durch Methylieren von Mandelsäure mit Dimethylsulfat) mit $LiAlH_4$; 4,5 g. *Gemisch von 1- u. 2-Methoxy-3-butenol-(2)*, $Kp._{52}$ 55—57°, durch 24std. Rk. von 4,2 g **VIII** bei 80° mit Na-Methylat in $CH_3OH$ u. frakt. Dest.; $n_D^{21}$ 1,4301; 1,7 ml. K. Gröbe 4020△

*1342* **Zur Kenntnis der Emulsionspolymerisation von Vinylacetat.** 1. Mitt. **Emulsionspolymerisation mit Natriumdodecylsulfat.** J. W. Breitenbach, H. Edelhauser und R. Hochrainer. (Mh. Chem. **99** (1968) 2, 625—34; Inst. phys. Chemie, Univ. Wien; dt.) — Bei der Emulsionspolymerisation von *Vinylacetat* wurde als Emulgator Na-Dodecylsulfat u. als Starter $K_2S_2O_8$ u. α.α'-Azo-bis-isobutyronitril-γ-Na-sulfonat untersucht. Die Polymerisationsgeschw. ist unabhängig von der Emulgatorkonz. u. im Bereich von 0,01—0,08 Mol/l Starter $\sim c_{Starter}^{0,7}$. Die Ionenstärke anorgan. Salze beeinflußt die Polymerisationsgeschwindigkeit. Es ist keine ausgeprägte Abhängigkeit der Viskositätszahl von der Starterkonz. zu beobachten, u. dies entspricht dem Monomerübertragungskonzept bei der Substanzpolymerisation. Es wird angenommen, daß die Polymerisationsgeschw.

unabhängig von der Teilchengröße ist. Das Verh. des Syst. ist der Rk. einer homogenen Phase ähnlicher als der Emulsionspolymerisation des Styrols.

J. Tutschku 4020

*1343* **Reaktivitäten von kernsubstituierten Phenylmethacrylaten bei der Radikal-Copolymerisation mit Styrol.** Takayuki Otsu, Toshio Ito, Yoshihiro Fujii und Minoru Imoto. (Bull. chem. Soc. Japan **41** (1968) 1, 204–07; Dep. of Appl. Chem., Fac. of Engng., Osaka City Univ., Sugimotocho, Sumiyoshi-ku, Osaka; engl.) — Die Copolymerisation von *Styrol* (**I**) mit *Phenylmethacrylat* (**II**), *p-Methoxy-* (**III**), *p-Methyl-* (**IV**), *p-Chlor-* (**V**), *m-Chlor-* (**VI**), *p-Acetyl-* (**VII**), *m-Nitro-* (**VIII**) u. *p-Nitrophenylmethacrylat* (**IX**) wurde in Bzl. bei 60° in Ggw. von Azo-bis-isobutyronitril ausgeführt. Die r-Werte der Copolymerisation ergeben sich daraus zu (Index 1 bezieht sich auf **I**): $r_1 = 0{,}30$ u. $r_2 = 0{,}60$ (**II**), 0,28 u. 0,60 (**III**), 0,30 u. 0,70 (**IV**), 0,22 u. 0,45 (**V**), 0,21 u. 0,40 (**VI**), 0,15 u. 0,49 (**VII**), 0,18 u. 0,36 (**VIII**), 0,19 u. 0,22 (**IX**). Die zugehörigen Q- u. e-Werte (bezogen auf Q = 1,0 u. e = −0,8 für **I**) sind: 1,17 u. 0,51, 1,23 u. 0,53, 1,23 u. 0,45, 1,35 u. 0,72, 1,36 u. 0,77, 1,82 u. 0,82, 1,47 u. 0,86, 1,27 u. 0,98. Aus den Daten folgt, daß die Reaktivitäten sowohl von polaren als auch von Resonanz-Effekten, die durch die Natur der Substituenten bedingt sind, abhängen; die normale Hammettsche Gleichung ist daher abzuändern.

Versuche: Die Monomeren wurden aus Methacryloylchlorid u. den entsprechenden Phenolen nach Schotten-Baumann hergestellt. Neu sind folgende Verb.: *p-Methoxyphenylmethacrylat*, $C_{11}H_{12}O_2$, $Kp._2$ 81,0 bis 82,0°, $n_D^{25}$ 1,5108; *p-Acetylphenylmethacrylat*, $C_{12}H_{12}O_3$, F. 90,5–92,0° (aus A.); *m-Chlorphenylmethacrylat*, $C_{10}H_9ClO_2$, $Kp._2$ 91,0–92,0°, $n_D^{20}$ 1,5301; *m-Nitrophenylmethacrylat*, $C_{10}H_9NO_4$, F. 59,0–60,0° (aus A.).

O. Fuchs 4020△

*1344* **Polymerisation von Acrylamid bei Initiierung mit $Ce^{4+}$-Ionen in Gegenwart von $Fe^{3+}$-Ionen.** Hiroshi Narita, Susumu Okamoto und Seishi Machida. (Makromolekulare Chem. [Basel] **111** (1968) 14–19; Kyoto Univ. of Ind. Arts and Textile Fibers, Kita-ku, Kyoto; engl.) — Die Polymerisation von Acrylamid in wss. 0,05 m $HNO_3$ bei 40° mit $Ce^{4+}$-Ionen (10 bzw. 20 · $10^{-3}$ M/l) als Initiator in Ggw. von $Fe^{3+}$-Ionen (0 bis 25 · $10^{-3}$ M/l) wurde untersucht. Das dargestellte Polymere enthielt Cer u. Eisen; papierelektrophoret., polarograph. u. IR-spektroskop. Unters. zeigten, daß die Metalle chem. gebunden sind. Die Gesamtmenge an gebundenem Metall (Ce + Fe) betrug dabei 1 Atom pro Makromolekül. Umsatz u. Polymerisationsgrad sind der $Fe^{3+}$-Konz. umgekehrt proportional. Daraus sowie aus Literaturangaben wird geschlossen, daß $Fe^{3+}$-Ionen an Abbruchs- u. Übertragungsrk. teilnehmen u. dabei ins Makromol. eingebaut werden. Unters. mit $Ce^{4+}$ u. $Cu^{2+}$ bzw. $Co^{2+}$ zeigten, daß $Cu^{2+}$ u. $Co^{2+}$ unter gleichen Bedingungen nicht in das Polymere eingebaut werden.

G. Conradi 4030△

*1345* **Geschwindigkeit der Radiolyse der Disulfidgruppen im Insulin in wäßriger Lösung unter der Einwirkung von Röntgenstrahlen.** A. Fojtík und R. Brdička. (Collect. czechoslov. chem. Commun. **33** (1968) 2, 462–67; Inst. Phys. Chem., Czechoslovak Acad. of Sci., Prag; engl.) — *Insulin* (**I**) wurde in wss. schwefelsaurer Lsg. (pH 1,6 bis 1,8) mit Röntgenstrahlen (50 kV) der Dosisintensität D (in Einheiten von $10^{16}$ eV $ml^{-1}$ $s^{-1}$) bestrahlt. Die dabei stattfindende Inaktivierung der Disulfidgruppen in **I** wurde polarograph. nach der früher (vgl. C. **1966**, 34-1972) beschriebenen Meth. bestimmt. Zwischen D u. der Geschw.-Konst. k 1. Ordnung besteht Proportionalität mit $k/D = 1{,}02 \cdot 10^{-19}$ $(eV)^{-1}$ ml. Für die zeitliche Änderung von **I** gilt $[I]_t = [I]_0 \exp(-kDt')$, wo $t' = t - t_i$ u. $t_i$ = Induktionsperiode. D wurde zwischen 0,78 u. 3,1 variiert. Das Prod. $t_i$ D ist in 1. Näherung konst. u. beträgt 3 · $10^{18}$ eV $ml^{-1}$. Aus der Änderung von $[I]_0$ (0,45 · $10^{-4}$–3,6 · $10^{-4}$ Mol/$l^{-1}$) folgt, daß der Wert $D_{37}$ (= D-Wert für $[I]_t/[I]_0 = 1/e$) unabhängig von $[I]_0$ ist ($D_{37} = 9{,}7 \cdot 10^{18}$ eV $ml^{-1}$). Für die Strahlungsausb. zu Beginn der Strahleneinw. gilt $G_i = 6{,}023 \cdot 10^{22}$ $k[I]_0$.

O. Fuchs 4080△

## E. Biologische, physiologische und medizinische Chemie

*1346* **Analoga der Cofermente des Kohlenhydratumsatzes.** 9. Mitt. **Synthese der $N^1$-Methyladenosindiphosphatglucose.** N. K. Kočetkov, É. I. Budovskij, V. N. Šibaev und S. M. Spiridonova. (Chim. prirodnych Soedinenij **4** (1968) 2, 123–28; Moskva, inst. chimii prirodnych soedinenij AN SSSR; russ.) — 8. vgl. ibid. **1** (1965) 409. — Ausgehend von der These, daß die Beziehungen zwischen der Struktur u. den biochem. Eig. der natürlichen und Nucleosiddiphosphatsaccharide auf dem Vorhandensein einer sek. Struktur beruhen, wird durch Behandeln der *Adenosin-5'-diphosphat-α-D-glucopyranose* (**I**) mit Dimethylsulfat bei pH 4,5–5,0 das $Na_2$-Salz von $N^1$-Methyl-**I** hergestellt. Im UV-Spektrum tritt beim Übergang von pH 7 zu pH 11 starke Absorption im Langwellengebiet ein. Hieraus wird geschlossen, daß schon bei pH 7,5 die Verb. in der protonisierten Form vorliegt. Die spektrale Veränderung beruht auf dem Übergang der protonisierten in die nichtprotonisierte Form.

O. Lebtag 4100△

*1347* **Nucleoside.** 5. Mitt. **Desoxyribonucleinsäure-Baustein 5-Hydroxymethyl-2'-desoxy-uridin sowie sein α-Anomeres.** Reinhard Brossmer und Erich Röhm. (Hoppe-Seyler's Z. physiol. Chem. **348** (1967) 11, 1431 bis 1441; Max-Planck-Inst. für Med. Forsch., Inst. für Chem., Heidelberg; dt.) — 4. vgl. Z. Naturforsch. **21b** [1966] 942. — Aus dem Hg-Salz von 5-Benzyloxymethyluracil wird mit 3.5-Bis-[p-methylbenzoyl]-2-desoxy-D-ribofuranosylchlorid (**I**) α- u. *β-5-Benzyloxymethyl-2'-desoxy-3'.5'-bis-[p-methylbenzoyl]-uridin* dargestellt. Diese werden zu α- u. *β-5-Hydroxymethyl-2'-desoxyuridin* hydriert u. verseift. Die Konfig. werden durch Abbau zu Thymidin, NMR-Spektroskopie u. Best. der opt. Drehung bewiesen.

Versuche: Uracile: *3-Acetyl-5-methoxymethyl-*, $C_8H_{10}N_2O_4$, F. 165–166° (Methanol), durch Kochen von 5-Methoxymethyluracil mit Essigsäureanhydrid (**VIII**). — *5-Methoxymethyl-, Hg-Salz*, $C_6H_6HgN_2O_3$, durch 1std. Kochen vorst. Verb. mit Hg-Acetat in Methanol; 100% (Ausb.). — *5-Acetoxymethyl-3-acetyl-*, $C_9H_{10}N_2O_5$, F. 113–114° (Methanol), durch 1std. Kochen von 5-Hydroxymethyluracil (**II**) mit **VIII**; 80–90%. — *5-Acetoxymethyl-, Hg-Salz*, $C_7H_6HgN_2O_4$, durch kurzes Erwärmen vorst. Verb. mit Hg-Acetat in Methanol; 100%. — *5-Benzyloxymethyl-* (**III**), $C_{12}H_{12}N_2O_3$, F. 202 bis 203° (A.), durch 30 Min. langes Kochen von **II** in Benzylalkohol in Ggw. von HCl u. Gießen in Ae.; 92%. — *3-Acetyl-5-benzyloxymethyl-*, $C_{14}H_{14}N_2O_4$, F. 131–132° (Methanol), aus **III** u. **VIII**; 80–90%. — *5-Benzyloxymethyl-, Hg-Salz*, $C_{12}H_{10}HgN_2O_3$, a) durch Zutropfen von Hg-Acetat in Methanol zu vorst. Verb. in Methanol u. kurzes Aufkochen; 90%. b) analog aus **III** in A.; 97%. c) aus **III** in Py. bei Raumtemp.; 95%. — 5-Benzyloxymethyluracile: *3-[3.5-Bis-p-methylbenzoyl-2-desoxy-D-ribofuranosyl]-, β-Form*, (**IV**), $C_{33}H_{32}N_2O_8$, F. 141 bis 142° (A.), durch 16std. Rühren vorst. Verb. mit **I** in Toluol bei Raumtemp. u. Gießen in PAe., $[\alpha]_D^{20}$ −60° (c = 1,26; Chlf.); 49%. — *α-Form* (**V**), $C_{33}H_{32}N_2O_8$, F. 99–101° (A.), neben **IV**, $[\alpha]_D^{19}$ 0°; 25–35%. — *3-[2-Desoxy-β-D-ribofuranosyl]-*, $C_{17}H_{20}N_2O_6$, F. 117–118° (W.), durch alkal. Verseifung von **IV** in A., $[\alpha]_D^{23}$ +14,5°; 91,5%. — *3-[3.5-Bis-p-methylbenzoyl-2-desoxy-D-ribofuranosyl]-5-benzyloxymethyl-2-oxo-6-thiono-1.2.3.6-tetrahydropyrimidin*, $C_{33}H_{32}N_2O_7S$, F. 110–112° (Methanol), durch 1std. Kochen von **IV** mit $P_2S_5$ in Py. u. Gießen in W.; 73%. — *β-Thymidin*, durch Hydrieren von **IV** über Pd-Kohle in $CH_3COOH$ u. Verseifung in A. mit NaOH. — 3-[3.5-Bis-p-methylbenzoyl-2-desoxy-D-ribofuranosyl]-uracile: *5-Hydroxymethyl-, β-Form* (**VI**), $C_{26}H_{26}N_2O_8$, F. 167–169° (A.), durch Hydrieren von **IV** in $CH_3COOH$ über Pd-Oxid, $[\alpha]_D^{19}$ −60°;

98%. — *α-Form*, $C_{26}H_{26}N_2O_8$, F. 151—152° (A.), analog aus V, $[\alpha]_D^{20}$ —15°; 95—98%. — *5-Propyloxymethyl-*, $C_{29}H_{32}N_2O_8$, F. 188—189° (Methanol), durch 15std. Kochen von VI in n-Propanol in Ggw. von HCl. — *5-n-Butyloxymethyl-*, $C_{30}H_{34}N_2O_8$, F. 162—163° (A.) in 24 Std. in n-Butanol; 90%. — *5-Chlor-methyl-* (VII), $C_{26}H_{25}ClN_2 \cdot O_7$, F. 205—206°, a) durch Zutropfen von $SOCl_2$ zu VI in Chlf., 30 Min. langes Kochen u. Einengen; 92%. b) durch Stehen von IV mit 10%ig. HCl in Dioxan über Nacht, Einengen u. Zugabe von PAe.; 98%. — *5-Äthoxymethyl-*, $C_{28}H_{30}N_2O_8$, F. 185—186° (A.), durch 30 Min. langes Erhitzen von VII in A.; 100%. — *5-Äthyleniminomethyl-*, $C_{28}H_{29}N_3O_7$, F. 161—162° (A.), durch kurzes Erwärmen von VII mit Äthylenimin, Einengen u. Fällen mit W., $[\alpha]_D^{22}$ —53°; 99%. — *5-Azidomethyl-*, $C_{26}H_{25} \cdot N_5O_7$, F. 156—157° (A.), durch Kochen von VII mit $NaN_3$ in Aceton, $[\alpha]_D^{22}$ —61°; 99%. — *3-[2-Desoxy-D-ribofuranosyl]-5-hydroxymethyluracil, β-Form*, $C_{10}H_{14}N_2O_6$, F. 180—182° (A.), durch alkal. Verseifung von VI in A., $[\alpha]_D^{20}$ —19,1°; 95%. — *α-Form*, $C_{10}H_{14}N_2O_6$, F. 169 bis 170° (A.), $[\alpha]_D^{20}$ —5,6°; 95%.
W. Holland 4150

*1348* **Chemische Modifikation des Chymotrypsins.** 1. Mitt. M. M. Botvinik, G. N. Novodarova und V. L. D'jakov. (Chim. prirodnych Soedinenij **4** (1968) 2, 116—20; Moskva, univ. im. M. V. Lomonosova; russ.) — Untersucht wurde die Rk. des *Chymotrypsins* (I) mit den folgenden Analoga des spezif. I-Inhibitors *L-1-Tosylamido-2-phenyläthylchlormethylketon*: *D-1-Tosylamido-2-phenyläthylchlormethylketon* (II), *Phenyläthylchlormethylketon* (III) u. *Benzylchlormethylketon* (IV). II vermindert die I-Aktivität selbst bei 45 m Überschuß prakt. nicht, während die L-Form bei 20fachem Überschuß die I-Aktivität um 64% herabsetzt. II vermindert die I-Aktivität um 24—48%. Der Ausschluß des asymm. C-Atoms durch Entfernung der Tosylaminogruppe hebt demnach die inhibierende Wrkg. nicht völlig auf. IV vermindert die I-Aktivität nur beim Verhältnis 1:350 um 12—24%. Für die Rk. des Inhibitors mit dem Histidin von I sind die Ggw. des aromat. Restes u. die Länge der C-Kette entscheidend. O. Lebtag 4230△

*1349* **Hemmung der Nucleinsäure- und Proteinsynthese in Escherichia coli durch ein neues Triazenoimidazol.** Robert F. Pittillo und Dale E. Hunt. (Proc. Soc. exp. Biol. Med. **126** (1967) 2, 555 bis 57; Kettering-Meyer Labor., Southern Res. Inst., Birmingham, Ala.; engl.) — *5(oder 4)-[3.3-Dimethyl-1-triazeno]-imidazol-4(oder 5)-carbonsäuremethylester* (I; NSC 87982) hemmt die Protein- u. RNS-Synth. in *E. coli* ATCC 9637. I-Konz. von 1 μg/ml hemmen spürbar, 5,0 μg/ml hemmen total. Die DNS-Synth. wird durch I im gleichen Bakterium nicht beeinflußt. Die RNS-, DNS- u. Proteinsynth. in *E. coli*/NSC 87982 wird durch 5,0 μgI/ ml nicht beeinflußt. Der Hemmungs-Mechanismus ist noch nicht bekannt. W. Hiller 4310

*1350* **L-Homoserin-Akkumulation durch eine Threonin-auxothrophe Mutante von Escherichia coli.** Haruo Tanaka und Kiyoshi Nakayama. (J. agric. chem. Soc. Japan [Nippon Nogei-Kagaku Kaishi] **41** (1967) 12, 680—85; Tokyo Res. Labor., Kyowa Hakko Kogyo Co., Ltd., Machida, Tokyo; jap.) — Die untersuchte Mutante produziert ca. 300 μg L-Threonin/ml. Zugabe von L-Isoleucin oder γ-Aminobuttersäure stimuliert die L-Homoserin-Akkumulation. Enthält das Medium 5% Glycerin, so werden 4 mg/L-Homoserin/ml akkumuliert.
W. Hiller 4315

*1351* **Biosynthese von Dipicolinsäure in sporenbildenden Zellen von Bacillus megatherium.** Marilyn L. Bach und Charles Gilvarg. (J. biol. Chemistry **241,** 4563 bis 4564, 1966; Frick Chemical Labor. Princeton, Univ. Princton, N.Y.; engl.) — In sporenbildenden Zellen von *Bacillus megatherium* setzt mit dem Sistieren des Wachstums die Biosynth. von *Dipicolinsäure* (I) ein, die in vegetativen Zellen nicht erfolgt. In Rohextrakten sporenbildender Zellen wird ein enzymat. Syst. nachgewiesen, das mit *Natriumpyruvat* u. *DL-Asparaginsäuresemialdehyd* I synthetisiert; die Identifizierung des Rk.-Prod. erfolgte durch UV-Spektren u. Papierchromatographie u. Bldg. eines spezif. $Fe^{2+}$-Komplexes nach F. Janssen et al. (Science **127** (1958) 26). R. Roetz 4320

*1352* **Synthese und Umbildung von phenolischen Verbindungen durch Epicoccum nigrum in Beziehung zur Huminsäurebildung.** K. Haider und J. P. Martin. (Proc. Soil Sci. Soc. America **36** (1968) 1, 766—70; Forschungsanst. für Landwirtschaft, Braunschweig—Völkenrode; engl.) — Der Pilz *Epicoccum nigrum* synthetisiert in einem Glucose-Asparagin-Medium *2.4-Dihydroxy-6-methylbenzoesäure* (*Orsellinsäure*) u. *2-Methyl-3.5-dihydroxybenzoesäure* (*Cresorsellinsäure*). Neben diesen beiden Schlüsselphenolen produziert der Pilz *2.4-Dihydroxybenzoesäure, 2.4-Dihydroxy-toluol, Orcin, Resorcin, p-Hydroxy-zimtsäure, p-Hydroxy-benzoesäure, 2.4.5-Trihydroxy-toluol, Protocatechusäure, 5-Methyl-pyrogallol, 3.5-Dihydroxy-benzoesäure, Methylphloroglucin, Gallussäure, Phloroglucin, 2.4.6-Trihydroxy-benzoesäure, 2.3.5-Trihydroxytoluol, Pyrogallol* u. *1.4-Dimethyl-2.6-dihydroxytoluol*. Bei geeigneten Rk.-Bedingungen (pH 6) erfolgt Huminsäurebildung aus den gebildeten Benzolderivaten.
W. Hiller 4320

*1353* **Bildung von L-Glutaminsäure durch gemischte Kulturen.** 1. Mitt. **Untersuchung der Kulturbedingungen.** Saburo Yamatodani, Atsushi Kakinuma, Masaru Suzuki und Matazo Abe. (Annu. Rep. Takeda Res. Lab. **26** (1967) 107—12; Fac. of Agricult., Tokyo Univ. of Education; jap.) — *Corynebacterium* sp. 1633 A oder *Escherichia coli* 3691 E akkumulierten allein keine *L-Glutaminsäure*. In gemischten Kulturen wird jedoch eine große Menge L-Glutaminsäure akkumuliert. Ein für die Anreicherung geeignetes Medium wird mitgeteilt.
W. Hiller 4320

*1354* **Bildung von L-Glutaminsäure durch gemischte Kulturen.** 2. Mitt. **Mechanismus der L-Glutaminsäurebildung.** Masaru Suzuki, Atsushi Kakinuma und Saburo Yamatodani. (Annu. Rep. Takeda Res. Lab. **26** (1967) 117—25; jap.) — 1. vgl. vorst. Referat. — In den gemischten Kulturen produziert *Escherichia coli* 3691 E α-Ketoglutarsäure u. *Corynebacterium* sp. 1633 A $NH_4^+$. Aus beiden wird dann L-Glutaminsäure produziert.
W. Hiller 4320

*1355* **Akkumulation von Inosin durch Bacillus pumilus.** Takashi Suzuki, Ikuo Nogami, Yasuaki Kitahara, Michio Ishikawa und Masahiko Yoneda. (Annu. Rep. Takeda Res. Lab. **26** (1967) 126—37; engl.) — Durch UV-Bestrahlung von *Bacillus pumilus* wird eine Mutante erhalten, die Inosin akkumuliert. Die Inosinakkumulation erfolgt bes. nach Beendigung des Zellwachstums. In einem Medium aus Glucose, $(NH_4)_2SO_4$, Ca-Phosphat, $MgSO_4$, $CaCO_3$, Trockenhefe u. Biotin werden mehr als 10 mg/ml Inosin akkumuliert. Zugabe von in W. unlösl. Ca-Phosphaten zum Medium erhöht die Inosinproduktion. W. Hiller 4320

*1356* **Isolierung und Identifizierung eines Indikatorantibiotikums aus der Kultur von Actinomyces 3—1863.** B. M. Bondarenko, L. I. Skripka, L. D. Kaljužna und A. P. Rohožina. (Mikrobiol. Ž. **30** (1968) 3, 265 bis 271; Kiiv, n.-d. inst. ėpidemiol. ta mikribiolohii; ukrain.) — Aus dem Myzelium von *Actinomyces 3—1863*, das *Actinomyces violaceus* nahesteht, sich durch die Fähigkeit der Stärkehydrolyse jedoch davon unterscheidet, wird ein *Indikatorantibiotikum* isoliert, das ein Gemisch von mehreren biolog. akt. Substanzen ist. Nach dem chromatograph. Verh. ist die Ggw. von Verb. wahrscheinlich, die den *Mycetinen A*, $B_1$, $B_2$, *C* u. *D* analog sind. Vom Mycetin unterscheidet sich das Präp. durch das Fehlen der Mycetine $E_1$, $E_2$ u. Z u. durch die Ggw. einer neuen akt. Substanz. O. Lebtag 4340△

*1357* **Chemische Struktur des Proteins des Tabakmosaikvirus.** G. Funatsu. (J. agric. chem. Soc. Japan [Nippon Nôgei Kagaku Kaishi] **41** (1967) 12, R53—R63; Agricult. Chem., Fac. of Agricult., Kyushu Univ.; jap.)
Ch. Jürgens 4374

*1358* **Biosynthese von Usninsäure in vitro.** A. Penttila und H. M. Fales. (Chem. Commun. **1966,** 656—57; Bethesda, Md., Nat. Heart Inst.; engl.) — Die Darst. der *Usninsäure* (Bestandteil von Flechten) u. ihres Hydratationsprod. gelingt Vf. auf enzymat. Wege im

Gegensatz zu Dean („Naturally occurring oxygen ring compounds", Butterworths, London, 1963, 148). Methylacetylphloroglucin wird vorsichtig in Ggw. von *Peroxydase* des Meerrettichs mit $H_2O_2$ bei pH 7,8 oxydiert. Als Nebenprod. wird ein Isomeres der Usninsäure, $C_{18}H_{18} \cdot O_8$, F. 291—292°, isoliert. Es wird von konz. $H_2SO_4$ nicht angegriffen u. besitzt, wie durch spektroskop. Unters. nachgewiesen wurde, eine symm. Struktur. Nach Ansicht der Vf. stellt es eine dem o.o'-Dikresol analoge Verb. dar. G. Nieswandt 4380

*1359* **Säuren aus dem Samenöl von Butea frondosa.** R. C. Badami und V. A. Desai. (J. Karnatak Univ., Sci. [Dharwar, India] **12** (1967) 45—48; Dep. of Chem., Karnatak Univ., Dharwar; engl.) — Das Samenöl von *B. frondosa* enthält 0,9% *Capryl-*, 0,7% *Caprin-*, 1,3% *Laurin-*, 1,0% *Myristin-*, 20,3% *Palmitin-*, 9,5% *Stearin-*, 3,0% *Arachidin-*, 7,5% *Behen-*, 2,5% *Lignocerin-*, 31,3% *Öl-*, 19,2% *Linolsäure* u. 2,8% oxygenierte Säuren. W. Hiller 4420

*1360* **Säuren aus dem Samenöl von Pongamia glabra.** R. C. Badami und C. D. Daulatabad. (J. Karnatak Univ., Sci. [Dharwar, India] **12** (1967) 41—44; Dep. of Chem., Karnatak Univ., Dhawar; engl.) — Das Samenöl von *Pongania glabra* enthält 0,3% *Myristinsäure,* 10,7% *Palmitinsäure,* 7,2% *Stearinsäure,* 1,0% *Arachidinsäure,* 6,7% *Behensäure,* 1,6% *Lignocerinsäure,* 47,8% *Ölsäure,* 23,6% *Linolsäure* u. 1,1% oxygenierte Säuren. W. Hiller 4420

*1361* **Untersuchungen an Uronsäuren enthaltendem Material.** 22. Mitt. **Zusammensetzung des Gummis aus Acacia drepanolobium Harmsex Sjösted.** D. M. W. Anderson und I. C. M. Dea. (Carbohydrate Res. [Amsterdam] **5** (1967) 4, 461—69; Dep. of Chem., Univ. of Edinburgh 9; engl.) — Von dem Gummi sind 80% lösl. in kaltem W. (Fraktion A), 8% lösl. in 1 m NaCl (Fraktion B) u. 12% lösl. in verd. Alkali (Fraktion C). Hydrolyse der Fraktionen A—C mit 1 n $H_2SO_4$ (7 Std.) ergibt Galaktose, Arabinose, saure Disaccharide u. geringe Mengen Rhamnose. Hydrolyse mit 2 n $H_2SO_4$ (7 Std.) ergibt D-Glucuronsäure, D-Glucurono-6.3-lacton u. 4-O-Methyl-D-glucuronsäure. Alle Fraktionen enthalten die 4 Aldobiouronsäuren 6-O-(β-D-Glucopyranosyluronsäure)-D-galaktose, 4-O-(α-D-Glucopyranosyluronsäure)-D-galaktose, 6-O-(4-O-Methyl-β-D-glucopyranosyluronsäure)-D-galaktose u. 4-O-(4-O-Methyl-α-D-glucopyranosyluronsäure)-D-galaktose. W. Hiller 4420

*1362* **Glykoside von Daphne julia.** L. I. Košeleva, L. K. Nikonov und M. E. Perel'son. (Chim. prirodnych Soedinenij **4** (1968) 2, 133—35; Moskva, med. inst. im. I. M. Sečenova; russ.) — Durch Extraktion der Zweigrinde von *Daphne julia* mit Methanol u. Chromatographie an $Al_2O_3$ wird im Eluat von Chlf. + Aceton (1:1) in einer Ausb. von 1,85% die Verb. $C_{15}H_{16}O_9$ gewonnen; F. 191—193°, $[\alpha]_D^{17}$ +22° (c = 1,0; Methanol), $R_F$ 0,43 bis 0,44, hellblaue Fluoreszenz. Durch weitere Eluierung mit Methanol wird die Verb. $C_{15}H_{16}O_9$ in einer Ausb. von 0,1% erhalten; F. 215—217°, $[\alpha]_D^{17}$ —106 (c = 1,0; Methanol) $R_F$ 0,40, schwache gelbgrüne Fluoreszenz. Beide Verb. liefern bei der Säurehydrolyse *7.8-Dihydroxycumarin.* Nach den UV-Spektren handelt es sich um 8-Glucosidyl-7-hydroxycumarin bzw. *7-Glucosidyl-8-hydroxycumarin* (*Daphnin*). Das erstgenannte Glykosid wurde erstmalig als natürliche reine Verb. isoliert. O. Lebtag 4420△

*1363* **Struktur von Clematosid B.** V. Ja. Čirva und V. P. Konjuchov. (Chim. prirodnych Soedinenij 4 (1968) 2, 141—42; Kisinev, inst. chimii AN MSSR; russ.) — Nach der Isolierung von *Clematosid C* (**I**-C) aus *Clematis manshurica Rupr.* werden durch Chromatographieren des Saponinextraktes an Silicagel im Syst. Butanol-A.-W. (10:2:5) **I**-A, **I**-A' u. **I**-B (**I**-B) erhalten. Als Aglykon von **I**-B (F. 200—202°; Acetat, F. 159—161°) wird *Oleanolsäure* (**II**) erhalten. Im Kohlenhydratanteil von **I**-B treten *Glucose, Arabinose, Xylose* u. *Rhamnose* auf (5:2:1:2). Bei der Behandlung des **I**-B u. seines Acetats mit Diazomethan mit anschließender Hydrolyse wird unverestertes **II** erhalten u. nicht der Methylester, ein Beweis dafür, daß in **I**-B eine O-Acylglykosidbindung vorliegt. Aus den Prod. der Alumohydridspaltung von **I**-B u. **I**-C geht hervor, daß in beiden Fällen die Reihenfolge der Monosaccharide an der OH-Gruppe des Aglykons dieselbe ist, daß jedoch bei **I**-B das an das Hydroxyl von $C_{(3)}$ gebundene endständige Rhamnose-Mol. von **II** fehlt. **I**-B ist vermutlich in der Pflanze der genet. Vorläufer von **I**-C. O. Lebtag 4420△

*1364* **Gallocatechine der Wurzel von Rheum Maximoviczii.** L. T. Pašinina und T. K. Čumbalov. (Chim. prirodnych Soedinenij **3** (1967) 5, 346—47; Kazachskij univ. im. S. M. Kirova; russ.) — Aus der Wurzel von *Rheum Maximoviczii A. Los.* werden 0,035% (—)-*Epigallocatechin,* 0,017% (+)-*Gallocatechin,* 0,010% (±)-*Gallocatechin* u. 0,039 (Frühjahr) bzw. 0,016% (Herbst) (±)-*Gallocatechingallat* isoliert. O. Lebtag 4420△

*1365* **Cumarine aus den Früchten von Prangos ferulacea.** A. Z. Abyšev. (Chim. prirodnych Soedinenij **4** (1968) **2**, 130—31; Moskva, botaniceskij inst. im. V. L. Komarova; russ.) — Aus der Wurzel von *Prangos ferulacea* wird neben *Osthol* u. *Isoimperatorin* die Verb. $C_{16}H_{14}O_5$ isoliert: F. 115 bis 117°, die als *l-Oxypeucedanin* (**I**) anzusprechen ist. Durch Isomerisierung des **I** mit 20%ig. $H_2SO_4$-Lsg. wird eine Verb. von F. 146° (A.) erhalten. Die **I**-Ausbeute ist nur gering. O. Lebtag 4420△

*1366* **Saponine der Sonnenblumenpflanze.** V. Ja. Čirva, P. L. Čeban und G. V. Lazur'evskij. (Chim. prirodnych Soedinenij 4 (1968) 2, 140; Kinišev, inst. chimii AN MSSR; russ.) — In den Blütenblättern von *Helianthus annuus* werden die *Helianthoside A, B* u. *C* (**Ia**; **Ib**; **Ic**) nachgewiesen. Chromatograph. werden in **Ia**, **Ib** u. **Ic** *Glucose, Arabinose* u. *Galaktose* festgestellt. Durch Chromatographie an Silicagel wird **Ic** isoliert; F. 215 bis 217°. Bei der Säurehydrolyse von **Ic** entsteht ein Aglykon, dessen $R_F$-Wert u. F. denen von *Echinocystsäure* gleich sind. **Ic** enthält Glucose, Arabinose, *Xylose* u. Rhamnose. Die Ergebnisse stehen im Widerspruch zu den Ergebnissen von Kasprzyk et al. [Bull. Acad. polon. Sci., Ser., Sci. biol., **13** (1965) 77] die nur 2 Saponine u. nur Glucose u. Arabinose nachweisen konnten. O. Lebtag 4420△

*1367* **Der Samen von Thermopsis dolichocarpa als neuer Rohstoff von Cytisin.** T. T. Šakirov, K. A. Sabirov und R. I. Šamsutdinov. (Chim. prirodnych Soedinenij **4** (1968) 1, 61; inst. chimii rastitel'nych veščestv AN UzSSR; russ.) — Der mit 10% ig. $NH_4OH$-Lsg. angefeuchtete Samen von *Thermopsis dolichocarpa V. Nick.* wird mit Chlf. behandelt. Aus dem eingeengten Extrakt werden durch Extraktion mit 10%ig. $H_2SO_4$-Lsg., danach (nach Alkalisierung) mit Ae. u. Chlf. 0,15 bzw. 3,55% (Ae.- bzw. Chlf.-Extrakt) Alkaloide erhalten. Der Ae. Extrakt besteht im wesentlichen aus *Pachycarpin,* der Chlf.-Extrakt aus *Cytisin;* F. 154—156°. Die Cytisin-Ausb. beträgt 1,62%. O. Lebtag 4420△

*1368* **α-Sitosterin und sein Glucosid aus der Wurzel von Polygonum coriarium.** T. K. Čumbalov und V. B. Omurkamzinova. (Chim. prirodnych Soedinenij **3** (1967) 5, 350; Kazachskij univ. im. S. M. Kirova; russ.) — Durch Extraktion der Wurzel von *Polygonum coriarium Grig.* mit Bzl. u. Ae. werden 1,3% einer öligen Substanz erhalten, aus der durch Chromatographie an $Al_2O_3$ u. Auswaschen mit Methanol *β-Sitosterin* (**I**) vom F. 136 bis 137° (A.) erhalten wird. **I**-Acetat: F. 122—124°, $[\alpha]_D^{20}$ —40° (c = 0,23; Chlf.). Nach Einengen des Ae.-Extraktes u. Stehenlassen bei —5° wird das *Monoglucosid* von **I** erhalten; F. 294—296° (A.); Acetat, F. 169—170° (A.), $[\alpha]_D^{20}$ —32,3° (c = 0,30; Pyridin). O. Lebtag 4420△

*1369* **Farbstoffe aus Flechten.** T. R. Seshadri. (J. Univ. Bombay [N.S.] **34** (1965/66) 3 + 5, Sect. A 1—17; engl.) — Übersicht. *Orcein* u. *Lackmus, Pulvinsäure*-Deriv. (**I**), Biogenese von Terphenylchinonen u. **I**, *Anthrachinone, Dibenzochinone*: *Pyxiferin, Usninsäure* u. a. *Dibenzofuran*-Derivate. K. Maier 4420

*1370* **Chemie der Guttiferen Brasiliens.** 13. Mitt. **Neue Xanthone in Calophyllum brasiliense.** M. Ottoni da Silva Pereira, O. R. Gottlieb und M. Taveira Magalhães. (An. Acad. brasil. Ci. **39** (1967) 2, 255—56; Inst.

Central de Quim. Univ. Federal de Minas Gerais, Belo Horizonte, MG; port.) — Der Stamm von *C. brasiliense* enthält 4-Hydroxy-, 1.5-Dihydroxy-, 1.3.5-Trihydroxy-,

I

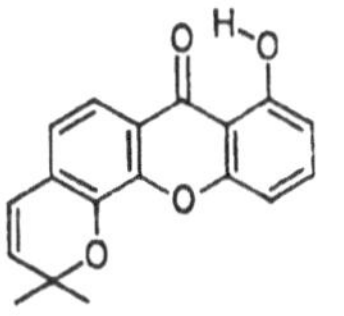

1.3.7-Trihydroxy- u. 1.3.5.6-Tetrahydroxyxanthone. Von den oxygenierten Xanthonen finden Vf. Dehydrocycloguanandin (I) u. 1.3-Dihydroxy-5-methoxyxanthon.
W. Hiller 4420

*1371* **Anthocyane und andere Flavonoide in roten Kornblumen.** Sam Asen. (Proc. Amer. Soc. horticult. Sci. **91** (1967), 653—59; Agricult. Res. Serv., U.S. Dep. of Agricult., Beltsville, Md.; engl.) — Die aus *Centaurea cyanus* Sorte „Red Boy" isolierten Hauptanthocyane waren *Pelargonidin-3.5-diglucosid* u. ein mit Kaffeesäure acyliertes *Pelargonidin-3.5-diglucosid*. In geringeren Mengen wurde *Cyanidin-3.5-diglucosid* gefunden. An Flavonoiden fanden sich *7-O-Methyl-vitexin* u. *Kämpherol-3-glucosid*.
W. Hiller 4420

*1372* **Gehalt an γ-Terpinen in den Terpentinen von Pinus silvestris.** I. I. Bardyšev, É. P. Doncova und A. L. Percovskij. (Chim. prirodnych Soedinenij **3** (1967) 5, 347—48; inst. fiziko-organičeskoj chimii AN BSSR; russ.) — Durch Rektifikation des *Terpentins* von *Pinus silvestris* wird nach Entfernung des *α-Pinens* u. des *Δ³-Carens γ-Terpinen* [I; *1-Methyl-4-isopropylcyclohexadien-(1.4)*] erhalten; $d_D^{20}$ 0,8483, $n_D^{20}$ 1,4745, $MR_D$ 45,17. Alle techn. Terpentine von P. silvestris enthalten I.: Naturharz 0,2%; Extraktionsharz 0,5%; Dest.-Terpentin 1,0%.
O. Lebtag 4420△

*1373* **Zusammensetzung der ätherischen Öle der Früchte von Biota orientalis und Cupressus sempervirens.** É. Sachatov und N. V. Belova. (Chim. prirodnych Soedinenij **3** (1967) 5, 349; Moskva, botaničeskij inst. im. V. L. Komarova AN SSSR; russ.) — Die äther. Öle von *Biota orientalis Endl.* (B.o.) u. *Cupressus sempervirens* (C.s.) werden durch Vakuumfraktionierung u. anschließende Perkolation an $Al_2O_3$ in 3 Fraktionen zerlegt: *Monoterpene* 64,6 bzw. 73,2%; *Sesquiterpene* 8,2 bzw. 10,2%; O-haltige Verb. 10,3 bzw. 9,8%. Die Monoterpen-Fraktion von B.o. enthält *α-Pinen, β-Pinen* u. *Myrcen*, die von C.s. außerdem noch *Limonen*. Die Sesquiterpen-Fraktion von B.o. enthält *Caryophyllen, β-Bisabolen, Farnesen* u. eine nicht näher ermittelte Verbindung. Die gleiche Fraktion von C.s. enthält *δ-Cadinen*, Caryophyllen, β-Bisabolen, Farnesen u. eine unbekannte Verbindung. In der O-haltigen Fraktion von B.o. werden *Cedrol* u. *Bisabolol* nachgewiesen, in der Fraktion von C.s. Cedrol u. eine nicht näher bestimmte Verb. vom F. 65° mit einer Absorptionsbande bei 1745 $cm^{-1}$ (C=O-Gruppe).
O. Lebtag 4420△

*1374* **Lactone der Früchte von Arctium leiospermum.** I. A. Charlamov, R. L. Chazanovic und Ch. Ch. Chalmatov. (Chim. prirodnych Soedinenij **3** (1967) 5, 350; Taškent, farmacevtičeskij inst.; russ.) — Aus den Blättern, Blüten u. Wurzeln von *Arctium leiospermum Juz. et Serg.* werden 0,006—0,04% eines *Sesquiterpenlactons* gewonnen, das bisher in der Literatur nicht beschrieben wurde u. als *Arctin* (I) bezeichnet wird. Aus der Frucht werden durch 3malige Extraktion mit heißem W. (45 Min.) Extraktion mit Chlf. u. Fällung mit A. bis zu 3,4% I erhalten. Krist. I: $C_{15}H_{18}O_6$, F. 98—100°, Molgew. 300, $R_F$ 0,85 im Syst. Butanol-Essigsäure-W. (4:1:5) IR-Spektrum: Absorptionsbanden 3400 $cm^{-1}$ (OH-Gruppe), 2925, 2850, 1465 $cm^{-1}$ ($CH_2$), 1760 $cm^{-1}$ (Carbonylgruppe), 1595, 1520 $cm^{-1}$ (konjugiertes Syst.), 1000 bis 1300 $cm^{-1}$ (einfache C–O-Bindungen).
O. Lebtag 4420△

*1375* **Extraktstoffe von Larix dahurica.** 2. Mitt. **Gehalt an Quercetin und Dihydroquercetin.** N. A. Tjakavkina, K. I. Lapteva, V. A. Larina und N. G. Devjatko. (Chim. prirodnych Soedinenij **3** (1967) 5, 298—301; Irkutsk, universitet; russ.) — 1. vgl. ibid. **3** (1967) 278. — Mit Hilfe der Dünnschichtchromatographie an Capron u. Kolorimetrieren der Eluate wird nachgewiesen, daß die aus dem Kernholz von *Larix dahurica* extrahierten *Flavonoide* zu 69% aus *Quercetin* u. zu 11% aus *Dihydroquercetin* bestehen.
O. Lebtag 4420△

*1376* **Flavonoide von Rheum tataricum.** 5. Mitt. T. K. Čumbalov und G. M. Nurgalieva. (Chim. prirodnych Soedinenij **3** (1967) 5, 345—46; Kazachskij univ. im. S. M. Kirova; russ.) — 4. vgl. ibid. **3** (1967) 284. — Durch Extraktion mit Methanol u. Trennung der Flavonoide an Capron werden aus dem Samen bzw. aus den Blättern von *Rheum tataricum L. fil.* 0,044 bzw. 0,22% *Meratin*, 0,072 bzw. 1,45% *Rutin*, 0,05 bzw. 0,15% *Quercetin*, 0,066 bzw. 0,03% *Isoquercetin* gewonnen.
O. Lebtag 4420△

*1377* **Flavonole von Hibiscus und der Hybride mit der Baumwollpflanze.** B. Machsudova, Z. P. Pakudina und A. S. Sadykov. (Chim. prirodnych Soedinenij **3** (1967) 5, 346; Taškent, n.-i. inst. chimii i technologii chlopkovoj celljulozy; russ.) — Aus den *Hibiscus*-Hybriden 3209 u. 2332 wird ein 2. Flavonol isoliert, das als *Quercetin-3-(1-β-D-glucosido-2-β-glucose)* (I) anzusprechen ist. I wird damit erstmalig in den Blüten von Hibiscus nachgewiesen. Bei der Säurehydrolyse des I-Zuckers (Biose) entsteht *Glucose*. Die Biose ist als *Sophorose* (*1-β-D-Glucosido-2-β-D-glucose*) anzusprechen.
O. Lebtag 4420△

*1378* **Flavonoide von Polygonum persicaria.** M. M. Muchamed'jarova. (Chim. prirodnych Soedinenij **4** (1968) 2, 131; Kazachskij univ. im. S. M. Kirova; russ.) — Aus den Blättern von *Polygonum persicaria* werden durch wiederholtes Umkristallisieren aus wss. A. 0,05% *Quercetin*, 0,11% *Quercitrin* u. 0,03% *Hyperosid* gewonnen.
O. Lebtag 4420△

*1379* **Homoplantaginin, ein neues Flavonoidglykosid in Blättern von Plantago asiatica Linnaeus.** Masakazu Aritomi. (Chem. pharmac. Bull. [Tokyo] **15** (1967) 4, 432—34; Fac. of Educat., Kumamoto Univ., Kurokamimachi, Kumamoto; engl.) — Neben Plantaginin isoliert Vf. aus *P. asiatica* ein neues Flavonoidglykosid, das als *Homoplantaginin* (I), $C_{22}H_{22}O_{11} \cdot 1,5\ H_2O$, F. 241—242° (Zers.) oder 219—220°/256—258° (Zers.), bezeichnet wird. Saure Hydrolyse (5% $H_2SO_4$) ergibt Glucose u. *Hispidulin* (*6-Methoxy-4'.5.7-trihydroxyflavon*), $C_{16}H_{12}O_6$, F. 282—282,5° (Zers.), (*Hispidulinacetat*, F. 169—171°). Methylierung von I mit $CH_2N_2$ gibt I-*Dimethyläther*, $C_{24}H_{26}O_{11}$, F. 172—175°. Saure Hydrolyse des I-Dimethyläthers führt zu 7-Hydroxy-4'.5.6-trimethoxyflavon, $C_{18}H_{16}O_6$, F. 194—195°. I ist somit Hispidulin-7-O-D-glucosid.
W. Hiller 4420

*1380* **Alkaloide von Corydalis Severtzovii.** M. S. Junusov und S. Ju. Junusov. (Chim. prirodnych Soedinenij **4** (1968) 1, 61—62; inst. chimii rastitelnych veščestv AN UzSSR; russ.) — Aus dem Kraut von *Corydalis Severtzovii Rgl.* aus der Umgebung von Taškent werden durch Chlf.-Extraktion 0,83% Gesamtalkaloide gewonnen, daraus *Protopin* (I), *Cryptopin* u. *Corlumin* (II). Durch zusätzliche Behandlung mit Methanol werden weitere II-Mengen gewonnen. Aus der gleichen Pflanze vom Turkestan-Gebirge werden I u. *l-Bicucullin* (III) isoliert. F. 193—195° (Methanol-Aceton), $[\alpha]_D^{33}$ —110° (c = 0,27; Chlf.). III wurde damit in dieser Pflanze erstmalig nachgewiesen. Außer III wird in geringen Mengen eine Base isoliert; F. 200—202°. IR-Spektrum: 920; 940; 1470; 1485; 1505; 2770; 2790; 3400 $cm^{-1}$. Mit Ausnahme von I, das in beiden Pflanzen enthalten ist, ist die qual. Zus. der Alkaloide vom Standort der Pflanze abhängig.
O. Lebtag 4420△

*1381* **Alkaloide von Thalictrum simplex.** Ch. S. Umarov, M. V. Teleženeckaja, Z. F. Ismajlov und S. Ju. Junusov. (Chim. prirodnych Soedinenij **3** (1967) 5, 353—54; inst. chimii rastitel'nych veščestv AN UzSSR; russ.) — Aus der Wurzel von *Thalictrum simplex* wird eine neue krist. Base gewonnen; F. 131—132° (A.), $[\alpha]_D$ +20,26° (c = 1,38; Chlf.), +57,85° (c = 0,96; A.);

*Hydrobromid*: F. 250—252° (Zers.); *Sulfat*: F. 198—202° (Zers.); *Pikrat*: F.; 141—150° *Methojodid*: F. 224—225°; $CH_2O$- u. OH-Gruppen fehlen. UV-Spektrum: $\lambda_{max}$ 220; 280; 300 m$\mu$. Durch Trocknen der Wurzeln nach der Chlf.-Extraktion u. erneute Extraktion mit Methanol wird in einer Ausb. von 0,1% (vom Trockengew.) das Jodid einer quatern. Base vom F. 249—251° (Methanol) gewonnen. Nach den UV- u. IR-Spektren u. Papierchromatogrammen handelt es sich um das Jodid von Magnoflorin. O. Lebtag 4420△

*1382* **Alkaloide von Aquilegia karelini.** S. Abdizabbarova, Z. F. Ismajlov und S. Ju. Junusov. (Chim. prirodnych Soedinenij **3** (1967) 5, 354; inst. chimii rastitel'nych veščestv AN UzSSR; russ.) — Aus der Wurzel von *Aquilegia karelini* (*Baker*), *O. et B. Fedtsch* werden durch Extraktion mit Methanol 1,5% (vom Trockengew.) krist. Jodid einer quatern. Base erhalten; F. 249—251° (Zers.), $[\alpha]_D^{14}$ —100,6° (c = 1,1; W.); IR-Spektrum: 3100—3400 $cm^{-1}$ (OH-Gruppe). Diese Verb. ist ein *Dihydroxydimethoxyaporphin* (I). Das *O.O-Dimethylderiv.* von I ist ident. mit dem Methojodid von *O-Methylcorydin*. Die Ggw. von 2 OH-Gruppen im I-Mol. wird durch die Eig. des *O.O-Diacetylderiv.* bestätigt: F. 234—235° (Zers.), $[\alpha]_D^{13}$ +115,2° (c = 0,9; Methanol). O. Lebtag 4420△

*1383* **Alkaloide aus dem Samen von Haplophyllum dubium.** S. A. Sultanov, V. I. Pastuchova und S. Ju. Junusov. (Chim. prirodnych Soedinenij **3** (1967) 5, 355—56; inst. chimii rastitel'nych veščestv AN UzSSR; russ.) — Aus dem reifen Samen von *Haplophyllum dubium Eug. Kor.* werden 0,54% Alkaloide durch Extraktion gewonnen: *Haploperin, Foliosin, Dubinidin, Dubamin* u. *Skimmianin*. Der Geh. an Gesamtalkaloiden beträgt während der Blütenknospenbldg. im Blatt bzw. Stengel 0,62 bzw. 0,21%, gegen Ende der Blütezeit 1,07 bzw. 0,3%. Aus Stengel u. Blatt werden Dubamin, Dubinidin, Foliosin u. Haploperin isoliert. O. Lebtag 4420△

*1384* **Alkaloide von Leontice albertii.** D. Kamalitdinov, S. Iskandarov und S. Ju. Junusov. (Chim. prirodnych Soedinenij **3** (1967) 5, 352; inst. chimii rastitel'nych veščestv AN UzSSR; russ.) — Aus den oberird. Teilen von *Leontice albertii Rgl.* wird durch Extraktion mit Chlf. neben *Taspin* u. *N-Methylcytisin* eine krist. Base isoliert; F. 108—109° (PAe.), $[\alpha]_D$ +59,3° (c = 1,30; A.), $C_{15}H_{24}N_2O$; *Methojodid*: F. 249° (A. + Aceton); *Desoxybase*: F. 60—61°, $[\alpha]_D$ +41° (c = 0,219; A.); dehydriertes Prod.: F. 184—185° (Aceton), $[\alpha]_D$ —416° (c = 0,55; A.). Das Alkaloid ist als *d-Sophoridin* anzusehen. O. Lebtag 4420△

*1385* **Alkaloide einer in Pakistan gewöhnlich als „Kaladana“ bekannten Ipomoea-Samenart.** Charles I. Abou-Chaar und George A. Digenis. (Nature [London] **212,** 618—19, 1966; Beirut, Lebanon, School of Pharmacy, Am. Univ.; engl.) — Dünnschichtchromatograph. Unters. zeigten, daß es sich bei dem Hauptalkaloid des Kaladena-Samens (der in Pakistan als Abführmittel verwendet wird) um Lysergol (I) handelt u. daß Ergometrin nicht vorhanden ist. I ist rechtsdrehend, F. 248—249° (Zers.). Das IR-Spektrum zeigt charakterist. Max. bei 224, 281 u. 294 m$\mu$. Die genaue Zusammensetzung des Samens ist noch nicht geklärt. Die Morphologie des Samens wird eingehend beschrieben. V. N. Nekrassoff 4420

*1386* **Thalsimidin — ein neues Bisbenzylisochinolin-Alkaloid aus Thalictrum simplex.** S. Ch. Maech, Z. F. Ismailov und S. Ju. Junusov. (Chim. prirodnych Soedinenij **4** (1968) 2, 138; inst. chimii rastitel'nych veščestv AN UzSSR; russ.) — Aus den oberird. Teilen von *Thalictrum simplex L.* werden neben 0,49% Thalsimin 0,02% einer krist. Base gewonnen, die auf Grund ihrer Eig. als *Bisbenzylisochinolin-Deriv.* identifiziert u. als *Thalsimidin* (I) bezeichnet wird; I entspricht der Bruttoformel $C_{37}H_{38}O_7N_2$ oder $C_{32}H_{22}O_2(OCH_3)_4$ (OH)·(—N=)($NCH_3$). F. 195° (A.), $[\alpha]_D^{14}$ +48° (c = 1,10; Chlf.). IR-Spektrum: 490 $cm^{-1}$ (OH-Gruppe), 1630 $cm^{-1}$ (konjugierte Doppelbindung). Bei der I-Red. an Pt entsteht ein Dihydroderiv., dessen Acetylierung zu einem Acetylderiv. führt, dessen IR-Spektrum 1650 $cm^{-1}$ (Carbonylamidgruppe) u. 778 $cm^{-1}$ (Phenolester) aufweist. Mit Hilfe des IR-Spektrums des festen Präp. werden 2 Acetylgruppen nachgewiesen. O. Lebtag 4420△

*1387* **Identifizierung der Alkaloide von Vinca erecta.** Šč. Z. Kasymov, Ch. N. Aripov, T. I. Sakirov und S. Ju. Junusov. (Chim. prirodnych Soedinenij **3** (1967) 5, 352—53; inst. chimii rastitel'nych veščestv AN UzSSR; russ.) — Bei der Behandlung der Alkaloide von *Vinca erecta* mit Cerammoniumsulfat erfolgt die Farbveränderung der Flecken mit verschiedener Geschw.; *Vinerin* u. *Vineridin* geben keine Färbung. Die $R_F$-Werte sind in verschiedenen Syst. merklich verschieden. Unter Verw. von Äthylacetat–Methanol (9:1), Chlf.–Methanol (9:1) u. Bzl.–Methanol (9:1) lassen sich die Alkaloide qual. bestimmen. O. Lebtag 4420△

*1388* **Massenspektrometrie der Alkaloide von Leontice.** S. Iskandarov und S. Ju. Junusov. (Chim. prirodnych Soedinenij **4** (1968) 2, 106—09; inst. chimii rastitel'nych veščestv AN UzSSR; russ.) — Die massenspektroskop. Unters. von *Leontalbin* (I), *Matrin* (II), *Matridin* (III), *15.15-$D_2$-Matridin* (IV) u. *Sophocarpin* (V) ergab, daß in den Spektren von **I, II** u. **V** die Maxima der Ionen M-1 vorherrschend sind. Demnach sind als günstigste Prozesse beim Zerfall der Molekülionen der H-Verlust am tert. $C_{(6)}$-Atom u. die Stabilisierung der positiven Ladung an $N_{(1)}$ anzusehen. Charakterist. ist die Ggw. von Max. der bei der Eliminierung von Methyl- u. Äthylgruppen entstehenden Ionen. Das dem Ion M-4 entsprechende Max. tritt bei **II, III, IV** u. **V** auf, fehlt jedoch bei **I.** Dieses Ion entsteht demnach bei der Eliminierung des $C_3H_7$-Restes aus den Ringen AC. Der Zerfall der Mol. ist weitgehend abhängig von der Stellung der Doppelbindung. Von den Spartein-Alkaloiden unterscheiden sich **I, II, III** u. **IV** durch die hohe Intensität der Ionen M-1 u. M-R u. durch die Ggw. des intensiven Max. m/e 98,96. O. Lebtag 4420△

*1389* **Chemische Untersuchung des Kallusgewebes von in vitro gewachsenem Papaver somniferum.** P. N. Rangachari, B. M. Sayagaver und A. F. Mascarenhas. (Indian J. Chem. **4,** 191—93, 1966; Div. of Biochemistry, National Chemical Labor., Poona 8; engl.) — Aus einem äthanol. Extrakt von Opium-Kallusgewebe erhalten Vf. nach Fraktionierung u. Chromatographie an $Al_2O_3$ eine UV-absorbierende Substanz ($C_{26}H_{42}O_4$; 250 mg Ausb., viskose, fast farblose Fl.), die auf Grund ihrer physikochem. Eig. (Max. der UV-, IR- u. NMR-Spektren s. Orig.!) einen aromat. Kern enthält u. als Ester identifiziert werden kann, dessen Säureanteil nach Hydrolyse unter 8std. Kochen mit äthanol. KOH u. Extraktion mit Ae. als *Phthalsäure* zu identifizieren ist. ($C_8H_6O_4$, F. 180—181° [A.]). Der Alkoholteil des Esters konnte mangels weiterer Substanz nicht näher charakterisiert werden. E. Wilke 4420△

*1390* **Bernsteinsäure als Vorläufer der Tropanalkaloide.** M. S. Kalantyr' und Ju. B. Tichonov. (Chim. prirodnych Soedinenij **3** (1967) 6, 395—97; vsesojuznyj inst. lekarstvennych i aromatičeskich rastenij; russ.) — Um die Natur des Einbaues der *Bernsteinsäure* (I) in die Alkaloide von *Datura innoxia Mill.* zu klären, wird die Radioaktivität der Alkaloide in den Organen der Pflanze nach deren Behandlung mit $^{14}C_{(1.4)}$-I u. $^{14}C_{(2.3)}$-I untersucht u. dabei festgestellt, daß die Werte nahe beieinander liegen, ein Beweis dafür, daß bei der Biosynth. der Tropanalkaloide das I-Mol. als Ganzes eingebaut wird. I wird hierbei möglicherweise bis zum Aldehyd reduziert. Die Bldg. von *Tropin* erfolgt über *1-Methyl-2.5-dionpyrrolidin* u. *Tropinon*. O. Lebtag 4460△

*1391* **Derivate des symm. Triazins als neue Herbizide.** Ju. A. Baskakov und I. A. Mel'nikova. (Chim. v sel'skom Choz. **6** (1968) 1, 46—51; Moskva, n.-i. inst. chimičeskich sredstv zaščity rastenij; russ.) — Übersicht. — 118 Literaturangaben (vorwiegend Patente). O. Lebtag 4495△

*1392* **Aldosteronsynthese durch Nebennierenmitochondrien.** Stacy Psychoyos, Harris H. Tallan und Paul Greengard. (J. biol. Chemistry **241,** 2949—56,

1966; Geigy Res., Div. of Geigy Chem. Corp., Ardsley, N.J.; engl.) — Die Synth. von Aldosteron (I) in wesentlichen Mengen durch zellfreie Aufbereitungen gelang Vf. unter Verw. von Nebennierendrüsenhomogenaten von *Rana catesbeiana* (R.c.). Derartige Homogenate synthetisieren I aus $^{3}H_{(1.2)}$-*Corticosteron* (II) in einer Menge von etwa 250 $\mu$g/g Feuchtgew./Stunde. Nach Zentrifugen-Fraktionierung konnte eine I-synthetisierende Aktivität nur in den Mitochondrien nachgewiesen werden. Zugabe der lösl. Fraktion stimuliert die Synthese. Diese Synth. durch die Mitochondrien benötigte die Ggw. von *Fumarat, NADPH* u. $Mg^{2+}$. Die Homogenate der Nebennierenrinde des Rindes u. der Nebennierendrüse der Ratte enthalten einen Inhibitor der I-Synthese. Die Ggw. dieses Inhibitors erklärt vielleicht die geringe I-Synth. in diesen Aufbereitungen. Nebennierenhomogenate von R.c. synthetisieren aus II weiterhin wesentliche Mengen einer Substanz, die die chromatograph. Eig. von *18-Hydroxycorticosteron* (*11β.18.21-Trihydroxypregn-4-en-3.20-dion*) aufweist. Diese Aktivität war ebenfalls auf die Mitochondrien beschränkt.
V. N. Nekrassoff 4560

*1393* **Synthese des biologisch aktiven Amids des C-endständigen Tetrapeptidbruchstücks von Gastrin an Harz.** L. A. Ščukina, L. Ju. Skljarov und V. I. Gorbunov. (Chim. prirodnych Soedinenij 4 (1968) 2, 120—23; Moskva, inst. chimii prirodnych soedinenij AN SSSR; russ.) — Für die Aufrechterhaltung der physiolog. Wrkg. des *Gastrins* auf die Magen- u. Pankreaszellen ist nur die Ggw. des Amids des C-endständigen *Tetrapeptids H-L-Try-L-Met-L-Asp-L-PheNH₂* erforderlich. Nach der Meth. von Merrifield (1964) wird an einem durch Kopolymerisation von Styrol u. Divinylbenzol erhaltenen Harz in der festen Phase die Synth. von *BOC-L-Try-L-Met-L-Asp-L-PheNH₂* durchgeführt. Die Eig. der o-Nitrophenylsulfenylgruppe, bei der schonenden Acidolyse abgespaltet zu werden, ermöglicht deren selektive Entfernung durch Einw. der äquivalenten Mengen HCl in Eisessig. Die Abspaltung des β-tert.-L-Asparaginsäurebutylesters erfolgt durch Einw. von 98%ig. Essigsäure, wobei gleichzeitig auch die BOC-Gruppe vom N-endständigen Methionin entfernt wird. Die Anlagerung des BOC-L-Try-Restes erfolgt mit Hilfe des N-Hydroxysuccinimidesters in Ggw. von Äthylamin. Die Sprengung der Bindung zwischen Peptid u. Polymer erfolgt durch Einw. von gesätt. Ammoniak in abs. Methanol in 2—4 Std., wobei die Peptidausb. 40% erreicht.
O. Lebtag 4569△

*1394* **Einfluß der Ultraviolettbestrahlung auf die Struktur des Cyancobalamins.** S. I. Kanopkajte und I. Ju. Pjamejkajte. (Trudy Akad. Nauk Lit. SSR, Ser. V **1967**, 3, 147—54; Vilnjus, inst. biochimii AN Litovskoj SSR; russ.) — Die strukturellen Veränderungen des *Cyancobalamins* (I) unter der Einw. von UV-Strahlen werden auf Grund des Verh. bei der Elektrophorese u. Chromatographie, der Potentialänderungen der red. Welle im Polarogramm sowie der Veränderungen der spektralen u. mikrobiolog. Eig. ermittelt. Danach erfolgt bei Photolyse in der neutralen wss. I-Lsg. neben der Bldg. von *Aquacobalamin* (II) Zers. sowohl von II wie von I, wodurch mikrobiolog. u. chromatograph. inakt. Zerfallsprod. von I entstehen. Unter der Einw. von UV-Strahlen erfolgen im I-Mol. schwache umkehrbare, polarograph. nachweisbare Veränderungen, schwache irreversible Veränderungen, die polarograph., chromatograph. u. spektrophotometr. nachweisbar sind, daneben starke Veränderungen, die mikrobiolog. festzustellen sind.
O. Lebtag 4587△

*1395* **Biosynthese von Nicotinamidadenindinucleotid (NAD) in Säugetieren und sein Regulationsmechanismus.** By Arata Ichiyama, Shigenobu Nakamura und Yasutomi Nishizuka. (Arzneimittel-Forsch. **17** (1967) 11, 1346—55 u. 12, 1525—30; Dep. of Med. Chem., Kyoto Univ., Fac. of Med., Kyoto; engl.) — Vf. finden 2 neue Stoffwechselwege von Tryptophan: 1. der „NAD-Weg", der zur Biosynth. von NAD aus Tryptophan führt u. 2. der „Glutarat-Weg", der zu einem vollständigen Abbau u. zu einer vollständigen Verbrennung des Indolringes von Tryptophan führt. Vf. folgern, daß ATP die NAD-Synth. steuert.
W. Hiller 4596

*1396* **Nachweis von Melatonin in Amphibien.** F. C. G. Van De Veerdonk. (Currents mod. Biol. [Amsterdam] **1** (1967) 3, 175—77; Zool. Labor., Univ. of Utrecht; engl.) — Vf. weist im Hirn von *Xenopus laevis*-Larven *Melatonin* nach mit Hilfe der Dextran-Gel-Chromatographie.
W. Hiller 4598

*1397* **Stickstoffhaltige siliciumorganische Verbindungen. 8. Mitt. Biologische Aktivität der 3-Aminopropylsilane.** E. Ja. Lukevic, M. G. Voronkov, A. E. Pestunovič, A. A. Kimenšis, S. Z. Gutberga und Z. A. Aatare. (Izvest. Akad. Nauk Latv. SSR **1968**, 4, 93—97; Riga, inst. organičeskogo sinteza; russ.) — 7. vgl. Ž. obšč. Chim. **38** (1968) 400. — An weißen Mäusen werden Toxizität u. pharmakolog. Wrkg. der nachstehenden *3-Aminopropylsilane* untersucht: *Methyldiäthoxy*(I)-, *Methyldiäthyl*(II)-, *Tripropyl*(III)-, *Triäthyl*(IV)-, *Trimethyl*(V)-, *Äthyldiphenyl*(VI)-, *Diäthylphenyl*(VII)-, *Äthyldiäthoxy* (VIII)- u. *Triäthoxy-(3-aminopropyl)-silan* (IX), *Methyldiäthoxy*(X)- u. *Triäthyl-[3-(N-piperidino)-propyl]-silan* (XI), *Methyldiäthoxy-[3-(N-morpholino)-propyl]-silan* (XII), *Triäthyl-[3-(N-furfurylamino)-propyl]-silan* (XIII), *Methyldiäthoxy-[3-N-(N'-methylpiperazino)-propyl]-silan* (XIV), *Methyldiäthoxy-[3-(N-thiomorpholino)-propyl]-silan* (XV). Von den 3-Aminopropylderiv. besitzt I die höchste Toxizität. VIII u. IX sind viel weniger toxisch. In der Reihe V–IV–III nimmt die Toxizität um 100% zu. Die Toxizität von II ist fast so hoch wie bei I. Bei XIV u. XV ist die Toxizität gegenüber den 3-Aminopropylderiv. auf $^{1}/_{10}$—$^{1}/_{12}$, bei XII auf $^{1}/_{2}$ vermindert. Mit Ausnahme von V, VIII, IX, XIII u. XIV erhöhen alle untersuchten Verb. die motor. Aktivität (bes. akt. ist X). III, VI, VII, IX, X u. XII bewirken das Straubphänomen. XIV vermindert die motor. Aktivität u. stört die Koordination der Bewegungen schon bei Dosen, die weit unter $DL_{50}$ liegen.
O. Lebtag 4607△

*1398* **Bestimmung der Monomycinkonzentration in Geweben.** D. T. Danielova und T. K. Sevjan. (Antibiotiki **12** (1967) 12, 1082—84; Erevan, zooveterinarnyj inst.; russ.) — Die Unters. der frischen u. bei —3° 4; 15; 30 Tage aufbewahrten Gewebe u. Organe von Schaf u. Kaninchen ergab, daß bei Homogenisierung bei 65—70° bzw. 100° (5 bzw. 2 Min.) der *Monomycin*(I)-Geh. nach Verfütterung von I 9,0—18,3mal höher ist als bei gewöhnlicher Homogenisierung. In der Leber des Kaninchens u. in der Milz des Schafes läßt sich I nur nach therm. Behandlung nachweisen. In den Geweben u. Organen werden die gleichen I-Werte auch nach der Aufbewahrung bei —3° erhalten. In Leber, Milz u. Dickdarm ist I nach den Verdünnungen 1:20 u. 1:40 nur nach therm. Behandlung nachweisbar. Die I-Bindung an die Proteine u. a. Stoffe des Organismus nach erfolgten I-Zufuhren ist demnach umkehrbar. Die vorgeschlagene Meth. der I-Best. eignet sich auch für die Best. der Konz. von *Mycerin* u. *Colimycin*.
O. Lebtag 4611△

*1399* **Vergleich der Toxizitäten von Bis-[furyliden]-hexamethylendiamin, Diäthylthioharnstoff und Diphenylsilandiol.** G. Ja. Kel'man, R. S. Ėjzengart und F. D. Mašbic. (Kaučuk i Rezina **27** (1968) 3, 27—28; Moskva, gorodskaja sanitarno-ėpidemio logičeskaja stancija; russ.) — Die Löslichkeit in W., 0,22%ig. $Na_2CO_3$-Lsg. u. in 0,3%ig. HCl-Lsg. nimmt in der Reihe *Diäthylthioharnstoff*(I)-*Bis-[furyliden]-hexamethylendiamin*(II)-*Diphenylsilandiol* (III) ab. Die Toxizität für die Maus ist bei I am höchsten, bei III am geringsten. Im Rattenvers. ist II etwas toxischer als I. Auf Grund der Ergebnisse über die Wrkg. auf den Organismus von Ratte oder Kaninchen wird von der Verw. des reinen I in der Kautschukindustrie abgeraten. Verwendbar sind nur Mischungen aus 25% I u. 75% Zeolith. Gegen die Verw. von II u. III bestehen keine Bedenken, sofern die erforderlichen Schutzmaßnahmen getroffen werden.
O. Lebtag 4681△

# F. Pharmazeutische Chemie

*1400* **Synthese von N-Acyl-aminol-.3.4-thiadiazolen.** R. Neidlein und J. Tauber. (Pharmaz. Zentralhalle **107** (1968) 6, 430—32; Marburg/Lahn, Univ., Inst. für Pharmaz. Chem.; dt.) — Durch Umsetzung von Dichlormethylenamiden mit Thioacylhydraziden in wasserfreiem Acetonitril erhält man unter Abspaltung von 2 Mol HCl acylierte 2-Amino-1.3.4-thiadiazole, die für die Synth. von Arzneimitteln von Bedeutung sind.

Versuche: 5-p-Tolyl-1.3.4-thiadiazole: *2-Benzolsulfonylamino-*, $C_{15}H_{13}N_3O_2S_2$, F. 264—266° (Acetonitril), durch 10 Min. langes Erhitzen der Lsg. von N-Dichlormethylen-benzolsulfonamid u. p-Methylthiobenzhydrazid in Acetonitril auf dem W.-Bad; 83% (Ausb.). — *2-Methansulfonyl-amino-*, $C_{10}H_{11}N_3O_2S_2$, F. 251—252° (Acetonitril), analog vorst. Verb.; 79%. — *2-p-Toluolsulfonyl-amino-*, $C_{16}H_{15}N_3O_2S_2$, F. 235—236° (Acetonitril), analog; 86%. — *2-Benzoyl-amino-*, $C_{16}H_{13}\cdot N_3OS$, F. 296—297° (Acetonitril), analog; 80%. — *2-p-Toluyl-amino-*, $C_{17}H_{15}N_3OS$, F. 303—304° (Acetonitril), analog; 77%. — 5-Phenyl-1.3.4-thiadiazole: *2-Benzolsulfonylamino-*, $C_{14}H_{11}N_3O_2S_2$, F. 203—204° (Acetonitril), aus N-Dichlormethylen-benzolsulfonamid u. Thiobenzhydrazid; 89%. — *2-Methansulfonylamino-*, $C_9H_9N_3O_2S_2$, F. 237—238° (Acetonitril), analog; 82%. — *2-p-Toluolsulfonyl-amino-*, $C_{15}H_{13}N_3O_2S_2$, F. 220—221° (Acetonitril), analog; 83%. — *2-Benzoyl-amino-*, $C_{15}H_{11}\cdot N_3OS$, F. 237—238° (Acetonitril), analog; 80%. — *2-p-Toluyl-amino-*, $C_{16}H_{13}N_3OS$, F. 264—265° (Acetonitril), analog; 85%. W. Kupferschmid 4846

*1401* **Hydrolyseprodukte von 3-Amino-2-p-äthoxyphenyliminothiazolidon-(4) und Synthese einiger Diarylidenabkömmlinge von 3-Aminothiazolidindion-(2.4).** L. I. Petličnа. (Farmacevtyčnyj Ž. **23** (1968) 1, 3—8; L'viv, n.-d. inst. hematolohii ta perelivannja krovi; ukrain.) — Zwecks Best. der Struktur des erstmalig von Vf. hergestellten *3-Amino-2-p-äthoxyphenyliminothiazolidon-(4)* (**I**) wird **I** mit $HNO_2$ umgesetzt, wobei *3-Nitroso-2-p-äthoxyphenyliminothiazolidon-(4)* (**II**) u. *2-p-Äthoxyphenyliminothiazolidon-(4)* (**III**) entstehen. Säurehydrolyse von **I** liefert ein Gemisch von *3-p-Äthoxyphenylthiazolidindion-(2.4)* (**IV**), *3-Aminothiazolidindion-(2.4)* (**V**; Hydrochlorid) u. *p-Phenetidin* (**VI**; Hydrochlorid). Durch Kondens. von **V** mit aromat. Aldehyden werden *3.5-Diarylidenderiv.* erhalten. Bei der Säurehydrolyse von *3-Aryliden-2-p-äthoxyphenyliminothiazolidon-(4)* (**VII**) entsteht ein Gemisch von **IV**, *Diarylidenazinen* u. *5-Aryliden-3-arylidenamino-2-äthoxyphenyliminothiazolidon-(4)*, das weiter in *3.5-Diaryliden-3-aminothiazolidindion-(2.4)* übergeht. Durch Kochen von 1 g Hydrolysat, bestehend aus **V** u. **VI**, mit überschüssigem Aldehyd in 15 ml Eisessig in Ggw. von 2 g Na-Acetat (3 Std.) werden die nachstehenden, bisher in der Literatur nicht beschriebenen Verb. gewonnen: *3.5-Bis-[benzyliden]-3-aminothiazolidindion-(2.4)*, $C_{17}H_{12}N_2O_2S$, F. 167°, *3.5-Bis-[p-brombenzyliden]-*, $C_{17}H_{10}Br_2N_2O_2S$, F. 220°, *3.5-Bis-[p-nitrobenzyliden]-*, $C_{17}H_{10}N_4O_6S$, F. 185°, *3.5-Bis-[m-nitrobenzyliden]-*, $C_{17}H_{10}N_4O_6S$, F. 232°, *3.5-Bis-[p-dimethylaminobenzyliden]-3-aminothiazolidindion-(2.4)*, $C_{21}H_{22}N_4O_2S$, F. 230°. Eig. u. Umwandlungen der Verb. **I, II, III, IV, V** u. **VII** werden beschrieben. O. Lebtag 4846△

*1402* **Neue Farbreaktion von Paracetamol. Anwendung auf die Bestimmung in Arzneiformen.** F. Le Perdriel, C. Hanegraaff, N. Chastagner und E. de Montety. (Ann. pharmac. franç. **26** (1968) 3, 227—37; Asnières, Serv. de Rech. des Labor. Thersa; franz.) — *Paracetamol* wird mit $HNO_2$ in saurer Lsg. zu 2-Nitro-4-acetamidophenol umgesetzt. Die Lsg. zeigt nach Alkalisieren mit $Na_2CO_3$-Lsg. eine rotorange Färbung. Eine quant. kolorimetr. Best. ist bei 440—445 nm mit Mengen von 80—100 µg möglich. Die Rk. wird durch größere Mengen p-Aminophenol nicht gestört. — 21 Literaturangaben. Hartmut Heller 4846

*1403* **Identifizierung einiger vom Pyrazol-5-on und vom Pyrazolidin-3.5-dion abgeleiteter Arzneimittel durch Dünnschichtchromatographie und UV-Spektrophotometrie.** F. Gouezo, J.-P. Roman und B. Cristau. (Ann. pharmac. franç. **26** (1968) 4, 301—10; Marseille, Fac. mixte de Méd. et de Pharm. Chaire de Pharm. chim.; franz.) — Die Pyrazolon-Deriv. (**A**) *Phenazon* (**I**), *Aminophenazon, Noraminophenazonmethansulfonat, Piperylon* u. die Pyrazolidindion-Deriv. (**B**) *Phenylbutazon, Hydroxyphenylbutazon* u. *Sulphinpyrazon* lassen sich an mit $^1/_{15}$ m $KH_2PO_4$ imprägniertem Kieselgel G mit Methanol–$CHCl_3$–$NH_4OH$ (25:75:0,25) trennen. Die Detektion erfolgt mit $J_2$/KJ (jeweils 1%) in 95%ig. A. u. Einw. von HCl-Gas. Die UV-Spektren der Verb. wurden in 0,1 n HCl, 0,1 n NaOH u. bei pH 7 aufgenommen. Die Spektren in 0,1 n HCl gestatten die Unterscheidung der **B** (Max. bei 236—238 nm) von den **A** u. von **I** (Max. bei 230 nm). Hartmut Heller 4846

*1404* **Chemie der pyrolytischen Oxydation von Ephedrin zu Acetaldehyd mit Natriumwismutat bei der Tüpfelreaktion.** Lester Chafetz, Milton Elefant und Pramod R. Amin. (J. pharmac. Sci. **56** (1967) 11, 1528—29; Morris Plains, N.J., Warner-Lambert Res. Inst.; engl.) — Durch gaschromatograph. Modellvers. kann nachgewiesen werden, daß die Spaltung des Ephedrins beim Erwärmen mit Na-Wismutat unter Bldg. von Acetaldehyd analog der Perjodatspaltung von Aminoalkoholen verläuft. Hierauf basiert eine empfindliche Nachw.-Meth. für Ephedrin. F. Schwarz 4846

*1405* **Maßanalytische Bestimmung der Gesamtalkaloide von Lobelia inflata in nichtwäßrigem Medium.** A. Desjobert. (Ann. pharmac. franç. **26** (1968) 5, 367—75; Angers, Fac. de Méd. et de Pharm., Labor. de Pharm. chim.; franz.) — Für das Verf. zur Best. des Gesamtalkaloidgeh. in *Herba Lobeliae* nach Ph. Gall. VIII [1965] schlagen Vf. als Verbesserungen eine 4std. kontinuierliche Extraktion der Droge mit ammoniakal. Ae. u. die Titration in nichtwss. Medium mit 0,1 n $HClO_4$ u. Methylviolett als Indikator vor. Der Fehler des verbesserten Verf. beträgt ± 1%. Hartmut Heller 4846

*1406* **Analyse Kodein und Äthylmorphin nebeneinander enthaltender Arzneipräparate. Bestimmung der beiden Alkaloide nach chromatographischer Trennung.** H. Wullen und H. Thielemans. (J. Pharmac. Belgique [N.S.] **23/50** (1968) 5/6, 307—22; Bruxelles, Serv. de Contrôle des Médicaments de l'Assoc. Pharm. Belge; franz.) — Mit den Laufmitteln $CHCl_3$–Ae.–Methanol–17%ig. $NH_4OH$ (15:15:4:1,25) u. (15:2:2:0,2) gelingt die dünnschichtchromatograph. Trennung von *Kodein* u. *Äthylmorphin* auf Kieselgel GF 254. Nach Elution der substanzhaltigen Zonen mit $CHCl_3$–Methanol–17%ig. $NH_4OH$ (75:25:0,5) kann sich eine kolorimetr. Best. bei 500 nm nach Bontemps (Reagens: Bromwasser) oder bei 440 nm nach Thilmans u. Smeyers (Reagens: p-Dimethylaminobenzaldehyd) anschließen. Die Meth. wurde auf einige Arzneipräp. angewandt, die vor allem noch Ephedrin u. Terpinhydrat enthielten. Beide Substanzen werden bei der Chromatographie abgetrennt u. lassen sich auf dem Chromatogramm nachweisen. Hartmut Heller 4846

*1407* **Trennung einiger Östrogensulfate von ihren Oxydationsprodukten.** A. R. Hurwitz, H. J. Burke und R. A. Marra. (J. pharmac. Sci. **56** (1967) 11, 1509—12; Rouses Point, N.Y., Ayerst Labor. Inc.; engl.) — An Dextrangelsäulen lassen sich Na-Equilinsulfat von Na-Equileninsulfat u. 17β-Dihydroequilinsulfat von 17β-Dihydroequileninsulfat quant. voneinander trennen. F. Schwarz 4847

*1408* **Jodometrische Griseofulvinbestimmung in der Kulturlösung.** Ch. V. Unterman und A. Idel. (Antibiotiki **13** (1968) 4, 319—23; Jassy/Rumänien, Zavod antibiotikof; russ.) — Es wird vorgeschlagen, *Griseofulvin* aus dem Myzel mit $CHCl_3$ zu extrahieren, den Extrakt zur Trockne einzuengen, den Rückstand in A. zu lösen, eine aliquote Menge alkal. zu hydrolysieren, mit 0,01 n $J_2$-Lsg. zu versetzen u. nach kurzem Stehen den $J_2$-Überschuß mit Thiosulfat zu titrieren. Die Meth. ist

einfach u. benötigt keine speziellen App.; ihre Resultate weichen maximal um ± 4% von den Ergebnissen der spektrophotometr. Kontrollen ab.
D. Strauß 4848

*1409* **Spektrophotometrische Bestimmung des Olivomycingehaltes in der Kulturflüssigkeit und in der Lösung.** V. N. Borisova, G. A. Trenina und E. M. Trutneva. (Antibiotiki **12** (1967) 9, 791—94; Moskva, inst. po izyskaniju novych antibiotikov AMN SSSR; russ.) — Die Komponenten des *Olivomycin*(**I**)-Komplexes besitzen das gleiche Max. der UV-Absorption. Die spektrophotometr. **I**-Best. erfolgt bei 410 nm. Der Fehler der Best. beträgt höchstens 6% gegenüber 20% bei der biolog. Bestimmung. Die Meth. eignet sich für die **I**-Best. in der Kultur-Fl. von *Actinomyces olivoreticuli* in verschiedenen Stadien der Fermentation. O. Lebtag 4848△

*1410* **Polarographische Bestimmung der Konzentration des Rubomycins in Lösungen.** V. B. Doroźinskij. (Antibiotiki **12** (1967) 9, 795—97; Moskva, n.-i. inst. po izyskaniju novych antibiotikov AMN SSSR; russ.) — Bei der quant. polarograph. Best. von *Rubomycin* (**I**) bietet die Verw. von Dimethylformamid als Lsgm. Vorteile gegenüber Aceton oder Methanol. Für die **I**-Best. in den Aceton-Extrakten des Myzels werden 4,5 ml Extrakt mit 0,5 ml einer 0,5 n $(C_2H_5)_4NBr$-Lsg. versetzt. Die **I**-Best. im Extrakt u. in der Kultur-Fl. erfolgt nach dem Zusatz-Verfahren. Hierbei wird jedoch nur die Summe der **I**-Komponenten ermittelt. Das Verf. ist von Vorteil beim ersten Nachw. der zur Gruppe der Anthracycline gehörenden Antibiotika in den Frühstadien der Gewinnung u. Reinigung. O. Lebtag 4848△

*1411* **Anwendung der Gaschromatographie in der Arzneimittelanalyse. Quantitative Bestimmung von Antipyretika-Gemischen.** A. Monard. (J. Pharmac. Belgique [N.S.] **23/50** (1968) 5/6, 323—32; Bruxelles, Serv. de Contrôle des Médicaments de l'Assoc. Pharmac. Belge; franz.) — Zur gaschromatograph. Best. einer Reihe von Antipyretika fanden Kolonnen mit 1,7% Butandiolsuccinat (A), 0,8% Butandiolsuccinat + 1% XE 60 (B) bzw. 2% XE 60, jeweils auf silanisiertem Chromosorb G Verwendung. Die Retentionszeiten bei Temp. von 175, 200 u. 225°, auch unter Verw. von Benzocain als Standard, sind in einer Tabelle zusammengefaßt. Die quant. Best. eines Gemisches von *Exalgin*, *Acetanilid*, *Phenacetin* (**I**), *Aminophenazon* u. *Coffein* (**II**) an Kolonne A bei 188 bis 210° (1°/min) u. von **I**/**II**/*Phenazon* wird beschrieben.
Hartmut Heller 4850

*1412* **Bakterizide Eigenschaften geradkettiger Alkyltrimethylammoniumbromide in einem einfachen Emulsionssystem.** Thomas L. Welsh, George C. Hoss, Blaze T. Palermo und Allen I. Dines. (J. pharmac. Sci. **56** (1967) 11, 1464—67; Elkhart, Ind., Miles Labor., Inc.; engl.) — Das bakterizid wirksame Cetrimid B.P. enthält Alkyltrimethylammoniumbromide ($C_8—C_{18}$), von denen jede einzelne Verb. mit 6 verschiedenen Fettalkoholen emulgiert wurde. Von den Emulsionen besitzen nur die quart. Verb. mit einer $C_{14}$- bzw. $C_{16}$-Kette ansprechende bakterizide Wrkg.; alle quart. Verb. werden beim Emulgieren mit Myristylalkohol inaktiviert
F. Schwarz 4852

*1413* Canadian Patents and Development Ltd., Ottawa, Ontario, Canada, **Antiallergische Mittel**, enthaltend als Wirkstoff vic. dioxygenierte Alkane der allg. Formel **I** (R = Butyl, Pentyl, Hexyl; $R^1$ u. $R^2$ = OH,

I 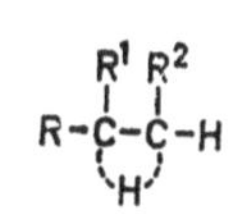

= O; statt -H auch $CH_3$). Die Verb. erhält man durch Bromierung von $C_{6-8}$-Aldehyden u. Hydrolyse der Prod. durch verd. Alkali. Hydrolyse von α-Brom-heptaldehyd mit NaOH → Prod., dessen *2.4-Dinitrophenylhydrazon* bei 188—194° schmilzt. Genannt werden: *2-Hydroxyheptaldehyd*, *2-Ketoheptanol-(1)*, *2.3-Heptandion*, *2-Keto-heptanal-(1)*, *2-Hydroxyoctaldehyd*, *2-Keto-octanol-(1)*, *2-Hydroxyhexaldehyd*, *2-Ketohexanol-(1)*. (**Brit.P. 1076515** vom 27/8. 1964, ausg. 19/7. 1967. U.S. Prior. 27/8. 1963.) — 4 S. R. Bauereis 4846

*1414* T. J. Smith & Nephew Ltd., Kingston-upon-Hull, Yorkshire, Großbritannien (Erfinder: David John Drain und John Gordon Bernard Howes), **Herstellung von Halbestern der Glutarsäure (I)** mit 2.2.2-Trichloräthanol (**II**) der allg. Formel $CCl_3$-$CH_2$-OOC-$CR^1R^2$-$CR^3R^4$-$CR^5R^6$-COOH ($R^1$—$R^6$ = H oder $C_1—C_6$-Alkyl). — Man erhitzt z. B. 10 (g) **I**-Anhydrid, 13,1 **II** u. 3 Tropfen konz. $H_2SO_4$ 7 Std. am W.-Bad, löst Öl in 150 ml Ae., extrahiert mit 200 ml gesätt. $NaHCO_3$-Lsg., säuert die wss. Schicht mit konz. HCl an, nimmt das Öl in 150 ml $CHCl_3$ auf u. erhält aus der organ. Schicht durch Dest. 9,6 (42%) **I**-**II**-*Halbester*, $Kp._{0,6}$ 146—147°; F. 30°; *Na-Salz*, $C_7H_8Cl_3NaO_4$; F. > 360°. — *3.3-Dimethyl*-**I**-**II**-*halbester*, $Kp._{0,2}$ 125—128°; F. 30°; *Na-Salz*, $C_9H_{12}Cl_3NaO_4$; F. 133—135°. — *2.4-Dimethyl*-**I**-**II**-Verb., $Kp._{0,3}$ 131—136°. — *Hypnotika*. (**Brit.P. 1062460** vom 7/11. 1964, ausg. 22/3. 1967.) — 3 S.
O. Müller-Meiningen 4846

*1415* Benger Laboratories Ltd., Holmes Chapel, Cheshire, Großbritannien (Erfinder: Geoffrey William Cambridge und Colin Fitzmaurice), **2.2.2-Trichloräthylhydrogensuccinat** $Cl_3C$-$CH_2$-OOC-$[CH_2]_2$-COOH; $C_6H_7Cl_3O_4$; F. 87—88°; wird erhalten, indem man z. B. 15 (Gew.-Teile) 2.2.2-Trichloräthanol mit 10 Bernsteinsäureanhydrid 16 Std. auf 100° u. dann im Vakuum 30 Min. auf 100° erhitzt, die Ae.-Lsg. nach Behandeln mit A-Kohle mit PAe. verd. u. abkühlt. Ausb. 12,9. — *Hypnotikum*. (**Brit.P. 1060078** vom 18/10. 1962, ausg. 22/2. 1967.) — 4 S. O. Müller-Meiningen 4846

*1416* Soc. d'Exploitations Chimiques et Pharmaceutiques Seceph Soc. An., Lugano, Schweiz (Erfinder: Paolo DaRe, Perugia, und Ivo Setnikar, Mailand, Italien), **o-Diisopropylaminoäthoxybutyrophenonchlorhydrat**, $C_{18}H_{30}ClNO_2$, F. 129—130°, erhält man durch Rk. von o-Hydroxybutyrophenon mit Diisopropylaminoäthylchlorhydrat in Ggw. von Na-Äthylat in A. u. anschließend mit HCl in Alkohol. — *Heilmittel*. (**Schwz.P. 486332** vom 13/7. 1964, ausg. 15/11. 1967. It. Prior. 26/7. 1963.) — 2 S. R. Bollinger 4846

*1417* Smith, Kline & French Laboratories Ltd., Welwyn Garden City, Hertfordshire, Großbritannien (Erfinder: Kenneth Bowden, John Lees Broadbent und William James Ross), **Diacylphloroglucine**, die im Kern ggf. durch Alkyl substituiert sind, erhält man durch Acylierung eines ggf. substituierten Phloroglucins mit einem Säureanhydrid der allg. Formel $(RCO)_2O$ (R = ggf. verzweigtes Alkyl mit 1—12, bes. 1—8 C-Atomen oder Aralkyl) in Ggw. eines Veresterungskatalysators, wie $BF_3$ · Diätherat. — Aus Phloroglucin erhält man durch Rk. mit Buttersäureanhydrid in Ggw. von $BF_3$ · Diätherat *2.4-Dibutyrylphloroglucin*, F. 135 bis 137°, ähnlich erhält man folgende *R-Phloroglucine*: R = *2.4-Dibutyryl-6-methyl-*, F. 120—121°, *2.4-Diisobutyryl-*, F. 228—130°, *2.4-Diisobutyryl-6-methyl-*, F. 115—116°, *2.4'-Di-n-valeryl-*, F. 104—106°, *2.4-Di-n-valeryl-6-methyl-*, F. 98—100°, *2-Acetyl-4-butyryl-*, F. 95—97°, *2.4-Dipropionyl-*, F. 152—154°, *2.4-Dipropionyl-6-methyl-*, F. 135—137°, *2.4-Dibutyryl-6-brom-*, F. 102—104°, *2.4-Dihexanoyl-*, F. 97—98°, *2-Acetyl-4-propionyl-*, F. 149—150°, *2.4-Diheptanoyl-*, F. 96—98°, *2.4-Di-[4-methylvaleryl]-*, F. 114—116°, *2.4-Dihexanoyl-6-methyl-*, F. 108—110°, *2.4-Diheptanoyl-6-methyl-*, F. 108 bis 110°, *2.4-Diphenylacetyl-*, F. 170—172°, *2-Acetyl-4-n-valeryl-*, F. 129—131°, *2.4-Di-n-Nonanoyl-*, F. 84—87°, *2.4-Di-isovaleryl-6-methyl-*, F. 123—125°, *2.4-Di-n-octanoyl-6-methyl-*, F. 102—104°, *2.4-Di-n-octanoyl-*, F. 93 bis 95°, *2.4-Di-isovaleryl-*, F. 113—114°, *2.4-Di-n-decanoyl-*, F. 80—82°, *2.4-Di-n-nonanoyl-6-methyl-*, F. 100—102°, *2.4-Di-n-decanoyl-6-methyl-*, F. 99—101°, *2.4-Di-[4-methylvaleryl]-6-methyl-*, F. 85—88° u. *2.4-Divaleryl-6-brom-*, F. 89—91°. — *Antihelminthika*. (**Brit.P. 1072673** vom 12/6. 1963, ausg. 21/6. 1967.) — 7 S.
R. Bollinger 4846

*1418* Merck & Co., Inc., Rahway, N.J., USA, **Phenoxyphenylessigsäure** der allg. Formel $C_6H_3(R^1R^2)\cdot OCH(C_6H_4R)COOH$ (R = Halogen, Halogenalkyl, Alkoxy, Alkanoyl, Aralkyl, Aralkoxy oder Alkylsulfonyl, $R^1$ = Alkyl oder Alkoxy, $R^2$ = Halogen, Alkenyl oder Alkoxy) erhält man durch Rk. eines Alkaliphenolats mit dem Ester einer Phenylhalogenessigsäure mit nachfolgender Verseifung. – Durch Rk. des 4-Chlor-2-methylnatriumphenolats mit dem 4-Chlorphenylbromessigsäuremethylester in Methanol erhält man das *Methyl-[4-chlor-2-methylphenoxy]-[4-chlorphenyl]-acetat*, F. 73,5–75,5°, daraus durch Verseifung die *freie Säure*, $C_{15}H_{12}Cl_2O_3$, F. 148,5–150,5°, ähnlich: *Methyl-[2.6-dimethoxyphenoxy]-[4-chlorphenyl]-acetat*, F. 67,5–70°, die *freie Säure*, $C_{16}H_{15}\cdot ClO_5$, F. 154,5–156,5°. Die Herst. einer Reihe ähnlicher Verb. ohne Angabe von Kennzahlen ist beschrieben. – *Heilmittel.* (**Brit.P. 1076871** vom 3/3. 1965, ausg. 26/7. 1967. U.S. Prior. 20/3. 1964 u. 11/2. 1965.) – 7 S. R. Bollinger 4846

*1419* Farbwerke Hoechst Akt.-Ges. vormals Meister Lucius & Brüning, Frankfurt/M. (Erfinder: Heinrich Ruschig, Bad Soden/Taunus, Walter Aumüller, Kelkheim/Taunus, Gerhard Korger, Frankfurt/M., und Erich Haack, Heidelberg), **Herstellung von Benzolsulfonylsemicarbaziden** der allg. Formel $X–C_6H_4–SO_2–NH–CO–NH–N\langle Z Z' \rangle$, X = Alkyl mit 1–6 C-Atomen in o- oder m-Stellung; Z–Z' = ggf. durch niedrigmol. Alkyl substituiertes $C_5$-Alkylen, erhält man aus den entsprechenden Benzolsulfonylthiosemicarbaziden durch Austausch des S gegen O mit Oxiden oder Salzen der Schwermetalle oder mit Ox.-Mitteln, wie $H_2O_2$ oder $Na_2O_2$; nach dem anderen Verf. durch Hydrolyse der entsprechenden 1-Benzolsulfonyl-3-alkyleniminoparabansäuren. – Aus 4-(3-Methylbenzolsulfonyl)-1.1-pentamethylenthiosemicarbazid, F. 170–171°, mit frisch gefälltem HgO in wss. 2 n NaOH → *4-(3-Methylbenzolsulfonyl)-1.1-pentamethylensemicarbazid* (**I**), F. 155–157° (verd. Methanol). – *1.1*-Pentamethylensemicarbazid u. Oxalylchlorid → Pentamethyleniminoparabansäure, F. 136–138°, daraus mit 3-Methylbenzolsulfonsäurechlorid in Ggw. von Triäthylamin unter Rückfluß → 1-(3-Methylbenzolsulfonyl)-3-pentamethyleniminoparabansäure, F. 193–195°, daraus durch Erhitzen mit 1 n NaOH auf dem Dampfbad → **I**. – Den *Blutzucker senkende Mittel*, vgl. Tabelle. (**Schwz.PP. 438302** u. **438303** vom 3/10. 1962, ausg. 15/12. 1967. D. Prior. 5/10. 1961.) – 2 S. – 2 S. A. Ullrich 4846

*1420* Roussel-Uclaf, Paris, Frankreich, **Herstellung von 2.3-Dimethyl-2-n-propyl-3-[p-chlorphenyl]-propandiol-(1.3)-1-monocarbamat,** $p–Cl–C_6H_4–C(CH_3)(OH)–C(C_3H_7)(CH_3)–CH_2–O–CO–NH_2$ (**I**), dad. gek., daß man 2-Methyl-2-n-propylpropandiol-(1.3) (**II**) in alkal. Medium (NaOH), z. B. mit $KMnO_4$, zu 2-Methyl-2-n-propyl-3-hydroxypropionsäure, F. 61°, ox., diese mit Acetylchlorid zu 3-Acetoxy-2-methyl-2-n-propylpropionsäure, $Kp._{19}$ 172–174°, 52% (Ausb., auf **II** bezogen) acyliert, daraus mit $SOCl_2$ 3-Acetoxy-2-methyl-2-n-propylpropionsäurechlorid, $Kp._{17}$ 119–120°, 98,5%, herstellt, dieses mit $CH_3MgJ$ zu 4-Acetoxy-3-methyl-3-n-propylbutanon-(2), $Kp._{20}$ 120–130°, 73%, u. dieses mit KOH zu 3-Methyl-3-n-propyl-4-hydroxybutanon-(2), $Kp._{18}$ 112–114°, 80%, umsetzt; daraus durch Rk. mit $p–ClC_6H_4MgCl$ ein Gemisch aus zwei Diastereoisomeren A u. B von 2.3-Dimethyl-2-n-propyl-3-[p-chlorphenyl]-propandiol-(1.3), $Kp._1$ 180–182°, 79%, gewinnt u. das Gemisch in abs. Toluol mit $COCl_2$ u. dann mit $NH_3$ umsetzt, das Lsgm. dest., den Rückstand aus Hexan, dann Toluol u. Isopropyläther (**III**) krist. → **I**, *Diastereoisomeres A*, F. 125° (**III**), 26%; aus der Hexanmutterlauge → *Diastereoisomeres B*, F. 138°. – *Beruhigungs- u. Entspannungsmittel, Verstärkung der Wrkg. von Narkotika.* – Rk.-Schema mit Strukturformeln. (**Brit.P. 1068650** vom 22/12. 1965, ausg. 10/5. 1967. F. Prior. 22/12. 1964.) – 6 S. Georg Vogel 4846

*1421* Troponwerke Dinklage & Co., Köln (Erfinder: Rudolf Kopf, Karl-Heinz Boltze, Bensberg, Dietrich Lorenz, Immekeppel, und Hans Mühlenbein, Berg.-Gladbach), **Herstellung von neuen substituierten N-[Phenyläthyl]-carbaminsäureestern.** Zu Brit.P. 1037027; C. **1968,** 24-1768 sind folgende Prod. nachzutragen: *N-[α.α-Dimethyl-β-(p-chlorphenyl)-äthyl]-carbaminsäureäthylester*, $Kp._{0,005}$ 88–90°, F. 52,5–53°, $DL_{50}$ 600 mg/kg (Maus), aus α.α-Dimethyl-β-[p-chlorphenyl]-äthylamin u. $COCl_2$ in Äthylenchlorid u. Rk. des Prod. mit abs. A. in Ggw. von Triäthylamin; analog der *Propylester*, $DL_{50}$ 680 mg/kg. – *Appetithemmer.* – Vgl.-Tabelle. (**Schwz.P. 436255** vom 10/7. 1962, ausg. 15/11. 1967.) – 2 S. Georg Vogel 4846

*1422* Farbwerke Hoechst Akt.-Ges. vormals Meister Lucius & Brüning, Frankfurt/M., **Herstellung von Benzolsulfonylharnstoffen.** Zu D.A.S. 1188078; C. **1965,** 43-1867 sind folgende Harnstoffe nachzutragen: *N-[4-(β-Propionylaminoäthyl)-benzolsulfonyl]-N'-cyclooctyl-*, F. 187–188° (Methanol). – *N-[4-(α-Acetamidoäthyl)-benzolsulfonyl]-N'-[4'-methylcyclohexyl]-*, F. 199–201°. (Methanol). – *Heilmittel.* (**Oe.P. 253521** vom 5/2. 1964, ausg. 10/4. 1967. D. Prior. 7/2. 1963.) – 4 S. D. Mähl 4846

*1423* Smith, Kline & French Laboratories Ltd., Welwyn Garden City, Hertfordshire, Großbritannien (Erfinder: Albert Lawrence Green und Roy Fielden), **l-α-Phenyläthylguanidin,** F. 92–93°, erhält man durch Rk. von l-α-Phenyläthylamin mit einem Salz von S-Methylisothioharnstoff in wss. Medium oder durch Auflösen eines racem. Gemisches von α-Phenyläthylguanidin mit einer opt. akt. Säure. – *Blutdrucksenkendes Mittel.* (**Brit.P. 1070520** vom 24/1. 1964, ausg. 1/6. 1967.) – 3 S. R. Bauereis 4846

*1424* Imperial Chemical Industries Ltd., London, Großbritannien (Erfinder: Ralph Howe und Leslie Harold Smith), **Alkanolamin-Derivate** erhält man nach folgendem Beispiel: durch Rk. von 1-[4-Nitrophenoxy]-2.3-epoxypropan mit N-Benzylisopropylamin erhält man das 1-[4-Nitrophenoxy]-3-[N-benzylisopropylamino]-2-propanol, Hydrochlorid, F. 147–148°. Durch Red. dieser Verb. mit Fe u. HCl erhält man das 1-[4-Aminophenoxy]-3-[N-benzylisopropylamino]-2-propanol, $Kp._{0,15}$ 198–200°. Durch Rk. dieser Verb. mit Methansulfonylchlorid erhält man das 1-[4-Methan-sulfonamidophenoxy]-3-[N-benzylisopropylamino]-2-propanol, F. 112 bis 114°. Durch Hydrierung dieser Verb. in Ggw. von Pd/C erhält man das *1-[4-Methansulfonamidophenoxy]-3-isopropylamino-2-propanol*, F. 126–128°. Analog wurden folgende 2-Propanole (**I**) erhalten: 1-[4-Benzolsulfonamidophenoxy]-3-[N-benzylisopropylamino]-**I**, F. 130 bis 132°, → *1-[4-Benzolsulfonamidophenoxy]-3-isopropylamino-***I**, F. 130°; 1-[4-Acetamidophenoxy]-2.3-epoxypropan, F. 110°, → 1-[4-Acetamidophenoxy]-3-isopropylamino-**I**, Hydrochlorid, Hydrat, F. 140–142°, → *1-[4-Acetamidophenoxy]-3-isopropylamino-***I**, F. 134–136°; *1-[4-Acetamido-phenoxy]-3-tert.-butylamino-***I**, F. 126°; *1-[4-Acetamidophenoxy]-3-[2-hydroxy-1.1-dimethyläthylamino]-***I**, F. 116–118°; *1-[4-Acetamidophenoxy]-3-[1-methyloctylamino]-***I**, F. 94–96°; *1-[4-Acetamidophenoxy]-3-allylamino-***I**, F. 104–105°; *1-[4-Acetamidophenoxy]-3-cyclopentylamino-***I**, F. 122–124°; *1-[4-Acetamidophenoxy]-3-[1-methyl-3-phenyl-propylamino]-***I**, F. 125–126°; *1-[4-Acetamidophenoxy]-3-[1-methyl-2-(p-methoxyphenyl)-äthylamino]-***I**, F. 117–118°; *1-[4-Acetamidophenoxy]-3-n-propylamino-***I**, F. 127–129°; *1-[4-Acetamidophenoxy]-3-[1.1-dimethyl-3-(p-chlorphenyl)-propylamino]-***I**, F. 132 bis 133°; *1-[4-Acetamidophenoxy]-3-sek.-butylamino-***I**, F. 83 bis 84°; 1-[4-p-Chlorbenzamidophenoxy]-3-[N-benzylisopropylamino]-**I**, F. 120–122°, → *1-[4-p-Chlorbenzamidophenoxy]-3-isopropylamino-***I**, F. 178–180°; *1-[4-n-Butyramido-phenoxy]-3-isopropylamino-***I**, F. 127–128°; *1-[4-(Toluol-p-sulfonamido)-phenoxy]-3-isopropylamino-***I**, F. 88 bis 89°; *1-[4-Phenylacetamido-phenoxy]-3-isopropylamino-***I**, F. 138–140°; *1-[4-Hexanoylamidophenoxy]-3-isopropylamino-***I**, F. 136–138°; *1-[4-Äthoxycarbonylamido-phenoxy]-3-isopropylamino-***I**, F. 102–103°; 1-[4-Benzamidophenoxy]-2.3-epoxypropan, F. 138–139°, → *1-[4-Benzamidophenoxy]-3-isopropylamino-***I**, F. 172–174°; 1-[4-(N-Methyl)-methansulfonamidophenoxy]-2.3-epoxypropan, F. 81–83°, → *1-[4-(N-Methyl)-methansulfonamido-phenoxy]-3-isopropylamino-***I**, F. 96–98°; 1-[2-Nitrophenoxy]-3-[N-Benzylisopropylamino]-**I**, Hydrochlorid, F. 140–142°, → 1-[2-Aminophenoxy]-3-[N-benzylisopropylamino]-I, F. 82–84°,* → 1-[2-Methansulfonamidophenoxy]-3-[N-benzylisopropylamino]-I, F. 90–100° (Zers.), → *1-[2-Methansulfonamidophenoxy]-3-isopropylamino-I*, F. 190–192° (Zers.); *1-[3-Acetamidophenoxy]-3-isopropylamino-I*, F. 99–101°; *1-[2-Benzamido-4-methylphenoxy]-3-isopropylamino-I, Hydrogenoxalat*, F. 188–189°; 1-[4-Acetamidophenoxymethyl]-2-isopropylaminoäthyl-hexanoat, Oxalat, F. 151–153°; *1-[4-Benzamido-1-naphthyloxy]-3-isopropylamino-I*, F. 177 bis 178°; *1-[4-Acetamido-1-naphthoxy]-3-isopropylamino-I*, F. 176–178°; *1-[4-Acetamido-naphthoxy]-3-tert.-butylamino-I*, F. 120–121°. — *Kardiaka*. (**Brit.P. 1078852** vom 30/9. 1964, ausg. 9/8. 1967.) — 12 S. R. Bauereis 4846

*1425* Farmochimica Cutolo-Calosi S. p.A., Neapel, Italien (Erfinder: Andrew Charles Serjeant), **Aryl-amino-acylamide** erhält man nach folgendem Beispiel: Durch Rk. von p-Phenetidin mit N-α.α-Dimethyl-benzyl-chloracetamid erhält man das *p-Äthoxy-phenyl-amino-N-[α'.α'-dimethyl-benzyl]-acetamid*, F. 73–74°. Analog wurden folgende Acetamide (I) u. Propionamide (II) erhalten: *α-[p-Isopropoxy-phenyl-amino]-N-n-propyl-II*, F. 87–88°; *p-Äthoxy-phenyl-amino-N-äthyl-I*, $Kp._{0,003}$ 167–169°, F. 73–74°; *p-Äthoxyphenyl-amino-N-n-butyl-I*, $Kp._{0,001}$ 170 bis 175°, F. 78–79°; *p-Äthoxy-phenyl-amino-N-tert.-butyl-I*, $Kp._{0,001}$ 153–157°, F. 98–99°; *p-Äthoxyphenyl-amino-N-methyl-I*, F. 121°; *p-Äthoxyphenyl-amino-N-iso-butyl-I*, $Kp._{0,001}$ 180–184°, F. 75–76°; *p-Äthoxy-phenyl-amino-N-sek.-butyl-I*, $Kp._{0,004}$ 174–176°, F. 70–72°; *p-Äthoxy-phenylamino-N-cyclohexyl-I*, $Kp._{0,001}$ 202–206°, F. 78–79°; *p-Äthoxy-phenyl-amino-N-phenyl-I*, $Kp._{0,001}$ 210–215°, F. 81–82°; *p-Äthoxy-phenyl-amino-N-benzyl-I*, F. 152–153°; *p-Äthoxy-phenyl-amino-N-[1-methyl-2-phenyl-äthyl]-I*, $Kp._{0,001}$ 208–210°, F. 72–73°; *p-Äthoxy-phenyl-amino-N-[α'-methyl-benzyl]-I*, F. 102–103°; *p-Äthoxy-phenylamino-N-[β'-phenyläthyl]-I*, F. 90–91°; *p-Äthoxyphenylamino-N-[4'-phenyl-n-butyl]-I*, F. 86–87°; *p-n-Butoxy-phenyl-amino-N-propyl-I*, F. 78–79°; *α-[p-n-Butoxy-phenyl-amino]-N-propyl-II*, F. 85–86°; *p-Äthoxy-phenyl-amino-N-allyl-I*, F. 67–68°; *p-Benzyloxy-phenyl-amino-N-n-propyl-I*, F. 116–117°; *p-n-Propoxy-phenyl-amino-N-n-propyl-I*, F. 83–85°; *p-Hydroxy-phenyl-amino-N-n-propyl-I*, F. 85–87°; *α-[p-Benzyloxy-phenyl-amino]-N-n-propyl-II*, F. 86–87°; *p-Äthoxy-phenyl-amino-N-[2-methyl-2-phenyl-äthyl]-I*, F. 166–168°; *α-[p-Hydroxy-phenyl-amino]-N-n-propyl-II*, F. 131–133°; *p-Isobutoxy-phenyl-amino-N-n-propyl-I*, F. 82–83°; *p-Isopropoxy-phenyl-amino-N-n-propyl-I*, F. 79–80°; *α-[p-Isobutoxy-phenyl-amino]-N-n-propyl-II*, F. 64–66°; *α-[o-Äthoxy-phenylamino]-N-n-propyl-II*, $Kp._{0,001}$ 140–141°, F. 79 bis 80°; *3.4.5-Trimethoxyphenyl-amino-N-n-propyl-I*, F. 126–127°; *2.5-Dimethoxy-phenylamino-N-n-propyl-I*, F. 68–70°; *α-[2.5-Dimethoxy-phenylamino]-N-n-propyl-II*, F. 71–72°. — *Analgetika, Antiphlogistika*. (**Brit.P. 1058002** vom 7/7. 1964, ausg. 8/2. 1967. **Zusatz zu Brit.P. 1040727; C. 1967, 87-1781.**) — 8 S. R. Bauereis 4846

*1426* Ciba Ltd., Basel, Schweiz (Erfinder: Charles Ferdinand Huebner), **2-[2.3.5.6-Tetramethylbenzyl]-2-aminopropan** wird in an sich bek. Weise hergestellt durch Überführung der entsprechenden N-Acylverb. in das Amin oder durch Ersatz der OH-Gruppe von 2-Amino-2-methyl-1-[2.3.5.6-tetramethylphenyl]-propanol durch ein H-Atom. Ggf. werden die Salze hergestellt. — *-Hydrochlorid*, F. 295–297°; *-Acetat*, F. 154–157°; *-d-Lactat*, F. 165–167°; *-Glycolat*, F. 170–171°; *-Sulfamat*, F. 195–196°; *-Sulfat*, F. 209–212°; *-Nitrat*, F. 213 bis 215°; *-zweibas. Citrat*, F. 164–165°; *-monobas. Citrat*, F. 174–176°; *-d-Tartrat*, F. 202–204°; *-Cyclohexansulfonat*, F. 200°; *p-Toluolsulfonat*, F. 188–191°; *-d-Malat*, F. 186–190°, *-Malonat*, F. 180–181°; *-Methansulfonat*, F. 175°; *-Maleat*, F. 195°. — Als Zwischenprod. sind angeführt: 2.3.5.6-Tetramethylbenzyl-(I)-chlorid, F. 63 bis 65°, $Kp._{27}$ 150–154°; I-cyanid, F. 86–88°; 2.3.5.6-Tetramethylphenylessigsäureäthylester, F. 47–49°; 2-I-propen-(2), $Kp._{14}$ 135–138°; 2-Amino-2-methyl-1-[2.3.5.6-tetramethylphenyl]-propanol, -Hydrochlorid. — *Arzneimittel*, bes. mit anorexigener Wrkg. ohne Stimulationseffekt. (**Brit.P. 1074450** vom 26/11. 1965, ausg. 5/7. 1967.) — 5 S. A. Debo 4846

*1427* Science Union et Cie. Soc. Française de Recherche Médicale, Suresnes, Frankreich, **Racemattrennung von dl-1-[m-Trifluormethylphenyl]-2-äthylaminopropan** erfolgt durch Abtrennen des d-dibenzoylweinsauren Salzes des l-Isomeren u. anschließend des d-camphersauren Salzes des d-Isomeren, bes. in Äthanol. Man kann auch die opt. akt. Isomeren des entsprechenden prim. Amins mit Anhydriden oder Estern acylieren u. mit $LiAlH_4$ reduzieren. — *l-1-[m-Trifluormethyl-phenyl]-2-äthylaminopropan*, $Kp._{17,5}$ 105–107°, $[\alpha]_D^{25}$ –9,6° (c = 8% in A.]; *-Hydrochlorid*, F. 160–161° (aus Äthylacetat); $LD_{50}$ 210 (mg/kg Maus interperitoneal); *d-1-[m-Trifluormethylphenyl]-2-äthylaminopropan*, $[\alpha]_D^{25}$ +9,6° (c = 8% in A.), *-Hydrochlorid*, F. 160–161°, $LD_{50}$ 120. — *Arzneimittel*. Die *anorexigene* Wrkg. des d-Isomeren ist dreimal größer als die des l-Isomeren; das *d-Isomere erhöht den Blutdruck*, das *l-Isomere senkt* ihn. Das d-Isomere ist als *Analgetikum* doppelt so wirksam wie das l-Isomere. (**Brit.P. 1078186** vom 16/6. 1965, ausg. 2/8. 1967. U.S. Prior. 27/7. 1964.) — 4 S. A. Debo 4846

*1428* Richardson-Merrell, Inc., New York, N.Y., USA, **Substituierte Aralkylamine** erhält man durch Hoffmannschen Abbau von α-allylsubstituierten Aralkylamiden oder durch Red. von β-allylsubstituierten Aralkylamiden mit $LiAlH_4$. — Beispiel: Aus Allylbenzyl-acetamid → *α-Allylphenäthylamin*, $Kp._{0,3}$ 60–62°, *Hydrochlorid*, F. 159–161°, *Sulfat*, F. 182–190°, *Monohydrogen-Citrat*, F. 121–123°, *Tartrat*, F. 139–141°. Red. von α-Allyl-α-phenylacetamid mit $LiAlH_4$ → *β-Allylphenäthylamin*, $Kp._{0,25}$ 80–82°, *Hydrochlorid*, F. 183–185°. Analog: *Allylbenzylamin*, 62°, *Hydrochlorid*, F. 233–234°; *β-Allyl-γ-phenylpropylamin*, $Kp._3$ 84–85°, *Hydrochlorid*, F. 127–128° *α-Allyl-γ-phenylpropylamin*, *Hydrochlorid*, F. 141–145°. — *Analgetika, Tranquillizer, Anorektika*. (**Brit.P. 1071120** vom 26/10. 1965, ausg. 7/6. 1967. U.S. Prior. 10/11. 1964. **Zusatz zu Brit.P. 1036333.**) — 4 S. R. Bauereis 4846

*1429* John Wyeth & Brother Ltd., Maidenhead, Berkshire, Großbritannien (Erfinder: Kenneth Eric Vincent Spencer), **N-[Polyhalogenphenoxyacetyl]-ephedrine** erhält man durch Rk. von Ephedrin oder N-Norephedrin mit einem Phenoxyessigsäureanhydrid oder einem N-[2-Halogenacetyl]-ephedrin mit einem Phenol. — Beispiel: Durch Rk. von Chlorameisensäure-isobutylester u. 2.4.6-Trichlorphenoxyessigsäure mit [–]-Ephedrin erhält man das *N-[2.4.6-Trichlorphenoxyacetyl]-[–]-ephedrin*, F. 104–105°. Analog: *2.4.6-Trichlorphenoxy-acetyl-N-methylamphetamin*, $Kp._{0,3-0,5}$ 209–218°, $[\alpha]_D^{23}$ +29,7°; *N-[2.4.6-Trichlorphenoxyacetyl]-d-amphetamin* F. 75,5–76°; *N-[p-Tolyloxyacetyl]-[–]-ephedrin*, F. 118 bis 120°; *N-[2.4-Dichlorphenoxyacetyl]-[–]-ephedrin*, F. 122,5–124,5°; *N-Phenoxyacetyl-[–]-ephedrin*, F. 129,5 bis 132°; *N-[m-Trifluormethylphenoxyacetyl]-[–]-ephedrin*, F. 113–114°; *N-[o-Chlorphenoxyacetyl]-[–]-ephedrin*, F. 125,5–127°; *N-[2.4.6-Trichlorphenoxyacetyl]-trans-2-phenylcyclopropylamin*, F. 76–77°; *N-[2.4-Dichlorphenoxy-acetyl]-N-methylamphetamin*; *N-[2.6-Dichlorphenoxy-acetyl]-N-methylamphetamin*, F. 70,5–71,5°; *N-[3.4-Dichlorphenoxyacetyl]-N-methylamphetamin*, F. 66,5–67°. — *Antidepressiva, Antiphlogistika*. (**Brit.P. 1058169** vom 18/9. 1964, ausg. 8/2. 1967.) — 9 S. R. Bauereis 4846

*1430* John Wyeth & Brother Ltd., Maidenhead, Berkshire, Großbritannien (Erfinder: Kenneth Eric Vincent Spencer), **N-p-Halogenphenoxyacetyl-ephedrine** erhält man durch Rk. von Ephedrin oder N-Norephedrin mit einem p-Halogenphenoxyessigsäureanhydrid oder mit einem N-[2-Halogenacetyl]-ephedrin mit einem p-Halogenphenol. — Beispiel: Durch Rk. von N-Chloracetyl-[–]-ephedrin mit p-Fluorphenol in Ggw. von $K_2CO_3$ erhält man das *N-[p-Fluorphenoxyacetyl]-[–]-ephedrin* mit 78,4% Ausbeute. Analog: *N-[p-Chlorphenoxyacetyl]-[–]-N-nor-ephedrin*, F. 115,5°. — *Antidepressiva, Antiphlogistika*. (**Brit.P. 1058170** vom 18/9. 1964, ausg. 8/2. 1967.) 5 S. R. Bauereis 4846

*1431* Merck & Co., Inc., Rahway (Erfinder: Marvin Jay Boskin, Edison, und Meyer Sletzinger, North Plainfield), N.J., USA, **Herstellung neuer Aminosäuren** der allg. Formel A–C($R^1$)($NH_2$)–COOH (A = Rest der allg. Formel **I**; $R^1$ u. $R^2$ = niedere Alkylreste; X = H, Halogen, OH, niederer Alkanoyloxy-, Alkylrest, $CF_3$; n = 1, falls X = OH oder Alkanoyloxy, bzw. n = 1 oder

I 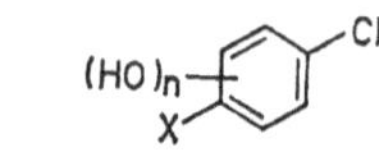

2, falls X = H, Halogen, Alkyl, $CF_3$) oder deren Salzen, dad. gek., daß man ein Keton der allg. Formel A–C($R^1$)=O mit $(NH_4)_2CO_3$ (**II**) u. einem lösl. Cyanid unter Bldg. des entsprechenden Hydantoins umsetzt, dieses mit $Ba(OH)_2$ in die entsprechende Methoxyphenylaminsäure überführt, diese mit Halogenwasserstoff hydrolysiert u. das Prod. ggf. mit einem Alkohol verestert oder mit einem niederen Alkansäureanhydrid oder -halogenid acyliert. – Aus **II**, KCN u. 3-[3.4-Dimethoxyphenyl]-butanon-(2) in abs. A. durch 18std. Rühren bei 55–60° unter Red. des Vol. auf ca. die Hälfte → Nd., 5-Methyl-5-[3.4-dimethoxy-α-phenäthyl]-hydantoin; daraus durch 15std. Rk. mit wss. $Ba(OH)_2$ bei 150° → α.β-Dimethyl-β-[3.4-dimethoxyphenyl]-alanin (krist. aus A./$CH_3OH$, 50:50) $\xrightarrow{48\%ig.\ HBr}$ *α.β-Dimethyl-β-[3.4-dihydroxyphenyl]-alanin* (**III**); daraus Methyl-, Isopropyl-, Butyl-, Lauryl-, Octadecylester bzw. aus **III** u. Essigsäureanhydrid in Ggw. von Py. durch 3–4std. Erhitzen bei 90° unter $N_2$ → *Triacetylverb.* ferner *Acetyl-* u. *3.4-Diacetylverbindung.* Die hemmende Wrkg. der Prod. gegen Aminosäuredecarboxylasen in vivo u. in vitro kann mit der *Bekämpfung von Hypertension* kombiniert werden; ferner Zwischenprod. für weitere Pharmazeutika. (**Schwz.P. 433375** vom 8/6. 1962, ausg. 30/9. 1967. U.S. Prior. 9/8. 1961.) – 4 S. Georg Vogel 4846

*1432* Laboratoire d'Analyses & de Recherches Biologiques Mauvernay – Centre Européen de Recherches Mauvernay (C. E. R. M.), Riom, Puy-de-Dome, Frankreich (Erfinder: Roland-Yves Mauvernay), **Neue Argininverbindungen zur Behandlung des Blutes bei überhöhtem $NH_3$-Gehalt** erhält man durch Rk. von Arginin mit einem N-Acylasparagin oder N-Acylglutamin. – Asparagin gibt mit Essigsäureanhydrid in Ae. u. 2 n NaOH *N-Acetylasparagin*, F. 164–165°. – *Arginin-N-acetylasparaginat*, aus den Komponenten, krist., hygroskop., F. 135–145°, lösl. in W.; analog *Arginin-N-acetylglutamat.* – Verw.-Beispiel. (**Brit.P. 1040627** vom 7/5. 1963, ausg. 1/9. 1966. **Schwz.P. 424799** vom 14/4. 1964, ausg. 31/5. 1967. Brit. Prior. 7/5. 1963.) Georg Vogel 4846

*1433* Laboratoires Albert Rolland, Paris, Frankreich, **Betainacetylaspartat,** $C_{16}H_{31}N_3O_9$, $HOOC-CH_2-N[(CH_3)_3]CO_2-CH_2-CH[NH-CO-CH_3]-CO_2-N[(CH_3)_3]-CH_2-COOH$, Molgew. 409, erhält man durch Rk. von Essigsäureanhydrid (**I**) mit Asparaginsäure (**II**) in W. bei 40–50° u. ca. 6std. Rühren bei ≤ 20°, Dest. des Hauptteils der Essigsäure, **I** u. W. bei Unterdruck, Trennung von Acetylasparaginsäure (**III**) von **II** mit Aceton u. Rk. von **III** mit Betain in $CH_3OH$, Dest. des $CH_3OH$ u. Trocknung des Produkts. – *Pharmazeutikum* (i.p., i.v.) mit starker lipotroper Wirkung. – (**Brit.P. 1060951** vom 9/2. 1965, ausg. 8/3. 1967. F. Prior. 25/2. 1964.) – 5 S. Georg Vogel 4846

*1434* Laboratoires d'Opochimiothérapie (Erfinder: Jean-Claude Donzeau), Toulouse, Frankreich, **Herstellung von N-Cinnamoyl-p-aminophenol (I),** F. 216°, durch Rk. von p-Aminophenol mit einem funktionellen Zimtsäurederiv., Behandlung des Rk.-Gemisches mit einer verd. Alkalilauge u. Ausfällung des **I** mit einer Säure. – *Antipyretikum.* (**Schwz.P. 433388** vom 22/3. 1965, ausg. 30/9. 1967. F. Prior. 21/5. 1964.) – 2 S. R. Bauereis 4846

*1435* Ortho Pharmaceutical Corp., Raritan, N.J., USA, **Sekundäre Glykoläther** der allg. Formel $RR^1C(R^2)\cdot OYOH$ (R = Alkyl, Aryl, Alkaryl, oder Aralkyl, $R^1$ = Alkyl, Aryl, Alkaryl oder Aralkyl, $R^2$ = Alkyl, Aralkyl, Aryl, Alkaryl, ein- oder mehrkernige carbocycl. Reste, Y = Alkylen mit bis zu 8 C-Atomen) erhält man durch Rk. eines cycl. Ketals mit der entsprechenden Grignard-Verbindung. – Durch Rk. von Cyclohexanon mit Äthylenglykol in Ggw. von p-Toluolsulfonsäure erhält man *Cyclohexanonäthylenketal*, $Kp._{25}$ 81°, daraus durch Rk. mit $CH_3MgBr$ *2-[1-Methylcyclohexoxy]-äthanol*, $C_9H_{18}O_2$, $Kp._{17}$ 107,5–108°, dessen *3.5-Dinitrobenzoat*, $C_{16}H_{20}\cdot N_2O_7$, F. 81–82°, ähnlich: *2-[1-Butylcyclohexoxy]-äthanol*, $C_{12}H_{24}O_2$, $Kp._{12}$ 138°, *2-[1-Phenylcyclohexoxy]-äthanol*, $C_{14}H_{20}O_2$, $Kp._{12}$ 127–130°, *2-[1-Methylcyclopentoxy]-äthanol*, $C_8H_{16}O_2$, $Kp._{12}$ 94°, *2-[1.1-Dimethylpropoxy]-äthanol*, $C_7H_{16}O_2$, $Kp._{48}$ 94°, *2-[1.1-Dimethylhexoxy]-äthanol*, $C_{10}H_{22}O_2$, $Kp._{12}$ 107°, *2-[1.1-Dimethyldodecoxy]-äthanol*, $C_{16}H_{34}O_2$, $Kp._2$ 148°, *2-[1.1-Dimethyl-2-phenyläthoxy]-äthanol*, $C_{12}H_{18}O_2$, $Kp._{12}$ 146–147°, *2-[9'-Methyl-9'-fluorenoxy]-äthanol*, $C_{16}H_{16}O_2$, Kp. 117–118°, *2-[1.1-Diphenyläthoxy]-äthanol*, $C_{16}H_{18}O_2$, $Kp._2$ 152–155°, *2-[1.1-Dimethylbenzyloxy]-äthanol*, $C_{11}H_{16}O_2$, $Kp._{15}$ 139°, *3-[1-Methylcyclohexoxy]-propanol*, $C_{10}H_{20}O_2$, $Kp._{13}$ 121 bis 122°, *2-[1-Methylcyclohexoxy]-propanol*, $C_{10}H_{20}O_2$, $Kp._{15}$ 113°, u. *3-[1-Methylcyclohexoxy]-butanol*, $C_{11}H_{22}O_2$, $Kp._{15}$ 134°. – *Heilmittel.* (**Brit.P. 1072725** vom 26/7. 1965, ausg. 21/6. 1967. U.S. Prior. 17/8. 1964.) – 7 S. R. Bollinger 4846

*1436* Upjohn Co., Kalamazoo, Mich., USA, **2-Aminocycloalkylhydrochinone** der allg. Formel **I** (R = H, Acyl mit 1–6 C-Atomen, $R^1$, $R^2$ = niedrigmol. Alkyl, Aralkyl mit 1–12 C-Atomen, ggf. durch 1 oder 2 niedrigmol. Alkyle, Alkoxy, Halogen substituiertes Phenyl oder mit dem N-Atom zusammen einen 5 bis 7gliedrigen heterocycl. Ring, der außerdem noch N-, S- oder O- im Ring enthalten kann; n = 1, 2, 3), deren Salze u. N-Oxide, erhält man durch hydrierende Spaltung eines Cycloalkenamin-p-benzochinons der allg. Formel **II** mit $H_2$ bei 10–100°

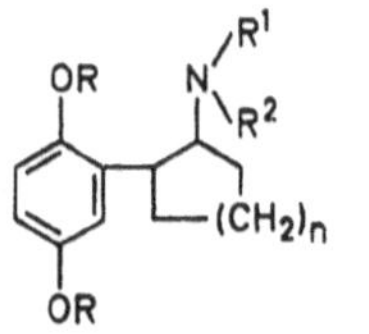
I

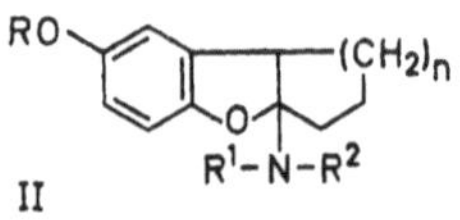
II

u. 15–60 lbs. in Ggw. eines Katalysators. Aus 2.3.3a.8b-Tetrahydro-3a-piperidino-1H-cyclopenta-[b]-benzofuran-7-ol in Eisessig u. $H_2$ bei 35 lbs. in Ggw. von PdO → *2-Piperidinocyclopentylhydrochinon*, $C_{16}H_{23}NO_2$, F. 191 bis 193°; aus Äthylacetat, Zers.; *Diacetat*, $C_{20}H_{27}NO_4$, F. 104–105°. – Analog folgende Hydrochinone: *2-Piperidinocyclohexyl-*, $C_{17}H_{25}NO_2$, F. 188–192°. – *[2-(4-Methyl-1-piperazinyl)-cycloheptyl]-*, $C_{18}H_{28}N_2O_2$, F. 203 bis 204° (aus A.). – *2-Morpholinocyclopentyl-*. Durch Ox. mit $H_2O_2$, Percarbonsäuren oder Perschwefelsäure entstehen die N-Oxide. – *Pseudocholinesterasehemmer*; *Stimulantien* für das *Zentralnervensyst.* bei Tieren. (**Brit.P. 1084440** vom 18/12. 1964, ausg. 20/9. 1967. U.S. Prior. 31/12. 1963.) – 7 S. A. Ullrich 4846

*1437* Österreichische Stickstoffwerke Akt.-Ges., Linz, Österreich, **Herstellung von 1.1-Diphenyl-1-alkoxyalkanamino Verbindungen** erfolgt durch Rk. einer Alkalimetallverb. eines Benzhydrylalkyläthers mit einem Aminoalkylhalogenid. – Beispiel: Durch Rk. der Na-Verb. von Benzhydrylmethyläther mit β-Diäthylaminoäthylchlorid erhält man das *1.1-Diphenyl-1-methoxy-3-diäthylaminopropan*, F. 128–133° (Ausb.) 68%, *Hydrochlorid*, F. 170–173°. Analog wurden folgende 1.1-Dimethyl-Verb. (**I**) erhalten: **I**-*methoxy-3-methylbenzylaminopropan*, F. 57–58°, 95%, *Hydrochlorid*, F. 198 bis 199°; **I**-*1-methoxy-3-dibenzylaminopropan*, F. 75–76°, *Hydrochlorid*, F. 186–188°, 80%; **I**-*1-n-propoxy-3-diäthylaminopropan*, $Kp._{0,1}$ 125–132°, *Hydrochlorid*, F. 161 bis 163°; **I**-*1-propoxy-3-dimethylaminopropan*, $Kp._{0,07}$ 115 bis 116°, *Hydrochlorid*, F. 172–175°; **I**-*1-äthoxy-3-diäthylaminopropan*, $Kp._{0,07}$ 119–120°, *Hydrochlorid*, F. 163–166°; **I**-*1-butoxy-3-diäthylaminopropan*, $Kp._{0,1}$ 133 bis 135°, *Hydrochlorid*, F. 138–140°; **I**-*1-äthoxy-3-dimethylaminopropan*, $Kp._{0,1}$ 107–112°, F. 60–64°, *Hydrochlorid*, F. 205–207°; **I**-*1-methoxy-3-dimethylaminopropan*, F. 78–80°, *Hydrochlorid*, F. 224–225°, *Nitrat*, F. 175–175,5°, *D.L-Malat*, F. 113–114°, *D.L-Mandelat*, F. 174–176°, *Succinat*, F. 124–126°, *D-Tartrat*, F. 167,5

bis 169°; I-*1-butoxy-3-dimethylaminopropan*, Kp.$_{0,2}$ 132 bis 135°, *Hydrochlorid*, F. 150—151°; I-*1-isopropoxy-3-dimethylaminopropan*, Kp.$_{0,1}$ 115—124°; *Hydrochlorid*, F. 186—187°; *Benzhydrylisopropyläther*, Kp.$_{7}$ 149°; I-*1-isopropoxy-3-diäthylaminopropan*, Kp.$_{0,03}$ 126—127°, *Hydrochlorid*, F. 206—208°, *Hydrogensulfat*, F. 147—151°; I-*1-methoxy-3-diisopropylaminopropan*, Kp.$_{0,05}$ 139—142°, F. 58—65°, *Hydrochlorid*, F. 165—168°; I-*1-äthoxy-3-diisopropylaminopropan*, Kp.$_{0,05}$ 140—143°, *Hydrochlorid*, F. 187—188°; I-*1-propoxy-3-diisopropylaminopropan*, Kp.$_{0,05}$ 132—137°, *Hydrochlorid*, F. 152—154°; I-*1-methoxy-3-piperidino-propan*, F. 108—108,5°, *Hydrochlorid*, F. 215—216°, *d-Tartrat*, F. 164—165°, I-*1-äthoxy-3-piperidino-propan*, F. 95—98°, *Hydrochlorid*, F. 210 bis 212°, *Hydrogensulfat*, F. 191—192° (Zers.); I-*1-propoxy-3-piperidinopropan*, F. 38—41°, *Hydrochlorid*, F. 204 bis 206°, *Hydrogensulfat*, F. 191—192,5° (Zers.); I-*1-butoxy-3-piperidino-propan*, Kp.$_{0,2}$ 170—172°, F. 41—42°, *Hydrochlorid*, F. 196—198°, *Hydrogensulfat*, F. 183 bis 184° (Zers.); I-*1-äthoxy-3-methylbenzylaminopropan*, Kp.$_{0,07}$ 171—173°, *Hydrochlorid*, F. 149—151°; I-*1-propoxy-3-methyl-benzylaminopropan*, Kp.$_{0,15}$ 173—176°, *Hydrochlorid*, F. 142—145°; I-*1-butoxy-3-methylbenzylaminopropan*, Kp.$_{0,1}$ 176—178°, F. 50—51°; I-*1-methoxy-3-morpholinopropan*, *Hydrochlorid*, F. 199—201°; I-*1-äthoxy-3-morpholinopropan*, *Hydrochlorid*, F. 219—221°; I-*1-propoxy-3-morpholinopropan*, *Hydrochlorid*, F. 202 bis 204°; I-*1-methoxy-3-pyrrolidinopropan*, *Hydrochlorid*, F. 205—207°; I-*1-äthoxy-2-pyrrolidinopropan*, *Hydrochlorid*, F. 215—217°; I-*1-propoxy-3-pyrrolidino-propan*, *Hydrochlorid*, F. 179—183°; I-*1-methoxy-4-dimethyl-aminobutan*, Kp.$_{0,2}$ 124—127°, F. 56—59°, *Hydrochlorid*, F. 159 bis 161,5°; I-*1-äthoxy-4-dimethylaminobutan*, Kp.$_{0,1}$ 118 bis 123°, F. 56—61°, *Hydrochlorid*, F. 186—188°; I-*1-propoxy-4-dimethylaminobutan*, Kp.$_{0,1}$ 123—125°, *Hydrochlorid*, F. 193—195°; I-*1-butoxy-4-dimethylaminobutan*, Kp.$_{0,05}$ 128—129°, *Hydrochlorid*, F. 145—147°; I-*1-methoxy-4-diäthylaminobutan*, Kp.$_{0,05}$ 121—125°, *Hydrochlorid*, F. 131—134°; I-*1-äthoxy-4-diäthylaminobutan*, Kp.$_{0,05}$ 133—137°, *Hydrochlorid*, F. 145—147°; I-*1-propoxy-4-diäthylaminobutan*, Kp.$_{0,07}$ 141—144°, *Hydrochlorid*, F. 131—135°; *3.3-Diphenyl-3-methoxypropyl-diäthyl-methylammoniumjodid*, F. 188,5—190°; *3.3-Diphenyl-3-propoxypropyl-diäthyl-methylammoniumjodid*, F. 183—184°; *3.3-Diphenyl-3-butoxypropyl-diäthyl-methyl-ammoniumjodid*, F. 168,5—170°; *3.3-Diphenyl-3-methoxy-propyltrimethylammonium-jodid*, F. 208—209°; *1-[3'.3'-Diphenyl-3'-äthoxypropyl]-1-methylpiperidinium-jodid*, F. 221 bis 223°. — *Antitussiva*. (**Brit.P. 1064928** vom 17/3. 1966, ausg. 12/4. 1967. Oe.Prior. 22/3. 1965.) — 6 S.
R. Bauereis 4846

*1438* Warner-Lambert Pharmaceutical Co., Morris Plains, N.J., USA, **4-Substituierte 2-Benzhydryl-2-butanol-derivate** erhält man durch Rk. eines Li-Diphenylmethan-Deriv. mit einem Aminoketon u. ggf. Veresterung des entstandenen Butanols. — Beispiel: Durch Rk. von Li-Diphenylmethan mit 4-Morpholino-2-butanon, Kp.$_{20}$ 116° (aus Morpholin u. Methylvinylketon) erhält man das *4-Morpholino-2-benzhydryl-2-butanol*, Kp.$_{0,4}$ 180—200°, F. 110°, *Hydrochlorid*, F. 210°. Durch Veresterung mit Essigsäureanhydrid erhält man daraus das *4-Morpholino-2-benzhydryl-2-butanolacetat*, F. 147—148°, *Hydrochlorid*, F. 182°. Analog: *4-Dimethylamino-2-benzhydryl-2-butanol*, F. 87°, *Hydrochlorid*, F. 173°; *4-Dimethylamino-2-benzhydryl-2-butanolacetat*, *Hydrochlorid*, F. 194—195°; *4-Diäthylamino-2-benzhydryl-2-butanol*, Kp.$_{0,6}$ 160—180°, *Tartrat*, F. 172°; *4-Piperidino-2-benzhydryl-2-butanol*, Kp.$_{4}$ 190—200°, F. 78—80°, *Hydrochlorid*, F. 190—191°; *4-[4-Methyl-1-piperazinyl]-2-benzhydryl-2-butanol*, Kp.$_{0,2}$ 212°, *Dihydrochlorid*, F. 230—234°; *4-[Cyclohexylmethylamino]-2-benzhydryl-2-butanol*, Kp.$_{0,6}$ 230—233°, F. 77—78°, *Hydrochlorid*, F. 155—156°. — *Antitussiva*. (**Brit.P. 1061306** vom 24/1. 1966, ausg. 8/3. 1967. U.S. Prior. 11/2. 1965.) — 6 S. R. Bauereis 4846

*1439* Holding Ceresia Soc. An., Lugano, Schweiz (Erfinder: Giorgio Ferrari, Mailand, Italien), **Herstellung von 2-Isopropylamino-1-[5.6.7.8-tetrahydro-2-naphthyl]-äthanol**, F. 160—162°, erfolgt durch Kondens. von ω-Brom-5.6.7.8-tetrahydro-2-acetonaphthon mit Isopropylamin u. Hydrierung des entstandenen ω-Isopropylamino-5.6.7.8-tetrahydro-2-acetonaphthons, Hydrochlorid, F. 208—209°, in Ggw. von Pd/Kohle. — Mittel gegen *Angina pectoris* u. *Herzarrhytmie*. (**Schwz.P. 437351** vom 9/11. 1963, ausg. 30/11. 1967.) — 2 S.
R. Bauereis 4846

*1440* Imperial Chemical Industries Ltd., London, Großbritannien (Erfinder: Peter Anthony Bond, Bernard Joseph McLoughlin und Leslie Harold Smith), **1-Amino-3-[1-naphthoxy]-2-propanole** erhält man nach folgendem Beispiel: Durch Rk. von 1.2-Epoxy-3-[4-methoxy-1-naphthoxy]-propan, F. 80—81°, mit Isopropylamin erhält man das *1-Isopropylamino-3-[4-methoxy-1-naphthoxy]-2-propanol*, *Hydrochlorid*, F. 168 bis 170°. Analog wurden folgende 2-Propanole (I) erhalten: *1-[4-Hydroxy-1-naphthoxy]-3-isopropylamino*-I, F. 176 bis 178°; *1-[6.7-Dimethoxy-1-naphthoxy]-3-isopropylamino*-I, F. 108—110°; 1-[N-Benzyl-N-isopropylamino]-3-[4-methoxy-1-naphthoxy]-I, Hydrochlorid, F. 158—159°, → *1-Isopropylamino-3-[4-methoxy-1-naphthoxy]*-I, *Hydrochlorid*, F. 168—170°; 1-Phthalimido-3-[4-methoxy-1-naphthoxy]-I, F. 152—154°, → *1-Amino-3-[4-methoxy-1-naphthoxy]*-I, *Hydrochlorid*, F. 258—260°; *1-[4-Methoxy-1-naphthoxy]-3-n-propylamino*-I, *Hydrochlorid*, F. 151 bis 153°; *1-[4-Methoxy-1-naphthoxy]-3-tert.-butylamino*-I, *Hydrog enoxalat*, F. 193—194°; *1-[4-Methoxy-1-naphthoxy]-3-[1-methyl-octylamino]*-I, *Hydrochlorid*, F. 137—139°; *1-[2-Hydroxy-1.1-dimethyläthylamino]-3-[4-methoxy-1-naphthoxy]*-I, F. 96—98°; *1-Cyclopentylamino-3-[4-methoxy-1-naphthoxy]*-I. F. 94—96°; *1-[3-(4-Chlorphenyl)-1.1-dimethylpropylamino]-3-[4-methoxy-1-naphthoxy]*-I, *Hydrochlorid*, F. 155—157°; *3-Isopropyl-5-[4-methoxy-1-naphthoxymethyl]-oxazolidin*, *Hydrochlorid*, F 165—166°; *1-Isopropylamino-3-[5-methoxy-1-naphthoxy]*-I, *Hydrochlorid*, F. 184 bis 186°; *1-Isopropylamino-3-[6-methoxy-1-naphthoxy]*-I, *Hydrochlorid*, F. 168—169°; *1-[6-Hydroxy-1-naphthoxy]-3-isopropylamino*-I, F. 178—180°; 2-[4-Acetoxy-1-naphthoxy]-1-[isopropylaminomethyl]-äthylacetat, Hydrochlorid, F. 172—174°; *1-[4-Acetoxy-3-methyl-1-naphthoxy]-3-isopropylamino*-I, *Hydrochlorid*, F. 174—176°; *1-[4-Methoxy-1-naphthoxy]-3-[3-methoxypropylamino]*-I, F. 88 bis 90°; *1-[4-Methoxy-1-naphthoxy]-3-[2-(4-methoxyphenyl)-1-methylamino]*-I, *Hydrochlorid*, F. 179—180°; *1-[4-Methoxy-1-naphthoxy]-3-[1-methyl-2-phenoxyäthylamino]*-I, *Oxalat, Hemihydrat*, F. 202—203°; *1-Isopropyl-amino-3-[4-isopropoxy-1-naphthoxy]*-I, *Hydrochlorid*, F. 164 bis 165°. — *Kardiaka*. (**Brit.P. 1066613** vom 3/3. 1965, ausg. 26/4. 1967.) — 12 S. R. Bauereis 4846

*1441* Sandoz Ltd., Basel (Erfinder: Ernst Jucker, Ettingen, Anton Ebnöther, Reinach, und André Stoll, Birsfelden), Schweiz, **9.10-Dihydroanthracen-Derivate**, die in der 10-Stellung durch Alkyl oder Alkenyl u. in der 9-Stellung durch eine Gruppe der allg. Formel =CHCH(R)CH(R$^1$)NR$^2$R$^3$ (R$^2$ = Alkyl u. entweder R = H u. R$^3$ u. R$^1$ = Trimethylen oder Tetramethylen oder R$^1$ = H u. R$^3$ u. R = Dimethylen oder Trimethylen) u. im Bzl.-Kern ggf. durch Cl substituiert sind, erhält man durch Rk. eines ggf. durch Cl substituierten Anthrons-(9) mit einer Grignard-Verb. der allg. Formel YMgCH$_2$CH(R)CH(R$^1$)NR$^2$R$^3$ (Y = Cl, Br oder J) u. anschließender W.-Abspaltung. — Aus 2-Chloranthron-(9) erhält man durch Rk. mit CH$_3$J in tert.-Butanol in Ggw. von LiOCH$_3$ *2-Chlor-10.10-dimethylanthron-(9)*, F. 110,5 bis 112,5°, daraus durch Rk. mit der Grignard-Verb. des 1'-Methylpiperidyl-(2)'-äthyl-(2)-chlorids *9.10-Dihydro-2-chlor-9-hydroxy-10.10-dimethyl-9-[1''-methylpiperidyl-(2'')-äthyl-(2')]-anthracen* u. Trennung der beiden Diastereoisomeren durch frakt. Krist., F. 147,5—148,5° u. F. 118 bis 121°, daraus durch Erhitzen mit konz. HCl in Eisessig *9.10-Dihydro-2-chlor-10.10-dimethyl-9-[(1''-methylpiperidyl-(2'')-äthyliden-(2)]-anthracen*, F. 90,5—92,5°, ähnlich: *9.10-Dihydro-9-hydroxy-10.10-dimethyl-9-[1''-methylpiperidyl-(2'')-äthyl-(2')]-anthracen*, F. 80—85° (Zers.) u. *9.10-Dihydro-10.10-dimethyl-9-[1''-methylpiperidyl-(2'')-äthyliden-(2')]-anthracen*, F. 125—129°. — *Heilmittel*. (**Brit.P. 1069603** vom 4/8. 1964, ausg. 17/5. 1967. Schwz. Prior. 5/8. 1963. **Schwz.P. 433303** vom 5/8. 1963, ausg. 30/9. 1967.) — 4 S. — 3 S.
R. Bollinger 4846

1442 Ciba Akt.-Ges., Basel (Erfinder: Paul Schmidt, Therwil, Max Wilhelm, Allschwil, und Kurt Eichenberger, Therwil), Schweiz, **Herstellung von 9-{γ-[N-(β-Hydroxy-äthyl)-piperazino]-propyl}-9.10-dihydro-9.10-äthano-[1.2]-anthracen,** *Dihydrochlorid,* F. 266—268°, durch Rk. von 9-[γ-Chlorpropyl]-9.10-dihydro-9.10-äthano-[1.2]-anthracen, F. 120—123°, mit N-[β-Hydroäthylpiperazin oder durch Rk. von 9-[γ-Piperazino-propyl]-9.10-dihydro-9.10-äthano-[1.2]-anthracen mit Äthylenoxid oder durch Red. von β-[9.10-Dihydro-9.10-äthano-[1.2]-anthryl]-propionsäure-N'-[β-hydroxyäthyl]-piperazid mit $LiAlH_4$. — *Psychopharmaka.* (**Schwz.PP. 426837, 426838** vom 1/11. 1963, ausg. 30/6. 1967 u. **433333** vom 1/11. 1963, ausg. 30/9. 1967.) — 3 S. — 3 S. — 2 S. R. Bauereis 4846

1443 Merck & Co., Inc., Rahway, N.J., USA, **Indolderivate** erhält man durch Rk. einer 1-Aroyl-3-indolylglyoxylsäure mit Hydroxylamin u. Hydrierung der entstandenen 1-Aroyl-3-indolyloxim-essigsäure-Verb. in Ggw. eines Katalysators oder durch Rk. eines 1-Aroylindols mit Glyoxalsäure, Alkylglyoxalat, Benzylglyoxalat, Glyoxalamid oder durch Rk. einer 1-Aroyl-3-indolyl-essigsäure mit Dicyclohexylcarbodiimid. Die Herst. von 22 *α-Amino-1-aroyl-indol-3-essigsäure*-Verb. ohne Angabe von physikal. Daten wird beschrieben. Bes. genannt sind *α-Amino-p-methylthiobenzoyl-, α-Amino-1-p-chlorbenzoyl-, α-Morpholino-1-p-chlorbenzoyl-, Äthyl-α-morpholino-1-p-trifluormethylbenzoyl-* u. *α-[1-Pyrrolidinyl]-1-p-chlorbenzoyl-2-methyl-5-methoxy-3-indolylessigsäure, α-Amino-1-p-chlorbenzoyl-2.5-dimethyl-3-* u. *α-Piperidino-1-p-methylthiobenzoyl-2-methyl-5-fluor-3-indolylessigsäure.* — *Antiphlogistika, Antipyretika.* (**Brit.P. 1080470** vom 21/12. 1964, ausg. 23/8. 1967. U.S. Prior. 31/12. 1963.) — 27 S. R. Bauereis 4846

1444 Österreichische Stickstoffwerke Akt.-Ges., Linz, Österreich, **1-Thienyl-[2]-1-alkoxyaminopropane** erhält man durch Rk. eines Alkalimetallsalzes eines Dithienyl- oder Thienyl-phenyl-carbinol-alkyläthers mit einem Amino-alkylhalogenid. — Beispiel: Durch Rk. des Kaliumsalzes von Dithienylcarbinolmethyläther, Kp.$_7$ 142°, mit β-Diisopropylaminoäthylchlorid erhält man das *1.1-Dithienyl-[2']-1-methoxy-3-diisopropylamino-propan,* Kp.$_{0,1}$ 137—140°, Ausb. 61%, *Hydrochlorid,* F. 140 bis 142°. Analog wurden folgende 1.1-Dithienyl-[2']- (I) u. 1-Thienyl-[2']-1-phenyl-(II)Verb. erhalten: I-*1-methoxy-3-diäthylaminopropan,* Kp.$_{0,05}$ 120—123°, *Hydrochlorid,* F. 120—122°; Dithienyl-[2]-carbinoläthyläther, Kp.$_8$ 148—150°, F. 31—34°, → I-*1-äthoxy-3-diäthylaminopropan,* Kp.$_{0,05}$ 126—128°, *Hydrochlorid,* F. 139 bis 142°; I-*1-äthoxy-3-dimethylaminopropan,* Kp.$_{0,05}$ 120 bis 125°, F. 52—55°, *Hydrochlorid,* F. 144,5—145,5°; I-*1-methoxy-3-dimethylaminopropan,* Kp.$_{0,1}$ 123—126°, F. 40—45°, *Hydrochlorid,* F. 160—164°; I-*1-äthoxy-3-diisopropylaminopropan,* Kp.$_{0,05}$ 138—144°, *Hydrochlorid,* F. 154—156,5°; II-*1-methoxy-3-diäthylaminopropan,* Kp.$_{0,1}$ 123—124°, *Hydrochlorid,* F. 138—140°; Phenylthienyl-[2]-carbinol-methyläther, Kp.$_{11}$ 150—152°; II-*1-methoxy-3-diisopropylaminopropan,* Kp.$_{0,07}$ 126—128°, F. 38—44°, *Hydrochlorid,* F. 142—144°; II-*1-methoxy-3-dimethylaminopropan,* Kp.$_{0,1}$ 124°, F. 47—49°, *Hydrochlorid,* F. 166—169°; II-*1-äthoxy-3-diäthylaminopropan,* Kp.$_{0,07}$ 121—123°, *Hydrochlorid,* F. 123—126°; Phenylthienyl-[2]-carbinoläthyläther, Kp.$_9$ 149—153°; II-*1-äthoxy-3-diisopropylaminopropan,* Kp.$_{0,1}$ 137—139°, *Hydrochlorid,* F. 143—146°; II-*1-äthoxy-3-dimethylaminopropan,* Kp.$_{0,1}$ 121°, F. 35—38°, *Hydrochlorid,* F. 152 bis 156°; II-*1-methoxy-3-piperidinopropan,* Kp.$_{0,05}$ 145—149°, F. 65—70°, *Hydrochlorid,* F. 178—180°; II-*1-äthoxy-3-piperidinopropan,* Kp.$_{0,05}$ 149°, F. 43—48°, *Hydrochlorid,* F. 164—166°; I-*1-methoxy-3-piperidinopropan,* Kp.$_{0,1}$ 154°, F. 55—60°, *Hydrochlorid,* F. 158—160°; I-*1-äthoxy-3-piperidinopropan,* Kp.$_{0,05}$ 145°, F. 44—52°, *Hydrochlorid,* F. 135—137°; *3-Thienyl-[2']-3-phenyl-3-äthoxypropyl-diäthyl-methylammoniumjodid,* F. 173 bis 174°. — *Antitussiva.* (**Brit.P. 1064900** vom 17/3. 1966, ausg. 12/4. 1967. Oe. Prior. 22/3. 1965.) — 4 S. R. Bauereis 4846

1445 Spofa, Sdružení Podniků pro Zdravotnickou Výrobu, Prag, ČSSR, **1.2-Diphenyl-3.5-dioxo-4-[3'-oxobutyl]-pyrazolidin** (I) erhält man durch Rk. von 1.2-Diphenyl-3.5-dioxopyrazolidin mit $NaOCH_3$ u. anschließend mit Methylvinylketon in einem aliphat. Alkohol u. nachfolgendem Ansäuern des dabei erhaltenen Na-Salzes des I. I wird über das Na-Salz gereinigt. — *Heilmittel.* (**Brit.P. 1058294** vom 20/5. 1964, ausg. 8/2. 1967. Tschech. Prior. 20/5. 1963.) — 2 S. R. Bollinger 4846

1446 A/B Astra, Apotekarnes Kemiska Fabriker, Södertälje (Erfinder: Ulf Henrik Anders Lindberg, Södertälje, Schweden, und Peter Elias Saeter, Fredrikstad, Norwegen), **5-[β-Halogenäthyl]-oxazolderivate,** die in 2-Stellung durch R[1] u. in 4-Stellung durch R[2] substituiert sind, erhält man durch Halogenierung entsprechender 5-[β-Hydroxyäthyl]-oxazole [$R^1$ = H, Halogen, $CF_3$, $C_{1-3}$-Alkyl; $R^2$ = $CH_3$, $CF_3$]. — Es wurden erhalten Oxazole: *2.4-Dimethyl-5-[β-chloräthyl]-,* Kp.$_{12}$ 80—84° (Ausb. 79%). — *2-Chlor-4-methyl-5-[β-chloräthyl]-,* Kp.$_5$ 74—79°. — *4-Methyl-5-[β-chloräthyl]-,* Kp.$_{12}$ 76—78° (87%). — *4-Methyl-5-[β-bromäthyl]-,* Kp.$_{12}$ 88—90° (51%). — *4-Trifluormethyl-5-[β-chloräthyl]-,* Kp.$_{15}$ 60—65° (77%). — *2-Methyl-4-trifluormethyl-5-[β-chloräthyl]-,* Kp.$_{15}$ 62—66° (73%). — *2.4-Di-[trifluormethyl]-5-[β-chloräthyl]-,* Kp.$_{15}$ 60—65° (69%). — *2-Trifluormethyl-4-methyl-5-[β-bromäthyl]-,* Kp.$_{15}$ 63—65° (54%). — Ferner: *Di-[4-trifluormethyl-5-(β-chloräthyl)-oxazolium]-äthandisulfonat,* F. 142—145° (A.) (82%). — *Di-[4-methyl-5-(β-chloräthyl)-oxazolium]-äthandisulfonat,* F. 128,5—129,9° (A.) (87%). — *4-Methyl-5-[β-bromäthyl]-oxazoliumphosphat,* sich verfestigendes Öl. *Sedative, hypnot., antikonvulsiv. Mittel.* (**Schwz.P. 427802** vom 12/11. 1963, ausg. 14/7. 1967. **Brit.P. 1050726** vom 1/11. 1963, ausg. 7/12. 1966. Beide Schwed. Prior. 15/11. 1962 u. 1/2. 1963) — 4 S. — 4 S. A. Jahn 4846

1447 Smith, Kline & French Laboratories, Philadelphia, übert. von: Stephen T. Ross, Berwyn, Pa., USA, **3-Imino-1.3-dihydrobenzisothiazole,** die in 1-Stellung durch R[2], in 5- oder 6-Stellung durch R[1] u. am Iminorest durch R[3] substituiert sind, erhält man durch Cyclisierung entsprechender 2-Amino-benzthiamide mit milden Ox.-Mitteln ($KJ_3$, Halogen) [$R^1$ = H, Halogen mit Atomgew. < 80; $R^2$ = H, niederer Alkyl-, Phenylrest; $R^3$ = H, niederer Alkylrest]. — Es wurden erhalten: 1.3-Dihydro-2.1-benzisothiazole: *3-Imino-5-trifluormethyl-,* F. 202—203° (Bzl.). — *3-Imino-,* F. 169,5—171,5° (A.). — *3-Imino-6-trifluormethyl-,* F. 164,5—166° (Bzl.). — *3-Imino-1-phenyl-5-trifluormethyl-, Hydrojodid,* F. 161—163° (Zers.). — *3-Methylimino-1-methyl-5-trifluormethyl-, 3-Imino-5-chlor-, 3-Imino-5-brom-, 3-Imino-5-fluor-. Analget., antipyret., beruhigende, muskelerschlaffende Mittel.* (**U.S.P. 3254094** vom 20/10. 1964, ausg. 31/5. 1966. **Brit.P. 1059747** vom 15/10. 1965, ausg. 22/2. 1967. U.S. Prior. 20/10. 1964.) 6 S. — 3 S. A. Jahn 4846

1448 Chinoin Gyógyszer és Vegyészeti Termékek Gyára R. T. (Erfinder: Kálmán Harsányi, Pal Kiss, Deszö Korbonits, Ilona Malyáta, Ilona Erdély, László Tardos und György Leszkovszky), Budapest, Ungarn, **Herstellung von Oxadiazolderivaten.** Zu Ung.P. 151260; C. **1966,** **37-2688** sind folgende *1.2.4-Oxadiazole* nachzutragen: *3-[β.β-Diphenyläthyl]-5-[β-morpholinoäthyl]-,* F. 171°. — *3-Phenyl-5-[β-morpholinoäthyl]-, Hydrochlorid* (I), F. 202°. — *3-Phenyl-5-[β-pyrrolidinoäthyl]-,* F. 185°. — *3-Phenyl-5-[β-diäthylaminoäthyl]-,* I, F. 162°. — *3-[β.β-Diphenyläthyl]-5-phenyl-,* F. 113°. — *3-Benzyl-5-[β-morpholinoäthyl]-,* I, F. 172°. — *3-Benzyl-5-[β-pyrrolidinoäthyl]-,* I, F. 156°. — *3-[p-Chlorbenzyl]-5-[o-hydroxyphenyl]-,* I, F. 108°. — *3-Phenyl-5-methyl-,* F. 40,5°. — *3.5-Bisphenyl-,* F. 112°. — *3-Methyl-5-phenyl-,* F. 57°. — *3-[3-Pyridyl]-5-[β.β-diphenyläthyl]-,* F. 131—133°. — *3-[2-Äthyl-4-pyridyl]-5-[3-phenyl-5-methylisoxazolyl-(4)]-,* F. 95 bis 98°. — *3.5-Bis-[3-pyridyl]-,* F. 131—132°. — *3-[β.β-Diphenyläthyl]-5-[4-aminophenyl]-,* F. 149°. — *3-[2-Hydroxyäthyl]-5-[β.β-diphenyläthyl]-,* F. 90—91°. — *3-[p-Tolyl]-,* F. 225—227°. — *3-[2-Äthyl-4-pyridyl]-5-[2-chlorphenyl]-,* F. 65,5—66°. — *1.2.4-Oxadiazolon-(5): 3-[3.4-Dimethoxybenzyl]-,* F. 141°. — *3-[3-Pyridyl]-,* F. 231°. — *3-Phenyl-,* F. 204°. — *Spasmolyt.* u. *husten-*

*stillend* wirkende *Heilmittel.* (**Schwz.P. 431540** vom 9/3. 1964, ausg. 31/8. 1967. **Brit.P. 1063323** vom 10/3. 1964, ausg. 30/3. 1967. **U.S.P. 3265692** vom 19/3. 1964, ausg. 9/8. 1966. Alle Ung. Prior. 22/3. u. 29/3. 1963.) — 4 S. — 6 S. — 3 S. C. Lüttgen 4846

*1449* Sandoz Akt.-Ges., Basel (Erfinder: Jany Renz, Basel, Jean-Pierre Bourquin, Magden, Leo Ruesch, Basel, und Gustav Schwarb, Allschwil), Schweiz, **Herstellung von Thienobenzothiopyranderivaten.** Zu. D.P.[DDR] 47131; C. **1967,** 9-1871 ist nachzutragen: *7-Chlor-4-[3-(piperidyl-1)-propyliden-1]-thieno-[2.3-b]-[1]-benzothiapyranfumarat,* F. 173—175°. — 7-Chlor-4-hydroxy-4-[2-(1-methylpiperidyl-1)-äthyl-1]-thieno-[2.3-b]-[1]-benzothiapyran, F. 83—85°, → *7-Chlor-4-[2-(1-methylpiperidyl-2)-äthyliden-1]-thieno-[2.3-b]-[1]-benzothiapyranfumarat,* F. 90—93°. — *Heilmittel.* (**Schwz.P. 433886** vom 8/10. 1963, ausg. 30/9. 1967.) — 6 S. R. Bauereis 4846

*1450* Laboratoires Biosedra Soc. An., Malakoff, Frankreich, **Herstellung von 3-[1-(p-Jodphenyl)-2-acetyl-äthyl]-4-hydroxycumarin (I),** F. 126—128°, $C_{29}H_{15}JO_4$, erfolgt durch Rk. von Aceton mit p-Jodbenzaldehyd u. Umsetzung des entstandenen p-Jodbenzalaceton, F. 105 bis 106°, mit 4-Hydroxycumarin. I-*Dinitrophenylhydrazon,* F. 250—252°, $C_{25}H_{19}JN_4O_7$, UV-Spektrum. — *Antikoagulans.* (**Brit.P. 1073768** vom 13/5. 1966, ausg. 28/6. 1967. F. Prior. 18/3. 1966.) — 5 S. R. Bauereis 4846

*1451* Siphar Soc. An., Lugano, Schweiz (Erfinder: Giorgio Ferrari, Mailand, und Cesare Casagrande, Verbania-Ivrea, Italien), **Herstellung von Isoflavonderivaten** erfolgt z. B. durch Rk. von 4'-Methoxy-7-hydroxy-isoflavon-Na-Salz mit Bromessigsäureäthylester → *4'-Methoxyisoflavon-7-oxyessigsäureäthylester,* F. 139 bis 141°. Analog: *4'-Methoxy-5-hydroxy-isoflavon-7-oxyessigsäureäthylester,* F. 156—158°; *2-Methyl-4'-methoxy-isoflavon-7-oxyessigsäureäthylester,* F. 190—191°; *7-Bromäthoxy-4'-methoxy-isoflavon,* F. 169—170°; *7-Bromäthoxy-4'-methoxy-5-hydroxyisoflavon,* F. 158—160°; *7-Diäthylaminoäthoxy-4'-methoxy-isoflavon,* F. 101—102°; *7-Diäthylaminoäthoxy-4'-methoxy-isoflavon,* F. 101—102°, *Hydrochlorid,* F. 182—184°; *7-Dimethylaminoäthoxy-4'-methoxy-isoflavon,* F. 136—138°; *2-Methyl-4'-methoxy-7-diäthylaminoäthoxy-isoflavon,* F. 63—64°, *Hydrochlorid,* F. 211—213°; *5-Hydroxy-4'-methoxy-7-diäthylaminoäthoxy-isoflavon,* F. 77—79°, *Sulfat,* F. 174—176°; *5-Hydroxy-4'-methoxy-2-methyl-7-diäthylaminoäthoxy-isoflavon,* F. 71—72°, *Hydrochlorid,* F. 230—233°; *7-Dimethylaminoäthoxy-5-hydroxy-4'-methoxy-isoflavon,* F. 116 bis 117°; *7-Dimethylaminoäthoxy-5-hydroxy-2-methyl-4'-methoxy-isoflavon,* F. 113—115°. *Antilipäm. Mittel, Östrogene.* (**Schwz.P. 433384** vom 8/7. 1964, ausg. 30/9. 1967.) — 3 S. R. Bauereis 4846

*1452* E. Merck Akt.-Ges., Darmstadt, **Wasserlösliche Flavanoid-Derivate** erhält man durch Veresterung der entsprechenden Flavanoidderiv. mit $H_2SO_4$, $H_3PO_4$ oder Deriv. davon. Durch Veresterung von 3-Methyl-6-hydroxy-4'-methoxyflavanon mit Sulfaminsäure in trokkenem Py. erhält man den *3-Methyl-6-hydroxy-4'-methoxy-flavanon-6-schwefelsäureester,* F. 145—165° (Zers.). Analog: (Schwefelsäureester = **I,** Phosphorsäureester = **II**) *6-Hydroxy-4'-methoxy-flavan-6-***I***-Na-salz,* F. 165 bis 168° (Zers.); *3-Methyl-6-hydroxy-3'.4'-methylendioxyflavan-6-***I***, Na-salz,* F. 162—168° (Zers.); *3-Methyl-6.4'-dihydroxy-3'-methoxy-flavanon-6.4'-bis-***I***-Na-salz,* F. 164 bis 173° (Zers.); *3-Methyl-4'-hydroxy-flavanon-6-oxyessigsäure-pyrrolidid-4'-***I***-Na-salz,* F. 225—227°; 3-n-*Propyl-6-hydroxy-4'-methoxy-flavanon-6-***I***-Na-salz,* F. 150°; *3-n-Propyl-6-hydroxy-3'.4'-methylendioxy-flavanon-6-***I***-Na-salz,* F. 100°; *3-n-Butyl-6-hydroxy-4'-methoxy-flavanon-6-***I***-Na-salz,* F. 170—175°; *3-Isobutyl-6-hydroxy-4'-methoxy-flavanon-6-***I***-Na-salz,* F. 165—170°; *3-Isobutyl-6-hydroxy-3'.4'-methylendioxy-flavanon-6-***I***-Na-salz,* F. 110°; *3-Methyl-3'-methoxy-4'-hydroxy-flavanon-6-oxyessigsäure-pyrrolidid-4'-***I***-Na-salz,* F. 130°; *3-Äthyl-6-hydroxy-3'.4'-methylendioxyflavanon-6-***I***-Na-salz,* F. 160° (Zers.); *3-n-Butyl-6-hydroxy-3'.4'-methylendioxy-flavanon-6-***I***-Na-salz,* F. 150—155° (Zers.); *3.4'-Dimethoxy-6-hydroxy-flavan-6-***I***-Na-salz,* F. 150—153° (Zers.); *3-Methyl-6-hydroxy-4'-methoxy-flavan-6-***I***-Na-salz,* F. 115—120° (Zers.); *3-Äthyl-6-hydroxy-4'-methoxy-flavanon-6-***I***-Ammoniumsalz; 3-Methyl-4.6-dihydroxy-4'-methoxy-flavan-4.6-bis-***I***-di-Na-salz,* F. 175—180° (Zers.); *3-Methyl-6-hydroxy-4'-methoxy-flavan-6-***II***,* F. 178—181°; *3'.4'-Dimethoxy-6-hydroxy-flavan-6-***II***,* F. 158—160°; *6-Hydroxy-4'-methoxyflavan-6-***II***,* F. 156—158°, *6-Hydroxy-4'-methoxyflavanon-6-***II***,* F. 128—130°; — *Cholesterinsenkende Mittel, Östrogene, Antispasmodika, Herzmittel.* (**Brit.P. 1057349** vom 9/12. 1965, ausg. 1/2. 1967. D. Prior. 29/1. 1965.) — 10 S. R. Bauereis 4846

*1453* E. Merck Akt.-Ges., Darmstadt, **Herstellung substituierter Flavanoide** der allg. Formel **I** ($R^1$ u. $R^2$ =

I 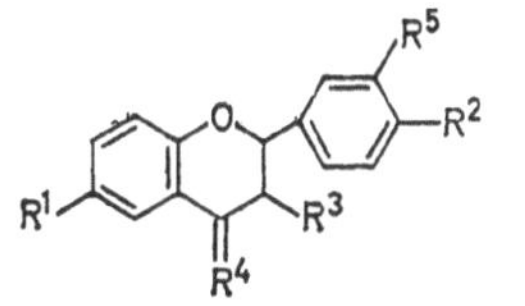

OH, ggf. substituiertes Alkoxy, Alkenyloxy, Aralkoxy, Cycloalkyloxy mit 1—10 C-Atomen, Tetrahydropyranyl-[2]-oxy, Acyloxy mit 1—6 C-Atomen, $NO_2$, $NH_2$, alkylierte Alkylen- oder oxaalkylensubstituierte Aminogruppe mit 1—8 C-Atomen, Acylamino mit 1—6 C-Atomen; $R^3$ = $C_{4-6}$-Alkyl; $R^4$ = O; H, OH; $H_2$ oder H, $NH_2$; $R^5$ = H, $R^1$; $R^2$ u. $R^5$ zusammen = Methylendioxy, Äthylendioxy, Propylendioxy) erfolgt nach folgendem Beispiel: Durch Rk. von 2.5-Dihydroxyphenyl-n-amylketon, F. 81 bis 83°, mit Piperonal erhält man das *3-n-Butyl-6-hydroxy-3'.4'-methylendioxy-flavanon,* F. 137—138°. Analog wurden erhalten: 2.5-Dihydroxyphenyl-isoamylketon, F. 65—66°, → *3-Isobutyl-6-hydroxy-3'.4'-methylendioxy-flavanon,* F. 153—154°; 2.5-Dihydroxyphenyl-n-hexylketon, F. 50°, → *3-n-Amyl-6-hydroxy-3'.4'-methylendioxy-flavanon,* F. 122—123°; 2.5-Dihydroxyphenyl-n-heptylketon, F. 86—87°, → *3-n-Hexyl-6-hydroxy-3'.4'-methylendioxyflavanon; 3-n-Butyl-6-hydroxy-4'-methoxy-flavanon,* F. 112—114°; *3-Isobutyl-6-hydroxy-4'-methoxy-flavanon,* F. 130°; *3-n-Amyl-6-hydroxy-4'-methoxy-flavanon,* F. 103—105°; *3-n-Hexyl-6-hydroxy-4'-methoxy-flavanon,* F. 103—105°. — *Blutcholesterinsenkende Mittel, Östrogene, Spasmolytika, Kardiaka.* (**Brit.P. 1067986** vom 12/4. 1966, ausg. 10/5. 1967. D. Prior. 23/4. u. 19/8. 1965.) — 17 S. R. Bauereis 4846

*1454* Benger Laboratories Ltd., Holmes Chapel, Cheshire, Großbritannien (Erfinder: Gwynn Pennant Ellis und Arthur Hedley Wragg), **Chromon Derivate** der allg. Formel **I** (R = gerades oder verzweigtes Alkylen

I 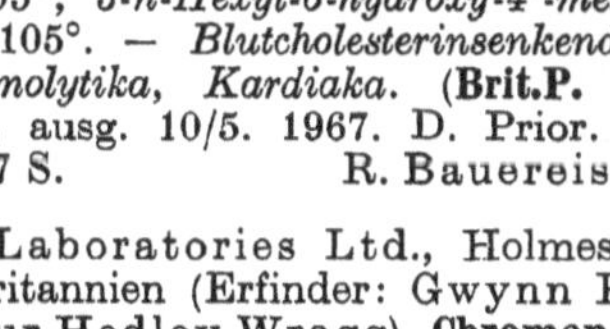

mit ≦ 4 C-Atomen; $R^1$ u. $R^2$ = gleich oder verschieden, H, $C_{1-8}$-Alkyl oder zusammen mit dem N-Atom ein Heterocyclus) erhält man durch Rk. der 5'.6'-Dihydropyrano-[3'.2'-g]-chromon-2-carbonsäure mit Aminoalkylhalogenid. Genannt wird das *5'.6'-Dihydropyrano-[3'.2'-g]-chromon-2-carbonsäure-β-diäthylaminoäthylester, Hydrochlorid,* F. 216—219° (Zers.), $C_{19}H_{24}ClNO_5$. — Mittel gegen *Asthma, Heufieber, Urticaria, rheumat. Arthritis, Lupus erythematosus.* (**Brit.P. 1060721** vom 20/11. 1962, ausg. 8/3. 1967.) — 3 S. R. Bauereis 4846

*1455* Benger Laboratories Ltd., Holmes Chapel, Cheshire, Großbritannien (Erfinder: Peter Storey Bramwell, Alan Ogden Fitton und George Rowntree Ramage), **Herstellung von Chromanonen** erfolgt durch Rk. einer α.β-äthylen. ungesätt. Carbonsäure mit einem Phenol, das wenigstens in einer der beiden o-Stellungen unsubstituiert ist, in Ggw. von einem Überschuß an Polyphosphorsäure. — Aus *3.3-Dimethylacryl-*

*säure* u. *β-Naphthol* erhält man das *2.2-Dimethyl-5.6-benzochromanon* mit 75% Ausbeute. Analog wurden erhalten: *2-Methyl-5.6-benzochromanon*, F. 74°; *6-Methoxy-2-methyl-chromanon*, F. 69–70°; *5.7-Dihydroxy-2.2-dimethylchromanon*, F. 197°. *7-Hydroxy-2.2-dimethyl-chromanon*, F. 172°. – Zwischenprod. für *Arzneimittel*. (**Brit.P. 1077066** vom 10/9. 1963, ausg. 26/7. 1967.) – 3 S.
R. Bauereis 4846

*1456* Chas. Pfizer & Co., Inc., New York, N.Y., USA, **Herstellung von Thioxanthensulfonamiden** der allg. Formel **I** (R = H oder zusammen mit $R^1$ eine C–C-Bindung;

I
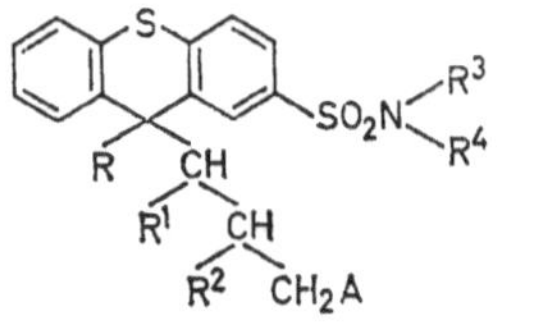

$R^1$ = H, $C_{1-4}$-Alkyl; $R^2$ = H, $C_{1-4}$-Alkyl; $R^3$ u. $R^4$ = H, $C_{1-4}$-Alkyl oder zusammen mit dem N-Atom Pyrrolidino, Piperidino, Morpholino, Alkylpiperazino) erfolgt nach folgenden Beispielen: Natrium-Thioxanthen-2-sulfonat → 2-Dimethylsulfamylthioxanthen, F. 164,5–166,5°, $C_{15}H_{15}NO_2S_2$, (Ausb.) 96%, → *9-[3-(4-Methyl-1-piperazinyl)-propyl]-2-dimethylsulfamylthioxanthen, Dimaleat*, F. 174–176°, 85%; 9-Acetyl-2-dimethylsulfamylthioxanthen, F. 118–123°, 40%, → 9-[3-Dimethylaminopropionyl]-2-dimethylsulfamylthioxanthen, Monohydrochlorid, F. 187–189°, → 9-[3-(4-Methyl-1-piperazinyl)-1-hydroxypropyl]-2-dimethyl-sulfamylthioxanthen, → *9-[3-(4-Methyl-1-piperazinyl)-propyliden]-2-dimethylsulfamylthioxanthen*, F. 114–118°, 47%, *Dimaleat*, F. 158–160,5° → *Dioxalat*, F. 229° (Zers.) A-Form → Base, F. 123,6 bis 124,6°, B-Form, F. 147,5–149° u. 135,5–137,5°. (Brit.P. 1067471) 2-Brom-5-dimethylsulfamylbenzoesäure, F. 176 bis 177,5°, → 2-Phenylthio-5-dimethylsulfamylbenzoesäure, F. 215–217°, → 2-Dimethylsulfamylthioxanthen-9-on, F. 175,5–177,5°, 67% → *9-[3-Dimethylamino-2-methylpropyliden]-2-dimethylsulfamylthioxanthen*, Hydrochlorid, F. 130° (Zers.), $C_{21}H_{26}N_2O_2S_2$, HCl, $H_2O$, 82%. – *Tranquillizer, Antiemetika*. (**Brit.PP. 1067471** u. **1067472** vom 20/9. 1963, ausg. 3/5. 1967. U.S. Prior. 25/9. 1962 u. 26/4. 1963.) – 23 S. – 3 S. R. Bauereis 4846

*1457* Deutsche Gold- und Silber-Scheideanstalt vormals Roessler, Frankfurt/M., **Herstellung analgetisch wirksamer Verbindungen.** Zu Port.P. 42688; C. **1966**, 17-1815 ist nachzutragen: *2-[Morpholinoäthylsulfoxyl]-pyridinmonohydrochlorid*, F. 186°. – *2-[Morpholinoäthylsulfoxyl]-3-chlorpyridinhydrochlorid*, F. 202°. – *2-[Morpholinoäthylsulfonyl]-3-chlorpyridinhydrochlorid*, F. 219°. – *2-[Morpholinoäthylsulfoxyl]-6-chlorpyridinhydrochlorid*, F. 193°. – *2-[Morpholinoäthylsulfonyl]-6-chlorpyridin*, F. 211°. – *2-[Morpholinoäthylsulfoxyl]-pyridinhydrochlorid*, F. 115°. – *2-[Morpholinoäthylsulfonyl]-pyridinhydrochlorid*, F. 222–225°. – *2-[Piperidinoäthylsulfoxyl]-pyridinhydrochlorid*, F. 180°. – *2-[Piperidinoäthylsulfoxyl]-6-chlorpyridin*, F. 191–192°. – *2-[Diäthylaminoäthylsulfoxyl]-pyridinhydrochlorid*, F. 142 bis **144°**. – *2-[Morpholinoäthylsulfoxyl]-6-brompyridinhydrochlorid*, F. 200–202°. – *2-[Morpholinoäthylsulfoxyl]-5-chlorpyridinhydrochlorid*, F. 216–218°. – *2-[Morpholinosulfoxyl]-3-cyanpyridinhydrochlorid*, F. 210°. – *2-[3'-Morpholinopropyl-(2')-sulfoxyl]-pyridinfumarat*, F. 130°. – *2-[Diäthylaminoäthylsulfoxyl]-5-chlorpyridinfumarat*, F. 124–126°. – *2-[Diäthylaminoäthylsulfoxyl]-3-chlorpyridinhydrochlorid*, F. 204–205°. – *2-[Morpholinoäthylsulfonyl]-6-brompyridinhydrochlorid*, F. 207–210°. – *2-[Morpholinoäthylsulfonyl]-5-chlorpyridinhydrochlorid*, F. 237–240°. – *2-[Diäthylaminoäthylsulfonyl]-pyridinhydrochlorid*, F. 208–210°. – *2-[Diäthylaminoäthylsulfonyl]-6-chlorpyridinhydrochlorid*, F. 151–153°. – *2-[Diäthylaminoäthylsulfonyl]-5-chlorpyridinhydrochlorid*, F. 138–140°. (**Niederl.P. 122313** vom 9/7. 1964, ausg. 16/5. 1967. D. Prior. 11/7. 1963.) – 3 S. F. Böhm 4846

*1458* Pierre Louis Victor Monot, Dijon, Frankreich' **2.6-Dichloranilide von durch einen N-Heterocyclus substituierten Essig- oder Propionsäuren** der allg. Formel **I** (R = H, $CH_3$; A = ggf. alkylsubstituierter Pyrrolidino-, Piperidino-, Piperazinorest) erhält man durch Rk. von 2.6-Dichloranilin (**II**) mit dem Halogenid oder Anhydrid einer α-Halogenessig (bzw. propion)-säure, Entfernen der

I
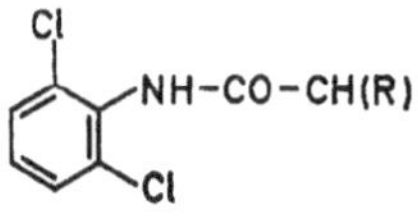

dabei gebildeten Säure(n) u. weitere Rk. des α-Halogenacet (bzw. propion)-2.6-dichloranilids mit der heterocycl. Verb. AH. – Zum Beispiel setzt man 0,5 (Mol) **II** mit 0,55 Cl–$CH_2$–CO–Cl in 450 ml Aceton um u. fügt etwas Na-acetat zu → 57% *2.2'.6'-Trichloracetanilid* + Piperidin (6std. Erhitzen unter Rückfluß) → 95% **I** (*R = H*; *A = Piperidinorest*), F. 132°; *Hydrochlorid*, F. 198°, ab 174° sublimierend. – **I** (*R = $CH_3$*; *A = Piperidinorest*), F. 106°; *Hydrochlorid*, F. 258° (Zers. in geschlossener Kapillare), ab 175° sublimierend. – *Lokalanaesthetika*. (**Brit.P. 1071471** vom 1/7. 1964, ausg. 7/6. 1967. F. Prior. 1/7. 1963.) – 7 S. O. Schön 4846

*1459* Starogardskie Zaklady Farmaceutyczne „Polfa" Przedsiebiorstwo Panstwowe, Starogard Gdanski, Polen, **Herstellung von Bis-[pyridyl-methyl]-aminen** erfolgt durch Überführung eines Pyridinaldehyds in das Oxim, Hydrierung des Oxims zum Amin, Kondens. des Amins mit einem Pyridinaldehyd u. Hydrierung der Schiff-Base (Brit.P. 1058356) oder durch Erhitzen eines Pyridylmethylamins mit einem Hydrierungkatalysator (Brit.P. 1058672). – Beispiel: Durch Erhitzen von 3-Aminomethylpyridin mit Pd/$BaSO_4$ erhält man das *Bis-[3-pyridylmethyl]-amin*, $Kp._{0,175}$ 178 bis 182°, Hydrochlorid, F. 264–265°. Analog: *Bis-[4-pyridylmethyl]-amin*, $Kp._{0,23}$ 164–166°, Hydrochlorid, F. 228 bis 230°, *Bis-[2-pyridylmethyl]-amin*, $Kp._{0,27}$ 150–152°, Hydrochlorid, F. 155–156°. – *Sympathikolytika, Sympathikomimetika*. (**Brit.PP. 1058356** vom 29/11. 1965, ausg. 8/2. 1967. Poln. Prior. 7/11. 1964 u. **1058672** vom 11/5. 1964, ausg. 15/2. 1967. Poln. Prior. 11/5. 1963.) – 2 S. – 2 S. R. Bauereis 4846

*1460* Rhône-Poulenc Soc. An., Paris (Erfinder: Francois Debarre, Antony, und André Cometti, Maisons-Alfort, Seine), Frankreich, **Herstellung von Piperidinderivaten.** Zu Brit. P. 989568; C. **1967**, 7-1929 ist nachzutragen: *1-[2-Phenoxyäthyl-4-[1-hydroxy-1-methyläthyl]-piperidin*, F. 72°. – *Heilmittel*. (**Schwz.P. 426812** vom 18/2. 1963, ausg. 30/6. 1967. F. Prior. 20/12. 1962.) – 2 S. R. Bauereis 4846

*1461* N. V. Koninklijke Pharmaceutische Fabrieken v/h Brocades-Stheeman & Pharmacia, Meppel, Niederlande (Erfinder: Gerardus Johannes Bertramzooms Cort), **Piperidinoalkylindole** erhält man durch Red. der entsprechenden Piperidonverbindungen. – Beispiel: Durch Red. von 1-[2-(2-Indolyl)-äthyl]-4-[3.4-methylendioxy-phenyl]-piperid-2-on mit Li·$AlH_4$ erhält man das *2-{2-[4-(3.4-Methylendioxy-phenyl)-piperid-1-yl]-äthyl}-indol, Maleat*, F. 150–153°, $C_{26}H_{28}$·$N_2O_6$ Ausb. 41%. Analog wurden erhalten: *2-[2-(4-Methyl-piperid-1-yl)-äthyl]-indol, Maleat*, F. 164–166°, $C_{20}H_{26}N_2O_4$, 50%; N-[2-Indolyl-methyl]-3-[p-chlorphenyl]-glutarsäureamid, F. 177–179°, $C_{20}H_{19}ClN_2O_3$, 85%, → N-[2-Indolyl-methyl]-3-[p-chlorphenyl]-glutarimid, F. 205–206°, $C_{20}H_{17}ClN_2O_2$, 68,5%, → *2-{[4-(p-Chlorphenyl)-piperid-1-yl]-methyl}-indol, Maleat*, F. 120 bis 122°, $C_{24}H_{25}ClN_2O_4$, 73%; N-[2-Indolyl-methyl]-3-methylglutarsäureamid, F. 126–128°, $C_{15}H_{18}N_2O_3$, 50%, → N-[2-Indolyl-methyl]-3-methylglutarsäureimid, F. 229 bis 231°, $C_{15}H_{16}N_2O_2$, 81%, → *2-[(4-Methylpiperid-1-yl)-methyl]-indol, Maleat*, F. 170–173°, $C_{19}H_{24}N_2O_4$, 54%; 1-[2-(2-Indolyl)-äthyl]-4-p-chlorphenyl-piperid-2-on, F. 229–231°, $C_{21}H_{21}ClN_2O$, → *2-{2-[4-(p-Chlorphenyl)-piperid-1-yl]-äthyl}-indol*, Maleat, F. 158–159°. – *Analgetika, Muskelrelaxantien*. (**Brit.P. 1063019** vom 7/9. 1964, ausg. 22/3. 1967.) – 6 S. R. Bauereis 4846

*1462* Établissements Kuhlmann, Paris (Erfinder: Joseph Nordmann, Paris, und Henri Blaise Swierkot, Bondy, Seine), Frankreich, **Herstellung von p-Chlorphenylisopropylcarbinol, Nicotinat** F. 61—62°, *Hydrochlorid,* F. 124—127°, *Pikrat,* F. 107—108°, durch Rk. von p-Chlorphenylisopropylcarbinol mit Nicotinsäurechlorid. — *Heilmittel.* (**Schwz.P. 427797** vom 2/4. 1965, ausg. 14/7. 1967. F. Prior. 10/4. 1964.) — 3 S.
R. Bauereis 4846

*1463* Laboratoires Albert Rolland, Paris, Frankreich (Erfinder: Raymond Valette), **Herstellung des 1.3-Dihydroxy-2-propyl-hydrazidons der Isonicotinsäure,** $C_9 \cdot H_{11}N_3O_3$, F. 186—188°, durch Kondens. von Isonicotinsäurehydrazid mit Dihydroxyaceton in einem inerten organ. Lsgm. bei erhöhter Temp. in Ggw. eines starken Red.-Mittels. UV-Spektrum. — *Tuberkulostatikum*; Wirkungstabellen. (**Brit.P. 1056098** vom 27/7. 1964, ausg. 25/1. 1967.) — 5 S. R. Bauereis 4846

*1464* Warner-Lambert Pharmaceutical Co., Morris Plains, N.J., USA, **1.4-Dihydro-1-niederalkyl (bzw. -alkenyl)-6.7-methylendioxy-4-oxo-3-chinolincarbonsäuren** der allg. Formel **I** (R = $C_1$—$C_8$-Alkyl, Cycloalkyl,

I 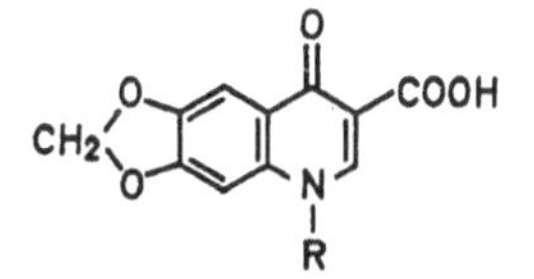

$C_2$—$C_8$-Alkenyl, β-Hydroxyäthyl, Aralkyl oder $\cdot CH_2 \cdot COOH$) erhält man a) durch alkal. Verseifung der entsprechenden Äthylester, b) durch N-Alkylierung von 4-Hydroxy-6.7-methylendioxychinolin-3-carbonsäure (**II**) oder c) durch gleichzeitige N-Alkylierung u. Verseifung von **II**-äthylester. — Man erhitzt z. B. 27 (Teile) 3.4-Methylendioxyanilin mit 43 Äthoxymethylenmalonsäurediäthylester 4 Std. auf 80—90°, davon die letzte Std. im Vakuum → 3.4-Methylendioxyanilinomethylenmalonsäurediäthylester, gelb, F. 101—102°, der bei 1std. Erhitzen in sd. Diphenyläther **I**-äthylester, F. 285—286 (Zers.) liefert. — 8 **II**-äthylester, 6,3 $[CH_3]_2SO_4$ u. 5 NaOH in 500 W. werden 2 Std. bei 20—25° u. nach Zusatz von weiteren 6,3 $[CH_3]_2SO_4$ u. 5 NaOH nochmals 2 Std. bei 20—25° u. schließlich 4 Std. bei Siedetemp. gerührt → *1.4-Dihydro-1-methyl-6.7-methylendioxy-4-oxo-3-chinolincarbonsäure, F. 339—340°.* — Analog folgende 1.4-Dihydro-6.7-methylendioxy-4-oxo-3-chinolincarbonsäuren: *1-Äthyl-*, F. 314—316° (Zers.). — *1-Isopropyl-*, F. 294—296° (Zers.). — *1-Propyl-*, F. 272 bis 274° (Zers.). — *1-Allyl-*, F. 282—284° (Zers.). — *1-Butyl-*, F. 232—233°. — *Antibakteriell wirksame Heilmittel.* (**Brit.P. 1076828** vom 30/11. 1964, ausg. 26/7. 1967. U.S. Prior. 12/12. 1963.) — 6 S. O. Schön 4846

*1465* May & Baker Ltd., Dagenham, Essex (Erfinder: Andrew Malcolm Creighton, London, William Robert Wragg, Woodford Green, und Donald Robert Maxwell, Shenfield, Essex), Großbritannien, **Herstellung von m-Trifluormethyl-phenylpiperazinen,** die in 4-Stellung durch die Gruppe $-(CH_2)_m-COOR$ (m = 0—6; R = $C_{1-6}$ Alkyl) oder die Gruppe $-CH_2-(CH_2)_m-R^1$ ($R^1$ = CN, COOH) substituiert sind, durch Rk. eines m-Trifluormethyl-phenylpiperazins mit einem Halogencarbonsäureester oder durch Rk. eines m-Trifluormethylanilins mit einem N.N-Bis-[2-halogenäthyl]-N-alkylamin. — Beispiel: Durch Rk. von m-Trifluorphenylpiperazin mit Chlorameisensäuremethylester erhält man das *1-Methoxycarbonyl-4-[m-trifluormethylphenyl-]-piperazin, Methansulfonat,* F. 124—126°. Analog wurde erhalten: *1-[3'-Methoxycarbonyl-propyl]-4-[m-trifluormethyl-phenyl]-piperazin, Hydrochlorid,* F. 164—166°; *1-[2'-Cyanoäthyl]-4-[m-trifluormethyl-phenyl]-piperazin, Hydrochlorid,* F. 224—226°; *1-[2'-Carboxy-äthyl]-4-[m-trifluormethylphenyl]-piperazin, Hydrochlorid,* F. 225—228°. — *Antidepressiva.* (**Schwz.P. 435295** vom 9/4. 1965, ausg. 31/10. 1967. Brit. Prior. 14/4. 1964.) — 3 S.
R. Bauereis 4846

*1466* American Cyanamid Co., Wayne, N.J., USA (Erfinder: Andrew Stephen Tomcufcik, Paul Frank Fabio und Arlene May Hoffman), **Substituierte Piperazine** erhält man nach folgendem Beispiel: Durch Rk. von Benzolsulfonylchlorid mit 1-[4-Aminophenyl]-4-[3-dimethylaminopropyl]-piperazin erhält man das *1-[4-Benzolsulfonamido-phenyl]-4-[3-dimethylaminopropyl]-piperazin,* F. 152—153° (Zers.); Analog wurden folgende Piperazine (**I**) erhalten: *1-[3-Dimethylaminopropyl]-4-[4-(2-naphthalin-sulfonamido)-phenyl]*-**I**, *Dimaleat,* F. 120 bis 123° (Zers.); *1-[3-Dimethylaminopropyl]-4-[4-methansulfonamidophenyl]*-**I**, *Dimaleat,* F. 148—150° (Zers.); *1-[4-(3.4-Dichlorbenzolsulfonamido)-phenyl]-4-[3-dimethylaminopropyl]*-**I**, *Dimaleat,* F. 122—124° (Zers.); *1-[4-(2.5-Dichlorbenzolsulfonamido)-phenyl]-4-[3-dimethylaminopropyl]*-**I**, *Dimaleat,* F. 146—147° (Zers.); *1-[3-Dimethylaminopropyl]-4-[4-(2.3.4-trichlorbenzolsulfonamido)-phenyl]*-**I**, *Dimaleat,* F. 160—163° (Zers.); *1-[3-(2.3-Dichlorbenzolsulfonamido)-phenyl]-4-[3-dimethylaminopropyl]*-**I**, *Dimaleat,* F. 120° (Zers.); *1-[3-Dimethylaminopropyl]-4-[2.3.5.6-tetrachlorbenzolsulfonamido)-phenyl]*-**I**, *Dimaleat,* F. 173—174° (Zers.); *1-[4-Benzamidophenyl]-4-[3-dimethylaminopropyl]*-**I**, *Dimaleat,* F. 182—183° (Zers.); *1-[4-Dichloracetamidophenyl]-4-[3-dimethylaminopropyl]*-**I**, *Dihydrochlorid,* F. 250—252° (Zers.); *1-[3-Dimethylaminopropyl]-4-[4-trichloracetamidophenyl]*-**I**, *Dihydrochlorid,* F. 250—252° (Zers.); *1-[3-Dimethylaminopropyl]-4-[4-trichloracetamidophenyl]*-**I**, *Dihydrochlorid,* F. 278° (Zers.); *1-[4-Chloracetamidophenyl]-4-[3-dimethylaminopropyl]*-**I**, *Dihydrochlorid,* F. 245° (Zers.); *1-[4-Carbäthoxyaminophenyl]-4-[3-dimethylaminopropyl]*-**I**, *Dimaleat,* F. 167°, (Zers.); *1-[3-Dimethylaminopropyl]-4-[4-lauramidophenyl]* **I**, *Dimaleat,* F. 156,5—157,5° (Zers.); *4'-[4-(3-Dimethylaminopropyl)-1-piperazinyl]-benzanilid, Dimaleat,* F. 182—183°; *4'-[4-(3-Dimethylaminopropyl)-1-piperazinyl]-benzolsulfonanilid,* F. 152—153°; *4'-[4-(3-Dimethylaminopropyl)-1-piperazinyl]-methansulfonanilid,* F. 148—150°. — Mittel gegen *Schlafkrankheit.* (**Brit.P. 1067817** vom 17/7. 1964, ausg. 3/5. 1967. **Zusatz zu Brit.P. 1047935**) — 5 S. R. Bauereis 4846

*1467* G. D. Searle & Co., Chicago, übert. von: John W. Cusic, Skokie, und Peter Yonan, Chicago, Ill., USA, **Hydrazone von 1-Amino-4-dibenzocycloheptenylpiperazinen** der allg. Formel **I** (n = 0 oder 1; R = H oder

I 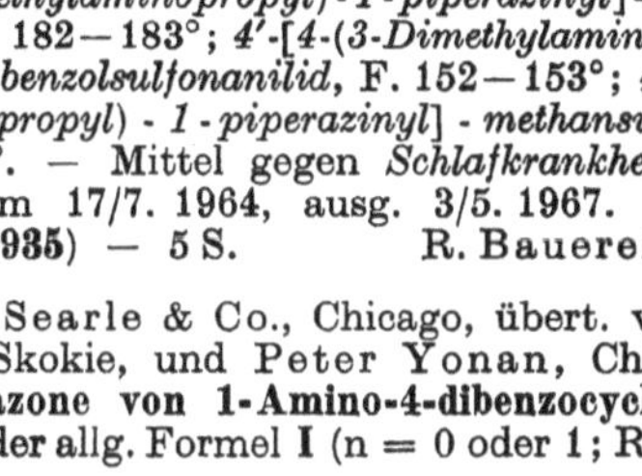

$CH_3$; Y = H, Halogen oder $CH_3$; Z = ggf. substituiertes Phenyl oder Pyridyl, bes. Ferrocenyl) werden durch Kondens. eines entsprechend substituierten 4-Aminopiperazins mit einem Aldehyd bzw. Keton der allg. Formel R–CO–Z hergestellt. — (*4-[10.11-Dihydro-5H-dibenzo-[a, d]-cyclohepten-5-yl]-piperazin* = **II**). — *1-Nitroso*-**II**, F. 193—194°, $LiAlH_4$ (bei 40—50° in Tetrahydrofuran) → *1-Amino*-**II**, F. 145—146°, *Ferrocenaldehyd* → *1-Ferrocenylmethylenamino*-**II**, F. 159—160°. — Analog: *1-Piperonylidenamino*-**II**, F. 196—197°. — *1-Benzylidenamino*-**II**. — *1-[4-Hydroxybenzylidenamino]*-**II**. — *1-[4-Cyanbenzylidenamino]*-**II**. — *1-[2-Pyridylmethylenamino]*-**II**, F. 225—227°. — *1-[3-Pyridylmethylenamino]*-**II**, F. 166 bis 167°. — *1-[4-Pyridylmethylenamino]*-**II**, F. 205—207°. — *1-[α-(4-Pyridyl)-äthylidenamino]*-**II**, F. 149—150°. — *1-[6-Methyl-2-pyridylmethylenamino]*-**II**. — *1-[(1-Oxido-4-pyridyl)-methylenamino]*-**II**, F. 189—190°. — Ferner: *1-[10.11-Dihydro-5H-dibenzo-[a,d]-cyclohepten-5-carbonyl]-4-nitrosopiperazin,* F. 177—179°, $LiAlH_4$ (in Tetrahydrofuran bei 45°) → *1-[10.11-Dihydro-5H-dibenzo-[a, d]-cyclohepten-5-ylmethyl]-4-aminopiperazin,* Pyridin-4-aldehyd → *1-[10.11-Dihydro-5H-dibenzo-[a, d]-cyclohepten-5-ylmethyl]-4-[4-pyridylmethylenamino]-piperazin.* — *1-[2-*

*Methyl-10.11-dihydro-5H-dibenzo-[a, d]-cyclohepten-5-yl]-4-[4-pyridylmethylenamino]-piperazin.* — *1-[3-Chlor-10.11-dihydro-5H-dibenzo-[a, d]-cyclohepten-5-yl]-4-[4-pyridylmethylenamino]-piperazin.* — *Antikonvulsiva* u. *Heilmittel* gegen *Magengeschwüre.* (**U.S.P. 3290300** vom 27/4. 1964, ausg. 6/12. 1966.) — 3 S. O. Schön 4846

*1468* Gustavo Damilano, Rom, Italien, **Herstellung eines Antihistaminikums mit verlängerter Wirkung** durch Rk. von 1-[p-Chlorbenzhydryl]-4-methylpiperazin mit Mono- oder Di-tert.-butyl-naphthalin-sulfon- oder -disulfonsäure. Beispiel: *1-[p-Chlorbenzhydryl]-4-methylpiperazin, 2.6-Di-tert.-butylnaphthalinsulfonat,* F. 274 bis 277°. (**Schwz.P. 429736** vom 3/1. 1963, ausg. 15/8. 1967.) — 2 S. R. Bauereis 4846

*1469* Biosedra Soc. An., Malakoff, und Centre d'Etudes Experimentales et Cliniques de Physobiologie, de Pharmacologie et d'Eutonologie (C.E.C.P.B.P.E.) Paris, Frankreich, **3-Pyridazone** erhält man durch Rk. von Hydrazinen $R^3NHNH_2$ mit Ketocarbonsäuren der allg. Formel $R^2$–CO–CH($R^1$)–C(R)·(OH)$CO_2$H u. Dehydratisierung der 4-Hydroxypyridazinone (R = $C_{1-4}$-Alkyl; $R^1$ u. $R^2$ = H, R; $R^3$ = H, $(CHX)_n$–NZ; X = $R^1$; Z = zwei Alkylreste, die zu einem heterocycl. Ring verbunden sein können; n = 1, 2, 3). — Es wurden erhalten: 4-Methyl-3-pyridazone: *2-Dimethylaminoäthyl-5-äthyl-, Hydrochlorid,* F. 160°. — *2-Morpholinoäthyl-5-äthyl-, Hydrochlorid,* F. 198°. — *2-Dimethylaminoäthyl-5-äthyl-, Jodmethylat,* F. 198°. — *Heilmittel.* (**Brit.P. 1073770** vom 9/6. 1966, ausg. 28/6. 1967. F. Prior. 11/6. 1965 u. 25/1. 1966.) — 5 S. A. Jahn 4846

*1470* Science Union & Cie., Soc. Française de Recherche Médicale, Suresnes (Erfinder: Gilbert Regnier, Sceaux, Roger Canevari, La Haye-les Roses, und Michel Laubie, Vaucresson), Frankreich, **Piperazinylpyrimidine** der allg. Formel **I** erhält man

I 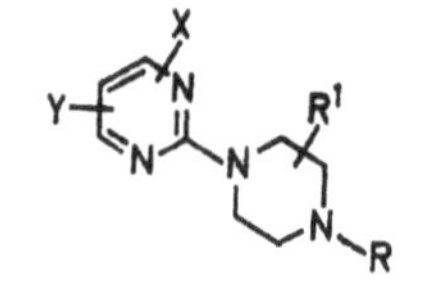 II 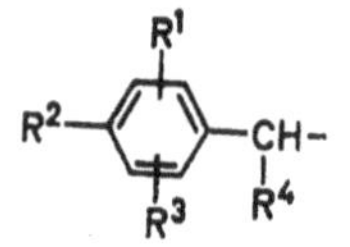

durch Kondens. von Halogenpyrimidinen mit entsprechenden Piperazinen oder durch Einführung des Restes R in entsprechende Piperazinylpyrimidine. [R = II; $R^1$, $R^2$ u. $R^3$ = H, OH, Acetoxy-, niederer Alkoxyrest bis 5 C-Atome oder –O–$(CH_2)_n$O–; n = 1 oder 2; $R^4$ = H, niederer Alkylrest bis zu 5 C-Atomen oder ggf. substituierter Phenylrest; R kann ferner bedeuten: durch 1—2 F-, Cl- oder Br-Atome substituierter Phenylrest, niederer Alkyl- oder Alkoxyrest mit bis zu 5 C-Atomen, $CF_3$ oder OH; $R^1$ = H oder $CH_3$; X u. Y = H, niederer Alkyl- oder Alkoxyrest mit bis zu 5 C-Atomen, Benzyloxy-, OH- oder -N($R^2$)$R^3$-Rest; $R^2$ u. $R^3$ = H, Hydroxyäthyl- oder niederer Alkylrest mit bis zu 5 C-Atomen.] — Pyrimidine: *2-[1'-(3.4-Methylendioxybenzyl)-4'-piperazinyl]-,* F. 97—98° (A.). — *2-[1'-(3.4-Äthylendioxybenzyl)-4'-piperazinyl]-, Dihydrochlorid,* F. 220—226° (Zers.). — *2-[1'-Benzhydryl-4'-piperazinyl]-,* F. 170°. — *2-[1'-(2.3.4-Trimethoxybenzyl)-4'-piperazinyl]-,* F. 105°. — *2-[1-(2-Methoxyphenyl)-4-piperazinyl]-,* F. 73°. — *2-[1'-(3-Methoxyphenyl)-4-piperazinyl]-,* F. 78°. — *2-[1'-(4-Methoxyphenyl)-4'-piperazinyl]-,* F. 108—110°. — *2-[1'-(3.4-Dimethoxybenzyl)-4'-piperazinyl]-,* F. 101°. — *2-[1'-(2.4-Dimethoxybenzyl)-4'-piperazinyl]-, Dihydrochlorid,* F. 207—215°. — *2-[1'-(3.4-Methylendioxybenzyl)-4-(3-methylpiperazinyl)]-, Dihydrochlorid,* F. 189—197° (Zers.). — *2-[1-(3.4-Methylendioxybenzyl)-4-(2-methylpiperazinyl)]-, Dihydrochlorid,* F. 225—228° (Zers.). — *4-Methoxy-2-[1'-(3.4-Methylendioxybenzyl)-4'-piperazinyl]-,* F. 89 bis 90°. — *4-Äthoxy-2-[1'-(3.4-Methylendioxybenzyl)-4'-piperazinyl]-, Hydrochlorid,* F. 225°. — *4.6-Dimethyl-2-[1'-(3.4-Methylendioxybenzyl)-4'-piperazinyl]-, Hydrochlorid,* F. 256°. — *4.5-Dimethyl-2-[1'-(3.4-Methylendioxybenzyl)-4'-piperazinyl]-, Hydrochlorid,* F. 245°. — *4-Methyl-2-[1'-(3.4-Methylendioxybenzyl)-4'-piperazinyl]-, Dihydrochlorid,* F. 212—215°. — *4-Amino-2-[1'-(3.4-methylendioxybenzyl)-4'-piperazinyl]-,* F. 169°. — *4-Methylamino-2-[1'-(3.4-Methylendioxybenzyl-4'-piperazinyl]-, Bis-Methansulfonat,* F. 234°. — *4-Dimethylamino-2-[1'-(3.4-methylendioxybenzyl)-4'-piperazinyl]-,* F. 103°. — *4-Bis-[β-hydroxyäthyl]-amino-2-[1'-(3.4-methylendioxybenzyl)-4'-piperazinyl], Dihydrochlorid,* F. 216—225° (Zers.). — *4-Hydroxy-2-[1'-(3.4-methylendioxybenzyl)-4'-piperazinyl]-,* F. 214°. — *2-[1'-(3-Methoxy-4-hydroxybenzyl)-4'-piperazinyl]-, Dihydrochlorid* · $H_2O$, F. 180 bis 188°. — *Gefäßerweiternde, analget.* u. *entzündungshemmende Mittel.* (**Schwz.P. 437310** vom 10/11. 1964, ausg. 30/11. 1967. Brit. Prior. 19/11. 1963.) — 6 S. A. Jahn 4846

*1471* C. F. Boehringer & Soehne G.m.b.H., Mannheim, **Benzolsulfonylaminopyrimidine** der allg. Formel **I**

I 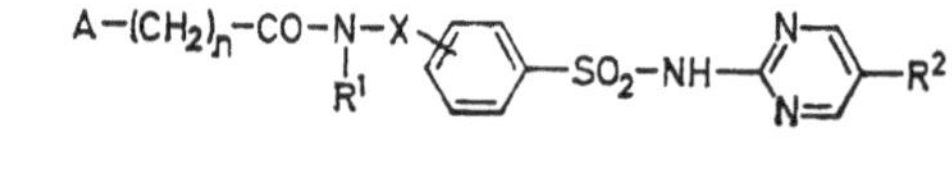

erhält man nach mehreren Verf., z. B. durch Rk. entsprechender Sulfenyl-, Sulfinyl- oder Sulfonylchloride mit 2-Aminopyrimidinen u. ggf. nachfolgende Ox. oder durch Rk. von Benzolsulfonylguanidinen mit Dicarbonylverb. (X = KW-Stoffrest mit höchstens 4 C-Atomen; A = ggf. substituierter Thienyl- oder Furylrest; n = 0, 1 oder 2; $R^1$ = H, Alkylrest mit höchstens 3 C-Atomen oder ggf. substituierter Phenylalkylrest; $R^2$ = ggf. substituierter Alkyl-, Cycloalkyl-, Aryl-, Aralkyl-, Alkoxy-, Alkylmercapto-, Alkoxyalkyl- oder Alkoxyalkoxyrest). — Es wurden erhalten: 5-Isobutylpyrimidine: *2-[4-(β-3'-Methoxythiophen-2'-carboxamidoäthyl)-benzolsulfonamido]-,* F. 180—181° (A.). — *2-[4-(β-Thiophen-2'-carboxamidoäthyl)-benzolsulfonamido]-,* F. 208—210°. — *2-[4-(β-3'-Äthoxythiophen-2'-carboxamido-äthyl)-benzolsulfonamido]-,* F. 170°. — *2-[4-(β-3'-Methylthiophen-2'-carboxamidoäthyl)-benzolsulfonamido]-,* F. 150°. — *2-[4-(β-3'.4'-Tetramethylenthiophen-2'-carboxamido-äthyl)-benzolsulfonamido]-,* F. 193—219°. — *2-[4-(β-Furfuroyl-aminoäthyl)-benzolsulfonamido]-,* F. 201—202°. — *2-[4-(β-3'-Äthoxythiophen-2'-carbonyl-N-methyl-aminoäthyl)-benzolsulfonamido]-,* F. 142° (Propanol). — Ferner: *2-[4-(β-3'-Äthoxythiophen-2'-carboxamidoäthyl)-benzolsulfonamido]-5-propyl-pyrimidin,* F. 158—159°. — *Antidiabetika.* (**Brit.P. 1083250** vom 15/8. 1966, ausg. 13/9. 1967. D. Prior. 17/8. 1965.) — 6 S. A. Jahn 4846

*1472* Österreichische Stickstoffwerke Akt.-Ges., Linz/Donau (Erfinder: Josef Matzke, Leonding bei Linz), Österreich, **2-Sulfanilamidopyrimidinderivate,** die am $C_5$ des Pyrimidinrestes durch Methoxy-, Äthoxy-, Methoxyäthoxy-, Äthoxyäthoxy-, Propoxyäthoxyreste substituiert sind, erhält man durch Rk. von am N-Atom in p-Stellung acylierten 5-Jodderiv. von 2-Sulfanilamidopyrimidin (I) mit Alkalialkoholaten in Ggw. von Cu u./oder dessen Verb. bei erhöhter Temp. u. nachfolgende Verseifung der Acylaminogruppe. — Es wurden erhalten: *5-Methoxy-***I**, F. 211—212°. — *5-Äthoxy-***I**, F. 204—205°. — *5-Methylglykoläther-***I**, F. 200—203° (Aceton). — *5-Äthylglykoläther-***I**, F. 170—172° (Isopropanol). — *5-n-Propylglykoläthyl-***I**, F. 177—180°. — *Heilmittel.* (**Schwz.P. 417603** vom 10/9. 1962, ausg. 15/2. 1967. Oe. Prior. 6/10. 1961.) — 5 S. A. Jahn 4846

*1473* Robugen G.m.b.H., Esslingen a. N. (Erfinder: Herbert Partenheimer, Aachen, und Kailash Kumar Gauri, Zell/Neckar), *5-[β-***Chloräthylaminomethyl]-uracile** der allg. Formel **I** erhält man durch Aminomethylierung entsprechender, in 5-Stellung unsubstituierter Uracilderiv. u. nachfolgende Rk. des β-Hydroxyäthylderiv. mit $SOCl_2$ ($R^1$ = Alkyl oder β-Chloräthyl; $R^2$ = Alkyl, Cycloalkyl, Aralkyl, Alkenyl oder Aryl; X = H oder Cl). — Es wurden erhalten: Uracile: (Ausb.) *1-n-Butyl-4-chlor-5-[di-(β-hydroxyäthyl)-aminomethyl]-,* F. 132° (64,5%). — *1-n-Butyl-4-chlor-5-[di-(β-chloräthyl)-aminomethyl]-,* Nädelchen, F. 94° (61%). — *1-n-Butyl-4-chlor-5-[methyl-β-hydroxyäthyl-*

*aminomethyl*]-, F. 134°. — *1-Äthyl-4-chlor-5-*[*di-*(*β-hydroxyäthyl*)*-methylamino*]-, F. 121° (80%). — *1-Methyl-5-*[*di-*(*β-hydroxyäthyl*)*-methylamino*]*-4-chlor-*, F. 152° (72%). — *1-Methyl-4-chlor-5-*[*methyl-β-hydroxyäthyl-aminomethyl*]-, F. 130° (25%). — *1-Phenyl-4-chlor-5-*[*di-*(*β-*

I 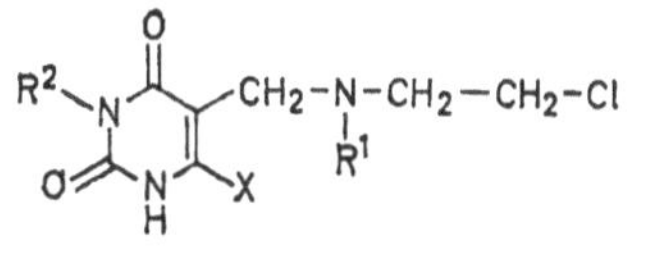

*hydroxyäthyl*)*-aminomethyl*]-, F. 160° (33%). — *1-Benzyl-4-chlor-5-*[*di-*(*β-hydroxyäthyl*)*-aminomethyl*]-, F. 140° (83%). — *1-Cyclohexyl-4-chlor-5-*[*di-*(*β-hydroxyäthyl*)*-aminomethyl*]-, (76%). — *1-Äthyl-5-*[*di-*(*β-hydroxyäthyl*)*-aminomethyl*]-, ölig (70%). — *1-Allyl-4-chlor-5-*[*di-*(*β-hydroxyäthyl*)*-aminomethyl*]-, F. 142° (68%). — *1-n-Butyl-4-chlor-5-*[*methyl-β-chloräthylaminoäthyl*]-, *Tosylat*, F. 134° (33%). — *1-Cyclohexyl-4-chlor-5-*[*di-*(*β-chloräthyl*)*-aminomethyl*]-, F. 180° (53%). — *1-Methyl-5-*[*di-*(*β-chloräthyl*)*-aminomethyl*]- (**II**), F. 140° (52%). — *4-Chlor-***II***-*, F. 90° (40%). — *Zytostatika.* (**Schwz.P. 438343** vom 14/5. 1964, ausg. 30/9. 1967. **Brit.P. 1062448** vom 7/8. 1964, ausg. 22/3. 1967.) — 2 S. — 4 S. A. Jahn 4846

*1474* Spofa, sdruženi podniků pro zdravotnickou výrobu (Erfinder: Zdeněk Buděšinský, Viktor Bydžovský und Zdeněk Peřina), Prag, ČSSR, **Herstellung von 5-Phenylcytosin(I)-Derivaten.** Herst. zunächst nach dem Verf. des Brit.P. 1003788; C. **1966**, 41-1823, u. nachfolgende Nitrierung: **I** → *5-*[*p-Nitrophenyl*]*-cytosin* (**II**), *Monohydrat*, F. (Zers.) 325° (W.). — Ferner: *5-*[*p-Nitrophenyl*]*-6-methylcytosin*, F. (Zers.) 320°. — *5-*[*p-Nitrophenyl*]*-6n-propylcytosin*, F. (Zers.) 350° (A.). — **II** + $H_2/PtO_2$ → *5-*[*p-Aminophenyl*]*-cytosin*, F. (Zers.) 320°. — *Viruzide.* (**Schwz.P. 424788** vom 23/3. 1962, ausg. 31/5. 1967. Tschech. Prior. 24/3. u. 12/8. 1961.) — 3 S. A. Jahn 4846

*1475* Chas. Pfizer & Co., Inc., New York, N.Y., USA, **2-Amino-3.4-dihydrochinazolin-4-one** der allg. Formeln **I** u. **II** erhält man durch Aminierung entsprechender 2-Halogenverb.

I 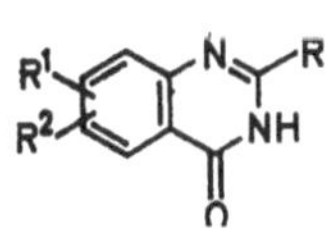 II 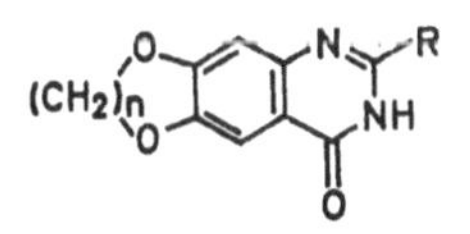

(R = $NH_2$, Alkylamino-, Dialkylamino-, N-Hydroxyalkylamino-, N.N-Di-(hydroxyalkyl)-amino-, Alkenylamino-, Dialkenylamino-, N-Alkenyl-N-alkylamino-, N-Alkyl-N-phenylamino-, N-Alkyl-N-(p-tolyl)-amino-, N-Pyrryl-, N-Pyrrolidino-, N-Piperidino-, N-Homopiperidino-, N-Morpholino-, N-(2.6-Dimethylmorpholino)-, N-Piperazino-, N-(N'-Alkylpiperazino)-, N-(N'-Phenylpiperazino)-, N-(1.2.3.4-Tetrahydroisochinolylrest; $R^1$ u. $R^2$ = H, F, Cl, Br, $CF_3$, niederer Alkyl-, Alkoxy-, Alkylmercaptorest, wobei nicht beide dieser Reste H bedeuten; n = 1 oder 2). — Es wurden erhalten: 6.7-Dimethoxy-3.4-dihydrochinazolin-4-one: *2-*(*Diäthylamino*)-, $C_{14}H_{19}N_3O_3$, F. 215—217° (A.). *Hydrochlorid*, $C_{14}H_{19}N_3O_3HCl$, F. 250—251°. — *2-*(*Dimethylamino*)-, $C_{12}H_{15}N_3O_3$, F. 246—248°. — *Hydrochlorid*, F. 279—282°. — *2-*(*Diallylamino*)-, $C_{16}H_{19}N_3O_3$, F. 190—191°. — *Hydrochlorid*, F. 233—235°. — *2-*(*N'-Methylpiperazino*)-, $C_{15}H_{20}N_4O_3$, F. 250—252°. — *Hydrochlorid*, F. 242—245°. — *2-Amino-*, F. 317—319°. *Hydrochlorid*, F. 277—279°. — *2-Methylamino-*, F. 294—296°. — *Hydrochlorid*, F. 334—336°. — *2-Äthylamino-*, F. 262—264°. — *Hydrochlorid*, F. 293 bis 294°. — *2-*(*n-Propylamino*)-, F. 216—218°. — *Hydrochlorid*, F. 299—300°. — *2-Isopropylamino-*, F. 242 bis 244°. — *2-*(*n-Butylamino*)-, F. 184—186°. — *Hydrochlorid*, F. 294—296°. — *2-Isoamylamino-*, F. 177—179°. — *2-*(*Di-*(*n-propyl*)*-amino*]-, F. 179—200°. — *Hydrochlorid*, F. 237—239°. — *2-*[*Di-*(*n-butyl*)*-amino*]-, F. 167 bis 169°. — *2-*[*Di-*(*n-amyl*)*-amino*]-, F. 145—148°. — *2-Allylamino-*, F. 221—227°. — *Hydrochlorid*, F. 293 bis 294°. — *2-*[(*β-Hydroxyäthyl*)*-amino*]-, F. 239—240°. *2-*(*Hydroxymethyl-n-propylamino*)-, *2-*[*Di-*(*β-hydroxyäthyl*)*-amino*]-, F. 189—193°. — *2-*(*N-Pyrrolidino*)-, F. 246—249°. — *Hydrochlorid*, F. 269—271°. — *2-*(*N-Piperidino*)-, F. 263—265°. — *Hydrochlorid*, F. 256 bis 257°. — *2-*(*N-Homopiperidino*)-, F. 253—255°. — *Hydrochlorid*, F. 244—245°. — *2-*(*N-Morpholino*)-, F. 274 bis 276°. — *Hydrochlorid*, F. 261—265°. — *2-*[*N-*(*2.6-Dimethylmorpholino*)]-, F. 269—271°. — *Hydrochlorid*, F. 277—281°. — *2-*[*N-*(*N'-Phenylpiperazino*)]-, *Hydrochlorid*, F. 276—277°. — Ferner Verb. der Formel **II**: *n = 1, R* = $NH_2$. — *n = 2, R* = $NH(n\text{-}C_5H_{11})$. — *n = 1, R* = $N(C_2H_5)_2$. — *n = 2, R* = $NHCH_2CH_2OH$. — *n = 1, R* = $N[(CH_2)_3OH]_2$. — *n = 1, R = NH-Allyl.* — *n = 2, R* = $N(CH_2CH{=}CHC_2H_5)_2$. — *n = 1, R* = $N(CH_3)$*·Allyl.* — *n = 2, R* = $N(n\text{-}C_5H_{11})C_6H_5$. — *n = 1, R* = $N(CH_3)C_6H_4CH_3$*-(p).* — *n = 2, R = Pyrryl.* — *n = 2, R* = $NH_2$. — *n = 1, R = Pyrrolidino-.* — *n = 2, R = Piperidino-.* — *n = 1, R = Morpholino.* — *n = 2, R = 2.6-Dimethylmorpholino.* — *n = 1, R = Piperazino.* — *n = 2, R = N-*(*n-Amyl*)*-piperazino.* — *n = 1, R = N-Phenylpiperazino.* — *n = 2, R = 1.2.3.4-Tetrahydroisochinolyl.* — *n = 1, R* = $N(CH_2)_6$. — *n = 2, R* = $N\cdot(CH_3)_2$, F. 290—292°. — *n = 1, R* = $N(n\text{-}C_5H_{11})_2$. — *n = 2, R* = $NH[CH_2(CH_2)_5OH]$. — *n = 1, R* = $N[(CH_2)_5OH]_2$. — *n = 2, R* = $N(CH_2CH{=}CHC_2H_5)_2$. — *n = 1, R* = $N(n\text{-}C_5H_{11})\text{-}CH_2CH{=}CH_2$. — *n = 2, R* = $N(n\text{-}C_5H_{11})C_6H_4(CH_3)_3$*-(p).* — *Antihypotensive Mittel.* (**Brit.P. 1062357** vom 29/7. 1965, ausg. 22/3. 1967. U.S. Prior. 23/3. 1965.) — 11 S. A. Jahn 4846

*1476* Boehringer Ingelheim G.m.b.H., Ingelheim/Rh., **2-Methyl-3H-4-chinazolon(I)-Derivate** der allg. Formel **II** u. deren nichtgiftigen Salze erhält man durch

II 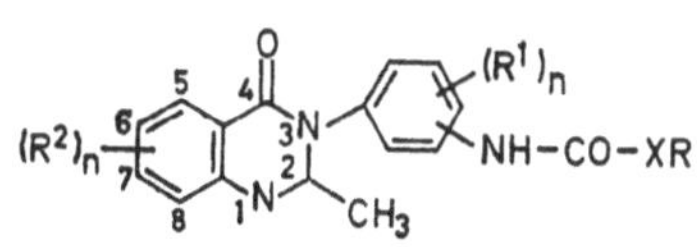

Acylierung entsprechender **I**-Deriv. mit Chlorameisensäureestern, durch Kondens. von Aminophenylurethanen mit Acetylanthranilsäuren (**III**) oder Acetylanthranilen, ferner durch Rk. von Nitromonoacetylphenylendiaminen mit **III**, nachfolgende Hydrierung der $NO_2$-Gruppen, Kondens. des Rk.-Prod. mit Chlorformiaten u. hydrolyt. Spaltung der Acetylaminogruppe. Weiter können Nitro-**III** oder Nitroacetylanthranilderiv. mit Aminophenylurethanen kondensiert u. nachfolgend hydriert werden (R = Alkyl-, Alkenyl-, Alkinyl- oder Halogenalkylrest; X = O oder S; $R^1$ u. $R^2$ = H, Halogen Alkoxy-, Alkyl- oder Aminoreste, wobei wenigstens einer der Reste $R^1$ u. $R^2$ nicht H bedeutet; n = 1—4). Es wurden erhalten: *3-*[*2-Methyl-4-äthoxycarbonylaminophenyl*]*-***I**, F. 175° (DMF-W.) [DMF = Dimethylformamid]. — *3-*[*3-Methyl-4-äthoxycarbonylaminophenyl*]*-***I**, F. 182 bis 183° (DMF-W.). — *3-*[*2-Äthoxycarbonylamino-5-aminophenyl*]*-***I**, F. 216—218° (Äthylacetat–PAe.). — *3-*[*3-Äthoxycarbonylaminophenyl*]*-6-amino-***I** F. (Zers.) 264 bis 266° (DMF-W.). — *3-*[*2.3.5.6-Tetramethyl-4-äthoxycarbonylamino-phenyl*]*-***I**, F. 249—251°. — *3-*[*2-Methyl-4-äthoxycarbonylaminophenyl*]*-5.6.7.8-tetrachlor-***I**, F. 235 bis 237°. — *3-*[*2-Äthoxycarbonylamino-6-methylphenyl*]*-***I**, *Hydrochlorid*, F. 198—200°. — *3-*[*2-Äthoxycarbonylamino-4.5-dimethylphenyl*]*-***I**, F. 164—166°. — *3-*[*2-Äthoxycarbonylamino-4-chlorphenyl*]*-***I**, F. 190—192°. — *3-*[*3-Äthoxycarbonylamino-6-methylphenyl*]*-***I**, F. 186 bis 188°. — *3-*[*3-Äthoxycarbonylaminophenyl*]*-7-amino-***I**, F. 280—281°. — *3-*[*3-Äthoxycarbonylaminophenyl*]*-8-amino-***I**, F. 238—239°. — *3-*[*3-Äthoxycarbonylaminophenyl*]*-7-methyl-***I**, F. 259—260°. — *3-*[*3-Äthoxycarbonylamino-4-methylphenyl*]*-***I**, F. 156—158°. — *3-*[*3-Äthoxycarbonylamino-4-methoxyphenyl*]*-***I**, F. 158—160°. — *3-*[*3-Äthoxycarbonylamino-6-methoxy-phenyl*]*-***I**, F. 210—212°. —

*3-[3-Äthoxycarbonylamino-6-methoxyphenyl]-7-methyl-***I**, F. 231–233°. – *3-[3-Äthoxycarbonylamino-6-chlorphenyl]-***I**, F. 168–170°. – *3-[3-Äthoxycarbonylamino-4-chlorphenyl]-***I**, F. 196–197°. – *3-[2-Methyl-4-methoxycarbonylaminophenyl]-***I**, F. 226–228°. – *3-[2-Methyl-4-äthoxycarbonylaminophenyl]-5-methyl-***I**, F. 184–185°. – *3-[2-Methyl-4-äthoxycarbonylaminophenyl]-6-methyl-***I**, F. 195–197°. – *3-[2-Methyl-4-äthoxycarbonylaminophenyl]-7-methyl-***I**, F. 190–192°. – *3-[2-Methyl-4-äthoxycarbonylaminophenyl]-6.7-dimethyl-***I**, F. 232–234°. – *3-[2-Methyl-4-äthoxycarbonylaminophenyl]-5-chlor-***I**, F. 182–184°. – *3-[2-Methyl-4-äthoxycarbonylaminophenyl]-8-chlor-***I**, F. 207 bis 209°. – *3-[2-Methyl-4-äthoxycarbonylaminophenyl]-5.6-dichlor-***I**, *Halbhydrat*, F. 222–225°. – *3-[2-Methyl-4-äthoxycarbonylaminophenyl]-6.8-dichlor-***I**, F. 197–199°. *3-[2-Methyl-4-äthoxycarbonyl-aminophenyl]-6-brom-***I**, F. 203–204°. – *3-[2-Methyl-4-äthoxycarbonylaminophenyl]-5-chlor-6-brom-***I**. $^1/_2$ *DMF*, F. 240–255°. – *3-[2-Methyl-4-äthoxycarbonylaminophenyl]-6-methyl-8-brom-***I**, F. 257 bis 259°. – *3-[2-Methyl-4-äthoxycarbonylaminophenyl]-6-methoxy-***I**, F. 228–230°. – *3-[2-Methyl-4-äthoxycarbonylaminophenyl]-6.7.8-trimethoxy-***I**, F. 208–210°. – *3-[2-Methyl-4-äthoxycarbonylaminophenyl]-7-amino-***I**, F. 204°. – *3-[2-Methyl-4-n-propoxycarbonylaminophenyl]-***I**, F. 166 bis 168°. – *3-[2-Methyl-4-allyloxycarbonylaminophenyl]-***I**, F. 139–140°. – *3-[2-Methyl-4-propargyloxycarbonylaminophenyl]-***I**, F. 230–232°. – *3-[2-Methyl-4-n-butoxycarbonylaminophenyl]-***I**, F. 167–169°. – *3-[2-Methyl-4-isobutoxycarbonylaminophenyl]-***I**, F. 198–200°. – *3-[2-Methyl-4-isopentyloxycarbonylaminophenyl]-***I**, F. 148 bis 150°. – *3-[2-Methyl-4-n-heptyloxycarbonylaminophenyl]-***I**, F. 141–143°. – *3-[2-Methyl-4-β-chloräthoxycarbonylaminophenyl]-***I**, F. 197–199°. – *3-[2-Äthyl-4-äthoxycarbonylaminophenyl]-***I**, F. 171–173°. – *3-[2-Methoxy-4-äthoxycarbonylaminophenyl]-***I**, F. 196–197°. – *3-[2-Methoxy-4-äthoxycarbonylaminophenyl]-7-methyl-***I**, *Halbhydrat*, F. 230–232°. – *3-[3-Methoxy-4-äthoxycarbonylaminophenyl]-***I**, F. 138–140°. – *3-[2-Chlor-4-äthoxycarbonylaminophenyl]-***I**, F. 197–199°. – *3-[3-Chlor-4-äthoxycarbonylaminophenyl]-***I**. *DMF*, F. 105–150°. – *3-[2-Methyl-4-äthoxycarbonylamino-5-chlorphenyl]-***I**, F. 220 bis 222°. – *3-[2-Chlor-4-äthoxycarbonylamino-5-methylphenyl]-***I**, F. 229–232°. – *3-[2-Methoxy-4-äthoxycarbonylamino-5-methylphenyl]-***I**, $1^1/_2$ *W.*, F. 155–157°. – *3-[2-Methyl-4-äthoxycarbonylamino-5-methoxyphenyl]-***I**, *Hydrochlorid*, F. 227–229°. – *3-[2-Methyl-4-methylmercaptocarbonylaminophenyl]-***I**, F. 190–192°. – *3-[2-Methyl-4-äthylmercaptocarbonylaminophenyl]-***I**, F. 187–189°. – *Sedative* u. *antikonvulsive Mittel*. (**Brit.P. 1081348** vom 2/9. 1965, ausg. 31/8. 1967. D. Prior. 4/9. 1964.) – 16 S.

A. Jahn 4846

*1477* Eprova Akt.-Ges., Schaffhausen (Erfinder: Hans Suter, Dörflingen, Hans Zutter, Schaffhausen, und René Bosshard, Basel), Schweiz, **4-(3H)-Chinazolinon(I)-Derivate.** der allg. Formel **II** erhält man durch

II 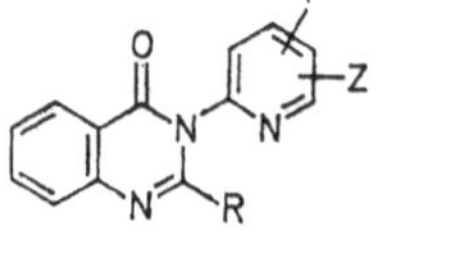

Rk. von N-Acylanthranilsäure, ggf. als inneres Anhydrid, mit 2-Aminopyridinen (Y = Cl, Br oder niederer Alkylrest; Z = H, niederer Alkylrest oder Halogen; R = niederer Alkylrest). – *2-Methyl-3-[3'-methylpyridyl-(2')]-***I**, F. 136–137°, *Hydrochlorid*, F. (Zers.) 242–245°. – *2-Methyl-3-[4'-methylpyridyl-(2')]-***I**, F. 97–98°. – *2-Methyl-3-[6'-methylpyridyl-(2')]-***I**, F. 131–132° (Isopropanol, A. oder W.). – *2-Methyl-3-[5'-chlorpyridyl-(2')]-***I**, F. 151 bis 152° (Isopropanol oder wss. A.), *Hydrochlorid*, F. (Zers.) 265–269°. – *2-Äthyl-3-[5'-chlorpyridyl-(2')]-***I**, F. 112 bis 113°. – *2-Methyl-3-[5'-brompyridyl-(2')]-***I**, F. 146–147° (Isopropanol, Äthylacetat), *Hydrochlorid*, F. 275–280° (Zers.). – *2-Methyl-3-[3'.5'-dichlorpyridyl-(2')]-***I**, F. 179 bis 180°. – *2-Methyl-3-[3'.5'-dibrompyridyl-(2')]-***I**, F. 183 bis 184° (Äthylacetat–Eisessig). – *2-Methyl-3-[4'.6'-dimethylpyridyl-(2')]-***I**, F. 153–154°. – *Beruhigungs-*, *Schlafmittel*. (**Schwz.P. 430733** vom 25/4. 1963, ausg. 31/8. 1967.) – 5 S.

A. Jahn 4846

*1478* Eprova Akt.-Ges., Schaffhausen, Schweiz, **Theophyllin(I)-Derivate** der allg. Formel **II** erhält man

II 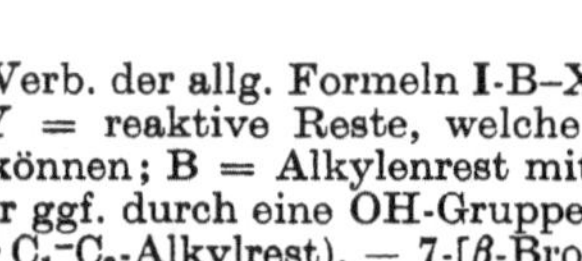

durch Rk. von Verb. der allg. Formeln **I**-B–X u. Y–$CH_2 \cdot C_5H_4N$ (X u. Y = reaktive Reste, welche die > NR-Gruppe bilden können; B = Alkylenrest mit mindestens 2 C-Atomen, der ggf. durch eine OH-Gruppe substituiert ist; R = H oder $C_1$–$C_3$-Alkylrest). – 7-[β-Bromäthyl]-**I** + β-Picolylamin → *7-[β-(3'-Picolylamino)-äthyl]-***I**, $C_{15}H_{18} \cdot N_6O_2$, F. 111–112° (Isopropylacetat oder Äthylacetat). – *Nicotinat*, $C_{21}H_{23}N_7O_4$, F. 159–160° *7-[β-(N-3-Picolyl-N-methylamino)-äthyl]-***I**, $C_{16}H_{20}N_6O_2$, F. 136–137° (Äthylacetat oder Isopropylacetat). – *7-[γ-(3'-Picolylamino)-β-hydroxypropyl]-***I**, $C_{16}H_{20}N_6O_3$, F. 110–112° (Äthyl-, Methyl- oderIsopropylacetat). – *Coronardilatoren*, *Diuretika*. (**Brit.P. 1084150** vom 30/11. 1965, ausg. 20/9. 1967. Schwz. Prior. 12/1. 1965.) – 9 S.

A. Jahn 4846

*1479* Istituto Chemioterapico Italiano S.p.A., Mailand, Italien, **Herstellung von 6-Amino-4-oxo-2-[β-halogenäthyl]-2.3-dihydrobenzo-[1.3]-oxazinen.** Man nitriert ein 4-Oxo-2-[β-halogenäthyl]-2.3-dihydrobenzo-[1.3]-oxazin bei 0–10° mit einem Gemisch aus 30–45 (Gew.-%) $HNO_3$ u. 70–55 $H_2SO_4$ u. red. das erhaltene 6-Nitroderiv. mit Fe-Pulver. – Zum Beispiel stellt man so *6-Nitro-4-oxo-2-[β-chloräthyl]-2.3-dihydrobenzo-[1.3]-oxazin*, F. 107°, u. daraus *6-Amino-4-oxo-2-[β-chloräthyl]-2.3-dihydrobenzo-[1.3]-oxazin*, F. 150–152°; *Hydrochlorid*, F. 210°, her. – *Pharmazeutika*. (**Niederl.P. 122145** vom 16/10. 1963, ausg. 17/4. 1967. It. Prior. 17/10. 1962.) – 3 S.

F. Böhm 4846

*1480* Sandoz Akt.-Ges., Basel (Erfinder: Jany Renz, Jean-Pierre Bourquin, Magden, Hans Winkler, Basel, Pierre Gagnaux, Gustav Schwarb, Allschwil, und Conrad Brüschweiler, Birsfelden), Schweiz, **Phenthiazin(I)-Derivate** der allg. Formel **II**

II 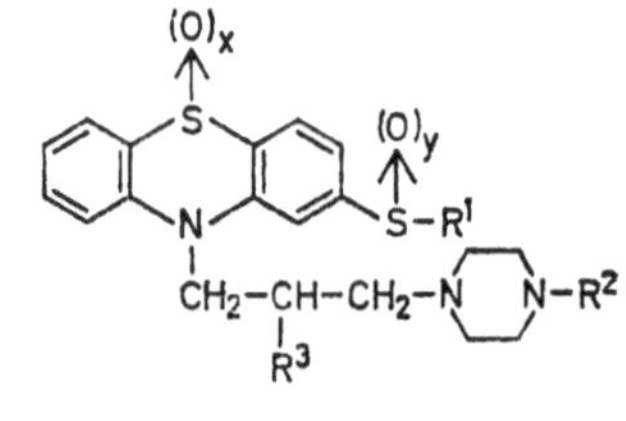

erhält man durch Rk. von in 10-Stellung unsubstituierten **I**-Deriv. mit Halogenalkylpiperazinen ($R^1$ = $C_2$–$C_6$-Alkyl-, Aryl-, Aralkylrest; $R^2$ = $C_1$–$C_4$-Alkylrest; Hydroxyäthyl- oder Acyloxyäthylrest mit 1–4 C-Atomen im Acylrest; $R^3$ = H oder $C_1$–$C_4$-Alkylrest; x u. y = 0, 1 oder 2; x + y ≧ 1). – Es wurden erhalten: *3-Äthylsulfonyl-10-[3'-(1''-methylpiperazyl-4'')-propyl-1']-***I**, *Dimaleinat*, F. 166–168°. – *9-Sulfon*, F. 156–158° (A.). – *Bimaleinat*, F. 180–182° (Methanol). – *3-Äthylsulfinyl-10-[3'-(1''-methylpiperazyl-4'')-propyl-1']-***I**, *Dimaleinat*, F. 164–166° (A.). – *Tranquillizer*. (**Schwz.P. 436300** vom 24/1. 1964, ausg. 15/11. 1967.) – 3 S.

A. Jahn 4846

*1481* Arcana K.G., Dr. G. Hurka, Lieserbrücke, Kärnten, Österreich, **Herstellung von 3-Benzyl-6-trifluormethyl-7-sulfamyl-3.4-dihydrobenzo-1.2.4-thiadiazin-1.1-dioxid,** F. 225–227° (A./W.), aus 3-Benzyl-6-trifluormethyl-7-sulfamylbenzo-1.2.4-thiadiazin-1.1-dioxid in Tetrahydrofuran (**I**) durch Zugabe zu einer $LiAlH_4$-Lsg. in **I** bei 0°, 3std. Rühren u. Versetzen mit 10%ig. K–Na-

Tartrat-Lsg.; Ausb. 80%. — *Chemotherapeutikum.* (**Oe.P. 258518** vom 26/3. 1964, ausg. 10/4. 1967.) — 2 S. D. Mähl 4846

*1482* J. R. Geigy Akt.-Ges., Basel (Erfinder: Kurt Adank, Muttenz, Armin Züst, Birsfelden, und Daniel Prins, Oberwil), Schweiz, **Herstellung von Azepinderivaten** der allg. Formel I (R = niedrigmol. Alkanoyl,

I 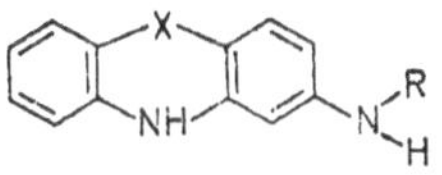

Benzoyl; X = $CH_2$–$CH_2$-) erfolgt durch Hydrolyse von einem 5-Acyl-3-amino-oder 5-Acyl-3-acylamino-A (A = 10.11-Dihydro-5H-dibenz[b.f]azepin) zum 3-Amino-A, das mit einem niedrigmol. Alkansäure- bzw. Benzoesäurealkylester oder -anhydrid umgesetzt wird. — Man erhitzt 5-Acetyl-3-amino-A mit KOH in Diäthylenglykolmonomethyläther 8 Std. auf 170° u. gibt das Rk.-Gemisch in W. → *3-Amino*-A, F. 98—100°, das in Äthylformiat 48 Std. mit geringen Mengen Eisessig u. Piperidin gekocht wird → *3-Formylamino*-A (II), F. 121—123°. Nach Brit.P. 1040737 erhält man die I in derselben Weise, X auch = -CH=CH-, R = $C_1$–$C_{12}$-Alkyl, wobei anschließend der Acyl- bzw. Benzoylrest zur Alkyl- bzw. Benzylgruppe red. wird, oder durch Rk. von I, R = H, mit einem $C_1$–$C_{12}$-Alkanal oder Benzaldehyd u. anschließende oder gleichzeitige Reduktion. — Aus II mit $LiAlH_4$ → *3-Methylamino*-A, F. 87—89°. — Analog: *3-Formylamino*-B (B = 5H-Dibenz[b.f]azepin), F. 202—203°, → *3-Methylamino*-B, F. 182—184°. — *3-Acetylamino*-A, F. 170—172°, → *3-Äthylamino*-A, F. 142—144°. — *3-Benzylamino-A*, F. 115—116°. — *3-Octylamino*-A, F. 134°, aus 3-Amino-A u. Octylbromid in Ggw. von $[C_2H_5]_3$ · N. — Zwischenprodukt zur Herst. von *Pharmazeutika* u. *Antioxydantien.* (**Schwz.P. 429785** vom 16/12. 1963, ausg. 15/8. 1967. **Brit.P. 1040737** vom 15/12. 1964, ausg. 1/9. 1966. Schwz. Prior. 16/12. 1963.) — 2 S. — 5 S. C. Lüttgen 4846

*1483* Warner-Lambert Pharmaceutical Co., Morris Plains, übert. von: Freeman H. McMillan, Dover, und Ian Pattison, Denville, N.J., USA, **1.4-Benzodiazepine** der allg. Formel I ($R^1$ = Cycloalkyl-

I 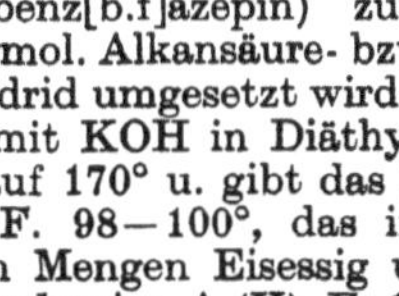

methyl, $R^2$ = H, Alkyl, Alkoxy, Cl, Br). Man setzt 2-Aminohalogenbenzophenon mit einem Cycloalkancarbonsäurechlorid zum 2-Cycloalkylcarbonylamido-5-halogenbenzophenon um, red. zu 2-Cycloalkylmethylaminohalogenbenzhydrol, ox. zum entsprechenden Benzophenon, führt mit einem Phthalimidoacetylderiv. in das 2-(N-Phthalimidoacetyl-N-cycloalkylmethyl)-amino-5-halogenbenzophenon u. cyclisiert mit $N_2H_4$-Hydrat. — Aus 2-Amino-5-chlorbenzophenon mit Cyclopropancarbonsäurechlorid in Triäthylamin u. Tetrahydrofuran → *2-Cyclopropylcarbonylamido-5-chlorbenzophenon,* F. 105 bis 105,5°, daraus durch Red. mit $LiAlH_4$ → *2-Cyclopropylmethylamino-5-chlorbenzhydrol,* F. 85—85,5°, daraus durch Ox. mit $MnO_2$ → *2-Cyclopropylmethylamino-5-chlorbenzophenon,* F. 76,5—78°, daraus durch Rk. mit Phthalimidoacetylchlorid in Tetrahydrofuran → *2-(N-Phthalimidoacetyl-N-cyclopropylmethyl)-amino-5-chlorbenzophenon,* F. 163—164°, daraus durch Rk. mit $N_2H_4$-Hydrat in $CHCl_3$, A. u. W. → *1-Cyclopropylmethyl-5-phenyl-7-chlor-1H-1.4-benzodiazepin-2(3H)on,* F. 145 bis 146°. — *Heilmittel.* (**U.S.P. 3284508** vom 1/3. 1963, ausg. 8/11. 1966.) — 3 S. R. Bollinger 4846

*1484* Hoffmann-La Roche, Inc., Nutley, übert. von James Valentine Earley, Cedar Grove, Rodney Ian Fryer, West Orange, und Leo Henryk Sternbach, Upper Montclair, N.J., USA, **1.1'-Niederalkylen-bis-[5-aromat. Rest-1.4-benzodiazepin-2-one]** der allg. Formel I ($R^1$ = H, Halogen, $CF_3$, Niederalkylthio, $NO_2$, CN oder Niederalkyl; $R^2$ = H oder Niederalkyl; n = 3 bis

I 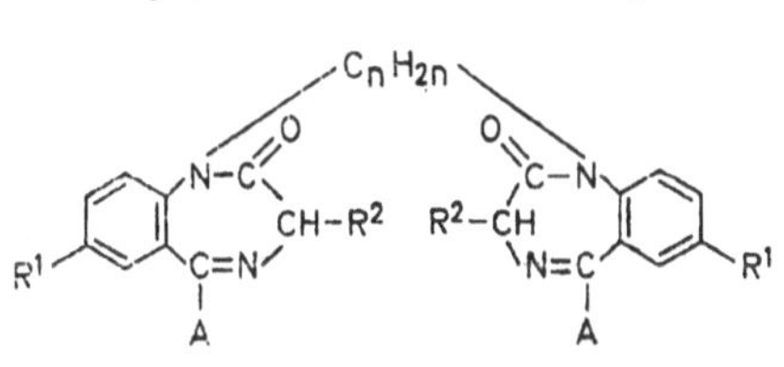

7; A = ggf. durch Halogen, $CF_3$, $NO_2$ oder Niederalkyl substituiertes Phenyl oder ein Pyridylrest) sowie deren N⁴.N⁴'-Dioxide. — Man versetzt eine Lsg. von 0,26 (Mol) 7-Chlor-1.3-dihydro-5-[2-fluorphenyl]-2H-1.4-benzodiazepin-2-on in 200 ml Dimethylformamid mit 0,312 $NaOCH_3$, gibt 0,32 1-Brom-4-chlorbutan zu u. erhitzt 6 Std. auf 60° → *1.1'-Tetramethylen-bis-[7-chlor-5-(2-fluorphenyl)-1.3-dihydro-2H-1.4-benzodiazepin-2-on],* F. 207—211°. — Analog: *1.1'-Tetramethylen-bis-[7-chlor-1.3-dihydro-5-phenyl-2H-1.4-benzodiazepin-2-on],* F. 265—268°. — *1.1'-Tetramethylen-bis-[5-(2-chlorphenyl)-7-nitro-1.3-dihydro-2H-1.4-benzodiazepin-2-on],* F. 272—275°, gelb. — *5-[2-Fluorphenyl]-5'-phenyl-1.1'-tetramethylen-bis-[7-chlor-1.3-dihydro-2H-1.4-benzodiazepin-2-on],* F. 237—240°. — *1.1'-Tetramethylen-bis-[7-brom-1.3-dihydro-5-(2-pyridyl)-2H-1.4-benzodiazepin-2-on],* F. 257—259°. — *Antikonvulsiva, Sedativa* u. *Muskelrelaxantien.* (**U.S.P. 3290292** vom 17/3. 1964, ausg. 6/12. 1966.) — 4 S. O. Schön 4846

*1485* F. Hoffmann-La Roche & Co. Akt.-Ges., Basel, Schweiz, **Heterocyclische Thiazaverbindungen** der allg. Formel I erhält man durch Rk. von am Ring N-

I 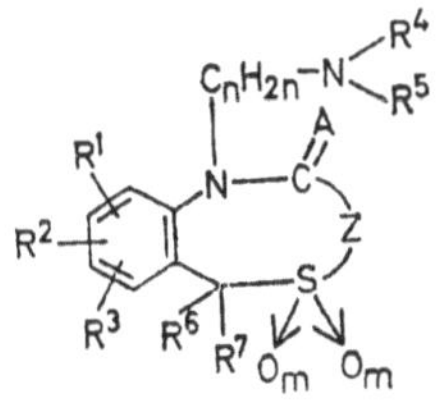

Atom von I noch unsubstituierten Verb. mit entsprechenden Aminoalkylhalogeniden oder Dihalogenalkanen u. nachfolgender Aminierung (Z = o-Phenylenrest, Methylenrest oder Äthylenrest, der ggf. durch niedere Alkyl-, Carboxyalkyl- oder Alkanoyloxyreste substituiert ist; $R^1$, $R^2$ u. $R^3$ = Halogen, niedere Alkyl- oder Alkoxyreste; $R^5$ = niedere Alkyl- oder Benzylreste; $R^4$ = $R^5$ oder H; $R^4$ u. $R^5$ können mit dem N-Atom einen 5- oder 6gliedrigen, ggf. durch ein weiteres N- oder O-Atom unterbrochenen heterocycl. Rest bilden; $R^6$ = H, niederer Alkylrest; $R^7$ = $R^6$, Phenyl- oder Halogenphenylrest; n = ganze Zahl von 2—7, m = 0 oder 1; A = O oder $H_2$. — 3.5-Dihydrobenzthiaz-[4.1]-epinone-(2): *8-Chlor-1-[2-diäthylaminoäthyl]-, Hydrochlorid,* F. 214 bis 215° (Methanol–Ae.). — *8-Chlor-1-[3-dimethylamino-propyl]-, Hydrochlorid,* F. 201—202° (Methanol–Aceton). — *8-Chlor-1-[2-piperidinoäthyl]-, Hydrochlorid,* F. 245 bis 246° (Methanol-Ae.). — *8-Chlor-1-[2-(N-methylbenzyl-amino)-äthyl]-, Hydrochlorid,* F. 236° (Methanol–Ae.). — *8-Chlor-1-[3-(4-methylpiperazino)-propyl]-, Dihydrochlorid,* F. 274—280°. — *8-Chlor-1-[3-methyl-amino-propyl]-, Hydrochlorid,* F. 230—232° (Methanol–Äthylacetat). — *8-Chlor-1-{3-[4-(2-hydroxyäthyl)-piperazino]-propyl}-, Dihydrochlorid,* F. 216—218° (Methanol–Ae.). — *8-Chlor-1-[3-morpholinopropyl]-, Hydrochlorid,* F. 246 bis 248° (Methanol-Ae.). — *1-[3-Dimethylaminopropyl]-, Oxalat,* F. 186—187° (Methanol–Ae.). — *7-Methoxy-1-[3-dimethylaminopropyl]-, Hydrochlorid,* F. 200—202° (Methanol–Ae.). — *6-Chlor-1-[3-dimethylaminopropyl]-, Hydrochlorid,* F. 206—208° (Methanol–Ae.). — *8-Methoxy-1-[3-dimethylaminopropyl]-, Hydrochlorid,* F. 205 bis 206° (Methanol–Ae.). — *9-Chlor-1-[3-dimethylaminopropyl]-, Hydrochlorid,* F. 209—211°. — *8-Chlor-1-[2-di-*

*methylaminoäthyl]-4-oxid, Hydrochlorid,* F. 219—220° (Methanol–Ae.). — *7-Chlor-1-[3-dimethylaminopropyl]-5-phenyl-, Hydrochlorid,* F. 249—251° ($CH_2Cl_2$–Ae.). — *8-Chlor-1-[3-dimethylaminopropyl]-5-phenyl-, Hydrochlorid,* F. 253—256° ($CH_2Cl_2$–Ae.). — *8-Chlor-1-[3-dimethylaminopropyl]-3-methyl-, Hydrochlorid,* F. 218 bis 220° (Methanol–Ae.). — *8-Chlor-1-{3-[4-(2-hydroxyäthyl)-piperazino]-propyl}-3-methyl-, Dihydrochlorid,* F. 171 bis 174° (Methanol). — *8-Chlor-1-[3-(4-methylpiperazino)-propyl]-3-methyl-, Dihydrochlorid,* F. 244—246° (Methanol). — *8-Chlor-1-[3-dimethylaminopropyl]-3-isopropyl-, Oxalat,* F. 167,5—169° (Methanol–Ae.). — *8-Chlor-1-[3-dimethylaminopropyl]-3-propyl-, Oxalat,* F. 162—163,5° (Methanol–Ae.). — *8-Chlor-1-[3-dimethylaminopropyl]-3-phenyl-, Maleat,* F. 159—162° (Methanol–Ae.). — 8-Chlor-1.2.3.5-tetrahydro-benzthiaz-[4.1]-epine: *1-[3-Dimethylamino-propyl]-,* Oxalat, F. 142 bis 145° (Methanol–Ae.). — *1-[3-Diäthylaminopropyl]-3-methyl-, Oxalat,* F. 138—139° (Methanol–Ae.). — *1-[3-Dimethylaminopropyl]-3-methyl-, Oxalat,* F. 158,5 bis 160° (Methanol–Ae.). — *1-[3-Dimethylaminopropyl]-3-äthyl-, Oxalat,* F. 151—153° (Methanol–Ae.). — *1-[3-Dimethylaminopropyl]-3-propyl-, Oxalat,* F. 161—162° (Methanol). — *Antidepressive Mittel.* (**Brit.P. 1077272** vom 31/3. 1966, ausg. 26/7. 1967. U.S. Prior. 2/4. 1962.) — 23 S. A. Jahn 4846

*1486* Sandoz Akt.-Ges., Basel (Erfinder: Albert Hofmann, Bottmingen, Paul Stadler, Biel-Benken, und Franz Froxler, Bottmingen), Schweiz, **Urethane der Lysergsäurereihe** der allg. Formel **I** erhält man durch

I 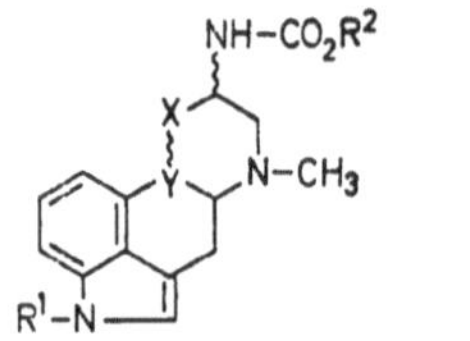

Rk. entsprechender Hydrazide mit Alkoholen der allg. Formel $R^2OH$ [$R^1$ = niedriges Alkyl, Aralkyl; $R^2$ = Alkyl, Hydroxyalkyl, Halogenalkyl, Aminoalkyl, Aralkyl, Cycloalkyl; x—y = —CH=C < oder —$CH_2$—CH <]. — (1.6-Dimethyl-8-aminoergolenyl)-carbamidsäureester: *Äthylester,* Nadeln, F. (Zers.) 196 bis 197° (Bzl.). — *Benzylester,* Nadeln, F. 165—166° (A.). — *N-Diäthylaminoäthylester,* F. 95,5—96,5° (Bzl.–Heptan). — *n-Propylester,* F. 141—143° (Bzl.–PAe.). — *Methylester,* F. 191—193° ($CHCl_3$–Ae.). — (1.6-Dimethyl-8-amino-iso-ergolenyl)-carbaminsäureester: *Äthylester,* F. (Zers.) 177—178° (Bzl.). — *Cyclohexylester,* rhomb. Platten, F. 137—138° (A.). — *Benzylester,* Nadeln, F. 153—154° (A.). — *β-Chloräthylester,* Blättchen, F. 147—149° (Bzl.). — *Glykolester,* F. 150° (Bzl.–Heptan). — *N-Diäthylaminoäthylester,* F. 116,5—117° (Bzl.–Heptan). — *Methylester,* F. 159—161° ($CHCl_3$). — *Propylester,* F. 130—132° (Bzl.–Ae.). — Ferner: *(1-Benzyl-6-methyl-8-aminoergolyl)-carbamidsäure-n-propylester. Heilmittel u. Zwischenprod. hierfür.* (**Schwz.P. 415658** vom 18/6. 1962, ausg. 13/1. 1967. **U.S.P. 3218323** vom 17/6. 1963, ausg. 16/11. 1965. **Brit.P. 1041862** vom 30/5. 1963, ausg. 7/9. 1966. Beide Schwz. Prior. 18/6. 1962.) — 4 S. A. Jahn 4846

*1487* Shionogi & Co. Ltd., Osaka (Erfinder: Yoshiro Sawa, Ashiya-shi, und Shin Maeda, Amagasaki-shi), Japan, **Herstellung ungesättigter Morphinane** der allg. Formel **I** (R = niedrigmol. Alkyl; R′ = H, Aryl-oxy, das durch niedrigmol. Alkyl, Alkoxy, $NO_2$ oder $NH_2$ substituiert sein kann; R″ = niedrigmol. Alkyl; X = H, Hydroxy, Acyloxy; F = Doppelbindung im Ring C). — Man setzt eine Verb. der allg. Formel **I**, F. = OH, in einem bas. Medium mit einem Sulfohalogenid der allg. Formel R‴ —$SO_2$—Hal (R‴ = niedrigmol. Alkyl, Aryl, Aralkyl) um u. erhitzt das Rk.-Prod. mit einer organ. Base unter Rückfluß. — Ein Gemisch aus cis-(—)-3-A-6α-oxy-N-methyl-$Δ^5$-**M** (**A** = Methoxy; **M** = Morphinan) u. p.-Toluolsulfonylchlorid in Py. wird 3 Std. auf dem Dampfbad erhitzt → cis-(—)-3-**A**-6α-p-toluolsulfonyl-oxy-N-methyl-**M**, das mit Kollidin 2½ Std. unter Rückfluß erhitzt wird → Gemisch aus *cis-(—)-3-***A**-*N-methyl-*$Δ^5$- u. -$Δ^6$-**M**, $C_{18}H_{23}NO$, F. 80—82°; Methjodid, F. 207 bis 208°. — Analog: cis-(+)-3-**A**-4-Phenoxy-6α-p-toluol-

I 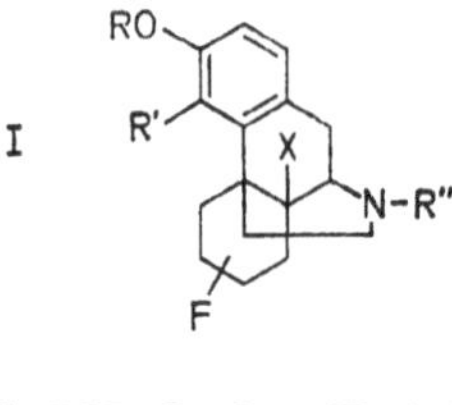

sulfonyloxy-N-methyl-**M**, Oxalat, F. 158—159°, → *cis-(—)-3-***A**-*4-Phenyloxy-N-methyl-*$Δ^5$-**M**, F. 81—83° (Zers.); $[α]_D^{23}$ —16,7° (A.), u. -$Δ^6$-**M**, F. 87—89° (Benetzung bei 80°); $[α]_D^{22}$ —0,5° (A.). — *cis-(+)-3-***A**-*4-Phenyloxy-6β-p-toluolsulfonyloxy-N-methyl-***M**, $C_{31}H_{35}NO_5S$, F. 183 bis 184°, $[α]_D^{26,5}$ +52,8° (A.) → *Gemisch aus cis-(—)-3-***A**-*4-phenyloxy-N-methyl-*$Δ^5$- *u.* -$Δ^6$-**M**, F. 87—89°. — cis-(+)-3-**A**-4-Phenyloxy-17α-p-toluolsulfonyloxy-N-methyl-**M** → *cis-(+)-3-***A**-*4-Phenyloxy-N-methyl-*$Δ^6$- u. -$Δ^7$-**M**, F. 95 bis 96°; Befeuchtung bei 84°; $[α]_D^{22,5}$ +15,8 ± 2° (A.). — Die Ausgangsstoffe erhält man nach Sawa et al., Tetrahedron **15**, [1961] 154. — *Hustenstiller, Analgetika, Narkotika.* (**Schwz.P. 430740** vom 4/4. 1963, ausg. 31/8. 1967. **U.S.P. 3236851** vom 3/4. 1963, ausg. 22/2. 1966. **Brit.P. 1031365** vom 4/4. 1963, ausg. 2/6. 1966. Alle Jap. Prior. 5/4. 1962.) — 7 S. — 6 S. — 7 S. C. Lüttgen 4846

*1488* Ajinomoto Co., Inc., Tokio (Erfinder: Akihiro Yamazaki, Takashi Meguro, Kawasaki-shi, Izumi Kumashiro, Yokohama-shi, und Tadao Takenishi, Tokio), Japan, **2-N-Arylcarbonyl-2′.3′-O-isopropyliden-guanosine** erhält man durch Erhitzen von 4-Carbamoyl-5-(N′-aryloxy-S-methylisothiocarbamoyl)-amino-1-(2′.3′-O-isopropyliden-β-D-ribofuranosyl)-imidazol auf 80 bis 170°, wobei $CH_3SH$ abgespalten wird. Katalysatoren sind Alkali-, Erdalkalihydroxide, bes. $NH_3$. Es wurde erhalten *2-N-Benzoyl-2′.3′-O-isopropylidenguanosin* (**II**), $C_{20}H_{21}N_5O_6$. Saure Hydrolyse von **II** → 2-N-Benzoyl-guanosin, das durch nachfolgende alkal. Hydrolyse Guanosin ergibt. Alkal. Hydrolyse von **II** → 2′.3′-O-Isopropyliden-guanosin. — *Pharmazeutika.* (**Schwz.P. 429748** vom 27/10. 1964, ausg. 15/8. 1967. Jap. Prior. 29/10. 1963.) — 5 S. A. Jahn 4846

*1489* Sankyo Co. Ltd., Tokio, Japan, **Purin- und Pyrimidinnucleoside** der allg. Formeln **I** u. **II** erhält man

I 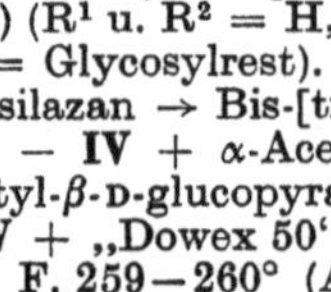 II 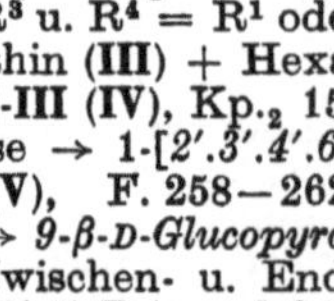

durch Rk. der Purin- bzw. Pyrimidinbasen mit niederen Trialkylchlorsilanen in Ggw. tert. Amine oder mit niederen Hexaalkyldisilazanen jeweils unter Wasserausschluß, nachfolgende Rk. mit einer Acylhalogenpentose oder Acylhalogenhexose u. Abspaltung der Acylgruppe(n) ($R^1$ u. $R^2$ = H, OH, $NH_2$; $R^3$ u. $R^4$ = $R^1$ oder $CH_3$; Y = Glycosylrest). — Hypoxanthin (**III**) + Hexamethyldisilazan → Bis-[trimethylsilyl]-**III** (**IV**), $Kp._2$ 150 bis 153°. — **IV** + α-Acetobromglucose → 1-[2′.3′.4′.6′-Tetraacetyl-β-D-glucopyranosyl]-**III** (**V**), F. 258—262° (A.). — **V** + „Dowex 50" (H-Form) → *9-β-D-Glucopyranosyl-***III**, F. 259—260° (A.). — Als Zwischen- u. Endprod. wurden ferner erhalten: *9-[2′.3′.5′-Triacetyl-β-D-ribofuranosyl]-***III**, F. 238—240°. — Bis-trimethylsilyl-thymin, $Kp._{12}$ 121—123°. — 1-[2′.3′.4′.6′-Tetraacetyl-β-D-glucopyranosyl]-thymin, F. 155—156°, $[α]_D^{27}$ —10,4° (W.). — *1-β-D-Glucopyranosylthymin,* F. 269—271°, $[α]_D^{27}$ +18° (W.). — *1-β-D-Ribofuranosylthymin,* F. 183—185°, $[α]_D^{27}$ —10° (W.). — *1-β-D-Arabinofuranosylthymin,* F. 246 bis

248°, $\alpha_D$ +98°. — *1-α-D-Lyxofuranosylthymin*, F. 203 bis 203,5°. $\alpha_D$ +80 (W.). — *1-β-D-Lyxofuranosylthymin*, F. 184—186°, $\alpha_D$ +27°. — Bis-[trimethylsilyl]-uracil, $Kp._{12}$ 116°. — 1-[2'.3'.4'.6'-Tetraacetyl-β-D-glucopyranosyl]-uracil, F. 153—155°, $[\alpha]_D^{28}$ −9,3° ($CHCl_3$). — *1-β-D-Glucopyranosyluracil-Halbhydrat*, F. 206—207°, $[\alpha]_D^{28}$ +21,9° (W.). — Bis-[trimethylsilyl]-N-acetylcytosin, $Kp._6$ 139—141°. — 1-[2'.3'.4'.6'-Tetraacetyl-β-D-glucopyranosyl]-N-acetylcytosin, F. 222—226°. — *1-β-D-Glucopyranosylcytosin, Pikrat*, F. 209—210°. — Bis-[trimethylsilyl]-N-benzoyladenin, $Kp._{0,0008}$ 177—183°. — *9-β-D-Glucopyranosyl-adenin*, F. 201—203°, $[\alpha]_D^{28}$ −8,5° (W.). — 1-[2'.3'.5'-Tribenzoyl-β-D-ribofuranosyl]-uracil, F. 145—146°, $[\alpha]_D^{29}$ −49° ($CHCl_3$). — *1-β-D-Ribofuranosyluracil*, F. 165—166°, $[\alpha]_D^{30}$ +4,6° (W.). — *9-α-D-Arabinofuranosylxanthin*. — Tris-[trimethylsilyl]-guanin, $Kp._3$ 180°. — *9-α-D-Glucopyranosylguanin*. — 1-[2'.3'.5'-Tribenzoyl-β-D-arabinofuranosyl]-uracil, F. 202—203°. — *1-β-D-Arabinofuranosyluracil*, F. 225—227,5°, $[\alpha]_D^{27}$ +126 (W.). — *1-α-D-Arabinofuranosyluracil*, $\alpha_D$ +340°. — *1-α-D-Lysofuranosyluracil*, F. 201—203°, $[\alpha]_D^{27}$ +62,5° (W.). — *1-β-D-Lyxofuranosyluracil*, F. 200,5—202°, $\alpha_D$ +107°. — *Antikrebsmittel*. (**Brit.P. 1070418** vom 8/11. 1963, ausg. 1/6. 1967. Jap. Prior. 15/11. 1962.) — 9 S.
A. Jahn 4846

*1490* Ajinomoto Co., Inc., Tokio (Erfinder: Masaharu Yoshikawa, Kawasaki-shi, Koji Kusashio Yokosuka-shi, Tetsuya Kato, Kawasa'ki-shi, und Tadao Takenishi, Tokio), Japan, **5'-Ribonucleotide** erhält man durch Rk. von Ribonucleosiden, die in 2'.3'-Stellung geschützt sind, mit $POCl_3$ oder $P_2O_3Cl_4$ in Ggw. von Trialkylphosphaten, nachfolgende Hydrolyse der P–Cl-Bindungen u. Abspaltung der Schutzgruppe. — 2'.3'-Isopropylidenuridin + $POCl_3$ + $P(O)(OCH_3)_3$ → *Uridin-5'-phosphat* (Ausb. 88%). — Analog wurden erhalten: *Guanosin-5'-phosphat, Di-Na-Salz* (Ausb. 82%). — *Inosin-5'-phosphat*, (Ausb. 88%). — *Cytidin-5'-phosphat* (Ausb. 82%). — *5'-Phosphat des 5-Amino-4-carbamoyl-1-β-D-ribofuranosylimidazol, Di-Na-Salz* (Ausb. 75%). — *Heilmittel*. (**Schwz.P. 427837** vom 24/6. 1965, ausg. 14/7. 1967. **Brit.P. 1036297** vom 23/6. 1965, ausg. 20/7. 1966. Beide Jap. Prior. 26/6. 1964.) A. Jahn 4846

*1491* Établissement Kogerim, Vaduz, Liechtenstein, **Stabile Pyridoxin-Coenzyme** erhält man durch Rk. von stöchiometr. Mengen einer Mono- oder Diaminomono- oder -dicarbonsäure, eines Esters oder eines Amids davon mit einem Pyridoxal-5'-monophosphorsäureester u. einer Alkalibase. Beispiel: Rk. von Lysin mit Pyridoxal-5'-monpohosphorsäureester u. KOH → *Mono-K-Salz des 5'-Phosphat-N-pyridoxyliden-[L]-Lysins*. (**Schwz.P. 430712** vom 9/6. 1965, ausg. 31/8. 1967.) — 3 S.
R. Bauereis 4847

*1492* E. Merck Akt.-Ges., Darmstadt, **Herstellung von Pyridoxalyldisulfid** (*Bis-[4-formyl-5-hydroxy-6-methyl-pyridyl-(3)-methyl]-disulfid*), F. 123—124° (Essigester), durch Hydrolyse von entsprechenden Verb. mit abgewandelter Aldehydgruppe mit verd. Säuren, z. B. 1—2 n HCl, Citronensäure, oder Ionenaustauscher IR 120 bei Raumtemp. bzw. 40—50°. — (**Oe.P. 258188** vom 24/10. 1963, ausg. 28/3. 1967. D. Prior. 12/1. 1963.) — 4 S.
W. Schubert 4847

*1493* Francesco Vismara S. p. A., Mailand (Erfinder: Raffaello Fusco, Mailand, und Franco Tenconi, Monza), Italien, **S-Benzoyloxymethylthiamine** der allg. Formel I u. deren nicht giftige Salze enhält man durch

I 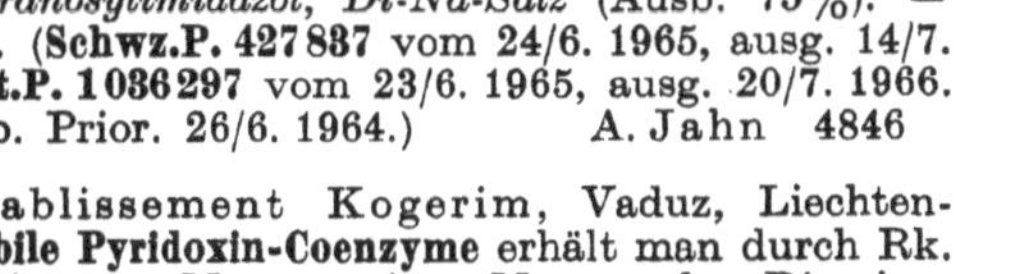

Rk. von Metall- oder Ammoniumsalzen des Thiamins in der Thiolform mit Benzoesäurehalogenmethylestern (R = H, Halogen oder $C_1$—$C_3$-Alkylrest). — Es wurden erhalten: *S-Benzoyloxymethylthiamin*, F. 194—195° (A.) — *Hydrochlorid*, F. 178—180°. — *S-o-Toluyloxymethylthiamin*, F. 164—165°, Hydrochlorid, F. 179°. — *S-p-Chlorbenzoyloxymethylthiamin*, F. 168—170°. — *Vitamin $B_1$-Präparate*. (**Brit.P. 1082184** vom 8/2. 1966, ausg. 6/9. 1967.) — 5 S. A. Jahn 4847

*1494* Starogardskie Zaklady Farmaceutyczne „Polfa", Starogard Gdanski, Polen, **Cholecalciferol (Ia)** erhält man aus den Bestrahlungsprod. des 7-Dehydrocholesterins durch Zugabe von 7-Dehydrocholesterin (I) u. Bldg. eines **Ia–I-Komplexes (II)** durch Einengen der **Ia** u. **II** enthaltenden Lösung. Nach Abkühlen des Konzentrates läßt sich **II** abtrennen u. an akt. $Al_2O_3$ in bzl. Lsg. zersetzen. **Ia** läßt sich sodann durch Elution mit Bzl. gewinnen u. durch Umkrist. aus Aceton weiter reinigen, F. 83—85°. — *Vitaminwirksames Heilmittel ($D_3$)*. (**Brit.P. 1081725** vom 20/12. 1965, ausg. 31/8. 1967. Poln. Prior. 19/12. 1964.) — 2 S. U. Sievers 4847

*1495* Abbott Laboratories, North Chicago (Erfinder: Leslie Alan Freiberg, Waukegan, und John Wayne Cole, Deerfield), Ill., USA, **20-Methylverbindungen der Pregnanreihe** erhält man z. B. durch Rk. von 3β.16α-Diacetoxy-5α-pregnan-20-on mit $CH_3MgBr$ nach Grignard → *3β.16-Diacetoxy-20-methyl-5α-pregnan-20-ol*, $C_{26}H_{42}O_5$, welches sich mit methanol. $K_2CO_3$ verseifen läßt → *20-Methyl-5α-pregnan-3β.16α-triol*, $C_{22}H_{38}O_3$, F. 235—240°. — Analog: *3β-Acetoxy-16-benzyloxy-20-methyl-5-pregnen-20-ol*, $C_{31}H_{44}O_4$; *20-Methyl-5-pregnen-3β.16α.20-triol*, $C_{22}H_{36}O_3$, F. 235—240°. — *20-Methyl-3-äthoxy-3.5-pregnadien-16α.20-diol*, $C_{24}H_{38}O_3$, F. 174°; *20-Methyl-16α.20-dihydroxy-4-pregnen-3-on*, F. 191 bis 192°. — *3β-Acetoxy-16α-benzyloxy-20-methyl-5α-pregnan-20-ol*. — *Anabolika*; Zwischenprod. zur Herst. von *Heilmitteln*. (**Schwz.P. 425782** vom 6/7. 1964, ausg. 15/6. 1967. **Brit.P. 1066746** vom 10/7. 1964, ausg. 26/4. 1967. Beide U.S. Prior. 12/7. 1963 u. 27/3. 1964.)
U. Sievers 4847

*1496* Farbwerke Hoechst Akt.-Ges. vormals Meister Lucius & Brüning, Frankfurt/M. (Erfinder: Ulrich Stache, Hofheim, und Werner Fritsch, Neuenhain), **Δ⁵-6-Methylsteroide** erhält man durch Rk. eines entsprechenden 3.5-Cyclo-6-oxosteroids mit Trimethylphosphin-methylen u. Rk. des erhaltenen 3.5-Cyclo-6-methylensteroids mit einem wasserfreien Alkohol in Ggw. einer Säure. — Man setzt z. B. 3.5-Cyclo-6-oxo-17α-hydroxy-20-äthylendioxy-pregnan mit Triphenylmethylphosphoniumbromid/Butyl-Li/Ae. in Tetrahydrofuran um → *3.5-Cyclo-6-methylen-17α-hydroxy-20-äthylendioxy-pregnan*, F. 100—102°, welches sich durch Rk. mit äthanol. $H_2SO_4/N_2$ überführen läßt → *3β-Äthoxy-Δ⁵-6-methyl-17α-hydroxy-20-oxo-pregnen*, F. 160—162°. — *Heilmittel* oder Zwischenprod. zu deren Herstellung. (**D.A.S. 1237567** Kl. 120 vom 1/8. 1964, ausg. 30/3. 1967. **Zusatz zu D.A.S. 1232138; C. 1967, 39-1782**) — 2 S.
U. Sivers 4847

*1497* Merck & Co., Inc., Rahway, N.J., USA, **Herstellung von 6α.9α-Difluor-16-methylpregnenen und -pregnadienen.** Zu Brit.P. 912015; C. **1964**, 44-1460 ist nachzutragen: *Δ⁴-6α,9α-Difluor-16α-methylhydrocortison*, F. 210—216°; *21-Acetat*, F. 255—260°. — *6α.9α-Difluor-16α-methylprednisolonacetat*, F. 260—264°. *Entzündungshemmer* ohne die üblichen Nebenwirkungen. (**Oe.P. 251774** vom 3/7. 1959, ausg. 25/1. 1967. U.S. Prior. 7/7. 1958.) — 5 S. W. Gengenbach 4847

*1498* Olin Mathieson Chemical Corp., New York, N.Y., USA, **16.17-Acetal-und-ketalderivate von 16α.17α-Dihydroxy-19-nor-pregnen-3.20-dionen.** Man ox. z. B. 16α.17α-Dimethylmethylendioxy-Δ⁵-pregnen-3β.19-diol-20-on nach Oppenauer → *16α.17α-Dimethylmethylendioxy-19-hydroxyprogesteron* (**I**), $C_{24}H_{34}O_5$, F. 230—232°. — Analog: *16α.17α-[β-Methyl-α-phenylmethylendioxy]-19-hydroxyprogesteron*, $C_{29}H_{36}O_5$, F. 147—149°. — **I** + $CrO_3$ in Aceton → *16α.17α-Dimethylmethylendioxy-19-oxo-progesteron* (**II**), $C_{24}H_{32}O_5$, F. 171—173°. — Analog: *16α.17α-[β-Methyl-α-phenylmethylendioxy]-19-oxoprogesteron*, $C_{29}H_{34}O_5$, F. 185—187°. — **II** läßt sich durch Ox. mit $CrO_3$ in Essigsäure überführen → *16α.17α-Dimethylmethylendioxy-progesteron-19-säure* (**III**), F. 187—189°. — Analog: *16α.17α-[β-Methyl-α-phenylmethylendioxy]-progesteron-19-säure*, $C_{29}H_{34}O_6$, F. 163—165°. — **I**, **II** oder **III** lassen sich durch Rk. mit methanol. KOH, methanol.

NaOH bzw. methanol. HCl überführen → *16α.17α-Dimethylmethylendioxy-19-norprogesteron.* — *Heilmittel.* (**Brit.P. 1057931** vom 21/2. 1964, ausg. 8/2. 1967. U.S. Prior. 28/3. 1963.) — 6 S. U. Sievers 4847

*1499* E. Merck Akt.-Ges. (Erfinder: Wolfgang Beerstecher, Harald Metz und Klaus Brückner), Darmstadt, **Herstellung von 7-Alkoxyandrostanderivaten.** Zu Brit.P. 969300; C. **1967**, 48-1660 ist nachzutragen: Durch 6std. Bebrütung einer Lsg. von 7-Methoxy-17α-äthyl-5-androsten-3β.17β-diol-3-acetat in Methanol mit einer Kultur von *Flavobacterium dehydrogenans* unter aeroben Bedingungen wird *7-Methoxy-17α-äthyl-4-androsten-17β-ol-3-on* ($\lambda_{max}$ 243,5, $E^{1\%}_{1cm}$ 455) erhalten. — *Anabolikum.* (**Oe.P. 249891** vom 18/12. 1962, ausg. 10/10. 1966. **Schwz.P. 417579** vom 17/12. 1962, ausg. 15/2. 1967. Beide D. Prior. 3/2. 1962.) — 4 S. W. Gengenbach 4847

*1500* Upjohn Co., Kalamazoo, Mich., USA, **Herstellung von 2-Fluorsteroiden.** Zu Brit.PP. 934147 u. 934148; C. **1965**, 22-1755 ist nachzutragen: *17β-Hydroxy-17α-methyl-2-fluor-4-androsten-3-on*, F. 174—175,5°. — *2-Fluor-4-androsten-3.17-dion*, F. 146—147°. — *2-Fluor-17β-hydroxy-4-androsten-3-on-17-propionat*, F. 146—147°; *-acetat*, F. 182—183°. — *Heilmittel.* (**Niederl.P. 122150** vom 15/1. 1960, ausg. 17/4. 1967. U.S. Prior. 16/1. 1959.) — 4 S. F. Böhm 4847

*1501* Siegfried Akt.-Ges., Zofingen (Erfinder: Max Roth, Minusio Locarnro, und Theodor Wagner-Jauregg, Zofingen), Schweiz, **16-Methylsteroide** erhält man z. B. durch Rk. von 3β-Acetoxy-16-methyl-5.16-pregnadien-20-on (I) mit $NH_2OH$, HCl in Py. → **I**-*Oxim*, $C_{24}H_{35}NO_3$, (**II**), F. 181—182°, neben einem höher schmelzenden Isomeren (**III**), F. 216—217°. — **II**-*p-Toluolsulfonylderiv.*, F. 151—154°. — **II** läßt sich durch Rk. mit $BF_3$-Ätherat in Eisessig in **III** umwandeln. — **II** + $PCl_5$ u. $POCl_3$ in Py. → *3β-Acetoxy-17-acetylamino-16-methyl-5.16-androstadien* (**IV**), $C_{24}H_{35}NO_3$, F. 217—218°, neben einem niedriger schmelzenden Isomeren, F. 181—185°. **IV** + alkohol. KOH in Tetrahydrofuran + $H_2O_2$ → *3β-Hydroxy-17-acetylamino-16-methyl-5.16-androstadien*, $C_{22}H_{33}NO_2$, F. 233—234°. — **IV** + $BF_3$-Ätherat in Eisessig u. chromatograph. Aufarbeitung → *3β-Acetoxy-16-methyl-Δ⁵-androsten-17-on* (**V**), F. 142—143°; *freier Alkohol*, $C_{20}H_{30}O_2$, F. 169—171°, neben *Isomeren* vom F. 90 bis 92° u. 111—113°. — Neben **V** wird *3β-Acetoxy-(17.16-d)-2'-methyloxazolino-Δ⁵-androsten* (**VI**), $C_{24}H_{35}NO_3$, F. 143—144°, erhalten; *Pikrat*, $C_{30}H_{38}N_4O$, F. 194 bis 195°. — **VI** läßt sich durch Rk. mit $Na_2CO_3$ in wss. Dioxan durch Rk. mit Benzoylchlorid spalten → *3.16-Diacetoxy-16-methyl-17-benzoylamino-Δ⁵-androsten*, F. 235 bis 236°, $C_{31}H_{41}NO_5$. — *Heilmittel*; Zwischenprod. zu deren Herstellung. (**Schwz.P. 425777** vom 26/2. 1962, ausg. 15/6. 1967.) — 4 S. U. Sievers 4847

*1502* Roussel-Uclaf, Paris (Erfinder: Gaston Amiard, Gérard Nominé, Noisy-le-Sec, Vesperto Torelli, Maisons-Alfort, und Jean Cerede, Dugny/Seine), Frankreich, **Des-A-östranderivate.** Zu F.P. 1364556; C. **1967**, 10-1725 u. Brit.P. **1042633** ist nachzutragen: *1β-Acetoxy-4-(2'-carboxyäthyl)-5-oxo-7aβ-methyl-3aα.4β.5.6.7.7a-hexahydroindan*, F. 142—143°; $[\alpha]_D^{20}$ +9° (c = 1%; in $CHCl_3$). — Formelbilder. Zwischenprod. für Steroidhormone. (**Schwz.P. 424768** vom 5/3. 1963, ausg. 31/5. 1967. F. Prior. 6/3. 1962.) — 4 S. W. Gengenbach 4847

*1503* Herchel Smith, Wayne, Pa., USA, **Herstellung neuer Steroide.** Man behandelt z. B. (±)-18-Homoöstronmethyläther in fl. $NH_3$ mit Li → (±)-*1.4-Dihydro-18-homoöstradiol-3-methyläther* (**I**), F. 98—104°. Dieses wird mit verd. HCl in W./Methanol (3:5) 1 Std. auf 70° erwärmt → (±)-*18-Homo-19-nortestosteron*, F. 153—155°. — Kochen von **I** mit Al-Isopropylat in Toluol/Cyclohexanon (13:4) unter $N_2$ ergibt (±)-*1.4-Dihydro-18-homoöstronmethyläther*, F. 152—160°. Durch Red. mit Li in fl. $NH_3$ erhält man aus (±)-8-Dehydro-17.17-äthylendioxy-18-homoöstronmethyläther den (±)-*1.4-Dihydro-17.17-äthylendioxy-18-homo-östronmethyläther*, der beim Erwärmen mit Essigsäure (±)-*18-Homo-19-nor-Δ⁴-androsten-3.17-dion*, F. 154—155°, ergibt. Aus (±)-18-Nor-13-n-propylöstradiol-3-methyläther → (±)-*1.4-Dihydro-18-nor-13-n-propylöstradiol-3-methyläther*, F. 153—156°, der mit Oxalsäuredihydrat in Methanol/W. (5:1) bei Raumtemp. in (±)-*18-Nor-13-n-propyl-17β-hydroxy-Δ⁵⁽¹⁰⁾-östren-3-on*, F. 127—130°, übergeführt wird. — Analog: (±)-*18.19-Bis-nor-13-n-propyltestosteron*, 2 polymorphe Formen, F. 126—127 bzw. 144—145°. — (±)-*1.4-Dihydro-18-nor-13-n-propylöstronmethyläther*, F. 128—131°. — *13-Isopropyl-1.4-dihydroöstradiol-3-methyläther*, F. 87 bis 94°. — *13-Isopropyl-17-hydroxy-Δ⁵⁽¹⁰⁾-östren-3-on*, F. 60—65°. — (±)-*13-n-Butyl-1.4-dihydro-18-noröstradiol-3-methyläther*, F. 135—139°. — (±)-*18.19-Bis-nor-13-n-butyltestosteron*, F. 168—170°. — *Pharmazeutika.*— (**Niederl.P. 121958** vom 22/9. 1961, ausg. 15/3. 1967. Brit. Prior. 22/9. 1960.) — 6 S. F. Böhm 4847

*1504* Roussel-Uclaf Soc. An., Paris, Frankreich, **Herstellung neuer 17α-Äthinylderivate eines 17-Ketosteroids.** Zu D.A.S. 1235315; C. **1968**, 12-1671 sind folgende FF. nachzutragen: *11β-Hydroxy-17α-äthinylöstradiol-3-methyläther*, F. 150—152°; *11β-Hydroxy-17α-äthinylöstradiol-3-hexahydrobenzoat*, F. 198—201°. — *Heilmittel.* (**Niederl.P. 121828** vom 12/6. 1964, ausg. 15/2. 1967. F. Prior. 12/6. u. 10/7. 1963.) — 4 S. F. Böhm 4847

*1505* Roussel-Uclaf Soc. An., Paris, Frankreich, **Einführung einer sauerstoffhaltigen Gruppe in die 11-Stellung von 19-Norsteroiden.** Zu D.A.S. 1229526; C. **1967**, 49/50-1611 ist nachzutragen: *3-Oxo-17β-hydroxy-17α-äthinyl-13β-n-propylgona-5(10).9(11)-dien*, F. 140°, $[\alpha]_D^{20}$ +73° (c = 1 in Methanol) → *3-Oxo-11β-hydroperoxy-13β-n-propyl-17α-äthinyl-17β-hydroxygona-4.9(10)-dien* → *3-Oxo-11β.17β-dihydroxy-17α-äthinyl-13β-n-propylgona-4.9(10)-dien*, F. 167—168°. — *3-Äthylendioxy-13β-äthyl-17α-äthinyl-17β-hydroxygona-5(10).9(11)-dien*, $[\alpha]_D$ +86° (c = 0,5 in Methanol) → *3-Oxo-13β-äthyl-17α-äthinyl-17β-hydroxygona-5(10).9(11)-dien*, $[\alpha]_D$ +80° (c = 0,5 in Methanol) → *3-Oxo-11β-hydroperoxy-13β-äthyl-17α-äthinyl-17β-hydroxygona-4.9-dien*, F. 220°, → *3-Oxo-13β-äthyl-11β.17β-dihydroxy-17α-äthinylgona-4.9-dien*, F. 200°. — *Heilmittel.* (**Niederl.P. 121957** vom 12/6. 1964, ausg. 15/3. 1967. F. Prior. 10/7. u. 22/10. 1963.) — 9 S. F. Böhm 4847

*1506* Herchel Smith, Wayne, Pa., USA, **Herstellung von 8-Dehydrosteroiden.** Zu F.P. 81978; C. **1967**, 6-1764 ist nachzutragen: (±)-*3.17β-Diacetoxy-13β-äthylgona-1.3.5(10).8-tetraen*, F. 141—143°. — (±)-*13β-Äthylgona-1.3.5(10).8-tetraen-3.17-diol-Hemihydrat*, F. 180—182°. — *Heilmittel.* (**Niederl.P. 122149** vom 12/6. 1962, ausg. 17/4. 1967. Brit. Prior. 22/6. 1961.) — 5 S. F. Böhm 4847

*1507* Distillers Co. Ltd., Edinburgh, Großbritannien (Erfinder: Roy Sherlock), **Penicilline** der allg. Formel (p)–$H_2NCH_2$–$C_6H_4$–CH(X)CONH–A u. deren nicht giftige Salze erhält man durch Rk. von 6-Aminopenicillansäure mit substituierten 4-Aminomethylphenylessigsäure oder deren funktionellen Deriv. (X = H, Halogen, OH, Methoxy-, Phenoxy-, Acetoxy- oder $NH_2$). — Es wurden erhalten: *6-[4-Aminomethylphenylacetamido]-penicillansäure* (Reinheit 84,6%). — *K-Salz.* — *Bakterizide.* (**Brit.P. 1057029** vom 24/10. 1962, ausg. 1/2. 1967.) — 4 S. A. Jahn 4848

*1508* Beecham Group Ltd., Brentford, Großbritannien, **Herstellung von Penicillinen.** Zu Brit.P. 958478; C. **1965**, 51-1847 ist nachzutragen: Einer filtrierten, precursorfreien, 6-Aminopenicillansäure enthaltendenFermentationsbrühe werden 50 Vol.-% Isobutylketon u. bei pH 2 α-Phenoxypropionsäurechlorid zugesetzt. Nach 30 Min. erhält man aus der organ. Phase *α-Phenoxyäthylpenicillin*; 73—87% (Ausb.). — Ferner folgende Penicilline: *5-Methyl-3-phenylisoxazolyl-(4)-*; 55—80%. — *3-[o-Chlorphenyl]-5-methylisoxazolyl-(4)-*, > 85%. — *Biphenylyl-(2)-*, 87—93%. — *Antibiotika.* (**Oe.P. 251760** vom 6/3. 1963, ausg. 25/1. 1967. U.S. Prior. 13/3., 13/3. u. 13/3. 1962.) — 7 S. K.-D. Stolp 4848

*1509* Beecham Group Ltd., Brentford, Großbritannien (Erfinder: George Robert Fosker und John Herbert Charles Nayler), **Penicilline** der allg. Formel **I** u. deren nichtgiftige Salze erhält man durch entsprechende Acylierung von 6-Aminopenicillansäure oder durch Rk. von Aminopenicillinen mit Verb. der allg. Formel X-COC($R^1$)($R^3$)-C($R^2$)($R^4$)COY [R = Alkyl-, Aralkyl-, Aryl- oder heterocycl. Rest; $R^1$ u. $R^2$ = H

I 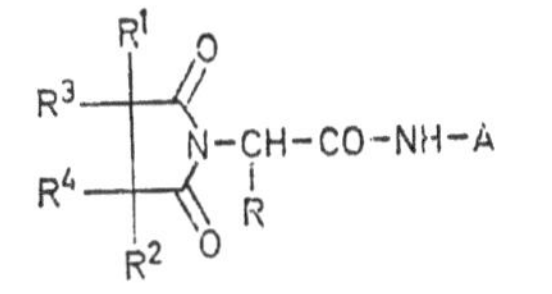

oder niederer Alkylrest, beide Reste zusammen können für eine Einfachbindung stehen; $R^3$ u. $R^4$ = H, Halogen, OH, niederer Alkyl-, Alkoxy-, Acyloxyrest; beide Reste zusammen können Bestandteile eines carbocycl. oder heterocycl. Rings sein; A = in 6-Stellung gebundener Rest der Penicillansäure (II)]. – Es wurden folgende Na-Salze erhalten: *6-[DL-α-Phthalimidophenylacetamido]*-**II** (Reinheit 76%). – *6-[D-α-Phthalimidophenylacetamido]*-**II** (Reinheit 63%). – *6-[L-α-Phthalimidopropionamido]*-**II** (Reinheit 65%). – *6-[DL-α-Phthalimido-n-valeramido]*-**II** (Reinheit 69%). – *6-[DL-p-Phthalimido-γ-methylmercapto-n-butyramido]*-**II** (Reinheit 68%). – *6-[DL-α-(3-Nitrophthalimido)-phenylacetamido]*-**II** (Reinheit 65%). – *6-[DL-α-(3-Aminophthalimido)-phenylacetamido]*-**II**. – *6-[DL-α-Phthalimido-m-nitrophenylacetamido]*-**II**. – *6-[DL-α-Phthalimido-m-aminophenylacetamido]*-**II**. – *6-[DL-α-Succinimidophenylacetamido]*-**II**. – *6-[DL-α-(Pyrazin-2.3-dicarboximido)-phenylacetamido]*-**II**. – *Bakterizide.* (**Brit.P. 1053415** vom 29/7. 1964, ausg. 4/1. 1967.) – 7 S. A. Jahn 4848

*1510* Roussel-Uclaf, Paris, Frankreich, **Tetracyclinsalze der Fusidinsäure.** Zu Port.P. 42845; C. **1966,** 34-1790 ist nachzutragen: 2,25 Mol Tetracyclin (**I**; freie Base) u. 11,62 Mol Fusidinsäure (**II**) werden in 8 ccm peroxidfreiem Dioxan vollständig gelöst, dann fügt man 80 ccm Isopropyläther zu, läßt 15 Min. stehen u. filtriert den Nd. ab → 1,35 g *Tetracyclinfusidat*, $C_{53}H_{72}N_2O_{14}$; $[\alpha]_D^{20}$ +64 ± 2° (c = 1% in Aceton); auch erhältlich in 90%ig. Ausb., indem man 516 mg **II** suspendiert in 10 ccm W. unter Zugabe der stöchiometr. Menge von wss. 1 n NaOH, mit 10 ccm wss. Lsg. von 480 mg **I**-Hydrochlorid mischt u. das Gemisch 12 Std. stehen läßt. – *Antibakteriell* wirkendes Mittel. – Vgl. Brit.P. 930786; C. **1965,** 23-1699. (**Brit.P. 1057229** vom 19/8. 1964, ausg. 1/2. 1967. F. Prior. 22/10. 1963, 22/1. u. 24/6. 1964.) – 4 S. W. Gengenbach 4848

*1511* Chemical and Pharmaceutical Patent Holding Ltd., Zug, Schweiz (Erfinder: Murray E. Corn, Massapequa, N.Y., USA), **Therapeutische Tetracyclinzubereitungen mit verlängerter therapeutischer Wirkung** erhält man dadurch, daß man ein entsprechendes Antibiotikum, wie Tetracyclinbase, Oxytetracyclinbase, Chlortetracyclinbase oder Demethyltetracyclinbase bzw. deren Hydrochloride, mit *Polyvinylpyrrolidon* in Ggw. von Asfreier Schellack-Lsg. oder Talkum u./oder eines Silicats mit geringem Schüttgew. u. einer schwerlösl. organ. Säure, bes. Fumarsäure, in einen *Tetracyclin-polyvinylpyrrolidon-Komplex* überführt. (**Schwz.P. 434240** vom 30/12. 1965, ausg. 14/10. 1967.) – 4 S. R. Bollinger 4848

*1512* Chas. Pfizer & Co., Inc., New York, N.Y., USA, **N-Desmethyltetracycline** erhält man durch Demethylierung u. 12a-Hydroxylierung von 12a-Desoxytetracyclin. – Aus 6-Desmethyl-6.12a-dideoxytetracyclin erhält man durch Behandeln mit $MnCl_2$ u. anschließend mit $O_2$ in N.N-Dimethylformamid u. anschließender chromatograph. Reinigung *N-Desmethyl-6-desmethyl-6-desoxytetracyclin.* Die Herst. einer Reihe ähnlicher Tetracycline ist beschrieben. – *Antibiotika.* (**Brit.P. 1077598** vom 7/4. 1066, ausg. 2/8. 1967. U.S. Prior. 12/5. 1965. **Zusatz zu Brit.P. 947601; C. 1967, 34-1939.**) – 7 S. R. Bollinger 4848

*1513* Recherche et Industrie Thérapeutiques R.I.T., Genval, Belgien (Erfinder: Pierre Crooij und Hubert Vanderhaeghe), **N-Methylierte Antibiotika** erhält man durch Rk. dieser Antibiotika mit $CH_2O$ im sauren Medium. – Hergestellt werden die *Sulfate* von *N-Methyl-neomycin, N-Methyl-neamin, N-Methyl-paromomycin* u. *N-Methyl-kanamycin.* – *Heilmittel.* (**Brit.P. 1055616** vom 27/10. 1964, ausg. 18/1. 1967. **Zusatz zu Brit.P. 1033394; C. 1968, 18-1810.**) – 3 S. R. Bollinger 4848

*1514* Roussel-Uclaf Soc. An., Paris, Frankreich, **Neue γ-Butyrolactonderivate.** Durch Behandlung der Mannich-Base der Formel **I** mit Thioessigsäure (**II**)

I 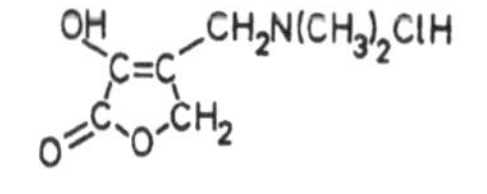

in Ggw. eines Alkalimetallthioacetats, z. B. durch 4std. Kochen eines Gemisches aus 292 (cm³) **II**, 1000 W., 1400 Ae., 175 (g) $NaHCO_3$, 200 **I** u. 1 Hydrochinon unter $N_2$, erhält man *β-Acetylthiomethyl-α-keto-γ-butyrolacton (Enolform)* (**III**), F. 78°; *Acetat,* F. 74–76°; *Tosylat,* F. 120°. Behandlung mit Diazomethan ergibt **III**-*Methyläther,* F. 25°, u. mit Tritylchlorid **III**-*Trityläther,* F. 170 bis 171°. Hydrolyse von **III** mit HCl in sd. A. führt zum freien Mercaptan u. dessen Umsetzung mit Tritylchlorid in $CHCl_3$ zum *S-Trityl*-Deriv., F. 180°. – *Zwischenprod.* zur Herst. von *Cefalosporin C.* (**Niederl.P. 122306** vom 6/8. 1963, ausg. 16/5. 1967. F. Prior. 7/8. 1962.) – 4 S. F. Böhm 4848

*1515* Eli Lilly & Co., Indianapolis, Ind., USA (Erfinder: Edwin Harold Flynn), **Antibiotische Cephalosporinverbindungen** der allg. Formel **I** erhält man durch

I 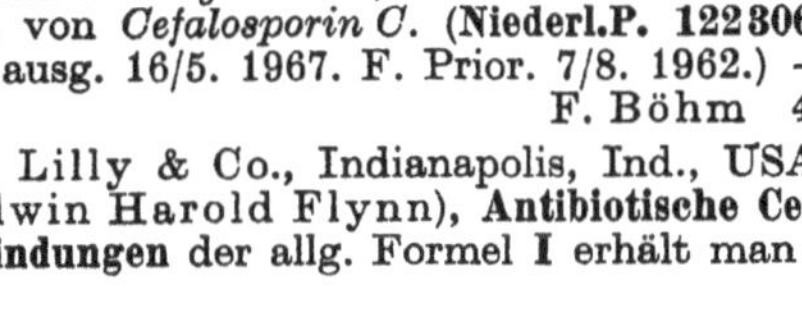

Rk. von 3-Acetonylcephalosporinderiv. mit entsprechenden Pyridinen (R = α-, β-Thienyl-, α-, β-Furylrest; m u. n = 0 oder 1; $R^1$ = CN, $CO_2H$, $CONH_2$, OH, N-Methylcarbamyl-, $C_{1-4}$-Alkanoyl-, Carb-$C_{1-4}$-alkoxyrest; $R^1$ befindet sich in m- oder p-Stellung.). – Es wurden: 7-(α-Thienylacetamido)-3-cephem-4-carbonsäuren hergestellt: *3-(4'-Carbamylpyridinomethyl)*-, F. 147 bis 150° (Zers.). – *3-(3-Carbamylpyridinomethyl)*-, $\lambda_{max}$ 232 u. 260 mμ (ε = 10700 u. 7750). – *3-(3'-Hydroxypyridinomethyl)*-, $\lambda_{max}$ 236 u. 322 mμ (ε = 12000 u. 2200). – *3-[3'-(N'-Methylcarbamyl)-pyridinomethyl]*-, $\lambda_{max}$ 235 u. 260 mμ (13500 u. 8900). – *3-(4'-Acetylpyridinomethyl)*-, $\lambda_{max}$ 234 u. 260 (ε = 13900 u. 8650). – *3-[4'-(N'-Methylcarbamyl)-pyridinomethyl]*-, $\lambda_{max}$ 232 u. 264 (ε = 11600 u. 6550). – *3-(4'-Cyanopyridinomethyl)*-, $\lambda_{max}$ 232 u. 236 (ε = 20600 u. 11300). – *3-(4'-Carbomethoxypyridino)*-, $\lambda_{max}$ 226 u. 263 (ε = 18600 u. 12030). – *3-(3'-Cyanopyridino)*-, F. 127–128°. – *3-Pyridinomethyl-, inneres Salz.* (**Brit.P. 1067644** vom 31/7. 1964, ausg. 3/5. 1967. **Zusatz zu Brit.P. 982252; C. 1967, 3-1853.**) – 9 S. A. Jahn 4848

*1516* Glaxo Laboratories Ltd., Greenford, Großbritannien (Erfinder: John Derek Cocker), **Cephalosporinderivate** der allg. Formel **I** erhält man durch Rk.

I 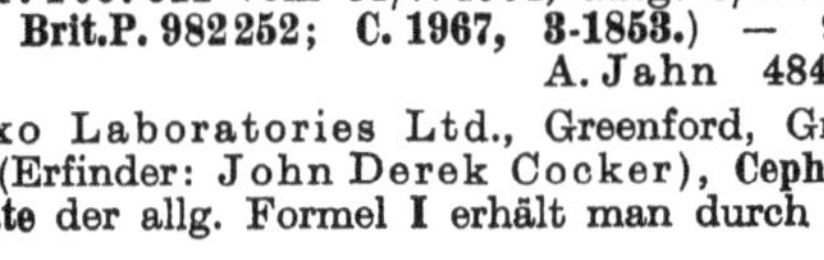

der entsprechenden 7-Aminocephalosporansäuren mit Metallsalzen von Dithiocarbamaten ($R^2$ = H; $R^3$ = H, Acyl, Triarylalkyl; $R^2$ u. $R^3$ können zusammen den Diacylrest einer Dicarbonsäure bilden; $R^5$ = aliphat., araliphat. oder aromat. Rest; $R^4$ = H, $R^5$; $R^4$ u. $R^5$ können zusammen einen Ring bilden). — Es wurden erhalten: Ceph-3-em-4-carbonsäuren: *3-(N.N-Dimethyldithiocarbamylmethyl)-7-benzyl-thioacetamido-*, $C_{26}H_{36}N_4O_4S_4$, *Cyclohexylaminsalz*, $\lambda_{max}$ 269 m$\mu$; $E^{1\%}_{1cm}$ 391; *Na-Salz*, $[\alpha]_D^{28}$ −38° (c = 0,924, W.). — *3-(N.N-Dimethyldithiocarbamylmethyl)-7-allylthioacetamido-*. — *3-(N.N-Dimethyl-dithiocarbamylmethyl)-7-n-butylthioacetamido-*, $[\alpha]_D^{28,5}$ −42° (c = 1,024 in W.). — *3-(N.N-Dimethyldithiocarbamylmethyl)-7-phenylacetamido-*, $[\alpha]_D^{28}$ +4° (c = 0,82 in W.). — *3-(N.N-Dimethyldithiocarbamylmethyl)-7-pentanoylamido-*, $[\alpha]_D^{28}$ −22° (c = 1,0 in W.). — *3-(N.N-Dimethyldithiocarbamylmethyl)-7-(β-phenylpropionamido)-*, *Na-Salz*, $C_{20}H_{22}N_3O_4S_3Na \cdot H_2O$, F. 227° (Zers.); $[\alpha]_D$ −27° (c = 1,0 in W.). — *3-(N.N-Dimethyldithiocarbamylmethyl)-7-(thienyl-3'-acetamido)-*, $C_{23}H_{32}N_4O_4S_4 \cdot {}^1/_2H_2O$, *Cyclohexylaminsalz*, F. 181° (Zers.). — *3-(N.N-Dimethyldithiocarbamylmethyl)-7-(thienyl-2'-acetamido)-*, $C_{23}H_{32}N_4O_4S_4$; *Cyclohexylaminsalz*, F. 190° (Zers.). — *3-Piperidinodithiocarbamylmethyl-7-phenylacetamido-*, $C_{22}H_{25}N_3O_4S_3 \cdot {}^1/_2H_2O$. — *Bakterizide*. (**Brit.P. 1059562** vom 24/9. 1962, ausg. 22/2. 1967. **U.S.P. 3258461** vom 16/9. 1963, ausg. 28/6. 1966. Brit. Prior. 24/9. 1962.) — 12 S. — 5 S. A. Jahn 4848

*1517* Norwich Pharmacal Co., Norwich, N.Y., USA, **Herstellung von 4-Hydroxy-6.7-disubstituierten Chinolin-3-carbonsäureestern** erfolgt durch Rk. eines 3.4-Dialkoxyanilinomethylenmalonats mit $POCl_3$ u. ggf. Verseifung der entstandenen 4-Chlor-chinolinverbindung. — Beispiel: Durch Rk. von 3.4-Diisopropoxyanilinomethylenmalonsäure-dimethylester, F. 56—57°, mit $POCl_3$ erhält man den 4-Chlor-6.7-diisopropoxy-chinolin-3-carbonsäuremethylester, F. 109—110°. Durch Erhitzen mit Methanol u. konz. HCl erhält man daraus den *4-Hydroxy-6.7-diisopropoxy-3-chinolincarbonsäuremethylester*, F. 253—256°, Ausb. 81%. — Analog: 4-Chlor-6.7-diisobutoxy-chinolin-3-carbonsäureäthylester, F. 99 bis 100°, → *4-Hydroxy-6.7-diisobutoxy-chinolin-3-carbonsäureäthylester*, Ausb. 78,6%. — *Antikokzidiosemittel*. (**Brit.P. 1065567** vom 8/12. 1965, ausg. 19/4. 1967. U.S. Prior. 24/2. 1965.) — 5 S. R. Bauereis 4851

*1518* Monsanto Chemicals Ltd., London, Großbritannien (Erfinder: Ernest Bryson McCall und William Cummings), **Halogenhaltige Phenylphenole**, die in einem Phenylkern durch 2—5 Halogenatome substituiert sind u. im anderen Phenylkern die OH-Gruppe tragen, erhält man aus den entsprechenden acylierten oder verätherten Phenylphenolen durch Verseifung. — Aus 4-Acetoxy-2'.4'.6'-trichlordiphenyl erhält man durch Verseifung mit wss. NaOH in Ggw. von A. *4-[2'.4'.6'-Trichlorphenyl]-phenol*, $C_{12}H_7Cl_3O$, F. 130 bis 131°, ähnlich: *3-[2'.4'.6'-Trichlorphenyl]-phenol*, $C_{12}H_7Cl_3O$, F. 94,5—96°, *3-[2'.3'.5'.6'-Tetrachlorphenyl]-phenol*, F. 104,5—105,5° u. *4-[2'.3'.5'.6'-Tetrachlorphenyl]-phenol*, F. 138,5—139,5°. — *Fungistatika* u. *Bakteriostatika*. (**Brit.P. 1057710** vom 17/4. 1964, ausg. 8/2. 1967.) — 4 S. R. Bollinger 4852

*1519* Hollichem Corp., Camden, N.J., USA (Erfinder: William John Shibe), **Biozide quaternäre Ammoniumbenzosulfimide**, die am N-Atom 4-Alkylgruppen enthalten, von denen eine mindestens 14 C-Atome u. die restlichen drei 1—5 C-Atome enthalten, gewinnt man nach folgendem Beispiel: Durch Erhitzen einer wss. Lsg. von Dimethylbenzylammoniumchlorid mit $J_2$ auf 160°F u. Rk. des entstandenen Jodkomplexes mit Benzosulfimid → quatern. Benzosulfimid-Jodkomplex, rötlichbraune krist. Masse. Weiter genannt: Cetyl-trimethyl-ammonium-benzosulfimid, Dodecyl-benzyl-trimethyl-ammoniumbenzosulfimid. (**Brit.P. 1066795** vom 15/10. 1963, ausg. 26/4. 1967.) — 17 S. R. Bauereis 4852

*1520* Dainippon Pharmaceutical Co. Ltd., Osaka, Japan, **Herstellung von 2-[2-(5-Nitro-2-furyl)-vinyl]-pyridin-derivaten** durch Rk. von 5-Nitro-furfural mit einem 6-Methyl-pyridin oder durch Rk. von 2-[2-(5-Nitro-2-furyl)-vinyl]-6-methylpyridin-N-oxid mit einem niedermol. Fettsäureanhydrid u. ggf. Hydrolyse u. Ox. des Rk.-Produkts. — Beispiel: Durch Rk. von 5-Nitrofurfural mit 2-Methyl-5-acetoxymethylpyridin erhält man das *2-[2-(5-Nitro-2-furyl)-vinyl]-5-acetoxymethylpyridin*, F. 127—128°. Durch Verseifung mit verd. $H_2SO_4$ erhält man daraus das *2-[2-(5-Nitro-2-furyl)-vinyl]-5-hydroxymethylpyridin*, F. 150—151°. Analog wurden erhalten (2-[2-(5-Nitro-2-furyl)-vinyl] = I): I-*6-acetoxymethylpyridin*, F. 120—121°; I-*6-propionyloxypyridin*, F. 107 bis 108°; I-*6-hydroxymethylpyridin*, F. 170—171°; I-*5-acetoxymethylpyridin-N-oxid*, F. 178—179°; I-*6-acetoxymethylpyridin-N-oxid*, F. 195—197°; I-*5-hydroxymethylpyridin-N-oxid*, F. 210—211° (Zers.). — *Bakterizide*, *Antimykotika*. (**Brit.P. 1053780** vom 23/7. 1965, ausg. 4/1. 1967. Jap. Prior. 24/7., 25/11. 1964 u. 6/1. 1965.) — 8 S. R. Bauereis 4852

*1521* Ciba Akt.-Ges., Basel (Erfinder: Paul Schmidt, Therwil, Max Wilhelm, Allschwil, und Kurt Eichenberger, Therwil), Schweiz, **N-[5-Nitrothiazolyl-(2)]-amidine**, die ggf. im Thiazolylrest substituiert sind, u. deren Salze, erhält man durch Nitrierung der entsprechenden, in 5-Stellung unsubstituierten N-[Thiazolyl-(2)]-amidine. — *N-[5-Nitrothiazolyl-(2)]-N'.N'-dimethylformamidin*, F. 156—157° (A.); *Hydrochlorid*, F. 188—190°. — *N-[5-Nitrothiazolyl-(2)]-N'-methyl-N'-phenylformamidin*, F. 164—165°. — *N-[4-Methyl-5-nitrothiazolyl-(2)]-N'.N'-dimethylformamidin*, F. 110—112°. — *N-[5-Nitrothiazolyl-(2)]-N'.N'-dimethylacetamidin*, F. 96°. — *Heilmittel* gegen *Würmer* u. *Protozoen*, bes. *Schistosomen* u. *Kokzidien*. (**Schwz.P. 437297** vom 17/8. 1962, ausg. 30/11. 1967.) — 3 S. A. Jahn 4852

*1522* Fujisawa Pharmaceutical Co. Ltd., Osaka, Japan, **Herstellung von 1.3.4-Oxadiazolin-5-on-derivaten** der allg. Formel I (R = Acylrest) durch Acylierung entsprechender Verb., worin R = H-Atom.

I 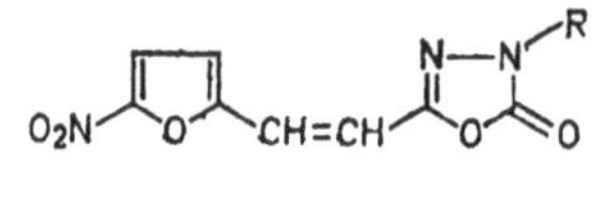


— Zum Beispiel kocht man 2-[2'-(5''-Nitro-2''-furyl)-vinyl]-1.3.4-oxadiazolin-5-on 2 Std. mit Essigsäureanhydrid → *2-[2'-(5''-Nitro-2''-furyl)-vinyl]-4-acetyl-1.3.4-oxadiazolin-5-on*, F. 243—244° (Zers.). — Analog: *2-[2'-(5''-Nitro-2''-furyl)-vinyl]-4-carbäthoxy-1.3.4-oxadiazolin-5-on*, F. 193°. — *2-[2'-(5''-Nitro-2''-furyl)-vinyl]-4-chloracetyl-1.3.4-oxadiazolin-5-on*, F. 215° (Zers.). — *2-[2'-(5''-Nitro-2''-furyl)-vinyl]-4-propionyl-1.3.4-oxadiazolin-5-on*, F. 170 bis 173°. — *2-[2'-(5''-Nitro-2''-furyl)-vinyl]-4-n-caproyl-1.3.4-oxadiazolin-5-on*, F. 161,5—163°. — *2-[2'-(5''-Nitro-2''-furyl)-vinyl]-4-nicotinoyl-1.3.4-oxadiazolin-5-on*, F. 239 bis 240° (Zers.). — *2-[2'-(5''-Nitro-2''-furyl)-vinyl]-4-isobutyryl-1.3.4-oxadiazolin-5-on*, F. 149—151°. — *2-[2'-(5''-Nitro-2''-furyl)-vinyl]-4-benzoyl-1.3.4-oxadiazolin-5-on*, F. 212,5—215°. — *Bakterizide*. (**Niederl.P. 122818** vom 7/2. 1964, ausg. 16/5. 1967. Jap. Prior. 9/2. 1963.) — 4 S. F. Böhm 4852

*1523* C. F. Boehringer & Soehne G.m.b.H., Mannheim, **Herstellung von 1-[5-Nitro-2-furyl]-2-[2-amino-6-pyridyl]-äthylenen.** Aus *1-[5-Nitro-2-furyl]-2-[6-carbomethoxy-2-pyridyl]-äthylen*, F. 147—150° (Zers.), u. NaOH → *1-[5-Nitro-2-furyl]-2-[6-carboxyl-2-pyridyl]-äthylen*, F. 245—247° (Zers.); daraus mit $SOCl_2$ nach 30 Min. bei 95° → *2-[2-(5-Nitro-2-furyl)-vinyl]-pyridin-6-carbonsäurechlorid*, F. 141—142°; daraus mit $NaN_3$ → *2-[2-(5-Nitro-2-furyl)-vinyl]-pyridin-6-carbonsäureazid* (I; bei 127—130° verpuffend), daraus mit W. bei 75—80° in 30 Min. → *1-[5-Nitro-2-furyl]-2-[6-amino-2-pyridyl]-äthylen*, F. 177—179° (Zers.); *Hydrochlorid*, F. 189—190° (Zers.); daraus mit $HNO_2$ → *1-[5-Nitro-2-furyl]-2-[6-hydroxy-2-pyridyl]-äthylen*, $C_{11}H_8N_2O_4$, F. 279° (Zers.). — Aus I beim Erhitzen mit Essigsäure u./oder Essigsäureanhydrid bei 80—90° → *1-[5-Nitro-2-furyl]-2-[6-acetamido-2-pyridyl]-äthylen*, F. 238—240° (Zers.), orangegelb. — *Antibakteriell* wirksame *Heilmittel*, bes. für die *Harnwege*. — Vgl. Brit.P. 1010582. (**Brit.P. 1086799** vom 21/9. 1966, ausg. 11/10. 1967. D. Prior. 23/9. 1965.) — 4 S. O. Schön 4852

*1524* Ciba Ltd., Basel, Schweiz, **5-Nitrothiazolyl-oxodiazacycloalkane** der allg. Formel I erhält man durch

Cyclisierung von in 2-Stellung durch –NH–CO–NH–Z–Cl substituierten 5-Nitrothiazolen u. ggf. nachfolgende Rk. mit $CH_2O$ in Ggw. von $NH_3$, Mono- oder Dialkylaminen, Alkyleniminen, Oxa-, Aza- oder Thiaalkyleniminen oder

I 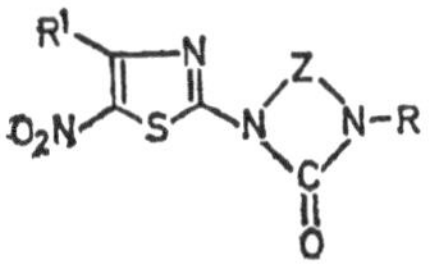

reaktionsfähigen Estern von Alkoholen. Man kann auch $NO_2$-freie **I**-Verb. nitrieren ($R^1$ = H oder niederer Alkylrest; Z = niederer Alkylenrest, der beide N-Atome durch 3–5, bes. 3–4 C-Atome trennt; R = $R^1$, niedere Mono- oder Dialkylamino-, Alkylenimino-, Oxa-, Aza- oder Thiaalkylenimino- oder niedere Alkenylgruppen). – N-[5-Nitrothiazolyl-(2)]-N'-[3-chlorpropyl]-harnstoff (F. 168–170°) → *1-[5-Nitrothiazolyl-(2)]-2-oxohexahydropyrimidin*, F. 289°. – *1-[5-Nitrothiazolyl-(2)]-3-hydroxymethyl-2-oxohexahydropyrimidin*, F. 158–160° (Methanol). – *1-[5-Nitrothiazolyl-(2)]-2-oxo-3-[dimethylaminomethyl]-hexahydropyrimidin, Hydrochlorid*, F. 258° (Zers.). – *Parasitizide, Bakterizide.* (**Brit.P. 1078812** vom 20/4. 1965, ausg. 9/8. 1967. Schwz. Prior. 24/4. 1964, 3/3. u. 31/3. 1965.) – 7 S. A. Jahn 4852

*1525* Rhône-Poulenc Soc. An., Paris (Erfinder: Paul Gailliot, Paris, und Jean Gaston Baget, Sceaux/Seine), Frankreich, **Herstellung von 4-Aminochinolinderivaten** der allg. Formel I (A = 2wertiger

I 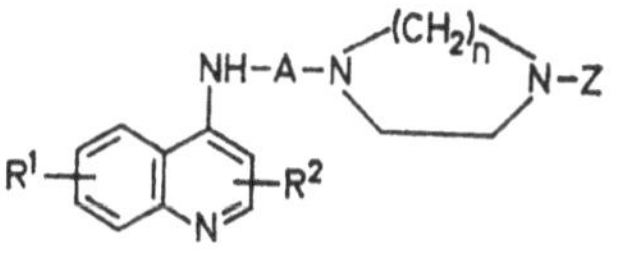

aliphat. KW-Stoffrest mit 2–6 C-Atomen; Z = heterocycl. Rest mit 1 oder 2 N-Atomen, der ggf. substituiert ist; $R^1$ = H, Halogen, Alkyl, Alkoxy, Alkylthio, Alkansulfonyl, Dialkylsulfamoyl, Alkanoylamino, $NO_2$, CN, Trifluormethyl; $R^2$ = H, Halogen, Alkyl, Phenyl, Halogenphenyl, Alkylphenyl; n = 2 oder 3). – Durch Rk. von [5'-Piperazino-2'-pentyl]-4-amino-7-chlorchinolin mit 4.7-Dichlorchinolin in Phenol in Ggw. von $NH_4Cl$ bei 180° erhält man das *1-[(7''-Chlor-4''-chinolyl)-4'-aminopentyl]-4-[7'''-chlor-4'''-chinolyl]-piperazin*, F. 125°; *Pikrat*, F. 200°; ohne die Ggw. von $NH_4Cl$ erhält man eine Verb. mit F. 157–158°. Analog: *1-[(7''-Chlor-4''-chinolyl)-2'-aminoäthyl]-4-[7'''-chlor-4'''-chinolyl]-piperazin*, F. 217 bis 218°. *1-[(7''-Chlor-4''-chinolyl)-3'-aminopropyl]-4-[7'''-chlor-4'''-chinolyl]-piperazin*, F. 178–179°. *1-[(7''-Chlor-4''-chinolyl)-2'-aminopropyl]-4-[7'''-chlor-4'''-chinolyl]-piperazin.* *1-[(7''-Chlor-4''-chinolyl)-3'-amino-2'.2'-di-methylpropyl]-4-[7'''-chlor-4'''-chinolyl]-piperazin*, F. 224°. *1-[(7''-Chlor-4''-chinolyl)-4'-aminopentyl]-4-[6'''-chlor-4'''-chinolyl]-piperazin*, F. 110°. *1-[(7''-Chlor-4''-chinolyl)-4'-aminopentyl]-4-[7'''-methoxy-4'''-chinolyl]-piperazin* · $H_2O$, F. 140°; wasserfrei, F. 192°. *1-[(7''-Chlor-4''-chinolyl)-4'-aminopentyl]-4-[7'''-dimethylsulfamoyl-4'''-chinolyl]-piperazin*, F. 120°. *1-[(7''-Chlor-4''-chinolyl)-4'-aminopentyl]-4-[7'''-trifluormethyl-4'''-chinolyl]-piperazin*, F. 90–100°. *1-[(7''-Chlor-4''-chinolyl)-4'-aminopentyl]-4-[3'''-methyl-4'''-chinolyl]-piperazin*, F. 130°. *1-[(6''-Chlor-4''-chinolyl)-4'-aminopentyl]-4-[7'''-chlor-4'''-chinolyl]-piperazin*, F. 110°. *1-[(7''-Chlor-4''-chinolyl)-3'-aminobutyl]-4-[7'''-chlor-4'''-chinolyl]-piperazin*, F. 172–173°. *1-[(7''-Chlor-4''-chinolyl)-2'-amino-1'-methyläthyl]-4-[7'''-chlor-4'''-chinolyl]-piperazinmonohydrat*, F. 130°. *1-[(7''-Chlor-4''-chinolyl)-5'-amino-pentyl]-4-[7'''-chlor-4'''-chinolyl]-piperazin*, F. 108°. *1-[(7''-Chlor-4''-chinolyl)-3'-amino-2'-isobutyläthyl]-4-[7'''-chlor-4'''-chinolyl]-piperazin*, F. 153–154°. *1-[(7''-Chlor-4''-chinolyl)-3'-amino-2'-methylpropyl]-4-[7'''-chlor-4'''-chinolyl]-piperazin*, F. 218–220°. *1-[(7''-Chlor-4''-chinolyl)-4'-aminobutyl]-4-[7'''-chlor-4'''-chinolyl]-piperazin*, F. 173–175°. *1-[(7''-Chlor-4''-chinolyl)-2'-aminobutyl]-4-[7'''-chlor-4'''-chinolyl]-piperazin*, F. 177 bis 178°. D(–)-*1-[(7''-Chlor-4''-chinolyl)-2'-aminopropyl]-4-[7'''-chlor-4'''-chinolyl]-piperazin*, F. 182–184°; $[\alpha]_D^{23}$ –180°; L(+)-*Form*, F. 181–182°; $[\alpha]_D^{23}$ 117°; DL-*Form*, F. 194–195°. *1-[(7''-Chlor-4''-chinolyl)-4'-aminopentyl]-4-[4'''-pyridyl]-piperazin*, F. 191–192°. *1-[(7''-Chlor-4''-chinolyl)-4'-aminopentyl]-4-[2'''-amino-4'''-äthyl-5'''-p-chlorphenyl-6'''-pyrimidyl]-piperazin*, F. 114–117°. *1-[(7''-Chlor-4''-chinolyl)-4'-aminopentyl]-4-[2'''-pyrimidyl]-piperazin*, F. 143–144°. *1-[(7''-Chlor-4''-chinolyl)-4'-aminopentyl]-4-[2'''-p-chlorphenylamino-4'''-methyl-6'''-pyrimidyl]-piperazin*, F. 106–110°. *1-[(7''-Chlor-4''-chinolyl)-4'-aminopentyl]-4-[2'''-amino-4'''-pyrimidyl]-piperazin*, F. 191–193°. *1-[(7''-Chlor-4''-chinolyl)-4'-aminopentyl]-4-[2'''-methoxy-6'''-chlor-9'''-acridyl]-piperazin*, F. 136–138°. *1-[(7''-Chlor-4''-chinolyl)-4'-aminopentyl]-4-[2'''-methyl-6'''-acetamido-4'''-chinolyl]-piperazin*, F. 246°. *1-[(7''-Chlor-4''-chinolyl)-2'-aminopropyl]-4-[2'''-pyridyl]-piperazin*, F. 162–163°. *1-[(7''-Chlor-4''-chinolyl)-2'-aminopropyl]-4-[2'''-phenyl-4'''-pyridyl]-piperazin*, F. 178–179°. *1-[(7''-Chlor-4''-chinolyl)-4'-aminopentyl]-4-[7'''-chlor-4'''-chinolyl]-1.4-hexahydrodiazepin; Oxalat*, F. 185°. *1-[(7''-Chlor-4''-chinolyl]-3'-aminopropyl]-4-[7'''-chlor-4'''-chinolyl]-piperazin*, F. 176 bis 177°. – *Antimalariamittel, Anthelminthika, Amoebizide.* – Vgl. D.A.S. 1195319; C. **1966,** 6-1721 u. F.P. [Méd.] 1962; C. **1967,** 11-1876. (**Schwz.P. 417593** vom 25/5. 1962, ausg. 15/2. 1967. F. Prior. 26/5., 1/8. 1961 u. 19/4. 1962.) – 13 S. R. Bauereis 4852

---

*1526* **Australian National University,** Canberra (Erfinder: **Francis Patrick Dwyer,** Griffith, **Roy Douglas Wright,** Parkville, und **Albert Shulman,** Prahran), Australien, *Herstellung von Metallkomplexen.* (**Schwz.P. 447 190** vom 26/1. 1961, ausg. 29/3. 1968. Aust. Prior. 26/1. 1960. – C. **1965,** 45-1861 [Brit.P. 956 241].)

*1527* **Hardman & Holden Ltd.** (Erfinder: **Brian Kay Davison**), Manchester, Großbritannien, *Herstellung organischer Aluminiumverbindungen.* (**Schwz.P. 447 160** vom 6/9. 1960, ausg. 29/3. 1968. Brit. Prior. 7/9. 1959. – C. **1965,** 43-1859 [D.A.S. 1 179 204].)

*1528* **Upjohn Co.** (Erfinder: **Fred Kagan** und **William Julius Wechter**), Kalamazoo, Mich., USA, *Herstellung von [4-Phenoxy-3.5-dijodphenyl]-alkanolen.* (**Schwz.P. 441 369** vom 25/11. 1963, ausg. 15/1. 1968. U.S. Prior. 3/12. 1962. – C. **1968,** 7-1717 [Brit.P. 994 611].)

*1529* **Ciba Akt.-Ges.,** Basel, Schweiz (Erfinder: **William Laszlo Bencze,** New Providence, N. J., USA), *Herstellung von α-Phenoxyisobuttersäurederivaten.* (**Schwz.P. 449 048** vom 28/10. 1963, ausg. 11/4. 1968. U.S. Prior. 19/11. 1962 u. 30/8. 1963. – C. **1968,** 1-1601 [D.A.S. 1 238 482].)

*1530* **Imperial Smelting Corp. Ltd.,** London (Erfinder: **Michael William Buxton,** Avonmouth), Großbritannien, *Herstellung von Derivaten aromatischer Carbonsäuren.* (**Schwz.P. 443 257** vom 8/5. 1961, ausg. 15/2. 1968. Brit. Prior. 12/5. u. 4/8. 1960. – C. **1967,** 51/52-1627 [F.P. 1 349 867].)

*1531* **Richter Gedeon Vegyészeti Gyár R. T.** (Erfinder: **Endre Kasztreiner, Laszlo Vargha, Jozsef Borsi, Bori Dumbrovich** und **Erika Mészaros** geb. **Német**), Budapest, Ungarn, *Herstellung von Benzamiden.* (**Schwz.P. 454 113** vom 30/11. 1964, ausg. 14/6. 1968. Ung. Prior. 3/12. 1963. – C. **1967,** 9-1862 [D.P.[DDR] 43 963].)

*1532* **C. F. Boehringer & Soehne G. m. b. H.,** Mannheim (Erfinder: **Erich Haack,** Heidelberg, **Rudi Gall, Ruth Heerdt,** Mannheim, **Johann Daniel Achelis,** Heidelberg, und **Felix H. Schmidt,** Mannheim), *Herstellung von Salicylsäure-derivaten.* (**Schwz.P. 443 350** vom 19/3. 1963, ausg. 15/2. 1968. D. Prior. 21/3. u. 13/12. 1962. – C. **1965,** 50-1914 [Brit.P. 966 479].)

*1533* **Farbenfabriken Bayer Akt.-Ges.,** Leverkusen (Erfinder: **Harald Horstmann, Hartmund Wollweber** und **Karl Meng,** Wuppertal), *Herstellung von Chlorbenzoldisulfonsäureamiden.* (**Schwz.PP. 446 388** u. **446 382** vom 6/11. 1964, ausg. 15/3. 1968. D. Prior. 30/11. 1963. – C. **1968,** 23-1868 [Brit.P. 1 031 916].)

*1534* **Farbwerke Hoechst Akt.-Ges. vormals Meister Lucius & Brüning,** Frankfurt/M. (Erfinder: **Gerhard Korger, Rudi Weyer,** Frankfurt/M., **Walter Aumüller,** Kelkheim/Taunus, und **Erich Haack,** Heidelberg), *Benzolsulfonylsemicarbazide.* (**Schwz.P. 448 087** vom 20/9. 1962, ausg. 29/3. 1968. D. Prior. 22/9. 1961. – C. **1966,** 29-1675 [Brit.P. 979 679].)

*1535* **C. F. Boehringer & Soehne G. m. b. H.,** Mannheim (Erfinder: **Erich Haack,** Heidelberg, **Ruth Heerdt, Kurt Stach** und **Felix H. Schmidt,** Mannheim), *Herstellung von Benzolsulfonylsemicarbaziden.* (**Schwz.P. 441 332** vom 1/9. 1964, ausg. 15/1. 1968. D. Prior. 3/9. 1963. – C. **1966,** 39-1919 [D.A.S. 1 191 826].)

*1536* **Ciba Akt.-Ges.,** Basel (Erfinder: **Paul Schmidt,** Therwil, **Ernst Schweizer, Kurt Eichenberger** und **Max Wilhelm,** Basel), Schweiz, *Sulfonamide.* (**D.A.S. 1 268 148** Kl. 12p vom 8/1. 1964, ausg. 16/5. 1968. **F.P. 1 382 419** vom 7/1. 1964, veröff. 9/11. 1964. Beide Schwz. Prior. 10/1. u. 5/11. 1963. – C. **1968,** 24-1776 [Brit.P. 1 029 740].)

*1537* **Ciba Akt.-Ges.,** Basel (Erfinder: **Atso Ilvespää,** Neuallschwil, **Max Wilhelm,** Allschwil, und **Adrian Marxer,** Binningen), Schweiz, *Sulfamide.* (**Schwz.P. 452 504** vom 2/10. 1963, ausg. 31/5. 1968. – C. **1966,** 43-1875 [D.A.S. 1 211 166].)

*1538* **Farbenfabriken Bayer Akt.-Ges.,** Leverkusen, übert. von: **Rudolf Hiltmann, Hartmund Wollweber, Friedrich Hoffmeister** und **Wolfgang Wirth,** Wuppertal, *N-Substituierte 3-Alkoxy-4-carbamidomethoxy-phenylessigsäureester.* (**U.S.P. 3 288 835** vom 18/12. 1962, ausg. 29/11. 1966. **Schwz.P. 444 838** vom 21/11. 1962, ausg. 29/2. 1968. Beide D. Prior. 20/12. 1961. – C. **1964,** 40-1527 [D.A.S. 1 150 090].)

*1539* **Farbwerke Hoechst Akt.-Ges. vormals Meister Lucius & Brüning,** Frankfurt/M. (Erfinder: **Gerhard Korger,** Frankfurt/M., **Walter Aumüller,** Kelkheim/Taunus, **Erich Haack,** Heidelberg/Neckar, und **Wilhelm Ludwig**

**Andreas Richard Peschke**, Mannheim), *Herstellung von Benzolsulfonylharnstoffen.* (**Schwz.P. 442 287** vom 30/5. 1962, ausg. 31/1. 1968. D. Prior. 3/6. 1961. — **C. 1965,** 17-1592 [Port.P. 39 678].)

*1540* **C. F. Boehringer & Soehne G. m. b. H.**, Mannheim (Erfinder: **Erich Haack**, Heidelberg, **Alfred Popelak**, Mannheim, **Gustav Lettenbauer**, Lampertheim/Hessen, **Wolfgang Schaumann** und **Klaus Ritter**, Mannheim), *Herstellung von Phenylcyclohexylalkylaminen.* (**Schwz.P. 443 277** vom 24/2. 1964, ausg. 15/2. 1968. D. Prior. 26/2. 1963. — **C. 1968,** 10-1685 [Brit.P. 1 004 659].)

*1541* **Merck & Co., Inc.**, Rahway, N. J. (Erfinder: **Edward Jethro Cragoe jun.**, Lansdale, und **Philip Lee Southwick**, Pittsburgh, Pa.), USA, *Herstellung von Guanidinverbindungen.* (**Schwz.PP. 446 344** u. **446 351** vom 11/10. 1962, ausg. 15/3. 1968. U.S. Prior. 12/10. 1961. — **C. 1965,** 3-1602 [Port.P. 40 090].)

*1542* **Farbwerke Hoechst Akt.-Ges. vormals Meister Lucius & Brüning**, Frankfurt/M. (Erfinder: **Ingeborg Hennig**, Kelkheim, und **Ernst Lindner**, Frankfurt/M.), *Herstellung von araliphatischen Aminen.* (**Schwz.PP. 449 040** u. **449 041** vom 10/11. 1961, ausg. 11/4. 1968. D. Prior. 12/11. 1960. — **C. 1965,** 34-1657 [D.A.S. 1 181 233].)

*1543* **Farbwerke Hoechst Akt.-Ges. vormals Meister Lucius & Brüning**, Frankfurt/M. (Erfinder: **Gustav Ehrhart**, Bad Soden, **Ernst Lindner**, Frankfurt/M., und **Heinrich Ott**, Eppstein), *Herstellung von Phenyl-propylaminderivaten.* (**D.A.S. 1 267 687** Kl. 12q vom 7/1. 1961, ausg. 9/5. 1968. — **C. 1965,** 21-1749 [Oe.P. 229 293].)

*1544* **Dr. Karl Thomae G. m. b. H.** (Erfinder: **Johannes Keck**), Biberach/Riss, *Amino-halogenbenzylamine.* (**Schwz.PP. 445 515** u. **445 516** vom 7/10. 1964, ausg. 29/2. 1968. D. Prior. 14/10. 1963. — **C. 1967,** 35-1804 [D.A.S. 1 226 115].)

*1545* **N. V. Nederlandsche Combinatie voor Chemische Industrie**, Amsterdam (Erfinder: **Elzina Geertruida van Proosdij-Hartzema**, Hilversum, **Geertruida Cornelia van Leeuwen** und **Antony Marie Akkerman**, Amsterdam), Niederlande, *Herstellung von neuen tertiären Aminen.* (**Schwz.P. 451 148** vom 16/11. 1962, ausg. 15/5. 1968. Brit. Prior. 20/11. 1961 u. 7/6. 1962. — **C. 1968,** 8-1676 [U.S.P. 3 239 520].)

*1546* **F. Hoffmann La Roche & Co. Akt.-Ges.**, Basel (Erfinder: **Werner Bollag**, Basel, **Hugo Gutmann**, Reinach/B. L., **Balthasar Hegedüs**, Binningen, **Ado Kaiser**, Neu-Frenkendorf, **Albert Langemann**, Basel, **Marcel Müller**, Reinach/B. L., und **Paul Zeller**, Allschwill), Schweiz, *Herstellung von Hydrazinderivaten.* (**Schwz.P. 449 647** vom 29/9. 1961, ausg. 11/4. 1968. — **C. 1966,** 34-1716 [D.P.[DDR] 40 931].)

*1547* **N. V. Philips' Gloeilampenfabrieken**, Eindhoven (Erfinder: **Teunis Kralt** und **Hendrik Adriaan Peperkamp**, Weesp), Niederlande, *Herstellung veresterter Aminoalkohole.* (**Schwz.P. 442 358** vom 19/10. 1961, ausg. 31/1. 1968. Niederl. Prior. 22/10. 1960. — **C. 1966,** 26-1693 [D.A.S. 1 196 212].)

*1548* **Österreichische Stickstoffwerke Akt.-Ges.** (Erfinder: **Otto Schmid**, **Heimo Stormann-Menninger**, **Gerhard Zölss**, **Richard Gratz** und **Karl Wismayr**), Linz, Österreich, *Herstellung von Bis-alkanolaminderivaten.* (**Schwz.P. 451 200** vom 29/5. 1964, ausg. 15/5. 1968. Oe. Prior. 11/6. 1963. — **C. 1968,** 40-1589 [Brit.P. 1 048 199].)

*1549* **Österreichische Stickstoffwerke Akt.-Ges.** (Erfinder: **Karl Wismayr**, **Otto Schmid**, **Rudolf Kilches** und **Gerhard Zölss**), Linz, Österreich, *Herstellung von Phenylalkanolaminderivaten.* (**Schwz.P. 451 201** vom 9/6. 1964, ausg. 15/5. 1968. Oe. Prior. 11/6. 1963. — **C. 1967,** 7-1902 [Brit.P. 1 003 659].)

*1550* **Brevets Chimie et Thérapeutique** (Erfinder: **Isabelle Florand**), Paris, Frankreich, *Herstellung von neuen Betaineisencitraten.* (**Schwz.P. 444 878** vom 13/12. 1963, ausg. 29/2. 1968. F. Prior. 21/12. 1962 u. 19/3. 1963. — **C. 1967,** 43-1639 [D.A.S. 1 230 429].)

*1551* **Imperial Chemical Industries Ltd.**, London (Erfinder: **Thomas Walton Thompson**, Macclesfield, Ches.), Großbritannien, *Herstellung von homocyclischen Derivaten.* (**Schwz.P. 452 547** vom 10/3. 1965, ausg. 31/5. 1968. Brit. Prior. 12/3. 1964 u. 3/2. 1965. — **C. 1968,** 40-1593 [Brit.P. 1 046 001].)

*1552* **Farbwerke Hoechst Akt.-Ges. vormals Meister Lucius & Brüning**, Frankfurt/M. (Erfinder: **Ingeborg Henning**, Kelkheim, und **Ernst Lindner**, Frankfurt/M.), *Herstellung von basisch substituierten Diphenylalkanderivaten.* (**Schwz.P. 446 374** vom 8/11. 1961, ausg. 15/3. 1968. D. Prior. 10/11. 1960. — **C. 1965,** 34-1662 [D.A.S. 1 181 232].)

*1553* **N. V. Koninklijke Pharmaceutische Fabrieken v/h Brocades-Stheeman & Pharmacia**, Meppel (Erfinder: **Cornelis van der Stelt**, Haarlem), Niederlande, *Herstellung von substituierten Diphenylalkenylaminen.* (**Schwz.P. 444 841** vom 9/10. 1962, ausg. 29/2. 1968. Brit. Prior. 10/10. 1961. — **C. 1966,** 30-1661 [Brit.P. 956 616, D.A.S. 1 203 247 u. Belg.A.S. 623 394].)

*1554* **N. V. Koninklijke Pharmaceutische Fabrieken v/h Brocades — Stheeman & Pharmacia**, Meppel (Erfinder: **Cornelis van der Stelt**, Haarlem), Niederlande, *Herstellung von Diphenylalkanolaminen.* (**Schwz.P. 446 392** vom 9/10. 1962, ausg. 15/3. 1968. Brit. Prior. 10/10. 1961. — **C. 1965,** 52-2003 [Brit.P. 956 615].)

*1555* **Farbenfabriken Bayer Akt.-Ges.**, Leverkusen (Erfinder: **Siegismund Schütz**, **Marianne Bock** und **Hinrich Otten**, Wuppertal), *Herstellung basisch substituierter Naphthalin-[1.4.5.8]-tetracarbonsäurediimide.* (**Schwz.PP. 451 952** vom 5/9. 1963, ausg. 15/5. 1968 u. **452 539** vom 5/9. 1963, ausg. 31/5. 1968. Beide D. Prior. 12/9. 1962 u. 15/6. 1963. — **C. 1966,** 26-1698 [D.A.S. 1 195 762].)

*1556* **Istituto de Angeli S. p. A.** (Erfinder: **Silvano Casadio** und **Gianfranco Pala**), Mailand, Italien, *α.α-Dialkylsubstituierte 1-Naphthylessigsäuren.* (**Schwz.P. 441 264** vom 20/2. 1963, ausg. 15/1. 1968. Brit. Prior. 21/2. 1962. — **C. 1966,** 50-1723 [Brit.P. 970 958].)

*1557* **Aspro-Nicholas Ltd.**, London (Erfinder: **Maurice Ward Gittos**, **John William James**, Langley-Bucks, und **Leslie Frederick Wiggins**, Wargrave/Berks.), Großbritannien, *Aminoindan-Derivate und deren Säure-Additions-Salze.* (**Schwz.P. 451 124** vom 28/7. 1964, ausg. 15/5. 1968. Brit. Prior. 2/8. 1963. — **C. 1968,** 49/50-1731 [Brit.P. 1 037 014].)

*1558* **Kefalas A/S** (Erfinder: **Torkil Holm**), Kopenhagen, Dänemark, *Herstellung von substituierten Dibenzo[a.d]cycloheptanverbindungen sowie von Salzen dieser Verbindungen mit Säuren.* (**D.A.S. 1 266 755** Kl. 12o vom 6/10. 1961, ausg. 25/4. 1968. Dän. Prior. 12/10. 1960. — **C. 1964,** 32-2297 [Ung.P. 150 786].)

*1559* **Norwich Pharmacal Co.** (Erfinder: **Frank Frederick Ebetino** und **Gabriel Gever**), Norwich, N. Y., USA, *Herstellung von 5-Nitrofurfurylidenhydrazin.* (**Schwz.P. 446 381** vom 2/4. 1963, ausg. 15/3. 1968. U.S. Prior. 5/4. 1962. — **C. 1966,** 6-1706 [D.A.S. 1 196 656].)

*1560* **Sandoz Akt.-Ges.**, Basel (Erfinder: **Ernst Jucker**, Ettingen, **Anton Ebnöther**, Reinach, **Jean-Michel Bastian**, Birsfelden, **Erwin Rissi**, Basel und **Andre Stoll**, Birsfelden), Schweiz, *Herstellung von Thiophenderivaten.* (**Schwz.P. 448 129** vom 20/12. 1963, ausg. 29/3. 1968. — **C. 1967,** 13-1889 [D.P.[DDR] 44 443].)

*1561* **Ernst Seeger**, Biberach, *Herstellung von 1-'2.4-Dimethylphenyl'-2-pyrrolidino-butan.* (**D.A.S. 1 265 751** Kl. 12p vom 12/7. 1963, ausg. 11/4. 1968. — **C. 1968,** 45-1852 [Brit.P. 1 045 927].)

*1562* **Sandoz Akt.-Ges.**, Basel (Erfinder: **Albert Hofmann** und **Franz Troxler**, Bottmingen), Schweiz, *Herstellung eines Indolderivates.* (**Schwz.P. 442 302** vom 17/4. 1964, ausg. 31/1. 1968. — **C. 1967,** 35-1805 [D.P.[DDR] 48 615].)

*1563* **Ciba Akt.-Ges.**, Basel (Erfinder: **Paul Schmidt**, **Kurt Eichenberger**, Therwil, und **Max Wilhelm**, Allschwil), Schweiz, *Herstellung neuer Aminopyrazole.* (**Schwz.P. 443 314** vom 23/1. 1962, ausg. 15/2. 1968. — **C. 1967,** 15-1830 [Brit.P. 982 612].)

*1564* **Ciba Akt.-Ges.**, Basel (Erfinder: **Paul Schmidt**, **Kurt Eichenberger**, Therwil, und **Max Wilhelm**, Allschwil), Schweiz, *Herstellung von 3-Aminopyrazolen.* (**Schwz.PP. 448 104** u. **448 106** vom 13/9. 1961, ausg. 29/3. 1968. **F.PP. 1 334 957** vom 22/1. 1962, veröff. 8/7. 1963. Schwz. Prior. 24/1., 12/4., 13/7., 13/9. u. 15/11. 1961. [**Méd.**] **1 731** vom 22/1. 1962, veröff. 18/3. 1963. Schwz. Prior. 24/1. 1961. u. [**Méd.**] **1 856** vom 6/3. 1962, veröff. 10/6. 1963. Schwz. Prior. 24/1. u. 13/7. 1961. — **C. 1966,** 10-1790 [Oe.P. 230 884].)

*1565* **Shinogi & Ltd.**, Osaka (Erfinder: **Hideo Kano**, Kyoto-shi, **Ikuo Kikkawa**, Nishinomiya-shi, **Yasuo Makisumi**, Amagasaki-shi, **Shiro Takahashi**, Osaka, und **Masaru Ogata**, Kobe-shi), Japan, *Herstellung von 3-Aminoisoxazolen.* (**Schwz.P. 441 318** vom 17/9. 1959, ausg. 15/1. 1968. Jap. Prior. 20/9. 1958. — **C. 1964,** 40-1553 [Brit.P. 875 458].)

*1566* **Ugine Kuhlmann** (Erfinder: **Jésus Anatol**), Paris, Frankreich, *Herstellung von Alkalisalzen des Phosphorkreatinins.* (**D.A.S. 1 260 473** Kl. 12p vom 24/9. 1959, ausg. 8/2. 1968. F. Prior. 26/9., 3/10. 1958 u. 12/3. 1959. — **C. 1968,** 40-2367 [Schwz.P. 401 989].)

*1567* **E. Merck Akt.-Ges.** (Erfinder: **Gustav Schorre**), Darmstadt, *Bis-[hydroxymethyl-5-hydroxy-6-methylpyridyl-(3)-methyl]-disulfid.* (**Schwz.P. 441 312** vom 26/5. 1961, ausg. 15/1. 1968. D. Prior. 27/8. 1960. Zusatz zu Schwz.P. 411 877. — **C. 1965,** 33-1862 [Brit.P. 927 666].)

*1568* **Upjohn Co.** (Erfinder: **Jacob Szmuszkovicz**), Kalamazoo, Mich., USA, *Herstellung von 4-Amino-2.9-dimethyl-1.2.3.4-tetrahydro-9H-pyrido-[3.4-b]-indol.* (**Schwz.P. 451 178** vom 16/10. 1964, ausg. 15/5. 1968. U.S. Prior. 6/11. 1963. — **C. 1967,** 47-1636 [U.S.P. 3 202 672].)

*1569* **A/B Ferrosan**, Malmö (Erfinder: **Sven Erik Harry Hernestam**, **Nils Olov Bruno Sterner**, Malmö, Schweden, und **Jörgen Buus Lassen**, Kopenhagen, Dänemark), *γ-[4-Methyl-piperidin]-butyrophenone.* (**Schwz.P. 449 615** vom 29/7. 1964, ausg. 11/4. 1968. Brit. Prior. 29/7. 1963. — **C. 1968,** 10-1691 [Brit.P. 1 029 220].)

*1570* **A/B Ferrosan**, Malmö, Schweden (Erfinder: **Sven Erik Harry Hernestam**, **Nils Olof Bruno Sterner**, Malmö, Schweden, und **Jörgen Buus Lassen**, Kopenhagen, Dänemark), *Ketone der Piperidinreihe.* (**D.A.S. 1 268 146** Kl. 12p vom 28/7. 1964, ausg. 16/5. 1968. Brit. Prior. 29/7. 1963. — **C. 1968,** 10-1691 [Brit.P. 1 029 220].)

*1571* **Fujisawa Pharmaceutical Co. Ltd.**, Osaka (Erfinder: **Hiroshi Nakano**, Toyonaka-City, **Akira Morimoto**, Matsubara-City, **Hideyuki Yoshimitsu**, Kyoto-City, und **Akira Kimata**, Otokuni-gun, Kyoto-Pref.), Japan, *3-Carboxy-2-methyl-5-(1.2.3.4-tetrahydroxybutyl)-furan- (oder -pyrrol-) tetranicotinat.* (**Schwz.P. 441 311** vom 2/7. 1964, ausg. 15/1. 1968. Jap. Prior. 3/7. 1963. — **C. 1968,** 21-1872 [Brit.P. 1 031 268].)

*1572* **Rhône-Poulenc Soc. An.**, Paris (Erfinder: **Paul Gaillot**, Paris, und **Jacques Gaudechon**, Sceaux), Frankreich, *Chinolinderivate.* (**Schwz.P. 453 360** vom 13/8. 1962, ausg. 14/6. 1968. F. Prior. 29/12. 1961 u. 20/3. 1962. — **C. 1964,** 46-1467 [Ung.P. 150 912] u. **C. 1967,** 48-1628 [F.PP. 82 307 u. 82 308].)

*1573* **Ciba Akt.-Ges.**, Basel, Schweiz (Erfinder: **Albert Aebi**, **Mohan Damodaran Nair**, Bombay, Indien, und **Karl Bucher**, Basel, Schweiz), *Isochinoline.* (**Schwz.P. 449 013** vom 21/2. 1963, ausg. 11/4. 1968. — **C. 1967,** 47-1658 [Brit.PP. 1 021 525 u. 1 021 526].)

*1574* **F. Hoffmann-La Roche & Co. Akt.-Ges.** (Erfinder: **Max Gerecke**), Basel, Schweiz, *Herstellung von Benzo[a]chinolizinderivaten.* (**Schwz.P. 442 316** vom 7/6. 1963, ausg. 31/1. 1968. — **C. 1968,** 47-1788 [Brit.P. 1 042 205].)

*1575* **Farbwerke Hoechst Akt.-Ges. vormals Meister Lucius & Brüning**, Frankfurt/M. (Erfinder: **Heinrich Ruschig**, Bad Soden/Taunus, **Karl Schmitt**, **Leopold Ther**, Frankfurt/M., und **Wilhelm Meixner**, Hofheim/Taunus), *Herstellung von Oxopyrimidinen.* (**Schwz.P. 441 339** vom 14/8. 1962, ausg. 15/1. 1968. D. Prior. 16/8. 1961. — **C. 1967,** 25-1630 [U.S.P. 3 185 689].)

*1576* **Schering Akt.-Ges.**, Berlin (Erfinder: **Paul Diedrich**, Falkensee/Berlin), *Herstellung von 2-[p-Aminobenzolsulfonamido]-5-alkoxypyrimidinen.* (**Schwz.P. 441 336** vom 8/6. 1960, ausg. 15/1. 1968. D. Prior. 8/7. 1959. — **C. 1964,** 5-1504 [Oe.P. 222 123].)

*1577* **Spofa, Sdružení Podniků pro Zdravotnickou Výrobu** (Erfinder: **Zdeněk Budesinský**, **Vaclav Jelinek**, **Alois Šváb** und **Jaroslav Přikryl**), Prag, CSSR, *Herstellung von 4-Hydroxy-5-halogenpyrimidinen.* (**Schwz.P. 444 166** vom 22/1. 1963, ausg. 15/2. 1968. Tschech. Prior. 23/1. u. 18/9. 1962. — **C. 1966,** 41-1821 [Brit.P. 983 723].)

*1578* **Manufacture de Produits Pharmaceutiques A. Christiaens Soc. An.** (Erfinder: **Pierre Marie Vanhoof**), Brüssel, Belgien, *Herstellung von 1H-9-Cyanindeno-[2'.1'-d]pyrimidinen.* (**Schwz.P. 447 180** vom 30/3. 1961, ausg. 29/3. 1968. Brit. Prior. 1/4. 1960 u. 21/3. 1961. — **C. 1966,** 24-1663 [Brit.P. 956 269].)

*1579* **Sandoz Akt.-Ges.**, Basel (Erfinder: **Ernst Jucker**, Ettingen, **Anton Ebnöther**, Reinach, **Adolf Lindenmann**, **Erwin Rissi**, **Erhard Schenker**, Basel, und **Rudolf Süess**, Bettingen), Schweiz, *Herstellung von Phenthiazinderivaten.* (**Schwz.P. 447 176** vom 17/7. 1964, ausg. 29/3. 1968. — **C. 1968,** 14-1726 [D.P.[DDR] 50 610].)

*1580* **Ciba Akt.-Ges.** (Erfinder: **Alexander Staehelin** und **Albrecht Hüni**), Basel, Schweiz, *Herstellung von 2-Acylhydrazino-4.6-bis-tert.-amino-1.3.5-triazinen.* (**Schwz.P. 448 113** vom 11/10. 1960, ausg. 29/3. 1968. **Oe.P. 240 863** vom 20/7. 1961, ausg. 25/6. 1965. Schwz. Prior. 21/7., 4/8., 11/10. 1960 u. 19/6. 1961. **F.P.[Méd.] 1 451** vom 9/10. 1961, veröff. 20/8. 1962. Schwz. Prior. 11/10. 1960. — **C. 1964,** 40-1573 [D.A.S. 1 159 458].)

*1581* **Roussel-Uclaf**, Paris, Frankreich, *Herstellung von 1.3.2-Dioxaborolanen oder 1.3.2-Dioxaborinanen.* (**D.A.S. 1 259 900** Kl. 12q vom 23/8. 1960, ausg. 1/2. 1968. F. Prior. 24/12. 1959. — **C. 1968,** 39-1682 [Schwz.P. 408 891].)

*1582* **Dr. A. Wander Akt.-Ges.** (Erfinder: **Jean Schmutz** und **Fritz Hunziker**), Bern, Schweiz, *Herstellung von 10-basisch substituierten 11-Oxo-5H-10.11-dihydrodibenzo[b, e] [1.4]diazepinen.* (**D.A.S. 1 263 774** Kl. 12p vom 13/9. 1960, ausg. 21/3. 1968. Schwz. Prior. 22/9. 1959. — **C. 1967,** 15-1843 [Brit.P. 961 106].)

*1583* **F. Hoffmann-La Roche & Co. Akt.-Ges.**, Basel, Schweiz, *Herstellung von Benzodiazepinderivaten.* (**Niederl.P. 123 746** vom 1/3. 1963, ausg. 15/2. 1968. U.S. Prior. 2/3. 1962. — **C. 1968,** 47-1800 [Brit.P. 1 040 548].)

*1584* **F. Hoffmann-La Roche & Co. Akt.-Ges.**, Basel, Schweiz (Erfinder: **Oscar Keller**, Clifton, **Norbert Steiger**, Nutley, und **Leo Henryk Sternbach**, Upper Montclair, N. J., USA), *Herstellung von Benzdiazepinen*. (**Schwz.P. 441 342** vom 12/2. 1963, ausg. 15/1. 1968. U.S. Prior. 21/3. 1962. — C. **1966**, 25-1689 [Oe.P. 237 623].)

*1585* **F. Hoffmann-La Roche & Co. Akt.-Ges.**, Basel, Schweiz (Erfinder: **Earl Reeder**, Nutley, **Arthur Stempel**, Teaneck, und **Leo Henryk Sternbach**, Upper Montclair, N. J., USA), *Herstellung von Benzdiazepinderivaten*. (**Schwz.P. 442 326** vom 21/2. 1963, ausg. 31/1. 1968. U.S. Prior. 9/3. u. 28/11. 1962. — C. **1967**, 24-1760 [Brit.P. 1 013 900].)

*1586* **Shionogi & Co. Ltd.**, Osaka (Erfinder: **Yoshiro Sawa**, Ashiya-shi, **Shin Maeda**, Amagasaki-shi, und **Naoki Tsuzi**, Osaka), Japan, *Herstellung von Morphinanderivaten*. (**Schwz.P. 450 443** vom 8/4. 1963, ausg. 30/4. 1968. Jap. Prior. 9/4. 1962. — C. **1966**, 45-1845 [Can.P. 695 728].)

*1587* **C. F. Boehringer & Soehne G. m. b. H.**, Mannheim (Erfinder: **Richard Kuhn**, Heidelberg, **Werner Jahn**, Peterstal bei Heidelberg, **Friedrich Bickelhaupt**, Neckarhausen bei Mannheim, und **Wolfgang Schaumann**, Mannheim), *Herstellung von Nucleosid-5'-sulfoxiden*. (**Schwz.P. 451 164** vom 19/12. 1963, ausg. 15/5. 1968. D. Prior. 22/12. 1962. — C. **1967**, 25-1637 [Brit.P. 451 164].)

*1588* **Sandoz Akt.-Ges.**, Basel (Erfinder: **Roger Boissonnas**, Bottmingen, **Stephan Guttmann**, Allschwil, und **Janos Pless**, Basel), Schweiz, *Herstellung eines neuen Pentacosapeptids und von dessen Salzen*. (**Schwz.P. 443 335** vom 31/1. 1964, ausg. 15/2. 1968. — C. **1968**, 11-1732 [D.P.[DDR] 48 621].)

*1589* **N. V. Philips' Gloeilampenfabrieken**, Eindhoven (Erfinder: **Hendrik Evert van Geelen** und **Pieter Henri van Leeuwen**, Weesp), Niederlande, *Herstellung von Carbonsäurenitrilen der Vitamin A-Reihe*. (**Schwz.P. 452 501** vom 3/5. 1961, ausg. 31/5. 1968. Niederl. Prior. 6/5. 1960. — C. **1966**, 48-1799 [F.P. 1 291 131].)

*1590* **F. Hoffmann-La Roche & Co. Akt.-Ges.**, Basel, Schweiz (Erfinder: **John Mervyn Osbond**, Welwyn Garden City, Herts, Großbritannien), *Pyridoxin, Vitamin $B_6$*. (**Schwz.P. 451 136** vom 10/3. 1964, ausg. 15/5. 1968. Brit. Prior. 21/3. 1963. — C. **1967**, 43-1670 [D.A.S. 1 229 533].)

*1591* **International Minerals & Chemical Corp.**, Skokie (Erfinder: **Clarence W. Hoffmann**, Glenview), III., *Gewinnung von kristallinem reinem Natriumisoacorbatmonohydrat*. (**D. A. S. 1 263 753** Kl. 12 o vom 11/9. 1961, ausg. 21/3. 1968. U. S. Prior. 12/9. 1960. — C. **1966**, 43—1911 [U.S.P. 3 064 010 Brit. P. 923 765].)

*1592* **Schering Akt.-Ges.** (Erfinder: **Rudolf Wiechert**), Berlin, *Herstellung von antiandrogen wirksamen Steroiden*. (**Schwz.P. 446 317** vom 25/2. 1964, ausg. 15/3. 1968. D. Prior. 27/3. 1963. — C. **1965**, 30-1826 [D.A.S. 1 179 935].)

*1593* **American Cyanamid Co.**, Wayne, N. J. (Erfinder: **Robert Fitz Church**, Old Greenwich, Conn., und **Martin Joseph Weiss**, Oradell, N. J.), USA, *Herstellung von Steroidketonen*. (**Schwz.P. 451 131** vom 17/4. 1964, ausg. 15/5. 1968. U.S. Prior. 17/5. 1963. — C. **1968**, 2-1632 [Brit.P. 1 003 949].)

*1594* **N. V. Organon** (Erfinder: **Cornelis Maurits Siegmann** und **Willem Jacob van der Burg**), Oss, Niederlande, *Herstellung von Dehydroketosteroiden*. (**Schwz.P. 444 149** vom 17/11. 1961, ausg. 15/2. 1968. Niederl. Prior. 23/11. 1960. — C. **1965**, 1-1751 [Niederl.P. 104 298].)

*1595* **British Drug Houses Ltd.** (Erfinder: **Colin Michael Burgess, Peter Feather** und **Vladimir Petrow**), London, Großbritannien, *Herstellung von gegebenenfalls ringsubstituierten und Ringdoppelbindungen aufweisenden 17β-Acetoacetoxysteroiden*. (**D.A.S. 1 274 125** Kl. 12o vom 27/11. 1964, ausg. 1/8. 1968. Brit. Prior. 29/11., 11/12. 1963 u. 17/11. 1964. — C. **1968**, 42-1628 [Brit.P. 1 017 431].)

*1596* **Shionogi & Co. Ltd.** (Erfinder: **Taichiro Komeno**), Osaka, Japan, *Herstellung von Steroiden mit kondensiertem heterocyclischen Ring*. (**Schwz.P. 444 183** vom 12/2. 1964, ausg. 15/2. 1968. — C. **1967**, 30-1774 [D.A.S. 1 227 898].)

*1597* **Shionogi & Co. Ltd.** (Erfinder: **Taichiro Komeno**), Osaka, Japan, *Herstellung von Thienosteroiden*. (**Schwz.P. 443 282** vom 2/4. 1963, ausg. 15/2. 1968. Jap. Prior. 3/4. 1962. — C. **1967**, 2-1827 [F.P. 1 360 402].)

*1598* **Farbenfabriken Bayer Akt.-Ges.**, Leverkusen (Erfinder: **Karlheinz Meyer, Hans Krätzer, Siegismund Schütz, Kurt Stoepel** und **Hans-Günther Kroneberg**, Wuppertal), *Herstellung von Steroidguanylhydrazonen*. (**D.A.S. 1 270 555** Kl. 12o vom 16/4. 1964, ausg. 20/6. 1968. — C. **1968**, 46-1683 [Brit.P. 1 049 015].)

*1599* **Glaxo Laboratories Ltd.** (Erfinder: **Gordon Hanley Phillipps** und **Frances Ann Nice**), Greenford, Großbritannien, *Bromierung der 21-Stellung von gegebenenfalls in 9(11)-Stellung ungesättigten 16-Methylen-17α-hydroxy-20-ketosteroiden der 5α-Pregnanreihe*. (**D.A.S. 1 272 290** Kl. 12o vom 29/8. 1962, ausg. 11/7. 1968. Brit. Prior. 28/8. 1961 u. 17/8. 1962. — C. **1966**, 45-1853 [F.P. 1 349 191].)

*1600* **Schering Akt.-Ges.**, Bergkamen (Erfinder: **Hans Müller** und **Rudolf Wiechert**, Berlin), *Herstellung von 1α-Methyl-$\Delta^2$-5α-androstan-17β-olen*. (**Schwz.P. 454 134** vom 20/3. 1964, ausg. 14/6. 1968. D. Prior. 18/4. 1963. — C. **1966**, 22-1700 [D.A.S. 1 199 767].)

*1601* **Upjohn Co.** (Erfinder: **John Edward Pike**), Kalamazoo, Mich., USA, *Herstellung von Dihydroandrostan-[17.16-c]-pyridinderivaten*. (**Schwz.P. 444 858** vom 6/4. 1964, ausg. 29/2. 1968. U.S. Prior. 6/5. 1963. — C. **1967**, 37-1693 [U.S.P. 3 178 409].)

*1602* **G. D. Searle & Co.**, Skokie, Ill., USA, *Herstellung von 19-Hydroxyandrosten-(4)-3.17-dionen*. (**Niederl.P. 123 605** vom 18/6. 1964, ausg. 15/1. 1968. U.S. Prior. 19/6. 1963 u. 6/2. 1964. — C. **1967**, 37-1687 [U.S.P. 3 176 014].)

*1603* **Syntex Corp.**, Panama, Panam (Erfinder: **Albert Bowers** und **Otto Halpern**), Mexico, Mexico, *Herstellung von 3β-Oxy-$\Delta^{1(10).4}$-19-norsteroiden der Androstanreihe*. (**Schwz.P. 453 353** vom 2/3. 1964, ausg. 14/6. 1968. Mexikan. Prior. 14/3. 1963. — C. **1968**, 36-1708 [U.S.P. 3 253 472].)

*1604* **Farbenfabriken Bayer Akt.-Ges.**, Leverkusen (Erfinder: **Karlheinz Meyer, Siegismund Schütz, Kurt Stoepel** und **Hans-Günther Kroneberg**, Wuppertal), *Herstellung von Cardenolid-, Dihydrocardenolid-, Bufadienolid- und Tetrahydrobufadienolidguanylhydrazonen*. (**Schwz.P. 452 516** vom 7/4. 1964, ausg. 31/5. 1968. D. Prior. 10/4. u. 14/8. 1963. — C. **1967**, 9-1893 [D.A.S. 1 215 700].)

*1605* **Dr. Hommel's Chemische Werke und Handelsgesellschaft m. b. H.**, Müllheim (Erfinder: **Klaus Repenning**, Hamburg), *Herstellung von chemisch reinem Dihydrostrophantin*. (**Schwz.P. 449 005** vom 22/8. 1961, ausg. 11/4. 1968. D. Prior. 23/8. 1960. — C. **1963**, 20 129 [D.A.S. 1 147 222].)

*1606* **Farbenfabriken Bayer Akt.-Ges.**, Leverkusen (Erfinder: **Fritz Schultz**, Wuppertal), *Herstellung eines Kallikrein-Inaktivators aus Insulin-Abfällen*. (**Schwz.P. 449 850** vom 20/11. 1962, ausg. 30/4. 1968. D. Prior. 22/12. 1961. — C. **1965**, 7/8-1839 [D.A.S. 1 161 658].)

*1607* **Zambon S. p. A.**, Bresso, Mailand (Erfinder: **Mario Portelli**, Vicenza), Italien, *Herstellung von 1-Phenyl-1.2-propandiolderivaten*. (**Schwz.P. 453 387** vom 13/12. 1963, ausg. 14/6. 1968. It. Prior. 28/12. 1962. — C. **1967**, 21-1921 [D.A.S. 1 226 597].)

*1608* **Beecham Group Ltd.**, Brentford, Midd, Großbritannien (Erfinder: **Berndt Olof Harald Sjöberg** und **Bertie Ake Ekström**, Södertälje, Schweden), *Herstellung von Penicillinen*. (**Schwz.P. 446 336** vom 20/2. 1963, ausg. 15/3. 1968. Brit. Prior. 28/2. 1962. — C. **1966**, 49-1871 [Brit.P. 959 853].)

*1609* **Beecham Group Ltd.**, Brentford, Middx. (Erfinder: **Harry David Coleman Rapson** und **Eduard Raymond Stove**, Surrey), Großbritannien, *Herstellung wasserfreier fester 6-[D(—)α-Aminophenylacetamido]-penicillansäure*. (**Schwz.P. 450 430** vom 15/6. 1964, ausg. 30/4. 1968. Brit. Prior. 22/6., 5/9. u. 10/9. 1963. — C. **1966**, 1-1845 [Port.P. 42 571].)

*1610* **Glaxo Group Ltd.**, Greenford (Erinder: **Thomas Walker**, Wembley, und **Godfrey Basil Webb**, Greenford), Middx., Großbritannien, *Herstellung von Enolhalogeniden der Crisan-Reihe*. (**Schwz.P. 452 545** vom 19/10. 1961, ausg. 31/5. 1968. Brit. Prior. 21/10. 1960. — C. **1966**, 19-1819 [U.S.P. 3 128 286].)

*1611* **National Research Development Corp.**, London (Erfinder: **Edward Penley Abraham, Guy Geoffrey Frederick Newton**, Oxford, und **Clifford William Hale**, Clevedon), Großbritannien, *Reinigung von Cephalosporin C*. (**Schwz.P. 444 162** vom 24/1. 1961, ausg. 15/2. 1968. Brit. Prior. 25/1. 1960 u. 19/1. 1961. — C. **1963**, 7096 [D.A.S. 1 126 564].)

*1612* **Farbwerke Hoechst Akt.-Ges. vormals Meister Lucius & Brüning**, Frankfurt/M. (Erfinder: **Erhardt Winkelmann**, Kelkheim/Taunus, und **Manfred Schorr**, Frankfurt/M.), *Herstellung von 2.5-Di-acylamino-3.6-diamino-1.4-benzochinonen*. (**Schwz.P. 453 377** vom 7/1. 1965, ausg. 14/6. 1968. D. Prior. 10/1. 1964. — C. **1967**, 13-1938 [D.A.SS. 1 212 103 u. 1 212 104.)]

*1613* **Norwich Pharmacal Co.** (Erfinder: **Edward John Watson jun.**), Norwich, N. Y., USA, *Herstellung chemotherapeutisch wirksamer 6.7-Di-[niederalkoxy]-4-hydroxychinolin-3-carbonsäurealkylester*. (**Schwz.P. 449 617** vom 6/12. 1963, ausg. 11/4. 1968. U.S. Prior. 7/12. 1962 u. 15/4. 1963. Zusatz zu Schwz.P. 432 521; C. 1968, 36-1773. — C. **1967**, 33-1859 [Brit.P. 1 007 590].)

*1614* **F. Hoffmann-La Roche & Co. Akt.-Ges.**, Basel, Schweiz (Erfinder: **Robert Sancier Aries**, Stamford, Conn., USA), *Herstellung von 4-Amino-5-alkoxymethyl-2-propylpyrimidinen*. (**Schwz.P. 441 338** vom 4/5. 1960, ausg. 15/1. 1968. U.S. Prior. 9/11., 11/12. u. 14/12. 1959. — C. **1965**, 43-1921 [D.P.[DDR] 29 773].)

*1615* **Deutsche Solvay-Werke G. m. b. H.**, Solingen (Erfinder: **Karl Altrogge**, Düsseldorf, **Hans-Helmut Friker**, Rheinberg, und **Walter Kikuth**, Düsseldorf), *Desinfektionsmittel*. (**Schwz.P. 443 570** vom 10/1. 1963, ausg. 15/2. 1968. D. Prior. 8/2. 1962. — C. **1964**, 49-1584 [Port.P. 40 514].)

*1616* **Böhme Fettchemie G. m. b. H.**, Düsseldorf (Erfinder: **Horst Rutzen**, Haan/Rhld., und **Albert Löwenstein**, Düsseldorf), *Raumdesodorans*. (**Schwz.P. 446 619** vom 27/4. 1964, ausg. 15/3. 1968. D. Prior. 8/8. 1963. — C. **1965**, 30-1856 [D.A.S. 1 173 614].)

*1617* **Stecker International S. p. A.**, Mailand, Italien (Erfinder: **Herbert Christian Stecker**, Ho-Ho-Kus, N. J., USA), *Keimfreimachen von Textilien*. (**Schwz.P. 449 571** vom 16/2. 1965, ausg. 11/4. 1968. U.S. Prior. 17/2. 1964. — C. **1967**, 39-1767 [D.A.S. 1 231 393].)

*1618* **Farbwerke Hoechst Akt.-Ges. vormals Meister Lucius & Brüning** (Erfinder: **Erhardt Winkelmann**), Frankfurt/M., *Tetramino-1.4-benzochinon*. (**Schwz.P. 441 357** vom 16/12. 1963, ausg. 15/1. 1968. D. Prior. 18/12. 1962. — C. **1967**, 29-1828 [D.A.S. 1 221 237].)

*1619* **Farbenfabriken Bayer Akt.-Ges.**, Leverkusen (Erfinder: **Siegismund Schütz, Marianne Bock** und **Hinrich Otten**, Wuppertal), *Herstellung basisch alkylierter Naphthalin-1.4.5.8-tetracarbonsäurediimide*. (**Schwz.P. 441 356** vom 23/7. 1964, ausg. 15/1. 1968. D. Prior. 2/8. 1963. — C. **1967**, 1-1894 [D.A.S. 1 210 867].)

*1620* **C. F. Boehringer & Soehne G. m. b. H.**, Mannheim (Erfinder: **Erich Haack**, Heidelberg, **Herbert Berger**, Sulzberg/Allgäu, und **Wolfgang Vömel**, Mannheim), *Herstellung von 5-Nitrofuranderivaten*. (**Schwz.P. 450 448** vom 1/11. 1963, ausg. 30/4. 1968. D. Prior. 19/12. 1962. — C. **1967**, 22-1757 [D.A.S. 1 213 850].)

*1621* **C. F. Boehringer & Soehne G. m. b. H.**, Mannheim (Erfinder: **Herbert Berger**, Sulzberg/Allgäu, **Erich Haack**, Heidelberg, und **Wolfgang Vömel**, Mannheim), *Herstellung von 5-Nitrothiophen-Derivaten*. (**Schwz.P. 445 519** vom 2/12. 1963, ausg. 29/2. 1968. D. Prior. 4/12. 1962. — C. **1967**, 8-1840 [Oe.P. 241 451].)

*1622* **F. Hoffmann La Roche & Co. Akt.-Ges.**, Basel, Schweiz (Erfinder: **Hermann Bretschneider, Egon Fitz** und **Wilhelm Klötzer**, Innsbruck, Österreich), *Herstellung von Sulfanilamidoisoxazolen*. (**Schwz.P. 443 299** vom 6/8. 1963, ausg. 15/2. 1968. — C. **1967**, 24-1782 [Brit.P. 1 011 850].)

*1623* **Shionogi & Co. Ltd.**, Osaka (Erfinder: **Hideo Kano**, Kyoto-shi, **Masaru Ogata**, Kobe-shi, und **Haruo Nishimura**, Ashiya-shi), Japan, *Herstellung von 3-Sulfanilamido-4-jod-5-methylisoxazol*. (**D.A.S. 1 263 771** Kl. 12p vom 8/7. 1963, ausg. 21/3. 1968. Jap. Prior. 21/8. 1962. — C. **1966**, 24-1694 [U.S.P. 3 144 448].)

*1624* **Norwich Pharmacal Co.** (Erfinder: **Homer Albert Burch**), Norwich, N. Y., USA, *Herstellung von 3-[5-Nitrofuryl-(2)]-4H-1.2.4-triazolen*. (**Schwz.P. 446 366** vom 15/12. 1964, ausg. 15/3. 1968. **Oe.P. 246 129** vom 2/12. 1964, ausg. 12/4. 1966. **F.P. 1 434 194** vom 7/1. 1965, veröff. 28/2. 1966. **F.P. [Méd.] 3 944** vom 7/1. 1965, veröff. 21/2. 1966. Alle U.S. Prior. 9/1. 1964. — C. **1967**, 29-1833 [D.A.S. 1 221 231].)

*1625* **Farbenfabriken Bayer Akt.-Ges.**, Leverkusen (Erfinder: **Hans Plümpe** und **Marianne Bock**, Wuppertal), *Herstellung von Salzen von substituierten 1.8-Dihydro-1.3.6.8-tetraazapyrenen*. (**D.A.S. 1 265 754** Kl. 12p vom 31/1. 1964, ausg. 11/4. 1968. — C. **1968**, 16-1720 [Brit.P. 1 022 660].)

# G. Analytische Chemie, Laboratoriumspraxis

## G–1. Allgemeine Verfahren und Apparate

*1626* **Schutz vor Giftgasen.** A. Fouilon. (G-I-T Fachz. Lab. **12** (1968) 3, 213; Darmstadt; dt.)
H.-D. Schenke 5001

*1627* **Abwasser-Neutralisationsanlagen für Laboratorien.** F. Cramer. (G-I-T Fachz. Lab. **12** (1968) 5, 471–75; Friedrichsfelder Abwasser- und Verfahrenstechn. GmbH, Mannheim-Friedrichsfeld; dt.) — Beschreibung eines Schnellreaktors zur Neutralisierung von Labor.-Abwässern. H.-D. Schenke 5002

*1628* **Ultrahochvakua.** B. J. Hopkins. (Contemporary Physics **9** (1968) 2, 115–35; Dep. of Phys., Univ., Southampton; engl.) — Überblick über den Stand u. die Probleme der Ultrahochvakuumtechnik. Alle in einem UHV-Syst. verwendeten Teile müssen zuvor bei mindestens 300° ausgeheizt werden. H.-D. Schenke 5010

*1629* **Kälteerzeugung durch Heliumisotope.** David S. Betts. (Contemporary Physics **9** (1968) 2, 97–114; School of Math. and Phys. Sci., Univ. of Sussex, Falmer, Brighton, Sussex; engl.) — Vf. beschreibt die bes. Eig. von $^3He$–$^4He$-Gemischen u. ihre Bedeutung zur Erzeugung von Temp. < 0,1 °K. Diskussion des Standes u. der künftigen Entw. der Technik des Verfahrens.
H.-D. Schenke 5012

*1630* **Korngrößenanalysen mittels Mikropräzionssieben.** O. Lauer. (Verfahrenstechnik **2** (1968) 3, 99–105; Alpine AG., Augsburg; dt.) Übersichtsarbeit. — 12 Literaturangaben. K. Seyfert 5020

*1631* **Präparatives Trennverfahren für Makromoleküle durch Filtrieren durch ein festes Agargel.** E. J. Martin. (J. Chromatogr. [Amsterdam] **34** (1968) 4, 537–38; Dep. of Bacteriol. and Immunol., Univ. of Calif., Berkeley, Calif.; engl.) — Vf. beschreibt einen kombinierten Diffusions- u. Filtrationsapp., in dem eine vertikale Wanderung von Makromol. durch eine horizontale Agargelplatte stattfindet. Eine gleichzeitige Bewegung überschüssigen Puffers durch das Gel erhöht die Geschw. der Makromol.-Wanderung. Das Eluat wird anschließend chromatographiert. H.-D. Schenke 5020

*1632* **Vakuumdestillationsverfahren zur Isolierung von Alkalimetall-Reaktionsprodukten.** Randall F. Gahn. (Analytic. Chem. **40** (1968) 6, 996–98; Lewis Res. Center, Cleveland, O.; engl.) — Um eine Verunreinigung der Rk.-Prod. möglichst klein zu halten, werden alle Operationen im Hochvakuum oder in einer Inertgasatmosphäre durchgeführt. Die Trennung der Rk.-Prod. von überschüssigem Alkalimetall wird durch Vakuumdest. erreicht. Das Verf. wird auf die Rk. von K u. Li mit Ta, Nb, V u. O angewendet. H.-D. Schenke 5022

*1633* **Apparat für die Dünnfilm-Dialyse mehrerer Proben.** Sam Katz und Hoye A. Walls. (Analyt. Biochem. [New York] **23** (1968) 1, 1–5; Biochem. Dep., W.Va. Univ. Med. Center, Morgantown, W.Va.; engl.) — Mit dem Dünnfilm-Dialyseapp. können gleichzeitig 8 Proben mit Vol. zwischen 0,5 u. 20 ml verarbeitet werden. NaCl, Sucrose u. Nilblau A können mit bes. Dünnfilm-Einheiten innerhalb 45 Min. quant. entfernt werden. Ein typ. Dialyse-Profil für 5 m NaCl ist 2,2, $0,1_3$ u. $0,02_2$% der ursprünglichen Konz. nach 1, 2 u. 3 Stunden. Die Verw. eines magnet. Antriebs ermöglicht die Arbeit des App. in einem abgeschlossenen Syst. u. verhindert eine Überbelastung des Motors. H.-D. Schenke 5024

*1634* **Forschungsanwendungen von nuclearen gepulsten Systemen.** (Int. atomic Energy Agency, Vienna, Panel Proc., Proc. Panel Res. Appl. repetitively pulsed Reactors and Boosters, Dubna, USSR, **1966** (1967) 1–234; engl.) — Einige Probleme beim Betrieb eines gepulsten schnellen Reaktors auf der Basis des SORA-Reaktor-Entwurfes (Ispra, Italien) (V. Raievski; 1–16); Anwendung von repetitiv gepulsten Reaktoren bei Unters. der Struktur u. Dynamik von Festkörpern (Überblick — 37 Literaturangaben) (B. Buras; 17–34); Neutronenbeugungsunters. von Proben bei hohen Drücken (Benutzung einer Druckzelle für Proben unter Drücken bis zu 15 kb; Beugungsaufnahmen für $KNO_3$-Phase IV u. magnet. Reorientierung in $\alpha$-$Fe_2O_3$ unter Druck) (R. M. Brugger, R. B. Bennion, T. G. Worlton u. E. R. Peterson; 35–61); Gepulste Neutronenquellen in der Physik der Festkörper- u. Fl.-Zustände (Überblick — 16 Literaturangaben (P. A. Egelstaff; 62–90); Das kanad. Projekt eines intensiven Neutronengenerators (Vorgeschlagene Installation für ein 1-GeV-Protonenbündel zur Erzeugung großer Neutronenflüsse) (G. A. Bartholomew; 91–99); Neutroneneinfang-Gammastrahlen (Beschreibung einer experimentellen Anordnung mit Chopper u. $\gamma$-Nachweissystem) (G. Y. Bartholomew; 100–03); Der Superbooster (Unters. zu einem Beschleuniger-Booster-Syst. für die Erzeugung therm. Neutronenbündel für die Festkörperforschung; Kopplung eines gepulsten Wanderwellen-Elektronen-Linac mit einem subkrit. schnellen Reaktor mit Pu u. Kühlung durch fl. Metall) (M. J. Poole; 104–23); Beschleunigergepulste schnelle Anordnung (General-Atomic-LINAC u. schneller Metallreaktor) (J. L. Russell jun., KL.. Crosbie u. C. A. Stevens; 124 bis 146); Kernforschung beim IBR (Unters. von Neutronenwechselwrkg. mit Atomkernen u. der Eig. von Kernniveaus aus der Anregung durch Resonanzneutronen im IBR-Reaktor in Dubna) (I. M. Frank, L. B. Pikelner, F. L. Shapiro u. E. I. Sharapov; 147–60); Kohärente Streuung langsamer Neutronen in festen u. fl. Metallen bei kleiner Impulsübertragung (Unters. im IBR-Reaktor in Dubna; quasielast. Streuung von Neutronen zur Unters. der Dynamik von Fl.) (V. V. Golikov, Ž. A. Kozlov u. F. L. Shapiro; 161–64); IBR, ein gepulster Reaktor mit Injektor (Betrieb des IBR mit Mikrotron u. Wahl des optimalen Moderators) (L. B. Pikelner u. V. T. Rudenko; 165–75); Messung von magnet. Dipol- u. elektr. Quadrupol-Momenten von Compoundkern-Resonanzzuständen (Unters. zu Resonanzen in Neutronenquerschnitten) (F. L. Shapiro; 176–78); Laufzeitspektrometer mit Be-Filter u. Krist.-Monochromator vor dem Zähler (Zur Analyse der Energie gestreuter Neutronen) (K. Parlinski, M. Sudnik-Hrynkiewicz, A. Bajorek, J. A. Janik u. W. Olejarczyk; 179–85); Maximale Möglichkeiten von Quellen mit period. wiederholten Neutronenimpulsen (Vgl. der verschiedenen Systeme) (S. M. Feinberg; 188–90); Impulsverkürzung u. Neutronenspeicherungseffekt in rotierenden Kristallen (Benutzung eines rotierenden Krist. zur Bündelung eines langen Impulses in eine kürzere Zeitspanne ohne wesentliche Reduzierung der Intensität) (F. Carvalho u. W. Gläser; 191–95); Doppelspektrometer für langsame Neutronen beim IBR-Reaktor (Spektrometer zur Aufnahme von Energiespektren gestreuter Neutronen für 15 Winkel im Energiebereich von 0,001 eV bis 1 eV) (V. G. Liforov, M. N. Nikolaev, A. G. Nivikov, V. Z. Nozik, V. V. Orlov, V. A. Parfenov, V. A. Semenov, V. I. Smirnov u. V. F. Turchin; 196–200); Neutronenphysik-Experimente mit dem Sora-Reaktor (Optimalisierung von Neutronenbündel-Experimenten an einem gepulsten Reaktor) (W. Kley; 201–29).
Herbert Weber 5032

*1635* **Projizierte Mikrochemie.** Hubert N. Alyea. (Mikrochim. Acta [Wien] **1968,** 3, 506–18; Frick Chem. Labor., Princeton Univ., Princeton, N.J.; engl.) — Beschrieben wird eine Projektionstechnik für mikrochem. Vers., die im Eigenbau mit geringem Aufwand hergestellt werden kann. Die zur Durchführung einiger hundert Vers. benötigten Chemikalien sind angegeben.
K. Henning 5032

*1636* **Entwurf einer vielseitigen Blitzspektrallampeneinheit mit getriggerter Funkenstrecke.** U. P. Wild und Hs. G. Günthard. (J. sci. Instruments **44** (1967) 1, 76–78; Swiss Federal Inst. of Technol., Zürich; engl.) — Vf. beschreiben eine Mikrosek.-Lichtquelle, bei der Variationen der Entladungsspannungen über einen weiten Bereich durch Änderung von Gasdruck u. Funkenstrecke möglich sind. Meth. zur Verringerung der Verzögerung zwischen Triggerpuls u. Lichtpuls werden beschrieben u. diskutiert. J. Pickardt 5032

*1637* **Messung von Mikrogramm-Oberflächenbelegungen durch Beobachtung der durch Protonenbeschuß erzeugten Röntgenstrahlung.** L. J. Christensen, J. M. Khan und W. F. Brunner. (Rev. sci. Instruments **38** (1967) 1, 20–23; Lawrence Radiation Labor., Univ. of Calif., Livermore, Calif.; engl.) — Die Oberflächenbelegung wurde bei dünnen Al-, Cu- u. Yb-Filmen bestimmt durch Messung der durch Protonenbeschuß erzeugten Röntgenstrahlung u. verglichen mit Filmen bekannter Dicke. Die Röntgenausb. wurde bei Al mit vorausberechneten Werten verglichen; experimentelle u. berechnete Werte stimmten innerhalb 15% überein. Daten für Al-Schichten von 0–7000 Å Dicke werden angegeben, jedoch liegt die sinnvolle obere Grenze der Best.-Meth. für Al bei 4000 Å u. für Yb bei 1000 Å. J. Pickardt 5042

*1638* **Untersuchungen am Drehströmungsentstauber, seine Einsatzmöglichkeit als Meßgerät für Korngrößenanalysen.** W. Geisel. (Aufbereit.-Techn. **9** (1968) 1, 9–13; Lehrstuhl für Verfahrenstechn. u. Dampfkesselwesen, TH, Stuttgart; dt.) — Vf. untersucht ein Labormodell des Drehströmungsentstaubers DSS 40 auf seine Trenneigenschaft. Als wichtigstes Kriterium werden die Fraktionsentstaubungsgradkurven (Tromp-Kurven) bestimmt. Da sie relativ flach sind, ist eine Grenzkornfestlegung nur bedingt möglich. Deshalb wird zusätzlich eine Beziehung des Grenzkorn-∅ zum Gesamtabscheidegrad aufgestellt. Damit können durch ein trockenes Verf. im DSS 40 Stäube bis zu einer Feinheit gesichtet werden, wie sie mit Andreasen-Analysen erreicht wird. H.-D. Schenke 5044

*1639* **Fein- und Präzisionsgewichte.** Hans Ulbricht. (Chemiker-Ztg./Chem. Apparatur **92** (1968) 8, 280–87; Neubiberg bei München; dt.) — Vf. gibt einen Überblick über Gewichte, ihre Fehlergrenzen, Handhabung u. Pflege. H.-D. Schenke 5046

*1640* **Eigenerwärmung eines Thermistors bei Temperaturmessungen.** Satohiro Tanaka. (Bull. chem. Soc. Japan **41** (1968) 3, 723–25; Gov. Chem. Ind. Res. Inst., Shibuya-ku, Tokyo; engl.) — Die Empfindlichkeit von Thermistor-Widerstandsbrücken zur Temp.-Messung wird erhöht, wenn die Brückenspannung vergrößert wird. Vf. diskutiert die dabei durch Eigenerwärmung hervorgerufenen Fehler u. gibt für Temp.-Differenzmessungen Spannungshöchstwerte an, die bei einem gewünschten Grad der Reproduzierbarkeit nicht überschritten werden dürfen. H.-D. Schenke 5052

*1641* **Schnelles Kohlenstoffbolometer zur Beobachtung thermischer Pulse.** W. C. Cannon und M. Chester. (Rev. sci. Instruments **38** (1967) 3, 318–21; Univ. of Calif., Los Angeles, Calif.; engl.) — Vf. beschreiben die Verw. eines C-Bolometers als sehr schnelles Thermometer zur Beobachtung von Wärmepulsen in Festkörpern bei tiefen Temperaturen. Die Vorr. wurde, in Verb mit einem KCl-Substrat, mit einem Dünnschichthalbleiterbolometer verglichen. Die Frequenzansprechkurve des C-Bolometers erwies sich bis mindestens 2,5 kHz als eben. Temp.-Änderungen von $9{,}5 \cdot 10^{-4}$ Grad bei 4,0°K u. $8 \cdot 10^{-4}$ bei 2,5°K konnten noch nachgewiesen werden. J. Pickardt 5052

*1642* **Neues Standard-Manobarometer des Bureau International des Poids et Mesures.** J. Bonhoure und J. Terrien. (Metrologia [Berlin] **4** (1968) 2, 59–68; Bur. Internat. des Poids et Mesures, Sèvres, France; engl.) — Vf. beschreiben ein neues Standard-Manobarometer mit interferometr. Hg-Säulenhöhen-Bestimmung. Die Genauigkeit beträgt einige wenige μm, entsprechend 0,1 $N/m^2$. H.-D. Schenke 5054

*1643* **Viskositätsmessungen nach der Ausschwingmethode. Erweiterung des Meßbereichs des Rheomat RM-15.** J. Schurz und J. Renger. (Mh. Chem. **99** (1968) 3, 918–26; Inst. für Phys. Chem., Univ., Graz; dt.) — Vf. diskutieren den Vorgang des „Ausschwingens“ eines verdrillten Rotationsviskosimeters u. beschreiben seine Verw. zur Viskositätsmessung bei Newtonschen u. strukturviskosen Lösungen. Bei der Aufnahme von Fließkurven erweitern die zusätzlichen Meßpunkte den Meßbereich um ca. eine Zehnerpotenz nach unten in D (Schergeschw.) als auch in τ (Schubspannung). H.-D. Schenke 5058

*1644* **Einheimische pH-Meter und ihre Verwendung in agrochemischen Laboratorien.** A. N. Orlova und A. L. Erinov. (Chim. v sel'skom Choz. **5** (1967) 10, 62–68; Central'naja kontrol'naja agrochim. labor.; russ.) — Vf. geben eine ausführliche Beschreibung sowjet. pH-Meter der Typen: LPM-60 M, LPU-01, „Agrochimik“, PLP-64, PPM-03 M u. vergleichen ihre Genauigkeit, Stabilität u. Einsatzmöglichkeiten. E. Bomke 5066

*1645* **Billige Chemieausrüstung: Y-förmiges Normalelement.** David M. Coleman und R. E. van Atta. (Trans. Illinois State Acad. Sci. **61** (1968) 1, 103–04; Dep. of Chem., Southern Ill. Univ., Carbondale Ill.; engl.) — Vf. beschreiben die Herst. eines billigen Weston-Normalelements mit einem Potential von 1,019 ± 0,001 V nach wenigen Stunden. H.-D. Schenke 5066

*1646* **Messung von Flüssigkeitsoberflächenspannungen nach der Methode des maximalen Blasendrucks.** Ph. D. Jiři Spurný und Bohuslav Dobiaš. (Tenside [München] **5** (1968) 3/4, 77–79; Inst. für Physiol., Tschechoslowak. Akad. der Wiss., Prag; dt.) — Vf. beschreiben eine modifizierte App. zur relativen Best. von Fl.-Oberflächenspannungen nach der Blasendruckmeth., bei der die Druckanzeige durch die W.-Säule erfolgt, mit der die Gasblase in die Meßfl. gedrückt wird. Die App. muß mit einer Fl. bekannter Oberflächenspannung sowie mit W., dessen Oberflächenspannung Tabellen entnommen wird, geeicht werden. H.-D. Schenke 5070

*1647* **Laboratoriumsausrüstung und -verfahren. Weitere Modifizierung einer magnetischen Bandwaage mit kontrollierbarer Empfindlichkeit.** Z. Obuszko. (Acta physica polon. **33** (1968) 4, 673–77; Chair of Phys. I, Acad. of Min. and Metallurgy, Cracow; engl.) — Die Modifizierung besteht in der Verw. von 4 statt 2 Spiegeln (Erhöhung der Empfindlichkeit um den Faktor 6), zweier plast. Schwimmer geeigneten Auftriebs, um die Belastung der elast. Bänder als Schwingungsdämpfer herabzusetzen u. einem neuen Aufhängesyst. des die Probe tragenden Stabes (Verbesserung der Arbeitsweise der Waage). H.-D. Schenke 5070

*1648* **Thermostat für magnetische Sucksmith-Waagen für Messungen im Temperaturbereich von Zimmertemperatur bis 1100°.** Z. Obuszko. (Acta physica polon. **33** (1968) 4, 679–81; Chair of Phys. I, Acad. of Mining and Metallurgy, Cracow; engl.) — Vgl. vorst. Referat. — Der Thermostat gestattet eine gute Wärmeisolierung von der Umgebung, ohne daß die gesamte Waage isoliert werden muß. Wegen des verhältnismäßig kleinen ∅ sind Messungen für Polschuhabstände von 23 mm möglich. H.-D. Schenke 5070

*1649* **Interpretation von Eichkurven bei physikalischen Verfahren in der chemischen Analyse.** Piergiorgio Ruffino. (Ind. ital. Cemento **38** (1968) 1, 5–10; Unione Cementi Marcino e.C., Labor. Chim. Centrale, Casale Monferrato; ital.) — Unter bes. Berücksichtigung der Kolorimetrie wird die Erstellung einer Eichkurve mathemat. behandelt. Es werden auch Wege aufgezeigt, um Daten, die sich nicht in einer Eichkurve darstellen lassen, auszuwerten. W. Holland 5082

*1650* **Lactonisierung der Hydroxyäthylendiamintriessigsäure. Thermogravimetrische und infrarotspektrometrische Untersuchungen.** E. Merciny. (Analytica chim. Acta [Amsterdam] **37** (1967) 4, 542–45; Labor. de Chim. Anal., Univ. Liège, Belgique; franz.) — An Hand thermogravimetr. Unters. wird gezeigt, daß der für die Substanz in der Literatur als F. 159° angegebene Wert die Lactonisierungstemp. darstellt, während der tatsächliche F. (unter Zers.) bei 215° liegt. Die Lactonbldg. bei 159° wird mit Hilfe von IR-Spektren bewiesen. J. Pickardt 5086

*1651* **Analytische Eigenschaften von Dimethyl- und Diäthyldiselenocarbaminaten sowie Möglichkeiten ihrer**

**Anwendung.** Ch. K. Kirspuu und A. I. Busev. (Ž. analitičeskoj Chim. **23** (1968) 3, 354–56; Moskau, gosydarsvennyi univ. um. M. B. Lomonosova; russ., Auszug: engl.) — Die Absorptionsmaxima der Komplexe von Cu, Bi, Ni u. Co mit Dimethyl- u. Diäthyldiselenocarbaminat in $HCCl_3$ sowie die zur Analyse ausgewerteten Spektrallinien werden mitgeteilt. Auf die Abhängigkeit der Extraktion vom pH-Wert der wss. Lsg. u. den Einfl. der Maskierungsmittel wie KCN u. Komplexon auf die Extraktion wird eingegangen. Die Bedingungen für die Best. von Cu, Bi u. U werden beschrieben.
Herbert Hoffmann 5086

*1652* **Trennung eines komplexen Gemisches komplexbildender, zur fluorimetrischen Analyse verwendeter Azofarbstoffreagenzien an einer Sephadex-Säule.** Albert L. Baetz und Harvey Diehl. (J. Chromatogr. [Amsterdam] **34** (1968) 4, 534–36; Dep. of Chem., Ia. State Univ., Ames, Ia.; engl.) — Vf. trennen die Rk.-Prod. einer Mannich-Kondens. von o.o′-Dihydroxyazobenzol, Formaldehyd u. Iminodiessigsäure durch Eluierung aus einer Sephadex G-10-Säule mit 0,001 n NaOH.
H.-D. Schenke 5086

*1653* **Analyse von Sulfonazo III und einiger analoger Reagenzien. 2. Mitt. Bestimmung der chromatographischen Reinheit und die Herstellung chromatographisch reiner Stoffe.** Zdeněk Slovák, Jindřich Bořak und Jiři Fischer. (Chem. Průmysl **18** (43) (1968) 3, 142–44; Výzk. ùst. čistých chemikálií, Lachema, n.p., Brno; tschech.) — 1. vgl. ibid. **18** (1967) 82. — Zur Reinheitskontrolle von *Sulfonazo III*, *Dimethylsulfonazo III* u. *Chlorsulfonazo III* werden papierchromatograph. Meth. vorgeschlagen, die Herst. chromatograph. reiner Präparate beschrieben u. zur Best. des gebundenen W. die Titration mit dem Reagenz von K. Fischer verwendet. Die reinen Präparate werden durch ihre Absorptionsspektren in 0,1 n Essigsäure charakterisiert.
O. Rösner 5086

*1654* **Triphenyltetrazoliumchlorid als Reagenz in der analytischen Chemie. 7. Mitt. Bestimmung von Hydrazin über eine Redox-Reaktion.** A. Alexandrov, P. Vassiléva-Alexandrova und E. Kovatchéva. (Mikrochim. Acta [Wien] **1968,** 5, 1007–12; Ecole Normale Supérieure, Plovdiv, Bulgarie; franz.) — 2. vgl. C. **1966,** 36-1890. — In alkal. Lsg. wird Triphenyltetrazoliumchlorid durch Hydrazin zu rotgefärbtem Triphenylformazan reduziert. Nach der Extraktion mit Bzl. kann die Extinktion mit einem Grünfilter gemessen werden. Im Bereich von 0–1 ml Hydrazin ist die Eichkurve linear. Der Variationskoeff. beträgt 2,95%.
K. Henning 5086

*1655* **Zersetzung des Albuminreagenzes von Ness bei Aufbewahrung in Plastikflaschen.** K. Kramer. (Z. klin. Chem. klin. Biochem. **5** (1967) 2, 92; Antoni van Leeuwenboek-Huis, Amsterdam; dt.) — Vf. macht Angaben über die Verfärbung einer in Polyäthylenflaschen aufbewahrten Lsg. von 2-(4′-Hydroxyphenylazo)-benzoesäure im Gegensatz zu Lsg. in Glasflaschen u. teilt sie mit Hilfe einer Silicagelsäule chromatograph. in 3 Bänder, während die im Glasbehälter aufbewahrte Lsg. nur ein Band zeigt.
I. Klee 5086

*1656* **Chronopotentiometrie mit Stromumkehr an einer Quecksilberfilm-Elektrode bei konstanter Stromstärke.** P. Bos und E. van Dalen. (J. electroanalyt. Chem. Interfacial Electrochem. [Lausanne] **17** (1968) 1–2, 21–30; Dep. of Chem., Free Univ., Amsterdam; engl.) — Theoret. Betrachtung zum chronopotentiometr. Verh. eines amalgambildenden Metalls an einer Hg-Filmelektrode. Zwei Fälle werden betrachtet: (1) Red. mit Stromumkehr zur Übergangszeit für den Red.-Prozeß u. (2) Ox. mit Stromumkehr zur Übergangszeit für den Ox.-Prozeß.
K.-H. Bielicki 5092

*1657* **Anwendung von Platin- und Kohlenstoffindikatorelektroden bei Säure–Base-Titrationen.** J. Doležal und K. Štulík. (J. electroanalyt. Chem. Interfacial Electrochem. [Lausanne] **17** (1968) 1–2, 87–94; Dep. of Anal. Chem., Charles Univ., Prag; engl.) — Es wurden die Eig. von Pt-Folien-, Pt-Draht- u. glasartigen C-Elektroden bei Säure–Base-Titrationen im wss. Medium mit denen herkömmlicher Elektroden (Kalomel-, $H_2$- u. Glaselektroden) verglichen.
K.-H. Bielicki 5092

*1658* **Photometrische Titrationen unter Verwendung von Chrom(II) in alkalischer Lösung.** E. R. Groeneveld und G. den Boef. (Z. analyt. Chem. **237** (1968) 2, 85–97; Labor. für anal. Chem., Univ., Amsterdam; dt.) — Das Syst. Cr(II)-ÄDTA weist im pH-Bereich 7–10 gute Eig. für reduktometr. Best. auf, u. a. ist photometr. Indizierung bei 850 nm möglich. Das Verf. eignet sich bes. zur Best. kleiner Mengen anorgan. Anionen bzw. organ. Stoffe mit reduzierenden Gruppen. Es eignet sich nicht, wenn während der Red. Nd, Trübungen oder Gase entstehen. Die Arbeitsweise ist beschrieben, eine Fehlerdiskussion gegeben.
K. Seyfert 5094

*1659* **Coulometrische Bestimmung des Silber-Chlorid-Verhältnisses in anodischen Silberchloridfilmen unter Verwendung einer amalgamierten Silberkathode.** K. S. Indira und K. S. G. Doss. (J. electroanalyt. Chem. Interfacial Electrochem. [Lausanne] **17** (1968) 1–2, 145 bis 151; Central Electrochem. Res. Inst., Karaikudi, Indien; engl.) —
K.-H. Bielicki 5096

*1660* **Dynamisches Verhalten der Silber/Silberhexacyanoferrat(II)-Elektrode. Coulometrische Bildung von Hexacyanoferrat(II).** F. Magno und G. Pilloni. (Analytica chim. Acta [Amsterdam] **41** (1968) 3, 413–18; Ist. di Chim. Anal., Univ. die Padova, Padova; engl.) — Das elektrochem. Verh. der $Ag/Ag_4[Fe(CN)_6]$-Elektrode wurde untersucht. Es konnte gezeigt werden, daß die Rk. $Ag_4[Fe(CN)_6] + 4e^- \rightarrow 4\,Ag + [Fe(CN)_6]^{4-}$ für die coulometr. Bldg. von $[Fe(CN)_6]^{4-}$-Ionen bei der Titration von Zn(II) brauchbar ist. Außerdem wird über die coulometr. Titration von Metallorgan. Verb., wie $R_2Sn(ClO_4)_2$, mit coulometr. erzeugtem $[Fe(CN)_6]^{4-}$ berichtet.
J. Bardeleben 5096

*1661* **Bemerkungen zur Methodik der organischen Polarographie.** L. Holleck, M. Heyrovský und S. Vavricka. (J. electroanalyt. Chem. Interfacial Electrochem. [Lausanne] **17** (1968) 3–4, 293–97; Chem. Inst. der Hochschule, Bamberg; dt.) — Am Beispiel der Red.-Kurven des *p-Dinitrobenzols* wird gezeigt, daß die Zus. der Pufferlsg. (bei gleichem pH) u. der Einfl. des Potentials auf die Tropfzeit des Hg-Tropfens bes. in Ggw. oberflächenakt. Stoffe Beachtung finden müssen. Der Verarmungseffekt mit der gleichzeitigen Übertragung der Rk.-Prod. von einem Tropfen auf den anderen läßt sich weitgehend durch die Benutzung der abgewinkelten Kapillare vermeiden. In speziellen Fällen läßt sich zur Klärung von Red.-Chemismen die Red. durch $H_2$ in Ggw. von platiniertem Pt-Blech unter gleichzeitiger polarograph. Verfolgung des Red.-Ablaufs anwenden.
H. Marsen 5098

*1662* **Optimale Bedingungen für quantitative Messungen mit dem kernmagnetischen Resonanzspektrometer.** Thomas G. Alexander und Stanley A. Koch. (Appl. Spectroscopy **21** (1967) 3, 181–83; Washington, D.C., U.S. Dep. of Health, Education and Welfare, Food and Drug Adm., Bureau of Sci., Div. of Pharmaceut. Chem.; engl.) — Die optimalen Bedingungen für Signalintegrationen zu NMR-Bestimmungen werden für das VARIAN A 60-Spektrometer diskutiert.
B. I. 5102△

*1663* **Verschiedene Methoden der Auflösung von kernmagnetischen Resonanzspektren mit hoher Auflösung.** Pierre Granger. (Chim. analytique **50** (1968) 4, 199 bis 208; Nancy, E.N.S.I.C., Labor de Chim. Théorique; franz.) — Die verschiedenen Spektrentypen u. deren Auswertung werden diskutiert. Die Anwendung direkter Meth., Meth. mit Parametervariationen sowie Meth., die auf der Iteration der Eigenvektoren basieren, werden untersucht, miteinander verglichen u. ihre Aufwendigkeit diskutiert.
B. I. 5102△

*1664* **Berechnung von Gleichgewichtskonstanten und ihre Fehler bei der Untersuchung von Gleichgewichtsreaktionen mit der kernmagnetischen Resonanz.** A. R. Conrad und A. G. Lee. (Analytic. Chem. **40** (1968) 3, 659–60; Cambridge, Univ. Chem. Labor.; engl.)
B. I. 5102△

*1665* **On-line-Computersystem zur Verarbeitung der Meßdaten hochaufgelöster Massenspektren.** H. C. Bowen, T. Chenevix-Trench, S. D. Drackley, R. C. Faust und R. A. Saunders. (J. sci. Instruments **44** (1967) 5, **343**—48; I.C.I. Ltd., The Heath, Runcorn, Cheshire; engl.) — Vf. beschreiben ein Syst., bei dem ein hochauflösendes Massenspektrometer, das zur Strukturbest. organ. Verb. verwendet wird, mit einem kleinen, sehr schnellen Computer verbunden ist. Während das Spektrum abgetastet wird, berechnet der Computer die Auftreffzeiten verschiedener Ionenspezies auf den Kollektor u. ihre relativen Häufigkeiten. Das Syst. gestattet das Abtasten einer Massendekade in 10 Sek. bei einer Auflsg. von 10000. Aus den Auftreffzeiten werden die spezif. Ladungen der Ionen abgeleitet, aus denen die Zus. abgeleitet werden kann. Schließlich erfolgt das Ausdrucken der Daten in geeigneter Form. J. Pickart 5106

*1666* **Kombinierte Feldemissions-Elektronenstoß-Ionenquelle für Proben hohen Molgewichts und geringer Flüchtigkeit.** C. Brunnée. (Z. Naturforsch. **22b** (1967) 2, 121 bis 123; Friedr. Krupp Meß- u. Analysentechnik, Bremen; engl.) — Vf. beschreibt eine derartige Ionenquelle, die in Verb. mit einer direkten Einlaßsonde verwendet werden kann. Der Abstand zwischen dem Elektronenstrahl u. dem Drahtemitter beträgt nur 1 mm, so daß der Probendampf beide Ionisationszonen erreicht. Der Dampf passiert die Ionenquelle als Quasimolekularstrahl. Als Anw.-Beispiele für die Meth. werden Massenspektren von D-Ribose, Tetradecanol, Morphin u. Somalin für verschiedene Ionisierungsbedingungen angegeben. J. Pickardt 5106

*1667* **Anordnung zur interferometrischen Messung des Brechungsindex im Infrarot-Bereich.** B. Wilhelmi. (Infrared Physics 8 (1968) 2, 157—60; Phys. Inst., Friedrich-Schiller-Univ., Jena; engl.) — Vf. beschreibt ein Fabry-Perot-Interferometer mit veränderlicher Weglänge zur Messung des Brechungsindex von Fl. im IR-Bereich. Bei konst. Wellenlänge werden die Interferenzen in Abhängigkeit von der Schichtdicke registriert. H.-D. Schenke 5108

*1668* **Thermostatierung eines Fabry-Perot-Etalons.** V. V. Bulatov, I. S. Zykova und M. S. Kaštan. (Ž. prikl. Spektroskopii 8 (1968) 1, 158—60; russ.) — Konstruktionsbeschreibung. H. Roschkowski 5108

*1669* **Flammenoptik in der Atomabsorptionsspektrometrie.** E. A. Boling. (Spectrochim. Acta [Oxford], Part. B **23** (1968) 7, 495—96; Med. Serv. and Res. Labor., Boston Veterans Adm. Hospital, Boston, Mass.; engl.) — Beschriebene, hell ausgeleuchtete Papierseiten werden durch die Flammen eines Ein- u. eines Dreischlitzbrenners in Richtung der Längsachsen hindurch photographiert. Auf den Bildern sind deutlich opt. Strukturen in den Grenzzonen beider Flammen zu erkennen. Die Zentren der Flammen zeigen strukturfreie Zonen, die jedoch beim Dreischlitzbrenner wesentlich größer als beim Einschlitzbrenner sind. Es wird daraus gefolgert, daß das verminderte Grundrauschen bei Dreischlitzbrennern im wesentlichen auf das günstige opt. Verh. dieser Flammen zurückzuführen ist. H. Kuchenbecker 5116

*1670* **Konstruktion eines Gerätes für Atomabsorptionsspektrophotometrie.** Stanislav Tardon. (Chem. Listy **61** (1967) 5, 661—70; Ostrava-Radvanice, Vědeckovýzk. uhelný ùst.; tschech.) — Die Hauptteile des Einstrahlgerätes, das für die Analysen von Aschen, Gesteinen u. Mineralwässern bestimmt ist, sind ein Monochromator Zeiss SPM-1, eine Zerstäubungskammer Optica (vom Spektrophotometer CF-4) u. ein Photovervielfacher RCA 1P—28. Die Ausführung weiterer Teile, nämlich der Linienspektrumquelle, der stabilisierten Gleichstromquelle, der Quarzoptik, des mechan. Modulators, des Detektions- u. Auswertungsteiles, wird eingehend beschrieben. Der Spektralbereich des Gerätes ist 200—750n schrieben. Der Spektralbereich des Gerätes ist 200 bis 750 nm, die Instabilität maximal 1% der Grundskala, evtl. 1,5% der Drittelskala. **Die** Meßempfindlichkeit, definiert als Konz. des analysierten Elements, welche einer Absorption von 1% entspricht, ist bei wss. Lsg. 0,19 ppm Fe, 0,20 ppm Mn, 0,10 ppm Cu, 0,077 ppm Zn u. bei 30%ig. Acetonlsg. 0,035 ppm Mg u. 0,066 ppm Ca. Vladimír Kratochvíl 5116△

*1671* **Atomabsorptionsspektroskopische Untersuchungen mit langen Absorptionsröhren.** Ivan Rubeška und Bedrich Moldan. (Analyst **93** (1968) 1104, **148**—52; Geol. Surv. of Czechoslovakia, Prague; engl.) — Vf. untersuchen den Einfl. der Brennstoffströmungsgeschw. bei Verw. einer 45 cm langen Röhre aus $Al_2O_3$ u. einer Luft/$H_2$-Flamme zur Best. von Cu, Ag, Au, Cd, Sn, Pb, Sb, Bi, Mn u. Rh. W. Grimmich 5116

*1672* **Falsche Beobachtung von Streulicht in Ultraviolettinstrumenten.** J. E. Fischer, B. J. Parsons und H. E. Bennett. (Appl. Optics **7** (1968) 4, **715**—16; Michelson Labor., China Lake, Calif.; engl.) — Über die direkte Wahrnehmung sehr intensiver UV-Linien durch das Auge wird berichtet. J. Pickardt 5116

*1673* **Monochromator mit konstanter Ausgangsleistung.** Gary B. Maxwell und Douglas D. Doonan. (Appl. Optics **7** (1968) 4, **599**—602; Bausch & Lomb, Inc., Rochester, N.Y.; engl.) — Ein Monochromator mit einer konst. Ausgangsleistung von $100 \pm 2\,\mu W$ über einen Wellenlängenbereich von 375—1400 nm mit einer Bandbreite von 20 nm wird beschrieben. J. Pickardt 5116

*1674* **Spektroskopie im fernen Infrarot.** G. R. Sharp. (Hilger J. **11** (1968) 3, **50**—54; Dep. of Phys. and Phys. Electronics, Rutherford College of Technol. Newcastle upon Tyne; engl.) — Beschreibung der neuesten Entw. eines Grubb-Parsons-Interferometers für die Absorptionsspektroskopie im fernen IR. H.-D. Schenke 5116

*1675* **Zweistrahlenspektrometer mit hoher Auflösung für das ferne Infrarot.** T. M. Hard und R. C. Lord. (Appl. Optics **7** (1968) 4, **589**—98; Spectroscopy Labor., MIT, Cambridge, Mass.; engl.) — Ein IR-Spektrometer für 20—300 $cm^{-1}$ mit einer Auflsg. (abhängig vom Gitter) zwischen 0,1—0,4 $cm^{-1}$ wird beschrieben. Kombinationen von Reflexions- u. Transmissionsfiltern reduzieren unerwünschte Strahlung auf 5—1%. Ein Ga-dotiertes Ge-Bolometer mit He-Kühlung dient als Detektor. J. Pickardt 5116

*1676* **Fabry-Perot-Spektrometer mit hoher Auflösung.** Jean-Marie Gagné. (Appl. Optics **7** (1968) 4, **581** bis 584; Labor. de Optique et de Spectroscopie, Ecole Polytechn., Montréal, Québec; franz.) — Ein hochauflösendes Photoelektr. Spektrometer zur Messung opt. Linienverschiebungen, Hyperfeinstrukturintensitäten u. Spektrallinienbreiten mit einer Genauigkeit von 1% wird beschrieben. J. Pickardt 5116

*1677* **Interferometer für den fernen Infrarot-Bereich.** Kunihide Matsunaga, Kiyomi Sakai, Nobuyoshi Shikama und Hiroshi Yoshinaga. (J. spectroscop. Soc. Japan [Bunkô Kenkyû **16** (1968) 4, **162**—69; Dep. of Appl. Phys., Fac. of Engng., Osaka Univ., Higashinoda-9, Miyakojima-ku, Osaka; jap., Auszug: engl.) — Das entwickelte Vakuumgerät wurde für die Messung von Durchlässigkeiten u. Brechungsindices verwendet. Letztere sind auf ± 0,3% reproduzierbar. W. Grimmich 5116

*1678* **Drehmomentanforderungen für einen rotierenden optischen Zerhacker.** D. L. Fain und W. H. Jonston. (Appl. Optics **6** (1967) 4, **778**; Exotech, Inc., Rockville, Md.; engl.) — Kurze Mitt. über Messungen des Drehmoments für einen rotierenden opt. Zerhacker in einem IR-Spektrophotometer, das zur Überwindung des Luftwiderstandes notwendig ist. Das Drehmoment nimmt etwa mit dem Quadrat der Winkelgeschw. zu. Die Ergebnisse können als Grundlage für die Auswahl von Antriebsmotoren u. Getrieben dienen. K.-H. Bielicki 5116

*1679* **Automatischer Probewechsler für das Infrarotspektralphotometer UR 10.** Werner Wohlrabe und Klaus Seifarth. (Chem. Techn. **20** (1968) 5, **208** 09; VEB Stickstoffwerk Piesteritz; dt.) — Der ausschließlich mit Schwachstrom betriebene Probenwechsler ist unkompliziert im Aufbau u. erfordert nur einen minimalen Eingriff in die Elektrik des UR 10. Der eigentliche Probenwechsler besteht aus einer drehbaren Piacrylscheibe, die die Proben (Preßlinge bzw. Folien) aufnehmen kann u. die mit einem Endschalter versehen ist. Der Antrieb erfolgt durch einen Batteriemotor. Der Probewechsel wird durch das nach Prismenwechsel erfolgende Aufleuchten der KBr-Kontrollampe ausgelöst. Steuer- u. Stromversorgungsteil können im UR 10 untergebracht werden. H.-D. Schenke 5116

*1680* **Schwarzes Polyäthylen als Filter für das ferne Infrarot.** Donald E. McCarthy. (J. opt. Soc. America **57** (1967) 5, 699–700; Res. Dep., U.S. Naval Ordonance Labor., Corona, Calif.; engl.) — Die IR-Filterwrkg. von schwarzem Polyäthylen (SP) beruht hauptsächlich auf der Streuung an den suspendierten Kohleteilchen, weniger auf Absorption, so daß bei geringem Abstand SP–Film–Detektor die gestreute Strahlung z. T. den Detektor erreichen kann. Die Durchlässigkeit von SP wurde bei 500, 800 u. 1000 $cm^{-1}$ an drei verschiedenen Punkten gemessen. A. Günther 5116

*1681* **Schnelles Suchsystem für die ASTM-Infrarotdatenkartei.** Duncan S. Erley. (Analytic. Chem. **40** (1968) 6, 894–98; Chem. Phys. Res. Labor., Dow Chem. Co., Midland, Mich.; engl.) — Vf. beschreibt ein Programm für IBM-1130-Rechner, mit dessen Hilfe der ASTM-Datenkartensatz (90000 IR-Karten) gespeichert u. auf eingegebene Daten hin abgesucht werden kann. J. Pickardt 5116

*1682* **Herstellung von Pulverproben für die Transmissions Infrarot-Spektroskopie.** P. Coufová und J. Novák. (Infrared Physics 8 (1968) 2, 153–56; Inst. of Phys., Czechoslovak Acad. of Sci., Prague; engl.) — Das zu untersuchende Pulver wird mit $CHCl_3$ auf eine KBr-Einkrist.-Platte gesprüht. Diskutiert werden die Einfl. von Korngröße, Schichtdicke u. chem. Zus. der gelösten Substanz auf die entstehenden Spektren. H.-D. Schenke 5116

*1683* **Verwendung von Bildteilern in der Spektroskopie.** W. Pilz. (Optik **27** (1968) 4, 234–38; Akad.-Werkstätten für Forsch.-Bedarf, Berlin-Adlershof; dt.) — Die Verw. eines einfachen Bildteilers zur Optimierung des Energieflusses in Spektrographen wird beschrieben. J. Pickardt 5118

*1684* **Zusatzgerät zum Spektrophotometer SF-4 für die Messung diffuser Streuspektren.** A. A. Pankratov und E. I. Kotov. (Pribory Techn. Ėksperimenta **1968,** 2, 177–78; Leningradskij gos. univ.; russ.) H. Roschkowski 5118

*1685* **Vergleichende Untersuchungen zur Einsatzmöglichkeit des kaskadenstabilisierten Lichtbogens.** Klaus Doerffel, Hans-Peter Timm Gehlsen-Lorenzen und Ute Mann. (Z. Chem. 8 (1968) **3, 93–96**; TH für Chem. „Carl Schorlemmer", Leuna-Merseburg; dt.) — Vf. vergleichen die Eig. dieser Lichtquelle mit Verbrennungsflamme, Plasmastrahlerzeuger u. Atomabsorption u. schließendaraus auf die jeweils optimale Einsatzmöglichkeit. J. Pickardt 5118

*1686* **Selektive Photoempfänger für den Spektralbereich 15–90 nm.** O. M. Sorokin. (Optika i Spektroskopija **24** (1968) 5, 795–98; russ.) — Für den Bereich 15 bis 90 nm wurden photoelektr. Empfänger konstruiert, die aus einer speziellen Anordnung von Folien (Filtern) aus Al, Mg, Te, Sn u. In u. Photokathoden aus LiF oder $CaF_2$ bestanden. M. Wiedemann 5118

*1687* **Verwendung der Linienbreiten zur Bestimmung von Intensitätsverhältnissen.** L. R. Pittwell. (Canad. Spectroscopy **13** (1968) 1, 17–18; Haile Selassi Univ., Addis Abeba, Ethiopia; engl.) — Mit einem verschiebbaren Mikroskop werden die der Konz. proportionalen Linienbreiten vermessen u. zur Best. benutzt. Die quant. Auswertung erfolgt durch Vgl. mit den Linienbreiten von Cu-Linien, die bei verschiedenen Belichtungszeiten aufgenommen werden. Das Verf. bietet gegenüber dem der Schwärzungsmessung keine Vorteile u. ist ungenauer. H. Bensch 5118

*1688* **Menge des zuzusetzenden Reagenzes für thermochemische Reaktionen bei der Spektralanalyse.** A. A. Frišberg. (Ž. prikl. Spektroskopii 8 (1968) 2, 326–30; russ.) — Durch Zusätze von $J_2$ zu $As_2O_3$ u. $Sb_2O_3$ bei der Bogenspektralanalyse sowie von $CBr_4$ zu $As_2O_3$, $Sb_2O_3$ u. $MoO_3$ werden die flüchtigen Verb. $AsJ_3$, $SbJ_3$, $AsBr_4$, $MoBr_2$, $MoBr_3$, $MoBr_4$ u. $MoBr_5$ erhalten u. damit der Nachw. erleichtert. Vf. zeigt, daß ein Überschuß der Zusätze wieder zu einer Verminderung der Empfindlichkeit der Best. führt. H. Roschkowski 5118

*1689* **Spektrochemische Analyse mit einem Laser-Mikroanalysator.** Yasumitsu Katsuno, Hiroshi Sunahara, Kiyoshi Morita und Tsuguo Takeuchi. (J. spectroscop. Soc. Japan [Bunkô Kenkyû] **16** (1968) **4, 151–57**; Nagoya Univ., Furo-cho Chikusa-ku, Nagoya; jap., Auszug: engl.) — Mit dem Jarrell-Ash-Laser-Mikroanalysator Modell 45-604 wurden Standardproben von Cu, Fe, Cr, Ag u. Pb mit u. ohne Hilfsanregung durch Funken untersucht. Die App. konnte auch erfolgreich zur Best. von Elementen in altem Porzellan sowie karzinösem u. normalem Prostatagewebe eingesetzt werden. W. Grimmich 5118

*1690* **Herstellung elektrodenloser Entladungsröhren mit Mikrowellenanregung für Titan, Vanadin und Zirkonium zur Verwendung als Spektrallinienquelle.** R. M. Dagnall, R. Přibil jun. und T. S. West. (Analyst **93** (1968) 1106, 281–85; Chem. Dep., Imp. College, London; engl.) — Die Herst. der Entladungsröhren für die Atomabsorption u. Atomfluoreszenz von Ti, V u. Zr wird beschrieben. Ein langer zylindr. Hohlraumresonator hat sich für Metalle dieser Art bes. bewährt. H. Kuchenbecker 5122

*1691* **Spektralverteilung von Röntgenröhren zur quantitativen Röntgenfluoreszenzanalyse.** J. V. Gilfrich und L. S. Birks. (Analytic. Chem. **40** (1968) 7, 1077–80; U.S. Naval Res. Labor. Washington D.C.; engl.) — Die für eine mathemat. Korrektur des Interelementeffektes notwendige spektrale Verteilung wird für W-, Mo-, Cu- u. Cr-Röhren im Bereich von 15–50 keV ermittelt. Die Ergebnisse sind in Form von Kurven, für die W-Röhre in einer Tabelle dargestellt. Beobachtet wurden ein Intensitätssprung im Kontinuum an der Absorptionskante, welcher die Ursache der erhöhten Fluoreszenzanregung der leichten Elemente, vor allem bei der Cr-Röhre, ist, u. ein bisher unbekanntes **2. Max.** der Kontinuumsstrahlung, dessen Wellenlängen unabhängig von der Röhrenspannung ist. Unters. des Einfl. des Abstrahlwinkels auf die spektrale Verteilung bei der Cu-Röhre ergaben im Extremfall eine 2–3fache Erniedrigung der Intensität. H. Bensch 5122

*1692* **Rechenmethode in der Röntgenfluoreszenzanalyse. Vergleich der empirischen Koeffizienten- mit der Grundparameter-Methode.** J. W. Criss und L. S. Birks. (Analytic. Chem. **40** (1968) 7, 1080–86; U. S. Naval Res. Labor., Washington, D.C.; engl.) — Die empir. Regressionsmeth. ist nur bei Verw. spezieller Röntgenausrüstungen u. bei Proben mit gleicher oder ähnlicher Zus. der Standards brauchbar. Die Grundparametermeth. ist allgemein anwendbar, erfordert aber die genaue Kenntnis der spektralen Verteilung, der Massenabsorptionskoeff. u. der Fluoreszenzausbeuten. Gegenüber der chem. Analyse sind die Abweichungen bei Verw. der Grundparametermeth. geringer als bei der Regressionsmethode. H. Bensch 5122

*1693* **Verwendung von Aluminiumpulver-Briketts bei der Spektralanalyse.** Charles K. Matocha. (Appl. Spectroscopy **22** (1968) 1, 27–30; Alcoa Res. Labor., New Kensington, Pa.; engl.) — Al-Pulverproben werden mit einem Preßgesenk zunächst bei einem Druck von 2 $t/cm^2$, anschließend mit **3,5** $t/cm^2$ in eine Al-Kappe eingepreßt u. die so hergestellten Proben emissionsspektrograph. u. röntgenfluoreszenzanalyt. untersucht. Der Vgl. mit gegossenen Proben zeigte keinen Unterschied; die Übereinstimmung mit naßchem. ermittelten Werten ist zufriedenstellend. H. Bensch 5122

*1694* **Spektrometer mit rotierender Scheibe zur Beobachtung des Mössbauer-Effektes.** C. W. Fay und I. R. McAulay. (Sci. Proc. Roy. Dublin Soc., Ser. A **3** (1968) 10, 115–24; Phys. Labor., Trinity College, Dublin; engl.) — Neben einer Beschreibung des Spektrometers

u. einer Diskussion seiner Vor- u. Nachteile werden die Faktoren betrachtet, die die Geschw.-Auflsg. beeinflussen. Ein Verf. zur Herst. großflächiger Absorber wird entwickelt. H.-D. Schenke 5122

*1695* **Mehrkanalanalysator zur Messung des Mössbauer-Effektes.** I. Dézsi und L. Keszthelyi. (Kerntechn., Isotopentechn. u. -chem. 10 (1968) 4, 236; Zentralforsch.-Inst. für Phys., Budapest; dt.) — Vf. beschreiben einen in „modulation mode" arbeitenden Mehrkanalanalysator zur Messung des Mössbauer-Effekts. Eine rasche Folge von Spektrenaufnahmen, Entnahme der im Analysator gespeicherten Daten u. ihre Löschung wird von einer Automatikeinheit sehr gut durchgeführt. H.-D. Schenke 5122

*1696* **Geschwindigkeitsverschiebungen in der Mössbauer-Spektroskopie.** N. Hershkowitz. (Nuclear Instruments Methods [Amsterdam] **58** (1967) 1, 172; Dep. of Phys., John Hopkins Univ., Baltimore, Md.; engl.) — Es wird gezeigt, daß Geschw.-Verschiebungen bei Verw. dünner Absorber auf die Geometrie der experimentellen Anordnung zurückgeführt werden können. J. Pickardt 5122

*1697* **Quantitative Analyse mit Hilfe des Mössbauer-effektes bei Korrosionsuntersuchungen.** Donald D. Joye und Robert C. Axtmann. (Analytic. Chem. **40** (1968) 6, 876—78; Dep. of Chem. Engng., Princeton Univ., Princeton, N.J.; engl.) — Die Korrosion dünner Fe-Proben ist ein fast ideales Syst. für eine zerstörungsfreie Best. nach einer Mössbauer-Methode. Ein Konst.-Beschleunigungsspektrometer gibt das Verhältnis der Menge unveränderten Fe zu der des in einer Atmosphäre von W., HCl u. Luft gebildeten Korrosionsproduktes. Eine abs. Eichung erfolgt auf gravimetr. Wege. Aus den Mössbauer-Spektren wird auf $Fe_2O_3 \cdot 2H_2O$ als Korrosionsprod. geschlossen. Das Verhältnis des Mössbauer-Wrkg.-Grades von Fe zu dem des Korrosionsprod. beträgt bei Zimmertemp. 1,61 ± 0,22. H.-D. Schenke 5122

*1698* **Infrarot-Dispersionsfilter.** V. G. Vereščagin und N. A. Borisevič. (Ž. prikl. Spektroskopii 8 (1968) 4, 612—18; russ.) — Die IR-Transmissionsbanden von 28 Krist.-Luft-Filteranordnungen werden tabellar. mitgeteilt. Als Krist. wurden verwendet (in der Reihenfolge steigender Durchlässigkeitsmax. von 6,9—24 μ) $CsNO_3$, $BaSO_4$, $BeO$, $Al_2O_3$, $La_2O_3$, $CaWO_4$, $NaLaMoO_4$, $LiNbO_3$, $SrMoO_4$, $BaMoO_4$, $Y_3Al_5O_{12}$, $CdMoO_4$, $PbMoO_4$, $MgF_2$, $SrTiO_3$, $LaNbO_3$, $CaZrO_3$, $LaZrO_3$, $Y_2O_3$, $ZnF_2$, $CaF_2$, $LaF_3$, $NaF$, $CdF_2$, $SrF_2$, $BaF_2$, $PbF_2$ u. $GaP$. H. Roschkowski 5124

*1699* **Röntgenbeugungsanalyse.** A. Fleurence. (Ind. céram. **1968**, 605, 203—11; Univ. de Paris; franz.) — Überblick über Grundlagen u. Anwendung der Röntgendiffraktometrie zur qual. u. quant. Analyse von Mineralien. — 24 Literaturangaben. J. Pickardt 5126

*1700* **Registrierung der Interferenz von Polykristallen bei kurzwelliger Röntgenstrahlung mit Mikrosekundenbelichtungen.** L. A. Egorov, A. A. Lukašev, Ė. V. Nitočkina und Ju. K. Orekin. (Pribory Techn. Ėksperimenta **1968**, 2, 200—03; russ.) — Beschreibung eines photograph. Verf. zur Aufnahme von Debye-Röntgenbeugungsdiagrammen bei Belichtungszeiten von ca. $10^{-6}$ s. Als Beispiele werden Aufnahmen von *Mo*, *Ag*, *Sn*, *Sm* u. *W* gegeben. H. Roschkowski 5126

*1701* **Apparatur für radiokristallographische Untersuchungen unter Druck und bei variabler Temperatur.** Roger Fourme. (J. appl. Crystallogr. [Copenhagen] 1 (1968) 1, 23—30; Labor. de Chim. Phys. de la Fac. des Sci. de Paris, Orsay; franz.) — Beschreibung einer Hochdruckapp. vom Anvil-Typ für Beugungsunters. unter Verw. einer Präzessionskamera. — Anwendung auf die Unters. des Phasenübergangs in *Cyclohexan* u. die Krist.-Struktur von $CHCl_3$ bei ca. 7000 bar. H. Roschkowski 5126

*1702* **Programmgesteuerte Meßanordnung für die röntgenographische Phasenanalyse an Pulverpräparaten.** R.-W. Schliephake. (Messtechnik [Braunschweig] **76** (1968) 8, 193—98; Bergbau-Forsch. GmbH, Essen-Kray; dt.) — Vf. erörtert die Voraussetzungen für eine optimale Messung der Intensitäten von Interferenzen. Zur Erfüllung dieser Voraussetzungen werden Zusatzeinrichtungen zum Diffraktometer u. zum Strahlungsmeßgerät einschließlich einer Programmsteuerung beschrieben. H.-D. Schenke 5126

*1703* **Neutronendiffraktometer des Instituts für Atomphysik (Bukarest).** Z. Gheorghiu, N. Duţescu, D. Gelberg und D. Bally. (Acad. Republ. socialist. România, Inst. Fizică atomică 1968, FN-33, 1—14; Inst. for Atomic Phys., Bucharest; engl.) H.-D. Schenke 5126

*1704* **Amplival Pol-D und Amplival Pol-U, neue Polarisationsmikroskope aus Jena.** Hans Gause und Joachim Bergner. (Jenaer Rdsch. **13** (1968) Messe-Sonderheft, 60—64; VEB Carl Zeiss Jena; dt.) — Beschreibung von Aufbau u. Leistungsfähigkeit der beiden Geräte. H.-D. Schenke 5128

*1705* **Feldemissionsschatten-Mikroskopie.** Allan J. Melmed. (Appl. Physics Letters **12** (1968) 3, 100—02; Inst. for Materials Res., NBS, Washington, D.C.; engl.) — Ein Elektronenfeldemitter wird als angenähert punktförmige Elektronenquelle zur Erzeugung magnet. Schatten oder Profilbilder kleiner elektr. leitender Objekte im Ultrahochvakuum verwendet. Beschreibung einer elektr. u. elektronenopt. Eig. dieses Mikroskops. H.-D. Schenke 5128

*1706* **Modifizierte Methacrylat-Einbettechnik für die Elektronenmikroskopie von elementarem Schwefel enthaltenden Proben.** R. Sreeramamurthy und P. C. Banerjie. (Chem. and Ind. **1968**, 23, 742; Regional Res. Labor., Hyderabad-9, India; engl.) — Zur elektronenmkr. Unters. von Aktivkohlekatalysatoren mit unterschiedlichem S-Geh. wurde n-Butylmethacrylat u. Methylmethacrylat im Verhältnis 1:1 verwendet. S ist in der monomeren Mischung, wie sie zum Ausfüllen der Poren verwendet wurde, löslich. Um dies zu vermeiden, wurden die Proben in Gelatinekapseln evakuiert u. diese mit vorpolymerisierter Mischung aufgefüllt u. bei 60° während 12 Std. ausgehärtet. R. Zimmer 5128

*1707* **Eigenschaften und Wirkungsweise einiger moderner Infrarotstrahlendetektoren.** M. Smollett. (Infrared Physics 8 (1968) 1, 3—7; Mullard Ltd., Millbrook Estate, Southampton; engl.) — Übersicht über die gebräuchlichsten Detektorsubstanzen (PbS, InSb, Hg:Ge, Cu:Ge u. HgCdTe), ihre Anwendungstemp., Wellenlängenbereiche u. Empfindlichkeiten. J. Pickardt 5130

*1708* **Herstellung und Kenndaten von Ge(Li)-Detektoren.** J. Cacheux, J. Fertin und J. Meuleman. (Ind. atom. **12** (1968) 3—4, 83—93; franz.) — Die Vorzüge von gekühlten Li-diffundierten Ge-Einkristalldetektoren für den Strahlungsnachw., prakt. Einsatz u. zugehörige Elektronik sowie Herst. der Detektoren werden diskutiert. W. Reusse 5130

*1709* **Tragbare Apparate für die radiochemische Analyse.** J. Rygaert und C. Baudet. (Kerntechn., Isotopentechn. u. -chem. **10** (1968) 2, 92—97; Soc. d'Etudes, de Rech. et d'Appl. pour l'Ind. (SERAI), Bruxelles; dt.) — Nach einer kurzen Besprechung der radiochem. Analysenverf. werden tragbare Geräte zur Best. von $Cl^-$ u. O in natürlichem u. Industriewasser beschrieben. H.-D. Schenke 5132

*1710* **Neutronenaktivierungsanalyse auf Grund der Einfang-Gammastrahlung. Einrichtung zur Spurenanalyse.** S. M. Lombard, T. L. Isenhour, P. H. Heintz, G. L. Woodruff und W. E. Wilson. (Int. J. appl. Radiat. Isotopes **19** (1968) 1, 15—22; Seattle/Wash., Univ. of Wash., Dep. of Chem.; engl.) — Mittels eines optimal eingestellten Kollimator- u. Filtersyst. erzielen Vf. einen hohen therm. Neutronenfluß bei gleichzeitigem Niedrighalten des Flusses der schnellen Neutronen u. des γ-Flusses. Durch Modulation des Neutronenstrahls mit einen hochauflösenden Chopper u. durch Gate-Schaltung der Logikeinheit im Mehrkanalanalysator in Phase mit den Neutronenimpulsen gelingt die Eliminierung der Proben-Störstrahlung von den Einfang-γ-Spektren. Die Abschirmung für den NaJ(Tl)-Detektor ist so konstruiert, daß optimale Zählgeometrie bei ausreichender Abschwächung des Nulleffekts erzielt wird. Das beschriebene Vcrf. ist zur analyt. Best. von B u. Cd angewendet worden. D. Ertel 5132

*1711* **Probenvorbereitung bei der Szintillationsmessung.** B. W. Fox. (Lab. Pract. 17 (1968) 5, 595—98; Paterson Labor., Withington, Manchester; engl.) — Übersichtsarbeit. — 38 Literaturangaben. N. Harder 5132

*1712* **Zählen tritiummarkierter Verbindungen auf Papierchromatogrammen.** J. De Bersaques. (Int. J. appl. Radiat. Isotopes **19** (1968) 2, 166—69; Akad. Ziekenhuis, Univ., Gent; engl.) — Vf. diskutiert die Ergebnisse von Zählausbeutebest. für Adenosin-$^3$H auf Filterpapier bei Verw. verschiedener Szintillatoren. J. Pickardt 5132

*1713* **Neues Kalorimeter zur Messung der Mischungsenthalpien von Flüssigkeiten. Mischungsenthalpien von Benzol/Tetrachlorkohlenstoff und n-Hexan/Cyclohexan.** Harry Watts, E. C. W. Clarke und D. N. Glew. (Canad. J. Chem. **46** (1968) 6, 815—21; Ontario, Sarnia, Dow Chem. of Canada, Ltd., Exploratory Res. Labor.; engl.) — Ein Präzisionskalorimeter zur Messung von Mischungsenthalpien $\Delta_m$h (J/Mol) bin. Fl.-Syst. bei konst. Druck wird beschrieben. Die Mischzelle enthält beide Fl. in getrennten Kammern ohne schädlichen Dampfraum mit Hg als Sperrflüssigkeit. Testmessungen am Syst. Bzl./$CCl_4$ bei 25° zeigen systemat. Fehler infolge Rk. von $CCl_4$ mit dem Hg. Die Messungen am Syst. n-Hexan/Cyclohexan bei 25° werden durch $\Delta_m h = x(1-x)[867{,}86 + 258{,}48\ (2x-1) + 101{,}0(2x-1)^2]$ (x = Molenbruch von Cyclohexan) dargestellt, das Max. beträgt 222,14 ± 0,2 J/Mol bei x = 0,586. Waldemar Köhler 5136

*1714* **Anpassung von Wärmeflußkalorimetern zur Untersuchung schneller Vorgänge.** Jean-Luc Macqueron, Annie Géry, Michel Laurent und Gilbert Sinicki. (C. R. hebd. Séances Acad. Sci., Sér. A et B **266** (1968) 20, B 1297—98; Villeurbanne, Dép. de Phys. de l'Inst. Nat. des Sci. appl. de Lyon; franz.) — Zur möglichst verzögerungsfreien Registrierung schneller therm. Vorgänge mit einem Wärmeflußkalorimeter (**A**) wird eine Meßanordnung untersucht, bei der eine Thermosäule (**B**) sowohl der Temp.-Messung als auch der elektr. Kompensation des therm. Effektes dient. Hierzu wird die verstärkte Thermospannung, von einem Umschalter (100 Hz) gesteuert, period. auf die **B** zurückgegeben u. der Peltier-Strom registriert. Für 3 verschiedene **A** werden die für das Zeitverh. charakterist. Größen angegeben. Waldemar Köhler 5136

*1715* **Hochauflösender Flüssig-Chromatograph.** R. E. Jentoft und T. H. Gouw. (Analytic. Chem. **40** (1968) 6, 923—27; Chevron Res. Co., Richmond, Calif.; engl.) — Die App. kann zur Analyse hochmol. Substanzen, therm. instabiler Verb. u. von Rk.-Prod., die nicht gaschromatograph. analysiert werden können, verwendet werden. Nach der Trennung an der chromatograph. Säule werden die eluierten Verb. durch Messung der UV-Absorption in einer 20 $\mu$l-Durchflußküvette mit einer Weglänge von 1 cm nachgewiesen. Als Beispiele werden die Chromatogramme von Coronen, Benzo-[a]-pyren u. Phenanthren angegeben, die an 2 verschiedenen Säulen aufgetrennt worden sind [2,5% DMSO u. 2,5% Carbowax 600 auf Celite (60—80 mesh) bzw. 6% W. auf $Al_2O_3$]. H.-D. Schenke 5138

*1716* **Dünnschichtchromatographie — eine moderne analytische Methode.** H. J. Petrowitz. (Kem. u Ind. [Zagreb] **17** (1968) 3, 109—12; Muttenz, Schweiz; serbokroat.) — Übersichtsarbeit über die qual. u. quant. Dünnschichtchromatographie sowie Dünnschichtelektrophorese mit Anwendungsbeispielen aus dem Gebiet der KW-Stoffe, Phenole, Insektizide, N-Verb., Alkohole, Carbonsäuren u. Hochpolymeren. — 62 Literaturangaben. H. Cnobloch 5138

*1717* **Auftragsgerät für die analytische Dünnschichtchromatographie.** W. Wässle und K. Sandhoff. (J. Chromatogr. [Amsterdam] **34** (1968) 3, 357—63; Neurochem. Abt., Max-Planck-Inst. für Psychiatrie, München; dt.) — Vf. beschreiben ein automat. Auftragegerät für die Dünnschichtchromatographie, mit dem die gelösten Substanzen als schmaler Strich (0,5 mm oder mehr) homogen u. ohne Verletzung der Schicht aufgesprüht werden. Es kann im analyt. (Auftragsmengen ab 3—4 $\mu$l) oder auch im präparativen Maßstab gearbeitet werden. Das Gerät bringt wesentliche Vorteile beim Auftragen auf Platten, die quant.-densitometr. ausgewertet werden sollen. H.-D. Schenke 5138

*1718* **Apparat zum Imprägnieren von Dünnschichtplatten.** Joseph H. Schwartz und Adolph Pade. (J. Chromatogr. [Amsterdam] **34** (1968) 4, 549—51; Eastern Utilization Res. and Dev. Div., Agric. Res. Serv., U.S. Dep. of Agric., Philadelphia, Pa.; engl.) — Vf. beschreiben einen App. zur Imprägnierung von Adsorptionsschichten mit hydrophobem Material nach der Eintauchmethode. Die imprägnierende Lsg. fließt auf die Platte u. von ihr wieder ab mit einer kontrollierten Geschwindigkeit. H.-D. Schenke 5138

*1719* **Nachweis von Substanzen auf Dünnschichtchromatogrammen nach dem „Heiß-Linien"-Verfahren.** J. L. Bloomer und W. R. Eder. (J. Chromatogr. [Amsterdam] **34** (1968) 4, 548; Dep. of Chem., Temple Univ., Philadelphia, Pa.; engl.) — Mit einem rotglühenden Draht wird organ. Substanz auf einer chromatograph. Platte durch Verkohlen sichtbar gemacht. H.-D. Schenke 5138

*1720* **Dünnschichtchromatographische Auswertung bei der Bestimmung kleiner Dampfdrücke.** B. Karlhuber. (J. Chromatogr. [Amsterdam] **34** (1968) 3, 351—56; J. R. Geigy A.G., Basel; dt.) — Vf. beschreiben ein einfaches Verf. für die Best. von Dampfdrücken bis zu $10^{-6}$ mm Hg mit Hilfe der Gassättigungsmethode. Die übergeführte Substanzmenge wird auf einer Dünnschichtplatte adsorbiert, entwickelt u. ausgewertet. H.-D. Schenke 5138

*1721* **Metallionentrennungen unter Verwendung von Cellulosephosphat als Ionenaustauscher.** Donald H. Schmitt und James S. Fritz. (Talanta [London] **15** (1968) 6, 515—24; Ames, Ia., Ia. State Univ., Inst. of Atomic Res.; engl.) — Cellulosephosphat als chelatbildender Ionenaustauscher u. ein phosphorsäurehaltiger Harz-Ionenaustauscher werden bezüglich ihres Austauschverh. gegen La(III) aus HCl-Lsg. untersucht. Außerdem werden die Verteilungskoeff. als Funktion der HCl-Konz. verglichen. An Cellulosephosphat werden weiter für Li, Cs, Ba, Ca, Sr, Pr, Y, Ni, Co, Cr(III) u. Al in HCl die Gew.-Verteilungskoeff. bestimmt. Es ergeben sich daraus Trennungen der Elemente La–Ca, La–Ba, Eu–Sr, Cs–Sr, Eu–Sr–Cs, Al–Mg u. Al–Mg durch Elution mit HCl. K. Dorfner 5138

*1722* **Verteilungskoeffizienten von zwölf Elementen im Oxalsäuremedium an einem starken Anionenaustauscherharz.** F. De Corte, P. van den Winkel, A. Speecke und J. Hoste. (Analytica chim. Acta [Amsterdam] **42** (1968) 1, 67—77; Ghent, Ghent Univ., Inst. of Nuclear Sci.; engl.) — Am stark bas. Anionenaustauscher Dowex 1–X8 (100—200 mesh) werden für As(III), Ce(III), Cr(III), Co(II), Cu(II), In(III), Lu(III), Mn(II), Hg(II), Mo(VI), Sc(III) u. Zn(II) die Verteilungskoeff. in Oxalsäure (**I**) verschiedener Konz. bestimmt. Daraus ergeben sich Trennungen für Na, Mn u. Zn durch Elution mit 0,01 m, 0,15 m bzw. 0,75 m **I**, von As, Mn, Co, Zn u. Cu durch Elution mit 0,100 m bzw. 0,750 m **I** u. von Ce u. Lu durch Elution mit 0,50 m bzw. 0,75 m **I**. K. Dorfner 5138

*1723* **Pyrolyse-Gaschromatographie.** 4. Mitt. W. G. Fischer. (G-I-T Fachz. Lab. **12** (1968) 6, 589—92; Bad Godesberg; dt.) — 3. vgl. ibid. **11** (1967) 11, 1086.; 2. vgl. C. **1968**, 18-1932. — Beschreibung des Aufbaus u. der Arbeitsweise des Gerätes. — 85 Literaturhinweise. H.-D. Schenke 5138

*1724* **Beziehungen zwischen Auflösung, freier Trennenthalpie und Trennleistung in der Gaschromatographie.** L. Rohrschneider. (Chromatographia [Braunschweig] **1968**, 3/4, 108—12; Chem. Werke Hüls, Marl; dt.) — Die Auflsg. zwischen 2 Peaks ist in guter Näherung proportional dem Logarithmus des Retentionsverhältnisses oder der freien Trennenthalpie der zu trennenden Stoffe. Die Auflsg. ist weiter proportional der Trennleistung. Im Retentionsindex-Syst. ist die Auflsg. durch das Verhältnis von Peakabstand zu Peakbreite in Indexeinheiten gegeben, wobei der Peakabstand die Differenz der Retentionsindices der zu trennenden Stoffe ist. Die logarithm. Peakbreite ist ein korrektes Maß für die Trennleistung. H.-D. Schenke 5138

*1725* **Zweikanal-Serien-Parallel-Anordnung von gaschromatographischen Trennsäulen durch Säulenschaltung. Gaschromatographische Analyse von Erdgas.** B. Kolb und E. Wiedeking. (Chromatographia [Braunschweig] **1968,** 3/4, 98–103; Bodenseewerk Perkin-Elmer & Co. GmbH, Überlingen; dt.) — Vf. beschreiben ein Syst. zur Säulenschaltung, bei dem in einem Analysengang 2 gaschromatograph. Säulen von der Serie in eine Parallelanordnung geschaltet werden können. Für dieses Schaltsyst. sind 2 unabhängige Trägergasstrecken, 2 Detektoren sowie ein 4-Wege-Umschalthahn erforderlich. In der Parallelanordnung laufen die Chromatogramme im echten Zweikanal-Betrieb gleichzeitig ab. Mit dieser Anordnung ist es möglich, Komponenten, die von der ersten Säule nicht getrennt werden, durch eine zweite Säule aufzutrennen, ohne daß der weitere Ablauf des Chromatogramms aus der ersten Säule gestört wird. Anwendungsmöglichkeiten, speziell für die Kombination von Verteilungssäulen mit Adsorptionssäulen, werden diskutiert, u. am Beispiel einer Erdgasanalyse wird die prakt. Anwendung gezeigt. H.-D. Schenke 5138

*1726* **Eigenschaften von einstellenden oder regelnden Vorrichtungen für Gasströmung; ein neuartiger Durchflußgeber.** H. Oster. (Chromatographia [Braunschweig] **1968,** 3/4, 140–43; Siemens AG, Wernerwerk für Meßtechnik, Karlsruhe; dt.) — An Hand der Gleichungen der Gasdynamik werden die Eig. der 4 Meth. abgeleitet, die zur Konst.-Haltung der Gasgeschw. benutzt werden. Den höchsten Anforderungen an Durchflußkonstanz genügen nur die Durchflußregler mit vorgeschaltetem Druckregler u. die adiabat. arbeitende Blende mit meßbar einstellbarem Vordruck. Nur diese Meth. ist eichbar u. erlaubt eine quant. Überwachung des angeschlossenen Syst. auf Dichtigkeit. H.-D. Schenke 5138

*1727* **Verbesserte Trennsäulenfüllungen für die Gaschromatographie durch Wirbelschicht-Trocknung.** R. F. Kruppa, R. S. Henly und D. L. Smead. (Analytic. Chem. **39** (1967) 7, 851–53; Appl. Sci. Labor., Inc., State College, Pa.; engl.) — Eine Entfernung des Lsgm. bei der Herst. von Trennmaterialien für die Verteilungsgaschromatographie durch Trocknung im Wirbelschicht-Verf. bes. mit vorgewärmten $N_2$ bringt eine beträchtliche Verbesserung der Trennstufenzahlen gegenüber Materialien, die in dünner Schicht unter Wärmestrahlern getrocknet wurden. K. Metzner 5138

*1728* **Poröse Polymere als Adsorbentien bei der Gaschromatographie.** T. N. Gvozdovič, M. P. Kovaleva, G. K. Petrova und Ja. I. Jašin. (Neftechimija 8 (1968) 1, 123–26; Kemerovck. NII chim. promyšlennosti; russ.) — Einheimische Proben poröser Polymerer werden für die chromatograph. Trennung von Gemischen polarer Stoffe (Alkohole, Säuren, Aminoalkohole, Glykole) benutzt u. auch die Best. von W. in verschiedenen Lsgm. beschrieben. Als Trägergas dient He, das poröse Material entsteht durch Polymerisation von Styrol u. DVB in Ggw. von Isooctan, das das Monomere löst, das Polymere aber nicht quillt. Die spez. Oberfläche des Polymeren ist proportional dem DVB-Geh. (12–40% DVB ≙ 57 bis 325 $m^2$/g). Das Retentionsvol. ist prakt. unabhängig vom Kp. u. den Dipolmomenten der Stoffe, wird aber von der Polarisierbarkeit der Mol. der zu trennenden Stoffe bestimmt. J. Tutschku 5138

*1729* **Detektoradapter für die Gaschromatographie in Glassäulen mit Aerograph-Geräten.** W. Ebing. (Z. analyt. Chem. **234** (1968) 5, 346–48; Biol. Bundesanstalt für Land- u. Forstwirtsch., Inst. für Pflanzenschutzmittelforsch., Berlin; dt.) — Beschreibung eines Messingrohres mit Glaseinsatz, das einen dichten, bruchsicheren u. bequemen Anschluß der Trennsäule an den FID ermöglicht. G. Bock 5138

*1730* **Reinigung eines $^{63}$Ni-Elektroneneinfang-Detektors.** I. H. Williams. (J. Assoc. off. analyt. Chemists **51** (1968) 1, 64; Vancouver, Canada Dep. of Agric.; engl.) — Bei der Verw. eines Detektors mit $^{63}$Ni als Ionisationsquelle bewirken die hohen Temp. bei langen Gebrauch eine Herabsetzung der Empfindlichkeit u. durch Verunreinigungen werden Spitzen hervorgerufen. 3 oder mehr Injektionen von 100 $\mu$l W. in die leere Kolonne u. den Detektor u. eine Aufheizung auf 300° führt durch den überhitzten W.-Dampf zur Regenerierung u. zur Beseitigung der Störungen. Diese Meth. ist für $^3$H-Detektoren wegen des Austausches von $^1$H gegen $^3$H nicht geeignet. E. Haase-Sajak 5138

*1731* **Rolle des Schreibers in der gaschromatographischen Spurenanalyse.** H. Hachenberg. (G-I-T Fachz. Lab. **12** (1968) 6, 581–86; Farbwerke Hoechst AG vorm. Meister Lucius & Brüning, Frankfurt(Main)-Höchst; dt.) — In vielen Bereichen der Gaschromatographie ist die analoge Registrierung der Meßsignale der digitalen Auswertung vorzuziehen. Das gilt bes. für die gaschromatograph. Spurenanalyse im ppm- u. ppb-Bereich, wo in vielen Fällen nur ein Schreiber gestattet, im Störpegel das Meßsignal der Spurenkomponente zu erkennen. An Hand schemat. Chromatogramme werden solche Grenzfälle diskutiert. Die bes. Qualifikation des Schreibers für die gaschromatograph. Spurenanalyse im Hinblick auf die Ansprechempfindlichkeit u. Einstellzeit wird besprochen. H.-D. Schenke 5138

*1732* **Automatische GC-Auswerteeinheit für Analysen mit innerem Standard.** F. Geiss und G. Glantin. (Chromatographia [Braunschweig] **1968,** 3/4, 113–18; Euratom-Forsch.-Zentrum, Ispra; dt.) — Vf. beschreiben ein Gerät für die quant. GC-Analyse mit innerem Standard, das von der Probeeingabe bis zum Ausdrucken der Ergebnisse in Prozenten vollautomat. arbeitet. Die Auswerteeinheit besteht aus einem Integrator, einem Zeitprogrammgeber u. einem einfachen Rechner. Um das Einschleppen höhersd. Probeanteile in das Trenn- u. Detektorsyst. zu vermeiden, ist das GC-Teil mit einer ebenfalls programmierten Rückspüleinrichtung versehen. H.-D. Schenke 5138

*1733* **Einschluß gaschromatographischer Proben in Mikropipetten.** Daniel S. Berry. (Analytic. Chem. **39** (1967) 6, 692–94; Nuclear Chicago Corp., Des Plaines, Ill.; engl.) — Zur Vermeidung von Fehlern bei der Dosierung leichtflüchtiger Fl. im $\mu$l-Bereich wird ein Einschmelzen der Probe in 1 $\mu$l-Mikrokapillarpipetten empfohlen. Die Mengenbest. geschieht durch Messen der Länge des Fl.-Fadens in der kalibrierten Kapillare. Die eingeschmolzenen Proben werden mittels eines Kapillarenbrechers in den Gaschromatographen eingeführt. An der Unters. standardisierten [$^{14}$C]-Toluols wird die Brauchbarkeit dieser Meth. nachgewiesen. K. Metzner 5138

*1734* **Gaschromatographische Trennung von Pyridinhomologen, Chloranilinen und Toluidinen.** M. Anwar, C. Hanson und A. N. Patel. (J. Chromatogr. [Amsterdam] **34** (1968) 4, 529–30; Postgraduate School of Chem. Engng., Univ., Bradford; engl.) — Vf. trennen eine Reihe von Py.-Homologen, o- u. p-Chloranilin u. o- u. p-Toluidin gaschromatograph. mit 20% Polyphenyläther, 12% Diglycerin u. 20% Glycerin als stationärer Phase auf Chromosorb P (80–100 mesh). H.-D. Schenke 5138

*1735* **Untersuchung der Dispersion in der Gelpermeationschromatographie.** 1. Mitt. **Theoretische Analyse.** F. W. Billmeyer jun., G. W. Johnson und R. N. Kelley. (J. Chromatogr. [Amsterdam] **34** (1968) 3, 316–21; Rensselaer Polytechnic Inst., Troy, N.Y.; engl.) — Dispersion (Peakausbreitung, Zonenverbreiterung) entsteht auf Grund verschiedener Mechanismen, die sich in ihren Effekten addieren u. weitgehend unabhängig voneinander sind. Ein 2-Phasenmodell (stationäre Phase = Fl. in den Gelporen; mobile Phase = Fl. im Restvol. außerhalb des Gels) wird vorgeschlagen u. eine Berechnung auf Grund der Diffusionsgleichung für dieses Modell durchgeführt. Eine experimentelle Näherung für Dispersionsunters., unter Zugrundelegung von Theorien der Gaschromatographie u. Fl.–Fl.-Diffusion in fest gepackten Säulen wird diskutiert. J. Pickardt 5138

*1736* **Untersuchung der Dispersion in der Gelpermeationschromatographie. 2. Mitt. Injektor–Detektor-System.** F. W. Billmeyer jun. und R. N. Kelley. (J. Chromatogr. [Amsterdam] **34** (1968) 3, 322–31; engl.) — 1. vgl. vorst. Referat. — Das Standard-Injektor–Detektor-Syst. beim Waters-Gelpermeationschromatographen kann wesentlich zur Peakverbreiterung u. Retentionszeit beitragen, wenn einzelne oder kurze Säulen zur Chromatographie gelöster makromol. Substanzen verwendet werden. Verw. einer Mikrorefraktometerküvette u. Vermeiden überfl. Rohre, einschließlich Wärmeaustauscher, führte zu merklicher Reduzierung der Peak-Halbwertsbreite (von 0,065 auf 0,019 in.) u. Retentionszeit (0,166 auf 0,040 in. auf dem Schreiberstreifen); Schwanzbldg. usw. wurde so ebenfalls vermieden. Die HETP-Werte in Abhängigkeit von der Strömungsgeschw. stimmten mit der Theorie überein. J. Pickardt 5138

*1737* **Apparatur zur Blitzlichtphotolyse mit hoher Lichtintensität.** L. Lindqvist. (Rev. Physique appl. **3** (1968) 1, 15–18, Suppl. zu: J. Physique Labor. de Chim.-Phys., Fac. des Sci., Orsay; franz.) — Eine App., bestehend aus 6 Entladungsröhren von je 22 cm Länge, wird beschrieben. Die Blitzdauer beträgt 4 $\mu$Sek., die maximale Entladungsenergie 3750 J. Lichtausb. u. Blitzdauer bei Verw. von $O_2$ u. Xe werden verglichen. J. Pickardt 5144

## G–2. Analyse der Elemente und anorganischen Verbindungen

*1738* **Bestimmung von Wasserstoff durch Neutronenaktivierungsanalyse.** I. V. Mednis. (Izvest. Akad. Nauk Latv. SSR, Ser. fiz. techn. Nauk **1967,** 1, 11–18; Inst. fiz. AN Latv. SSR; russ., Auszug: engl.) — H in Festkörpern bremst Resonanzneutronen, die dann mit entsprechenden Indikatoren eine (n, $\gamma$)-Rk. eingehen. Der Geh. an H in $BaO_2$, $Ba(OH)_2 \cdot 8H_2O$, Mo-Metall u. $(NH_4)_2 \cdot MoO_4$ wurde so bestimmt u. Eichkurven aufgenommen. Es konnten noch $10^{-7}$ g H erfaßt werden. M. Wiedemann G 238

*1739* **Spurenbestimmung von Sauerstoff durch Reaktion mit Pentacyanocobaltat(II) verbunden mit einem Koordinationskettennachweis.** Dale W. Margerum und Rudolph H. Stehl. (Analytic. Chem. **39** (1967) 12, 1351–53; Purdue Univ., Lafayette, Ind.; engl.) — In W. gelöstes $O_2$ in Konz. von $10^{-8}$ Mol kann mit Hilfe einer Koordinationskettenrk. nachgewiesen werden. In Abwesenheit von $O_2$ reagieren $[Co(CN)_5]^{3-}$ u. $[Co(NH_3)_5Br]^{2+}$ unter Bldg. von Co(II) miteinander. Co(II) verbraucht EDTA. In Ggw. von $O_2$ wird jedoch $[(CN)_5CoO_2]^{3-}$ gebildet, so daß weniger EDTA verbraucht wird. EDTA schließlich katalysiert die Rk. zwischen $[CuEDTA]^{2-}$ u. $[Ni(en)_3]^{2+}$. Auf Grund der Stöchiometrie der Rk. wird angenommen, daß das Gleichgew. $[Co(CN)_5)^{3-} + [Co \cdot (CN)_5O_2]^{3-} \rightleftharpoons [(CN)_5CoO_2(CN)_5]^{6-}$ im Rk.-Syst. eine wesentliche Rolle spielt. — Die Genauigkeit der Best. beträgt $\pm 1,5 \cdot 10^{-8}$ Mol $O_2$. J. Pickardt G 239

*1740* **Photometrische Bestimmung von Sauerstoffspuren in Gasen mit dem photochemisch erzeugten Methylviologen-Radikal-Kation.** Philip B. Sweetser. (Analytic. Chem. **39** (1967) 8, 979–82; Wilmington, Del., E.S. du Pont de Nemours u. Co; engl.) — Es wird eine photometr. Best. von Spuren $O_2$ z. B. in $N_2$, $H_2$, CO, $C_2H_4$, im Bereich von 1–50 ppm beschrieben, die darin besteht, daß eine Lsg. aus Methylviologen (1.1′-Dimethyl-4.4′-bipyridiniumdichlorid), Proflavin (3.6-Diaminoacridin) u. EDTA durch Belichtung zu einer tiefroten Lsg. red. u. von Spuren $O_2$ unter Farbaufhellung ox. wird. Der $O_2$-Geh. ergibt sich aus der Differenz der photometr. Messungen bei 580 nm. W. Luchsinger G 239

*1741* **Optische Analyse von Stickstoff-15 in kleinen Stickstoffproben unter Verwendung eines Edelgases zur Unterstützung der Entladung.** G. B. Cook, J. A. Goleb und V. Middelboe. (Nature [London] **216** (1967) 5114, 475–76; Internat. Atomic Energy Agency, Vienna; engl.) — Eine Meth. zur $^{15}N$-Best. mit Hilfe der opt. Emissions-Spektroskopie wird beschrieben. J. Pickardt G 243

*1742* **Coulometrische Titration von Fluorid mit der rotierenden Beryllium-Indikatorelektrode.** Ken Nozaki und Giichi Muto. (Japan Analyst **17** (1968) 1, 32–38; Inst. of Ind., Sci., Univ. of Tokyo, Minato-ku, Tokyo; jap., Auszug: engl.) — $Al^{3+}$ wird coulometr. von einer Rein-Al-Elektrode abgelöst u. in $O_2$-freier 0,5 m $CH_3 \cdot COOH$-Lsg. von $F^-$ komplex gebunden. Der Endpunkt wird potentiometr. mit einer rotierenden Be-Elektrode (600 Upm) bestimmt. Die Standardabweichung beträgt 2,3% bei 2 mg $F^-$, die untere Best.-Grenze liegt bei 4 ppm. Der anod. Strom beträgt gewöhnlich 40,20 mA. Das Gleichgew.-Potential der Be-Elektrode (gegen SCE) beträgt in 0,5 m $CH_3COOH$-Lsg. ca. −0,5 V, nach $F^-$-Zusatz ca. −1,1 V. Die Polarisationskurven der Elektrode zeigen auch bei Ggw. von $F^-$ auf der anod. Seite die charakterist. Hysteresis. Die amperometr. Endpunktsbest. mit der Be-Elektrode zeigt keinen Vorteil gegenüber der Potentiometrie. D. Gerlatzek G 246

*1743* **Ultramikronachweis von Chloriden, Bromiden und Jodiden.** P. Luis, A. Sá und A. Mascaró. (Mikrochim. Acta [Wien] **1967,** 1, 166–71; Fac. de Farm. y Bioquim., Univ. de Buenos Aires, Argentina; engl.) — Vf. kombinieren die selektive Ox. der Halogenide zu den freien Halogenen mit der in früheren Arbeiten entwickelten Kapillartechnik zu einem empfindlichen Nachw. der Halogenide, (allein oder nebeneinander), wobei 0,01% eines der Halogene in Ggw. von 2–3% der anderen noch nachweisbar ist (Empfindlichkeit 3–10 ng in 0,02–0,03%ig. Lsg.). Organ. gebundenes Halogen wird mit Hilfe einer Chromsäure–Vanadat-Mischung freigesetzt u. ist so mit Hilfe der gleichen Meth. nachweisbar. E. Schmunk G 249△

*1744* **Verbesserung der automatischen photometrischen Bestimmung geringer Sulfatkonzentrationen.** Carl-Elis Boström, Frederik Norin und Göran A. Persson. (Atmospheric Environment **1** (1967) 5, 599; Gothenburg, Chalmers Univ. of Technology, Dep. of Inorg. Chem.; engl.) — Zur automat. Best. kleiner $SO_4^{2-}$-Konz. mit dem Technicon AutoAnalyzer wird eine Rk.-Lsg. von 6,7 mg $Ba(ClO_4)_2$ u. 10 ml 0,1 n $HClO_4$ in 1 l Dioxan vorgeschlagen. Als Indikator wird $Na_2$-Thoron (200 mg in 1 l $10^{-3}$ n $HClO_4$) verwendet. Bei der Reinigung wird erst die Indikatorlsg. u. dann dest. W. durch die App. gepumpt. K. Wettig G 253

*1745* **Hochspannungspapierionophotometrische Trennung und Identifizierung $^{35}S$- und $^{75}Se$-markierter Selenopolythionate.** E. Blasius und G. Schönhard. (J. Chromatogr. [Amsterdam] **28** (1967) 2, 385–90; Inst. für Anorg. u. Anal. Chem., TU, Berlin; dt.) — Selenopolythionate wurden mit Hilfe der Hochspannungsionophorese unter Verw. saurer Puffer getrennt. Für die Best. der getrennten Selenopolythionate wurde eine Meth. ausgearbeitet, die auf der Doppelmarkierung mit $^{35}S$ u. $^{75}Se$ beruht. Bei Verfolgung der Rk. von $H_2SO_3$ mit $H_2SeO_3$ können auf den Pherogrammen zeitlich nacheinander $SeS_2O_6^{2-}$, $Se_2S_2O_6^{2-}$, $Se_3S_2O_6^{2-}$ u. $Se_4S_2O_6^{2-}$ nachgewiesen werden; für diese Verb. u. $SeS_4O_6^{2-}$ wurden die $R_B$-Werte bezogen auf $^{36}Cl^-$ für Puffer von pH 4,3 u. 1,5 ermittelt. J. Pickardt G 254

*1746* **Bismuthole als analytische Reagenzien. 1. Mitt. Extraktionsphotometrische Bestimmung von Tellur(IV) mit Hilfe von 5-Mercapto-3-(naphthyl-2)-1.3.4-thiadiazolthion-(2).** A. I. Busev und L. N. Simonova. (Ž. analitičeskoj Chim. **22** (1967) 12, 1850–56; Lomonosov-Univ., Moskau; russ., Auszug: engl.) — Die Bedingungen für die Best. von Te nach Extraktion seines Komplexes mit 5-Mercapto-3-(naphthyl-2)-1.3.4-thiadiazolthion-(2) (I) mit Hilfe von $CHCl_3$ (**II**) wurden untersucht. Der Te-Komplex von **I** bildet sich bei Aciditäten von 18 n $H_2SO_4$ bis pH 6; er ist von gelber Farbe, in W. unlösl., in organ. Fl. löslich. Die Extinktion der Extrakte ist bei pH 0 bis 6 konstant. Aus 15 ml wss. Phase werden durch 25 ml **II** bei einmaliger Extraktion mehr als 97,5% des Te-Komplexes extrahiert. Bei 0–25 $\mu$g Te/ml ist die Extinktion des **II**-Extraktes bei 364 nm der Konz. an Te proportional. Im extrahierten Komplex ist das Molverhältnis Te : **I** = 1 : 4, was durch isomolare Serien u. durch Sättigung bestimmt wurde. Das gleiche Molverhältnis wurde auch im aus wss. Lsg. isolierten Te-I-Nd. ermittelt. Dagegen ist die bei hohem Reagenzüberschuß ausgeschiedene Verb. nicht von konst. Zus., da durch Red. von Te(IV) zu Te(II) das Disulfid von **I** gebildet wird. Extinktion u. Bldg.-Bedingungen der Disulfidverb. wurden näher untersucht. Es wurden Verf. zur Best. von Te in Pb-Konzentrat (Zyklonstaub) mit 0,09% Te u. in S mit ca. 0,008% Te ausgearbeitet, die gute Übereinstimmung mit anderen Verf. ergaben.

M. Krause G 255

*1747* **Extreme spektrochemische Spurenanalyse von Reinstgraphit auf Titan und Vanadin.** E. Schroll, Ingeborg Huber-Schausberger, Ingeborg Janda und H. Spatzek. (Mikrochim. Acta [Wien] **1968, 3,** 649 bis 659; Bundesversuchs- u. Forsch.-Anstalt Arsenal, Wien; dt.) — Die Best. erfolgt nach der emissionsspektrograph. Kohlenbogenmeth., indem das Probenmaterial mit $PbCl_2$ im Verhältnis 3:1 gemischt wird u. 10 ppm Ag als innerer Standard hinzugefügt werden. Gemessen wird bei 3349,41 Å für Ti, bei 3183,982 Å für V u. bei 3382,89 Å für Ag. Die Nachw.-Grenze liegt bei 0,03 bis 0,01 ppm bzw. 0,01 ppm beim Ti bzw. V.

K. Henning G 260

*1748* **Untersuchungen kondensierter phosphoriger Säuren.** 5. Mitt. **Zusammensetzung von Gemischen aus phosphoriger Säure durch kernmagnetische Resonanz.** Pierre Bivel, François Hossenlopp und Jean-Pierre Ebel. (Bull. Soc. chim. France **1967, 4,** 1224—29; Strasbourg, Fac. des Sci., Labor. de Chim. Biol.; franz.) — 3. vgl. C. **1968,** 1-0694. — Aus der chem. Verschiebung von $H_3PO_3$ u. $H_4P_2O_5$ wird eine Korrelation zwischen chem. Verschiebung u. Konz. zur Best. von Gemischen in Dioxan oder Methylcellosolve aufgestellt.

B. I. G 264△

*1749* **Arsenbestimmung mit elektrischer Endpunktsanzeige.** 2. Mitt. **Die Bestimmung von Mikrogrammengen Arsen.** B. Griepink und W. Krijgsman. (Mikrochim. Acta [Wien] **1968, 5,** 1003—06; Anal.-Chem. Labor., Reichs-Univ., Utrecht; dt.) — 1. vgl. C. **1969,** 11-1806. — Die von den Vf. angegebene Meth. (vgl. 1. Mitt.) zur Arsenatbest. mittels einer Pb(II)-Maßlsg. durch Verfolgung des pH-Wertes während der Titration ist bis zu 1 $\mu g$ anwendbar, wenn die Titration bei pH 6,8 ausgeführt wird. Während der Titration muß der pH-Wert einmal auf pH 6,8 mit 0,01 n NaOH-Lsg. korrigiert werden, so daß er am Endpunkt scharf absinkt.

K. Henning G 265

*1750* **Beitrag zur Arsenbestimmung in Elementarschwefel.** Friedrich Fischer und Frithjof Leschhorn. (Chemiker-Ztg./Chem. Apparatur **91** (1967) 12, 416—19; Pintsch Bamag AG.; dt.) — Zum Aufschluß von aus Gasreinigungsmasse gewonnenem S zwecks Best. des As-Geh. eignet sich nach Unters. der Vf. folgende Arbeitsweise: Je nach As-Geh. werden 0,5—10 g des bei 70° bis zur Gew.-Konstanz getrockneten S in einem 250 ml Standzylinder mit 40 ml einer Mischung aus 2 Vol. $Br_2$ u. 3 Vol. $CCl_4$ versetzt u. in einem Kühlbad bei 0—5° 30 Min. gerührt. Danach werden unter Rühren bei Temp.-Konstanz 50 ml konz. As-freie $HNO_3$ zugesetzt, über der $Br_2/CCl_4$-Phase darf sich keine $HNO_3$-Schicht ausbilden. Nach beendeter Ox. werden $Br_2$ u. $CCl_4$ auf dem W.-Bad abgedampft u. die überschüssige $HNO_3$ bis zur Bldg. von $H_2SO_4$-Nebeln abgeraucht. Ist der Rückstand verfärbt, wird entweder nochmals bei 0 bis 5° mit 10 ml $HNO_3$ versetzt u. abgeraucht, oder eine Nachox. mit $H_2O_2$ durchgeführt. Die Best. des S erfolgt nach der Meth. von Gutzeit durch Einw. des mit Zn u. $H_2SO_4$ entwickelten $AsH_3$ auf $HgBr_2$-Papier u. Vgl. der entstandenen Gelb-Orange-Färbung mit Testpapieren oder durch Einleiten des $AsH_3$ in eine 5%ig. Lsg. von Ag-Diäthyldithiocarbaminat in Py. u. photometr. Auswertung des roten Komplexes bei 538 nm. Die relative Standardabweichung bei der photometr. Best. von 5 $\mu g$ As beträgt ±2,5%.

K. Seyfert G 265

*1751* **Anwendung von thermochemischen Reaktionen und der Strömung von Dämpfen bei der hochempfindlichen Arsen-Bestimmung.** A. A. Frišberg. (Izvest. sibirskogo Otd. Akad. Nauk SSSR, Ser. chim. Nauk **1967, 9,** 94 bis 97; Inst. metallurgii im. Vojkova AN SSSR, Moskva; russ.) — Zur Erhöhung der Empfindlichkeit der As-Best in Mo wird die thermochem. Rk. der Jodierung von $As_2O_3$ mit elementarem $J_2$ angewendet. Die Rk. ist selektiv, weil die Grundmasse $Mo_2O_5$ mit $J_2$ nicht reagiert. Ein größerer $J_2$-Überschuß verringert die Empfindlichkeit der As-Best.; die Ursache dieser Erscheinung ist bedingt durch einen hohen Dampfdruck des $J_2$. Bei Ggw. von $J_2$-Überschuß wird die mittlere Verweilzeit der Atome in der Entladungszone stark verringert. Ähnlich wie $J_2$ wirkt auch Chloressigsäure (**I**). Mitgeteilt werden das Best.-Verf. für As, die Werte der isobaren Potentiale der Rk. bei verschiedenen Temp. ($2As_2O_3 + 6J_2 + 3C = 4AsJ_3 + 3CO_2$; $2As_2O_3 + 6J_2 + 6C = 4AsJ_3 + 6CO$), die graph. Abhängigkeit der integralen Intensität von der Menge an zugesetztem Reagenz ($J_2$ u. **I**), eine Eichkurve für die As-Best. u. die abs. Dampfdrücke in Torr von $J_2$ u. **I** von 1—760°.

E. Pfluger G 265

*1752* **Quantitative Bariumbestimmung in Gegenwart von Strontium, Calcium und Magnesium mit Hilfe von Pyromellithsäure.** A. I. Vasjutinskij und V. I. Mogilevskaja. (Ž. analitičeskoj Chim. **22** (1967) 12, 1895 bis 1897; Odessaer Polytechn. Inst.; russ., Auszug: engl.) — Ba wird von Sr, Ca u. Mg getrennt, indem es bei 60° u. pH 2—5 mit dem $NH_4$-Salz der Pyromellitsäure (2.3.5.6-Benzoltetracarbonsäure) gefällt u. nach Abtrennen des Nd. u. Auflösen in EDTA komplexometr. bestimmt wird. Sr darf im Verhältnis Ba:Sr = 1:1 anwesend sein, bei höheren Sr-Geh. ist zweimalige Fällung erforderlich. Von Ca bzw. Mg stört der zehn- bzw. neunzehnfache Überschuß gegenüber Ba nicht.

M. Krause G 285

*1753* **Kontinuierliche substöchiometrische Bestimmung von Quecksilberspuren durch radioaktive Isotopenverdünnungsanalyse.** G. B. Briscoe, B. G. Cooksey, J. Růžička und M. Williams. (Talanta [London] **14** (1967) 12, 1457—65; Birmingham, Univ. of Aston, Dep. of Chem.; engl.) — Es wird eine experimentelle Anordnung zur automat. Ausführung von Analysen beschrieben, die auf der Isotopenverdünnung in Verb. mit substöchiometr. Flüssigextraktion beruhen. Am Beispiel der Hg-Best. (Markierung mit $^{203}Hg$, Extraktion mit Zn-Dithizonat in $CCl_4$) wurden günstige Betriebsparameter der Anlage ermittelt, sowie der Einfl. von Fremdionen auf das Verf. untersucht u. das Stabilitätsverh. des Extraktionsmittels geprüft. Eine Best. von Hg-Spuren war bis zu $5 \cdot 10^{-8}$ g möglich. Bei Anwendung der Meth. auf arme Zinnobererze wurde im 0,01%-Bereich gute Übereinstimmung mit photometr. Werten erhalten.

C. Herold G 290

*1754* **Oszillopolarographische Reinheitskontrolle von Quecksilber.** Robert Kalvoda. (Chem. Listy **61** (1967) 2, 251—53; Polarograf. úst. J. Heyrovského ČSAV, Praha; tschech.) — Das oszillopolarograph. Verh. kleiner Mengen von Cu, Pb, Tl, Cd u. Zn an der Hg-Tropfelektrode wurde näher untersucht. In üblichen Grundelektrolyten ($H_2SO_4$-, KCl-, KOH-Lsg.) bilden sich auf der oszillograph. Kurve bereits bei $5 \cdot 10^{-4}$%ig. Amalgamkonz. tiefe Einschnitte. Bei Verw. von 0,1 m $H_2SO_4$- + 0,1 m $NH_4CNS$- + 0,01 m Thioharnstofflsg. für Pb, Cu, Cd u. Zn bzw. 0,5 m KCl- + 0,1 m KJ-Lsg. für Tl u. Pb können selbst $10^{-5}$% vorst. Metalle in Hg nachgewiesen werden. Nachteilig ist das stufenweise Verschwinden mancher Einschnitte infolge Luftox. der betreffenden Metalle, das bes. bei Zn-Amalgam auffallend ist.

K. Kámen G 290△

*1755* **Indirekte Quecksilberbestimmung mit dem Nickelsalz der Antipyrin-4-dithiocarbonsäure.** Bronislaw Sawicki. (Mikrochim. Acta [Wien] **1967, 1,** 176—79; Krakov, Polen, Med. Akad.; dt.) — Antipyrin-4-dithiocarbonsäure (**I**) bildet mit Ni(II) einen violetten Nd., dessen rotviolette Lsg. in $CHCl_3$ zur indirekten Best. kleiner Mengen Hg(II) durch Verdrängungsextraktion geeignet ist. Dabei ist der bestimmbare Konz.-Bereich von der Konz. der Ni-Lsg. abhängig. Die Reagenzlsg. wird durch Schütteln von 100 ml 0,001 m **I**-Lsg. in $CHCl_3$ mit 150 ml 0,1 n Ni-Acetat-Lsg. (pH 7,5, mit verd. $NH_3$-Lsg. alkalisiert) u. Wiederholung des Schüttelns mit Ni-Acetat-Lsg. bis zur Konstanz der Extinktion bereitet. Nach 2maligem Waschen mit dest. W. wird die

Lsg. bis zu dem gewünschten Extinktionswert (0,4 oder weniger) verd. u. ist so in einer dunklen Glasflasche 7 Tage lang haltbar. Die Best. erfolgt photometr. durch Messung der Verminderung der Extinktion bei 575 nm, die der Hg-Konz. direkt proportional ist. Zur Ermittlung der Eichkurve versetzt man Hg-Lsg. mit 2 ml $CH_3COO \cdot NH_4/CH_3COOH$-Puffer (pH 2,6), füllt mit W. auf 10 ml auf u. extrahiert 1 Min. lang mit 5 ml u. 2mal je $^1/_2$ Min. lang mit je 2,5 ml Reagenzlsg., worauf die Extinktion der vereinigten Extrakte gemessen wird. Au(III), Cu(I), Cu(II), Ag(I), Hg(I), $S_2O_3^{2-}$, $SO_3^{2-}$, $CN^-$ u. EDTA verhindern die Best.; Co(II), Zn(II), Mn(II), Al(III), Cr(III), Fe(II) u. Fe(III) stören bei 20fachem Überschuß.
E. Schmunk G 290 △

*1756* **Komplexometrische Titration von Quecksilber in Gegenwart von Chloridionen.** 2. Mitt. **Substitutionstitration in saurem Medium.** Elio Matteucci. (Chim. e Ind. [Milano] **49** (1967) 5, 474—79; Torino, Inst. di Giacimenti minerari del Politechnico; ital.) — 1. vgl. ibid. **48** (1966) 829. — Vf. untersuchte die Möglichkeiten zur Substitutionstitration von Hg-Ionen mit Pb-, Cd-, Zn- u. La-EDTA-Verb., um die Hg-Best. in Ggw. von $Cl^-$ durchführen zu können. Die Verw. von Pb- u. Cd-Ionen schieden bei Verw. von Xylenolorange bei pH 6 nach theoret. Erwägungen aus. Die Titration in Ggw. von $LaY^-$ war wider Erwarten nicht möglich. Die Titration kann jedoch mit $ZnY^{2-}$ durchgeführt werden. Der $Cl^-$-Geh. kann bei dieser Titration zehnmal höher als bei der direkten Titration sein. I. Degen G 290

*1757* **Anwendung von Zimtsäure in der analytischen Chemie.** 10 Mitt. **Bestimmung von Scandium als Cinnamat und seine Abtrennung von Seltenerdmetallen und Yttrium.** I. I. Volkov und É. A. Ostroumov. (Ž. analitičeskoj Chim. **22** (1967) 3, 340—45; Inst. okeanol., AN SSSR, Moskva; russ., Auszug: engl.) — 9. vgl. ibid. **22** (1967) 1, 30; 6. vgl. C. **1965,** 24-1814. — Sc fällt bei pH > 3 als $Sc(C_6H_5CH{=}CHCOO)_3$ von sehr konst. Zusammensetzung. Die Seltenerdmetalle u. Y werden aus dem Filtrat ebenfalls als Cinnamate gefällt, nach dem mit $NH_3$-Lsg. auf den Umschlagspunkt des Bromkresolblau eingestellt wurde. K. Karos G 299

*1758* **Chemische und radiochemische Trennung von Strontium und Yttrium.** K. R. Kar, G. Singh und S. C. Jain. (Mikrochim. Acta [Wien] **1968,** 3, 614—18; Dep. of Chem., Univ. Delhi, Delhi; engl.) — Zur Trennung des Sr vom Y werden zu 300 mg geglühtem $BaSO_4$ 5 ml des Sr/Y-Gemisches, 15 ml wss. A. (4 ml A. verd. auf 15 ml) u. 5 ml 0,75 n HCl mit 305 mg $K_2SO_4$ gegeben. Nach zweimaligem Verrühren läßt man 50 Min. stehen, dann wird zentrifugiert u. das Sr durch dreimaliges Waschen mit je 6 ml A./0,75 n HCl/0,1 m $K_2SO_4$ (16 zu 20:64) herausgewaschen. Anschließend wird noch 3mal mit je 6 ml 0,5 n HCl nachgewaschen. Zur Entfernung der radiochem. Y-Aktivität muß vorher mit ≧ 1 mg Y-Isotop verd. werden. Getrennt werden können 1—3 mg Sr von 1—16 mg Y. Die Best. wird komplexometr. ausgeführt. K. Henning G 300

*1759* **Titrimetrische Mikrobestimmung von Lanthan.** J. D. Pandey und O. C. Saxena. (Mikrochim. Acta [Wien] **1968,** 3, 636—38; Chem. Labor., Univ., Allahabad, India; engl.) — Zur Best. wird die $La(NO_3)_3$-Lsg. mit Na-Rhodizonat 2—4 Min. gekocht, abgekühlt, der violett gefärbte Nd. abfiltriert, mit 20 ml 2 n $H_2SO_4$ aufgelöst u. die Titration mit $Ce(SO_4)_2$-Lsg. in 8 n $H_2SO_4$ gegen N-Phenylanthranilsäure bis zum Farbumschlag nach Rotbraun ausgeführt. K. Henning G 301

*1760* **Genaues Verfahren zur Bestimmung der Seltenerden durch Neutronenaktivierung.** L. A. Haskin, T. R. Wildeman und M. A. Haskin. (J. radioanalyt. Chem. [Budapest] **1** (1968) 4, 337—48; Univ. Wis., Dep. of Chem., Madison, Wis.; engl.) — In Erzen u. Gesteinen werden Seltenerden (A) wie folgt bestimmt: Bestrahlung gepulverter Proben zusammen mit Standardlsg. von Gemischen der Nitrate; Aufschluß der Proben mit $Na_2O_2$ nach Trägerzusatz; Abtrennung von **A** durch mehrere Hydroxid/Oxalat-Fällungen; Trennung von **A** u. Standardproben durch Ionenaustausch; Best. der chem. Ausb. durch EDTA-Titration; β- oder γ-Messung. Bei Gesamtgeh. von 200 ppm war die mittlere Abweichung von Doppelproben kleiner als ± 4% bei verschiedenen Analytikern. W. Dedek G 303

*1761* **Bestimmung von Titan in schwerlöslichen, Aluminium, Titan, Fluor und Kalium enthaltenden Titanaten.** T. I. Tjutjunnikova. (Chim. Prom. **1967,** 4, 59—60; NIOChIM, Charkov; russ.) — Die Titanatprobe wird im Pt-Tiegel mit der 10fachen Menge $KHSO_4$ aufgeschlossen, die Schmelze in HCl unter Erwärmen gelöst, $NH_4Cl$ zugesetzt u. mit $NH_3$-Lsg. bis zum Auftreten einer Trübung neutralisiert. Dann wird die Lsg. mit 5 ml 1 5 n HCl versetzt u. mit 200 ml 0,5%ig. Zimtsäurelsg. (**I**) gefällt, aufgekocht u. 2—3 Std. stehengelassen. Nach dem Filtrieren u. Waschen mit 0,5%ig. **I**-Lsg. wird verascht u. nach dem Glühen Ti als $TiO_2$ bestimmt.
E. Pfluger G 321

*1762* **Quantitative Bestimmung von Sauerstoff in Titanhydrid und in metallischem Titan.** V. R. Negina, É. A. Kozyreva und Z. S. Bogatova. (Ž. analitičeskoj Chim. **23** (1968) 4, 563—67; russ., Auszug: engl.) — Das Prinzip der Meth. besteht in der Hydrochlorierung (A) von $TiH_2$ u. Ti mit trockenem HCl u. gravimetr. bzw. photometr. Best. der ox. Rückstände. Für $TiH_2$ dauert der Prozeß 1,5—2 Std. bei 500—670° u. einer HCl-Geschw. von 80—100 ml/Minute. Für metall. Ti ist eine Temp. von 675° während 2—4 Std. erforderlich. Bei einem O-Geh. von > 2% u. Einwaagen von 100 mg ist bei der gravimetr. Best. der Oxide der Fehler ca. 7% relativ; bei geringerem Oxidgeh. ≦ 2%. Bei der Best. nach dem photometr. Verf. mit Diantipyrylmethan ist der relative Fehler 10—15%. Das Verf. eignet sich für metall. Ti bei Ggw. der Oxide $TiO_2$, $Ti_2O_3$, $Ti_3O_5$, $Ti_6O_{11}$, für $TiH_2$ u. ox. Proben von $TiH_2$ u. Ti. Die Nachw.-Grenze bei der gravimetr. Best. liegt bei $2 \cdot 10^{-4}$ g der Oxide u. bei der photometr. Meth. bei $5 \cdot 10^{-6}$ g in 50 ml Lösung. Die verwendete App. wird beschrieben.
E. Pfluger G 321

*1763* **Elektrolytische Abscheidung von trägerfreiem $^{95}Zr$ aus wäßriger Lösung.** B. M. Joshi und K. S. Bhatki. (J. radioanalyt. Chem. [Budapest] **1** (1968) 4, 331—36; Tata Inst. Fundamental Res., Colaba, Bombay; engl.) — Zur Abscheidung von trägerfreiem $^{95}Zr$ aus wss. Lsg. für kernspektroskop. Zwecke erwies sich von zahlreichen geprüften anorgan. u. organ. Verb. nur Harnstoffoxalat als geeignet. Bei 40 mA/cm² konnten über 80% des Zr in 50 Std. abgeschieden werden. W. Dedek G 322

*1764* **Dünnschichtchromatographie in der anorganischen Analyse.** 3. Mitt. **Trennung und Nachweis von Arsen, Antimon und Zinn als Pyrrolidindithiocarbamate.** H.-J. Senf. (Mikrochim. Acta [Wien] **1968,** 5, 954—56; 654 Stadtroda/Thüringen, Lohmberg 9; dt.) — 2. vgl. C. **1968,** 8-1892. — Nach der extraktiven Abtrennung von As(III), Sb(III) u. Sn(II) (H. Malissa u. S. Gomiscek, Z. analyt. Chem. **196** (1959) 401) aus 1 n salzsaurer Lsg. als Pyrrolidindithiocarbamate wird die Trennung mittels Dünnschichtchromatographie auf Schichten aus Kieselgel $D/Al_2O_3$ (2:1) mit dem Fließmittel Bzl./$CHCl_3$ (2:1) ausgeführt. Angesprüht wird mit 5%ig. $CuSO_4$-Lösung. Die $R_F$-Werte betragen 0; 0,22 bzw. 0,66 für den Sn-, As- bzw. Sb-Komplex u. die Nachw.-Grenzen 0,15; 0,3 bzw. 0,1 μg. K. Henning G 327

*1765* **Naßchemische Bestimmung des Bleis im NE-Metall-Laboratorium.** Josef Eisen. (Z. Erzbergbau Metallhüttenwes. **20** (1967) 7, 315—21; Kabel- u. Metallwerke, Gutehoffmannshütte AG, Osnabrück; dt.) — Beschreibung einer extraktiven Titrationsmeth., die, in mehreren Varianten angewandt, die Best. von Pb in Geh. von 0,0001 bis > 80% gestattet. Dabei wird der Extraktionsvorgang mittels eines eigens für diesen Zweck entwickelten Rührwerkes durchgeführt. Als Titrationsmittel dient eine Dithizon/$CHCl_3$-Lsg. hoher Konz. (1 ml ≙ 25 μg Pb), wodurch neben einer Senkung der Blindwertschwankungen u. der beschleunigten Rk. von Pb mit Dithizon eine wesentlich höhere Titerbeständigkeit erreicht wird. Störungen durch die Begleitelemente u. Möglichkeiten ihrer Ausschaltung sind diskutiert, für einige praxiserprobte Varianten sind ausführ-

liche Arbeitsvorschriften angegeben. Die Meth. ist als Schnellverf. geeignet. Die Genauigkeit liegt bei Pb-Geh. von 0,0001% bei ± 20%, von 0,001% bei ± 5%, von 0,01% bei ± 2%, von 80% bei ± 0,25%.
K. Seyfert G 328

*1766* **Bestimmung von Be, Li, B, F und Pb durch Neutronenaktivierungsanalyse.** H. R. Lukens. (J. radioanalyt. Chem. [Budapest] **1** (1968) 4, 349—54; Gen. Dynamics, Gen. Atomic Div., J. J. Hopkins Labor. for Pure and Appl. Sci., San Diego, Calif.; engl.) — Mit Hilfe pulsierender Bestrahlung im Reaktor (Gleichgew. (2—5) · $10^{12}$, 16,6 m Sek.-Puls von $10^9$ Watt u. (1—2) · $10^{16}$ Neutronen/cm² Sek.) werden unter Verw. eines Čerenkov-Zählers u. Messung kurzlebiger Isotope von 0,80—7,14 Sek. Halbwertzeit folgende Empfindlichkeiten erreicht: Be 15, Li 8 · $10^{-4}$, B 1,1, F 0,83, O 370 u. Mg 160 μg. Für Pb werden unter Verw. eines NaJ(Tl)-Zählers 0,4 μg erreicht. W. Dedek G 328

*1767* **Bestimmung des Vanadins mit PAR.** E. Gagliardi und B. Ilmaier. (Mikrochim. Acta [Wien] **1967,** 1, 180—87; Graz, Univ., Inst. für anorg. u. analyt. Chem.; dt.) — V(V) stört bei der Best. verschiedener Metalle mit Hilfe von 4-(2-Pyridylazo)-resorcin (PAR) durch Komplexbldg. mit dem Reagenz. Wegen der Empfindlichkeit der Rk. entwickelten Vf. daraus eine Meth. zur spektralphotometr. Best. des V. Der Komplex stellt ein 1:1-Chelat dar; zur quant. Ausbldg. muß ein doppelter Überschuß PAR eingesetzt werden. Die Extinktion ist stark pH-abhängig; in Ggw. großer Mengen W. wird die Komplexbldg. beeinträchtigt, u. die Extinktionswerte sind nur mangelhaft reproduzierbar. Die Best. wird durch EDTA (Verhinderung der Rk.) unmöglich. Brom u. die meisten Metallionen stören durch Erhöhung der Extinktion. E. Schmunk G 330△

*1768* **Spektrophotometrische Bestimmung von Titan- und Vanadin-Verunreinigungen in Aluminium.** Györgyné Posgay, Istvánné Saj'ó und Márgit Horváth. (Kohászati Lapok [Ung. Z. Hüttenwes.] **100** (1967) 9, 430—34; Budapest, Fémipari Kutató Intézet; ung.) — Durch Überprüfung der zur photometr. Best. von Ti bzw. V verwendeten Reagentien wurde folgendes festgestellt: 1. Zur Best. von Ti können Tiron u. Diantipyrylmethan mit gleicher Empfindlichkeit (0,01 μg/ml) verwendet werden, doch ist letzteres günstiger, da es von Verunreinigungen des Al u. Änderung des pH nicht beeinflußt wird. 2. Bei der Best. von V können Na-Wolframatophosphat u. das kürzlich eingeführte n-Benzoyl-n-phenylhydroxylamin mit ungefähr gleicher Empfindlichkeit benutzt werden. Beschreibung der Verfahren. — 13 Literaturangaben.
L. Zombory G 330△

*1769* **Potentiometrische Bestimmung von Hydrazin und von zweiwertigem Vanadin nebeneinander.** L. V. Nikitina und M. T. Kozlovskij. (Izvest. Akad. Nauk Kaz. SSR, Ser. chim. Nauk **17** (1967) 5, 31—37; russ.) — Unters. der potentiometr. Titration von V(II) u. Hydrazin (**I**) allein u. im Gemisch mit $JO_4^-$, $JO_3^-$, $BrO_3^-$ u. $ClO_3^-$ werden beschrieben. **I** kann allein mit den vorst. genannten Ox.-Mitteln nicht titriert werden. Bei der Titration von V(II)-**I**-Gemischen mit $KJO_4$, $KClO_3$ u. $KBrO_3$ geben die beiden ersten Ox.-Mittel nur eine Rk. mit V(II), u. zwar unabhängig von der Menge an vorhandenem **I**. Bei der Titration des Gemisches mit $KBrO_3$ wird die Summe V(II) + **I** titriert. Die Titration erfolgt in 1 n $H_2SO_4$-Lösung. E. Pfluger G 330

*1770* **Polarographische Schnellbestimmung von Niob in Erzen und Konzentraten.** G. A. Volkova, L. T. Martynova und V. G. Sočevanov. (Zav. Labor. **33** (1967) 8, 933—35; VNII mineral'nogo syrja; russ.) — Für die Best. von 5—150 μg Nb/ml in 0,05 m EDTA-Lsg. bei pH 3,0 bis 3,5 wird die erste Red.-Stufe bei —0,7 V (SCE) benutzt. Um Nb von störenden Bestandteilen wie Pb, Sb, Bi, As u. > 5% Fe(III) zu trennen, wird es mittels Tannin gefällt. Während < 5% Fe(III), Ti(IV), U(VI) u. Cu(II) nicht stören, muß bei > 0,05% Mo Alkalifällung angewendet werden. E. Bomke G 331

*1771* **Amperometrische Titration von Niob mit Cupferron und Neocupferron.** Ju. I. Usatenko und A. P. Tichonova. (Zav. Labor. **33** (1967) 8, 939—42; Dnepropetrovsk chim.-technol. Inst.; russ.) — Entgegen den Angaben von Ph. J. Elving u. E. C. Olson (C. **1956,** 7620) eignet sich 0,02 m Cupferron-Lsg. unter Verw. einer Graphitanode (+0,9 bis +1 V, SCE) zur amperometr. Nb-Bestimmung. Auf die Verwendbarkeit als Grundelektrolyt wurden folgende Medien untersucht: 0,1—18 n $H_2SO_4$, 0,2—1 m KCl, 0,1—1 m Weinsäure, 0,05—1 n $HNO_3$ u. 0,05—4 n HCl. Die besten Resultate für die Nb-Best. mit Cupferron wurden in 2—18 n $H_2SO_4$ unter Zusatz von NaCl als Flockungsmittel erhalten. Bei einem Geh. von 0,531 mg Nb in ≈ 50 ml beträgt der relative Fehler 0,8%. Dabei stören nicht folgende Überschüsse an Mn (200), Al, Be (100), Ni (20); Ta darf nur zu $^1/_5$ der Nb-Menge vorliegen, Cr, Fe u. W können bei < 1 mg mit Komplexon maskiert werden. Neocupferron eignet sich besser zur Nb-Best. (Grundelektrolyt 1—2 n HCl, relativer Fehler bei 1,063 mg 0,7%), da 2facher Ta-Überschuß ebensowenig wie die 500fache Mn-, Ni-, Zn-, Mg-, Ca-, die 200fache Hg-, Al-, die 50fache Be- u. die 10fache Cr-Menge sich nicht negativ auswirken. Dagegen stören Ti, V, Fe, Mo, W, Zr sowie $NO_3^-$, $F^-$ u. $C_2O_4^{2-}$ sowohl bei der Best. mit Cupferron als auch mit Neocupferron. E. Bomke G 331

*1772* **Niob-Bestimmung in Zirkonium-Niob-Legierungen.** I. K. Stepanova und S. I. Sinjakova. (Zav. Labor. **33** (1967) 8, 931—33; Inst. Geochim. i anal. Chim. AN SSSR; russ.) — 0,1—10% Nb können in 25—30 Min. polarograph. bei einem relativen Fehler von ± 2% mit dem Vektorpolarographen ZLA bestimmt werden. In 7,5 m HCl + 0,15 m $H_2SO_4$ + 0,001 m $(NH_4)_2SO_4$ erhält man bei —0,38 V (Bodenquecksilber) einen gut auswertbaren Peak, dessen Höhe zwischen 0,5 u. 10 μg/ml linear von der Konz. abhängt. Während Fe die Best. stört, bleiben Zr, Mo u. W ohne Einfl. bis zum Verhältnis Nb:Zr = 1:250, Nb:Mo = 1:500, Nb:W = 1:3. E. Bomke G 331

*1773* **Thiolactame als Reagenzien in der qualitativen Analyse.** 6. Mitt. **Kolorimetrische Wismutbestimmung mit Thiocaprylolactam.** Halina Sikorska-Tomicka. (Mikrochim. Acta [Wien] **1968,** 5, 1106—09; Inst. für allg. Chem., Ingenieurhochschule, Bialystock, Polen; dt.) — 2. vgl. Chem. analit. [Warszawa] **12** (1967) 6, 1291; 1. vgl. C. **1967,** 32-1894. — Die Best. von 1—30 μg Bi/ml wird photometr. mit Thiocaprylolactam in Ggw. von Halogeniden ausgeführt. Nach Zugabe von 1 ml 5%ig. NaCl-, KJ- oder KBr-Lsg. u. 1 ml 5 m $H_2SO_4$ wird so lange mit 0,9%ig. Thiocaprylolactamlsg. in $CHCl_3$ extrahiert, bis das $CHCl_3$ farblos bleibt. Anschließend wird die Extinktion im Bereich von 410—490 nm gemessen, je nachdem, welches Halogenid zugesetzt wurde. Zur Best. von Bi in Leg. u. Sn werden 0,2—0,5 g der Probe mit 5 ml $HNO_3$ (1:1) abgeraucht, bis zum Schmelzen erhitzt u. auf 200 ml mit W. aufgefüllt. In Ggw. von Sn wird vorher filtriert, das Sediment mit verd. $HNO_3$ gewaschen u. wie oben weiter verfahren unter Anwendung von KBr.
K. Henning G 334

*1774* **Analytische Chemie der wenig vorkommenden Wertigkeiten.** 7. Mitt. **Photometrische Bestimmung von Molybdän mit o-Phenanthrolin.** F. Lucena-Conde, S. Vicente-Pérez und L. León Morán. (Inform. Quím. analít. **21** (1967) 6, 202—07; Univ. de Salamanca, secc. de Quím. Anal. del C.S.I.C.; span.) — Bei der Rk. zwischen Molybdat u. o-Phenanthrolin in Ggw. von $SnCl_2$ (als Red.-Mittel) u. HCl entsteht ein rotvioletter Komplex, in dem Mo in 5- u. 6wertiger Ox.-Stufe auftritt. Durch Unters. der Einfl. von Temp., Acidität, Zeit, Konz. des $SnCl_2$ u. Konz. des o-Phenanthrolins wurden folgende Bedingungen als die besten zur Bldg. u. Stabilität des Komplexes ermittelt: Konz. des $SnCl_2$: 0,2%, HCl: 0,7—1 n. Konz. des o-Phenanthrolins: 7 · $10^{-4}$. Unter diesen Bedingungen ergibt sich eine Absorptionskurve mit einer charakterist. Bande bei 500 nm. Photometr. Unters. des Komplexes ergab eine empir. Formel $R_2Mo(V)Mo(VI)$ (R = o-Phenanthrolin). Die Rk. kann zur selektiven photometr. Best. von Mo bei Mengen zwischen 1 u. 500 μg dienen. J. Markert G 336

*1775* **Untersuchung der Bildung von Dodekawolframaten und Bestimmung der Iso- und Heterododeka-**

**wolframate mit Hilfe von Tetraphenylphosphoniumchlorid.** Raluca Ripa und Cleopatra Calu. (Talanta [London] **14** (1967) 8, 887—91; Inst. de chim. de l'Acad. de la République Socialiste Roumaine; franz.) — Die Bldg.-Bedingungen (pH, Zeit, Temp.) von Dodekawolframaten u. ihre Abtrennung mit Tetraphenylphosphoniumchlorid (I) wurden physikal.-chem. untersucht. In der Iso- u. Heteropolywolframatreihe werden nur die Anionen des Typs $(XW_{12}O_{40})^{(8-n)}$- (n = Ox.-Zahl von X) durch I gefällt. Die Rk. ist quant. u. kann zur Abtrennung von Dodekawolframat (II) aus einem Gemisch von Wolframat-Anionen dienen. Mit I als spezif. Reagenz auf II ließ sich zeigen, daß bei der Kondens. von Na-Wolframat bei hohen Säurekonz. das II bei pH ≈ 6 auftritt u. bei pH ≈ 2 alles Wolframat in dieser Form vorliegt. Faktoren wie Verdünnung, Zeit u. Temp. sind ebenfalls von Einfl. auf die Bldg. von II in diesem pH-Bereich. Die Rk. wird zur Best. einer Reihe von II-Verb. verwendet. J. Pickardt G 337

*1776* **Trägerfreie Abtrennung von Rhenium-Isotopen aus einer deuteronenbestrahlten Wolfram-Matrix.** D. Klockow. (J. radioanalyt. Chem. [Budapest] **1** (1968) 4, 325—29; Chem. Labor. der Univ., Lehrstuhl für Anal. Chem., Freiburg i. Br.; dt.) — Bestrahltes metall. W wird in $HF/HNO_3$ gelöst, der Rückstand in $NH_3/H_2O_2$ gelöst u. nach Zugabe von $NH_4NO_3$ bei pH 4,5—5 auf eine an $ZrO_2$-Hydrat-Säule gebracht. Mit 2%ig. $NH_4NO_3$-Lsg. wird das trägerfreie Re eluiert, wobei 90—95% des W an der Säule adsorbiert bleiben. Nach Abrauchen des Ammoniumsalzes bei 160° wird das trägerfreie Re mit silicatfreier $NH_3$-Lsg. aufgenommen. W. Dedek G 337

*1777* **Isotopenanalyse des Urans. Spektrographische Bestimmung des Verhältnisses $^{235}U/^{238}U$.** G. Rossi, Z. Hainski und N. Omenetto. (Metallurgia ital. **59** (1968) 8, 641—44; Euratom, CCR, Ispra, Dipart. di Chim., Sezione di Chim. Anal. e Minerale; ital.) — Mit einer wassergekühlten Kathodenlampe (hohle Ni-Kathode, 500 mA) u. einem Photomultiplier wird $U_3O_8$, gelöst in HF, auf das Isotopenverhältnis untersucht. Die Ergebnisse werden mit denen der Massenspektrometrie verglichen. W. Holland G 339

*1778* **Neue photometrische Extraktionsmethode zur Bestimmung von Uran(VI).** P. N. Kovalenko, G. G. Ščemeleva und L. S. Sokolova. (Ž. analitičeskoj Chim. **22** (1967) 12, 1845—49; Univ. Rostov am Don; russ., Auszug: engl.) — Die Bedingungen zur photometr. Best. von U(VI) mit Hilfe von Kristallviolett (I) u. nachfolgender Extraktion mit Toluol (II) wurden untersucht. Als optimal wurden ermittelt: Zusatz von HCl, I u. Na-Benzoat zur Probelsg., Extraktion mit II, Extinktionsmessung der II-Phase bei 595 nm. Die Empfindlichkeit beträgt 0,2 µg U(VI)/ml Extrakt. Mit Hilfe der Job-Meth. wurde festgestellt, daß $UO_2^{2+}$ u. I in der Verb. im Verhältnis 1:1 enthalten sind. Weiterhin wurde festgestellt, daß die Verb. des Uranyl-Benzoat-Komplexes mit I von konst. Zus. ist u. in II nicht polymerisiert. Ihre Dissoziationskonst. wurde zu $3{,}46 \cdot 10^{-8}$, ihr mol. Extinktionskoeff. zu $6{,}9 \cdot 10^4$ bestimmt. Der Fehler der Best. ist bei reinen U-Salzen < 1,3% bei guter Reproduzierbarkeit. Die Einfl. von 25 Ionen wurden untersucht u. die Höhe der störenden Konz. tabellar. wiedergegeben. Th, Ce u. Zr stören durch Bldg. eines Benzoat-Nd., $Fe^{3+}$ durch Rk. mit I. $Fe^{3+}$ kann durch Phosphat oder EDTA maskiert werden. Es wurde eine Meth. zur Best. von U in U-Al-Leg. ausgearbeitet u. für U-Geh. von 0,94—7,40% erfolgreich erprobt. M. Krause G 339

*1779* **Quantitative Dünnschichtchromatographie.** 3. Mitt. **Bestimmung des Urans mit MDCM nach Abtrennung von Metallen der Ammoniumsulfidgruppe.** E. Gagliardi und G. Pokorny. (Mikrochim. Acta [Wien] **1967**, 2, 228—32; Inst. für anorg. u. analyt. Chem., Univ. Graz; dt.) — 2. vgl. ibid. **1966**, **3**, 577; 5. vgl. C. **1969**, 7-1649. — 10 bis 100 µg U(VI) können von 10—100 µg je Element der $(NH_4)_2S$-Gruppe dünnschichtchromatograph. an Cellulosepulver unter Verw. des Laufmittels Aceton/Isobutanol/HCl-Lsg./W. (25:50:13:12) abgetrennt werden. Das aus dem Schichtmaterial ausgewaschene $UO_2^{2+}$ bildet mit morpholin-N-dithiocarbonsaurem Morpholinium (MDCM) bei pH 3—8 einen orange gefärbten wasserlösl. Komplex ($\lambda_{max}$ 380 nm), dessen Extinktion gegen wss. MDCM-Lsg. gemessen wird. K. Seyfert G 339

*1780* **Polarographische Bestimmung des O/U-Verhältnisses in Uranoxiden.** L. Sipos und M. Branica. (J. polarogr. Soc. **14** (1968) 1, 3—6; Inst. „Ruder Bôsković", Zagreb; engl.) — Die Probe (0,1—50 mg) wird in einer speziellen App. in 85%ig. $H_3PO_4$ gelöst, ein Teil der Lsg. verdünnt u. mit 2 m $H_2SO_4$ versetzt, so daß der Grundelektrolyt 3 m an $H_3PO_4$ u. 1,6 m an $H_2SO_4$ ist. Im anderen Teil der Lsg. wird das vorhandene U(IV) mit $Ce(SO_4)_2$ gelöst in 2 m $H_2SO_4$, gegen Methylrot oxydiert. Aus dem Verhältnis der Stufenhöhen vor u. nach der Ox. wird das O/U-Verhältnis bestimmt. Der Variationskoeff. liegt bei 0,6%. E. Bomke G 339

*1781* **Voltammetrisches Verhalten und Bestimmung von $Mn^{2+}$ auf der Kohlepasten-Elektrode.** György Farsang und László Tomcsányi. (Magyar kém. Folyóirat [Ung. Z. Chem.] **73** (1967) 5, 194—99; Budapest, Eötvös Lóránd Tudományegyetem Szervetlen és Analitikai Kémiai Tanszéke; ung.) — Zur polarograph. Best. von $Mn^{2+}$ wurde eine C-Pasteelektrode benutzt; die cycl. voltammetr. Erscheinungen wurden darauf eingehend untersucht. Aus der pH-Abhängigkeit des $E_{p/2}$-Wertes des Ox.-Stromes u. aus dem Charakter der cycl. voltammetr. Kurven wurde gefolgert, daß sich auf der Elektrode eine $MnO_2(H_2O)_x$-Schicht bildet. Aus der pH-u. Temp.-Abhängigkeit des Ox.-Stromes folgt, daß der Strom nicht völlig durch Diffusion bestimmt wird. Die gut anhaftende Schicht kann zur Ausführung der stripping-Technik angewandt werden. Aus den Unters. geht hervor, daß zur Best. von $Mn^{2+}$ im Konz.-Gebiet $1 \cdot 10^{-5}$—$5 \cdot 10^{-4}$ m die cycl. voltammetr. Meth., zur selektiven u. hochempfindlichen Best. derselben im Konz.-Bereich $5 \cdot 10^{-8}$—$1 \cdot 10^{-5}$ m dagegen die stripping-Technik geeignet ist. I. Náray-Szabó G 350△

*1782* **Kolorimetrische Bestimmung von Eisen-Beimengungen in reinem Cadmium und Zink.** V. G. Tipcova und O. I. Kopnina. (Izvest. vysšich učebnych Zavedenij [Ivanovo], Chim. i chim. Technol. **11** (1968) 3, 364—65; Mosk. inst. stali i splavov; russ.) — Die vorgeschlagene kolorimetr. Meth. zur Best. von Fe in reinem Zn u. Cd mit einer Empfindlichkeit von $4 \cdot 10^{-6}$% beruht auf der Abscheidung von Fe durch Mitfällung mit $MnO_2$ in ammoniakal. Medium u. nachfolgender Best. mit o-Phenanthrolin in Ggw. von Trilon B als markierendes Agens. E. Klever G 354

*1783* **Bestimmung von Radio-Eisen mit Benzolsulfinsäure.** Richard B. Hahn und Saadia Ibrihim Allam. (Analytic. Chem. **39** (1967) 14, 1880—81; Chem. Dep., Wayne State Univ., Detroit, Mich.; engl.) — In Anlehnung an Thomas (1909) wird Fe(III) als $Fe(C_6H_5SO_2)_3$ gefällt. Die $^{55}Fe$-$^{59}Fe$-Aktivität gelangt mit 100% Ausb. auf das Filterpapier. Soll der Fe(III)-Träger mit 100% Ausb. wiedergewonnen werden, muß der Nd. einschließlich Filter verascht u. als $Fe_2O_3$ bestimmt werden. $^{144}Ce$ u. $^{95}Zr$-$^{95}Nb$ stören. K. R. Fröhner G 354

*1784* **Mikrobestimmung von Kupfer(II) mittels Austauschreaktion auf Papier.** K. Koev. (Mikrochim. Acta [Wien] **1968**, 3, 664—68; Higher Inst. Econ., Varna, Bulgaria; engl.) — Zur Best. von Cu im ppm-Bereich läßt man die Probelsg. vom pH 1,5—2 durch ein mit CdS imprägniertes Filtrierpapier laufen, so daß Cu, Pb, Hg, Ag u. Bi auf dem Papier verbleiben. Dann wird mit W. säurefrei gewaschen, getrocknet u. mit KCN-Lsg. behandelt, wobei nur das CuS reagiert. Der $CN^-$-Überschuß kann durch seine Rk. mit einem mit AgCl imprägnierten Filter bestimmt werden, wobei das freigewaschene Ag als Maß für die CN-Menge dient. In Ggw. der obigen 4 Elemente kann die Cu-Menge direkt aus der am CdS-Papier entstehenden Färbung abgeschätzt werden. 10—150 µg Cu lassen sich in 500 bis 1000 ml mit einem Fehler von 3% bestimmen. K. Henning G 358

*1785* **Amperometrische Serientitration von Thallium, Cadmium und Silber enthaltenden Kationengemischen.** A. K. Ždanov, N. A. Akent'eva und N. V. Kapica. (Uzbekskij chim. Ž. **11** (1967) 6, 12–14; Taškentskij gosuniv. im. V. I. Lenina; russ.) — Tl u. Cd können in derselben Lsg. nacheinander bei verschiedenen Potentialen u. pH-Werten an der rotierenden Ta-Elektrode durch amperometr. Titration mit Komplexon III bestimmt werden. Ag wird anschließend bei +0,9 V mit KJ-Lsg. titriert. E. Bomke G 359

*1786* **Bestimmung von Goldsol-Konzentrationen aus spektralphotometrischen Daten.** R. A. Caro, J. O. Nicolini und R. Radicella. (Int. J. appl. Radiat. Isotopes **18** (1967) 5, 327–29; Cát. de Fis., Univ. de Buenos Aires; engl.) — Eine Meth. zur Konz.-Best. durch Messen der Extinktion bei 526 nm wird beschrieben u. ein Nomogramm zur Auswertung der Meßdaten angegeben. J. Pickardt G 360

*1787* **Resonanzneutronen in der Aktivierungsanalyse. 3. Mitt. Bestimmung von Gold in Cadmiumtellurid.** M. Rakovič und Z. Prouza. (Isotopenpraxis **4** (1968) 4, 138–40; Dep. of Med. Phys. and Nuclear Med., Charles Univ., Prague; engl.) — 2. vgl. ibid. **4** (1968) 1, 11. — Zur aktivierungsanalyt. Best. von Au in CdTe-Einkrist. wird die Probe mit einer Cd-Folie zum Ausfiltern der therm. Neutronen umgeben, um Fehler durch die hohe Selbstabsorption in der Probe zu vermeiden. Die Abtrennung des Radio-Au aus der aktivierten Probe erfolgt durch Red. mit Oxalsäure zu metall. Au. Störende Ag-Isotope werden durch Fällung als AgCl abgetrennt. $^{198}$Au wird $\gamma$-spektrometr. durch Vgl. der Aktivität mit einem gleichzeitig bestrahlten Standard bestimmt. Die Au-Konz. im CdTe war 8,8 ppm. Karl-Heinz Walter/Jülich G 360

*1788* **Bestimmung von Rhodium in Platinkonzentraten.** Andreas Hofer. (Z. analyt. Chem. **238** (1968) 3, 183 bis 187; Hauptlabor. der Österreich. Stickstoffwerke AG, Linz/Donau; dt.) — Zur Best. von Rh in Pt-Konzentraten aus Auffangmassen der $NH_3$-Verbrennung wird Pt von Rh durch Extraktion seines Jodokomplexes mit einer Lsg. von TBP in n-Hexan abgetrennt u. Rh anschließend in der wss. Phase mit $SnCl_2$ photometr. bestimmt. Es lassen sich noch 0,1 mg Rh neben 100 mg Pt einwandfrei bestimmen, Cu bis zum Verhältnis R:Cu = 1:2,5 stört nicht. P. Scharner G 364

*1789* **Photokolorimetrische Bestimmung des Palladiums mit 2-Mercapto-5-anilino-1.3.4-thiodiazol.** Liviu Roman, Rodica Grăciuneanu und Ervin Popper. (Mikrochim. Acta [Wien] **1968**, 3, 660–63; Pharmazeut. Fak., Labor. anal. Chem., Cluj, Rumänien; dt.) — Pd(II) bildet mit 2-Mercapto-5-anilino-1.3.4-thiodiazol in äthanol. Lsg. bei pH 8–10,5 einen gelbgefärbten 1:3-Komplex, dessen Beständigkeitskonst. 4,17 · $10^{-10}$ beträgt. Die Absorptionskurve zeigt 2 Max. bei 312 u. 260 nm mit $\varepsilon$ = 3210 bzw. 2329. K. Henning G 365

*1790* **„Palladiazo", ein neues selektives metallochromes Reagenz für Palladium.** 1. Mitt. **Hauptcharakteristiken des reinen Reagenzes und seine Reaktion mit Palladium(II).** J. A. Pérez-Bustamante und F. Burriel-Martí. (Analytica chim. Acta [Amsterdam] **37** (1967) 1, 49–61; Madrid, Span. Higher Council of Sci. Res.; engl.) — 2.7-Bis-[4-arsonophenylazo]-1.8-dihydroxynaphthalin-3.6-disulfonsäure (I; $C_{22}H_{18}As_2N_4O_{14}S_2$) wird durch Rk. von diazotierter p-Phenylarsonsäure mit Chromotropsäure als dunkelrotes, in W. lösl., in den meisten organ. Lsgm. unlösl. Pulver erhalten. Wss. Lsg. von I sind sehr stabil u. zeigen 2 Absorptionsmax. bei 540 u. 625 nm. I wechselt seine Farbe schrittweise u. reversibel mit steigender HCl-Konz. von purpurviolett in schwachsaurer Lsg. über tiefblau (6–7 m HCl) nach grün (7–13 m HCl). I bildet mit Pd(II) bei pH 2,5–3,5 einen negativ geladenen 3:2-Komplex (II; $\lambda_{max}$+ 640 nm, $\varepsilon$ 5,7 · $10^4$). Wegen der großen Selektivität für Pd(II) wird für I der Name „Palladiazo" vorgeschlagen. II wird mit in n-Butanol oder höheren Alkoholen gelöstem Diphenylguanidiniumchlorid oder Cetyldimethylbenzylammoniumchlorid extrahiert. Das Beersche Gesetz wird bei 675 nm von 10–250 $\mu$g Pd(II)/50 ml befolgt; nur Pb(II), Bi(III) u. die Lanthaniden stören. P. Scharner G 365

*1791* **Analytische Anwendung von Arsenazo III auf die spektrophotometrische Bestimmung von Palladium.** 1. Mitt. **Vorläufige Untersuchung der Komplexbildung in dem System Arsenazo III/Pd(II)/$H_2O$.** J. A. Pérez-Bustamante und F. Burriel-Martí. (Analytica chim. Acta [Amsterdam] **37** (1967) 1, 62–74; Madrid, Span. Higher Council of Sci. Res.; engl.) — Vgl. vorst. Referat. — Arsenazo III (I) bildet mit Pd(II) bei pH 2–4 einen 1:2-Komplex ($\lambda_{max}$+ 630 nm, $\varepsilon$ 4,2 · $10^4$) u. einen 1:1-Komplex (II, $\lambda_{max}$ 620 nm, $\varepsilon$ 1,6 · $10^4$). Im Falle von II gilt das Beersche Gesetz für 10–250 $\mu$g Pd(II)/50 ml. Die Empfindlichkeit der Rk. von Pd(II) mit I ist etwa gleich der von Palladiazo, jedoch ist das letztere selektiver. P. Scharner G 365

*1792* **4.4-Acetalidin-bis-[3-methylisoxazolon-(5)] als neues kolorimetrisches Reagenz zur Bestimmung von Palladium und Uran.** M. H. Hashmi, Abdur Rashid, Shaukat Ali und A. Ehsan. (Mikrochim. Acta [Wien] **1968**, 3, 608–13; West Regional Labor., Pakistan Council of Sci. and Ind. Res., Lahore; engl.) — Pd bzw. U reagieren mit 4.4-Acetalidin-bis-[3-methylisoxazolon-(5)] (4.4-Äthyliden-bis-[3-methylisoxazolon-(5)]) bei pH 2,25 bis 4 bzw. pH 5,6 unter Gelbfärbung mit einer Erfassungsgrenze von 2 bzw. 15 $\mu$g/ml. Die sich ebenfalls ergebende Gelbfärbung durch Cu ist nicht stabil. K. Henning G 365

*1793* **Außergewöhnliche Abweichungen der Röntgenfluoreszenzintensität in einigen Aluminium- und Magnesiumlegierungen.** K. Hirokawa und A. Saito. (Z. analyt. Chem. **237** (1968) 6, 419–25; Res. Inst. for Iron, Steel and Other Metals, Tohoku Univ., Sendai, Japan; engl.) — An einer Al-Si-Leg. wird gezeigt, daß die Intensitätsänderung der Si$K\alpha$-Linie am eutekt. Punkt (11,7%) durch größere Unterschiede der Massenabsorptionskoeff. in den Mischkrist., die zu beiden Seiten des Eutektikums gebildet werden, verursacht wird. Ähnliche Abweichungen wurden für die Al$K\alpha$-Linie in Al-Cu- u. Al-Ni-Leg. beobachtet. An Hand eines Modells einer eutekt. Leg. wurden die Röntgenfluoreszenzintensitäten berechnet. Sie zeigen gute Übereinstimmung mit den experimentellen Ergebnissen. H. Bensch 5156

*1794* **Fluorbestimmung in Phosphat- und Silicatgesteinen, Glimmern und Gesteinsmeteoriten.** J. G. Sen Gupta. (Analytica chim. Acta [Amsterdam] **42** (1968) 1, 119 bis 125; Geol. Surv. of Canada, Ottawa, Ontario; engl.) — Vf. beschreibt ein modifiziertes photometr. Verf. zur $F^-$-Best. mit $ZrOCl_2$ u. Alizarincyanin RC bei 532 nm, mit dem es möglich ist, auch bei hohen $F^-$-Geh. (60 ppm bis 8%) in Gesteinsproben ohne vorherige Abtrennung $F^-$ zu bestimmen. Ferner werden einige Vorsichtsmaßnahmen empfohlen, falls im gleichen Aufschlußprod. $Cl^-$ bestimmt werden soll. D. Gerlatzek 5158

*1795* **Infrarotspektren von Apatitmineralien.** V. M. Bhatnagar. (Bull. Soc. franç. Minéralog. Cristallogr. **91** (1968) 1, 90–91; Infrared Spectroscopy Inst., Fisk Univ., Nashville, Tenn.; engl.) — 5 Apatite von verschiedenen Fundorten wurden chem. analysiert u. die IR-Spektren zwischen 250 u. 1500 $cm^{-1}$ gemessen. Analysenergebnisse u. IR-Banden sind tabelliert. J. Pickardt 5158

*1796* **Bestimmung von Aluminium und Silicium in Gesteinsmaterial mittels Neutronenaktivierungsanalyse.** Jerzy Szpunar und Edward Wągiel. (Nafta [Katowice] **23** (1967) 4, 109–14; Inst. Techn. Jądrowej AGH; pol.) — Diskussion der Anwendungsmöglichkeit der Neutronenaktivierungsanalyse mit Po-Be- u. Po-B-Quellen zur gleichzeitigen Best. von Al u. Si im charakterist. Gestein von Erdöl- u. Erdgasvorkommen. Rolf Heyer 5158

*1797* **Bestimmung von Kupfer in geologischen Proben durch Neutronenaktivierung und Gamma-Gamma-Koinzidenz-Spektroskopie.** O. B. Michelsen und E. Steinnes. (Talanta [London] **15** (1968) 6, 574–78; Inst. for Atomenergi, Kjeller; engl.) — Der Cu-Geh. in geolog. Proben wird durch Aktivierung in einen therm. Neu-

tronenfluß von 2,5 · $10^{12}$ Neutronen/$cm^2$ Sek. u. anschließender $\gamma$-$\gamma$-Koinzidenzspektroskopie bestimmt, wobei die 180°-Vernichtungsquanten von $^{64}Cu$ ausgenutzt werden. Auf diese Weise werden Störungen durch $^{24}Na$ stark reduziert. Die Meth. eignet sich vor allem für Proben mit einem Cu-Geh. von 100—1000 ppm. Genauigkeit u. relative Standardabweichung liegen bei ± 5%.
Karl-Heinz Walter/Jülich 5158

*1798* **Fluorimetrische Bestimmung von Gold in Gesteinen mit Rhodamin B.** John Marinenko und Irving May. (Analytic. Chem. **40** (1968) 7, 1137—39; US Geol. Surv. Washington, D.C.; engl.) — Au in ppb-Mengen wird nach Spurenfällung mit Te fluorimetr. als Rhodamin-B-Komplex in an $NH_4Cl$ 0,35 m, an HCl 0,4 m Lsg. durch Anregung bei 550 nm u. Messung bei 575 nm bestimmt. Störungen durch Sb(V), Tl(III), In u. Ga werden durch die Fällung mit Te ausgeschaltet.
P. Scharner 5158

*1799* **Bestimmung und Isotopenverhältnisanalyse verschiedener Stickstoffverbindungen in Böden. 7. Mitt. Harnstoff.** D. R. Kenney und J. M. Bremner. (Proc. Soil Sci. Soc. America **31** (1967) 3, 317—21; Dep. of Agron., Ia. State Univ., Ames, Ia.; engl.) — 6. vgl. ibid. **31** (1967) 1, 34. — Beschreibung von 2 schnellen, spezif. u. genauen Meth. zur Best. von Harnstoff in Böden: 1. eine Extraktions-Dest.-Meth., bei der der Boden mit 2 m KCl-Lsg. 5 Min. extrahiert wird u. ein Aliquot des Extrakts zur Umwandlung des Harnstoff-N in Ammonium-N mit K-Phosphatpuffer u. Urease behandelt werden u. das freigesetzte $NH_3$ in beiden Fällen durch Dampfdest. abgetrennt u. titrimetr. bestimmt wird. Isotopenverhältnisbest. im Harnstoff-N sind bei $^{15}N$-Tracervers. über Harnstoffumwandlungen in Böden möglich. U. Drehmann 5160

## G-3. Analyse organischer Verbindungen

*1800* **Ultramikronachweis von Kohlenstoff, Carbonaten und Hydrogencarbonaten.** P. Luis, C. N. Carducci und A. Sá. (Mikrochim. Acta [Wien] **1967**, 1, 156—65; Fac. de Buenos Aires, Argentina; engl.) — In Anbetracht der begrenzten Nachweisbarkeit von C in organ. Verb. durch Ox. zu $CO_2$ wegen des $CO_2$-Geh. der Luft entwickelten Vf. eine Methodik mit einfacher apparativer Ausrüstung, die den Ultramikronachw. von C bis zu einer unteren Grenze von 1,2 ng gestattet. Die Zers. der organ. Substanzen kann sowohl durch Verbrennung (trockenes Verf.) als auch durch Ox. mit konz. $H_2SO_4$ (nasses Verf.) erfolgen. In abgewandelter Form ist die Meth. für Nachw. u. Trennung von Carbonaten u. Hydrogencarbonaten verwendbar. Störungen durch $SO_2$, Sulfide u. andere Anionen können durch geeignete Kombination der Reagenzien weitgehend ausgeschaltet werden.
E. Schmunk 5176△

*1801* **Gaschromatographische Bestimmung des Gesamtsauerstoffgehaltes organischer Stoffe bis hinunter zu 5 ppm.** C. F. Meade, D. A. Keyworth, V. T. Brand und J. R. Deering. (Analytic. Chem. **39** (1967) 4, 512 bis 516; Universal Oil Prod. Co., Des Plaines, Ill.; engl.) — Die Proben werden bei 1050° pyrolysiert u. die $O_2$-haltigen Verb. in CO übergeführt. Die CO-Analyse erfolgt an einer Molekularsieb-(5A)-Säule u. einer empfindlichen Wärmeleitfähigkeitszelle. Die App. muß extrem $O_2$-frei gespült werden, dann werden mit der Meth. Empfindlichkeiten von 5 ppm erreicht. Die relative Abweichung bei der Best. von reinen Proben Acetanilid, Benzolsulfonamid u. Pb-Cyclohexylbutyrat betrug 0,1—1,5%.
U. Hädicke 5176

*1802* **Bestimmung von Zentimilligrammengen Stickstoff in organischen Substanzen.** B. Griepink und J. K. Terlouw. (Mikrochim. Acta [Wien] **1968**, 3, 624—31; Anal. Chem. Labor., Univ., Utrecht; dt.) — Zur Best. werden 0,3—0,8 mg Probematerial mit $H_2SO_4$ im zugeschmolzenen Quarzrohr zersetzt, die Rk.-Prod. [$H_2SO_4$ u. $(NH_4)_2SO_4$] über einen Anionenaustauscher in der OH-Form perkoliert u. dann das gebildete $NH_3$ mit $HClO_4$ titriert u. der Endpunkt mit einem pH-Meter bestimmt. Die untere Grenze der Meth. liegt bei 30 $\mu g$ N. Die Genauigkeit ist $\geq$ 0,25% absolut. K. Henning 5176

*1803* **Bildung von Stickoxiden bei der Mikrobestimmung von Kohlenstoff und Wasserstoff in den nitrierten organischen Substanzen mit Bariumchromatfüllung.** A. Campiglio. (Farmaco [Pavia], Ediz. prat. **22** (1967) 11, 731 bis 756; Univ. Pavia, und C.N.R.; ital.) — Bei der Verbrennung nitrierter organ. Substanzen entstehen immer N-Oxide. Um deren Bldg. möglichst niedrig zu halten, empfiehlt der Vf., Absorptionsröhrchen mit $MnO_2$ u. einem Zusatz von $P_2O_5$ oder Anhydron zu verwenden. Da die Umwandlung von N in $NO_2$ mit sinkendem Gew. der Probe steigt, müssen mindestens 3-mg-Proben getestet werden. Auch muß die Verbrennungsgeschw. möglichst hoch sein (Temp. des beweglichen Ofens 850 bis 900°) u. der $O_2$-Strom eine Geschw. von 15 ml/Min. haben. Die Temp. der Füllung (Pt-Wolle, Quarzwolle, $BaCrO_4$-Granulat u. Ag-Wolle) soll möglichst niedrig gehalten werden. Der Abstand zwischen der Pt-Wolle u. dem fixierten Ofen soll 7—10 mm betragen. Porzellanschiffchen sind geeigneter als Pt-Schiffchen. Die $BaCrO_4$- u. Ag-Füllung reagiert nicht mit den Stickoxiden.
L. Johannsen 5176

*1804* **Ultramikronachweis für Schwefel in organischen Substanzen.** C. N. Carducci, A. Sá und P. Luis. (Mikrochim. Acta [Wien] **1967**, 1, 172—75; Fac. de Farm. y Bioquím., Univ. de Buenos Aires, Argentina; engl.) — Etwa 100—1000 $\mu g$ der Probe werden in eine einseitig zugeschmolzene dickwandige Glaskapillare (⌀ 0,5—0,9 mm, Länge 6 cm, Pyrexglas) eingebracht u. mit einer Mischung aus 1 Teil CuO u. 3 Teilen entwässertem $B_2O_3$ bis zur Rotglut erhitzt. Das gebildete $SO_3$ wird in der nunmehr geschlossenen Kapillare durch Erhitzen mit einem Tröpfchen Hg zu $SO_2$ red. u. sofort nach dem Öffnen der Kapillare auf der Tüpfelplatte mit der Reagenzlsg. (gleiche Teile einer Lsg. von 0,4 ml 1%ig. Paraosanilinhydrochlorid u. 0,8 ml konz. HCl in 10 ml W. u. 0,2%ig. HCHO-Lsg.) in Berührung gebracht. Eine blauviolette Färbung zeigt S an. Die Nachw.-Grenze liegt bei 20 bis 50 $\mu g$ S. Der Nachw. wird von P, As u. Halogen sowie Nitro- u. Nitrosogruppen nicht gestört. Zu beachten ist der evtl. S-Geh. der Reagenzien u. des Leuchtgases.
E. Schmunk 5176△

*1805* **Gleichzeitige mikroanalytische Bestimmung des Fluors und Chlors (Broms oder Jods) in organischen Verbindungen.** G. Gutbier und H. Diedrich. (Mikrochim. Acta [Wien] **1968**, 5, 975—78; Mikrochem. Labor., TU Dresden; dt.) — Zur Best. werden 3—4 mg der Probe mit 5—10 mg Paraffin auf Filterpapier versetzt u. im sauerstoffgefüllten Quarzkolben verbrannt. Als Absorptionslsg. werden 5 ml W. u. 1 ml 0,1 n NaOH-Lsg. zugegeben. Bei bromhaltigen Verb. werden 10 Tropfen 30%ig. $H_2O_2$-Lsg. u. bei jodhaltigen 1 Tropfen 70%ig. Hydrazinhydratlsg. zur Absorptionslsg. gegeben. Die Absorption dauert 2—30 Min. u. beim Br bis zu 2 Stunden. Anschließend wird mit W. auf 30 ml verd. 1 ml 0,03%ig. wss. Alizarinrot S-Lsg. hinzugegeben u. mit $HClO_4$ oder NaOH-Lsg. neutralisiert. Dann fügt man 1 ml 0,002%ig. wss. Methylenblaulsg. oder 0,006%ig. wss. Chinablaulsg. u. 2 ml Pufferlsg. pH 3,3 (67 g Aminoessigsäure, 148 g 70%ig. $HClO_4$ u. 36 g NaOH werden getrennt gelöst u. auf 1 l aufgefüllt) zu u. titriert mit 0,01 n $Th(NO_3)_4$-Lsg. bis zum Farbumschlag von Grün nach Grau. Mit entsprechender Menge 0,01 n NaF-Lsg. muß die Blindtitration ausgeführt werden. Die anschließende Best. von $Cl^-$, $Br^-$ oder $J^-$ wird potentiometr. mit der Elektrodenanordnung nach R. Bennewitz (C. **1965**, 7/8-2007) ausgeführt. K. Henning 5176

*1806* **Arsenbestimmung in organischen Substanzen mit elektrischer Endpunktanzeige.** 1. Mitt. B. Griepink und W. Krijgsmann. (Mikrochim. Acta [Wien] **1968**, 3, 574—81; Anal.-chem. Labor., Reichsuniv., Utrecht; dt.) — Die Best. von 0,3—1,5 mg As wird durch Fällungstitration von $AsO_4^{3-}$ mit $Pb(NO_3)_2$-Lsg. bei pH 6,9 ausgeführt, indem während der Titration der pH-Abfall gemessen wird. Organ. Substanzen werden mit NaOH u. $H_2O_2$ im $O_2$-Strom aufgeschlossen u. der Rückstand durch Kochen mit $HNO_3$ in Lsg. gebracht. Die Standardabweichung beträgt 0,19%. $Cl^-$, $Br^-$, $J^-$ u. $SO_4^{2-}$ stören in 10fachem Überschuß nicht. K. Henning 5176

*1807* **Bestimmung von Vinyl–C=C-Bindungen in organischen Verbindungen mit Quecksilber(II)-acetat.** Roland P. Marquardt und E. N. Luce. (Analyt. Chem. **39** (1967) 13, 1655–56; Midland, Mich., Dow Chem. Co.; engl.) — Verb. mit Vinyl-C=C-Gruppen werden 10 bis 30 Min. lang mit 0,2 n methanol. Lsg. von Hg(II)-Acetat umgesetzt. Danach werden 25 ml $CCl_4$ u. 150 ml dest. W. zugesetzt; es wird kräftig durchgeschüttelt u. nach Zusatz von 50 ml ges. NaCl-Lsg. gegen Phenolphthalein das freigesetzte $CH_3COOH$ titriert. Beleganalysen an Styrol, α-Methylstyrol, Cyclohexen, Allylalkohol, Methallylalkohol u. Vinylacetat werden mitgeteilt.
W. Kupfer 5178

*1808* **Fluoreszenzindikatoren für die chromatographische Analyse von Kohlenwasserstoffen.** A. K. Sinha und K. A. Venkatachalam. (Indian J. Technol. **6** (1968) 1, 26–27; Laxminarayan Inst. of Technol., Univ., Nagpur; engl.) — Diphenyloctatetraen, 2.4-Diphenylbutadien u. Anthracen eignen sich als Fluoreszenzindikatoren (**F**) zur Best. des Aromatengeh. in Mischungen aus aromat. (z. B. Bzl., Äthylbenzol, o-Xylol) u. nichtaromat. KW-Stoffen [z. B. Cyclohexen (**I**), Hexen, n-Heptan]. Das zu untersuchende Gemisch mit 5 Vol.-% Indikatorlsg. (0,1 g Sudan **III** + 0,4 g **F**/100 ml Bzl.) wird auf eine Kieselgelsäule gegeben, die mit abs. A. eluiert wird, wobei ein roter Ring von Sudan III die Grenze A./KW-Stoffe anzeigt. Eine Formel zur Berechnung des %-Geh. an Aromaten aus der Länge der fluoreszierenden Schicht wird angegeben. In Ggw. von **I** beträgt die mittlere Standardabweichung 1,1%.
W. Grimmich G 550

*1809* **Einfluß von Elektrolyten auf die Verteilungsgaschromatographie von Kohlenwasserstoffen und Alkoholen.** C. Bighi, A. Betti, G. Saglietto und F. Dondi. (J. Chromatogr. [Amsterdam] **34** (1968) 3, 389–91; Ist. Chim., Univ., Ferrara; engl.) — Durch Zusatz von LiCl-Lsg. (0,186 u. 0,766 m) zur stationären Phase (Carbowax 400, 20 Gew.-% auf silanisiertem Chromosorb P) werden die Retentionszeiten der Alkane stärker verringert als die von Bzl., so daß sich die Eluierungsfolge Bzl.–KW-Stoffe bei einer bestimmten Salzkonz. umkehrt. Alkohole werden mit höherer Salzkonz. stärker absorbiert.
H.-D. Schenke G 600

*1810* **Neue Untersuchungen über die Veresterung von Aminosäuren. 2. Mitt. Anwendung auf die chromatographische Analyse von Alkoholen.** A. Cassaigne und E. Neuzil. (Bull. Soc. Pharmac. Bordeaux **106** (1967) 2, 65–70; franz.) — Es wird festgestellt, daß eine Identifizierung der prim. aliphat. Alkohole mit gerader Kette von $C_1$ bis $C_5$ möglich ist durch Chromatographie ihrer Glutaminsäuremonoester. E. Boye G 600

*1811* **Trennung und Charakterisierung eines Gemisches gesättigter und ungesättigter Fettalkohole mit Hilfe der Quecksilber(II)-acetataddukte.** R. Grimmer. (Abh. dtsch. Akad. Wiss. Berlin, Kl. Chem., Geol. Biol. **1966** (1967) 6a, 170–75; VEB Fettchem., Karl-Marx-Stadt; dt.) — Testgemische aus *Stearyl-* u. *Oleylacetat* lassen sich nach Adduktbldg. mit $Hg(CH_3COO)_2$ in $CH_3OH$ durch Adsorptionschromatographie an Kieselgel mit Bzl./Cyclohexan (1:1) als Laufmittel trennen, mit $CH_3OH/CH_3 \cdot COOH$ (95:5) eluieren u. mit methanol. HCl-Lsg. wieder spalten. I. Ohme G 600

*1812* **Eine Reihe spezifischer Sprühreagenzien zum Nachweis freier Fettsäuren.** Anne E. Dudzinski. (J. Chromatogr. [Amsterdam] **31** (1967) 2, 560; Canberra, CSIRO, Div. of Entomol.; engl.) — Fettsäuren können auf Silicagel mit einer Kombination von: 2'.7'-Dichlorfluorescein, alkohol. $AlCl_3$-Lsg. u. saurer $FeCl_3$-Lsg. nachgewiesen werden. Die Reagenzien werden getrennt aufgesprüht u. ergeben rosafarbene Flecke auf gelbem Grund. Essigsäure spricht nicht an.
W. Fester G 810

*1813* **Austauschkonstanten und Möglichkeiten der chromatographischen Trennung von Chloressigsäureanionen.** I. K. Citovič und É. A. Kuz'menko. (Ž. analitičeskoj Chim. **22** (1967) 12, 1870–75; Kubaner Landwirtschaftl. Inst., Krasnodar; russ., Auszug: engl.) — Die Austauschkonst. von Monochloracetat- (**I**), Dichloracetat- (**II**), Trichloracetat- (**III**) u. 2.4-Dichlorphenoxyacetat(**IV**)-Anionen am stark bas. Anionenaustauscher AW-17 ($Cl^-$-Form) wurden aus den Resultaten dynam. Vers. bei Beladung des Austauschers mit 10% seiner vollen Austauschkapazität u. Elution mit NaCl-Lsg. unterschiedlicher Konz. bestimmt. Hieraus wurden die Selektivitätskoeff. u. die Bedingungen für die Trennungen **I–III**, **II–III**, **I–IV** u. **II–IV** ber. u. experimentell bestätigt.
M. Krause G 810

*1814* **Gaschromatographische Analyse von Ölen und Fetten. 4. Mitt. Alkaliisomerisation von Linolylacetat und Octadecadien-(9.12).** George R. Jamieson und Elizabeth H. Reid. (J. Chromatogr. [Amsterdam] **29** (1967) 1, 44–48; Chem. Dep., Paisley Coll. of Technol., Paisley, Renfrewshire; engl.) — 3. vgl. C. **1969, 8-1882.** — Bei einstd. Erhitzen von *Linolylacetat* (**I**) bzw. *Octadecadien-(9.12)* (**II**) in KOH/Diäthylenglykol oberhalb 120° erfolgt Isomerisation zu den entsprechenden konjugierten cis.cis-, cis.trans- u. trans.trans-Verbindungen. Menge u. Art der Rk.-Prod. sind dabei denen, die aus Linolsäure erhalten werden, analog. Mit steigender Temp. nimmt der Isomerisationsgrad zu, aber selbst bei 234° reagieren etwa 5% von **I** u. **II** nicht. Vf. nehmen an, daß die zur Darst. von **I** u. **II** benutzte cis.cis-Octadecadien-(9.12)-säure (**III**) geometr. u. Stellungsisomere enthielt, die entweder nicht zu konjugierten Verb. isomerisieren oder nicht mit gleicher Geschw. wie **III**.
H. Zöllner G 810

*1815* **Polarographische Reduktion von Oxalursäure. Analytische Anwendung.** Glenn Dryhurst und Philip J. Elving. (Analytic. Chem. **40** (1968) 3, 492–95; Univ. of Mich., Ann Arbor, Mich.; engl.) — Oxalursäure (**I**) wird polarograph. in einem 2-Elektronenschritt zu Ureidoglykolsäure reduziert. In saurer Lsg. (pH 1–5) ist die Red. der undissoziierten Säure pH-abhängig. $E_{1/2}$: –0,895 bis –0,108 V. In Lsg. mit pH > 7 wird das Anion in einem pH-unabhängigen Schritt red. $E_{1/2}$ = –1,65. Zwischen pH 5 u. 6 konkurrieren beide Rk., es erscheint eine Doppelstufe gemeinsam für den Dissoziationsgrad der Säure u. die Rekombinationsgeschw. des Anions u. $H^+$. Mit der polarograph. Meth. läßt sich **I** mit einem Fehler von < ±3% bestimmten am besten in Acetat-Pufferlsg. bei pH 4,7.
H. Marsen G 820

*1816* **Mikrochemische Bestimmung von Hydrazinen durch Anwendung farbloser Ionenaustauscherharze.** A. Tsuji (Mikrochim. Acta [Wien] **1967**, 3, 519–25; Contr. from the School of Pharmaceut. Sci., Showa Univ., Shinagawa-ku, Tokyo; engl.) — Durch Kombination farbloser Ionenaustauscherharze für Farbrk. von Hydrazinen mit seleniger Säure u. α-Naphthylamin, mit diazotiertem p-Aminobenzoldehyd mit Formaldehyd u. Tetrazobenzidin, mit Formaldehyd u. p-Nitrobenzoldiazoniumsalz läßt sich die Empfindlichkeit dieser Rk. erhöhen, wie das Ergebnis aus Tüpfelproben mit 30 Hydrazinen zeigt. K. Henning G 900

*1817* **Charakterisierung niederer primärer Amine durch IR-Spektren der 2.4-Dinitrophenylderivate.** W. R. Eckert (Z. analyt. Chem. **239** (1968) 1, 27–28; Unilever Forsch.-Labor., Hamburg; dt.) — Die IR-Spektren der durch Rk. von primären Aminen mit 2.4-Dinitrofluorbenzol erhaltenen 2.4-Dinitrophenylalkylamine sind für die betreffenden Amine zur Charakterisierung geeignet. Tabelliert sind die Banden (1200–500 $cm^{-1}$) der DNP-Deriv. von *Methyl-*, *Äthyl-*, *Propyl-*, *Isopropyl-*, *Butyl-*, *Isobutyl-*, *sek.-Butyl-*, *tert.-Butyl-*, *Pentyl-* u. *Isopentylamin.* M. Meyer zur Heyde H 910

*1818* **Vereinfachung der Probenbeschickung bei der kontinuierlichen, automatischen Aminosäureanalyse.** P. Slump und A. M. Verbeek. (J. Chromatogr. [Amsterdam] **34** (1968) 3, 401–05; Central Inst. for Nutrition and Food Res. TNO, Zeist, Netherlands; engl.)
H.-D. Schenke G 950

*1819* **Papier- und dünnschichtchromatographische Trennung von Schwefel-Aminosäuren.** Victor R. Villanueva und Michel Barbier. (Bull. Soc. chim. France **1967**, 10, 3992–93; Gif-sur-Yvette, Essonne, CNRS, Inst. de Chim. des Substances Naturelles; franz.) —

Unters. über die Bedingungen der papierchromatograph. Trennung u. der Dünnschichtchromatographie an Celluloseschichten einer Reihe von S-haltigen Aminosäuren (Cystein, S-Methyl-, S-Äthyl-, S-Propyl-, S-Benzyl-, S-Allylcystein, Homocystein, Methionin, Äthionin, α-Methylmethionin, S-Propylcysteinsulfoxid, Äthionin- u. Methioninsulfoxid sowie Leucin u. Isoleucin als Vgl.-Substanzen) werden mitgeteilt. A. Fretzdorff G 950

*1820* **Gaschromatographie flüchtiger Aminosäurederivate. 4. Mitt. Gemischte stationäre Phase für die Trennung von N-trifluoracetylierten Aminosäure-n-amylestern.** A. Darbre und K. Blau. (J. Chromatogr. [Amsterdam] **29** (1967) 1, 49–57; Dep. of Biochem., King's Coll., London; engl.) — 3. vgl. ibid. **26** (1967) 1, 35; 2. vgl. C. **1967,** 5-2121. — Mangelhafte Selektivität stofflich einheitlicher stationärer Phasen u. theoret. Bodenzahlen < 3000 der bislang verwendeten Trennsäulen verhinderten eine komplette Auftrennung von N-trifluoracetylierten n-Amylestern der Aminosäuren Ala, Val, Gly, Ile, Leu, Thr u. Ser. Sie Deriv. der Aminosäuren Cys, Pro, Hyp, Met, Phe, Asp u. Glu konnten dagegen leicht aufgetrennt werden, ohne aber Tyr vollständig von Asp trennen zu können. Diese Schwierigkeiten wurden überwunden durch Abänderung der Säulendimension u. -form u. durch Verw. eines neuen Füllmaterials (Anakrom, sauer u. alkal. gewaschen u. vakuumsiliconisiert), wodurch die theoret. Bodenzahl erhöht wurde. Die Säulenpackung wurde zu 5% des Eigengew. mit den neuen stationären Mischphasen, 61% XE-60/39% Duo-seal pump oil; 27% XE-60%/73% Xf-1105, bzw. 60% XE-60/40% MS-550 beladen. Auf diese Weise könnten α-Abu, Ala, Val, Thr, Gly, Ile u. Leu, bei höherer Temp. auch Cys, Pro, Hyp, Met, Äthionin, Phe, Asp, Tyr, Orn, Glu u. Lys getrennt werden. Veresterung mit DL-Pentanol-(2) ermöglichte die Trennung von D- u. L-Aminosäuren. E. Paul G 950

*1821* **Trennung von 1-Dimethylaminonaphthalin-5-sulfonylaminosäuren an Cellulose-Dünnschichten.** R. L. Munier, C. Thommegay und A.-M. Drapier. (Chromatographia [Braunschweig] **1968,** 3/4, 95–97; Inst. Pasteur, Paris; franz.) — Durch 2 zweidimensionale Trennungen in Verb. mit einer Elektrophorese können alle Dansylaminosäuren (I) getrennt werden. In allen Fällen wird eine Verteilungschromatographie der $NH_4^+$-Salze der **I** vorgenommen. In der ersten Richtung wird als Lsgm. Toluol/Glykolmonochlorhydrin/Py./0,8 n $NH_3$-Lsg. (150:90:45:90) + 200 mg prim. Octanol verwendet. Die Trennung der ätherlösl. Bestandteile wird durch die „erweiterte Chromatographie" in der zweiten Richtung mit W./gesätt. $(NH_4)_2SO_4$-Lsg./Na-Dodecylsulfat (700 ml 100 ml 576 mg) erreicht. Die Dicarboxylderiv. der **I** werden nach einer zweiten Verteilungschromatographie auf Schichten, die mit einer 0,2 m Na-Acetatlsg. imprägniert sind, mit Isobutanol/$CH_3COOH$/W. (150:3–5:20) getrennt. Eine Elektrophorese in zweiter Richtung (Puffer: 0,033 m Diäthylamin + 0,02 m NaCl) erlaubt die Trennung der säurelösl. Derivate. Die Analysen der Gemische von Dinitrophenylaminosäuren u. der **I** können auf diesem Wege gleichzeitig ausgeführt werden. H.-D. Schenke G 950

*1822* **Untersuchungen an Sulfinsäuren.** 2b. Mitt. **Ergänzende Bemerkung zur maßanalytischen Bestimmung aromatischer Natriumsulfinate mit Perchlorsäure.** Bernt J. Lindberg. (Acta chem. scand. **21** (1967) 4, 1097–99; Pharmacia AB, Uppsala; engl.) — 1. vgl. C. **1967,** 51/52-0962. — Die halben Neutralisationspotentiale bei der Titration einer Reihe substituierter aromat. Na-Sulfinate mit 0,1 n $HClO_4$ in $CH_3COOH$ konnten mit der Hammet-Gleichung in Beziehung gesetzt werden. J. Pickardt G 1090

*1823* **Quantitative Analyse von Gemischen bromierter Salicylanilide durch Infrarot-Absorptionsspektroskopie.** Tsutomu Takahashi, Kunio Kawamura, Hiroaki Araki und Tōru Yamamoto. (Japan Analyst **17** (1968) 2, 199–206; Takeda Chem. Ind. Ltd., Testing Dep., Higashiyodogawa-ku, Osaka-shi; jap., Auszug: engl.) — Vf. bestimmen 3.5.4'-Tri-, 5.4'-Di-, 5-Mono-, 3.5.2'.4'-Tetra- u. 3.5-Dibromosalicylanilide in ihren Gemischen IR-absorptionsspektroskop. mit zufriedenstellender Reproduzierbarkeit. Aus dem Absorptionsspektrum der DMF-Lsg. werden 9 Wellenlängen (10,87, 10,97, 11,11, 12,10, 12,82, 13,15, 13,32, 13,62 u. 13,70 μm) als Schlüsselbanden ausgewählt, für die das Beersche Gesetz gültig ist. Aus den Extinktionen von Standard- u. Probelsg. bei diesen Wellenlängen werden 9 Gleichungen erhalten, die den Zusammenhang zwischen Extinktion u. der Menge jeder der Komponenten angeben. Die Berechnung erfolgt nach der Meth. der kleinsten Quadrate mit Hilfe eines Elektronenrechners (NEAC 2206). Die Einfl. der Küvettenlänge u. der Konz. der Proben- u. Standardlsg. sind vernachlässigbar. H.-D. Schenke G 1250

*1824* **Coulometrische Bromierung extrem verdünnter wäßriger Lösungen einiger primärer und sekundärer Amine, Aminoalkohole und Diamine.** Vladimír Taláŝek und Jaroslav Eliášek. (Sborník Vysoké Školy chem.-technol. Praze, Technol. Paliv **1967,** D 15, 5–14; Power Engng. Dep., Inst. of Chem. Technol., Prague; engl.) — Die Best. von Aminen der allg. Form R'–CH·$(NH_2)$–R u. R'–R–$CH_2$–$NH_2$ (R = Alkyl u. R' = Aryl) mit 1–18 C-Atomen wird im Bereich von 0–5 ppm in wss. gepufferter Lsg. (pH 8, $KH_2PO_4/Na_2B_4O_7$) nach Zugabe von 1 m NaBr-Lsg. coulometr. bei 300 mV u. 2 mA durchgeführt. Die Substitution eines H-Atoms erfordert 1 Mol. $Br_2$. Bei einer Ablesung nach je 10 ± 0,5 Sek. beträgt der relative Fehler 0,5%. $NH_3$ verhält sich bei der Titration wie ein prim. Amin. Aromat. Amine u. Verb. stören durch nicht äquivalenten Br-Verbrauch ($C_6H_5NH_2$ verbraucht 5 $Br_2$). Ein 10facher Fe(II)-Überschuß stört nicht. K. Henning G 1310

*1825* **Nachweis isomerer Aminobenzolsulfonsäuren nebeneinander.** L. Légrádi. (Mikrochim. Acta [Wien] **1968,** 3, 632–35; Nitrokém. Ind. Werke, Füzfögyártelep, Ungarn; dt.) — Vorgeschlagen werden 5 Nachw.-Reagenzien zur Erfassung isomerer Aminobenzolsulfonsäuren, u. zwar *Orthanilsäure* (**I**), in Metanilsäure (**II**) bzw. *Sulfanilsäure* (**III**) mit diazotierter Metanilsäure, **II** bzw. **III** in **I** mit diazotiertem Anilin, **II** bzw. **I** in **III** mit DMF, **II** in **III** mit HCl/$KBrO_3$ u. **I** bzw. **III** in **II** mit $Br_2$. K. Henning G 1310

*1826* **Konduktometrische Pyridintitration mit organischen Säuren in wäßrigen Lösungen.** Bogdan Stančič und I. Berberovič. (Tehnika [Beograd] **23** (1968) 3, 498–502; Tuzla, Univ., Tehnol. fak., Kat. za Opštu hem.; serbokroat.) — Auf Grund der konduktometr. Titration von wss. Py.(I)-Lsg. mit gleichmolaren wss. Ameisen-, Essig-, Oxal-, Benzoe-, Aminobenzoe-, Thioglykol-, Nicotin-, Ascorbin-, p-Toluolsulfon- u. Dinitrosalicylsäure-Lsg. bei 18° folgt, daß sich **I** in wss. Lsg. als einsäurige Base verhält. **I** reagiert dabei mit W. unter Bldg. des Pyridiniumions u. $OH^-$, mit der Säure erhält man dann das entsprechende Pyridiniumsalz u. Wasser. Mit Phenol, Hydrochinon u. m-Kresol wurde keine Rk. beobachtet. H. Cnobloch G 3231

*1827* **Verteilungsgaschromatographie aliphatischer und heterocyclischer polyfunktioneller Amine.** 1. Mitt. **Amin-Trennung an stationären Phasen mit unterschiedlichen Polaritäten.** A. A. Anderson und M. V. Šimanskaja. (Izvest. Akad. Nauk Latv. SSR **1967,** 6, 685–96; Inst. org. sinteza, AN Latv. SSR; russ., Auszug: engl.) Es wird eine Meth. zur Best. folgender Verb. erarbeitet: *Äthylamin, Diäthylamin, Äthylenimin, Äthanolamin, Pyrrol, N-Methylpyrrol, Pyrrolidin, Pyrazin, Methylpyrazin, Piperazin, N-Methyl-* u. *N-Äthylpiperazin, Äthylen-* u. *Triäthylendiamin, Diäthylentriamin,* u. *N-(β-Aminoäthyl-)-piperazin.* Dazu werden Gemische dieser Verb. auf Apiezon N u. M. Silicongummi E 301, Reoplex 400, Polyäthylenglykol 600 u. 2000, Benzidin u. Apiezon-Polyäthylenglykol 600 (1:1) bei 100, 120, 155, 180 u. 200° untersucht. Optimale Trennwrkg. hat die Mischung von Apiezon–Polyäthylenglykol bzw. Benzidin. Auf den unpolaren Phasen erfolgt die Trennung nach Mol.-Größe, auf polaren nach der Struktur u. dem Grad der H-Substitution der Aminogruppe. G. Tischer G 3272

*1828* **Dünnschichtchromatographische Trennung biologisch wichtiger Phosphorsäureester auf Kieselgel-H-**

**Schichten.** Engelbert Bancher und Josef Washüttl. (Mikrochim. Acta [Wien] 1967, 2, 223—27; Inst. für Botanik, techn. Mikroskopie u. org. Rohstofflehre, TH, Wien; dt.) — Vf. beschreiben die Trennung von $H_3PO_4$ u. deren Ester mit Glycerin, Fructose, Glucose u. Brenztraubensäure, bei der das Trägermaterial Kieselgel H mit je 0,5% Tylose u. Na-Acetat imprägniert wurde. Laufmittel I: Äthylacetat/$CH_3COOH$/dest. W./$NH_3$-Lsg. (6:6: zu 2:1). Laufmittel II: Isopropanol/$NH_3$-Lsg./dest. W./ $CH_3COOH$ (5:3:1:1). I. Klee G 3400

*1829* **Dünnschichtchromatographischer Nachweis einiger biologisch wichtiger Phosphatester mit dem Hanes-Isherwood-Reagenz unter Verwendung einer modifizierten Methode.** Josef Washüttl und Engelbert Bancher. (Mikrochim. Acta [Wien] **1967**, 2, 395—98; Inst. für Botanik, techn. Mikroskopie u. org. Rohstofflehre, TH, Wien; dt.) — Es wird über eine Modifizierung der Nachw.-Meth. mit Hilfe des Hanes-Isherwood-Reagenz berichtet, die auf verschiedenen Schichtmaterialien mit oder ohne Zusätze eine wesentlich bessere Nachweisbarkeit der Ester ergibt. Untersucht werden Triose- u. Hexosephosphate. I. Klee G 3400

*1830* **Automatisierte Bestimmung von Sialsäuren.** A. P. Kendal. (Analyt. Biochem. [New York] **23** (1968) 1, 150—55; London, Univ. College Hospital Med. School, Dep. of Bacteriol.; engl.) — Beschreibung eines automat. Verf. zur Best. von freien Sialsäuren mit Thiobarbitursäure. Vf. diskutieren die Anwendung des Verf. auf die Best. von gebundener Sialsäure. A. Fretzdorff G 3400

*1831* **Empfindliche Methode zum Nachweis von Cyanoglykosiden auf Papier und Cellulose-Dünnschichten.** W. D. Bennett und B. A. Tapper. (J. Chromatogr. [Amsterdam] **34** (1968) 3, 428—29; Plant Chem. Div., D.S.I.R., Palmerston North, New Zealand; engl.) — Vf. beschreiben ein Verf. zur Färbung von Cyanoglykosidspuren im Anschluß an eine Papier- oder Dünnschichtchromatographie. Nach enzymat. Hydrolyse der Cyanoglykoside werden die Cyanide nach einer modifizierten kolorimetr. Meth. nach Guilbault u. Kramer genau lokalisiert. H.-D. Schenke G 3450

*1832* **Chromatographie von β-Carbolinen.** William M. McIsaac, Bengt T. Ho, Vicente Estevez und Dortohy Powers. (J. Chromatogr. [Amsterdam] **31** (1967) 2, 446—54; Houston, Tex., Med. Center, Houston State Psychiatric Inst. for Res. and Training; engl.) — Vf. untersuchten die Trennung von **73** β-Carbolinen mit Hilfe der Papier- u. Dünnschichtchromatographie. Die beste Trennung wurde auf Silicagel G-Schichten mit $CHCl_3$/Methanol (9:1) erzielt. Die aromat. Deriv. werden durch Fluoreszenz, die Tetrahydro-Deriv. mit Xanthydrol nachgewiesen. W. Fester G 3500

*1833* **Dünnschichtchromatographisches Verhalten von Urobilinoidpigmenten.** I. L. Kahán und G. L. Szepesy. (J. Chromatogr. [Amsterdam] **34** (1968) 3, 421—24; Central Res. Labor., Univ. od Med., Szeged, Hungary; engl.) — Vf. untersuchten die Trennung von d- u. Isourobilin (Urobilin IXα), Stercobilin, Mesobilivolin, -dimethylester, Bilirubin- u. Biliverdin-dimethylester an Kieselgel G unter Verw. von n-Butanol/A./W. (3:1:1,5) u. n-Butanol/Pentanol/W. (3,2:2:1,5) bei 4° unter Anwendung einer zweidimensionalen Methode. Die Identifizierung der getrennten Verb. erfolgte mit Hilfe der IR-Spektroskopie. — Das Gleichgew. der verschiedenen Urobilinosidformen ändert sich während der Chromatographie in Abhängigkeit vom Lsgm.-Syst., so daß tautomere Formen derselben Verb. Anlaß zu mehreren Flecken geben. J. Pickardt G 3550

*1834* **Dünnschichtchromatographie von pentacyclischen Triterpenen.** A. K. Barua, S. P. Dutta und S. K. Pal. (J. Chromatogr. [Amsterdam] **31** (1967) 2, 569—71; Calcutta, Bose Inst., Dep. of Chem.; engl.) — Auf Silicagel-G-Platten, die mit $AgNO_3$-Lsg. imprägniert worden waren, wurden getrennt: *α-Amyrin, β-Amyrin, Lupeol, Taraxerol, Baurenol* u. *Multiflorenol.* Als Fließmittel diente Bzl./$CHCl_3$ (1:1); für die entsprechenden Ester wurde Bzl./PAe. (2:3) oder Bzl./PAe. (Kp. 60—80°)/ $CHCl_3$ (25:25:1) verwendet. W. Fester G3600

*1835* **Dünnschichtchromatographie einiger Trimethylsilyläther von Monoterpenalkoholen.** J. W. Adcock und T. J. Betts. (J. Chromatogr. [Amsterdam] **34** (1968) 3, 411—12; Pharmacognosy Dep., School of Pharm., Univ., London; engl.) — Monoterpenalkohole werden als Trimethylsilyläther an normalen Silicagelplatten dünnschichtchromatograph. aufgetrennt. Die Meth. wird benutzt zum Nachw. von Citronellol neben Geraniol in Rosen- u. ähnlichen Ölen u. von Monoterpenalkoholen in wasserdampfdest. oder chem. ox. Limonen. H.-D. Schenke G 3600

*1836* **Quantitative Dünnschichtchromatographie von Trimethylsilyläthern der Hydroxyl-Steroide.** C. J. W. Brooks und J. Watson. (J. Chromatogr. [Amsterdam]. **31** (1967) 2, 396—404; Glasgow, Univ. of Glasgow, Chem. Dep.; engl.) — Die Trennung wurde auf Kieselgel-G-Schichten mit Cyclohexan/Äthylacetat (9:1) als Fließmittel vorgenommen. Der Nachw. der Substanzen erfolgte mit 1%ig. $CeSO_4$-Lsg. in 10%ig. $H_2SO_4$. Zur Elution diente Ae., die quant. Auswertung der markierten Steroide geschah durch Szintillationsmessung. W. Fester G 3700

*1837* **Chromatographische Trennung von 17-Hydroxycorticosteroiden an Sephadex LH-20.** Tokuichiro Seki. (J. Chromatogr. [Amsterdam] **29** (1967) 1, 246—47; Osaka, Univ., Dep. of Genetics; engl.) — 17-Hydroxycorticosteroide werden gut an Sephadex LH-20 mit A./Bzl./Hexan/W. (50:350:80:3,3) als Lsgm. getrennt. Die einzelnen Komponenten des Gemisches werden im Eluat entweder mit der Porter-Silber-Rk. oder UV-spektrophotometr. bei 240 nm nachgewiesen u. bestimmt. A. M. Fretzdorff G 3700

*1838* **Anwendung der Dünnschichtchromatographie an Kieselgel zur Trennung und Bestimmung von 17-Oxosteroidderivaten der Androstanreihe.** G. Leluan und A. Gairard. (Ann. Biol. clin. **25** (1967) 7/9, 859—68; Paris, l'Hôtel-Dieu, Labor. Central de Biochim.; franz.) — Durch wiederholte eindimensionale Dünnschichtchromatographie an Kieselgel (Merck F. 254) mit $CHCl_3$/A. (98:2) als Laufmittel werden *Testosteron, Dehydroepi-* u. *11-Oxoandrosteron, Androsteron, 11-Oxo-* u. *11-Hydroxyätiocholanolen* u. *Ätiocholonolon* getrennt. Die Verb. werden am Kieselgel unter Verw. der Zimmermann-Rk. gefärbt, mit Ae. extrahiert u. an Hand mitgelaufener Eichsubstanzen spektrophotometr. bestimmt. K. Beyer G 3700

*1839* **Trennung von Östrogenen an Sephadex.** H. Van Baelen, W. Heyns und P. De Moor. (J. Chromatogr. [Amsterdam] **30** (1967) 1, 226—27; Leuven, Belgien, Univ.-Klinik St. Rafaël, Exp. Geneeskunde; engl.) — Vf. untersuchen die Möglichkeit, Östron ($E_1$), 17-β-Östradiol ($E_2$) u. Östriol ($E_3$) an Sephadex G-25 fein u. LH 20 mit W. als Elutionsmittel zu trennen. Die Elutionskurven zeigen, daß an Sephadex G-25 fein $E_1$ u. $E_3$ nicht voneinander getrennt werden, während $E_2$ eine deutlich getrennte Bande ergibt. An Sephadex LH 20 erhält man dagegen eine gute Auftrennung aller drei Östrogene. A. M. Fretzdorff G 3700

*1840* **Photometrische Bestimmung von Kinetin.** R. K. Atkin und R. L. Wain. (Nature [London] **214** (1967) 5087, 530—31; Agric. Res. Council, Ashford, Kent; engl.) — Die Meth. beruht auf der Bldg. eines Azofarbstoffes aus Kinetin, $NaNO_2$ u. N-(1-Naphthyl)-äthylendiaminhydrochlorid. Das Absorptionsmax. liegt bei 540 nm. H. Schaaf G 3750

*1841* **Verbesserte Peptid-Bestimmung mittels wiederholter Chromatographie.** K. C. Hoerman und K. Kamel. (Analyt. Biochem. [New York] **21** (1967) 1, 107—10; US Naval Med. Res. Inst., Nat. Naval Med. Center, Bethesda, Md.; engl.) — Normales u. abnormales menschliches Hämoglobin wurde mit Trypsin abgebaut u. die Polypeptidketten aufgespalten. 4—6 mg Material werden auf einem mit W./$CH_3COOH$/Py. (94:4:2)-Puffer vom pH 4,4 getränkten Papierstreifen (A) der Elektrophorese unterworfen (10 mA/cm). A wird anschließend der Länge nach an einen quadrat. Filterpapierbogen geheftet u. in n-Butanol/$CH_3COOH$/W. (4:1:5) aufsteigend chromatographiert. Nach Trocknung erfolgt ein zweiter Chromatographielauf in demselben Lösungsmittel. Der Nachw. der einzelnen Peptide erfolgt mit Ninhydrin durch Vgl. mit Reinsubstanzen bzw. mit dem automat. Aminosäure-Analysator Beckmann Spinco, Modell 120 B. I. Schlegelmilch G 3800

*1842* **Trennung von Retinol von den Neutralfetten und Phospholipiden durch Kieselsäure.** C. N. Srinivasan und U. K. Misra. (Indian J. Biochem. **4** (1967) 2, 135–36; Vallabhbhai Patel Chest Inst., Univ. of Delhi, Delhi; engl.) — Zur Trennung des *Retinol* von Neutralfetten (NF) u. Phospholipiden (PL) wird die Analysenlsg. an aktivierter Kieselsäure (Mallinckrodt, 100–200 mesh) adsorbiert. Mit Hexan wird nur das Retinol extrahiert ohne Spuren von Sterinen oder Glyceriden. Die NF werden mit $CHCl_3$ extrahiert, die PL durch Methanol. Retinylacetat wird vorher durch Verseifung mit 30% KOH (1 Std. bei 60°) in Retinol übergeführt.
V. Bigl G 3850

*1843* **Vergleichende Untersuchung zweier mikrobiologischer Methoden zur Pantothensäurebestimmung.** Barbara Wituszynska und Magda Telegdy-Kováts. (Z. Lebensmittel-Unters. u. Forsch. **136** (1968) 4, 214–16; Lehrstuhl für Bromatolog., Med. Akad., Gdansk; dt.) — Nach enzymat. Hydrolyse mit Takadiastase u. Papain wurde die Pantothensäure nach Atkin et al. (1944) bzw. Skeggs u. Wright (1944) im Pulfrich-Photometer bestimmt. Letztere Werte liegen höher.
W. Huhn G 3850

*1844* **Dünnschicht-Systeme für die maximale Auftrennung von α- und β-Tocopherol.** P. G. Roughan. (J. Chromatogr. [Amsterdam] **29** (1967) 1, 293–95; Palmerston North, New Zealand, D.S.I.R., Plant Physiol. Div.; engl.) — Die beste dünnschichtchromatograph. Trennung von α- u. β-Tocopherol erhält man an $Al_2O_3$ G/$ZnCO_3$ (3:1) u. Kieselgur G/$ZnCO_3$ (2:1) mit $CHCl_3$ u. Bzl./Cyclohexan (3:7) als Laufmittel.
A. M. Fretzdorff G 3850

*1845* **Einfluß der Reinheit des Lösungsmittels auf die Chromatographie von Indolyl-3-essigsäure.** E. R. Turner und B. Young. (J. Chromatogr. [Amsterdam] **29** (1967) 1, 304–05; London, Chelsea Coll. of Sci., Botany Dep.; engl.) — Bei der Papierchromatographie von Indolylessigsäure mit Isobutanol/Methanol/W. (16:1:3) als Laufmittel ist die Reinheit des Isobutanols ausschlaggebend für die Größe des $R_F$-Wertes der Indolylessigsäure. Gereinigtes Isobutanol sollte sofort nach der Dest. verwendet werden. A. M. Fretzdorff G 3950

*1846* **Verwendung von Sephadex zur Konzentrierung von Pteridinen.** Virginia C. Dewey und G. W. Kidder. (J. Chromatogr. [Amsterdam] **31** (1967) 2, 326–34; Amherst Coll., Amherst, Mass.; engl.) — Pteridine wurden aus Kulturfiltraten von *Tetrahymena pyriformis W*, *Rhodospirillum rubrum*, *Drosophila* u. *Crithidia fasciculata* isoliert. Die Konz. an Pteridinen konnte nach einmaliger Trennung über Sephadex G 25 u. G 10 (fein) verdoppelt werden. Nach Wiederholung der Chromatographie wurde die Konz. weiter erhöht.
W. Fester G 3950

*1847* **Empfindliche zerstörungsfreie Methode für den Nachweis von Gallensäuren auf Dünnschichtchromatogrammen.** M. A. Eastwood und Desirée Hamilton. (Biochem. J. **105** (1967) 2, 37c; Edinburgh, Royal Infirmary, Univ. Dep. of Therapeutics; engl.) — Besprüht man ein Kieselsäure-Dünnschichtchromatogramm verschiedener Gallensäuren mit einer 0,05%ig. Lsg. von Pyren in PAe. (Kp. 60–80°), wird die grüne Fluoreszenz des Pyrens vom Kieselgel gelöscht, bleibt aber an den Stellen des Chromatogramms erhalten, an denen sich **G** befinden. Die Nachw.-Empfindlichkeit beträgt 0,2 μg für die Säure u. 1 μg für das Gallensalz. Nach Markierung der Flecken auf dem Chromatogramm kann das Pyren mit Ae./PAe. (2:3) ausgewaschen werden, ohne daß sich die Lage der **G** verändert, so daß nach Elution der Flecken noch eine quant. Best. der einzelnen **G** möglich ist. Folgende Verb. lassen sich nach dieser Meth. nachweisen: *Lithocholsäure, 3β-Hydroxy-5α-cholansäure, 3α-Hydroxy-chol-6-ensäure, 3.12-Dioxocholansäure, Hyodesoxycholsäure, Ursodesoxycholsäure, Chenodesoxycholsäure, Desoxycholsäure, 3α-Hydroxy-7α-oxocholansäure, 3α-Hydroxy-12-oxocholansäure, 3α-Hydroxy-12-oxo-chol-7-ensäure, 3α.7α-Dihydroxy-12-oxocholansäure, 3α.12α-Dihydroxy-7-oxocholansäure, 3α.6α.7α-Trihydroxycholansäure* u. *Cholsäure.*
A. M. Fretzdorff G 3950

*1848* **Säulenchromatographie von Peptid- und DNP-Peptidgemischen aus Seidenfibroin.** W. Schade. (Z. analyt. Chem. **236** (1968) 432–42; Dt. Wollforsch.-Inst. an der Rhein.-Westfäl. TH, Aachen; dt.) — Der nach einem Abbau mit Hilfe von Chymotrypsin von Seidenfibroin (*Bombyx mori*) erhaltene krist. Bereich wird an den Ionenaustauschern Dowex-1 (**A**) u. Dowex-50 chromatographiert u. die erhaltenen Fraktionen an **A** u. Sephadex G-50 rechromatographiert. Als Lsgm. dient 50%ig. LiSCN-Lösung. Das beim Chromatographieren störende $SCN^-$ wird nach Zusatz von Harnstoff an **A** gegen Acetat ausgetauscht. Zur Best. wird die UV-Absorption bei 254 nm nach Dinitrophenylierung des krist. Bereiches sowie die Absorption bei 570 nm nach Folin-Anfärbung herangezogen. Eine Anordnung zur automat. Anfärbung mit Hilfe des Aminosäureanalysators wird ebenfalls beschrieben.
P. Würthle G 4080

*1849* **Schnelltrennung von Thymin-Dimeren und Pyrimidinen auf Ionenaustauscher-Papier.** Ronald D. Brown und Charles E. Holt. (Analyt. Biochem. [New York] **20** (1967) 2, 358–60; Cambridge, Mass., MIT, Dep. of Biol.; engl.) — An mit IRC-50 Harz imprägniertem Papier lassen sich mit 0,1 m Essigsäure, die mit $NH_3$-Lsg. auf pH 4,8 eingestellt ist, als Lsgm. Thymin-Dimeres u. Cytosin bei Zimmertemp. in absteigender Technik gut trennen. Die Meth. ist gleichfalls auf die Trennung einer Anzahl von Nucleinsäurederiv. anwendbar. Bei einer gegebenen Base trennen sich Nucleosid, Nucleotid u. freie Base in der Reihenfolge, daß das Nucleotid am raschesten wandert. Folgende Verb. wurden untersucht u. sind nach sinkenden $R_F$-Werten geordnet: 5'-UMP, 5'-TMP, 5'-GMP, 5'-CMP, Uridin, Thymin-Dimeres, Uracil, Thymidin, Thymin, 5'-AMP, Guanosin, Cytidin, Cytosin, Guanin u. Adenosin.
A. M. Fretzdorff G 4090

## G-4. Analyse biologischer Materialien, forensische Analyse

*1850* **Direkte Fluorimetrie phenolischer Verbindungen auf Dünnschichtchromatogrammen.** R. C. Hignett. (J. Chromatogr. [Amsterdam] **31** (1967) 2, 571–73; Near Maidstone, Kent, East Malling Res. Stat.; engl.) — Am Beispiel der Best. phenol. Verb. in Apfelblättern mit Hilfe des Gerätes Chromoscan (Joyce-Loebl Ltd., Middlesex) können Dünnschichtchromatogramme direkt quant. ausgewertet werden, wenn es sich um fluoreszierende Substanzen handelt. Je nach Fluoreszenzstärke lassen sich noch 0,005 μg einer Substanz nachweisen.
W. Fester 5206

*1851* **Bestimmung von gesättigten Monohydroxysteroidsapogeninen in Pflanzenmaterialien durch densitometrische Dünnschichtchromatographie.** C. Blunden und R. Hardman. (J. Chromatogr. [Amsterdam] **34** (1968) 4, 507–14; School of Pharm., Portsmouth College of Technol., Portsmouth, Hants.; engl.) — Vf. trennen u. analysieren gesätt. Monohydroxy-steroidsapogenine in *Asparagus*-, *Smilax*- u. *Yucca*-Arten durch Dünnschichtchromatographie mit Silicagel G als Adsorbens u. bei 6facher Entw. mit n-Hexan/Äthylacetat (12:1, v/v). Zwischen dem log der verwendeten Sapogeninmenge u. der Quadratwurzel der Extinktion des Flecken besteht eine lineare Beziehung. Die quant. Auswertung erfolgt mit einem photoelektr. Densitometer; ein integrierender, logarithm. Schreiber ber. die Extinktion. Der experimentelle Fehler beträgt ca. 7%. Smilagenin (**I**) u. Sarsasapogenin (**II**) sowie Tigogenin (**III**) u. Neo-Tigogenin (**IV**) werden ungenügend getrennt u. daher als Summe bestimmt. Gleiche Intensitäten werden von gleichen Mengen von **I**, **II**, **III** u. **IV** erzeugt. Die erzielten Ergebnisse stimmen gut mit denen einer IR-spektroskop. Meth. überein. H.-D. Schenke 5206

*1852* **Trenntechnik für indischen Hanf (Cannabis sativa L.)** B. Caddy und F. Fish. (J. Chromatogr. [Amsterdam] **31** (1967) 2, 584–87; Glasgow, Univ. of Strathclyde, Dep. of Pharm.; engl.) – Hanf-Extrakte können auf Silicagel G-Schichten, die mit $AgNO_3$-Lsg. imprägniert worden sind, getrennt werden, u. zwar bes. Tetrahydrocarbinole von Cannabidiol u. Cannabiol. Als Fließmittel dienen 0,5%ig. Lsg. von A. in PAe. (Kp. 40–60°)/ $CHCl_3$ (1:1) bzw. 1,5%ig. Lsg. von A. in PAe./$CHCl_3$ (1:1). W. Fester 5206

*1853* **Fluorbestimmung in biologischem Material mit dem Ringofen.** G. Hauck und H. Terai. (Mikrochim. Acta [Wien] **1968**, 5, 979–80; Inst. für gerichtl. u. Versicherungsmed., Univ., Freiburg i. Br.; dt.) – Zur Best. werden 5 g Probematerial bei 60° getrocknet, mit 0,1 g $Na_2CO_3$ bei 600° 1 Std. lang verascht u. in mit HCl angesäuertem W. gelöst. 0,2 ml der Aschelsg. werden mit 0,1 ml $FeCl_3$-Lsg. (1%ig. an Fe) versetzt, mit 0,1 g Na·$CH_3COO$ gepuffert u. mit 0,1 ml 10%ig. $NH_3$-Lsg. gefällt. Nach dem Zentrifugieren wird die klare Lsg. nach der Ringofenmeth. von H. Ballczo u. H. Weisz (C. **1958**, 13315) analysiert. Die Standardabweichung beträgt bei ungeübten Personen 15%. K. Henning 5206

*1854* **Bestimmung von Molybdän und Wolfram in Pflanzen durch Neutronenaktivierung. Eine an calciumreiche Pflanzen angepaßte radiochemische Methode.** M. Neuburger und E. Fourcy. (J. radioanalyt. Chem. [Budapest] **1** (1968) 4, 289–96; Labor. de Biol. Végétale, Centre d'études nucléaires, Grenoble; franz.) – Nach 14std. Bestrahlung mit $(1-2) \cdot 10^{13}$ Neutronen/ $cm^2$ Sek. u. 5–6 Std. Abkühlzeit werden die vor der Bestrahlung getrockneten Proben in $HF/H_2O_2$ unter Zusatz von Borsäure gelöst, wodurch die Ausfällung unlösl. Fluoride verhindert wird. An Dowex 1X10 (200 bis 400 mesh) werden $^{99}Mo$ u. $^{187}W$ mit HCl/HF-Mischungen von Fremdelementen abgetrennt u. durch $\gamma$-Spektrometrie bestimmt. In diversen Pflanzen wurden Geh. von 1–6 ppm Mo u. $(6-9) \cdot 10^{-2}$ ppm W gefunden. W. Dedek 5206

*1855* **Bestimmung der Spurenelemente in Pflanzen und Bodenextrakten durch die Atomabsorptions-Flammenphotometrie.** J. Štupar, J. Furlan und I. Glazer. (Landwirtsch. Forsch. **20** (1967) 1, 12–27; Nuklear-Inst., „Jožef Stefan", Ljubljana; dt.) – Die Best. von *Fe, Mn, Co, Cu, Zn* u. *Mg* mit einer früher (C. **1965**, 28-1890) beschriebenen Einrichtung wird ausführlich beschrieben. Verwendet wird die Luft/$C_2H_2$-Flamme, der bei der Best. von Mn, Cu u. Zn in Pflanzen- u. von Zn in Bodenextrakten weiterer $N_2$ zugemischt wird, um Emissionseinfl. niedrig zu halten. Pflanzenmaterial wird mit $HNO_3/HClO_4$ aufgeschlossen; Mn, Fe u. Zn werden durch Vgl. mit wss. Standards, Co u. Cu nach Fällung mit Ammoniumpyrrolidindithiocarbamat (I) u. Extraktion mit MJBK u. Mg unter Sr-Zusatz (1 mg/ml) gemessen. Bodenproben werden zur Fe-, Co- u. Mg-Best. mit 1 n $CH_3COONH_4$-Lsg., für Mg auch mit 0,025 n Ca·$Cl_2$-Lsg. u. für Cu u. Zn mit 1%ig. Na-AeDTA-Lsg. extrahiert. Fe, Cu, Zn, u. Mg werden direkt, Co (bei kleineren Geh. auch Cu) nach Anreicherung mit I/MIBK gemessen. Die Extraktion mit $CH_3COONH_4$-Lsg. liefert höhere Boden-Mg-Werte als die $CaCl_2$-Extraktion. H.-J. Ostmann 5206

*1856* **Trennung durch Ionenaustauscherharze und polarographische Bestimmung von Eisen, Mangan, Kupfer und Zink in Böden und pflanzlichen Geweben.** R. M. Carlson, R. L. Grassi, C. A. Mazza, R. M. Santamaria und W. E. Vallejos. (Agrochimica [Pisa] **12** (1968) 2–3, 150–56; Inst. de Edafologia e Hidrologia, Univ. Nac. del Sur, Bahia Blanca; span.) – Die genannten Spurenelemente werden aus Bodenproben mit 0,1 n HCl, aus Pflanzenteilen mit einem Gemisch aus $HClO_4$, $H_2SO_4$ u. $HNO_3$ extrahiert. Die Trennung erfolgt an Dowex 1 X8 (100–200) in $Cl^-$-Form, Elution mit verschiedenen Konz. an HCl. Die anschließende Polarographie soll anderen Meth., bes. der mit Dithizon, überlegen sein. W. Holland 5206

*1857* **Spurenbestimmung von Metallinhibitoren in dem Harnstoff-Urease-System durch eine kinetische Methode.** E. Clifford Toren jun. und F. Joseph Burger. (Mikrochim. Acta [Wien] **1968**, 5, 1049–58; Dep. of Chem., Duke Univ., Durham, N.C.; engl.) – Zur Spurenbest. von *Ag, Hg(II), Cu(II), Cd, Mn(II), Co, Pb* u. *Ni* wird die kinet. Meth. verwendet, da die Kationen als Hemmstoffe der Ureasewrkg. auf die Harnstoffhydrolyse wirken. Zur Vermeidung von Komplikationen durch Komplexbldg. bei Verw. eines Acetatpuffers wird ein pH-Stat verwendet, so daß sich das bildende $NH_3$ ständig mit $HClO_4$ neutralisiert u. pH 7,05 konst. eingehalten wird. Die Rk.-Temp. beträgt 30 ± 0,01°. Die Ag-Best. wird im Bereich von $2-10 \cdot 10^{-8}$ Mol mit einem maximalen relativen Fehler von 11,6% ausgeführt, während die anderen Kationen im Bereich $10^{-6}$ Mol mit ±2% relativem Fehler bestimmt werden. – Darüber hinaus werden die kinet. Parameter $v_M$ u. $K_m$ für das Ureasesyst. u. die Hemmungskonst. $K_0'$ für die Einw. der Metallionen gemessen. Dabei ergibt sich für die Empfindlichkeitsreihe die obige Anordnung, wobei Ag die größte u. Ni die niedrigste Empfindlichkeit besitzt. K. Henning 5208

*1858* **Photometrische Bestimmung von anorganischem Phosphat in Gegenwart von biologischem Material und Adenosintriphosphat.** Martin G. Stanton. (Analyt. Biochem. [New York] **22** (1968) 1, 27–34; Gatty Marine Labor., St. Andrews, Univ., Fife, Scotland; engl.) – Vf. diskutieren Nachteile der von Fiske u. Subba Row (1925) angegebenen Meth. zur Best. von anorg. Phosphat (**A**) u. vermeiden dieselben durch Anwendung folgenden Verf.: die nicht mehr als 100 $\mu g$ **A** enthaltende Probe wird in einen 10 ml-Meßkolben gebracht, $(NH_4)_6Mo_7O_{24} \cdot 4H_2O$-Lsg. zugefügt u. nach Zusatz von 1.2.4-Aminonaphtholsulfonsäure(I)-Lsg. mit W. auf 10 ml aufgefüllt. 20 u. 40 Min. nach Zusatz der **I**-Lsg. wird die Extinktion bei 815 nm gegen eine **A**-freie Probe gemessen u. auf den Zeitpunkt des **I**-Zusatzes zurückgerechnet. H.-U. Melchert 5208

*1859* **Bestimmung von Chloramphenicol im Blut.** R. C. Shah, P. V. Raman und P. V. Sheth. (Indian J. Pharmacy **30** (1968) 3, 68–69; Mac Labor. Pvt. Ltd., Kirol, Bombay-77; engl.) – Die auf Chloramphenicol (**I**) zu untersuchende Citratblut-Probe wurde mit 1 ml dest. W., 1 ml Phosphat-Puffer (pH 7) u. 3 ml Amylacetat (**II**) versetzt u. 1 Std. auf der Schüttelmaschine geschüttelt. Dann wurde zentrifugiert u. nach Phasentrennung wurden 2 ml der **II**-Phase mit 1 ml einer 6%ig. wss. Isonicotinsäurehydrazid-Lsg. u. 1 ml einer 12%ig. wss. NaOH-Lsg. versetzt. Nach Begasen des Rk.-Gefäßes mit $N_2$ wurde das Gemisch eine halbe Std. zur Entw. des Farbstoffes stehengelassen. Dann wurden 2 ml dest. W. zugesetzt, das Gemisch in einen Scheidetrichter übergeführt u. die untere Phase zur Photometrie bei 430 nm verwendet. Im Konz.-Bereich von 1–10 $\mu g$ **I**/ml Blut war das Lambert-Beersche Gesetz erfüllt. H.-U. Melchert 5212

*1860* **Bestimmung von Lidocain und Prilocain im Gesamtblut durch Gaschromatographie.** Joseph B. Keenaghan. (Anesthesiology **29** (1968) 1, 110–12; Worcester, Mass., Astra Pharmaceut. Prod. Inc.; engl.) – Das Blut wird mit NaOH alkal. gemacht u. Lidocain (**I**) oder Prilocain (**II**) mit $CH_2Cl_2$ extrahiert. Die Lsg. werden zur Trockne eingedampft u. mit $CCl_4$ aufgenommen. Diese Lsg. wird gaschromatographiert (4% XF-1112 auf Chromosorb W, 185°, He als Trägergas, FID). Mit kleinen Abänderungen können **I** u. **II** auch nebeneinander bestimmt werden. H. Rüssel 5212

*1861* **Kontinuierliche fluorimetrische Bestimmung von Calcium in Vollblut und Plasma.** H. G. Claßen, P. Marquardt und Magdalena Späth. (Arzneimittel-Forsch. **18** (1968) 2, 211–14; Abt. für exper. Therap., Univ., Freiburg i. Br.; engl.) – Nach fortlaufender Dialyse ist eine kontinuierliche fluorimetr. Best. von Ca mit Calcein in Vollblut möglich. Da Ca im Blut in verschiedenen Formen vorliegt, ergeben sich durch Veränderung der Dialysezeiten u. der in der Gegendialyse verwendeten Fl. verschiedene Variationsmöglichkeiten. W. Grimmich 5214

*1862* **Dünnschichtchromatographische Bestimmung von Harnsäure, Xanthin und Hypoxanthin im Plasma.** P. J. Orsulak, W. Haab und M. D. Appleton. (Analyt.

Biochem. [New York] **23** (1968) 1, 156–62; Scranton, Pa., Univ., Dep. of Chem.; engl.) — Zur Best. von Harnsäure (**I**), Xanthin (**II**) u. Hypoxanthin (**III**) in Plasma u. Serum werden die Verb. zunächst dünnschichtchromatograph. an 275 μm dicken ECTEOLA-Celluloseschichten getrennt (Rf-Werte: 0,27 bzw. 0,34 bzw. 0,46). Die einzelnen Komponenten werden dann mit 0,05 m Borax-Lsg. eluiert u. UV-photometr. bestimmt. Die Genauigkeit der Meth. beträgt für **I** ± 5% u. für **II** u. **III** ± 1%. Die Konz. dieser Purine im unverdünnten Plasma finden Vf. zu 2,59 mg% ± 1,6 für **I**; 0,45 mg% ± 0,03 für **II** u. 0,52 mg% ± 0,03 für **III**.
A. M. Fretzdorff 5214

*1863* **Identifizierung von durch Anionenaustauschchromatographie isolierten Harnbestandteilen.** C. A. Burtis und K. S. Warren. (Clin. Chem. [New York] **14** (1968) 4, 290–301; Oak Ridge Nat. Labor., Oak Ridge, Tenn.; engl.) — Vf. verwendeten als Austauscher-Harz BioRad AG 1–X8 zur Hochdruck-Säulenchromatographie. Die Trennsäule war 200 cm lang u. hatte einen ⌀ von 0,45 cm. Als Elutionsmittel diente ein $CH_3COONa/CH_3COOH$-Puffer vom pH 4,4 mit einer Durchflußgeschw. von 30 ml/Std. Die in den einzelnen Fraktionen isolierten Verb. wurden durch Messung der UV-Absorption, NMR- oder massenspektroskop. Analyse oder durch Tüpfel-Rk. identifiziert. Vf. konnten so mehr als 100 Substanzen isolieren, die eine UV-Absorption zeigten. Die chromatograph. Daten von 50 Verb. wurden bestimmt.
H.-U. Melchert 5224

*1864* **Isolierung und Untersuchung radioaktiver Kynuren- und Xanthurensäuren aus Harn.** I. Rosabelle McManus und Marianna Jackson. (Analyt. Biochem. [New York] **23** (1968) 1, 163–72; Dep. of Biochem. and Nutrition, Graduate School of Public Health, Univ., Pittsburgh, Pa.; engl.) — Nach i.v.-Injektion von [3-$^{14}$C]-L-Trp ohne Beladung mit nichtmarkiertem Trp wurden [$^{14}$C] Kynurensäure u. [$^{14}$C] Xanthrensäure aus menschlichem Harn durch ein 2-Stufenverf. (Ionenaustauschchromatographie auf Dowex 50 W-Säulen u. eindimensionale Dünnschichtchromatographie auf Celluloseplatten) isoliert. Die Wiederauffindung bekannter Verb. betrug 85–100%, u. die Reinheit der getrennten Verb. wurde durch Vgl. ihrer Radioaktivität in 2 Lsgm.-Syst. u. durch Vgl. der Absorptionsspektren der aus den Dünnschichtplatten eluierten Harnverb. unter Zusatz von Kynuren- u. Xanthurensäure bestimmt. U. Drehmann 5224

*1865* **Fluorimetrische Messung fäkaler Gallensäuren.** Donald T. Forman, Charles Phillips, Walter Eiseman und C. Bruce Taylor. (Clin. Chem. [New York] **14** (1968) 4, 348–59; Evanston Hospital, Dep. of Pathol., Evanston, Ill.; engl.) — In der vorliegenden Arbeit ist eine Modifikation der Meth. von Levin et al. (Analytic. Chem. **33** [1956] 856) angegeben zur genauen fluorimetr. Best. aller oder auch einzelner Gallensäuren in Gemischen von Di- u. Trihydroxycholansäuren nach Isolierung mittels Extraktion u. Dünnschichtchromatographie. Als Bezugsstandards dienen reine Präparate von Chol-, Chenodesoxychol-, Desoxychol- u. Lithocholsäure; Unters.-Objekt sind menschl. u. tier. Fäkalien. Die einzelnen Schritte der Präparationen werden sehr ausführlich angegeben u. zusammen mit den Ergebnissen diskutiert. Dieter Junge 5226

*1866* **Untersuchung von menschlichen Schilddrüsen auf $^{99}$Tc.** V. J. Sodd und B. J. Jacobs. (Health Physics **14** (1968) 6, 593–95; U.S. Dep. of Health, Education and Welfare, Public Health Serv., Nat. Center for Radiological Health, Cincinnati, O.; engl.) — Bei der Veraschung von Schilddrüsenproben mit saurer Chloratlsg. u. Cu-Träger wurden für den β-Strahler $^{99}$Tc (290 keV) reproduzierbare Werte erhalten, die in Antikoinzidenz-β-Zählern (niedriger Nullwert) gemessen werden konnten u. in 22 Fällen zur Best. des $^{99}$Tc-Geh. im „Fallout" verwendet wurden. U. Drehmann 5228

*1867* **Sulfitbestimmung in biologischen Flüssigkeiten. Brauchbarkeit von radioaktivem N-Äthylmaleinimid.** S. Harvey Mudd. (Analyt. Biochem. [New York] **22** (1968) 2, 242–48; Labor. of Gen. and Comp. Biochem., Nat. Inst. of Mental Health, U.S. Dep. of Health, Education and Welfare, Public Health Serv., Nat. Inst. of Health, Bethesda, Md.; engl.) — Beschreibung einer neuen, empfindlichen u. spezif. Meth. zur Identifizierung u. Messung kleiner Sulfitkonz. in Harn u. rohen Gewebeextrakten, wobei die Rk. zwischen Sulfit u. N-Äthylmaleinimid als Grundlage benutzt u. $^{14}C_1$-N-Äthylmaleinimid angewendet wird, wodurch die Anlagerungsverb. mit hoher Empfindlichkeit nachgewiesen werden kann.
U. Drehmann 5230

*1868* **Einfache und schnelle Quecksilberbestimmung in Harn und Geweben durch Isotopenaustausch.** T. W. Clarkson und M. R. Greenwood. (Talanta [London] **15** (1968) 6, 547–55; Univ. of Rochester, School fo Med. and Dentistry, Rochester, N.Y.; engl.) — Die auf Hg zu prüfende Harn- bzw. Gewebeprobe wird mit Tracermengen $^{203}$Hg versetzt. In Ggw. von Cys bei pH 7,4 wird ein mit inakt. Hg beladener $N_2$-Strom durch die Probe geleitet. Der Aktivitätsanstieg in dem die Probe verlassenden $N_2$-Strom wird nach Adsorption des Hg an aktiviertem Hopcalit γ-spektrometr. gemessen. Die Halbwertszeit des Isotopenaustausches ist dem Hg-Geh. direkt proportional. Die Meth. eignet sich am besten für Hg-Konz. > 10 μg/l, die untere Nachw.-Grenze liegt bei etwa 0,025 μg Hg. Karl-Heinz Walter/Jülich 5230

*1869* **Einfache Methode zur Trennung von $^{14}$C-markierter Glucose und Lactat.** M. V. Riley. (Analyt. Biochem. [New York] **22** (1968) 2, 341–45; Physiol. Dep., Inst. of Ophthalmol., London; engl.) — Bei einer einfachen u. schnellen Meth. zur Trennung von $^{14}$C-Glucose (**I**) u. $^{14}$C-Lactat, das bei verschiedenen in vitro-Stoffwechselvers. mit **I** als einzige radioakt. Verb. im Inkubationsmittel erscheint, werden mit einer Sephadex G-10-Säule gute Resultate erhalten (92–104%), wobei die Probengröße bis 1 ml variabel u. keine Anreicherung erforderlich ist. Niedrige Aktivitäten u. große Aktivitätsunterschiede der beiden Verb. können mit Sicherheit gemessen werden, da beide hohe Zählausb. ergeben.
U. Drehmann 5230

*1870* **Bestimmung von nichtproteinischem Sulfhydryl (NPSH) in biologischen Systemen durch Wechselstrompolarographie.** Richard Charles und Adelbert M. Knevel. (Analyt. Biochem. [New York] **22** (1968) 2, 179–86; School of Pharm. and Pharmacal Sci., Purdue Univ., Lafayette, Ind.; engl.) — Es wird eine empfindliche Meth. beschrieben, um NPSH im Gewebe von Rattenleber u. -gehirn zu bestimmen. Bei pH-Werten zwischen 3,4 u. 7 treten die höchsten Stromspitzen auf. Jenseits von pH 7 ist ein rascher Abfall der Stromspitzen zu beobachten, u. bei pH 9,2 ist der Strom weniger als halb so groß wie bei pH 5. In diesem pH-Bereich ist die Sulfhydrylgruppe fast vollständig ionisiert u. damit in einem nichtreaktionsfähigen Zustand. Die Meth. kann nicht zwischen Cys u. Gluthathion unterscheiden. Daraus wird geschlossen, daß die Gesamtmenge von NPSH erfaßt wird. Ascorbinsäure stört die Best. nicht.
J. Bardeleben 5230

*1871* **Direkte emissionsspektrographische Methode für Spurenelemente in biologischen Materialien.** A. J. Bedrosian, R. K. Shogerboe und G. H. Morrison. (Analytic. Chem. **40** (1968) 6, 854–60; Dep. of Chem., Cornell Univ., Thaca, N.Y.; engl.) — Vf. bestimmen in Proben getrockneten biolog. Materials Spurenelemente durch Anregung in einem Gleichstrombogen (25 A). Bei 26 von mehr als 60 untersuchten Elementen werden Nachw.-Grenzen von ≦ 1 ppm gefunden. Die Reproduzierbarkeit der Meth. ist durchweg besser als ± 15%. Auch für sehr unterschiedliche Proben (tier. Gewebe, Blutserum, Stuhlproben, Knochen, Pflanzenblätter) können universelle analyt. Kurven verwendet werden.
H.-D. Schenke 5232

*1872* **Darstellung von biologischen Radiojodproben zur Radioaktivitätsmessung.** M. Zaduban, G. Liptáková und J. Horák. (Int. J. appl. Radiat. Isotopes **19** (1968) 4, 327–31; Radiobiol. Labor., Dep. of Biol. Fac. of Sci., Univ. P. J. Safarik, Košice, Czechoslovakia; engl.) — Für Routineanalysen von radiojodhaltigem biolog. Material wird Auflösung in einem $HNO_3/AgNO_3$-Gemisch oder in heißer NaOH-Lsg. empfohlen. Bei der Best. einzelner J-haltiger Verb. ist es vorteilhaft, die Radiojodverb. durch Ultraschallbehandlung in NaOH-Lsg. zu extrahieren. U. Drehmann 5232

*1873* **Anwendung des Ultraschalls bei der Bestimmung von Barbituraten in biologischem Material.** 2. Mitt. Zofia Grochowska. (Mikrochim. Acta [Wien] **1968**, 5, 1095–1101; Inst. für gerichtl. Med., Med. Akad., Krakow; dt.) — 1. vgl. ibid. **1967**, 1, 1. — Die Meth. der Ultraschallextraktion von Barbituraten (Vgl. 1. Mitt.) kann zur quant. Isolierung aus wss. Lsg. u. Leberhomogenisaten herangezogen werden. Nach 4 Beschallungsphasen sind 95% extrahiert. Im Vgl. dazu liefert die Meth. der kontinuierlichen Extraktion [F. Kutscher u. H. Steudel, Hoppe-Seylers Z. physiol. Chem. **39** (1903) 473] wesentlich niedrigere Ausbeuten. Die Extrakte sind rein genug, um anschließend die Best. ohne Reinigungsoperationen nach der Meth. von N. E. W. Mc Callium [J. Pharmacy Pharmacol. **6** (1954) 733] ausführen zu können. K. Henning 5228

*1874* **Allgemeine Technik der toxikologischen Untersuchung innerer Organe.** P. Jaulmes und G. Hamelle. (Trav. Soc. Pharmac. Montpellier **27** (1968) 3, 197–204; Montpellier, Fac. de Pharm., Labor. de Chim. anal. et Toxicol.; franz.) — Vf. beschreiben, ohne auf experimentelle Einzelheiten einzugehen, einen Analysengang zur Ermittlung aller wichtigen Gifte. Das Material wird zunächst destilliert, dann mit organ. Lsgm. extrahiert, elektrodialysiert u. schließlich naß verascht. So werden flüchtige, extrahierbare u. elektrodialysierbare Stoffe herausgezogen u. zum Schluß die Metallgifte erhalten. H. Rüssel 5234

## G–5. Analyse technischer Produkte

*1875* **Bestimmung des Fluors im Trinkwasser mit Hilfe des Hellige Neo-Komparators.** J. A. Růžička und L. Mrklas. (Vodní Hospodářství **18** (1968) 4, 162–63; Výzk. úst. stomatologický, Praha; tschech.) — Zur Durchführung der Meth., die auf der Zers. des Farbkomplexes des Alizarin S mit $ZrOCl_2$ unter Einfl. von $F^-$ beruht, wird eine genaue Arbeitsvorschrift gegeben u. die Ergebnisse diskutiert. Bei Einhalten der vorgeschriebenen Rk.-Zeit (60 Min.) liegen die Werte um 7,5% zu hoch; nach 1–2 Std. nähern sie sich dem tatsächlichen $F^-$-Gehalt. Es stören $SO_4^{2-}$, $Al^{3+}$ u. bes. Hexametaphosphat; der Einfl. von $Fe^{3+}$ ist gering u. kann vernachlässigt werden. Die Abhängigkeit des Fehlers von der Menge der anwesenden störenden Komponenten ist aus einer Tabelle zu entnehmen. O. Rösner 5242

*1876* **Gaschromatographische Bestimmung von Distickstoffoxid-Spuren in Luft.** Rudolf Bock und Klaus Schütz. (Z. analyt. Chem. **237** (1968) 5, 321–30; Mainz, Univ., Inst. für Anorg. Chem. u. Kernchem.; dt.) — Zur Best. in der Luft wird $N_2O$ bei Raumtemp. mit einer Mol.-Sieb 5Å-Säule aus der Luftprobe abgetrennt, bei 250–300° wieder aus dem Mol-Sieb ausgetrieben u. in einem Gaschromatographen (VIRUS bzw. F. u. M.-Gerät) von Resten W. u. $CO_2$ getrennt (1 m Mol.-Sieb 5Å-Säule bei 250°, Wärmeleitfähigkeitszelle, He-Trägergas, 50 ml/Min.). In Luft wurden 0,19 bis 0,29 ppm $N_2O$ gefunden. Standardabweichung ± 4,3%. W. Luchsinger 5242

*1877* **Einfaches Gerät zur Bestimmung von Schwefeloxiden in Rauch- und Abgasen.** Werner Schneider. (Chem. Techn. **20** (1968) 5, 299–300; Inst. für Wärmetechn. u. Wärmewirtsch., TU, Dresden; dt.) — In dem Gerät wird das $SO_3$ in einem beheizten NaCl-Filter u. das $SO_2$ danach wie üblich in $H_2O_2$-Lsg. aufgefangen. Die so abgetrennten S-Oxide werden anschließend als $H_2SO_4$ alkalimetr. erfaßt. H.-D. Schenke 5242

*1878* **Elektronenspinresonanz ferromagnetischer Teilchen in Luftverunreinigungen.** L. Strackee. (Nature [London] **218** (1968) 5140, 497–98; Nat. Inst. of Public Health, Bilthoven, Netherlands; engl.) — Bei der ESR-Unters. von Staub wurden starke breite Signale beobachtet. Die Absorptionslinien hatten annähernd Lorentz-Form mit einer Breite von etwa 400 Gauß u. einem mittleren g-Wert von 2,097 ± 0,017. Es wird angenommen, daß die Linien durch ferromagnet. Fe(III)-Oxidhydratkomplexe verursacht werden. J. Pickardt 5242

*1879* **Schnellmethoden in der Analyse.** 10. Mitt. **Photometrische Bestimmung von Eisenspuren in bei der Natriumchloridherstellung anfallenden Produkten.** Candin Liteanu, Ioan Al. Crişan und Maria Marian. (Studia Univ. Babes-Bolyai [Cluj], Ser. Chem. **13** (1968) 39–42; rum.) — 8. vgl. C. **1965**, 42-1956. — Zur wss. Lsg. der Probe mit 5–120 mg Fe(II) werden nach Red. von evtl. vorhandenem Fe(III) mit $NH_2OH \cdot HCl$ 0,5%ig. äthanol. 1.10-Phenanthrolin-, 30%ig. wss. $NH_4SCN$-Lsg. u. Acetatpuffer (pH 5–6) gegeben. Das gebildete $[Fe(phen)_3](SCN)_2$ wird mit $CHCl_3$ extrahiert u. der Fe-Geh. durch Photometrie der Lsg. bestimmt. Untersucht wurden NaCl-, $CaCl_2$-, $Na_2CO_3$-, $NaHCO_3$- u. NaOH-Proben. W. Grimmich 5243

*1880* **Thermometrische Schnellanalyse von Schamotte, Kaolin und Ton.** I. Sajó und B. Sipos. (Tonind.-Ztg. keram. Rdsch. **92** (1968) 3, 88–92; Forsch.-Inst. für die Eisenind., Budapest; dt.) — Die Probe wird in HF aufgelöst u. aus der so erhaltenen Lsg. die einzelnen Komponenten der Reihe nach ohne Trennung auf Grund der Temp.-Änderung bestimmt, die bei der Zugabe eines selektiven Reagenzes in überschüssiger Menge eintritt. Durch entsprechende Programmierung kann die Angabe der Konz. der Komponenten unmittelbar in % erfolgen. $SiO_2$, $Al_2O_3$, $Fe_2O_3$ u. $TiO_2$ werden auf folgende Weise bestimmt: $SiO_2$ wird mit KCl-Lsg. als $K_2SiF_6$ ausgefällt, $Al_2O_3$ mit NaCl-Lsg. als Elpasolith. Anschließend werden $Fe^{3+}$ u. Ti mit Borsäure demaskiert, das Fe(III) mit $SnCl_2$ red. u. mit $(NH_4)_2S_2O_8$ zu $Fe_2O_3$ oxydiert. Nach der Best. des $Fe_2O_3$-Geh. wird Ti mit $H_2O_2$ bestimmt. Bei Substanzen mit nur einigen Zehntel-% Fe u. Ti ist es ratsam, mit 2 Einwaagen zu arbeiten. Aus einer 1 g betragenden Einwaage werden $SiO_2$ u. $Al_2O_3$, aus der doppelten $Fe_2O_3$ u. $TiO_2$ bestimmt. H.-D. Schenke 5244

*1881* **Röntgenspektrometrische Bestimmung von Fe, CaO und $SiO_2$ in Eisenerzen nach der Methode des inneren Standards und nach dem Schmelzen.** Z. Ziołowski und B. Jasna. (Prace Inst. Lutniczch **19** (1967) 329–39; Inst. Metalurgii Żelaza; pol.) — Es wurden rohe, unverarbeitete Erze, Erze mit Zusatz von $Co_3O_4$ als innerem Standard u. Erze, die mit Borax u. $NaNO_3$ geschmolzen wurden, analysiert. Proben, Meß-App., mechan. u. chem. Vorbereitung der Proben werden beschrieben. Der Einfl. des physikal. u. chem. Zustands der Proben u. der Matrix auf die Intensität der Spektrallinien wird angegeben. A. V. Wilpert 5245

*1882* **Untersuchung der Zusammensetzung von Sulfideinschlüssen mit der Mikrosonde.** I. Skála und R. Riman. (Bányászati és Kohászati Lapok, Kohászat [Z. Bergbau Hüttenwes., Hüttenwes.] **101** (1968) 5, 178–82; ČSSR; ung.) — Vf. untersuchten die Wrkg. einiger Elemente (Mn, Al, Cr, Ti) auf Charakter u. Zus. der während der Kristallisation des Stahls entstandenen Sulfideinschlüsse. Es wurde festgestellt, daß die Zus. der Einschlüsse von der Mitte zum Rand der Krist.-Körnchen sehr wechselhaft ist. L. Zombory 5245△

*1883* **Verbundanalyse im Gußeisen für Silicium, Phosphor, Chrom und Nickel.** Gerhard Volke. (Gießereitechnik **14** (1968) 6, 186–88; Leipzig; dt.) — Zur photometr. Best. von Si, P, Cr u. Ni in Roh- u. Gußeisen wird ein Verf. angegeben, das in kürzester Zeit mit einer einzigen Einwaage ausführbar ist. W. Wesly 5245

*1884* **Bestimmung von Molybdän in Eisen und Stahl in einem Vakuumspektrometer.** Hidehiro Gotô und Akira Saitô. (Japan Analyst **17** (1968) 2, 194–99; The Res. Inst. for Iron, Steel, and Other Metals, Tohoku Univ., Katahiracho, Sendai-shi; jap., Auszug: engl.) — Die Linie Mo II 2020,32 Å wird zur Best. von Mo in Fe u. Stahl benutzt. Die Anregung erfolgt durch einen Funken der krit. gedämpften Entladung eines Niederspannungskondensators. 0,20% u. 1,09% Mo in niedriglegierten Stählen werden mit Variationskoeff. von 2,2% bzw. 1,6%

bestimmt. Die Linie Mo II 2038,46 Å wird durch die überlappende Mn-Linie etwas gestört.
H.-D. Schenke 5245

*1885* **Bestimmung des Wismuts in Kupfer- und Tetraedritkonzentraten.** Dagmar Zemanová und Josef Novák. (Chem. Průmysl 18 (43) (1968) 1, 40–42; Výzk. úst. kovů, Panenské Břežany, Praha; tschech.) — Zur Abtrennung des Wismuths bei der Analyse von Kupfer- u. Tetraedritkonzentraten wird seine Fällung als Sulfid mit Thioacetamid empfohlen u. eine genaue Arbeitsvorschrift gegeben. Die gefundenen Werte sind bei Geh. von 3–80% Bi gut reproduzierbar; bei 100 μg Bi in der Einwaage beträgt der Fehler ± 1,3 μg. Vgl.-Analysen zeigen eine gute Übereinstimmung mit anderen Methoden. O. Rösner 5245

*1886* **Vakuum-Schmelzverfahren zur Bestimmung von Sauerstoff in Aluminium und Aluminium–Aluminiumoxid-Verbundstoffen.** A. Colombo und E. Rodari. (Analytica chim. Acta [Amsterdam] **42** (1968) 1, 133–41; Chem. Dep., Commiss. des Communautés Européenes, CCR, Ispra; engl.) — Das näher beschriebene Verf. stellt eine Modifizierung des Cu-Bad-Vakuumschmelzverf. [Best. des O als CO mit dem von R. Lesser (Angew. Chem. **72** (1960) 21, 775) angegebenen Verf.] dar. Dabei kann die Verdampfung des Cu durch Verw. einer Graphitkapsel verringert werden. Das Verf. gibt gute Werte bei $O_2$-Geh. zwischen ~ 10 ppm u. einigen%. Die Empfindlichkeit des Verf. liegt in der Größenordnung von 20 ppm bei 100 mg Einwaage u. Verw. von Cu mit sehr geringem O-Gehalt. (Beleganalysen.) W. Wesly 5245

*1887* **Polarographische Rheniumbestimmung in Industriematerialien.** S. Ziemba. (Prace Inst. Lutniczych **19** (1967) 341–44; Inst. für Nichteisen-Metalle;) pol. — Größere Re-Mengen, angereichert etwa hydrometallurg. in Cu-Staub, können nach der beschriebenen Meth. polarograph. bestimmt werden. Als Grundelektrolyte werden 8 n $H_2SO_4$ u. 4 n $HClO_4$ verwendet. Es wurde versucht, störende Metallionen mit Hexyl- u. Isoamylalkohol, Aceton sowie mit Benzoinoxim in $CHCl_3$ zu extrahieren. Befriedigend waren die Ergebenisse, wenn man die störenden Elemente mit Aceton auszog u. in 8 n $H_2SO_4$ die polarograph. Re-Best. durchführte.
A. v. Wilpert 5245

*1888* **Gaschromatographische Bestimmung von Verunreinigungen in Vinylchlorid.** G. M, Sassu, F. Zilio-Grandi und A. Conte. (J. Chromatogr. [Amsterdam] **34** (1968) 3, 394–98; Stabilimento Petrolchim. Montecatini Edison, Porto Marghera, Venice; engl.) — Niedrig- u. hochsd. Verunreinigungen in Vinylchlorid, das durch HCl-Anlagerung an Acetylen oder durch Cracken von 1.2-Dichloräthan gewonnen worden ist, werden nach einer direkten einstufigen Meth. mit Trikresylphosphat als fl. Phase u. einem FID bestimmt. Die Nachw.-Empfindlichkeit beträgt für Verunreinigungen, die vor dem Vinylchlorid eluiert werden, 0,2 ppm, für die anderen einige ppm. H.-D. Schenke 5246

*1889* **Fluorimetrische Untersuchung von α-Glykolverbindungen und anderen Aldehydvorstufen.** E. Sawicki und R. A. Carnes. (Mikrochim. Acta [Wien] **1968**, 3, 602–07; Bur. of Disease Prevention and Environmental Control, Nat. Center for Air Pollution Control, Cincinnati, O.; engl.) — Zur Analyse von α-Glykolverb., polaren Olefinverb. u. Olefinen wird die Ox. dieser Verb. zu Aldehyden mit Perjodsäure vorgeschlagen u. die Analyse der gebildeten Aldehyde fluorimetr. mit $HJO_3$ 2.4-Pentadion oder Dimedon ausgeführt.
K. Henning 5246

*1890* **Papierchromatographische Verfolgung des Ablaufes von Reaktionen im technischen Maßstab. 4.4'-Dinitrostilben-2.2'-disulfonsäure.** R. Aragonès-Apodaca. (Chim. analytique **50** (1968) 5, 251–54; franz.) — Vf. verfolgt die Kondens.-Rk. von p-Nitrotoluolsulfonsäure in Ggw. von NaOH u. NaOCl durch Papierchromatographie an Whatman 3 MM-Papier (mit NaOH-Lsg. imprägniert) mit n-Butanol/W./tert.-Butanol (30:10:40) als Laufmittel. Die Sichtbarmachung erfolgt mit $SnCl_2$/p-Dimethylaminobenzaldehyd.
W. Grimmich 5246

*1891* **Methoden zur Bestimmung des Schwefels in Kohleteerölen und Benzolprodukten.** Barbara Skrzywan. (Koks-Smoła-Gaz **13** (1968) 3, 79–83; Wroclaw, Politechnika; pol.) — Übersicht der wichtigsten Verf. zur S-Best., entsprechend den 8 Formen, in welchen der S auftritt. — 75 Literaturzitate. A. v. Wilpert 5247

*1892* **Spurenbestimmung von Chlor in Erdöl durch Verbrennung und potentiometrische Titration in nichtwäßrigem Medium.** Gerald Kainz und Eugen Wachberger. (Mikrochim. Acta [Wien] **1968, 3**, 596–601; Anal. Inst., Univ., Wien; dt.) — Zur Best. werden 500 mg Probematerial an einem Syst. von Düsen (Abb.) im $N_2/O_2$-Strom verbrannt u. das entstandene $Cl_2$ in einer wss. $H_2O_2$-Lsg. absorbiert. Anschließend wird das Absorbens eingedampft, der Rückstand in Dioxan aufgenommen u. potentiometr. mit $AgNO_3$-Lsg. titriert. Nachw.-Grenze 0,1 μg $Cl_2$. K. Henning 5247

*1893* **Bestimmung der n-Paraffine in den Erdölfraktionen durch Anwendung der Gaschromatographie mit Molekularsieben.** Kosta Petrović. (Nafta [Zagreb] **19** (1968) 4, 157–60; serbokroat.) — Bei der gaschromatograph. Best. der $C_4$–$C_{12}$ n-Paraffine in den leichten Erdölfraktionen verwendet man eine Hilfskolonne mit Mol.-Sieben (aktiviert bei 200°). Gearbeitet wird mit $N_2$ als Trägergas, mit einem Differential-FID u. die stationäre fl. Phase sowie der Zusatz (0,2%) zu den Mol.-Sieben ist Apiezon L. Isothermes Arbeiten bei 150° liefert zuverlässigere Werte als die Temp.-Programmierung. Die Reproduzierbarkeit liegt bei 3–4%.
H. Cnobloch 5247

*1894* **Gaschromatographische Bestimmung von Oleylphthalat in industriellen Ölen.** Giulio Novari. (Rass. chim. **20** (1968) 1, 13–19; Labor. Chim., delle Dogane e. I. I., Genova; ital.) — Oleylphthalat als Denaturierungsmittel wird nach Verseifung, Extraktion mit $CHCl_3$/Bzl. u. Veresterung mit Methanol als Phthalsäuredimethylester gaschromatograph. an Carbowax 20 M u. Chromosorb W bestimmt. Eine Reihe von Chromatogrammen ist angegeben. W. Holland 5249

*1895* **Bestimmung von Hexamethylentetramin und Zinkoxid in Batches.** F. Mocker und A. Frech. (Gummi-Asbest-Kunststoffe **21** (1968) 3, 200; Veith-Pirelli AG, Höchst/Odw.; dt.) — Hexamethylentetramin wird in $CHCl_3$ gelöst, vom ZnO abzentrifugiert u. gegen p-Toluolsulfonsäure mit Dimethylaminoazobenzol als Indikator (0,05%ig. Lsg. in $CHCl_3$) von Gelb nach Blaßrot titriert. Die Best. des ZnO erfolgt nach der von F. Mocker u. I. Menges ausgearbeiteten Methode. Die Fehlergrenzen der Best. liegen unter ± 1%. H.-D. Schenke 5250

*1896* **Gaschromatographische Analyse von Hydroxydichlorophenoxyessigsäuren.** N. C. Glaze und M. Wilcox. (J. Chromatogr. [Amsterdam] **34** (1968) **3**, 391–93; Weed Invest.-Horticultural Crops, ARS, USDA, Tifton, Ga.; engl.) — 6-Hydroxy-2.4-dichlor- (**I**), 5-Hydroxy-2.4-dichlor- (**II**), 4-Hydroxy-2.5-dichlor- (**III**) u. 4-Hydroxy-2.3-dichlorphenoxyessigsäure (**IV**) können nach Alkylierung der phenol. u. der carboxyl. Hydroxylgruppen mit Diazoalkanen gaschromatograph. getrennt werden. Gleiche Retentionszeiten besitzen die Methylderiv. von **II** u. **III** sowie die Propylderiv. von **I** u. **IV.**, so daß in Ggw. aller 4 Verb. sowohl eine Methylierung als auch an einer zweiten Probe eine Propylierung notwendig ist. H.-D. Schenke 5253

*1897* **Untersuchungen über Verluste von Pestiziden während der Probenaufbereitung.** M. Chiba und H. V. Morley. (J. Assoc. off. analyt. Chemists **51** (1968) 1, 55–62; Ottawa, Central Exper. Farm, Canada Dep. of Agric., Anal. Chem. Res. Serv.; engl.) — Vf. untersuchen den Verlust an Pestizid-Rückständen nach der Extraktion u. gesondert beim Filtrieren, Auftrennen, Waschen, Konzentrieren u. Eindampfen mit Hilfe von $^{14}C$-markiertem *γ-BHC*, *p.p'-DDT* u. *Dieldrin* als repräsentativen Insektiziden. Zur Unters. der Verluste beim Auswaschen mit polaren Lsgm. wurden $^{14}C$-markiertes Methanol, Aceton u. Acetonitril verwendet. Bei den einzelnen Arbeitsgängen sind Verluste relativ gering, müssen jedoch wegen ihrer Addition berücksichtigt werden. Polare Lsgm. sind durch normale Waschvorgänge nicht restlos zu entfernen, die verbleibenden Spuren beeinflussen die Säulenchromatographie. Eindampfen bis zur Trockne bringt bes. bei Bodenextrakten größere Verluste. Vf. entwickeln eine Meth. zur quant. Erfassung der Insektizidrückstände in Bodenproben. E. Haase-Sajak 5253

*1898* **Verbessertes Verfahren zur Auftrennung und Entfernung von Organochlor-Insektiziden von Dünnschichtplatten.** Bernard M. Mulhern. (J. Chromatogr. [Amsterdam] **34** (1968) 4, 556–58; U.S. Dep. of the Interior, Bur. of Sport Fisheries and Wildlife, Patuxent Wildlife Res. Center, Laurel, Md.; engl.) — Vf. beschreibt ein Gerät zum Abkratzen der Silicagel-Schicht. Eluiert wird mit heißem Benzol. H.-D. Schenke 5253

*1899* **Methode zur halbquantitativen Bestimmung kleiner Mengen von Organochlorpestiziden mittels aromatischer Amine mit Hilfe der Ringofenmethode. 1. Mitt. Bestimmung von Toxaphen mittels Diphenylamin.** V. M. Adamović. (Mikrochim. Acta [Wien] **1968**, **3**, 534–37; Inst. für Gesundheitsschutz, S. R. Serbien, Belgrad; dt.) — Zur Best. werden 10 $\mu$l einer Toxaphenlsg. in Äthylacetat (0,5 mg/ml) auf quadrat. geschnittenes Whatman-Papier Nr. 1 aufgetragen, getrocknet, mit einer 0,015%ig. Lsg. von Diphenylamin in PAe. (Fraktion 40–50°) ausgewaschen u. im Abstand von 25 cm UV-Licht ausgesetzt. Der Grenzwert der Best. liegt bei 0,5–2,5 $\mu$g Toxaphen mit einer Genauigkeit von 100 $\pm$ 2%. K. Henning 5253

*1900* **Vorläufige Untersuchung über die Extraktion von Parathion und Diazinon durch die Acetonitril-Methode nach Mills, Onley und Gaither.** Mildred L. Porter und Jerry A. Burke. (J. Assoc. off. analyt. Chemists **51** (1968) 1, 63–64; Washington, D.C., Food and Drug Adm., Div. of Food Chem.; engl.) — Die Acetonitril-Meth. nach Mills et al. wurde auf ihre Anwendung auf die Best. von Cl-haltigen Pestizitidrückständen in frischem Kohl geprüft. Als Vgl.-Meth. wurden 12 u.-18std. Soxhlet-Extraktionen, Extraktionen mit 35%ig. W./Acetonitril, mit i-Propanol u. mit Bzl. herangezogen. Die Vers. erbrachten eine gute Übereinstimmung der Analysenergebnisse. Die geprüfte Meth. ist für die Best. von Parathion u. Diazinon geeignet. E. Haase-Sajak 5253

*1901* **Polarographische Bestimmung von Fumarsäure in Nahrungsmitteln.** James R. Taylor und V. H. Blomquist. (J. Assoc. off. analyt. Chemists **51** (1968) 3, 533 bis 537; Food and Drug Adm., Washington, D.C.; engl.) — Die polarograph. Bestimmung von Fumarsäure in Nahrungsmitteln wird als offizielle Hauptmeth. empfohlen. Die Arbeitsbedingungen werden festgelegt. H. Marsen 5255

*1902* **Trockene Mineralisierung bei der Zinn-Bestimmung in Lebensmitteln.** Olimpia Gajek und Helena Klimczak. (Roczniki paustwowego Zakfladu Hig. **19** (1968) 1, 109–15; Gdynia, Portowa Statia Sanit.-Epidemiolog.; pol.) — Um die zeitaufwendigen nassen Mineralisierungsverf. von Lebensmittelproben bei der Sn-Best. zu vermeiden, wurde ein trockenes Verf. entwickelt, das auf Vortrocknung bei 100°, vorsichtiger Verkohlung, Veraschung bei 450–500° u. anschließender Auflsg. auf dem W.-Bad mit HCl (1:1 bzw. 10%ig.) beruht. Sn wird anschließend nach der Dithiol-Meth. unter Verw. von „Mersapon" als Dispersionsmittel photometr. bei 535 nm bestimmt. Im Konz.-Bereich 0–100 $\mu$g Sn ist eine Übereinstimmung mit dem Lambert-Beerschen Gesetz zu verzeichnen. G. Niechoj 5255

*1903* **Bestimmung von Dimethyl-(2.2-dichlorvinyl)-phosphat (DDVP) in Getreide.** I. Camoni, N. Gandolfo, G. Ramelli, A. Sampaolo und L. Binetti. (Rass. chim. **20** (1968) 1, 20–22; Ist. Superiore di Sanità, Labor. di Chim., Roma; ital.) — Reste von Dimethyl-(2.2-dichlorvinyl)-phosphat in Getreide werden mit n-Hexan extrahiert, an $Al_2O_3$ gereinigt, in W. gelöst, alkal. verseift u. nach Rk. mit 2.4-Dinitrophenylhydrazin bei 580 nm photometr. bestimmt. Die Empfindlichkeit beträgt 0,1 ppm. W. Holland 5255

*1904* **Bestimmung von Dimefox-Rückständen im Hopfen mit Hilfe der Ninhydrin-Reaktion.** Franja Čoha. (Hrana i Ishrana 9 (1968) 1, 50–53; Beograd-Zemun, INEP, Odsek za zašt. bilja; serbokroat., Auszug: engl.) — Zur Dimefox(I)-Best. im Hopfen wurde **I** aus der Probe mit Aceton extrahiert, anschließend dünnschichtchromatograph. an Silicagel G + Kieselgur B mit PAe./Aceton (2:1) getrennt u. schließlich mit 2%ig. Ninhydrinlsg. in Aceton entwickelt. Zwischen der Fleckengröße u. dem log des Gew. besteht eine lineare Abhängigkeit. Bis 15 Tage nach der Behandlung nimmt die **I**-Konz. im Hopfen zu. In der Pflanze nimmt die **I**-Konz. von unten nach oben ab. Wiedergefunden wurden 93 bis 100% **I**. H. Cnobloch 5255

*1905* **Zur Methodik der säulenchromatographischen Bestimmung von Ornithin und $\gamma$-Aminobuttersäure.** K. Molitoris. (J. Chromatogr. [Amsterdam] **34** (1968) 3, 399 bis 400; Inst. für Techn. Mikrobiol. und Technol. der Brauerei, TH, München-Weihenstephan; dt.) — Bei Verw. der App. nach Hannig ist die Meth. nach Wünsch zur Best. von Ornithin u. $\gamma$-Aminobuttersäure am geeignetsten. Colamin läßt sich nicht abtrennen. H.-D. Schenke 5255

*1906* **Vergleich von Flammen- und Brennerkombinationen bei der Atomabsorptionsspektroskopie.** C. H. Perrin und P. A. Ferguson. (J. Assoc. off. analyt. Chemists **51** (1968) 3, 654–58; Canada Packers Ltd., Toronto; engl.) — Best. von Ca, Cu, Fe, Mg, Mn u. Zn in 8 Futterproben werden mit 3 verschiedenen Brennern u. 6 Gaskombinationen durchgeführt. Aus der statist. Auswertung der Ergebnisse geht hervor, daß bez. der Richtigkeit in den meisten Fällen der $O_2/C_2H_2$-Flamme unter Verw. eines Direktzerstäuberbrenners der Vorzug zu geben ist, wobei Lsg. von trocken veraschten Proben verwendet werden sollten. H. Kuchenbecker 5255

# H. Angewandte Chemie

### H–3. Anorganische Industrie

*1907* **Substitution von $Mg^{2+}$-Ion in $\{Y_3\}[Fe_2](Fe_3)O_{12}$- und $\{Y_3\}[Al_2](Al_3)O_{12}$-Granaten.** Shigeharu Naka, Tadashi Sekiya, Yoshiko Suwa und Tokiti Noda. (J. chem. Soc. Japan, ind. Chem. Sect. [Kōgyō Kagaku Zasshi] **71** (1968) 1, 123–27; Fac. of Engng., Nagoya Univ., Nagoya; jap.) — Unters. über die Substitution von $Mg^{2+}$ im Syst. $\{Y_3\}[Mg_yFe_{2-y}](Fe_{3-y}Si_y)O_{12}$ zeigen, daß bei atmosphär. Druck 1phasige *Granate* (**A**) aus Proben verschiedener Zus. gewonnen werden. Bei y $\approx$ 2,0 treten **A** neben *Y-Silicat* (**I**) auf, das bei 5std. Erhitzen auf 500° verschwindet. Die Gitterkonst. des **A** mit y = 2,0 beträgt 12,176 $\pm$ 0,004 Å; der $n_D$-Wert 1,873 $\pm$ 0,003. Im Syst. $\{Y_3\}[Mg_yAl_{2-y}](Al_{3-y}Si_y)O_{12}$ werden 1phasige **A** aus Proben mit y = 0–1,5 gewonnen. Bei y > 0,5 treten **I** u. Verb. des Apatittyps neben **A** auf; die fremden Phasen werden durch Wiedererhitzung nicht leicht vermindert. Die Gitterkonst. eines aus einer Probe mit y = 2 gewonnenen **A** beträgt hier 12,087 $\pm$ 0,001 Å; der $n_D$-Wert 1,807 $\pm$ 0,003. Diese Werte entsprechen den physikal. Konst. eines substituierten **A** mit y = 1,7 (bei atmosphär. Druck erreichbarer Maximalwert). Auf den **A**-Oktaedern beträgt der Ionenradius von $Mg^{2+}$, $Fe^{3+}$ bzw. $Al^{3+}$ 0,66, 0,64 bzw. 0,51 Å. Der geringe bzw. deutliche Unterschied der Werte von $Fe^{3+}$ u. $Mg^{2+}$ bzw. $Al^{3+}$ u. $Mg^{2+}$ wird als Grund dafür angesehen, daß wohl Fe enthaltende, kaum aber Al enthaltende **A** hergestellt werden können. W. Wesly H 261

*1908* **Phosphorsäure. Verfahrensübersicht.** 2. Mitt. G. S. G. Beveridge und R. G. Hill. (Chem. Process Engng. **49** (1968) 8, 63–70; Heriot-Watt Univ., Edinburgh; engl.) — 1. vgl. ibid. **49** (1968) 7. — Übersicht über die

Gewinnung von $H_3PO_4$ auf trockenem Wege. — 305 Literaturangaben. W. Wesly H 264

*1909* **Intermetallische Verbindungen als neue Grundlage warmfester Materialien.** I. I. Kornilov. (Metallovedenie termičeskaja Obrabotka Metallov **1967**, 11, 3—12; Inst. metallurg. AN SSSR; russ.) — Die *intermetall. Verb.* (**IV**), bes. die Klasse der anorg. Verb., sind als warmfeste Materialien aussichtsreich, da sie viele für die Metalle charakterist. Eig., wie mechan., physikal., chem. u. a. Eig., besitzen. Solche **IV** sind schwer schmelzbar, fest u. behalten ihre Warmfestigkeit bis zu höheren Temp. bei, als die Metalle u. ihre Mischkristalle. Viele **IV** besitzen eine hohe Beständigkeit gegen aggresive Mittel, so daß sie als Schutzüberzüge verwendbar sind. Ihre Eig. ändern sich in Abhängigkeit von der Zus. nach den Gesetzen von Kurnakov, aber in den Syst. der **IV** können sie um das 10fache die Eig. der Mischkrist. der Metalle übertreffen. Ermittelt wurden einige **IV** mit plast. Eig., die ihre Verformung im warmen u. kalten Zustand ermöglichen. Zu ihnen gehören *$Ni_3Al$, NiTi, $Ti_3Al$, TiAg* u. andere. Durch Bldg. fester Lsg. solcher **IV** u. Herst. verschiedener Zus. von Leg. mit dispersen Ausscheidungen auf der Grundlage dieser festen Lsg. können Festigkeit u. Warmfestigkeit dieser Materialien bedeutend erhöht werden. H. Hochstein H 270

*1910* **Metalle und Legierungen in der Technik niedriger Temperaturen.** D. V. Lebedev und B. M. Ovsjannikov. (Metallovedenie termičeskaja Obrabotka Metallov **1967**, 11, 21—31; ČNIIČERMET; russ.) — Überblick über die Entw. von Metallen u. Leg. für die Kältetechnik (bis —196°) auf Grund von Literaturangaben. — 52 Schrifttumsstellen. H. Hochstein H 270

*1911* **Cadmiumüberzüge mit Einschluß von harten Teilchen.** R. S. Sajfullin und R. A. Safina. (Zaščita Metallov **3** (1967) 2, 215—18; Kasan', Chim. technol. inst. Kirova; russ.) — Cd-Überzüge mit Verschleiß verbessernden harten eingeschlossenen Teilchen wurden durch elektrolyt. Cd-Ausscheidung aus einem Bad mit 100 (g/l) $CdSO_4 \cdot 8/3 H_2O$, 20 $H_3BO_3$, 30 NaCl, 5 Gelatine unter Rühren mit 50 Korund- oder Borcarbidpulver in Suspension hergestellt. Die so erzielten Cd-Überzüge enthalten 0,5—3% harter Teilchen, die Mikrohärte steigt von 25 bis auf 45 kg/mm² u. der Verschleiß fällt von 119 bis auf $32 \cdot 10^{-4}$ g. I. Tůmová H 289△

*1912* **Phasenzusammensetzung der Grenzschicht des Bimetalles Aluminium-Kupfer.** F. L. Lokšin, F. G. Gol'der und R. M. Sizova. (Metallovedenie termičeskaja Obrabotka Metallov **1967**, 11, 72; russ.) — In der Grenzschicht des Bimetalles *Al–Cu* treten an der Al-Seite die Phasen $\Theta(CuAl_2)$, $\eta_2(Cu_{10}Al_{10})$ u. $\gamma_2(Cu_9Al_4)$ auf, während an der Cu-Seite die Phasen $\varepsilon_2(Cu_{12}Al_9)$ u. $\eta_2$ vorhanden sind. Röntgenograph. werden außerdem noch zwei intensive Linien einer unbekannten Phase mit den Zwischenflächenabständen 1,07 u. 1,025 $\varkappa_H X$ festgestellt. Zur Unters. der chem. Zus. wird die Meth. der örtlichen Spektralanalyse angewendet. Es wird angenommen, daß im Bimetall Al–Cu die Diffusionsprozesse bevorzugt in Richtung vom Cu zum Al verlaufen. H. Hochstein H 294

*1913* **Einflußbedingungen des Natriumüberganges in das Kathodenaluminium.** V. N. Senin, A. A. Kostjukov und Ju. I. Dvinin. (Cvetnye Metally **40** (1967) 5, 53—57; russ.) — Die Abscheidung von Na an der Kathode verringert die *Al*-Stromausb. u. ist eine der Hauptursachen der Zerstörung der Kohleauskleidung der Elektrolyseure. Der Geh. an Na im Al ist bedingt durch das Verhältnis zwischen der Menge des abgeschiedenen Na an der Al-Kathode u. der Geschw. der Durchtränkung der Auskleidung. Die Menge an Na ist ihrerseits bestimmt durch den Potentialunterschied der Na- u. Al-Abscheidung. Das Ansteigen des *Kryolithverhältnisses* (**KV**) führt zu einer merklichen Erhöhung des Na-Geh. im Al. Beim Übergang von sauren *Elektrolyten* (**A**) mit einem **KV** 2,5—2,55 zu neutralen **A** mit einem **KV** 3,0 steigt der Na-Geh. im Al von 0,005 auf 0,014%. Eine Temp.-Erhöhung des **A** bis 1000° ist ohne Einfl. auf den Na-Geh.; über 1000° bewirkt eine Steigerung um 10° eine Erhöhung des Na-Geh. im Al um 0,0015%. Ein steigender *MgO*-Zusatz zum **A** ist im allg. ohne Einfl. auf den Na-Geh. im Al. Auch ein *NaCl*-Zusatz bleibt ohne Einfl., jedoch verursacht der Zusatz ein Ansteigen der Cl-Geh. im **A**. Die Betriebszeit der Elektrolysezellen ist ohne Einfl. auf den Na-Geh. im Al. E. Pfluger H 294

*1914* **Herstellung von festen TiC–WC- und NbC–WC-Lösungen und Untersuchung ihrer Supraleitfähigkeit.** O. I. Šulišova und I. A. Ščerbak. (Poroškovaja Metallurg. 7 (1967) 6, 16—20; Inst. problem materialovedenija AN USSR; russ.) — Feste Lsg. von TiC–*WC* (**I**) u. NbC–I werden durch Warmpressen von Gemischen der betreffenden Metalle mit Ruß gewonnen u. auf die Temp. des Übergangs in den supraleitfähigen Zustand untersucht. Diese Temp. steigt im Bereich von festen Lsg. mit NaCl-Typ-Gitter in den beiden untersuchten Syst. mit dem Anstieg des I-Gehalts. Durch Extrapolieren der krit. Temp. beider Syst. ergibt sich, daß **I** mit kub. Gitter von NaCl-Typ ein Supraleiter mit einer Übergangstemp. > 10°K ist. W. Wesly H 321

*1915* **Möglichkeit der Anwendung von hitzebeständigen Verbindungen in der Produktion.** V. P. Pančešnaja, L. I. Struk und V. G. Prichodcenko. (Poroškovaja Metallurg. **6** (1967) 6, 21—26; Kiev; russ.) — Unters. über die Verwendbarkeit von Amalgamen von Übergangsmetallverb. als Aufsätze im Elektrolyseapp. beim Amalgamverf. bei der Gewinnung von *Cl* u. *NaOH* zeigen, daß *TiC* dazu geeignet ist. Die bei Verw. von TiC-Aufsätzen erhaltene Stromdichte beträgt das 4—6fache des Wertes von Graphit. Der Temp.-Koeff. der H-Isolierüberspannung beträgt für TiC bei 20—80° Temp. 2,5 mV je °C. Langzeit-Betriebsprüfungen bestätigen die Stabilität von TiC. W. Wesly H 321

*1916* **Untersuchung der Hochtemperatur-Oxydation von Zirkondiborid.** R. F. Vojtovič, E. A. Pugač und L. A. Men'šikova. (Poroškovaja Metallurg. 7 (1967) 6, 44—48; Inst. problem materialovedenija AN USSR; russ.) — Unters. der Kinetik der Ox. von $ZrB_2$ bei 300—1200° u. der gebildeten Zunderschicht führen zu einem Vorschlag des Ox.-Mechanismus bei der Herst. von hochhitzebeständigen Materialien. W. Wesly H 322

*1917* **Selektive Verdampfung von Kobalt und Nickel aus flüssigen Eisenlegierungen im Vakuum.** Aleksandra Anioła-Kusiak, Kazimierz Mamro und Tadeusz Mazanek. (Hutnik **34** (1967) 9, 386—91; pol.) — Aus Fe–Co-Leg. mit 13—50% Co u. Fe–Ni-Leg. mit 5—77% Ni wird Co bez. Ni im Vakuum verdampft. Die dynam. Trennungskoeff. sind $K_\infty$ = 1,85—2,15 u. $K_{Ni}$ = 1,16 bis **3,69**, woraus geschlossen wird, daß mehr Fe als Co bez. Ni verdampft. Die Geschw. der Verdampfung der einzelnen Komponenten läßt sich auf Grund einer kinet. Gleichung für eine Rk. 1. Ordnung ermitteln. In den Gleichungen $\log [\% Co]/[\% Co]_0 = - k_p \Delta t$ u. $\log [\% Ni]/[\% Ni]_0 = M - k_p \Delta t$ strebt der Koeff. $k_p$ der Verdampfungsgeschw. dem Wert 0 zu. Die Ergebnisse sind für das Verh. der Leg. in Red.- u. Lichtbogenöfen von Bedeutung. R. K. Müller H 354

*1918* **Einfluß von Nickelionen auf die chemische Verkupferung.** G. I. Rozovskij, A. I. Vaškjalis und D. P. Kimtene. (Zaščita Metallov **3** (1967) 2, 210—14; Inst. chim. i chim. technol. AN LitevSSR; russ.) — Es wurde der Einfl. von pH, Temp. u. Ni-Konz. im Bad bei der chem. Verkupferung von Glasproben u. a. untersucht [Grundlsg. 7 (g/l) $CuSO_4 \cdot 5H_2O$, 0,2 $NiCl_2 \cdot 6H_2O$, 22 Signettesalz, 4,5 NaOH, 2 $Na_2CO_3$, 26 ml 40% Formalin; pH 12,1—12,2; 20°]. Die steigende Ni-Konz. verzögert die Geschw. der Ausscheidung u. verbessert die Eig. (Dichte, Glätte, Haftfähigkeit bei 1—4% Ni), steigendes pH (> 13) verschlechtert die Eig. u. Farbe des Metalls. Es wird angenommen, daß die Ni-Einw. im Blockieren akt. katalyt. Zentren der Oberfläche des metall. Cu besteht. I. Tůmová H 358△

---

*1919* Canadian Industries Ltd., Montreal, Canada, **Herstellung von Wasserstoffperoxid** durch Rk. eines $H_2S$ enthaltenden Gases mit wss. alkal. Lsg. eines Salzes einer

Anthrachinonsulfonsäure, bes. Di-Na-Anthrachinon-2.7-disulfonat unter Bldg. von S u. von red. Anthrachinonsulfonsäuresalz, Abtrennen der S, Ox. des red. Salzes u. Gewinnen des $H_2O_2$ durch Dest. bei Unterdruck oder als $CaO_2$. (**Brit.P. 1070911** vom 3/10. 1963, ausg. 7/6. 1967. Can. Prior. 27/10. 1962.) — 4 S.
K. Demmler H 240

*1920* Canadian Industries Ltd., Montreal, Canada, **Herstellung von Wasserstoffperoxid** durch Behandeln eines Erdalkaliperoxids mit einem mit W. nicht mischbaren organ. Lsgm. (Xylol, Toluol, Hexan, Cyclohexan) u. einer wasserunlösl., gegen Peroxid inerten organ. Säure, die mit dem Metall des Peroxids ein im W. unlösl. u. im organ. Lsgm. lösl. Deriv. bildet (Naphthen-, Di-(2-Äthylhexyl)-phosphorsäure, tert. Monocarbonsäure mit 9 oder 11 C-Atomen) in Ggw. von W. u. Abtrennen der das $H_2O_2$ enthaltenden wss. Phase. (**Brit.P. 1070992** vom 10/3. 1965, ausg. 7/6. 1967. Can. Prior. 2/4. 1964.) — 7 S. K. Demmler H 240

*1921* Commercial Solvents Corp., USA (Erfinder: Wallace F. Runge und Herbert L. Wehrmeister), **Herstellung von Hydroxylaminsulfat** (I) aus saurem I u. einem Alkohol, wie Propanol, Isopropanol, Butanol u. Isobutanol; man hält die Temp. bei 55—65°. (**F.P. 1471462** vom 14/3. 1966, veröff. 3/3. 1967. U.S. Prior. 18/3. 1965.) — 3 S. M. Knaack H 243

*1922* Chemical Construction Corp., New York, N.Y., USA (Erfinder: Lucien Harry Cook und Ivo Mavrovic), **Herstellung von Ammoniumnitrat** (I) in konz. Lsg. unter Gewinnung von verwertbarem Dampf aus wss. $HNO_3$ u. gasf. $NH_3$, wobei ein Strom aus I-Lsg. u. Dampf erzeugt wird, die Rk. unter Wärmeaustausch mit einer verd. I-Lsg. stattfindet u. der Strom durch Wärmeaustausch mit W. gekühlt wird, welches verdampft u. z. T. in den Strom unter Bldg. von verd. I-Lsg. hineinkondensiert wird u. diese durch Wärmeaustausch der bei der Rk. der $HNO_3$ mit $NH_3$ gebildeten Wärme zur Verdampfung eines Teils des W.-Geh. erhitzt wird, wobei der Dampf von der konz. I-Lsg. abgetrennt wird. — Verf.-Schema. (**Oe.P. 256136** vom 10/12. 1964, ausg. 10/8. 1967. **F.P. 1418506** vom 11/12. 1964, ausg. 11/2. 1966. Beide U.S. Prior. 13/12. 1963.) — 9 S. — 9 S.
M. Knaack H 243

*1923* Humphreys & Glasgow Ltd., Großbritannien, **Herstellung von $NH_3$**, wobei die bei der Umformung von KW-Stoffen mit Luft bei hohen Temp., z. B. 1000°, freiwerdende Wärme für die Synth. des $NH_3$ aus einem W.-Dampf-Luft-Gemisch verwendet wird. — Vorr. (2 Zeichnungen). (**F.P. 1465106** vom 21/1. 1966, veröff. 6/1. 1967. Brit. Prior. 26/1. 1965.) — 6 S.
M. Knaack H 243

*1924* National Polychemicals, Inc., Wilmington, Mass., USA (Erfinder: Charles Philip Riley, Richard Strauss und William Peter ten Horst), **Herstellung von wäßrigen Hydrazinlösungen.** In eine wss. Aufschlämmung von Harnstoff wird bei < 95° $Cl_2$ eingeleitet u. das Gemisch bei > 85° mit einer wss. Alkalilsg. (NaOH) umgesetzt. — Fließbild. (**Brit.P. 1063893** vom 12/3. 1964, ausg. 5/4. 1967.) — 8 S.
E. Miessgang H 243

*1925* Pullman, Inc., Chicago, Ill., USA (Erfinder: Christiaan Pieter van Dyck und William Gene Hudson), **Herstellung von Halogenen** durch katalyt. Ox. von Halogenwasserstoff, Trocknen des Halogenwasserstoff u. Halogen enthaltenden gasförmigen Prod. mit wss. Lsg. eines hygroskop. Metallhalogenids oder $H_2SO_4$ unter adiabat. Bedingungen, Entwässern der hygroskop. Lsg. bei vermindertem Druck u. adiabat. Bedingungen, Zurückführen der getrockneten Lsg. in die Trockenzone u. Kühlen des entwässerten gasförmigen Rk.-Prod. unter Erhalt eines prakt. aus Halogen bestehenden Endprodukts. (**Brit.P. 1071472** vom 12/8. 1964, ausg. 7/6. 1967.) — 8 S. K. Demmler H 245

*1926* Chemiebau Dr. A. Zieren G. m. b. H., Deutschland, **Herstellung von $H_2SO_4$** (I) mit 5—5000 mg N/kg als Nitrosylschwefelsäure (II), wobei die überschüssige **II** durch Zusatz von 2,15 kg Harnstoff bzw. 3,45 kg Amidosulfonsäure je kg N beseitigt wird. Verfärbung der I durch aus den Wandungen des Rezipienten gelöstes Fe wird durch Zusatz von 10—100 mg 30%ig. $H_2O_2$/kg I verhindert. (**F.P. 1466698** vom 25/1. 1966, veröff. 20/1. 1967. D. Prior. 26/1. 1965.) — 3 S.
M. Knaack H 253

*1927* Secretary of State for Defence, London, Großbritannien (Erfinder: William Haydn Morris), **Herstellung von Amidosulfonsäure.** Harnstoff (I) wird einstufig mit $SO_3$ (< 10% Überschuß über die stöchiometr. Menge) in Ggw. von $H_2SO_4$ bei 70—100° umgesetzt. $H_2SO_4$ wird in 100—200%ig. Überschuß, bezogen auf I, eingesetzt. — Zeichnung. (**Brit.P. 1068942** vom 9/8. 1962, ausg. 17/5. 1967.) — 4 S.
E. Miessgang H 253

*1928* Dieter Goerrig, Lohmar (Erfinder: Dieter Goerrig, Lohmar, und Friedrich Schubert, Leverkusen), **Herstellung von Salzen der dithionigen Säure.** Ein Salz der schwefligen Säure wird mit einem Boranat reduziert. Die so hergestellten Salze können zur Herst. von $CH_2O$-Na-sulfoxylat verwendet werden. (**Schwz.P. 435220** vom 23/12. 1957, ausg. 31/10. 1967. D. Prior. 16/1. 1957.) — 2 S. E. Miessgang H 253

*1929* État Francais, Ministre des Armeés, Délégation Ministérielle pour l'Armenent (Direction des Poudres), Frankreich (Erfinder: Jean Cueilleron und Philippe Pichat), **Herstellung von B und Boriden** großer Reinheit durch Red. von B-Halogeniden mit Metallen, wie Mg, Al, Ti, Fe, Ni, Co, Pb, Sn, Bi, Cd oder Sb. — Beispiele zur Herst. von $AlB_{12}$, $MgB_2$, $TiB_2$, $FeB$, $Ni_2B$ u. $Co_2B$. (**F.P. 1471238** vom 19/1. 1966, veröff. 3/3. 1967.) — 2 S. M. Knaack H 258

*1930* État Francais, Ministre des Armées, Délégation Ministérielle pour l'Armenent (Direction des Recherches et Moyens d'Essais), Frankreich (Erfinder: Jean Cueilleron und Jean-Louis Reymonet), **Herstellung von Borhalohydriden oder höheren Borhydriden** durch Pyrolyse von Diboran unter Druck in Ggw. von H, Borhalogeniden u./oder Halogenwasserstoffsäuren. — Herst. von *Tetra-*, *Penta-*, *Hexa-* u. *Dekaboran*, $B_2H_5X$, $BHX_2$ u. $BX_3$ (X = Halogen). (**F.P. 1480301** vom 29/3. 1966, veröff. 12/5. 1967.) — 2 S.
M. Knaack H 258

*1931* État Francais, Ministre des Armées, Délégation Ministérielle pour l'Armenent (Direction des Recherches et Moyens d'Essais), Frankreich (Erfinder: Jean Cueilleron und Jean-Louis Reymonet), **Trennung von Borhydriden und Halogenwasserstoffsäuren** mit Substanzen, welche mit der entsprechenden B-Verb. Additionsverb. geben, die durch Dest., Kondens. oder Kristallisation wieder leicht aufzuspalten sind, bes. organ. Phosphaten, wie Triphenyl- oder Trikresylphosphat. (**F.P. 1480302** vom 29/3. 1966, veröff. 12/5. 1967.) — 2 S. M. Knaack H 258

*1932* General Electric Co., Schenectady, N.Y., USA, **Herstellung von Borphosphid** (BP) erfolgt dadurch, daß ein gasförmiges Borhalogenid, bes. $BCl_3$, mit festem Zn-phosphid $Zn_3P_2$ zwischen 950 u. 1050° im Ar-Strom unter Abführung von Zn-Halogeniddämpfen umgesetzt wird. Als B-halogenide können ferner eingesetzt werden: $BBr_3$, $BJ_3$, $B_2H_5Cl$, $B_2H_5Br$, $BBrJ_2$, $BBr_2J$. — Beispiel. (**Brit.P. 1086890** vom 7/12. 1965, ausg. 11/10. 1967. U.S. Prior. 14/12. 1964.) — 3 S.
H.-W. Wille H 258

*1933* Dieter Goerrig, Lohmar/Siegkreis, **Herstellung von Boranaten**, dad. gek., daß man ein Alkali- oder Erdalkaliborat mit Si u. $H_2$ zum Alkali- bzw. Erdalkaliboranat umsetzt. — $Na_3BO_3 + Si + 2\,H_2 \rightarrow NaBH_4 + Na_2SiO_3$. — 97%ig. Si, Teilchengröße ca. 10 $\mu$ wurde in einem Fe-Schiffchen mit $Na_3BO_3$ überschichtet u. bei 150—160 atü $H_2$-Druck 3 Std. auf 600° erhitzt, Ausb. 94%. — $KBH_4$, Ausb. 55%. (**Schwz.P. 420076** vom 10/7. 1959, ausg. 15/3. 1967. D. Prior. 9/8. 1958.) — 2 S.
H. Bartsch H 258

*1934* BTR Industries Ltd., London, Großbritannien (Erfinder: John Grey), **Alkalisalze von Phosphorsäurediamiden** erhält man nach dem Schema: M + RO–P(O)$(NH_2)_2$ → MO–P(O)$(NH_2)_2$ (M = Alkalimetall oder Alkalimetallverb.; R = organ. Rest). — Beim weiteren

Erhitzen auf 200° erhält man unter $NH_3$-Abspaltung geschäumte Prod., die beim weiteren Erhitzen auf 500 bis 1000° in glasige Massen übergehen. — Die Herst. von $NaOP(O)(NH_2)_2$, $LiOP(O)(NH_2)_2$, $CsOP(O)(NH)_2$, durch Umsalzen aus der Na-Verb. wird beschrieben. — *Polymerenvorprodukte.* (**Brit.P. 1070013** vom 1/3. 1963, ausg. 24/5. 1967.) — 6 S. A. Jahn H 264

*1935* Knapsack Akt.-Ges., Knapsack, **Herstellung von Phosphatkügelchen.** Zu D.A.S. 1194384; C. **1967**, **39**-2080 ist nahezutragen: Man verarbeitet fein gemahlenes Phosphatausgangsmaterial auf einem Granulierteller, wobei ein wss. Brei oder eine wss. Suspension feinteiliger Feststoffe, bes. Elektrofilterstaub aus der P-Produktion, mit einem Bindemittel (Alkaliphosphat) über das fein gemahlene Ausgangsprod. versprüht wird. Die geformten Kügelchen werden gebrannt. (**Brit.P. 1064196** vom 8/7. 1964, ausg. 5/4. 1967. D. Prior. 8/7. 1963 u. 6/5. 1964.) — 8 S. H.-W. Wille H 264

*1936* Albright & Wilson Ltd., Oldbury, Warwickshire, Großbritannien, **Herstellung von granuliertem Natriumtripolyphosphat mit hoher Schüttdichte,** in dem man das Phosphatmaterial in Ggw. von darin gleichmäßig verteiltem W. verdickt u. das W. danach aus dem verdichteten Prod. wieder abtrennt. Ggf. kann der W.-Zusatz auch in chem. gebundener Form als Na-Mono- oder -Dihydrogenphosphat erfolgen. (**Brit.P. 1063828** vom 4/8. 1964, ausg. 30/3. 1967. Can. Prior. 1/8. 1963.) — 3 S. H.-W. Wille H 264

*1937* Lonza Akt.-Ges., Gampel (Erfinder: Robert Flatt, Lausanne), Schweiz, **Herstellung von Kaliumnitrat** aus $Ca(NO_3)_2$ (**I**) u. KCl (**II**). Aus einer **I** u. **II** enthaltenden Lsg. wird in einer 1. Stufe $KNO_3$ (**III**) durch Kühlen abgeschieden. In einer 2. Stufe wird die nach dem Abtrennen von **III** verbleibende Mutterlauge eingeengt u. durch Abkühlen das Doppelsalz $KNO_3 \cdot CaCl_2 \cdot 2\,H_2O$ zur Abscheidung gebracht, das von der Mutterlauge getrennt u. in die 1. Stufe zurückgeführt wird. — Verf.-Schema, Diagramme. (**Schwz.P. 416585** vom 28/3. 1963, ausg. 31/1. 1967.) — 5 S. E. Miessgang H 275

*1938* Alfred Frederick Nylander, USA, **Gewinnen von K und Sulfat aus Lösungen,** indem $MgCl_2$ zugesetzt u. konzentriert wird, um $KCl \cdot MgCl_2 \cdot 6\,H_2O$ niederzuschlagen, wobei $SO_4''$ in Lsg. bleibt. Vorher wird durch Eindampfen NaCl auskrist. u. abgetrennt. Nach Abtrennen des $KCl \cdot MgCl_2 \cdot 6\,H_2O$ wird weiter eingeengt, um $MgSO_4$ abzuscheiden. — 7 Diagramme, Verf.-Schema. (**F.P. 1471300** vom 25/2. 1966, veröff. 3/3. 1967. U.S. Prior. 26/2. 1965.) — 24 S. J. Bardeleben H 275

*1939* Keystone Chemurgic Corp., Bethlehem, übert. von: Remsen Ten Eyck Schenck, Bangor, Pa., USA, **Herstellung von wasserhaltigem Magnesiumaluminat** durch Vermischen einer Alkalialuminatlsg. mit der Lsg. eines lösl. Mg-Salzes, wie Mg-Chlorid, -Acetat, im Verhältnis $\geqq 1/2$ (g-Atom) Mg:1 Al. Die Mischung wird bei 1 at mit $CO_2$ gesätt., wobei sich ein Nd. bildet. Nach dem Abtrennen wird dieser mit W. zum Sieden erhitzt, u. man erhält $MgO \cdot Al_2O_3 \cdot x\,H_2O$. (**U.S.P. 3300277** vom 29/10. 1963, ausg. 24/1. 1967.) — 3 S. H. Nebelsiek H 282

*1940* BBA Group Ltd., Cleekheaton, Großbritannien (Erfinder: Donald Noel Hunter), **Herstellung von Boraten, Silicaten oder Phosphaten des Aluminiums** durch Rk. eines Al-Oxychlorids mit einem Alkaliborat, -silicat, -phosphat (I) in wss. Lsg. unter lebhaftem Rühren, bes. Alkalimetaborat, -metasilicat, -metaphosphat. Man erhält ein Al-Borat, -Silicat, -Phosphat, das bei 200 bis 400° u. einem Druck von 5—10 t/Zoll² verformbar ist u. einen Körper ergibt, der ein spezif. Gew. von 1,9 bis 2,5 g/cm³ hat u. der $\geqq$ 500° stabil ist. (**Brit.P. 1077973** vom 13/7. 1964, ausg. 2/8. 1967.) — 5 S. H. Nebelsiek H 294

*1941* E. I. du Pont de Nemours & Co., Wilmington, Del., USA, **Herstellung von Korund-Pulver** durch Behandlung von Korundteilchen der Krist.-Größe < 160 m$\mu$ mit wss. HF, wobei danach < 1% der Teilchen die oben genannte Krist.-Größe haben. Um die dem Korund noch anhaftenden F-Reste durch OH-Gruppen zu ersetzen, behandelt man mit wss. Lsg. einer Base, wie $NH_4OH$. Die Teilchen haben eine spezif. Oberfläche von > 10 m²/g u. eine D. $\geqq$ 2 g/cm³ bei einem Druck von 10 t/Zoll². Anstatt der HF-Behandlung kann man die Teilchen auch mit HCl peptisieren, die großen Teilchen abtrennen u. die kleinen extrahieren. (**Brit.P. 1078536** vom 4/8. 1964, ausg. 9/8. 1967. U.S. Prior. 30/7. 1963.) — 14 S. H. Nebelsiek H 294

*1942* Standard Telephones and Cables Ltd., London, Großbritannien (Erfinder: Berek Edwin Bolger und Bryan Edward Barry), **Herstellung von Aluminiumverbindungen** der Gruppe AlAs, AlP, $AlAs_xP_{x-1}$, $Ga_xAl_{1-x}As$ u. $Ga_xAl_{1-x}P$ (x = 0—1). As u./oder P werden dampfförmig mit einem Trägergas in eine Rk.-Zone eingeführt, in die man ebenfalls dampfförmig ein Al-Halogenid einleitet, wobei man zunächst ein Al-Trihalogenid über geschmolzenes Al u. ggf. noch über geschmolzenes Ga mit einem Trägergas bei einer Temp. führt, bei der die Bldg. einer instabilen einwertigen flüchtigen Al-Verb. erfolgt, die in der Rk.-Zone in stabiles Al-Trihalogenid u. elementares Al disproportioniert. Als Trägergas werden vorzugsweise $H_2$ u. $AlCl_3$ eingesetzt. — Vorr., Diagramme. (**Brit.P. 1057035** vom 26/8. 1963, ausg. 1/2. 1967.) — 6 S. H.-W. Wille H 294

*1943* British Titan Products Co. Ltd., Billingham, Durham, Großbritannien (Erfinder: William Hughes, Gerald Lederer und Tom Lloyd Cordey), **Herstellung von Titandioxid-Pigment** durch Kalzinieren eines bes. durch Zumischung von geringen Mengen ZnO, $Sb_2O_3$, $Al_2O_3$, $SnO_2$, Alkalioxiden oder P-Verb. konditionierten $TiO_2$ bei 800—1100° u. Behandeln des kalzinierten Prod. mit einer wss. Mineralsäure, bes. mit $H_2SO_4$, bei pH < 4, dann Einstellen des pH auf $\geqq$ 5, bes. 7, Abtrennen u. Vermahlen des $TiO_2$, ggf. zusammen mit einer Oberflächenbehandlung. (**Brit.P. 1067288** vom 1/5. 1965, ausg. 3/5. 1967.) — 6 S. H. Roos H 321

*1944* Dow Chemical Co., Midland, Mich., USA (Erfinder: R. S. Long, D. A. Ellis, K. E. Cox und J. E Magner), **Herstellung von Titandioxidpigment** in Form krist. Nadeln mit einer Lämge von 0,3—0,8 u. einem radialen Durchmesser von 0,05—0,2 $\mu$ u. einem Verhältnis von Länge zu Querschnitts-Durchmesser von 3—8. Man bereitet eine koll. $TiO_2$-Suspension durch Erhitzen einer wss. Ti-Chloridlsg. mit einen pH von 0,3—0,7 u. einer Ti-Konz. von 8—30 g/Liter, vermischt sie mit einer $TiCl_4$-Lsg. mit einer Ti-Konz. von 50—85 g/Liter in einem Verhältnis, das die koll. Suspension 4—10 Gew.-% der Ti-Anteile im Gemisch ausmacht, u. hydrolysiert das Gemisch durch Erhitzen auf 100°. Das abgetrennte $TiO_2$ wird $1/2$—6 Std. bei 700—900° calziniert. (**Brit.P. 1055108** vom 6/5. 1964, ausg. 18/1. 1967. **Belg.A.S. 648144** vom 20/5. 1964, bekanntgemacht 20/11. 1964. Beide U.S. Prior. 20/5. 1963.) — 4 S. — 12 S. H. Roos H 321

*1945* Laboratories Bruneau & Cie., Frankreich (Erfinder: Marcel Plumel), **Herstellung von Bi-Komplexverbindungen** der Zus. $Bi_2O_3 \cdot 3\,Al_2O_3 \cdot 8\,H_2O \cdot CO_2$, $Bi_2O_3 \cdot 2\,Al_2O_3 \cdot 7\,H_2O \cdot CO_2$, $Bi_2O_3 \cdot 3\,Al_2O_3 \cdot 8\,H_2O \cdot CO_2$, $Bi_2O_3 \cdot 2\,Al_2O_3 \cdot 7\,H_2O \cdot CO_2$ u. $Bi_2O_3 \cdot Al_2O_3 \cdot 5\,H_2O \cdot CO_2$. Das Hauptpatent ist dahingehend zu ergänzen, daß das Verhältnis $Bi_2O_3$: $Al_2O_3$ = 1:3 bis 1:1 u. der W.-Geh. 2—10 Mol pro Mol Al-Carbonat betragen kann. (**F.P. 88301** vom 14/1. 1961, ausg. 20/1. 1967. **Zusatz zu F.P. 1357609.**) — 3 S. M. Knaack H 334

*1946* Centre National de la Recherche Scientifique, Frankreich (Erfinder: Étienne Vallet, Jacques Maurice Pâris und René Antoine Pâris), **Herstellung von Thiochromiten** ein- bzw. zweiwertiger Metalle, indem man trockenen u. reinen $H_2S$ in Mischung mit $H_2$ bei 200—900° über organ. oder anorgan. Salze, die Cr u. die betreffenden ein- oder zweiwertigen Metallionen enthalten, leitet. — So erhält man z. B. aus $Li(H_2O)_2 \cdot Cr(C_2O_4)_2$ — *$LiCrS_2$*, aus $Na(H_2O)_2Cr(C_2O_4)_2 \cdot H_2O$ — *$NaCrS_2$*, aus $AgPy_2Cr(C_2O_4)_2$ (Py = Pyridin) — *$AgCrS_2$*, aus $Zn(Py)_2Cr(C_2O_4)_2 \cdot 7\,H_2O$ — *$ZnCr_2S_4$*, aus $NiPy_2Cr(C_2O_4)_2 \cdot 9\,H_2O$ — *$NiCr_2S_4$*, aus $(NH_4)_3Fe_{0,33}Cr_{0,67}(C_2O_4)_3 \cdot 3\,H_2O$, hergestellt durch Synkristallisation von $(NH_4)_3Fe(C_2O_4)_3$

u. $(NH_4)_3Cr(C_2O_4)_3$, — *$FeCr_2S_4$*. — 2 Zeichnungen, Diagramme. (**F.P. 1466274** vom 14/6. 1965, veröff. 20/1. 1967.) — 7 S. M. Knaack H 335

*1947* Stauffer Chemical Co., übert. von: Robert E. Robinson, Adrian, Mich., USA, **Herstellung von Molybdändichlorid und -trichlorid.** $Mo(CO)_6$ u. $MoCl_5$ werden in inerter Atmosphäre wenigstens 5 Min. auf ca. 300 bis ca. 650° erhitzt. Die Bldg. von $MoCl_3$ erfolgt bei 150—500°, die von $MoCl_2$ bei 550—600°. (**U.S.P. 3298778** vom 4/11. 1964, ausg. 17/1. 1967.) — 1 S. E. Miessgang H 336

*1948* United Kingdom Atomic Energy Authority, London, Großbritannien (Erfinder: Albert Edgar Grant), **Herstellung von Uranylfluorid (I).** Aus einer Lsg. von $UF_6$ in wasserfreiem HF wird durch W. das **I** ausgefällt u. von der Mutterlauge abgetrennt. (**Brit.P. 1063801** vom 10/1. 1964, ausg. 30/3. 1967.) — 2 S. E. Miessgang H 339

*1949* Secretary of the Interior, übert. von: Harry C. Fuller, Salt Lake City, Ut., USA, **Gewinnung von Mangan(II)-oxid und Schwefeldioxid** durch Zers. von $MnSO_4$ (**I**). Man red. **I** mit $FeS_2$ bei 700—800°, wobei MnO u. $SO_2$ entstehen. (**U.S.P. 3301634** vom 9/7. 1963, ausg. 31/1. 1967.) — 2 S. E. Miessgang H 350

*1950* Produits Chimiques Pechiney-Saint-Gobain, Paris, Frankreich, **Herstellung von Pigmenten aus hydratisierten Eisen(III)-oxiden.** Das Oxid wird auf einem organ. oder mineral. Träger niedergeschlagen, indem es in einem wss. Medium, enthaltend metall. Fe, Fe(II)-Salz u. ein Ox.-Mittel, suspendiert wird. Der Träger wird in so feiner Verteilung verwendet, daß das Pigment (FeOOH) eine Korngröße von $< 100\,\mu$ hat. (**Brit.P. 1066766** vom 13/8. 1964, ausg. 26/4. 1967. F. Prior. 14/8. 1963.) — 4 S. E. Miessgang H 354

*1951* Montecatini Soc. Gen. per l'Industria Mineraria e Chimica, Mailand, Italien, **Herstellung von Nickelcarbonyl.** Man leitet eine 6—11 Gew.-% $Ni(OH)_2$ enthaltende Suspension durch eine Serie horizontaler mit Rührern versehener Autoklaven u. im Gegenstrom hierzu CO in einer Menge von 5—9 $Nm^3$/Std. je kg $Ni(OH)_2$. Aus den entweichenden Gasen scheidet man in an sich bekannter Weise $Ni(CO)_4$ ab, entfernt $CO_2$ u. führt das restliche CO in die Vorr. zurück. (**Niederl. P. 122361** vom 30/7. 1959, ausg. 15/6. 1967.) — 5 S. F. Böhm H 356

*1952* Politechnika Warszawska, Warschau, und Zaklady Górniczo-Hutnicze „Szklary", Szklary (Erfinder: Kornel Wesolowski, Warschau, Michal Ryczek, Krakau, Stanislaw Tochowicz, Zbigniew Katra, Kattowitz, Witold Grabowski, Godek Jerzy, Zabkowice, Jan Michalski, Warschau, und Stefan Kijak, Szczecin-Glinki), Polen, **Gewinnung von Nickel- und Kobalthydroxiden** erfolgt aus armen Silicaterzen oder Hüttenabfällen mit einem Ni-Geh. von mindestens 0,1%. Diese Erze bzw. Abfälle werden unter Zusatz von S, Sulfiden, Sulfiten oder Sulfaten anderer Metalle (bes. S, FeS, $FeS_2$, $FeSO_4$) u./oder von Alkalioder Erdalkalichloriden (bes. NaCl, $CaCl_2$) bei 250—600° geröstet, wodurch das im Erz enthaltene Ni u. Co in lösl. Salze übergeführt werden. Das geröstete Material wird zur Lsg. dieser Salze mit W., verd. Säuren oder wss. $NH_3$ ausgelaugt, u. aus der abgetrennten Lsg. werden Ni u. Co als Hydroxide gefällt. (**Schwz.P. 427762** vom 16/5. 1962, ausg. 14/7. 1967. Poln. Prior. 24/7. 1961.) — 3 S. E. Miessgang H 356

*1953* Johnson, Matthey & Co. Ltd., Großbritannien (Erfinder: Raymond Steele), **Herstellung von Platin- und/oder Palladiumoxiden** u./oder Mischungen dieser Oxide mit anderen Metalloxiden durch Elektrolyse. Anoden aus *Pt, Pd, Pt–Pd-Leg., Pt-Leg.* u. *Pd-Leg.* werden bei 340—520° in einem Schmelzbad aus *Alkalimetallnitrat* u. *Alkalimetallhalogenid* elektrolysiert. (**F.P. 1458185** vom 25/5. 1965, ausg. 23/1. 1967. U.S. Prior. 27/5. 1964.) — 4 S. M. Neckermann H 362

*1954* **Farbenfabriken Bayer Akt.-Ges.**, Leverkusen (Erfinder: **Gerhard Heinze**, Schildgen), *Anreicherung von Sauerstoff in Luft.* (**D.A.S. 1 265 724** Kl. 12i vom 1/2. 1961, ausg. 11/4. 1968. — C. **1966,** 7-2138 [Brit.P. 955 894].)

*1955* **Oxysynthese,** Paris (Erfinder: **Michel Charret,** Champ-sur-Drac), Frankreich, *Reaktivierung von bei der Herstellung von Wasserstoffperoxid verwendeten Katalysatoren.* (**D.A.S. 1 259 309** Kl. 12i vom 3/9. 1963, ausg. 25/1. 1968. F. Prior. 10/9. 1962. — C. **1967,** 47-2045 [F.P. 1 340 901].)

*1956* **Edison Settore Chimico S. p. A.,** Mailand (Erfinder: **Franco Smai, Paolo Bortolini,** Mailand, und **Lucio Ferrara,** Mestre), Italien, *Herstellung von Ammoniumnitritlösungen.* (**Schwz.P. 449 594** vom 17/7. 1963, ausg. 11/4. 1968. It. Prior. 17/7. 1962. — C. **1966,** 17-2183 [D.A.S. 1 199 245].)

*1957* **Stauffer Chemical Co.,** New York, N. Y. (Erfinder: **Albert C. Mohr,** Orinda, Calif.), USA, *Fluorwasserstoffsäure.* (**Schwz.P. 439 234** vom 26/9. 1962, ausg. 15/12. 1967. U.S.Prior. 2/10. 1961. — C. **1968,** 11-2158 [D.A.S. 1 243 652].)

*1958* **Buss Akt.-Ges.,** Basel (Erfinder: **Heinz List,** Pratteln), Schweiz, *Herstellung von Flußsäure.* (**D.A.S. 1 265 723** Kl. 12i vom 2/9. 1961, ausg. 11/4. 1968. — C. **1967,** 26-2312 [F.P. 1 332 463].)

*1959* **Dynamit Nobel Akt.-Ges.,** Troisdorf (Erfinder: **Wilhelm Schmidt,** Ranzel, **Karl Hass,** Niederkassel, und **Hans Epler,** Ranzel), *Herstellung von Chlor.* (**Schwz.P. 444 830** vom 28/5. 1964, ausg. 29/2. 1968. D. Prior. 21/6. 1963. — C. **1968,** 11-2159 [D.A.S. 1 245 922].)

*1960* **Halomet Akt.-Ges.,** Basel, Schweiz (Erfinder: **Rudolf Nowak** und **Wilhelm Schuster,** Frankfurt/M.), *Gewinnung von reinen Metallchloriden.* (**Oe.P. 260 555** vom 1/12. 1965, ausg. 11/3. 1968. D. Prior. 31/12. 1964. — C. **1968,** 13-2144 [D.A.S. 1 243 165].)

*1961* **Montecatini Soc. Gen. per l'Industria Mineraria e Chimica** (Erfinder: **Gerlando Marullo** und **Giacinto Veronica**), Mailand, Italien, *Herstellung von Chlor und Alkalinitrat.* (**D.A.S. 1 261 833** Kl. 12i vom 3/2. 1962, ausg. 29/2. 1968. It. Prior. 8/2. 1961. — C. **1966,** 36-2095 [Brit.P. 941 676].)

*1962* **Soc. d'Électro-Chimie, d'Électro-Métallurgie et des Aciéries Électriques d'Ugine,** Paris (Erfinder: **Gabriel Boutillon,** Sainte-Foy-les-Lyon), Frankreich, *Herstellung von Chlordioxid.* (**D.A.S. 1 260 447** Kl. 12i vom 20/12. 1963, ausg. 8/2. 1968. F. Prior. 22/12. 1962. — C. **1968,** 3-2246 [F.P. 1 350 880].)

*1963* **Th. Goldschmidt Akt.-Ges.,** Essen (Erfinder: **Ernst Mack,** Mannheim), *Herstellung von Ammoniumthiosulfat.* (**Schwz.P. 442 251** vom 11/6. 1964, ausg. 31/1. 1968. D. Prior. 24/7. 1963. — C. **1965,** 34-2069 [D.A.S. 1 180 350].)

*1964* **United Kingdom Atomic Energy Authority,** London (Erfinder: **William Johnson** und **William Watt,** Farnborough, Hamphshire), Großbritannien, *Erhöhung der Dichtigkeit von hohlen, porösen Gegenständen aus Kohlenstoff oder Graphit.* (**D.A.S. 1 265 026** Kl. 80b vom 20/11. 1958, ausg. 28/3. 1968. Brit. Prior. 28/11. 1957, 23/4. u. 4/11. 1958. — C. **1964,** 3-2086 [Brit.P. 901 847].)

*1965* **Pechiney Comp. de Produits Chimiques et Électrométallurgiques,** Paris (Erfinder: **Edith Clar** und **René Antoine Pâris,** Lyon), Frankreich, *Herstellung von Metallcarbiden.* (**Schwz.P. 444 129** vom 28/1. 1964, ausg. 15/2. 1968. F. Prior. 29/1. 1963. — C. **1968,** 5-2166 [D.A.S. 1 237 548].)

*1966* **Soc. An. Diversey-France,** Paris, Frankreich (Erfinder: **Lewis Shere** und **Reinaldo Carrera,** Chicago, Ill., USA), *Herstellung eines kristallinen, wasserlöslichen, tensidhaltigen Phosphats.* (**Schwz.P. 439 553** vom 5/7. 1962, ausg. 29/12. 1967. U.S. Prior. 9/11. 1961. — C. **1967,** 39-2087 [D.A.S. 1 185 161].)

*1967* **Monsanto Co.,** St. Louis (Erfinder: **Chung Yu Shen,** Olivetti, Mo., und **Joe Shelby Metcalf,** Trenton, Mich.), USA, *Herstellung eines Natriumtrimetaphosphatproduktes.* (**D.A.S. 1 266 284** Kl. 12i vom 2/1. 1963, ausg. 18/4. 1968. U.S. Prior. 2/1. 1962. — C. **1967,** 49/50-2023 [Can.P. 700 084].)

*1968* **Knapsack Akt.-Ges.,** Hürt-Knapsack (Erfinder: **Klaus Beltz, Franz Rodis,** Knapsack, und **Friedrich Thomas,** Hürth), *Herstellung kondensierter Alkaliphosphate.* (**D.A.S. 1 258 848** Kl. 12i vom 22/1. 1959, ausg. 18/1. 1968. — C. **1963,** 17 833 [Brit.P. 878 739].)

*1969* **Texas Instruments, Inc.,** Dallas, Tex., USA, *Herstellung von hochreinen Elementen.* (**Schwz.P. 442 242** vom 31/12. 1958, ausg. 31/1. 1968. U.S. Prior. 31/12. 1957. — C. **1964,** 18-1976 [Brit.P. 901 269].)

*1970* **Gebr. Giulini G. m. b. H.,** Ludwigshafen/Rh., *Herstellung von α-Calciumsulfathalbhydrat.* (**Niederl.P. 123 256** vom 10/5. 1963, ausg. 15/11. 1967. D. Prior. 25/5. 1962. — C. **1964,** 42-2072 [D.A.S. 1 157 128].)

*1971* **Pechiney, Comp. de Produits Chimiques et Électrométallurgiques,** Paris (Erfinder: **Denis Papeé,** Paris, und **Michael Lavalou,** St. Gratien), Frankreich, *Aktive Tonerde.* (**D.A.S. 1 269 113** Kl. 12m vom 10/11. 1964, ausg. 30/5. 1968. F. Prior. 12/11. 1963. Zusatz zu D.A.S. 1 008 722; C. 1957, 13 776. — C. **1968,** 9-2203 [F.P. 1 383 076].)

*1972* **Knapsack-Griesheim Akt.-Ges.,** Knapsack, *Herstellung von insbesondere als Depolarisator geeignetem Kunstbraunstein.* (**Brit.P. 939 240** vom 19/1. 1961, ausg. 9/10. 1963. D. Prior. 20/1. 1960. — C. **1966,** 31-2121 [Oe.P. 225 155].)

*1973* **Československá Akademie Věd,** Prag, CSSR, *Herstellen von niedrigen Hydraten des Ferrosulfats.* (**Brit.P. 945 966** vom 4/8. 1961, ausg. 8/1. 1964. Tschech. Prior. 4/8. 1960. — C. **1966,** 39-2603 [F.P. 1 302 041].)

## H–6. Organische Industrie

*1974* **Kontinuierliche Veresterung der Essigsäure mit Äthanol in der Dampfphase unter Verwendung von $H_2SO_4$ als flüssigem Katalysator.** B. N. Filippo. (Gidrolíznaja lesochim. Prom. **20** (1967) 5, 13—16; ZNILChI; russ.) — Als Ergebnis von Laborunters. u. halbtechn. Vers. werden ein apparatives Schema u. ein technolog. Verf. der genannten Veresterung unter Bldg. von *Äthylacetat* in 97%ig. Ausb. wiedergegeben. Die kinet. Daten ergeben bei Auswertung die Gleichung $\ln K_p = 10190/T - 22{,}6$. Die Ergebnisse der Dampfphasenveresterung bei heterogener Katalyse unter Verw. von $H_2SO_4$ sind analog den bei der Verw. von $H_3PO_4$-getränkter A-Kohle oder festen Katalysatoren beobachteten. K. Jasche H 510△

*1975* **Pyrolyse von Kohlenwasserstoffrohstoffen in Gegenwart von Wasserdampf und Ammoniak.** L. V. Talisman und M. A. Šaburov. (Neftechimija **7** (1967)

4, 575—79; NII sint. spirtov i organ. prod., Novokujbyšev; russ.) — Die Pyrolyse von *n-Hexan* (I), *n-Octan* (II) u. *n-Undecan* (III) wird bei 720—740° in Ggw. von verd. $NH_3$ u. W.-Dampf untersucht. Die Konz. der Pyrolyseprod. $H_2$, Methan, Äthan, Äthylen (IV), Propan, Propylen, n-Butan, n-Buten, cis- u. trans-β-Buten, Divinyl, Isopentan u. n-Pentan wird unter den verschiedenen Rk.-Bedingungen ermittelt. $NH_3$-Zusätze bewirken eine erhöhte IV-Ausb. bei der I- u. II-Pyrolyse im Vgl. zur therm. Zers. dieser KW-Stoffe bei Ggw. von W.-Dampf. $NH_3$ nimmt durch die Rk. $H\cdot + NH_3 \rightarrow NH\cdot_2 + H_2$ an der Kettenfortpflanzungsrk. der Pyrolyseprod. teil. $C_2H_5$-Radikale setzen sich mit $NH\cdot_2$ zu IV unter $NH_3$-Rückbldg. um, ehe sie anderweitig weiterreagieren können. K. Jasche H 550△

*1976* **Katalytische Hydrierung von Methylacetylen über Metallen der VIII. Gruppe.** R. S. Mann und S. C. Naik. (Indian J. Technol. **6** (1968) 2, 57—58; Dep. Chem. Engng., Univ. of Ottawa, Canada; engl.) — Die katalyt. Aktivität der Metalle auf einem Bimssteinträger wurde an Hand der Rk.-Geschw. bei 80° bestimmt; sie fällt in der Reihenfolge *Pt, Pd, Ni, Ir, Rh, Co, Fe, Ru, Os.* Ru u. Os zeigen selbst bei 300° sehr geringe Aktivität u. desaktivieren sehr schnell. Die anderen Metalle wurden bei Temp. von etwa 50—140° (Fe bei 185—226°) untersucht. Sie verlieren ihre Aktivität erst nach 4 (Ni, Rh, Pd, Ir, Pt) bzw. 2 Wochen (Fe, Co). Die Rk.-Geschw. ist nur von der $H_2$-Konz. abhängig, bei Pt auch vom *Methylacetylen*-Druck. Die Aktivierungsenergien werden angegeben. M. Jatkowski H 570

*1977* **Dehydrierung von Isopentan in Gegenwart von $J_2$, $O_2$ und festen Akzeptoren.** S. V. Adel'son, M. M. Nikonova und V. I. Nikonov. (Chim. Technol. Topliv Masel **12** (1967) 2, 8—12; russ.) — Vgl. C. **1967**, 24-2588. — Die Dehydrierung von *Isopentan* (I) zu *Isopren* (II) in Ggw. von $J_2$, $O_2$ u. NaOH auf $Al_2O_3$ als festem Akzeptor wird untersucht. Verdünnung des Rk.-Gemischs mit Wasserdampf fördert die Dehydrierung. Durch die Ggw. eines festen Akzeptors wird die Gefahr einer zu weitgehenden Ox. (bis zu $CO_2$) erhöht. Als optimale Bedingungen werden festgestellt: 510—530°, Vol.-Geschw. 0,11 $h^{-1}$, Molverhältnis $J_2$:I 0,1, $O_2$:I 1,0, Wasserdampf: I 3,1. Unter diesen Bedingungen werden 36,5% des eingesetzten I in II umgewandelt, die Selektivität bzgl. II (II + Isoamylene) beträgt 76,2 (82,8)%. R. K. Müller H 570

*1978* **Synthese von Fettsäurediäthylamiden nach einer katalytischen Methode und Untersuchung ihrer Repellenzaktivität.** A. V. Starkov, V. I. Katunina, V. P. Dremova und G. G. Gerasimova. (Chim. farm. Ž. **1** (1967) 8, 26—28; ZNI dezinf. inst., Moskva; russ.) — Es werden die optimalen Rk.-Bedingungen der katalyt. Amidierung von *Capron-* (I), *Caprin-* (II) u. *Caprylsäure* (III) sowie einer techn. $C_7$—$C_9$-Carbonsäurefraktion ($Kp._{100}$ 150—190°) mit *Diäthylamin* (IV) an Silicagel VTU-8-61 unter Bldg. entsprechender *Fettsäurediäthylamide* (A) ermittelt. Dabei zeigt sich, daß ein steigendes Molverhältnis IV/III von 1,05—6 die Ausb. an *Diäthylcaprylamid* um 30—40% erhöht. Bei I u. II bewirkt eine Änderung des Molverhältnisses von 1,2 auf 4 eine Zunahme der *Diäthylcapronyl-* u. *Diäthylcaprinylamid*-Bldg. um 20—30%. Ebenso erhöht eine verlängerte Rk.-Dauer die A-Ausb. beträchtlich. Die Amidierung erfolgt bei 300°; bei höheren Temp. wird eine Disproportionierung des IV beobachtet. K. Jasche H 810△

*1979* **Mechanismus der elektrochemischen Reduktion aktivierter Olefine.** I. E. Gillet. (Chemie-Ing.-Techn. **40** (1968) 12, 573—75; Labor. d'Elektrochimie organ., Univ. de Liège, Belgien; dt.) — Vf. diskutieren an Hand der kathod. Red. des Acrylnitrils einen Rk.-Mechanismus, der zwanglos die Bldg. von *Adipinsäuredinitril*, bzw. *Propionitril* oder *Polyacrylnitril* unter verschiedenen Rk.-Bedingungen erklärt. Bes. Bedeutung kommt dabei der elektrochem. Doppelschicht u. der Art des Leitelektrolyten, der ihren Charakter bestimmt, zu. M. Jatkowski H 820

*1980* **Katalysatoren für die Synthese von Maleinsäureanhydrid durch Oxydation von Benzol mit Luft.** V. Ioniță, Gr. Pop und R. Boieru. (Rev. Chim. [București] **19** (1968) 2, 105—07; rum.) — Die Vers.-Anlage u. die Ergebnisse von Vers., bei denen dem $V_2O_5 \cdot MoO_3$-Katalysator Zusätze von $Ag_2O$, ZnO oder $Cu_2O$ zugefügt werden, werden dargestellt. Der Einfl. der Parameter Temp., Durchflußgeschw. u. Konz. von Bzl. im Gasgemisch werden untersucht. $Ag_2O$ wird als bester Promotor des Katalysators beurteilt, wobei bei Temp. von 425—435° u. einem Verhältnis Luft:Bzl. von 65—75 Ausb. von 80% *Maleinsäureanhydrid* (I) erreicht werden. Es wird dabei ein spezif. Verbrauch von 1,25 kg Bzl./kg I errechnet. P. W. Kittner H 820△

*1981* **Darstellung und Eigenschaften von Allylcyanid.** S. K. Smirnov, A. M. Gribov und T. R. Popova. (Chim. Prom. **43** (1967) 5, 331—34; russ.) — Übersicht über die verschiedenen Verf. zur Herst. u. die Rk. von Allylcyanid in organ. Synthesen. — 63 Literatur- u. Patentangaben. R. K. Müller H 890

*1982* **Kinetische Untersuchungen zur Oxäthylierung von $NH_3$ in konzentrierten wäßrigen Lösungen.** Gerhard Schulz, Walter Goetze und Peter Wolf. (Chemie-Ing.-Techn. **40** (1968) 9—10, 446—48; Badische Anilin- u. Soda-Fabrik AG, Ludwigshafen a. Rh.; dt.) — Vf. untersuchen die Rk. von Äthylenoxid mit $NH_3$, die zu einem Gemisch von *Mono-*, *Di-* u. *Triäthanolamin* führt, im Bereich von 50—100 Gew.-% wss. $NH_3$ u. Temp. von 25—125°. Die Rk. ist bei dem gewählten 20fachen molaren $NH_3$-Überschuß pseudo-erster Ordnung. Unter diesen Voraussetzungen wurde eine Gleichung erarbeitet, mit der sich die Abhängigkeit der Geschw.-Konst. von Temp. u. $NH_3$-Konz. untersuchen läßt. Da die Rk. in fl. Phase ablaufen soll, sind mit diesen Parametern auch Rk.-Druck u. Verweilzeit bestimmt. An Hand dieser Gleichung ist die Optimierung einer techn. Anlage möglich. M. Jatkowski H 920

*1983* **Aus erhitzten Ölen und Fetten gewonnene cyclische Verbindungen.** 1. Mitt. **Cyclische Monomere aus mit Alkali und Lösungsmittel erhitztem Leinöl.** Hyozi Kusaka und Noboru Matsuo. (Yukagaku [J. Japan Oil Chemists' Soc.] **17** (1968) 1, 22—26; Dep. Ind. Chem., Coll. of Technol., Seikei Univ., Tokyo; jap., Auszug: engl.) — *Leinöl* wurde im Autoklaven mit einem 100%ig. Überschuß an NaOH u. 3fachem Vol. Äthylenglykol 15 Min. auf 295° erhitzt. Nach Ansäuern mit verd. $H_2SO_4$ wurden die freien Fettsäuren mit Methanol verestert u. dann im Vakuum destilliert. Ein Teil des Destillats wurde durch Harnstoffadduktbldg. in cycl. u. geradkettige Monomere getrennt, die anschließend hydriert wurden. Der andere Teil wurde erst hydriert u. dann bei —50° getrennt. Beide Meth. lieferten ident. gesätt. cycl. Monomere. Gaschromatograph. wurde festgestellt, das der cycl. Anteil 7 Komponenten enthält; die IR-Absorptions-Spektren zeigen eine aromat. Struktur an. M. Jatkowski H 1010

*1984* **Einfluß verschiedener Parameter auf die Trennung von Gemischen aus KW-Stoffen der Alkylnaphthalin- und Alkylbenzolreihen mit Hilfe von $SO_2$ und Heptan.** D. Grigoriu und M. Bogdan. (Rev. Chim. **19** (1968) 2, 82—89; rum.) — Bei einem quatern. Syst. aus *α-Methylnaphthalin* (I), *Diisopropylbenzol*-Fraktion (Kp. 245 bis 279°) (II), $SO_2$ u. Heptan (III) werden die Einfl. der Verhältnisse III:I + II u. $SO_2$:I + II untersucht wie auch die Extraktionstemp. zwischen —20 u. —30° bei Verhältnissen $SO_2$:I + II von 2/1, 4/1 u. 6/1 variiert. Es werden jeweils die Zus. von Raffinat, Extraktlsg. u. Extrakt mit u. ohne III, die Ausb., die Verteilungskoeff. von I u. II sowie die Selektivitätswerte (A) angegeben. Im Falle der bicycl. Verb. werden außer I noch *Naphthalin* u. *Dimethylnaphthalin* bei den Vers. verwendet, wobei A bei den Verb. mit höheren C-Atomzahlen geringer gefunden werden. Bei den Vers. mit unterschiedlichem I-Geh. steigen die zum Erreichen eines gewissen Trennungsgrades erforderlichen Mengen Lsgm. proportional mit dem I-Anteil im Gemisch. P. W. Kittner H 2700△

*1985* **Alkalische Hydrolyse von Benzyliden-[1.2.3.4]-tetrahydronaphthylacetonitrilen.** D. Zăvoianu und Angela Mori. (Rev. Chim. [București] **19** (1968) 4,

193–96; rum.) — Es wird die Hydrolyse von Verb. vom Typ $C_{10}H_{11}$-C(CN)=CH-R, in denen R = Benzyliden, o-Nitrobenzyliden, m-Nitrobenzyliden, o-Chlorbenzyliden, m-Chlorbenzyliden, p-Chlorbenzyliden, p-Dimethylaminobenzyliden, p-Methoxybenzyliden u. 3.4-Dioxymethylenbenzyliden, durchgeführt. Nach verschiedenen Rk.-Zeiten werden die gebildeten $NH_3$-Mengen angegeben u. für die Temp. 99,8 bzw. 117° Geschw.-Konst. (k), Aktivierungsenergien (E), Aktivierungswärmeinhalte ($\Delta$H) u. Aktivierungswärmen ($\Delta$S) berechnet. Der Einfl. der Substituenten auf die Rk.-Parameter wird besprochen u. eine sowohl induktive als auch elektromere Wrkg. festgestellt. P. W. Kittner H 2700△

*1986* **Elektrochemische Oxydation und Reduktion fester aromatischer Kohlenwasserstoffe.** W. Mehl. (Chemie-Ing.-Techn. **40** (1968) 12, 582–85; Cyanamid European Res. Inst., Cologny-Genf (Schweiz); dt.) — Diese Rk. wurde an einer Elektrode aus einem *Anthracen*(I)-Einkristall untersucht. Als Zwischenstufe entstehen hierbei Radikal-Ionen von I. Die Geschw.-Konst. für die Ox. mit anorg. Ionen ($Ce^{4+}$, $IrCl_6^{2-}$) u. für die Ox. durch den Übergang eines Wasserstoff-Atoms vom protonisierten KW-Stoff auf ein Chinon wurden quant. bestimmt. Weiterhin wurden die Vorgänge bei opt. Anregung des KW-Stoffs u. die Verhältnisse an der Grenzfläche zwischen einem Metall u. dem KW-Stoff untersucht. — 36 Literaturangaben. M. Jatkowski H 2800

*1987* **Intensivierung des Prozesses der Tetrahydrofuran-Herstellung.** P. A. Moškin, Ju. E. Nosovskij und D. I. Oročko. (Chim. Prom. **43** (1967) 3, 195–98; russ.) — Vgl. C. **1960**, 16934. — Die Kinetik der Hydrierung von *Furan* (I) zu *Tetrahydrofuran* (II) in einer Wirbelschicht von NiO-$Cr_2O_3$-Katalysator wird im strömenden Syst. bei atmosphär. Druck untersucht. Mit steigender Temp. nimmt die Bldg. von Butanol-(1) zu (von 80 auf 150° 0,3 → 9%), die auf umgesetztes I bezogene II-Ausb. nimmt ab. Die Vorzüge der drucklosen Hydrierung von I in Gasphase gegenüber der Druckhydrierung in fl. Phase werden erläutert. Zweckmäßig ist eine Rückführung der Gase u. Arbeiten unter isothermen Bedingungen oder mit stufenweiser Temp.-Erhöhung. Bei einer Vol.-Geschw. von I bis 1 $h^{-1}$ u. höchstens ± 5° Temp.-Schwankungen wird eine II-Ausb. von 95–97%, bezogen auf eingesetztes I, erhalten. R. K. Müller H 3061

*1988* **Synthese und Reinigung von 1.3-Dioxolan.** A. Barbat, D. Şandru und V. Duma. (Rev. Chim. [Bucureşti] **19** (1968) 2, 78–81; rum.) — Bei kontinuierlicher Arbeitsweise wird *1.3-Dioxolan* (I), ausgehend von α-Polyoxymethylen u. Monoäthylenglykol (II), in Mengen, die einem molaren Verhältnis $CH_2O$:II von 1,1:1 entsprechen u. in Ggw. von 29 · $10^{-3}$ Mol-% $H_2SO_4$ als Katalysator, mit einer Ausb. von ≈ 95% hergestellt. Dabei wird bei Verlängerung der Rk.-Zeit von 7 auf 15 Std. nur sehr geringe Veränderung der Zus. des Rk.-Gemisches, in dem etwa 53,6% I enthalten sind, festgestellt. Zum Extrahieren von I wird von einer Reihe getesteter Lsgm. n-Heptan gewählt, da dieses auch bei evtl. anschließender Mischpolymerisation von I mit $CH_2O$ als Lsgm. verwendbar ist. Bei einer der verwendeten Varianten wird das Rk.-Prod. rektifiziert u. ein azeotropes Gemisch von 93,3% I u. W. erhalten, welches derart extrahiert wird, daß eine Konz. von 10% I resultiert. Bei einer zweiten Variante wird direkt extrahiert, das Raffinat azeotrop dest. u. der Extrakt mit Hilfe von Molekularsieben auf einen W.-Geh. von < 40 ppm getrocknet. P. W. Kittner H 3102△

*1989* **Modifizierte Friedel-Crafts-Synthese von 2.2.4.4-Tetrachlor-6.6-diphenylcyclotriphosphazatrien.** Kunio Okuhara. (Rep. Government ind. Res. Inst., Nagoya **16** (1967) 9, 280–85; jap., Auszug: engl.) — Auf Grund des Einfl. von bei der Rk. gebildetem HCl wird die Friedel-Crafts-Phenylierung von Hexachlorcyclotriphosphazatrien stark verzögert. Die schlechten Ausb. können folgendermaßen erhöht werden: Wiederholung der Rk. nach Zers. des Komplexes; Zusatz von Al-Pulver u. Zugabe eines Amins, z. B. Triäthylamin (I). So erhöht sich die Ausb. an *2.2.4.4-Tetrachlor-6.6-diphenylcyclotriphosphazatrien* bei Zugabe von I u. einer zusätzlichen Menge $AlCl_3$ von 33% auf 77%. M. Jatkowski H 3354

*1990* Ja. I. Rotštejn, B. E. Krasotkina und N. G. Sokolovskaja, **1.1.2.3-Tetrachlorpropen-(1)** (I) entsteht durch Chlorierung von 2.3-Dichlorpropen-(1) (II) mit $Cl_2$ (Molverhältnis II:$Cl_2$ = 1:1,5) in Ggw. von Initiatoren, bes. Azo-bis-isobutyronitril (III), bei 85° u. anschließende Dehydrochlorierung des gebildeten Pentachlorpropans (IV) mit Laugen bei 35°. Die Chlorpropane werden durch Rektifikation getrennt, wobei das Tetrachlorpropan (V) dem Verf. wieder zugeleitet wird. — Äquimol. Mengen II u. $Cl_2$ werden mit 0,1% (des sich bildenden V) III versetzt; bei 85° wird chloriert. Die Rk. ist beendet, wenn pro Mol II 1,5 Mol $Cl_2$ eingeleitet sind. Die Mischung der Chlorpropane, die überwiegend aus gleichen Mengen V u. IV besteht, wird rektifiziert. IV wird bei ca. 35° mit wss./methanol. NaOH dehydrochloriert; 100 g II ergeben 160 g I. (**UdSSR.P. 181088** vom 30/1. 1965, ausg. 1/6. 1966.) — 2 S. F. Eßer H 570

*1991* V. Z. Annenkova und L. V. Vasileva, **1.1.3-Trichlor-2-äthylpropen-(1)** (I) entsteht durch Rk. von 1.2-Dichlor-2-äthylpropionaldehyd (II) mit $PCl_5$ bei ca. 92°. — Auf 20,8 (g) $PCl_5$-Pulver tropft man 15,5 II, dabei stellt sich die Temp. auf 92° ein. 3 Std. wird auf 92° gehalten u. dann dest.: 6,24 I, Kp.$_3$ 60–61°; $n_D^{20}$ 1,5038; $D_4^{20}$ 1,3160; lösl. in den meisten organ. Lösungsmitteln. (**UdSSR.P. 181089** vom 30/4. 1965, ausg. 1/6. 1966.) — 2 S. F. Eßer H 570

*1992* Eastman Kodak Co., Rochester, N.Y., übert. von: Sam H. Johnson jun., Max Statman und Alden E. Blood, Longview, Tex., USA, **2.2.4-Trimethyl-3-hydroxypentylvinyläther,** Kp.$_{760}$ 285°, erhält man aus 2.2.4-Trimethylpentan-1.3-diol durch Rk. mit Acetylen in einem nicht wss. Lsgm., bes. einem Vinyläther, bei 80–140, bes. 110–120° in Ggw. eines Alkalihydroxids, bes. KOH. — *Zwischenprod.* für *Polymere.* — Fließbild u. IR-Spektrum. (**U.S.P. 3287420** vom 26/4. 1963, ausg. 22/11. 1966.) — 5 S. R. Bollinger H 600

*1993* K. M. Trenke, M. S. Nemcov und S. K. Ogorodnikov, **Dimethylvinylcarbinol** (I) entsteht durch Dehydratation von 3-Methylbutandiol-(1.3) (II) in Ggw. von ≦ 1, bes. 0,3–0,5% $H_2SO_4$ unter kontinuierlichem Abdest. des Azeotrops I/Wasser. — In einem Reaktor mit aufgesetzter Rektifikationskolonne wird eine wss. II-Lsg., die 0,1% $H_2SO_4$ enthält, mit einem Rücklaufverhältnis von 30 bei 86,5° umgesetzt; es dest. ein Azeotrop mit 25% W., das neben 70% I auch noch 15% Isopren enthält, ab. (**UdSSR.P. 181090** vom 3/6. 1964, ausg. 1/6. 1966.) — 2 S. F. Eßer H 610

*1994* D. V. Sokolskij, G. D. Zakumbaeva, N. A. Zakarina und K. A. Zubanov, **Dimethylvinylcarbinol** (I) entsteht durch Hydrierung von Dimethyläthinylcarbinol (II) an Pd-Trägerkatalysator. Dieser wird mit lösl. Zn-, Pb- oder Cd-Salzen promotiert. — In einem Autoklaven wird Pd/$CaCO_3$-Katalysator (5–20% Pd) mit 0,1–1 n wss. $ZnSO_4$-Lsg. u. II (Katalysator:II = 1:20) gemischt. Dann wird mit 700 ml/Std. $H_2$ hydriert. Rk.-Prod. u. Katalysator werden in einem Extraktor mit Ae. extrahiert u. aufgearbeitet: 99,2 bis 99,7% I. — Weitere Beispiele. (**UdSSR.P. 181091** vom 27/1. 1965, ausg. 6/6. 1966.) — 2 S. F. Eßer H 610

*1995* Eastman Kodak Co., Rochester, N.Y., übert. von: Hugh J. Hagemeyer jun., Alden E. Blood und James D. Heller, Longview, Tex., USA, **Vinyl-2.2-dimethylalkyläther** der allg. Formel $CH_2$=$CHOCH_2C$ · $(CH_3)_2(CH_2)_nCH_3$ (n = bes. 1–14) erhält man durch Rk. eines 2.2-Dimethylalkanols der allg. Formel $CH_3$ · $(CH_2)_nC(CH_3)_2CH_2OH$ mit Acetylen in Ggw. von KOH als Katalysator. — Folgende *Vinyl-2.2-dimethylalkyläther* wurden hergestellt: *-butyl-*, Kp.$_5$ 124°; *-hexyl-*, Kp.$_5$ 167°; *-octyl-*, Kp.$_{1,1}$ 51°; *-decyl-*, Kp.$_2$ 93°; *-dodecyl-*, Kp.$_{1,8}$ 127°; *-tetradecyl-*, Kp.$_1$ 154°. — Die Verb. liefern Homo- oder Mischpolymerisate mit Vinylchlorid, Vinylidenchlorid, Acrylnitril bzw. Methylmethacrylat. (**U.S.P. 3265675** vom 2/4. 1962, ausg. 9/8. 1966.) — 4 S. R. Bollinger H 610

*1996* Thompson Chemical Co., übert. von: Joseph Fath, Barrington, R.I., und John M. Kolyer, Seekonk, Mass., USA, **Primäre Mercaptane** werden hergestellt durch Verseifung von Thiolestern, die durch Anlagerung einer Thiosäure, R–C(=O)SH, an ein α-Olefin, R–CH=$CH_2$, erhalten wurden. — *n-Dodecylmercaptan*, F. −9,2°, $n_D^{25}$ 1,4572; $D._4^{25}$ 0,845; (Ausb.) 86%. — *2-Äthylhexanthiol*, $Kp._{50}$ 101—102°, $n_D^{25}$ 1,4550; $D._4^{25}$ 0,852; 61%. — *2-Phenyläthylmercaptan*, $Kp._{25}$ 109—110°; $n_D^{25}$ 1,5584; $D._4^{25}$ 1,03. — *n-Octylmercaptan*, $Kp._{50}$ 107—109°; $n_D^{25}$ 1,4523; $D._4^{25}$ 0,842; 81%. — *n-Hexylmercaptan*, Kp. 150—153°; $n_D^{25}$ 1,4477; $D._4^{25}$ 0,839; 80%. — *Cyclohexylmercaptan*, Kp. 157—158°; $n_D^{25}$ 1,4919; $D._4^{25}$ 0,949; 75%. — Weitere Beispiele für Gemische. — Verw. als *Kettenüberträger* bei der Herst. von synthet. *Kautschuk* u. *Polymeren*. (**U.S.P. 3270063** vom 2/5. 1963, ausg. 30/8. 1966.) — 5 S.
A. Debo H 640

*1997* E. I. du Pont de Nemours & Co., Wilmington, übert. von: Donald James Connolly, Longwood, und William Franklin Gresham, Alapocas, Del., USA, **Fluorkohlenwasserstoffvinyläther** der allg. Formel $MSO_2CFR_fCF_2O(CFYCF_2O)_nCF{=}CF_2$ ($R_f$ = Perfluoralkyl $C_{1-10}$; Y = fluorhaltiger Rest oder $CF_3$; M = fluorhaltiger Rest, OH, $NH_2$ oder OMe; Me = Alkali oder $NH_4$) erhält man durch Pyrolyse eines Säurefluorids der allg. Formel $FSO_2CFR_fO(CFYCF_2O)_nCF(CF_3)COF$ oder dessen entsprechenden carbonsauren Alkalisalzes bei 200—600°. Bei der Pyrolyse des Säurefluorids, das man durch Rk. von Hexafluorpropylenepoxid mit einem Fluorsulfonylfluoracylfluorid der allg. Formel $FSO_2 \cdot CFR_fCOF$ erhält, wird ZnO oder $SiO_2$ zugegeben. — Durch Pyrolyse von $FSO_2(CF_2)_2OCF(CF_3)CF_2OCF(CF_3) \cdot COONa$ bei 180° erhält man *Perfluor-2-[2-fluorsulfonyläthoxy]-propylvinyläther*, $C_7F_{14}O_4S$, Kp. 118°; ähnlich erhält man *$FSO_2(CF_2)_2O(CF(CF_3)CF_2O)_2CF{=}CF_2$*, Kp. 159°. — Die erhaltenen Vinyläther können homopolymerisiert oder mit Äthylen-Deriv. oder halogenhaltigen Äthylen-Deriv. mischpolymerisiert werden. (**U.S.P. 3282875** vom 22/7. 1964, ausg. 1/11. 1966.) — 6 S.
R. Bollinger H 640

*1998* Deering Milliken Research Corp., übert. von: Donald J. Gale, Spartanburg, S.C., USA, **Bis-sulfatoäthylsulfoxidsalze** der allg. Formeln $X–[CH(R^1)CH(R^2) \cdot OSO_3Y]_2$ oder $O_2S–CH(R^1)CH(R^2)OSO_2O–CH(R^2)CH–R^1$ ($R^1$, $R^2$ = H, $C_1$—$C_3$-Alkyl; Y = H, Metallion, N-Base; X = $SO_2$, $O_2S–R–SO_2$; R = gesätt. aliphat. oder cycloaliphat. Rest, ggf. alkyliertes Phenylen oder Napthylen) werden hergestellt durch Addition von $H_2S$ oder Mercaptanen an Alkylenoxide, Ox., z. B. mit $H_2O_2$, Behandeln mit $H_2SO_4$ u. ggf. Überführung in das Salz. Die cycl. Verb. werden durch Erhitzen der Säureform des entsprechenden Bis-sulfatoäthylsulfons unter $H_2SO_4$-Abspaltung erhalten. Wenn X = $–SO_2–R–SO_2–$ ist, wird nach $ClSO_2–C_6H_4–SO_2Cl$-3 → $NaSO_2C_6H_4SO_2Na$-3 → $HOCH_2CH_2SO_2C_6H_4SO_2CH_2CH_2OH$-3 verfahren, dieses wird mit 30% rauchender $H_2SO_4$ umgesetzt. — *$[O_2S(CH_2CH_2OSO_3)_2]Na_2$*, F. 141,5°; *-Monohydrat*, F. 162°. — *Steife für Cellulosefasern*. Vgl. D.A.S. 1138733; C. **1964**, 1-2937. (**U.S.P. 3240797** vom 31/12. 1959, ausg. 15/3. 1966.) — 9 S.
A. Debo H 640

*1999* N. K. Bliznjuk, A. F. Kolomiec, R. N. Golubeva und G. S. Levskaja, **Herstellung von β-Alkoxy- und β-Alkylmercaptoäthansulfosäurearylestern** durch Rk. der entsprechenden Vinylsulfonsäureester mit Alkoholen oder Mercaptanen in Ggw. alkal. Katalysatoren, wie Na, Alkalimetallalkoholate oder -mercaptide, tert. Amine. — Eine äquimol. Mischung von Vinylsulfosäureestern u. Alkoholen oder Mercaptanen wird mit 0,1—1 Mol-% Katalysator 8—10 Std. auf 40—50° erwärmt, dann wird mit W. gewaschen, getrocknet u. dann dest. oder kristallisiert. — Äthansulfonsäurephenylester: *β-Methoxy-*, $Kp._2$ 133—136°; $n_D^{20}$ 1,5119; $D._4^{20}$ 1,2442. — *β-n-Butoxy-*, $Kp._2$ 163—166°; $n_D^{20}$ 1,4945; $D._4^{20}$ 1,1371. — *β-n-Heptoxy-*, $Kp._1$ 179—182°; $n_D^{20}$ 1,4890; $D._4^{20}$ 1,0790. — *β-[Methoxyäthoxy]-*, $Kp._2$ 160—162°; $n_D^{20}$ 1,5035; $D._4^{20}$ 1,2250. — *β-[n-Butoxyäthoxy]-*, $Kp._1$ 188—190°; $n_D^{20}$ 1,4925; $D._4^{20}$ 1,1390. — *β-[p-Chlorphenoxyäthoxy]-*, $Kp._{0,8}$ 240—245°, F. 50—52°. — *β-[2.4-Dichlorphenoxyäthoxy]-*, $Kp._{0,5}$ 244—247°, F. 55—57°. — *β-[n-Butylmercapto]-*, Dest. unter Zers.; $n_D^{20}$ 1,5310; $D._4^{20}$ 1,1760. — *β-[Diäthylaminoäthylmercapto]-*, Dest. unter Zers.; $n_D^{20}$ 1,5320; $D._4^{20}$ 1,1409. — *β-n-Butoxyäthansulfonsäure-p-chlorphenylester*, $Kp._2$ 183—185°; $n_D^{20}$ 1,5112; $D._4^{20}$ 1,2601; Ausb. 65—95%. (**UdSSR.P. 181093** vom 4/7. 1962, ausg. 6/6. 1966.) — 2 S.
F. Eßer H 640

*2000* I. G. Reznikov, T. V. Kononova, N. A. Kurasova, Z. N. Agranovič, A. I. Kudrjašev, I. S. Suchoterin, A. M. Šiman und P. S. Leščenko, **Herstellung höherer Alkylsulfate** durch Behandlung höherer Fettalkohole mit Ammoniumimidosulfonat (I) in Ggw. von $H_2SO_4$ u. Carbamid (II) bei 110—120°. — 56 (Gew.-Teile) I werden bei Raumtemp. mit 42,8 98%ig. $H_2SO_4$ gemischt. Die Masse erwärmt sich auf 60—70°. Das pastenartige Prod. wird zu 100 prim. Fettalkoholen gegeben u. mit 3,2 II-Pulver 20—30 Min. auf 110—120° erwärmt. Dann wird schnell eingeengt u. noch 15—20 Min. gerührt. Das wachsartige Prod. wird bei 25—30° mit wss. NaOH neutralisiert. Das Prod. kann getrocknet oder direkt weiterverarbeitet werden. (**UdSSR.P. 181094** vom 25/3. 1965, ausg. 6/6. 1966.) — 2 S.
F. Eßer H 640

*2001* Union Carbide Corp., N.Y., übert. von: Edward M. La Combe, Charleston, W.Va., USA, **α-Äthylenisch ungesättigte Sulfoniumverbindungen** der allg. Formel $CH_2{=}C(R)COOR^1–(SR^2R^3)_m{}^+mX^-$ (R = H, $CH_3$, $R^1$ = Alkylen $C_{1-4}$, $R^2$ = Alkylen $C_{1-4}$ $R^3$ = $CH_3$, Carboxymethyl, X = Br, J, Cl, $-OSO_3CH_3$, m = 1 oder 2) erhält man aus α-äthylen. ungesätt. Thioäthern durch Alkylierung. — Aus 2-Methylthioäthylacrylat mit Chloressigsäure in Acetonitril in Ggw. von Hydrochinon → *(2-Acryloxyäthyl)-carboxymethylmethylsulfoniumchlorid*. Herst. einer Reihe ähnlicher Verb. ohne Kennzahlen ist beschrieben. Die Verb. können *polymerisiert* u. *mischpolymerisiert* werden. (**U.S.P. 3269991** vom 29/11. 1963, ausg. 30/8. 1966.) — 8 S.
R. Bollinger H 640

*2002* V. Ju. Gankin, D. P. Krinkin und D. M. Rudkovskij, **Herstellung O enthaltender Verbindungen** (z. B. *Aldehyde*) durch Oxosynth. aus Olefinen, CO u. $H_2$ in Ggw. von Co-Hydrocarbonyl (I) unter adiabat. Bedingungen in der Gasphase. — Eine Mischung aus 35(%) CO, 35 $H_2$, 30 Propylen u. 0,001 I wird mit 6 l/Std. bei einer Anfangstemp. 160°, 30 atm, 20 Min. Kontaktzeit u. Endtemp. 260° von oben in einen Rohrreaktor (⌀ 50 mm; Höhe 1000 mm) eingeführt. Nach Kühlen u. Abtrennen gasf. Prod. wird unten abgezogen: 91 *Butyraldehyd*, 7 verdichtete Aldehyde, 2 leichte Produkte. (**UdSSR.P. 180581** vom 5/6. 1965, ausg. 18/5. 1966.) — 2 S.
F. Eßer H 660

*2003* Thiokol Chemical Corp., Trenton, übert. von: Murray S. Cohen, Convent Station, und Sidney I. Karlan, Nutley, N.J., USA, **Herstellung von Propargylacrylat** (I). Zu einer Mischung aus 0,5 (Mol) Propargylalkohol, 0,5 Triäthylamin u. 50 ml abs. Bzl. tropft man langsam eine Lsg. von 0,5 Acrylsäurechlorid in 50 ml abs. Bzl. u. rührt 1 Stunde. → I, $Kp._{12}$ 38°; $n_D^{25}$ 1,4421; Ausb. 60%. — Aus I u. Bis-acetonitrilodecaboran erhält man Acetonitril u. *11-Vinylendecaboranylmethylacrylat*, $B_{10}H_{12}–CH{=}C–CH_2–OOC–CH{=}CH_2$, aus dem durch radikal. Polymerisation ein Polymeres mit hohem B-Geh. u. Molgew. > 1100 entsteht; *fester Treibstoff*. (**U.S.P. 3254115** vom 14/10. 1958, ausg. 31/5. 1966.) — 1 S.
H.-W. Ebersbach H 810

*2004* E. I. du Pont de Nemours & Co., Wilmington, Del., übert. von: William H. Reedy jun., Woodbury Heights, N.J., USA, **Pentaerythrit-trinitratacrylat** (I) erhält man durch Rk. von 1 (Mol) Pentaerythrit-trinitrat (II) mit 0,75—1,5 Acrylsäure oder β-Halogenpropionsäure bei 0—75° in Ggw. von $COCl_2$ oder $POCl_3$ u. Triäthyl- oder Tributylamin, ggf. in Ggw. eines inerten Lsgm., bes. Methylenchlorid (III). Bes. setzt man mindestens 0,5 $COCl_2$ oder $POCl_3$ u. 2 Triäthyl- oder Tributylamin je Mol II ein. — Zu einer Lsg. von 27,1 (Teile) II in 134 III gibt man 9 Acrylsäure oder 14,1 β-Chlorpropionsäure, kühlt auf 10° u. tropft unter Rühren 37,6 Triäthylamin bei Temp. < 20° zu. Dazu gibt man in 15 Min.

13,3 $COCl_2$ in 11,1 **III**, rührt noch 4 Min. bei 20° u. säuert mit 4%ig. $H_2SO_4$ an → **I**, Ausb. 94%. — Zwischenprod. für *Raketentreibstoffe*. (**U.S.P. 3238245** vom 8/9. 1959, ausg. 1/3. 1966.) — 3 S.
H.-W. Ebersbach H 810

*2005* U. S. Peroxygen Corp., übert. von: Newton G. Leveskis, Richmond, Calif., USA, **Herstellung von Diperestern von Polyalkoholen** der allg. Formel $R^5$-OC-O-O-$CR^1R^2$-$[CH_2]_n$$CR^3R^4$-O-O-CO-$R^6$ (n = 1–5; $R^1$ bis $R^4$ = H, $C_1$–$C_5$-Alkyl; $R^5$ u. $R^6$ = α-verzweigte $C_3$–$C_{20}$-Alkylreste). Man löst z. B. 0,4 (g) 2.5-Dimethylhexyl-2.5(**I**)-dihydroperoxid in je 2 ml Py. u. $CHCl_3$, gibt 1 Lauroylchlorid zu, läßt ca. 12 Std. stehen, wäscht mit verd. $NaHCO_3$-Lsg. u. W. u. erhält nach Entfernen des Lsgm. im Vakuum bei 12° erstarrendes **I**-*Diperlaurat*; $D._{20}^{20}$ 0,920. — **I**-*Diperpropionat*, F. —15°; $n_D^{20}$ 1,4413; $D._{20}^{20}$ 1,032. — **I**-*Diper-2-äthylhexanoat*, F. —15°; $n_D^{20}$ 1,4463; $D._{20}^{20}$ 0,945. — **I**-*Diperneopentanoat*, F. —15°; $n_D^{20}$ 1,4406; $D._{20}^{20}$ 0,984. — **I**-*Diperdodecanoat*, F. 11–12°; $n_D^{20}$ 1,4544; $D._{20}^{20}$ 0,954. — **I**-*Diperdecanoat*, F. 4–6°; $n_D^{20}$ 1,45; $D._{20}^{20}$ 0,945. — **I**-*Diperoctanoat*, $n_D^{20}$ 1,4505; $D._{20}^{20}$ 0,959. — **I**-*Diperpelargonat*, F. —15°; $n_D^{20}$ 1,4533; $D._{20}^{20}$ 0,956. — *Polymerisationskatalysatoren*, z. B. für Vinylverb., Diallyliso- u. -terephthalat. (**U.S.P. 3264274** vom 18/11. 1963, ausg. 2/8. 1966.) — 3 S.
O. Müller-Meiningen H 810

*2006* A. E. Kretov und N. D. Borodavko, **N.N-Di-[β-cyanäthyl]-N'-methylenharnstoff** (**I**) entsteht durch Dehydratisierung von N.N-Di-[β-cyanäthyl]-N'-[hydroxymethyl]-harnstoff (**II**) in Ggw. von $H_2SO_4$ bei 40–45°. — 8 (g) **II**, 40 W. u. 2–3 Tropfen konz. $H_2SO_4$ werden 1,5–2 Std. auf 40–45° erhitzt: Nach Kühlen auf 0° 80–85% **I**, F. 175–176° (A.). (**UdSSR.P. 180184** vom 30/5. 1963, ausg. 26/4. 1966.) — 2 S.
F. Eßer H 880

*2007* A. E. Kretov und N. D. Borodavko, **N.N-Di-[β-cyanäthyl]-N'.N'-dichlorharnstoff** (**I**) entsteht durch Rk. von N.N-Di-[β-cyanäthyl]-harnstoff (**II**) mit $Cl_2$ bei 0–5° in Ggw. von Marmor (**A**). — In 20 (g) **II** + 300 W. leitet man in Ggw. von **A**-Stücken bei 0–5° $Cl_2$ ein: 70–80% **I**, F. 73–74° (Bzl.). (**UdSSR.P. 180185** vom 30/5. 1963, ausg. 26/4. 1966.) — 2 S.
F. Eßer H 880

*2008* A. E. Kretov und N. D. Borodavko, **N.N-Di-[β-cyanäthyl]-N'-chlorharnstoff** (**I**) entsteht durch Rk. von N.N-Di-[β-cyanäthyl]-N'.N'-dichlorharnstoff (**II**) mit wss. Laugen bei 0°. — 23,5 (g) **II** werden in 50 Eiswasser unter Rühren u. Kühlen mit 60 ml 15%ig. NaOH behandelt. Bis zum Lösen des Nd. wird bei 0° gerührt. Nach 2 Tagen Stehen bei Raumtemp. 70% **I**, F. 146–147° (Zers.; W.). (**UdSSR.P. 180186** vom 30/5. 1963, ausg. 26/4. 1966.) — 2 S. F. Eßer H 880

*2009* Allied Chemical Corp., übert. von: Donald Pickens, Hopewell, Va., USA, **1.1-Dialkylhydrazine** mit 1–3 C-Atomen im Alkylrest erhält man durch Hydrierung von Nitrosodialkylaminen (**I**) bei Überdruck u. 0–60° in Ggw. von 2–22 g eines feinverteilten Pt- oder Pd-Katalysators je Mol **I**; bes. 1.1-Dimethylhydrazin durch Hydrieren einer wss. 20–35 Gew.-%ig. Lsg. von Nitrosodimethylanilin (**II**) bei 800–2000 psi. u. 20–45° in Ggw. von 7–15 g eines Pt-$Al_2O_3$-Katalysators je Mol **II**. — *Raketentreibstoffe*. (**U.S.P. 3271454** vom 20/2. 1957, ausg. 6/9. 1966.) — 4 S.
A. Jahn H 910

*2010* Aerojet-General Corp., Azusa, übert. von: Kurt Baum, South Pasadena, Calif., USA, **Hydrazinsalze von Nitraminen** der allg. Formel $Q[N-NO_2\ominus \cdot N_2H_5\oplus]_n$ erhält man durch Rk. von Nitraminen mit Hydrazin [Q = H oder organ. Rest; n = 1 oder 2]. — Es wurden erhalten: Hydrazinsalze von: *Methylendinitramin*, $CH_{12}N_8O_4$, F. 146° (Subl.). — *Butylnitramin*, F. 75–78°. — *Sprengstoffe*. (**U.S.P. 3258478** vom 8/9. 1964, ausg. 28/6. 1966.) A. Jahn H 910

*2011* Z. V. Beljakova, S. A. Golubcov und E. M. Gavrilova, **Tetramethyläthylendiamin** (**I**) erhält man durch Rk. von Dichloräthan (**II**) mit Dimethylamin (**III**) in Ggw. wss. Laugen. — Im Autoklaven werden 80 (g) NaOH in 150 W. u. 90 **II** nach Kühlen auf 0–10° mit 99 **III** 1 Std. auf 125° u. 6 Std. auf 125–135° bei einem Maximaldruck von 20–30 atm erwärmt. Nach Rk.-Ende wird mit Ae. extrahiert, der Ae. abdest. u. der Rückstand in einer App. mit Dephlegmator dest.: 7 einer Fraktion mit Kp. 100–119° u. 42 **I**, Kp. 119–121°; $n_D^{20,5}$ 1,4220. (**UdSSR.P. 176304** vom 17/5. 1963, ausg. 5/1. 1966.) — 2 S. F. Eßer H 910

*2012* Z. V. Beljakova, E. M. Gavrilova und S. A. Golubcov, **Tetramethyläthylendiamin** (**I**) entsteht durch Rk. von Dichloräthan (**II**) mit wss. Dimethylamin(**III**)-Lsg. in Ggw. von Laugen. — 60 (g) NaOH, 69,5 **II** u. 250 40%ig. wss. **III**-Lsg. werden in einem Autoklaven 6 Std. auf 120–130° erwärmt. Die Rk.-Masse wird in einem Fl.-Extraktor 10 Std. mit 80 ml Ae. extrahiert. Nach Aufarbeitung u. Rektifikation in einer Kolonne mit 10 theoret. Böden 42,5 **I**, Kp. 118–122°; $n_D^{20}$ 1,418. (**UdSSR.P. 178386** vom 13/4. 1965, ausg. 28/2. 1966.) — 2 S. F. Eßer H 910

*2013* O. I. Samojlova und V. G. Jašunskij, **2.3-Dihydroxy-1.4-diaminobutantetraessigsäure** (**I**) erhält man durch Kondens. von 1.4-Diamino-2.3-dihydroxybutan (**II**) mit Chloressigsäure (**III**) in bas. Medium bei 50° u. Ansäuern. **II** wird durch Aminierung von 1.4-Dibrom-2.3-dihydroxybutan (**IV**) hergestellt. — 84 (g) **IV** werden in 140 ml $CH_3OH$ mit 350 ml fl. $NH_3$ u. 36 $NH_4Cl$ in 170 W. 10 Std. im Autoklaven auf 60° erwärmt. Nach Behandeln mit NaOH wird der Nd. abfiltriert: 7 **II**, F. 99,5–100,5°. — Eine Lsg. von 14,4 **III** wird mit 15 ml 10 n NaOH neutralisiert u. so mit 3,6 **II** versetzt, daß die Temp. ≦ 50° bleibt. Dann werden bei 50° in 1,5 Std. 15 ml 10 n NaOH zugesetzt, danach wird 15 Std. bei Raumtemp. stehengelassen: Nach Ansäuern mit konz. HCl auf pH 1 8,2 **I**, F. 144,5–145,5° (W.). (**UdSSR. P. 178365** vom 1/4. 1965, ausg. 4/3. 1966.) — 2 S.
F. Eßer H 950

*2014* Coastal Interchemical Co., Brooklyn, übert. von: Charles Kapar, Kings County, N.Y., USA, **Quaternäre Tris-[cyanmethyl]-ammonium-Verbindungen** der allg. Formel $H(OR)_m$-N(Y)≡$(CH_2CN)_3$ (R = Äthylen- oder Propylenrest; m = 1–15; Y = Halogen, OH, Nitrat-, Sulfat-, Phosphat-, Acetat-, Chloracetat-, Sulfonat-, Phosphonat- oder Phthalatrest) erhält man durch 2–15std. Rk. von Nitrilotriacetonitril (**I**) mit Äthylenoxid (**II**) oder einem **II**-Propylenoxid-Gemisch in Ggw. von 0,5–1,2 (Äquivalenten), auf 1 **I** bezogen, einer starken Säure (Dissoziationskonst., pK ≧ 1 · $10^{-5}$) in einem polaren Lsgm. ohne reaktionsfähige H-Atome, wie Dioxan (**III**), Methyläthylketon, Dimethylformamid), bei 20–120° u. Reinigung des Rohprod. durch frakt. Fällung aus Lsgm./Nichtlsgm.-Gemischen, Ionenaustausch u. Chromatographie. — Aus **I** in **III** bei 90° durch 7std. Zutropfen von $HNO_3$ unter Kühlung u. Einleiten von **II** bei 95°, 1std. Kochen, Dest. des **III** bei red. Druck, Extraktion des Prod. mit W., Neutralisation mit $HNO_3$ u. Eindampfen unter Vakuum → *Tris-[cyanmethyl]-β-hydroxyäthyl-ammoniumnitrat*, amberfarbige, glasige Masse, 78% (Ausb., auf **II** bezogen); daraus durch Kochen mit Hexamethylendiamin u. W. u. Härtung → unschmelzbares, in den meisten Lsgm. unlösl. *Polymer* für Formkörper bzw. (in Pulverform) *mit Ionenaustauscheigenschaften*. — *Tris-[cyanmethyl]-hexa-[oxyäthyl]-hexa-[oxypropyl]-ammoniumhydroxid*, $H[O-CH_2(CH_3)-CH_2]_6$-$[O-CH_2-CH_2]_6$-N(OH)≡$[CH_2CN]_3$, gelbe hygroskop. Paste. — *Tris-[N-stearylacetamido]-β-hydroxyäthylammoniumnitrat* der wahrscheinlichen Formel $HO-CH_2CH_2$-$N\oplus(NO_3\ominus)$≡$[CH_2-C(=O)-NH-(CH_2)_{17}-CH_3]_3$, wachsartig. — *Tris-[cyanmethyldodecyl]-oxyäthyl-ammonium-p-toluolsulfonat*, amberfarbige Paste. — Die Prod. dienen zur Verbesserung der Geschmeidigkeit bzw. der hygroskop., fungiziden u. antistat. Eig. von negativ geladenen Prod., wie Leder, Holz, Papier, Baumwoll- u. Kunstfasertextilien. (**U.S.P. 3281452** vom 23/12. 1963, ausg. 25/10. 1966.) — 2 S. Georg Vogel H 950

*2015* Thiokol Chemical Corp., Bristol, Pa., übert. von: Marvin M. Fein, Westfield, N.J., und Carl W. Nebel, Wilmington, Del., USA, **Carboranderivate** werden hergestellt durch Rk. von Dialkinyläthern, $(R-C≡C-CH_2CH_2)_2O$, mit Koordinationsverb. aus Decaboran u. organ. S-, P- oder N-Verbindungen. — *Bis-(12-car-*

*boranyläthyl)-äther*, $C_8H_{30}B_{20}O$, F. 117–118°. – *Bis-(12-carboranylmethyl)-äther*, $C_6H_{26}B_{20}O$, F. 300°. – *Raketentreibstoffe*. (**U.S.P. 3247256** vom 28/3. 1963, ausg. 19/4. 1966.) – 3 S. A. Debo H 980

*2016* Thiokol Chemical Corp., Bristol, Pa., übert. von: Joseph J. Dvorak, Denville, und Daniel Grafstein, Morristown, N.J., USA, **Hydroxymethylcarboranylalkyläther** werden hergestellt durch Rk. von HCHO mit dem Li-Salz eines Bis-carboranyl-alkyläthers oder durch Red. eines Bis-(12-Carboxy-11-carboranylalkyl)-äthers. – *Bis-(12-hydroxymethyl-11-carboranylmethyl)-äther*. – *Hochenergietreibstoffe, Treibstoffzusätze*; Zwischenprod. für *Treibstoffe*. (**U.S.P. 3247255** vom 28/3. 1963, ausg. 19/4. 1966.) – 3 S. A. Debo H 980

*2017* Olin Mathieson, Chemical Corp., übert. von: Theodore L. Heying, North Haven, Conn., Joyce Ann Reid, Highland Park, N.J., und Samuel I. Trotz, Orange, Conn., USA, **Carboranylurethane** werden hergestellt durch Rk. von Carboranylcarbonsäurechloriden mit Alkaliaziden u. weitere Rk. der erhaltenen Carboranylisocyanate mit Alkoholen. – *Carboranyl-1.2-bismethylurethan*, $B_{10}H_{18}C_6N_2O_4$. – *Festtreibstoffe*. (**U.S.P. 3270047** vom 1/12. 1964, ausg. 30/8. 1966.) – 2 S. A. Debo H 980

*2018* Olin Mathieson Chemical Corp., übert. von: Theodore L. Heying, North Haven, Conn., USA, **Ammoniumsalze von Carborandicarbonsäuren** der allg. Formel $RB_{10}H_8(R')[C(COOH)]_2$ (R, R' = H, $C_1$–$C_5$-Alkyl) werden hergestellt durch Rk. der Carborandicarbonsäure mit $NH_3$, Py., Hydrazin oder Alkylaminen. – *Carborandicarbonate*: *Diammonium-*, $C_2H_{18} \cdot B_{10}N_2O_4$, (Ausb.) 96,5%. *Bis-diäthylammonium-*, F. 173–175°. *Dipyridinium-*, F. 133°. *Dihydrazinium-*, F. 90° (Zers.). – *Hochenergietreibstoffe*. – Kristallgitter. (**U.S.P. 3260724** vom 23/1. 1963, ausg. 12/7. 1966.) – 4 S. A. Debo H 980

*2019* Union Carbide Corp., übert. von: Thomas C. Williams, Lancaster, N.Y., USA, **Siloxane** der Formel $R_3SiOSi(R^1)X_2$ werden hergestellt durch Rk. von $R_3SiOH$ mit $R^1SiX_3$ (R = aliphat. KW-Stoffrest; $R^1$ = ggf. halogenierter KW-Stoffrest, Cyanalkyl, Cyanaryl, wobei die CN-Gruppe mindestens 2 C-Atome vom Si entfernt ist; X = Halogen, Alkoxy). – *$(CH_3)_3SiOSi \cdot (CH_3)(OC_2H_5)_2$*, Kp.$_{38,6}$ 91–93°, $n_D^{25}$ 1,3837, $D_4^{25}$ 0,8715; *$(CH_3)_3SiOSi(CH_3)Cl_2$*, Kp.$_{41}$ 40–44°, $n_D^{25}$ 1,3978, $D_4^{25}$ 1,0260. – Die *Copolymerisation zu Elastomeren* ist angegeben. (**U.S.P. 3271360** vom 29/4. 1963, ausg. 6/9. 1966.) – 4 S. A. Debo H 980

*2020* Hooker Chemical Corp., Niagara Falls, N.Y., USA, **Tertiäre Phosphine** erhält man nach dem Schema: $\{[(R''')_2C(A)]P(R)(R')(R'')\}X + 2MYSO_3 + H_2O \rightarrow (R''')_2C(OH)SO_3M + P(R)(R')R'' + YA + MA + HY \cdot SO_3$ (R, R' u. R'' = Alkyl-, Aryl-, Cycloalkyl-, Aralkyl- u. $(R''')_2C(A)$-Reste oder deren halogen- bzw. hydroxysubstituierte Deriv.; R''' = Alkyl-, Aryl-, Cycloalkyl-, Aralkylreste, die ggf. halogen- bzw. hydroxysubstituiert sind; A = OH, Halogen; X = Säureanion; M = Alkalimetall; Y = M oder H). – Tetrakis-[hydroxymethyl]-phosphoniumchlorid + $Na_2SO_3$ → *Tris-[hydroxymethyl]-phosphin*. – Tetrakis-[chlormethyl]-phosphoniumchlorid + $Na_2SO_3$ → *Tris-[chlormethyl]-phosphin*. – *Stabilisatoren für Polymere* gegen *Licht*, *Hitze* u. *Entflammung*. (**U.S.P. 3257460** vom 24/1. 1962, ausg. 21/6. 1966.) – 6 S. A. Jahn H 980

*2021* United States of America, Secretary of Agriculture, übert. von: Leon H. Chance, New Orleans, Wilson A. Reeves und George L. Drake jun., Metairie, La., USA, **Tris-[2-carbamoyläthyl]-phosphin (I) und seine Methylolderivate** erhält man durch Rk. von Tris-[2-carbäthoxyäthyl]-phosphin mit $NH_3$ bei 25–100° oder durch Hydrolyse von Tris-[2-Cyanäthyl]-phosphin u. ggf. nachfolgende Rk. mit $CH_2O$ in Ggw. von Säuren oder Basen. – **I**, $C_9H_{18}N_3O_3P$, F. 191,5–192,5° (W.). – *Flammschutzmittel*, bes. für *Cellulosetextilien*. (**U.S.P. 3270052** vom 8/2. 1963, ausg. 30/8. 1966.) – 2 S. A. Jahn H 980

*2022* American Cyanamid Co., Stamford, übert. von: Michael M. Rauhut, Norwalk, und Andrew M. Semsel, Stamford, Conn., USA, **2-Hydroxyalkylphosphoniumsalze und 2-Hydroxyalkylphosphine** erhält man durch Rk. von elementarem P mit einer Organometallverb. u. einem Epoxid der allg. Formel $R{-}CH{-}CH_2{-}O$ [R = H, Phenyl, $C_{1-12}$-Alkyl] u. Hydrolyse des Rk.-Produkts. – 0,5 g-Atom weißer P wird mit 1 Mol Li-$C_6H_5$ in 700 ml Ae. 3 Std. unter $N_2$ am Rückfluß erhitzt, nach dem Abkühlen während 45 Min. tropfenweise mit 1 (Mol) Propylenoxid in 50 ml Ae. bei 25–30° versetzt, das Gemisch 30 Min. gerührt, tropfenweise mit 1,1 Eisessig in 400 ml W versetzt → Nd.: *Diphenyl-bis-(2-hydroxypropyl)-phosphoniumbromid*, $C_{18}H_{24}BrO_2P$, F. 197–200° (Isopropanol). – Das in der organ. Phase enthaltene *Diphenyl-2-hydroxypropylphosphin* wurde nach Rk. mit $CH_3J$ als *Methyl-diphenyl-2-hydroxypropyl-phosphoniumjodid*, $C_{16}H_{20}JOP$, F. 163–164° (Isopropanol) identifiziert. – *Flammschutzmittel auf Baumwollgewebe*. (**U.S.P. 3251883** vom 20/7. 1962, ausg. 17/5. 1966.) – 5 S. A. Jahn H 980

*2023* Ethyl Corp., New York, N.Y., übert. von: Gene E. Schroll, Louisville, Ky., USA, **Phosphonsäureester** der allg. Formel $(X''CH_2)C(Br)(R')P(O)[OCH(R) \cdot CH_2X]_2$ erhält man durch Rk. entsprechender Vinylphosphonsäureester mit BrCl, $Br_2$ oder BrCN [R = H oder $C_{1-6}$-KW-Stoffrest; R' = $C_{1-6}$-KW-Stoffrest; X = Cl, Br; X'' = X oder CN]. – Isopropenylphosphonsäure-bis-(β-chlorisopropylester) + $Br_2$ → *α.β-Dibrom-α-methyläthylphosphonsäure-bis-(β-chlorisopropylester)*. – *Flammschutzmittel für Textilien, plast. Massen, Cellulose, Papier*. (**U.S.P. 3250827** vom 31/8. 1962, ausg. 10/5. 1966.) – 6 S. A. Jahn H 980

*2024* Gelsenberg Benzin Akt.-Ges., Gelsenkirchen, **Herstellung von 1.2.4-Trimethyl-5-isopropylbenzol** durch Alkylierung von Pseudocumol oder eines Materials, das zum größten Teil daraus besteht, mit überschüssigem Propylen in Ggw. von $AlCl_3$ als Katalysator, wobei isomere Trimethylisopropylbenzole, die 1.2.4-Trimethyl-5-isopropylbenzol begleiten, in höhere Polyalkylbenzole umgewandelt werden. – Verw. als Antiklopfmittel, zur Herst. von Pyromellitsäureanhydrid. (**Brit.P. 1068649** vom 16/12. 1965, ausg. 10/5. 1967. D. Prior. 18/12. 1964.) – 4 S. P. Unger H 1010

*2025* Montecatini Soc. Gen. per l'Industria Mineraria e Chimica, Mailand, Italien, **Herstellung von Alkylidenper- und -hydroperoxiden** erfolgt durch Rk. von Carbonylverb. mit tert. Alkylhydroperoxiden in Ggw. eines Kationenaustauscherharzes, das bes. $SO_3H$- oder COOH-Gruppen enthält, einer akt. natürlichen Erde, bes. eines Al-, Fe- oder Mg-Hydrosilikates oder eines Salzes einer mehrwertigen Mineralsäure, K-Bisulfat, $NH_4Cl$, Mono-Na-$NH_4$-phosphat oder $NH_4$-Bisulfat, bei –10 bis 40°. – Man setzt z. B. 100 (g) Aceton (**I**) mit 40 tert.-Butylhydroperoxid (**II**) in Ggw. von „Valdol W.M", einer hauptsächlich $Al_2O_3$ u. $SiO_2$ enthaltenden Erde, bei 30° um u. erhält 22 (45%) *2.2-Di-[tert.-butylperoxy]-propan*, $D_{20}^{20}$ 0,888; $n_D^{20}$ 1,4093. – $C_6H_5CHO$ + **II** → 40% *α.α'-Di-[tert.-butylperoxy]-toluol*, $D_{20}^{20}$ 0,9605; $n_D^{20}$ 1,4747. – **I** + Cumylhydroperoxid → *2.2-Bis-[cumylperoxy]-propan*, $D_{20}^{20}$ 1,5193. – Acetylaceton + **II** → *2.2.5.5-Tetra-[tert.-butylperoxy]-hexan*, F. 63°. – Diacetonalkohol + **II** → *2.2-Di-[tert.-butylperoxy]-4-hydroxy-4-methylpentan*, $D_{20}^{20}$ 0,9362; $n_D^{20}$ 1,4222. – Cyclohexandion-1.4 + **II** → *1.1.4.4-Tetra-[tert.-butylperoxy]-cyclohexan*, F. 136–137°. – Furfurol + **II** → *Di-tert.-butylperoxy-[2-furyl]-methan*, $D_{20}^{20}$ 0,9712. – Cyclohexanon + **II** → *1.1-Di-tert.-butylperoxycyclohexan*, Kp.$_{0,1}$ 55°. – $CH_3CHO$ + **II** → *1-tert.-Butylperoxyäthanol*, Kp.$_4$ 47°. – *Polymerisationsbeschleuniger für die Polymerisation von Olefinen*. (**Brit.P. 1058950** vom 19/2. 1965, ausg. 15/2. 1967. It. Prior. 24/2. 1964.) – 10 S. O. Müller-Meiningen H 1050

*2026* Dow Chemical Co., übert. von: Harold R. Bylsma, Midland, Mich., USA, **Chlormethylierte Diphenyloxide** der allg. Formel $C_6X_5(O)_nC_6X_5$ (X = $CH_2Cl$, n = 0 oder 1) erhält man durch Rk. einer chlormethylierten aromat. Verb. mit einer OH-Gruppen enthaltenden aromat. Verb. bei 50–100°. – *Herst. von Epoxyharzen*.

(**U.S.P. 3275708** vom 2/10. 1961, ausg. 27/9. 1966.) — 3 S. R. Bollinger H 1050

*2027* Shell Oil Co., New York, N.Y., übert. von: Klaus L. Mai, Concord, Calif., USA, **o-Alkylierung von Phenolen,** dad. gek., daß man ein Gemisch aus 1 (Mol.) eines Phenols u. ca. 2—5 eines $C_{2-5}$-Monoolefins mit ca. 0,001—0,5 eines Alkyl-Al-Halogenids bei ca. 100—200° u. ca. 100—5000 p.s.i.g. umsetzt. — Aus einer ca. 10%ig. Lsg. von Diisobutyl-Al-chlorid in Cyclohexan (**I**) durch langsame Zugabe von Phenol bei 80° unter $N_2$, Austreiben von **I** u. Isobutan u. 4std. Erhitzen bei 120° im Druckgefäß → *2.6-Di-tert.-butylphenol,* Ausb. ≦ 79,1%; analog unter Verw. von Äthylen oder Cyclohexen bzw. Äthyl-Al-dichlorid, Diäthyl-Al-chlorid, Äthyl-Al-sesquichlorid, Diisobutyl-Al-bromid oder Diäthyl-Al-bromid → *Phenole: 2.6-Diäthyl-, 2-Äthyl-, 2-Methyl-6-tert.-butyl-, 2.6-Di-tert.-butyl-4-methyl-, 2.6-Dicyclohexyl-;* ferner *2-tert.-Butylnaphthol-(1)* u. *2.5-Di-tert.-butylhydrochinon.* — *Antioxydantien, Stabilisatoren gegen Licht* u. Zwischenprod. für *Kunstharze.* — Ausbeutetabellen u. Kurven für die Beziehung Ausb./Rk.-Zeit. — Vgl. F.P. 82075; C. **1966,** 38-2479. (**U.S.P. 3268595** vom 15/3. 1962, ausg. 23/8. 1966.) — 5 S. Georg Vogel H 1060

*2028* United States Rubber Co., New York, N.Y., übert. von: Francis X. O'Shea, Wolcott, Conn., USA, **Dibenzylsulfide** der allg. Formel $[(R)(R')C_6H_2(OH)\cdot CH_2-]_2S$ (R u. R' = Alkyl, Cycloalkyl oder Aralkyl; R u. R' stehen zu OH in 2.4-Stellung u. jeder Substituent hat ≦ 12 C-Atome) erhält man aus einem Phenol der allg. Formel $RR'C_6H_3OH$ durch Rk. mit $CH_2O$ u. Mercaptobenzthiazol u. Rk. des dabei erhaltenen Prod. mit $Na_2S$ in einem mit W. mischbaren Lsgm. bei 20—120°. — 2-Mercaptobenzthiazol gibt mit $CH_2O$ u. 2-tert.-Butyl-p-kresol in wss. Isopropanol *2-Hydroxy-3-tert.-butyl-5-methylbenzyl-2-benzthiazolylsulfid,* F. 164—165°; daraus durch Rk. mit $Na_2S$ in A. *Bis-[2-hydroxy-3-tert.-butyl-5-methylbenzyl]-sulfid,* F. 77—80°; ähnlich: *2-Hydroxy-3-[1.1.3.3-tetramethylbutyl]-5-methylbenzyl-2-benzthiazolylsulfid,* F. 101—103°, das entsprechende *Bis-sulfid,* F. 92—93°; *2-Hydroxy-3-[α.α-dimethylbenzyl]-5-methylbenzyl-2-benzthiazolylsulfid,* F. 141—143° u. dessen *Bis-sulfid,* F. 114—115°. — *Antioxydantien für Kautschuk u. andere Polymere.* (**U.S.P. 3281473** vom 1/8. 1963, ausg. 25/10. 1966.) — 3 S. R. Bollinger H 1090

*2029* Union Carbide Corp., New York, N.Y., übert. von: Christian F. Horn, South Charleston, und Harrison S. Kincaid, Nitro, W.Va., USA, **α.ω-Bis-[4-sulfophenoxy]-fettsäuren und deren niedermolekulare Alkylester** der allg. Formel $p\text{-}XO_3S\cdot(C_6H_4)\cdot O\cdot CH_2\cdot C_nH_{2n}\cdot C(HCOOR)\cdot O(C_6H_4)\cdot SO_3X\text{-}p$ (X = H oder Alkalimetall, bes. Li, Na oder K; R = H oder $C_{1-8}$-Alkylgruppe; n = 0—5) werden erhalten durch Rk. eines Alkyl-α.ω-dibromfettsäureesters mit Na-Phenolat, Sulfonieren des Rk.-Prod. u. ggf. weiterem Umsetzen mit Alkalihydroxiden, -alkoxiden oder -salzen schwächerer Säuren. — Eine Lsg. von Phenol in abs. A. wird zu einer $NaOC_2H_5$-Lsg., erhalten aus Na-Metall u. abs. A., zugetropft, die Mischung unter Rückfluß erhitzt, 2.6-Dibromcapronsäuremethylester zugetropft u. weitere 14 Std. unter Rückfluß erhitzt, wobei der pH-Wert von 11,7 auf 7,0 zurückgeht. Das abgekühlte Rk.-Prod. wird vom NaBr abfiltriert u. der A. bei red. Druck ausgetrieben → *2.6-Bis-[phenoxy]-capronsäuremethylester* (**I**), Kp.$_2$ 210—213°; Gehalt 72,11% C, 7,48% H. — Analog: *2.3-Di-[phenoxy]-propionsäuremethylester.* — Zu einer Mischung von 95%ig. $H_2SO_4$ u. Essigsäureanhydrid wird bei —5—0° **I** zugetropft u. 4 Std. bei 0—5° gerührt. Bei 25—30° wird wasserfreies $CH_3OH$ zugesetzt, 4 Std. unter Rückfluß erhitzt, das Lsgm. entfernt u. mit NaOH ein pH = 9,0 eingestellt → *2.6-Bis-[4-Na-sulfophenoxy]-capronsäuremethylester;* Gehalt 43,77% C, 3,83% H. — Analog: *2.3-Bis-[4-K-sulfophenoxy]-propionsäuremethylester.* — *Färbbarkeit-erhöhende Zusätze für lineare Polyester.* (**U.S.P. 3250017** vom 31/7. 1962, ausg. 14/6. 1966.) — 6 S. E. Kürschner H 1090

*2030* Union Carbide Corp., übert. von: Henry E. Fritz, South Charleston, W.Va., USA, **Herstellung von 2-Phenylglutarsäure (I) und ihren Derivaten** der allg. Formel $R_x\text{-}C_6H_{5-x}\text{-}CH(COOH)\text{-}CH_2\text{-}CH(R^1)\text{-}COOH$ (R = $C_1$—$C_{10}$-Alkyl, $C_1$—$C_{10}$-Alkoxy, $C_6$—$C_{10}$-Aryl, $C_6$—$C_{10}$-Aryloxy; $R^1$ = H, $C_1$—$C_{10}$-Alkyl, $C_6$—$C_{10}$-Aryl; x = 0—5) erfolgt durch Rk. von Alkaliphenylacetat mit einem Alkaliacrylat der allg. Formel $CH_2{=}CR^1\text{-}COOMe$ (Me = Alkalimetallatom) bei 150—350° in Ggw. von Alkalihydroxid. — Man erhitzt z. B. 136 (g) Phenylessigsäure, 200 Acrylsäure u. 300 KOH 22,5 Std. auf 230 bis 250° → **134 I**; Veresterung mit 500 ml $CH_3OH$ in Ggw. von p-Toluolsulfonsäure → **I**-*Dimethylester,* $C_{13}H_{16}O_4$; Kp.$_{10}$ 167—168°; $n_D^{20}$ 1,5011. — 152 **I** liefert durch Vakuumerhitzen → 89 **I**-*Anhydrid,* Kp.$_{1-1,6}$ 177—182°. — Analog erhält man unter Verw. von Methacrylsäure → *2-Phenyl-4-methylglutarsäure.* — 2-Methylenheptansäure → *2-Phenyl-4-pentylglutarsäure.* — Atropasäure → *2.4-Diphenylglutarsäure.* — Zwischenprod. zur *Herst. von Polymerisaten, Weichmacher für Polyvinylharze.* (**U.S.P. 3275683** vom 10/9. 1962, ausg. 27/9. 1966.) — 2 S. O. Müller-Meiningen H 1220

*2031* Union Carbide Corp., New York, N.Y., übert. von: Thomas K. Brotherton, South Charleston, und John W. Lynn, Charleston, W.Va., USA, **Aminoester von aromatischen Polycarbonsäuren** der allg. Formel $NH_2\text{-}R\text{-}OCO\text{-}R^1\text{-}CO\text{-}O\text{-}R\text{-}NH_2$ (R = zweiwertiger aliphat. Rest mit 2—12 C-Atomen; $R^1$ = Arylen, Arylenalkylen, Alkylenarylen, Alkylenarylenalkylen, Alkarylen mit 6—18 C-Atomen) erhält man durch Rk. eines Hydroxyaminsalzes mit einem Polycarbonsäurehalogenid in inerter Flüssigkeit. — Beispiel: Durch Rk. von Terephthaloylchlorid mit Monoäthanolamin-Hydrochlorid in 1.2.4-Trichlorbenzol → *Bis-[2-aminoäthyl]-terephthalat, Dihydrochlorid,* F. 242—244°. Analog: *Bis-[2-aminoäthyl]-isophthalat, Dihydrochlorid,* F. 205—212°; *Bis-[2-aminoäthyl]-p-phenylendiacetat, Dihydrochlorid,* F. 212 bis 213°. — *Härtungsmittel* für Epoxidharze. (**U.S.P. 3256318** vom 1/5. 1962, ausg. 14/6. 1966.) — 5 S. R. Bauereis H 1220

*2032* E. I. du Pont de Nemours & Co., übert. von: Wilfred Sweeny, Wilmington, Del., USA, **Hochmolekulare Polyurethane und neue N-Aryl-N-hydroxyarylcarbaminsäurehalogenide** der allg. Formel HO-Ar-N(R)-CO-X (Ar u. R = aromat. KW-Stoff-Reste; X = Halogen) erhält man durch ca. 4std. Einleiten von $COCl_2$ oder eines anderen Carbonylhalogenids in eine Lsg. eines aromat. sek. Amins, dessen einer aromat. Rest. eine OH-Gruppe besitzt, bei ca. 10—180° u. ggf. $^1/_2$- bis 20std. Selbstkondens. des Monomeren bei ca. 150—250° in Abwesenheit eines Lsgm. u. Säureakzeptors, wobei die sonst nicht reaktionsfähige CO-X-Gruppe mit der phenol. OH-Gruppe reagiert. — Aus p-Anilinophenol (**I**) u. $COCl_2$ in Chlorbenzol bei 90—120° → *p-HO-$C_6H_4$-N($C_6H_5$)-CO-Cl,* $C_{13}H_{10}ClNO_2$, F. 153—154°; analog: *p-HO-$C_6H_4$-N(**A**)-CO-Cl* (**A** = *1-Naphthyl*) bzw. *p-HO-$C_6H_4$-$C_6H_4$-p-[N($C_6H_5$)-CO-Cl]* bzw. **E**-*N($C_6H_5$)-CO-Cl* (**E** = *4-Naphthol-*) bzw. die entsprechenden Carbonylbromidverb. bei Verw. von $COBr_2$. Da die Rk. von 1(Mol.) **I** sowohl mit 1 als auch mit 2 Chlorameisensäurephenylester in sd. o-Dichlorbenzol zur Bldg. der gleichen Verb. $C_{19}H_{15}NO_3$, F. 196—197° (Toluol), führt, reagiert die COCl-Gruppe mit der aromat. $NH_2$-Gruppe spezif., jedoch nicht mit der aromat. OH-Gruppe, was durch das IR-Spektrum bestätigt wird. — Aus N-Chlorcarbonyl-p-anilinophenol durch Erhitzen auf 190—245° (verminderter Druck) → *Homopolymerisat,* F. 256°, → feste *Filme, Fasern* u. *Formkörper.* Die *Monomeren* dienen ferner als *Modifiziermittel* bei anderen Polymerisationsprozessen. (**U.S.P. 3278594** vom 8/11. 1962, ausg. 11/10. 1966.) — 2 S. Georg Vogel H 1280

*2033* E. P. Nesynov und P. S. Pelkis, **1-Acyl-5-arylcarbohydrazide** entstehen durch Rk. von 3-Aroylcarbazinsäurearylestern mit Arylhydrazinen, die am Arylkern keine Elektronenacceptorgruppen tragen. — 0,75 g 3-Benzoylcarbazinsäure-p-nitrophenylester u. 0,25 ml Phenylhydrazin werden 1 Std. bei 150° gemischt; nach Mischen mit Ae. wird filtriert: 0,35 g *1-Benzoyl-5-phenylcarbohydrazid,* F. 187—187,5°; lösl. in Laugen, Dioxan, schwerlösl. in A., unlösl. in Wasser. (**UdSSR.P. 179775** vom 9/6. 1962, ausg. 14/4. 1966.) — 2 S. F. Eßer H 1280

*2034* E. P. Nesynov und P. S. Pelkis, **Herstellung von 1-Acyl-5.5-dialkyl-3-[O-aryl]-carbohydraziden** durch Rk. von 3-Aroylcarbazinsäurearylestern mit Dialkylhydrazinen bei höherer Temperatur. — 0,2 g 3-Benzoylcarbazinsäure-p-nitrophenylester u. 0,05 ml Dimethylhydrazin werden 1 Std. auf dem sd. Wasserbad erhitzt: 0,04 g *1-Benzoyl-5.5-dimethyl-3-[O-(4-nitrophenyl)]-carbohydrazid*, F. 177,5—178,5°; lösl. in A., Aceton, Dioxan, schwer lösl. in Ae., unlösl. in W.; verseifbar mit Laugen. (**UdSSR.P. 179776** vom 9/6. 1962, ausg. 14/4. 1966.) — 2 S. F. Eßer H 1280

*2035* Union Carbide Corp., New York, N.Y., USA, übert. von: Raymond P. Kurkjy, Genf, Schweiz, Markus Matzner, Edison Township, und Robert J. Cotter, New Brunswick, N.J., USA, **Katalytische Synthese von Arylchlorformiaten** durch Rk. einer Arylverb. mit 2 an Ring-C-Atome gebundenen OH-Gruppen, bes. einem Bis-[4-hydroxyphenyl]-alkan mit 1—6 C-Atomen in der zentralen Alkylidengruppe, z. B. Bisphenol-A, mit $COCl_2$ im Molverhältnis mindestens 2:1 in einem wasserfreien inerten organ. Lsgm. in Ggw. einer in diesem wenigstens teilweise lösl. katalyt. Verb. der allg. Formel $[R_{4-n}(CH_3)_nN]_mX$ (R = $C_{10-30}$-Alkyl; n = 1, 2 oder 3; X = Cl′, Br′, J′ oder $SO_4''$; m = Anzahl der negativen Valenzen von X), bes. 0,01—1,0 Mol Distearyldimethyl- oder Stearyltrimethyl-ammoniumchlorid (II), bei 20—130°. — In eine Lsg. von Biphenol A (I) u. II in Chlorbenzol wird bei 0° $COCl_2$ geleitet, die Mischung unter Rühren u. Rückfluß innerhalb von 3 Std. auf 120 bis 130° erhitzt, abgekühlt, vom Katalysator abfiltriert u. bei red. Druck das Lsgm. abgedampft → I-*dichlorformiat*, F. 93—95°, (Ausb.) 94%. — Analog: *Hydrochinondichlorformiat*, F. 100—101°, 92%. — *2.2-Bis-[4-hydroxyphenyl]-methandichlorformiat*, F. 60—61°. — *2.2-[4.4′-Dihydroxy-3.3′.5.5′-tetrachlordiphenyl]-propandichlorformiat*, F. 164 bis 166°. — Mit Bis-[4-hydroxyphenyl]-sulfon u. Di-[dodecyltrimethylammonium]-sulfat → [*p-Cl · COO* · $(C_6H_4)]_2 \cdot SO_2$. — Mit Bis-[hydroxyphenyl]-cyclohexylmethan u. Myristyltrimethylammoniumbromid → [*p-Cl* · $COO(C_6H_4)]_2$ · *CH* · [*Cyclohexyl*]. — Zwischenprod. zur *Herst. von Polycarbonaten u. Polyurethanen*. (**U.S.P. 3255230** vom 3/7. 1962, ausg. 7/6. 1966.) — 4 S. E. Kürschner H 1280

*2036* E. I. du Pont de Nemours & Co., Wilmington, Del., übert. von: Ernest Csendes, Atlanta, Ga., USA, **2.5-Di-tertiär-butyl-N.N′-diaryl-p-phenylendiamine** werden hergestellt durch Erhitzen von 2.5-Di-tert.-butylhydrochinon mit dem entsprechenden Arylamin oder dessen Hydrochlorid in Ggw. von HCl, das in die Schmelze eingeleitet wird. — *2.5-Di-tert.-butyl-N.N′-diphenyl-p-phenylendiamin*, F. 32—34°; $Kp._{0,3}$ 240—250°, wird mit Dibenzoylperoxid in das Anil übergeführt. Weitere mögliche Verb. sind angegeben. — *Antioxydantien für Elastomere*. (**U.S.P. 3271453** vom 22/1. 1962, ausg. 6/9. 1966.) — 2 S. A. Debo H 1310

*2037* American Cyanamid Co., Stamford, Conn., übert. von: Joseph Adrian Hoffman, Bound Brook, N.J., und Charles Franklin McDonough, Youngstown, O., USA, **1.3-Diamino-2.4.6-trinitrobenzol**, F. 284°, erhält man in 75%ig. Ausb., wenn man 1.3-Dimethoxybenzol mit konz. $H_2SO_4$ in die 2.4.6-Trisulfonsäure überführt, diese mit konz. $HNO_3$ zum 1.3-Dimethoxy-2.4.6-trinitrobenzol umsetzt u. dieses mit $NH_3$ reagieren läßt, wobei die Nitrierung in Ggw. eines Lsgm. für das 1.3-Dimethoxy-2.4.6-trinitrobenzol erfolgt. Als Lsgm. dient $C_6H_5NO_2$ oder ein niedrigmol. Alkylenchlorid, das gleichzeitig Extraktionsfl. ist. — (**U.S.P. 3278604** vom 16/7. 1963, ausg. 11/10. 1966.) — 3 S. A. Debo H 1310

*2038* Polaroid Corp., Cambridge, übert. von: Howard C. Haas, Arlington, und Elbert M. Idelson, Newton Lower Falls, Mass., USA, **Phenylazobenzoylperoxide** erhält man durch Rk. von Phenylazobenzoesäure mit $PCl_3$, $PCl_5$ oder $SOCl_2$ u. weitere Rk. des gebildeten Säurechlorids mit einem Peroxid, z. B. $Na_2O_2$. — *p.p′-Bis-[phenylazo]-benzoylperoxid*, $C_{26}H_{18}N_4O_4$, F. 145—146° (Bzl.). — *Polymerisationsinitiatoren*. (**U.S.P. 3271384** vom 9/5. 1963, ausg. 6/9. 1966.) — 3 S. A. Jahn H 1310

*2039* Polaroid Corp., Cambridge, übert. von: Milton Green, Newton Center, Meroe M. Morse, Boston, und Myron S. Simon, Newton Center, Mass., USA, **Mono-N-benzyl-diaminophenyl-Verbindungen** erhält man durch Rk. eines p-Amino-o-nitrophenols oder eines o-Amino-p-nitrophenols mit Benzaldehyd oder Hydroxybenzaldehyd u. Red. des Rk.-Prod. in Ggw. eines Katalysators. — Beispiel: Durch Rk. von 2-Amino-4-nitro-phenol mit Benzaldehyd erhält man das 2-[N-Benzyliden-amino]-4-nitrophenol, F. 196—198°, das in Ggw. von Pd/$BaSO_4$ zu *4-Amino-2-benzylamino-phenol* hydriert wird. Aus folgenden Zwischenprod. wurden die entsprechenden Benzylaminoverb. durch Hydrierung erhalten: 4-[N-Benzyliden-amino]-2-nitrophenol, F. 104—105°; 2-[N-(p-Hydroxybenzyliden)-amino]-4-nitrophenol, F. 233 bis 235°; 2-[N-(m-Hydroxybenzyliden)-amino]-4-nitrophenol, F. 197—200°; 4-[N-(m-Hydroxybenzyliden)-amino]-2-nitrophenol, F. 158—168°; 4-[N-(p-Hydroxybenzyliden)-amino]-2-nitrophenol, F. 188—193°; 6-Chlor-2-[N-(p-Hydroxybenzyliden)-amino]-4-nitrophenol, F. 235—237°. — *Entwickler für belichtete Silberhalogenide*. (**U.S.P. 3235599** vom 17/10. 1962, ausg. 15/2. 1966.) — 8 S. R. Bauereis H 1320

*2040* Dan River Mills, Inc., Danville, Va., übert. von: Thomas C. Allen, High Point, N.C., und Harold J. Watson, Danville, Va., USA, **Halogenaryloxysilane** der allg. Formel $[RO]_a \cdot Si \cdot [OC_2H_5]_{4-a}$ (R = Tribromphenyl-, Pentachlorphenyl-, 4-Chlor-3-methylphenyl-, 2-Chlor-4-phenylphenyl-, o-Benzyl-p-chlorphenyl- oder 4-Chlor-3.5-dimethylphenylrest; a = 1, 2 oder 3) werden erhalten durch Ersetzen einer oder mehrerer an Si gebundener Alkoxygruppen eines niederen Alkylkieselsäureesters, bes. Tetraäthylesters, oder an Si gebundener Halogenatome, $NH_2$-Gruppen oder H-Atome durch Phenoxygruppen. — Aus einem Gemisch von 2 (Mol) Phenol, 1 $(C_2H_5O)_4Si$ u. $SiCl_4$ (I) als Katalysator wird bei 80° 1 $C_2H_5OH$ abdest., weiteres I zugesetzt u. bei 90—170° noch 1 $C_2H_5OH$ abdest. → *Diphenoxydiäthoxysilan*. — Analog: mit 2.2′-Methylen-bis-[3.4.6-trichlorphenol] u. Tetraisopropyltitanat-Katalysator → Verb. der Formel H · $[-R'-Si(OC_2H_5)_2-R'-]_n$ · OH (R′ = 2.2′-Methylen-bis-[3.4.6-trichlorphenoxy]-Gruppe; n = ganzzahlig, mindestens 1). — Weitere Analogbeispiele. — *Bakterizide u. Fungizide zur Textilausrüstung*. (**U.S.P. 3253009** vom 1/9. 1961, ausg. 24/5. 1966.) — 4 S. E. Kürschner H 1380

*2041* United States of America, Secretary of Navy, übert. von: Kazimiera I. L. Paciorek und Reinhold H. Kratzer, Riverside, Calif., USA, **Herstellung von** $(C_6H_5)_2P{-}N{=}P(C_6H_5)_2{-}N{=}P(C_6H_5)_2{-}N{=}P \cdot (C_6H_5)_3$ **(I)**, F. 57—61°. Man setzt Diphenylphosphinigsäurechlorid in inerter Atmosphäre mit $LiN_3$ in Acetonitril (II) bei —20 bis —25° um, filtriert die $(C_6H_5)_2PN_3$ enthaltende Rk.-Lsg. u. gibt sie zu einer auf —25° gehaltenen Lsg. von Triphenylphosphin (III) in II. Man kühlt im Eisbad, rührt, läßt langsam auf Raumtemp. erwärmen, zieht II im Vakuum ab u. trennt I von III durch Subl. u. Kochen in PAe., worin I unlösl. ist. — Vgl. U.S.P. 3211753; C. **1967**, 40-2819. — *Zwischenprod.* für *Phosphonitrilpolymere*. (**U.S.P. 3277170** vom 24/10. 1963, ausg. 4/10. 1966.) — 2 S. A. Jahn H 1380

*2042* A. Ja. Jakubovič, P. O. Gitel und O. P. Solovova, **Herstellung fluoraromatischer Cyclophosphonitrilate** durch Behandeln von Na- oder K-Fluorphenolaten mit Phosphonitrilchloriden in inerten Lsgm., bes. THF. — 22,4 (g) p-Fluorphenol ($Kp._6$ 66—69°) werden in $CH_3OH$ mit 4,5 Na-Stücken versetzt. Nach Rk.-Ende wird $CH_3OH$ abdest. u. durch Xylol ersetzt. Die Suspension von Na-p-Fluorphenolat in Xylol wird unter Rühren langsam mit 10,5 Cyclophosphonitrilchlorid (I) in Xylol 18 Std. erhitzt: Nach Waschen mit HCl u. W. u. Aufarbeiten 12,7 Prod., $Kp._2$ 302—320°, F. 123—123,5°. — Analog aus K-Pentafluorphenolat + I → Prod., F. 105,5—106° (A.); stabil bis > 370°. (**UdSSR.P. 177886** vom 29/10. 1964, ausg. 23/2. 1966.) — 2 S. F. Eßer H 1380

*2043* Monsanto Research Corp., St. Louis, Mo., übert. von: Edward S. Blake, Dayton, David R. Dalton, Columbus, und Ralph E. De Brunner,

Dayton, O., USA, **Phosphonsäureester** erhält man nach dem Rk.-Schema $RP(O)X_2 + 2 CF_3C_6H_4OH \rightarrow RP(O) \cdot [OC_6H_4CF_3]_2$ (R = $C_{1-12}$-KW-Stoffrest ohne aliphat. Mehrfachbindungen; X = Halogen). — Es wurden erhalten: *n-Butylphosphonsäure-* (Kp.$_{0,05-0,06}$ 113—118°), *Phenylphosphonsäure-* (Kp.$_{0,05}$ 144—147°) u. *3-Phenylpropylphosphonsäure-bis-[3-(trifluormethyl)-phenyl]-ester,* Kp.$_{0,03}$ 168°. — *Hitzebeständige, flammfeste Weichmacher; Feuerlöschmittel.* (**U.S.P. 3288890** vom 26/3. 1963, ausg. 29/11. 1966.) — 3 S. A. Jahn H 1380

*2044* United States of America, Secretary of Navy, übert. von: David L. Herring und Catherine M. Douglas, Riverside, Calif., USA, **Diarylphosphinsäureamide** erhält man durch Rk. von Diaryltrichlorphosphoranen mit $NH_3$ u. nachfolgende Hydrolyse des gebildeten Diaryldichloraminophosphorans mittels atmosphär. Feuchtigkeit. Man kann auch Diarylphosphinsäurechlorid mit $NH_3$ in inerter Atmosphäre umsetzen. — Es wurde erhalten: *Diphenylphosphinsäureamid,* F. 161°. Gibt beim Erhitzen im geschlossenen Rohr auf 285 bis 290° → *Polydiphenylphosphonsäureamid,* Erweichungspunkt 153—160°. — Zwischenprod. für *thermostabile Polymere.* (**U.S.P. 3249560** vom 17/7. 1963, ausg. 3/5. 1966.) — 2 S. A. Jahn H 1380

*2045* Geigy Chemical Corp., Greenburgh, übert. von: John D. Spivack, Spring Valley, N.Y., USA, **Hydroxyphenylalkanphosphonsäuren und deren Ester** der allg. Formeln $RP(O)(R^1)-CH(R^4)-C_6H_2(OH)(R^2)R^3$ bzw. $C_6H_2 \cdot (OH)(R^2)[-A-P(O)(OR^7)OR^8]_2$ erhält man durch Rk. von Alkylhydroxyphenylalkylen-Mg-Halogenid mit tert. oder sek. Phosphiten, tert. Dithiophosphiten oder sek. Halogenphosphaten u. ggf. nachfolgende Veresterung (R = OH, Alkoxy-, Alkylmercapto-, Alkylmercaptoalkylrest; $R^1$ = OH, Alkylmercapto-, Alkylmercaptoalkoxy- oder Phenylrest; $R^2$, $R^7$ u. $R^8$ = Alkylrest; $R^3$ = H oder $R^2$; $R^4$ = H oder niederer Alkylrest; A = Alkylenrest). — Es wurden erhalten: *O-n-Octadecyl-3-tert.-butyl-4-hydroxy-benzylphosphonsäure,* F. 98—100° (PAe.–Hexan). — *S.S-Di-n-octadecyl-3.5-dimercaptobutyl-4-hydroxybenzyl-dithiophosphonat,* F. 68—70° (n-Hexan). — *O-n-Octadecyl-[3.5-di-tert.-butylhydroxybenzyl]-benzolphosphinat,* F. 81 bis 82° (Aceton). — *Stabilisierungsmittel für Kunstharze, bes. Polyäthylen* u. *Polypropylen.* (**U.S.P. 3270091** vom 5/5. 1965, ausg. 30/8. 1966.) — 6 S. A. Jahn H 1380

*2046* N. K. Bliznjuk und Z. N. Kvaša, **Mono-[β-chloräthyl]-phosphonite** entstehen durch Rk. von Dichlorphosphinen mit Äthylenoxid (I) u. Äthylenchlorhydrin (II) oder W. bei 0—45°. — Äquimol. Mengen **II**, **I** u. Benzyldichlorphosphin in Dichloräthan werden 1 Std. auf 40—45° erwärmt. Die Rk.-Masse wird dann stehengelassen: *Mono-[β-chloräthyl]-benzylphosphonit,* Kp.$_2$ 165 bis 168°; $n_D^{20}$ 1,5390; $D_4^{20}$ 1,2425. — Analog folgende Phosphonigsäuremono-[β-chloräthyl]-ester: *n-Butyl-,* Kp.$_2$ 114—116°; $D_4^{20}$ 1,1441; $n_D^{20}$ 1,4612. — *n-Hexyl-,* Kp.$_2$ 131—133°; $D_4^{20}$ 1,0785; $n_D^{20}$ 1,4597. — *Phenyl-,* Kp.$_{1,5}$ 149—151°; $D_4^{20}$ 1,2626 $n_D^{20}$ 1,5412. — *p-Chlorbenzyl-,* $D_4^{20}$ 1,3485; $n_D^{20}$ 1,5513. (**UdSSR.P. 177888** vom 2/12. 1964, ausg. 15/4. 1966.) — 2 S. F. Eßer H 1380

*2047* Monsanto Research Corp., St. Louis, Mo., übert. von: Morris L. Nielsen, Dayton, O., USA, **Phosphorsäureamide** erhält man nach dem Rk.-Schema $ROP(O)X_2 + H_2N-Z-NH_2 \rightarrow RO-P(O)(X)-NH-Z-NH_2$ (**I**). — **I** + $H_2O \rightarrow ROP(O)(OH)-NH-Z-NH_2$ (R = aromat. KW-Stoffrest $C_{6-12}$ ohne aliphat. Mehrfachbindungen; Z = Arylen; X = Cl, Br, J). — 0,1 Mol. o-Phenylendiamin gibt mit 0,05 Mol. Phosphorsäuremonophenylesterdichlorid in Bzl. → *$C_6H_5OP(O)(Cl)-NHC_6H_4-NH_2$-(o)*; gibt mit W. bei 10° *Phosphorsäuremonophenylester-N-[2-aminophenyl]-amid,* $C_{12}H_{13}N_2O_3P$, F. 176°. — Durch Rk. mit Alkylendihalogeniden entstehen lineare Polymere. — *Polymerenvorprodukte.* (**U.S.P. 3278658** vom 29/7. 1963, ausg. 11/10. 1966.) — 3 S. A. Jahn H 1380

*2048* United States of America, Secretary of Navy, übert. von: Leo A. Wall, Washington, D.C., und Joseph M. Antonucci, Silver Spring, Md., USA, **Herstellung von Octafluorstyrol,** dad. gek., daß man die Grignard-Verb. $C_6F_5MgBr$ bei —78° unter $N_2$ mit Trifluoracetaldehyd mischt, auf Raumtemp. erwärmt, 1 Std. kocht, über Nacht stehenläßt, die dunkelbraune Komplexverb. mit 5%ig. $H_2SO_4$ zersetzt, die Ae.-Schicht u. den aus der wss. Phase mit Ae. erhaltenen Extrakt nach Einw. von gesätt. wss. $NaHCO_3$ u. gesätt. NaCl-Lsg. trocknet, eindampft, den Rückstand unter autogenem Druck, bes. bei 60—75°, sublimiert, das erhaltene *Pentafluorphenyltrifluormethylcarbinol* (44% Ausb.) bei —80° mit $SF_4$ u. zur Erhöhung der Ausb. ggf. mit n-Pentan mischt, das Gemisch 12—15 Std. bei 50—90° erhitzt, kühlt, restliches $SF_4$, HF usw. entweichen läßt, n-Pentan u. dann den hochsd. Rückstand unter $N_2$ dest. u. das erhaltene *α-Hydrononafluoräthylbenzol* (*β.β.β*-Trifluor-α-fluoräthylpentafluorbenzol), Kp. 130—131°, 90%, unter $N_2$ in Ggw. von Fe-Wolle bei 400—550° bzw. in Gasform bei 0,1—20 mm Hg-Druck bei 600—850° pyrolysiert. — Verw. für *plast. Massen* u. *Kautschuk.* — Mengenbeispiele. Rk.-Schema. (**U.S.P. 3265746** vom 18/1. 1962, ausg. 9/8. 1966.) — 2 S. Georg Vogel H 1410

*2049* Standard Oil Co., Cleveland, übert. von: Janice L. Greene, Warrensville Heights, O., USA, **Herstellung von cis-Cyclobutan-1.2-dicarbonsäure** (**I**), F. 131,5—135°. Man stellt durch Rühren von cis-Cyclobutan-1.2-dicyanid mit $H_2SO_4 \cdot H_2O$ bei 70—115° die entsprechende Additionsverb. her, hydrolysiert diese mit sd. W. u. gewinnt **I**, bes. durch Extraktion mit Ae., Bzl., Toluol oder $CHCl_3$, aus dem Hydrolysat. — *Zwischenprod. für Polyester.* (**U.S.P. 3290365** vom 21/6. 1963, ausg. 6/12. 1966.) — 2 S. H. Roos H 2020

*2050* Polaroid Corp., Cambridge, übert. von: Warren E. Solodar, Newton Center, Mass., USA, **Dihydroxynitrostilbene der allg.** Formel $Y^2CH=CHAr(NO_2)_mZ_{n-1}$ (Ar = Aryl, bes. Bzl. oder Naphthalin; m = 1 oder 2; Z = Halogen oder Alkyl; n = 1—5; $Y^2$ = ggf. mit Alkyl oder Halogen substituiertes p-Dihydroxyphenyl oder o-Dihydroxyphenyl; die $NO_2$-Gruppe steht in o- oder p-Stellung zu $-CH=CH-$) erhält man durch Rk. einer Verb. der allg. Formel $Y^1CH=CHAr(NO_2)_mZ_{n-1}$ ($Y^1$ = p-Dialkyloxy- oder o-Dialkyloxyphenyl, ggf. durch Halogen oder Alkyl substituiert) mit einem Amin unter gleichzeitigem Einleiten von HCl bei 180—200°. Die erhaltenen Verb. können acyliert werden. — p-Nitrophenylessigsäure gibt mit 2.5-Dimethoxybenzaldehyd in Ggw. von Piperidin *2.5-Dimethoxy-4'-nitrostilben,* F. 116,5—117°; daraus durch Rk. mit Pyridinhydrochlorid bei 205—212° das *2.5-Dihydroxy-Deriv.,* F. 231—235°; durch Rk. mit $CH_3COCl$ erhält man daraus das *2.5-Diacetoxy-Deriv.,* F. 192—194°, durch Hydrierung erhält man daraus *p-(2.5-Diacetoxyphenäthyl)-anilinhydrochlorid,* F. 154—158°; ähnlich: *2.5-Dimethoxy-2'.4'-dinitrostilben,* F. 171—173°, dessen *Dihydroxy-Deriv.,* F. 248 bis 251°, dessen *Diacetoxy-Deriv.,* F. 194—197°, u. *2'.4'-Diaminophenäthyl-2.5-diacetoxybenzolhydrochlorid,* F. 180 bis 188°. — *Silberhalogenid-Entwickler.* (**U.S.P. 3232995** vom 25/5. 1964, ausg. 1/2. 1966.) — 6 S. R. Bollinger H 2260

*2051* Shell Oil Co., New York, N.Y., übert. von: Albert L. Rocklin, Walnut Creek, Calif., USA, **2.4.6-Tris-[3.5-di-tert.-butyl-4-hydroxybenzyl]-phenylalkylester** u. andere Ester von Polyphenolen, entsprechend der allg. Formel $(R' \cdot COO)(R'')_{5-n}[C_6H_0]-[CH_2-(C_6H_2) \cdot OH-p \cdot R-m \cdot R-m']_n$ (R = Alkylgruppe, bes. α-verzweigt, mit bis 8 C-Atomen; R' = aliphat. KW-Stoffrest mit bis 8 C-Atomen; R'' = H oder Alkylgruppe mit bis 8 C-Atomen; n = 1, 2 oder 3; der Hydroxybenzylsubstituent in o- oder p-Stellung zum Phenol-O des veresterten Phenolkerns) werden erhalten durch Rk. eines einkernigen Phenols mit wenigstens einem o- oder p-3.5-Dialkyl-4-hydroxybenzylsubstituenten u. dem Anhydrid einer einbas. Paraffincarbonsäure im stöchiometr. Verhältnis in einem inerten organ. Lsgm., z. B. einem aliphat. oder cycl. Äther, ggf. in Ggw. einer starken Mineral- oder einer organ. Sulfonsäure als Katalysator bei 0—100°. 2.4.6-Tris-[3.5-di-tert.-butyl-4-hydroxybenzyl]-phenol u. Essigsäureanhydrid in Py. werden 1 Std. auf 55° erwärmt, unter Rühren in W. gegossen u. die organ. Phase mit $CH_2Cl_2$ aufgenommen → *2.4.6-Tris-[3.5-di-tert.-butyl-4-*

*hydroxybenzyl]-phenylacetat,* F. 143°. – *Antioxydantien,* bes. für *Polypropylen.* (**U.S.P. 3265661** vom 19/4. 1962, ausg. 9/8. 1966.) – 3 S. E. Kürschner H 2260

*2052* Farbenfabriken Bayer Akt.-Ges., Leverkusen, übert. von: Ludwig Bottenbruch und Hermann Schnell, Krefeld, **Kohlensäureester** erhält man durch Rk. einer aliphat., cycloaliphat. oder aromat. OH-Verb. mit $^1/_2$ Mol. $COCl_2$ oder 1 Mol. eines Halogenameisensäureesters in alkal. wss. Lsg. in Ggw. von 0,005–1 Gew.-% eines tert. Amins. – Phenol gibt mit $COCl_2$ in Bzl. in Ggw. von NaOH in W. *Chlorkohlensäurephenylester,* F. 58–62°, u. *Diphenylcarbonat,* F. 74–76°; ähnlich erhält man *2.2-Bis-[4-phenylcarbonatphenyl]-propan,* F. 68–70°, aus 2.2-Bis-[4-hydroxyphenyl]-propan. – Zwischenprod. für *Polycarbonate.* (**U.S.P. 3275674** vom 1/8. 1960, ausg. 27/9. 1966. D. Prior. 4/12. 1956.) – 4 S. R. Bollinger H 2480

*2053* General Aniline & Film Corp., New York, N.Y., übert. von: David E. Graham und Eldred Welch, Westfield, N.J., USA, **Herstellung von 4-Amino-4'-chlor-2-stilbencarbonitril** (**I**), dad. gek., daß man 4'-Chlor-4-nitro-2-stilbencarbonitril (**II**) in einem fl. aromat. KW-Stoff mit Kp. 80–180° in Ggw. eines gegen atmosphär. Einfl. geschützten, auf einem inerten Träger feinverteilten, 50–70% Ni u. 50–30% NiO enthaltenden Ni-Katalysators katalyt. hydriert. – Aus **II** in Toluol unter $N_2$ durch Hydrierung in Ggw. eines nach U.S.P. 2677668, C. **1955,** 10106 hergestellten Ni-Katalysators mit 60% Ni u. 40% NiO auf Kieselgur bei 50 psig u. 55° → **I**, F. 169,4–169,8°, fast quant. Ausb., 99,1%ig. Reinheit. – Zwischenprod. für die Herst. von *opt. Aufhellern.* (**U.S.P. 3250799** vom 7/6. 1963, ausg. 10/5. 1966.) – 3 S. Georg Vogel H 2550

*2054* Hooker Chemical Corp., übert. von: Charles F. Baranauckas und Irving Gordon, Niagara Falls, N.Y., USA, **Tetrahalogen-bis-phenol-bis-phosphite** der allg. Formel $[X_2P \cdot O \cdot Ar]_2 \cdot C(CH_3)_2$ (Ar = Aryl, bes. Phenyl; X = Halogen, bes. Cl) werden erhalten durch Rk. einer Verb. der Formel $PX_3$ im 2–10fachen stöchiometr. Überschuß mit einer Verb. der allg. Formel $[OH \cdot Ar]_2 \cdot C(CH_3)_2$ bei 25–100° u. Entfernen des $PX_3$-Überschusses nach erfolgter Umsetzung. – Zu $PCl_3$ wird bei 70° unter Rühren Bisphenol-A gegeben, entstehendes HCl durch $N_2$ ausgetrieben, mit Toluol verd. u. dieses mit dem $PCl_3$-Überschuß bei 75° u. 10 mm Hg abdest. → *Tetrachlorbisphenol-A-bisphosphit,* Ausb. quantitativ. – *Hitzestabilisatoren für Vinylharze, flammwiderstandserhöhende Zusätze für Polyurethane.* Zwischenprod. zur Herst. von *Tetraarylbisphenolbisphosphiten.* (**U.S.P. 3254050** vom 31/10. 1961, ausg. 31/5. 1966.) – 4 S. E. Kürschner H 2580

*2055* F. Hoffmann-La Roche & Co. Akt.-Ges., Basel, Schweiz, **Dibenzocycloheptatrienderivate,** die in 5-Stellung durch die Gruppe =AB, in 10-Stellung durch $R^1$ u. in einem Bzl.-Kern durch R substituiert sind (A = Alkylen, B = Halogen, Alkoxy, Alkylthio, $R^1$ = Carboxyl, Chlorcarbonyl, Alkoxycarbonyl, CN, R = Halogen, $CF_3$, Alkyl, Alkoxy, Alkylthio, Alkanoyl, Sulfamoyl, Alkylsulfamoyl, Alkylsulfonyl), erhält man durch Rk. der 5-Keto-10-halogen-Verb. mit Propenyl-Mg-halogenid, Dehydratisierung u. HCl-Anlagerung u. ggf. anschließende Rk. mit einem Alkoholat. Die 10-Halogenverb. wird in die 10-Mg-Halogenverb. übergeführt u. mit $CO_2$ umgesetzt. – Aus 10-Bromdibenzo-(a.d)-cycloheptatrien-(1.4.6)-on-(5) erhält man durch Rk. mit $CH_3MgJ$ u. mit 1-Methoxy-3-chlorpropan → *5-Hydroxy-5-(3'-methoxypropyl)-Verb.,* F. 82–84°, daraus mit HCl in A. → *5-(3'-Methoxypropyliden)-Verb.,* F. 113–115°, daraus mit Mg u. dann $CO_2$ → *5-(3'-Methoxypropyliden)-dibenzo-(a.d)-cycloheptatrien-(1.4.6)-carbonsäure-(10),* F. 177–180°, *Säurechlorid,* F. 106–108°, *Nitril,* F. 92–94°, *Methylester,* F. 87–88°; ähnlich: *5-Hydroxy-5-(3'-äthoxypropyl]-10-bromdibenzo-(a.d)-cycloheptatrien-(1.4.6),* F. 68–72°, *3'-Äthoxy-1-propylidenderiv.,* F. 92–95°, *10-Carbonsäure,* F. 110–115°. (**Brit.P. 1077152** vom 16/2. 1965, ausg. 26/7. 1967. Schwz. Prior. 18/2. 1964.) – 5 S. R. Bollinger H 2910

*2056* Halcon International, Inc., New York, N.Y., USA, **Äthylenoxid** (**I**) erhält man durch Ox. von Äthylen (**II**) mit gasförmigem $O_2$ in Ggw. eines Ag-Katalysators in 3 in Reihe geschalteten Rk.-Zonen. Jede Rk.-Zone hat eine Länge von 5–40 ft. u. 0,5–2 inch ⌀, wird bei 150 bis 400°, 50–650 lb.squ.in. u. einem Gasdurchfluß von 50–1500 ft³/Std. betrieben. In jeder Rk.-Zone beträgt die $O_2$-Konz. 1–10 Vol.-%, die $CO_2$-Konz. $\leq$ 10 Vol.-%, die Konz. an halogeniertem Inhibitor (Äthylendichlorid) 0,0001–100 ppm u. die Konz. an $CH_4$ u./oder $C_2H_6$ 0,001–40 Vol.-%. Die Rk. wird so geführt, daß in den einzelnen Rk.-Zonen folgende Bedingungen eingehalten werden: 1. Zone: **II**-Konz. 7 bis 20 Vol.-%, Umwandlung (U) 10–30% u. Selektivität der Rk. (S) 65–75%; 2. Zone: **II**-Konz. 2–5 Vol.-%, U 50–25%, S 60–70%; 3. Zone: **II**-Konz. 0,5–3 Vol.-%, U 90–50% u. S 60–65%. Die Rk.-Gase enthalten 0,3 bis 5 Vol.-% **I**, das durch übliches Waschen gewonnen wird. – Fließschema. (**Brit.P. 1075454** vom 19/11. 1964, ausg. 12/7. 1967. U.S. Prior. 21/11. 1963.) – 5 S. A. Jahn H 3030

*2057* Institute Khimicheskoi Fiziki, Moskau, UdSSR (Erfinder: Anna Aljbertovna Blumberg, Petr Ivanovich Valov, Demid Vasiljevich Ivanjukov, Jury Dmitrievich Norikov und Nikolai Markovich Emanuel), **Olefinoxide** erhält man durch Rk. von $O_2$, ggf. in Inertgas, mit dem Gemisch eines Olefins u. einer organ. Verb., die rascher als das Olefin zum Peroxid ox. wird, in inertem Lsgm. bei 60–145° u. 1–100 at. – Aus Acetaldehyd u. Propen durch Einleiten von Luft bei 80° *Propenoxid.* (**Brit.P. 1080462** vom 4/7. 1964, ausg. 23/8. 1967.) – 8 S. R. Bollinger H 3030

*2058* F. Hoffmann-La Roche & Co. Akt.-Ges., Basel, Schweiz, **Epoxide** der allg. Formel $(CH_3)(R^1) \cdot C{-}C$ (H oder $R^2)(CH_2)_2C(CH_3)(CH{=}CH_2)$-(H oder R) mit O-Brücke zwischen den beiden C ($R$ = Alkyl, Aryl, $R^1$ = Alkyl, $R^2$ = $CH_3$) erhält man durch Rk. einer Verb. der allg. Formel $(CH_3)(R^1)C{=}C \cdot$ (H oder $R^2)(CH_2)_2C(CH_3)(CH{=}CH_2)$-(H oder R) mit Perphthalsäure. – Aus Linalylacetat mit Perborat u. Perphthalsäureanhydrid → *3-Acetoxy-3.7-dimethyl-6.7-epoxyocten-(1),* ähnlich: *3-Acetoxy-3.7-dimethyl-6.7-epoxynonen-(1),* $Kp._{0,5}$ 86°, *6.7-Epoxy-3-formoxy-3.7-dimethylocten-(1),* $Kp._{0,3}$ 66°, *6.7-Epoxy-3-isobutyroxy-3.7-dimethylocten-(1),* $Kp._{0,8}$ 86°, *6.7-Epoxy-3-isovaleroxy-3.7-dimethylocten-(1),* $Kp._{1}$ 104°. (**Brit.P. 1068973** vom 18/1. 1966, ausg. 17/5. 1967. U.S. Prior. 19/1. 1965.) – 3 S. R. Bollinger H 3030

*2059* Dow Chemical Co., Midland, Mich., USA (Erfinder: Arthur Emilio Gurgiolo und Robert William McAda), **Allylglycidyläther und Thioäther** der allg. Formel **I** $CH_2{=}CHCH[(CH_2)_mH]$-$[(XCH_2CHR)_n]_p \cdot XCH_2CH{-}CH_2$ (mit O-Brücke; m = 0 oder 1–5, n = 1–40, R = H, Alkyl, Phenyl, Benzyl, Halogenalkyl, Allyloxyalkyl, Alkoxyalkyl, Phenoxyalkyl, X = O, S, p = 1–4) erhält man durch Rk. eines Alkylenoxids oder -sulfids mit einem Allylalkohol oder -thiol der allg. Formel $CH_2{=}CHCH \cdot ((CH_2)_mH)$-XH u. Rk. mit einem Epichlorhydrin. – Aus Allylalkohol mit Äthylenoxid bei 70–75° *2-Allyloxyäthanol,* $n_D^{25,5}$ = 1,4370, daraus mit Epichlorhydrin in Ggw. von $BF_3$-Ätherat → *Allyloxyäthylglycidyläther,* $n_D^{25}$ = 1,4431, ähnlich: *APOG,* $n_D^{25}$ = 1,4405; *ABOG,* $n_D^{25}$ = 1,4406; *ASOG,* $n_D^{25}$ = 1,4777; *A-Epi-G,* $n_D^{25}$ = 1,4772; $A(EO)_{15}G$, $n_D^{25}$ = 1,4635; $A(EO)_{30}G$, $A(PO)_{20} \cdot G$, $n_D^{25}$ = 1,4498; *MAPOG,* $n_D^{25}$ = 1,4360; $A(Epi)_5G$, $n_D^{25}$ = 1,4983; $A(Epi)_{10}G$, $n_D^{25}$ = 1,5044; *AEOPOG,* $n_D^{25}$ = 1,4528; $AEO(PO)_4G$, $n_D^{25}$ = 1,4484; $A(EO)_{15}G$, $n_D^{25}$ = 1,4542; *APOEpiG,* $n_D^{25}$ = 1,4685; $APO(Epi)_2G$, $n_D^{25}$ = 1,4763; $A(PO)_2(Epi)_5G$, $n_D^{25}$ = 1,4862; $A(Epi)_5 \cdot (PO)_5G$, $n_D^{25}$ = 1,4685; $A(BO)_5(Epi)_4G$, $n_D^{25}$ = 1,4648; $A[(BO)_5 + (Epi)_5]G$, $n_D^{25}$ = 1,4652; *ABOEpiAGEG,* $n_D^{25}$ = 1,4715; *AEOPOAGEG,* $n_D^{25}$ = 1,4606; *AEOPS · POG,* $n_D^{25}$ = 1,5000; *AEOEpiBrG,* $n_D^{25}$ = 1,5143; $A(BO)_5(PO)_5(AGE)_2EpiG$, $n_D^{25}$ = 1,4460; *APOEpiB · GEG,* $n_D^{20}$ = 1,4623 u. *APOEpiPGEG,* $n_D^{20}$ = 1,4947 (EO = Oxyäthylen, PO = 1.2-Oxypropylen, BO = 1.2-Oxybutylen, SO = 1-Phenyl-2-oxyäthylen, Epi = 3-Chlor-1.2-oxypropylen, G = Glycidyl, AGE = 3-Allyloxy-1.2-oxypropylen, A = Allyloxy, MA = α-Methallyloxy, PS = 1.2-Thiopropylen, EpiBr = 3-Brom-1.2-oxypropylen, BGE = 3-n-Butoxy-1.2-oxypropylen u. PGE = 3-Phenoxy-1.2-oxypropylen). Die Glycidyläther können polymerisiert u. mischpolymerisiert werden. (**Brit.P. 1077964** vom 20/8. 1965, ausg. 2/8. 1967. U.S. Prior. 3/9. 1964.) – 10 S. R. Bollinger H 3030

*2060* Farbwerke Hoechst Akt.-Ges. vormals Meister Lucius & Brüning, Frankfurt/M. (Erfinder: Herbert Bestian, Frankfurt/M., und Hans Bressler, West Warwick, R.I., USA), **Herstellung von 1.3-Di-[α.β-alkylenimino]-butancarbonsäureestern, -amiden oder -nitrilen** erfolgt durch Rk. von Estern, Amiden oder Nitrilen von 1.3-Butadiencarbonsäuren mit ≧ 2 Mol eines am N-Atom unsubstituierten α.β-Alkylenimins, ggf. in Ggw. eines Lsgm., bei 30° bis zum Kp. des Gemisches. – Man tropft 5,17 (Mol) 1-Cyanbutadien in 19,75 Äthylenimin u. erhitzt 20 Std. unter Rückfluß → *1-Cyan-2.4-di-[äthylenimino]-butan*, $Kp._{0,2}$ 83–84°; $n_D^2$ 1,4775; Ausb. 94%. – Analog: *1-Cyan-2.4-di-[2'-methyläthylenimino]-butan*, $Kp._{0,4}$ 76–79°; $n_D^{20}$ 1,4648; Ausb. 85,4%. – Zwischenprod., *Vernetzungsmittel, Hilfsmittel* für die *Papier-, Leder-* u. *Textilindustrie*. (**D.A.S. 1243687** Kl. 12p vom 4/4. 1963, ausg. 6/7. 1967.) – 2 S. C. Lüttgen H 3030

*2061* Quaker Oats Co., Barrington, Ill., USA (Erfinder: Andrew Paterson Dunlop und George Wallen Huffman), **Herstellung von Furan** erfolgt durch Behandeln von fl. Furfurol mit einem Pd-Katalysator in Ggw. > 0,01, bes. 0,01–0,1 Mol Ca-Acetat je Mol Furfurol bei 190–225°; Ausb. 100%. (**Brit.P. 1087259** vom 25/4. 1966, ausg. 18/10. 1967.) – 5 S. R. Bauereis H 3061

*2062* Arthur Smeets, Anvers, Belgien (Erfinder: José Antonio Bofill Auge und José Maria Espinos Taya, Barcelona, Spanien), **Herstellung von 5-Nitrofurfuryliden-acetylhydrazon,** F. 249–250°, erfolgt durch Rk. eines Acetylhydrazons der allg. Formel $R^1R^2C{=}N{-}NH{-}CO{-}CH_3$ ($R^1$ = H, niedermol. Alkyl; $R^2$ = niedermol. Alkyl; Furanrest) mit der Bisulfitverb. von 5-Nitrofurfural in einem geeigneten Lsgm. bei 10–50° u. pH 4–7. (**Schwz.P. 439324** vom 13/10. 1965, ausg. 15/12. 1967. Span. Prior. 22/10. 1964.) – 2 S. R. Bauereis H 3061

*2063* International Business Machines Corp., New York, N.Y., USA, **Herstellung von Dibenzofuranderivaten** erfolgt durch Rk. eines 4-alkalisubstituierten Dibenzofurans mit einem Halogenalken oder mit Acetaldehyd u. Abspaltung von W. aus dem Produkt. Rk. von 4-Li-Dibenzofuran mit Acetaldehyd → *4-β-Hydroxyäthyl-dibenzofuran*, $Kp._1$ 170°, F. 69–69,5°, Ausb. 60%, $C_{14}H_{12}O_2$. Durch Erhitzen dieser Verb. auf 200° in Ggw. von $KHSO_4$ → *4-Vinyldibenzofuran*, $Kp._{0,45}$ 122°, Ausb. 60%, $C_{14}H_{10}O$. Rk. von 4-Li-Dibenzofuran mit Allylchlorid → *4-Allyldibenzofuran*, $Kp._{0,05}$ 130°. Analog folgende Dibenzofurane (**I**): *4-Methylallyl*-**I**, $Kp._{0,05}$ 135°; *4-[3-Butenyl]*-**I**, $Kp._{0,06}$ 145°; *4-[4-Pentenyl]*-**I**, $Kp._{0,04}$ 137°, $C_{17}H_{16}O$; *4-[5-Hexenyl]*-**I**, $Kp._{0,04}$ 145°; *4-[6-Heptenyl]*-**I**, $Kp._{0,04}$ 150°. – Zwischenprod. für *Polymere*. (**Brit.P. 1077086** vom 20/11. 1964, ausg. 26/7. 1967. U.S. Prior. 20/11. 1963.) – 9 S. R. Bauereis H 3061

*2064* Mobil Oil Corp., New York, N.Y., USA, **Reduktion von schwefelhaltigen heterocyclischen Ketosäuren** mit 2–14 C-Atomen erfolgt durch Behandlung der wss. Lsg. der Alkali- oder Erdalkalimetallsalze dieser Säuren mit $H_2$ bei 1000–2300 p.s.i.g. u. einem im Alkalihydroxid unlösl. Sulfid eines Übergangselementes der 6a. u. 8. Gruppe des Period. Syst. in Ggw. von $H_2S$, $H_2Se$ oder $H_2Te$. – Durch Rk. von 3-[2-Thenoyl]-propionsäure in NaOH in Ggw. von S u. Co-Polysulfid mit $H_2$ bei 1000 p.s.i.g. u. 260° erhält man die *4-[2-Thienyl]-buttersäure*, Ausb. 91%. – Zwischenprod. für *Benzothienylcarbamate*. (**Brit.P. 1086375** vom 2/3. 1966, ausg. 11/10. 1967. U.S. Prior. 3/3. 1965.) – 4 S. R. Bauereis H 3071

*2065* Hall Harding Ltd., London, Großbritannien (Erfinder: Rafiqul Islam, Sidney George Garnish, Murray Figov und Henry Mustacchi), **4-[N-Pyrrolidino]-aniline,** die in 3-Stellung substituiert sind, erhält man durch Rk. eines p-Chlornitrobenzols mit Pyrrolidin u. Red. der $NO_2$-Gruppe oder durch Rk. von Pyrrolidin mit 5-Nitro-2-aminophenol u. Alkylierung oder Veresterung der HO-Gruppe. Beispiel: Rk. von 2-Chlor-5-nitro-anisol, F. 80–82°, mit Pyrrolidin → *4-[N-Pyrrolidino]-3-methoxy-nitrobenzol*, F. 85–86°. Durch Red. dieser Verb. mit Zn-Staub → *4-[N-Pyrrolidino]-3-methoxy-anilin*. Weiter genannt: *4-[N-Pyrrolidino]-3-methyl-nitrobenzol*, F. 97°; *4-[N-Pyrrolidino]-1-nitro-benzol-3-carbonsäure*, F. 225°; *4-[N-Pyrrolidino]-1-nitro-benzol-3-sulfonsäure*, F. 184°; *4-[N-Pyrrolidino]-3-trifluormethyl-nitro-benzol*, F. 94°; *5-Nitro-2-chlorphenol*, F. 120°, → *5-Nitro-2-[N-pyrrolidino]-phenol*, F. 168°, → *4-[N-Pyrrolidino]-3-butoxy-nitro-benzol*, F. 80–81°; *2-[N-Pyrrolidino]-5-nitro-phenyl-benzyläther*, F. 134°; *2-[N-Pyrrolidino]-5-nitrophenyl-allyläther*, F. 74°; *5-Nitro-2-[N-pyrrolidino]-phenylacetat*, F. 143°; *2-[N-Pyrrolidino]-5-nitro-phenyl-benzoat*, F. 160°. (**Brit.P. 1080576** vom 14/5. 1965, ausg. 23/8. 1967.) – 5 S. R. Bauereis H 3081

*2066* Wsesojusnij nautschno-issledowatelskij chimiko-farmazewtitscheskij Institut im. S. Ordshonikidse (Erfinder: Lew Beniaminowitsch Schagalow und Nikolaj Nikolajewitsch Suworow), Moskau, UdSSR, **Herstellung von 3-Indolylessigsäure,** F. 159–162°, erfolgt durch Rk. von Indol mit Chloressigsäure in Ggw. von Alkali, bes. bei 250–290° u. 50–90 at, u. Ansäuern des Rk.-Produktes. Ausb. 51%. (**Schwz.P. 438311** vom 19/11. 1964, ausg. 15/12. 1967.) – 1 S. R. Bauereis H 3081

*2067* Merck & Co., Inc., Rahway, N.J., USA, **Herstellung von α-[2-Methyl-5-methoxyindolyl-(3)]-essigsäure-tert.-butylester** durch Rk. von 2 Mol HCl mit einem Alkalimetallsalz der p-Methoxyphenylhydrazinosulfonsäure in tert.-Butanol, 10–50 Std. bei 20–55°, bes. 16–24 Std. bei 20–30°, u. 4–7std. Rk. des Phenylhydrazinchlorhydrates bei pH 3–4 u. 70–80° mit Lävulinsäure-tert.-butylester in inerter Atmosphäre in Ggw. von 0–20 Mol W. je Mol Sulfonat. (**Port.P. 45952** vom 22/6. 1966, Auszug veröff. 12/7. 1967. U.S. Prior. 30/6. 1965.) W. Wittholz H 3081

*2068* Spofa Spojené Podniky pro Zdravotnickou Výrobu, Prag, ČSSR, **Herstellung von 1.2-Diphenyl-3.5-dioxopyrazolidinen,** die in 4-Stellung durch die Gruppe $R_1$–CO–CH($R_2$)–CH($R_3$)– substituiert sind ($R_1$ = ggf. verzweigter Alkylrest, Phenylrest mit einem oder verschiedenen Halogenatomen oder mit einer oder verschiedenen Alkyl-, Alkylmercapto-, $CF_3$-, Carboxy- oder Benzyloxygruppen, Indanylrest, Tetrahydronaphthalin-, Naphthalin- oder heterocycl. Rest, wobei diese Reste substituiert sein können; $R_2$ u. $R_3$ = H, Alkyl-, Aryl-, oder Aralkylrest) durch Alkylieren von 1.2-Diphenyl-3.5-dioxopyrazolidin mit Verb. $R_1$–CO–CH($R_2$)–CH($R_3$)–N($R_4$)($R_5$)($R_6$)Y ($R_4$ u. $R_5$ = Alkylreste, die ggf. zusammen mit dem N-Atom einen heterocycl. Ring bilden; $R_6$ = Aralkylrest; Y = Säureanion) in abs. Methanol in Ggw. von Na-Methylat, bes. bei Siedetemp. des Rk.-Gemisches. (**Port.P. 46914** vom 22/12. 1966, Auszug veröff. 12/7. 1967. Tschech. Prior. 23/12. 1965.) W. Wittholz H 3122

*2069* E. I. du Pont des Nemours & Co., USA, **Herstellung von Imidazolen.** *2-[p-Hydroxyphenyl]-imidazol*, F. 267–270° (Dimethylformamid), aus p-Hydroxybenzaldehyd in konz. $NH_4OH$ u. 30%ig. wss. Glyoxal-Lsg.; schwachgelbe Kristalle. – *2-[4-Oxocyclohexadien-(2.5)-yliden]-2H-imidazol*, aus vorst. Verb. durch Ox. mit N-Bromsuccinimid oder $PbO_2$; dunkelrote Verbindung. – Analog: *2-[p-Hydroxy-m.m'-dimethoxyphenyl]-4.5-dimethylimidazol*, F. 266–267° (Bzl./$CH_3OH$). – *2-[3.5-Dimethoxy-4-oxocyclohexadien-(2.5)-yliden]-4.5-dimethylimidazol*; orangerote Kristalle. – (**F.P. 89813** vom 8/3. 1966, veröff. 25/8. 1967. **Zusatz zu F.P. 1395112.**) – 4 S. G. Colsmann H 3122

*2070* Merck & Co., Inc., Rahway, N.J., USA, **Herstellung von Benzimidazolen** der allg. Formel I [R = Aryl-, Halogenaryl- oder heteroaromat. Rest, der 1–3 Heteroatome, wie N, O oder S, enthält; $R_1$ = niedere Alkyl-, Cycloalkyl-, niedere Carboxyalkyl-, Halogenalkyl-, Carbalkoxyalkyl-, Aralkyl-, Halogenaralkyl-,

Nitroaralkyl-, Alkylaralkyl-, Aminoaralkyl-, Sulfonamidoaralkyl-Gruppe oder $(CH_2)_nX$, worin n = 2–5 u. X = OH, $NH_2$, niedere Alkylamino-, Dialkylamino- oder Sulfonamidogruppe; $R^5$ u. $R^6$ = H, niedere Alkyl-, Alkyloxy-, Alkylmercapto-, Phenoxy-, Phenylmercapto-

I 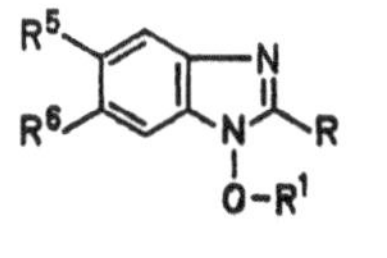

gruppe, Halogen, Phenyl-, Halogenphenyl- oder Thienylgruppe, mit der Bedingung, daß, wenn $R^5$ u. $R^6$ nicht Halogen sind, wenigstens eins von beiden H ist], z. B. *1-Methoxy-2-[thiazolyl-(4')]-benzimidazol*, durch Rk. von 2-[Thiazolyl-(4')]-benzimidazol-1-oxid (**II**) bzw. dem Alkalimetallsalz mit $CH_3Br$ oder $CH_3J$ oder Dimethylsulfat oder von **II** mit niederem Diazoalkan, Halogendialkan, Phenyldiazomethan, bes. $CH_2N_2$. (**Port.P. 45026** vom 16/12. 1965, Auszug veröff. 5/4. 1967. U.S. Prior. 31/12. 1964 u. 14/10. 1965.) W. Wittholz H 3122

*2071* Badische Anilin- & Soda-Fabrik Akt.-Ges., Ludwigshafen/Rh. (Erfinder: Matthias Seefelder, Ludwigshafen/Rh., und Herbert Armbrust, Frankenthal/Pfalz), **Herstellung von Indazol-[3]-carbonsäuren** durch Red. einer 2-Diazophenylglyoxylsäure (**I**) mit $H_2S_2O_4$. – Man trägt z. B. 27,4 (Teile) des Hydrogensulfats von **I** bei 20° innerhalb von 20 Min. in eine Lsg. von 34,8 $Na_2S_2O_4$ in 100 W. ein, rührt 10 Min., stellt das Gemisch mit NaOH schwach alkal. u. erwärmt auf 80 bis 90° → 13 (= 80,2%) *Indazol-[3]-carbonsäure*, F. 261 bis 263° (Zers.). – Analog nachst. Indazol-[3]-carbonsäuren (Ausb. in %): *5-Methyl-*, F. 280° (Zers.), (76,2). – *4-Chlor-*, F. 246° (Zers.), (50). – *4-Chlor-5-brom-*, F. 246° (Zers.), (79). – *Zwischenprod.* für *Farbstoffe, Schädlingsbekämpfungsmittel* u. *Pharmazeutika*. (**Schwz.P. 438330** vom 5/2. 1965, ausg. 15/12. 1967. **F.P. 1425219** vom 25/2. 1965, veröff. 6/12. 1965. Beide D. Prior. 25/2. 1964.) – 2 S. – 2 S. O. Schön H 3122

*2072* Sumitomo Chemical Co. Ltd., Higashi-ku, Japan, **4.4'-Bis-[benzoxazolyl-(2)]-stilben(I)-Derivate,** die ggf. an einem oder beiden Benzolringen des Benzoxazolylrestes mit je 1–2 Halogenatomen, Alkyl- oder Arylresten substituiert sind, erhält man durch Rk. von 4.4'-Stilbendicarbonsäure oder deren Dialkylestern (Alkyl $C_{1-4}$) mit o-Hydroxy- oder o-Alkoxy($C_{1-4}$)-phenylaminen in Ggw. von Pyrophosphorsäure, Polyphosphorsäure, $HPO_3$ oder $P_2O_5$ oder durch Cyclisierung entsprechender 4.4'-Stilbendicarbonsäure-di-[hydroxyphenylamide]. – Es wurden folgende *Stilbene* erhalten: **I**. – *4.4'-Di-[5-methylbenzoxazolyl-(2)]-*. – *4.4'-Di-[5-chlorbenzoxazolyl-(2)]-*. – *4.4'-Di-[5-phenylbenzoxazolyl-(2)]-*. – *4.4'-Di-[5.7-dimethylbenzoxazolyl-(2)]-*. – *4.4'-Di-[6-methylbenzoxazolyl-(2)]-*. – *4.4'-Di-[5-tert.-butylbenzoxazolyl-(2)]-*. – *Opt. Aufheller.* (**Brit.P. 1062257** vom 16/9. 1964, ausg. 22/3. 1967. Jap. Prior. 18/9., 19/10. u. 21/11. 1963.) – 12 S. A. Jahn H 3132

*2073* Sumitomo Chemical Co. Ltd., Osaka, Japan, **4.4'-Bis-[benzthiazolyl-(2)]- bzw. 4.4'-Bis-[benzoxazolyl-(2)]-stilbene,** die in den Benzolringen des Benzazolylrestes ggf. durch 1–4 Halogenatome, Alkyl-, Alkoxy- oder Arylreste substituiert sind, erhält man durch Rk. von 4.4'-Stilbendicarbonsäure mit o-Hydroxyarylamin oder o-Mercaptoarylaminen u. Cyclisierung der Amide in Ggw. von Polyphosphorsäure oder wasserfreiem $ZnCl_2$ in Inertgasatmosphäre. – Es wurden folgende *Stilbene* erhalten: *4.4'-Bis-[benzoxazolyl-(2)]-*. – *4.4'-Bis-[5-tert.-butylbenzoxazolyl-(2)]-*. – *4.4'-Bis-[5-chlorbenzoxazolyl-(2)]-*. – *4.4'-Bis-[6-methylbenzoxazolyl-(2)]-*. – *4.4'-Bis-[5-methylbenzoxazolyl-(2)]-*. – *4.4'-Bis-[5.7-dichlorbenzoxazolyl-(2)]-*. – *4.4'-Bis-[5-methoxybenzoxazolyl-(2)]-*. – *4.4'-Bis-[5-phenylbenzoxazolyl-(2)]-*. – *4.4'-Bis-[benzthiazolyl-(2)]-*, gelbe Krist., F. > 300°. – *4.4'-Bis-[5-methylbenzthiazolyl-(2)]-*, gelbe Krist., F. > 300°. – *4.4'-Bis-[6-methylbenzthiazolyl-(2)]-*. – *4.4'-Bis-[6-methoxybenzthiazolyl-(2)]-*. – *4.4'-Bis-[5-chlorbenzthiazolyl-(2)]-*. – *4.4'-Bis-[4.6-dimethylbenzthiazolyl-(2)]-*. – *4.4'-Bis-[5-phenylbenzthiazolyl-(2)]-*. – *Opt. Aufheller.* (**Brit.P. 1081876** vom 4/8. 1964, ausg. 6/9. 1967. Jap. Prior. 1/8. u. 13/8. 1963.) – 9 S. A. Jahn H 3142

*2074* Geigy (U.K.) Ltd., Manchester, Großbritannien (Erfinder: Donald Richard Randell und Donald Kearsey Howard), **Benztriazol(I)-Derivate,** die in 5-Stellung durch geradkettige oder verzweigte $C_2$–$C_{12}$-Alkylreste substituiert sind, erhält man durch Rk. entsprechender 1.2-Phenylendiamine mit $HNO_2$. – *5-Butyl-I*, $C_{10}H_{13}N_3$, $Kp._1$ 202°, F. 65°. – *5-Dodecyl-I*, $C_{18}H_{29}N_3$, F. 76°. – *5-Äthyl-I*, $C_8H_9N_3$, F. 66° (PAe.-Bzl.). – *Korrosionsschutzmittel, Schmiermittelzusätze, Stabilisatoren* für *Polymere*, bes. *Polypropylen*. (**Brit.P. 1065995** vom 6/12. 1963, ausg. 19/4. 1967.) – 7 S. A. Jahn H 3153

*2075* Geigy (U.K.) Ltd., Manchester, Großbritannien (Erfinder: Donald Richard Randell und Donald Kearsey Howard), **Benztriazol(I)-Derivate,** die in 5-Stellung durch $C_8$–$C_{12}$-Alkanoylaminoreste substituiert sind, erhält man durch Acylierung von 5-Amino-**I**-Derivaten. – *5-Octanoylamino-I*, $C_{14}H_{20}N_4O$, F. 198° (Methanol). – *5-Dodecanoylamino-I*, $C_{18}H_{28}N_4O$, F. 210°. – *Korrosionsschutzmittel.* (**Brit.P. 1069392** vom 24/1. 1964, ausg. 17/5. 1967.) – 5 S. A. Jahn H 3153

*2076* Farbenfabriken Bayer Akt.-Ges., Leverkusen (Erfinder: Walter Simmler, Hans Niederprüm und Hans Sattleger), **Herstellung von 2.2.5.5-Tetramethyl-2.5-disila-1.3-dioxolan,** $Kp._{4-5}$ 43–45°, erfolgt durch Erhitzen eines äquimolaren Gemisches von 1.3-Di-[brommethyl]-tetramethyldisiloxan u. 1.3-Di-[hydroxymethyl]-tetramethyldisiloxan mit einem Überschuß an Triäthylamin bis zur Beendigung der Salzausfällung, Entfernung der N-haltigen Verb. durch Filtration u. Einengen, Zugabe einer katalyt. Menge von p-Toluolsulfonsäure u. Dest. unter Vakuum oder durch Erhitzen einer äquimolaren Menge von Dimethyl-[acetoxymethyl]-acetoxysiloxan u. Dimethyldiäthoxysilan, einer 5–20-fachen Menge Methanol u. einer katalyt. Menge p-Toluolsulfonsäure, Entfernung des gebildeten Methylacetats u. A. sowie des überschüssigen Methanols durch Dest. u. Abtrennung des 2.2.5.5-Tetramethyl-2.5-disila-1.3-dioxolans durch Dest. im Vakuum. – Zwischenprod. für *Organopolysiloxane, silikonhaltige Polyester* u. *Polyurethane, Polysiloxan–Polyoxyalkylen*-Prod., *Modifizierungsmittel* für Polymere. (**Brit.P. 1080397** vom 12/7. 1966, ausg. 23/8. 1967. D. Prior. 7/8. 1965.) – 3 S. R. Bauereis H 3194

*2077* Merck & Co., Inc., Rahway, N.J., USA, **Herstellung von 7.8-Dimethoxy-2.5-dimethyl-6-hydroxy-2-[4'.8'.12'-trimethyl-tridecyl]-chroman,** $Kp._{0,01}$ 155–160°, erfolgt durch Red. von 2.3-Dimethoxy-5-methylbenzochinon mit einem Metall/Säure-Red.-Mittel u. Rk. des entstandenen Hydrochinons mit einem Phytol oder Isophytol. – *Antioxydans* für animal. u. vegetabil. Fette u. Öle, *Mittel* gegen *makrocytäre Anämien*. (**Brit.P. 1086183** vom 9/12. 1964, ausg. 4/10. 1967. U.S. Prior. 20/12. 1963.) – 2 S. R. Bauereis H 3211

*2078* Imperial Chemical Industries Ltd., London, Großbritannien (Erfinder: Donald Herbert Bartholomew, Alastair Campbell, David William Harry Oliver und Brian Gordon Dutton), **Herstellung von Pyridinen** erfolgt durch Rk. eines Alkyl- bzw. Alkoxyalkyläthers des 2-Hydroxy-5.6-dihydro-2H-pyrans mit $NH_3$ im Dampfzustand bei 250–350° in Ggw. von 0,1 bis 0,5% eines Edelmetalls als Katalysator, bes. Pt auf Kieselgel oder Tonerde, wobei das Dampfgemisch zusätzlich noch $O_2$ u. W.-Dampf enthalten kann. – Man leitet ein Gemisch aus 1 (Mol) *2-Methoxy-5.6-dihydro-2H-pyran*, 5 $NH_3$ u. 10 W.-Dampf bei 300° über ein Fließbett eines Katalysators aus 25(%) $Al_2O_3$, 74 $SiO_2$ u. 0,5 Pt → Pyridin, Ausb. 36%. (**Brit.P. 1087279** vom 8/3. 1965, ausg. 18/10. 1967.) – 3 S. O. Schön H 3231

*2079* Soc. Edison (Erfinder: Jean Herzenberg, Guidobaldo Cevidalli und Adriano Nenz), Mailand, Italien, **Herstellung von Alkenylpyridinen.** Man leitet ein Gemisch aus Alkylpyridinen u. W.-Dampf bei

500—800° über einen Katalysator aus 40—90(%) ZnO, 5—45 $Fe_2O_3$, 1—20 Erdalkalioxid, 0,2—5 $Cr_2O_3$, 1—15 $Al_2O_3$ u. 0,5—10 Alkalioxid. — Herst. von *2-Methyl-5-vinylpyridin* aus 2-Methyl-5-äthylpyridin. (**Niederl.P. 122635** vom 13/10. 1959, ausg. 17/7. 1967. It. Prior. 14/10. 1958.) — 4 S. F. Böhm H 3231

*2080* Sankyo Co. Ltd., Tokio, Japan, **Herstellung von Pyridinderivaten** der allg. Formel I ($R^1$ = H, $C_{1-5}$-

I 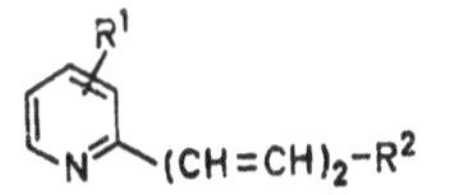

Alkyl; $R^2$ = $C_{1-5}$-Alkyl, Aryl, $C_{2-5}$-Alkenyl, $C_{2-5}$-Alkinyl, Aralkyl, Aralkenyl, Aralkinyl) erfolgt durch Rk. einer Chinoliziniumverb. mit einer Grignardverb. oder Organo-Li-Verbindung. — Rk. von Chinoliziniumbromid mit $C_6H_5MgBr$ → *1-cis-3-trans-4-Phenyl-1-[α-pyridyl]-1.3-butadien*, F. 91—92°, u. *1-trans-3-trans-4-Phenyl-1-[α-pyridyl]-1.3-butadien*, F. 121—122°. Analog: *1-cis-3-trans-4-Phenyläthinyl-1-[α-pyridyl]-1.3-butadien*, F. 63 bis 64°; *1-trans-3-trans-4-Phenyläthinyl-1-[α-pyridyl]-1.3-butadien*, F. 91—92°; *1-cis-3-trans-4-Phenyl-1-[β'-methyl-α-pyridyl]-1.3-butadien*, F. 99—100°; *1-trans-3-trans-1-[β'-Methyl-α-pyridyl]-1.3-butadien*, F. 122°; *1-[α-Pyridyl]-1.3-pentadien*, $Kp._3$ 85°, Pikrat, F. 161—162°; *1-cis-3-trans-5-trans-6-Phenyl-1-[α-pyridyl]-1.3.5-hexatrien*, F. 93—94°, all-trans-Isomeres, F. 174—175°. — *UV-Licht absorbierende Mittel* (**Brit.P. 1054593** vom 22/3. 1965, ausg. 11/1. 1967. Jap. Prior. 20/3. 1964.) — 6 S. R. Bauereis H 3231

*2081* Sandoz Soc. An., Basel, Schweiz, **Herstellung von Nicotinsäure-Derivaten,** bes. *2-[2-Methyl-3-nitrophenylamino]-nicotinsäure*, durch Rk. von 2-Halogennicotinsäure mit 2-Methyl-3-nitroanilin in indifferentem Lsgm. beim Kp. des Lsgm. in Ggw. eines Cu-Katalysators u. Alkalicarbonat als Kondens.-Mittel. (**Port.P. 46439** vom 19/9. 1966, Auszug veröff. 12/7. 1967. Schwz. Prior. 20/9. 1965 u. 20/6. 1966.) W. Wittholz H 3231

*2082* Allied Chemical Corp., New York, N.Y., USA, **Herstellung von 8-Hydroxy-bz-tetrahydrochinolin** erfolgt durch Ox. von bz-Tetrahydrochinolin mit $H_2O_2$ oder einer Percarbonsäure zum *bz-Tetrahydrochinolin-N-oxid*, F. 69°; E. 76,2° (Brit.P. 1059703); die Acylierung des N-Oxids erfolgt mit einem Carbonsäureanhydrid, z. B. mit Essigsäureanhydrid, zum *8-Acetoxy-bz-tetrahydrochinolin*, $Kp._3$ 127° (Brit.P. 1059702), aus dem durch Hydrolyse das *8-Hydroxy-bz-tetrahydrochinolin*, $Kp._2$ 88 bis 96°, entsteht; daraus durch Hydrierung in Ggw. von Pd auf Kohle → 8-Hydroxychinolin, Ausb. 60,6% — Zwischenprod. für Fungizide, Antiseptika, Komplexbildner. (**Brit.PP. 1059701, 1059702** u. **1059703** vom 15/1. 1965, ausg. 22/2. 1967. U.S. Prior. 15/1. 1964.) — — 4 S. — 2 S. — 2 S. R. Bauereis H 3231

*2083* Imperial Chemical Industries Ltd., London, Großbritannien (Erfinder: James Grigor, James Brown Parker und Andrew Cochran Currie), **Difluoramino-p-dioxane** erhält man durch Rk. einer Verb. der allg. Formel RCO–COR' (R u. R' = H, Alkyl) mit $HNF_2$ in Ggw. von $ClSO_3H$ oder $FSO_3H$. — Beispiel: Rk. von Monoglyoxal mit $HNF_2$ in Ggw. von $ClSO_3H$ → *2.3.5.6-Tetrakis-[difluoramino]-p-dioxan*, $Kp._{10}$ 100°, $C_4H_4F_8N_4O_2$. Analog: *1.2-Dimethyl-1.2-bis-[difluoramino]-epoxyäthan*, *Dimethyl-2.3.5.6-tetrakis-[difluoramino]-p-dioxan*, $C_6H_8F_8N_4O_2$. — Energiereiche *Plastifizierungsmittel* für *Nitrocellulose*; *Epoxidderiv.* dienen als *Monomere für Polymere* mit $HNF_2$. (**Brit.P. 1084451** vom 28/9. 1962, ausg. 20/9. 1967.) — 4 S. R. Bauereis H 3252

*2084* Imperial Chemical Industries Ltd., London, Großbritannien (Erfinder: James Andrew Gibson und James Brown Parker), **Acetoxy- oder Acetoxynitrate des 1.4-Dinitropiperazins (I)** erhält man durch Rk. von Alkalisalzen der 2.3.5.6-Tetrahydroxypiperazindisulfonsäure mit $HNO_3$ in Essigsäureanhydrid. — *Diacetoxydinitrato-I*, $C_8H_{10}N_6O_{14}$, F. 170° (Acetonitril). — *2.3.5.6-Tetraacetoxy-I*, $C_{12}H_{16}N_4O_{12}$, F. (Zers.) 267 bis 268° (A.). — *Sprengstoffe*. (**Brit.P. 1065947** vom 28/3. 1966, ausg. 19/4. 1967.) — 2 S. A. Jahn H 3272

*2085* F. Hoffmann-La Roche & Co. Akt.-Ges., Basel, Schweiz, **Herstellung von 5-Fluoruracil.** Man läßt ein Alkalisalz von Fluoressigsäure mit einem Alkylierungsmittel reagieren, kondensiert den erhaltenen Alkylester in Ggw. eines Alkalimetalls bzw. eines Alkoholats davon mit einem Ameisensäurealkylester u. das entstandene Alkalisalz des Hydroxymethylenfluoressigsäurealkylesters mit einem Alkyl- oder Benzyläther von Pseudoharnstoff. Das in 2-Stellung verätherte 5-Fluoruracil wird dann in an sich bekannter Weise in 5-Fluoruracil übergeführt. — Zum Beispiel kocht man Na-Fluoracetat mit Diäthylsulfat u. läßt den entstandenen *Fluoressigsäureäthylester*, Kp. 114—118°, in A. in Ggw. von K-Äthanolat unter Eiskühlung mit $HCO_2C_2H_5$ reagieren. Den Nd. kocht man in Ggw. von Na-Methanolat mit 2-Methylpseudoharnstoffhydrochlorid in Methanol → *2-Methyläther von 5-Fluoruracil*, F. 206—207°. Durch Erhitzen mit konz. HCl unter $N_2$ entsteht hieraus *5-Fluoruracil*, F. 282—283°. — Vgl. U.S.P. 2945038; C. **1963**, 18563. (**Niederl.P. 123290** vom 2/5. 1957, ausg. 15/11. 1967. U.S. Prior. 26/9. 1956.) — 2 S. F. Böhm H 3272

*2086* Parke, Davis & Co., Detroit, Mich., USA, **Herstellung von 2.4.6-Triaminochinazolin (I)** durch katalyt. Red. oder durch Red. mit Stannosalz in Ggw. von organ. oder anorgan. Säuren der entsprechenden 6-Nitro-Verbindung. Die Substitution der 6-Aminogruppe des I erfolgt durch Rk. mit einem Aldehyd Ar–CHO oder mit einem entsprechenden niederen Dialkylketal in äquivalenten Mengen in Ggw. eines organ. Lsgm. bei 60 bis 120° u. Red. der Imino-Verb. (katalyt. oder mit Alkalihydrid in organ. Lsgm.). Die Methylamino-Verb. erhält man durch Rk. von entsprechend substituiertem 2-Aminobenzonitril der Formel II ($R^2$ = H oder niederer Alkyl-

II 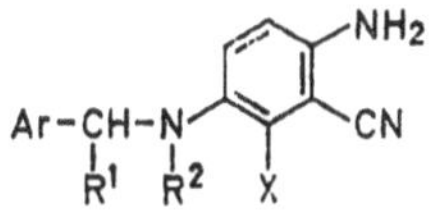

rest; $R^1$ = H oder niederer Alkylrest; Ar = ggf. substituierter Phenylrest) mit Cyanamid oder Dicyandiamid im Überschuß in organ. Lösung. (**Port.P. 45942** vom 20/6. 1966, Auszug veröff. 5/4. 1967.) W. Wittholz H 3272

*2087* Wallace & Tiernan, Inc., East Orange, N.J., USA, **Herstellung von 2-Methyl-3-[o-tolyl]-6-sulfamyl-7-chlor-1.2.3.4-tetrahydro-4(3H)-chinazolinon** durch Hydrieren von 2-Methyl-3-[o-tolyl]-6-sulfamyl-7-chlor-4-(3H)-chinazolinon in Ggw. von $AlCl_3$ u. Lsgm. bei portionsweisem Zugeben einer $NaBH_4$-Lsg. unter lebhaftem Rühren, Erhitzen der Lsg. u. ggf. Überführen des Endprod. in ein physiolog. verträgliches Salz. (**Port.P. 46907** vom 20/12. 1966, Auszug veröff. 12/7. 1967. U.S. Prior. 3/1. 1966.) W. Wittholz H 3272

*2088* National Research Development Corp., London, Großbritannien (Erfinder: Robert Alfred Shaw), **symm.-Triazine** der allg. Formel I (X = Cl oder Br;

I 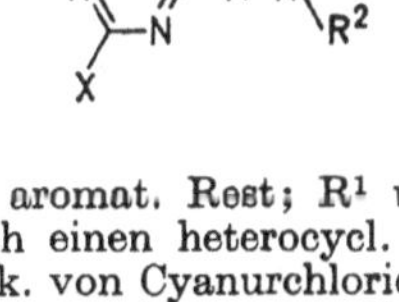

A = mehrkerniger aromat. Rest; $R^1$ u. $R^2$ = Alkyl; $-N[R^1]R^2$ kann auch einen heterocycl. Rest bedeuten) erhält man durch Rk. von Cyanurchlorid (oder -bromid) mit 1—2 Mol. eines tert. Amins der allg. Formel H–A–N[$R^1$]$R^2$ bei ca. 90° in Abwesenheit eines Lsgm., wobei

Halogenwasserstoff abgespalten wird. — Beispiel: Man leitet durch ein auf 90° erhitztes Gemisch aus 0,025 (Mol.) Cyanurchlorid u. 0,05 N.N-Diäthyl-1-naphthylamin 18 Std. einen langsamen $N_2$-Strom → 78% *2.4-Dichlor-6-[4'-(diäthylamino)-naphthyl-(1')]-1.3.5-triazin*, $C_{17}H_{16} \cdot Cl_2N_4$, F. 100—101°. — *Pestizide, Bakterizide, Lichtabsorber* u. *opt. Aufheller*. (**Brit.P. 1070643** vom 13/2. 1963, ausg. 1/6. 1967. **Zusatz zu Brit.P. 966799; C. 1966, 38-2513.**) — 2 S. O. Schön H 3313

*2089* Ciba Ltd., Basel, Schweiz, **Herstellung von 4.6-Dichlor-1.3.5-triazinen** der allg. Formel I (R = Halogen,

I 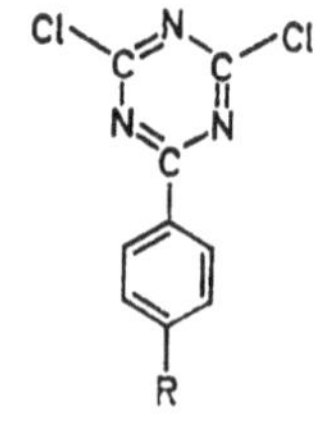

$C_6H_5$) durch Rk. von Cyanurchlorid mit Halogenbenzol oder Diphenyl in Ggw. eines Lsgm. u. eines Friedel-Crafts-Katalysators (bes. $AlCl_3$) bei erhöhter Temperatur. — Man erhitzt z. B. 55,5 (Teile) Cyanurchlorid, 44 $AlCl_3$ u. 1500 Chlorbenzol 50 Std. auf 130—132° → 64—68 I (*R* = *Cl*), F. 148—149°, Kp.$_{0,2}$ 153—154°. — Analog: I (*R* = $C_6H_5$), F. 160—161°. (**Brit.P. 1073290** vom 10/12. 1965, ausg. 21/6. 1967. Schwz. Prior. 21/12. 1964.) — 3 S. O. Schön 3313

*2090* J. R. Geigy Akt.-Ges., Basel (Erfinder: Willy Roth, Strengelbach, und Denis Varsanyi, Basel), Schweiz, **Herstellung von Tris-amino-symm.-triazinderivaten.** Zu D.P.[DDR] 46036; C. **1967**, **23-2794** sind nachzutragen: *11-[2.4-Bis-n-octadecylamino-symm.-triazinyl-(6)-amino]-undecylsäure, Na-Salz*, F. 188—190°. — *11-[2-Chlor-4-n-octadecylamino-symm.-triazinyl-(6)-amino]-undecylsäure, Na-Salz*, F. 138—140°. — *11-[2-n-Octadecylamino-4-di-n-octadecylamino-symm.-triazinyl-(6)-amino]-undecylsäure, Na-Salz*, F. 98—100°. — Ferner Verb. der Formel $[R^1N(R^2)]C_3N_3[N(R^3)R^4][NHQY]$: $QY = CH_2 \cdot CO_2H$, $R^1$ u. $R^3 = H$, $R^2$ u. $R^4 = n\text{-}C_{18}H_{37}$, F. 147—148°. — *Na-Salz*, F. 268°. — $QY = C_5H_{10}CO_2H$, $R^1$ u. $R^3 = H$, $R^2 = n\text{-}C_6H_{13}$, $R^4 = n\text{-}C_{18}H_{37}$, F. 94—96°. — *K-Salz*, F. 150—152°. — $QY = C_5H_{10}CO_2H$, $R^1$ u. $R^3 = H$, $R^2$ u. $R^4 = n\text{-}C_{18}H_{37}$, F. 136°. — *Na-Salz*, F. 148—150°. — $QY = C_{10}H_{20}CO_2Na$, $R^1$ u. $R^2 = n\text{-}C_3H_7$, $R^3 = H$, $R^4 = n\text{-}C_{18}H_{37}$, F. 166—168°. — $QY = C_{10}H_{20}CO_2H$, $R^1$ u. $R^2 = n\text{-}C_4H_9$, $R^3 = H$, $R^4 = n\text{-}C_{18}H_{37}$, F. 50—52°. — *Na-Salz*, F. 154—156°. — *K-Salz*, F. 164—166°. — $QY = C_{10}H_{20}CO_2H$, $R^1$ u. $R^3 = H$, $R^2 = n\text{-}C_{12}H_{25}$, $R^4 = n\text{-}C_{18}H_{37}$, F. 82—83°. — *Na-Salz*, F. 132—134°. — $QY = C_{10}H_{20}CO_2H$, $R^1$ u. $R^2 = n\text{-}C_{12}H_{25}$, $R^3 = H$, $R^4 = n\text{-}C_{18}H_{37}$, F. 54—56°. — *Na-Salz*, F. 78—80°. — $QY = C_{10}H_{20}CO_2H$, $R^1$, $R^2$, $R^3$ u. $R^4 = n\text{-}C_{12}H_{25}$, F. 65°. — *Na-Salz*, F. 92—94°. — $QY = C_{10}H_{20}CO_2H$, $R^1$ u. $R^3 = H$, $R^2 = n\text{-}C_{16}H_{33}$, $R^4 = n\text{-}C_{18}H_{37}$, F. 82—83°. — *Na-Salz*, F. 124—126°. — $QY = C_{10}H_{20}CO_2H$, $R^1$ u. $R^3 = H$, $R^2$ u. $R^4 = n\text{-}C_{18}H_{37}$, *K-Salz*, F. 162—164°. — *CaOH-Salz*, F. 230°. — > *AlCl-Salz*, F. 104—106°. — *2-Aminoäthylester, Hydrochlorid*, F. 78—79°. — *2-Aminoisobutylester, Hydrochlorid*, F. 125—127°. — $QY = C_{10} \cdot H_{20}CO_2H$, $R^1$ u. $R^3 = CH_3$, $R^2$ u. $R^4 = n\text{-}C_{18}H_{37}$, F. 84 bis 86°. — *Na-Salz*, F. 148—152°. — $QY = C_{10}H_{20}CO_2H$, $R^1$, $R^2$ u. $R^4 = n\text{-}C_{18}H_{37}$, $R^3 = H$, F. 72—74°. — $QY = C_{10}H_{20}CO_2H$, $R^1$ u. $R^3 = H$, $R^2 = n\text{-}C_{18}H_{35}$, $R^4 = n\text{-}C_{18} \cdot H_{37}$, F. 78°. — *Na-Salz*, F. 128—130°. — $QY = C_{10}H_{20} \cdot CO_2H$, $R^1$ u. $R^3 = H$, $R^2$ u. $R^4 = n\text{-}C_{18}H_{35}$, F. 52—54°. — *Na-Salz*, F. 184—186°. — $QY = C_{10}H_{20}CO_2H$, $R^1$ u. $R^3 = H$, $R^2 = n\text{-}C_6H_{13}$, $R^4 = n\text{-}C_{18}H_{37}$, F. 70—72°. — *Na-Salz*, F. 156—158°. — $QY = C_{10}H_{20}CO_2H$, $R^1$ u. $R^3 = H$, $R^2$ u. $R^4 = n\text{-}C_{18}H_{37}$, F. 104°. — $QY = C_{10}H_{20} \cdot CO_2Na$, $R^1$, $R^2$, $R^3$ u. $R^4 = n\text{-}C_{18}H_{37}$, F. 50—52°. — $QY = C_{10}H_{20}CO_2H$, $R^1$ u. $R^3 = H$, $R^2$ u. $R^4 = n\text{-}C_{18}H_{36} \cdot OH$, F. 90—94°. — $QY = C_{10}H_{20}CO_2H$, $R^1$ u. $R^3 = H$, $R^2$ u. $R^4 = n\text{-}C_{18}H_{35}(OH)_2$, F. 80—82°. — *Penta-Na-Salz*, F. 135°. — $QY = C_{10}H_{20}CO_2C_2H_5$, $R^1$ u. $R^3 = H$, $R^2$ u. $R^4 = n\text{-}C_{18}H_{37}$, F. 70—72°. — $QY = C_{10}H_{20}CO_2K$, $R^1$ u. $R^3 = H$, $R^2 = n\text{-}C_{18}H_{35}$, $R^4 = n\text{-}C_{18}H_{37}$, F. 165—166°. — $QY = C_{10}H_{20}CO_2C_{18}H_{37}$, $R^1$ u. $R^3 = H$, $R^2$ u. $R^4 = n\text{-}C_{18}H_{37}$, F. 72°. — $QY = C_2H_4SO_3H$, $R^1$ u. $R^3 = H$, $R^2$ u. $R^4 = n\text{-}C_{18}H_{37}$, F. 196—198°. — *Oberflächenveredlungsmittel*. (**Schwz.P. 429744** vom 31/12. 1963, ausg. 15/8. 1967.) — 4 S. A. Jahn H 3313

*2091* Houillères du Bassin du Nord et du Pas-de-Calais, Douai, Frankreich, **Herstellung von Trioxan** erfolgt durch Erhitzen einer konz. wss. Lsg. von $CH_2O$ in Ggw. eines stark sauren Katalysators, Abdest. des entstehenden Trioxans als azeotrop. Gemisch mit W., Extraktion des Trioxans mit Bzl. usw. (**Brit.P. 1080950** vom 26/7. 1966, ausg. 31/8. 1967. F. Prior. 28/7. 1965.) — 6 S. R. Bauereis H 3343

*2092* Monsanto Co., Del., übert. von: Harold James Harwood, Cuyahoga Falls, O., USA, **Cyclische Phosphonite** erhält man durch Rk. eines Phosphonigsäuredihalogenids mit einem zweiwertigen Alkohol. — Beispiel: Äthylenglykol gibt mit Phenylphosphonigsäuredichlorid *2-Phenyl-1.3.2-dioxaphospholan*, Kp.$_{1,8}$ 80,5—82°. — Analog wurden erhalten: *2-Phenyl-5.5-dimethyl-1.3.2-dioxaphosphorinan*, Kp.$_{1,5}$ 100°, F. 82 bis 83°; *2-Phenyl-1.3.2-dioxaphosphorinan*, Kp.$_{0,45}$ 137°. — Durch Erhitzen von 2-Phenyl-1.3.2-dioxaphospholan in Ggw. katalyt. Mengen von $CH_3J$ auf 150° erhält man die *Äthylen-1.2-bis-[phenylphosphinsäure]*, F. 266 bis 267,5°. — *Weichmacher* u. *Flammschutzmittel* für Polymere, Zwischenprod. für *Bis-[phosphinsäuren]*. (**U.S.P. 3270092** vom 7/11. 1960, ausg. 30/8. 1966.) — 3 S. R. Bauereis H 3343

*2093* Imperial Chemical Industries Ltd., London (Erfinder: Frederick Keith Duxbury, Manchester), Großbritannien, **Herstellung von Caprolactam**, Kp.$_{17}$ 150°. Monosubstituiertes Cyclohexan (I), bes. I-Carbonsäure, wird in Ggw. von $H_2SO_4$ u./oder $ClSO_3H$ mit einem durch Einleiten von nitrosen Gasen in $ClSO_3H$ erhaltenen Nitrosierungsmittel (II) behandelt. Das II wird bes. durch Einleiten von 26 (Teilen) eines Gemisches aus ca. äquimol. Mengen NO u. $NO_2$ in 100 $ClSO_3H$ erhalten. (**Schwz.P. 417602** vom 16/5. 1963, ausg. 15/2. 1967. Brit. Prior. 16/5. 1962 u. 25/4. 1963. **Brit.P. 1030876** vom 16/5. 1962, ausg. 25/5. 1966.) — 2 S. — 2 S. C. Lüttgen H 3370

*2094* Soc. d'Électro-Chimie, d'Électro-Métallurgie et des Aciéries Électriques d'Ugine, Seine, Frankreich (Erfinder: Arsène Isard und Francis Weiss), **Herstellung von ε-Caprolactamen und -lactonen.** Durch Rk. einer wss. Lsg. eines ε-Hydroxycapronsäurederiv. mit einer Konz. von 2% bis zur Sättigung der Lsg., bes. 5—25%, mit $NH_3$ oder einem prim. Amin bei 250—450° unter Eigendruck in Ggw. eines Neutralsalzes u. Extraktion mit einem halogenierten KW-Stoff werden *Caprolactame* erhalten. — Nach F.P. 89911 wird Cyclohexanon durch Perameisensäure, die durch Rk. von $H_2O_2$ u. HCOOH gebildet wird, in Ggw. der 0,1—1fachen Menge (bezogen auf die eingesetzte HCOOH) eines inerten Lsgm., bes. ggf. halogenierte oder nitrierte aliphat., alicycl. oder aromat. KW-Stoffe, in dem nur die Peroxide lösl. sind, oxydiert. — *ε-Caprolacton*, Kp.$_1$ 70 bis 75°, durch Umsetzung von 1 Mol $H_2O_2$ u. 7 Mol HCOOH (2 Std. bei 20°), Zugabe von Cyclohexanon u. $CCl_4$, 1std. Rk., Extraktion der Peroxide mit $CCl_4$; 82,5% (Ausb.). — *ε-Caprolactam*, aus vorst. Verb. u. $NH_3$ in W. in Ggw. von $(NH_4)_2SO_4$ durch 1std. Erhitzen auf 375°; 52%. (**F.PP. 1419684** vom 3/9. 1964, ausg. 21/2. 1966 u. **89911** [Zusatz-Pat.] vom 7/2. 1966, ausg. 8/9. 1967. **Zusatz zu F.P. 1385557; C. 1968, 27-2889.**) — 4 S. — 3 S. G. Colsmann H 3370

*2095* F. Hoffmann-La Roche & Co. Akt.-Ges., Basel, Schweiz (Erfinder: George Francis Field, Nutley, und Leo Henryk Sternbach, Upper Montclair, N.J., USA), **Herstellung von Benzodiazepinderivaten** durch Rk. von Verb. der allg. Formel I ($R^1$ = H, Halogen, Alkyl-, Alkoxy-, $NO_2$-, $CF_3$-, CN- oder Alkylmercaptogruppe; $R^2$ = H oder Halogen; $R^3$ = H oder $C_{1-6}$-Alkylrest; $X_1$, $X_2$ = Halogen) mit $NH_3$, Alkyl-, Alkenylaminen oder einem wss. Alkalihydroxid. —

3,4 g 6-Chlor-2-dichlormethyl-1.2-dihydro-4-phenylchinazolin-3-oxid werden 2,5 Std. in 100 ml fl. $CH_3NH_2$ gerührt; den Rk.-Rückstand arbeitet man aus $CH_2Cl_2$ auf: *7-Chlor-2-methylamino-5-phenyl-3H-1.4-benzodiazepin-4-oxid*, F. 236–241° (A.). – Analog folgende 5-Phenyl-

I

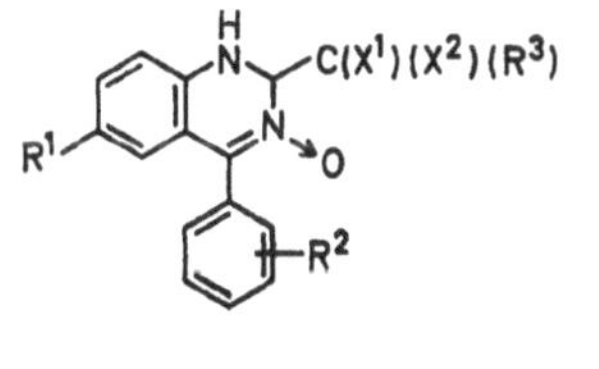

1.3-dihydro-2H-1.4-benzodiazepin-2-on-4-oxide: *7-Chlor-*, F. 225–230° (Zers.). – *7-Nitro-*, F. 208 bis 218° (Zers.). (**D.P.[DDR] 55665** Kl. 12p vom 30/9. 1965, ausg. 5/5. 1967 [Ausschließungspatent]. U.S. Prior. 3/12. 1964.) – 6 S. K.-D. Stolp H 3370

*2096* Dow Chemical Co., Midland, übert. von: Chester E. Pawloski, Bay City, Mich., und George B. Sterling, Mogadore, O., USA, **2-[2.3-Alkyldienyl]-4.7-dihydro-1.3-dioxepine** erhält man durch Rk. von cis-2-Buten-1.4-diol (I) mit einem alkylsubstituierten Dienal in Ggw. eines Dialkoxyalkans oder durch Rk. von I mit einem 1.1-Dialkoxyalkyl-2.3-dien. – Beispiel: 2.2-Dimethyl-3.4-octandienal gibt mit I in Ggw. von 2.2-Dimethoxypropan *2-[1.1-Dimethyl-2.3-heptadienyl]-4.7-dihydro-1.3-dioxepin*, $Kp._{0,7}$ 101°, Ausb. 55%. – Analog wurde *2-[1-Butyl-1-äthyl-4-methyl-2.3-pentadienyl]-4.7-dihydro-1.3-dioxepin*, $Kp._{2,2}$ 139°, Ausb. 55%, erhalten. – *Zwischenprod.* für *Polymere*. (**U.S.P. 3268559** vom 11/12. 1963, ausg. 23/8. 1966.) – 1 S. R. Bauereis H 3370

*2097* Firmenich & Cie., Genf, Schweiz (Erfinder: Roger Firmenich, George Firmenich und Robert Emile Firmenich), **3-[Isocamphyl-5]-cyclohexanol.** Durch Rk. von Camphen mit Phenol in Ggw. einer Lewis-Säure erhält man ein Gemisch der o- u. p-Isomeren von [Isocamphyl-5]-, [Bornyl-2]- u. [Isofenchyl-6]-phenol. Durch Ozonisierung dieses Gemisches u. Zers. der Ozonide erhält man ein Gemisch der entsprechenden Carbonsäuren. Die COOH-Gruppe der [Isocamphyl-5]-carbonsäure wird in die Methylketogruppe übergeführt, das erhaltene Keton wird durch Rk. mit $NH(CH_3)_2$ u. $CH_2O$ in eine Mannich-Base übergeführt, daraus erhält man über das Methiodid durch Rk. mit Acetoacetat in Ggw. von $NaOC_2H_5$ 3-[Isocamphyl-5]-2-hexen-1-on, daraus durch Hydrierung 3-[Isocamphyl-5]-cyclohexanol. – Aus Phenol erhält man durch Rk. mit Camphen in Ggw. von $BF_3/CH_3COOH$ ein Gemisch von Terphenylphenolen, $C_{16}H_{22}O$, $Kp._{0,001}$ 122–127°; daraus durch Ozonolyse u. anschließende Rk. mit $CH_2N_2$ die Methylester der Terpenylcarbonsäuren, $C_{12}H_{20}O_2$, $Kp._{11}$ 106 bis 109°, daraus durch chromatograph. Reinigung den [Isocamphyl-5]-carbonsäuremethylester, $Kp._{14}$ 120°; durch Rk. des Gemisches der Carbonsäuren mit Li u. $CH_3J$ ein Gemisch der [Isocamphyl-5]-, [Isofenchyl-6]- u. [Bornyl-2]-methylketone, $C_{12}H_{20}O$, $Kp._{11}$ 104–107°; daraus durch Rk. mit $NH(CH_3)_2$ u. $CH_2O$ in A. in Ggw. von HCl die Mannich-Base, $Kp._{0,001}$ 85–90°; daraus durch Rk. mit $CH_3J$ u. anschließend mit Äthylacetoacetat in Ggw. von $NaOC_2H_5$, das 3-[Isocamphyl-5]-2-cyclohexen-1-on, $Kp._{0,001}$ 112°, daraus durch Hydrierung das Gemisch der epimeren *3-[Isocamphyl-5]-cyclohexanole*, $Kp._{0,001}$ 100–103°. – *Riechstoffe*. (**Brit.P. 1084235** vom 2/9. 1964, ausg. 20/9. 1967. Schwz. Prior. 3/9. 1963 u. 31/1. 1964.) – 8 S. R. Bollinger H 3600

*2098* Regents of University of California, übert. von: Christopher S. Foote und Sol Wexler, Los Angeles, Calif., USA, **Oxydationen ungesättigter organischer Verbindungen.** Man gibt z. B. 19,2 ml 30%ig. wss. $H_2O_2$ zur Lsg. von 5,05 g 2.3-Dimethyl-2-buten in 300 ml $CH_3OH$ u. setzt innerhalb 90 Min. 145,5 ml 1,03mol. wss. NaClO bei 10° zu, verd. mit W., extrahiert mit Ae. u. erhält 4,39 g *2.3-Dimethyl-3-hydroperoxy-1-buten*, $Kp._9$ 54°; $n_D^{24,5}$ 1,4408. – Analog erhält man *Limonenhydroperoxid*; *9.10-Octalin* (= *1.2.3.4.5.6.7.8-Octahydronaphthalin-*)*-hydroperoxid*, ferner die *Hydroperoxide* von *2.3-Diphenyl-2-buten*, *2.3-[Di-p-anisyl]-2-penten*, *1.1-Diphenyl-2-methyl-1-propen*, *1-Phenyl-2-methyl-1-propen*, *Diphenylbenzyläthylen*, *8-Methyl-2.6-octadien-1-ol*, *Methyl-3-methyl-3-pentenoat*, *4-Chlor-1.2-dimethyl-1-cyclohexen*, *2.2-Dimethyl-3-isopropylidencyclopropylpropionat*, *α-Pinen*, *Ocimen* u. *Alloocimen*, *Myrcen*, *$\Delta^3$-Caren*, *Dipenten*, *Terpinolen*, *Geraniol*, *Nerol*, *Linalool*, *Citronellol*, *Citronellal*, *α-Terpineol*, *Carvon*, *Citral*, *α-* u. *β-Ionon*, *Pseudoionon*, *Farnesol*, *Nerolidol*, *Bisabolen*, *Abietinsäure*; Herst. von *3-β-Hydroxy-$\Delta^6$-choleston-5α-*, *$\Delta^{6.22}$-Stigmastadien-3-β-acetoxy-5α-*, *$\Delta^6$-Allopregnen-3-β-ol-20-on-5-*, *$\Delta^5$-Androsten-3-β-acetoxy-17-on-*, *16-Dehydropregnenolonacetat-*, *Sitosterinacetat-*, *7-Dehydroandrosteron-3-acetat-*, *Cholesterylbenzoat-*, Cholesterylacetat-, *$\Delta^5$-Cholestenon-3-*, *$\Delta^{3.5}$-Cholestadien-*, *Cholesterylchlorid-*, *$\Delta^7$-*, *$\Delta^{14}$-*, *$\Delta^8$-Ergostenol-*, *5-Dehydroergostenol-*, *Cholestenylacetat-*, *β-Amyrin-*, *$\Delta^5$-Pregnen-3-β-ol-20-on-acetat-*, *Diosgenin-* u. *Botogeninhydroperoxid*. – 2.5-Dimethylfuran + $H_2O_2$ + NaClO in $CH_3OH$ → *2.5-Dimethyl-2-hydroperoxy-5-methoxydihydrofuran*, F. 75 bis 77°. – 2.5-Diphenylfuran → *cis-Dibenzoyläthylen*. – Tetraphenylcyclopentadienon → *cis-Dibenzoylstilben*, F. 215,9–216,3°. – 1.3-Cyclohexadien → *5.6-Dioxabicyclo[2.2.2]-oct-2-en*. – *α-Terpinen-*, *Ergosterin-*, *1.2-Dimethyl-3.5-cyclohexadien-1.2-dicarbonsäureanhydrid-*, *α-Phellandren-*, *Zingiberen-*, *Lavopinarsäure-*, *Norcaradiencarbonsäureäthylester-*, *Azulen-*, *Cycloheptatrien-*, *Ergosterin-*, *$\Delta^{2.4}$-Cholestadien-*, *Dehydroergosterin-*, *22-Dihydroergosterin-*, *7-Dehydrocholesterin-*, *5.7-Androstadiendiol-*, *Lumisterin-*, *Dehydroergosterylacetat-*, *Isodehydrocholesterin-*, *Rubren-*; (*Anthracen* = **I**), *9.10-Diphenyl-***I***-*, *9.10-Diphenyl-2-methoxy-***I***-*, *9.10-Diphenylnaphthacen-*, *meso-Diphenylanthren-*, *Pentacen-*; (*Naphthacen* = **II**), *9.10-Dimethyl-1.2-benz-***II***-*, *5.11-Diphenyl-***II***-*, *5.11-Di-[p-bromphenyl]-6.12-diphenyl-***II***-*, *5.11-Di-[p-methoxyphenyl]-6.12-diphenyl-***II***-*, *5.6.12-Triphenyl-11-carbäthoxy-***II***-*, *9-Phenyl-10-cyclohexyl-***II***-peroxid*. – Zwischenprod. u. *Polymerisationskatalysatoren*. (**U.S.P. 3274181** vom 18/9. 1964, ausg. 20/9. 1966.) – 6 S. O. Müller-Meiningen H 3700

*2099* Ethyl Corp., New York, N.Y., übert. von: Geoffrey Wilkinson, London, Großbritannien, **Dicyclopentadienylmetallhydride von Metallen der V. Nebengruppe des Periodensystems** werden hergestellt durch Rk. der entsprechenden Metallsalze von Carbonsäuren mit bis zu 7 C-Atomen mit Alkali- oder Erdalkalicyclopentadienylen u. Red. mit $NaBH_4$, $LiAlH_4$ oder deren Deuteriden. – *Bis-cyclopentadienyl-tantaltrihydrid*, 80% Ausbeute. – Verw. als *Plattierungsmittel*. (**U.S.P. 3288829** vom 29/12. 1961, ausg. 29/11. 1966. Brit. Prior. 19/1. 1961.) – 5 S. A. Debo 6680

---

*2100* **Shell Internationale Research Mij. N. V.**, Den Haag, Niederlande (Erfinder: **Kenneth Carl Dewhirst**, München, und **Frederick Farlow Rust**, Orinda, Calif., USA), *Hydrierung von ungesättigten Halogenkohlenwasserstoffen oder ungesättigten aliphatischen Halogenäthern*. (**D.A.S. 1 272 295** Kl. 12o vom 20/1. 1964, ausg. 11/7. 1968. U.S. Prior. 21/1. 1963. – C. **1968**, 10-2490 [Brit.P. 1 008 175].)

*2101* **Pittsburgh Plate Glass Co.**, Pittsburgh, Pa. (Erfinder: **Gordon Andrew Carlson**, New Martinsville, **William Kenneth Snead**, Wheeling, und **Walter McClelland South**, New Martinsville, W. Va.), USA, *Herstellung von 1.2-Dichloräthan*. (**D.A.S. 1 261 122** Kl. 12o vom 11/5. 1962, ausg. 15/2. 1968. U.S. Prior. 16/5. 1961. – C. **1966**, 31-2431 [Brit.P. 937 985].)

*2102* **Pittsburgh Plate Glass Co.**, Pittsburgh, Pa. (Erfinder: **Charles Ronald Reiche**, Corpus Christi, Tex., und **Jefferson Milton Jackson jun.**, Lake Charles, La.), USA, *Herstellung von 1.1.2-Trichloräthan*. (**D.A.S. 1 261 494** Kl. 12o vom 7/7. 1964, ausg. 22/2. 1968. U.S. Prior. 10/7. 1963. – C. **1968**, 24-2502 [Brit.P. 1 022 980].)

*2103* **E. I. du Pont de Nemours & Co.** (Erfinder: **Raymond Edward Parsons**), Wilmington, Del., USA, *Herstellung gesättigter Perfluorkohlenstoffjodide höheren Molgewichts*. (**Schwz.P. 444 833** vom 19/12. 1963, ausg. 29/2. 1968. U.S. Prior. 20/12. 1962. – C. **1966**, 32-2395 [Can.P. 695 864].)

*2104* **Comp. Francaise de Raffinage**, Paris (Erfinder: **Joseph Edouard Weiang** und **Gilbert Bernard Rachmuhl**, Le Havre), Frankreich, *Herstellung von Olefinen*. (**D.A.S. 1 261 846** Kl. 12o vom 25/4. 1961, ausg. 29/2. 1968. F. Prior. 27/4. 1960. – C. **1965**, 21-2646 [F.P. 1 264 505].)

*2105* **Distillers Co. Ltd.**, Edinburgh, Schottland (Erfinder: **John Lynn Barclay**, Tadworth, und **David Hames Hadley**, Epsom Downs, Surrey), Großbritannien, *Herstellung konjugierter Diolefine*. (**D.A.S. 1 264 434** Kl. 12o vom 19/4. 1961, ausg. 28/3. 1968. Brit. Prior. 26/4. 1960. – C. **1965**, 16-2556 [Brit.P. 902 952].)

*2106* **Comp. Française de Raffinage**, Paris (Erfinder: **André Gislon**, Paris, **André Valet**, Fontenay Aux Roses, und **Jean-Jacques Bellec**, Le Havre), Frankreich, *Selektives Abtrennen von reinem Isobutylen aus Mischungen von $C_4$-Kohlenwasserstoffen*. (**D.A.S. 1 257 770** Kl. 12o vom 8/2. 1961, ausg. 4/1. 1968. F. Prior. 8/2. u. 1/12. 1960. – C. **1966**, 37-2606 [Brit.P. 966 555].)

*2107* **Meir Asscher, David Vofsi,** Rehovot, und **Aharon Katchalsky,** Tel Aviv, Israel, *Herstellung von 1:1-Addukten aus Alkenen bzw. Alkadienen und Chloroform.* (**D.A.S. 1 268 605** Kl. 12o vom 26/9. 1962, ausg. 22/5. 1968. Israel. Prior. 28/9. 1961. — C. **1967,** 47-2256 [F.P. 1 355 343].)

*2108* **Knapsack Akt.-Ges.,** Hürth-Knapsack (Erfinder: **Franz Pohl,** Knapsack, **Franz Joachim Arimont,** Köln, **Erich Schallus,** Knapsack, und **Günther Legutke,** Brühl), *Gewinnung von Acetylen und/oder Äthylen aus Gasgemischen.* (**D.A.S. 1 258 403** Kl. 12o vom 23/4. 1960, ausg. 11/1. 1968. — C. **1964,** 46-2200 [Oe.P. 222 630].)

*2109* **Dynamit Nobel Akt.-Ges.,** Troisdorf (Erfinder: **Horst Elsner,** Spich, **Heinz Dießel,** Nienburg, und **Hans-Ewald Konermann,** Troisdorf), *Gleichzeitige Herstellung von Acetylen und Äthylen.* (**D.A.S. 1 262 994** Kl. 12o vom 22/12. 1960, ausg. 14/3. 1968. — C. **1966,** 31-2448 [F.P. 1 297 622].)

*2110* **Continental Oil Co.,** Ponca City (Erfinder: **Charles Masterson Starks,** Ponca City, Okla., und **Raymond Dale Eccles,** Linthicum Heights, Md.), USA, *Reinigung von aliphatischen Alkoholen.* (**D.A.S. 1 259 320** Kl. 12o vom 26/8. 1964, ausg. 25/1. 1968. U.S. Prior. 30/8. 1963. — C. **1968,** 6-2699 [Brit.P. 1 006 047].)

*2111* **Esso Research and Engineering Co.,** Elizabeth (Erfinder: **John Mackinnon,** Menlo Park, und **Adolph A. Austin,** Colonia), N. J., USA, *Herstellung von aliphatischen Sulfonsäuren.* (**Schwz.P. 441 289** vom 8/11. 1963, ausg. 15/1. 1968. U.S. Prior. 9/11. 1962. — C. **1968,** 37-2758 [D.A.S. 1 252 666].)

*2112* **Farbenfabriken Bayer Akt.-Ges.,** Leverkusen (Erfinder: **Ferdinand Bodesheim,** Dormagen, **Wolfgang Giessler,** Düsseldorf, und **Günther Nischk,** Leverkusen), *N-[ω-Aminoalkylen]-aminoalkylsulfonsäuren.* (**Brit.P. 1 028 160** vom 13/1. 1965, ausg. 4/5. 1966. **Schwz.P. 446 373** vom 22/12. 1964, ausg. 15/3. 1968. Beide D. Prior. 16/1. 1964. — C. **1966,** 17-2521 [D.A.S. 1 200 318].)

*2113* **Henkel & Cie. G. m. b. H.,** Düsseldorf (Erfinder: **Werner Stein,** Düsseldorf, **Otto Koch,** Hilden, und **Herbert Weiß,** Köln), *Herstellung hellfarbiger Salze von Sulfofettsäuren oder Sulfofettsäureestern.* (**D.A.S. 1 258 864** Kl. 12o vom 9/3. 1962, ausg. 18/1. 1968. — C. **1967,** 17-2574 [Brit.P. 1 001 283].)

*2114* **Standard Oil Co.,** Chicago, Ill. (Erfinder: **Chester Gene Gunter,** Ironton, Ohio, **Robert Lee Baldner,** Chicago, und **Arnold Nils Wennerberg,** Chicago, Ill.), USA, *Wiedergewinnung von Co-Katalysatoren der Oxoreaktion.* (**D.A.S. 1 264 415** Kl. 12g vom 21/11. 1961, ausg. 28/3. 1968. U.S. Prior. 21/11. 1960. — C. **1965,** 2-2653 [Brit.P. 928 905].)

*2115* **Distillers Co. Ltd.,** London (Erfinder: **Alfred Frank Millidge,** Coulsdon, Survey), Großbritannien, *Herstellung von Aldehyden und Alkoholen.* (**D.A.S. 1 257 764** Kl. 12o vom 8/10. 1964, ausg. 4/1. 1968. Brit. Prior. 19/10. 1963. — C. **1967,** 19-2684 [Brit.P. 1 012 011].)

*2116* **Imperial Chemical Industries Ltd.,** London (Erfinder: **Selvyn Brewis,** Norton-on-Tees), Großbritannien, *Herstellung von n-Butyraldehyd.* (**D.A.S. 1 273 518** Kl. 12o vom 20/11. 1963, ausg. 25/7. 1968. Brit. Prior. 23/11. 1962 u. 22/10. 1963. — C. **1968,** 46-2304 [Brit.P. 1 045 679].)

*2117* **Stamicarbon N. V.,** Heerlen (Erfinder: **Bernard Phielix,** Sittard, und **Ientje Bonnema,** Geleen), Niederlande, *Herstellung von Methacrolein.* (**Schwz.P. 453 326** vom 29/10. 1962, ausg. 14/6. 1968. Niederl. Prior. 6/7. 1962. Zusatz zu Schwz.P. 428 695; C. 1968, 34-2568. — C. **1965,** 47-2502 [D.A.S. 1 181 194].)

*2118* **Sumitomo Chemical Co. Ltd.,** Osaka (Erfinder: **Shozo Maeda,** Nishinomiya-shi, **Ken Ito, Teruya Nishida,** Toyonaka-shi, und **Takashi Tamura,** Osaka), Japan, *Katalysator.* (**Schwz.P. 443 230** vom 28/1. 1964, ausg. 31/1. 1968. Jap. Prior. 25/1. 1963. — C. **1967,** 4-2509 [D.A.S. 1 219 917].)

*2119* **Wacker-Chemie G. m. b. H.,** München (Erfinder: **Hellmuth Spes** und **Theodor Altenschöpfer,** Burghausen/Obb.), *Reinigen und gleichzeitiges Verdichten von Keten.* (**Schwz.P. 446 298** vom 29/4. 1965, ausg. 15/3. 1968. D. Prior. 30/4. 1964. — C. **1966,** 27-2418 [D.A.S. 1 203 248].)

*2120* **Farbwerfie Hoechst Akt. Ges, vormals Meister Lucius & Brüning,** Frankfurt/M. (Erfinder: **Gerhard Lohaus,** Kelkheim, und **Roderich Graf,** Hofheim), *Cyangruppenhaltige organische Verbindungen.* (**Schwz.P. 448 043** vom 30/10. 1964, ausg. 29/3. 1968. D. Prior. 2/11. 1963. — C. **1967,** 11-2766 [D.A.S. 1 218 448].)

*2121* **Halcon International, Inc.,** New York (Erfinder: **Anthony N. Naglieri,** Broux), N. Y., USA, *Essigsäure durch katalytische Äthylenoxydation.* (**D.A.S. 1 263 740** Kl. 12o vom 13/10. 1962, ausg. 21/3. 1968. U.S. Prior. 13/10. 1961. — C. **1966,** 37-2626 [Brit.P. 971 100].)

*2122* **Stamicarbon N. V.,** Heerlen (Erfinder: **Kees Delcour** und **Johannes Leonardus Franciscus Maria Zwinkels,** Geleen), Niederlande, *Herstellung von Essigsäure und Acrolein.* (**Schwz.P. 443 250** vom 20/9. 1962, ausg. 15/2. 1968. Niederl. Prior. 26/9. 1961 u. 29/8. 1962. — C. **1965,** 13-2606 [D.A.S. 1 173 887].)

*2123* **Allied Chemical Corp.,** New York, N. Y. (Erfinder: **Henry Robert Nychka,** Dover, und **Cyril Woolf,** Morristown, N. J.), USA, *Trifluoressigsäure.* (**Schwz.P. 442 270** vom 24/7. 1964, ausg. 31/1. 1968. U.S. Prior. 30/7. 1963. — C. **1967,** 32-2571 [D.A.S. 1 229 062].)

*2124* **Union Carbide Corp.,** New York, N. Y. (Erfinder: **James Edward McKeon** und **Paul Spencer Starcher,** Charleston, W. Va.), USA, *Monocarbonsäurealkenylester.* (**D.A.S. 1 259 877** Kl. 12o vom 23/3. 1963, ausg. 1/2. 1968. U.S. Prior. 26/3. 1962. — C. **1968,** 10-2525 [U.S.P. 3 221 045].)

*2125* **Monsanto Chemical Co.,** St. Louis, Mo., USA, *Kontinuierliche Herstellung von halogenierten Estern.* (**Schwz.P. 444 141** vom 12/1. 1962, ausg. 15/2. 1968. U.S. Prior. 16/1. 1961. — C. **1967,** 16-2590 [U.S.P. 3 177 243].)

*2126* **Armour & Co.,** Chicago (Erfinder: **Ralph Harrison Potts,** La Grange), Ill., USA, *Kontinuierliche Herstellung gesättigter höhermolekularer Fettsäurenitrile.* [**D.A.S. 1 263 738** Kl. 12o vom 19/4. 1962, ausg. 21/3. 1968. U.S. Prior. 24/4. 1961. — C. **1966,** 42-2497 [Brit.P. 981 123].)

*2127* **Monsanto Co.,** St. Louis, Mo. (Erfinder: **Keith Mar Taylor,** Dickinson, Tex.), USA, *Herstellung von α-Chloracrylsäurenitril.* (**D.A.S. 1 259 878** Kl. 12o vom 14/3. 1962, ausg. 1/2. 1968. U.S. Prior. 15/3. 1961. — C. **1967,** 36-2713 [U.S.P. 3 114 765].)

*2128* **Halcon International, Inc.,** New York (Erfinder: **Harry Olenberg,** Bronx), N. Y., USA, *Entfärbung dunkler, roher wäßriger Maleinsäurelösungen.* (**D.A.S. 1 260 463** Kl. 12o vom 19/6. 1961, ausg. 8/2. 1968. **Schwz.P. 405 276** vom 16/6. 1961, ausg. 15/7. 1966. Beide U.S. Prior. 17/6. 1960. — C. **1965,** 22-2500 [U.S.P. 3 109 025].)

*2129* **Soda Koryo K. K.** (Erfinder: **Tsutomu Kuwata** und **Sadao Yoshikawa**), Tokio, Japan, *Dicarbonsäuredialkylester.* (**Schwz.P. 444 136** vom 9/4. 1963, ausg. 15/2. 1968. Jap. Prior. 17/9. 1962. — C. **1967,** 3-2623 [Brit.P. 1 002 150].)

*2130* **Asahi Kasei Kogyo K. K.,** Osaka (Erfinder: **Ryoichi Wakasa, Kazuo Saotome, Genjuro Inoue** und **Seiji Miyata**), Tokio, Japan, *δ-Valerolacton.* (**D.A.S. 1 264 430** Kl. 12o vom 5/3. 1964, ausg. 28/3. 1968. Jap. Prior. 5/3. u. 24/11. 1963. — C. **1967,** 33-2603 [Brit.P. 1 015 409].)

*2131* **Eastman Kodak Co.** (Erfinder: **Delbert Daniel Reynolds**), Rochester, N. Y., USA, *Herstellung von N-substituierten 2-Mercaptoäthylcarbamaten.* (**D.A.S. 1 267 207** Kl. 12o vom 25/4. 1962, ausg. 2/5. 1968. U.S. Prior. 26/4. 1961. — C. **1967,** 33-2605 [Brit.P. 1 012 483].)

*2132* **Shell Internationale Research Mij. N. V.,** Den Haag, Niederlande (Erfinder: **Harry de Veuve Finch,** Berkeley, und **Robert Eldon Meeker,** Orinda, Calif., USA), *Herstellung von tertiären Aminen.* (**D.A.S. 1 268 623** Kl. 12q vom 25/5. 1964, ausg. 22/5. 1968. U.S. Prior. 27/5. 1963. — C. **1967,** 31-2530 [Brit.P. 1 005 493].)

*2133* **United States Borax & Chemical Corp.,** Los Angeles (Erfinder: **William George Woods,** Anaheim, **William David English,** Orange, und **Irving Swen Bengelsdorf,** Santa Ana), Calif., USA, *Herstellung von cyclischen Aminoalkylmonoborsäureestern.* (**D.A.S. 1 261 860** Kl. 12q vom 20/11. 1962, ausg. 29/2. 1968. U.S. Prior. 21/11. 1961. — C. **1966,** 11-2638 [Brit.P. 960 301].)

*2134* **Henkel & Cie. G. m. b. H.,** Düsseldorf (Erfinder: **Hans Günth Germscheid,** Hösel), *Herstellung von Phosphonsäureverbindungen mit mindestens zwei Phosphoratomen.* (**Schwz.P. 441 307** vom 30/10. 1964, ausg. 15/1. 1968. D. Prior. 2/11. 1963. — C. **1966,** 9-2567 [D.A.S. 1 194 852].)

*2135* **Imperial Smelting Corp. (N. S. C.) Ltd.,** London (Erfinder: **Julian Frodo Tilney-Bassett,** Avonmouth, Glos.), Großbritannien, *Herstellung von 1.2.4.5-Tetrafluorbenzol.* (**Schwz.P. 446 284** vom 18/8. 1964, ausg. 15/3. 1968. Brit. Prior. 13/9. 1963 u. 11/8. 1964. — C. **1968,** 37-2778 [D.A.S. 1 248 632].)

*2136* **Imperial Chemical Industries Ltd.,** London (Erfinder: **Harold Crosbie Fielding** und **Frank Nyman,** Northwich), Großbritannien, *Herstellung von Fluorchlorbenzolen.* (**D.A.S. 1 262 253** Kl. 12o vom 17/9. 1964, ausg. 7/3. 1968. Brit. Prior. 3/10. 1963. — C. **1967,** 32-2576 [Brit.P. 1 004 375].)

*2137* **Deutsche Akademie der Wissenschaften zu Berlin** (Erfinder: **Alfred Rieche** und **Helmuth Seeboth**), Berlin, *Entalkylierung von Alkylaromaten in Gegenwart von Wasserstoff.* (**D.A.S. 1 263 734** Kl. 12o vom 16/6. 1964, ausg. 21/3. 1968. — C. **1966,** 13-2424 [D.P.[DDR] 37 274].)

*2138* **Halcon International, Inc.,** New York, N. Y. (Erfinder: **Charles N. Winnick,** Teaneck, N. J.), USA, *Herstellung von Hydroxybenzolen.* (**Schwz.P. 443 340** vom 27/4. 1962, ausg. 15/2. 1968. U.S. Prior. 27/4. u. 22/8. 1961. — C. **1966,** 44-2406 [Brit.P. 1 002 083].)

*2139* **Nihon Genshiryoku Kenkyu Sho,** Tokio (Erfinder: **Hiroshi Hotta,** Mitoshi, Ibaraki-ken, **Nobutake Suzuki, Oaza Muramatsu,** Tokai-mura, Nakagun, Ibaraki-ken), Japan, *Herstellung von Phenol.* (**D.A.S. 1 265 160** Kl. 12q vom 14/11. 1963, ausg. 4/4. 1968. Jap. Prior. 22/3. 1963. — C. **1966,** 41-2663 [Brit.P. 999 447].)

*2140* **Montecatini Soc. Gen. per l'Industria Mineraria e Chimica** (Erfinder: **Dino Costabello, Aldo Forni** und **Piero Ramello**), Mailand, Italien, *Herstellung von Phenol durch Oxydieren von Benzoesäure.* (**D.A.S. 1 261 514** Kl. 12q vom 22/11. 1962, ausg. 22/2. 1968. It. Prior. 27/11. 1961. — C. **1968,** 14-2545 [Brit.P. 982 487].)

*2141* **Koppers Co., Inc.** (Erfinder: **Gerd Leston**), Pittsburgh, Pa., USA, *Selektive o-Alkylierung von Phenolen.* (**D.A.S. 1 265 756** Kl. 12q vom 30/7. 1964, ausg. 11/4. 1968. U.S. Prior. 13/8. 1963. — C. **1968,** 41-2709 [Brit.P. 1 028 433].)

*2142* **August Guyer,** Zürich (Erfinder: **August Guyer jun., Pio Guyer,** Zürich, und **Günther Gut,** Zug), Schweiz, *Herstellung von Benzaldehyd.* (**Schwz.P. 443 253** vom 23/9. 1963, ausg. 15/2. 1968. — C. **1967,** 47-2326 [D.A.S. 1 236 493].)

*2143* **Mid-Century Corp.,** Chicago, Ill. (Erfinder: **Alfred Saffer,** Bayside **Robert B. Egbert,** Roslyn Heights, und **David Brown,** New York, N. Y.), USA, *Herstellung von Terephthalsäure.* (**D.A.S. 1 266 296** Kl. 12o vom 19/3. 1954, ausg. 18/4. 1968. U.S. Prior. 19/3. 1953. — C. **1963,** 21 350 [Can.P. 634 587].)

*2144* **Chemische Werke Witten G. m. b. H.** (Erfinder: **Gustav Renckhoff** und **Hans-Leo Hülsmann**), Witten/Ruhr, *Herstellung von Methylester-amiden aromatischer Dicarbonsäuren.* (**Schwz.P. 442 273** vom 7/2. 1963, ausg. 31/1. 1968. D. Prior. 7/7. 1962 u. 16/1. 1963. — C. **1965,** 51-2569 [D.A.SS. 1 168 413 u. 1 187 602].)

*2145* **Chemische Werke Witten G. m. b. H.** (Erfinder: **Hans-Leo Hülsmann** und **Gustav Renckhoff**), Witten/Ruhr, *Herstellung von Diallylestern carbocyclischer aromatischer Dicarbonsäuren.* (**Schwz.P. 446 297** vom 19/11. 1964, ausg. 15/3. 1968. D. Prior. 26/2. 1964. — C. **1967,** 4-2535 [D.A.S. 1 121 625].)

*2146* **General Aniline & Film Corp.,** New York, N. Y. (Erfinder: **Eugene Victor Hort, David E. Graham,** Westfield, N. J., und **Harlan Benjamin Freyermuth,** Easton, Pa.), USA, *Herstellung von aromatischen Aminen.* (**D.A.S. 1 261 519** Kl. 12q vom 28/3. 1962, ausg. 22/2. 1968. U.S. Prior. 29/3. 1961. — C. **1966,** 20-2461 [U.S.P. 3 132 180].)

*2147* **Bristol-Myers Co.,** New York, N. Y. (Erfinder: **Walter Hartwig Brunner,** Easton, Pa., und **Alexander Halasz,** Stamford, Conn.), USA, *Herstellung von 2-Nitro-p-phenylendiaminen.* (**D.A.S. 1 264 446** Kl. 12q vom 31/7. 1961, ausg. 28/3. 1968. U.S. Prior. 12/9., 13/10. u. 22/11. 1960. — C. **1965,** 23-2708 [Brit.P. 955 743].)

*2148* **Raymond Michel,** Paris, und **Jacques Klepping,** Dijon, Frankreich, *Herstellung jodierter Phenylpropanolamine.* (**D.A.S. 1 273 538** Kl. 12q vom 5/11. 1964, ausg. 25/7. 1968. F. Prior. 8/11. 1963 u. 28/10. 1964. — C. **1968,** 40-1582 [Brit.P. 1 040 736].)

*2149* **Badische Anilin- & Soda-Fabrik Akt.-Ges.,** Ludwigshafen/Rh. (Erfinder: **Matthias Seefelder,** Ludwigshafen/Rh., und **Herbert Armbrust,** Frankenthal), *o-Aminobenzonitrile.* (**Schwz.P. 442 336** vom 4/6. 1965, ausg. 31/1. 1968. D. Prior. 20/6. 1964. — C. **1967,** 35-2389 [D.A.S. 1 231 709].)

*2150* **Badische Anilin- & Soda-Fabrik Akt.-Ges.** (Erfinder: **Matthias Seefelder**), Ludwigshafen/Rh., *Herstellung von N-[o-Cyanphenyl]-N'.N'-dialkylformamidiniumsalzen.* (**Schwz.P. 445 474** vom 18/5. 1965, ausg. 29/2. 1968. D. Prior. 4/6. 1964. — C. **1966,** 47-2701 [D.A.S. 1 204 663].)

*2151* **Shell Internationale Research Mij. N. V.,** Den Haag, Niederlande (Erfinder: **Hans Fritzsche,** Niederplais, **Ulrich Hasserodt,** Menden, **Johan Van Ohnen** und **Friedrich Wilhelm August Gustav Karl Korte,** Hangelar). *Herstellung von Phosphinen.* (**Schwz.P. 441 305** vom 29/7. 1963, ausg. 15/1, 1968. D. Prior. 31/7., 11/12. 1962, 29/1. u. 22/2. 1963. — C. **1966,** 6-2491 [D.A.S. 1 193 942], C. **1966,** 22-2391 [D.A.S. 1 198 819], C. **1966,** 6-2483 [D.A.S. 1 191 812] u. C. **1966,** 22-2407 [D.A.S. 1 198 820].)

*2152* **Farbenfabriken Bayer Akt.-Ges.,** Leverkusen (Erfinder: **Hans Holtschmidt,** Köln, und **Hugo Wilms,** Leverkusen), *Herstellung von Phosphor-*

*säureestern*. (**Schwz.P. 441 259** vom 30/1. 1959, ausg. 15/1. 1968. D. Prior. 1/2. 1958. – C. **1962,** 11733 [D.A.S. 1 122 075].)

*2153* **Dow Chemical Co.,** Midland (Erfinder: **Frederick John Soderquist,** Essexville, **Ludo Karl Frevel,** Midland, und **Harold Darwin Boyce,** Coleman), Mich., USA, *Dehydrierung von Alkylbenzolen*. (**D.A.S. 1 265 740** Kl. 12o vom 3/12. 1959, ausg. 11/4. 1968. U.S. Prior. 22/12. 1958. – C. **1964,** 12-2256 [F.P. 1 243 592].)

*2154* **Velsicol Chemical Corp.,** Chicago, Ill., USA, *Herstellung von Hexachlorcyclopentadien*. (**Niederl.P. 123 738** vom 22/11. 1962, ausg. 15/2. 1968. – C. **1966,** 29-2591 [Can.P. 686 581].)

*2155* **Allied Chemical Corp ,** New York (Erfinder: **Leon Oscar Winstrom,** East Aurora, und **Raymond Joseph Duggan,** West Seneca), N. Y., USA, *Herstellung von Cyclohexancarbonsäure*. (**Schwz.P. 444 147** vom 1/4. 1965, ausg. 15/2. 1968. U.S. Prior. 2/4. 1964. – C. **1968,** 21-2811 [Brit.P. 1 028 490].)

*2156* **Daiichi Seiyaku Co. Ltd.** und **Mitsubishi Chemical Industries Ltd.,** Tokio (Erfinder: **Takeo Naito,** Ichikawa-shi/Chiba-ken, **Atsuji Okano** und **Tosaku Miki,** Tokio), Japan, *Herstellung von trans-4-Aminomethylcyclohexan-1-carbonsäure*. (**Schwz.P. 445 479** vom 12/5. 1965, ausg. 29/2. 1968. Jap. Prior. 15/5. u. 9/7. 1964. – C. **1967,** 22-2582 [Port.P. 44 042].)

*2157* **General Aniline & Film Corp.,** New York (Erfinder: **Lester Nelson Stanley,** Delmar), N. Y., USA, *Herstellung von 2-Hydroxy-2'.4.5-trimethylbenzophenon*. (**Schwz.P. 444 134** vom 21/8. 1962, ausg. 15/2. 1968. U.S. Prior. 24/8. 1961. – C. **1966,** 2-2434 [U.S.P. 3 092 663].)

*2158* **Farbenfabriken Bayer Akt.-Ges.,** Leverkusen (Erfinder- **Heinrich Krimm, Heinrich Ruppert** und **Hermann Schnell,** Krefeld), *Herstellung von Hydroxyaminodiphenylmethan-* und *Diaminodiphenylmethanderivaten*. (**D.A.S. 1 268 152** Kl. 12q vom 4/7. 1963, ausg. 16/5. 1968. – C. **1968,** 43-2639 [Brit.P. 1 028 156].)

*2159* **Farbenfabriken Bayer Akt.-Ges.,** Leverkusen (Erfinder: **Rudolf Gösswald,** Rye, N. Y., USA, **Hans Henecka** und **Rudolf Lorenz,** Wuppertal), *Herstellung von 1-Phenyl-1-[o-chlor-phenyl]-3-tert.-aminopropanolen-[1]*. (**Schwz.P. 441 377** vom 16/3. 1959, ausg. 15/1. 1968. D. Prior. 5/4. 1958. – C. **1962,** 6589 [Oe.P. 211 299].)

*2160* **Roussel-Uclaf,** Paris (Erfinder: **Robert Joly,** Montmorency, Seine-et-Oise, **Julien Warnant,** Neuilly-sur-Seine, und **Bernard Goffinet,** Paris), Frankreich, *Herstellung von gegebenenfalls substituiertem 6-Methoxy-2-hydroxymethylentetrahydronapthalon-(1)*. (**D.A.S. 1 262 269** Kl. 12o vom 4/12. 1962, ausg. 7/3. 1968. F. Prior. 27/12. 1961. – C. **1966,** 29-2601 [Oe.P. 237 609].)

*2161* **Procter & Gamble Co.** (Erfinder: **Paul Joseph Krapp**), Cincinnati, O., USA, *Herstellung von Spirodecenonen*. (**Schwz.P. 451 121** vom 7/8. 1963, ausg. 15/5. 1968. U.S. Prior. 20/8. 1962. – C. **1967,** 22-2748 [D.A.S. 1 213 399].)

*2162* **Dow Chemical Co.,** Midland, Mich. (Erfinder: **James Edmond Cobb,** Bessemer, Ala.), USA, *Reinigen von Äthylenimin*. (**D.A.S. 1 262 278** Kl. 12p vom 11/12. 1962, ausg. 7/3. 1968. U.S. Prior. 20/12. 1961. – C. **1966,** 33-2539 [Brit.P. 973 956].)

*2163* **Shell Internationale Research Mij. N. V.,** Den Haag, Niederlande (Erfinder: **Martin Luther Courter,** Walnut Creek, Calif., und **George Joseph Charlson,** Berkeley, Calif.), USA, *Äthylenoxid aus Äthylen und Sauerstoff*. (**D.A.S. 1 261 495** Kl. 12o vom 23/5. 1961, ausg. 22/2. 1968. U.S. Prior. 24/5. 1960. – C. **1965,** 29-2636 [Oe.P. 225 171].)

*2164* **Solvay & Cie.,** Brüssel (Erfinder: **Otto Schnack,** Brüssel, und **Pierre Spineux,** Jamioulx), Belgien, *Epoxydation ungesättigter Fettsäureester*. (**D.A.S. 1 257 767** Kl. 12o vom 11/4. 1962, ausg. 4/1. 1968. F. Prior. 26/5. 1961. – C. **1966,** 49-2696 [F.P. 1 301 832].)

*2165* **Soc. Farmaceutici Italia** (Erfinder: **Federico Arcamone, Sergio Penco** und **Vincenzo Nicolella**), Mailand, Italien, *Herstellung von Pyrrolderivaten*. (**Schwz.P. 441 314** vom 24/7. 1964, ausg. 15/1. 1968. It. Prior. 26/7. 1963. – C. **1968,** 11-2586 [Brit.P. 1 009 797].)

*2166* **Farbwerke Hoechst Akt.-Ges. vormals Meister Lucius & Brüning,** Frankfurt/M. (Erfinder: **Rolf Huisgen, Hans Gotthardt** und **Rudolf Grashey,** München), *Herstellung von Pyrazolen*. (**D.A.S. 1 261 124** Kl. 12p vom 22/9. 1961, ausg. 15/2. 1968. – C. **1968,** 40-2401 [U.S.P. 3 254 093].)

*2167* **Ugine Kuhlmann** (Erfinder: **Jésus Anatol**), Paris, Frankreich, *Herstellung von Dibenzyloxyphosphorylkreatinin*. (**D.A.S. 1 260 472** Kl. 12p vom 24/9. 1959, ausg. 8/2. 1968. F. Prior. 26/9., 3/10. 1958 u. 12/3. 1959. – C. **1968,** 26-1793 [Schwz.P. 395 110].)

*2168* **Sankyo Co. Ltd.,** Tokio (Erfinder: **Yasuo Yura,** Nishishinagawa), Japan, *Herstellung von 2-Aminothiazolen*. (**D.A.S. 1 261 852** Kl. 12p vom 10/5. 1962, ausg. 29/2. 1968. Jap. Prior. 13/5. 1961. – C. **1966,** 15-2567 [Brit.P. 951 885].)

*2169* **Eizo Matsumura,** Osaka-fu, Japan, *Herstellung von 2-Chlor-5-hydroxy-6-methylpyridin-3.4-dicarbonsäure*. (**D.A.S. 1 261 513** Kl. 12p vom 8/1. 1962, ausg. 22/2. 1968. Jap. Prior. 12/1., 12/1., 12/1. u. 12/1. 1961. – C. **1966,** 47-2728 [F.P. 1 315 280].)

*2170* **Soc. Nationale des Pétroles d'Aquitaine,** Paris (Erfinder: **Lino Vio,** Sainte-Genèvieve-des Bois, Seine-et-Oise), Frankreich, *Herstellung von in 3- und bzw. oder 6-Stellung ein- oder mehrfach alkylierten 1.4-Dithia-2.5-dihydroxy-cyclohexanen und ihren Estern*. (**D.A.S. 1 259 351** Kl. 12q vom 26/7. 1963, ausg. 25/1. 1968. F. Prior. 27/7. 1962. – C. **1967,** 8-2708 [Brit.P. 1 000 685].)

*2171* **Wyandotte Chemicals Corp.,** Wyandotte (Erfinder: **Ronald Richard Jackson,** Wyandotte, Mich., **Ernest Paul,** Marion, Ind., **William Keith Langdon,** Grosse Ile, Mich., **William Walter Levis jun.** und **Donald Edward Trucker,** Wyandotte, Mich.), USA, *Herstellung von Gemischen aus 2.5-Dimethylpyrazin und cis- und trans-2.5-Dimethylpiperazin*. (**D.A.S. 1 268 147** Kl. 12p vom 9/8. 1956, ausg. 16/5. 1968. U.S. Prior. 11/8. 1955. Zusatz zu D.A.S. 1 171 925; C. 1965, 3-2492. – C. **1960,** 1677 [Brit.P. 799 558].)

*2172* **Farbwerke Hoechst Akt.-Ges. vormals Meister Lucius & Brüning,** Frankfurt/M. (Erfinder: **Rudolf Kühne, Fritz Meininger,** Frankfurt/M., und **Rolf Wilhelm Pfirrmann,** Heidelberg), *Herstellung N-substituierter Tetrahydrooxathiazindioxide*. (**Schwz.P. 443 306** vom 28/11. 1962, ausg. 15/2. 1968. D. Prior. 30/11. 1961. – C. **1965,** 15-2533 [D.A.S. 1 160 443].)

*2173* **Badische Anilin- & Soda-Fabrik Akt.-Ges.,** Ludwigshafen/Rh. (Erfinder: **Guenther Hamprecht,** Limburgerhof/Pf., **Eberhard Rother,** Ludwigshafen/Rh., **Matthias Schwarzmann,** Limburgerhof/Pf., und **Hermann Dieter Fromm,** Ludwigshafen/Rh.), *Herstellung von Melamin aus Harnstoff*. (**Schwz.P. 446 364** vom 31/3. 1965, ausg. 15/3. 1968. **F.P. 1 432 109** vom 20/4. 1965, veröff. 7/2. 1966. Beide D. Prior. 20/4. 1964. – C. **1966,** 46-2543 [D.A.S. 1 212 545].)

*2174* **Løvens Kemiske Fabrik ved A. Kongsted,** Ballerup (Erfinder: **Frantz Lund,** Lyngby, und **Wagn Ole Godtfredsen,** Kopenhagen), Dänemark, *Herstellung von 6-Trifluormethyl-7-sulfamyl-3.4-dihydro-1.2.4-benzthiadiazin-1.1-dioxid*. (**Schwz.P. 444 167** vom 1/9. 1959, ausg. 15/2. 1968. Brit. Prior. 2/9. 1958. – C. **1968,** 19-1986 [D.A.S. 1 230 027].)

*2175* **Badische Anilin- & Soda-Fabrik Akt.-Ges.,** Ludwigshafen/Rh. (Erfinder: **Richard Kuhn** und **Heinrich Trischmann,** Heidelberg), *Herstellung organischer Radikalverbindungen*. (**Schwz.P. 444 170** vom 24/12. 1963, ausg. 15/2. 1968. D. Prior. 23/3. u. 20/7. 1963. – C. **1967,** 8-2711 [D.A.S. 1 198 371] u. C. **1967,** 8-2712 [D.A.S. 1 200 312].)

*2176* **Union Carbide Corp.,** New York, N. Y. (Erfinder: **Benjamin Phillips,** Charleston, **Samuel Weaver Tinsley,** South Charleston, und **Paul Spencer Starcher,** Charleston, W. Va.), USA, *Herstellung von Lactamen*. (**D.A.S. 1 265 159** Kl. 12p vom 24/5. 1960, ausg. 4/4. 1968. U.S. Prior. 8/6. 1959. – C. **1964,** 5-2291 [U.S.P. 3 000 880].)

*2177* **Inventa Akt.-Ges. für Forschung und Patentverwendung,** Luzern (Erfinder: **Wilhelm Braun,** Luzern, und **Walter Zehnder,** Ems), Schweiz, *Gewinnung von ε-Caprolactam*. (**D.A.S. 1 261 853** Kl. 12p vom 30/9. 1959, ausg. 29/2. 1968. Schwz. Prior. 20/11. 1958. – C. **1963,** 20 200 [Oe.P. 211 808].)

*2178* **Sankyo Co. Ltd.** (Erfinder: **Tsunesuke Suyama**), Tokio, Japan, *Herstellung wasserlöslicher β-Carotinkonzentrate*. (**D.A.S. 1 258 527** Kl. 22e vom 28/3. 1963, ausg. 11/1. 1968. Jap. Prior. 30/3. 1962. – C. **1967,** 31-2564 [Brit.P. 1 008 432].)

*2179* **Nitto Chemical Industrial Co., Ltd.,** Osaka (Erfinder: **Tatsuo Katsamura, Reiichi Suzuki,** Suita-shi, **Tadasu Tahara,** Konohana-ku, und **Tetsuya Matsunaga,** Fuse-shi), Japan, *Alkylzinnhalogenide*. (**Schwz.P. 443 293** vom 17/4. 1964, ausg. 15/2. 1968. Jap. Prior. 18/4., 19/4., 7/5., 19/8. u. 21/8. 1963. – C. **1968,** 20-2215 [D.A.S. 1 240 081].)

## H-8. Farbstoffe

*2180* Imperial Chemical Industries Ltd., London (Erfinder: Francis Bowman und Peter William Hickmott, Manchester), Großbritannien, **Herstellung von Azofarbstoffen** der allg. Formel $Y^2$–C($Y^3$)=C($Y^1$)–CO–NH–$C_6H_{4-n}(V)_{n-1}$(N=N–E)X–A–Z durch Acylierung entsprechender Azofarbstoffe oder durch Kuppeln entsprechender Acylaminoaniline mit Kupplungskomponenten der allg. Formel E–H [$Y^1$, $Y^2$ u. $Y^3$ = H oder Cl; V = niederer Alkyl- oder Alkoxyrest; n = 1 oder 2; E = Rest einer Kupplungskomponente; X = Einfachbindung, $CH_2CH_2$, CH=CH, $CH_2$, O, CO, NR', CONR' oder $SO_2NR'$; R' = H, niederer Alkylrest; A = ggf. substituierter zweiwertiger KW-Stoffrest mit $\geqq$ 5 C-Atomen; falls X = CONR' oder $SO_2NR'$, können A u. R' Bestandteile eines sechsgliedrigen Rings sein; Z = H oder NH–CO–C($Y^1$)=C($Y^2$)$Y^3$; mindestens einer der Reste A u. E trägt eine $SO_3H$- oder $CO_2H$-Gruppe]. – Folgende Rk.-Prod. wurden erhalten (Farbton auf Wolle): 1-[4'-Amino-2'-(N-äthyl-N-phenylsulfamyl)-phenylazo]-2-amino-8-naphthol-6-sulfonsäure (**I**), Na-Salz + Acryloylchlorid (**II**) (bläulich rot). – 2-Amino-4.4'-bis-(acryloylamino)-diphenyl (**III**) → 2-Amino-8-naphthol-sulfonsäure (**VII**) (brillant gelblich rot). – 1-[4'-Amino-2'(N-äthyl-N-phenylsulfamyl)-phenylazo]-2-naphthylamin-6-sulfonsäure (**VIII**) + **II** (scharlach). – **VIII** + α-Chlor-**II** (scharlach). – 1-[4'-Amino-2'-(N-phenylsulfamyl)-phenylazo]-2-amino-8-naphthol-6-sulfonsäure (**IX**) + **II** (bläulich rot). – 1-[4'-Amino-2-(N-piperidinosulfamyl)-phenylazo]-2-amino-8-naphthol-6-sulfonsäure + **II** (bläulich rot). – **I** → α-Chlor-**II** (bläulich rot). – **I** + β-Chlor-**II** (bläulich rot). – **I** + α.β.β-Trichlor-**II** (bläulich rot). – **IX** + α.β.β-Trichlor-**II** (bläulich rot). – 1-[3'-Amino-4'-(phenoxy)-phenylazo]-2-amino-8-naphthol-6-sulfonsäure + **II** (bordo). – 1-[3'-Amino-4'-(phenoxy)-phenylazo]-2-naphthylamin-6-sulfonsäure + **II** (gelblich orange). – **III** → 2-Naphthylamin-6-sulfonsäure (**IV**) (gelblich orange). – **III** → 2-Naphthylamin-5-sulfonsäure (**V**) (gelblich orange). – **III** → 2-Naphthylamin-7-sulfonsäure (**VI**) (gelblich orange). – **III**-Methan → **VII** (gelblich rot). – **III**-Methan → **V** (gelblich orange). – **III**-Methan → **IV** (gelblich orange). – **III**-Methan → **VI** (gelblich orange). – **III**-Äthan → **VII** (gelblich rot). – **III**-Äthan → **V** (gelblich orange). – **III**-Äthan → **IV** (gelblich orange). – **III**-Äthan → **VI** (gelblich orange). – 2-Amino-4.4'-bis-(acryloylamino)-stilben (**X**) → **VII** (bläulich rot). – **X** → **IV** (rötlich orange). – 2-Amino-4-acryloylaminostilben (**XI**) → **VII** (bläulich rot). – **XI** → **IV** (gelblich orange). – 5.5'-Dimethyl-**III** → **IV** (gelblich orange). – 5.5'-Dimethyl-**III** → **VII** (gelblich rot). – 3-Amino-5-acryloylamino-2'.4'.6'-trimethylbenzophenon (**XII**) → **VII** (gelblich rot). – **XII** → **IV** (orange). – 3-Amino-5-acryloylaminobenzanilid (**XIII**) → **VII** (gelblich rot). – N-Äthyl-**XIII** → **IV** (gelblich orange). – N-Äthyl-**XIII** → **VII** (gelblich rot). – 2-Amino-4-acryloylaminobenzanilid (**XIV**) → **IV** (gelblich orange). – **XIV** → **V** (gelblich orange). – **XIV** → **VI** (gelblich orange). — **XIV** → **VII** (gelblich rot). — N-Äthyl-**XIV** → **VII** (gelblich rot). — N-Äthyl-**XIV** → **V** (gelblich orange). — N-Äthyl-**XIV** → **IV** (gelblich orange). — N-Äthyl-**XIV** → **VI** (gelblich orange). — N-Methyl-**XIV** → **VII** (gelblich rot). — 2-Amino-4.4'-bis-(acryloylamino)-benzanilid (**XV**) → **VII** (gelblich rot). — **XV** → **V** (gelblich orange). — **XV** → **IV** (gelblich orange). — **XV** → **VI** (gelblich orange). — 2-Amino-4-acryloylaminobenzolsulfon-N-äthylanilid (**XVI**) → **VI** (gelblich orange). — **XVI** → **V** (gelblich orange). — **XVI** → **IV** (gelblich orange). — **XVI** → **VII** (gelblich rot). — 2-Amino-4-acryloylaminobenzolsulfon-N-methyl-3'-sulfoanilid (**XVII**) → **VII** (gelblich rot). — **XVII** → **V** (gelblich-orange). — **XVII** → **IV** (gelblich orange). — **XVII** → **VI** (gelblich orange). — 2-Amino-4-acryloylamino-benzolsulfon-N-äthyl-3'-sulfoanilid (**XVIII**) → **VI** (gelblich orange). — **XVIII** → **V** (gelblich orange). — **XVIII** → **IV** (gelblich orange). — **XVIII** → **VII** (gelblich rot). — 5.5'-Dimethoxy-**III** → **VII** (rot). — 5.5'-Dimethoxy-**III**- → **IV** (orange). — 1-{4'-Amino-2'-[N-methyl-N-(3''-sulfophenyl)-sulfamyl]-phenylazo}-2-naphthol + **II** (bläulich rot.). — **XVIII** → 1-Phenyl-3-methyl-5-pyrazolon (gelb). — **XVIII** → Acetoacet-4-(acryloylamino)-anilid (grünlich gelb). — **XVIII** → 1-(4'-Acryloylaminophenyl)-3-methyl-5-pyrazolon (gelb). — **XVIII** → 1-Phenyl-3-carboxy-5-pyrazolon (gelb). — **XVIII** → 1-Phenyl-3-methyl-5-aminopyrazol (gelb). — **XVIII** → 1-(3'-Sulfamylphenyl)-3-methyl-5-pyrazolon (gelb). — **XVIII** → Acetoacet-o-anisidid (grünlich gelb). — **XVIII** → Acetoacet-o-chloranilid (grünlich gelb). — 5.5'-Dimethyl-**III**- → 1-(4'-Methyl-2'-sulfophenyl)-3-methyl-5-pyrazolon (rötlich gelb.) — **III** → 2-Acryloylamino-8-naphthol-6-sulfonsäure (**XIX**) (gelblich rot). — 4-Amino-2.4'-bis-(acryloylamino)-diphenylamin → **XIX** (gelblich rot). — 5.5'-Dimethyl-**III** → 2-Acryloylamino-5-naphthol-7-sulfonsäure (**XX**) (rot). — **III** → 1-(4'.8'-Disulfonaphth-2-yl)- 3- methyl-5-pyrazolon (rötlich gelb). — **III** → Acetoacetanilid-4-sulfonsäure (gelb). — **III** → 1-(2'-Chlor-6'-methyl-4'-sulfophenyl)-3-methyl-5-pyrazolon (rötlich gelb). — **III** → 1-Acryloylamino-8-naphthol-3.6-disulfonsäure (bläulich rot). — **III** → **XX** (scharlach). — **III** → 2-Naphthol-6-sulfonsäure (gelblich rot). — **III** → 2-Naphthol-6.8-disulfonsäure (gelblich rot). — **III** → 1-Naphthol-4-sulfonsäure (gelblich rot). — **III** → 1-Naphthol-3.5.7-trisulfonsäure (rötlich orange). — **III** → 1-(4'-Acryloylamino-3'-sulfophenyl)-3-carboxy-5-pyrazolon (goldorange). — 5.5'-Dimethyl-**III** → 1-(3'-Acryloylamino-4'-sulfophenyl)-3-methyl-5-amino-pyrazolon (grünlich gelb). — 5.5'-Dimethyl-**III** → 1-Amino-2-(4'-nitrophenylazo)-8-naphthol-3.6-disulfonsäure (grünlich blau). — (**Brit.P. 984802** vom 10/1. 1962, ausg. 3/3. 1965. **D.A.S. 1225322** Kl. 22a vom 10/1. 1963, ausg. 22/9. 1966. Brit. Prior. 10/1. u. 3/12. 1962.) — 16 S. — 11 S. A. Jahn 6842

*2181* J. R. Geigy Akt.-Ges., Basel, Schweiz (Erfinder: Hans-Rudolf Schwander, Riehen, Anton Zenhäusern, Ettingen und Peter Hindermann, Bottmingen), **Saure Anthrachinonfarbstoffe** der allg. Formel **I** ($X = -NH-CH(R^3)-R^4-SO_3H$; $R^1$, $R^2$ u. $R^3$ = niedrig-

I 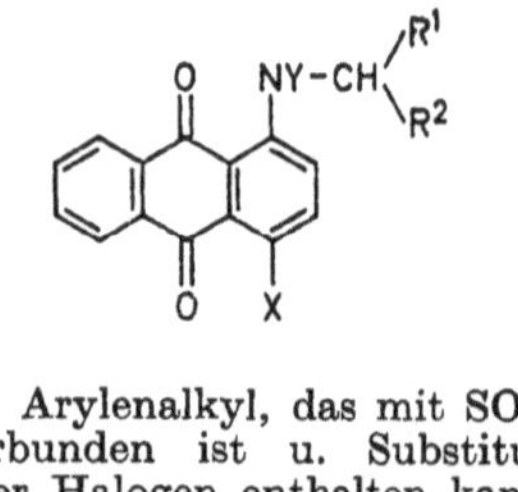

mol. Alkyl; $R^4$ = Arylenalkyl, das mit $SO_3H$ über ein Kern-C-Atom verbunden ist u. Substituenten, wie Alkyl, Alkoxy oder Halogen enthalten kann; Y = H, Acyl, wie $-CO-CH_3$, $-CO-C_6H_5$, $-SO_2-CH_3$ oder $-SO_2-C_6H_5$) entstehen durch Rk. von Anthrachinonverb. **I** (X = Halogen, OH, niedrigmol. Alkoxy, $NO_2$, $NH_2$) mit einem Amin $H_2N-CH(R^3)-R^5$ ($R^5$ = $R^4$ entsprechendes Aralkyl) u. folgende Sulfonierung. — Die Farbstoffe eignen sich zum licht- u. naßechten grünstichig blau oder blauen Färben u. Bedrucken von synthet. u. natürlichem Fasermaterial, bes. Wolle (**B**), ziehen auf die Fasern aus schwach saurem bis saurem Bade bei höheren Temp. gleichmäßig auf u. haben ein gutes Egalisierungs- u. Wanderungsvermögen. — Man rührt 17,2 (g) 1-Isopropyl-amino-4-brom-**II** (anthrachinon = **II**), 19 1-Phenyl-3-aminobutan (**III**), 5 K-Acetat, 0,005 CuCl, 0,1 $H_2O$ u. 3 $cm^3$ Äthylenglykolmonoäthyläther 48 Std. bei 110°, versetzt mit 60 $cm^3$ n-Butanol, wäscht das nach dem Erkalten entstandene Rk.-Prod. mit n-Butanol, dann mit Methanol, extrahiert mit heißem Methanol u. erhält ein blaues Pulver, F. 134° (aus n-Butanol), das bei 23—25° 6 Std. mit der 10fachen Menge 96%ig. $H_2SO_4$ sulfoniert einen Farbstoff gibt, der **B** blau färbt u. sich bes. in Mischung mit gelben Farbstoffen zur Herst. reiner Grüntöne eignet. — Weitere Farbstoffe werden erhalten durch Sulfonierung der Rk.-Prod. aus: 1-[N-sek.-Butyl-amino]-4-hydroxy-**II** u. **III**, F. 104°; 1-[N-Isopropyl-amino]-4-methoxy-**II** u. 1-Phenyl-2-methyl-3-amino-butan; dem Rk.-Prod. aus 1-Chlor-4-methoxy-**II** u. **III** u. 3-Aminopentan; dem Rk.-Prod. aus Leuko-1.4-dihydroxy-**II** u. 1-Phenyl-2-aminopropan u. sek.-Butylamin; 1-[N-Acetyl-N-isopropylamino]-4-brom-**II** u. **III**. — Weitere Tabellenbeispiele. — Färbebeispiele. (**F.P. 1461168** vom 22/12. 1965, veröff. 24/10. 1966. Schwz. Prior. 22/12. 1964. **Schwz.P. 446568** vom 22/12. 1964, ausg. 15/3. 1968. **Brit.P. 1102789** vom 31/12. 1965, ausg. 7/2. 1968. Schwz. Prior. 22/12. 1964.) — 24 S. — 5 S. — 22 S. O. Roick 6864

*2182* Farbwerke Hoechst Akt.-Ges. vormals Meister Lucius & Brüning (Erfinder: Otto Fuchs, Frankfurt/M., Ernst Spietschka, Oberauroff, und Dieter Wagner, Kelkheim), **Herstellung von Sulfonen der Anthrachinonreihe** der allg. Formel **I** ($X = -SO_2-R^1$; $R^1$ = Alkyl, Aryl; $R^2$ = ggf. substituiertes Aryl). Man

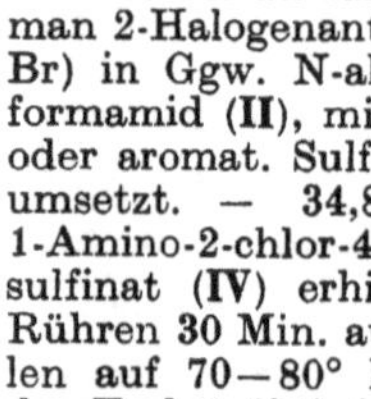

I

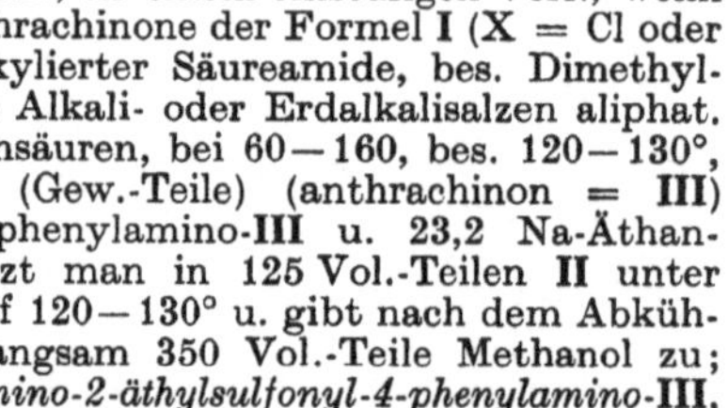

V

erhält **I**, die Polyesterfasern (**P**) licht-, wasch- u. thermofixierecht blau färben, in einem einstufigen Verf., wenn man 2-Halogenanthrachinone der Formel **I** (X = Cl oder Br) in Ggw. N-alkylierter Säureamide, bes. Dimethylformamid (**II**), mit Alkali- oder Erdalkalisalzen aliphat. oder aromat. Sulfinsäuren, bei 60—160, bes. 120—130°, umsetzt. — 34,8 (Gew.-Teile) (anthrachinon = **III**) 1-Amino-2-chlor-4-phenylamino-**III** u. 23,2 Na-Äthansulfinat (**IV**) erhitzt man in 125 Vol.-Teilen **II** unter Rühren 30 Min. auf 120—130° u. gibt nach dem Abkühlen auf 70—80° langsam 350 Vol.-Teile Methanol zu; der Farbstoff *1-Amino-2-äthylsulfonyl-4-phenylamino-***III**, rotstichigblaue Nadeln, F. 218°, Ausb. 90%, färbt **P** grünstichigblau. — Ähnlich, wobei auch N-Methylpyrrolidon oder Phosphorsäuretrisdimethylamid als N-alkyliertes Säureamid verwendet werden kann, erhält man die 1-Aminoanthrachinone in den angegebenen Ausb., die **P** wie vorst. färben: *-2-äthyl-sulfonyl-4-[4'-isopropyl]-phenylamino-*, 88,5%, reinblau; *-2-n-butylsulfonyl-4-phenylamino-*, F. 208—210°; 84%, günstichigblau; *-2-n-dodecylsulfonyl-4-phenylamino-*, F. 137—139°; 82,5%, grünstichigblau; *-2-methylsulfonyl-4-[3'-chlorphenyl]-amino-*, F. 215—216°; 90,5%, rotstichigblau; *-2-phenylsulfonyl-4-[3'-methoxyphenyl]-amino-*, F. 233—234°; 93%, grünblau; *-2-äthylsulfonyl-4-[3'-carbo-n-butoxyphenyl]-amino-*, F. 152°; 78,5%, grünstichigblau. — Aus 1-Amino-2-brom-4-[3'-methoxyäthoxymethylphenyl]-amino-**III** u. Na-4-Toluolsulfinat in **II** → Farbstoff **V**, F. 128—130°; Ausb. 86,5%, der **P** blau färbt. (**D.A.S. 1266902** Kl. 22b vom 27/4. 1163, ausg. 25/4. 1968. **Belg.A.S. 647171** vom 27/4. 1964, bekanntgemacht 27/10. 1964. D. Prior. 27/4. 1963). — 3 S. — 8 S. O. Roick 6864

*2183* J. R. Geigy Akt.-Ges., Basel (Erfinder: Hans-Rudolf Schwander, Riehen, und Peter Hindermann, Bottmingen), Schweiz, **Herstellung saurer Anthrachinonfarbstoffe.** 1 Mol eines Anthrachinons, welches in 1-Stellung –NH–R u. in 4-Stellung –NH–Z enthält, Z = Rest des Diphenylmethans, -äthers oder -thioäthers, welcher durch ein Ring-C-Atom an N gebunden ist u. mindestens 2 ersetzbare kernständige H-Atome enthält u. durch Halogen, niedrigmol. Alkyl, Alkoxy oder Phenoxy substituiert sein kann; R = alicycl. Rest, der durch ein Ring-C-Atom mit N verbunden ist, setzt man in beliebiger Reihenfolge mit n Mol eines Sulfonierungsmittels u. mit m Mol einer den Rest $-CH_2-N(R')-CO-Y-X$ einführenden Verb. (R' = H, niedrigmol. Alkyl; Y = niedrigmol. Alkenylen; X = H, Halogen, bes. Cl, Br; n u. m = 1, 2) zu einem Gemisch bes. der allg. Formel I um.

I

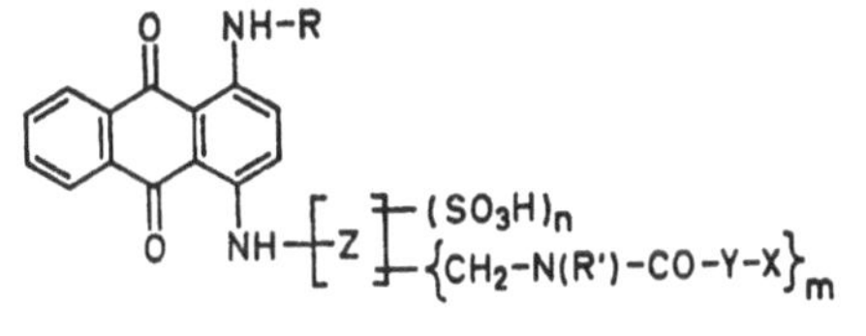

Das Alkenylen Y hat bes. 2 oder 3 C-Atome u. höchstens eine Doppelbindung u. ist z. B. Vinylen oder Allylen. An Stelle der zur Rk. verwendeten Amide von Alken- oder Halogenalkencarbonsäuren kann man die entsprechenden Nitrile, z. B. das Acrylnitril oder ein Halogenacrylnitril, verwenden, die unter den Rk.-Bedingungen zum Amid verseift werden. — Die Farbstoffe ziehen auf natürliche oder synthet. polyamidhaltige Fasern gleichmäßig aus saurem wss. Bad naßecht grünstichigblau oder blau auf. — 13,7 (g) α-Chloracrylnitril (II) u. 0,1 Hydrochinon löst man bei 20° in 65 39%ig. $H_2SO_4$, rührt 3 Std. bei 33—35°, läßt in 1 Std. bei 10—12° 7,5 α.α'-Dichlordimethyläther zutropfen, rührt 3 Std. bei 10—12° u. 4 Std. bei 13—15°. Die erhaltene Lsg. vereinigt man mit einem Gemisch aus 50,2 1-Cyclohexylamino-4-[4'-methyldiphenyläther]-aminoanthrachinon (III) in 500 $H_2SO_4$-Monohydrat, das 18 Std. bei 23—25° verrührt worden ist; die Mischung rührt man 24 Std. bei 23—25° u. trägt sie in 1200 Eis u. 120 NaCl ein. Der Farbstoff (IV), der 1—2 $SO_3H$-Gruppen u. 1 $-CH_2-NH-CO-C(Cl)=CH_2$-Gruppe enthält, ein dunkles Pulver, färbt Wolle (B) grünstichigblau. — An Stelle von II können äquivalente Mengen von z. B. α- oder β-Bromacrylnitril, α-, β- oder γ-Chlor- oder -Bromcrotonsäureamid, Acryl- oder Methacrylnitril, α- oder β-Chlor- oder -Bromacrylsäure-N-methylamid verwendet werden. — IV ist auch erhältlich, wenn man 50,2 III 18 Std. bei 23 bis 25° in 500 $H_2SO_4$-Monohydrat verrührt, 14,85 α-Chloracrylsäure-N-methylolamid (V) zugibt u. 24 Std. rührt, oder wenn man 50,2 III bei 0—5° unter Rühren in 500 90%ig. $H_2SO_4$ löst, 14,85 V zugibt, 24 Std. bei 5—10° verrührt, in Eis einträgt u. das im Vakuum bei 60° getrocknete Kondens.-Prod. 4 Std. bei 18—20° mit 500 5%ig. Oleum sulfoniert. Wird die doppelte Menge V angewendet, so erhält der Farbstoff, der B grünstichigblau färbt, 2 α-Chloracrylsäureamidomethylgruppen. — Weitere durch Formelbilder erläuterte Tabellenbeispiele. — Färbevorschrift. (**Brit.P. 1048316** vom 7/7. 1965, ausg. 16/11. 1966. Schwz. Prior. 8/7. 1964. **Schwz.P. 441582** vom 8/7. 1964, ausg. 15/1. 1968.) — 15 S. — 7 S.
O. Roick 6864

*2184* Farbwerke Hoechst Akt.-Ges. vormals Meister Lucius & Brüning (Erfinder: Otto Fuchs, Frankfurt/M., und Friedrich Ische, Kelkheim), **Herstellung von Dispersionsfarbstoffen.** Das Verf. gemäß D.A.S. 1257315, wobei man 1.5-Diaminoanthrachinon (I), 1.8-Diaminoanthrachinon (II) oder Gemische aus I u. II mit $Br_2$ in anhydridhaltiger $H_2SO_4$ bei 40—100° behandelt u. in Ggw. von $H_3BO_3$ auf 120—190° erhitzt, wobei die Rk. von tetrachloriertem oder tetrabromiertem 1.5- u./oder 1.8-Diaminoanthrachinon ausgeschlossen sind, wird dahin abgeändert, daß man die Bromierung von I, II oder Gemischen aus I u. II anstatt in anhydridhaltiger $H_2SO_4$ hier in $H_2SO_4 \cdot H_2O$, konz. oder verd. $H_2SO_4$ oder W. durchführt. — Die Farbstoffe färben Polyamid-, Celluloseacetat, bes. Polyester-Fasern u. -Folien in echten rotstichigblauen Tönen. — 48 (Gew.-Teile) I dispergiert man unter Zusatz von 4 2.2'-dinaphthylmethan-6.6'-disulfonsaurem Na in 500 W., gibt 0,5 $J_2$ u. in 5—8 Std. bei 60—70° 70 $Br_2$ tropfenweise zu u. erwärmt 5 Std. auf 60—70°. Man erhält 70—80 eines Prod. (III), das 37—40% Br enthält. 70 III, in 1000 20%ig. Oleum gelöst u. in Ggw. von 50 $H_3BO_3$ 4 Std. auf 150—160° erhitzt, führt zu 70—75 eines tiefviolett gefärbten Farbstoffpulvers, das rotstichigblau färbt. Die Eig. der mit II oder Gemischen von I u. II hergestellten Prod. stimmen mit dem mit I erhaltenen Farbstoff weitgehend überein. Das Verf. kann auch ohne Zwischenisolierung des bromierten I u./oder II erfolgen, indem man in $H_2SO_4$ · Monohydrat oder konz. $H_2SO_4$ bromiert, das Rk.-Gemisch durch Zugabe von anhydridhaltiger $H_2SO_4$ oder $SO_3$ auf Schwefelsäureanhydridgeh. 10—40% einstellt u. in Ggw. von $H_3BO_3$ auf 120—190° erhitzt. — Weitere Beispiele. (**D.A.S. 1268755** Kl. 22b vom 24/9. 1960, ausg. 22/5. 1968. **Zusatz zu D.A.S. 1257315; C. 1968, 47-2747.**) — 3 S.
O. Roick 6864

*2185* Farbenfabriken Bayer Akt.-Ges., Leverkusen (Erfinder: Peter Schmitz, Köln, und Detlef Delfs, Opladen), **Herstellung von Phthalocyaninfarbstoffen** erfolgt dadurch, daß man a) Phthalocyaninsulfonsäurechloride (I) oder -carbonsäurechloride (II) oder Chlormethylverb. von Phthalocyaninen (III) mit an der Sulfonamidgruppe eine Hydroxyalkyl-Schwefelsäurehalbestergruppe tragenden Arylsulfonamiden umsetzt, oder daß man b) I, II oder III mit prim. oder sek. aromat. Aminen umsetzt, die so erhaltenen Verb. sulfochloriert u. die Sulfonsäurechloride mit Schwefelsäurehalbestern von Hydroxyalkylaminen reagieren läßt, oder daß man c) I, II oder III mit Arylsulfonsäuren, die eine prim. oder sek. Aminogruppe enthalten, umsetzt, in diesen Verb. die Sulfonsäuregruppen in Sulfochloridgruppen umwandelt u. letztere mit Schwefelsäurehalbestern von Hydroxyalkylaminen kondensiert, wobei man ggf. an Stelle der Schwefelsäurehalbester der Hydroxyalkylamide bzw. -amine die freien Hydroxyalkylamide bzw. -amine einsetzt u. in den so erhaltenen Zwischenprod. die Hydroxyalkylgruppen in die Schwefelsäurehalbestergruppen umwandelt. — *Färben u. Bedrucken von Baumwolle* u. *regenerierter Cellulose.* Beispiele. (**D.A.S. 1257316** Kl. 22e/vom 11/6. 1960, ausg. 28/12. 1967.) — 7 S.
H.-W. Wille 6870

*2186* V. F. Borodkin und M. I. Al'janov, **Tetrahydroxykupferphthalocyanin** (I) wird aus Tetraaminokupferphthalocyanin (II) gewonnen. II löst man in $H_2SO_4$ u. diazotiert bei 0—5° in 3 Std. mit Nitrosylschwefelsäure, gießt die Diazolsg. in wss. sd. Kupfervitriol-Lsg. u. filtriert I ab. Es läßt sich durch Umfällen aus alkal. Lsg. reinigen. (**UdSSR.P. 184379** vom 3/5. 1965, ausg. 17/9. 1966.) — 2 S.
J. Plückhan 6870

*2187* V. F. Borodkin und M. I. Al'janov, **Gewinnung der Kupferphthalocyanintetraessigsäure** (I). Tetrahydroxykupferphthalocyanin führt man in A. mit $C_2H_5 \cdot ONa$ in das Na-Salz über. Dieses wird mit $ClCH_2COOH$ 1 Std. in W. gekocht: I fällt aus. (**UdSSR.P. 184380** vom 3/5. 1965, ausg. 15/9. 1966.) — 2 S.
J. Plückhan 6870

*2188* E. I. du Pont de Nemours & Co., übert. von: Robert J. Harder und James C. Kauer, Wilmington, Del., USA, **2.3-Benzo-1.3a.6a-triazapentalen(I)-Derivate** der allg. Formel II erhält man durch Ringschluß von

II

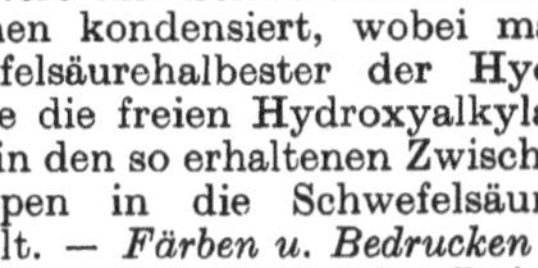

1-[o-Nitrophenyl]-pyrazolen mittels tert. Phosphine oder Phosphite (R u. $R^2$ = H, Halogen, $NO_2$, CN, $NH_2$, Aryl- oder Tricyanvinylreste; $R^1$ = H, Halogen, Cyan-

oder Arylrest; $R^3$ = Halogen, $NO_2$, $NH_2$; n = 0, 1 oder 2). — Es wurden erhalten: **I**, $C_9H_7N_3$, F. 103,5—104° (Cyclohexan). — *5-Chlor-I*, $C_9H_6ClN_3$, F. 162—163° (Ae.). — *5-Brom-I*, $C_9H_6BrN_3$, F. 169—170° (Ae.). — 5-Chlor-I + Tetracyanäthylen → *Tricyanvinyl-5-chlor-I*. — *Durch Bestrahlung mit Licht sich entwickelnde Farbstoffe*, die zum Druck geeignet sind. (**U.S.P. 3 262 944** vom 7/11. 1963, ausg. 26/7. 1966.) — 3 S. A. Jahn 6895

*2189* Sandoz Akt.-Ges., Basel, Schweiz (Erfinder: Rudolf Wurster, Garfield, H. J., USA, Jakob Benz und August Schweizer), **Herstellung von Reaktivfarbstoffen** der allg. Formel **I**, X = Methylamino, Äthyl-

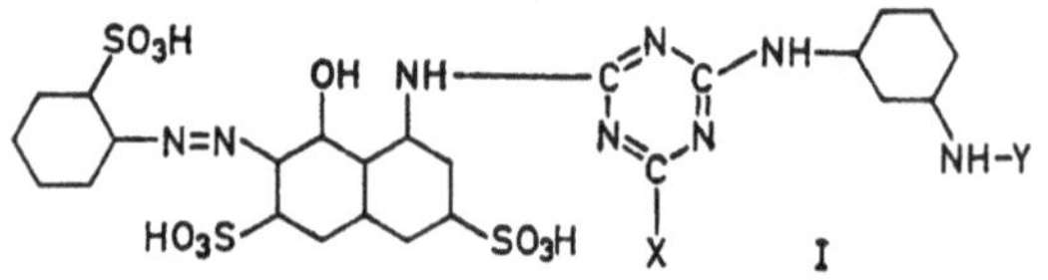
I

amino, Dimethylamino; Y = Di-, Trichlorpyrimidyl, Mono-, Dichlortriazinyl, erfolgt nach üblichen Verfahren. — Die wasserlösl. Farbstoffe vertragen sich mit Salzen u. Hartwasser, haben gute Reaktivität mit vegetabil., tier. u. synthet. Polyamidfasern u. reservieren Celluloseacetat-, Polyester-, Polyacrylnitril-, Polyvinylchlorid-, Polyacetat- u. Polyalkylenfasern. — Man setzt bei 0 bis 3° u. pH 3,5 1-Amino-8-hydroxynaphthalin-3.6-disulfonsäure (**II**) mit Cyanurchlorid (**III**) um, vereinigt diese Kupplungskomponente bei 0—3° u. pH 6,5 mit diazotierter 2-Aminobenzol-1-sulfonsäure (**IV**), kondensiert die entstandene Verb. bei 80—85° u. pH 6—7 mit 5%ig. Monomethylaminhydrochlorid u. kondensiert die entstandene Verb. in wss. Lsg. bei einem von 6 auf ca. 4 abfallenden pH ca. 4—8 Std. mit 1-Amino-3-[2'.5'.6'-trichlorpyrimidyl-4'-amino]-benzol (**V**); der Farbstoff (**VI**), ein dunkelrotbraunes Pulver, ist bes. für das Ausziehverf. geeignet u. färbt Baumwolle (**A**) licht- u. sodakochecht rot. Man kann auch **III** mit Monomethylamin bei 0° u. pH 6,5—8, dann bei 60° u. pH 4—5 mit **II** umsetzen, die erhaltene Verb. mit diazotierter **IV** vereinigen u. dann den Farbstoff mit **V** umsetzen. 1-Hydroxy-2-phenylazo-8-[4''-chlor-6''-methylamino-1''.3''.5''-triazinyl-2''-amino]-naphthalin-3.6.2'-trisulfonsäure setzt man bei pH 5 durch mehrstd. Erhitzen auf 80—85° mit 1-Amino-3-acetylaminobenzol um, spaltet dann die Acetylgruppe mit 30%ig. NaOH bei 80—90° ab u. setzt die erhaltene Verb. (**VII**) mit freier Aminogruppe mit 2.4.5-6-Tetrachlorpyrimidin zum Farbstoff **VI** um. — Durch Rk. von 39,2 (Gew.-Teilen) **VII** mit 9,5 **III** wird der Farbstoff (**VIII**) in Form eines rotbraunen Pulvers erhalten, das **A** rot färbt. Wird **VIII** mit 9 1-Aminobenzol-3-sulfonsäure umgesetzt, so entsteht ein Farbstoff, der **A** rot färbt. — Der Farbstoff aus **VII** u. 2.4-Dichlor-6-amino-1.3.5-triazin oder aus **VIII** u. $NH_3$ färbt **A** rot. — Weitere Tabellenbeispiele mit Farbstoffen, die **A** blaustichig rot färben. — Färbevorschriften. (**F.P. 1 450 102** vom 12/10. 1965, veröff. 11/7. 1966. Schwz. Prior. 12/10. 1964. **Schwz.P. 441 568** vom 12/10. 1964, ausg. 15/1. 1968.) — 8 S. — 5 S. O. Roick 6895

*2190* Sandoz Akt.-Ges. (Erfinder: Philippe Grandjean), Basel, Schweiz, **Herstellung von Reaktivfarbstoffen** der allg. Formel **I**, Y = Bzl.- oder Naphthalinrest; R = H, Cl, Br, niedrigmol. Alkyl, Alkoxy; X = Acyl, welches mindestens einen als Anion abspaltbaren Substituenten u./oder eine additionsfähige C—C-Mehrfachbindung enthält; n = 2, 3; die —N=N-Gruppe steht in 3- oder 4- u. R in o-Stellung zu —N=N-, dad. gek., daß man 1 (Mol) der Diazoverb. aus einem Amin der allg. Formel **II**, 1 2-Amino-5-hydroxynaphthalin-7-sulfonsäure (**III**) u. mindestens 1 des **I** entsprechenden Acylierungsmittels derart aufeinander einwirken läßt, daß die Diazoverb. in 6-Stellung von **III** eingreift u. das Acylierungsmittel die Aminogruppe acyliert. Man kann zuerst die Azokupplung u. dann die Acylierung oder umgekehrt vornehmen. Man kann auch als Azokomponente eine 5-Hydroxynaphthalin-7-sulfonsäure, die in 2-Stellung —NH—OC—Z enthält (Z = niedrigmol. Alkoxy, Phenoxy) verwenden, dann —OC—Z abspalten u. die freigewordene Aminogruppe acylieren. — Die Farbstoffe eignen sich zum Färben von Leder, zum Färben, Klotzen oder Bedrucken von Wolle, Seide, synthet. Polyamidfasern u. bes., z. B. nach dem Ausziehverf., von Fasern aus natürlicher oder regenerierter Cellulose; sie reservieren Acetatkunstseide u.

I

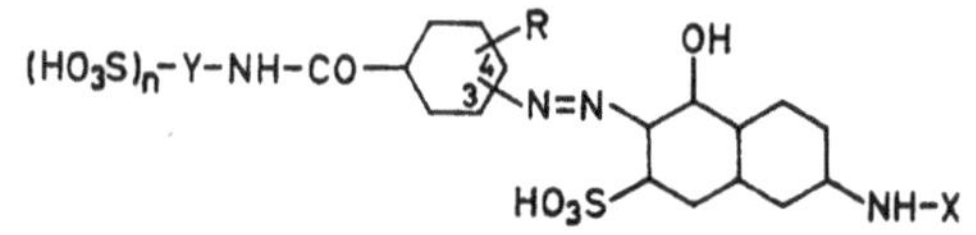

II

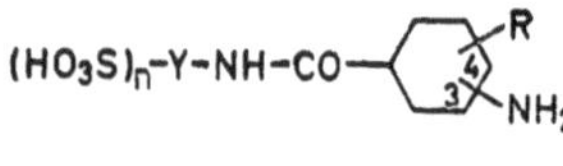

Fasern aus Polyacrylnitril u. linearen aromat. Polyestern. — Der bei pH 7—8 gekuppelte Azofarbstoff 2-[4'-Amino-3'-methylbenzoylamino]-naphthalin-4.6.8-trisulfonsäure (**IV**) → **III** aus 58,2 (Gew.-Teilen) **IV** u. 23,9 **III** wird in wss. Lsg. bei 0° u. pH 4—5 mit 20 Cyanurchlorid acyliert u. dann bei 40° u. pH 7 mit 17,3 1-Aminobenzol-3-sulfonsäure umgesetzt; der in W. scharlachrot lösl. Farbstoff färbt Baumwolle (**A**) scharlachrot. — Wird 1-[4'-Aminobenzoylamino]-benzol-2.5-disulfonsäure diazotiert u. bei pH 6,5 mit 2-Trichlorpyrimidylamino-5-hydroxynaphthalin-7-sulfonsäure gekuppelt, so färbt der wasserlösl. Farbstoff **A** orange. — Im Azofarbstoff **IV** → 2-Carbäthoxyamino-5-hydroxynaphthalin-7-sulfonsäure wird durch Kochen mit einer Sodalsg. unter Rückfluß die Carbäthoxygruppe abgespalten u. der Aminoazofarbstoff bei 0—5° u. pH 6—7 mit Chloressigsäurechlorid acyliert; der Farbstoff färbt **A** scharlachrot. — Weitere Tabellenbeispiele mit Farbstoffen, die **A** orangefarben u. scharlachrot färben. — Färbe- u. Klotzvorschriften. (**Schwz.P. 442 571** vom 3/12. 1964, ausg. 31/1. 1968. **F.P. 1 462 558** vom 3/12. 1965, veröff. 7/11. 1966. Schwz. Prior. 3/12. 1964.) — 6 S. — 7 S. O. Roick 6895

---

*2191* **Roussel-Uclaf**, Paris (Erfinder: **Jean Rigaudy**, Bourg-la-Reine), Frankreich, *Diazotierung von Aminen*. (**Schwz.P. 453 381** vom 8/10. 1964, ausg. 14/6. 1968. F. Prior. 15/10. 1963. — C. **1967**, 46-2641 [D.A.S. 1 232 591].)

*2192* **American Cyanamid Co.**, Stamford, Conn. (Erfinder: **John Justin Randall**, South Bound Brook, N. J.), USA, *Herstellung kationischer Azofarbstoffe*. (**D.A.S. 1 271 858** Kl. 22a vom 9/2. 1963, ausg. 4/7. 1968. **Schwz.P. 442 566** vom 26/2. 1963, ausg. 31/1. 1968. Beide U.S. Prior. 28/2. 1962. — C. **1968**, 7-2757 [Brit.P. 960 994 u. U.S.P. 3 132 133].)

*2193* **Ciba Akt.-Ges.**, Basel (Erfinder: **Paul Rhyner**, Basel, und **Klaus Artz**, Nuttenz), Schweiz, *Herstellung wasserunlöslicher Monoazofarbstoffe*. (**D.A.S. 1 273 091** Kl. 22a vom 13/12. 1962, ausg. 18/7. 1968. Schwz. Prior. 14/12. 1961. — C. **1968**, 4-2258 [Oe.P. 236 550 u. Brit.P. 967 776].)

*2194* **Farbenfabriken Bayer Akt.-Ges.** (Erfinder: **Winfried Kruckenberg**), Leverkusen, *Herstellung wasserunlöslicher Azofarbstoffe*. (**D.A.S. 1 273 726** Kl. 22a vom 7/6. 1961, ausg. 25/7. 1968. — C. **1968**, 41-2883 [Brit.P. 959 260].)

*2195* **Badische Anilin- & Soda-Fabrik Akt.-Ges.** (Erfinder: **Johannes Dehnert**), Ludwigshafen/Rh., *Herstellung von Azofarbstoffen*. (**D.A.S. 1 268 753** Kl. 22a vom 2/5. 1963, ausg. 22/5. 1968. — C. **1968**, 29-2958 [Brit.P. 1 001 741].)

*2196* **Badische Anilin- & Soda-Fabrik Akt.-Ges.** (Erfinder: **Dieter Leuchs**), Ludwigshafen/Rh., *Herstellung basischer Farbstoffe*. (**Schwz.P. 453 529** vom 17/12. 1963, ausg. 14/6. 1968. D. Prior. 3/1. 1963. — C. **1968**, 39-2814 [F.P. 1 379 349].)

*2197* **Badische Anilin- & Soda-Fabrik Akt.-Ges.** (Erfinder: **Günter Lange**), Ludwigshafen/Rh., *Herstellung wasserlöslicher reaktiver Azofarbstoffe*. (**D.A.S. 1 269 265** Kl. 22a vom 17/3. 1962, ausg. 30/5. 1968. — C. **1967**, 21-3023 [Oe.P. 240 489].)

*2198* **Badische Anilin- & Soda-Fabrik Akt.-Ges.**, Ludwigshafen/Rh. (Erfinder: **Erwin Hahn**, Viernheim, **Hans-Günter Wippel** und **Günter Lange**, Ludwigshafen/Rh.), *Herstellung wasserunlöslicher Azofarbstoffe*. (**D.A.S. 1 270 711** Kl. 22a vom 24/10. 1963, ausg. 20/6. 1968. — C. **1968**, 44-2570 [Oe.P. 247 993].)

*2199* **Farbwerke Hoechst Akt.-Ges vormals Meister Lucius & Brüning**, Frankfurt/M. (Erfinder: **Jonas O. St. Alban**, Coventry, R. I., USA), *Herstellung wasserlöslicher thermofixierbarer Monoazofarbstoffe*. (**D.A.S. 1 273 096** Kl. 22a vom 5/5. 1962, ausg. 18/7. 1968. — C. **1968**, 45-2950 [U.S.P. 3 260 713].)

*2200* **Farbwerke Hoechst Akt.-Ges. vormals Meister Lucius & Brüning**, Frankfurt/M. (Erfinder: **Konrad Löhe** und **Joachim Ribka**, Offenbach), *Herstellung von wasserunlöslichen Monoazofarbstoffen*. (**D.A.S. 1 263 202** Kl. 22a vom 29/12. 1961, ausg. 14/3. 1968. Zusatz zu D.A.S. 1 199 905; C. 1967, 13-2937. — C. **1968**, 43-2823 [Schwz.P. 402 231].)

*2201* **Farbwerke Hoechst Akt.-Ges. vormals Meister Lucius & Brüning**, Frankfurt/M. (Erfinder: **Richard Gross**, Frankfurt/M., **Hasso Hertel** und

**Reinhard Mohr,** Offenbach), *Herstellung von metallhaltigen, wasserunlöslichen Azofarbstoffen.* (**D.A.S. 1 265 894** Kl. 22a vom 30/4. 1960, ausg. 11/4. 1968. — C. **1967,** 12-2751 [F.P. 1 293 698].)

*2202* **Farbwerke Hoechst Akt.-Ges. vormals Meister Lucius & Brüning,** Frankfurt/M. (Erfinder: **Richard Gross,** Frankfurt/M., **Hasso Hertel, Reinhard Mohr** und **Walter Staab,** Offenbach), *Erzeugung metallhaltiger wasserunlöslicher Azofarbstoffe auf der Faser.* (**D.A.S. 1 268 102** Kl. 8m vom 4/2. 1960, ausg. 16/5. 1968. — C. **1965,** 19-2585 [Schwz.P. 371 201, F.P. 1 281 595 u. U.S.P. 3 071 571].)

*2203* **Farbwerke Hoechst Akt.-Ges. vormals Meister Lucius & Brüning,** Frankfurt/M. (Erfinder: **Joachim Ribka,** Offenbach/M.), *Farbstoffgemisch aus wasserunlöslichen Diazofarbstoffen.* (**Schwz.P. 451 367** vom 19/2. 1965, ausg. 15/5. 1968. D. Prior. 22/2. 1964 u. 16/1. 1965. — C. **1968,** 44-2572 [Oe.P. 249 205].)

*2204* **Farbwerke Hoechst Akt.-Ges. vormals Meister Lucius & Brüning** (Erfinder: **Fritz Meininger,** Frankfurt/M., und **Hans Helmut Steuernagel,** Kelkheim/Taunus), *Herstellung metallhaltiger Diazofarbstoffe.* (**Schwz.P. 451 365** vom 6/8. 1964, ausg. 15/5. 1968. D. Prior. 8/8. 1963. — C. **1968,** 33-3001 [Belg.A.S. 651 648].)

*2205* **E. I. du Pont de Nemours & Co.** (Erfinder: **Roy Emerson Starn jun.**), Wilmington, Del., USA, *Herstellung wasserlöslicher Dis- und Tetrakis-azofarbstoffe.* (**D.A.S. 1 267 767** Kl. 22a vom 23/2. 1960, ausg. 9/5. 1968. **Schwz. P. 408 240** vom 7/3. 1960, ausg. 15/9. 1966, Beide U.S. Prior. 13/3. u. 9/12. 1959. — C. **1967,** 40-2676 [Brit. P. 952 061]).

*2206* **Sandoz Akt.-Ges.,** Basel (Erfinder: **Hans-Rudolf Byland,** Riehen, und **Hans Ischer,** Basel), Schweiz, *Herstellung von Reaktivfarbstoffen.* (**Schwz.P. 452 082** vom 9/5. 1960, ausg. 31/5. 1968. Zusatz zu Schwz.P. 387 197. — C. **1966,** 30-2648 [D.A.S. 1 154 891].)

*2207* **Aziende Colori Nazionali Affini ACNA S. p. A.** (Erfinder: **Tommaso Lucchini**), Mailand, Italien, *Nichtstäubende feinverteilte Küpenfarbstoffpräparate.* (**D.A.S. 1 271 669** Kl. 8m vom 1/7. 1963, ausg. 4/7. 1968. It. Prior. 4/7. 1962. — C. **1966,** 29-2827 [Brit.P. 966 952].)

*2208* **Badische Anilin- & Soda-Fabrik Akt.-Ges.,** Ludwigshafen/Rh. (Erfinder: **Hans Weidinger,** Limburgerhof, und **Gottfried Haese,** Ludwigshafen/Rh.), *Herstellung von Küpenfarbstoffen.* (**D.A.S. 1 268 292** Kl. 22a vom 6/7. 1962, ausg. 16/5. 1968. — C. **1968,** 42-2511 [U.S.P. 3 157 631].)

*2209* **Farbenfabriken Bayer Akt.-Ges.,** Leverkusen (Erfinder: **Josef Singer,** Leverkusen, und **Heinz Werner Schwechten,** Grünwald), *Herstellung von Anthrachinonfarbstoffen.* (**D.A.S. 1 264 647** Kl. 22b vom 23/9. 1961, ausg. 28/3. 1968. — C. **1968,** 15-2843 [F.P. 1 334 122].)

*2210* **Farbwerke Hoechst Akt.-Ges. vormals Meister Lucius & Brüning** (Erfinder: **Fritz Meininger** und **Ernst Hoyer**), Frankfurt/M., *Anthrachinonfarbstoff.* (**D.A.S. 1 274 765** Kl. 22b vom 16/8. 1963, ausg. 8/8. 1968. — C. **1968,** 37-2957 [Oe.P. 245 700].)

*2211* **Farbenfabriken Bayer Akt.-Ges.,** Leverkusen (Erfinder: **Günter Gehrke,** Köln, **Kurt Klemm,** Leverkusen, **Volker Hederich,** Köln, und **Fritz Baumann,** Opladen), *Herstellung von chlorierten Hydroxyamino-anthrachinonen.* (**Schwz.P. 451 370** vom 8/1. 1964, ausg. 15/5. 1968. D. Prior. 24/1. 1963. — C. **1967,** 14-2945 [D.A.S. 1 215 283].)

*2212* **Sumitomo Chemical Co. Ltd.,** Osaka (Erfinder: **Takashi Akamatsu,** Ashiya-shi, und **Eiji Yamada,** Takatsuki-shi), Japan, *Herstellung von 1.4-Diaminoanthrachinon-2.3-dicarbonsäureimid-Dispersionsfarbstoffen.* (**D.A.S. 1 260 656** Kl. 22b vom 8/7. 1964, ausg. 8/2. 1968. Jap. Prior. 8/7. 1963. — C. **1968,** 44-2573 [F.P. 1 410 259].)

*2213* **E. I. du Pont de Nemours & Co.** (Erfinder: **Theodor Arthur Liss**), Wilmington, Del., USA, *Herstellung von Dispersionsfarbstoffen.* (**Schwz.P. 441 577** vom 22/4. 1963, ausg. 15/1. 1968. U.S. Prior. 30/4. 1962. — C. **1967,** 11-2993 [F.P. 1 356 563].)

*2214* **Casella Farbwerke Mainkur Akt.-Ges.** (Erfinder: **Richard Fleischhauer,** Frankfurt/M., und **Heinz Bender,** Bischofsheim), *Herstellung von wasserlöslichen Farbstoffen der Anthrachinonreihe.* (**D.A.S. 1 261 610** Kl. 22b vom 25/10. 1962, ausg. 22/2. 1968. — C. **1968,** 39-2825 [F.P. 1 372 343].)

*2215* **Sandoz Akt.-Ges.,** Basel (Erfinder: **Albin Peter,** Binningen, und **Fred Müller,** Münchenstein), Schweiz, *Herstellung von Benz-azolylmercapto-anthrachinonen.* (**D.A.S. 1 269 267** Kl. 22b vom 30/9. 1964, ausg. 30/5. 1968. Schwz. Prior. 4/10., 26/11., 28/11. 1963 u. 6/5. 1964. — C. **1967,** 30-2661 [D.P.[DDR] 44 259].)

*2216* **Badische Anilin- & Soda-Fabrik Akt.-Ges.,** Ludwigshafen/Rh. (Erfinder: **Arnold Tartter,** Lambsheim, **Hans Ruprecht Hensel,** Heidelberg, und **Hans Baumann,** Ludwigshafen/Rh.), *Herstellung von Farbstoffen.* (**Niederl.P. 123 807** vom 16/8. 1960, ausg. 15/3. 1968. D. Prior. 17/8. 1959. — C. **1963,** 3770 [D.A.S. 1 123 065].)

*2217* **Imperial Chemical Industries Ltd.,** London (Erfinder: **Peter Frederick Clark, Harold Thompson Howard** und **James Wardleworth,** Blackley/Manchester), Großbritannien, *Herstellung von Phthalocyaninfarbstoffen.* (**Schwz.P. 452 758** vom 4/4. 1961, ausg. 31/5. 1968. Brit. Prior. 5/4. 1960 u. 17/3. 1961. — C. **1966,** 50-2675 [F.P. 1 285 717].)

*2218* **Badische Anilin- & Soda-Fabrik Akt.-Ges.** (Erfinder: **Heinz Ellingsfeld, Gerhard Lützel, Werner Rohland,** Ludwigshafen/Rh., **Arnold Tartter,** Lambsheim, **Hans Weidinger** und **Hermann Weissauer,** Ludwigshafen/Rh.), *Herstellung von Farbstoffen der Azo-, Anthrachinon- und Phthalocyaninreihe.* (**D.A.S. 1 266 898** Kl. 22a vom 15/4. 1961, ausg. 25/4. 1968. — C. **1968,** 12-2699 [F.P. 1 323 153].)

*2219* **Aziende Colori Nazionali Affini Acna S. p. A.** (Erfinder: **Tomasso Lucchini** und **Giacomo Barlaro**), Mailand, Italien, *Herstellung von Chinacridon in Pigmentform.* (**D.A.S. 1 269 997** Kl. 8m vom 7/11. 1963, ausg. 12/6. 1968. It. Prior. 12/11. 1962. — C. **1967,** 16-2770 [F.P. 1 374 077].)

*2220* **Aziende Colori Nazionali Affini ACNA S. p. A.** (Erfinder: **Marco Tessandori**), Mailand, Italien, *Herstellung eines β-Chinacridon-Pigments.* (**D.A.S. 1 271 668** Kl. 8m vom 7/11. 1963, ausg. 4/7. 1968. It. Prior. 12/11. 1962. — C. **1967,** 16-2769 [F.P. 1 374 078].)

*2221* **Cassella Farbwerke Mainkur Akt.-Ges.,** Frankfurt/M. (Erfinder: **Werner Zerweck, Richard Fleischhauer,** Frankfurt/M., und **Heinz Bender,** Bischofsheim), *Herstellung von wasserlöslichen Azo- und Phthalocyaninfarbstoffen.* (**D.A.S. 1 263 949** Kl. 22a vom 2/11. 1960, ausg. 21/3. 1968. — C. **1967,** 47-2473 [Brit.P. 952 123].)

## H–13. Schädlingsbekämpfungsmittel

*2222* Velsicol Chemical Corp., übert. von: Sidney B. Richter, Chicago, Ill., USA, **N-Alkoxyamide von 4-Halogenphenoxyalkylcarbonsäuren** der allg. Formel $p\text{-}X\text{-}C_6H_4\text{-}O\text{-}Z\text{-}C(=O)\text{-}N(R')\text{-}OR$ erhält man durch Rk. der entsprechenden Carbonsäurechloride (**I**) mit Alkoxyamiden. **I** kann durch Kondens. von Alkali-4-Halogenphenolat mit Bromalkancarbonsäuren u. Überführung der freien Carbonsäure in das Säurechlorid erhalten werden. — Aus 4-Chlorphenoxyacetylchlorid, $Kp._{0,4}$ 82—86° u. N-Methoxy-N-methylaminhydrochlorid → *N-Methoxy-N-methyl-4-chlorphenoxyacetamid*, $C_{10}H_{12} \cdot ClNO_3$, $Kp._{0,5}$ 140°. — *N-Methoxy-4-chlorphenoxyacetamid*, $C_9H_{10}ClNO_3$, F. 105,5°—108° (Bzl.). — *N-Äthoxy-4-chlorphenoxyacetamid.* — *N-Methoxy-4-bromphenoxyacetamid.* — *N-Methoxy-N-methyl-4-bromphenoxyacetamid.* — *N-Methoxy-N-methyl-α-(4-chlorphenoxy)-propionamid.* — *N-Methoxy-N-methyl-α-[4-chlorphenoxy]-n-butyramid.* — *N-Methoxy-N-methyl-α-[4-bromphenoxy]-propionamid.* — *N-Methoxy-N-methyl-α-[4-chlorphenoxy]-isobutyramid.* — *N-Methoxy-4-jodacetamid.* — *N-Methoxy-N-methyl-4-jodphenoxyacetamid.* — *N-Methoxy-4-fluorphenoxyacetamid.* — *N-Methoxy-N-methyl-4-fluorphenoxyacetamid.* — *Herbizide.* — (**U.S.P. 3352897** vom 10/4. 1963, ausg. 14/11. 1967.) — 5 S. A. Jahn 7365

*2223* Nobel-Bozel, Paris, Frankreich, **Derivate der Bis-[4-hydroxyphenyl]-essigsäure** der allg. Formel **I**

I

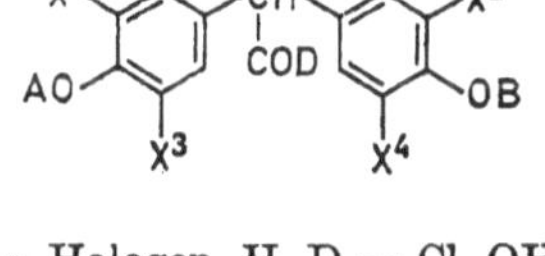


[$X^1$, $X^2$, $X^3$ u. $X^4$ = Halogen, H, D = Cl, OH, $N(CH_3)_2$, $N(C_2H_5)_2$, $OR^1$ ($R^1$ = Alkyl, Cycloalkyl, Aryl) oder $O(CH_2)_nCH\text{-}CH_2$ (epoxy, O-bridged), n = 1 oder 2, A u. B = $CH_2COOH$, $CH_2COOR$, COR (R = Alkyl, Cycloalkyl oder Aryl) oder $-(CH_2)_nCH\text{-}CH_2$ (epoxy, O-bridged)] erhält man durch Rk. von Bis-(hydroxy-4-phenyl)-essigsäure oder deren Estern mit Cl oder Br u./oder halogenhaltigen Verb., wie Säurehalogeniden, z. B. Acetylchlorid, Halogencarbonsäuren, z. B. Monochloressigsäure, α-Epoxyhalogeniden. — Aus Bis-[4-hydroxyphenyl]-essigsäure mit Cl → *Bis-[3.5-dichlor-4-hydroxyphenyl]-essigsäure*, F. 210—215°, ähnlich: *Bis-[3.5-dichlor-4-carboxymethoxyphenyl]-essigsäure*, $C_{18}H_{12} \cdot Cl_4O_8$, F. 219—221°; *Bis-[4-hydroxyphenyl]-essigsäuremethylester*, F. 153—154°; *Bis-[4-carboxymethoxyphenyl]-essigsäure*, F. 95—96°; *2-Methylimidazolsalz der Bis-[3.5-dichlor-4-hydroxyphenyl]-essigsäure*, $C_{18}H_{14}Cl_4N_2O_4$, F. 223 bis 224°, u. *Bis-[3.5-dichlor-4-acetoxyphenyl]-N.N-dimethylacetamid*, $C_{20}H_{17}Cl_4NO_5$, F. 175—182°, dessen *4-Hydroxyderiv.*, $C_{16}H_{13}Cl_4NO_3$, F. 210—213°. — *Herbizide, Fungizide, Bakterizide.* (**Brit.P. 1066116** vom 28/4. 1965, ausg. 19/4. 1967. F. Prior. 29/4. u. 21/12. 1964.) — 15 S.

R. Bollinger 7365

*2224* Rhône-Poulenc Soc. An., Paris (Erfinder: Jean Metivier, Paris, und Roger Boesch, Vitry-sur-Seine), Frankreich, **Herbizide,** enthaltend als Wirkstoff ein 3-Phenyl-5-tert.-butyl-1.3.4-oxadiazol-2-on, dessen Phenylrest durch Halogen, Alkyl oder Alkoxy substituiert sein kann. Die Wirkstoffe erhält man durch Rk. von 1-Trimethylacetyl-2-phenyl-hydrazin mit $COCl_2$. Genannt werden folgende 5-tert.-Butyl-1.3.4-oxadiazol-2-one (**I**): *3-[4-Methoxyphenyl]*-**I**, F. 92°, aus 1-Trimethylacetyl-2-[4-methoxyphenyl]-hydrazin, F. 140°; *3-Phenyl*-**I**, F. 59—60°; *3-m-Chlorphenyl*-**I**, F. 59—60°; *3-[2.4-Dichlorphenyl]*-**I**, F. 64°; *3-[3.4-Dichlorphenyl]*-**I**, F. 105—106°; *3-[3.5-Dichlorphenyl]*-**I**, F. 84°; *3-[2-Chlor-4-methylphenyl]*-**I**, F. 47—49°; *3-[2-Chlor-4-methoxyphenyl]*-**I**, F. 84°; *3-[2.4-Dimethylphenyl]*-**I**, F. 70°; *3-o-Chlorphenyl*-**I**, F. 74°; *3-p-Chlorphenyl*-**I**, F. 104°; *3-[2.5-Dichlorphenyl]*-**I**, F. 90—92°; *3-[2.4.5-Trichlorphenyl]*-**I**, F. 148°; *3-[2.4.6-Trichlorphenyl]*-**I**, F. 121°; *3-[2.3.4.6-Tetrachlorphenyl]*-**I**, F. 135°; *3-[4-Brom-2-chlorphenyl]*-**I**, F. 86°; *3-[2-Brom-4-chlorphenyl]*-**I**, F. 62°; *3-[2.4-Dibromphenyl]*-**I**, F. 96°; *3-[3.5-Dibromphenyl]*-**I**, F. 111—112°; *3-[2.4.6-Tribromphenyl]*-**I**, F. 132—133°; 2.4-Dichlor-5-isopropyloxy-phenyl-hydrazin, F. 71°, → 1-Trimethylacetyl-2-[2.4-dichlor-4-isopropyloxy-phenyl]-hydrazin, F. 100°, → *3-[2.4-Dichlor-4-isopropyloxyphenyl]*-**I**, F. 90°;

*3-[2.4-Dichlor-5-methoxy-phenyl]*-**I**, F. 124°; *3-[2.4-Dichlor-5-äthoxy-phenyl]*-**I**, F. 101°; *3-[2.4-Dichlor-5-n-propoxy-phenyl]*-**I**, F. 83°; *3-[2.4-Dichlor-5-n-butoxy-phenyl]*-**I**, F. 65–66°; *3-[2.4-Dichlor-5-sek.-butoxyphenyl]*-**I**, F. 84°; *3-[2.4-Dichlor-5-isobutoxy-phenyl]*-**I**, F. 106°. (**Schwz.P. 435853** vom 4/12. 1964, ausg. 31/10. 1967. F. Prior. 13/12. 1963.) – 4 S. R. Bauereis 7365

*2225* E. I. du Pont de Nemours & Co., Wilmington, Del., USA, **Herstellung von 3.6-Dihydro-2H-1.3-oxazinon-(2)(I)-Derivaten.** Zu Port.P. 41941; C. **1966**, 17-3084 sind nachzutragen: *6-sek.-Butylimino-4-methyl*-**I**, *Hydrochlorid*, $C_9H_{15}ClN_2O_2$, F. 151,5–162,5° (Zers.). – *6-Isopropylimino-4-methyl*-**I**, *Hydrochlorid*, $C_8H_{13}ClN_2O_2$, F. 156–160° (Zers.). – *6-Phenylimino-4-methyl*-**I**, *Hydrochlorid*, F. 238–244° (Zers.). – *6-sek.-Butylimino-5-chlor-4-methyl*-**I**, *Hydrochlorid*, $C_9H_{14}Cl_2N_2O_2$, F. 144–150°. – *Herbizide*. (**Brit.P. 1060741** vom 26/2. 1964, ausg. 8/3. 1967. U.S. Prior. 27/2. 1963 u. 6/2. 1964.) – 16 S. A. Jahn 7365

*2226* Sandoz Akt.-Ges., Basel (Erfinder: Max Schuler, Arlesheim), Schweiz, **Unkrautbekämpfungsmittel,** enthaltend als Wirkstoff 2-Chlor-4.6-diaminotriazine. – Sie werden in bekannter Weise hergestellt, z. B. wird Cyanurchlorid durch Rk. mit Alkyl- bzw. Dialkylaminen zu Dichlormonoalkylamino- bzw. Dichlordialkylaminotriazinen umgesetzt u. anschließend ein Aminoäthylmercapto- oder Aminoäthyläther at eingeführt. Genannt werden folgende 2-Chlor-triazine (**I**): *4-Methylamino-6-β.β-diäthoxy-äthylamino*-**I**, F. 164°; *4-Äthylamino-6-β-methylmercapto-äthylamino*-**I**, F. 184°; *4-Äthylamino-6-β-äthylmercapto-äthylamino*-**I**, F. 174°; *4-Äthylamino-6-β-methylmercapto-isopropylamino*-**I**, F. 122°; *4-Äthylamino-6-β.β-diäthoxy-äthylamino*-**I**, F. 158°; *4-Äthylamino-6-β-äthylmercapto-isopropylamino*-**I**, F. 108°; *4-Isopropylamino-6-β-äthylmercapto-äthylamino*-**I**, F. 122°; *4-Isopropylamino-6-β.β-diäthoxy-äthylamino*-**I**, F. 73°; *4-Diäthylamino-6-β.β-diäthoxy-äthylamino*-**I**, F. 43°; *4-Methylamino-6-β.β-dimethoxy-äthylamino*-**I**, F. 195°; *4-Äthylamino-6-β.β-dimethoxy-äthylamino*-**I**, F. 162°; *4-Isopropylamino-6-β.β-dimethoxy-äthylamino*-**I**, F. 84°; *4-Diäthylamino-6-β.β-dimethoxy-äthylamino*-**I**, F. 94°. (**Schwz.P. 436837** vom 7/4. 1964, ausg. 15/11. 1967.) – 3 S. R. Bauereis 7365

*2227* Dow Chemical Co., Midland, Mich., übert. von: George E. Ham, Lake Jackson, Tex., USA, **Neue Dicarbaminsäurediester** der allg. Formel {R'–O–CO–NH–C-[$(R^0)_2$]–CH($R^0$)-}$_2$N–R ($R^0$, gleich oder verschieden = H, $C_1$–$C_4$-Alkyl; R = H, $C_1$–$C_{10}$-KW-Stoffrest, wie Alkyl, Cycloalkyl, Aralkyl; R' gleich oder verschieden, = $C_1$–$C_{18}$-Alkyl) erhält man durch Rk. eines prim. Amins der allg. Formel R–$NH_2$ mit einem Aziridinylameisensäurealkylester der allg. Formel R'–O–CO–N<(CH–$R^0$)(C($R^0$)$_2$) im Molverhältnis von ca. 1:2–5:1 in einem inderten Lsgm. [Acetonitril (**I**)] bei 25–150°. – Diäthylendicarbaminsäurediäthylester: *n-Butylimino-*, [$C_2H_5$–O–CO–NH–$CH_2CH_2$–]$_2$ N-n-$C_4H_9$, Kp.$_{0,5}$ ≧ 150°; (Ausb.) 49,4% aus Aziridinameisensäureäthylester u. n-Butylamin in trockenem **I** durch 6½std. Erhitzen unter Rückflußtemp. (80°) u. Dest. des **I** unter red. Druck. – *Isobutylimino-*, Kp.$_{1,5}$ ≧ 180°; 49,2%. – *tert.-Butylimino-*, Kp.$_{0,5}$ > 180°; 35,7%. – Diäthylendicarbaminsäuredi-(tridecyl)-ester: *Benzylimino-*, [$CH_3$–$(CH_2)_{12}$–O–CO–NH–$CH_2$–$CH_2$–]$_2$N–$CH_2$–$C_6H_5$, 97,2%. – *Cyclohexylimino-*, [$CH_3$–$(CH_2)_{12}$–O–CO–NH–$CH_2$–$CH_2$]$_2$·N–$C_6H_{11}$, 97,3%. Alle Verb. sind hochviskose Fl. u. dienen als *Bakterizide*, bes. gegen *Aerobacter aerogenes*. (**U.S.P. 3341568** vom 5/9. 1963, ausg. 12/9. 1967.) – 3 S. Georg Vogel 7370

*2228* Ciba Akt.-Ges., Basel (Erfinder: Dieter Dürr, Basel, Hans Aebi, Riehen, und Ludwig Ebner, Stein), Schweiz, **Schädlingsbekämpfungsmittel** enthaltend als Wirkstoffe 2-Iminothiazoline (**I**), die man durch Rk. eines monosubstituierten Thioharnstoffes mit einer α-Halogencarbonylverb. u. ggf. anschließende Alkylierung oder durch Rk. eines N.N'-disubstituierten Thioharnstoffes mit einer α-Halogencarbonylverb. erhält. Folgende **I** sind genannt: *N-Bis-(3.5-trifluormethyl]-phenyl]-3.4-dimethyl*-**I**, F. 87°, *Hydrochlorid*, F. 219–223° (Zers.); *N-p-Chlorphenyl-3.4-dimethyl*-**I**, F. 193–195°, *Hydrochlorid*, F. 67–68°; *N-m-Trifluormethylphenyl-3.4-dimethyl*-**I**, *Hydrochlorid*, F. 189–200°; *N-Phenyl-3.4-dimethyl*-**I**, F. 72–74°; *N-[3.4-Dichlorphenyl]-3.4-dimethyl*-**I**, F. 68,5–69,5°, *Hydrochlorid*, F. 193–205°; *N-Allyl-3.4-dimethyl*-**I**, Kp.$_{0,04}$ 80°; *N-m-Trifluormethylphenyl-3-äthyl-4-methyl*-**I**, *Hydrochlorid*, F. 183–193°; *N-[3.4-Dichlorphenyl]-3-äthyl-4-methyl*-**I**, *Hydrochlorid*, F. 170 bis 176°; *N-[3.4-Dichlorphenyl]-3-methyl*-**I**, *Hydrochlorid*, F. 191–199°; *N-Phenyl-3-isopropyl-4-methyl*-**I**, *Hydrochlorid*, F. 176–191°; *N-m-Trifluormethylphenyl-3-methyl*-**I**, Kp.$_{0,03}$ 138–139°; *N-Phenyl-3-isopropyl-4-phenyl*-**I**, *Hydrobromid*, F. 196–200°; *N-m-Tolyl-3.4-dimethyl*-**I**, Kp.$_{0,2}$ 156°, *Hydrochlorid*, F. 48–50°; *N-m-Chlorphenyl-3.4-dimethyl-4-äthoxycarbonyl*-**I**, F. 137–145°, *Hydrochlorid*, F. 89–91°; *N-[3.4-Dichlorphenyl]-3.4-dimethyl-4-äthoxycarbonyl*-**I**, *Hydrochlorid*, F. 137°; *N- 3.4-Dichlorphenyl]-3-methyl*-**I**, *Hydrochlorid*, F. 191–199°; *N-m-Chlorphenyl-3.4-dimethyl*-**I**, *Hydrochlorid*, F. 214°; *N-m-Methoxyphenyl-3.4-dimethyl*-**I**, F. 118–120°, *Hydrochlorid*, F. 192–195° (Zers.); *N-Phenyl-3-isopropyl-4-methyl*-**I**, *Perchlorat*, F. 148°; *N-m-Trifluormethylphenyl*-**I**, *Hydrochlorid*, F. 98–107°; *N-p-Chlorphenyl-3-methyl*-**I**, *Hydrochlorid*, F. 238° (Zers.); *N-Dodecyl-3-methyl*-**I**, Kp.$_{0,04}$ 148–150°; *N-Dodecyl-3.4-dimethyl*-**I**, Kp.$_{0,03}$ 130°; *N-p-Bromphenyl-3.4-dimethyl*-**I**, *Hydrochlorid*, F. 211–213° (Zers.); *N-[3.4-Dichlorphenyl]-3-methyl-4-phenyl*-**I**, *Hydrobromid*, F. 235–238° (Zers.). – *Fungizide, Herbizide*. (**Schwz.P. 439858** vom 19/1. 1962, ausg. 29/12. 1967.) – 7 S. R. Bauereis 7370

*2229* Badische Anilin- & Soda-Fabrik Akt.-Ges., Ludwigshafen/Rh. (Erfinder: Walter Sanne, Karl-Heinz Koenig, Ernst-Heinrich Pommer, Ludwigshafen, und Herbert Stummeyer, Mannheim), **Herstellung fungizider Präparate.** Zu Oe.P. 236701; C. **1967,** 44-2983 ist nachzutragen: *4-Cyclooctyl-2.6-diphenyl*-**I** (**I** = *Morpholin*), Kp.$_{0,5}$ 230–233°. – *4-Tridecyl-2.6-diphenyl*-**I**, Kp.$_{0,5}$ 233–238°. – *4-Cyclooctyl-2-methyl-6-phenyl*-**I**, Kp.$_{0,1}$ 146–148°. – *4-Cyclooctyl-2-phenyl*-**I**-Kp.$_{0,5}$ 163–165°. – *4-Cyclohexyl-2.6-diphenyl*-**I**, Kp.$_{0,5}$ 219–224°. – *4-Cyclohexyl-2-phenyl*-**I**, Kp.$_{1,5}$ 162–164°. – *4-Cyclohexyl-2.2-dimethyl-6-phenyl*-**I**, Kp.$_{0,4}$ 141–143°. (**Niederl.P. 122806** vom 21/2. 1962, ausg. 15/8. 1967. D. Prior. 22/2., 24/11. 1961 u. 8/1. 1962.) – 7 S. F. Böhm 7370

*2230* Dow Chemical Co., Midland, übert. von: Chester F. Pawloski, Bay City, Mich., USA, **o-[2-Propinyloxy]-benzoesäureester** der allg. Formel **I** ($R^1$ = H,

I 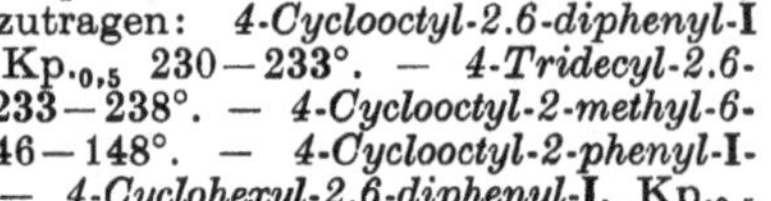

$C_3H_6OH$, $CH_2C{\equiv}CH$, n = 2 oder 3) erhält man durch Rk. eines Propinylhalogenids mit einem Monosalicylat der allg. Formel $C_6H_4(OH)C(=O)OC_nH_{2n}OR^1$ in inertem Lsgm. in Ggw. einer Base bei 0–100°. Aus Dipropylenglykolmonosalicylat mit Propargylbromid in Aceton in Ggw. von $K_2CO_3$ → *Dipropylenglykolmono-o-[2-propinyloxy]-benzoat*, $n_D^{27}$ = 1,5263, ähnlich: *2-[2-Propinyloxy-äthyl]-o-[2-propinyloxy]-benzoat*, F. 101–104°, *2-Hydroxy-äthyl-o-[2-propinyloxy]-benzoat*, $n_D^{25}$ = 1,5272. – *Pestizide*. (**U.S.P. 3288839** vom 26/12. 1963, ausg. 29/11. 1966.) – 2 S. R. Bollinger 7375

*2231* Monsanto Co., Del., übert. von: Paul J. Stoffel, St. Louis Mo., USA, **Neue Thiolcarbaminsäureesterverbindungen** der allg. Formel R–N[A]–C(=O)–S–R' (A = –C(=O)–C(=O)–Cl; R u. R' = H, Alkyl oder Alkenyl ≦ $C_{12}$; Cycloalkyl $C_{4-8}$, Phenyl oder Benzyl, wobei die KW-Stoff-Reste bis zu 4 Substituenten der Gruppe Cl, Br, $NO_2$, Alkyl $C_{1-4}$ oder Alkoxy bzw. Phenyl besitzen) erhält man durch Rk. von Oxalylchlorid (**I**) mit einem Thiolcarbaminsäureester der allg. Formel R–NH–CO–S–R', ggf. in einem Lsgm., bei 30–180°, bes. bei Rückflußtemp. u. Fällung des Prod. mit einer Fl., in der das Lsgm. lösl. ist. – Aus **I** u. *3.4-Dichlorthiolcarbanilsäuremethylester* (F. 36–37°) in sd. Bzl. → *3.4-Cl –*

$C_6H_3$-N[A]-CO-S-$CH_3$; analog der entsprechende *Äthyl-* bzw. *Isopropylester*. — $C_6H_5$-N[A]-CO-S-$C_2H_5$. — NH[A]-CO-S-$CH_2$-$C_6H_5$, aus Thiolcarbaminsäurebenzylester u. I in Xylol. — $CH_2$=CH-$CH_2$N[A]-CO-S-$CH_2$-CH=$CH_2$. — $(CH_3)_2$CH-N[A]-CO-S-$CH_2$-$C_6H_5$. — $CH_3$-$(CH_2)_3$-N[A]-CO-S-$C_6H_4$-p-$OCH_3$. — $CH_2$ ⟨$(CH_2$-$CH_2)_2$⟩ CH-N[A]-CO-S-$CH_3$, aus I u. N-Cyclohexylthiocarbaminsäuremethylester. — p-$NO_2$-$C_6H_4$-N[A]-CO-S-$CH_3$. — Ferner Prod. aus I u. *N-Nitrobenzylthiolcarbaminsäurecycloheptylester* bzw. *N-Äthoxypropylthiolcarbaminsäure-n-[3-nitro]-butylester* bzw. *N-[4-Bromphenyl]-thiolcarbaminsäure-4-methylphenylester* bzw. *N-[2.4-Dimethylphenyl]-thiolcarbaminsäure-4-methylbenzylester*. — *Fungizide, Insektizide* u. *Bakterizide*. (**U.S.P. 3288832** vom 23/9. 1963, ausg. 29/11. 1966.) — 3 S.

Georg Vogel 7375

*2232* Monsanto Co. (Erfinder: Jack Early), **Herstellung von insektiziden 5-Halogen-3-phenylsalicylaniliden** der allg. Formel I (X = Cl, Br; Z = H, $CH_3$; $X^1$ = F,

I 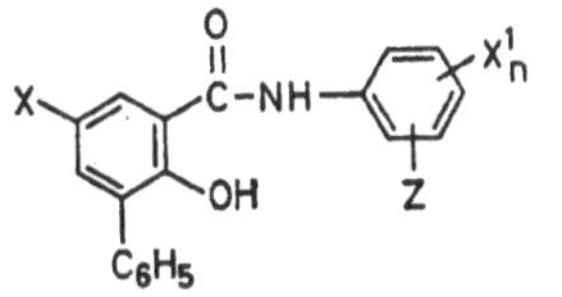

Cl, Br; n = 1—3) durch Rk. eines substituierten Anilins mit äquimol. Mengen des Phenylesters einer 5-Halogen-3-phenylsalicylsäure in Ggw. eines inerten organ. Lsgm. bei Rückfluß. — Beispiele: I = *3-phenylsalicylanilid*. *4.5-Dichlor-I*, F. 149,1—150,2°; *2'.4'.5.5'-Tetrachlor-I*, F. 156 bis 157°; *4'-Fluor-5-chlor-I*, F. 150—153°; *3'.4'.5-Trichlor-I*, F. 111°; *2'.5.5'-Trichlor-I*, F. 140—142°; *3'.5-Dichlor-I*, F. 146—147°; *3'.5.5'-Trichlor-I*, F. 238—240°; *2'.5'-Dibrom-5-chlor-I*, F. 164—165°; *2'.4'-Dibrom-5-chlor-I*, F. 161—164°; *2'.4'-Difluor-5-chlor-I*, F. 150—151°; *3'.4'-Dichlor-5-brom-I*, F. 111—112°; *2'.4'.5.6'-Tetrachlor-I*, F. 189—192°; *2'.3'.5-Trichlor-I*, F. 131—132°; *4'.5-Dichlor-2'-methyl-I*, F. 148—149°; *2'.5-Dichlor-4'-methyl-I*, F. 139—142°; *3'.5-Dichlor-2'-methyl-I*, F. 142—143°; *2'.5-Dichlor-5'-methyl-I*, F. 142—143°; *4'.5-Dichlor-3'-methyl-I*, F. 128—129°. — Weitere Beispiele ohne physikal. Daten. (**Aust.P. 270180** vom 12/11. 1963, ausg. 13/10. 1966. U.S. Prior. 16/11. 1962.) — 28 S.

K. Demmler 7375

*2233* Shell Internationale Research Mij. N. V., Den Haag, Niederlande (Erfinder: Graham Oliver Osborne), **Phosphorthiolthionsäureester** der allg. Formel I ($R^1$ u. $R^2$ = Halogen oder eine Aminogruppe, in der

I 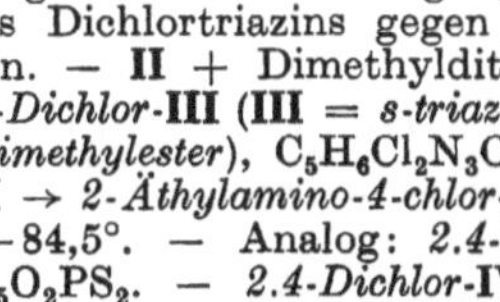

1 oder 2 H-Atome durch eine ggf. substituierte Alkyl-, Aryl- oder Aralkylgruppe substituiert sein kann) erhält man durch Rk. von Cyanurchlorid (**II**) mit einem Alkalimetallsalz einer Dialkyldithiophosphorsäure, bes. bei Temp. < 20°, u. in Ggw. eines inerten Lsgm., worauf ggf. die Chloratome des Dichlortriazins gegen Aminoreste ausgetauscht werden. — **II** + Dimethyldithiophosphat (0°, Aceton) → *2.4-Dichlor-***III** (**III** = *s-triazin-6-yl-phosphorthiolthionsäuredimethylester*), $C_5H_6Cl_2N_3O_2PS_2$, F. 86 bis 88°, + $C_2H_5NH$ → *2-Äthylamino-4-chlor-***III**-, $C_7H_{12} \cdot ClN_4O_2PS_2$, F. 82—84,5°. — Analog: *2.4-Bis-[diäthylamino]-***III**, $C_9H_{26}N_5O_2PS_2$. — *2.4-Dichlor-***IV** (**IV** = *s-triazin-6-yl-phosphorthiolthionsäurediäthylester*), $C_7H_{10}Cl_2 \cdot N_3O_2PS_2$, F. 71°. — *2.4-Bis-[äthylamino]-***IV**-, $C_{11}H_{22}N_5O_2 \cdot PS_2$, F. 95—97°. — *2-Chlor-4-[o-chloranilino]-***III**-, $C_{11} \cdot H_{11}Cl_2N_4O_2PS_2$, gelbes Öl. — *2-Chlor-4-diäthylamino-***III**, $C_9H_{16}ClN_4O_2PS_2$, F. 71—73°. — *2-Äthylamino-4-diäthylamino-***III**, $C_{11}H_{22}N_5O_2PS_2$, F. 83,5—84,5°. — *2-Dimethylamino-4-isopropylamino-***III**, $C_{10}H_{20}N_5O_2PS_2$, gelbes Öl. — *2.4-Bis-[dimethylamino]-***III**, $C_9H_{18}N_5O_2PS_2$, F. 70—73°. — *2-Diäthylamino-4-dimethylamino-***III**, $C_{11}H_{22}N_5O_2PS_2$, F. 60 bis 61°. — *2-Chlor-4-äthylamino-***IV**, $C_9H_{16}ClN_4O_2PS_2$, F. 88—90°. — *2-Chlor-4-[o-chloranilino]-***IV**, $C_{13}H_{15}Cl_2N_4 \cdot O_2PS_2$, gelbes Öl. — *2-Diäthylamino-4-äthylamino-***IV**, $C_{13}H_{26}N_5O_2PS_2$, F. 47—49°. — *2.4-Bis-[dimethylamino]-***IV**, $C_{11}H_{22}N_5O_2PS_2$, F. 70—71°. — *2-Chlor-4-äthylamino-***V** (**V** = *s-triazin-6-yl-phosphorthiolthionsäurediisopropylester*), $C_{11}H_{20}N_4O_2PS_2$, F. 115—116°. — *2.4-Bis-[äthylamino]-***V**, $C_{13}H_{26}N_5O_2PS_2$, F. 84—85°. — *2-Diäthylamino-4-äthylamino-***V**, $C_{15}H_{30}N_5O_2PS_2$, F. 62—64°. — *Insektizide* u. *Herbizide*. — Tabelle u. Mengenbeispiele. (**Brit.P. 1087029** vom 1/7. 1966, ausg. 11/10. 1967.) — 9 S.

O. Schön 7375

*2234* Dow Chemical Co., Midland, übert. von: Carleton W. Roberts, Midland, und Daniel H. Haigh, Beaverton, Mich., USA, **2-[p-(Halogen-bicyclo-[2.2.1]-hepten-(5)-yl-(2))-benzyl]-2-thiopseudoharnstoffderivate** der allg. Formel I (X = H, F, Cl, Br, Y = Br,

I 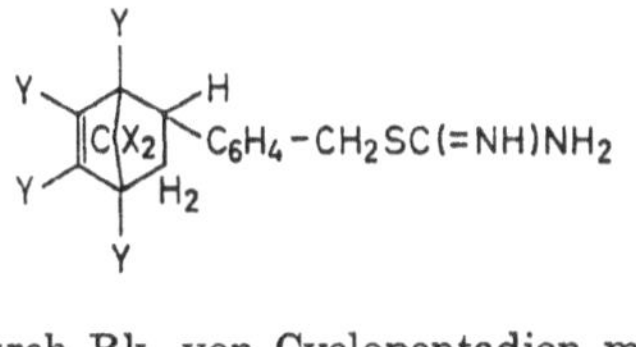

J) erhält man durch Rk. von Cyclopentadien mit einer Vinylbenzylverb. der allg. Formel $CH_2$=$CHC_6H_4CH_2SC$(:NH)$NH_2$ in inertem Lsgm. bei 10—300°. — Aus 2-(Chlormethylphenyl)-1.4.5.6.7.7-hexachlorbicyclo-[2.2.1]-hepten-(5) durch Rk. mit Thioharnstoff in Isopropanol → *2-[p-(1.4.5.6.7.7-Hexachlorbicyclo-[2.2.1]-hept-5-en-2-yl)-benzyl]-2-thiopseudoharnstoffhydrochlorid*, F. 285—286°; ähnlich *2-[p-(1.4.5.6-tetrachlorbicyclo-[2.2.1]-hept-5-en-2-yl)-benzyl]-2-thiopseudoharnstoffhydrobromid*, F. 250°. — *Insektizide*. (**U.S.P. 3283004** vom 6/11. 1963, ausg. 1/11. 1966.) — 2 S.

R. Bollinger 7375

*2235* National Research Development Corp., London, Großbritannien (Erfinder: Michael Elliot), **Synthetische Pyrethrinanaloge** der Formel **I** (Z = Aryl,

I 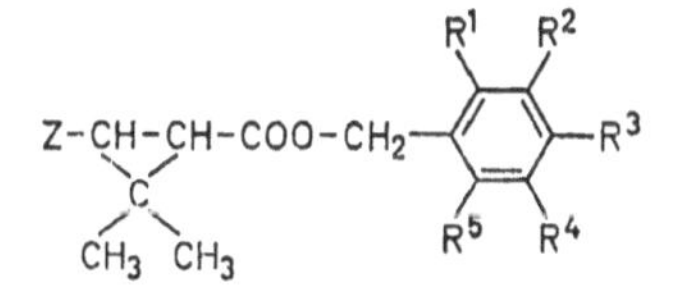

Alkenyl oder Carboalkoxyalkenyl; $R^3$ = Halogen, Alkyl, Alkenyl oder Alkadienyl; $R^1$, $R^2$, $R^4$ u. $R^5$ = H, Halogen oder Alkyl, wobei nur 2 dieser Reste H bedeuten können, wenn $R^3$ Halogen oder Alkyl ist) erhält man durch Rk. einer entsprechenden Cyclopropancarbonsäure oder deren Deriv. mit einem entsprechend substituierten Benzylderivat. — Aus *4-Allyl-brombenzol* (Kp.$_{15}$ 105°, $n_D^{20}$ 1,5507) stellt man durch Grignard-Rk. in Tetrahydrofuran *4-Allyl-benzylalkohol*, Kp. 80°, $n_D^{20}$ 1,5325, her, der mit (±)-*cis-trans-Chrysanthemoyl-chlorid*, Kp.$_{12}$ 98—100°, in Bzl. in Ggw. von Pyridin *4-Allyl-benzyl-(±)-cis-trans-chrysanthemat* liefert, Kp$_{6\cdot 10^{-3}}$ 135°, $n_D^{20}$ 1,5182; — analog folgende -chrysanthemate: *4-Allyl-benzyl-(+)-trans-*, Kp.$_{4\cdot 10^{-2}}$ 141—149°, $n_D^{20}$ 1,5206; — *4-Vinylbenzyl-(±)-cis-trans-*, Kp.$_{0,1}$ 152°, $n_D^{20}$ 1,5368; — *4-Crotyl-benzyl-(±)-cis-trans-*, Kp.$_{6\cdot 10^{-3}}$ 158—164°, $n_D^{20}$ 1,5180; — *4-Propenyl-benzyl-(±)-cis-trans-*, Kp.$_{10^{-2}}$ 150—154°, $n_D^{20}$ 1,5374; — *4-[2'-Methallyl]-benzyl-(±)-cis-trans-*, Kp.$_{0,9\cdot 10^{-2}}$ 140—148°, $n_D^{20}$ 1,5170; — *4-Allyl-2-methylbenzyl-(±)-cis-trans-*, Kp.$_{0,8\cdot 10^{-2}}$ 138—140°, $n_D^{20}$ 1,5221; — *4-Allyl-2.5-dimethyl-benzyl-(±)-cis-trans-*, Kp.$_{10^{-2}}$ 134 bis 136°, $n_D^{20}$ 1,5232; — *2-Allyltetramethyl-benzyl-(±)-cis-trans-*, Kp.$_{0,1}$ 140—150°, F. 53—57°; — *2.4.6-Trimethylbenzyl-(±)-cis-trans-*, Kp.$_{0,2}$ 151—164°, $n_D^{20}$ 1,5200, F. 51°; — *Pentamethyl-benzyl-(±)-cis-trans-*, Kp.$_{0,4}$ 180 bis 193°, F. 65—71°; — *4-Allyl-2.6-dimethyl-benzyl-(±)-cis-trans-*, Kp.$_{3\cdot 10^{-3}}$ 141—144°, $n_D^{20}$ 1,5224; — *4-Allyl-2.6-dimethyl-benzyl-(+)-trans-*, Kp.$_{10^{-2}}$ 137—142°, $n_D^{20}$ 1,5200; — *4-[2'-Methallyl]-2.6-dimethyl-benzyl-(±)-cis-*

*trans*-, $Kp._{0,1}$ 150–151°, $n_D^{20}$ 1,5220; — *Pentafluor-benzyl-(±)-cis-trans*-, $Kp._{4\cdot10^{-2}}$ 111°, $n_D^{20}$ 1,4818; — *4-trans-Sorbyl-benzyl-(±)-cis-trans*-, $Kp._{10^{-2}}$ 157–162°, $n_D^{20}$ 1,5340; — ferner: *4-Allyl-benzyl-(+)-trans-pyrethrat*, $Kp._{0,4}$ 163–175°, $n_D^{20}$ 1,5340; — *4-Vinylbenzyl-(+)-trans-pyrethrat*, $Kp._{5\cdot10^{-2}}$ 160–164°, $n_D^{20}$ 1,5458; — *4-Allyl-benzyl-(±)-3-phenyl-2.2-dimethyl-cyclopropancarboxylat*, $Kp._{3\cdot10^{-4}}$ 158–165°, $n_D^{20}$ 1,5501. — *Insektizide*. (**Brit.P. 1078511** vom 18/3., 1963, ausg. 9/8. 1967.) — 10 S.

H. Roos 7375

*2236* J. R. Geigy Akt.-Ges., Basel, Schweiz (Erfinder: John Arnold Gaunt, McIntosh, und Joseph Wayne Stutts, Jackson, Ala., USA), **O.O-Dialkyl-O-[4-methyl-pyrimidyl-(6)-]-thiono)-phosphate** der allg. Formel I

I 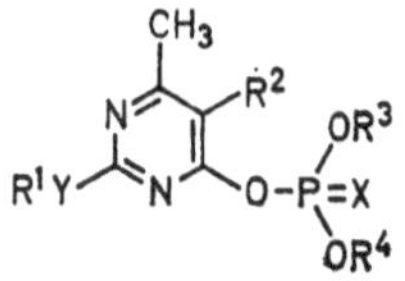

erhält man durch Kochen von Phosphorsäuredialkylester-halogeniden mit entsprechenden 6-Hydroxypyrimidinen ($R^1$ = Alkyl-, Alkenyl-, Alkoxyalkyl- oder Alkylmercap-toalkylrest; Y = Einfachbindung oder S; $R^2$ = H, niederer Alkyl- oder Alkenylrest; $R^3$ u. $R^4$ = niederer Alkylrest; X = O oder S) in Ggw. eines Hg-Halogenids. — Die Herst. von *O.O-Diäthyl-O-[2-isopropyl-4-methyl-6-pyrimidyl]-thiophosphat* (Ausb. ≦ 91,9%) wird beschrieben. — *Insektizide, Askarizide*. (**Schwz.P. 427818** vom 23/8. 1962, ausg. 14/7. 1967. U.S. Prior. 28/8. 1961.) — 3 S.

A. Jahn 7375

*2237* Dow Chemical Co., Midland, Mich., übert. von: Horst G. Langer, Wayland, Mass., USA, **Organometall-verbindungen von Polyaminopolyessigsäuren** der allg. Formel $(A{-}CH_2)_2 > N{-}(CH_2)_a{-}N(CH_2{-}A)]_b{-}CH_2{-}A$ [A = –COOH, $-CH_2OH$, –COOMe ≤ $(R)_3$, jedoch höchstens zwei A = $-CH_2OH$ u. mindestens ein A = –COOMe ≤ $(R_3)$; R = Vinyl, Allyl, Phenyl, Cycloalkyl; a = 2–4; b = 0–4; Me = Sn, Pb, Ge] erhält man durch Rk. eines Hydroxids, Acetats oder Halogenids der 4wertigen Metalle mit einem Chelatbildner, bes. Äthylendiamintetra- (I), β-Hydroxyäthyläthylendiamintri-, Diäthylentriamin-penta-, Triäthylentetraminhexa- u. Nitrilotriessigsäure in W. bei 0–100°. — Äthylendiamintetraacetate: *Bis-[trivinylzinn]*-, aus 0,01 (Mol) I in W. u. 0,2 $[CH_2{=}CH]_3 \geq Sn{-}OH$ unter starkem Rühren, Waschen des Nd. mit wenig Aceton u. Trocknung. — *Bis-[Triphenylzinn]*-. — *Tetrakis-[triphenylzinn]*-, F. 133° (unkorr.), (Ausb.) 98,95%. — *Triallylzinn*-, Gelbfärbung bei 205°. — *Tetrakis-[tricyclohexylzinn]*-, $C_{82}H_{144}N_2O_8Sn_4$, F. 188–195° (Ligroin); 85%. — *Tetrakis-[trivinylzinn]*-, $C_{34}H_{48}N_2O_8\cdot Sn_4$, F. 295° (Zers.). — *Insektizide, Bakterizide; Herbizide; Parasitizide*. (**U.S.P. 3345391** vom 20/9. 1966, ausg. 3/10. 1967.) — 3 S.

Georg Vogel 7375

*2238* **United States Rubber Co.**, New York, N. Y., USA, *Unkrautbekämpfungsmittel*. (**Niederl.P. 123 685** vom 19/6. 1963, ausg. 15/2. 1968. U.S. Prior. 19/12. 1962. — C. **1968**, 34-3014 [U.S.P. 3 179 685].)

*2239* **May & Baker Ltd.**, Dagenham, Großbritannien, *Herbizides Präparat*. (**Niederl.P. 123 687** vom 7/9. 1962, ausg. 15/2. 1968. Brit. Prior. 8/9. 1961. — C. **1966**, 38-3007 [Ung.P. 151 448].)

*2240* **C. F. Boehringer & Soehne G. m. b. H.**, Mannheim, *Mittel zur Beeinflussung des Pflanzenwachstums*. (**Niederl.P. 123 854** vom 16/6. 1960, ausg. 15/3. 1968. D. Prior. 16/6. 1959. — C. **1961**, 13695 [D.A.S. 1 104 254].)

*2241* **Badische Anilin- & Soda-Fabrik Akt.-Ges.**, Ludwigshafen/Rh., *Herstellung eines Präparates zur Beeinflussung des Pflanzenwuchses*. (**Niederl.P. 123 538** vom 21/1. 1965, ausg. 15/1. 1968. D. Prior. 21/1. 1964. — C. **1966**, 26-3050 [D.A.S. 1 200 061].)

*2242* **Merck & Co., Inc.**, Rahwey, N. J. (Erfinder: **Robin Bryan Kinnel**, Cambridge, Mass., und **Erwin Frederick Schoenewaldt**, Westfield/N. J.), USA, *Herstellung von N-Acyl-Oxyamino-aliphatischen Säuren*. (**Schwz.P. 450 445** vom 11/12. 1962, ausg. 30/4. 1968. U.S. Prior. 13/12. 1961. — C. **1967**, 23-3073 [U.S.P. 3 154 578].)

*2243* **Farbwerke Hoechst Akt.-Ges. vormals Meister Lucius & Brüning** Frankfurt/M., *Schädlingsbekämpfungsmittel*. (**Niederl.P. 123 535** vom 9/1, 1956, ausg. 15/1. 1968. D. Prior. 10/1. 1955. — C. **1959**, 12982 [D.A.S. 1 055 871].)

*2244* **Ciba Akt.-Ges.**, Basel (Erfinder: **Otto Rohr**, Neuallschwil), Schweiz, *Insektizide und akarizide Mittel und deren Herstellung*. (**D.A.S. 1 274 849** Kl. 451 vom 21/11. 1963, ausg. 8/8. 1968. Schwz. Prior. 22/11. 1962. — C. **1968**, 28-3155 [F.P. 1 383 053].)

*2245* **Chemische Werke Witten G. m. b. H.**, Witten, *Herstellung eines Präparates mit bakterizider, fungizider und insektizider Wirkung*. (**Niederl.P. 123 684** vom 22/3. 1962, ausg. 15/2. 1968. D. Prior. 2/5. 1961. — C. **1964**. 19-1998 [D.A.S. 1 149 859].)

*2246* **Shell Internationale Research Mij. N. V.**, Den Haag, Niederlande (Erfinder: **Loyal Francis Ward jun.**, **Donald David Phillips** und **Richard Roy Whetstone**, Modesto, Calif., USA), *Herstellung von Enolestern von Säuren des 5-wertigen Phosphors*. (**Schwz.P. 450 391** vom 28/5. 1964, ausg. 30/4. 1968. U.S. Prior. 15/8. 1963. — C. **1968**, 21-3396 [Brit.P. 1 024 395].)

*2247* **Farbenfabriken Bayer Akt.-Ges.**, Leverkusen (Erfinder: **Walter Lorenz, Reiner Cölln, Gerhard Schrader**, Wuppertal, und **Günter Unterstenhöfer**, Opladen), *Herstellung unsymmetrischer Thiol- bzw. Thionothiolphosphorsäureester*. (**Schwz.P. 448 112** vom 7/12. 1964, ausg. 29/3. 1968. **Oe.P. 248 457** vom 4/1. 1965, ausg. 25/7. 1966. Beide D. Prior. 4/1. 1964. — C. **1968**, 21-3395 [Brit.P. 1 019 570].)

*2248* **C. H. Boehringer Sohn**, Ingelheim, *Herstellung von 0.0-Dialkyl-0-2.5-dichlor-4-halogenphenylthiophosphaten*. (**Niederl.P. 123 753** vom 29/11. 1962, ausg. 15/2. 1968. D. Prior. 30/11. 1961. — C. **1966**, 3-2957 [Brit.P. 956 343].)

*2249* **Sumitomo Chemical Co. Ltd.**, Osaka (Erfinder: **Saichiro Kuramoto**, Toyonaka-shi, **Takeaki Kato** und **Kenzo Ueda**, Nishinomiva-shi), Japan, *Herstellung von Cyclopropancarbonsäureestern*. (**Schwz.P. 446 331** vom 6/8. 1963, ausg. 15/3. 1968. Jap. Prior. 6/8. und 8/10. 1962. — C. **1967**, 17-2991 [Brit.P. 985 006].)

*2250* **Sumitomo Chemical Co. Ltd.**, Osaka (Erfinder: **Takeaki Kati**, **Kenzo Ueda**, Nishinomiya-shi, **Sadao Horie**, Fue-shi, **Toshio Mizutani**, Amagasaki-shi, **Keimei Fujimoto**, Minoo-shi, und **Yositosi Okuno**, Nishinomiya-shi), Japan, *Herstellung von Cyclopropancarbonsäureestern*. (**Schwz.P. 450 417** vom 13/4. 1964, ausg. 30/4. 1968. Jap. Prior. 11/4., 13/8., 29/8. 17/12. u. 19/12. 1963. — C. **1967**, 30-3002 [D.P.[DDR] 48 204].)

*2251* **Progil**, Paris (Erfinder: **Jean Lehureau**, Saint-Rambert-Jlle-Barbe, Rhône, und **François Pierrot**, Lyon), Frankreich, *Herstellung und Gewinnung von reinen Alkyl-α-naphthylcarbamaten*. (**D.A.S. 1 269 612** Kl. 12o vom 8/4. 1963, ausg. 6/6. 1968. F. Prior. 9/4. 1962. — C. **1966**, 20-2954 [Brit.P. 957 405].)

*2252* **Shell Internationale Research Mij. N. V.**, Den Haag, Niederlande (Erfinder: **Karl Heinz Buechel**, Beuel, **Alfred Eduard Ginsberg**, Uckerrath, und **Friedrich Wilhelm August Gustav Karl Korte**, Hangelar), *Herstellung von isomeren Heptachlor-4.7-methylen-3a.4.7.7a-tetrahydroindanen*. (**Schwz.P. 447 148** vom 23/1. 1964, ausg. 29/3. 1968. D. Prior. 24/1. u. 11/9. 1963. — C. **1967**, 37-2825 [Brit.P. 993 909].)

Redaktionsschluß: 12. Dezember 1968

Herausgeber: Prof. Dr. Heinrich Bertsch, Berlin, und Prof. Dr. Dr. h. c. Wilhelm Klemm, Münster
Stellvertretende Herausgeber: Prof. Dr.-Ing. Dr. rer. nat. h. c. Eberhard Leibnitz, 104 Berlin, Schiffbauerdamm 19, Fernsprecher: 425571
und Prof. Dr. Bertold Reuter, 1 Berlin 30, Geisbergstraße 39, Fernsprecher: 2119091
Chefredakteure und verantwortlich für den Inhalt: Dr. Helga Völz, 104 Berlin, Schiffbauerdamm 19, Fernsprecher: 425571
und Dr.-Ing. Christian Weiske, 1 Berlin 30, Geisbergstraße 39, Fernsprecher: 2119091
Stellvertretender Chefredakteur: Dr.-Ing. Günter Pötzscher, 1 Berlin 30, Geisbergstraße 39, Fernsprecher: 2119091



Akademie-Verlag GmbH, 108 Berlin, Leipziger Str. 3–4 (Fernsprecher: 220441, Telex-Nr. 0112020) und Verlag Chemie, GmbH, 6940 Weinheim/Bergstr., Pappelallee 3 (Fernsprecher: (06201) 3635; Fernschreiber: 465516 vchwh d). Bestellnummer: 1007/140.
Das Chemische Zentralblatt erscheint wöchentlich. Preis des Jahrganges einschl. Schnellreferatedienst, Autoren-, Patent-, Sach- u. Formelregister: 3200,–; einseitig bedruckte Ausgabe: 3700,–. Abgabe der Zeitschrift nur mit sämtlichen Registern. Abbestellungen nur bis spätestens 6 Wochen vor Ablauf des Kalenderjahres.



Satz u. Druck: VEB Druckhaus „Maxim Gorki", Altenburg, und VEB Leipziger Druckhaus, Leipzig.
Veröffentlicht unter der Lizenznummer 1273 des Presseamtes beim Vorsitzenden des Ministerrates.
Printed in Germany.

Kolibri 360 GmbH
Ferdinand-Jühlke-Straße 7
99095 Erfurt, Deutschland
produktsicherheit@kolibri360.de